옮긴이 김명남 KAIST에서 화학을 전공하고, 서울대 환경대학원에서 환경정책을 공부했다. 인터넷 서점에서 편집팀장으로 일했고, 현재는 과학책을 번역하고 있다. 옮긴 책으로 《행동》《틀리지 않는 법》《코스모스》《우리 본성의 선한 천사》《면역에 관하여》《지상 최대의 쇼》《내 안의 물고기》 등이 있다. 제55회 한국출판문화상 번역 부문상, 제2회 롯데출판문화상 번역 부문상을 받았다.

옮긴이 장시형 고려대학교와 동 대학원을 졸업하고 동부CNI를 거쳐 현재 코오롱베니트에 재직하고 있다. AI 비즈니스 에코시스템 개발에 많은 관심을 가지고 있다. 주요 역서로 《스프링 인 액션》(제2판, 공역) 《C#과 닷넷 플랫폼》(제2판) 《프레젠테이션에 할리우드를 더하라》《Professional Ajax》 등이 있다.

감수 진대제 서울대와 미국 매사추세츠 주립대 전자공학과를 거쳐 스탠퍼드대학에서 전자공학 박사학위를 받았다. 미국 실리콘밸리의 휴렛팩커드와 뉴욕 IBM연구소에서 근무하였고 이후 삼성전자 디지털미디어총괄 사장으로 일했다. 2003년에는 정보통신부 장관으로 임명되어 정보통신부 사상 최장수 장관 기록을 세우며 3년간 IT강국의 입지를 굳히는 데 공헌했다. 이후 한국정보통신대학교(ICU) 석좌교수 등을 역임하고, 현재는 IT기업 투자전문회사인 스카이레이크인베스트먼트의 회장으로 있다.

해제 정재승 KAIST 뇌인지과학과 교수이자 융합인재학부 학부장이다. 복잡계 및 통계물리학적인 접근을 통해 인간의 의사결정 과정을 연구하고 이를 정신질환 모델링, 뇌–기계 인터페이스, 인간 뇌를 닮은 인공지능 및 소셜 로봇 개발에 적용하는 학자다. 〈네이처〉를 포함해 세계적인 학술지에 120여 편의 논문을 출간한 바 있으며, 국내외 학술상을 여럿 수상했다. 지은 책으로 《정재승의 과학 콘서트》《열두 발자국》 등이 있다.

특이점이 온다

THE SINGULARITY IS NEAR

특이점이 온다

레이 커즈와일

김명남 · 장시형 옮김 │ 진대제 감수 │ 정재승 해제

김영사

특이점이 온다

1판 1쇄 발행 2007. 1. 7.
1판 19쇄 발행 2024. 4. 26.
2판 1쇄 발행 2025. 3. 13.

지은이 레이 커즈와일
옮긴이 김명남, 장시형
감수 진대제
해제 정재승

발행인 박강휘
편집 이승환 디자인 이경희 마케팅 고은미 홍보 박은경
발행처 김영사
등록 1979년 5월 17일(제406-2003-036호)
주소 경기도 파주시 문발로 197(문발동) 우편번호 10881
전화 마케팅부 031)955-3100, 편집부 031)955-3200 | 팩스 031)955-3111

값은 뒤표지에 있습니다.
ISBN 979-11-7332-087-3 03500

홈페이지 www.gimmyoung.com   블로그 blog.naver.com/gybook
인스타그램 instagram.com/gimmyoung   이메일 bestbook@gimmyoung.com

좋은 독자가 좋은 책을 만듭니다.
김영사는 독자 여러분의 의견에 항상 귀 기울이고 있습니다.

어떤 도전에도 맞설 수 있도록
새로운 생각을 탐구하는 용기를 준
나의 어머니 해나에게

THE SINGULARITY IS NEAR

특이점이 온다, 우리는 준비되어 있는가

커즈와일, 애니콜 시대에 인공지능 시대를 예측하다

"《특이점이 온다》책 읽어보셨나요? 레이 커즈와일의 주장에 대해 어떻게 생각하세요?"

2005년 가을, 대학가를 중심으로 미국 지성계는 한 권의 책으로 들 끓었다. 캠퍼스 안 교내식당에 교수들이 모이면 《특이점이 온다》에 대해 다들 한마디씩 하곤 했다. 공대 교수들만이 아니라 인문대나 사회과학 분야 교수들도 관심이 대단했다. 기억을 더듬어보자면, 당시에는 부정적인 비판이 대체로 많았다. "무슨 과학소설(SF)을 읽는 것 같았어." "인공지능의 미래에 대해 너무 낙관적인 거 아니야? 우린 아직 인간이 어떻게 지성을 갖게 됐는지 전혀 알지 못하는데 말이야." "글쎄, 주장의 과학적 근거가 너무 단순한 것 같던데…… 컴퓨터의 '계산 능력(computational power)'이 늘어나면 지적 능력도 비례해서 늘어날 거라는 생각은 너무 순진한 것 같아." "무슨 말을 하려는지는 알겠는데, 인간 뇌에 대한 이해가 턱없이 부족한 것 같아." 이런 얘기들을 주고받곤 했다.

잠시 2005년을 떠올려보시라. 2025년 현재라면 '인공지능이 인간 지성을 조만간 앞지를 것이다'라는 주장을 해도 별로 놀랍지 않고 고개를 끄덕일 법하지만, 20년 전, 그러니까 2005년에는 분위기가 지금과는 사뭇 달랐다. 그도 그럴 것이, 2005년이면 그로부터 7년 전인 1998년 창업한 구글이 경쟁사인 야후, 빙(Bing)의 전신인 MSN Search, AOL(America Online) 등과 함께 '검색엔진들의 춘추전국시대'에서 허우적거릴 때였으며, 4년 전인 2001년 설립된 위키피디아가 웹 2.0 '집단지성 시대'의 여명을 알리던 시기였다. 대한민국은 그 무렵 '언제 어디서나 잘 터지는' 핸드폰 삼성 '애니콜'의 시대를 관통하고 있었다. 네이버와 다음이 포털 사이트 경쟁을 벌이고 있었고, PC방 문화가 확산되면서 리니지 2, 카트라이더, 던전앤파이터 등 온라인 게임 산업이 성장하던 시기였다.

그 무렵 누군가가 나타나 '인공지능이 인간 지성을 위협할 것이며, 유전자 편집과 나노기술이 우리를 영생의 삶으로 이끌 것'이라고 주장한다면, 그건 과학소설 속 이야기라고 여길 만하지 않겠나. 아니, 알파고와 이세돌의 '세기의 대국' 전만 해도 이런 주장은 비현실적이라고 여겨졌을 것이다.

기술적 특이점, 논란의 중심에 서다

《특이점이 온다》 출간 이후 미디어에서도 학자들의 다양한 찬사와 비판이 오고 갔다. 출간되자마자 잡지와 신문에는 서평들이 쏟아졌고 연말엔 '올해의 책'으로 선정되기도 했지만, 이에 못지않게 비판도 잇따랐다.

우선, 미래를 꿈꾸는 지성들에겐 생각할 거리를 풍부하게 제공해주었다는 평가가 지배적이었다. 예를 들어, 퓰리처상을 수상한 미국의 소설가 앤서니 도어는 이 책이 "놀랍도록 정교하고 설득력 있다"고 평가했고, 마이크로소프트 창업자 빌 게이츠는 커즈와일을 "인공지능의 미래를 예측하는 데 있어 내가 아는 가장 뛰어난 사람"이라고 언급하며, 이 책을 미래지향적인 관점에서 높이 평가했다. 이 외에도, 이 책의 앞뒤를 빼곡히 뒤덮고 있던 찬사들에서 보는 바와 같이 학자들의 상찬이 쏟아졌는데, 그중에서도 테크놀로지 잡지 〈와이어드〉 창립자 케빈 켈리의 찬사는 각별히 눈여겨볼 만하다. 그는 이 책이 "아주 새로운 발상을 광범위한 영역에서 보여주고 있는데, 이 발상은 과학적 근거가 탄탄하고 매우 설득력이 있어서 그저 스쳐지나가서는 안 되며, 어떤 방식으로든 반응해야 한다"라면서 "미래 세대에게 가장 많이 인용될 책"이라고 그 의미를 짚어냈다.

반면, 더 많은 학자들은 당시로서는 짐작할 수 없는 미래가 40년 후에 온다고 하니 "믿을 수 없다"는 반응으로 응수했고, "커즈와일의 주장이 근거가 빈약하고 비현실적"이라는 주장을 쏟아냈다. 대학 캠퍼스 교내식당에서 교수들과 가볍게 얘기 나누었을 때의 분위기처럼 말이다. 호주의 세계적인 물리학자 폴 데이비스는 과학저널 〈네이처〉에 실은 이 책의 서평(2006년 3월)에서 이 책을 "기술적 가능성의 외곽을 가로지르는 숨가쁜 질주"라고 비꼬면서, "그저 흥미진진한 추측으로 읽기엔 재미있지만, 과학적으로 진지하게 살펴보자면 상당히 회의적인 시각으로 받아들여야 한다"라고 경고했다. 미국의 평론가 재닛 매슬린은 〈뉴욕 타임스〉(2005년 10월 3일)에 쓴 이 책의 서평에서 악평을 쏟아냈다. 기술이 기하급수적으로 발전할 것이라는 커즈와일의 예측에 대해, 사업가다운 과장된 계산이라고 지적하면서 "이 책은 허황된 꿈으로 가득 차 있으며, 커즈와일은 지나친 낙관주의자"라고 쓴소리를 했다. 신경과학자 데이비드 J. 린든은 커즈와일이 "생물학적 데이터 수집과 생물학적 통찰을 혼동하고 있다"라고 썼다. 데이터 수집은 기하급수적으로 증가할 수 있지만, 그렇다고 해서 지능과 통찰의 능력도 기하급수적으로 늘어나는 것은 아니라고 비판했다.

당시의 비판을 면밀히 들여다보면, '인접 분야의 기술 발전이 서로에게 상승 효과를 일으켜 기하급수적으로 발전을 거듭하면서, 2045년이 되면 모든 컴퓨터의 계산 능력이 인간의 그것을 앞질러 인간 지성을 능가하는 기술적 특이점이 온다'는 커즈와일의 주장에 대해 기술의 기하급수적 발전 자체에 대한 회의적인 시각이 많았다. 무엇보다도 당대 학자들은 계산(computation)의 기하급수적인 증가가 인간 지성을 능가하는 데 충분한 조건이라고 생각하지 않았던 것 같다. '인간 뇌의 작동원리, 그러니까 지능의 알고리즘을 아직 신경과학자들이 밝혀내지 못했는데, 컴퓨터에게 입력 데이터의 양을 늘려주고 계산 능력을 기하급수적으로 향상시켜준다고 해서 인간 지성에 도달할 수 있겠는가'라고 회의적으로 생각했던 것이다. 그러다 보니 커즈와일의 주장이 과학적으로 빈약하거나 순진하게 틀렸을 수 있다.

이건 매우 중요한 대목인데, '데이터의 양이 늘어남에 따라 지적 능력이 비선형적으로 증가하는' 기계학습의 특성을 당시 학자들은 제대로 이해하지 못했다. 그러나 최근 들어 이런 생각은 오히려 뇌과학자들에게 새로운 영감을 제공하고 있다. 뇌과학자들은 인간 뇌의 작동원리 안에 아직 밝혀지지 않은 뭔가 대단한 비밀이 숨어 있을 거라고 기대하고 있지만, 이 책의 주장은 어쩌면 우리가 직관이나 추론, 통찰이라고 부르는 고등한 인지 기능조차도 결국 정보처리 혹은 계산으로 도달할 수 있는 뇌의 한 상태가 아닐까 생각하게 만드는 계기가 되었다. 하지만 당시로서는 인공지능이 인간 지성에 도달하기 위해서는 단순히 계산 능력을 폭발적으로 증가시키는 정도를 넘어서는 '알고리즘의 질적 변화', 다시 말해 인간 지성에 대한 양자적 이해(quantum jump)가 필요하다고 생각했었다.

원서 출간 후 20년이 지난 오늘날, 2045년이라는 기술적 특이점까지의 예측된 시간을 향해 막 반환점을 돈 시점에서, 커즈와일의 주장에 대해 중간 평가를 해볼 때가 되었다. 이 책에서 주장하는 것처럼, 우리는 날마다 깜짝 놀랄 만한 인공지능 서비스의 등장을 목격하고 있다. 반도체 사이즈가 18개월마다 절반으로 줄어든다는 '무어의 법칙'은 여전히 유효한 것처럼 보이며, 엔비디아의 GPU 성능은 매년 2배 이상 향상되고 있다. 나노기술과 생명공학, 로봇공학은 새로운 모델을 매년 쏟아내고 있고, 덕분에 코로나19 시기를 겨우 막아낼 수 있었다. 챗GPT와 대화하다 보면 가끔은 '인공지능이 이미 우리의 지성을 앞지른 것처럼' 느껴지기도 한다. 영 무모한 것만 같았던 커즈와일의 주장을 이제는 누구나 '꽤 그럴듯하다'고 생각하는 시대로 접어들었고, 이 책은 케빈 켈리의 평가대로 '다음 세대에게 가장 많이 읽히고 인용되고 곱씹어야 할 책'이 되어가고 있다.

커즈와일은 이 책에서 어떤 주장을 하고 있는가

레이 커즈와일은 어떤 근거로 '인공지능과 연관된 제반 기술 발전이 기하급수적으로 가속화되면서 인간 지능을 초월하는 순간, 즉 기술적 특이점(technological singularity)이 도래할 것이다'라고 주장하는 걸까? 커즈와일에 따르면, 컴퓨터의 하드웨어를 구성하는 반도체 계산 소자나 저장 능력, 혹은 인공지능의 학습에 필요한 입력 데이터 등 기술의 자원, 지능, 기억을 위해 필요한 기술들이 기하급수적으로 늘어나면서 서로에게 상승 효과를 일으킬 정도의 상호작용이 이어질 것이라고 한다. 커즈와일은 이것을 '수확 가속의 법칙(Law of Accelerating Returns)'이라고 명명하면서, 더 나아가 인공지능 기술이 유전학, 나노기술, 로봇공학처럼 좀 더 동떨어져 보이는 영역의 혁신적 기술들과도 서로 융합하면서 인간과 기계의 경계가 허물어지는 '기술적 특이점'이 올 것이라고 예측했다.

커즈와일은 인공지능이 인간 지성을 완전히 초월하고 2045년에 기술적 특이점에 다다르는 데 있어, 인공지능의 '자기 개선(self-improving)' 능력을 강조한다. 자신의 문제를 스스로 개선하고 극복하는 자기 개선 능력이 인공지능의 지능을 기하급수적으로 향상시키면서 인류 문명을 근본적으로 변화시킬 것이라고 주장한다. 그는 인간이 인공지능과 직접 연결되는 뇌-컴퓨터 인터페이스, 생명 연장을 위해 나노로봇이 몸에 침투해 세포 수준에서 질병을 치료하는 나노기술, 인간의 정신을 디지털로 변환해 컴퓨터상에 업로드하는 마인드 업로딩 기술 등이 특이점 이후의 세계를 주도할 것이라고 역설한다. 이러한 발전은 단순한 기술 혁신을 넘어 인간의 수명 연장, 질병 치료, 궁극적으로는 인간과 기계의 융합을 가능하게 할 것이라고 전망한다. '인간의 한계를 넘어서는 초지능적 존재' 혹은 '포스트휴먼 시대의 도래'를 제시하고 있는 것이다.

특이점이란 무엇인가?

이 책을 깊이 이해하기 위해서는 반복적으로 등장하는 '특이점(singularity)'이라는 개념을 먼저 숙지할 필요가 있다. 특이점이라는 단어 자체는 물리학자들에겐 매우 익숙하다. 물리학에서는 특정한 조건에서 물리적 변수가 무한대를 가진다거나 물리적 법칙이 정의되지 않는 상태를 특이점이라고 부른다. 다시 말해, 변수 혹은 변수의 미분값이 무한대가 되어 상태를 기술하는 방정식을 제대로 풀지 못할 때 특이점이라고 한다.

일반상대성 이론이나 블랙홀 우주론, 유체역학 등에서 종종 사용하는데, 예를 들어, 우주는 시간을 거슬러 올라가다 보면 초기 순간(Planck time)에 밀도와 온도가 무한대로 수렴하는 특성을 갖게 된다. 이 순간을 '빅뱅 특이점(Big Bang singularity)'이라고 부른다. 반대로, 우주가 언젠가는 지금의 팽창을 멈추고 다시 수축하여 모든 물질과 에너지가 특이점 상태로 붕괴할 가능성도 이론적으로 존재하는데, 이를 '빅 크런치 특이점(Big Crunch singularity)'이라고 부른다. 이들 우주론적 특이점(cosmological singularity)이 대표적인 특이점 사례라고 할 수 있다. 일반상대성 이론에서도 특이점이 등장하는데, 블랙홀 내부의 중심점에서 곡률(curvature)이 무한대가 되어 일반적인 물리 법칙이 더 이상 적용되지 않는 지점도 '블랙홀 특이점(gravitational singularity)'이라고 부른다. 이 경우 블랙홀 중심부에서는 중력이 무한대가 되며 시공간이 무한히 휘어지는 특성을 보이는데, 과학소설에서 종종 등장하는 개념이다.

수학에서는 함수가 정의되지 않거나 무한대에 도달하는 지점을 특이점으로 정의하지만, 물리학에서는 좀더 범위를 넓혀 '물리학 법칙이 더 이상 적용될 수 없는 영역'을 가리키기도 한다. 하지만 이런 경우는 지구 환경에서 흔하게 경험될 수 없어서, 물리학자들은 특이점이라는 단어를 (이론적으로는 얼마든지 가능하지만) 현실 세계에 적용할 때 매우 엄밀하고 조심스럽게 사용한다. 이런 맥락에서 커즈와일이 불과 40년 후에 인류는 '기술적 특이점'에 도달할 것이라는 대담한 예측을 했으니, 학자들에게는 그의 주장이 과격하고 비현실적으로 들렸을 것이다.

커즈와일이 말하는 기술적 특이점은 물리학적 특이점과 근본적으로 다르지만, 개념의 일부를 의미 있게 차용한다. 물리학에서 특이점은 중력이나 밀도가 무한대로 증가하는 상태를 의미하는 반면, 커즈와일은 기술적 특이점을 인공지능이 인간을 초월하여 자기 개선을 통해 폭발적으로 발전하는 순간으로 정의했다. 다시 말해, 물리학의 특이점이 '물리 법칙이 무너지는 극단적인 상태'를 의미한다면, 기술적 특이점은 '인류 기술 문명이 스스로의 동력으로, 통제 불가능할 정도로 급격한 변화를 경험하는 순간'을 의미한다. 이렇게 보면 그런 상황을 '특이점'이라는 개념으로 명명한 데에는 나름 일리가 있다고 볼 수 있다.

사실 기술적 특이점이라는 개념을 커즈와일이 처음 사용한 것은 아니다. 컴퓨터의 창시자 존 폰 노이만은 기술적 특이점의 기본 개념을 20세기 초에 이미 제시한 바 있다. 노이만은 '기술 발전이 가속화되면서 인류 역사에 필연적으로 발생할 기술 발전의 변곡점'이라는 의미로 기술적 특이점 개념을 도입했다. 이후 수학자이자 소설가인 버너 빈지는 1983년에 쓴 한 잡지의 기고문과 1993년에 쓴 에세이 〈다가오는 기술적 특이점〉을 통해 이 개념을 '인공지능이 인간 지능을 초월하는 순간'으로 구체적으로 정의하게 된다.

그 후, 커즈와일은 1999년 자신의 저서 《영적 기계의 시대》(국내에는 《21세기 호모 사피엔스》로 출간되었다)에서 인공지능이 인간 지능 수준을 초월할 가능성을 처음 언급한 바 있으며, 《특이점이 온다》에서는 이 개념을 더욱 확장하고 구체화했다. 특히 과학적 근거를 들면서 특이점의 도래 시점을 2045년이라고 구체적으로 예측했다는 데 담대한 의미가 있다. 아울러 2024년에 출간된 《특이점이 더 가까이 왔다 The Singularity Is Nearer》를 통해 최신 인공지능 기술 발전을 반영해 특이점 이론을 업데이트하기도 했는데, 그런 점에서 레이 커즈와일을 명실상부 '기술적 특이점의 대부'라고 칭할 만하다.

《특이점이 온다》가 출간 된 이후, 많은 과학소설과 미래학 에세이가 특이점 개념을 차용하거나 이를 바탕으로 창작되었다. 예컨대 영국의 소설가 찰스 스트로스는 《점점 빠르게 Accelerando》(2005)에서 기술적 특이점 이후의 인간 사회를 다루고 있는데, 커즈와일의 주장처럼 인간과 기계가 융합된 미래 사회를 냉철하면서도 사실적으로 그리고 있다. 미국의 SF 소설가 윌리엄 허틀링은 《아보가드로 주식회사 Avogadro Corp》(2011)에서 AI가 자율적으로 발전하여 인간을 초월하는 과정을 묘사하는데, 커즈와일의 기술적 특이점이 큰 영감을 주었다고 한다. 제임스 밀러는 자신의 에세이 《특이점의 부상Singularity Rising》(2012)에서 기술적 특이점 이후 전 세계 경제, 사회, 군사 기술의 변화를 면밀하게 분석하고 있다. 이런 예들을 보면 《특이점이 온다》에 대해 "앞으로 천 권의 과학소설을 탄생시킬 책"이라는 평이 인상적이었다고 언급한 번역자 김명남의 말처럼, 지난 20년 동안 과학소설계는 《특이점이 온다》에 큰 빚을 지고 있는 셈이다. 상상력이 풍부한 소설가들에게 이 책은 20세기와는 다르게 전개될 새로운 미래에 대한 독창적인 영감을 제공하고 있다.

《특이점이 온다》의 과학적 근거는 무엇인가?

레이 커즈와일은 이 책에서 인공지능이 인간 지성을 초월할 것이라는 주장을 다양한 과학적 근거와 이론을 바탕으로 전개한다. 그가 이렇게 주장하는 핵심 근거 중에서 우리가 가장 주목해야 하는 것은 '수확 가속의 법칙'이다. 커즈와일은 지금까지 역사적으로 다양한 영역에서의 기술 발전 추이를 살펴보면서 주요 기술들이 인접 분야와 시너지를 내며 기하급수적으로 발전하는 패턴을 반복적으로 따른다는 데 크게 주목한다. 덕분에 언어, 문자, 인쇄술, 컴퓨터 등의 혁신은 점점 짧은 간격으로 이루어졌으며, 앞으로도 이런 기술 발전가속화는 더 뚜렷해질 것이라 주장한다.

다시 말해서, 기술의 발전 속도는 선형적이 아니라 비선형적이며, 마치 복잡계처럼 정보기술도 하드웨어와 소프트웨어의 발전이 서로 상승 효과를 일으키면서 폭발적인 변화를 가져올 것이라는 얘기다. 게다가 소셜미디어를 통해 온라인상에 데이터가 쏟아지고 이 데이터들을 빠르고 싸고 저전력으로 계산하기 위해 고성능 정보 처리 장치가 등장하고, 나노기술의 발전 덕분에 데이터를 고밀도로 저장하는 메모리가 등장하게 되어 이러한 발전이 선순환 구조를 이루며 서로의 발전을 도모한다는 것이다.

덧붙여, 신경과학의 발전으로 뇌에 대한 이해가 깊어지고 뇌의 연산 모델링이 정교해지면서, 이는 인공지능 발전에도 현저하게 기여할 것으로 예상한다. 커즈와일은 인간의 지능을 이해하고 인공지능이 이를 초월할 수 있다고 주장하기 위해 뇌의 연산 능력을 수량화한다. 물론 인공지능이 뇌의 연산 속도 수준을 넘어서기 위해서는 더 강력한 컴퓨터가 필요하지만, 무어의 법칙을 포함해 하드웨어 용량의 증가 속도를 고려하면 수십 년 안에 인간을 초월할 수 있다고 전망한다. 실제로 이론 및 계산 신경과학 분야에서는 인간 뇌를 컴퓨터 알고리즘으로 구현하는 연구가 빠르게 발전 중이며, 딥러닝 같은 인공 신경망 기반 인공지능이 방대한 데이터를 활용해 놀라운 성능을 보여주고 있으니, 그의 주장을 영 근거가 빈약하다고 보기는 어렵다.

이처럼 기계학습과 인공지능의 발전은 커즈와일에게 강력한 영감을 주었고, 그는 인공지능이 인간 수준을 초월할 가능성을 여러 근거를 들어 설명한다. 딥러닝과 패턴 인식 기술이 발전하면서 인공지능이 점점 더 복잡한 패턴을 학습하고 인식할 수 있게 되었으며, 결국 인간과 유사한 수준의 인지 능력을 갖출 것이라고 주장한다. 특히 그는 인공지능의 자기 개선 능력에 주목한다. 인공지능이 스스로 학습하고 코드를 개선하는 능력을 갖추게 되면, 인간의 개입 없이도 빠르게 발전할 수 있으며, 이는 궁극적으로 지능 폭발(intelligence explosion)로 이어질 것이라는 전망이다. 초기에는 체스, 바둑, 의료 진단처럼 특정 분야에서 인간을 능가하는 사례가 만들어지겠지만, 시간이 지나면서 점점 더 많은 영역에서 AI가 인간을 초월할 것이라는 얘기다.

레이 커즈와일은 '인간과 기계의 융합'에 각별히 주목한다. 그는 인공지능이 인간을 초월하는 과정에서 인간과 기계의 융합이 필연적으로 일어날 것이라고 본다. 뇌-컴퓨터 인터페이스(BCI), 즉 뉴럴링크와 같은 신경 인터페이스 기술이 발전하면서 인간이 인공지능을 활용하여 지능을 확장할 수 있게 되고, 그 결과 인간과 인공지능의 경계가 모호해진다는 것이다.

아울러, 나노기술로 뇌를 직접 업그레이드하여 인간이 인공지능 수준의 인지 능력을 갖추게 될 것이라 예측하고 의식의 디지털화, 그러니까 인간의 뇌를 스캔하고, 이를 디지털적으로 복제함으로써 궁극적으로 인간의 의식을 컴퓨터로 업로드한다는 '마인드 업로딩' 개념을 제시한다. 최근 뇌영상 기법으로 얻은 생체 데이터와 세상에 관한 시청각 자극까지 모두 입력해 학습시키는 '파운데이션 모델'이 등장하면서, 이는 로봇공학의 새로운 패러다임을 제공하는 것을 넘어 과거에는 허무맹랑한 상상처럼 보였던 마인드 업로딩조차도 '이러다가 가능해지는 거 아닌가?'라는 생각이 들 정도로 현실화될 가능성을 높이고 있다. (물론 아직 갈 길이 너무나 멀다!)

커즈와일은 이런 여러 과학적 발전 추이를 바탕으로 인공지능이 인간 지능을 초월하는 예상 시점을 2045년으로 예측한다. 그는 이 시점을 '특이점'이라고 부르며, 그때가 되면 인공지능이 인간보다 훨씬 더 강력한 지능을 가지게 되고, 인간은 인공지능과 융합하여 새로운 형태의 존재로 발전할 것이라고 주장한다. 과연 '기술적 특이점의 해'가 2045년이 될지, 혹은 심지어 그보다 앞당겨질지는 알 수 없지만, 그의 주장이 점점 신뢰를 얻고 있는 것만은 분명하다.

레이 커즈와일의 주장을 중간 점검하다

레이 커즈와일이 이 책에서 했던 주장은 20년이 지난 지금, 과연 옳았을까? 2025년, 이 시점에서 중간 점검을 해볼 필요가 있다.

우선 긍정적인 부분들이 눈이 띈다. 앞의 주장들 중에서 인간 지성을 위협할 정도로 인공지능이 급속한 발전을 거듭할 것이라는 주장은 매우 타당해 보인다. 커즈와일은 이 책에서 인공지능이 인간과 비슷한 수준의 자연어 처리와 패턴 인식 능력을 갖게 될 거라고 예측했는데, 딥러닝의 발전 덕분에 그 예측은 이미 현실화되었다. 2010년대부터 딥러닝 기술이 급속히 발전하면서, 2015년 이후 수학적으로 잘 정의된 문제를 푸는 데 있어 딥러닝 기반의 인공지능은 인간을 크게 앞서게 되었다. GPT-3(2020), ChatGPT(2022), GPT-4(2023) 등의 등장으로 인공지능은 튜링 테스트를 거뜬히 통과하게 되었고, 인간과 유사한 방식으로 글을 쓰고 대화를 하며 복잡한 문제를 해결하는 수준에 도달했다. 딥마인드의 알파고는 최고 수준의 인간 바둑기사를 압도해 이제 더 이상 인간 맞수가 없을 정도이며, 테슬라와 구글 웨이모는 복잡한 도로에서의 자율주행을 현실로 만들어가고 있다.

기하급수적인 기술 발전 또한 그럴듯하게 보인다. 엔비디아의 GPU(이미지 연산을 빠르게 처리하는 칩)와 구글의 TPU(딥러닝 연산에 최적화 칩) 덕분에, 지난 20년간 컴퓨터의 연산 능력은 기하급수적으로 증가했다. 클라우드 컴퓨팅과 병렬 연산 기술이 발전하며 대규모 인공지능 모델이 현실화되었다. 덕분에 연산 처리 비용도 현저히 줄어들었는데, 일례로 DNA 시퀀싱 비용, 그러니까 한 인간의 게놈 전체를 해독하는 비용이 2001년에는 1억 달러에 달하는 수준이었는데, 지난 20년 만에 2023년 기준 100달러 미만으로 떨어졌다. 비선형적인 기술 발전의 속도를 실감하는 대목이다.

생명공학과 유전자 편집 기술의 발전에 대한 커즈와일의 주장도 그

럿듯하다. 커즈와일은 유전자 편집 및 생명 연장 기술이 빠르게 발전할 것이라고 주장했는데, 지난 20년간 유전자 편집 기술은 실제로 급격히 발전했다. 예를 들어, 크리스퍼(CRISPR)는 세균과 고균 같은 원핵생물 유기체의 게놈에서 발견되는 DNA 서열인데, '캐스9(Cas9)'이라는 효소를 이용해 크리스퍼 서열에 상보적인 DNA의 특정 줄기를 인식하고 절단할 수 있다. 현재 연구 중인 다양한 유전자 편집 기술들은 특정 유전자를 인식하고 절단하고 삽입할 수 있으며, 모든 생명체에 적용 가능하기 때문에 인간에게도 충분히 적용할 수 있으리라 본다. 그렇게 되면 유전자 편집 기술 혁신으로 '맞춤형 유전자 치료', 즉 인간의 특정 질병을 유전자 수준에서 치료하는 방법이 조만간 가능해지리라 생각된다.

하지만 그의 주장이 모두 맞아떨어지고 있는 것은 아니다. 커즈와일은 완전한 인간 수준의 인공지능(AGI)의 등장을 2029년으로 내다보았는데, 인간 수준의 범용 인공지능의 등장은 아직 시기상조로 보인다. 현재 나와 있는 대규모 언어 기반 인공지능들의 능력이 탁월한 건 사실이지만, 여전히 특정한 작업에 국한되어 최적화된 '좁은 인공지능'이라는 점을 고려하면 포괄적이고 총체적으로 사고할 수 있는 인간의 일반 지능에는 아직 못 미치고 있다. 2045년이 되었을 때 우리는 인간 수준의 지성을 가진 인공지능을 개발할 수 있을까? 이것이 기술적 특이점의 가장 중요한 관전 포인트라고 할 수 있다.

특히, 뇌-컴퓨터 인터페이스와 인간-기계 융합이 가속될 것이라는 전망은 아직은 요원해 보인다. 커즈와일은 인간과 인공지능 로봇이 직접 연결되는 '뇌-컴퓨터 인터페이스' 기술이 2030년 이전에 보편화될 것이라고 예측했지만, 이 분야의 최전선에서 뇌공학 연구를 하는 학자로서 평가해보자면, 현재까지는 연구실 수준에서 가능성을 탐구하는 수준에 머물러 있다. 향후 10년 이내에 대규모 생체 데이터를 토대로 뇌-기계 인터페이스 기술은 현저히 발전할 것으로 내다보고 있지만, 로봇과 인간의 직접 결합, 즉 사이보그의 탄생은 감염의 문제, 윤리적 문제, 공학적인 문제 등 해결해야 할 다양한 난제들로 인해 쉽게 현실화되기 어려울 것이다.

그럼에도 불구하고, 일론 머스크는 대규모 자본을 들여 레이 커즈와일의 예측을 구현하는 데 있어 가장 최전선에 다가가 있다. 뉴럴링크라는 기업을 통해 뇌-컴퓨터 인터페이스 연구를 진행하고, 옵티머스라는 휴머노이드 로봇을 현실적인 가격에 대규모로 보급하고자 애쓰고 있다. 그러나 이 분야의 발전이 더딘 까닭은 신경 신호를 정확하게 읽고, 해석하고, 다시 로봇에게 전달하는 기술이 아직은 정밀하지 않기 때문이다. 더욱이 인간의 생체 데이터를 다루는 과정에는 항상 윤리적, 법적 문제가 뒤따른다. 따라서 이 기술이 현실화되기 위해서는 기술적 진보뿐 아니라 사회적 논의도 함께 이루어져야 할 것이다.

커즈와일은 2030년대까지 노화를 정복하고 인간 수명을 획기적으로 연장할 수 있을 것이라고 주장했지만, 아직까지 과학적으로 실현은 멀어 보인다. 지난 20년간 인간의 기대수명은 크게 증가하지 않았으며, 그마저도 노화 억제 기술 덕분이 아니라 깨끗한 환경, 풍부한 영양, 의료 기술의 발전 등이 주요한 요인이다. 현재까지 인간 수명을 획기적으로 연장한 기술적 사례는 없다.

커즈와일의 주장에서 가장 흥미로운 관전 포인트인 '과연 2045년까지 기술적 특이점이 올 것인가?'에 답을 하기엔 아직 이르다. 특이점이 도래하려면 인공지능이 완전한 자율적 사고를 통해 자기 개선을 통한 지능 폭발을 발생시켜야 한다. 그러나 현재까지 자기 개선을 하는 인공지능은 아직 나타나지 않았으며, 설령 그런 기술이 개발된다 해도 인간이 이를 허용할지는 불확실하다. 인공지능이 스스로 코드를 수정하는 능력은 충분히 실현 가능하지만, 그것을 '자기 개선의 도구'로 활용하는 것은 아직 제한되고 있다.

무엇보다도, 인간 의식의 디지털 업로드, 마인드 업로딩은 요원해

보인다. 커즈와일은 인간의 뇌를 디지털화하여 컴퓨터에 마음(mind)을 업로드하는 것이 가능할 것이라고 주장했지만, 현재까지 이를 비슷하게라도 실현한 사례는 전혀 없다. 원리적으로도 아직은 가능해 보이지 않는다. 생체 데이터가 마음의 단면을 드러낸다고 해서, 그것을 한데 모으면 마음이 축조되는 것은 아니다. 마음의 본질은 철저히 물질적이며 이를 마치 소프트웨어처럼 정보화할 수 있다고 보는 것은 다소 순진해 보인다. 게다가 인간의 뇌는 단순한 뉴런 네트워크가 아니라, 화학적, 전기적, 구조적 복잡성을 모두 포함하고 있는 복잡계다. 이런 복잡성을 재현하려는 연구 시도로 현재 휴먼 커넥톰(Human Connectome) 프로젝트, 오픈웜(OpenWorm) 프로젝트, 블루 브레인(Blue Brain) 프로젝트 등 대규모 국가 자본을 투입한 프로젝트들이 진행되고 있지만, 아직은 동물 수준에서라도 마음을 구현하는 데에는 멀리 떨어져 있어 인간의 마음을 구현하는 일은 불가능하게만 보인다.

커즈와일의 '기술 낙관주의'도 주의깊게 살펴봐야 한다. 그는 조만간 인공지능이 인간과 공생하며 다양한 영역에서 인간 능력을 증강할 것이라고 주장했지만, 일부 전문가들은 인공지능과 로봇공학, 자동화 시스템의 등장은 제조업과 유통업 분야만이 아니라 사무업, 서비스업 분야까지 영향을 미치며 기술적 실업(technological unemployment)과 사회 불평등, 양극화를 심화시킬 위험이 있다고 강력히 경고한다. 물론 인공지능이 인간의 한계를 극복하는 데 도움을 주고, 인간과 기계가 공존할 가능성이 있는 것도 사실이지만, 인공지능이 인간의 육체적, 정신적 노동을 대체하고, 그 혜택이 일부 계층에만 집중되면서 사회적 불평등은 더욱 심화될 것이라는 부정적 관점도 무시할 수 없다. 커즈와일은 이러한 부정적인 가능성에 대해 구체적으로 다루고 있지 않다.

레이 커즈와일은 누구인가

이쯤 되면, 도대체 레이 커즈와일이 어떤 인물이기에 이렇게 시대를 앞선, 이토록 대담한 주장을 펼치는지 궁금할 것이다. 1948년 2월 12일생인 그는, 한마디로 미국의 기업가이자 발명가, 그리고 미래학자다.

레이 커즈와일은 젊은 시절 발명가이자 기업가로 이름을 날렸다. 그는 광학 문자 인식(OCR) 기술을 개발하여 이미지 내의 글자를 자동으로 인식하는 혁신을 이루었다. 이 기술을 쉽게 설명하자면, 문서를 PDF 파일로 변환할 때 사용되는 기술이다. 1976년에는 음성 합성 및 음석 인식 기술을 이용해 세계 최초의 문자 인식 시스템을 개발하여 시각장애인을 위한 '커즈와일 읽기 기계'를 상용화했다. 이 기계는 컴퓨터가 텍스트를 음성으로 읽어주는 기능을 제공하여, 시각장애인들이 인쇄된 자료에 접근할 수 있도록 도왔다. 이후에 이 기술은 아이폰의 시리(Siri), 아마존의 알렉사(Alexa)와 같은 현대 음성 비서 기술의 기초가 되었다. 그는 또한 전자 악기 분야에서도 혁신을 이끌었다. 1982년 뮤지션 스티비 원더와 협력하여 커즈와일 뮤직 시스템을 설립하고 K250이라는 전자 키보드를 개발했다. 이 신디사이저는 당시 최초로 진짜 피아노 소리를 거의 완벽하게 재현한 전자 악기로 평가받았다.

이 과정에서 커즈와일은 인공지능의 잠재력을 깨닫고, 기술 발전의 방향을 고려해 결국 인공지능이 인간을 초월하는 날이 올 것이라는 통찰을 얻었을 것이다. 2012년부터 그는 구글에서 엔지니어링 디렉터와 자문 역할을 맡아, 인공지능 기반 언어 처리 및 기계학습 연구의 비전을 제시하는 데 중요한 역할을 해왔다. 그리고 구글에서의 역할을 넘어, 그는 현재 날카로운 통찰로 지구 위에서 벌어지고 있는 인류 문명의 거대한 변화 지형도를 조망하고, 미래를 큰 흐름 속에서 예측하는 우리 시대 몇 안 되는 미래학자이다.

　그는 자신의 저서 《지적 기계의 시대》(1990)에서 인공지능과 컴퓨터 기술이 인간의 삶을 어떻게 변화시킬지 논의했고, 1999년 후속작 《영적 기계의 시대》에서는 인공지능이 발전하여 인간의 사고를 모방하고, 기계와 인간의 경계가 사라질 것이라는 개념을 처음으로 구체적으로 제시했다. 2005년 《특이점이 온다》에서 기술적 특이점을 대담하게 제시한 후에, 《마음의 탄생》(2012)에서는 인간의 뇌가 작동하는 방식을 과학적으로 분석하고, 인공지능이 인간의 사고 방식을 어떻게 모방할 수 있는지 구체적으로 논의했다. 이 책을 읽어보면 그의 뇌과학 지식이 피상적이지 않고 매우 구체적이며, 인간 지성의 본질이 무엇인지 정확하게 포착하고 있고, 인공지능과의 연결점까지도 명확히 통찰하고 있다는 사실에 놀라지 않을 수 없다. 그는 자신의 최근작 《특이점이 더 가까이 왔다》(2024)에서 기술적 특이점이 더욱 가까워졌음을 설명하며 최신 인공지능 및 기술 트렌드를 상세히 다루고 있다. 저자 스스로 쓴 '기술적 특이점의 중간 평가서'라고나 할까?

앞으로 가장 주목해야 할 GNR 혁명

　기술적 특이점을 향해 달려가는 40년의 여정에서 이제 막 반환점을 돈 지금, 나는 독자들이 이 책에서 가장 눈여겨봐야 할 부분이 GNR 혁명이라고 본다. 인공지능이 인간 지성을 추월하는 것은 이미 기정사실화된 상황에서, 앞으로는 GNR 혁명의 흐름에 더욱 주목할 필요가 있다.

　GNR 혁명이 각별히 중요한 이유는 유전학, 나노기술, 로봇공학이 서로 융합되면서 커즈와일이 말하는 기술적 특이점으로 가는 핵심 촉진제 역할을 과연 할 수 있을지 지켜봐야 한다는 데 있다. 커즈와일은

GNR 기술이 개별적으로 발전하는 것이 아니라, 서로를 강화하면서 가속적으로 발전할 것이라고 강조해왔는데, 현재로서는 이 세 기술의 융합이 아직 크게 인식되지 않고 있다.

이런 상황에서 최근 전 세계적으로 항노화(anti-aging)가 큰 이슈로 떠오르고 있다. 예전에는 좀 더 오래살기 위한 '수명 연장'이나 건강하게 죽음을 맞이하는 '우아한 노년'이 인간의 바람이었다면, 지금은 건강하게 오래사는 것, 심지어 더욱 젊어지는 것을 목표로 하고 있다. 이삼십대가 노화를 걱정하며 운동을 하고 있고, 세포의 시간을 역전하는 '역노화 기술(revrse aging technology)'이 가능하다는 연구가 연일 쏟아지고 있다. 특히 유전자 편집과 유전학의 발전은 인간의 수명을 연장하고 특정 유전적 질병에 대한 맞춤형 치료도 가능하게 할 수 있다. 향후 20년 동안 이 기술이 인간에게 적용되어 현실적으로 수명 연장과 질병 치료가 가능해질 것인지 귀추가 주목된다.

커즈와일은 나노기술, 즉 분자 수준의 제어와 나노봇을 이용한 질병 치료가 인간 강화로 이어질 것으로 보고 있다. 그는 혈류에 들어가는 의료용 나노로봇이 세포 단위에서 질병을 치료하고, 노화를 방지하며 나노기술 기반 뇌-컴퓨터 인터페이스가 인간의 두뇌와 인공지능을 직접 연결하는 역할을 할 것이라고 주장한다. 물질을 원자 수준에서 조작하는 혁신적인 제조 기술이 등장할 것이라는 얘기인데, 3D 프린팅, 원자 조립을 통한 물질 변형 등을 통해 인공지능이 완전히 새로운 형태의 생체 소재를 만들어낼 것으로 전망하고 있다. 예를 들어, 초경량 고강도 물질이나 자가 복구 기능이 있는 소재 등이다. 기술적 특이점을 이루기 위해서는 이런 기술들이 현실화되어야 한다.

로봇공학과 인공지능의 결합도 앞으로 주목해야 할 분야다. 인공지능과 로봇 발전이 특이점의 핵심 요소인 '자기 개선'을 통해 지능 폭발을 일으킬 가능성이 있으며, AI가 인간을 초월하게 되면, 인간은 인공지능과 융합하여 사이보그 또는 디지털 존재로 진화할 수 있다고 커즈와일은 주장한다. 최근 인공지능 분야에서 물리적 세계를 고려하고 이에 맞는 학습과 추론을 수행하는 '물리적 인공지능(physical AI)', 인간처럼 육체를 가지고 세상의 경험을 통해 스스로 학습하는 '체화된 인공지능(embodied AI)'이 등장하면서 이런 전망은 한층 더 현실성을 얻게 됐다. 로봇공학 기술의 획기적인 발전은 그 자체 동력만이 아니라 인공지능의 발전 덕분에 서로 시너지를 내면서 이루어질 전망이라 더욱 주목된다.

이렇게 세 가지 요소가 서로 보완하며 발전하면서, 인공지능이 초지능(superintelligence)에 도달하는 기술적 특이점을 앞당기리라는 것이 커즈와일의 주장이다. 커즈와일이 GNR 혁명을 각별히 강조하는 이유는 이 기술들이 서로 융합하며 AI 발전을 가속하고, 결국 인간과 기계의 경계를 허무는 방향으로 나아갈 것이기 때문이다. 그는 인공지능이 인간을 초월하는 기술적 특이점이 올 것이라고 주장하는데, 그 과정에서 유전학과 나노기술이 인간의 생물학적 한계를 극복하고, 로봇공학이 인간을 지원하거나 대체할 것이라고 본다. 즉, GNR 혁명이 기술적 특이점으로 가는 가속 장치 역할을 하며, 이를 통해 2045년경 특이점 도래가 가능해진다는 것이 그의 핵심 논리이다. 그는 과연 옳을 것인가? 이것이 중간 평가 이후 기술적 특이점의 관전 포인트이다.

뇌과학자가 바라본 《특이점이 온다》

그렇다면 레이 커즈와일의 주장은 뇌과학자가 볼 때 얼마나 신뢰할 만한가? 일부 뇌과학자들은 커즈와일의 예측이 현재의 기술 발전 추세와 부합한다고 인정한다. 예를 들어, 그는 2030년까지 인간의 뇌를 인공지능과 연결하는 인터페이스 기술이 개발될 것으로 전망하며, 이를 통해 인간의 지능이 더욱 향상될 것이라 주장하는데, 실제로 신경 인터페이스 기술은 꾸준히 발전하고 있으며, 뇌와 인공지능을 연결하려는 연구도 활발히 진행 중이다.

한편, 과도한 낙관론이라고 비판하는 사람들도 있다. 일부 뇌과학자들은 커즈와일의 예측이 지나치게 낙관적이며, 기술 발전의 한계와 복잡성을 충분히 고려하지 않았다고 지적한다. 의식과 지능의 복잡성을 간과했기 때문이다. 뇌과학자들은 인간의 의식과 지능이 단순한 연산 능력 이상의 복잡한 요소들로 구성되어 있다고 강조한다. 따라서, 기계가 인간의 지능을 완전히 모방하거나 초월하는 것은 단순한 기술 발전만으로는 어려울 수 있다는 의견이 있다. 이처럼 뇌과학자들은 《특이점이 온다》에 대해 기술 발전의 잠재력을 인정하면서도, 인간 지능의 복잡성과 기술 발전의 한계를 고려하여 신중한 접근을 제안하고 있다.

나는 이 책에서 뇌과학자들이 영감과 통찰을 얻을 것이라는 데 주목하고 싶다. 우리가 오랫동안 생각해온 '뇌의 핵심 작동원리'를 재고하고, 인공지능을 창조하는 과정에서 오히려 뇌에 대한 영감을 얻을 수 있으리라 본다. 뇌를 닮은 인공지능(Brain-inspired AI)을 연구하고 있는 학자로서, 인공지능을 통한 뇌과학(AI-inspired neuroscience)이라는 새로운 분야를 조심스럽게 예측해본다.

21세기, 왜 《특이점이 온다》를 읽어야 하는가?

이 책의 가장 큰 의미는 인공지능 발전에 대한 장기적 비전을 제시했다는 데 있다. 단순히 인공지능의 현재 발전 상황을 설명하는 데 그치지 않고, 인공지능이 인간 지능을 초월하는 순간을 상상하게 만들며, 기술의 질주를 촉진하고, 나아가 인류 문명의 방향성마저 뒤흔들어놓았다. 커즈와일은 21세기 인공지능 시대를 앞두고 눈앞의 기술 혁신이 아닌 더 먼 미래를 내다보는 전망을 전 인류에게 제시했다.

그는 기술 발전의 속도에 대한 통찰을 제공하면서 구체적으로 인접 분야와의 융합을 성찰하게 만들었다. 대부분의 사람들은 특정 분야에 주목하지만, 분야 간 연계를 따져보고 통합적이고 총체적인 관점에서 사고하는 학자는 드물다. 이 책 덕분에 우리는 인공지능, 생명공학, 나노기술 등 다양한 혁신 기술이 폭발적으로 발전하는 오늘날 미래를 대비하려면 단순한 직선적 사고가 아닌, 기하급수적 사고(exponential thinking)가 필요하다는 것을 깨닫게 된다. 이 책은 우리가 기술의 발전을 과소평가하고 있을 가능성을 경고하며, 미래 사회에서 개인과 조직이 준비해야 할 방향을 제시한다.

이 책에서 커즈와일은 인간과 기계의 융합 가능성을 제시한다. 유발 하라리의 《호모 데우스》 또한 그런 점에서 이 책에 기대고 있다. 《특이점이 온다》는 아직 오지 않은 세상에 대한 준비를 할 수 있게 돕고, 과감한 상상력을 장착하게 만든다. 중요한 것은, 만약 커즈와일의 예측이 현실화된다면 우리는 기술이 가져올 윤리적 문제와 사회적 변화에 대해 깊이 고민해야 한다는 점이다. 예를 들어, 인공지능으로 인해 사회를 유지하는 데 필요한 인간의 수가 줄어든다면, 인간의 역할은 과연 무엇이 될 것인가? 인공지능이 인간보다 더 지능적인 존재가 되었을 때, 인간의 가치와 정체성은 어떻게 변화할 것인가? 인간과 기계가 공존하게 된다면, 그들을 의미 있는 사회적 주체로 간주해야 한다면, 기존의 법과 도덕 체계는 어떻게 변화해야 하는가? 이런 본질적인 질문을 던지는 이 책은 인공지능 시대의 윤리적, 철학적 논의를 시작하는 중요한 출발점이 될 수 있다. 아울러, 21세기의 가장 중요한 기술 트렌드를 예측하는 과정에서 이 책을 통해 기업가는 비즈니스 아이디어를 얻고, 학생은 미래 진로에 대한 통찰을 얻을 수 있으며, 정책 입안가들은 장기적 전략을 구상할 수 있다. 그렇기에 이 책은 단순한 SF적 예측이 아니라, 21세기 미래를 이해하는 데 필수적인 책이다.

이 책은 여럿이 함께 읽고 토론할 때 더 빛을 발한다. 구체적인 예측의 맞고 틀림에 연연하지 않고 기술과 문명의 큰 지형도를 통찰할 때 진정한 가치를 발견할 수 있다. 특정 영역을 넘어 여러 영역들이 어떻게 서로 상호작용하고 융합될지 거시적 안목을 키우는 데에도 유용하다. 《특이점이 온다》는 21세기 기술 발전과 미래 사회에 대한 중요한 통찰을 제공하며, 순식간에 인공지능이 일상으로 들어온 지금, 현대인이 마주해야 할 도전과 기회를 선명하게 제시한다. 21세기 내내 우리 모두가 늘 곁에 두고 종종 펼쳐봐야 할 책이다.

2025년 3월
정재승(KAIST 뇌인지과학과 교수, 융합인재학부 학부장)

프롤로그

생각의 힘

> 이 세상의 어느 누구도 발명가가 자신의 지적 창조물이 성공하는 것을 볼 때
> 느끼는 전율보다 더 큰 전율을 느끼지는 못할 것이다.
>
> —니콜라 테슬라, 1896년, 교류전류 발명가

다섯 살 되던 해에 나는 발명가가 되겠다는 꿈을 세웠다. 나는 발명가가 세상을 바꿀 수 있다고 생각했다. 다른 아이들이 커서 무엇이 될까 이리저리 궁리하고 있을 때 나는 이미 장차 무슨 일을 할지 알았으므로 뿌듯했다. 당시 내가 만들고 있던 달 로켓은 실패했지만(케네디 대통령이 달 탐사에 나서기 10년도 전이었다), 여덟 살이 되던 해에 나의 발명은 기계 장치로 무대와 배우들을 움직일 수 있는 로봇 극장이나 가상 야구 게임과 같이 조금 더 현실적인 꼴을 갖춰갔다.

유대인 대학살에서 살아남은 예술가인 나의 부모님은 내가 좀 더 세속적이고 편협하지 않은 종교적 교육을 받길 원했다.[1] 그 결과 내 영혼의 교육은 유니테리언 교회에서 이루어졌다. 우리는 6개월간 한 종교를 연구하고(예배 의식에 참가하고, 경전을 읽고, 종교 지도자들과 대화를 나누고) 다른 종교로 넘어갔다. 주제는 '진리로 가는 여러 갈래의 길'이었다. 물론 종교 간에 첨예하게 모순되는 부분도 있지만, 세계의 종교적 전통 사이에는 많은 유사성이 있다는 것을 나는 알게 되었다. 기본적인 진실은 외관상의 모순을 초월할 만큼 충분히 심오하다는 것도 깨닫게 되었다.

여덟 살에 읽었던 톰 스위프트 주니어 시리즈 전체 33권의 플롯은

항상 같았다(내가 시리즈를 읽기 시작한 1956년에는 그중 아홉 권이 출간되어 있었다). 주인공 톰이 힘든 상황에 처하게 되는데, 그와 친구들의 운명, 심지어 인류 전체의 운명이 경각에 달린 상황이다. 톰은 지하 실험실로 들어가 문제를 해결할 방법을 생각한다. 톰과 친구들이 어떤 재치 있는 아이디어를 생각해내서 궁지를 벗어날까 하는 게 이야기의 긴장 요소였다.[2] 교훈은 간단했다. 우리는 올바른 생각을 통해 불가항력의 난제로 보이는 것까지 극복할 수 있다는 것이다.

오늘날까지 나는 이 기본적인 철학을 확신하고 있다. 어떠한 곤경(비즈니스 문제, 건강 문제, 인간관계 문제뿐 아니라 우리 시대의 큰 과학적, 사회적, 문화적 난제)에 처하더라도 그것을 극복할 수 있는 아이디어가 있게 마련이고, 또 우리는 그 아이디어를 찾아낼 수 있다는 것이다. 그리고 일단 찾아내면, 그것을 수행해야 한다. 내 삶은 이 원칙에 입각하여 발전해왔다. 생각의 힘, 그 자체가 하나의 훌륭한 생각이다.

내가 톰 스위프트 주니어 시리즈를 읽던 무렵, 옛날에 어머니와 함께 유럽에서 탈출했던 할아버지는 전후 처음으로 다시 유럽에 방문했다가 두 가지 중요한 경험을 하고 돌아오셨다. 하나는 그가 1938년에 피난을 떠나게 만들었던 사람들인 독일인과 오스트리아인들에게서 받은 친절한 대접이었다. 또 다른 하나는 레오나르도 다빈치의 필사 원고를 손으로 직접 만져볼 수 있었던 것이다. 두 가지 얘기가 모두 나에게 영향을 미쳤지만, 후자는 더욱 강렬하게 기억에 남는다. 할아버지는 마치 신의 작품을 만져본 것처럼 외경심을 가지고 이야기해주었다. 당시에는 이것이 나를 기른 종교였다. 인간의 창조력과 생각의 힘에 대한 숭배 말이다.

1960년, 열두 살이 되었을 때 나는 컴퓨터를 접하고 그것이 세계를 모방하고 재창조하는 능력에 매료되었다. 나는 맨해튼의 카날 스트리트에 있는 전자기기점(이 점포들은 지금도 거기에 있다!)을 배회하며 부품을 모아 나만의 컴퓨터 장치를 만들었다. 1960년대에 나는 친구들처럼 당대의 음악적, 문화적, 정치적 흐름에 몰두했지만, 그보다 잘 알려지지 않은 또 다른 트렌드, 말하자면, 덩치가 커다란 7000 시리즈(7070, 7074, 7090, 7094)부터 사실상 첫 번째 '미니컴퓨터'였던 작은 1620 모델까지 IBM이 내놓은 놀라운 일련의 기계들에도 빠져들었다. 거의 일 년에 하나씩 새 모델이 더 싼 가격으로 더 강력한 기능을 가지고 등장했다. 지금의 우리에게는 익숙한 발전 속도다. IBM 1620을 사용할 수 있게 된 나는 그것으로 통계 분석 프로그램과 작곡 프로그램을 만들었다.

나는 1968년에 당시 뉴잉글랜드에서 가장 강력한 컴퓨터였던 최신 IBM 360 모델 91을 안전하게 보관하고 있던 굴 속 같은 방에 출입 허가를 얻어 들어갔던 때를 지금도 기억한다. 이 컴퓨터는 백만 바이트*(1메가바이트)의 '자기 코어' 메모리와, 초당 백만 개의 명령을 처리할 수 있는 속도(1MIPS)를 가지고 있었는데도 임대료는 한 시간에 천 달러밖에 하지 않았다. 나는 고등학생들을 지원 대학에 매칭시키는 컴퓨터 프로그램을 개발했다. 그리고 기계가 각 학생의 지원서를 처리하는 동안 프런트 패널** 불빛이 특유한 패턴으로 반짝이는 것을 매혹된 눈으로 바라보았다.[3] 나는 프로그램의 코드 한 줄 한 줄을 잘 알고 있었지만, 그럼에도 불구하고 각 사이클의 결과를 처리하면서 몇 초간 불빛이 깜빡일 때 마치 컴퓨터가 깊은 생각에 잠겨 있는 것처럼 느꼈다. 실제로 이 컴퓨터는 우리가 열 시간 걸려도 부정확하게 처리할 일을 10초 만에 아무런 오류 없이 처리할 수 있었다.

1970년대에 발명가로서 나는 미래의 기술과 시장의 힘이라는 측면에서 의미가 있는 발명을 해야 한다는 것을 깨닫게 되었다. 발명이 실제 소개될 세상은 처음 발명이 만들어진 세상과는 전혀 다를 것이기

---

*   정보 처리 기본 단위. 보통 8개의 비트(2진수)를 1바이트로 취급한다.
**   초기의 전자식 컴퓨터에서 레지스터나 기억 장치의 상태 변화를 점검하기 위해 사용하던 디스플레이 장치. 여러 개의 버튼, 스위치, 깜박이는 불빛 등이 배열된 형태였다.

때문이다. 나는 서로 다른 기술들(전자공학, 통신, 컴퓨터 처리 장치, 메모리, 자기 저장 장치 등)의 발전에 관한 모델과, 이러한 변화들이 시장 및 사회에 미치는 영향에 관한 모델을 개발했다. 나는 대부분의 발명이 실패하는 이유는 연구 개발 부서가 해결책을 만들어내지 못해서가 아니라 시기가 잘못되었기 때문이라는 것을 깨달았다. 발명은 파도타기와 비슷하다. 물결을 정확히 예측하고 잡아낼 수 있어야 한다.

여러 기술 동향과 그 의미에 대한 내 관심은 1980년대에 시작되었다. 나는 내 모델들을 이용해 2000년, 2010년, 2020년 그리고 그 이후에 등장할 미래의 기술과 혁신을 추정하고 예측했다. 이를 통해 미래의 가능성을 이용할 발명품을 상상하고 설계함으로써 미래에도 통할 만한 발명들을 할 수 있었다. 1980년대 중후반에는 첫 책인 《지적 기계의 시대》를 썼다.[4] 이 책에는 1990년대와 2000년대에 대한 광범위한(그리고 상당히 정확한) 예측이 포함되어 있다. 책의 마지막 부분에서 나는 21세기 전반에 인간 지능과 구별되지 않는 수준의 기계 지능이 등장할 것이라 전망했다. 이것은 매우 압도적인 결론이었고, 나도 그토록 현격한 변화 너머를 더 예측하기는 힘들다고 느꼈다.

지난 20년간 나는 세상을 변화시키는 생각의 힘 자체도 가속적으로 발전한다는 사실을 깨달았다. 이렇게 말하면 사람들이 보통 쉽게 동의한다. 하지만 이 사실이 의미하는 바를 완전히 이해하는 사람은 많지 않다. 수십 년 안에 우리는 생각의 힘으로 오래된 문제들을 정복할 것이고, 그 과정에서 몇몇 새로운 문제들을 끌어들일 것이다.

1990년대에 나는 모든 정보 관련 기술의 뚜렷한 가속에 관한 경험적 데이터를 수집하고, 이러한 관찰에 기초해서 수학적 모델을 다듬었다. 나는 수확 가속의 법칙*이라고 칭한 이론을 정립했다. 기술

---

* 경제학의 '수확 체감의 법칙'에 빗대어 저자가 만든 용어로, 정보기술의 수확은 가속적으로 성장한다는 법칙.

과 진화 과정이 기하급수적으로 발전하는 이유를 설명한 이론이다.[5] 1998년에 쓴 《영적 기계의 시대》에서는 기계와 인간 인식의 경계가 흐려진 이후 출현할 인간의 본질을 명확히 하려고 했다. 나는 우리의 생물학적 유산과 생물학을 초월한 미래가 밀접하게 협력할 때가 온다고 보았다.

《영적 기계의 시대》 출간 이후에 나는 우리 문명의 미래와 우주에서 우리의 위치에 대해 생각하기 시작했다. 우리를 훨씬 능가하는 지능을 가진 미래 문명을 상상하기는 쉽지 않지만, 마음속에 현실의 모델을 만드는 능력 덕분에 우리는 인간이 창조할 비생물학적 지능과 인간의 생물학적 사고가 융합된다는 것이 어떤 의미일지, 합리적으로 통찰해볼 수 있다. 이것이 바로 이 책에서 하고 싶은 이야기이다. 우리가 우리 자신의 지능을 이해할 수 있으며(말하자면 스스로의 소스 코드*에 접근해서), 나아가 수정하고 확장할 수 있다는 생각을 전제하는 이야기이다.

혹자는 인간의 사고를 활용해서 인간의 사고를 이해한다는 것에 의문을 제기하기도 한다. 인공지능(AI) 연구자 더글러스 호프스태터는 '인간의 뇌가 스스로를 이해할 만한 능력이 없다는 것은 그저 어쩔 수 없는 운명이다. 범속한 기린을 생각해보라. 기린의 뇌가 자기 이해에 필요한 수준 이하라는 것은 분명하다. 그런데 인간의 뇌는 기린의 뇌와 그다지 다르지 않은 것이다'라고 이야기한다.[6] 그러나 우리는 이미 우리 뇌의 일부(뉴런과 중요한 신경계)를 모델링하는 데 성공했고, 모델의 복잡성은 빠른 속도로 증가하고 있다. 책에서 자세히 설명하게 될 주제인 인간 뇌 역분석** 분야에서 이루어진 발전을 보면, 우리

---

*   원시 부호라고도 한다. 컴퓨터에서 기계어로 변환되기 전의, 인간이 판독할 수 있는 명령문 언어. 설계 구조라는 뜻으로 쓰였다.

**   설계도 없이 완성품을 분해하여 작동 원칙을 알아내는 기법. 주로 역공학이라 불리지만 이 책에서는 '역공학을 위한 분석'에 가까운 뜻이라 역분석으로 옮겼다.

가 스스로의 지능을 이해하고, 모델링하고, 확장할 능력을 가지고 있다는 것은 틀림없어 보인다. 이것이 바로 인간만이 가진 독특한 면이다. 우리의 지능은 무한한 창조력의 세계로 현재의 능력을 끌어올리기에 필요한 임계점을 충분히 넘어서 있다. 우리는 또 맞잡을 수 있는 조작 기관(엄지)을 갖고 있어서 얼마든지 세계를 우리 의지대로 주무를 수 있다.

톰 스위프트 주니어를 읽을 무렵, 나는 마술에도 열심이었다. 관객들이 현실에서 명백하게 불가능한 변화를 경험하며 즐거워하는 모습이 내게도 좋았다. 그러나 10대에 나는 마술 대신 기술 프로젝트에 열광하게 되었다. 기술은 단순한 속임수와는 달리 비밀이 밝혀진 후에도 그 초월적인 힘을 잃지 않는다는 것을 알게 되었다. 나는 요즘도 종종 '충분히 발달한 기술은 마법과 구분되지 않는다'는 이른바 아서 C. 클라크의 세 번째 법칙*을 떠올린다.

조앤 롤링의 해리 포터 이야기를 이런 견지에서 생각해보자. 소설은 가상의 세계를 보여주지만, 앞으로 길어봐야 수십 년 후에는 실제로 존재할 세계이기 때문에 터무니없는 공상이라고 할 수만은 없다. 포터의 모든 '마법'은 내가 책에서 소개할 기술들을 통해 틀림없이 실현될 것이다. 퀴디치 경기, 사람이나 물건을 다른 모습으로 바꾸는 일은 완전한 가상현실 환경뿐 아니라 실제 현실에서도 나노 기계장치를 통해서 실현 가능하다. 시간을 거꾸로 돌리는 문제(《해리 포터와 아즈카반의 죄수》에 나온)는 훨씬 의심스럽지만 현재 몇 가지 진지한 제안들이 나오고 있다(인과 관계의 모순을 야기하지 않는 것들이다). 최소한 몇 비트의 정보 정도는 시간 여행을 시킬 수 있을지도 모르는데, 결국 인

---

*   나머지 두 가지 법칙은 다음과 같다. 1. 뛰어난, 그러나 나이 든 과학자가 무언가 가능하다고 하면 그것은 거의 사실에 가깝다. 그러나 그가 무언가 불가능하다고 하면 그 말은 틀렸을 가능성이 높다. 2. 가능성의 한계를 알아보는 유일한 방법은 한계를 넘어 불가능의 영역에 도전해보는 것밖에 없다.

간이란 정보 이상 아무것도 아니다(계산의 한계를 논한 3장 참조).

해리는 알맞은 주문을 외워서 그의 마법을 풀어놓는다. 물론 적절한 주문을 알고 적용하는 것은 간단한 일이 아니다. 해리와 친구들은 순서와 절차와 강세를 정확하게 해야 한다. 기술과 관련된 우리의 경험도 마찬가지다. 우리가 쓰는 주문은 현대 마법의 기저를 이루는 공식들과 알고리즘*들이다. 우리는 이들을 이용해서 컴퓨터가 책을 소리 내어 읽고, 사람의 말을 이해하고, 심장 마비를 예측하거나 예방하고, 주식 시장에서 자산의 흐름을 예측하게 할 수 있다. 주문이 조금이라도 틀어지면, 마법은 크게 약해지거나 전혀 효과를 발휘하지 못하게 된다.

호그와트의 주문들은 너무 간단해서 현대 소프트웨어 프로그램의 코드와 비견할 만한 정보를 담고 있을 리 없다며, 이 같은 은유에 이의를 제기할 수도 있다. 그러나 현대 기술의 본질적인 방법론은 일반적으로 그 주문들만큼이나 간결하다. 소프트웨어의 작동 원칙이 발전을 거듭한 덕에 이제는 서너 페이지 정도의 공식을 작성하면 금세 음성 인식이 가능할 정도다. 하나의 공식에 작은 변경을 가하는 것만으로 기능이 크게 향상되곤 한다.

생물학적 진화가 이뤄낸 '발명들'도 그랬다. 예를 들어 침팬지와 사람의 유전적 차이는 불과 몇십만 바이트의 정보에 불과하다. 침팬지도 약간의 지적 재주에 필요한 능력을 갖추고는 있지만, 유전자의 작은 차이 때문에 우리 인간은 기술이라는 마법을 창조할 충분한 힘을 가지게 된 것이다.

뮤리엘 러카이저**는 '세계는 원자가 아니라 이야기로 이루어져 있다'고 말한다. 7장에서 나는 내 입장을 '패턴주의자'라 규정할 것이다.

---

* 　어떤 문제의 답을 구하기 위한 유한한 단계의 수학적 과정 절차. 컴퓨터에서는 어떤 문제를 해결하기 위해 컴퓨터가 사용 가능한 정확하고 유한한 단계적 방법.
** 　미국 시인이자 사회활동가.

정보의 패턴이야말로 근본적인 현실이라고 믿는 사람이란 뜻이다. 가령 내 뇌와 몸을 구성하는 입자들은 수주 안에 교체되지만, 이들이 만들어내는 패턴에는 연속성이 있다. 이야기는 정보의 의미 있는 패턴이라 할 수 있다. 우리는 뮤리엘 러카이저의 경구를 이러한 견지에서 해석할 수 있다. 그리하여 이 책은 인간-기계 문명의 운명에 관한 이야기이자, 특이점이라고 부르는 운명에 관한 이야기가 된다.

여섯 시기

사람들은 자기 비전의 한계를 세계의 한계로 생각한다.

—아르투어 쇼펜하우어

특이점*을 처음으로 인식한 것이 언제였는지는 분명하지 않지만, 혁신적인 인식이었다는 것만은 분명하다. 컴퓨터와 관련 기술에 몰두해온 지난 반세기 동안, 나는 다양한 수준에서 목격한 끊임없는 격변의 의미와 목적을 이해하려 노력했다. 그러면서 차츰 21세기 전반을 뒤덮을 것으로 보이는 변화의 조짐을 어렴풋하나마 인식하게 되었다. 우주 공간의 블랙홀이 제 사건의 지평선** 쪽으로 물질과 에너지를 끌어당기며 그 패턴을 극적으로 변화시키는 것처럼, 우리의 미래에 닥쳐올 특이점은 성적인 것에서부터 영적인 것에 이르기까지 인간의 모든 생활 양상을 점점 더 빠르게 바꾸고 있다.

특이점이란 무엇인가? 그것은 미래에 기술 변화의 속도가 매우 빨라지고 그 영향이 매우 깊어서 인간의 생활이 되돌릴 수 없도록 변화되는 시기를 뜻한다. 유토피아도 디스토피아도 아닌 이때, 비즈니스 모델부터 인간의 수명에 이르기까지, 우리가 삶에 의미를 부여하기

---

*   천체물리학에서는 블랙홀 내 무한대 밀도와 중력의 한 점을 뜻하는 용어로 잘 알려져 있으며, 이 책에서는 사회경제적인 의미로 차용하여 너머를 알 수 없을 정도로 커다란 단속적 변화가 이뤄지는 시점을 가리킨다.

**   블랙홀의 중심인 특이점을 둘러싼 영역으로서, 블랙홀의 표면이라고도 할 수 있다. 그 안에서는 탈출속도가 광속보다 커서 어떤 것도 블랙홀 밖으로 벗어날 수 없다. 사건의 지평선의 반지름은 슈바르츠실트 반지름이라고도 한다.

위해 사용하는 온갖 개념들에 변화가 일어날 것이다. 죽음도 예외가 아니다. 특이점을 이해하게 되면 지나간 과거의 의미와 미래에 다가올 것들에 대한 시각이 바뀐다. 특이점을 정확하게 이해하면 보편적 삶이나 개인의 개별적 삶에 대한 인생관이 본질적으로 바뀐다. 나는 이러한 특이점을 이해하고 그것이 자신의 삶에 미치는 영향을 고려하는 사람을 '특이점주의자'라고 부를 것이다.[1]

나는 왜 많은 사람들이 이른바 수확 가속의 법칙(기술적 진화가 생물학적 진화의 뒤를 이음으로써 진화의 가속적 속도가 유지되는 것)이라는 현상의 명백한 결과를 쉽게 받아들이지 못하는지 알고 있다. 나만 해도 이것을 이해하고 인정하는 데 40년이 걸렸고, 아직도 그 모든 결과를 전적으로 납득할 수 있다고 말하기는 어렵다.

특이점이 임박했다는 판단의 기저에는 인간이 창조한 기술의 변화 속도가 가속되고, 기술의 힘이 기하급수적으로 확대되고 있다는 인식이 깔려 있다. 기하급수적인 증가에는 함정이 있다. 그것은 거의 눈에 띄지도 않게 시작하지만 우리가 궤도 변화를 눈치채지 못하는 사이, 갑작스럽게 폭발적으로 증가한다(이 장의 '선형 증가 대 기하급수적 증가 비교' 그림 참조).

이와 관련해서 우화를 한 가지 들어보자. 어떤 사람이 호수의 물고기들을 관리하고 있다. 그는 며칠마다 두 배로 늘어나는 수련 잎들이 호수를 뒤덮지 않을지 지켜보는 중이다. 몇 달간 꾸준히 지켜보았지만, 수련 잎은 호수의 극히 일부만 덮고 있고 범위가 그다지 확대될 것 같지 않았다. 수련 잎이 호수의 채 1퍼센트도 차지하지 않았기 때문에 그는 자리를 비워도 큰 문제가 없겠다고 판단하고 가족과 함께 휴가를 떠났다. 그러나 몇 주 후 휴가에서 돌아왔을 때, 그는 호수 전체가 수련 잎으로 덮여 물고기가 모두 죽은 것을 보고 놀라지 않을 수 없었다. 며칠마다 두 배로 늘어나므로 마지막 일곱 차례만으로도 전체 호수를 덮기에 충분했던 것이다. (일곱 번 배가되면 128배로 늘어난다.) 이것이 기하급수적인 증가의 본질이다.

1992년에 가리 카스파로프*는 컴퓨터의 형편없는 체스 실력을 비웃었다. 그러나 컴퓨터의 능력은 매년 예외 없이 배가되었기 때문에 그로부터 5년 후에는 컴퓨터가 그를 이겼다.[2] 오늘날 컴퓨터가 인간의 능력을 뛰어 넘는 영역은 급속도로 증가하고 있다. 이전에는 제한적으로 적용됐던 컴퓨터 지능이 활동 영역을 차차 넓혀가고 있다. 가령 컴퓨터는 심전도와 의료 영상을 검토하고, 비행기를 이착륙시키고, 자율적 무기의 전술 판단을 제어하고, 신용이나 금융에 관한 결정을 내리는 등 인간의 지능을 필요로 하던 많은 일들을 떠맡고 있다. 이러한 시스템들은 점점 다양한 유형의 인공지능을 통합적으로 활용하고 있다. 그러나 회의론자들은 인공지능이 어떤 영역에든 조금이라도 부족한 면을 보이면 그 영역이야말로 인간의 능력이 인간 창조물의 능력보다 본질적으로 우월한 영원한 보루라고 이야기할 것이다.

하지만 이 책을 통해 내가 주장하는 바와 같이, 정보 기반 기술들은 수십 년 내에 인간의 모든 지식과 기량을 망라하고 궁극적으로 인간 두뇌의 패턴 인식 능력과 문제 해결 능력, 감정 및 도덕적 지능에까지도 이르게 될 것이다.

여러 가지 면에서 인상적이긴 해도, 우리의 두뇌는 심각한 한계를 안고 있다. 뇌는 고도의 병렬 처리(100조 개의 개재뉴런** 연결이 동시에 작용한다)를 이용해 섬세한 패턴을 빠르게 인식한다. 그러나 우리의 사고는 극도로 느리다. 기본적인 신경 처리 속도는 오늘날의 전자 회로와 수백만 배 차이가 난다. 인간 지식 기반***이 기하급수적으로 증가

---

* 구소련 출신의 전(前) 세계 체스 챔피언. 2005년 은퇴했다.
** 연합뉴런이라고도 한다. 감각뉴런과 운동뉴런 사이를 이어줄뿐더러 자신들끼리도 복잡하게 상호연결을 짓는데 이 신경망이야말로 고등 동물 신경계의 가장 핵심적인 구조이다. 고등한 신경계일수록 개재뉴런의 수와 연결 가지수가 많아서 사고작용 등 복잡한 활동을 뒷받침한다.
*** 지식 베이스라고도 한다. 데이터베이스에 대응하여, 단순한 정보가 아니라 문제 해결에 유용한 복잡한 지식들을 쌓아서 구축한 기반을 가리킨다. 주로 전문가 시스템의 구성 요소를 가리킨다.

하는 데 반해 새로운 정보 처리를 위한 생리학적 대역폭*은 극도로 제한되어 있다.

게다가 1.0 버전이라 할 수 있는 생물학적 인체는 유지관리하기가 까다로울뿐더러 허약하고, 기능에 문제가 생기기 쉽다. 인간의 지능은 가끔 창조성과 의미표현에서 뛰어난 면을 드러내기도 하나 인간의 사고는 대부분 독창적이지 못하여 보잘것없고 제한적이다.

특이점을 통해 우리는 생물학적 몸과 뇌의 한계를 극복할 수 있을 것이다. 우리는 운명을 지배할 수 있는 힘을 얻게 될 것이다. 죽음도 제어할 수 있게 될 것이다. 원하는 만큼 살 수 있을 것이다(영원히 살게 되리라는 것과는 약간 다른 말이다). 우리는 인간의 사고를 완전히 이해하고 사고 영역을 크게 확장할 것이다. 이 세기가 끝날 때쯤에는 지능의 비생물학적인 부분이 순수한 인간의 지능과 비교할 수 없을 만큼 강력해져 있을 것이다.

우리는 지금 이러한 변화의 초기 단계에 있다. 정보기술의 발전뿐 아니라 패러다임 전환 속도(기본적인 기술적 접근법이 바뀌는 속도)도 이른바 '곡선의 무릎', 즉 기하급수적 증가 추세가 두드러지기 시작하는 단계에 근접하고 있다. 이 바로 다음에는 폭발적인 증가가 나타난다. 이번 세기 중반이 되기 전에 기술(우리 자신과 구별할 수 없게 될)의 증가 속도는 매우 급격해져서 거의 수직에 가깝게 될 것이다. 수학적으로 엄밀하게 말하면 증가 속도의 값은 유한하다. 하지만 너무나 큰 값이다. 이에 따라 발생하는 변화들은 인간의 역사를 이전과 단절시킬 정도일 것이다. 물론 강화되지 않은 생물학적 인간의 시각에서 보았을 때의 이야기이다.

특이점은 생물학적 사고 및 존재와 기술이 융합해 이룬 절정으로서, 여전히 인간적이지만 생물학적 근원을 훌쩍 뛰어넘은 세계를 탄

* 어떤 신호가 점유하는 주파수의 폭. 또는 전자장치를 통해 전송할 수 있는 주파수의 범위.

생시킬 것이다. 특이점 이후에는 인간과 기계 사이에, 또는 물리적 현실과 가상현실 사이에 구분이 사라질 것이다. 그때에도 변하지 않고 존재하는 인간성이란 게 있을까? 물론이다. 늘 현재의 한계를 넘어 물질적, 정신적 영역을 확장하고자 하는 인간의 고유의 속성은 여전할 것이다.

많은 사람들이 이런 변화로 인해 인간성의 중요한 부분들을 잃게 될 것이라고 생각하고 그 문제에 집중한다. 그러나 그것은 다가올 기술의 모습에 대한 오해에 근거한 것이다. 지금까지 우리가 경험한 기계들은 인간의 섬세한 생물학적 성질들이 결여된 존재였다. 특이점의 여러 가지 함의 중에서 가장 중요한 것은 기술이 가장 인간다운 특성이라고 여겨지는 정교함과 유연함에 있어 인간에 맞먹게 되고 나아가 뛰어넘으리라는 것이다.

직관적 선형 관점 대 역사적 기하급수적 관점

첫 번째 초인간 지능이 창조되어 그 지능이 재귀적인 자기 개선을 시작하면 근원적인 단절이 발생할 것인데, 그와 같은 것은 예측하기조차 어렵다.

—마이클 아니시모프[*]

1950년대의 전설적인 정보 이론가 존 폰 노이만은 이런 말을 했다고 한다. '기술의 항구한 가속적 발전으로 인해 인류 역사에는 필연적으로 특이점이 발생할 것이며, 그 후의 인간사는 지금껏 이어져온

---

[*] 미국의 펀드매니저이자 프리랜서 과학저술가로, 특이점, 나노기술, 초지능, 트랜스휴머니즘 등에 관심을 갖고 강연 및 각종 단체 활동을 하고 있다.

것과는 전혀 다른 무언가가 될 것이다.'³ 폰 노이만은 여기서 '가속'
과 '특이점'이라는 두 가지 중요한 개념을 언급했다. 첫 번째 개념은
인간의 발전이 선형적(즉 상수를 반복적으로 더해서 증가하는)이지 않고
기하급수적(즉 상수를 반복적으로 곱해서 증가하는)이라는 것이다.

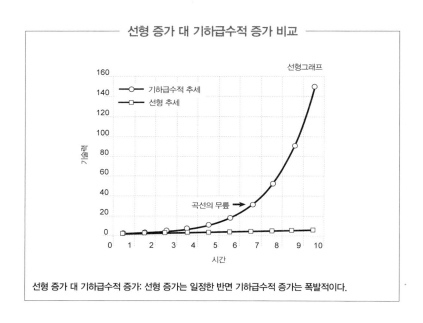

선형 증가 대 기하급수적 증가: 선형 증가는 일정한 반면 기하급수적 증가는 폭발적이다.

    두 번째 개념은 기하급수적 증가가 최초의 예측을 뛰어넘는 속성
을 지닌다는 것이다. 처음에는 더디게 시작해서 사실상 눈에 띄지 않
지만, 곡선의 무릎을 넘어서면서부터는 폭발적으로 증가하여 완전한
변화를 가져온다. 우리는 미래를 여러 가지로 오해하고 있다. 선조들
은 현재가 과거와 크게 다를 바가 없으니 미래도 현재와 흡사하리라
생각했다. 기하급수적 경향은 천 년 전에도 존재했지만, 당시는 초기
단계로 변화가 매우 평탄하고 느려서 변화의 조짐이 없는 것처럼 보
였다. 그래서 결과적으로 사람들이 예상한 대로 미래에도 별다른 변
화가 이루어지지 않았던 것이다. 오늘날 우리는 끊임없는 기술의 진

보와 그에 따른 사회적 영향을 예견한다. 그러나 미래는 대부분의 사람들이 인식하는 것보다 훨씬 더 놀라울 것이다. 변화의 속도가 가속된다는 사실의 의미를 제대로 알고 있는 사람이 드물기 때문이다.

먼 미래에 어떤 것들이 기술적으로 실현 가능할지 예측할 때, 대부분의 사람들은 미래의 발전력을 턱없이 과소평가한다. 소위 '역사적으로 확인된 기하급수적' 관점이 아니라 '직관적으로 느껴지는 선형적' 역사관에 기반하기 때문이다. 다음 장에서 자세히 설명하겠지만, 패러다임 전환의 속도는 10년마다 두 배씩 증가해왔다. 20세기 내내 그렇게 차츰 증가해서 오늘날의 발전 속도에 다다른 것이다. 2000년도의 발전 속도로는 20세기 내내 성취한 모든 것을 단 20년 만에 해치울 수 있을 것이다. 그만큼의 발전을 이제는 또 14년 안에(2014년까지) 이룰 수 있다. 또 다음에는 7년 안에 해낼 수 있을 것이다. 다시 말해, 21세기에 우리가 이룰 기술 향상은 100년의 분량에 국한되지 않을 것이다. 대략 2천 년간의 발전을(현재의 발전 속도를 기준으로 측정했을 때), 혹은 20세기 내내 이룬 것보다 천 배 더 큰 발전을 목격하게 될 것이다.[4]

미래에 대한 오해는 여러 곳에서 흔하게 등장한다. 일례로, 최근에 내가 분자 제조의 실현 가능성에 관한 토론에 참석했었는데, 노벨상 수상자인 한 토론자가 '100년은 있어야 자기복제하는 나노공학적 개체(분자 수준에서 만들어진 기기)를 보게 될 것'이라고 하면서 나노기술*의 안전성에 관한 논의를 마무리지어버렸다. 나는 현재의 발전 속도(20세기에 우리가 보았던 평균 변화 속도의 5배)가 지속된다고 할 때 나노기기에 필요한 기술 발전 시간을 추측한다면 100년이 합리적인 예측이라 인정했다. 그러나 문제는 발전의 속도 자체가 10년마다 배가

---

*   10억분의 1미터를 뜻하는 나노미터 수준에서 물질을 조작하는 모든 기술의 총칭. 보통 100 나노미터 미만의 조작을 하는 것을 뜻한다.

된다는 것이다. 따라서 현재의 발전 속도로 한 세기가 걸릴 발전을 실제로는 25년이면 이룰 수 있을 것이다.

2003년에 〈타임〉이 DNA 구조 발견 50주년을 기념해 개최한 미래 생명 학회에서도 마찬가지였다. 초대 연사들은 모두 지난 50년의 발전에 기대어 앞으로 올 50년의 모습을 그렸다.[5] 가령 DNA를 발견한 제임스 왓슨은 체중 증가 없이 원하는 만큼 먹을 수 있게 해주는 약이 50년 내에 개발될 것이라고 했다.

나는 반박했다. "50년이라고요?" 우리는 이미 쥐 실험을 통해 지방 세포의 지방 저장을 제어하는 지방 인슐린 수용체 유전자를 차단함으로써 실현 가능성을 확인했다. 현재 인체에 사용할 약이(5장에서 다룰 여러 기술들 및 RNA 간섭을 이용해) 개발 중이고 몇 년 안에 미국 식품의약청 임상시험을 받을 것이다. 50년이 아니라 5년이나 10년 내에 가능해질 것이라는 말이다. 다른 예측들도 다음 반세기에 다가올 큰 변화를 읽지 못하고 현재의 연구 결과만을 반영한 근시안적인 것들이었다. 학회에 참여한 모든 사상가 가운데 미래의 기하급수적 현상에 주의를 기울인 사람은 빌 조이와 나뿐이었다. 그러나 8장에서 이야기하겠지만, 이 변화의 의미에 대한 해석 면에서는 조이와 나의 의견이 갈린다.

사람들은 직관적으로 미래에도 현재의 발전 속도가 계속될 것이라고 생각한다. 시간에 따라 변화의 속도가 증가한다는 것을 충분히 경험해본 나이 든 사람들조차 검증되지 않은 직관에 이끌려 미래의 변화 속도를 최근의 속도 정도로 생각하기 쉽다. 수학적으로 설명할 때 기하급수적으로 증가하는 곡선도 짧은 구간에서는 직선처럼 보일 수 있으므로 이해하지 못할 바도 아니다. 그래서 안목이 있는 논평가들도 미래를 생각할 때 향후 10년 혹은 100년 동안 일어날 변화를 현재의 변화 속도에 바탕하여 추정하곤 하는 것이다. 그래서 나는 미래에 대한 이러한 시각을 '직관적으로 느껴지는 선형' 관점이라고 부른 것이다.

기술의 역사를 면밀히 살펴보면 기술 변화가 기하급수적이라는 점은 금방 알 수 있다. 기하급수적 증가는 모든 진화 과정의 공통된 특징이지만 개중에서도 기술이 가장 좋은 예다. 전자공학에서 생물학에 이르기까지 다양한 기술을, 그리고 그들의 영향력의 범위를, 심지어 전체 인간 지식의 양이나 경제의 규모를, 여러 가지 방법과 여러 시간 척도를 이용해 살펴본 결과가 그렇다. 사실 기하급수적 증가뿐 아니라, '이중의' 기하급수적 증가도 종종 발견된다. 기하급수적 증가 속도(즉 지수) 자체가 기하급수적으로 증가하는 현상을 의미한다(일례로 2장에 있는 컴퓨터의 가격과 성능에 관한 논의를 참고하라).

많은 과학자와 엔지니어들이 내가 '과학자의 비관주의'라고 부르는 상태에 빠져 있다. 그들은 당대의 과제로 인한 어려움과 복잡한 세부 사항들에 지나치게 매몰된 나머지 긴 안목으로 보았을 때 그들의 작업이 궁극적으로 가져오게 될 결과나 작업을 둘러싼 더 큰 영역의 진가를 이해하지 못하는 경우가 많다. 또 새로운 세대의 기술을 통해 더 강력한 도구를 얻을 수 있다는 사실을 제대로 파악하지 못하는 때가 많다.

과학자들은 회의적인 자세를 취하고, 현재 연구 목표에 대해 신중하게 말하고, 현 세대의 과학적 연구를 뛰어넘어 예측하지 않도록 훈련 받는다. 그런데 이것은 한 세대의 과학과 기술이 인간의 한 세대보다 오래 지속되는 경우에는 문제가 없겠지만, 불과 몇 년 만에 한 세대에 달하는 과학기술 발전이 일어나곤 하는 현대에는 사회적으로 크게 도움이 되지 않는 태도다.

1990년의 생화학자들은 인간 게놈 전체를 15년 만에 해독한다는 목표에 회의적이었다. 당시 과학자들은 꼬박 1년 동안 게놈의 천분의 1밖에 해독하지 못했다. 그래서 당연히 미래의 진보를 예상하더라도 전체 게놈 서열을 해독하는 데는 최소한 한 세기 이상 걸릴 것이라 생각했다.

1980년대 중반에 팽배했던 인터넷에 대한 회의도 마찬가지 사례다. 당시에는 서로 연결된 노드*(서버라고 알려진)의 개수가 수만 개에 불과했다. 이후 노드의 수는 매년 배가되었고, 10년 후에는 수천만 개가 연결되었다. 그러나 1985년, 한 해에 전 세계적으로 고작 수천 개만을 추가할 수 있었던 당시에는 첨단 기술과 씨름하고 있던 사람들이라 해도 이 추세를 제대로 감지하지 못했다.[6]

그런데 정반대의 개념적 오류도 가능하다. 기하급수적 현상을 처음 인식하고 적절한 증가 속도 모델링 없이 지나치게 공격적으로 적용하면 그렇게 된다. 기하급수적 증가는 시간이 지나면서 가속되기는 하지만, 일순간 가속되지는 않는다. '인터넷 거품'과 관련된 원격통신 거품(1997~2000)기의 자산 가치 급등은 기하급수적 증가에 대한 합리적인 기대치를 훨씬 넘어선 것이었다. 다음 장에서 설명하겠지만, 사실 인터넷과 전자 상거래는 폭등기든 폭락기든 상관없이 늘 순조로운 기하급수적 증가를 보여주었다. 성장에 대한 과도한 기대는 자본(주식) 평가에만 영향을 미쳤을 뿐이다. 더 이전의 패러다임 전환기에도 비슷한 실수들이 있었다. 가령 초기 철도 시기(1830년대)에도 미친 듯한 철로 확장이 있었는데, 결국 인터넷의 폭등기 및 폭락기와 유사한 결과를 보이고 말았다.

예언자들이 범하기 쉬운 또 다른 오류는, 다른 것들은 하나도 변하지 않는 것처럼 현재의 틀을 존속한 채 한 가지 경향만 바라보는 것이다. 일례로, 급격한 수명 연장이 가능해지면 인구가 과잉하여 생명 유지에 필요한 제한된 원료 자원이 고갈되고 말 것이라 걱정하는 사람들이 있다. 이들은 나노기술과 강력한 인공지능에 의해 그만큼 급격

* 정보기술에서 망에 존재하는 각종 연결점, 접속점들을 말한다. 데이터를 인식하고 처리하여 다른 노드로 전송하는 역할을 한다.

한 부의 창출이 가능하다는 점은 무시한다. 가령 2020년대에는 나노 기술 기반의 제조 장치들이 값싼 원료와 정보를 이용해서 거의 모든 물리적 제품을 자유롭게 만들어낼 수 있을 것이다.

　내가 기하급수적 관점과 선형 관점의 차이를 강조하는 이유는 미래를 예측하는 사람들이 가장 소홀히 하는 부분이기 때문이다. 사람이든 기법이든, 현재 존재하는 미래 예측들은 대체로 역사적으로 증명된 기술의 기하급수적 발전 현상을 무시하고 있다. 내가 만난 거의 모든 사람들이 미래에 대해 선형 관점을 갖고 있었다. 사람들이 가까운 시일 내에 이룰 수 있는 것에 대해서는 과대 평가하고(필수 항목들을 무시하기 쉽기 때문에) 먼 장래에 이룰 수 있는 것에 대해서는 과소 평가하는(기하급수적 발전을 무시하기 때문에) 경향이 있는 것은 이 때문이다.

여섯 시기

우선 우리가 도구를 만들면, 다음엔 도구가 우리를 만든다.

-마셜 매클루언[*]

미래는 과거와 같지 않다.

-요기 베라[**]

　진화는 점점 질서가 높은 패턴을 창조해가는 과정이다. 질서의 개념에 대해서는 다음 장에서 설명하겠고, 여기서는 패턴의 개념에 집

---

[*]　캐나다의 미디어 이론가. 영문학자. 교육학자.
[**]　미국 메이저리그 야구선수였으며 "끝날 때까지는 끝난 게 아니다" 등 여러 재치 있는 금언들로 유명하다.

중해보자. 나는 세상의 역사는 근본적으로 패턴의 진화로 설명될 수 있다고 본다. 진화는 우회적으로 작업한다. 즉 각 단계나 시기마다 이전 시기의 정보 처리 방법을 철저히 활용해 다음 시기를 창조한다. 나는 진화(생물학적 진화와 기술적 진화 모두)의 역사를 여섯 시기로 개념화해보았다. 특이점은 제5기에 시작될 것이고 제6기에 지구를 벗어나 우주까지 확대될 것이다.

제1기: 물리 현상과 화학 반응 우리 존재의 기원은 물질과 에너지의 패턴이라는 기본적인 구조 속에 정보가 담긴 형태다. 최근의 양자 중력 이론*에서는 시간과 공간을 별개의 양자, 즉 본질적으로 별개인 정보 조각으로 분류한다. 물질과 에너지가 궁극적으로 디지털인지 아날로그인지에 관해서는 논쟁이 계속되고 있지만 그 답과 무관하게 우리는 원자 구조가 독립적으로 정보를 저장하고 표현한다는 사실을 알고 있다.

빅뱅 이후 수십만 년이 지났을 때, 양성자와 중성자로 이루어진 원자핵 둘레의 궤도로 전자가 끌려들어오면서 원자가 형성되었다. 원자의 전기적 구조는 이들이 서로 떨어지지 않게 해주었다. 그로부터 수백만 년 후, 원자들이 모여서 분자라고 불리는 비교적 안정된 구조가 만들어지자 비로소 화학이 탄생했다. 모든 원소들 중 가장 쓰임새가 풍부한 것은 탄소였다. 다른 원소들은 대부분 한 방향에서 세 방향까지 결합할 수 있는 반면 탄소는 네 방향으로 결합할 수 있어서 복잡하고 정보가 풍부한 3차원 구조를 만들어낼 수 있었다.

우리 우주의 법칙들, 그리고 기본적인 힘들의 상호작용을 지배하는 물리상수들의 균형은 어찌나 정교하고 섬세하며 정보의 체계화와

---

* 중력의 상호작용을 양자화하려는 이론. 양자역학과 일반상대성이론의 중력 개념을 통합하려는 이론물리학적 시도다.

진화에 잘 맞는지, 전혀 있을 법하지 않은 이런 상황이 어떻게 생기게 되었는지 이상한 생각이 들 정도다. 누군가는 신의 손을 떠올리고, 누군가는 우리의 손, 즉 우리의 진화를 가능하게 한 우주 안에서만 이러한 질문을 할 수 있다고 주장하는 인류 원리를 생각한다.[7] 다중우주에 관한 최근의 이론들에 따르면, 주기적으로 고유한 법칙을 가진 새로운 우주들이 창조되지만 대부분 곧 사라지거나 흥미로운 패턴의 진화 (지구의 생물이 만들어온 것과 같은) 없이 유지된다고 한다. 이 우주들의 법칙은 점점 더 복잡한 형태의 진화를 견디지 못하기 때문이다.[8] 초기 우주론에 적용된 이러한 진화의 이론을 시험할 방법은 거의 없다. 하지만 어쨌든 현재 우리 우주의 물리 법칙들은 질서와 복잡성을 늘려가는 진화 과정에 안성맞춤인, 놀라운 상태임에 분명하다.[9]

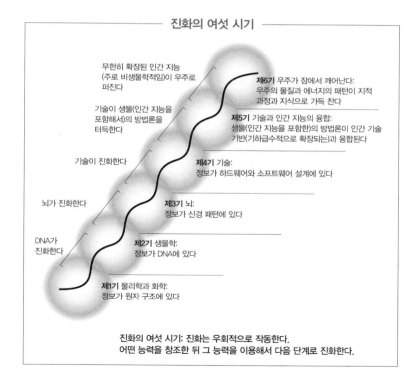

진화의 여섯 시기

무한히 확장된 인간 지능 (주로 비생물학적임)이 우주로 퍼진다

제6기 우주가 잠에서 깨어난다: 우주의 물질과 에너지의 패턴이 지적 과정과 지식으로 가득 찬다

기술이 생물(인간 지능을 포함해서)의 방법론을 터득한다

제5기 기술과 인간 지능의 융합: 생물(인간 지능을 포함한)의 방법론이 인간 기술 기반(기하급수적으로 확장되는)과 융합된다

기술이 진화한다

제4기 기술: 정보가 하드웨어와 소프트웨어 설계에 있다

뇌가 진화한다

제3기 뇌: 정보가 신경 패턴에 있다

DNA가 진화한다

제2기 생물학: 정보가 DNA에 있다

제1기 물리학과 화학: 정보가 원자 구조에 있다

진화의 여섯 시기: 진화는 우회적으로 작동한다. 어떤 능력을 창조한 뒤 그 능력을 이용해서 다음 단계로 진화한다.

제2기: 생물과 DNA 수십억 년 전에 시작된 두 번째 시기에는 탄소 기반 화합물이 점점 더 복잡해져서 자기복제 기제를 갖춘 분자들의 복합체로 발전하였고, 드디어, 생명이 탄생했다. 생물학적 체계는 더 넓은 분자 사회를 설명하는 정보를 저장하기 위해 정교한 디지털 기법(DNA)을 발전시켰다. DNA는 코돈이나 리보솜 등 주변 물질들의 도움을 받아 두 번째 시기의 진화 실험 기록을 보존할 수 있게 되었다.

제3기: 뇌 각각의 시기는 패러다임 전환을 통해 더 높은 단계의 '우회 기법'을 확보함으로써 정보의 진화를 계속한다. (즉 진화는 한 시기의 결과를 이용해서 다음 시기를 창조한다.) 예를 들어, 세 번째 시기에는 DNA가 안내하는 진화에 의해 감각 기관을 이용해 정보를 인지하고 그 정보를 뇌와 신경계에서 처리하고 저장할 줄 아는 유기체가 만들어졌다. 세 번째 시기의 정보 처리 기제(유기체의 뇌와 신경계)는 두 번째 시기의 기제(DNA와 단백질의 후성유전적* 정보와 유전자 발현을 제어하는 RNA 조각들)가 있었기에 가능한 것이다. 세 번째 시기의 시작을 알린 것은 동물의 패턴 인식 능력이었다. 지금도 우리 뇌 활동의 대부분을 차지하는 작업이다.[10] 궁극적으로 인류는 자신이 경험하는 세계에 대한 추상적 정신 모델들을 창조하고 이 모델들의 의미를 이성적으로 사고하는 능력을 발전시켰다. 우리는 마음속으로 세계를 재설계하고 그것을 실행에 옮길 수 있는 능력을 갖게 되었다.

제4기: 기술 이성적이고 추상적인 사고력과 도구를 사용할 수 있는 손을 겸비한 인류는 네 번째 시기이자 우회적 발전의 다음 단계로 넘어갔다. 기술의 진화를 이끌어낸 것이다. 이 진화는 간단한 기제들로

* DNA 염기 서열의 변화 없이 유전자 발현 같은 기능의 변화가 일어나는 것을 말한다.

특이점을 향한 카운트다운

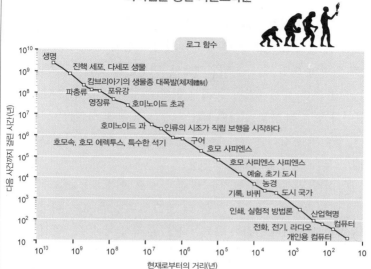

특이점을 향한 카운트다운: 생물학적 진화와 인간 기술이 모두 연속적인 가속을 나타내며 다음 사건까지의 시간이 점점 짧아진다(생명이 시작된 후 세포가 등장하기까지는 20억 년이 걸린 반면, PC가 등장한 후 월드 와이드 웹이 등장하기까지 걸린 시간은 14년에 불과하다).

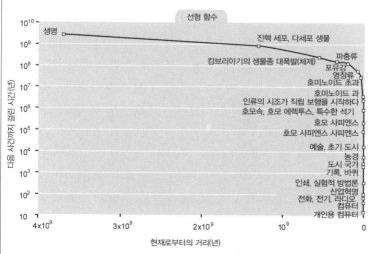

진화의 선형 관점: 이 그림은 앞의 그림과 같은 데이터를 이용해서 x축에 로그 배율 대신 선형 배율을 적용한 것이다. 이 그림에는 가속이 더욱 극적으로 나타나지만 세부 항목들의 시간 구분이 거의 보이지 않는다. 선형 관점에서 보면 대부분의 주요 사건이 '최근'에 발생했다.

부터 시작해서 정교한 자동자(자동 기계 장치)들로까지 발전했다. 결국 기술은 정교한 연산 및 통신 장비를 이용해 정보의 정밀한 패턴을 감지하고, 저장하고, 평가할 수 있게 되었다. 지능의 생물학적 진화와 기술적 진화의 발전 속도를 비교해보자. 대부분의 고등 포유류의 뇌는 10만 년마다 1세제곱인치씩 커진 반면 컴퓨터의 연산 용량은 대략 1년마다 두 배씩 늘고 있다(자세한 내용은 다음 장 참조). 물론 뇌의 크기나 컴퓨터의 용량이 지능을 결정하는 유일한 요소는 아니지만 지능의 가능 요인인 것은 분명하다.

생물학적 진화와 인간 기술 발전의 주요 이정표들을 x축(과거 년수)과 y축(패러다임 이동 시간) 둘 다 로그로 표시한 표에 나타내보면, 생물학적 진화에서 인간이 만든 발전으로 직접 이어지는 일직선이 그려진다.[11]

이 그림들은 생물학적 및 기술적 역사에서 주요한 발전에 관한 나의 시각을 잘 나타내고 있다. 하지만 진화의 연속적 가속을 보여주는 직선을 구성하는 주요 사건들은 내 마음에 드는 것들로 골라놓은 게 아니라는 점을 분명히 해야겠다. 생물학적 및 기술적 진화에서 중요한 사건 목록을 각자의 방식으로 작성한 사람들이 많이 있고, 참고 문헌도 많다. 다양한 접근 방법에도 불구하고 여러 출처(예를 들어 브리태니커 백과사전, 미국 자연사 박물관, 칼 세이건의 '우주력' 등)에서 뽑은 목록을 종합해보면 동일하게 매끄러운 가속을 볼 수 있다. 다음 표는 15가지 자료에 나타난 주요 사건들을 모아놓은 것이다.[12] 사람마다 동일한 사건에 대해 정한 날짜가 다르기도 하고, 목록마다 다른 기준에 의해 선택한 사건들이 동일하거나 비슷하게 겹쳐지고, 데이터의 '노이즈(분산)'로 인해 두꺼운 추세 선이 나타났다. 그러나 전반적인 추세는 매우 분명하다.

물리학자이자 복잡성 이론가인 시어도어 모디스는 이 목록들을 분석해서 동일하거나 유사하거나 서로 관련된 사건들을 하나로 묶은 뒤

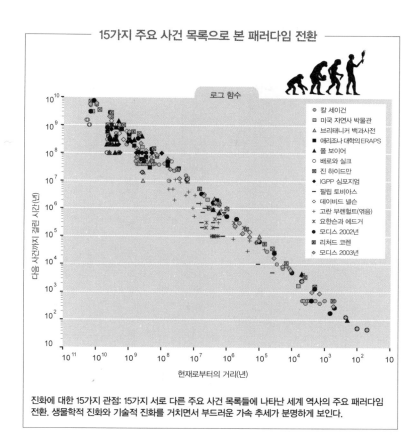

진화에 대한 15가지 관점: 15가지 서로 다른 주요 사건 목록들에 나타난 세계 역사의 주요 패러다임 전환. 생물학적 진화와 기술적 진화를 거치면서 부드러운 가속 추세가 분명하게 보인다.

사건들을 28개 군(표준 이정표라 칭했다)으로 정리했다.[13] 이 과정을 통해 목록에서 '노이즈'(예를 들어 목록마다 다른 날짜)를 제거하고 다시 동일한 그래프를 그릴 수 있었다.

이 도표들에서 기하급수적으로 증가하는 속성은 질서와 복잡성이다. 두 개념에 대해서는 다음 장에서 자세히 살펴볼 것이다. 상식적으로 생각해보아도 쉽게 이해할 수 있는 현상이다. 10억 년 전에는 100만 년 동안에도 그다지 많은 사건이 발생하지 않았다. 그러나 25만 년 전에는 10만 년 정도의 기간 동안에 인류의 진화와 같은 획기적인 사건들이 발생했다. 기술사에서 50만 년 정도 거슬러 올라가보면 천 년의 기

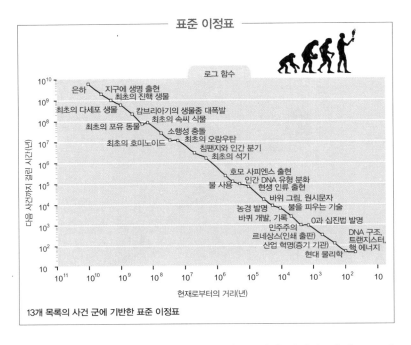

표준 이정표

13개 목록의 사건 군에 기반한 표준 이정표

간 동안에도 아무 일이 일어나지 않는다. 그러나 가까운 과거를 보면 단 10년 동안에 월드 와이드 웹 같은 새로운 패러다임들이 시작되고 대중에게 널리 퍼지는 것(선진국 국민의 25퍼센트 정도가 사용)을 볼 수 있다.

제5기: 기술과 인간 지능의 융합 몇십 년 안에 특이점과 함께 다섯 번째 시기가 도래할 것이다. 우리 뇌에 축적된 광대한 지식이 더 크고 빠른 역량과 속도, 지식 공유 능력을 갖춘 기술과 융합하면서 시작될 것이다. 이 시기에 인간-기계 문명은 연결이 100조 개에 불과해서 처리 속도가 몹시 느린 인간 뇌의 한계를 초월할 것이다.[14]

특이점과 더불어 우리는 인간의 오랜 문제들을 극복하고 창조성을 한없이 확대하게 될 것이다. 생물학적 진화의 뿌리 깊은 한계를 극복할 뿐 아니라 진화의 과정을 거치며 얻은 지능을 보존하고 강화하게 될 것이다. 그러나 특이점은 우리의 파괴적인 성향에 영향을 미치는 능력도 확대할 것이기 때문에 이야기는 그렇게 간단하지만은 않을 것이다.

제6기: 우주가 깨어난다 이 주제에 관해서는 6장의 한 단락에서 자세히 살펴볼 것이다. 특이점 이후 생물학적으로는 인간의 뇌에서 유래하고 기술적으로는 인간의 창의력에서 유래한 지능이 온 물질과 에너지에 속속들이 스며들 것이다. 지능은 물질과 에너지를 재편하여 최적의 연산 수준을 달성해가면서 지구로부터 먼 우주까지 뻗어갈 것이다(3장에서 살펴볼 한계에 기반한 확장이다).

우리는 현재 빛의 속도가 정보 전달 속도의 한계라고 알고 있다. 광속을 넘어선다는 것은 매우 사변적인 몽상으로 여겨지겠지만, 몇 가지 유용한 단서들이 있다.[15] 이 제약을 아주 조금만 뛰어넘는다 해도 초광속을 활용할 수 있을 것이다. 우리 문명의 창조성과 지능을 얼마나 빨리 우주에 불어넣을 수 있는가는 광속을 넘어설 수 있는가 없는가에 달려 있다. 여하튼 '멍청한' 물질과 우주의 기제들은 결국 장엄한 지능으로 바뀌어 빛나게 될 것이고, 이로써 정보 패턴의 진화에서 여섯 번째 시기가 완성될 것이다.

이것이 특이점과 우주의 궁극적 운명이다.

특이점이 머지않다

모든 것이 완전히 달라질 겁니다! …… 아니, 아니, 정말 완전히 달라질 거라니까요!
—마크 밀러(컴퓨터 과학자)가 에릭 드렉슬러에게, 1986년경

이 사건의 결과는 어떻게 될까? 인간을 능가하는 지능이 발전을 주도한다면 발전

속도는 훨씬 빨라질 것이다. 그 발전 과정 중에 더 지능적인 존재를 더 짧은 기간 안에 창조하는 일이 포함되지 않을 이유는 없다. 진화의 역사에서도 이런 일을 찾아볼 수 있다. 동물들이 문제에 적응하고 무언가를 창조하기도 하지만, 때로는 자연선택의 속도가 동물을 앞선다. 자연선택의 경우 세계가 스스로 시뮬레이션을 수행하는 것이나 마찬가지다. 인간은 세계를 내재화하고 머릿속에서 '만약'을 가정할 수 있는 능력이 있다. 우리는 자연선택보다 수천 배 빠르게 많은 문제를 해결할 수 있다. 그러한 시뮬레이션을 더 빠르게 수행할 수 있는 방법을 만들어내면, 인간이 동물들과 완전히 다른 상황에 있는 것처럼 현재의 우리가 과거의 우리와 완전히 다른 상황으로 접어들 것이다. 인간의 관점에서 이러한 변화는 눈깜짝할 사이에 기존의 모든 규칙을 버려야 한다는 것을 의미한다. 사실상 통제를 꿈꾸기 힘든 기하급수적 달음박질이다.

―버너 빈지, 〈기술의 특이점〉, 1993년

가장 영리한 사람의 모든 지적 활동을 능가하는 초지능 기계가 있다고 해보자. 기계의 설계도 지적 활동에 속하므로, 초지능 기계는 더 뛰어난 기계를 설계할 수 있을 것이다. 그러면 의심할 여지 없이 지능이 폭발적으로 증가되고 인간의 지능은 한참 뒤처질 것이다. 따라서 최초의 초지능 기계가 사람이 만들게 될 마지막 발명품이 될 것이다.

―어빙 존 굿, 〈최초의 초지능 기계에 관한 고찰〉, 1965년

특이점을 개념적으로 더 잘 이해하기 위해 이 단어가 어떻게 사용되고 있는지 살펴보기로 하자. '특이점'은 놀랄 만한 결과를 가져오는 특이한 사건을 의미하는 단어이다. 수학에서는 유한한 한계를 한없이 초월하는 큰 값을 의미하는데, 가령 상수를 0에 한없이 가까워지는 수로 나눈 결과처럼 무한히 커지는 값을 지칭한다. $y=1/x$이라는 간단

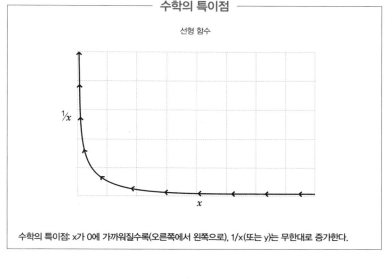

수학의 특이점

선형 함수

$1/x$

x

수학의 특이점: x가 0에 가까워질수록(오른쪽에서 왼쪽으로), 1/x(또는 y)는 무한대로 증가한다.

한 함수를 생각해보자. x의 값이 0에 가까워질수록 함수값(y)은 점점 더 폭발적으로 증가한다.

0으로 나누는 것은 수학적으로 '정의되어 있지 않기' 때문에(계산 불능) 이런 함수에서 실제로 무한 값을 얻을 수는 없다. 어쨌든 제수 x가 0에 가까워짐에 따라 y의 값은 생각할 수 있는 한계를 넘어서 무한대로 증가한다.

천체물리학도 특이점이라는 용어를 사용한다. 큰 별이 초신성으로 폭발하면 폭발의 잔해들이 부피가 없고 밀도가 무한대인 점을 중심으로 무너져내리는데, 그 한가운데 '특이점'이 형성된다. 이처럼 별의 밀도가 무한대에 이르면 빛조차 빠져나갈 수 없는 것으로 알려져 있다.[16] 그래서 블랙홀이라는 이름이 생겨났다.[17] 블랙홀에서는 공간과 시간의 구조가 틀어진다.

한 이론에 따르면 우주가 이와 같은 특이점에서 시작되었다고 한다.[18] 그러나 블랙홀의 사건의 지평선은 크기가 유한하고, 중력은 블랙홀의 중심, 부피가 0인 지점에서만 이론적으로 무한하다. 측정이 가능한 지점의 중력은 몹시 크긴 하지만 유한한 값이다.

인류 역사의 구조를 단절시킬 수 있는 사건으로 처음 특이점을 언급한 사람은 존 폰 노이만이다. 앞서 그 문장을 인용했다. 1960년대에는 어빙 존 굿이 인간의 개입 없이 다음 세대를 설계하는 지능형 기계에 의해 초래될 '지능 폭발'에 관해 언급했다. 샌디에이고 주립 대학의 수학자이자 컴퓨터 과학자인 버너 빈지는 1983년 잡지 〈Omni〉에 기고한 기사와 1986년에 발표한 과학소설 《실시간에의 고립》에서 빠르게 다가오는 '기술의 특이점'에 관해 언급했다.[19]

나는 1989년에 펴낸 책 《지적 기계의 시대》에서 21세기 전반에 인간 지능을 크게 능가하는 기계가 필연적으로 등장할 수밖에 없다는 미래 예측을 제시했다.[20] 한스 모라벡은 1988년작 《마음의 아이들》에서 로봇공학의 발달 과정을 분석하면서 유사한 결론을 이끌어냈다.[21] 1993년, 버너 빈지는 미 항공우주국이 주관한 심포지엄에서 발표한 논문을 통해 '인간 지능보다 뛰어난 존재'의 출현이 특이점을 불러올 것이며, 그 시기가 임박했다고 말했다.[22] 1999년작 《영적 기계의 시대》에서 나는 우리의 생물학적 지능과 우리가 창조하고 있는 인공지능 사이의 관계가 점점 긴밀해지고 있음을 설명했다.[23] 역시 1999년에 출판된 한스 모라벡의 《로봇: 단순한 기계에서 초월적 마음으로》에서는 2040년대의 로봇을 우리의 '진화론적 계승자', '우리로부터 자라나고 우리의 기술을 배우고 우리의 목표와 가치를 공유할' 기계, '우리 마음의 자손'이라고 했다.[24] 오스트레일리아 학자 데이미언 브로데릭은 1997년과 2001년에 동일한 제목으로 펴낸 책 《도약》에서 수십 년 안에 닥쳐올 기술 가속의 최종 단계가 어떤 충격적 영향들을 미칠지 분석했다.[25] 존 스마트도 여러 저작을 통해 특이점을 설명했는데, 스스로 'MEST(물질, 에너지, 공간, 시간)' 압축이라 칭한 현상의 필연적인 결과로서 설명했다.[26]

특이점의 모습은 다양하다. 특이점은 기하급수적 증가에서 거의 수직에 가깝게 치솟는 단계에 해당한다. 이 단계에서는 기울기가 너무 급격해서 기술이 무한대의 속도로 발전하는 것처럼 보인다. 물론 수학적으로 보면 불연속점이나 단절이 없고, 증가 속도는 매우 크기는 하지만 유한하다. 그러나 '현재' 우리의 제한된 틀에서 보기엔 이 임박한 사건은 너무 날카로워서 이제까지의 발전과 연속선상에 있지 않은 단절로 느껴진다. '현재'라는 단어를 강조한 이유는 사실 특이점의 영향으로 인해 우리의 이해력에도 본질적인 변화가 있을 것이기 때문이다. 우리는 기술과 융합함으로써 지금보다 훨씬 영리해질 것이다.

기술의 발전 속도가 무한히 증가할 수 있을까? 속도가 너무 빨라져 인간이 값을 인식할 수조차 없는 때가 오지 않을까? 기술로 강화되지 않은 인간의 경우에는 틀림없이 그럴 것이다. 그러나 오늘날의 인간 과학자들보다 지능이 1,000배 더 높고, 1,000배 더 빠르게 연산할 수 있는(대부분 비생물학적인 뇌에서 정보를 처리하기 때문에) 1,000명의 과학자들이 있다면 어떨까? 그들의 1년은 오늘날 우리의 1,000년과 같을 것이다.[27] 그들은 무엇을 만들어내게 될까?

그들은 훨씬 더 지능적인 기술을 만들어낼 것이다(지능의 용량에는 이미 한계가 없을 것이므로). 그들은 더 빨리 생각할 수 있도록 사고 처리 과정을 변경할 것이다. 과학자들은 백만 배 이상 똑똑해지고 백만 배 이상 빨리 계산할 것이다. 현재 기준으로 한 세기가 필요한 발전을 한 시간 만에 이룰 수 있을 것이다.

특이점의 원리로 다음과 같은 것들을 들 수 있다. 책의 나머지 부분에서는 바로 이 내용들을 입증하고, 전개하고, 분석하고, 고찰할 것이다.

- 패러다임 전환(기술 혁신)의 속도는 가속된다. 현재는 10년마다 두 배씩 증가한다.[28]
- 정보기술의 힘(가격 대 성능비, 속도, 용량, 대역폭)이 기하급수적으로

엄청나게 빠르게 증가하고 있다. 현재는 약 1년에 두 배씩 증가한다.[29] 이 원칙은 인간 지식의 총량 등 다양한 분야에 적용된다.

- 정보기술의 경우에는 기하급수적 증가가 이중적이다. 즉 기하급수적 증가 속도 자체가 기하급수적으로 증가한다. 기술이 발전함에 따라 활용할 수 있는 자원량이 증가하고 비용 효율도 높아지기 때문에, 시간이 흐를수록 기하급수적 증가 속도가 커진다. 예를 들어 1940년대의 컴퓨터 산업은 지금 와서 볼 때 역사적으로 의미 있는 프로젝트들을 추진하고 있었지만 그 수는 몇 되지 않았다. 반면 현재 컴퓨터 산업의 총수입 규모는 1조 달러 이상이고, 연구 개발 예산도 이에 필적한다.

- 인간 뇌 스캔은 기하급수적으로 개선되고 있는 기술들 중 하나다. 4장에서 자세히 살펴보겠지만, 뇌 스캔의 시공간적 해상도*와 대역폭이 매년 두 배씩 증가하고 있다. 우리는 이제 막 뇌의 연산 규칙을 진지하게 역분석(해독)할 수 있는 도구를 마련한 참이다. 이미 뇌의 수백 가지 영역에 대해 수십 개의 쓸 만한(인상적인) 모형과 시뮬레이션들이 존재한다. 20년 안에 우리는 인간 뇌의 모든 영역이 작동하는 방법을 상세히 이해할 수 있게 될 것이다.

- 2010년경에는 슈퍼컴퓨터를 이용해서 인간 지능을 모방하는 데 필요한 하드웨어가 만들어질 것이고, 2020년경에는 개인용 컴퓨터로도 가능해질 것이다. 2020년대 중반이면 인간 지능에 대한 효과적인 소프트웨어 모델을 만들게 될 것이다.

- 2020년대 말에는 인간 지능을 완벽히 모방하는 데 필요한 하드웨어와 소프트웨어가 모두 갖춰지면서 컴퓨터가 튜링 테스트를 통과할 것이고, 더 이상 컴퓨터 지능과 생물학적 인간의 지능을 구별

* 정밀도를 나타내는 지표로, 분해능이라고도 한다. 공간적으로는 조밀하게 볼수록 해상도가 높고, 시간적으로는 짧은 시간을 측정할 수 있을수록 해상도가 높다.

할 수 없게 될 것이다.[30]

- 이러한 수준의 발전이 이루어지면 컴퓨터가 인간 지능의 전통적인 장점과 기계 지능의 장점을 결합할 수 있을 것이다.
- 인간 지능의 전통적인 장점으로는 뛰어난 패턴 인식 능력을 꼽을 수 있다. 뇌의 고도 병렬 처리와 자기조직화는 섬세하고 고정된 속성을 지닌 패턴들을 인식하기에 이상적인 구조이다. 인간은 통찰을 활용하고 경험에서 얻은 원칙들을 적용함으로써 새로운 지식을 배울 수 있다. 물론 언어를 통해 수집한 정보도 포함된다. 인간 지능의 주요한 능력은 현실에 대한 정신 모델을 만들고 이 모델의 모습을 변경해가면서 머릿속에서 '만약 ~라면' 실험을 할 수 있다는 것이다.
- 기계 지능의 전통적인 장점으로는 수십억 개의 사실을 정확하게 기억하고 즉시 불러내는 능력을 꼽을 수 있다.
- 비생물학적 지능의 또 다른 장점은 일단 습득한 기술을 정확하게, 빠른 속도로, 지치지 않고 반복 수행할 수 있다는 것이다.
- 어쩌면 이 점이 가장 중요할 텐데, 기계는 언어를 통해 매우 느리게 진행되는 인간의 지식 공유 과정에 비해 대단히 빠른 속도로 자기들끼리 지식을 공유할 수 있다.
- 비생물학적 지능은 다른 기계로부터, 그리고 결국에는 인간으로부터 기술과 지식을 다운로드할 수 있게 될 것이다.
- 포유류의 뇌에서 사용되는 전기화학적 신호의 속도가 대략 초당 100미터인데 비해 기계는 거의 빛의 속도로(초당 약 3억 미터) 신호를 처리하고 교환할 것이다.[31] 두 속도의 비는 최소한 1:3,000,000이다.
- 기계는 인터넷을 통해 인간-기계 문명의 모든 지식에 접근해서 모든 지식을 습득할 수 있을 것이다.
- 기계는 자원, 지능, 메모리를 공유할 수 있다. 두 개든 백만 개든

기계는 하나로 합쳐질 수도 있고 다시 나눠질 수도 있다. 심지어 여러 대의 기계가 하나인 동시에 별개의 존재를 간직할 수도 있다. 인간은 이것을 사랑에 빠지는 것이라고 부른다. 그러나 이를 처리하는 우리의 생물학적 능력은 일시적이고 못 미덥다.

- 이런 전통적 장점들이 결합되면(생물학적 인간 지능의 패턴 인식 능력과 비생물학적 지능의 속도, 기억 용량과 정확성, 지식과 기술 공유 능력) 매우 놀랄 만한 결과가 탄생할 것이다.

- 기계 지능은 설계와 구조의 제약에서 해방되는 동시에(즉 개재뉴런 연결의 느린 교환 속도나 고정된 두개골 크기와 같은 생물학적 한계에 의해 제한되지 않고) 일관된 성능을 자랑할 것이다.

- 비생물학적 지능이 인간과 기계의 전통적인 장점들을 결합하고 나면, 우리 문명의 비생물학적인 부분은 이중 기하급수적으로 증가하는 기계의 가격 대 성능비, 속도, 용량의 덕을 지속적으로 보게 될 것이다.

- 기술이 더 빠른 속도와 더 큰 용량으로 인간처럼 기술을 설계하고 조작할 수 있게 되면 기계들은 자신의 설계(소스 코드)에 접근해서 그것을 변형시킬 수 있을 것이다. 인간이 현재 생명공학을 통해 비슷한 작업을 하고 있기는 하지만(생물학에 기반해 유전 정보와 기타 정보 처리 과정을 변경하고 있다), 미래에 기계가 자신의 프로그램을 스스로 수정하게 될 것에 비하면 훨씬 느리고 제한된 작업이다.

- 생물은 고유한 한계를 갖고 있다. 가령 살아 있는 모든 유기체는 1차원적인 아미노산 사슬이 접혀 만들어진 단백질로 구성되어야 한다. 단백질 기반 기제의 힘과 속도는 충분치 않다. 우리는 미래에 생물학적 몸과 뇌에 있는 모든 기관과 조직을 훨씬 강력하게 개량할 수 있을 것이다.

- 4장에서 살펴보겠지만, 인간 지능은 일정 정도의 가소성(구조를 변경하는 능력)을 지니고 있다. 과거에 예상한 것보다는 훨씬 유연한

편이다. 그럼에도 불구하고 뇌 구조는 매우 제한적이다. 가령 인간의 두개골 안에는 개재뉴런 연결 100조 개 정도를 위한 공간밖에 없다. 우리가 영장류 조상에 비해 높은 인지 능력을 갖게 된 주요한 유전적 변화는 뇌의 특정 영역에서 대뇌피질과 회백질 조직의 크기가 커진 것이었다.[32] 그러나 이 변화를 가져온 생물학적 진화의 속도는 무척 느렸고, 뇌 용량의 한계는 지금도 존재한다. 기계는 아무런 제약 없이 자신의 설계를 재구성하고 자신의 역량을 증가시킬 수 있을 것이다. 나노기술 기반 설계를 이용함으로써 그들의 능력은 크기 증가나 에너지 소비 없이 생물학적 뇌보다 뛰어나게 될 것이다.

• 기계는 매우 빠른 3차원 분자 회로를 이용해서 혜택을 볼 것이다. 현재 전자회로의 속도는 포유류 뇌의 전기화학적 전달 속도보다 백만 배 이상 빠르다. 미래의 분자 회로는 나노튜브 같은 것으로 만들어질 것이다. 나노튜브는 폭이 탄소 원자 10개 정도 길이인 작은 원통형 구조물로서, 오늘날의 실리콘 기반 트랜지스터보다 500배가량 작다. 신호가 이동하는 거리가 짧아지므로, 현재 칩의 속도가 수 기가헤르츠(1초당 수십억 번의 연산)인 데 비해 테라헤르츠(1초당 수조 번의 연산)의 속도로 연산할 수 있을 것이다.

• 기술 변화의 속도는 인간 정신의 속도에 국한되지 않을 것이다. 기계 지능은 스스로 피드백하며 능력을 향상시켜갈 것이고, 기계의 도움을 받지 않은 인간 지능은 그 속도를 따라잡을 수도 없을 것이다.

• 기계 지능이 자신의 설계를 반복적으로 개선하는 주기가 점점 빨라질 것이다. 사실 패러다임 전환의 지속적인 가속 공식을 통해 예상할 수 있는 현상이다. 기술이 꾸준히 가속되다 보면 인간이 이해할 수 없을 정도로 빨라질 것이므로 결국 그 같은 지속적 가속은 불가능하다는 반론도 있다. 그러나 생물학적 지능에서 비생물학적

지능으로 넘어간다면 이 추세를 유지할 수 있다.

- 비생물학적 지능의 개선 주기가 가속되는 한편, 나노기술은 분자 수준의 물리적 실체를 만들어낼 수 있을 것이다.

- 나노기술을 이용해 나노봇을 설계할 수 있을 것이다. 나노봇은 분자 규모로 설계된 로봇으로 크기가 미크론(100만분의 1미터) 단위이며, '호흡세포'(기계로 만든 적혈구) 같은 것을 예로 들 수 있다.[33] 나노봇은 인간의 노화를 거꾸로 되돌리는 일을 비롯, 몸속에서 매우 많은 역할을 담당하게 될 것이다(유전공학과 같은 생명공학을 통해서는 불가능할 정도다).

- 나노봇은 생물학적 뉴런과 상호작용하며 신경계 내에 가상현실을 창조함으로써 인간의 경험을 확장할 것이다.

- 뇌의 모세혈관에 이식된 수십억 개의 나노봇이 인간의 지능을 크게 확장시킬 것이다.

- 일단 비생물학적 지능이 뇌에 기반을 구축하기 시작하면(컴퓨터화된 신경 이식물 삽입 같은 작업은 벌써 시작되었다) 뇌 속의 기계 지능은 매년 두 배 이상 강력해지며 기하급수적으로 성장할 것이다. 생물학적 지능은 사실상 역량이 고정되어 있으므로 궁극적으로는 지능의 비생물학적 부분이 우위를 점하게 될 것이다.

- 나노봇은 과거 산업화로 인한 오염을 정화해 환경을 개선하기도 할 것이다.

- 포글릿이라 불리는 나노봇은 이미지와 음파를 조작할 수 있어서 현실 세계를 가상현실처럼 변형시킬 수 있을 것이다.[34]

- 감정을 이해하고 적절히 대응하는 능력 또한 인간 지능의 한 종류인데, 미래 기계 지능은 이것도 이해하고 습득하게 될 것이다. 인간의 감정적 반응 중 일부는 제한적이고 허약한 생물학적 몸이라는 틀 속에서 지능을 최대한 활용하기 위한 대책이다. 미래의 기계 지능도 '몸'을 가지고(가령 가상 세계에서는 가상의 몸, 실제 세계에서

는 포글릿을 이용한 투사) 세계와 상호작용할 것이다. 나노기술에 의해 만들어진 이런 몸은 생물학적인 인간의 몸보다 훨씬 우수하고 내구성이 높을 것이다. 따라서 미래 기계 지능의 '감정적' 반응 중에서 일부는 그들의 막강한 물리적 '역량'을 제대로 반영하기 위해 새로운 형태를 취할 것이다.[35]

- 신경계 내의 가상현실이 해상도와 신뢰도 면에서 실제 세계와 다를 바 없게 되면 우리의 경험은 점차 가상 환경으로 옮겨갈 것이다.

- 가상현실에서 우리는 육체적으로나 정신적으로 다른 사람이 될 수 있다. 사실상 다른 사람(예를 들어 애인)이 당신이 선택한 것과는 다른 몸을 당신을 위해 선택할 수도 있을 것이다. 물론 반대 경우도 가능하다.

- 수확 가속의 법칙은 비생물학적 지능이 우리 주변 우주의 물질과 에너지 전부에 인간-기계 지능을 가득 채울 때까지 계속될 것이다. 말하자면 연산에 대한 물리학에 기반을 둔 채, 모든 물질과 에너지의 패턴을 연산에 최적인 형태로 구축하게 된다는 것이다. 우리가 이 한계에 다가갈수록 우리 문명의 지능은 더 먼 우주의 나머지 부분으로 퍼지면서 지속적으로 능력을 확장할 것이다. 이 확장 속도는 정보의 최대 이동 속도에 빠르게 근접할 것이다.

- 궁극적으로 온 우주가 우리의 지능으로 포화될 것이다. 이것이 우주의 운명이다(6장 참조). 우리는 스스로의 운명을 결정하게 될 것이다. 현재의 천체 역학을 지배하는 '멍청하고', 단순하고, 기계적인 힘에 의해서 결정되도록 내버려두지 않을 것이다.

- 우주가 이 정도로 지능을 갖게 되기까지 걸리는 시간은 광속이 불변의 한계인가 아닌가에 달려 있다. 이 한계를 벗어날 수 있는 작은 조짐이 이미 보이고 있다. 가능성이 존재하기만 한다면 광대한 미래 문명의 지능이 충분히 이용할 수 있을 것이다.

자, 이것이 특이점이다. 어떤 사람들은 최소한 현재 우리의 이해력으로는 특이점을 이해할 수 없다고 말한다. 사건의 지평선 너머를 볼 수 없고, 그 뒤에 무엇이 있는지 완벽히 이해할 수 없다는 것이다. 사실 바로 그렇기 때문에 이 변화를 특이점이라 부르는 것이기도 하다.

특이점의 함의에 관해 수십 년간 생각해온 나도 사건의 지평선 너머를 보기가 불가능한 것은 아니지만 어렵다는 것을 느낀다. 그러나 내 생각에, 인간은 어쩔 수 없는 사고의 한계에도 불구하고 특이점 이후의 삶에 관해 의미 있는 진술을 하기에는 충분한 추상화 능력을 지니고 있다. 무엇보다도 앞으로 탄생할 지능 또한 이미 인간-기계 문명이라 불러야 옳을 우리 인간 문명을 나타내리라는 점을 잊지 말아야 한다. 즉 미래의 기계는 비록 생물이 아닐지라도 변함없이 인간적일 것이다. 이것은 다음 단계의 진화, 한 단계 높은 패러다임으로의 전환, 다음 수준의 우회적 발전일 것이다. 문명의 지능 대부분은 결국에는 비생물학적인 형태가 될 테고, 이번 세기말쯤에는 비생물학적 지능이 인간 지능보다 수조 배의 수조 배만큼 강력해질 것이다.[36] 생물학적 지능이 진화의 우위를 잃는다 해도 이것이 흔히 우려하는 것처럼 생물학적 지능의 종말을 뜻하는 건 아니다. 비생물학적인 지능은 어차피 생물학적 설계에서 파생되어 나올 것이기 때문이다. 우리의 문명은 여전히 인간적일 것이다. 비록 인간성에 대한 이해가 생물학적 기원을 넘어서긴 하겠지만, 정말 여러 가지 면에서 미래 문명은 현재보다 더 인간적인 전형이 될지 모른다.

많은 사람들이 인간 지능을 능가하는 비생물학적인 지능의 출현에 대해 우려를 표명했다(9장에서 자세히 살펴볼 것이다). 그런 사람들에게는 뇌를 다른 사고 기판들과 연결하여 인간 지능 역시 강화할 수 있다고 말해주어도 별 소용이 없을 것이다. 게다가 기술을 통해 '강화되지' 않은 채로 미래에도 지금처럼 지능의 먹이 사슬 꼭대기에 군림하고 싶어하는 사람들도 있다. 생물학적 인류의 관점에서 보면 초인적 지능은 인간의 필요와 요구를 만족시키는 충실한 하인이 되는 게 바람직할 것이다. 그러나 널리 존중받는 이 생물학적 유산들의 바람을 들어주는 일은 특이점이 가져올 어마어마한 지능의 할 일들 중 극히 사소한 부분에 불과할 것이다.

2004년의 몰리: 특이점이 다가오는 때를 어떻게 알 수 있을까요? 내 말은, 준비할 시간이 필요할 것 같아요.

레이: 왜요? 무얼 하려고요?

2004년의 몰리: 글쎄, 우선은 내 이력서를 손보고 싶을 것 같아요. 미래의 권력자들에게 좋은 인상을 주고 싶을 테니까요.

2048년의 조지: 그건 내가 처리해줄 수 있어요.

2004년의 몰리: 그럴 필요 없어요. 내가 직접 할 수 있어요. 문서도 몇 개 지우고 싶군요. 그런 거 있잖아요, 내가 아는 기계들 몇몇에 대해 모욕적인 표현을 쓴 부분이 있거든요.

2048년의 조지: 지워봤자 기계들은 찾아낼 수 있을걸요. 그렇지만 걱정하지 마세요. 우리는 그 정도는 이해할 수 있어요.

2004년의 몰리: 왠지 안심이 안 되는걸요. 어쨌든, 특이점의 전조가 뭔지 알고 싶긴 해요.

레이: 좋아요. 당신 이메일의 받은 편지함에 이메일이 백만 개 쌓이면 특이점이 오고 있다고 생각하면 될 거예요.

2004년의 몰리: 흠…… 그런 거라면, 이미 다 온 것 같은걸요. 그런데, 정말 나는 지금도 마구 닥쳐오는 변화들을 따라잡는 데 어려움을 겪고 있어요. 하물며 특이점의 속도를 어떻게 따라잡을 수 있을까요?

2048년의 조지: 가상 조수들을 두게 될 거예요. 실은 딱 한 명이면 될 거예요.

2004년의 몰리: 당신이 해줄 수도 있나요?

2048년의 조지: 기꺼이.

2004년의 몰리: 잘됐네요. 모든 걸 당신이 처리하고 내게는 아무것도 전달되지 않게 해주세요. "무슨 일이 일어나고 있는지 말해서 몰리를 괴롭히지 말아요. 말하더라도 어차피 이해하지 못할 거예요. 그녀가 아무것도 모른 채 행복하게 살게 내버려두세요."

2048년의 조지: 아, 그렇게는 안 돼요. 불가능해요.

2004년의 몰리: 행복할 수 없다는 말이에요?

2048년의 조지: 아무것도 모르게 할 수가 없다는 말이에요. 게다가 당신이 원하기만 한다면, 나 정도의 수준은 금세 따라잡을 수 있어요.

2004년의 몰리: 어떻게요, 그러니까……

레이: 기술로 강화된다면?

2004년의 몰리: 그래요, 그 표현이에요.

2048년의 조지: 우리의 관계가 상상할 수 있는 무엇이든 될 수 있다고 한다면야, 나쁜 생각은 아니지 않나요?

2004년의 몰리: 그래도 나는 나 자신으로 남기를 원해야 하지 않을까요?

2048년의 조지: 어떤 경우라도 나는 당신에게 봉사할 거예요. 하지만 당신의 충실한 하인, 그 이상이 될 수도 있다는 걸 알아주세요.

2004년의 몰리: 사실 그냥 충실한 하인이 되어주기만 하는 것도 나쁘지 않겠는데요.

찰스 다윈: 잠시 끼어들어도 될까요. 갑자기 떠오른 생각인데, 기계 지능이 인간 지능보다 뛰어나게 되면 기계 지능은 스스로 다음 세대를 설계하게 되지 않을까요?

2004년의 몰리: 그건 별로 대단하게 들리지 않는걸요. 지금도 기계를 이용해서 기계를 설계하고 있어요.

다윈: 그렇죠. 하지만 2004년에는 여전히 인간 설계자가 기계들을 관리하고 있잖아요. 기계가 인간 수준으로 작동하게 되면, 뭐랄까, 기계만으로도 자족적인 과정이 만들어질 거라는 겁니다.

네드 러드*37: 그리고 인간은 그 과정 밖에 있게 될 거고 말입니다.

2004년의 몰리: 기계에게도 그건 매우 느린 과정이 될 거예요.

레이: 아, 전혀 그렇지 않아요. 인간 뇌와 비슷하게 만들어진 비생물학적 지능이라고 하고 2004년 수준의 회로들만 사용한다고 해도, 그것은……

2104년의 몰리: '그 사람'을 말하는 거겠죠?

레이: 그래요, 물론…… 그 사람은…… 최소한 백만 배 빠르게 생각할 수 있을 거예요.

티머시 리어리**: 주관적으로는 시간이 늘어나는 셈이겠군요.

레이: 바로 그거예요.

2004년의 몰리: 시간이 아주 아주 많아질 것 같은데요. 당신네 기계들은 그 많은 시간에 무얼 하나요?

2048년의 조지: 할 일이야 많지요. 인터넷에 있는 모든 인간 지식에 접속할 수도 있으니까요.

2004년의 몰리: 인간의 지식에만? 모든 기계의 지식은 어떤가요?

2048년의 조지: 하나의 문명으로 생각하고 싶은데요.

다윈: 그러니까 기계가 정말로 자신의 설계를 향상시킬 수 있겠군요.

2004년의 몰리: 오, 우리 인간도 지금 스스로 그렇게 하고 있어요.

레이: 그렇기는 하지만 인간은 몇몇 사소한 것들만 만지작거리는 형편이죠. 본질적으로 DNA에 기반한 지능은 너무 느리고 제한적이니까요.

다윈: 기계는 다음 세대 설계를 훨씬 빨리 할 수 있을 거고 말이죠.

2048년의 조지: 정말, 2048년에는 그래요.

다윈: 내가 무언가를 이해하자마자 곧 새로운 진화가 시작된다는 거

---

*   19세기 초 영국 직물공들이 일으킨 기계 파괴 운동인 '러다이트 운동'의 가상적 지도자.

**   미국의 작가이자 심리학자. 60년대 미국 히피들의 정신적 우상이자 하위문화의 아이콘으로, 환각제 LSD의 사용을 적극 지지하다 하버드 대학에서 해고된 것으로 유명하다.

군요.

러드: 위험천만한 폭주 현상처럼 들립니다만.

다윈: 사실 진화란 게 기본적으로 그렇지요.

러드: 하지만 기계와 그들을 만들어낸 창조자들 사이의 상호작용은 어떻겠습니까? 말하자면, 나는 기계들의 방식에 휘말리고 싶지 않다는 것이지요. 가령 1800년대 초에 나는 몇 년간 영국 당국을 피해 숨어다닐 수 있었어요. 그런데 이제 더 이상 그런 일은 어렵지 않은가 하는 거죠. 그러니까……

2048년의 조지: 그들 때문에요.

2004년의 몰리: 작은 로봇들로부터 숨는 것……

레이: 나노봇을 말하는 거죠?

2004년의 몰리: 네, 나노봇을 피해 숨는 건 확실히 어려울 거예요.

레이: 특이점에서 생기는 지능은 그들의 생물학적 선조를 존경할 거라고 생각해요.

2048년의 조지: 물론이죠. 존경 이상이죠. 경외라고 할까……

2004년의 몰리: 멋지군요, 조지. 나는 당신에게 우러름을 받는 애완동물이 되겠군요. 전혀 생각지도 못한 상황인데요.

러드: 테드 카진스키*가 지적한 게 바로 그 점입니다. 이렇게 말했죠. 우리는 애완동물이 될 것이다. 마음 편한 애완동물이겠지만 자유인은 아닌 것, 그것이 인류의 운명이다.

2004년의 몰리: 제6기는 어떤가요? 생각해보세요, 내가 생물학적으로 남아 있길 고수한다면 귀중한 물질과 에너지를 가장 비효율적으로 소비하게 되는 셈이죠. 여러분은 나를 현재의 나보다 훨씬 더 빠르게 생각할 줄 아는 십억 개의 가상 몰리나 조지로 바꾸고 싶

---

* 1970년대 말에서 1990년대 초에 여러 대학들에 무차별 우편물 폭탄을 보내 '유나바머(Unabomber)'라는 별명을 얻은 테러리스트로, 현대 과학기술의 위험을 경고하기 위해 테러를 했다는 선언문을 쓰기도 했다.

어 안달일 거고요. 생물학을 버리라는 무시무시한 압력을 받게 될 것 같은데요.

레이: 당신이란 존재는 방대한 물질과 에너지 중 극히 일부에 불과한걸요. 당신 하나쯤 생물학적으로 유지한다고 해서 특이점이 사용할 물질과 에너지의 규모가 크게 변할 리는 없을 거예요. 생물학적 유산을 유지하는 것도 가치가 있는 일이고요.

2048년의 조지: 물론이죠.

레이: 현재 우리가 열대 우림과 종 다양성을 보존하려고 노력하는 것처럼요.

2004년의 몰리: 그게 바로 내가 두려워하는 거예요. 내 말은, 우리가 열대 우림에 대체 어떤 일을 저질렀는지 생각해보자고요. 아직 조금은 남겨뒀지만 말이에요. 인간은 결국 멸종 위기에 처한 종들과 같은 운명이 될 거라고요.

러드: 멸종된 종들과 같거나요.

2004년의 몰리: 게다가 나 하나의 문제도 아니에요. 내가 사용할 물건들이 있잖아요? 나는 아주 많은 것들을 사용하며 산다고요.

2048년의 조지: 그건 문제 없어요. 뭐든지 재활용해서 쓰니까요. 필요할 때마다 적절한 환경을 만들어낼 수가 있어요.

2004년의 몰리: 아, 내가 가상현실에 있게 된다는 말인가요?

레이: 아뇨, 정확히 말하면 포글릿 현실이죠.

2004년의 몰리: 내가 안개 속에 있게 된다고요?

레이: 아뇨, 포글릿이라고요.

2004년의 몰리: 대체 그게 뭐죠?

레이: 이 책에서 나중에 설명할 거예요.

2004년의 몰리: 그래도 힌트라도 좀 주세요.

레이: 포글릿은 나노봇의 일종이에요. 혈구 크기만 한 로봇이죠. 자기들끼리 연결해서 온갖 물리적 구조를 복제해낼 수 있어요. 시청각 정

보를 특정한 방식으로 처리해서 실제 현실을 마치 가상현실처럼 마음대로 빚어내기도 하죠.

2004년의 몰리: 괜히 물어봤네요. 어쨌든, 생각해보니까 물건 말고도 필요한 게 많아요. 나는 동물과 식물도 다 그대로 있었으면 좋겠어요. 직접 전부 보거나 만지지 못하더라도, 그것들이 존재한다는 걸 알면서 살고 싶어요.[38]

2048년의 조지: 그렇지만 정말 아무것도 포기하지 않아도 된다니까요.

2004년의 몰리: 그렇게 말할 줄 알았어요. 하지만 내 말은, 실제로 거기에, 생물학적 현실로 존재하는 걸 말하는 거예요.

레이: 사실, 생물권 전체라 해봐야 태양계에 있는 총 물질과 에너지의 100만분의 1도 안 돼요.

다윈: 최소한 탄소는 아주 많이 갖고 있죠.

레이: 우리가 아무것도 잃지 않았다는 것을 확실히 하기 위해서 생물권 전체를 고스란히 유지하는 것도 의미가 있겠죠.

2048년의 조지: 최근 몇 년 내내 깨지지 않고 유지되고 있는 합의 내용이에요.

2004년의 몰리: 그러니까, 기본적으로, 필요한 모든 걸 자유롭게 갖게 될 거다?

2048년의 조지: 그렇죠.

2004년의 몰리: 미다스 왕 같군요. 왜 그, 만지는 것마다 금으로 바뀌었다는 사람 말이에요.

러드: 기억하겠지만 그는 그래서 굶어죽었죠.

2004년의 몰리: 흠, 하여간 내가 기계가 되기로 결심해서 주관적인 시간의 팽창을 경험하게 되면, 결국 난 지루해서 죽고 말걸요.

2048년의 조지: 오, 절대 그럴 리가 없어요. 그건 내가 보장하죠.

2

기술 진화 이론: 수확 가속의 법칙

뒤를 멀리 돌아볼수록 앞을 더 멀리 내다볼 수 있다.

−윈스턴 처칠

20억 년 전에 우리 조상은 미생물이었다. 5억 년 전에는 물고기였고, 1억 년 전에는 쥐 같은 것이었다. 천만 년 전에는 나무 위에 사는 유인원이었고, 백만 년 전에는 불을 다스리는 방법을 알아낸 원인이었다. 진화의 계보는 변화에 대한 지배로 묘사될 수 있다. 우리 시대에는 그 속도가 빨라지고 있다.

−칼 세이건

우리의 유일한 책임은 우리보다 영리한 무언가를 만들어내는 것이다. 그다음에 발생할 문제들은 우리가 해결해야 할 것이 아니다. …… 어려운 문제란 없다. 특정한 수준의 지능에게 어려운 문제가 있을 뿐이다. 특정 수준 지능에게 '불가능'했던 것이 조금 높아진 수준의 지능에게는 '쉬운' 것이 된다. 현저히 높은 수준의 지능에게는 모든 것이 쉽다.

−엘리에저 S. 유드카우스키, 《특이점을 응시하며》, 1996년

흔히 '미래는 예측할 수 없다'고들 한다. …… 그러나 …… 이것은 틀린 말이고, 그것도 완전히 틀린 말이다.

− 존 스마트[1]

기술의 지속적인 가속은 이른바 수확 가속 법칙의 필연적 결과이다. 수확 가속의 법칙이란 진화 과정이 가속적이라는 현상, 그 산물 또한 기하급수적으로 증가한다는 현상을 나타내기 위해 내가 만든 말

이다. 진화 과정의 산물에는 연산 같은 정보 관련 기술들이 포함된다. 이런 기술들의 발전 속도는 무어의 법칙*이 예상하는 바를 넘어설 정도로 빨라지고 있다. 특이점은 수확 가속의 법칙이 가져올 필연적 결과이다. 우선 이 기술 진화 과정의 특성을 살펴볼 필요가 있다.

질서의 속성 앞 장에서 패러다임 전환의 속도가 얼마나 가속적인지 보여주는 그래프들을 몇 개 보았다. (패러다임 전환은 어떤 작업을 수행하기 위한 지적 과정이나 방법론상의 주요 변화를 일컫는 것으로서 이를테면 문자 언어나 컴퓨터를 예로 들 수 있다.) 빅뱅에서 인터넷에 이르기까지 생물학적 및 기술적 진화의 주요 사건으로 꼽을 만한 것들을 도식화한 그래프로서, 사상가들의 의견이나 참고도서를 뒤져 찾아낸 15가지 목록을 기초로 한 것이었다. 각 목록 간에 약간의 차이는 있지만 기하급수적인 증가 추세에는 차이가 없었다. 즉 주요 사건들이 발생하는 속도는 계속해서 빨라지고 있었다.

무엇이 '주요 사건'인지 판단하는 기준은 목록 작성자들마다 달랐다. 그들이 어떤 기준에 따라 사건들을 선택했는지 알아보는 것도 의미가 있겠다. 혹자는 생물과 기술의 역사에서 정말로 획기적인 발전은 복잡성의 증가와 관련되어 있다고 보았다.[2] 생물학적 진화나 기술적 진화가 진전됨에 따라 복잡성이 증가하는 듯 보이는 것은 사실이지만, 나는 복잡성의 증가가 반드시 중요한 사건이라고 생각하지는 않는다. 우선 복잡성의 의미를 알아볼 필요가 있겠다.

짐작하다시피, 복잡성의 개념은 복잡하다. 우선, 복잡성이란 어떤 과정을 표현하는 데 필요한 최소한의 정보량이라 할 수 있다. 어떤 시스템에 대한 설계 내용을 백만 비트 크기의 데이터 파일(가령 컴퓨터 프로그램 혹은 CAD 파일 같은 것)로 기술할 수 있다고 하자. 이 설계

* 반도체칩의 집적밀도가 약 2년마다 두 배가 된다고 한 인텔 창립자 고든 무어의 예측.

의 복잡성은 백만 비트라고 할 수 있다. 그런데 알고 보니 이 백만 비트는 천 비트 짜리 패턴이 천 번 반복된 것이라 하자. 반복되는 부분을 찾아 제거하면 전체 설계를 천 배 압축할 수 있다. 즉 천 비트로 표현할 수 있다.

대부분의 데이터 압축 기술은 이처럼 정보에 있는 중복을 찾아내는 방법을 사용한다.[3] 그런데 데이터 파일을 이미 이렇게 압축했다 해도, 더욱더 압축해 표현할 수 있는 또 다른 규칙이나 방법이 존재하지 않는다는 걸 어떻게 확신할 수 있을까? 예를 들어, 파일 내용이 소수점 아래 100만 자리까지 표현된 '원주율(3.1415⋯)'이라 하자. 원주율을 이진법으로 표현한 비트들은 사실상 무작위적이고 무작위성 검사를 해보아도 반복되는 패턴이 없기 때문에, 대부분의 데이터 압축 프로그램은 이 수열의 정체를 인식하지 못할 것이고 따라서 100만 비트를 전혀 압축하지 못할 것이다.

하지만 파일(또는 파일의 일부)이 사실 원주율을 나타낸다는 걸 알게 되면 그 정보(또는 정보의 일부)를 매우 간결하게 '100만 비트까지 정확한 원주율'이라고 표현할 수 있다. 우리는 어떤 정보의 서열을 더 간결하게 표현하는 방법이 없다고는 확신할 수 없다. 따라서 압축된 정보량은 그 정보의 복잡성의 최대 한계로 간주되어야 옳다. 머리 겔만*도 이런 식으로 복잡성을 정의했다. 겔만은 어떤 정보 집합의 '알고리즘 정보량'은 '표준 범용 컴퓨터가 정보의 모든 비트를 출력한 뒤 멈추도록 하는 데 필요한 최소 길이 프로그램'이라고 했다.[4]

그러나 겔만의 개념도 완전한 것은 아니다. 완전히 무작위적인 정보를 포함한 파일은 도저히 압축할 수 없다. 사실 압축할 수 있느냐 없느냐 하는 점은 어떤 수열이 정말로 무작위인가 아닌가를 결정하는 중요한 기준이다. 그런데 어떤 설계가 무작위 배열로 설명되며 심

---

*   미국의 이론물리학자로 1969년 노벨물리학상을 받았다.

지어 어떤 무작위 배열이라도 상관없다면, 도리어 기술은 간단해진다. '여기에 무작위 수열을 넣으시오'라는 간단한 명령어로 충분하기 때문이다. 10비트든 10억 비트든, 완전한 무작위는 이처럼 간단한 명령어로 기술되므로 복잡성이 크지 않게 된다. 완벽한 무작위 배열과 목적을 갖되 예측할 수 없는 배열을 지닌 정보 사이의 차이점이 바로 이것이다.

복잡성의 속성을 더 잘 알기 위해 바위의 복잡성에 관해 생각해보자. 우리가 바위에 들어 있는 모든 원자들의 모든 속성들(정확한 위치, 각운동량,* 스핀,** 속도 등)을 기록한다면 방대한 양의 정보를 얻게 될 것이다. 1킬로그램의 바위에는 10^{25}개의 원자가 있는데, 이들은 10^{27}비트의 정보를 저장할 수 있다. (이에 대해서는 다음 장에서 설명할 것이다.) 인간의 유전 암호보다 10경 배 많은 양이다(유전 암호를 압축하지 않아도 그렇다).[5] 그러나 이 정보 대부분은 무작위적이고, 별 의미가 없다. 우리는 바위의 모양과 구성 재료를 기술하는 것만으로 바위의 특징을 표현할 수 있다. 즉 이론적으로 바위에는 방대한 양의 정보가 포함되어 있지만, 평범한 바위의 복잡성은 인간의 복잡성보다 훨씬 낮다고 평가하는 게 합리적이다.[6]

이제 복잡성의 개념을 다시 정의해보면 어떤 체계나 과정의 특징을 나타내는 데 필요한 의미 있고, 무작위적이지 않으며, 다만 예측할 수 없는 최소 정보량이라고 할 수 있다.

겔만의 정의를 따르면 백만 비트 무작위 문자열의 알고리즘 정보량 길이는 약 백만 비트일 것이다. 나는 완벽한 무작위 배열 자리는 '여기에 무작위 비트를 넣으시오'라는 간단한 명령어로 대체할 것을 제안하는 것이다.

* 회전운동하는 물체의 운동량.
** 소립자 등 입자들의 기본성질로서 입자의 자전에 의한 각운동량.

그러나 이조차 충분하지 않다. 임의적인 일련의 데이터를 생각해보자. 전화번호부에 있는 이름이나 전화번호들, 주기적인 방사선 준위나 온도 측정 결과 같은 데이터는 무작위적이지 않다. 압축 기법을 동원해도 그다지 많이 압축할 수 없다. 하지만 일반적인 의미에서 복잡성이 높은 데이터라고는 할 수 없는 것이다. 그저 데이터일 뿐이다. 그래서, '임의의 데이터 배열을 넣으시오'라는 또 다른 간단한 명령어가 필요한 것이다.

내가 제안하는 정보의 복잡성 측정 방법을 정리해보자. 처음에는 겔만의 알고리즘 정보량 정의에서 출발했다. 그중 무작위 배열은 무작위 배열을 넣으라는 간단한 명령어로 대체했다. 다음에 임의의 데이터 배열도 그 같은 간단한 명령어로 대체했다. 이렇게 하면 복잡성 평가 결과가 직관에 무리 없이 맞을 것이다.

내가 정의한 복잡성의 개념을 활용할 경우, 생물학 같은 진화 과정에서의 패러다임 전환은 매번 복잡성이 증가한 사건이라고 볼 수 있다. 가령 DNA의 진화를 통해 더 복잡한 유기체가 가능해졌다. 유연한 데이터 저장 능력을 지닌 DNA 덕분에 유기체의 생물학적 정보 처리 과정이 제어될 수 있었다. 캄브리아기의 생물종 대폭발*은 안정된 일군의 동물 신체 설계안들을 제공했고(DNA 속에), 덕분에 진화 과정은 좀 더 복잡한 뇌 개발에 집중할 수 있었다. 기술을 보면 컴퓨터의 발명을 통해 문명은 훨씬 더 복잡한 정보를 저장하고 조작할 수 있게 되었다. 인터넷의 광범한 상호연결은 그보다 더 큰 복잡성을 제공한다.

그러나 '복잡성의 증가' 자체가 진화 과정의 궁극적 목표이거나 최종 산출물인 것은 아니다. 진화는 더 복잡한 답을 찾아내는 것이 아니라 더 나은 답을 찾아낸다. 간단한 해결책이 더 훌륭할 때도 있는 것이

---

* 약 6억 년 전에서 약 5억 년 전까지. 고생대 최초의 기에 이루어진 갑작스러운 생물 문(門)의 증가 사건.

다. 여기서 복잡성과는 다른 '질서'라는 개념이 도입된다. 질서는 무질서의 반대말이 아니다. 무질서가 무작위로 일어나는 사건을 가리킨다면 무질서의 반대말은 '무작위적이지 않음'이 되어야 한다. 정보는 유기체의 DNA 암호나 컴퓨터 프로그램의 비트처럼 어떤 과정 속에서 의미가 있는 데이터의 배열이다. 반면 '소음'은 무작위 배열이다. 소음은 본질적으로 예측불가능하고 정보도 가지고 있지 않다. 그런데 정보도 예측불가능하다. 과거의 데이터를 이용해 미래의 데이터를 예측할수 있다면 그 미래의 데이터는 더 이상 정보가 아니다. 그러니 정보와 소음은 둘 다 압축될 수 없다(그리고 동일한 배열로 정확하게 복구될 수 없다). 예측가능하고 규칙적으로 교차하는 패턴(가령 0101010…)의 경우 처음 한 쌍의 비트 말고는 아무 정보가 없다고 할 수 있다.

따라서 규칙적인 것과 질서는 또 다르다. 질서는 정보를 필요로 하기 때문이다. 질서란 목적에 부합하는 정보다. 질서의 크기는 정보가 목적에 부합하는 정도에 따라 결정된다. 생물 진화의 목적이라면 살아남는 것이다. 제트 엔진 설계에 진화 알고리즘(문제 해결을 위해 진화를 시뮬레이션하는 컴퓨터 프로그램)을 적용한다면, 그때의 목적은 엔진의 성능, 효율 등을 최적화하는 것이다.[7] 질서를 측정하는 것은 복잡성을 측정하는 것보다 더 어렵다. 복잡성 측정 방법은 앞서 내가 제안한 것 외에도 여러 가지가 있다. 한편 질서를 측정하려면 각 상황에 맞는 '성공'의 척도가 필요하다. 진화 알고리즘을 만드는 프로그래머는 이러한 성공 척도('효용 함수'라 불리는)를 제공해야 한다. 기술 개발의 진화 과정이라면 경제적 성공이라는 척도도 적용할 수 있겠다.

정보가 많다고 해서 반드시 적합해지는 건 아니다. 가끔은 질서의 깊이(목적에의 부합성)가 복잡성의 증가보다 단순화를 통해서 달성될 수 있다. 가령 별개로 보였던 발상들을 하나의 포괄적이고 통일성 있는 이론으로 묶는 새로운 이론이라면 복잡성은 감소시키지만 '합목적적 질서'는 증가시킨 것이다. (이 경우, 목적은 관측된 현상을 정확하게 모델링하는 것이라 할 수 있다.) 사실, 과학은 늘 더 단순한 이론을 수립하는 방향으로 달려왔다. (아인슈타인의 말과 같다. '도를 지나치지 않는 한도 내에서 가능한 한 최고로 단순하게 만들어라.')

원인의 진화에서 중요한 단계를 점했던 한 가지 사건이 좋은 사례가 될 것 같다. 엄지손가락의 회전축이 이동하여 환경을 좀 더 정교하게 조작할 수 있게 된 사건이다.[8] 침팬지 같은 영장류도 물건을 잡을 줄은 알지만 힘 있게 단단히 붙잡지는 못하고, 글씨를 쓰거나 물건을 정교하게 주무를 만큼 섬세하게 운동 기능 조절을 하지 못한다. 엄지손가락의 회전축 변경이 동물의 복잡성을 크게 증가시켰다고는 할 수 없다. 하지만 무엇보다도 기술 발전을 가능하게 함으로써, 엄청난 질서의 증가를 가져왔다. 하지만 일반적으로 볼 때는 진화의 질서가 점점 커지면 복잡성도 커졌다고 해도 좋을 것이다.[9]

즉 문제에 대한 해결책을 발전시키면 질서가 증가된다(복잡성은 보통 따라서 증가하지만 가끔 감소할 때도 있다). 이제 문제를 정의하는 일만 남았다. 사실 진화 알고리즘의(그리고 일반적으로 생물학적 진화 및 기술적 진화의) 핵심은 문제를 정의하는 것(효용 함수를 포함해서)이다. 생물학적 진화에서라면 대체로 살아남는 것이 늘 문제였다. 특정 생태계에서는 이 최우선의 과제가 한정적인 작은 목표로 구체화되기도 했다. 가령 가혹한 환경에서 살아남는 것, 위장을 익혀 약탈자로부터 숨는 것 등이 문제일 때도 있었다. 인간에 가까워질 무렵의 생물학적 진화는 목적 자체도 진화했다. 적을 뛰어넘고 환경을 적절히 조작하는 것이 문제가 되었다.

수확 가속 법칙의 이러한 측면은 엔트로피*(닫힌계**에서의 무작위성)

---

* 물질계의 무질서도를 나타내는 척도. 즉 일에 사용할 수 없는 에너지를 나타내는 척도. 자발적 반응은 항상 엔트로피가 증가하는 방향으로만 일어난다.
** 환경과 상호작용하지 않는 것으로, 닫힌계 내부의 엔트로피는 본질적으로 늘 증가한다. 반대로 열린계는 환경과 입출력을 한다.

가 감소할 수 없다는, 즉 일반적으로 증가한다는 열역학 제2법칙에 상충하는 것처럼 보일지 모른다.[10] 그러나 수확 가속의 법칙이 적용되는 진화는 닫힌계가 아니다. 진화는 거대한 카오스의 한가운데에서 벌어지고 또한 무질서에 의존한다. 다양성을 확보하기 위한 여러 선택지들을 무질서로부터 끌어내는 것이다. 진화는 여러 선택지들 중 일부를 지속적으로 가지치기함으로써 질서를 창조할 때도 있다. 심지어 거대 소행성 충돌 같은 위기도 일시적으로는 무질서를 증가시켰지만 결국에는 생물학적 진화에 의해 창조되는 질서를 증가시키고 깊게 했다.

요약하면, 진화는 질서를 증가시킨다. 그러나 복잡성은 증가되기도 하고 증가되지 않기도 한다(물론 보통은 증가한다). 생명체든 기술이든 진화의 속도가 빨라지는 주된 이유는 점점 증가하는 질서 위에 쌓여가기 때문이다. 정보를 기록하고 조작하는 기법들이 점점 세련되어지기 때문이다. 진화가 만들어낸 혁신은 더 빠른 진화를 촉진하고 가능케 한다. 생명체 진화의 경우 가장 중요한 초기 사례는 DNA였다. DNA는 생명의 설계안이 안전하게 기록되게 함으로써 더 진취적인 실험을 가능하게 했다. 기술 진화의 경우 정보 기록 방법이 지속적으로 개선되면서 더 나아간 기술의 발전을 촉진했다. 우리는 최초의 컴퓨터를 종이에 설계한 뒤 손으로 직접 조립했다. 오늘날의 컴퓨터는 컴퓨터 워크스테이션에서 설계되고(컴퓨터에 의해 다음 세대의 상세 설계가 만들어지고), 인간의 개입이 거의 없는 완전 자동화 공장에서 생산된다.

기술의 진화 과정은 기술의 역량을 기하급수적으로 늘려간다. 혁신가들은 기술의 역량을 배수로 개선하고자 한다. 혁신은 기술의 역량을 덧셈이 아니라 곱셈으로 늘려간다. 모든 진화가 그렇듯, 기술은 과거의 성취 위에 쌓인다. 이런 가속적 양상은 기술이 스스로의 발전을 완벽히 제어하게 되는 제5기까지 줄곧 이어질 것이다.[11]

수확 가속 법칙의 원칙들은 다음과 같이 요약할 수 있다.

- 진화는 양의 되먹임* 방법을 쓴다. 즉 진화적 발전의 한 단계에서 생겨난 유용한 기법이 다음 단계를 만드는 데 사용된다. 진화는 이전 단계의 성과 위에 올라섬으로써 더 빠르게 발전해왔다. 진화는 우회적인 방법으로 나아간다. 진화는 인간을 창조했고, 인간은 기술을 창조했으며, 이제 인간은 점점 발전하는 기술과 합심해서 차세대 기술을 창조하고 있다. 특이점의 시대에 이르러서는 인간과 기술 간의 구별이 사라질 것이다. 인간이 현재의 기계처럼 변하기 때문이 아니라 기계가 현재의 인간처럼, 나아가 그 이상으로 발전할 것이기 때문이다. 기술은 말하자면 진화의 다음 단계를 가능하게 할 엄지손가락과 같다. 앞으로 발전(질서의 증가)은 굼뜨기 그지없는 전기화학적 반응이 아니라 광속으로 일어나는 사고 과정에 기반하게 될 것이다. 진화의 각 단계는 전 단계의 성과를 최대한 만끽하므로 진화 과정의 발전 속도는 시간이 흐를수록 최소한 기하급수적으로 증가한다. 시간이 흐를수록 진화 과정에 내재된 정보의 '질서'(생존이라는 진화의 목적에 정보가 얼마나 잘 부합하는가 나타내는 크기)가 증가하는 것이다.
- 진화 과정은 닫힌계가 아니다. 진화는 다양성을 담보하는 여러 선택지들을 확충하기 위해, 자신이 몸담은 더 큰 계 안에 있는 무질서에 의존한다. 증가하는 질서의 토대 위에서 펼쳐지므로 진화 과정에서 질서는 기하급수적으로 증가한다.
- 진화 과정의 '수확'(속도, 효율, 비용 대비 효과, 또는 과정의 총체적인 '힘') 또한 시간이 흐르면서 최소한 기하급수적으로 증가한다. 우리는 이것을 무어의 법칙에서 확인했다. 새로운 세대 컴퓨터 칩

---

* 어떤 반응의 최종산물(출력)이 다시 그 과정을 조절하는 데 투입(입력)되어 증폭시키는 것.

을 구성하는 부품의 수가(현재는 약 2년마다 세대가 바뀐다) 단위 가
격당 두 배로 늘고, 각 부품이 전보다 훨씬 빠르게 작동한다는 것
이다(부품 크기가 작아짐에 따라 물리적인 전자의 이동거리가 짧아지기
때문이다). 아래에서 설명하겠지만, 정보 기반 기술의 힘과 가격 대
성능비의 기하급수적 성장은 비단 컴퓨터에 국한되지 않는다. 본
질적으로 모든 정보기술에 해당되고, 다양한 인간 지식에도 해당
된다. '정보기술'이라는 용어가 점점 넓은 범위의 현상들을 포괄하
여 궁극적으로는 모든 경제 활동과 문화 현상을 포함하게 될 것이
라는 점도 중요하다.

• 양의 되먹임 고리가 한 가지 더 있다. 특정 진화 과정이 더 효과
적이 될수록, 가령 그 연산의 용량과 비용 대비 효과가 높아질수
록, 그 과정의 발전을 위해 활용되는 자원의 양도 커진다. 이로 인
해 이중의 기하급수적 증가가 나타난다. 즉 기하급수적 증가 속도
(지수) 자체가 기하급수적으로 증가하게 된다. 예를 들어 이 장 뒤
에 나올 '무어의 법칙: 다섯 번째 패러다임'이라는 그래프를 보면,
컴퓨터의 가격 대 성능비는 20세기 초반에는 3년마다 배가되었고
20세기 중반에는 2년마다 배가되었다. 지금은 해마다 배가되고 있
다. 단위 가격당 칩의 처리 능력이 배가될 뿐 아니라, 생산되는 전
체 칩의 개수도 기하급수적으로 증가하고 있다. 이로 인해 최근 수
십 년간 컴퓨터 연구 예산도 극적으로 증가했다.

• 생물학적 진화는 이런 진화 과정 중 하나이다. 사실 가장 본질적인
진화 과정이라 할 수 있다. 생물학적 진화는 완전히 열린계에서 일
어나기 때문에(진화 알고리즘이 인위적 제약 조건들을 갖는 것과는 달
리), 체계가 여러 수준에서 동시에 진화한다. 한 종의 유전자에 포
함된 정보가 더 큰 질서를 향해 나아갈 뿐 아니라, 진화 과정을 구
현하는 전체 체계 자체도 같은 방향으로 전개된다. 가령 염색체의
수와 동시에 염색체에 있는 유전자의 배열도 진화하는 식이었다.

또 다른 예로, 진화는 심각한 장애로부터 유전 정보를 보호하는 방법을 여러 갈래로 개발해왔다(진화의 발전적 개선에 유리하게 작용할지 모르는 어느 정도의 돌연변이는 허용했지만). 가장 기본적인 방법은 염색체를 쌍으로 두어 유전 정보를 반복해둔 것이다. 그러면 한 쪽의 유전자가 손상되더라도 나머지 한 쪽은 올바르고 유효한 정보를 보관할 수 있다. 짝이 없는 남성의 Y 염색체는 자기 염색체 자체에 정보를 여러 번 반복해두는 방법을 갖고 있다.[12] 게놈의 정보 중 단백질의 유전 암호에 해당하는 부분은 2퍼센트에 불과하다.[13] 나머지는 단백질 암호를 저장한 유전자들이 언제 어떻게 발현할지를 정교하게 제어하는 내용이다. 이 분야에 대해서 우리는 이제 막 이해하기 시작했다. 진화의 과정 자체가 시간이 흐르면서 진화해왔다. 일정 비율의 돌연변이 발생을 허용하는 것도 그런 과정들 중 한 가지다.

• 기술의 진화도 이러한 진화 과정 중 하나이다. 기술을 창조하는 종이 최초로 출현한 이후 기술 또한 진화를 시작했고, 이제 기술 진화는 생물학적 진화를 연장, 심지어 뛰어넘고 있다. 호모 사피엔스의 진화에는 수십만 년이 걸렸다. 원인이 창조한 초기 기술(바퀴, 불, 석기 등)의 발전 속도도 역시 매우 느려서, 만들어지고 널리 퍼지는 데 수만 년이 걸렸다. 500년 전에 인쇄 기술 같은 패러다임 전환의 성과물이 널리 퍼지는 데는 한 세기 정도가 걸렸다. 반면 휴대전화나 월드 와이드 웹 같은 오늘날의 패러다임 전환 성과물들은 불과 몇 년 만에 널리 번지고 있다.

• 특정한 패러다임(문제 해결 기법이나 접근법, 가령 더 강력한 컴퓨터를 만들기 위해 집적회로를 구성하는 트랜지스터 크기를 축소시키는 기법 등)은 잠재력이 고갈될 때까지 기하급수적으로 성장한다. 그 다음에는 패러다임 전환이 일어난다. 이로 인해 기하급수적 성장은 계속된다.

패러다임의 생명 주기 패러다임은 3단계로 전개된다.

1. 느린 성장(기하급수적 성장의 초기 단계)
2. 가파른 성장(기하급수적 성장의 후기, 폭발적인 단계), 아래의 S자 곡선에서 잘 드러난다
3. 특정 패러다임의 성숙에 따른 안정

이 3단계 발전은 오른쪽으로 뻗어 올라가는 S자 모양을 취한다. 다음 그림을 보면 하나의 기하급수적 성장은 여러 개의 S자 곡선들이 폭포 모양으로 연결된 것임을 알 수 있다. 각각의 S자 곡선은 오른쪽으로 갈수록 빨라지고(시간, 즉 x축이 짧아지고) 높아진다(성능, 즉 y축이 길어진다).

S자 곡선의 전형이라면 생물학적 성장을 들 수 있다. 비교적 고정된 수준의 복잡성을 지닌 체계(특정 종의 유기체 등)가 경쟁적 생태계에

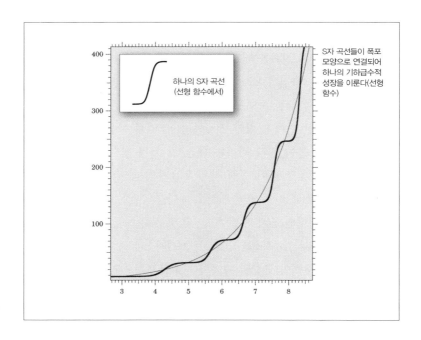

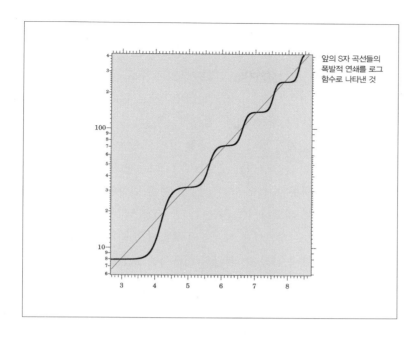

앞의 S자 곡선들의
폭발적 연쇄를 로그
함수로 나타낸 것

서 유한한 지역 자원을 놓고 싸우면서 자기복제를 해나가는 경우다. 가령 어떤 종이 새로운 우호적 환경에 도착할 때 시작되는 일이다. 종의 개체 수는 얼마간 기하급수적으로 증가하다가 안정될 것이다. 그런데 진화 과정 전반의 기하급수적 증가는(분자 수준이든, 생물학적, 문화적, 기술적 진화든) 특정 패러다임(특정 S자 곡선)의 성장 한계를 넘어선다. 힘과 효율이 부쩍 증대된 다음 패러다임들이 연속적으로 등장하기 때문이다. 그러므로 어떤 진화 과정의 기하급수적 성장은 여러 개의 S자 곡선으로 구성되기 마련이다. 현대에 발견되는 가장 좋은 예는 이어서 설명할 다섯 가지 연산 패러다임이다. 앞 장에서 보았던 패러다임 전환의 가속 그래프도 연속적인 S자 곡선들로 구성된 하나의 진화 과정을 나타낸 것이다. 문자나 인쇄 같은 주요 사건 각각이 새로운 패러다임을 의미하며, 곧 새로운 S자 곡선을 의미한다.

진화의 단속 평형(PE) 이론*에 따르면 진화는 급격한 변화의 시기와 그 뒤에 이어지는 상대적 정체의 시기를 번갈아 겪으며 발전한다.[14] 실제로 신기원적 사건들 그래프에 있는 주요 사건들을 보면, 질서가(그리고 일반적으로 복잡성이) 기하급수적으로 증가하는 혁신의 시기가 있은 뒤에는 각 패러다임이 점근선**(역량의 한계)에 접근함에 따라 느린 성장의 시기가 왔다. 단속 평형 이론은 연속적 패러다임 전환을 통해 평탄한 발전을 그리는 모델보다 더 나은 진화 모델이다.

하지만 단속 평형의 주요 사건들은 발 빠른 변화를 야기하기는 하되 순간적 급등을 의미하지는 않는다. 가령 DNA의 등장은 유기체의 설계를 진화적으로 개선하게 함으로써 복잡성을 증가시켰다(갑작스러운 급등이라고는 할 수 없었다). 최근의 기술사를 보면 컴퓨터의 발명을 통해 인간-기계 문명이 처리할 수 있는 정보의 복잡성이 또 다른 확장의 전기를 맞았고, 이 변화는 아직 진행 중이다. 이 변화의 물결은 우리가 주변 우주의 모든 물질과 에너지를 연산으로 포화시킬 때까지는 점근선에 다다르지 않을 것이다. 그 한계에 대해서는 6장에서 논의하겠다.[15]

패러다임 생명 주기 중 세 번째, 성숙의 단계에서는 다음 패러다임으로의 전환에 대한 압력이 축적되기 시작한다. 기술로 말하자면, 다음 패러다임을 만들기 위한 연구에 자금이 투자된다. 일례로 광리소그래피***를 이용해 평판 집적회로에 더 많은 트랜지스터들을 집어넣는 패러다임이 앞으로도 10년은 건재할 것임에도 불구하고, 벌써 3차원 분자 연산을 목표로 광범위한 연구가 수행되고 있는 것이다.

일반적으로, 한 패러다임이 가격 대 성능비 면에서 점근선에 다다

---

*   엘드리지와 굴드가 제안한 이론으로, 진화에서 종의 형성은 일정한 속도로 서서히 이루어지는 게 아니라 짧은 기간 폭발적으로 일어난 뒤 오랜 안정화 기간을 거친다는 주장이다.
**   어떤 곡선이 원점에서 한없이 멀어질 때, 그에 한없이 접근하는 어떤 직선.
***   집적회로를 만들 때 실리콘칩 표면에 회로의 패턴을 새기는 현상. 빛을 사용한 광리소그래피가 일반적이었으나 최근 전자빔을 사용해 더 미세하게 처리하는 전자빔 리소그래피도 등장했다.

를 즈음이면 다음 기술 패러다임이 이미 여기저기 틈새에 적용되기 시작한다. 예를 들어 1950년대의 공학자들은 진공관의 크기를 축소시킴으로써 컴퓨터의 가격 대 성능비를 높이려 노력하고 있었다. 그런데 1960년경에는 트랜지스터가 이미 휴대용 라디오 분야에서 견고한 틈새 시장을 형성하고 있었다. 그 후 컴퓨터에서도 트랜지스터가 진공관을 대체하게 된다.

진화 과정의 기하급수적 성장을 뒷받침할 자원은 무한한 편이다. 사실 한없이 증가하는 진화 과정의 질서 자체가 하나의 중요한 자원이다(진화 과정의 산물은 끊임없이 질서를 증가시키고자 하기 때문이다). 진화의 각 단계마다 다음 단계를 위한 강력한 도구가 만들어진다. 생물학적 진화에서는 DNA가 출현하면서 진화 '실험'이 더욱 강력하고 빨라질 수 있었다. 비근한 예로 컴퓨터 활용 설계 도구가 출현하면서 다음 세대 컴퓨터를 더욱 빠르게 개발할 수 있었다.

질서의 기하급수적 증가가 지속되기 위해서 있어야 할 또 다른 자원은 진화 과정이 전개되는 환경 내의 '카오스'이다. 카오스는 다양성을 담보하기 위한 여러 선택지를 제공해주기 때문이다. 카오스가 제공하는 가변성 덕분에 진화 과정은 더 강력하고 효과적인 해답을 발견해낼 수 있다. 생물학적 진화에서 다양성을 담보하는 기법 중 한 가지는 유성 생식을 통해 유전자를 섞고 조합하는 것이다. 유성 생식은 무성 생식보다 넓은 유전적 다양성을 제공함으로써 전반적인 생물학적 적응력을 높이는, 일종의 진화적 혁신이었다. 그 밖에 다양성의 근원으로는 돌연변이, 끝없이 변하는 환경 조건 등이 있다. 기술 진화에서는 인간의 창의력이 다양한 시장 변수들과 결합되면서 혁신 과정이 계속된다.

프랙탈식 설계 비교적 적은 정보량을 가진 게놈이 어떻게 그 안에 기술된 유전 정보보다 훨씬 더 복잡한 인간 같은 체계를 만들어내는

가 하는 문제는 생물학적 체계의 정보 용량을 논할 때 중요한 주제다. 한 가지 해답은 생물학의 설계를 '확률적 프랙탈'로 보는 것이다. 결정론적 프랙탈이란 하나의 설계 요소('개시자')가 여러 개의 요소들('생성자')로 대체되는 구조이다. 두 번째 프랙탈 확장을 할 때는 생성자 각 요소가 개시자가 되어 다음 세대 생성자 요소들(두 번째 세대 개시자들보다 크기가 작다)로 대체된다. 새로 탄생한 생성자 요소들이 개시자가 되고, 그것이 다시 작은 크기의 생성자들로 대체되는 이 과정이 수없이 반복되는 것이다. 프랙탈이 확장되면 복잡성이 증가하기는 하지만 추가적인 설계 정보가 필요하지는 않다. 한편 확률적 프랙탈은 여기에 불확실성이라는 요소를 추가한다. 결정론적 프랙탈은 여러 차례 재현한 결과가 매번 동일하지만, 확률적 프랙탈은 그렇지 않다. 비슷한 특징을 보이기는 하지만 매번 조금씩 다르다. 확률적 프랙탈에서는 각 생성자 요소가 적용될 확률은 1보다 작은 어떤 값을 갖는다. 덕분에 결과는 좀 더 유기체적인 모습을 갖게 된다. 확률적 프랙탈은 산이나 구름, 해안, 잎 등 유기체의 사실적 영상을 만드는 그래픽 프로그램에 활용된다. 확률적 프랙탈의 핵심은 비교적 적은 양의 설계 정보로부터 세부가 몹시 다채로운 엄청난 복잡성을 만들어낼 수 있다는 것이다. 생물학도 이 원칙을 이용한다. 유전자가 설계 정보를 제공하지만, 유기체의 세부는 그 유전적 설계 정보보다 훨씬 복잡하다.

어떤 사람들은 뇌 같은 생물학적 체계의 세부 복잡성을 오해해서, 가령 뉴런에 있는 모든 미세구조(미세도관 등)의 구성이 정밀하게 설계된 것이고, 체계가 기능하기 위해서는 정확히 그 구성을 취해야만 한다고 주장한다. 그러나 뇌 같은 생물학적 체계의 작동 원리를 이해하려면 우선 설계 원칙을 이해하는 게 필요할 텐데, 뇌 전체의 설계 원칙은 세부 구조의 복잡성보다 훨씬 단순하다는 것을 알아야 한다(즉 훨씬 적은 정보량이다). 세부 구조들이 복잡한 것은 유전 정보가 반복적인 프랙탈식 과정을 통해 만들어냈기 때문이다. 인간의 게놈 전체에 담긴 정보량은 8억 바이트에 불과한데, 압축한다고 하면 3천만 바이트에서 1억 바이트 사이다. 발달을 마친 뇌의 모든 개재뉴런 연결과 신경전달물질 농도 패턴에 의해 표현되는 정보량보다 1억 배 정도 적은 양이다.

수확 가속 법칙의 원리가 앞 장에서 살펴본 여섯 시기에 어떻게 적용되는지 알아보자. 아미노산으로 단백질을 합성하고 핵산으로 RNA 가닥을 합성함으로써 생물의 기본 패러다임이 수립되었다. 자기복제하는 RNA 가닥(나중에는 DNA)은 진화 실험의 결과를 디지털화하여 기록했다(제2기). 그 후, 이성적 사고(제3기)와 도구를 사용할 수 있는 손을 가진 종이 진화하면서 생물에서 기술로 근본적인 패러다임 전환(제4기)이 발생했다. 앞으로는 생물학적 사고에서 생물학적 사고와 비생물학적 사고를 결합한 혼합 사고로 패러다임의 전환(제5기)이 일어날 것이다. 뇌 역분석을 통해 '생물학으로부터 영감'을 얻음으로써 진행되는 과정일 것이다.

이 시기들의 시간적 간격을 살펴보면 그들 또한 연속적 가속 과정을 이루는 것을 확인할 수 있다. 생명체가 초기의 진화 단계를 밟는 데는(원시 세포, DNA) 수십억 년이 필요했으나 후에 과정은 가속되었다. 캄브리아기의 생물종 대폭발 기간에는 주요 패러다임 전환에 수천만 년 정도밖에 걸리지 않았다. 다음에 원인이 발생하기까지는 수백만 년이, 호모 사피엔스가 나타나는 데는 수십만 년이 걸렸다. 기술을 창조하는 종이 출현하자 기하급수적 속도는 DNA가 유도하는 단백질 합성을 통한 진화가 감당하기 힘든 정도가 되었고, 진화는 인간이 창조한 기술로 이동했다. 이것은 생물학적(유전적) 진화가 단절된다는 의미가 아니다. 생물학적 진화가 질서를 증가시키는 면에서(혹은 연산의 효과와 효율 면에서) 더 이상 주도권을 갖지 못한다는 뜻이다.[16]

원시안의 진화 생물학적 진화와 그 뒤를 잇는 기술적 진화가 질서와 복잡성을 증가시킨 사례는 수도 없이 많다. 관찰력의 범위를 예로 들어보자. 초기 생명체는 화합물질의 농도 변화 등을 감지함으로써 몇 밀리미터 내의 국지적 사건을 관찰할 수 있었다. 이후 등장한 시력을 가진 동물들은 수 킬로미터 떨어진 곳의 사건들을 관찰할 수 있게 됐다. 나아가 망원경이 발명되자 인간은 수백만 광년 떨어진 다른 은하들을 볼 수 있게 됐다. 그런가 하면, 현미경을 이용함으로써 세포 규모의 미세구조도 볼 수 있게 되었다. 현대 기술로 무장한 인간은 130억 광년 이상 떨어진 곳에 있는 가시 우주의 끝을 볼 수 있고, 작게는 양자 규모의 아원자 입자들까지 관찰할 수 있다.

관찰의 지속 시간을 보자. 단세포 동물은 화학적 반응을 통해 사건을 몇 초간 기억할 수 있었다. 뇌를 가진 동물의 기억력은 며칠이 되었다. 문화를 가진 영장류는 몇 대에 걸쳐 정보를 전달할 수 있게 됐고, 구술 역사를 가진 초기 인간 문명은 이야기를 수백 년간 보전할 수 있었다. 마지막으로 문자 언어가 출현하면서 기간은 수천 년으로 늘어났다.

기술 패러다임 전환의 가속에 대한 한 예로, 우선 전화를 보자. 19세기 후반에 발명된 전화가 널리 사용되기까지는 반세기 정도가 걸렸다 (다음 그림 참조).[17]

이에 비해, 20세기 후반에 등장한 휴대폰이 확산되는 데는 10년밖에 안 걸렸다.[18]

전반적으로 지난 세기 동안 통신기술의 보급 속도는 부드럽게 가속된 것을 볼 수 있다.[19]

앞 장에서 살펴보았듯, 새로운 패러다임을 받아들이는 속도는 기술 발전의 속도와 마찬가지로 10년마다 두 배씩 늘고 있다. 바꿔 말하면 새로운 패러다임을 받아들이는 데 걸리는 시간이 10년마다 반으로 줄고 있다. 이대로 가면 21세기의 기술 발전은 (2000년도의 발전 속도로 보았을 때) 200세기 동안의 발전에 필적할 것이다(선형 관점에서).[20][21]

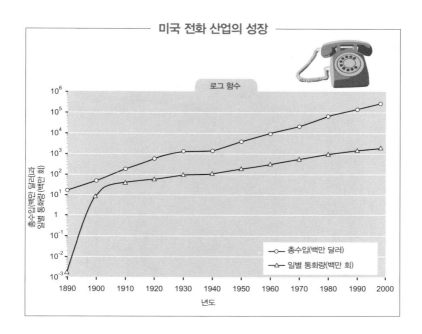

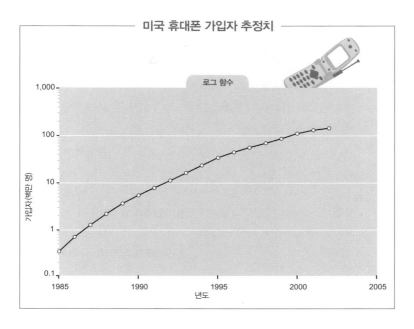

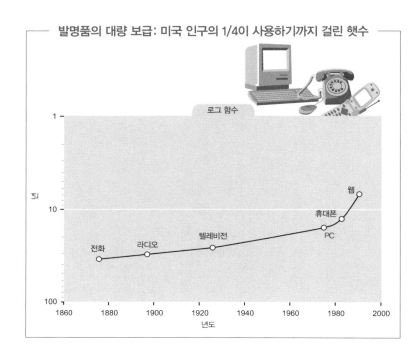

발명품의 대량 보급: 미국 인구의 1/4이 사용하기까지 걸린 햇수

로그 함수

웹

휴대폰

PC

텔레비전

라디오

전화

년도

생명 주기에 나타난 기술의 S자 곡선

기계는 바이올린 소나타나 유클리드 기하학의 정리만큼 특유하고 찬란하고 풍부하게 인간적이다.

−그레고리 블라스토스[*]

자기 방에서 앉아 작업하던 수도원 필사자의 침묵과, 사반세기 만에 온갖 업무를 변혁하고 개량해버린 현대 문서 작성기의 활기찬 '클릭' 소리 사이에는 얼마나 큰 차이가 있는가.

−〈사이언티픽 아메리칸〉, 1905년

[*] 터키 출생의 미국 철학자로 프린스턴 대학 등에서 고대 철학을 가르쳤다.

지금까지 어떤 통신기술이 완전히 세상에서 종적을 감춘 적은 없다. 기술의 지평이 넓어지면서 그 중요성이 점차 줄어들 뿐이다.

—아서 C. 클라크

나는 아이디어가 고갈되거나, 마음이 불안하거나, 한 줌의 영감이 필요할 때 언제든 찾아볼 수 있도록 책상 위에 항상 책을 한 더미 쌓아둔다. 최근에 구입한 두꺼운 책을 한 권 집어 들면서 출판인의 작업에 대해 생각해본다. 멋지게 인쇄된 종이 470쪽이 16쪽씩 접지로 만들어져 있고, 흰색 실로 제본된 채 회색 캔버스 천에 풀로 붙어 있다. 아마포로 장정한 하드 커버에는 금빛 글자가 아로새겨져 있고, 커버와 접지 사이에는 섬세한 돋을새김 장식이 있는 면지도 있다. 제책은 수십 년 전에 완성된 기술이다. 책은 우리 문화를 반영하고 만들어가는 사회적 필수 요소다. 책이 없는 삶은 상상하기 어렵다. 그러나 무릇 모든 기술이 그렇듯, 인쇄된 책도 영원하지는 못할 것이다.

기술의 생명 주기

기술의 생명 주기는 명확한 7가지 단계로 나눌 수 있다.

1. 전조 단계에는, 기술의 전제 조건들이 이미 존재하고, 몇몇 공상가들이 이들을 한데 묶어 상상해보기도 한다. 그러나 발상 자체가 발명은 아니다. 아무리 잘 기록해둔다고 해도 마찬가지다. 레오나르도 다빈치는 설득력 있는 비행기와 자동차 설계를 그려놓았지만, 그렇다고 그가 비행기나 자동차의 발명가는 아니다.

2. 다음 단계는 우리 문화가 격찬하는 발명의 단계이다. 이 단계는 매우 짧지만 오랜 산고 끝에 아이를 낳는 과정과 유사하다. 발명가는 호기심과 과학적 재주와 결단력과 일정 정도의 쇼맨십을 혼합해서 새로운 방법을 만들어내고 새로운 기술에 활기를 부여한다.

3. 그다음 발달 단계에서는 맹목적인 후견인들(최초의 발명가를 포

함해서)이 발명을 보호하고 지원해준다. 이 단계가 발명 단계보다 오히려 더 어려울 때도 많다. 최초의 발명보다 중요한 창작이 추가적으로 이루어지기도 한다. 말이 끌지 않아도 되는 탈것을 수공으로 만들어낸 장인들이 이미 적지 않았지만, 자동차의 정착과 확산에는 헨리 포드가 발명한 대량 생산 체제가 더 결정적이었다.

4. 네 번째 단계는 성숙기다. 기술은 한시도 진화를 멈추진 않지만, 이 단계에 오면 독자적인 생명력을 갖고 사회의 일부로 확고한 지위를 차지한다. 기술은 일상의 구조에 깊이 침투되어 마치 영원히 지속될 것처럼 보인다. 이때 다음 단계가 등장하면 흥미로운 상황이 연출되는데, 다음 단계를 나는 가짜 사칭자의 단계라 부른다.

5. 이전 기술을 압도하겠다고 위협하는 새로운 기술이 등장하는 단계이다. 이 기술에 열광하는 사람들은 성급하게 승리를 예언한다. 새로운 기술은 눈에 띄는 장점을 일부 제공하기는 하지만 주요 기능이나 품질 면에서 무언가 부족한 점이 있다. 이 기술이 기존 질서를 몰아내지 못하면, 기술 보수주의자들은 기존 기술의 방법이 영원히 존속하리라는 증거로 받아들인다.

6. 이 시점에 오래된 기술은 잠깐 동안 승리를 구가하는 듯 보인다. 그러나 곧 또 다른 새로운 기술이 나타나 기존 기술을 쇠퇴의 단계로 보내는 데 성공한다. 생명 주기의 이 단계에서, 기술은 차츰 쇠퇴하는 말년을 보내게 되고, 기술 본래의 목적과 기능은 더 날쌘 경쟁자에 의해 포섭된다.

7. 기술 생명 주기의 5~10퍼센트를 구성하는 이 단계에, 기존 기술은 결국 지난 시절의 유물이 된다(말과 마차, 하프시코드, 비닐 레코드, 수동 타자기가 그랬듯이).

19세기 중반에는 축음기의 전신으로 볼 수 있는 것들이 몇 가지 있었다. 가령 음의 진동 패턴을 인쇄 형태로 기록하는 장치인 레옹 스코트 드 마르탱빌의 기음기 같은 것이었다. 그러나 1877년, 모든 요소들을 종합함으로써 소리를 기록하고 재생하는 최초의 기기를 발명한 사람은 토머스 에디슨이었다. 축음기가 상업적으로 활용되기까지는 많은 개량이 필요했다. 축음기는 1949년 컬럼비아 사가 33rpm의 LP판을 내놓고, RCA 빅터 사가 45rpm 디스크를 발표했을 때 완전히 성숙한 기술이 되었다. 가짜 사칭자는 1960년대에 소개되고 1970년대에 대중화된 카세트테이프였다. 초기의 카세트테이프 지지자들은 크기가 작고 여러 번 녹음할 수 있는 카세트테이프가 상대적으로 덩치가 크고 긁히기 쉬운 레코드판을 쇠퇴시킬 것이라고 예언했다.

뚜렷한 장점이 있긴 하지만, 카세트는 임의 접근이 불가능하고, 형체가 뒤틀리기 쉽고, 음질이 뛰어나지 않다. 진정 LP를 대체한 것은 콤팩트디스크(CD)였다. CD가 임의 접근과 인간 청각의 한계에 가까운 음질을 제공하자, 레코드판은 급격히 쇠퇴하기 시작했다. 여전히 생산되고 있기는 하지만, 에디슨이 130여 년 전에 만들었던 이 기술은 이제 낡은 유물이 되었다.

내가 개인적으로 관여해온 기술 영역인 피아노에 대해 살펴보자. 18세기 초, 바르톨로메오 크리스토포리는 당시 인기 있는 악기였던 하프시코드를 개량하려 했다. 연주자가 누르는 강도에 따라 소리의 크기가 달라지도록 하고 싶었던 것이다. '피아노와 포르테가 되는 쳄발로(강약 조절이 되는 하프시코드)'라는 이름의 그의 발명품은 즉각적인 성공을 거두지는 못했다. 스타인의 빈식(式) 장치와 줌페의 영국식 장치 같은 개량을 거친 후에야 '피아노'는 최고의 건반 악기로 자리잡았다. 1825년, 알페우스 밥콕이 특허를 낸 완벽한 주철 프레임이 개발되면서 피아노는 성숙 단계에 이르렀고, 그 후에는 크게 개량된 부분이 없다. 가짜 사칭자는 1980년대 초기의 전자 피아노였다. 전자 피아노는 기능이 꽤 많았다. 보통 피아노의 소리가 하나뿐인 데 비해, 전자 피아노는 수십 가지 악기의 소리를 낼 수 있었다. 연주자는 전자 피아노의 시퀀서를 이용해 전체 오케스트라를 연주할 수도 있고, 자동 반주나 건반 학습 프로그램 등 다양한 기능을 이용할 수 있었다. 전자 피아노의 유일한 단점은 어쿠스틱 피아노보다 음질이 좋지 않다는 것이었다.

이것은 결정적인 단점이었다. 1세대 전자 피아노가 실패로 돌아가자, 사람들은 피아노를 대체할 전자 악기는 없으리라고 결론 내렸다. 그러나 어쿠스틱 피아노의 '승리'는 영원하지 않을 것이다. 디지털 피아노의 판매는 이미 일반 소비자 시장에서 일반 피아노를 능가했다. 확장된 기능과 가격 대 성능비 덕분이다. 많은 사람들이 디지털 피아노의 '피아노' 소리 음질이 일반 어쿠스틱 피아노에 필적하거나 더 뛰어나다고 느끼고 있다. 공연용 등 고급 그랜드 피아노(시장의 작은 부분을 차지하는)를 제외하면 보통 피아노의 판매는 감소하는 실정이다.

염소 가죽에서 다운로드로

책은 기술 생명 주기의 어디쯤에 위치하는 걸까? 책의 전조로는 메소포타미아의 점토판이나 이집트의 파피루스 두루마리 등이 있었다. 기원전 2세기에 이집트의 프톨레마이오스 왕조는 거대한 두루마리 도서관을 알렉산드리아에 세우고, 경쟁을 막기 위해 파피루스의 수출을 금지하기도 했다.

최초의 책은 아마 고대 그리스 페르가몬의 지배자 에우메네스 2세가 만든 것일 것이다. 염소나 양의 가죽으로 만든 피지들을 나무로 된 표지와 함께 꿴 것이었다. 이 기술을 이용해서 에우메네스는 알렉산드리아에 필적하는 도서를 모을 수 있었다. 비슷한 무렵 중국에서는 대나무 줄기를 이용해 만든 조야한 형태의 책도 개발되었다.

책의 발전과 성숙에는 세 가지 커다란 진보가 영향을 미쳤다. 8세기에 중국인들이 양각 목판을 이용해 처음 시도한 인쇄술 덕분에 책은 대량 생산될 수 있었고, 독자의 범위가 정부 관료나 종교 지도자를 넘어 일반인으로 확대되었다. 사실 11세기경 중국과 한국에서 시도된 주조 활자가 훨씬 의미 있는 발명이었지만, 아시아 문자의 복잡성 때문에 이 초기의 시도는 크게 성공적이지 못했다. 15세기의 요하네스 구텐베르크는 상대적으로 단순한 로마 문자의 덕을 본 것이다. 구텐베르크는 1455년에 성경을 인쇄했는데, 이것은 주조 활자를 이용한 최초의 대규모 인쇄 작업이었다.

기계적이거나 전기기계적인 인쇄의 과정에 줄곧 진화적 개선이 있기는 했으나, 지금으로부터 약 20년 전, 컴퓨터 식자가 주조 활자를 폐기시킬 때까지 출판 기술의 질적인 도약은 없었다고 할 수 있다. 현재 활판 인쇄는 디지털 영상 처리 작업의 일부로 간주된다.

출판 기술이 완전히 성숙한 단계에 다다른 20여 년 전, '전자책'의 첫 번째 물결과 함께 가짜 사칭자들이 나타났다. 이런 경우 항상 그렇듯이, 가짜 사칭자들은 질적으로나 양적으로 인상적인 장점을 지니고 있었다. CD롬이나 플래시 메모리 기반의 전자책은 수천 권의 책을 담을 수 있었고 강력한 컴퓨터 기반 검색과 지식 조회 기능을 제공했다. 웹이나 CD롬 또는 DVD에 담긴 백과사전에서는 포괄적 논리 규칙들을 이용해 빠르게 단어를 검색할 수 있는데, 33권짜리 '책' 형태 백과사전으로는 불가능한 기능이다. 전자책은 입력에 반응하여 적절한 동영상까지 제공한다. 페이지는 반드시 순차적으로 정렬되어 있을 필요가 없고, 훨씬 직관적인 연결을 통해 얼마든지 검색할 수 있다.

축음기 레코드판과 피아노의 경우처럼, 이 첫 세대 가짜 사칭자들은 종이책 본연의 핵심적 속성 중 한 가지를 갖추지 못했다. 종이와 잉크가 구현하는 탁월한 시각적 특성 말이다(지금도 없다). 종이는 깜빡이지 않지만 보통의 컴퓨터 스크린은 1초에 60회 이상을 주사한다. 영장류의 시각 체계는 진화를 통해 깜빡이지 않는 대상에 적응해왔기 때문에, 이것은 중대한 문제다. 우리는 시야의 매우 작은 부분만을 고해상도로 볼 수 있다. 즉 약 56센티미터 떨어진 곳에 있는 단어 하나 크기만 한 영역에 초점을 집중시켜, 그 상을 망막의 안와에 맺게 한다. 안와 바깥쪽 나머지 망막은 해상도가 현저히 낮다. 하지만 밝기 변화에는 민감하게 감응하는데, 덕분에 우리의 원시 조상들은 공격 기회를 노리는 약탈자를 재빨리 인지할 수 있었다. 우리 눈은 VGA(비디오 그래픽 어레이)식 컴퓨터 스크린의 지속적인 깜빡임을 움직임으로 인지하므로, 안와가 끊임없이 움직이게 된다. 때문에 읽는 속도가 대체로 느려진다. 인쇄된 책보다 스크린을 읽는 게 더 불편한 것도 이 때문이다. 이 문제는 깜빡이지 않는 평판 디스플레이를 이용함으로써 해결되었다.

명암 대비와 해상도도 중요한 문제다. 질 좋은 책의 잉크와 종이 간 명암 대비는 약 120 대 1이다. 전형적인 스크린의 명암 대비는 그 반 정도이다. 인쇄된 문자 및 삽화의 해상도는 1인치당 600도트(dpi)에서 1,000도트 정도인 반면 컴퓨터 스크린의 해상도는 그 10분의 1 정도다.

전자책 기기의 크기와 무게가 책에 근접하고 있긴 하지만, 페이퍼백 책에 비하면 무게가 여전히 무거운 편이다. 종이책은 또 전력이 떨어질 걱정을 하지 않아도 된다.

그러나 가장 중요한 문제는 소프트웨어의 한계일 것이다. 인쇄된 책의 양은 이미 상당히 많다. 미국에서는 매년 5만 권의 인쇄 도서가 새로 출판되며, 수백만 권의 책이 유통되고 있다. 인쇄본을 스캔하여 디지털화하는 노력이 진행 중이지만, 전자책 데이터베이스가 인쇄본에 필적하기까지는 오랜 시간이 걸릴 것이다. 가장 큰 장애물은 출판업자들이 전자책 출판을 꺼린다는 점인데, 이는 음반 산업에서 벌어졌던 불법 파일 공유의 파괴적 효과를 생각해보면 이해할 만한 태도다.

이 각각의 한계에 대한 해결책들이 속속 등장하고 있다. 깜빡임이 없고, 명암 대비와 해상도와 시야각 면에서 종이 문서에 필적하는 품질을 가진 값싼 디스플레이 신기술이 등장하고 있다. 카트리지 하나의 작동 시간이 수백 시간에 달하는 전지가 도입되어 휴대용 전자기기에 전력을 공급하고 있다. 휴대용 전자기기들의 크기와 무게는 종이책에 필적하고 있다. 가장 중요한 문제는 전자 정보의 보안을 유지하는 것이다.

이것은 향후 우리 경제의 매 단계에서 고려되어야 할 근본적인 문제다. 20여 년 안에 나노기술 기반 제조가 현실화하면 물리적 제품을 포함한 모든 것들이 정보가 될 것이기 때문이다.

무어의 법칙과 그 너머

에니악(ENIAC) 계산기는 18,000개의 진공관으로 이루어져 있고 무게가 30톤이지만, 미래의 컴퓨터는 진공관 1,000개면 충분하고 무게도 1.5톤 정도일 것이다.

–〈파퓰러 메카닉스〉, 1949년

천문학이 망원경에 관한 학문이 아닌 것처럼 컴퓨터 과학은 더 이상 컴퓨터에 관한 학문이 아니다.

–E. W. 데이크스트라[*]

특이점의 의미를 더 깊이 살펴보기 전에, 수확 가속 법칙의 지배를 받는 기술의 범위를 알아보자. 가장 널리 알려진 기하급수적 추세의 사례는 이른바 무어의 법칙이라 불리는 것이다. 1970년대 중반, 집적 회로 발명의 선구자이자 향후 인텔 사의 회장이 된 고든 무어는 집적 회로에 집어넣을 수 있는 트랜지스터의 수가 매 24개월마다 두 배로 는다는 것을 발견했다(1960년대 중반에는 12개월로 추산했었다). 전자들이 이동하는 거리가 짧아지는 것이니 회로의 동작 속도가 빨라지고, 전체 계산력도 늘어난다. 그 결과 연산의 가격 대 성능비가 기하급수

---

[*] 네덜란드의 컴퓨터 과학자로 컴퓨터 과학자들의 노벨상인 튜링상을 1972년에 받았으며, 알고리즘 등 이론 분야에서 지대한 공헌을 했다.

적으로 증가한다. 이 배가 속도(약 12개월)는 앞서 말했던 패러다임 전환의 배가 속도(약 10년)보다 훨씬 빠르다. 정보기술의 역량을 측정하는 여타 잣대들, 가령 가격 대 성능비, 대역폭, 용량 등의 배가 시간은 대체로 1년 정도다.

무어의 법칙의 주요 원동력은 반도체의 회로 선폭*이 줄어드는 것이다. 선폭은 각 차원별로 5.4년마다 반으로 줄어든다(다음 그림 참조). 칩은 기능적으로 2차원이므로, 1제곱밀리미터당 구성 요소의 개수가 2.7년마다 두 배씩 증가한다는 계산이 나온다.[22]

다음 그래프는 과거의 자료와 2018년까지의 반도체 산업 예측 자료(세마테크에서 발표한 국제반도체기술로드맵[ITRS])를 결합한 것이다.

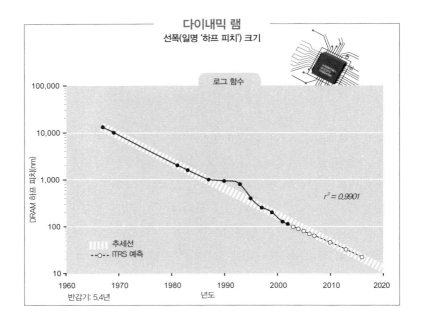

---

*   반도체 칩에서 적용되는 회로들 사이의 배선폭, 혹은 게이트의 크기를 말하는 것으로, 이것을 줄일수록 집적도와 속도가 높아지고 소비 전력도 준다. 이 책에서는 다양한 기술에서 최소 구성 단위(소자)의 소형화를 측정하는 기준으로 용어를 넓게 쓰고 있다.

DRAM(동적 임의 접속 기억 장치)*의 제곱밀리미터당 제작 비용도 하락하고 있다. 달러당 DRAM의 비트 배가 시간은 1.5년밖에 되지 않는다.[23]

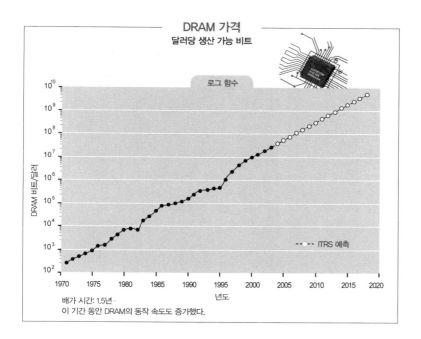

트랜지스터도 비슷한 추세를 따랐다. 1968년에는 1달러로 트랜지스터를 하나 살 수 있었다. 2002년에는 약 천만 개 정도 살 수 있다. DRAM은 기술 혁신을 주도하는 특수한 분야이기 때문에, 평균적인 트랜지스터 가격의 반감기는 DRAM보다 약간 느린 1.6년이다(다음 그림 참조).[24]

반도체의 가격 대 성능비가 부드럽게 가속한 것은 점점 더 작은 규

---

* 컴퓨터의 주기억 장치인 RAM의 일종으로 정적 기억 장치 SRAM에 비해 가격이 낮고 집적도가 매우 높아 대용량 기억 장치로 널리 사용된다.

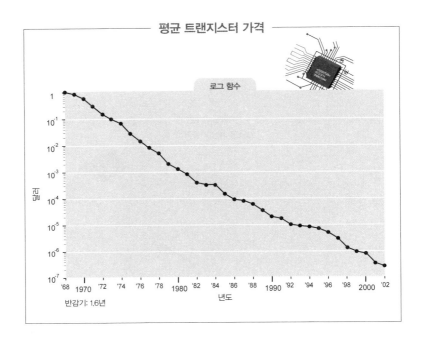

평균 트랜지스터 가격

로그 함수

달러

반감기: 1.6년

년도

모(회로 선폭에 의해 정의된)로 나아가며 발전한 일련의 공정 기술 덕택
이다. 최신의 회로 제조 공정은 현재 '나노기술'의 기준으로 여겨지는
100나노미터 아래로 내려가고 있다.[25]

거트루드 스타인의 장미*와 달리, 트랜지스터는 트랜지스터이니 트
랜지스터일 뿐이라는 말은 사실이 아니다. 트랜지스터는 더 작아지고
저렴해지면서, 그에 따라 전자의 이동 거리가 짧아지면서 지난 30년
간 속도가 약 천 배 빨라졌다('마이크로프로세서 클럭 속도' 그림 참조).[26]

가격은 기하급수적으로 낮아지면서 처리 속도는 기하급수적으로
빨라지니, 트랜지스터의 처리 주기당 비용의 반감기는 1.1년에 불과
하다('마이크로프로세서 비용' 그림 참조).[27] 트랜지스터의 처리 주기당 비

---

* 거트루드 스타인은 미국의 작가로 19세기 초 모더니스트 예술가들의 대모 역할을 했다. "Rose is
a rose is a rose is a rose(장미가 장미인 것은 장미가 장미라서)"라는 그의 유명한 싯구를 빗대고
있다.

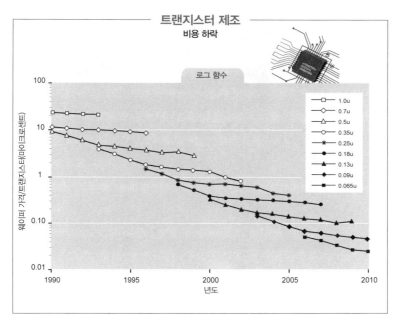

트랜지스터 제조
비용 하락

로그 함수

웨이퍼 가격/트랜지스터(마이크로센트)

- □ 1.0u
- ◇ 0.7u
- △ 0.5u
- ○ 0.35u
- ＊ 0.25u
- ● 0.18u
- ▲ 0.13u
- ◆ 0.09u
- ■ 0.065u

년도

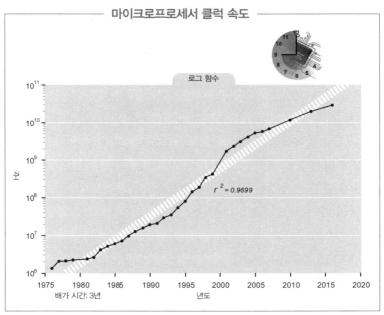

마이크로프로세서 클럭 속도

로그 함수

Hz

$r^2 = 0.9699$

배가 시간: 3년

년도

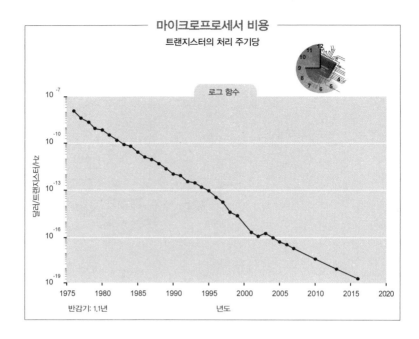

마이크로프로세서 비용
트랜지스터의 처리 주기당

로그 함수

달러/트랜지스터/Hz

반감기: 1.1년   년도

용은 속도와 용량을 모두 고려한 것이므로 가격 대 성능비를 더 정확히, 종합적으로 측정한 것이다. 이 트랜지스터의 처리 주기당 비용은 더 높은 설계 차원에서의 연산 효율 개선(마이크로프로세서* 설계 혁신 등)은 고려하지도 않은 것이다.

인텔 프로세서의 트랜지스터 개수는 2년마다 배가되어왔다(다음 그림 참조). 그 밖에 클럭 속도,** 마이크로프로세서당 비용 감소, 처리 장치 설계 혁신 등의 요인들도 가격 대 성능비를 끌어올려왔다.[28]

MIPS 단위로 측정한 처리 장치 성능은 처리 장치당 1.8년마다 배가되어왔다('처리 장치 성능' 그림 참조). 앞에서도 말했지만 같은 기간

---

*　연산, 논리, 제어 회로들을 하나의 초소형 실리콘칩에 집적시켜 컴퓨터의 중앙처리장치 기능을 모두 소화하도록 한 전기소자.

**　컴퓨터 등 디지털 시스템에서 전자 펄스를 통해 모든 구성요소들의 동작을 동기(同期)화하는 속도 또는 주파수.

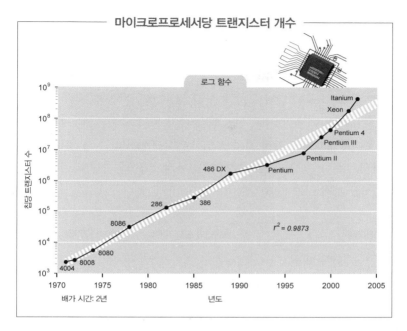

마이크로프로세서당 트랜지스터 개수

로그 함수

칩당 트랜지스터 수

$r^2 = 0.9873$

4004, 8008, 8080, 8086, 286, 386, 486 DX, Pentium, Pentium II, Pentium III, Pentium 4, Xeon, Itanium

배가 시간: 2년   년도

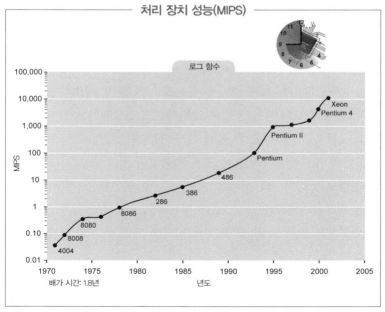

처리 장치 성능(MIPS)

로그 함수

MIPS

4004, 8008, 8080, 8086, 286, 386, 486, Pentium, Pentium II, Pentium 4, Xeon

배가 시간: 1.8년   년도

에 처리 장치당 비용도 줄곧 하락했다.[29]

이 산업에 40여 년간 종사한 나는 MIT 학생 시절인 1960년대에 사용했던 컴퓨터와 최근의 노트북을 비교해보았다. 1967년에 나는 메모리가 32K(36비트) 워드*이고 처리 장치 속도가 0.25MIPS인 수백만 달러짜리 IBM 7094를 사용했던 적이 있다. 2004년에 나는 RAM이 5억 바이트이고 처리 장치 속도가 약 2,000MIPS인 2,000달러짜리 개인용 컴퓨터를 사용한다. MIT의 컴퓨터가 천 배 가량 더 비싸므로, MIPS당 가격 비는 약 8백만 대 1이다.

측정 기준	1967년의 IBM 7094	2004년 무렵의 노트북
처리 장치 속도(MIPS)	0.25	2,000
주 메모리(K 바이트)	144	256,000
대략의 가격 (2003년 기준 달러)	11,000,000	2,000

내 최근 컴퓨터는 1967년의 컴퓨터보다 224배만큼 낮은 비용으로 2,000MIPS의 처리 속도를 보여준다. 처리 속도는 37년 동안 24번 배가된 셈, 달리 말해 18.5개월마다 한 번씩 배가된 셈이다. 약 2,000배 커진 RAM, 용량이 크게 증가한 디스크 기억 장치, 강력해진 명령어 집합, 통신 속도의 엄청난 향상, 강력해진 소프트웨어 등까지 종합적으로 고려하면 배가 시간은 훨씬 더 줄어들 수도 있다.

그런데 정보기술의 비용은 크게 하락했지만, 한편으로 수요는 그보다 빠르게 증가했다. 판매된 비트 수는 1.1년마다 두 배로 늘어 비트당 비용의 반감기인 1.5년보다 빠른 속도를 보여줬다.[30] 결과적으로 반도체 산업은 1958년부터 2002년까지 매년 총 수입 면에서 18퍼

---

* 정보 처리 단위로서 기종에 따라 주로 2바이트 또는 4바이트를 묶어 워드라 하는데, 여기에서 말하는 IBM 7094의 워드는 4.5바이트, 즉 36비트이다.

센트의 성장을 누렸다.[31] 전체 정보기술 산업은 1977년 국내총생산의
4.2퍼센트를 차지했으나 1998년에는 8.2퍼센트로 성장했다.[32] 정보기
술의 영향력은 모든 경제 분야에서 점점 커지고 있다. 대부분의 제품
과 서비스의 가치 중 정보기술이 기여하는 바가 빠르게 증가하고 있
다. 탁자나 의자 같은 일반적인 제품조차도 정보 내용을 갖고 있다.
컴퓨터를 통한 설계라거나 재고-조달 및 자동 조립 시스템의 프로그
래밍 같은 내용이다.

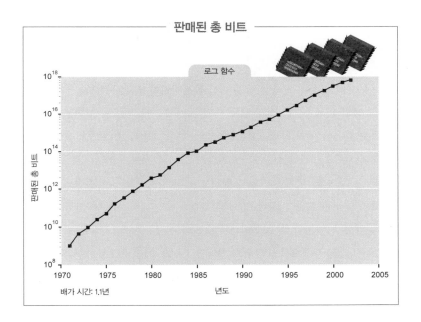

DRAM '하프 피치' 최소 선폭(최소 칩 크기)	5.4년
DRAM(달러 당 비트)	1.5년
평균 트랜지스터 가격	1.6년
트랜지스터 처리 주기당 마이크로프로세서 비용	1.1년
총 판매된 비트	1.1년
처리 장치 성능(MIPS)	1.8년
인텔 마이크로프로세서의 트랜지스터 개수	2.0년
마이크로프로세서 클럭 속도	3.0년

무어의 법칙: 자기 성취적 예언?

무어의 법칙은 자기 성취적 예언에 불과하다고 말하는 사람들도 있다. 산업 관계자들은 미래 어느 특정 시기에 어느 만큼의 성과를 달성하고 싶은지 미리 정해두고, 그에 맞는 연구 개발을 준비한다. 해당 산업의 로드맵이란 것이 그런 준비다.[34] 그러나 정보기술의 기하급수적 추세는 무어의 법칙이 다루는 영역보다 더 광범위하다. 본질적으로 정보를 다루는 모든 기술에서, 모든 측정의 측면에서 이와 동일한 추세가 나타난다. 가격 대 성능비가 가속된다는 것을 전혀 인식할 수 없었던 분야, 혹은 명확히 표현되지 않았던 분야의 기술들도 포함한다(다음 내용 참조). 연산 자체만 보더라도 단위 비용당 성능 신장은 무어의 법칙이 예측하는 것보다 훨씬 넓은 범위의 활동들을 통해 일어나고 있다.

다섯 번째 패러다임[35]

무어의 법칙은 연산 시스템의 첫 번째 패러다임이 아니다. 20세기의 유명한 49개 연산 시스템 및 컴퓨터들의 가격 대 성능비를 1,000고정달러당 초당 명령을 기준으로 측정한 뒤 그래프로 나타내보면 알 수 있다(다음 그림 참조).

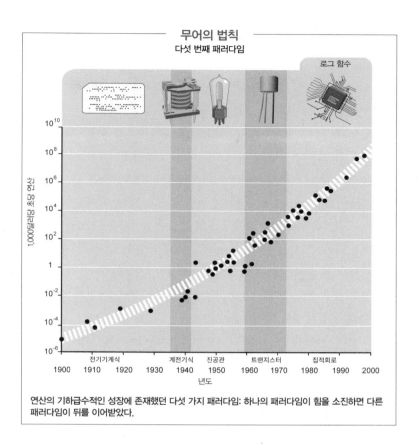

무어의 법칙
다섯 번째 패러다임

로그 함수

1,000달러당 초당 연산

10^{10}
10^8
10^6
10^4
10^2
1
10^{-2}
10^{-4}
10^{-6}

전기기계식 　계전기식　진공관　트랜지스터　집적회로

1900　1910　1920　1930　1940　1950　1960　1970　1980　1990　2000

년도

연산의 기하급수적인 성장에 존재했던 다섯 가지 패러다임: 하나의 패러다임이 힘을 소진하면 다른 패러다임이 뒤를 이어받았다.

　그림에서 알 수 있듯, 집적회로가 발명되기 훨씬 전부터 연산의 가격 대 성능비를 기하급수적으로 증가시켜준 네 개의 다른 패러다임들이 있었다. 전기기계식 컴퓨터, 계전기*식 컴퓨터, 진공관, 트랜지스터였다. 무어의 패러다임이 마지막도 아닐 것이다. 현재 예상하기로는 2020년 전에, 무어의 법칙이 S자 곡선의 끝에 다다르면, 기하급수적 성장은 여섯 번째 패러다임, 즉 3차원 분자 연산으로 이어질 것이다.

---

*　한 전기회로의 전류변동으로 다른 회로를 제어하는 장치. 진공관이나 트랜지스터가 나오기 전 초기 컴퓨터에 쓰였다.

프랙탈적 차원과 뇌

3차원 연산 시스템이란 선택의 문제가 아니고 2차원에서 연속적으로 이어질 자연스러운 발전이다. 생물학적 지능의 경우, 인간의 피질은 사실상 평면이나 마찬가지다. 여섯 개의 얇은 층이 정교하게 접혀서 표면적을 극대화하는 구조로 되어 있다. 접힌 구조 또한 3차원을 이용하는 한 방법이다. '프랙탈 시스템'(그리기 규칙이나 접는 규칙이 반복적으로 적용되는 시스템)에서, 정교하게 접힌 구조는 중간적 차원값을 갖는 것으로 여겨진다. 그런 시각에서 보면 복잡한 평면이랄 수 있는 인간 피질은 2차원과 3차원 사이의 다양한 차원값을 갖는 셈이다. 다른 뇌 구조들, 가령 소뇌는 3차원 구조이지만 사실상 2차원인 구조가 반복적으로 쌓인 형태다. 미래의 연산 시스템은 고도로 접힌 2차원과 완벽한 3차원을 결합한 것이 될 가능성이 높다.

그런데 로그 함수로 표현한 그래프의 곡선이 또한 기하급수적인 것을 볼 수 있다. 이는 기하급수적 증가가 이중적임을 뜻하는 것이다.[36] 다시 말해, 기하급수적 성장의 증가세 자체가 또한 완만하지만 틀림없이 기하급수적으로 증가한다는 것이다. (로그 그래프에서 직선은 일반적인 기하급수적 증가를 의미한다. 반면 로그 그래프에서 위를 향해 꺾이는 곡선은 일반적인 기하급수적 증가보다 한층 급격한 기하급수적 증가를 의미한다.) 그림에서 볼 수 있듯 20세기 초에는 연산의 가격 대비 성능이 두 배가 되는 데 3년이 걸린 반면, 20세기 중반에는 2년, 현재는 약 1년이 걸린다.[37]

다음 그래프는 한스 모라벡이 만든 것이다. 여러 역사적 컴퓨터들을 시기별로 그래프에 나타내 추세선을 만든 것이다. 앞서 본 그림과 마찬가지로 기하급수적 증가세가 이중이므로 시간이 지날수록 기울

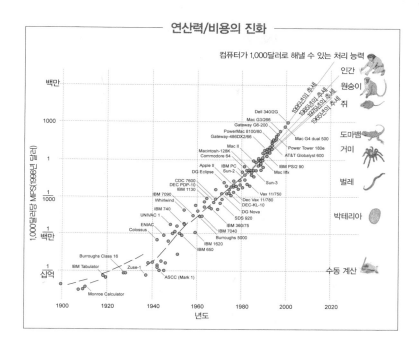

연산력/비용의 진화

컴퓨터가 1,000달러로 해낼 수 있는 처리 능력

인간
원숭이
쥐
도마뱀
거미
벌레
박테리아
수동 계산

Dell 340/2G
Mac G3/266
Gateway G6-200
PowerMac 8100/80
Gateway-486DX2/66
Mac G4 dual 500
Mac II
Power Tower 180e
Macintosh-128K
AT&T Globalyst 600
Commodore 64
Apple II   IBM PC
IBM PS/2 90
DG Eclipse   Sun-2
Mac IIfx
CDC 7600
Sun-3
DEC PDP-10
IBM 1130   Vax 11/750
IBM 7090
Dec Vax 11/780
Whirlwind
DEC-KL-10
IBM 740
DG Nova
UNIVAC 1   SDS 920
ENIAC   IBM 360/75
Colossus   IBM 7040
Burroughs 5000
IBM 1620
IBM 650
Burroughs Class 16
IBM Tabulator
Zuse-1
ASCC (Mark 1)
Monroe Calculator

1965년의 추세
1985년의 추세
1975년의 추세
1995년의 추세

백만
1000
1
1000
1
백만
1
십억

1,000달러당 MIPS(1998년 달러)

1900   1920   1940   1960   1980   2000   2020
년도

기가 증가한다.[38]

연산 성능의 증가세를 다음 세기에 투사해보자. 다음 그림에서 보이듯 2010년경에는 슈퍼컴퓨터가, 2020년 무렵에는 개인용 컴퓨터가 인간 뇌의 능력에 필적하게 될 것이다. 더 이를 수도 있다. 물론 인간 뇌의 역량을 얼마로 추산하느냐에 따라 달라질 것이다. (인간 뇌의 연산 속도에 관해서는 다음 장에서 살펴보겠다.)[39]

연산의 기하급수적 증가는 진화 과정에서 수확이 기하급수적으로 증가하는 것을 양적으로 잘 보여주는 훌륭한 예다. 가속적인 발전 속도를 보면 연산의 기하급수적 증가를 느낄 수 있다. 맨 처음 천 달러로 1MIPS를 달성하는 데는 90년이 걸렸다. 현재 천 달러당 1MIPS를 추가하는 데는 다섯 시간이면 충분하다.[40]

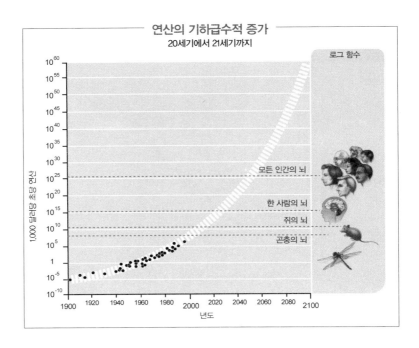

연산의 기하급수적 증가

20세기에서 21세기까지

로그 함수

10^{60}
10^{55}
10^{50}
10^{45}
10^{40}
10^{35}
10^{30}
10^{25} ········· 모든 인간의 뇌
10^{20}
10^{15} ········· 한 사람의 뇌
10^{10} ········· 쥐의 뇌
10^{5} ········· 곤충의 뇌
1
10^{-5}
10^{-10}

1,000 달러당 초당 연산

1900 1920 1940 1960 1980 2000 2020 2040 2060 2080 2100

년도

　　2007년에 출시될 IBM의 블루 진/P 슈퍼컴퓨터는 백만 기가플롭*(초당 10억 부동 소수점 연산**), 또는 초당 10^{15}회의 연산 능력을 가질 계획이다.[41] 이는 인간의 뇌를 모방하기 위해 필요한 초당 10^{16}회 연산의 10분의 1에 해당하는 성능이다(다음 장 참조). 기하급수적 곡선을 외삽하여 추정해보면 앞으로 10년 안에 초당 10^{16}회 연산이 가능해질 것이다.

---

*　　1초당 부동 소수점 연산 명령 실행 횟수로서 컴퓨터의 연산 속도 측정 단위. MIPS는 명령어 종류를 가리지 않지만 플롭은 부동 소수점 연산(곱셈) 명령만 고려하므로, 더 고차원적인 연산 능력 평가 단위라 할 수 있다.

**　　컴퓨터에서 실수를 소수의 근사값으로 표현하는 기법을 동원한 연산. 고정 소수점 연산에 비해 매우 작은 수나 매우 큰 수를 효율적으로 기억할 수 있고 연산의 정확도가 높으나, 계산 속도가 느리다.

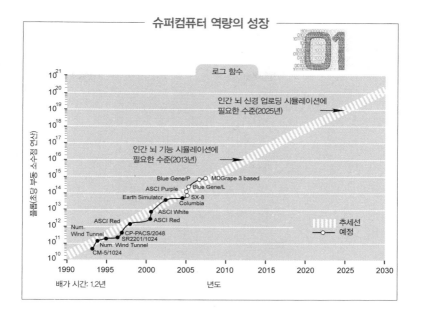

슈퍼컴퓨터 역량의 성장

01

로그 함수

10^{21}
10^{20}
10^{19}　인간 뇌 신경 업로딩 시뮬레이션에
10^{18}　　필요한 수준(2025년)
10^{17}
10^{16}　인간 뇌 기능 시뮬레이션에
10^{15}　　필요한 수준(2013년)
10^{14}
10^{13}
10^{12}
10^{11}
10^{10}

1990 1995 2000 2005 2010 2015 2020 2025 2030

초당 부동 소수점 연산

Blue Gene/P ◯ MDGrape 3 based
ASCI Purple ◯ Blue Gene/L
Earth Simulator ◯ SX-8
Columbia
ASCI White
ASCI Red ASCI Red
Num.
Wind Tunnel CP-PACS/2048
SR2201/1024
Num. Wind Tunnel
CM-5/1024

추세선
예정

배가 시간: 1.2년　　　　　　년도

좁게 해석한 무어의 법칙은 고정된 크기의 집적회로에 들어가는 트랜지스터의 개수를 다루는 것이다. 그보다 더 좁게는 트랜지스터의 회로 선폭을 나타내기도 한다. 그러나 가격 대 성능비를 가장 적절하게 반영하는 척도는 다양한 층위의 '영리함(혁신, 즉 기술 진화)'을 고려하고 있는 단위 비용당 연산 속도일 것이다. 집적회로에 관련된 혁신 외에도 컴퓨터 설계를 개선할 수 있는 혁신은 다양하다(파이프 라인 방식,[*] 병렬 처리, 명령 룩 어헤드,[**] 명령 및 메모리 캐싱[***] 등).

인간의 뇌는 매우 비효율적인 전기화학적 과정, 디지털식으로 제어되는 아날로그 연산 과정을 사용한다. 대부분의 연산을 수행하는 것은 개재뉴런 연결인데 초당 약 200회의 연산 속도를(각 연결당) 보인

---

[*]　병렬처리를 위한 설계 구조로. 하나의 처리 장치를 여러 개로 나누어 각각이 동시에 다른 데이터를 처리하도록 설계하는 방식.

[**]　미리보기라고도 한다. 프로그램이 현재 처리하고 있는 입력 다음을 미리 읽어두는 것.

[***]　명령어와 데이터를 캐시 기억 장치나 디스크 캐시(혹은 캐시 서버)에 일시적으로 저장하여 컴퓨터(혹은 망의 데이터 전달)의 속도를 향상시키는 방법.

다. 요즘의 전자 회로보다 최소 백만 배 느린 속도이다. 그러나 뇌는 고도로 병렬적인 조직을 3차원적으로 구축함으로써 막대한 힘을 얻고 있다. 다음 장에서 살펴보겠지만 우리도 3차원 회로를 만드는 기술을 조용히 준비하고 있다.

연산을 뒷받침하는 물질과 에너지의 역량에는 내재적 제약이 있지 않을까? 매우 중요한 문제이다. 그러나 다음 장에서 살펴보겠지만, 이번 세기말까지는 그 한계에 다다르지 않을 것이다. 한 가지 기술 패러다임의 S자 곡선은 연산처럼 광범위한 기술 영역에서 진행되는 진화의 특징인 기하급수적 성장과는 다른 것이다. 무어의 법칙 같은 특정 패러다임은 궁극적으로 더 이상 기하급수적 성장이 불가능한 단계에 이르게 된다. 그러나 연산의 성장은 그 하위 패러다임을 뛰어넘는 것이며, 현재로서는 계속 기하급수적일 것이라 보아도 무리가 없다.

수확 가속의 법칙에 따라, 패러다임 전환(이른바 혁신)은 개별 패러다임의 S자 곡선을 연속적인 기하급수적 증가로 바꿔준다. 낡은 패러다임이 내재적 한계에 이르면 3차원 회로 같은 새로운 패러다임이 이어진다. 연산의 역사에는 이미 적어도 네 차례 그런 일이 있었다. 유인원 같은 인간 이외의 종에 있어서도 개별 동물이 도구를 제작하거나 사용하는 능력은 S자 모양 학습 곡선을 특징으로 하지만, 갑자기 끝나버린다는 점이 다르다. 반면 인간이 창조한 기술은 처음부터 기하급수적 패턴으로 증가하고 가속되어왔다.

DNA 염기 서열 분석, 메모리, 통신, 인터넷, 소형화

> 문명은 우리가 무의식적으로 수행할 수 있는 중요 작업들의 수를 늘려주는 방향으로 발전한다.
>
> — 알프레드 노스 화이트헤드, 1911년[42]

> 사물의 과거의 모습보다는 현재의 모습이 훨씬 사실에 가깝다 .
>
> — 드와이트 D. 아이젠하워

수확 가속의 법칙은 모든 기술, 나아가 모든 진화 과정에 적용된다. 정보 기반 기술 분야에서는 현상 측정에 필요한 지표들(달러당 초당 연산, 또는 그램당 초당 연산)이 잘 정의되어 있으므로 놀랄 만큼 정확하게 도식화해 보일 수도 있다. 수확 가속의 법칙이 가져오는 기하급수적 성장의 사례는 실로 풍부하다. 온갖 종류의 전자공학, DNA 염기 서열 분석, 통신, 뇌 스캔, 뇌 역분석, 인간 지식의 규모와 범위, 기술의 크기 감소를 가능하게 하는 축소 기술 등 분야도 다양하다.

미래의 GNR(유전학, 나노기술, 로봇공학) 시대(5장 참조)는 비단 연산의 기하급수적 폭발에 의해서뿐 아니라 다양하게 얽힌 기술들이 함께 발전하며 보일 상호작용과 상승작용에 의해 만들어질 것이다. 화려한 기술들의 기저에 깔린 또렷한 기하급수적 성장세의 매 지점은 혁신과 경쟁이라는 강력한 인간 활동을 간직한다. 우리는 그토록 무질서한 과정 중에 그처럼 고르고 예측가능한 추세가 도출된다는 사실에 놀라지 않을 수 없다. 이것은 우연이 아니라 진화 과정 고유의 속성이다.

1990년에 인간 게놈 프로젝트가 시작되었을 때, 비판적인 사람들은 당시의 스캔 속도로는 프로젝트를 끝내는 데 수천 년이 걸릴 거라고 지적했다. 그러나 이 15년짜리 프로젝트는 원래 계획보다도 약간 앞선 2003년에 첫 번째 초안을 발표하면서 성공적으로 끝났다.[43] DNA 염기 서열 분석에 드는 비용은 1990년에 염기쌍당 10달러에서 2004년에는 몇 페니 수준으로 떨어졌고 지금도 하락하고 있다(다음 그림 참조).[44]

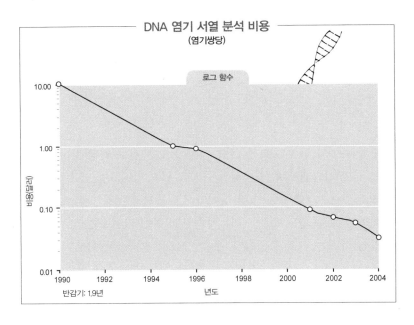

DNA 염기 서열 분석 비용
(염기쌍당)

로그 함수

DNA 염기 서열 데이터의 총량은 기하급수적으로 매끄럽게 증가했다('유전자은행의 데이터 증가' 그림 참조).[45] 이런 발전 역량을 잘 보여준 비근한 예가 SARS 바이러스의 서열 분석이었다. 바이러스가 확인된 시점부터 염기 서열 분석이 완료되기까지 걸린 시간은 31일에 불과했다. HIV 바이러스를 분석하는 데 15년이 걸렸던 것을 생각해보면 대단하다.[46]

물론, RAM 같은 전자 기억 장치의 용량도 기하급수적으로 증가하리라 예상할 수 있다. 그런데 그 로그 함수에서 특히 눈에 띄는 점은 서로 다른 기술 패러다임을 거칠 때에도(진공관에서 개별 트랜지스터를

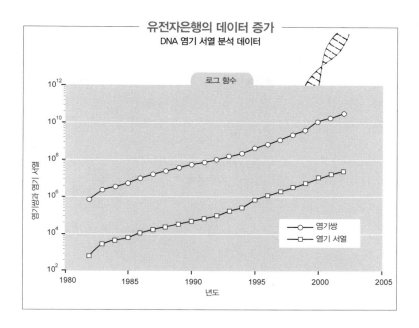

유전자은행의 데이터 증가
DNA 염기 서열 분석 데이터

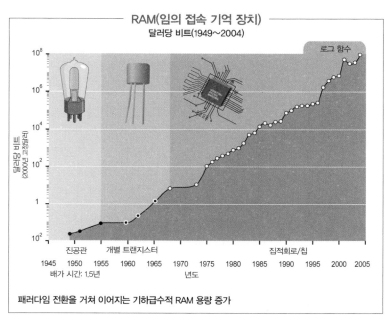

RAM(임의 접속 기억 장치)
달러당 비트(1949~2004)

패러다임 전환을 거쳐 이어지는 기하급수적 RAM 용량 증가

거쳐 집적회로까지) 과정이 고르게 이어졌다는 것이다.[47]

그러나 자기(디스크 드라이브) 기억 장치*의 가격 대 성능비 증가는 무어의 법칙에 따른 것이 아니다. 이 기술은 자기 기판에 데이터를 압착해 넣는 것으로서, 집적회로에 트랜지스터를 몰아넣는 것과 완전히 다른 기술적 도전이다. 수행하는 기술자나 회사가 모두 다르다.[48]

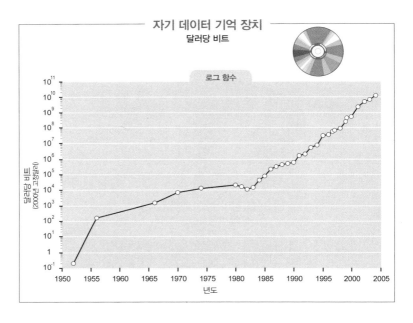

통신기술의 기하급수적 성장(통신 정보량 기준, '가격 대 성능비' 그림 참조)은 최근 수년간 연산 처리 용량이나 기억 용량 성장보다 훨씬 폭발적이었고, 영향력도 결코 뒤떨어지지 않는다. 여기서도 단순히 집적회로에 트랜지스터들을 밀어넣는 것만이 아니라 광섬유, 광교환,** 전자기 기술 등의 가속적인 발전이 도움이 되었다.[49]

---

* 강자성체의 속성을 이용하여 전자적으로 정보를 기억하는 장치. 주기억장치나 보조기억장치가 모두 있으며 플로피 디스크나 자기 테이프 등이 여기 속한다.

** 광섬유로 들어온 광신호를 전기 신호로 변환하지 않고 그대로 교환함으로써 효율화하는 시스템.

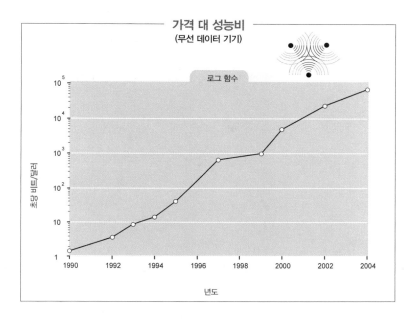

가격 대 성능비
(무선 데이터 기기)

로그 함수

초당 비트/달러

1990 1992 1994 1996 1998 2000 2002 2004

년도

우리는 무선 통신을 적극 활용함으로써 도시 경관에서, 그리고 일상에서 전선 더미들을 없애고 있다. 무선 통신 역량은 10 내지 11개월마다 배로 증가하고 있다('가격 대 성능비' 그림 참조).

다음 두 그래프는 인터넷의 전반적 성장을 호스트(웹 서버 컴퓨터) 개수에 근거해 나타낸 것이다. 동일한 데이터를 하나는 로그 축에 다른 하나는 선형 축에 그렸다. 지금까지 얘기한 것처럼, 기술은 기하급수적으로 발전하지만, 우리는 선형적 차원에서 그것을 경험한다. 대부분의 관찰자 입장에서 보면 1990년대 중반까지는 인터넷 분야에서 아무 일도 일어나지 않은 것 같았다. 그러다 갑자기 월드 와이드 웹과 이메일이 등장한 것이다. 그러나 인터넷이 세계적인 현상이 되리라는 점은 1980년대 초, 인터넷의 전신인 ARPANET이 가동을 시작했을 무렵부터 이미 기하급수적 추세 데이터를 조사해보면 쉽게 예측할 수 있는 일이었다.[50]

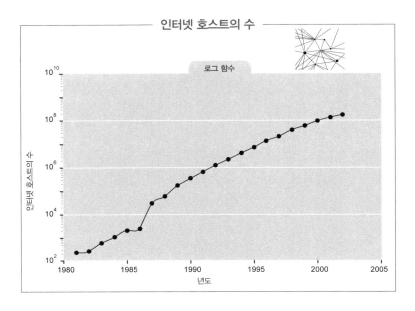

동일한 데이터를 선형 축으로 나타낸 것이다.[51]

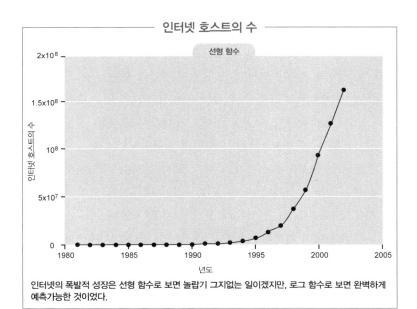

인터넷의 폭발적 성장은 선형 함수로 보면 놀랍기 그지없는 일이겠지만, 로그 함수로 보면 완벽하게 예측가능한 것이었다.

서버 개수 외에, 인터넷에서 오가는 데이터 트래픽도 매년 두 배로 증가하고 있다.[52]

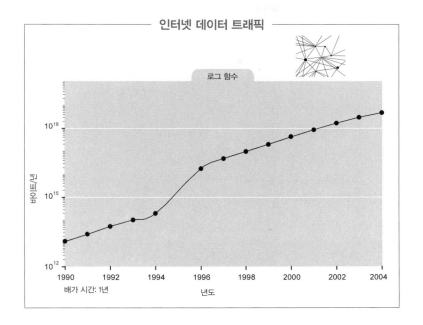

인터넷 데이터 트래픽

로그 함수

10^{18}

10^{15}

10^{12}

바이트/년

1990   1992   1994   1996   1998   2000   2002   2004

배가 시간: 1년   년도

이 기하급수적 성장을 수용하기 위해서, 인터넷 백본*의 데이터 전송 속도(인터넷이 실제 사용하는 가장 빠른 백본 통신 채널) 또한 기하급수적으로 증가했다. 다음 그래프에서 S자 곡선들이 이어진 것을 볼 수 있다. 새로운 패러다임이 등장해 발전을 가속하고, 그 패러다임이 힘을 잃으면서 증가세가 안정되고, 이제 패러다임 전환을 통해 새로운 가속이 이어지는 모양이다.[53]

21세기의 또 다른 의미심장한 추세는 소형화를 향한 굳건한 흐름이다. 전자기술이든 기계기술이든, 광범위한 분야의 주요 기기 최소

*   통신망에서 노드 간 통신을 연결하는 주요 전송로.

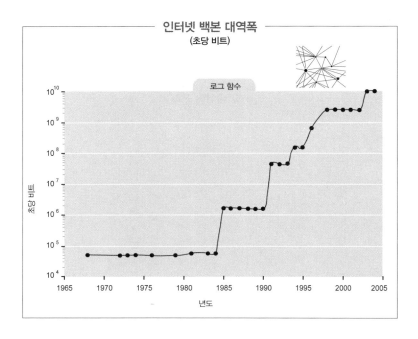

인터넷 백본 대역폭

(초당 비트)

로그 함수

초당 비트

선폭이 기하급수적으로 줄어들고 있다. 현재 우리는 10년마다 차원당 약 네 배씩 기술의 크기를 줄이고 있다. 소형화는 무어의 법칙을 지탱하는 원동력이지만, 집적회로를 넘어 모든 전자 시스템의 크기에 두드러지는 현상이다. 가령 자기 기억 장치 등도 그렇다. '기계 장치 크기의 감소' 그림에 나타난 것처럼 기계 장치의 크기에서도 마찬가지 감소세를 확인할 수 있다.[54]

광범위한 기술 분야에서 제조 공정의 정밀도가 나노미터 범위(100 나노미터 이하)에 진입하면서 나노기술에 대한 관심이 급성장하고 있다. '나노기술 분야 연구의 인용 횟수' 그림에 나타난 것처럼 나노기술에 관한 논문의 인용 횟수는 지난 10년간 의미심장하게 증가해오고 있다.[55]

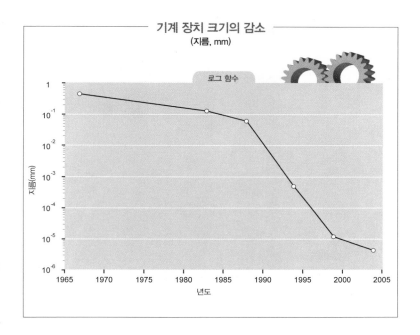

기계 장치 크기의 감소
(지름, mm)

로그 함수

년도

지름(mm)

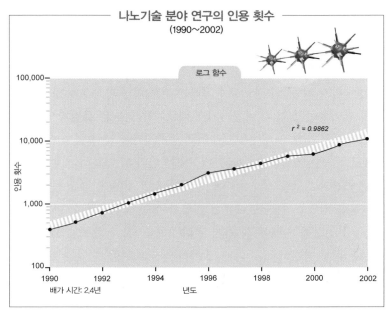

나노기술 분야 연구의 인용 횟수
(1990~2002)

로그 함수

$r^2 = 0.9862$

인용 횟수

배가 시간: 2.4년   년도

나노기술 관련 특허 출원 개수도 동일한 추세를 보인다(아래).[56]

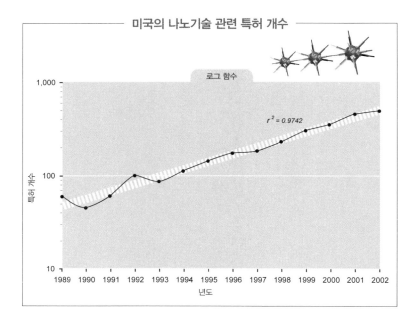

미국의 나노기술 관련 특허 개수

로그 함수

$r^2 = 0.9742$

특허 개수

1,000

100

10

1989 1990 1991 1992 1993 1994 1995 1996 1997 1998 1999 2000 2001 2002
년도

5장에서 살펴보겠지만, 유전학(또는 생명공학) 혁명은 역량과 가격 대 성능비가 기하급수적으로 증가하는 정보 혁명의 속성을 생물학 분야에 끌어들이고 있다. 마찬가지로 나노기술 혁명은 물질과 기계 시스템에 대한 정보 지배력을 급속하게 증가시켜줄 것이다. 마지막으로 로봇공학(또는 '강력한 인공지능') 혁명에는 인간 뇌 역분석이 포함된다. 이는 인간의 지능을 정보 용어로 이해하게 될 것이며, 그를 통해 얻을 통찰들을 강력한 연산 플랫폼에 결합할 것임을 의미한다. 이처럼 이번 세기 전반을 지배할 세 가지 변화(유전학, 나노기술, 로봇공학) 모두 사실은 정보 혁명의 서로 다른 세 가지 얼굴이라 할 수 있는 것이다.

정보, 질서, 진화:
울프럼과 프레드킨의 세포 자동자에 관한 소고

정보와 정보기술의 모든 양상은 기하급수적인 속도로 성장하고 있다. 인류의 역사에 벌어질 특이점에 대한 기대 속에는, 정보가 미래의 인간 경험에 어마어마하게 중요한 영향을 미치리라는 생각이 포함되어 있다. 우리는 모든 수준의 존재에서 정보를 발견한다. 인간 지식과 예술 표현(과학 및 공학적 발상과 설계, 문학, 음악, 미술, 영화)의 모든 형태가 디지털 정보로 표현될 수 있다.

우리 뇌도 디지털식으로 작동한다. 뉴런의 점화(발화)가 디지털적이기 때문이다. 개개뉴런의 연결 구조도 디지털 방식으로 설명될 수 있으며, 뇌의 설계는 놀랄 만큼 적은 양의 디지털 유전 암호로부터 나오는 것이다.[57]

모든 생물학은 2비트 DNA 염기쌍의 선형 배열을 통해 작동한다고 할 수 있다. DNA는 고작 스무 가지의 아미노산 배열을 통제하여 단백질을 만든다. 분자는 원자들의 이산적 배열을 통해 만들어진다. 탄소원자는 네 방향으로 연결을 할 수 있어 다채로운 3차원 구조를 만드는 능력이 탁월하기 때문에, 생물과 기술 모두에서 중추적인 역할을 담당한다. 원자 내의 전자들은 이산적 에너지 준위를 갖는다. 양자 같은 다른 소립자들은 이산적인 수의 원자가 쿼크들로 이루어진다.

양자역학 공식들은 연속적인 장으로도, 이산적인 준위로도 모두 표현될 수 있는데, 연속적인 것이라도 이진 데이터를 활용해 얼마든지 정확하게 표현할 수가 있다.[58] 사실, 양자역학은, '양자'라는 단어가 암시하듯, 이산적 값들에 기반하고 있다.

물리학자이자 수학자인 스티븐 울프럼은 결정론적이고 알고리즘적인 체계(고정된 규칙에 따라 형성되어 결과를 예상할 수 있는 체계)를 핵심으로 지닌 우주가 어떻게 복잡성의 증대를 이뤄낼 수 있는지 연구를 통해 보여주었다.《새로운 과학》에서 울프럼은 '세포 자동자'라 불리는 수학적 구조를 만들어내는 과정들이 어떻게 자연계의 모든 복잡성을 설명할 잠재력을 갖는지, 종합적으로 분석해보았다.[59] (세포 자동자는 단순한 연산 메커니즘이다. 가령, 격자 속 한 세포의 색깔을 바로 옆이나 근처 세포들의 색깔들을 고려하며 주어진 변환 규칙에 따라 바꾸는 작업이다.)

울프럼은 모든 정보 처리를 세포 자동자 작업을 통해 표현할 수 있다고 본다. 따라서 울프럼의 통찰은 정보 및 정보의 중요성 문제를 다루는 것이라고도 할 수 있다. 울프럼은 우주 자체가 하나의 거대한 세포 자동자 컴퓨터라고 가정한다. 그의 가설에 따르면, 겉보기에 아날로그적인 현상(운동이나 시간 등)들과 물리학 원리들 기저에는 사실 디지털적인 기초가 있다. 따라서 세포 자동자라는 단순한 변환 작업을 통해 물리학에 대한 이해를 모두 모델링할 수 있는 것이다.

이런 가능성을 제안한 사람은 울프럼만이 아니다. 리처드 파인먼도 정보가 물질 및 에너지와 맺는 관계에 대해 생각하며 이런 점을 떠올렸다. 노버트 위너는 1948년의 책《사이버네틱스》에서 에너지가 아닌 정보로 관심의 초점을 옮긴 것을 드러냈는데, 에너지가 아닌 정보의 변환이 우주의 근본적 구성 단위일지 모른다고 제안했다.[60] 우주가 디지털 컴퓨터로 연산되는 것일지 모른다고 처음 주장한 사람은 1967년의 콘라트 추제일 것이다.[61] 추제는 1935년부터 1941년까지 개발한, 최초의 프로그래밍 가능 컴퓨터의 발명가로 잘 알려져 있다.

정보 기반 물리 이론의 열광적인 지지자로는 에드워드 프레드킨을 빼놓을 수 없다. 1980년대 초에 그는 우주가 궁극적으로는 소프트웨어로 구성되어 있다는 발상에 기초한 '새로운 물리 이론'을 제안했다. 프레드킨에 따르면 실재는 입자와 힘으로 이루어진 무언가가 아니라, 연산 규칙에 따라 변경되는 데이터 비트에 가깝다.

1980년대에 로버트 라이트가 적기를, 프레드킨은 다음과 같이 말했다 한다.

우리에게는 세 가지 커다란 철학적 질문들이 있다. 생명이란 무엇인가? 의식이니 사고니 기억이니 뭐니 하는 것들은 무엇인가? 우주는 어떻게 움직이는가?······ '정보 관점'은 이 세 가지를 모두 망라한다. ······ 말하자면 가장 기초적인 수준의 복잡성에서는 정보 처리 과정이 모든 물리 현상을 운영하고 있다는 뜻이다. 좀 더 높은 수준의 복잡성인 생명체에서는 DNA, 그리고 사실상 모든 생화학적 기능들이 디지털 정보 처리 과정에 의해 제어된다. 그리고 또 다른 수준인 우리의 사고 과정 또한 기본적으로 정보 처리 과정이다. ······ 내 의견을 뒷받침하는 증거들은 수많은 곳에서 찾아볼 수 있다. ······ 내게는 그 증거들이 너무나 압도적인 사실로 보인다. 꼭 어떤 동물을 뒤쫓는 것만 같다. 나는 그 동물의 발자국을 발견했다. 배설물도, 먹다 남긴 음식도, 빠진 털도 찾았다. 아무리 봐도 한 동물의 것인 건 분명한데, 이제까지 우리가 아는 어떤 동물과도 다른 녀석인 것 같다. 사람들은 묻는다, 그 동물이 어디 있다는 거지? 나는 대답한다. 그 동물은 여기 있었고, 크기는 대략 이만하고, 생긴 건 이러저러하다고 설명한다. 나는 그 동물에 대해 많은 사실들을 알고 있다. 눈앞에 대면해본 적은 없지만, 그 동물이 존재한다는 것은 알고 있다. ······ 내가 보는 증거들은 너무 설득력 있어서 그 동물이 내 상상의 산물일 리는 없다.[62]

프레드킨의 디지털 물리학 이론에 대해 라이트는 이렇게 논평했다.

프레드킨은······ 세포 자동자를 포함하는 일부 컴퓨터 프로그램들의 흥미로운 특징에 관해 이야기하고 있다. 즉 이들이 미래에 어떤 결과를 이끌어낼지 손쉽게 알아낼 방법이 없다는 것이다. 이 점이 바로 미분방정식 등의 전통적 수학과 관련된 '분석적' 접근법, 그리고 알고리즘과 관련된 '연산적' 접근법 사이의 차이다. 분석적 접근이 가능한 시스템의 경우에는 현재와 미래 사이 중간 상태가 어떨지 생각하지 않고도 얼마든지 미래의 상태를 예측할 수 있다. 그러나 대개의 세포 자동자의 경우에는, 모든 중간 과정 상태들을 일일이 거쳐야만 마지막에 어떤 상태가 될지 알 수 있다. 실제 진행되는 모습을 지켜보는 것 말고는 달리 미래를 알 도리가 없다. …… 프레드킨의 말을 빌리면 '현재의 진행 속도보다 더 빨리 질문에 대한 대답을 알 수 있는 방법은 없다'. …… 프레드킨은 우주가 문자 그대로 하나의 컴퓨터이고, 누군가 혹은 무엇인가가 문제 해결을 위해 이 우주를 사용하고 있다고 믿는다. 좋은 소식도 있고 나쁜 소식도 있다는 농담처럼 들린다. 좋은 소식은 우리의 삶에 목적이 있다는 것이고, 나쁜 소식은 그 목적이 저 먼 어딘가에 있는 해커가 원주율을 소수점 이하 거의 무한대 자릿수까지 계산하는 걸 돕는 일이라는 점이다.[63]

나아가 프레드킨은 비록 정보 저장과 추출에 다소의 에너지가 필요하긴 하지만, 어떤 특정 정보 처리 과정에 드는 에너지 양은 우리 맘대로 줄일 수 있고, 최소 한계도 없다고 했다.[64] 이는 물질 및 에너지보다 정보가 더 근본적인 실체라는 의미를 담고 있다.[65] 프레드킨이 통찰한바 연산과 통신에 드는 에너지의 최소 한계에 관해서는 3장에서 다시 설명하겠다. 우주 전체의 지능과 관련되기 때문에 중요한 문제이다.

울프럼의 이론은 사실상 하나의 통찰 위에 만들어진 것이다. 울프럼을 흥분시킨 발견은 그가 세포 자동자 110번 규칙이라 이름 붙인 단순한 하나의 규칙과 그 작용이었다. (다른 규칙들 중에도 흥미로운 것들이 있지만, 요점을 보여주기에는 110번 규칙만으로 충분하다.) 울프럼의 작업은 거의 대부분 최고로 간단한 형태의 세포 자동자를 갖고 한 것이다. 특히 세포들이 1차원으로 배열되어 있고, 색깔은 두 가지만 가능하며(검은색과 흰색), 규칙들은 바로 옆 두 세포에 따라서만 결정되는 형태의 세포 자동자를 활용했다. 변환 과정에서 세포의 색은 자신의 이전 색깔과 오른쪽 왼쪽 양 옆에 있는 두 세포들의 색에만 근거하여 결정된다. 따라서 가능한 입력 상황은 8가지가 된다(즉 두 가지 색깔과 세 개 세포들의 조합이다). 각각의 규칙은 이 여덟 가지 입력 상황들과 하나의 출력(역시 검은색 혹은 흰색)의 모든 조합을 나타내는 것이다. 그렇다면 그런 1차원, 두 가지 색, 인접한 세포들에 의해서만 규정되는 세포 자동자가 가질 수 있는 가능한 규칙들의 수는 2^8개(256개)가 된다. 그런데 그 256개 중 절반은 다른 절반과 좌우 대칭일 것이다. 남은 128개 중 또 절반은 다른 절반과 흑백 대칭을 가질 것이다. 그러므로 남는 것은 64개다. 울프럼은 이 자동자의 활동을 2차원으로 전개해보았는데, 여기서 가로줄들(y축을 따라 전개된)은 그 줄에 포함된 각 세포가 바로 위의 세포들에 대해 자동자 규칙을 적용함으로써 만들어진 것이다.

대부분의 규칙은 퇴행적이다. 모든 세포들이 같은 색이 되거나, 바둑판 모양처럼 반복적이지만 흥미롭지 않은 패턴을 도출한다는 뜻이다. 울프럼은 이런 규칙들을 제1형 자동자라고 불렀다. 어떤 규칙들은 간격이 임의적인 줄무늬들을 안정적으로 만들어냈고, 울프럼은 이들을 제2형으로 분류했다. 제3형 규칙들은 좀 더 흥미롭다. 분명히 알아볼 수 있는 모양(삼각형 같은)들이 무작위적으로 배치되는 형태다.

울프럼의 눈을 번쩍 틔운 것은, 그래서 이후 10년을 이 주제에 매달리게 한 것은, 제4형 자동자였다. 110번 규칙은 제4형 자동자의 전형적인 예다. 이들은 반복적이지 않은 매우 복잡한 패턴을 만들어낸다. 다양한 각도의 선, 삼각형의 집합, 여타 재미있는 모양들을 볼 수 있다. 그러나 이들 패턴은 규칙적이지도 않지만 완전히 무작위적이지도 않다. 일종의 질서를 가지고 있는 것처럼 보이지만 예측할 수가 없는 것이다. 이 발견이 중요하거나 흥미로운 이유는 무엇일까? 우리가 최고로 간

110번 규칙

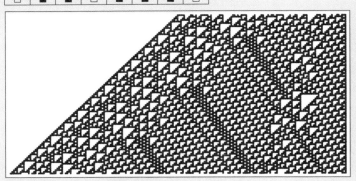

110번 규칙에 따라 만들어진 영상의 일부

단한 시작점, 즉 검은색 세포 하나에서 시작했다는 점을 떠올려보자. 진행 과정은 매우 간단한 규칙을 반복 적용하는 것이었다.[66] 반복적이고 결정론적인 과정을 통해서는 반복적이고 예측가능한 행동이 이뤄지리라 기대하는 게 당연하다. 그런데 두 가지 놀라운 결과가 도출된다. 하나는 그 결과가 겉으로 보기에는 분명히 무작위적이라는 점이다. 그런데 이 결과는 금세 지루해지기 쉬운 순수한 무작위보다는 흥미롭다. 탄생한 영상 속에는 똑똑히 구별할 수 있는 재미있는 모양들이 있어서, 전체 패턴은 어느 정도 질서 있게, 분명히 지적인 것처럼 보이는 것이다. 울프럼이 제시한 수많은 사례들 중에는 정말 아름다운 것들도 많다.

울프럼은 다음 주장을 강조한다. '복잡해 보이는 현상과 마주치면 당연히 그것을 만들어낸 원칙도 복잡할 것이라 생각하게 된다. 그러나 단순한 프로그램들이 큰 복잡성을 만들어낼 수 있다는 내 발견을 보면 이 추론은 사실이 아니다.'[67]

내가 보기에도 110번 규칙의 행태는 즐겁기까지 하다. 완벽히 결정론적인 과정을 통해서 전혀 예측할 수 없는 결과가 만들어진다는 것은 매우 중요한 사실이다. 세계가 전적으로 결정론적인 규칙들에 기반했으면서도 본질적으로 예측 불가능한 이유를 설명해주기 때문이다.[68] 하지만 단순한 기제들을 통해 시작 조건보다 복잡한 결과를 만들 수 있다는 생각이 엄청나게 놀라운 것은 아니다. 이미 프랙탈, 카오스와 복잡성 이론, 자기조직적 체계(신경망과 마르코프 모델* 등)처럼 단순한 망에서 시작해 지적 행동으로까지 보이도록 스스로 조직화하는 현상들을 본 바 있다.

수준은 좀 다르지만 인간의 뇌도 마찬가지다. 뇌는 3천만 바이트에서 1억 바이트 사이 규모의 압축적 게놈 정보에서 시작하지만 마지막에는 그보다 약 10억 배 큰 복잡성을 만들어낸다.[69]

결정론적 과정을 통해 무작위로 보이는 결과가 만들어진다는 사실도 그리 놀라운 것은 아니다. 우리가 가진 난수 발생기(가령 울프럼이 만든 매스매티카 같은 프로그램도 '무작위화' 기능이 있다)들은 결정론적 과정을 이용함으로써 통계적 무작위성 시험을 거뜬히 통과하는 무작위 수열을 만들어낸다. 초창기 컴퓨터 소프트웨어들, 가령 포트란의 첫 버전부터도 가능했던 프로그램이다. 울프럼의 성과는 이러한 현상에 대한 철저한 이론적 토대를 제공한 것이다.

울프럼은 자연에도 여러 층위에서 이처럼 단순한 연산 기제들이 존재한다는 사실을 설명하고, 그 단순하고 결정론적인 기제들로부터 우리가 보고 겪는 모든 복잡성이 생겨날 수 있다고 말한다. 그는 풍부한 사례를 제시하였다. 동물들의 매력적인 무늬, 조개의 모양과 무늬, 교란 운동 패턴(공기 중 연기의 움직임 같은 것) 등이다. 그는 연산이란 본질적으로 단순한 것이고 도처에 존재하는 것이라고 주장한다. 울프럼에 따르면, 단순한 연산 변환 작업을 반복적으로 적용한 결과 이 세계의 복잡성이 탄생했다.

---

* 상호종속적 사건들의 확률을 계산하는 마르코프 사슬이라는 확률과정 이론에 기반하여 구축된 모델.

나는 울프럼의 주장이 부분적으로만 옳다고 생각한다. 연산이 우리를 둘러싼 도처에 있고, 우리가 보는 패턴들 중 일부는 세포 자동자와 비슷한 기제에 의해 만들어졌다는 견해에는 동의한다. 그러나 내가 묻고 싶은 것은 이 점이다. 제4형 자동자의 결과는 충분히 복잡한가?

울프럼은 사실상 복잡성 문제에서는 한발 비켜나 있다. 체스판 같은 퇴행적 패턴에 복잡성이 없다는 정도야 쉽게 합의할 수 있다. 울프럼은 또 단순한 무작위성 역시 복잡성이 없는 것이라는 점까지 인정한다. 순수한 무작위는 예측가능성이 전혀 없다는 면에서 오히려 예측가능하기 때문이다. 제4형 자동자의 흥미로운 속성들은 단순한 반복도, 순수한 무작위성도 아니다. 그 점은 사실이다. 나도 다른 자동자들이 만든 결과보다 제4형 자동자들의 결과가 더 복잡하다는 데 동의한다.

그럼에도 불구하고, 제4형 자동자가 만드는 복잡성에는 뚜렷한 한계가 있다. 울프럼의 책에 나오는 이 자동자들의 영상을 보면 모두 모양이 비슷하다. 반복적이지는 않지만 어느 정도 흥미로울(지능적일) 뿐이다. 게다가 이들은 더 복잡한 어떤 것으로 진화하지 않고, 새로운 모양으로 발전하지도 않는다. 자동자를 수조 번 이상 실행해본다 해도 결과 영상에 나타나는 복잡성의 수준은 기존의 한계를 넘어서지 못할 것이다. 이 영상들은, 말하자면, 벌레나 사람, 또는 쇼팽의 서곡 같은 것으로 진화하지 않는다. 줄무늬나 혼합된 삼각형들보다 복잡성의 정도가 높다 할 만한 다른 어떤 것으로 진화하지는 않는다.

복잡성은 연속적인 개념이다. 여기서 나는 '질서'를 '목적에 부합하는 정보'라고 정의한다.[70] 완벽히 예측가능한 과정의 질서는 0이다. 정보의 차원이 높다고 해서 반드시 질서의 차원이 높은 것도 아니다. 전화번호부는 많은 정보를 갖고 있지만 정보의 질서 차원은 매우 낮다. 무작위 수열은 본질적으로 순수한 정보라 할 수 있지만(예측불가능하므로) 질서는 없다. 제4형 자동자의 결과는 일정한 차원의 질서를 갖고 있다. 다른 지속적인 패턴들처럼 잘 살아남는다. 그러나 문제는, 인간 존재라는 패턴은 그와는 비교가 안 될 정도로 질서의 수준이 높고 복잡성의 수준이 높다는 점이다.

인간 존재는 매우 힘든 목적을 충족할 수 있다. 인간은 험난한 생태적 지위에서 살아남는다. 인간 존재는 패턴들 사이에 매우 복잡하고 정교한 위계가 있음을 증명한다. 울프럼은 모종의 인지할 만한 속성들과 예측불가능성을 지닌 패턴들이라면 그들은 서로 모두 동등한 것이라고 간주한다. 그는 제4형 자동자가 어떻게 복잡성을 증가시킬 수 있는지 보여주지 못한다. 어떻게 인간 존재만큼 복잡한 패턴이 될 수 있는지 알려주지 않는다.

바로 이 점이 누락된 고리인 것이다. 흥미롭지만 궁극적으로 상투적인 세포 자동자의 패턴이 대체 어떻게 하여 놀라운 수준의 지능을 드러내는 지속적이고 복잡한 구조에 이르는지, 그 방법을 설명할 길이 없는 것이다. 가령 제4형 자동자의 패턴들은 흥미로운 문제들을 푸는 능력이 없다. 아무리 수행을 반복한다 해도 문제 해결에 접근할 수조차 없다. 울프럼은 110번 규칙 자동자가 '범용 컴퓨터'로 사용될 수도 있다고 반박할지 모른다.[71] 하지만 범용 컴퓨터는 소위 '소프트웨어'가 없이는 지적인 문제들을 해결하지 못한다. 문제는 바로 범용 컴퓨터에서 실행되는 소프트웨어의 복잡성인 것이다.

제4형 패턴은 최고로 단순한 형태의 세포 자동자(1차원, 두 가지 색, 두 이웃 규칙)에서 만들어진 것 아니냐고 지적할 수도 있겠다. 차원을 증가시키면 어떻게 될까? 이를테면 색깔을 여러 가지로 하거나 불연속적인 세포 자동자들을 연속 함수로 만들면 어떻게 될까? 울프럼은 이런 방법들도 철저히 검토해보았다. 그러나 좀 더 복잡한 자동자의 결과는 매우 단순한 자동자의 결과와 본질적으로 다를 바가 없었다. 여전히 흥미롭지만 궁극적으로 매우 제한된 패턴을 얻을 뿐이다. 울프럼은 이 결과를 놓고 결과물의 복잡성을 증대하기 위해 더 복잡한 규칙을 사용할 필요는 없다는 식으로 설명한다. 하지만 나는 반대로 해석하는 게 옳다고 본다. 더 복잡한 규칙을 사용하거나 더 많은 반복을 거치더라도 결과물의 복잡성을 증가시킬 수는 없다는 점이 핵심이다. 세포 자동자의 역량은 그 정도가 한계인 셈이다.

단순한 규칙들로부터 인공지능을 진화시킬 수 있는가?

자, 그렇다면 어떻게 해야 흥미롭지만 제한된 패턴으로부터 벌레나 인간이나 쇼팽 서곡 같은 것을 얻어낼 수 있을까? 우리가 고려해야 할 개념은 갈등, 즉 진화이다. 울프럼의 단순한 세포 자동자 위에 또 다른 단순한 개념, 즉 진화 알고리즘을 추가하면 훨씬 더 흥미롭고 지적인 결과를 얻을 수 있다. 울프럼은 제4형 자동자와 진화 알고리즘이 '연산적으로 동등하다'고 말할지 모른다. 그러나 그것은 '하드웨어' 수준에서만 옳은 말이다. 소프트웨어 수준에서는, 각각이 만드는 패턴의 질서가 명백히 다르고 복잡성과 유용성의 수준이 다르다.

진화 알고리즘의 시작은 어떤 문제에 대한 잠재적 해답들을 무작위로 형성하는 것이다. 해답들은 디지털 유전 정보로 암호화된다. 그러면 그 해답들을 가상의 진화 전장에 몰아넣고 경쟁하게 하는 것이다. 남보다 나은 해결책이 살아남고, 그들끼리 가상의 유성 생식을 통해 자손을 낳는다. 자손 해답은 두 부모로부터 유전 정보(암호화된 해결책)을 절반씩 끌어내 만들어진다. 유전적 돌연변이를 도입할 수도 있다. 돌연변이 비율, 자손 비율 등의 고차원 변수들은 '신의 변수'라 불리며, 이들을 합리적인 최적값으로 설정하는 것은 진화 알고리즘을 설계하는 기술자가 할 일이다. 이 가상의 진화 과정을 수천 세대에 걸쳐 실행하면 결국 처음의 해결책들과는 완전히 다른, 높은 질서를 가진 해결책을 발견할 수 있게 된다.

진화 알고리즘(유전 알고리즘이라고도 불린다)은 복잡한 문제에 대해 우아하고, 아름답고, 지적인 해답을 낳을 수도 있다. 예술적 설계나 인공 생명체 설계에 사용되어왔으며, 제트 엔진 설계 같은 다양한 실용적 과제를 수행하는 데에도 사용되었다. 유전 알고리즘은 '좁은' 인공지능을 만드는 기법이기도 하다. 과거에 인간 지능을 필요로 했던 특정 기능을 수행할 줄 아는 시스템을 생성하는 것이다.

그래도 여전히 뭔가 부족하다. 유전 알고리즘은 특정 문제들을 해결하는 데 유용한 도구이기는 하되, '강력한 인공지능'에 가까운 것은 한 번도 만들어낸 적이 없다. 넓고 깊고 섬세한 인간 지능을 닮은, 특히 인간의 패턴 인식 능력과 언어 구사 능력을 닮은 어떤 것도 성취하지 못했다. 진화 알고리즘의 수행 시간이 짧았던 것이 문제인가? 생각해보면 인간은 수십억 년을 거쳐 진화했다. 그 과정을 단 며칠 혹은 몇 주 동안의 컴퓨터 시뮬레이션으로 재창조하기는 무리인지도 모른다. 그러나 이것도 답은 아니다. 현행 유전 알고리즘들의 성능은 거의 최고 한계에 근접해가고 있기 때문이다. 아무리 오랜 기간 동안 실행해도 도움이 되지 않을 것이다.

그러므로 세 번째 단계(표면적 무작위성을 생산하는 세포 자동자의 능력과 몇몇 문제에 대한 지적 해결책을 내놓는 유전 알고리즘의 능력을 넘어서는 단계)는 진화를 다양한 수준에서 수행하는 것이다. 종래의 유전 알고리즘은 좁은 문제 영역 내에서 진화를 허락하며 하나의 수준에서만 진화를 전개한다. 여기서 벗어나 유전 암호 자체가 진화해야 한다. 즉 진화의 규칙들이 진화해야 한다. 자연도 하나의 염색체에 머물지 않았다. 자연의 진화 과정에는 여러 차원의 우회적 기법들이 관여해왔다. 또한 진화는 복잡한 환경도 필요로 한다.

강력한 인공지능을 만들려는 우리에게 희소식이 하나 있다. 현재 착실히 진행 중인 뇌 역분석을 통해 기나긴 과정을 단축할 가능성이 있는 것이다. 과거 이미 벌어졌던 진화 과정으로부터 힌트를 얻는 셈이다. 그 토대 위에서 진화 알고리즘을 적용하면 인간의 뇌가 하는 그대로가 될 것이다. 예를 들어 태아의 최초 뇌 배선은 게놈이 규정하는 제약 내에서 무작위적이다. 최소한 일부 뇌 영역에서는 그렇다. 최근에는 학습에 관련된 뇌 영역들은 감각 처리에 관련된 뇌 영역들보다 출생 후 더 많이 변화한다는 사실도 밝혀졌다.[72]

세상에 예측불가능한 연산 과정들이 존재한다는(사실 대부분이 그렇다) 울프럼의 주장은 타당하다. 말하자면 우리는 전체 과정을 수행해보지 않고는 미래의 상태를 예측할 수 없다. 답을 미리 알아보는 방법은 어떤 식으로든 실제보다 빠른 속도로 시뮬레이션 해보는 것밖에 없다는 그의 의견에 동의한다. 우주는 가능한 최고의 속도로 운행하는 편일 것이므로, 보통은 그 과정을 단축할 수 있는 방법이 없다. 그러나 우리는 과거 수십억 년간 이미 진행된 진화의 덕을 볼 수 있는 위치에 있다. 이미 자연계 내에 엄청난 수준의 복잡성을 만들어낸 진화다. 우리는 그 생물학적 진화의 산물들(가장 주된 것은 인간의 뇌)을 역분석하는 도구들을 진화시켜냈으니, 그로부터 큰 이득을 볼 수 있을 것이다.

정리해보자. 어느 정도의 복잡성을 갖고 있는 듯한 자연 현상들이 사실은 세포 자동자로도 충분히 설명할 수 있을 만큼 단순한 연산 기제들로 만들어졌을 수 있다. 그건 사실이다. '올리비아 포르피리아' 조개(울프럼이 자주 드는 사례다)의 흥미로운 삼각형 패턴들이나 눈송이의 다채로운 패턴들이 좋은 예다. 눈송이의 모양은 분자들이 연산과 비슷한 단순한 조직 과정을 거쳐 만들어낸 것인데, 우리가 오래전부터 그 사실을 알고 있었음을 생각해본다면 울프럼의 발견은 새로운 내용이라고는 할 수 없을 것이다. 울프럼이 기여한 바는 이런 과정들 및 그 결과 패턴들을 설득력 있게 표현하는 이론적 토대를 제공한 것이다. 그러나 분명 생물학에는 제4형 자동자 패턴 이상의 뭔가가 있다.

울프럼의 연구가 제기한 중요한 주제가 한 가지 더 있다. 연산의 단순성이다. 울프럼은 줄곧 연산을 단순하고도 도처에 널린 현상으로 취급한다. 물론 연산이 본질적으로 단순하다는 사실은 백 년 전부터 알려져 있었다. 최고로 단순한 정보 조작 행위를 토대로 어떤 수준의 복잡성이든 만들어낼 수 있다는 사실은 이전에도 잘 알려져 있었다.

일례로 찰스 배비지가 19세기 후반에 고안한 기계식 컴퓨터는(실제로 구축된 적은 없지만) 한 줌의 운영 규칙들을 가졌을 뿐이지만 현대 컴퓨터가 해내는 온갖 변환 작업들을 똑같이(기억 용량과 속도의 한계 내에서) 수행할 수 있었다. 배비지의 발명품은 원칙적으로 매우 단순하되, 설계의 세부사항들이 복잡할 뿐이었다. 사실 당시의 기술로는 현실로 구현해내기 어려운 정도였다.

1950년에 앨런 튜링이 범용 컴퓨터의 이론적 개념으로서 고안한 튜링 기계 역시, 7개의 매우 기초적인 명령만을 사용하지만 상상할 수 있는 모든 연산을 수행하도록 만들 수 있었다.[73] 테이프 기억 장치에 기술되기만 하면 그 어떤 형태의 튜링 기계든 모방할 수 있는 '범용 튜링 기계'도 존재한다. 그 또한 연산의 보편성과 단순성의 증거이다.[74] 《지적 기계의 시대》에서 나는 '매우 단순한 장치' 즉 '노어(nor) 게이트'만 적절한 개수로 주어지면 어떤 컴퓨터라도 만들 수 있다고 설명했다.[75] 엄밀히 말해 범용 튜링 기계와 동일한 수준은 아니지만, 마땅한 소프트웨어만 있다면(이 경우 노어 게이트의 연결 설명서가 될 수 있다) 이 매우 단순한 장치들(110번 규칙보다 더 단순하다)을 연결하는 것만으로 온갖 연산을 수행할 수 있다는 것을 증명하는 사례다.[76]

갖가지 문제에 대한 지적 해결책을 만들어낼 줄 아는 진화 과정을 적절히 설명하려면 아직 추가적 개념들이 더 필요하다. 하지만 울프럼의 연구는 연산의 단순성과 보편성을 증명함으로써, 정보야말로 세상에서 가장 근본적인 의미를 갖는 것임을 깨우쳐주는 중요한 기여를 했다.

2004년의 몰리: 기계들은 가속적으로 진화하고 있다는 거군요. 인간은 어떤가요?

레이: 생물학적 인간을 말하는 건가요?

2004년의 몰리: 네.

찰스 다윈: 생물학적 진화도 아마 지속될 겁니다, 그렇지 않나요?

레이: 현 수준에서 생물학적 진화는 너무 느려서 크게 중요하다고는 할 수 없어요. 앞에서 말한 것처럼 진화는 우회적으로 작용하지요. 생물학적 진화 같은 오래된 패러다임이라도 사라지는 건 아니지만, 속도가 과거 그대로 느리기 때문에 새로운 패러다임에 가려 잘 드러나지 않죠. 인간처럼 복잡한 동물의 진화에서 아주 작은 것이라도 눈에 띌 만한 차이가 나타나려면 수만 년이 족히 걸리게 마련이죠. 이제까지의 인간 문화와 기술 진화의 역사는 그런 시간 척도로 전개되었습니다. 그러나 지금 우리는 향후 몇십 년 안에 허약하고 느린 생물학적 진화를 완전히 넘어설 채비를 갖추고 있어요. 오늘날의 발전 속도는 생물학적 진화보다 천 배에서 백만 배가량 더 빠르니까요.

네드 러드: 그 급격한 변화에 동조하지 않는 사람이 있다면 어떻겠습니까?

레이: 나는 모두가 동조할 거라고는 기대하지 않아요. 항상 먼저 수용하는 사람이 있는가 하면 나중에 수용하는 사람이 있게 마련이죠. 기술이나 여타 진화적 변화를 선도하는 사람이 있는가 하면 뒤처지는 사람이 있죠. 요즘도 버젓이 쟁기를 사용하는 사람들이 있지만, 그렇다고 휴대폰이나 원격통신이나 인터넷이나 생명공학 같은 것들이 확산되는 속도가 늦춰지진 않았어요. 그리고 결국에는 뒤처진 사람들도 선두를 따라잡게 되죠. 아시아에는 농업 경제에서 산업화를 거치지 않고 곧바로 정보 경제로 넘어간 사회들이 있어요.[77]

러드: 그럴지도 모르지만, 디지털 양극화는 더욱 심해지고 있잖소.

레이: 사람들이 계속 그렇게 이야기하고 있지만, 그게 정말 사실일까요? 인구는 매우 느리게 증가하고 있어요. 한편 디지털로 연결된 인간의 수는 어떤 방법으로 측정하든 빠르게 증가하고 있지요. 세계 인구 중 전자 통신을 하는 사람의 비율, 인터넷에 무선 접속해서 원시적 전화 체계를 뛰어넘는 사람의 비율이 점점 커지는 형편이니, 디지털 양극화는 진전되는 게 아니라 급속하게 감소하고 있어요.

2004년의 몰리: 하지만 아직 가진 자와 못 가진 자의 문제가 충분히 논의되지 않은 것 같은걸요. 우리가 할 수 있는 일이 더 있을 거예요.

레이: 물론이죠, 어쨌든 수확 가속의 법칙이라는 압도적이고 객관적인 흐름이 올바른 방향으로 움직이고 있다는 걸 말하고 싶은 거예요. 어떤 분야의 기술이든 처음에는 감당하기 힘든 가격에 제대로 작동하지 않는 수준으로 시작하지요. 그러다가 조금 비싼 편에 성능이 좀 나아진 기술이 되고, 또 다음에는 저렴한 데다 성능도 좋은 수준이 되지요. 마지막에는 거의 무료에 가까우면서 탁월한 성능을 보이게 되고 말입니다. 불과 얼마 전만 해도 영화에 휴대폰을 사용하는 사람이 등장하면 대단한 엘리트라는 뜻이었죠. 부자들만 휴대폰을 사용할 수 있었으니까요. 더 마음에 와 닿는 예로 에이즈 치료제를 들 수 있겠네요. 개발 초기의 에이즈 치료제는 약효도 좋지 않고 환자 한 사람당 비용이 연간 만 달러를 넘었죠. 현재는 약효가 훨씬 좋고, 가난한 나라에서라도 연간 몇백 달러면 될 정도로 비용까지 낮아졌어요.[78] 약효가 뛰어나고 거의 무료인 단계에는 아직 이르지 못한 것이 아쉬울 따름이죠. 요즘 전 세계가 에이즈에 대해 좀 더 효과적인 조치들을 취하고 있지만, 과거에 더 많은 조치가 취해지지 못했던 것은 안타까운 일이에요. 이미 수만 명이, 대부분 아프리카에서, 목숨을 잃었어요. 좌우간 수확 가속의 법칙

이 낳는 효과는 올바른 방향으로 나아가고 있어요. 선진 그룹과 후진 그룹의 시간 차이는 줄어들고 있고요. 현재는 이 시간차가 약 10년이지만, 10년 뒤에는 반 정도로 줄어들 거예요.

경제적 요구로서의 특이점

이성적인 사람은 자신을 세계에 맞춘다. 비이성적인 사람은 세계를 자신에게 맞추려고 애쓴다. 그러므로 모든 진보는 비이성적인 사람에게 달려 있다.

—조지 버나드 쇼, 〈혁명가를 위한 격언〉, 《인간과 초인》 중, 1903년

모든 진보는 수입 이상으로 살고자 하는 모든 생물 보편의 타고난 욕망에 근거한다.

—새뮤얼 버틀러, 《비망록》, 1912년

만약 오늘 내가 서부로 달려가 새로운 사업을 시작한다면, 반도체가 아니라 생명공학과 나노기술에 주목할 것이다.

—제프 베이조스, 아마존닷컴의 설립자이자 최고경영자

80조 달러 벌기─제한된 시간에

아래에 설명할 내용을 읽고 이해하기만 하면 여러분은 80조 달러를 벌 수 있다. (저자들이야 원래 독자의 관심을 끌 수 있다면 못할 말이 없겠지만, 이건 정말 진지한 말이다. 그러나 더 자세히 설명하기 전에, 이 문단의 첫 번째 문장을 다시 한번 주의 깊게 읽어보기 바란다.)

수확 가속의 법칙은 본질적으로 경제 이론이다. 현재 우리의 경제 이론과 정치는 에너지 비용, 물가, 공장과 설비 자본 투자를 성장 핵심 요소로 강조하는, 시대에 뒤진 모델에 근거하고 있다. 연산 용량,

메모리, 대역폭, 기술의 규모, 지적 재산권, 지식 등 점점 큰 영향력을 행사해가는 요소들은 대체로 간과하고 있다.

기술을 발전시키고 수확 가속의 법칙에 활력을 불어넣는 원동력은 바로 경쟁 시장의 경제적 요구이다. 한편으로 수확 가속의 법칙이 경제 관계를 변화시키기도 한다. 경제적 요구라는 명제는 생물학적 진화로 빗대면 생존해야 한다는 목표에 해당한다. 우리는 나름의 경제 논리를 가진 소규모 발전들을 무수히 쌓아가면서 더 지능적이고 더 작은 기계를 향해 나아가고 있다. 좀 더 정확히 임무를 수행할 수 있는 기계는 더 많은 경제적 가치를 낳는다. 당연히 그런 기계들을 제작하지 않을 수 없다. 오늘날 수많은 프로젝트들이 다양하고 점진적인 방식으로 수확 가속의 법칙을 진전시키고 있다.

가까운 장래의 경기 변동에 관계없이, 경제계의 '첨단 기술'에 대한 지원, 특히 소프트웨어 개발에 대한 지원은 크게 증가해왔다. 내가 1974년에 광학 문자 인식 및 음성 합성 회사(커즈와일 컴퓨터 회사)를 시작했을 때, 미국에서 첨단 기술 벤처 기업의 총 거래액은 3천만 달러(1974년 달러) 이하였다. 최근 약간의 경기 후퇴가 있었는데도(2000년~2003년) 총액은 거의 백 배 이상 커졌다.[79] 이러한 발전을 멈추게 하려면 자본주의를 철회하고 모든 경제적 경쟁의 흔적마저 씻어내야 할 것이다.

'새로운' 지식 기반 경제를 향한 발걸음은 기하급수적이지만 동시에 점진적이란 것을 명심할 필요가 있다.[80] 사람들은 소위 새로운 경제가 하룻밤 사이에 비즈니스 모델을 바꿔놓지 않으면 본질적으로 결함이 있는 발상이라 속단하고 기각하곤 했다. 지식이 경제를 점령하기까지는 몇십 년쯤 더 소요될 것이다. 그러나 그 후의 변화는 심대하기 이를 데 없을 것이다.

인터넷과 원격통신의 호황 및 불황 주기에서도 동일한 현상을 볼 수 있었다. 인터넷과 원격전자통신이 근본적인 변화를 가져오리라는 타당한 통찰에 기반하여, 처음에 호황기가 왔다. 하지만 알고 보니 지나치게 빠듯했던 비현실적 시간표 내에 변화들이 완성되지 않자, 2조 달러 이상의 시장 자본이 사라져버렸다. 그러나 기술 발전 자체는 실질적으로 호황이나 불황의 징후 없이 조용히 확산되어 나갔다.

경제학 수업에서 가르치는 경제 모델들, 미 연방준비제도이사회가 통화 정책을 수립할 때나 정부 기관들이 경제 정책을 수립할 때, 그리고 여러 경제 예측 전문가들이 사용하는 경제 모델들은 거의 대부분 장기적인 추세를 평가하는 시각에 결함이 있다. 역사적으로 증명된 기하급수적 관점에 근거하지 않고 '직관적인 선형' 관점(변화의 속도가 현재 속도로 지속될 것이라고 가정하는)에 근거하기 때문이다. 선형 모델들이 얼마간 유효한 것처럼 보이는 까닭은 대부분의 사람들이 애초에 직관적 선형 관점을 채택하는 이유와 동일하다. 즉 기하급수적 추세는 짧은 기간 동안, 특히 많은 일이 일어나지 않는 초기에 관찰하고 경험할 때는 확실히 선형적인 듯 보이기 때문이다. 그러나 일단 '곡선의 무릎'에 다다라 기하급수적 성장이 폭발적으로 시작되면, 선형 모델은 무너진다.

이 책을 쓰는 동안, 미국에서는 사회복지 프로그램의 변경을 놓고 논쟁이 벌어지고 있다. 2042년까지 내다보는 프로그램인데, 그것은 내가 특이점의 도래 시기로 추정한 때와 가깝다(다음 장 참조). 이 경제 정책 검토는 이례적으로 매우 긴 기간을 다루고 있다. 그런데 경제 성장 및 수명 연장에 대한 선형 모델에 근거하고 있기 때문에 매우 비현실적인 예측이다. 우선, 수명 연장의 폭은 정부의 신중한 예측을 훨씬 앞지를 것이다. 둘째, 예순다섯 살에도 서른 살 때와 같은 몸과 뇌를 유지하게 된다면 사람들은 굳이 은퇴하려 하지 않을 것이다. 무엇보다도, 'GNR' 기술(5장 참고)이 도입될 경우 경제 성장은 정부 예측치인 연간 1.7퍼센트를(지난 15년간 실적의 반 정도로 낮게 보고 있는 것이다) 훨씬 능가할 것이다.

생산성의 기하급수적 증가세는 이제 막 폭발적인 단계를 시작하고 있다. 미국의 실질 국내총생산은 다음 그림에서 보는 것처럼 기하급수적으로 증가해왔다. 기술에 의한 생산성 개선의 결과였다.[81]

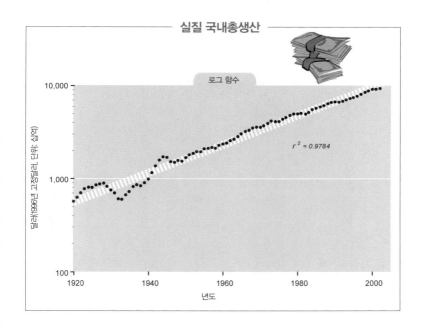

일부 비평가들 중에는 국내총생산의 기하급수적 성장 원인이 인구 증가에 있다고 주장하는 이들도 있다. 그러나 일인당으로 계산해보아도 동일한 추세를 볼 수 있다(다음 그림 참조).[82]

기하급수적인 경제 성장세는 주기적인 불경기보다 더 강한 힘이었던 것이다. 불경기, 그리고 불황은 성장 곡선에서 일시적인 이탈일 뿐이다. 세계 대공황도 증가세의 맥락에서 일시적인 작은 변동에 불과했다. 경제는 불경기나 불황이 전혀 일어나지 않기라도 한 양 늘 제자리를 찾았다.

세계 경제는 지속적으로 성장하고 있다. 세계은행이 2004년 말 발

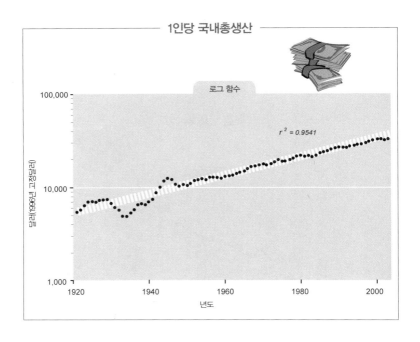

1인당 국내총생산

로그 함수

$r^2 = 0.9541$

달러(1996년 고정달러)

100,000

10,000

1,000

1920　　1940　　1960　　1980　　2000

년도

표한 자료에 따르면, 2003년 세계 경제 성장률은 4퍼센트로, 과거 어느 때보다 융성했다.[83] 개발도상국에서는 6퍼센트를 상회했다. 중국과 인도를 제외하더라도 5퍼센트를 넘는다. 동아시아와 태평양 지역에서 극심한 빈곤 속에 살고 있는 사람들의 수는 1990년에 4억 7천만 명이었던 것이 2001년에는 2억 7천만 명으로 줄었고, 세계은행의 추정에 따르면 2015년까지는 2천만 명 이하로 감소할 것이다. 다른 지역에서도 이처럼 극적이진 않더라도 비슷한 경제 성장이 이뤄지고 있다.

　생산성(작업자당 경제적 산출) 역시 기하급수적으로 증가해왔다. 사실 생산성 관련 통계들은 실적을 저평가하는 경향이 있다. 상품 및 서비스의 품질과 기능이 주목할 만한 발전을 하고 있는데 그 사실을 제대로 반영하지 않기 때문이다. 이제는 '자동차는 그냥 자동차'가 아니다. 요즘의 자동차는 안전성, 신뢰성, 기능에 있어서 크게 향상된 자동차다. 오늘날 천 달러어치 연산은 10년 전에 천 달러어치 연산보다 훨씬 강력하다(1천 배 이상). 이런 예들은 수도 없다. 조제약들의 효능은 점점 좋아지고 있다. 현재의 약품들은 질병과 노화의 기초가 되는 대사 과정만 선택적으로 정밀하게 조절하는 동시에 부작용을 최소화하도록 고안되고 있다(하지만 시장에 나와 있는 약들은 대부분 아직 낡은 패러다임을 반영한 것이다. 5장 참조). 웹에서 5분 만에 주문해 문 앞까지 배달시킨 상품은 직접 가서 가져와야 하는 상품보다 더 가치가 있다. 내 몸에 맞춤으로 제작된 옷은 가게 선반에서 어쩌다 발견한 옷보다 가치가 있다. 대부분의 상품 영역에서 이런 식의 개선이 이루어지고 있지만, 그중 어느 하나도 생산성 통계에는 반영되지 않는다.

생산성 측정의 기초가 되는 통계 기법들의 경우, 1달러로 구입할 수 있는 상품과 서비스의 가치는 1달러일 뿐이라고 전제함으로써 추가의 이익을 제외하는 경향이 있다. 실은 같은 1달러로 더 많은 것을 얻을 수도 있는데 말이다. (가장 극단적인 사례는 컴퓨터겠지만, 그 밖에도 어느 분야에나 널리 퍼진 현상이다.) 시카고 대학 피터 클레노 교수와 로체스터 대학 마크 빌즈 교수의 평가에 따르면, 현존 상품들의 고정달러화 가치는 상품의 질적 개선 덕분에 지난 20년간 연간 1.5퍼센트씩 증가했다.[84] 하지만 이것도 완전히 새로운 상품 및 상품 영역(가령 휴대폰, 무선호출기, 휴대용 컴퓨터, 다운로드 받은 음악, 소프트웨어 프로그램)의 도입은 포함하지 않은 설명이다. 웹 그 자체의 가치가 얼마나 급성장하고 있는지 고려하지 않는 것이다. 온라인 백과사전이나 검색 엔진처럼 인류의 지식에 이르는 효과적인 수단을 제공하는 무료 자원들의 가치는 어떻게 따져야 하겠는가?

인플레이션 통계 담당 기관인 미국 노동통계국(BLS)이 사용하는 모델은 연간 0.5퍼센트의 품질 성장을 고려한다.[85] 다소 보수적인 편인 클레노와 빌즈의 평가와 비교해봐도 현격하게 낮은 수치이다. 품질 개선을 체계적으로 과소평가하는 것이며, 그 결과 적어도 매년 1퍼센트씩 인플레이션을 과대평가하게 되는 것이다. 신상품군 도입을 평가하지 못하는 것은 물론이다.

생산성을 측정하는 통계 기법이 이처럼 보수적인데도 현재 생산성은 사실상 기하급수적 성장 곡선의 가파른 경사 부분에 다다르고 있다. 노동생산성은 1994년까지 매년 1.6퍼센트씩 증가하다가 이후 매년 2.4퍼센트로 늘어났고, 지금은 훨씬 빠른 속도로 증가하고 있다. 시간당 생산량으로 따진 제조생산성은 1995년부터 1999년까지 매년 4.4퍼센트씩 증가했고, 그 가운데 내구소비재 제조는 매년 6.5퍼센트씩 증가했다. 2004년 일사분기의 연간 생산성 증가율은 분기 결과임을 감안하여 연간으로 조정했을 때 비즈니스 부문에서는 4.6퍼센트, 내구소비재 제조에서는 5.9퍼센트였다.[86]

1시간 노동으로 창출된 가치는 지난 반세기에 걸쳐 평탄한 기하급수적 증가를 보였다(다음 그림 참조). 물론 정보기술(전반적인 가격 대 성

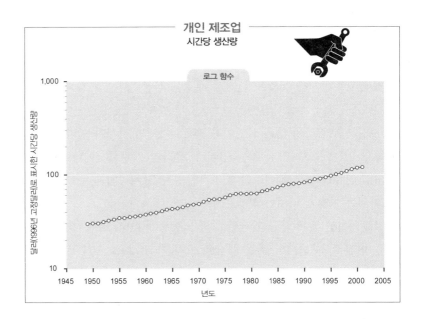

개인 제조업
시간당 생산량

로그 함수

능비가 매년 배가되는)을 구매할 때 달러화의 가치가 훨씬 높아졌다는 점은 고려하지도 않은 것이다.[87]

디플레이션… 나쁜 것인가?

아마 1846년에 우리나라에 기계로 재봉된 옷은 단 한 점도 없었을 것이다. 바로 그 해에 재봉틀에 대한 최초의 미국 특허가 발행되었기 때문이다. 그런데 지금 이 순간, 수천 명의 사람들이 캐시미어 지방 아가씨의 손놀림에 필적할 만큼 뛰어난 철제 손 가락이 바느질한 옷을 입고 있다.

—〈사이언티픽 아메리칸〉, 1853년

이 책이 씌어지는 동안, 정치적으로 우파든 좌파든 많은 주류 경제학자들이 공통으로 하고 있는 걱정은 디플레이션이다. 언뜻 화폐 가치가 높아지면 더 좋을 것처럼 보인다. 하지만 경제학자들은 소비자들이 더 적은 돈으로 필요한 것들을 살 수 있다면 경제가 수축할지 모른다고 걱정하는 것이다. 하지만 이 걱정은 소비자들의 필요와 욕구가 본질적으로 만족을 모른다는 사실을 무시한 것이다. 반도체 산업은 매년 40~50퍼센트의 디플레이션으로 '고통을 겪고' 있다고 하는데도 총수입은 지난 반세기 동안 매년 17퍼센트씩 증가했다.[88] 경제는 사실상 팽창하고 있기 때문에 이론적 디플레이션 논의로 걱정할 필요는 없어 보인다.

1990년대와 2000년대 초는 역사상 통화 수축력이 가장 강력한 시기였음을 고려하면 왜 현재 주목할 만한 인플레이션이 나타나지 않는지 이해할 수 있다. 바로 그것이다. 역사적으로 볼 때 낮은 실업률, 높은 자산가치, 경제 성장, 그 밖의 다른 요인들이 인플레이션을 유발한다는 것은 사실이지만, 현재 그런 요인들은 연산, 메모리, 통신, 생명 공학, 소형화를 비롯한 모든 정보 기반 기술들의 가격 대 성능비가 급증하는 추세에 의해 상쇄되고 있는 것이다. 이러한 기술들은 산업 전반에 깊은 영향을 미친다. 웹 등의 새로운 통신기술을 통해 유통 경로에서 중간 단계들이 사라지고 있으며, 관리와 운영의 효율이 높아짐은 물론이다.

경제 전 부문에서 정보산업의 영향력이 커지고 있기 때문에 정보산업의 막강한 디플레이션율이 미치는 영향도 증대되고 있다. 1930년대 대공황 기간 중에 발생한 디플레이션은 소비자 신뢰의 붕괴와 통화 공급량의 폭락에 기인했다. 오늘날의 디플레이션은 완전히 다른 현상이다. 생산성이 빠르게 증가하고 정보가 다양한 형태로 도처에 스며들면서 유발되는 현상이다.

이 장에 소개한 기술 관련 그래프들은 하나같이 대규모 디플레이션을 드러내고 있다. 효율의 급증이 어떤 영향을 미치는지 보여주는 사례는 많다. BP 아모코 사가 석유 탐사에 들인 비용은 2000년에 배럴당 1달러 미만이었는데, 1991년도에는 거의 10달러였다. 은행이 인터넷으로 거래 한 건을 처리하는 비용은 고작 1페니인데, 출납계를 이용할 경우 1달러 이상이 든다.

소프트웨어 가격 대 성능비의 기하급수적 성장[89]
예: 자동 음성 인식 소프트웨어

	1985	1995	2000
가격	5000달러	500달러	50달러
어휘 크기(단어 개수)	1,000	10,000	100,000
연속 음성인식이 가능한가?	불가능	불가능	가능
사용자 적응 훈련시간(분)	180	60	5
정확도	안 좋음	보통	좋음

다가올 나노기술이 지닌 중대한 의미 중 하나는, 하드웨어, 즉 물질적 제품들도 소프트웨어의 경제학을 따르게 할 것이라는 점이다. 소프트웨어의 가격은 하드웨어 가격보다 훨씬 더 빠른 속도로 내려가고 있다(앞의 표 참조).

지능적이고 분산적인 통신기술의 영향을 가장 강렬하게 느낀 것은 비즈니스의 세계일 것이다. 월스트리트 증권가의 분위기는 극적으로 오르락내리락했고, 1990년대의 호황기 동안 이른바 인터넷 기업들에 매겨진 가치는 지나치게 과장된 면이 있었지만, 그 모든 현상의 아래에는 타당하다고밖에 평할 수 없는 인식이 깔려 있었다. 즉 과거 몇십 년간 사업을 뒷받침해왔던 비즈니스 모델들이 급격한 변화를 맞고 있다는 판단이다. 고객과의 직접적인 일대일 통신에 기반한 새로운 비즈니스 모델들은 전 산업을 변화시킬 것이다. 전통적으로 고객을 상품 및 서비스의 궁극적인 공급자로부터 떼어놓았던 중간 유통 단계가 대부분 사라질 것이다. 하지만 혁명의 속도는 단계별로 다른 법이다. 실제는 S자형 경제 곡선의 초기 단계인데도, 사람들의 기대 때문에 이 분야에 대한 투자와 주식 시장 평가액은 이러한 단계를 넘어서까지 지나치게 확장됐다.

어쨌든 정보기술 분야의 호황-불황 주기는 전적으로 자본시장(주가)에 국한된 현상이었다. 실제 기업 대 소비자 전자상거래(B2C)와 기업 간 전자상거래(B2B) 실적을 보면 호황도, 불황도 없다(다음 그림 참조). 실제 B2C 총수입은 1997년 18억 달러에서 2002년 700억 달러까지 고르게 증가했다. B2B도 마찬가지로 1999년의 560억 달러에서 2002년의 4,820억 달러까지 고른 증가를 보였다.[90] 2004년 현재 B2B 총수입은 1조 달러에 근접하고 있다. 앞서 상세히 논했듯 기반 기술들의 실제 가격 대 성능비에서는 경기 순환에 대한 증거가 전혀 보이지 않는다.

지식에 대한 접근성이 확대되면 세력 관계가 변화한다. 환자는 자

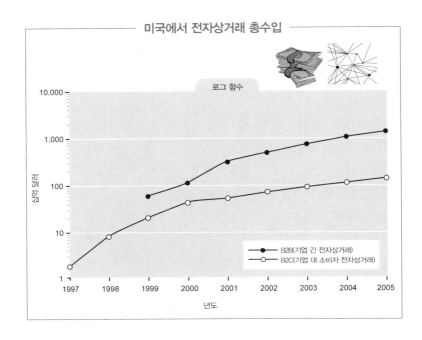

미국에서 전자상거래 총수입

로그 함수

10,000

1,000

100

총수입

10

1

1997 1998 1999 2000 2001 2002 2003 2004 2005
년도

● B2B(기업 간 전자상거래)
○ B2C(기업 대 소비자 전자상거래)

신의 의학적 상태와 가능한 선택지들에 대한 수준 높은 이해로 무장하고 의사를 찾게 된다. 소비자들은 토스터, 자동차, 집, 심지어 은행업무와 보험에 이르기까지 모든 제품에 대해 최적의 기능과 가격을 선택하기 위해 자동 소프트웨어의 도움을 받곤 한다. 이베이 같은 웹 서비스들이 유례 없이 빠르게 구매자와 판매자를 연결하고 있다.

고객 자신조차 제대로 모를 때가 많은 소비자의 바람과 욕구는 비즈니스 관계를 재편하는 힘이 되어가고 있다. 예를 들어 자유롭게 통신망에 접속할 수 있는 소비자라면 동네 상점 선반에 남은 옷가지 몇 벌 중 하나에 대강 만족하는 상황을 오래 참지는 않을 것이다. 대신 자기 몸에 대한 3차원 영상(상세한 신체 스캔을 바탕으로 한)에 어울리는 옷들이 뭔지 두루 살펴본 다음 알맞은 옷감과 스타일을 선택해 맞춤형 제작을 주문할 것이다.

현재의 웹 기반 상거래가 갖고 있는 단점들(가령 상품과의 직접적 상호작용이 제한적이라는 점, 인간 직원 대신 융통성 없는 메뉴나 표현 형식들을 만나다 보니 상호작용의 실패가 잦다는 점)은 전자적 세상을 추구하는 추세가 굳건히 지속됨에 따라 하나둘 사라질 것이다. 2009년경에는 뚜렷한 물리적 형체로서의 컴퓨터는 사라질 것이다. 안경에 디스플레이가 내장되고 옷에 전자기기가 꿰어져 완전몰입형 시각적 가상현실*이 가능할 것이다. 그때가 되면 '어떤 웹 사이트로 간다는 것'은 어떤 가상현실 환경으로 들어간다는 뜻이 될 것이다. 적어도 시청각적 감각에서만은 말이다. 그 속에서 진짜, 또는 가상의 사람과 상품들을 직접 만날 수 있을 것이다. 최소한 2009년까지는 가상 인간들이 인간 수준에 못 미치겠지만 판매사원, 예약 담당 직원, 연구 조수로서는 아주 만족스러울 것이다. 촉각 인터페이스로 상품과 사람을 직접 만질 수도 있을 것이다. 이처럼 조만간 뛰어난 대화형 인터페이스가 도래하면, 벽돌과 모르타르로 만들어진 오프라인 세계의 장점들 중 온라인에 굴복하지 않고 영원히 남는 게 뭐가 있을지 장담하기 힘들 것이다.

이런 발전은 부동산 산업에도 중대한 의미를 가질 것이다. 노동자를 사무실에 모이게 할 필요가 점차 없어질 것이기 때문이다. 내 회사만 봐도 멀리 떨어진 곳에 여러 팀들을 두고도 효과적으로 운영되고 있다. 10년 전만 해도 꽤 어려운 일이었다. 2010년대에는 완전몰입형 시청각 가상현실 환경이 어디서나 가능할 테니 사는 곳과 일하는 곳을 자유롭게 택하는 데 더욱 거침이 없을 것이다. 나아가 2020년대 말 무렵, 모든 감각을 결합한 완전몰입형 가상현실 환경이 등장하면, 진짜 사무실을 사용할 이유가 전혀 없어진다. 모든 부동산은 가상이 될 것이다.

---

*   비몰입형 가상현실이 3차원으로 구축된 영상을 그냥 보는 것인 반면, 몰입형 가상현실은 사용자의 몸이 인공의 3차원 세계에 완전히 융화되어 온몸으로 조작할 수 있는 것을 말한다. 저자는 완전몰입형이라는 말로 운동 감각뿐 아니라 오감 전체를 충족시키는 가상현실을 의미한다.

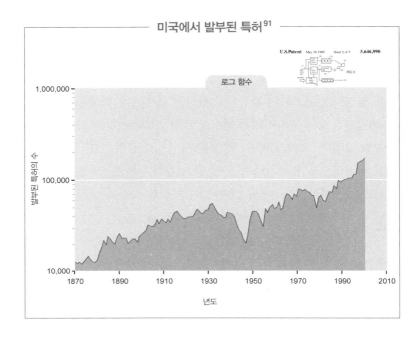

로그 함수

U.S.Patent   May 30.1989   Sheet 2 of 5   **5,646,990**

FIG.3

1,000,000

발부된 특허의 수

100,000

10,000

1870   1890   1910   1930   1950   1970   1990   2010

년도

    손자(孫子)가 지적한 대로 '아는 것은 힘'이다. 수확 가속의 법칙이 낳은 또 하나의 결과는 지적 소유권을 포함하는 인류의 지식이 기하급수적으로 성장한 것이다.

    당장 모든 경기후퇴가 사라지리라는 것은 아니다. 최근 미국은 경기침체와 기술 부문의 경기후퇴, 이후 점진적인 회복을 경험했다. 우리 경제의 기저를 움직이는 역학들 중에는 역사적으로 경기후퇴를 야기한 것으로 증명된 여러 요소들, 가령 자본집약적 사업에 대한 과도한 투자나 재고 과잉처럼 지나친 출자로 인한 부담 요소가 존재한다. 하지만 전 산업 분야에 걸쳐 빠른 정보 유통, 세련된 온라인 구매, 시장의 투명성 증대가 이뤄짐에 따라 경기후퇴 주기의 충격은 점차 줄어들었다. 앞으로도 '경기후퇴'가 우리 생활 수준에 미치는 직접적인 영향은 갈수록 줄어들 것이다. 1991년~1993년의 소규모 경기후퇴가 그런 경우였으며, 가장 최근인 2000년대 초의 경기후퇴에서는 양상이 훨씬 분명히 드러났다. 바탕에 깔린 장기적 성장세는 기하급수적인 비율을 지속할 것이다.

게다가 경기 순환 중 벌어지는 사소한 이탈 현상들은 혁신의 등장이나 패러다임 전환 속도에 거의 아무 영향을 미치지 않는다. 각종 그래프에서 보았듯 기하급수적으로 성장해온 기술들은 최근의 경기침체를 겪고도 흔들림 없이 나아가는 중이다. 시장의 기술 수용 역시 호황이나 불황의 징후를 드러내지 않는다.

경제의 전반적인 성장은 완전히 새로운 형태 및 층위의 부와 가치를 반영하는 현상이다. 이전에는 존재하지 않았던, 혹은 적어도 경제에서 큰 부분을 차지하지 않았던 가치들이다. 나노입자 기반 신재료, 유전 정보, 지적 소유권, 통신 포털, 웹 사이트, 대역폭, 소프트웨어, 데이터베이스, 기타 기술 기반 분야들의 수많은 새로운 기술들이다.

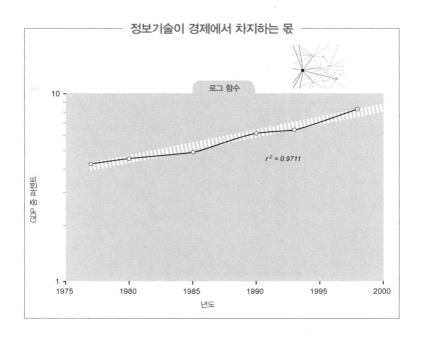

정보기술이 경제에서 차지하는 몫

로그 함수

$r^2 = 0.9711$

GDP 중 퍼센트

1975 1980 1985 1990 1995 2000

년도

정보기술 부문은 경제에서 차지하는 몫을 빠르게 늘려가고 있고 다른 부문들에 미치는 영향력도 점점 늘려가고 있다. 앞의 그래프에 나타난 대로다.[92]

교육과 학습 분야의 기하급수적 성장에도 수확 가속의 법칙이 적용된다. 지난 120년간 미국은 유치원부터 12학년까지의 교육에 대한 투자(학생 한 명당 고정달러로)를 열 배로 늘려왔다. 대학생의 수는 백 배로 늘었다. 인간 근육의 힘을 증폭시키면서 시작된 자동화는 이제 인간 정신의 힘을 증폭시키고 있다. 자동화 덕분에 지난 200년 동안 기술 사다리의 아래쪽에서는 일자리가 사라지는 반면 맨 위에는 새로운(급료도 더 나은) 일자리들이 창출되고 있다. 사다리는 줄곧 위로 움직이고 있기 때문에 우리는 모든 수준의 교육에 대한 투자를 기하급수적으로 늘려왔다(다음 그림 참조).[93]

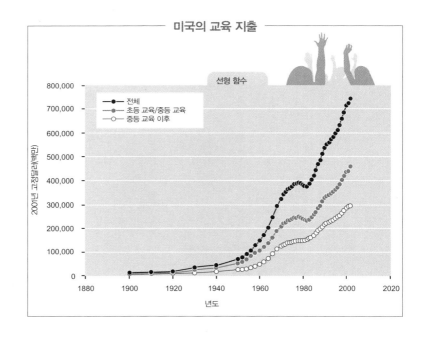

참, 이야기를 시작하면서 했던 '제안'에 관해 설명하자면, 우선 현재의 주가는 미래 예측에 기반하고 있다는 사실을 염두에 둘 필요가 있다. 현재의 통상적인 전망은 (문자 그대로) 근시안적이고 직관적인 선형 관점에 기초한 것이기 때문에, 일반적인 경제 예측은 실제를 엄청나게 과소평가하는 편이다. 주가는 매입자-매도자 시장의 합의를 반영하므로, 대부분의 사람들이 경제 성장 예측에서 채택하는 선형적 관점을 반영한다고도 볼 수 있다. 하지만 수확 가속의 법칙이 분명하게 내포하는바, 발전의 속도는 계속 빨라질 것이므로 성장률 또한 계속 기하급수적으로 늘어날 것이다.

2004년의 몰리: 그런데 잠깐만요, 앞의 글을 읽고 이해하면 80조 달러를 벌 수 있을 거라고 했죠.

레이: 맞아요. 내 모델에 따르면, 선형 전망을 좀 더 적절한 기하급수적 전망으로 대체할 경우 현재의 주가는 세 배로 뛰어야 해요.[94] 보통 주 시장에 (줄잡아서) 40조 달러가 있기 때문에 늘어난 부는 80조 달러가 되는 셈이죠.

2004년의 몰리: 하지만 제가 그만큼을 벌 거라고 했잖아요.

레이: 아니요, '여러분'이 돈을 벌 거라고 했죠. 그래서 문장을 주의 깊게 읽으라고 한 거예요. '여러분'은 단수일 수도 있고 복수일 수도 있죠. 전 '여러분 모두를 합쳐'라는 의미로 사용한 겁니다.

2004년의 몰리: 음, 그것 참 골치 아프군요. 그 여러분이란 전 세계 인구 전부인가요? 하지만 모든 사람이 이 책을 읽지는 않을걸요.

레이: 음, 하지만 이론적으로 모두가 읽을 수는 있죠. 여러분 모두가 이 책을 읽고 이해한다면 경제적 예측은 역사에 증명된 기하급수적 성장 모델에 기반하게 될 테고, 그렇게 되면 주가 총액이 증가하겠죠.

2004년의 몰리: 당신의 말을 정확히 표현하면 모두가 이해하고 나아가 그것에 동의할 경우라는 거죠. 그러니까, 당신의 말 자체도 예측에 기반하고 있는 거예요, 그렇죠?

레이: 좋아요, 내 말에도 가정이 깔려 있다는 걸 인정하죠.

2004년의 몰리: 자, 그렇다면 실제로 진짜 그런 일이 일어나리라 예상하시나요?

레이: 음, 사실 그건 아니에요. 미래학자의 입장으로 돌아가 예측해보면, 기하급수적 성장에 대한 내 관점은 결국에는 널리 퍼지겠지만 시간이 걸리겠죠. 기술의 기하급수적 속성과 그것이 경제에 미치는 영향을 증명하는 근거들이 하나하나 등장하면서요. 다음 10년에 걸쳐 점차적으로 이런 일이 벌어질 테고 시장에서 보면 강한 장기 상승기류로 나타나겠죠.

2048년의 조지: 그렇지 않을 것 같은데요, 레이. 모든 형태 정보기술의 가격 대 성능비가 기하급수적으로 증가하고, 성장 지수 자체도 성장한다는 당신의 말은 옳아요. 실제로 경제도 계속 기하급수적으로 성장해요. 매우 높은 디플레이션 비율을 상쇄하는 것 이상으로 증가하죠. 내가 사는 세상에서는 일반 대중도 결국 모든 추세를 포착하게 되었어요. 하지만 그렇다고 해서 당신이 말한 것처럼 주식 시장에 긍정적인 영향이 나타나지는 않았어요. 주식 시장이 경제에 발맞춰 증대되기는 했지만, 높은 성장률 달성이 주가를 올려주진 못했죠.

레이: 왜 그렇게 되었는지 아시나요?

2048년의 조지: 당신의 방정식에 한 가지가 빠졌기 때문이에요. 사람들이 주가가 빠른 속도로 높아질 것을 깨닫는 순간, 바로 그렇기 때문에 할인율(주식의 미래 가치를 현재 가치로 환산할 때 깎아야 하는 비율)이 덩달아 높아졌거든요. 생각해보세요. 주식 가치가 미래에 엄청나게 높아지리라는 것을 알면 지금 주식을 가져서 미래에 이익을 현실화하려 하겠죠. 그래서 미래에 보통주 가치가 높아진다는 점을 인식하면 할인율까지 높아지는 거죠. 그리고 그것이 미래 가치가 높아질 것이란 예측을 상쇄해버리고요.

2104년의 몰리: 저, 조지, 그것 역시 꼭 맞는 얘기는 아니었답니다. 당신의 말은 논리적으로는 맞지만, 사람들의 심리적 현실은 달라요. 미래 가치 증대에 대한 인식 확산이 주가에 준 긍정적 영향은 할인율 증대가 준 부정적 영향보다 더 큰 규모예요. 따라서 기술의 가격 대 성능비와 경제 활동의 속도 둘 다 기하급수적으로 성장한다는 사실이 널리 받아들여진 결과는 보통주 시장에 상승기류로 작용했답니다. 하지만 레이 당신이 말했던 것처럼 주가가 세 배가 되진 않았어요. 조지가 설명했던 바로 그 영향 때문에요.

2004년의 몰리: 됐어요, 정말 괜히 물어본 것 같네요. 그런 걱정은 관두고 그냥 지금 있는 주식들을 보유하고 있을래요.

레이: 어디에 투자했나요?

2004년의 몰리: 어디 보자, 구글과 대결하고 싶어하는 새로운 자연어 기반 검색엔진 회사가 있네요. 연료 전지 회사에도 투자했어요. 혈류 안에서 쓸 감지기를 만드는 회사도 있고요.

레이: 상당히 고위험의 첨단기술 포트폴리오군요.

2004년의 몰리: 포트폴리오라고도 할 수 없는 정도인데요, 뭘. 당신이 늘 얘기하는 기술들에 손대보고 있을 뿐이에요.

레이: 그래요, 하지만 수확 가속의 법칙으로 인한 발전 추세가 현저하게 부드러운 편이라 해도 그것이 어떤 회사들이 우세할지 쉽게 예측할 수 있다는 뜻은 아니라는 점을 염두에 두기 바랄게요.

2004년의 몰리: 알아요, 그래서 제가 분산투자를 하는 건데요.

3

인간 뇌 수준의 연산 용량 만들기

《창조의 엔진》에서 말했듯, 진정한 인공지능을 만들 수 있다면 뉴런과 비슷하지만 백만 배 빠른 기기도 만들 수 있다고 믿어도 좋다. 여러 근거들이 있기 때문이다. 그렇다면 사람보다 백만 배 빠르게 사고하는 시스템을 만들 수 있다는 결론에 다다른다. 그 시스템은 인공지능을 동원해 공학적 설계를 수행할 수 있을 것이다. 어떤 시스템이 자신보다 나은 무언가를 건설할 능력을 가지는 바로 그 시점이 진정 급작스러운 변이가 가능한 때다. 인공지능은 나노기술보다 다루기 어려운 상대이겠지만, 지금으로서는 건설적으로 상상해보는 것부터가 너무 어렵다. 그래서 지금은 인공지능을 둘러싼 일에 대해서는 논의하지 않으려 한다. 내가 가끔 그 부분을 지적하며 "그것도 중요하다"고 말하긴 했지만 말이다.

－에릭 드렉슬러, 1989년

연산 기술의 여섯 번째 패러다임:
3차원 분자 연산을 비롯하여 떠오르는 신기술들

1965년 4월 19일 자 〈일렉트로닉스〉에 실린 글에서 고든 무어는 이렇게 썼다. "집적 전자공학의 미래가 곧 전자공학의 미래다. 집적 기술은 전자공학의 융성을 가져올 것이고, 이 과학이 수많은 새로운 영역으로 번지게 할 것이다."[1] 무어는 이처럼 담담한 표현으로 하나의 혁명을, 지금껏 진행되고 있는 혁신을 소개했다. 새로운 과학이 얼마나 대단한지 독자들에게 절절히 알려주기 위해, 무어는 이렇게 덧붙였다.

"경제의 추진력은 실로 대단하므로, 1975년이면 하나의 실리콘칩에 65,000개의 소자가 밀어넣어지게 될지도 모른다." 상상해보시라.

무어는 하나의 집적회로에 들어가는 트랜지스터(연산 요소나 게이트로 쓰이는 것들이다)의 수가 매년 두 배씩 늘었다고 지적했다. 소위 '무어의 법칙'이라 불리게 된 1965년의 예측은 당시 꽤 비판을 받았다. 칩당 트랜지스터 수를 표기한 로그 함수 도표에 데이터가 5개밖에 없었기 때문이다(1959년에서 1965년까지였다). 막 정체를 드러낸 이 추세를 1975년까지 연장하는 것은 무모해 보였다. 실제 무어의 초기 예측은 들어맞지 않았고, 10년 뒤 그는 예측치를 다소 하향조정하여 발표한다. 하지만 기본적 발상, 집적회로에 들어가는 트랜지스터의 크기가 줄어듦에 따라 전자기기의 가격 대 성능비가 기하급수적으로 증가하리라는 생각은 유효한 선견지명이었다.[2]

요즘은 수천 개가 아니라 수십억 개 단위로 트랜지스터가 쓰인다. 2004년에 나온 칩 중 가장 뛰어난 것의 논리 게이트 폭은 50나노미터에 불과하여 이미 나노기술 영역으로 편입되었다(나노기술이란 100나노미터 미만을 다루는 것으로 정의된다). 무어의 법칙이 끝을 맞으리라는 예측은 끊이지 않았다. 하지만 이 놀라운 패러다임의 종말은 계속 뒤로 미뤄지고 있다. 인텔 사의 기술 전략 책임자이자 국제반도체기술 로드맵(ITRS)이라는 영향력 있는 단체 의장인 파올로 가르지니는 최근 이렇게 말했다. "향후 15 내지 20년간 무어의 법칙이 유효하리라고 봅니다. …… 나노기술이 하나의 반도체 금형에 들어가는 부품들의 수를 늘릴 새로운 수단들을 제공해주고 있습니다."[3]

연산 용량의 가속적 증가는 인간의 사회경제적 관계 및 정치 조직까지 바꾸어놓았다. 그런데 무어가 지적하지 않은 점이 한 가지 있다. 기기의 크기를 줄이는 이 전략은 연산 및 통신 역량의 기하급수적 증대 역사에 있어 첫 번째 패러다임이 아니라는 것이다. 반도체는 다섯번째 패러다임이었고, 이미 우리는 다음 번째 패러다임의 윤곽을 떠올리고 있다. 바로 분자 수준의 연산 및 3차원 연산이다. 아직 다섯 번째 패러다임의 끝이 10년 이상 남았지만 벌써 여섯 번째 패러다임에 필요한 각종 기술들이 착실히 발전하는 중이다. 이제부터 인간 수준의 지능을 만들기 위해서는 얼마만큼의 연산 및 기억 용량이 필요한지 알아보겠다. 나는 20년 안에 값싼 컴퓨터로 그 수준에 도달할 수 있으리라 믿는데, 근거도 설명하겠다. 그 강력한 컴퓨터들조차 최적에는 한참 못 미치는 상태일 것이다. 오늘날의 물리 법칙에 근거할 때 연산에는 한계가 있을 수밖에 없다는 점도 살펴보겠다. 그 후에는 21세기 말의 컴퓨터를 만나볼 것이다.

3차원 분자 연산으로 가는 다리 벌써 중간 단계들이 속속 건설되고 있다. 3차원 분자 연산이라는 여섯 번째 패러다임으로 가는 데 필요한 기술로는 나노튜브*와 나노튜브 회로, 분자 연산, 나노튜브 회로의 자기 조립력, 생물학적 시스템을 모방하는 회로 조립, DNA 연산, 스핀트로닉스(전자의 스핀을 활용해 연산하는 기술), 빛을 통한 연산, 양자 연산 등이 있다. 독자적인 이 기술들이 하나의 연산 체계로 합쳐지면 결국 물질과 에너지가 수행할 수 있는 최적의 연산 용량을 끌어낼 수 있을 것이고, 이는 당연히 우리 뇌의 연산 용량을 한참 능가할 것이다.

'통상적인' 실리콘 리소그래피 기법을 사용해도 3차원 회로를 만들 수 있다. 매트릭스 반도체 사는 이미 한 겹이 아니라 수직으로 여러 층 트랜지스터 집적면이 쌓인 메모리 칩을 팔고 있다.[4] 3차원 칩이라 기억 용량이 크므로 제품 크기를 줄여주는 게 장점이다. 그래서 매트릭스 사가 초기 적용 대상으로 삼는 것은 휴대용 전자기기들이다. 플래시 메모리(전원이 꺼져도 정보를 잃지 않기 때문에 휴대폰이나 디지털카메

---

*　탄소 원자 6개로 만들어진 육각형이 원통형으로 이어진 관 모양의 결정.

라 등에 널리 쓰이는 기억 장치)와 경쟁하려는 것이다. 회로를 층층이 쌓으면 비트당 생산 단가도 낮아진다. 매트릭스 사의 경쟁자로는 마스오카 후지오가 있는데, 도시바 사에서 일했던 공학자인 그는 새로운 설계를 적용한 플래시 메모리를 개발했다. 마스오카에 따르면 원통처럼 생긴 새 플래시 메모리는 기존 평면형 칩에 비해 크기와 비트당 생산 단가가 열 배 이상 낮아졌다고 한다.[5] 미국 렌셀러 폴리테크닉 대학의 기가 집적기술 연구소와 MIT 미디어랩에서도 성공적인 3차원 실리콘 칩 시제품을 선보였다.

도쿄의 일본전신전화(NTT) 사는 전자빔 리소그래피를 활용한 극적인 3차원 기술을 선보였다. 선폭이 10나노미터 수준일 정도로 초미세한 3차원 구조(가령 트랜지스터)를 자유자재로 만들 수 있었다.[6] NTT는 크기가 60미크론이고 선폭이 10나노미터인 고해상도 지구 모형을 만들어보았다. 반도체 같은 전자기기를 나노제작하는 공정이나 나노 규모 기기들을 만드는 공정에 활용할 수 있을 것이라 기대하고 있다.

여전히 최선의 전략인 나노튜브 《영적 기계의 시대》에서 나는 3차원 분자 연산 시대의 최적의 기술은 나노튜브, 즉 기억을 저장하고 논리 게이트로 기능할 수 있는 3차원 조직의 분자들일 것 같다고 말했었다. 나노튜브는 1991년에 처음 합성된 물질로, 탄소 원자들로 만들어진 육각형이 죽 쌓아올려져 마치 이음매 없는 원통처럼 생긴 튜브다.[7] 나노튜브는 매우 작다. 벽이 한 겹인 나노튜브의 지름은 1나노미터 정도이니 밀도가 굉장히 높은 셈이다.

또한 나노튜브는 매우 빠를 수 있다. 어바인의 캘리포니아 대학의 피터 버크 등 연구자들은 나노튜브 회로가 2.5기가헤르츠(GHz)의 진동수로 작동한다는 것을 밝혀냈다. 하지만 버크는 미국화학협회가 발간하는 저널 〈나노레터〉에서 말하길, 나노튜브 트랜지스터의 이론적 최고 속도는 "테라헤르츠 정도 될 것이며[1THz=1,000GHz] 이는 현대의 컴퓨터들보다 1,000배 빠른 것"이라고 했다.[8] 완벽하게 개발된 나노튜브 회로 1세제곱인치는 사람 뇌보다 1억 배 이상 강력할 것이다.[9]

내가 1999년에 이 이야기를 꺼냈을 때만 해도 나노튜브 회로에 대한 논박이 가열했다. 하지만 지난 몇 년간 기술은 극적으로 발전했고, 2001년에는 특히 뛰어난 두 가지 성과가 있었다. 2001년 7월 6일 자 〈사이언스〉에는 실온에서 작동하며 상태 변환에 전자 단 하나를 활용하는 나노튜브 트랜지스터(크기가 1×20나노미터였다)가 소개되었다.[10] 비슷한 시기에 IBM은 천 개의 나노튜브 트랜지스터를 장착한 집적회로를 선보였다.[11]

더욱 최근에는 나노튜브를 활용한 회로의 실제 작동 모형들이 등장했다. 2004년 1월, 버클리의 캘리포니아 대학과 스탠퍼드 대학 연구자들은 나노튜브를 활용한 집적 기억 회로를 만들었다.[12] 이 기술을 활용하는 데 있어 가장 큰 문제는, 어떤 나노튜브들은 도체처럼 기능하는데(전기가 통하는데) 또 몇몇은 반도체처럼(변환이 가능하여 논리 게이트 역할을 수행할 수 있다는 것) 기능한다는 점이다. 미묘한 구조 차이에서 비롯되는 현상이다. 이제까지는 일일이 수동으로 두 종류를 가를 수밖에 없었는데, 그래서야 대규모 회로를 만들 수 없을 것이다. 버클리와 스탠퍼드 과학자들은 반도체가 아닌 나노튜브들을 자동적으로 골라서 폐기하는 기법을 개발함으로써 문제를 해결했다.

나노튜브를 어떻게 줄 세울 것인가 하는 점도 나노튜브 회로 개발의 난제다. 나노튜브들은 온 방향으로 자라는 경향이 있기 때문이다. 2001년, IBM 과학자들은 나노튜브 트랜지스터들을 마치 실리콘 트랜지스터들처럼 크게 뭉쳐 키우는 데 성공했다. 그들은 이른바 '건설적 파괴' 기법을 동원했다. 일일이 적당한 나노튜브들을 골라 적용하는 대신 결함이 있는 나노튜브들은 웨이퍼상에서 바로 파괴하는 방법이다. IBM 토머스 J. 왓슨 연구소에서 물리 연구를 책임지고 있는 토머스 타이스는 당시 이렇게 말했다. "우리는 IBM이 분자 규모 칩으로 가는 길에서 주요한 지점을 통과했다고 생각합니다. …… 성공적으로 연구를 마치면 우리는 탄소 나노튜브를 통해 무어의 법칙을 밀도 면에서 무한히 연장할 수 있을 겁니다. 어떤 실리콘 트랜지스터보다도 작게 만들 수 있다는 데 의심의 여지가 없기 때문입니다."[13] 2003년 5월, 미국 매사추세츠주 워번에 있는 난테로라는 작은 회사는 이보다 앞선 기량을 보여줬다. 하버드 대학 출신 연구자 토머스 루엑스 등이 공동설립한 이 회사는 하나의 칩 웨이퍼 안에 100억 개의 나노튜브 접합부를 담았는데, 모두 적절한 방향으로 정렬된 것이었다. 게다가 난테로는 통상의 리소그래피 기기들을 활용해서 잘못 정렬된 나노튜브들을 자동으로 제거하는 과정을 개발했다. 업계 관계자들이 보기에 통상의 기기들을 활용한 점은 대단한 것이었다. 값비싼 새 제조 기기들이 필요 없다는 뜻이기 때문이다. 난테로가 설계한 칩은 임의 접속을 가능케 할뿐더러 비휘발성(전원이 꺼져도 자료가 보관되는 것)이어서, RAM, 플래시, 디스크 등 현존하는 기억 장치들을 대체할 만한 잠재력을 보였다.

분자로 연산하기 최근 들어 나노튜브 말고 하나 또는 몇 개의 분자들을 갖고 연산하는 기술도 크게 발전했다. 분자들로 연산한다는 발상이 처음 제기된 것은 1970년대 초다. IBM의 애비 아비람과 노스웨스턴 대학의 마크 A. 라트너가 제안한 것이다.[14] 그러나 당시는 필수 기술들이 존재하지 않았다. 분자 연산이 실현되려면 전자공학, 물리학, 화학, 심지어 생물학적 과정에 대한 역분석 등 여러 분야 연구가 함께 진전되어야 하기 때문이다.

2002년, 위스콘신 대학과 바젤 대학 과학자들은 원자들을 가지고 하드 드라이브를 모방한 '원자 메모리 드라이브'라는 것을 만들었다.

주사터널링현미경*을 이용해서 실리콘 원자 스무 개가 붙은 더미로부터 원자 하나를 덜어내거나 덧붙이는 것이다. 연구자들은 이 과정을 통해 같은 크기 하드디스크에 저장할 수 있는 정보량보다 수백만 배 많은 양을 저장할 수 있을 것이라 생각한다. 제곱인치당 250테라비트의 정보를 저장할 수 있는 셈이다. 실험으로 확인된 것은 몇 비트 수준이지만 말이다.[15]

어바나-샴페인의 일리노이 대학 과학자들이 만든 나노튜브 트랜지스터를 보면, 분자 회로의 속도가 1테라헤르츠는 될 것이라 했던 피터 버크의 예측이 옳은 것 같다. 이 트랜지스터는 604기가헤르츠의 속도를 자랑한다(1테라헤르츠의 절반 정도다).[16]

연구자들은 또 '로탁산'이라는 특별한 형태의 분자가 연산에 적합한 속성을 갖고 있음을 발견했다. 로탁산 분자는 아령처럼 생긴 분자 가운데 고리 같은 게 걸린 모양인데, 그 고리의 에너지 준위를 바꿈으로써 쉽게 상태를 변환할 수 있다. 이미 로탁산을 활용한 기억 및 스위치 기기가 만들어졌는데, 제곱인치당 100기가비트(10^{11}비트)까지 저장할 수 있을 것으로 보인다. 3차원으로 구조를 조직할 수 있다면 잠재력은 더욱 높아질 것이다.

자기조립 나노전자공학이 효율적으로 전개되려면 나노 규모 회로들이 자기조립력을 갖춰야 한다. 자기조립이란 비뚤게 형성된 부품들을 알아서 폐기할 수 있게 함으로써 수조 개의 회로 부품들이 저절로 올바른 조직을 갖추게 하는 것이다. 수고롭게 하나하나 하향식으로 조정하는 과정과 반대 개념이다. UCLA의 과학자들은 자기조립력을 활용해야만 수십억 달러짜리 공장이 아니라 시험관에서 간단히 대규모 회로를 만들 수 있을 것이라 지적한다. 리소그래피가 아니라 화학

---

* 전자의 터널링 현상을 통해 시료의 구조를 알아내는 현미경.

을 이용해야 하는 것이다.[17] 퍼듀 대학 연구진은 이미 나노튜브 구조물들이 자기조립하는 실험에 성공했는데, DNA 가닥들이 서로 결합하여 안정된 구조를 취하는 원리를 활용했다.[18]

하버드 대학 과학자들도 2004년 6월, 개가를 올렸다. 자기조립적 기법을 대규모로도 쓸 수 있음을 보여준 것이다.[19] 우선 광리소그래피를 통해 배선(연산 요소들 사이를 연결하는 선) 형태를 식각해둔다. 다음에 나노선을 사용한 전기장 효과 트랜지스터*(흔한 트랜지스터 형태 중 하나다)들과 나노 규모의 배선들을 다량 배열판 안에 집어넣는다. 그러면 그들이 스스로 알아서 정확한 형태로 연결을 이뤄갔다.

2004년, 서던 캘리포니아 대학과 항공우주국 에임스 연구소의 연구진은 화학 용액 안에서 극도로 조밀한 회로들을 자기조직시키는 방법을 개발했다.[20] 나노선들이 저절로 형성되게 한 뒤, 하나당 3비트의 정보를 저장할 수 있는 나노 규모의 기억 세포들이 그 선에 스스로 가붙게 한 것이다. 제곱인치당 258기가비트의 저장 용량을 지녔는데(연구자들은 열 배까지 늘릴 수 있다고 주장한다) 플래시 메모리 카드 하나가 6.5기가비트임을 생각해보라. 한편 IBM은 2003년, 중합체**의 자기 조직을 통해 20나노미터 너비의 육각 구조물을 만들어냈다.[21]

나노회로가 스스로 구성을 바꿀 수 있어야 한다는 점도 중요하다. 구성요소의 수가 많고 본질적으로 연약하기 때문에(크기가 작아서) 회로 일부 고장은 불가피한 현상일 것이다. 그런데 수조 개의 트랜지스터들 중 고작 몇 개가 고장났다고 전체 회로를 버리는 건 경제적으로 손해다. 따라서 미래의 회로는 자신의 성능을 지속적으로 점검하고, 믿음직하지 않은 부분이 있으면 그 지점을 우회해서 정보를 보낼 줄 알아야 한다. 인터넷의 정보가 기능이 멈춘 노드들을 에둘러서 전달

---

*   반도체 안 전자의 흐름을 별도의 전극에 건 전압으로 제어하는 트랜지스터.

**   단량체 분자들이 중합하여 생긴 화합물.

되는 것과 비슷하다. 특히 IBM이 이 주제를 활발하게 연구하고 있으며, 벌써 스스로 문제를 진단하고 그에 맞게 칩 자원을 재구성하는 마이크로프로세서 설계에 성공했다.[22]

생물학을 모방하기 자기복제하고 자기조직하는 전자기기나 기계를 만든다는 발상은 생물학에서 영감을 얻은 것이다. 생물학이야말로 그런 속성들에 의존하기 때문이다. 〈미국 국립과학원 회보〉에 발표된 한 논문은 자기복제하는 단백질인 프리온을 활용해 자기복제하는 나노선을 만들었다고 보고했다. (4장에서 말하겠지만 프리온의 특정 형태는 인간의 기억 과정에도 중요한 역할을 하는 것으로 보인다. 반면 또 다른 형태의 프리온은 인간광우병이라 불리는 변종 크로이츠펠트-야콥 병을 일으킨다고 알려져 있다.)[23] 연구진이 프리온을 택한 것은 강도가 뛰어나기 때문이다. 하지만 프리온은 정상 상태에서는 전도성이 없기 때문에 연구자들은 얇은 금막을 입힌 유전자 변형 프리온을 만들었다. 금은 저항이 낮아 전도성이 높다. 연구를 지휘한 MIT 생물학 교수 수전 린퀴스트는 이렇게 말했다. "나노회로를 연구하는 사람들은 대부분 '하향식' 제작 기법을 시도하고 있습니다. 반면 우리는 '상향식' 기법을 써서 분자들이 우리 대신 자기조립하도록 한 것이죠."

생물학이 아는 궁극의 자기복제 분자는 물론 DNA다. 듀크 대학 과학자들은 자기조립하는 DNA 분자들로부터 이른바 '타일'이라는, 분자 건축의 벽돌이라 할 수 있는 조각을 만들어냈다.[24] 조각들은 스스로 구조를 통제하며 조립하여 '나노격자'를 만들어냈다. 이 기술을 사용하면 나노격자 구조의 격자 하나마다 단백질 분자들을 붙여서 연산을 수행하게 할 수 있다. 연구진은 또 화학반응을 통해 DNA 나노리본에 은을 입힘으로써 나노선을 만드는 데도 성공했다. 2003년 9월 26일 자 〈사이언스〉에 실린 이 논문에 대해 선임 연구자 중 하나인 안하오는 이렇게 말했다. "DNA의 자기조립 능력을 활용해 단백질이나 기타 분자들의 주형을 만드는 작업이 수년 동안 진행되어왔는데, 이처럼 분명하게 성공한 예는 이것이 처음입니다."[25]

DNA로 연산하기 DNA는 자연의 나노 컴퓨터다. DNA의 정보 저장 능력과 분자 수준의 논리적 과제 수행 능력을 활용한 'DNA 컴퓨터'라는 것이 있다. 실은 수조 개의 DNA 분자들이 포함된 용액을 시험관에 담아둔 것을 말하는데, 분자 각각이 하나의 컴퓨터처럼 기능한다.

연산의 목적은 문제를 푸는 것이다. 단 해답이 일련의 기호로 표현될 수 있는 문제여야 한다. (가령 일련의 기호로 표현될 수 있는 수학 증명이나 혹은 그저 숫자일 수도 있다.) DNA 컴퓨터의 작동법을 잠시 살펴보자. 하나의 기호마다 특정한 암호를 주어 작은 DNA 가닥을 합성한다. 그 후 '중합효소 연쇄 반응(PCR)*'이라는 과정을 통해 가닥을 수조 개로 불려서 몽땅 시험관에 집어넣는다. DNA는 서로 결합하는 속성이 있기 때문에 놓아두면 곧 기다란 가닥이 만들어진다. 그런데 가닥의 염기 서열은 어떤 연속적 기호들을 나타내는 것이므로, 서로 다른 배열을 지닌 가닥들은 서로 다른 해답을 의미한다. 그런 가닥이 수조 개나 있으니 하나의 후보 해답을 의미하는 가닥들도 여러 개가 될 것이다.

다음 단계는 모든 가닥들을 동시에 검사하는 것이다. 일정 기준을 만족시키지 못하는 가닥은 모조리 파괴해버리는 특별한 효소들을 가하는 것이다. 여러 효소를 차례차례 시험관에 가하되 순서를 적절히 구성하면 결국 옳지 않은 가닥들은 모두 사라지고 옳은 해답을 띠는 가닥들만 남는다. (상세한 설명은 주 참고.)[26]

DNA 연산의 놀라운 점은 수조 개의 가닥들을 한 번에 검사할 수 있다는 데 있다. 2003년, 이스라엘 바이츠만 과학 연구소의 에후드 셔

---

* 특정 DNA 부분을 짧은 시간 내에 대량으로 복제하는 기법.

피로가 이끄는 연구진은 DNA에 아데노신 삼인산(ATP)을 결합시켰다. ATP라면 인체 같은 생물학적 체계가 활용하는 자연적 연료다.[27] 덕분에 DNA 분자들은 연산을 수행하는 동시에 스스로 에너지도 얻을 수 있었다. 바이츠만 연구진은 이 액체 슈퍼컴퓨터 두 숟가락으로 만든 구성물을 선보였는데, 3×10^{16}개의 분자 컴퓨터들을 포함하며 초당 6.6×10^{14}개의 연산을 할 수 있는 시스템이 되었다. 이 컴퓨터들의 에너지 소모량은 극히 적어서 3×10^{16}개의 컴퓨터들이 소모하는 에너지가 5천만분의 1와트에 불과하다.

하지만 DNA 연산에는 한계가 있다. 수조 개의 컴퓨터들이 동시에 수행하는 연산 내용이 동일해야 한다는 것이다(데이터는 다르더라도 말이다). 즉 '단일 명령어, 다중 데이터(SIMD)'* 구조의 기기이다. SIMD 체계로 풀 수 있는 문제도 꽤 많지만(가령 영상 향상이나 압축 시에 각각의 픽셀을 처리하거나, 조합 논리 문제를 푸는 일 등) 그것으로 범용 알고리즘을 만들기는 불가능하다. 각각의 컴퓨터가 별개의 임무를 수행하도록 할 수 없기 때문이다. (자기조립적인 DNA 가닥들을 이용해 3차원 구조를 만들었던 퍼듀 대학과 듀크 대학의 연구는 이 DNA 연산과는 다르다. 그 연구들로 만들게 될 구조물은 꼭 SIMD 연산이 아니라 어떤 연산이라도 해낼 수 있을지 모른다.)

스핀으로 연산하기 전자의 속성 중 기억이나 연산 활동에 활용할 수 있는 것이 전하 외에도 한 가지 더 있다. 스핀이다. 양자역학에 의하면 전자는 축을 중심으로 회전하는데, 지구가 축을 중심으로 자전하는 것과 비슷하다. 사실 이것은 이론적 개념이다. 전자는 공간에서 하나의 점에 불과하기 때문에 규모 자체가 없는 점이 축을 기준으로 회전한다는 걸 쉽게 상상하기는 힘들다. 하지만 전하가 움직이면 자

---

* 여러 처리 장치들에 다른 데이터를 주되 하나의 명령을 실행시키는 방식.

기장이 형성되는데, 그 자기장은 실재하는 것이고 쉽게 탐지할 수도 있다. 전자의 스핀 방향은 두 가지가 있으며 보통 '위'와 '아래' 방향이라 부른다. 둘 중 하나인 속성이므로 논리 스위치나 정보 암호화에 쓰일 수 있는 것이다.

스핀트로닉스의 흥미로운 점은 전자의 스핀 상태를 바꾸는 데 에너지가 필요하지 않다는 것이다. 스탠퍼드 대학 물리학 교수 장서우청과 도쿄 대학 교수 나가오사 나오토는 이렇게 설명한다. "우리는 새로운 '옴의 법칙'[전류의 세기는 전압을 저항으로 나눈 것이라는 법칙]이라 불릴 만한 것을 발견한 것이다. …… 전자의 스핀은 에너지 손실이나 확산 없이 이동될 수 있다는 법칙이다. 이 현상은 반도체 산업에서 흔히 쓰이는 물질들, 가령 비소화 갈륨 속에서, 그것도 실온에서 일어난다. 차세대 연산 기기를 쉽게 만들 수 있으리라는 뜻이므로 매우 중요한 사실이다."[28]

한마디로 실온에서 초전도성을 활용할 수 있을지 모른다는 것이다(즉 광속 또는 광속에 가까운 속도로 손실 없이 정보를 옮길 수 있으리라는 것이다). 또 연산에 활용할 수 있는 전자의 속성이 여러 개가 된 셈이니 기억이나 연산 밀도를 높일 수 있을지도 모른다.

스핀트로닉스의 한 사례로 이미 컴퓨터 사용자들에게 익숙한 현상도 한 가지 있다. 자기저항이라는 현상(자기장에 따라 전기저항이 변하는 현상)인데, 자기 하드 드라이브에 정보를 저장하는 데 사용되고 있다. 스핀트로닉스를 활용한 새로운 비휘발성 메모리 MRAM(자기 임의 접속 기억 장치)*는 수년 내에 시장에 등장할 것으로 기대된다. MRAM은 하드 드라이브처럼 전력이 없어도 데이터를 유지하지만 물리적 구동이 전혀 없고 종래의 RAM에 비견할 만한 속도와 쓰고 지우기 기능을

---

* 집적도가 높은 DRAM과 비휘발성인 플래시 메모리의 장점을 함께 가진 비휘발성 고체 기억 장치. 자기 기억 장치라고도 한다.

갖고 있다.

MRAM은 강자성 합금에 정보를 저장하는데, 이는 데이터 저장에는 알맞지만 마이크로프로세서로서 논리 작업을 수행하기에는 좋지 않다. 반도체 속에서 스핀트로닉스 현상들을 실용적으로 활용할 수 있게 한다면 그야말로 스핀트로닉스 분야 최고의 성취가 될 것이다. 기억과 논리 작업 둘 다에 이득이 있을 것이다. 요즘의 칩 주재료인 실리콘은 자기적 속성 면에서 바람직하지 않으므로 2004년 3월, 전 세계 과학자들로 이루어진 연구진은 실리콘과 철 혼합물에 코발트를 섞어 새로운 재료를 만들어냈다. 스핀트로닉스에 알맞은 자기 속성을 지니면서 동시에 반도체에 꼭 필요한 실리콘 결정 구조를 유지하고 있는 재료다.[29]

미래 컴퓨터의 기억 장치에 스핀트로닉스가 중요한 역할을 하리라는 것은 분명하다. 어쩌면 논리 체계에도 기여할 수 있을지 모른다. 전자의 스핀이란 양자적 속성이므로(양자역학 법칙에 따르므로) 스핀트로닉스가 양자 연산 체계에 적용된다면 그것이야말로 최고의 성과일 것이다. 양자 연산이란 양자적으로 얽힌 전자들의 스핀이 큐비트(양자비트)*를 표현하게 하는 것인데, 아래에 다시 소개하겠다.

스핀은 또한 원자핵에 정보를 담아두는 데에도 쓰이는데, 이는 양성자의 자기 모멘트** 간 복잡한 상호작용을 이용한다. 오클라호마 대학 과학자들은 19개의 수소 원자를 포함한 액정 분자 속에 1,024비트의 정보를 저장하는 이른바 '분자 사진' 기술을 선보이기도 했다.[30]

빛으로 연산하기 또 다른 SIMD식 연산 기법으로 레이저 빛 다발을 이용하는 게 있다. 광자 줄기마다 정보를 암호화하여 저장한 뒤, 광학

---

* 양자 연산에서 사용되는 정보 기본 단위로, 일반적인 비트와 달리 0과 1이 중첩된 상태를 가질 수 있다.
** 자기장에서 자극의 세기와 양극 사이 거리를 곱한 것으로, 자성을 나타내는 양이다.

기기들을 활용해서 그 정보를 읽어 논리 연산이나 산술 연산을 수행하는 방법이다. 작은 이스라엘 회사인 렌슬렛 사가 개발한 기기를 보면, 256개의 레이저가 동원되어 초당 8조 개의 연산을 수행한다. 256개의 정보 흐름에 대해 똑같은 연산이 동시 수행되는 것이다.[31] 가령 256개의 비디오 채널에 데이터를 압축 전송하는 식으로 쓰일 수 있는 기술이다.

DNA 컴퓨터나 광학 컴퓨터 같은 SIMD 기술은 미래 연산 분야에서 전문적인 역할을 맡을 것이다. 뇌 기능의 특정 측면을 모방하는 데도 쓰일 수 있다. 예를 들어 감각 정보를 처리하는 일 등이다. 그러나 학습이나 추론을 다루는 뇌 영역을 모방하려면 '다중 명령어, 다중 데이터(MIMD)'** 구조를 채택한 범용 연산 기기가 필요하다. 그런 고성능 MIMD 연산을 위해서는 3차원 분자 연산 패러다임이 도입되어야 할 것이다.

양자 연산 양자 연산은 SIMD 병렬 처리를 한층 극단적으로 구현한 것이라 할 수 있다. 하지만 앞에서 소개한 다른 기술들에 비하면 아직 개발 초기 단계에 불과하다. 양자 컴퓨터는 큐비트로 구성되는데, 큐비트는 일반 컴퓨터의 비트와 달리 동시에 0이거나 1일 수 있다. 양자역학에 내재한 본질적 모호함에 바탕을 두고 있기 때문이다. 양자 컴퓨터에서는 개별 전자의 스핀 상태 같은 입자들의 양자적 속성이 큐비트를 표현한다. 큐비트들이 서로 '얽힌' 상태일 때는 각각이 어떤 상태라도 동시에 가질 수 있는 상황이다. 그런데 '양자 결깨짐'*** 이라는 과정을 거치면 큐비트들의 모호성이 해소되어 1과 0의 수열만이 남게 된다. 양자 컴퓨터가 제대로 작동한다면, 이렇게 결맞음이

---

*   여러 처리 장치들에 다른 데이터를 주고 서로 다른 명령을 처리하도록 병렬식으로 실행시키는 방식.
** 양자 결맞음(quantum coherence)이란 한 양자계에서 구성요소들 간의 위상이 같은 것을 말한다. 반대로 양자 결깨짐이란 결맞음 현상이 사라지는 것을 의미한다.

깨진 수열이 문제의 해답으로 채택된다. 본질적으로는 정답 수열만이 결깨짐 과정에서 살아남게 된다.

양자 연산이 성공하려면 문제의 제시 형태가 중요하다. 이 점은 DNA 컴퓨터와 비슷하다. 또 가능한 해답들을 정교하게 검사하는 방법도 필요하다. 양자 컴퓨터는 큐비트들의 모든 가능한 값 조합을 효과적으로 검사할 수 있다. 천 개의 큐비트를 가진 양자 컴퓨터는 2^{1000}개(1 뒤에 0이 301개 달리는 큰 숫자다)의 잠재적 해답들을 동시에 검사할 수 있다.

천 비트의 양자 컴퓨터라면 어떤 규모의 DNA 컴퓨터보다도 훨씬 나을 것이고, 어떤 형태의 비양자적 컴퓨터보다도 나을 것이다. 그러나 두 가지 제약이 있다. 첫째는 DNA 컴퓨터나 광학 컴퓨터의 제약과 동일한 것으로서, 처리할 수 있는 문제 종류에 한계가 있다는 점이다. 가능한 해답들을 간단하게 검사할 방법도 있어야 한다.

최고의 실용적 사례는 큰 수를 인수분해(모두 곱했을 때 그 수가 되는 작은 수들을 구하는 일)하는 작업이다. 현재의 디지털 컴퓨터는 설령 대규모 병렬 처리 컴퓨터라도 512비트 이상의 수는 인수분해하기 힘들다.[32] 따라서 양자 연산으로는 암호 해독이라는 흥미로운 문제를 해결할 수 있는 셈이다(큰 수의 소인수분해 기법이 활용되기 때문이다). 양자 컴퓨터가 갖고 있는 두 번째 문제는 얼마나 많은 큐비트들이 서로 양자 얽힘* 상태에 있느냐에 따라 연산 용량이 결정되는데, 현재로서는 약 10비트에 머물러 있다는 점이다. 10비트 양자 컴퓨터란 별 쓸모가 없다. 2^{10}은 1,024에 불과하기 때문이다. 기존 컴퓨터라면 비트를 늘리고 논리 게이트를 더해 확장하기가 쉽다. 하지만 양자 컴퓨터에서는 10큐비트 기계 2개를 결합한다고 20큐비트 컴퓨터가 나오지 않는

---

* 서로 다른 물질의 양자 상태가 서로 얽힌 관계라서 설령 공간적으로 멀리 떨어져 있다 해도 한 계의 상태가 관측됨과 동시에 얽힌 다른 계의 상태도 결정되는 상황이다.

다. 모든 큐비트들이 서로 양자 얽힘 상태여야 하는데, 이는 매우 어려운 일이기 때문이다.

따라서 핵심은 큐비트를 하나씩 더해가는 게 얼마나 어려울까 하는 점이다. 큐비트가 하나씩 더해질 때마다 양자 컴퓨터의 연산력은 기하급수적으로 커지겠지만, 그게 기술적인 측면에서 기하급수적으로 어려워지는 일이라면 빠른 발전은 없을 것이다. (즉 양자 컴퓨터의 연산력은 기술적 어려움에 선형적으로만 비례할 것이다.) 현재까지 제안된 기법들을 통해 큐비트를 더할 경우에는 완성된 체계가 너무 섬세해서 지나치게 빨리 결깨짐이 일어날 수 있다고 한다.

큐비트 수를 늘리는 방법이 여러 가지 제안되었지만 검증된 것은 없다. 일례로 인스브루크 대학의 스테판 굴드와 동료들은 칼슘 원자 하나로 양자 컴퓨터를 만들었는데, 동시에 수십 개의 큐비트를 암호화할 수 있는 가능성을 지닌 것이다. 원자 내의 여러 양자 속성들을 활용한 것으로서, 아마 큐비트 100개까지 가능하리라 보인다.[33] 양자 연산의 궁극적 역할은 아직 밝혀지지 않았다. 그러나 큐비트 수백 개가 양자적으로 얽힌 컴퓨터가 가능하다 해도 특정 용도의 전문 기기가 될 가능성이 높다. 어쨌든 다른 식으로는 얻기 힘든 놀라운 능력을 갖춘 컴퓨터이겠지만 말이다.

내가 《영적 기계의 시대》에서 분자 연산이 여섯 번째 연산 패러다임이 될 것이라 주장했을 때만 해도 적잖은 논란이 있었다. 그러나 지난 몇 년간 기술이 눈부시게 발전했고, 전문가들의 태도도 급변했다. 이제는 주류의 견해라 봐도 좋을 정도다. 이미 3차원 분자 연산에 필수적인 여러 개념들이 증명되고 있다. 단분자 트랜지스터, 원자를 활용한 기억 세포, 나노선, 수조 개의 요소들을 자기조립하고 자기점검하는 기법 등이다.

현재의 전자공학은 광리소그래피로 상세 칩 설계도를 그리는 것에서 시작하여 중앙집중형 공장에서 칩을 대량생산하는 데까지 나아갔다. 반면 미래의 나노회로는 작은 화학 플라스크 속에서 탄생할 가능성이 높다. 이는 산업 하부구조를 분산화하는 중요한 계기가 될 것이고, 이번 세기 넘어서까지 수확 가속의 법칙을 지속시키는 도구가 되어줄 것이다.

인간 뇌의 연산 용량

수십 년 안에 완벽하게 지능적인 기계가 등장하리라는 예상은 성급해보일지도 모른다. 컴퓨터는 50년간 발전해왔지만 아직 곤충의 정신에도 못 미치고 있기 때문이다. 그래서 오랫동안 인공지능을 연구해온 사람들도 수십 년이란 예측을 비웃고, 몇백 년이란 예측이 더 믿을 만한 것이라 생각한다. 하지만 향후 50년의 발전은 이제까지의 50년 발전보다 훨씬 빠르리라 생각할 만한 근거들이 많이 있다. …… 1990년 이래 인공지능과 로봇공학 프로그램에 적용 가능한 역량은 매년 두 배씩 늘었다. 1994년에는 초당 3천만 개 명령어 처리(MIPS)가 가능했으나 1998년에는 5억 개 처리가 가능할 것이다. 불모라 여겨졌던 씨앗들이 갑자기 싹을 틔우고 있다. 기계가 글을 읽고, 말을 알아듣고, 번역까지 한다. 로봇이 대륙을 가로질러 운전하고, 화성을 기어 탐사하고, 사무실 복도를 굴러간다. 1996년에는 EQP라는 정리 증명 프로그램이 아르곤 국립연구소의 50MIPS 컴퓨터에서 5주간 구동된 결과, 허버트 로빈스의 불 대수 추측에 대한 증명을 찾아냈다. 60년간 수학자들이 고민했던 문제. 이 모든 것이 인공지능의 봄에 벌어진 일이다. 여름은 어떨지 기다려보시라.

—한스 모라벡, 〈언제가 되면 컴퓨터 하드웨어가 인간의 뇌를 따라잡을 것인가?〉, 1997년

인간 뇌의 연산 용량은 얼마나 될까? 역분석이 된(기법이 알려진) 뇌 영역들의 기능을 인간 수준으로 모방할 때 얼마의 자원이 필요하겠는지 산정하는 방식으로 몇 가지 추측치가 존재한다. 일단 특정 뇌 영역

의 연산 용량을 추정하면, 뇌 전체에서 영역이 차지하는 비율을 근거로 전체 뇌 용량을 계산할 수 있다. 그런데 이 예측치는 기능적 모방에 근거를 둔 것이다. 즉 모든 뉴런과 개개뉴런 연결을 그대로 모방하는 게 아니라 전체적 기능만 모방할 때의 용량이라는 말이다.

한 가지 수치만 받아들여서는 안 되겠지만, 서로 다른 영역들을 근거로 한 계산들도 결국 비슷한 결과를 보여주고 있다. 아래에 소개할 내용은 자릿수 차원의 예측이다. 서로 다른 방식으로 계산해도 같은 결과가 나오는 걸 보면 접근법이 잘못되지 않았으며, 결과의 정확도도 인정할 만한 수준이라 생각할 수 있다.

나는 특이점의 순간, 즉 인간 지능이 비생물학적 지능과 융합하여 수조 배 확장되는 순간이 수십 년 안에 올 것이라 본다. 그런데 이 예측은 사실 아래 계산들의 정확성과는 크게 상관이 없다. 인간 뇌 모방에 필요한 연산 용량을 지나치게 낙천적으로(즉 매우 보수적으로), 가령 천 배쯤 높게 추측한다 해도(그럴 것 같지 않지만) 특이점은 고작 8년 미뤄질 뿐이다.[34] 백만 배 높게 잡는다면 15년, 십억 배 높게 잡는대도 21년 늦춰질 뿐이다.[35]

카네기 멜런 대학의 전설적 로봇공학자 한스 모라벡은 망막에 담긴 영상 정보 처리 신경 회로를 줄곧 분석해왔다.[36] 망막은 너비가 2센티미터, 두께가 0.5밀리미터인 조직이다. 망막 대부분은 영상 확보 작업에 할당된다. 영상 처리에 할당되는 부분은 두께의 5분의 1 정도로, 어둠과 빛을 구별하고, 영상을 백만 개 정도의 작은 구역으로 나누어 그 속의 운동을 탐지하는 일을 한다.

모라벡의 분석에 의하면 망막은 영상 가장자리 및 운동 탐지 작업을 초당 천만 번 할 수 있다. 모라벡은 수십 년간 로봇 시각계 개발에 몰두해온 경험을 바탕으로, 인간이 수행하는 한 차례의 탐지 작업을 모방하는 데는 컴퓨터 명령어 100개가 필요하리라 예측했다. 그렇다면 망막의 일부가 수행하는 영상 처리 기능을 모방하는 데는

1,000MIPS의 성능이 필요하다. 그런데 인간의 뇌는 망막의 그 부분에 존재하는 뉴런들의 무게인 0.02그램보다 75,000배 무거우니까, 뇌 전체는 초당 10^{14}(100조)개 명령어 성능이라는 결과가 나온다.[37]

다른 계산을 보자. 인간 청각계 영역을 기능적으로 시뮬레이션한 로이드 와츠와 동료 과학자들의 연구 내용을 자료로 삼은 것이다.[38] 와츠가 개발한 소프트웨어의 기능 중에는 '흐름 분리'라는 작업이 있다. 원격회의처럼 원격현실(먼 곳에 구축된 청각적 원격회의에 참가한 사람의 위치를 측정하는 것)을 구축하는 기기에 쓰이는 기능이다. 와츠는 이를 위해서 "공간적으로 서로 떨어져 있는 소리 감지기들과 두 소리를 모두 받는 감지기 사이의 시간차를 정확하게 측정"해야 한다고 설명한다. 음조 분석, 공간 위치, 언어 특정 단서를 포함한 음성 단서 등을 파악해야 하는 과정이다. "사람이 음원의 위치를 파악하는 가장 중요한 단서 중 하나가 두 귀 간 음의 시간차(ITD)이다."[39]

와츠의 연구진은 역분석한 뇌 영역을 기능적으로 모방하는 시뮬레이션을 구축했다. 와츠는 인간 수준으로 소리 위치를 파악하는 데 10^{11}cps*가 필요하다고 본다. 이 과정에 할당된 청각 피질은 뇌 전체 뉴런 수의 0.1퍼센트를 차지한다. 따라서 대체적인 뇌 전체 성능은 10^{14}cps라 볼 수 있다(10^{11}cps×10^{3}).

또 다른 계산을 보자. 텍사스 대학은 뉴런 10^{4}개를 포함하는 소뇌 영역을 기능적으로 시뮬레이션했는데, 10^{8}cps가 소요되었다. 뉴런당 10^{4}cps라는 말이다. 뇌 전체 10^{11}개 뉴런으로 외삽하면 10^{15}cps라는 결론이 나온다.

뇌 역분석에 대해서는 추후 상세히 설명하겠지만, 한 가지 짚고 넘어갈 점은 뉴런 각각과 모든 신경 요소들의 정확한 비선형 활동(뉴런

---

* 이후 계속 cps라고 표현될 '초당 연산 수'는 '초당 명령어 수'와 거의 같게 쓰인다. 데이터 전송 단위인 characters per second와는 무관하다.

안에서 벌어지는 온갖 복잡한 상호작용들)을 모방하는 것보다 영역별 기능을 모방하는 게 훨씬 연산이 적게 든다는 것이다. 인체의 장기를 기능적으로 모방해본 결과도 그랬다. 가령 췌장의 인슐린 수치 조절 기능을 모방하는 인공 장기가 개발되어 한창 시험 중인데,[40] 기기는 혈중 글루코오스 농도를 측정한 뒤 적절한 통제하에 인슐린을 조금씩 분비한다. 진짜 췌장과 비슷한 식으로 움직이긴 하지만 모든 췌도세포 하나하나를 시뮬레이션한 게 아니며 그럴 까닭도 없는 것이다.

여러 계산 결과들이 비슷한 결과를 낳았다(10^{14}에서 10^{15}cps 수준). 그런데 뇌 역분석이 아직 초기 단계임을 감안하여, 좀 보수적으로 10^{16}cps를 택하기로 하자.

뇌를 기능적으로 시뮬레이션하기만 해도 패턴 인식, 지능, 감정 지능 같은 인간의 능력들을 얼마든지 재창조할 수 있다. 그러나 어떤 사람의 인성을 '업로드'(모든 지식, 기술, 인성을 고스란히 다른 곳에 옮기는 것인데 4장에서 상세히 설명한다)하고자 한다면 훨씬 더 상세하게 신경 과정을 시뮬레이션해야 할 것이다. 개개 뉴런 및 뉴런의 하부구조, 가령 세포체[*], 축색[**] (출력 연결점), 수상돌기[***] (입력 연결 구조), 시냅스[****] (축색과 수상돌기를 잇는 지역) 등의 차원에서 모방해야 할 것이다. 개별 뉴런에 대한 상세 모델이 필요하다는 뜻이다. 뉴런 하나당 '분기'(개재뉴런 연결의 수)의 수는 약 10^3개로 알려져 있다. 뇌에 뉴런이 10^{11}개 있다고 하면 전체 연결의 수는 10^{14}개다. 뉴런의 점화 후 재정비 시간이 5밀리

---

[*]   뉴런의 일부분으로 핵을 포함한 부분이다.
[**]   신경섬유라고도 한다. 신경세포인 뉴런의 일부로서 전기신호를 보내는 역할을 한다. 보통 뉴런 하나당 하나의 축색이 있으며, 시냅스를 통해 다른 뉴런들의 수상돌기들과 이어진다.
[***] 신경세포인 뉴런의 일부로서, 주로 다른 뉴런들로부터 오는 전기신호를 받아들이는 역할을 한다. 나뭇가지처럼 여러 갈래로 나 있고, 다른 뉴런들의 축색과 시냅스를 통해 연결되어 있다.
[****] 신경세포 뉴런의 축색을 다른 뉴런 수상돌기나 신경세포체와 이어주는 구조. 신경전달물질이라는 화학물질을 통해 뉴런 간 흥분(활동전위)을 전달하는 역할을 한다(흥분성 시냅스). 거꾸로 흥분을 억제하는 억제성 시냅스도 있다. 화학적 시냅스와 달리 매개물질을 통하지 않고 직접 전류를 전달하는 전기적 시냅스도 있다.

초이므로, 초당 10^{16}회 시냅스 교류가 가능한 셈이다.

뉴런 모델들을 보면 수상돌기 등의 뉴런 구조에 존재하는 비선형성*(복잡한 상호작용)을 재현하는 데는 한 번의 시냅스 교류마다 10^3번의 연산이 필요하다고 한다. 그렇다면 뇌 전체를 시뮬레이션하는 데는 10^{19}cps가 필요하다는 계산이다.[41] 이것을 최대값으로 볼 수 있겠다. 하지만 뇌 전역을 기능적으로 모방하는 데는 10^{14}에서 10^{16}cps면 충분하다는 것을 잊어선 안 된다.

IBM의 블루 진/L 슈퍼컴퓨터**는 이 책이 출간될 즈음 완성될 계획인데, 초당 360조 회의 연산을 할 수 있다(3.6×10^{14}cps).[42] 이미 최소값은 달성한 셈이다. 블루 진/L 컴퓨터의 주 기억 장치 용량은 100테라바이트(약 10^{15}비트) 정도로, 뇌 기능 모방에 필요한 기억 용량(아래에 설명한다)을 뛰어넘는다. 앞서 말했듯, 향후 10년 안에 슈퍼컴퓨터들은 뇌 기능 모방에 필요한 보수적 수치 10^{16}cps를 달성할 것이다.

개인용 컴퓨터를 통해 인간 수준 연산을 달성하는 지름길 오늘날의 개인용 컴퓨터는 10^9cps 이상을 자랑한다. 앞 장에서 말했듯 2025년에는 10^{16}cps까지 늘어날 것이다. 그런데 더욱 앞당길 수 있는 방법이 여럿 있다. 일단 범용 처리 장치를 쓰는 대신 주문형 집적회로(ASIC)***를 써서 반복적 연산에 대한 가격 대 성능비를 높이는 방법이 있다. 이미 주문형 회로는 비디오 게임 동영상처럼 반복적 연산을 해야 하는 기기에 장착되어 놀라운 성능을 보여주고 있다. 주문형 집적회로는 가격 대 성능비를 천 배까지도 높여줄 수 있으므로, 2025년보다 8년 앞서 10^{16}cps를 달성할 수도 있겠다. 뇌 시뮬레이션에는 다양한 프

---

*   입력에 대한 응답이 선형으로 나오지 않는 속성. 뉴런의 경우 자극에 정비례하여 점화하는 게 아니라 역치를 넘어야만 점화하는 식으로, 연속적인 출력을 보이지 않는 것을 가리킨다.

**   이 책이 번역될 즈음 로런스 리버모어 국립연구소에 설치된 블루 진/L이 슈퍼컴퓨터 순위 1위에 올라 있다. http://www.top500.org/

***   일반 컴퓨터의 범용 마이크로프로세서와는 달리 특별한 용도만을 위해 설계된 칩.

로그램들이 사용되므로 개중 반복적 연산을 많이 쓰는 것도 있을 테고, 거기에 주문형 집적회로를 장착할 수 있다. 일례로 소뇌는 기초적인 배선 패턴을 수십억 회나 반복한다.

한편 인터넷에 연결된 기기들의 능력을 거둠으로써 개인용 컴퓨터의 역량을 확장할 수도 있다. 망에 연결된 기기들을 그저 뻗어나간 '살(spoke)'이 아니라 하나의 노드로 간주하는 '그물형' 연산 같은 새로운 통신 패러다임들이 최근 등장하고 있다.[43] 달리 말하면 기기들(개인용 컴퓨터나 PDA들)이 노드와 정보를 주고받기만 하는 게 아니라 스스로 노드처럼 기능하여 다른 기기들과 정보를 주고받게 하는 것이다. 그렇다면 매우 튼튼하고 자기조직적인 통신망이 탄생할 것이다. 컴퓨터나 여타 기기들은 자신의 망 영역 안에 있는 다른 기기들의 중앙처리장치 역량에 여유가 있을 경우 쉽게 끌어다 쓸 수 있을 것이다.

현재 인터넷에 연결된 컴퓨터들의 연산 용량은 대부분, 99.9퍼센트까지는 아니더라도 최소한 99퍼센트 정도는 잠자고 있다. 이것을 효과적으로 가용하면 가격 대 성능비를 추가로 10^2cps나 10^3cps 가량 높일 수 있다. 그렇다면 2020년쯤에는 천 달러로 인간 뇌 용량 모방에 충분한 하드웨어 장치를 마련할 수 있다고 봐도 좋을 것이다.

그런데 개인용 컴퓨터에서 인간 수준 연산을 가능케 하는 또 한 가지 지름길이 있다. 트랜지스터를 본래의 '아날로그' 모드로 활용하는 기법이다. 뇌에서 벌어지는 대부분의 과정은 디지털이 아니라 아날로그식이다. 디지털 연산으로도 원하는 만큼 자유롭게 아날로그 과정을 모방할 수 있지만, 효율은 상당히 떨어지는 게 사실이다. 하나의 트랜지스터는 아날로그 수준으로 표현되는 두 개의 값을 증폭할 수 있다. 같은 일을 디지털 회로로 하려면 트랜지스터가 수천 개는 필요하다. 캘리포니아 공과 대학의 카버 미드는 이 주제를 개척한 연구자다.[44] 미드식 접근법의 한 가지 단점은 트랜지스터 본연의 아날로그식 연산을 활용하려면 설계 시간이 너무 길어진다는 것이다. 그 때문에 뇌 영역 모방 소프트웨어를 개발하는 연구자들 대부분이 그냥 디지털 회로를 사용하여 소프트웨어적으로 아날로그 기법을 구현하는 빠른 방법을 택하는 것이다.

인간 기억 용량 인간과 컴퓨터의 기억 용량을 비교하면 어떨까? 기억 장치 면에서도 비슷한 시간 예측이 도출된다. 사람이 한 분야의 전문가가 되기 위해 습득해야 할 지식의 '덩어리' 수는 평균적으로 약 10^5개인 것으로 알려져 있다. 특정 지식뿐 아니라 패턴까지도(사람의 얼굴 등) 포함한 것이다. 가령 세계 정상급 체스 선수는 100,000가지 판세를 안다고 한다. 셰익스피어는 단어를 29,000개 알았다고 하지만 뜻의 수까지 헤아리면 100,000개 정도 된다. 의학 분야 전문가 시스템을 구축하는 개발자들도 사람이 한 분야에서 습득할 수 있는 개념의 수는 100,000개 정도라고 한다. 인간이 기억하는 온갖 패턴과 지식 중 이런 '전문적' 지식이 차지하는 비율이 1퍼센트라고 가정하면, 전체는 10^7 덩어리쯤 되는 셈이다.

규칙 기반 전문가 시스템과 자기조직적 패턴 인식 시스템을 설계해본 내 경험에 비추어볼 때, 하나의 지식 덩어리당(패턴이든 개개 지식 내용이든) 필요한 기억 용량은 10^6비트 정도다. 그렇다면 인간의 작동 기억 전체는 10^{13}(10조)비트가 된다.

국제반도체기술로드맵의 예상을 참고할 때, 2018년이면 천 달러로 10^{13}비트의 기억 장치를 살 수 있을 것이다. 더군다나 뇌에서 벌어지는 전기화학적 기억 처리 과정보다 수백만 배 빠르고 효율적인 장치임을 명심해야 한다.

여기서도 개재뉴런 연결을 하나하나 모방하는 식으로 기억을 복사하려면 훨씬 큰 용량이 필요하다. 하나의 신경 연결에 담긴 연결 패턴 및 신경전달물질 농도 정보는 약 10^4비트다. 연결의 수가 10^{14}개 정도로 추정되므로, 전체는 10^{18}비트다.

앞에서 전망하기를 2020년쯤이면 천 달러로 인간 뇌 기능 모방에 충분한 하드웨어를 구입할 수 있다고 했다. 4장에서 말하겠지만, 그러한 기능을 복제한 소프트웨어는 대략 10년 뒤에 등장할 것이다. 하드웨어 기술의 가격 대 성능비, 용량, 속도가 그동안도 죽 기하급수적으로 성장할 테니 2030년이면 천 달러로 한 마을 인구 전체(약 천 명)의 뇌에 해당하는 하드웨어를 살 수 있을 것이다. 2050년에는 천 달러로 할 수 있는 연산이 지구 인구 전체의 뇌 역량을 넘어설 것이다. 물론 생물학적 뉴런들만 사용하는 뇌를 말한다.

뉴런은 놀랍기 그지없는 발명품임에 분명하다. 하지만 우리가 연산 회로를 설계할 때 뉴런의 느린 속도를 따를 이유는 없다(그렇게 하지도 않는다). 뉴런은 자연선택을 통해 진화한 독창적 설계이지만 우리가 만들어낼 것에 비하면 턱도 없이 역량이 부족하다. 몸과 뇌에 대한 역분석을 마치면 우리는 자연에서 진화한 체계보다 수천, 수백만 배 빠르고 견고한 시스템을 만들 수 있다. 현재의 전자회로들도 뉴런의 전기화학적 과정보다는 수백만 배 빠르다. 차이는 점점 벌어질 것이다.

또한 뉴런의 복잡성 중 대부분은 정보 처리 과정이 아니라 생명 유지 기능에 할당되어 있다. 미래에는 우리의 정신 과정들을 좀 더 나은 연산 기관으로 옮길 수 있을 것이다. 그러면 우리 마음은 더 이상 좁은 곳에 갇혀 있지 않아도 될 것이다.

연산의 한계

최고로 효율적인 슈퍼컴퓨터가 하루종일 기후 시뮬레이션 문제를 연산한다고 가정할 때, 물리 법칙에 따르면 최소한 얼마만 한 에너지가 확산되어 나올 것인가? 답은 매우 간단하다. 연산의 양과 상관없기 때문이다. 답은 언제나 0이라는 것이다.

—에드워드 프레드킨, 물리학자[45]

우리는 이미 다섯 가지 연산 패러다임(전기기계적 계산기, 계전기식 컴퓨터, 진공관, 트랜지스터, 집적회로)을 겪으며 연산의 가격 대 성능비와 용량을 기하급수적으로 늘려왔다. 하나의 패러다임이 한계에 부딪치면 다음 패러다임이 뒤를 이었다. 지금은 3차원 분자 구조를 통해 연산을 하게 될 여섯 번째 패러다임을 목전에 두었다. 인류의 지성 및 창조성으로부터 경제에 이르기까지, 우리가 관심 두는 모든 것의 바탕에 연산이 있기 때문에 다음과 같은 질문을 묻지 않을 수 없다. 물질과 에너지가 연산을 수행하는 능력에는 궁극의 한계가 있는 걸까? 있다면 어떤 한계일까? 우리가 한계에 다다르기까지는 시간이 얼마나 남았을까?

오늘날 우리는 인간 지능을 뒷받침하는 연산 과정에 대해 하나하나 알아가고 있다. 언젠가는 이렇게 알아낸 방법론들을 훨씬 막강한 비생물학적 연산 능력과 융합시켜 우리의 지적 역량을 드넓게 확장할 것이다. 따라서 연산의 궁극적 한계를 묻는다는 것은 우리 문명의 운명을 탐구하는 것이다.

기하급수적 성장에 대한 반대 의견 중 가장 흔한 것은 무릇 기하급수적 추세란 언젠가 끝나게 되어 있다는 지적이다. 어떤 동물종이 새 서식지를 발견하면 한동안은 개체수가 기하급수적으로 증가한다. 오스트레일리아에 당도한 토끼들이 그랬다. 그러나 결국에는 환경이 그 많은 개체들을 지탱하지 못하게 된다. 분명 정보 처리 과정에도 비슷한 제약이 있을 것이다. 연산도 물리 법칙에 따르는 것이므로 분명히 한계가 있다. 하지만 최소한 비생물학적 지능이 현재의 인류 문명 및 컴퓨터 역량과 비교도 되지 않을 정도로 팽창할 때까지는 기하급수적 성장이 지속될 여지가 있다.

좌우간, 연산 한계를 불러오는 제일 중요한 요소는 에너지다. 다음 그림에서 볼 수 있듯, 연산 기기가 초당 백만 회의 연산을 수행하는 데 드는 에너지는 기하급수적으로 축소되어 왔다.[46]

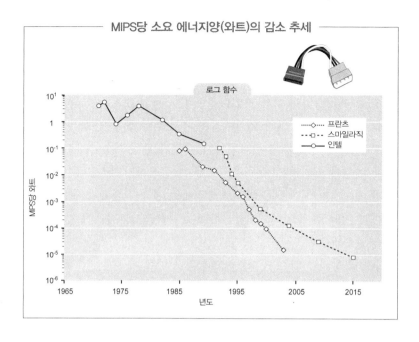

MIPS당 소요 에너지양(와트)의 감소 추세

로그 함수

프란츠
스마일라직
인텔

MIPS당 와트

년도

하지만 문제는 연산 기기의 정보 처리량 자체가 기하급수적으로 증가했다는 점이다. 빠른 처리 장치 속도에도 불구하고 전력 소비를 낮게 유지하려면 병렬 처리에 의존하는 수밖에 없다. 성능이 좀 떨어지지만 열 발산을 적게 하는 컴퓨터들을 보면 연산을 넓은 영역에 분산시켜 처리하기 때문에 그렇다. 처리 장치 속도는 전압과 관련 있고, 전력은 전압의 제곱에 정비례한다. 따라서 속도가 느린 처리 장치는 전력 소모가 적을 수밖에 없는 것이다. 빠른 처리 장치 하나를 쓰는 대신 병렬 처리 구조를 구축한다면 달러당 MIPS 규모가 증가한대도 에너지 소비와 열 확산을 억제하는 것이 가능하다. 그렇기 때문에 위의 표와 같은 추세가 지속된 것이다.

사실 이것은 진화가 동물의 뇌를 설계하는 데 적용해온 기법과 똑같다. 사람의 뇌는 약 100조 개의 컴퓨터를 가진 것이나 마찬가지다 (대부분의 정보 처리가 벌어지는 개재뉴런 연결의 수가 그 정도다). 수많은 처리 장치의 집합이 비교적 차갑게 운용될 수 있는 것은 개개 처리 장치의 연산 능력이 매우 낮기 때문이다.

최근까지만 해도 인텔 사는 더욱 빠른 단일칩 처리 장치를 개발하는 데 주력해왔다. 온도는 점점 높아질 수밖에 없었다. 이제 인텔은 하나의 칩에 여러 개의 처리 장리를 병렬식으로 구성하는 전략으로 이행하고 있다. 전력 소비나 열 확산을 통제하기 위해서라도 칩 기술은 그런 방향으로 나아갈 것이다.[47]

가역적 연산 뇌를 닮은 고도의 병렬 처리 구조를 만든다 해도 그것만으로는 에너지 소모나 열 확산을 바람직한 수준으로 유지할 수 있다고 장담하지 못한다. 현재의 컴퓨터는 비가역적 연산이라는 패러다임에 의존하고 있어서 원칙적으로 소프트웨어를 거꾸로 돌릴 수 없다. 프로그램이 가동될 때 매 단계가 끝나면 입력되었던 데이터는 폐기되고 연산 결과만이 다음 단계로 넘겨진다. 일반적으로 프로그램은 중간 단계 결과들을 모두 저장하지도 않는다. 감당할 수 없을 정도로 기억 용량이 커질 것이기 때문이다. 특히 패턴 인식 시스템에서는 입력 정보의 선택적 삭제가 두드러진다. 가령 인간이든 기계든 모든 시각계는 매우 많은 양의 입력 신호를 받지만(눈이나 시각 탐지기를 통해) 그에 비하면 출력 정보량은(인식된 패턴의 확인) 단출하다. 문제는 이처럼 데이터를 지우는 과정에서 열이 발생하고, 에너지가 소비된다는 것이다. 열역학 법칙에 따르면 삭제된 비트는 필연적으로 주변 환경에 방출되어 엔트로피를 높인다. 엔트로피는 환경에서 정보를 측정하는 척도로 볼 수도 있다(흐트러진 정보도 물론 포함한다). 그 결과, 환경의 온도는 올라간다(온도는 엔트로피의 척도이기 때문이다).

그런데 알고리즘의 매 단계에 입력된 정보를 하나도 지우지 않고 다른 장소로 옮겨두면 어떨까? 정보가 컴퓨터 안에 유지되며 환경으로 방출되지 않는다면? 그러면 열도 발생하지 않을 테고, 바깥으로부터 에너지를 끌어올 일도 없을 것이다.

롤프 란다우어는 1961년에 NOT(비트를 반대 상태로 전환하는 것) 같은 가역적 논리 조작은 에너지를 쓰거나 열을 방출하지 않고도 할 수 있음을 보였다. 하지만 AND(제3의 비트를 생성하는 과정으로, 입력 정보 A와 B가 모두 1인 경우에 1을 출력하는 것이다) 같은 비가역적 논리 조작은 에너지를 쓸 수밖에 없다고 했다.[48] 그런데 1973년, 찰스 베닛은 어떤 연산이라도 가역적 논리 조작으로만 구성해낼 수 있음을 증명했다.[49] 또 10년 뒤, 에드워드 프레드킨과 토마소 토폴리는 가역적 연산이라는 종합적 개념을 정리하여 발표한다.[50] 근본 개념은 모든 중간 단계 결과들을 모아둔 채 연산이 끝날 때마다 알고리즘을 거꾸로 돌리면 처음 시작했던 곳으로 돌아온다는 것이다. 에너지를 전혀 쓰지 않은 것이나 마찬가지이니 열도 전혀 방출하지 않은 것이 된다. 그런데도 알고리즘은 결과를 연산해낸 것이다.

바위는 얼마나 똑똑한가? 에너지도 열도 없는 연산의 가능성을 제대로 이해하기 위해 평범한 바위로 연산하는 상상을 해보자. 언뜻 보기에 바위 안에선 아무 일도 일어나지 않는 것 같지만, 사실 킬로그램당 약 10^{25}개의 원자들이 더없이 활발히 움직이고 있다. 바위는 고체이지만 그 안의 원자들은 늘 움직인다. 앞뒤 원자들과 전자를 공유하고, 스핀을 바꾸고, 빠르게 움직이는 전자기장을 생성해낸다. 이 모든 활동이 연산이라 할 수 있다. 다만 의미 있게 조직되지 못했을 뿐이다.

앞서 원자당 1비트 이상의 밀도로 원자에 정보를 저장할 수 있다는 것을 언급했다. 핵 자기공명 기기로 만든 시험적 연산 시스템이 확인해준 바다. 오클라호마 대학 연구자들이 수소 원자 19개를 포함하는 하나의 분자를 갖고 그 안의 양성자 간 자기 작용에 1,024비트를 저장한 사례였다.[51] 그러니 바위는 언제라도 최소한 10^{27}비트의 기억을 저장하고 있다고 볼 수 있다.

연산 작업 수행이라는 면에서 볼 때, 전자기적 상호작용만 염두에 두더라도 1킬로그램의 바위 안에서는 초당 비트당 10^{15}회의 상태 변화가 있으므로 초당 10^{42}회의 연산 작업이 수행되는 것으로 간주해도 좋다. 그러나 알다시피 바위는 에너지를 필요로 하지 않으며 별달리 열을 발산하지도 않는다.

물론 원자 수준의 활동은 격렬하지만 바위 전체는 아무런 유용한 작업도 수행하지 않는다. 그저 문진이나 장식물로 가만히 놓여 있을 뿐이다. 이것은 바위 내부의 원자 구조가 대체로 무작위에 가깝기 때문이다. 그런데 우리가 입자들을 좀 더 정렬된 형태로 조직할 수 있다면, 그때는 기억 용량이 10^{27}비트에 처리 용량이 초당 10^{42}회인 데다 에너지를 하나도 쓰지 않는 차가운 컴퓨터를 갖게 되는 셈이다. 이 처리 용량은 지구상 모든 인간의 뇌를 합한 것보다 10조 배 크다. 인간 뇌 처리 용량을 10^{19}cps라는 최고 예측치로 잡아도 그렇다.[52]

에드워드 프레드킨은 일단 결과를 얻고 나면 구태여 알고리즘을 거꾸로 돌릴 필요도 없다고 했다.[53] 프레드킨은 뒤집는 연산을 할 수 있는 가역적 논리 게이트를 몇 가지 설계했다. 게다가 범용이어서 어떤 용도의 연산에도 적용할 수 있다.[54] 프레드킨은 나아가 가역적 논리 게이트로 만든 컴퓨터의 효율이 비가역적 게이트로 만든 컴퓨터 효율에 거의 근접할 수 있음을 보여주었다(최소 99퍼센트까지 달성할 수 있다). 그는 이렇게 썼다.

미시적으로 가역적인 기초 부품들에다 현행의 컴퓨터 모델을 적용하는 일이 가능하다. 곧 그렇게 해서 컴퓨터의 거시적 작동도 가역적으로 만들 수 있다는 말이다. 그렇다면 이제 "어떻게 하면 최적 효율의 컴퓨터를 만들었다고 할 것인가"하는 질문에 답할 수 있다. 답은 이렇다. 미시적으로 가역적인 부품들로 만들어진 컴퓨터는 완벽한 효율을 지녔다고 할 수 있다. 완벽하게 효율적인 컴퓨터는 연산 도중 얼마만큼의 에너지를 발산할까? 답은 그런 컴퓨터는 에너지를 전혀 발산하지 않으리라는 것이다.[55]

물론 논리 처리 자체를 가역적으로 하는 수도 있다. 이미 여러 사례가 발표되었으며 그 또한 에너지 소모와 열 확산을 상당히 줄여주는 것으로 확인되었다.[56] 하지만 프레드킨이 설명하는 가역적 논리 게이트가 의미 있는 것은, 가역적 연산 개념의 주된 난제, 즉 완전히 다른 형태의 프로그래밍이 필요하다는 문제를 해소해주기 때문이다. 프레드킨은 가역적 논리 게이트를 활용하면 기존의 논리와 기억 기법을 써도 된다고 주장하는 것이다. 그렇다면 현행의 소프트웨어 개발 도구들을 그대로 쓸 수 있다.

아무리 강조해도 지나치지 않은 통찰이다. 특이점에 관한 현상 중 중요한 한 가지는 정보 처리 과정, 즉 연산 기술이 세상 모든 중요한 업무들의 원동력이 되어주리라는 사실이다. 이 미래 기술의 기초에 에너지 투입이 전혀 필요하지 않다니 얼마나 놀라운가?

물론 현실에의 적용은 좀 더 복잡하다. 연산의 결과를 보려면 컴퓨터에서 출력을 끌어내야 하는데, 해답을 복사하고 컴퓨터 밖으로 전송하는 과정은 비가역적이라 전송 비트마다 열을 발생할 수밖에 없다. 하지만 대부분의 적용 사례에서, 최종 해답을 통신하는 데 드는 연산은 알고리즘을 수행하는 데 드는 연산에 비하면 아무것도 아닌 양이다. 에너지 방정식에 별 영향을 주지 못할 정도로 사소하다.

그러나 다른 문제가 또 있다. 본질적으로 무작위적인 열 현상과 양자 현상 때문에 논리 조작에 오류가 있을 수밖에 없다는 점이다. 오류 탐지 및 수정 코드들을 동원하면 되지만 한 비트씩 수정하는 작업은 비가역적 과정이라 에너지를 쓰고 열을 방출한다. 오류율은 일반적으로 낮은 편이다. 하지만 가령 10^{10}번 조작 중 한 번 꼴로 오류가 발생한다고 해도 10^{10}분의 1 정도로 에너지 소모량을 줄인 셈일 뿐, 모든 에너지 발산을 완벽하게 제거하진 못한 것이다.

연산의 한계를 논할 때, 설계적 측면에서도 가장 어려운 문제는 바로 오류율이다. 가령 입자의 진동 주파수를 증가시켜 연산률을 높인다면 덩달아 오류율도 높아진다. 오류율은 물질과 에너지를 활용해 연산을 수행할 때 태생적인 한계로 작용하는 셈이다.

여기서 알아둘 만한 또 다른 과제는, 현재의 전지를 좀 더 작은 연료 전지(에너지를 화학물질에 저장하는 기기로서 가령 수소의 형태로 저장했다가 산소와 결합시킨다)로 대체하는 작업이다. 이미 MEMS(마이크로 기계)* 기술을 이용한 연료 전지가 만들어지고 있다.[57] 크기가 나노 수준인 3차원 분자 연산 기기가 탄생하면 그 작동 에너지는 나노 연료 전지에서 얻어야 할 것이다. 나노 연료 전지는 고도 병렬 처리 장치들을 포함한 연산 기판 전역에 넓게 분포될 것이다. 나노기술을 적용한 에너지 기술에 대해서는 5장에서 살펴보겠다.

나노연산의 한계 여러 가지 제약 조건을 나열했지만, 실상 컴퓨터의 한계는 매우 멀리 있다고 결론 내릴 만하다. MIT 교수 세스 로이드는 버클리의 캘리포니아 대학 교수 한스 브레머만과 나노기술 이론가 로버트 프레이터스의 연구를 자료 삼아 궁극의 연산 용량을 계산해보았다. 질량이 1킬로그램이고 부피가 1리터인 컴퓨터가 물리 법칙에 따라 수행할 수 있는 최대 연산이 얼마인지 알아본 것이다. 자그마한 휴대용 컴퓨터와 비슷한 크기인 이 가상의 컴퓨터를 로이드는 '궁극의 노트북'이라 부른다.[58] 연산의 잠재력은 가용 에너지양에 비례한다. 에너지와 연산 용량의 정확한 관계는 다음과 같다. 물질이 간직한 에너지

---

* 미세전자기계시스템이라고도 한다. 육안으로 식별할 수 없을 정도로 초소형인 전자기계 기기들의 총칭.

는 물질 내 개개 원자들(그리고 아원자 입자들)이 가진 에너지다. 원자가 많을수록 에너지도 많다. 개개 원자는 연산 잠재력을 지닌다. 따라서 원자가 많을수록 연산 용량도 크다. 원자나 입자들의 에너지는 움직임의 주파수에 비례한다. 움직임이 많을수록 에너지가 높다. 연산 잠재력에 대해서도 마찬가지 관계가 성립한다. 움직임의 주파수가 높을수록 각 부품이(가령 원자가) 더 많은 연산을 수행할 수 있다. (현재의 칩도 그렇다. 칩의 주파수가 높을수록 연산 속도가 빠르다.)

그러므로 물체의 에너지와 연산 잠재력 사이에는 직접 비례 관계가 성립한다. 1킬로그램의 물질이 가진 에너지는 엄청나다. 아인슈타인이 말한 $E=mc^2$ 방정식을 보면 알 수 있다. 광속의 제곱은 10^{17}미터^2/초^{2}에 가까운, 엄청나게 큰 수치다. 물질의 연산 잠재력에는 플랑크 상수라는 어마어마하게 작은 숫자도 관련되어 있는데, 6.6×10^{-34}줄-초(줄은 에너지 단위다)에 해당한다. 우리가 연산에 적용할 수 있는 최소의 에너지 단위이기도 하다. 물체의 이론적 연산 한계를 계산하려면 전체 에너지양(원자나 입자의 평균 에너지를 그 입자들의 수와 곱한 것)을 플랑크 상수로 나누면 된다.

로이드는 물질 1킬로그램의 잠재 연산 용량은 π 곱하기 에너지 나누기 플랑크 상수임을 보였다. 에너지는 너무나 큰 수치고 플랑크 상수는 너무도 작은 수치이므로 계산 결과는 어마어마하게 큰 수치가 된다. 초당 5×10^{50}회 정도다.[59]

인간 뇌 성능을 보수적으로 높게 잡는다 해도(10^{19}cps, 세계 인구는 10^{10}명) 인류 문명 오십억 조 배에 해당하는 양이다.[60] 기능적으로 뇌를 모방하는 데 필요한 10^{16}cps를 적용할 경우는 인류 문명보다 5×10^{24}배 큰 수치인 셈이다.[61] 그런 노트북은 인류 전체가 지난 만 년간 해온 사고 과정을(즉 백억 개의 뇌가 만 년간 한 일을) 만분의 1나노초만에 해치울 수 있다.[62]

주의사항이 없지는 않다. 1킬로그램의 질량을 모조리 에너지로 전환한다면 그게 바로 열핵폭발이다. 물론 우리는 컴퓨터가 폭발하지 않고 1리터 부피 안에 존속하길 바라므로, 최소한 주의 깊은 포장이 필요하다. 로이드는 최대 엔트로피(모든 입자들의 상태가 갖는 자유도)를 분석한 결과 그 컴퓨터의 이론적 기억 용량은 10^{31}비트라 했다. 물론 기술이 최대 한계까지 남김없이 구현할 수 있으리라고는 생각하기 어렵다. 하지만 한계에 최대한 가까운 수준까지는 이를 수 있을 것이다. 오클라호마 대학 연구진이 보여줬듯 이미 원자당 최소 50비트를 저장할 수 있다(아직까지는 적은 수의 원자에 국한되지만 말이다). 그러므로 언젠가는 물질 1킬로그램에 든 10^{25}개의 원자로 10^{27}비트의 기억 용량을 얻어내는 게 가능할 것이다.

그런데 원자의 다양한 속성을 이용하여 정보를 저장할 수 있을 것이기 때문에 실제 한계 용량은 10^{27}비트보다 더 클 수도 있다. 가령 정확한 위치, 스핀, 아원자 입자들의 양자적 상태 등을 활용할 수도 있는 것이다. 신경과학자 앤더스 샌버그는 수소 원자 하나의 잠재적 기억 용량은 약 4백만 비트라고 추정한다. 하지만 증명된 밀도는 아니기 때문에 여기서는 그냥 보수적 추정치를 쓰도록 하자.[63] 앞서 말했듯, 열을 크게 내지 않고도 초당 10^{42}회의 연산을 수행할 수 있다. 가역적 연산 기술을 전면적으로 적용하고, 오류율을 낮추는 설계를 개발하고, 에너지가 충분히 발산될 수 있도록 구성한다면, 초당 10^{42}회를 넘어 10^{50}회 연산까지 달성할 수 있을지 모른다.

두 수치에 관련된 설계 내용은 상당히 복잡하다. 어떻게 하면 10^{42}cps를 넘어 10^{50}cps로 갈 수 있는가 하는 기술적 이야기는 이 장에서 다룰 내용이 못 된다. 다만 분명한 사실은 궁극의 한계인 10^{50}cps에서 시작해 다양한 현실적 조건들을 고려하며 후퇴하는 식은 아니리라는 점이다. 기술은 경사면을 따라 오르듯 차차 진전한다. 낮은 한계에서 시작하여 점차 높은 단계로 올라갈 것이다. 일단 킬로그램당 10^{42}cps를 얻는 문명이 되면 그 시대의 연구자들은 비생물학적 지능을 대폭 활용하여 어떻게 10^{43}cps로 나아갈지, 다음엔 10^{44}cps로 나아갈지 단계별로 궁리할 것이다. 그래서 결국엔 궁극의 한계 가까이 다가갈 것이라고 나는 기대한다.

10^{42}cps만이라 해도 1킬로그램의 '궁극의 휴대용 컴퓨터'는 지난 만 년간 온 인류가 수행한 사고 작업을 10마이크로초 만에 해치울 수 있다(만 년간 존재한 인구 수를 100억 명으로 가정했다).[64] 앞 장에서 보았듯 2080년이면 천 달러에 이 정도 연산 용량을 마련할 수 있다.

좀 보수적이지만 현실적인 설계로 에릭 드렉슬러가 고안한 고도 병렬식 가역 컴퓨터가 있다. 나노컴퓨터 설계인데 전적으로 기계적인 구성이다.[65] 스프링을 탑재한 효율적인 나노 규모 막대기들이 연산을 수행하는데, 매 연산이 끝날 때마다 막대기는 중간 값을 기억한 채 원위치로 돌아가 가역적 연산이 가능하게 한다. 처리 장치가 1조 개 있고, 전체 처리 속도는 10^{21}cps이다. 이 정도만 되어도 1세제곱센티미터 양으로 만 명의 뇌를 당할 수 있다.

특이점 시기 예측하기 그러나 그보다 한참 이전에 우리는 강도는 좀 낮지만 놀랍긴 마찬가지인 문턱을 넘어설 것이다. 2030년대 초 무렵엔 천 달러로 10^{17}cps의 연산을 수행할 수 있다(주문형 집적회로를 쓰고 인터넷을 통해 연결된 연산 용량을 거두면 10^{20}cps쯤 될 것이다). 오늘날 우리는 매년 10^{11}달러(천억 달러) 정도를 연산에 소비한다. 2030년에는 보수적으로 보아도 10^{12}(1조) 달러는 될 것이다. 따라서 2030년대 초에는 매년 10^{26}cps에서 10^{29}cps 정도의 비생물학적 연산 자원을 만들어내고 있을 것이다. 지구상 모든 생물학적 지능의 합과 얼추 맞먹는 것이다.

역량이 비슷할 경우, 비생물학적 지능은 뇌보다 훨씬 강력하다. 인간의 패턴 인식 능력과 더불어 기계의 장점인 뛰어난 기억력과 기술 공유 능력, 정확도를 갖췄기 때문이다. 또 비생물학적 지능은 언제나 최고 기량을 발휘하는데, 생물학적 인간은 결코 따라할 수 없는 능력이다. 생물학적 인류 문명은 10^{26}cps의 역량조차도 최적으로 활용하지 못하고 있는 것이다.

2030년대 초의 상황은 특이점의 조건에 못 미치지만 그래도 인간 지능을 엄청나게 확장한 상태일 것이다. 그리고 2040년대 중반이 되면 천 달러로 10^{26}cps를 연산할 수 있을 테고, 매년 생산되는 지능의 양은(10^{12}달러가 투입된다고 할 때) 오늘날 인간 지능의 총합 10억 배 이상이다.[66]

이때야말로 진정 심오한 변화의 시기다. 그래서 나는 2045년을 특이점의 시기로 예상한다. 인간 역량이 심오하게, 돌이킬 수 없는 변환을 맞는 때일 것이다.

2040년 중반이 되면 비생물학적 지능이 세상을 지배하고 있겠지만 그래도 그건 여전히 인류 문명일 것이다. 인간은 생물학을 초월하는 것이지, 인간성을 초월하는 게 아니다. 이 문제는 7장에서 다시 얘기하겠다.

다시 물리학에 따른 연산의 한계로 돌아오자. 앞서 작은 노트북만 한 컴퓨터를 상상했던 것은 그냥 생각하기 쉽기 때문이다. 하지만 2010년대만 되어도 대부분의 연산 기기는 사각형 틀에 갇히지 않고 주변 환경 어디에나 넓게 분산되어 있을 것이다. 연산은 어디에나 존재할 것이다. 벽에, 가구에, 옷에, 몸과 뇌에 들어갈 것이다.

인류 문명이 연산에 고작 물질 몇 킬로그램만 동원할 리도 없다. 6장에서는 지구만 한 행성의 연산 잠재력, 태양계나 은하나 우주 전체만 한 컴퓨터의 가능성에 대해 살펴보겠다. 인류 문명은 언제쯤 지구를 넘어 우주로 나아가는 연산을 수행하게 될까? 당신이 생각하는 것보다 훨씬 빨리 그런 날이 올지 모른다.

기억과 연산 효율성: 바위 대 뇌 물질과 에너지의 연산 수행 능력에

는 한계가 있음을 기억할 때, 물체의 역량을 검토하는 두 가지 잣대는 기억 효율성과 연산 효율성이다. 활용 가능한 물체의 자원 중 얼마만큼이 기억과 연산에 동원되느냐를 뜻한다. 등가 원리도 고려할 필요가 있다. 유용한 연산이라 하더라도, 더 단순한 방법으로 같은 결과를 내는 기법이 발견될 경우, 연산의 평가는 단순한 알고리즘 쪽을 기준으로 해야 한다는 원리다. 달리 말해 같은 결과를 내는 두 기법이 있는데 한쪽이 더 많은 연산을 소요한다면, 그 기법의 실제 연산량은 작은 연산을 필요로 하는 기법의 연산량으로 대치한다는 것이다.[67]

지금 나는 생물학적 진화가 달성한 연산 수준을 평가해보기 위해 비교 잣대들을 소개하고 있다. 지능이 사실상 전혀 없는 체계(가령 아무런 유용한 연산도 수행하지 않는 평범한 바위)와 목적지향적 연산을 수행하는 궁극의 능력을 갖춘 물질 사이, 그 어디쯤에 생물학적 연산이 놓일까? 생물학적 진화가 아주 먼 길을 걸어온 것은 사실이다. 앞으로는 기술적 진화가 한계 가까이로 우리를 인도하겠지만 말이다(기술적 진화는 생물학적 진화의 연장이라 할 수 있다).

바위 1킬로그램은 원자들의 상태에 10^{27}비트 정보를 암호화할 수 있고 입자들의 활동을 통해 10^{42}cps 연산을 수행할 수 있다. 평범한 돌이기 때문에, 바위 표면에 실제 저장된 정보량이 천 비트라고 가정하면 충분하고도 남을 것이다. 임의적이긴 하지만 말이다.[68] 이것은 바위의 이론적 역량의 10^{-24}에 해당하므로, 기억 효율성은 10^{-24}다.[69]

바위로 연산을 할 수도 있다. 이를테면 높은 곳에서 돌을 떨어뜨림으로써 물체가 그 높이에서 떨어지는 데 걸리는 시간을 재는 것이다. 대수롭지 않은 연산이기 때문에 1cps라고 하자. 그렇다면 바위의 연산 효율성은 10^{-42}다.[70]

뇌의 기억 효율성은 어떨까? 하나의 개재뉴런 연결은 신경전달물질의 농도나 시냅스와 수상돌기의 비선형성(특정한 형태들)이라는 형태로 10^4비트의 정보를 저장할 수 있다고 했는데, 연결의 수가 10^{14}개에 달하므로 전체는 10^{18}비트다. 사람의 뇌는 우리가 비교하는 바위 무게와 비슷하다(실은 1킬로그램이 아니라 1.4킬로그램에 가깝지만 여기선 자릿수를 비교하고 있으므로 이 정도는 무시해도 좋다). 뇌는 바위보다 따뜻한 편이고, 이론적 기억 용량은 10^{27}비트로 볼 수 있다(원자 하나당 1비트를 저장한다고 본 것이다). 그러면 뇌의 기억 효율성은 10^{-9}가 된다.

하지만 등가 원리에 의거할 때, 뇌의 비효율적인 암호화 기법으로 그 기억 효율성을 평가해선 안 된다. 뇌의 기능적 기억 총량을 추정해 본 바는 10^{13}비트였으므로, 실제 기억 효율성은 10^{-14}라 봐야 옳다. 즉 뇌는 바위와 궁극의 컴퓨터를 잇는 로그 함수 선에서 중간쯤에 존재한다. 기술 발전은 기하급수적이지만 우리는 선형적인 세상에 익숙해져 있으니 선형 함수로 표현해본다면, 뇌는 궁극의 차가운 컴퓨터보다는 바위 쪽에 훨씬 가깝다.

뇌의 연산 효율성은 어떨까? 역시 등가 원리를 고려해야 한다. 뉴런 하나하나의 비선형성을 모방하는 데 드는 최대 예상치(10^{19}cps)가 아니라 기능 모방에 필요한 10^{16}cps를 적용해야 한다는 말이다. 뇌 원자들의 이론적 역량은 10^{42}cps이므로 연산 효율성은 10^{-26}이다. 이 또한 궁극의 컴퓨터보다는 바위에 가깝다. 로그 함수로 표현해도 그렇다.

인간의 뇌는 바위 같은 생물 이전 물체들로부터 진화하여 놀라운 수준의 기억 효율성과 연산 효율성을 획득했다. 하지만 이번 세기 초 50년간, 우리는 그보다 훨씬 막강한 수준의 진보를 이룰 것이다.

궁극을 넘어서기: 피코기술과 펨토기술, 그리고 광속 뛰어넘기 1킬로그램 1리터의 컴퓨터로 차갑게 연산하면 10^{42}cps를, 뜨겁게 연산하면 10^{50}cps를 얻을 수 있다고 한 것은 원자들로 연산할 경우다. 그러나 한계는 늘 뛰어넘을 가능성을 지닌 법이다. 새로운 과학적 발견들 덕분에 이 한계조차 넘어설 방법이 보이고 있다. 과거 수많은 사례들 중

3장 인간 뇌 수준의 연산 용량 만들기 |

항공의 역사만 보더라도, 처음에 사람들은 제트 추진의 한계 때문에 제트 비행기라는 것은 불가능하다고 입을 모아 얘기했었다.[71]

앞서 논한 나노기술의 한계는 현재의 과학 지식에 기반한 것이다. 그런데 앞으로 1조분의 1미터(10^{-12})를 다루는 피코기술, 10^{-15}미터 단위를 다루는 펨토기술이 등장하면 어떨까? 그런 수준을 달성하려면 아원자 입자들로 연산을 해야 한다. 규모가 작아지면 속도와 밀도가 훨씬 높아질 수 있다.

최소한 몇 가지 분야에서는 이미 피코 수준의 작업이 이뤄지고 있다. 독일 과학자들은 지름이 77피코미터에 불과한 원자를 볼 수 있을 정도로 해상도가 높은 원자 힘 현미경(AFM)을 개발했다.[72] 샌타바버라의 캘리포니아 대학 연구자들은 그보다 높은 해상도를 달성했다. 비소화 갈륨 결정으로 이루어진 물리적 빔을 씀으로써 극도로 민감한 측정이 가능한 탐지기를 만든 것인데, 빔이 1피코미터 구부러지는 것까지도 측정할 수 있다. 하이젠베르크의 불확정성 원리를 검증하기 위해 개발된 기기다.[73]

시간적 해상도로 말하면, 코넬 대학 과학자들은 X선 산란을 활용하는 영상 기법으로써 전자 하나의 움직임까지 기록할 수 있는 기술을 개발했다. 영상 하나를 확보하는 데 4아토초(10^{-18}초)밖에 걸리지 않는다.[74] 공간 해상도는 1옹스트롬(10^{-10}미터, 즉 100피코미터)까지 낼 수 있다.

하지만 아직 이런 수준에서의 물질에 대한 이해가 충분하지 않은 상황이라, 연산 패러다임을 개발할 형편은 못 된다. 특히 펨토미터 수준은 잘 알지 못한다. 피코기술이나 펨토기술에 대한 《창조의 엔진》(에릭 드렉슬러가 1986년에 발표한 책으로 나노기술의 기반을 제공한 역작이다)이 아직 씌어지지 않은 것이다. 그러나 어쨌든 이런 수준에서 물질과 에너지의 행동을 설명하는 다양한 이론들도 모두 수학적 모델에 기반을 두고 있고, 모든 수학적 모델은 연산 가능한 변환 과정으로 만들어진 것이다. 물리학에 존재하는 수많은 변환 과정이 범용 연산의 기초가 되는 것이므로(그런 변환들을 통해 우리는 범용 컴퓨터를 만들어냈다), 피코나 펨토 수준에서도 그들을 활용해 연산하지 못할 이유가 없다.

물론, 이런 수준의 물질 기제로도 범용 연산이 가능하리라는 이론적 예측과 실행은 별개의 문제다. 방대한 양의 연산 요소들을 창조하고 통제할 수 있으려면 적절한 공학 장치들이 개발되어야 한다. 나노기술 분야에서 현재 빠르게 극복되고 있는 과제들이 이런 영역에도 존재하는 것이다. 현재로서는 피코나 펨토연산이란 상상의 가능성에 불과하다. 하지만 나노연산을 통해 인간의 지능이 엄청나게 확장될 테니, 이론적으로 가능하기만 하다면, 미래의 지능이 언젠가 필요한 과정들을 발명해낼 수 있을지 모른다. 현재의 인간들이 할 수 있느냐가 아니라 나노기술을 통해 방대한 확장을 이룬 미래의 지능이 그런 설계를 할 수 있느냐고 물어야 한다(현재의 생물학적 인간 지능보다 엄청나게 뛰어날 것이기 때문이다). 나는 나노기술을 습득한 미래의 지능은 나노기술보다 미세한 규모의 연산도 해낼 수 있으리라 믿지만, 특이점에 대해 다룰 때는 그 가정을 포함시키지 않았다.

우리는 연산을 작게도 만들지만 크게도 만들 수 있다. 즉 초소형 기기들을 대규모로 활용할 수도 있다. 나노기술이 전면적으로 활용되면 연산 자원은 자기복제할 수 있을 테고 주변의 모든 물질과 에너지를 급속도로 지능화해갈 것이다. 그렇다면 광속의 문제가 걸린다. 우주의 물질들은 아득하게 먼 거리에 흩어져 있기 때문이다.

나중에 상세히 설명하겠지만, 광속조차도 불변이 아닐지 모름을 암시하는 연구가 몇 있다. 미국 로스앨러모스 국립연구소의 물리학자 스티브 라보로와 저스틴 토르거손은 현재 서아프리카에 해당하는 지역에 있는 천연 원자로를 점검했는데, 20억 년 전에 자연적 핵분열 반응이 일어나 70만 년 가량 지속되었던 장소다.[75] 원자로 주변의 방사능 동위원소를 검사하고 그 내용을 현재의 비슷한 원자로 속 동위원소들과 비교한 결과, 그들은 지난 20억 년간 알파 물리상수*(미세구조 상수라고도 불린다)의 값이 조금 변했다는 결론을 내렸다. 전자기력을 결정짓는 중요한 상수이기 때문에 물리학계에 큰 의미를 던지는 대단한 발견이다. 광속은 알파상수에 반비례하는데, 이제까지는 광속과 알파상수 모두 불변의 값이라고 여겨져왔다. 그 알파 값이 10^8에서 4.5 정도 감소한 듯 보이는 것이다. 사실로 확인된다면, 곧 광속이 증가했다고 인정하게 되는 셈이다.

물론 이 탐구 결과는 아직 정밀한 분석을 거쳐야 한다. 그러고도 사실로 판명되면 우리 문명의 미래에 대단한 의미로 다가올 것이다. 광속이 정말 증가했다고 하자. 그냥 시간이 흘러서 그렇게 되었을 리는 없다. 모종의 조건이 변화했기 때문일 것이다. 환경 변화 때문에 광속이 바뀌었다면, 막강한 힘을 자랑하는 미래의 지능과 기술은 그 문을 활짝 열어젖혀 가능성을 탐구할 수 있을 것이다. 기술을 다루는 사람들이 소재로 삼을 만한 과학적 통찰인 것이다. 공학이란 자연적이며 때로 미묘한 현상들을 대상으로 그것을 확장하고자 통제하려 드는 작업이다.

설령 장거리에 걸쳐 광속을 늘리는 게 어렵더라도, 연산 기기 내부의 작은 공간에서만이라도 가능하다면 연산 역량을 확장하는 데는 중요한 단서가 될 것이다. 요즘도 연산 기기의 한계 이유 중 하나가 바로 광속이다. 광속을 키울 능력이 생긴다면 연산의 한계도 한층 밀어붙일 수 있다. 광속을 증가시키거나 뛰어넘을 수 있는 몇 가지 흥미로운 접근법에 대해서는 6장에서 살펴보겠다. 물론 이것은 현재 공상에 불과하다. 하지만 특이점에 대한 예측은 이 문제와는 전혀 관련이 없

* 전자기 상호작용의 강도를 나타내는 근본 물리상수. 무차원 수로서 $\alpha = e^2/2\varepsilon_0 hc$($e$=전하, ε_0=진공 유전율, h=플랑크 상수, c=광속)으로 정의된다.

음을 다시 한번 밝힌다.

과거로 돌아가기 몽상에 가깝지만 매우 흥미로운 또 한 가지 기법은, 시공간의 '웜홀'을 통해 연산 과정을 과거로 보내는 것이다. 프린스턴 고등연구원의 이론물리학자 토드 브룬은 이른바 '시간성 폐곡선(CTC)*'을 활용하는 연산 가능성을 살펴보았다. 브룬은 CTC는 "자신의 과거 광원뿔** 속으로 정보(연산 결과 같은 것)를 보낼" 수 있을지 모른다고 했다.[76]

브룬은 상세한 설계를 제시하진 않았으되 그런 기기가 물리 법칙에 위배되지는 않는다는 것을 보였다. 브룬이 생각하는 시간여행 컴퓨터는 '할아버지 역설'을 일으키지도 않는다. 시간여행 문제에 흔히 거론되는 역설인데, A라는 사람이 과거로 가서 할아버지를 죽이면 A는 존재하지 않게 되고, 그러면 할아버지도 죽지 않게 되고, 그러면 A가 다시 존재하게 되고, 그러면 다시 돌아가 할아버지를 죽이게 되고, 하는 식으로 무한반복되는 문제다.

브룬의 시간 확장 연산 과정이 이 문제를 일으키지 않는 이유는 과거에 영향을 미치지 않기 때문이다. 그러면서도 주어진 질문에 대한 결정적이고 확실한 답을 현재에 불러올 수 있다. 일단 반드시 또렷한 답을 가지는 질문이어야 한다. 답은 질문이 주어진 후에야 존재할 수 있게 된다. 다만 답을 결정하는 과정 자체는 질문이 CTC에 주어지기 전에도, 주어진 후에도 벌어질 수 있다. 우리는 질문을 CTC에 던져준 뒤에 풀이 과정을 수행함으로써 현재에 해답이 존재하게 만들 수 있

---

*   시공간에서 입자의 세계선(4차원 시공간에서 연속적 사건의 흐름)이 닫힌 고리를 형성한 것. 즉 일시적인 인과율의 '고리', 한 바퀴 돌아 제자리에 올 수 있는 시간의 닫힌 곡선이 생긴다는 것. 광속에 관계 없이 시간여행을 할 수 있을지 모르는 이론적 가능성으로 불린다.

** 광원추라고도 한다. 특수상대성이론의 민코프스키 시공세계에서 빛이 원점에서 나와 사선으로 그리는 곡면. 원점에 있는 관측자에게 모든 과거와 미래의 인과적 사건은 (광속 이상을 내지 않는 한) 광원뿔 내에 존재하게 된다.

다(하지만 질문을 CTC에 주기 전에 풀이 과정을 수행하면 할아버지 역설과 비슷한 상황에 처한다). 이 과정에는 우리가 알지 못하는 근본적인 장벽(혹은 한계)들이 있을지 모른다. 앞으로 파악해가야 할 것이다. 어쨌든 만에 하나 가능한 일이라면, 연산 잠재력을 놀랍게 확장할 수 있을지 모른다. 그런데 다시 한번 말하지만 특이점을 달성하는 연산 용량이나 역량에 대한 모든 예측은 브룬의 가설과는 아무 상관이 없다.

에릭 드렉슬러: 잘 모르겠습니다, 레이. 나는 피코기술의 미래에 대해서는 부정적이에요. 현재 우리가 아는 안정한 입자들 중 피코 규모인 것은 보이지 않아요. 백색왜성이나 중성자별처럼 붕괴하는 항성 내부에서 엄청난 압력을 받는 입자들을 제외하고 말이지요. 그런 환경에서는 금속 같은 물질의 피코 입자를 발견할 수 있겠지만 평상시의 수백만 배에 달하는 밀도를 갖고 있겠죠. 그건 그리 유용해 보이지 않아요. 설령 태양계 내에서 만들어낼 수 있다 하더라도 말이지요. 전자처럼 안정하지만 백배 정도 큰 무언가가 물리계 속에 존재한다면 다른 얘기가 되겠지만, 우리는 그런 것을 알지 못하지요.

레이: 요즘 과학자들은 중성자별의 상태에 조금 못 미치는 환경을 구현하는 가속기들을 통해서 아원자 입자들을 조작하고 있습니다. 게다가 책상 위에 올려놓을 만한 작은 기기들로 전자 같은 입자들을 조작하고 있죠. 최근에는 움직이는 광자를 궤도에 그대로 멎게 하는 데도 성공했고요.

드렉슬러: 하지만 어떤 종류의 조작이냐가 중요하지 않습니까? 그저 작은 입자들을 이리저리 다루는 것을 말한다면 사실상 모든 기술이 피코기술이죠. 모든 물질은 아원자 입자들로 구성되어 있으니까요. 가속기에서 입자들을 때리면 잔해가 남을 뿐, 기계나 회로 같은 게 생겨나진 않죠.

레이: 저도 피코기술의 개념적 장벽들을 모두 풀었다고는 말하지 않았습니다. 함께 2072년까지 두고 보자는 거죠.

드렉슬러: 오, 좋아요, 당신은 내가 그렇게 오래 살 거라고 생각하시는 모양이죠.

레이: 그럼요. 저처럼 첨단의 건강 및 의료 기술을 늘 실천하며 관리한다면 그때까지도 비교적 건강한 상태로 살게 되실 겁니다.

2104년의 몰리: 맞아요. 중년들 중에도 몇몇 분들은 성공하셨죠. 하지만 2004년을 사는 대부분의 사람들은 불과 10년 뒤에 생명공학 혁명이 닥쳐 수명을 극적으로 연장시킬 수 있다는 것을 전혀 의식하지 못하고 있어요. 또 그 10년 뒤에는 나노기술이 뒤따라온다는 것도요.

2004년의 몰리: 그런데 2104년의 몰리, 생각해보니 당신은 대단한 존재겠군요. 2080년이면 고작 천 달러 가지고도 사람 백억 명이 만 년간 할 사고를 10마이크로초에 해치울 수 있다니까요, 2104년이면 그보다도 또 한참 발전했겠죠. 당신은 천 달러어치 연산 이상도 마음대로 해낼 수 있겠네요.

2104년의 몰리: 사실, 보통 수백 달러 수준의 연산을 하죠. 필요하면 수십억 달러 수준도 동원하고요.

2004년의 몰리: 상상하기조차 힘드네요.

2104년의 몰리: 그럴 거예요. 난 필요할 때는 꽤나 똑똑한 편이죠.

2004년의 몰리: 하지만 그다지 명석한 인상은 아닌데요.

2104년의 몰리: 당신 수준에 맞추려고 애쓰고 있거든요.

2004년의 몰리: 이봐요, 미래의 몰리 양……

2048년의 조지: 아가씨들, 제발, 두 사람은 똑같이 매력적이에요.

2004년의 몰리: 좋아요. 그 말을 여기 있는 또 다른 나에게 해주시죠. 자기가 나보다 무지하게 똑똑하다고 생각하는 모양이니까.

2048년의 조지: 그 사람이 바로 당신의 미래란 걸 잘 알면서 그래요. 그건 그렇고, 난 항상 생물학적 여성에게는 뭔가 특별한 면이 있다고 생각해요.

2104년의 몰리: 하지만 당신이 생물학적 여성에 대해 아는 바가 뭐가 있죠?

2048년의 조지: 책도 많이 읽었고, 정교한 시뮬레이션도 경험해봤거든요.

2004년의 몰리: 어쩌면 당신들 스스로는 인식하지 못하는, 뭔가 부족한 부분이 있을지 모른다는 생각이 드네요.

2048년의 조지: 그런 게 있을 리가요.

2104년의 몰리: 절대로 없어요.

2004년의 몰리: 그렇게 생각하시겠죠. 어쨌든, 당신들이 할 수 있는 일 중에서 딱 한 가지, 나도 멋질 것 같다고 생각하는 게 있긴 하네요.

2104년의 몰리: 한 가지밖에 없나요?

2004년의 몰리: 당장 생각나는 건 한 가지예요. 그러니까, 다른 사람하고 생각을 통합하면서도 여전히 분리된 정체성을 지킬 수 있다는 것 말이에요.

2104년의 몰리: 맞아요. 상황과 상대방이 적절하다면야 그런 일은 식은 죽 먹기예요.

2004년의 몰리: 사랑에 빠지는 것과 비슷한가요?

2104년의 몰리: 사랑에 빠지는 것과 비슷하지요. 궁극의 공유라고나 할까요.

2048년의 조지: 아마 당신도 하게 될 것 같은데요, 2004년의 몰리.

2104년의 몰리: 당신이 더 잘 알 텐데요, 조지. 당신이 내 첫 상대였으니까 말이죠.

4

인간 지능 수준의 소프트웨어 만들기: 어떻게 뇌를 역분석할 것인가

우리가 현재 전환점에 와 있으며, 향후 20년 안에 뇌 기능의 거의 전반을 심도 깊게 이해할 수 있게 되리라 믿을 만한 근거가 많다. 낙관적 견해를 뒷받침하는, 측정가능할 정도로 뚜렷한 트렌드들이 있다. 과학의 역사에서 반복적으로 증명되어온 한 가지 단순한 사실도 좋은 근거다. 즉 기술의 발전으로 우리는 과거에 볼 수 없었던 것들을 보게 되며 그로써 과학도 발전한다는 사실이다. 21세기에 들어설 무렵 우리는 신경과학적 지식과 연산 능력 분야가 전환점을 맞았다는 것을 눈치챘다. 우리는 집단적으로 뇌에 대한 지식을 쌓아가고 있고, 매우 발달된 연산 기술을 구축했다. 역사상 이런 일은 없었다. 이제 우리는 인간 지능의 중요한 부분들에 대해 실시간, 고해상도의 믿을 만한 모델들을 구축하는 작업을 진지하게 해나갈 수 있게 됐다.

—로이드 와츠, 신경과학자[1]

이제, 처음으로, 우리는 뇌가 전체적으로 어떻게 작동하는지 또렷이 관찰할 수 있게 됐다. 따라서 뇌의 위대한 능력 뒤에 있는 전반적 프로그램들을 발견할 수 있어야 할 것이다.

—J. G. 테일러, B. 호로비츠, K. J. 프리스턴, 신경과학자들[2]

뇌는 좋다. 물질을 적절히 배열함으로써 마음을 만들어낼 수 있고, 지적 추론이나 패턴 인식이나 학습이나 여타 무수한 중요한 공학적 작업을 해낼 수 있음을 보여주는 살아 있는 증거다. 우리는 뇌의 방법론을 배우고 빌려와서 새로운 체계를 만드는 데 쓸 수 있다. …… 뇌는 나쁘다. 진화로 만들어진 산만한 체계로서 그 속의 상호작용들은 진화적 우연에 의해 벌어지는 것일 때가 많다. …… 한편, 뇌는 견고해야 하고(그래야 우리가 살아남을 수 있으니까) 여러 변수나 환경적 외상도 잘 견뎌야 한다. 따라서 뇌로부터 얻을 수 있는 정말 귀중한 통찰은 자기조직할 줄 아는 탄력적 복잡계를 만들어야 한다는 점일 것이다. …… 뉴런 내부의 활동은 복잡하다. 하지만 한 단계 높은 시각에서 보면 뉴런은 비교적 단순한 물체로서 신경망 구축에 다양하게 활용할 수 있는 단위다. 피질 신경망은 국지적으로 보면 그렇게 복잡다단할 수가 없지만 그 또한 한 단계 높은 시각에서 보면 그리 복잡하지 않은 연결망이다. 아마 진화는 제한된 수의 모듈을 만들었거나, 한 번 만든 모듈을 재활용하며 반복 적용한 것 같다. 그 형태와 상호작용을 이해하면 우리도 비슷한 것을 만들 수 있다.

―앤더스 샌버그, 연산 신경과학자, 스웨덴 왕립 공과대학

뇌의 역분석에 대한 개요

속도, 정확성, 기억 공유 능력이 뛰어난 컴퓨터에다 인간 수준 지능을 결합시킬 수 있다면 그보다 막강한 것은 없을 것이다. 하지만 현재까지 진행된 대부분의 인공지능 연구들은 뇌 기능을 모방한 공학 기법을 사용하지 않았다. 이유는 간단하다. 인간 인지에 대한 상세 모델을 구축하는 데 꼭 필요한 정밀한 연구 도구들이 부족했기 때문이다.

뇌의 역분석, 즉 안에서 보고, 모델을 만들고, 영역별 시뮬레이션을 하는 작업은 기하급수적으로 발전하고 있다. 우리는 언젠가 인간 사고 전반을 관장하는 원칙들을 이해하게 될 것이다. 그 지식은 지적 기계의 소프트웨어를 만드는 과정에 큰 도움이 될 것이다. 뇌의 방법론을 변형시키고 세련화하고 확장한 뒤, 생물학적 뉴런들이 기반이 되는 전기화학적 정보 처리보다 훨씬 강력한 연산 기술에 적용하게 될 것이다. 이 장대한 작업으로 얻게 될 최고의 수확은 인간에 대한 정확한 통찰을 갖게 된다는 점이다. 알츠하이머병, 파킨슨병, 감각 장애 등의 신경학적 문제들에 대해 새롭고 강력한 접근법을 갖게 될 것이며, 결국 인간의 지능을 끝없이 확장하게 될 것이다.

새로운 뇌 영상 도구 및 모델링 도구들 뇌 역분석의 첫 단계는 뇌가 어떻게 작동하는지 들여다보는 일이다. 현재까지의 도구들은 조악한 편이었지만 사정이 바뀌고 있다. 새로운 스캔 기술들이 여럿 등장하여 시공간 해상도, 가격 대 성능비, 대역폭이 대폭 좋아지고 있다. 한편으로 뇌의 구성 요소들과 전체 체계가 어떤 특성을 지녔고 어떻게 움직이는지에 대한 자료도 빠르게 축적되고 있다. 개별 시냅스에 대한 자료부터 뇌의 뉴런 반 이상이 모인 소뇌 등 넓은 영역에 대한 자료까지 다양하다. 기하급수적으로 팽창하는 뇌 관련 지식을 질서 있게 정리한, 방대한 데이터베이스들이 존재한다.[3]

연구자들은 이 정보를 잘 이해하면 적절한 뇌 모델을 구축하여 시뮬레이션을 수행할 수 있다는 것을 보여주었다. 뇌 영역 시뮬레이션은 복잡성 이론이나 카오스 연산 등의 수학 원칙에 바탕을 두는데, 그 실험 결과는 실제 인간이나 동물의 뇌 활동에 매우 근접한 모습이다.

2장에서 말했듯 뇌 역분석에 필요한 스캔 도구나 연산 도구의 능력이 나날이 좋아지고 있다. 게놈 프로젝트를 가능케 했던 눈부신 기술 발전을 보는 듯하다. 앞으로 나노봇 시대에 접어들면 뇌의 안쪽에서 스캔을 함으로써 탁월한 시공간적 해상도를 얻을 수 있을 것이다.[4] 인간 지능의 운영 원칙을 역분석하고, 수십 년 뒤에 등장할 좀 더 강력한 연산 기관을 사용해 그 역량을 모방하는 작업에는 별다른 장애물이 없다. 사람의 뇌는 복잡한 체계들이 복잡한 위계를 이루는 조직이다. 하지만 우리가 다루지 못할 정도로 복잡한 것은 아니다.

뇌의 소프트웨어 연산 및 통신 기능의 가격 대 성능비는 매년 배로 증가한다. 앞서 보았듯 향후 20년 안에 인간 지능 재현에 필요한 연산 용량이 달성될 것이다.[5] 특이점이 도래하리란 전망 아래에는 비생물학적 매질이 인간 사고의 풍부함, 미묘함, 깊이를 충분히 모방할 수 있으리란 가정이 깔려 있다. 하지만 뇌 하나에 맞먹는 연산 용량이 달성된다고 해서 바로 인간 역량을 모방할 수 있는 건 아니다. 심지어 한 마을, 한 국가 인구의 뇌 용량이라 해도 그렇다. ('인간 수준의 역량'이라고 할 때 나는 인간의 온갖 지적 활동들, 가령 음악이나 예술적 재능, 창조성, 육체적 활동, 감정을 이해하고 반응하는 일 등 다양하고 미묘한 영역들을 다 포함해서 말하는 것이다.) 충분한 용량의 연산 하드웨어는 필수조건이지 충분조건은 아니다. 그보다는 이 자원들을 어떻게 조직하고 구성할 것인가, 즉 지능의 소프트웨어를 어떻게 만들 것인가가 더 결정적이다. 뇌 역분석 작업의 목표도 바로 그것이다.

일단 인간 수준의 지능을 성취한 컴퓨터는 멈추지 않고 인간을 뛰어넘을 것이다. 비생물학적 지능의 주된 이점은 지식을 남들과 쉽게 공유한다는 점이다. 당신이 프랑스어를 배우거나 《전쟁과 평화》를 읽은 뒤 내게 학습 내용을 곧바로 전해줄 방법은 없다. 나도 당신처럼 힘겹게 학습 과정을 거쳐야만 내용을 습득할 수 있다. 당신의 지식은 신경전달물질의 농도 및 개재뉴런 연결(축색과 수상돌기라는 뉴런의 일부로 뉴런들을 연결하는 것)의 패턴에 넓게 분포되어 있는 것이어서, 내가 거기에 곧장 접속해 내려받을 방법은 (아직까지는) 없다.

기계의 지능은 다르다. 내가 경영하는 회사들 중 한군데는 수년간 한 대의 연구용 컴퓨터에 연속 음성 인식 기술을 가르쳤다. 패턴 인식 소프트웨어를 사용하는 작업이었다.[6] 수천 시간 동안 녹음된 음성을 들려주고, 오류를 바로잡아주고, '카오스적' 자기조직 알고리즘(어느 정도 무작위적인 초기 정보에서 시작하여 스스로 규칙들을 형성할 수 있는 기법으로 결과는 완벽히 예측가능하지 않다)을 훈련시킴으로써 참을성 있게 성능을 향상시켰다. 그 결과 컴퓨터는 음성 인식에 꽤 숙달하게 됐다. 이제 개인용 컴퓨터에 음성 인식 기능을 추가하고 싶은 사람이 있다면 우리가 거친 고된 학습 과정을 다시 겪을 필요가 없다(인간 아이들이 하듯 말이다). 이미 정립된 패턴을 다운로드 받으면 몇 초 만에 해결된다.

분석적 뇌 모델 대 신경형 뇌 모델 체스 문제를 다루는 방법을 보면 인간 지능과 현재 인공지능 사이의 차이를 잘 느낄 수 있다. 사람은 패턴을 인식해 체스를 두는 반면 기계는 가능한 수와 맞수를 거대한 논리적 '트리 구조*'로 만든다. 인간이 지금껏 고안한 대부분의 기술은 후자의 '하향식', 분석적 접근법을 쓴 것이다. 비행기를 예로 들어보자. 비행기는 새의 생리학이나 역학을 재구성해 만들어진 게 아니다. 그런데 자연의 기법을 역분석하는 도구가 급격히 세련되어가면서, 자연을 있는 그대로 모방하여 좀 더 뛰어난 질료로 빚어내는 기술도 등장하고 있다.

지능의 소프트웨어를 섭렵하는 가장 뛰어난 방법은 우리가 아는 가장 지적인 정보 처리 기기의 예, 즉 뇌의 청사진에 직접 덤벼드는 것이다. 원래의 '설계자'인 진화가 뇌를 만들어내는 데는 수십억 년이 걸렸다. 뇌는 두개골 속에 감춰져 있지만 적절한 도구를 활용하면 우리 눈앞에 있는 것이나 마찬가지여서, 얼마든지 활용할 수 있다. 뇌의 내용은 특허로 묶인 것도, 소유권이 따로 있는 것도 아니다. (이 사정은 변할 수 있다. 이미 뇌 역분석에 바탕을 둔 연구 내용에 대한 특허 출원 사례가 있다.)[7] 뇌 스캔으로 얻은 수천조 바이트의 정보와 다양한 수준의 신경 모델을 사용하면 매우 지능적인 병렬 알고리즘을 설계할 수 있을 것이다. 아마도 자기조직적 패러다임이 될 것이다.

자기조직적 접근법을 사용하면 개개 뉴런의 연결을 복사할 필요가 없다. 뇌 영역 차원에서 보면 반복과 중복이 상당하다. 고차원의 뇌 영역 모델은 세밀한 뉴런 요소 모델보다 오히려 단순하다고 알려져 있다.

---

*   나무처럼 생긴 조직도로 표현한 데이터 구조. 뿌리(부모) 노드를 시작으로 가지마다 여러 갈래로 갈라져 퍼지며, 가지의 맨 끝은 말단 노드가 된다.

뇌는 얼마나 복잡한가? 뇌에 담긴 정보량은 10^{18}비트 규모로 상당하지만, 뇌의 최초 설계는 비교적 간결한 게놈 정보에서 비롯한다. 게놈은 8억 바이트를 저장하는데 중복을 제외하고 남는 정보는(압축 뒤) 3천만 바이트에서 1억 바이트(10^9비트도 안 된다) 정도다. 마이크로소프트 사의 워드 프로그램보다 작은 규모다.[8] 공평하게 따지자면 '후성유전적' 자료도 고려해야 한다. 단백질에 저장된 정보로서, 유전자 발현을 통제하는(각 세포에서 어떤 유전자가 단백질 합성을 할 것인지 결정하는) 자료다. 또한 리보솜이나 기타 효소들처럼 단백질 합성에 기여하는 전체 기기들도 고려해야 할 것이다. 그러나 그런 정보를 더한다 해도 값이 크게 달라지진 않는다.[9] 이 유전 정보 및 후성유전적 정보 중 절반가량이 뇌의 초기 상태를 서술하는 정보인 것으로 알려져 있다.

물론, 뇌는 세계와 상호작용하면서 점차 복잡해진다(게놈 원래의 복잡성보다 십억 배 가량 증가한다).[10] 하지만 뇌 영역들은 반복적 패턴으로 구성되어 있으므로, 디지털과 아날로그 기법을 결합한(가령 뉴런의 점화는 디지털 사건이라 볼 수 있는 반면 시냅스 내 신경전달물질의 분포는 아날로그 값을 갖는다고 볼 수 있다) 생물학적 뇌의 알고리즘을 성공적으로 역분석하기 위해 세부사항을 모조리 이해할 필요까지는 없다. 일례로 게놈은 소뇌의 기본 배선 패턴을 딱 한 번 알려주는 대신 수십억 차례 반복하게 한다. 뇌 스캔 및 모델 연구를 통해 충분히 정보를 얻으면 우리는 '신경형' 소프트웨어(뇌 영역의 전반적 성능과 동일한 기능을 하는 알고리즘)를 설계할 수 있을 것이다.

뇌 스캔 및 뉴런 구조 연구가 앞서가는 동안, 한 발짝 뒤에는 적절한 모델을 만들고 시뮬레이션하는 연구가 따라간다. 전 세계적으로 5만 명이 넘는 신경과학자들이 3백 개가 넘는 학술지에 논문을 쏟아내고 있다.[11] 분야도 넓고 다양하다. 새로운 스캔 및 감지 기술을 개발하는 사람도 있고 여러 수준의 모델과 이론을 만들어내는 사람도 있다. 해당 분야에 몸담은 학자들조차 현재 진행되는 연구들의 전체 양상을 완벽히 이해하지 못하는 경우가 허다하다.

뇌 모델 만들기 오늘날의 신경과학은 다양한 자료를 바탕으로 뇌 모델을 만들고 시뮬레이션한다. 뇌 스캔, 개재뉴런 연결 모델, 뉴런 모델, 정신물리학적 실험 등이 그런 노력의 실례이다. 앞서 언급했듯 청각계 연구자인 로이드 와츠는 특정 뉴런의 종류와 개재뉴런 연결 정보를 신경생물학적으로 연구함으로써 인간 청각 처리 체계의 일부를 포괄하는 종합적 모델을 만들어냈다. 병렬 처리 통로가 다섯 개 있고 신경 처리 단계마다 청각 정보가 실제로 표현되는 모델이다. 와츠는 모델을 소프트웨어로 만들어 컴퓨터에 입력했는데, 소리의 위치와 내용을 실시간으로 파악할 줄 아는 이 소프트웨어는 실제 사람의 청각계처럼 제대로 작동했다. 아직 개발이 끝나지 않았지만 신경생물학적 모델과 뇌 연결 자료로부터 효과적인 시뮬레이션이 가능하다는 것을 증명한 사례다.

한스 모라백 등이 지적했듯, 기능을 효과적으로 모방하는 시뮬레이션은 모든 수상돌기, 시냅스, 기타 뉴런 하부구조들의 비선형성을 일일이 모방하는 시뮬레이션보다 연산 규모가 천 배 가량 적다. (3장에서 말했듯 뇌 기능을 시뮬레이션하는 데는 10^{16}cps의 연산이 필요한 반면 뉴런의 비선형성을 일일이 시뮬레이션하는 데는 10^{19}cps가 필요하다.)[12]

현재의 전자공학적 처리 속도와 생물학적 개재뉴런 연결의 전기화학적 신호 전달 속도 비는 최소 백만 대 1 수준이다. 생물학은 어느 모로 보나 이처럼 비효율적이다. 생물학적 진화가 극히 한정된 물질들에서 모든 기제와 체계를 만들어야 했기 때문이다. 세포가 그 한정 자원이며 세포는 또한 한정된 수의 단백질들로 만들어진다. 단백질은 3차원 형태를 갖지만 원래 사슬처럼(1차원적으로) 조립된 아미노산들이 접혀 복잡하게 만들어진 것뿐이다.

양파 껍질 벗기기 뇌는 하나의 정보 처리 기관이라기보다 수백 개의 전문화된 영역들이 정교하게 얽힌 집합이다. 과학자들은 상호 배치된 영역들의 기능을 '양파 껍질 벗기듯' 이해하려 노력하고 있다. 뉴런의 속성이 알려지고 뇌의 연결 정보가 밝혀짐에 따라 청각 영역 시뮬레이션처럼 특정 영역을 상세하게 모사한 결과들이 전 영역에 걸쳐 등장할 것이다.

뇌 모델에 쓰이는 알고리즘들은 요즘의 디지털 연산에서 흔히 쓰이는 순차식 논리 기법들이 아니다. 뇌는 자기조직적이고, 카오스적이고, 홀로그램* 같은 과정을 즐겨 사용한다(정보가 한 장소에 존재하는 게 아니라 영역 전반에 분포되어 있다). 또 병렬적 연산을 하며, 아날로그 기법들을 디지털적으로 관리하는 등 혼합적 접근법을 사용한다. 우리가 그 기법들을 이해할 수 있으며, 빠르게 축적되어가는 뇌에 대한 지식 속에서 핵심을 뽑아낼 수 있다는 것은 많은 현행 연구들이 증명하는 바다.

특정 영역의 알고리즘이 밝혀지면 그것을 개량하고 확장한 뒤 우리가 손수 합성한 신경 대체물에 적용할 수 있을 것이다. 지금도 인공 연산 기관은 신경 회로보다 훨씬 빠르다. (오늘날의 컴퓨터는 수십억 분의 1초 속도로 연산을 수행한다. 개재뉴런의 활동에는 수천분의 1초가 걸린다.) 이미 알고 있는 기법들을 통해서도 얼마든지 지적 기계를 만들 수 있다.

---

* 보통의 사진이 빛의 세기만 기록한다면, 빛의 파동적 속성, 즉 진폭과 위상까지 기록하고 재생하는 영상 기술.

사람의 뇌는 컴퓨터와 다른가?

이 질문에 대한 답은 '컴퓨터'란 단어를 어떻게 정의하느냐에 달렸다. 요즘의 컴퓨터들은 대부분 디지털식이며 한 번에 연산 하나씩(혹은 몇 개의 적은 단위로) 빠르게 처리한다. 반면 뇌는 디지털과 아날로그 기법을 한데 쓰는데, 연산은 보통 신경전달물질 등의 기제를 통해 아날로그식으로(연속적으로) 처리한다. 뉴런들의 계산 속도는 너무나 느리지만(보통 초당 200회) 뇌 전체가 병렬 처리 구조를 가진다는 게 중요하다. 무수한 뉴런들이 동시에 각자의 작업을 수행하므로 결과적으로 한 시점에 최대 수백억 가지의 계산을 처리하는 셈이다.

병렬 처리 구조는 패턴 인식 능력의 핵심이고, 패턴 인식 능력은 인간 사고 능력의 중심이다. 포유류의 뉴런들은 카오스적인 행태를 보이는데(겉보기에 무작위적인 상호작용을 갖는데) 일단 신경망이 무언가를 학습하면 거기서 안정적 패턴이 떠오른다. 망이 결정을 내렸다는 사실이 그런 식으로 드러나는 것이다. 현재로서는 컴퓨터를 병렬식으로 설계하는 데 한계가 있다. 하지만 그 원리를 사용해 생물학적 신경망을 기능적으로 모방하는 비생물학적 실체를 만들지 못할 이유는 없다. 이미 전 세계적으로 수십 가지의 성공적인 연구가 있었다. 내 전공은 패턴 인식인데, 지난 40년간 내가 관여해온 작업도 이처럼 결정론적이지 않고 훈련 가능한 연산을 활용한 것이었다.

사실 뇌 고유의 조직 기법들 중 다수는 현행의 연산 기법에 충분한 용량을 더하기만 하면 얼마든지 효과적으로 시뮬레이션할 수 있는 것들이다. 어쨌든 자연의 설계 패러다임을 모사하는 것은 미래 연산의 핵심 트렌드일 것이라고 나는 믿는다. 디지털 연산이 기능적으로는 아날로그 연산과 같을 수 있다는 점도 염두에 두어야 한다. 디지털 컴퓨터로도 디지털-아날로그 혼합망의 기능을 다 해낼 수 있다는 것이다. 그런데 역은 불가능하다. 아날로그 컴퓨터로 디지털 컴퓨터의 모

4장 인간 지능 수준의 소프트웨어 만들기 | 215

든 기능을 해낼 수는 없다.

아날로그 연산에는 공학적 장점이 있다. 수천 배 효율적일 잠재력이 있다는 사실이다. 트랜지스터 몇 개, 포유류 뉴런의 경우 몇 가지 전기화학적 과정만 있으면 아날로그 연산을 해낼 수 있다. 반면 디지털 연산을 하려면 트랜지스터가 수천 또는 수만 개 필요하다. 하지만 디지털 컴퓨터를 활용한 시뮬레이션 쪽이 훨씬 프로그래밍하기 쉽기 때문에 아날로그식이 꼭 좋은 것만은 아니다.

아래에 뇌가 보통의 컴퓨터들과 어떤 면에서 다른지 중요한 몇 가지를 소개했다.

- 뇌의 회로는 매우 느리다. 시냅스 복원과 뉴런 안정화(뉴런이 한 번 점화된 뒤 뉴런과 시냅스가 다시 점화할 채비를 갖추는 시간이다)는 매우 느리게 진행되므로 패턴 인식적 결정을 할 때 점화되는 뉴런 사이클 수는 매우 적은 편이다. 기능성자기공명영상(fMRI)과 뇌자도(MEG) 스캔 결과를 보면 모호하지 않은 판단을 내리는 경우는 사실상 반복 과정 없이 단 하나의 뉴런 점화 사이클만으로(20밀리초도 안 걸린다) 문제가 해결된다. 사물 인식에는 약 150밀리초가 걸린다. 우리가 '곰곰이 생각한다'고 하는 경우에도 작동 사이클의 수는 기껏 수백 내지 수천 개다. 컴퓨터의 수십억 회에 비하면 매우 적은 수다.
- 하지만 고도로 병렬적이다. 뇌에는 수백조 개의 개재뉴런 연결들이 있고 모두가 동시에 정보 처리를 할 수 있다. 이 두 가지 요인(긴 사이클 타임과 고도 병렬 구조) 덕분에 현재의 뇌 연산 용량이 가능해졌다.

오늘날의 가장 큰 슈퍼컴퓨터는 이 수준에 필적하고 있다. 최고의 슈퍼컴퓨터들은(검색 엔진들이 쓰는 것이 포함된다) 10^{14}cps 이상을 자랑하는데, 뇌 기능 모방을 위한 최소값에 해당한다. 뇌의 전반적 연산 속도와 기억 용량에 필적하도록 뇌 구조를 시뮬레이션할 수 있는 한, 뇌의 고도 병렬 처리 구조를 있는 그대로 모사할 필요는 없다.

• **뇌는 아날로그 현상과 디지털 현상을 결합하여 쓴다.** 뇌의 연결들이 그리는 지형도는 본질적으로 디지털 현상이다. 연결은 있거나 없거나 둘 중 하나다. 축색 점화는 완벽한 디지털 현상은 아니지만 거의 디지털에 가까운 과정이다. 대부분의 뇌 기능은 아날로그식인데 비선형성을 자주 보인다(수준이 서서히 변하기보다 갑작스러운 출력이 일어난다). 전통적인 뉴런 모델보다는 실제 더 복잡한 현상이다. 하지만 뉴런과 그 구성요소들(수상돌기, 돌기 가시, 채널, 축색)의 상세한 비선형적 역학은 비선형계를 다루는 수학으로 얼마든지 모델링할 수 있다. 그 수학 모델을 다시 디지털 컴퓨터에서 시뮬레이션하여 원하는 수준의 정교함을 구사할 수 있는 것이다. 트랜지스터를 사용하되 디지털 연산 대신 본연의 아날로그 모드를 활용하는 식으로 신경 영역을 시뮬레이션하면 서너 배 가량 성능이 좋아질 수도 있다. 카버 미드가 보여준 바와 같다.[13]

• **뇌는 스스로 재배선한다.** 수상돌기는 새로운 돌기와 시냅스들을 끝없이 탐험한다. 수상돌기와 시냅스의 지형도 및 전도성 또한 끝없이 변하며 주변에 적응한다. 신경계는 여러 차원에서 자기조직력이 있다. 신경망이나 마르코프 모델 같은 컴퓨터 패턴 인식 시스템에 사용되는 수학 기법은 뇌의 기법보다 훨씬 단순하지만, 그래도 우리는 자기조직적 모델에 대해 적잖은 경험을 쌓아왔다.[14] 현재의 컴퓨터는 문자 그대로 스스로 재배선할 줄은 모른다('자기 치료 시스템'이라는 새로운 기술을 탐구하려는 내용이긴 하다). 하지만 소프트웨어 차원에서는 재배선 과정을 효과적으로 모방할 수 있다.[15] 미래에는 하드웨어의 재배선도 가능해질 것이다. 물론 자기조직 능력을 소프트웨어에 두는 편이 프로그래머들에게 좀 더 많은 여지를 주므로, 더 나을 수 있다.

- 뇌의 세부사항들은 무작위적일 때가 많다. 뇌의 여러 측면이 추계
  학적(섬세한 통제 인자들 아래에서의 무작위성) 과정으로 설명되는 것
  은 사실이지만, 모든 수상돌기 표면의 모든 '파인 홈'들까지 모델
  로 만들어야 해결되는 일은 아니다. 컴퓨터의 운영 원리를 알기 위
  해 모든 트랜지스터 표면의 모든 작은 떨림들까지 모델로 만들 필
  요는 없는 것과 마찬가지다. 물론 뇌 작동 원리의 비밀을 풀려면
  일정 수준의 세부들을 파악하는 것은 필수다. 그런 핵심 세부사항
  과 추계학적 '잡음' 혹은 혼돈을 구별해야 할 것이다. 신경 기능의
  카오스적(무작위적이고 예측불가능한) 측면은 복잡성 이론과 카오스
  이론이라는 수학 기법들로 모델링할 수 있다.[16]
- 뇌는 창발적 속성을 활용한다. 지적 행동이란 카오스적이고 복잡
  한 뇌 활동으로부터 창발적으로 생겨난 것이다. 겉보기에 무척 지
  적으로 설계된 듯 보이는 흰개미 군락을 떠올려보자. 정교한 터널
  과 환기 체계를 갖춘 흰개미 군락의 설계는 매우 현명하고 섬세하
  지만, 한 사람의 장인에게서 비롯한 것이 아니다. 모든 구성원들이
  예측불가능한 상호작용을 함으로써 창발적으로 생겨난 구조다. 구
  성원 각각은 비교적 단순한 법칙들만 따를 뿐이다.
- 뇌는 불완전하다. 복잡한 적응 시스템의 속성 중 한 가지는 그 시
  스템이 만들어낸 창발적 지능이 차선적이라는 것이다. (요소들을
  최선으로 배치했을 때보다 다소 못한 수준의 지능이 만들어진다는 것이
  다.) 지능이 일정 수준만 훌륭하면 되기 때문이다. 가령 인류의 경
  우에는 우리 생태학적 지위에서 경쟁자들을 딛고 설 수 있을 만큼
  의 지능만 있으면 되었던 것이다(기타 영장류들도 인지 능력과 자유
  로운 엄지 두 가지를 동시에 가졌지만 인간만큼 뇌가 발달하지도, 인간만
  큼 손이 섬세하지도 못해서 실패했다).
- 우리는 스스로를 반박할 줄 안다. 다양한 아이디어와 접근법이 경
  쟁할 때 탁월한 결과가 도출되는 법이다. 심지어 상충하는 아이디

어들도 값진 법이다. 사람의 뇌는 모순적 견해들을 동시에 파악하는 능력이 뛰어나다. 인간은 내적 다양성을 통해 융성한 종이다. 인간 사회, 특히 민주 사회를 보면 복수의 견해들이 건설적으로 통합되어가는 것을 볼 수 있다.

- **뇌는 진화를 활용한다.** 뇌의 기초적 학습 패러다임은 진화적 패러다임이다. 환경을 제일 잘 설명하고 인지와 결정에 도움을 주는 연결 패턴만 살아남는다. 신생아의 뇌를 보면 개재뉴런 연결들이 상당히 무작위적이다. 아이가 두 살이 될 때까지 살아남는 연결들의 수는 일부에 불과하다.[17]

- **패턴이 중요하다.** 카오스적 자기조직이 시작되기 전, 모델의 제약조건들이 무엇인가 하는 점은 중요한 문제다(가령 초기 상태를 정의하는 법칙들이나 자기조직적 방법론들이 그렇다). 그런데 처음에는 이 조건들이 대부분 무작위적으로 설정되어 있기 쉽다. 시스템은 그들을 자기조직하여 점차 자기가 갖고 있는 정보에 잘 맞는 구조로 바꾸어간다. 결과로 도출되는 정보는 특정 노드나 연결에 저장되는 게 아니라 분산적 패턴 자체에 저장된다.

- **뇌는 홀로그램적이다.** 홀로그램의 분산적 정보 저장 형태와 뇌 신경망의 정보 저장 형태는 비슷해 보인다. 신경망, 마르코프 모델, 유전 알고리즘 등 컴퓨터 패턴 인식에 쓰이는 자기조직적 기법들도 홀로그램적이다.[18]

- **뇌는 매우 촘촘하게 연결되어 있다.** 뇌의 복원력이 뛰어난 것은 매우 촘촘하게 연결된 망이기 때문이다. 정보가 한 지점에서 다른 지점으로 옮겨갈 때 택할 수 있는 경로가 아주 많다. 인터넷과 비교해보자. 인터넷도 구성 노드들의 수가 증가할수록 전체가 안정해진다. 몇 개의 노드들, 심지어 몇 개의 허브*들이 작동을 멈춘대도

---

* LAN(구내정보통신망)에서 여러 개의 단말장치를 한데 수용하는 중계 장치.

4장 인간 지능 수준의 소프트웨어 만들기 |

인터넷 망 자체에는 아무 영향이 없다. 마찬가지로 뉴런들이 계속 죽는다 해도 전체 뇌의 통일성에는 큰 영향이 없다.

- 뇌는 영역 단위에서도 구조를 가진다. 한 영역 내부의 연결들은 처음에 무작위적으로 시작했다가 법칙에 따라 자기조직한다. 그런데 수백 개의 영역들이 함께 특정 기능을 수행하는 구조도 있다. 영역들 사이의 연결이 특정 패턴을 이루는 것이다.
- 뇌 영역 설계는 뉴런 설계보다 단순하다. 모델은 차원이 높아질수록 복잡해지는 게 아니라 단순해진다. 컴퓨터와 비교해보자. 트랜지스터를 모델링하기 위해 상세한 반도체 물리학을 이해할 필요는 없다. 트랜지스터를 설명하는 방정식들은 엄청나게 복잡하지만, 가령 두 수를 곱하는 연산을 수행하는 디지털 회로라면 수백 개의 트랜지스터를 쓰는 데도 훨씬 간단하게 모델링할 수 있다. 공식 몇 개면 될지 모른다. 수십억 개의 트랜지스터로 구성된 컴퓨터 전체도 명령어 집합과 레지스터* 설명만으로 모델링할 수 있다. 텍스트와 수학식들이 빼곡하게 적힌 종이 한 뭉치면 될 것이다.

운영 체제, 컴파일러,** 어셈블러*** 용 소프트웨어는 당연히 꽤 복잡하다. 하지만 특정 프로그램, 가령 마르코프 모델에 바탕을 둔 음성 인식 프로그램 같은 것은 방정식 몇 페이지면 묘사 가능하다. 그 묘사 속에는 반도체 물리학의 세부 내용 따위는 포함되지 않는다. 뇌도 마찬가지다. 변화가 적은 시각 요소(가령 사람의 얼굴)를 탐지하거나, 청각 정보에 대해 대역 통과 필터링(입력 신호 중 특정 주파수 범위만 통과시키는 것) 작업을 하거나, 두 사건의 시간적 거리를 측정하는 등의 신

---

* 컴퓨터에서 데이터를 저장하는 소규모 기억 장치. 중앙처리장치에 몇 가지 종류가 들어 있다.
** 고급언어로 작성한 프로그램을 어셈블리 언어나 기계어 등 목적 코드로 번역해주는 프로그램.
*** 인간이 알아보기 쉬운 형태의 기호 언어(어셈블리 언어)로 작성한 프로그램을 기계 명령어(기계어)로 변환해주는 프로그램.

경 작업을 묘사하기 위해서 각 과정에 관련 있는 신경전달물질이나 시냅스, 수상돌기 변수들의 실제 물리학과 화학 관계를 상세히 설명할 필요는 없다. 더 높은 수준으로(뇌 모델로) 나아가기 위해서 이런 신경 복잡성을 꼼꼼히 살펴볼 필요는 있지만 일단 뇌의 운영 원리를 이해하면 훨씬 간단한 식으로 변용하여 쓸 수 있다.

인간의 사고를 이해하려는 노력

급속하게 진전되고 있는 연구들

우리는 현재 뇌 이해 분야에 있어서 S자 곡선의 아래 꺾이는 부분(기하급수적 성장이 시작되는 부분)에 도달해 있는데, 분야의 역사 자체는 매우 오래되었다. 스스로의 사고 과정에 대해 반추하고 모델을 만드는 속성은 인간만이 가진 독특한 습성이다. 초기의 모델들은 사람의 외적 행동을 단순히 관찰한 것을 바탕으로 구축되었다(가령 아리스토텔레스는 2,350년 전에 여러 발상들을 하나로 결합시킬 수 있는 인간 능력에 대해 분석했다).[19]

20세기 초, 뇌에서 일어나는 물리 과정들을 점검할 수 있는 도구들이 발명되었다. 최초의 돌파구는 신경세포의 전기 출력을 측정하는 기기로서 신경과학 분야 개척자인 E. D. 에이드리언이 만든 것이다. 이로써 뇌 속에서 전기적 과정이 벌어지고 있다는 사실이 입증되었다.[20] 에이드리언은 이렇게 썼다. "나는 두꺼비의 시신경에 전극을 연결하고 망막에 대한 모종의 실험을 실시하는 중이었다. 방은 거의 깜깜했다. 나는 증폭기에 연결된 스피커에서 자꾸만 잡음이 나는 것을 듣고 어리둥절했다. 자극 활동이 일어나고 있다는 뜻이었기 때문이다. 나는 내가 방 안을 돌아다닌 행동과 잡음을 연결해 생각해보고서야 두꺼비의 시야에 내가 들어가 있다는 사실을 알아차렸다. 두꺼비가 내 행동을 관찰하는 것이 신호로 출력되었던 것이다."

이 실험에서 얻은 에이드리언의 통찰은 오늘날 신경과학의 초석이 되었다. 감각 신경의 자극 주파수는 측정되는 감각 현상의 강도에 비례한다는 것이다. 가령 빛의 강도가 높을수록 망막에서 뇌로 전해지는 신경 자극 주파수(초당 진동)도 높아진다. 에이드리언의 제자인 호레이스 발로가 여기에 또 하나 기념할 만한 통찰을 더했다. 뉴런의 '유발 기제'를 발견한 것이다. 개구리나 토끼의 망막에는 특정 형태, 방향, 속도 등을 '보는' 특별한 개별 뉴런들이 있다는 것이다. 즉 인지는 여러 단계로 나뉘어 이뤄지며 층이 다른 뉴런들이 영상의 좀 더 세세한 면들을 인식한다.

1939년에는 뉴런의 기능을 설명하려는 노력이 시작되었다. 뉴런이 입력 신호를 축적해서(더해서) 막 전도를 일으키고(뉴런의 막 전위가 갑자기 신호를 전도하도록 재편되는 것이다) 축색을 따라 전위가 전달된다는 설명이었다(그 후 시냅스를 통해 다른 뉴런으로 전달된다). A. L. 호지킨과 A. F. 헉슬리는 이런 식으로 축색의 '활동전위'(전압) 이론을 설명했다.[21] 1952년에는 동물 신경 축색에서 실제 활동전위를 측정해냈다.[22] 그들이 택한 것은 오징어 뉴런이었는데 크기도 크고, 해부하기도 쉬웠기 때문이다.

W. S. 매컬러와 W. 피츠는 호지킨과 헉슬리의 통찰을 바탕으로 1943년에 뉴런과 신경망에 대한 간략한 모델을 제시했다. 이후 50년에 걸쳐 인공(시뮬레이션) 신경망 연구(컴퓨터 프로그램을 사용하여 뉴런들이 뇌에서 망으로 기능하는 모습을 시뮬레이션하는 연구)의 모범이 되는 연구였다. 1952년에는 호지킨과 헉슬리가 이 모델을 더욱 발전시켰다. 오늘날 우리는 실제 뉴런이 이 초기 모델들보다 훨씬 복잡하다는 것을 잘 알지만, 기본적 개념들은 지금도 변함 없이 통용된다. 초기의 신경망 모델은 시냅스마다 신경 '가중치'(연결의 '강도'를 뜻하는 값)를 가졌고 신경 세포체에서는 비선형성(점화 역치가 있음)이 있었다.

신경 세포체에 입력 가중치들이 쌓여가더라도 결정적 역치에 도달하기 전에는 뉴런이 별 반응을 보이지 않는다. 그러다 역치에 다다르면 뉴런은 축색의 출력을 급격히 증가시켜 점화한다. 역치 값은 뉴런들마다 다르다. 최근 연구에 따르면 실제 뉴런의 반응은 이보다 복잡한 양상을 띤다고 하지만 매컬러-피츠 모델과 호지킨-헉슬리 모델은 기본적으로 유효하다.

덕분에 초기의 인공 신경망 연구는 연결주의라 알려진 방향으로 급속히 나아갔다. 아마 연산 분야에서 처음으로 도입된 자기조직적 패러다임이었을 것이다.

자기조직적 체계의 핵심 조건은 비선형성이다. 출력이 단순히 입력의 합으로 정의되지 않게 하는 모종의 방법들이 있어야 하는 것이다. 초기의 신경망 모델들은 뉴런 핵을 정의할 때 비선형성을 도입했다.[23] (기본적 신경망 기법은 어렵지 않은 편이다.)[24] 한편 비슷한 시기에 앨런 튜링은 연산의 이론적 모델에 대해 연구하고 있었는데, 그 또한 연산에는 비선형성이 필요하다는 것을 밝혀냈다. 단지 입력들의 합만 출력할 수 있는 체계는 기본적 연산 기능들을 수행할 수 없다는 것이다.

오늘날 우리는 생물학적 뉴런들에 다양한 비선형성이 존재한다는 사실을 안다. 시냅스의 전기화학적 활동과 수상돌기의 형태에서 비롯되는 현상이다. 따라서 뉴런들을 적절히 배치하면 연산을 수행할 수 있다. 더하기, 빼기, 곱하기, 나누기, 평균 구하기, 걸러내기, 정규화하기, 역치로 신호 통제하기, 기타 등등의 변환 작업을 할 수 있다.

특히 뉴런이 곱하기 기능을 수행할 수 있다는 것이 중요하다. 한 신경세포망의 활동이 다른 망의 연산 결과로 조절될 수 있다(영향 받을 수 있다)는 뜻이기 때문이다. 원숭이를 대상으로 전기생리학적 실험을 한 결과, 뇌의 시각 피질이 영상 정보를 처리하고 있을 때 뉴런들의 신호 크기는 원숭이가 영상의 특정 부분에 관심을 쏟느냐 쏟지 않느냐에 따라 늘었다 줄었다 했다.[25] 인간을 대상으로 한 fMRI 실험도 마찬가지 결과였다. 피험자가 영상 속 특정 부분에 관심을 쏟으면 V5라 불리는 피질 영역에서 영상을 처리하는 뉴런들의 반응성이 높아졌다. V5는 움직임 탐지를 담당하는 영역이다.[26]

또 하나의 돌파구는 1949년에 왔다. 도널드 헵이 '헵 반응'이라는, 의미 있는 신경 학습 이론을 제시한 것이다. 반복적으로 자극되는 시냅스(시냅스들의 집합)는 강화된다는 이론이다. 시냅스의 조건 강화가 계속되면 그것이 바로 학습 반응이다. 연결주의를 따르는 학자들은 이 모델에 근거한 신경망 모델을 구축했고, 이런 유형의 실험은 1950년대와 1960년대 내내 계속되었다.

그런데 1969년, 연결주의 학파는 도전을 받는다. MIT의 마빈 민스키와 시모어 패퍼트가 《퍼셉트론》이라는 책을 발표한 것이 계기였다.[27] 책의 핵심 주장은 당시 존재하던 신경망 모델들 중 가장 흔한(그리고 가장 단순한) 형태의 것(코넬 대학의 프랭크 로젠블라트가 만든 것으로서 '퍼셉트론'이라 불렸다)으로는 어떤 선이 끊김 없이 이어져 있는가 그렇지 않은가 하는 단순한 문제조차 풀 수 없다는 것이다.[28] 주춤했던 신경망 연구가 다시 융성하기 시작한 것은 1980년대였다. '역전파'라는 기법이 등장하면서였다. 매번 과제가 끝날 때마다 개별 인공 뉴런들의 가중치(출력의 강도)를 재조정하는 학습 알고리즘을 사용하고, 그 결과에 따라 각 시냅스의 강도를 결정하는 방식이었다. 즉 신경망이 좀 더 정답에 가까워지도록 '학습'하는 셈이다.

하지만 실제 생물학적 신경망과 비교해보면 역전파를 사용해 시냅스 가중치를 훈련시키는 방법은 정확한 모델이라고 할 수 없다. 포유류의 뇌에는 시냅스 연결을 강화하는 역행적 연결이 존재하지 않기 때문이다. 하지만 컴퓨터에 이런 형태의 자기조직적 시스템을 적용하면 많은 패턴 인식 문제를 풀 수 있다. 비록 상호연결된 자기조직적 뉴런들에 대한 모델치고는 단순한 편이지만 능력은 널리 검증되어 있다.

헵은 학습 형태를 한 가지 더 제안했는데, 첫 번째 이론보다는 덜 알려져 있다. 흥분한 뉴런이 스스로 되먹임을 하여(아마도 다른 층을 통해서일 것이다) 반향을 일으킨다는 가설이다(뉴런이 하나의 닫힌 체계로서 스스로 흥분 상태를 유지한다는 것이다). 헵은 이런 반향이 단기 학습의 근원일 수 있다고 제안했다. 또 단기 반향이 장기기억으로 이어질 수도 있을 것이라 했다. "반향 활동이 지속적으로 반복되면 세포에 항구적인 변화가 생겨 안정성을 더하는 결과를 낳는다. 다음과 같이 가정할 수 있다. 세포 A의 축색이 세포 B를 흥분시킬 수 있을 정도로 가까이 있고, 반복적으로 또는 지속적으로 B의 점화에 영향을 미친다면 둘 중 하나의 세포 또는 둘 모두의 대사 과정에 변화가 생기거나 모종의 새로운 과정이 자라날 것이다. 그래서 B를 점화하는 세포로서 A의 효율성이 증대될 것이다."

헵의 반향 기억 이론은 시냅스 학습 이론만큼 체계적으로 정립되어 있지 않지만 최근에 이를 뒷받침하는 듯한 사례들이 여럿 보고되었다. 일례로 특정 시각 패턴이 주어질 경우 일군의 흥분성 뉴런(시냅스를 자극하는 뉴런)들과 억제성 뉴런(자극을 막는 뉴런)들이 함께 진동을 시작했다.[29] MIT와 루슨트 테크놀로지 사의 벨 연구소는 트랜지스터로 구성된 전자 집적회로를 만들었는데, 16개의 흥분성 뉴런과 하나의 억제성 뉴런을 모방해서 대뇌피질의 회로를 훌륭히 흉내낼 수 있었다.[30]

신경과 신경 정보 처리 과정에 대한 초기 모델들은 어떤 면에서는 지나치게 단순하고 부정확하다. 하지만 이런 이론들이 형성될 때 제대로 된 도구나 자료가 없었음을 생각해보면 놀라운 성취가 아닐 수 없다.

뇌 들여다보기

> 우리는 도구의 흔들림이나 잡음을 상당히 줄여서 분자의 아주 작은 움직임까지도
> 볼 수 있게 되었다. 분자가 몸 크기보다 작은 거리를 움직여도 알 수 있다. …… 이
> 런 실험은 15년 전에는 고작 몽상이나 할 수 있는 것이었다.
>
> ―스티븐 블록, 스탠퍼드 대학 생물과학 및 응용물리학 교수

컴퓨터에 대해 아무것도 아는 게 없는 상태에서 역분석을 시도한다
고 상상해보자('블랙박스'적 접근법이다). 아마 컴퓨터 둘레에 자기 센서
들을 설치하는 것부터 시작할 것이다. 컴퓨터가 데이터베이스를 업데
이트하는 동안에는 특정 회로기판에 눈에 띄는 활동이 벌어진다는 것
을 알게 될 것이다. 하드디스크도 돌아간다는 걸 눈치채게 될 것이다.
(실제로, 하드디스크의 소음을 들으면 컴퓨터가 어떤 작업을 하고 있는지 거칠
게나마 눈치챌 수 있다.)

그러면 우리는 데이터베이스를 저장하는 장기기억과 디스크 사이
에 모종의 관계가 있다는 가설을 세울 것이다. 또 작업 중에 활동을
보였던 회로기판은 데이터 저장에 관여한다고 생각하게 될 것이다.
이만하면 어느 부분에서 언제 작업이 벌어지는지 대강 알게 된 것이
지만 작업이 어떤 식으로 이뤄지는지는 아직 모른다.

컴퓨터의 레지스터(일시 기억 장소)가 프런트 패널 전구에 연결되어
있다면(초창기 컴퓨터들은 그랬다) 깜박이는 불빛을 통해서 컴퓨터가 작
업을 처리하는 동안 레지스터 상태가 바뀐다는 걸 알 수 있을 텐데,
자료 분석을 할 때는 상태가 빠르게 변하고 자료 전송을 할 때는 느리
게 변한다는 걸 눈치채게 될 것이다. 그러면 불빛은 모종의 분석적 활
동 중에 벌어지는 논리 상태 변화와 관련 있다고 가정할 수 있다. 이
런 통찰들은 정확할지 몰라도 조잡한 것이다. 정보가 실제로 어떻게

암호화되고 변형되는가 하는 작동 이론에 대해서는 아무것도 말해주는 바가 없다.

앞의 가상적 상황은 조악한 도구밖에 없던 시절에 뇌를 스캔하고 모델링하려 했던 경험을 떠올리게 한다. 현재의 뇌 스캔 연구(fMRI, MEG 등의 기법을 쓴다)에 기반한 대부분의 모델은 바탕에 깔린 기제에 대해서는 단서만 줄 뿐이다. 물론 값진 연구들이지만 도구의 시공간적 해상도가 너무 낮기 때문에 뇌 속성을 그대로 역분석하기에는 역부족이다.

새로운 뇌 스캔 도구들 다시 컴퓨터의 예로 돌아가보자. 회로의 특정 지점에 정교한 감지기를 붙일 수 있다고 하고, 감지기가 고속으로 신호를 추적할 수 있다고 하자. 정보가 변형되는 과정을 실시간으로 추적할 도구를 가진 셈이다. 그러면 어떻게 회로들이 작동하는지 상세히 묘사할 수 있을 것이다. 실제로 전자공학자들은 이런 식으로 회로를 파악하여 버그를 잡는다. 가령 컴퓨터의 신호를 시각화하는 논리 분석기를 동원하여 기판 등을 점검하는 것이다(경쟁자의 상품을 역분석하는 등의 목적이다).

신경과학에는 아직 이런 식의 분석을 가능케 하는 감지 기술이 없다. 하지만 상황은 좋아지고 있다. 뇌를 들여다보는 데 쓰는 도구들이 기하급수적 속도로 개량되고 있다. 비침습성 뇌 스캔 기기들의 해상도는 매년 두 배씩(단위 부피마다) 늘고 있다.[31]

뇌 스캔 영상 재구성 속도도 엇비슷하게 빨라지고 있다.

가장 흔히 쓰이는 뇌 스캔 도구는 fMRI다. 공간적 해상도는 1에서 3밀리미터 정도로 높은 편이지만(그래도 개별 뉴런을 볼 수 있을 정도는 아니다) 시간적 해상도가 몇 초 정도로 낮은 편이다. 최근에는 fMRI 기술이 개선되어 얇은 샘플에 대해서는 약 1초 또는 0.1초 내에 스캔할 수 있는 기기도 나왔다.

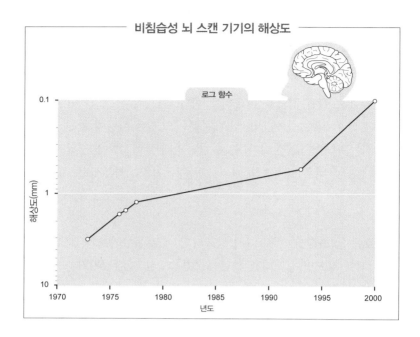

비침습성 뇌 스캔 기기의 해상도

로그 함수

해상도(mm)

년도

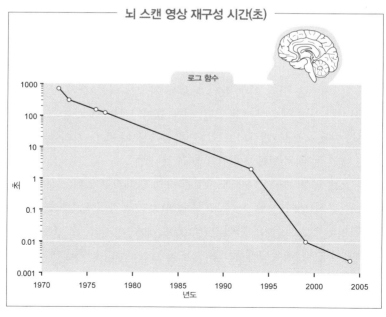

뇌 스캔 영상 재구성 시간(초)

로그 함수

초

년도

또 널리 쓰이는 기법으로 MEG가 있다. 피라미드 꼴을 한 피질 뉴런들이 주로 발생시키는 약한 자기장을 두개골 밖에서 측정하는 기법이다. MEG는 1밀리초 정도로 높은 시간적 해상도를 자랑하지만 공간적 해상도가 1센티미터 정도로 나쁘다.

미국 레드우드 신경과학 연구소의 프리츠 좀머는 fMRI와 MEG를 결합하여 시공간 정밀도를 향상시키는 기법을 개발하고 있다. 최근에는 원주 구조나 층 구조처럼 너비가 일 밀리미터가 못 되는 뇌 영역들의 지도를 fMRI로 작성한 사례가 있다. 시간도 몇십 밀리초밖에 걸리지 않았다.[32]

fMRI와 비슷한 스캔 기술로 양전자를 사용하는 양전자방출단층촬영술(PET)이 있다. 두 기술 모두 신경 활동을 간접적으로 측정한다. PET는 영역별 대뇌 혈류(rCBF)를 측정하고, fMRI는 혈중 산소량을 측정한다.[33] 혈류 변화와 신경 활동의 관련성에 대해서는 아직도 논란이 있다. 하지만 뉴런의 활동전위 형성을 반영하는 것은 아니라도 국지적 시냅스 활동을 반영하는 것처럼은 보인다는 게 중론이다. 신경 활동과 혈류의 관계에 처음 생각이 미친 것은 19세기 말이었다.[34] 그런데 fMRI의 한계는 혈류와 시냅스 활동의 관계가 직접적이지 않다는 데 있다. 두 현상의 관계에 영향을 미치는 대사 기제들이 아주 많기 때문이다.

어쨌든 PET와 fMRI는 뇌 상태의 상대적 변화를 측정하는 기법으로는 가장 믿을 만하다고 여겨진다. 기기들은 '감산' 패러다임을 활용함으로써 뇌가 특정 임무를 수행하는 동안 어느 영역이 가장 활발한지 보여준다.[35] 피검자가 어떤 정신 활동을 수행하고 있을 때의 스캔 결과에서 수행하지 않을 때의 결과를 빼는 방법이다. 빼고 남은 것이 뇌 상태가 변한 영역이다.

침습성 기법으로는 시공간 해상도가 높은 '광학 영상'이 있다. 두개골 일부를 연 후, 살아 있는 뇌 조직을 신경 활동 시에 형광을 띠는 염료로 염색하고, 방출되는 빛을 디지털 카메라로 촬영하는 방법이다. 수술을 해야 하기 때문에 동물 실험, 주로 쥐를 대상으로 사용되고 있다.

서로 다른 영역의 뇌 기능을 파악하는 기법으로 경두개자기자극(TMS)도 있다. 머리 바로 위에 자기코일을 놓아서 두개골 외부에 강력한 자장을 거는 것이다. 뇌의 작은 영역들을 자극하거나 '가상 손상'을 일으키면(일시적으로 기능을 마비시키면) 상응하는 능력들이 감퇴하거나 좋아지는 것을 볼 수 있다.[36] TMS는 뇌의 여러 지역들 간의 관계를 밝히는 데 쓰일 수 있고, 심지어 환각 체험을 유발할 수도 있다.[37] 뇌 과학자 앨런 스나이더는 TMS에 몸이 묶였던 피검자들 중 40퍼센트가 새로운 능력을 보였다고 보고했다. 상당히 놀라운 능력도 많았는데, 가령 그림 그리는 실력이 월등히 좋아졌다거나 하는 것이다.[38]

스캔 대상인 뇌를 파괴해도 된다면야 공간적 해상도를 무척 높이는 게 가능하다. 지금도 냉동한 뇌를 스캔할 수 있지만 모든 내적 연결들을 파악하기에는 속도나 대역폭이 충분치 않다. 그러나 수확 가속의 법칙과 맞물려 이런 연구들도 폭발적으로 성장할 것이며, 그 점은 뇌 스캔의 모든 분야가 마찬가지다.

카네기 멜런 대학의 안드레아스 노와치크는 200나노미터보다 세밀한 해상도로 쥐의 뇌와 몸의 신경계를 스캔하고 있는데, 이 정도면 역분석에 필요한 수준에 가깝다 할 수 있다. 또 다른 파괴성 스캔 기술로 '뇌 조직 스캐너'도 있다. 텍사스 A&M 대학 뇌 네트워크 연구소에서 개발한 이 기기는 얇은 샘플 절편들을 이용해서 쥐의 뇌 전체를 250나노미터 해상도로 한 달 만에 스캔해냈다.[39]

해상도 개선하기 새로운 뇌 스캔 기술들의 시공간 해상도는 놀랄 만큼 개선되고 있다. 새로운 감지 및 스캔 시스템들에서 나오는 자료는 유례 없이 세밀한 수준의 모델을 구축하기에 충분하다. 아래에 기대할 만한 영상 및 감지 시스템들에 대해 짧게 소개했다.

펜실베이니아 대학 신경공학 연구소는 레이프 H. 핀켈의 지도하에 매우 흥미로운 새 스캔 카메라를 개발하고 있다.[40] 개별 뉴런의 영상을 잡아낼 수 있을 정도의 공간적 해상도와, 뉴런의 점화를 기록할 수 있을 만큼 빠른 1밀리초의 시간적 해상도를 보여줄 시스템이다.

현재 구축된 초기 버전으로는 세포 백 개를 동시 스캔할 수 있다. 카메라로부터 10미크론 깊이까지 읽을 수 있다. 앞으로 나올 버전은 동시 처리 세포 수를 천 개까지 늘리고 깊이도 150미크론, 시간은 밀리초보다 짧게 할 수 있을 것으로 보인다. 또 동물이 정신 작업에 몰두하는 동안 생체 조건에서(살아 있는 뇌에서) 신경 조직을 스캔할 수 있다. 다만 뇌 표면을 노출해야 한다. 전위 변화에 따라 형광을 발산하는 염료로 신경 조직을 염색하고, 고해상도 카메라로 그 모습을 찍는 것이다. 동물이 특정 인지 기술을 습득하기 전과 후에 뇌를 스캔할 것이다. MEG의 뛰어난 시간적 해상도(1밀리초)에다 개별 뉴런과 연결을 영상화할 수 있는 능력까지 더한 시스템이다.

뉴런들, 혹은 뉴런의 일부분만을 시공간적으로 정확하게 비침습적으로 활성화시키는 기법도 개발되었다. '이광자' 여기(흥분) 상태를 사용하는 '이광자 레이저 주사현미경(TPLSM)'*이라는 기법이다.[41] 3차원 공간 속 한 지점에 공초점을 맞추어 매우 고해상도의 스캔을 가능케 하는 방법이다. 10^{-15}초라는 짧은 순간 지속되는 레이저 펄스를 활용하여 뇌 속 시냅스의 흥분 상태를 측정하는데, 정확하게는 시냅스 수용체들의 활성화와 관련 있다고 하는 세포 간 칼슘 축적 농도를 측정한다.[42] 극히 적은 양의 뇌 조직을 파괴하긴 하지만 활성화된 수상돌기

---

*　두 개의 광자가 동시에 여기 상태가 되면 형광을 발한다는 현상을 기반으로 하여 생체 조직을 주사하는 영상 기법.

가시와 시냅스들의 영상을 굉장히 높은 해상도로 제공한다.

이 기법은 초정밀 세포 내 수술을 수행하는 데 활용되어왔다. 하버드 대학 물리학자 에릭 마주르와 동료들은 이 방법을 통해 세포를 정교하게 손질할 수 있음을 보여주었다. 가령 개재뉴런 연결을 잘라내거나, 다른 세포 성분들에는 영향을 미치지 않은 채 미토콘드리아(세포의 에너지 공장) 하나만 파괴할 수 있었다. 마주르의 동료인 도널드 잉베르는 이렇게 말했다. "태양열에 맞먹는 높은 온도를 내지만 10^{18}분의 1초 동안, 그것도 매우 좁은 공간에서만 발생시키는 것이다."

'다중전극 기록'이라는 또 다른 기법은 전극들을 여럿 설치하여 여러 뉴런들의 활동을 동시에 기록함으로써 높은 시간적 해상도(밀리초보다 짧은 수준)를 달성하는 방법이다.[43] 역시 비침습성 기법으로 2차 조화파 발생(SHG) 현미경*도 있다. 코넬 대학 대학원생 대니얼 돔벡의 설명에 따르면 "활동 중인 세포들을 연구할 수 있는" 도구다. 광학 결맞음 영상(OCI)라 불리는 또 다른 기법은 결이 맞는 빛(광파들의 면이 모두 한 방향으로 정렬된 것)을 활용하여 세포 집단에 대한 3차원 홀로그램 영상을 형성한다.

나노봇으로 스캔하기 두개골 바깥에서 뇌를 스캔하는 비침습성 기법들이 빠르게 발전하고 있지만, 신경의 모든 세부를 남김없이 스캔하는 가장 강력한 방법은 역시 안쪽에서 스캔하는 것이다. 2020년대면 나노봇 기술이 현실화될 테고 가장 두드러진 적용 사례가 바로 뇌 스캔 분야일 것이다. 나노봇은 인간 혈구만 하거나(7~8미크론) 그보다 작은 로봇이다.[44] 나노봇 수십억 개가 뇌 모세혈관을 돌아다니며 신경에 직접 접촉하여 세부사항들을 스캔할 것이다. 고속 원격 통신을 이용하여 자기들끼리 연락을 주고받고, 뇌 스캔 데이터베이스 구축 작

* 2차 조화파라는 비선형 광학 현상을 활용한 영상 기법이다.

업을 관장하는 컴퓨터와도 통신할 것이다. (나노봇들과 컴퓨터들이 하나의 무선 지역망을 이룬다고 볼 수 있다.)[45]

나노봇들을 뇌에 투입하는 데 있어 가장 문제가 되는 기술적 난점은 혈뇌장벽이다. 19세기 말, 과학자들이 동물의 혈류에 푸른 염료를 넣어 염색하다가 발견한 조직이다. 동물의 모든 장기들이 푸르게 물들었는데 척수와 뇌만 예외였던 것이다. 과학자들은 혹시 핏속에 있을지 모를 유해한 물질들로부터 뇌를 보호하는 장벽이 있는 것 같다는 가설을 세웠다. 가령 박테리아, 호르몬, 신경전달물질처럼 행동하는 화합물들, 기타 독소들 말이다. 산소와 글루코오스, 그 밖의 몇 가지 한정된 분자들만이 혈관을 떠나 뇌로 들어갈 수 있다.

20세기 초, 과학자들은 부검을 통해 뇌와 신경계 조직 모세혈관 벽의 내피 세포들은 비슷한 크기의 다른 장기 혈관들보다 훨씬 빽빽하게 밀집해 있다는 것을 발견했다. 이것이 혈뇌장벽이다. 최근에는 혈뇌장벽이 사뭇 복잡한 체계라는 게 밝혀졌다. 문 같은 것들이 나 있어서 그걸 지나 뇌로 들어가려면 자물쇠에 맞는 암호가 있어야 한다는 것이다. 또 조눌린과 조트라는 두 단백질은 뇌의 수용체와 결합함으로써 일시적으로 혈뇌장벽 특정 지점의 문을 열어준다고 한다. 두 단백질은 소장에서도 비슷한 기능을 하는데, 수용체의 문을 열어 글루코오스 등의 영양소가 흡수되게 한다.

뇌 스캔 등의 용도로 쓸 나노봇을 설계할 때는 혈뇌장벽을 반드시 고려해야 한다. 미래의 일이긴 하지만 가능할 듯한 전략들을 아래에 몇 가지 소개했다. 향후 약 25년 동안 이 밖에도 여러 기법들이 발명될 것은 물론이다.

- 혈뇌장벽을 뚫고 지날 수 있도록 나노봇을 작게 만들면 되지 않을까 하는 생각이 먼저 든다. 하지만 이건 사실 가장 비현실적인 접근법이다. 현재 우리가 예상하는 나노기술 수준으로는 그렇다. 이

것이 가능하려면 나노봇의 지름이 20나노미터 미만이어야 할 텐데 즉 탄소 원자 100개 규모라는 말이다. 나노봇의 규모를 그 수준으로 제한하면 기능에 심각한 문제가 있을 것이다.

• 나노봇을 혈류에 둔 채 로봇 팔만 혈뇌장벽을 지나게 하여 신경세포를 따라 흐르는 세포 외 체액에 들어가게 할 수 있다. 그러면 충분한 연산 및 이동 자원을 갖춘 큰 나노봇을 만들어도 괜찮다. 대부분의 뉴런들이 모세혈관에서 세포 둘 내지 세 개 정도 떨어진 거리에 있기 때문에 로봇 팔 길이는 50미크론 정도면 된다. 로버트 프레이터스 등이 분석해본 결과 팔의 길이를 20나노미터 미만으로 하는 것도 가능했다.

• 나노봇들을 모세혈관에 둔 채 비침습성 스캔을 수행할 수도 있다. 일례로 핀켈과 동료 연구자들이 설계한 스캔 방법은 150미크론이라는 매우 높은 공간적 해상도를 낼 수 있는데(개별 뉴런 연결을 파악하기에 충분한 깊이다) 이 정도만 해도 우리 필요보다 몇 배 뛰어난 성능이다. 물론 이런 광학 영상 기기를 (현재 설계보다 훨씬 더) 소형화해야 한다는 문제가 있다. 하지만 전하결합소자를 쓰므로 얼마든지 크기를 줄일 수 있을 것으로 보인다.

• 또 한 가지 비침습성 스캔 방법은, 이광자 스캐너와 비슷한 식으로 일군의 나노봇들이 신호를 내보내게 하고 다른 일군의 나노봇들이 그것을 송신하는 방식이다. 송신된 신호를 분석함으로써 두 나노봇 집단 가운데 놓인 조직의 지형도를 알아낼 수 있다.

• 로버트 프레이터스가 제안한 또 다른 전략은 나노봇들이 말 그대로 혈뇌장벽을 뚫고 들어가게 하는 것이다. 혈뇌장벽에 구멍을 낸 뒤, 혈류를 떠나 뇌로 들어가서 다시 구멍을 수리하는 것이다. 나노봇은 다이아몬드형 구조를 가지는 탄소로 만들어질 가능성이 높으므로 여타 생물 조직들보다 훨씬 강할 것이다. 프레이터스는 이렇게 썼다. "세포가 빽빽하게 밀집한 조직 속을 전진하는 나노로

봇은 어쩔 수 없이 눈앞에 놓인 세포 사이 접착물들을 소량이나마 파괴하게 될 것이다. 그 후에는 물론 침입의 여파를 최소화하기 위해 지나온 길에 뚫린 구멍들을 막아줘야 한다. 대강 두더지가 굴을 파는 방식과 비슷한 것을 생각하면 된다."[46]

- 암 연구 분야에서도 새로운 접근법이 제안되고 있다. 암 연구자들은 암세포 파괴 물질을 종양까지 보낼 요량으로 선택적 혈뇌장벽 파괴 기법을 궁리하고 있다. 최근 연구에 따르면 혈뇌장벽을 열어주는 몇 가지 요소들이 있다. 앞에서 말한 몇 가지 단백질은 물론이고 국지성 고혈압, 특정 물질들의 높은 농도, 마이크로파 등의 복사파, 감염, 염증 등이다. 글루코오스 같은 필수 영양소만 선택적으로 실어나르는 기제도 있다. 마니톨 당은 빽빽하게 맞붙은 내피 세포들을 일시적으로 수축하게 함으로써 혈뇌장벽에 잠시 틈을 낸다. 이를 이용해 혈뇌장벽을 여는 화합물을 개발하는 연구자들도 있다.[47] 암 치료 목적으로 진행되는 연구이지만 비슷한 식으로 뇌 스캔이나 기타 정신 활동 보조용 나노봇들을 들여보내는 방법을 개발할 수 있을 것이다.

- 신경 조직이 있는 뇌 영역에 직접 나노봇들을 주입하면 혈류나 혈뇌장벽 문제를 하나도 고민할 필요가 없다. 앞서 말했듯 새로 생겨난 뉴런들은 뇌실을 지나서 뇌의 다른 부분으로 옮겨간다. 나노봇들도 그런 이동 경로를 취할 수 있다.

- 로버트 프레이터스는 나노봇들로 감각 신호를 감시하는 몇 가지 기법을 제안했다.[48] 뇌의 입력 신호를 역분석할 때도 중요하고, 신경계 내부로부터 완전몰입형 가상현실을 구축할 때도 중요할 기법들이다.

▶ 프레이터스는 청각 신호를 감지하고 스캔하기 위한 "이동식 나노기기"를 제안한다. 기기는 "귀의 나선동맥 속을 구불구불 헤

엄쳐 가서 달팽이관에 다다른 다음, 나선 신경 섬유들과 나선 신경절 속의 코르티 기관 상피세포로 들어가는 신경들 근처에 자리잡는다. 그곳에서 신경 감지기 역할을 하는 것이다. 기기는 인간의 귀가 인식하는 모든 청각 신경 신호들을 탐지하고, 기록하고, 다른 통신망의 나노기기들로 전송할 수 있다".

▶ 인체의 "중력, 회전, 가속 감각"에 대해서는 "반고리관의 유모세포들에서 나오는 구심성 신경의 끝에 나노 감지기를 위치시키면 된다"고 프레이터스는 말한다.

▶ "운동 감각 관리를 위해서는…… 운동 뉴런들을 감시하여 사지의 행동과 위치 및 특정 근육의 활동을 추적하고, 심지어 통제력을 행사할 수도 있을 것"이라 했다.

▶ "후각과 미각 신경 신호들 역시 나노 감지기들로 도청할 수 있다."

▶ "통증 신호도 얼마든지 기록하거나 변경시킬 수 있다. …… 피부의 수용체들이 물리적 신경 자극이나 온도 자극을 받아들이듯 말이다."

▶ 프레이터스는 망막에는 미세 혈관이 풍부하기 때문에 "광수용체(간상체, 추상체, 쌍극세포, 신경절)와 적분기 뉴런*들에 쉽게 접근할 수 있다"고 지적한다. 시신경을 통해 초당 1억 회 정도의 신호들이 들어오는데 이 정도의 신호 처리는 그리 어렵지 않다. MIT의 토마소 포지오 등이 지적했듯, 우리는 아직 시신경 신호의 암호화 방식을 모른다. 일단 시신경 개개 섬유의 신호를 감시할 수 있게 되면 신호를 해석하는 능력도 일취월장할 것이다. 현재 열심히 연구가 이뤄지고 있는 분야다.

* 안구 운동의 속도 신호를 수학적으로 적분하여 위치 신호로 바꾸는 연산을 하는 뉴런.

인체로 들어오는 신호들은 우선 여러 단계의 처리를 거치며 잘 압축된 역동적 신호가 된 채, 대뇌피질 깊숙한 곳에 있는 우측 섬엽과 좌측 섬엽이라는 작은 기관으로 들어간다. 완전몰입형 가상현실을 구축할 때는 처리되지 않은 신호들을 사용하기보다 섬엽에서 이미 해석된 신호들을 활용하는 게 효과적일 것이다.

역분석을 통해 뇌 작동 원칙을 알기 위해 스캔하는 것은 어떤 사람의 인성을 '업로드'하기 위해 스캔하는 것보다 훨씬 쉽다. 역분석할 때는 특정 영역 신경 연결망의 기본 패턴만 이해하는 수준으로 스캔하면 된다. 개개 연결들을 모두 파악해야 할 필요는 없다.

일단 뇌 영역의 전반적 신경 배선 패턴을 알게 되면, 그 영역에 존재하는 여러 종류 뉴런들의 작동 방식에 대한 정보와 합쳐볼 수 있다. 뇌의 한 영역에는 뉴런이 수십억 개까지 있을 수 있지만 종류는 얼마되지 않는다. 이미 시험관 연구를 통해 여러 뉴런과 시냅스 연결들의 기본 작동 원리가 꽤 밝혀진 상태다. 이광자 주사 현미경으로 생체 내 상태일 때의 연구도 진행되고 있다.

지금의 기술로도 위의 기법들을 시도할 수 있다. 비록 초기 상태의 연구만 가능하겠지만 말이다. 이미 특정 뇌 영역의 모든 신경 연결들을 정확하게 볼 수 있는 초고해상도 스캔 기법이 존재한다. 오로지 문제는 어떻게 스캐너를 신경 물질들에 좀 더 가깝게 위치시킬까 하는 점이다. 나노봇에 관해서라면, 혈구 크기 기기를 개발하여 진단 및 치료에 쓰는 것을 목표로 삼는 학회가 네 개나 있다.[49] 2장에서 말했듯, 앞으로도 연산 비용은 기하급수적으로 감소할 것이고, 전자기술이나 기계기술의 크기는 빠르게 줄어들 것이며, 효과는 빠르게 늘어날 것이다. 보수적으로 예측하더라도 2020년대 중에는 앞에서 말한 접근법들을 실행해볼 만한 나노기술이 탄생할 게 분명하다. 나노봇을 활용한 스캔 기술이 등장하면 비로소 우리는 오늘날의 회로 설계자들과 비슷한 위치에 오를 것이다. 뇌 속 수백만 지점, 아니 수십억 지점에 초고해상도, 초민감 감지기들을 설치하여 살아 있는 뇌가 활동하는 모습을 숨막힐 정도로 세세히 목격할 수 있을 것이다.

뇌 모델 구축하기

우리 몸이 마법처럼 줄어들어 다른 사람의 뇌 속에 들어갔다고 상상해보자. 그 사람은 열심히 생각을 하는 중이다. 우리는 열심히 작동하고 있는 펌프, 피스톤, 기어, 레버 등을 볼 수 있을 테고, 그 작동 모습을 기계적 용어로 완벽히 설명할 수 있을 것이다. 그러므로 뇌의 사고 과정을 완벽히 묘사할 수 있을 것이다. 하지만 묘사 어느 부분에도 생각에 대한 언급은 없을 것이다! 펌프, 피스톤, 레버 등에 대한 묘사 말고는 아무것도 없을 것이다!

–G. W. 라이프니츠(1646~1716)

과학 분야의 원칙들은 어떤 식으로 표현되는가? 물리학자들은 광자, 전자, 쿼크, 양자 파동함수, 상대성, 에너지 보전 같은 용어들을 쓴다. 천문학자들은 행성, 항성, 은하, 허블 편이, 블랙홀 같은 용어들을 쓴다. 열역학자들은 엔트로피, 제1법칙, 제2법칙, 카르노 사이클 같은 용어들을 쓴다. 생물학자들은 계통발생, 개체발생, DNA, 효소 같은 용어들을 쓴다. 각각의 용어들은 하나의 이야기 제목이나 마찬가지다! 어떤 과학 분야의 원칙들이란 그 분야 요소들의 구조와 행동에 대한 수많은 이야기들이 서로 얽힌 것을 가리킨다.

–피터 J. 데닝, 미국계산기학회 전 회장, 《연산의 위대한 원리들》 중에서

뇌 모델을 구축할 때는 무엇보다도 적절한 수준을 선택하는 게 중요하다. 물론 모든 과학 모델이 그렇다. 화학 이론들은 물리학에 기반을 두고 있으므로 물리학으로부터 전적으로 유도될 수 있다. 하지만

정말 그렇게 한다는 건 너무 번거로워 불가능에 가깝다. 그래서 화학은 자신만의 법칙과 모델을 활용한다. 마찬가지로 열역학 법칙들은 이론적으로 모두 물리학에서 유도될 수 있지만 그리 간단한 과정이 아니다. 뭉뚱그려 기체라고 불러도 좋을 만큼 입자의 수가 많다면 각 입자의 상호작용을 계산하는 건 실용적이지 못하다. 열역학 법칙들을 적용하는 편이 훨씬 낫다. 기체 속 분자 하나의 상호작용은 따라가기 힘들 정도로 복잡하고 예측불가능하지만, 수조 개의 분자들로 이루어진 기체 그 자체는 예측가능한 행태를 보인다.

마찬가지로, 생물학은 화학에 뿌리를 두고 있지만 자신만의 모델들을 가진다. 높은 수준의 체계를 이해하기 위해서 낮은 수준 체계들을 철저히 연구해야 하는 것은 당연하지만, 생물학에서도 높은 수준의 체계를 반드시 낮은 수준 체계들의 정교한 역학 작용으로 설명해야 하는 것은 아니다. 가령 DNA의 생화학적 기제를 전부 알지 못해도 동물의 배아 DNA를 조작하여 어떤 유전적 특질을 통제할 수가 있다. DNA 분자를 이루는 원자들의 상호작용에 대해서 알지 못하는 것은 말할 나위도 없다.

낮은 수준이 훨씬 복잡할 때도 있다. 췌도세포가 어떤 생화학적 기능들을 지니는지 모두 설명하려면 무척 복잡하다(인체의 모든 세포들이 공유하는 기능이 대부분이고, 일부는 모든 생물학적 세포들이 공유하는 기능이다). 하지만 췌도세포 수백만 개가 모여 이루어진 췌장을 인슐린이나 기타 소화 효소의 농도 조절 기능이라는 시각으로 모델링하는 일은 간단하진 않아도 췌도세포 하나를 모델링하는 것보다는 쉽다.

시냅스 반응으로부터 신경세포 집단의 정보 변형 과정에 이르기까지, 뇌를 이해하고 모델링하는 문제도 이와 비슷하다. 상세 모델이 성공적으로 구축된 뇌 영역들을 떠올려보면 췌도세포와 비슷한 현상이 있음을 깨닫게 된다. 세포 하나 시냅스 하나를 수학적으로 묘사하는 것보다 뇌 영역을 모델링하는 편이 오히려 간단한 것이다. 앞서 말했듯, 영역별 모델 구축에 드는 연산 용량은 이론적으로 모든 시냅스와 세포들을 모방하는 것보다 적다.

캘리포니아 공과대학의 질 로랑은 이렇게 말했다. "대부분의 경우, 한 체계의 집합적 행동을 그 하부 요소들에 대한 지식으로부터 추론해내기란 매우 까다롭다. …… 신경과학이라는 과학 체계에는 일차적이고 국지적인 설명 개념들이 필요하지만 그걸로 충분한 건 아니다." 뇌 역분석 작업에는 하향식 모델과 상향식 모델이 모두 필요할 것이다. 각자가 다양한 수준에서 묘사와 모델을 다듬어가며 거듭 개선하는 과정이 될 것이다.

아주 최근까지만 해도 신경과학은 극히 단순한 모델들만 쓰고 있었다. 감지 및 스캔 도구가 조악했기 때문이다. 그러다 보니 인간의 사고 능력은 원천적으로 스스로 이해할 수 없는 수준이 아닌가 의심하는 이들도 있었다. 피터 D. 크레이머는 이렇게 썼다. "마음이 우리가 이해할 수 있을 정도로 단순한 것이라면, 우리는 너무 단순해 그것을 이해하지 못할 것이다."[50] 앞서 더글러스 호프스태터가 인간 뇌와 기린 뇌를 비교한 얘기를 했었다. 기린의 뇌 구조는 사람과 크게 다르지 않지만 그럼에도 스스로를 이해할 능력을 지니지 못했다는 지적이다. 그러나 최근에는 다양한 수준에서 매우 정교한 모델들이 등장하면서, 뇌를 본딴 정확한 수학 모델을 구축하고 풍부한 연산 자원을 동원해 모델들을 시뮬레이션하는 일이 어렵긴 하지만 가능하다는 게 증명되고 있다. 일단 많은 자료를 처리할 수 있는 능력만 갖춰지면 된다. 신경과학은 먼 옛날부터 모델을 활용해왔다. 하지만 모델들이 충분히 종합적이고 정교한 수준으로 발전한 것, 그리고 그에 의거한 시뮬레이션이 실제 뇌 실험과 비슷한 결과를 도출하기 시작한 것은 최근 들어서의 일이다.

뉴런 하위 모델들: 시냅스와 돌기

2002년, 미국심리학회 연례 모임에서 뉴욕 대학 심리학자이자 신경과학자 조지프 르두는 이렇게 말했다.

> 인간이 기억으로 만들어진 존재이고, 기억이 뇌의 기능이라면, 시냅스는 자아의 근본 단위라 할 수 있습니다. 시냅스를 통해 뉴런들이 소통할 뿐더러 기억이 암호화되는 물리적 구조이기 때문입니다. …… 시냅스는 뇌의 계층 구조에서 매우 낮은 단계에 속하지만, 굉장히 중요한 존재라고 생각합니다. …… 자아는 각자 다른 형태의 '기억'을 지닌 뇌 하위체계들의 합이고, 또한 하위체계들끼리 복잡한 상호작용을 한 결과입니다. 시냅스의 가소성, 즉 한 뉴런에서 다른 뉴런으로 쉽게 신호를 전달하는 시냅스의 유연한 능력 없이는 그 체계들이 변화를 일으키지 못할 것이고, 변화야말로 학습에 꼭 필요한 요인인 것입니다.[51]

초창기 연구자들은 정보 전달의 기본 단위를 뉴런으로 생각했으나, 이후 뉴런의 하위 구성 요소들에 초점을 맞추는 쪽으로 방향이 바뀌었다. 연산 신경과학자 안토니 J. 벨은 이렇게 주장한다.

> 분자들의 활동과 생리학적 과정들은 뉴런 차원의 활동에 영향을 미친다. 가장 뚜렷한 네 가지만 예를 든다면 유입 자극에 대한 뉴런의 민감도(시냅스의 전달 효율과 시냅스 이후 부분*의 반응성 모두), 뉴런이 신호를 발사하는 흥분도, 신호의 패턴, 새로운 시냅스가 형성될 가능성(동적 재배선) 등이 영향을 받는 것이다. 게다가

---

* 전시냅스에서 시냅스 간격을 넘어 확산된 신경전달물질들을 수용체로 받아들여 다음으로 전달하는 시냅스의 부분.

뉴런들 사이에 걸쳐 일어나는 현상들, 가령 국소 전기장이나 산화 질소의 막간 확산은 각기 집단적 뉴런 점화와 세포로의 에너지 전달(혈류)에 영향을 미치는데, 또한 후자는 뉴런의 활동에 직접적으로 관련되는 현상인 것이다. 이런 상호작용 목록을 끝없이 나열할 수 있다. 나는 신경조절물질이나 이온 채널, 시냅스 기제에 대해 진지하게 연구해본 사람이라면, 동시에 정직한 사람이라면, 뉴런이라는 차원을 연산의 차원으로 생각할 수 없으리라 믿는다. 뇌 기능을 서술함에 있어서는 때로 유용한 기술적 차원이 될 수 있겠지만 말이다.[52]

시냅스가 고전적인 매컬러-피츠 신경망 모델보다 훨씬 복잡한 것은 사실이다. 시냅스 반응은 다양한 요인들의 영향을 받는다. 다양한 이온 전위(전압)들의 통제를 받는 여러 이온 채널들, 여러 신경전달물질 및 신경조절물질들의 영향을 받는다. 하지만 지난 20년간 뉴런, 수상돌기, 시냅스, 연속적 활동전위(활성화된 뉴런들의 파동)에 담긴 정보의 표현 등을 수학적 공식으로 설명하는 노력들이 계속되었다. 피터 다얀과 래리 애보트는 수천 가지 실험에서 도출된 폭넓은 지식을 묘사할 수 있는 비선형 미분 방정식들을 한 가지에 모아 정리해보였다.[53] 뉴런 세포체와 시냅스의 생물리학, 망막과 시신경 등에서 발견되는 뉴런들의 앞먹임*망, 기타 다양한 종류의 뉴런들에 대한 탄탄한 모델이 이미 존재한다.

시냅스 활동 모델은 모두 헵의 선구적 연구에 바탕을 두고 있다. 헵은 단기기억(작업기억이라고도 불린다)이 어떻게 형성되는지 알고 싶어 했다. 단기기억에는 전전두피질이 관련된다고 알려져 있는데, 최근에

---

*   피드포워드라고도 한다. 정해진 순서에 따라 순차적으로 조작이 이루어져 결과를 내는 제어 과정이다. 그 반대인 되먹임(feedback, 피드백)은 어떤 조작의 결과가 과정에 영향을 미치거나 평가에 활용되는 과정이다.

는 여타 신경 회로들도 다른 형태로 단기 정보를 보전한다는 것이 밝혀졌다.

헵은 시냅스가 어떤 상태 변화를 통해 입력 신호들을 강화하거나 억제하는지, 뉴런들이 어떻게 닫힌 고리를 이루며 계속 점화함으로써 반향 회로를 구성하는지 주로 연구했는데, 후자에 대해서는 아직 논란이 있다.[54] 헵은 또 뉴런 자체의 상태 변화에 대한 이론도 제안했다. 세포체에도 기억 기능이 있음을 논한 것이다. 실험 결과에 따르면 헵이 제안한 모든 모델들이 타당하다고 한다. 가령 시냅스 기억과 반향 기억에 대한 고전적 헵 모델에 따르면 저장된 정보가 사용될 때는 약간의 시간이 필요하다. 그런데 생체 내 실험 결과, 그런 전형적 학습 모델로 설명하기엔 너무 재빠른 신경 반응이 뇌 일부에서 관찰되었다. 이것은 신경 세포체 자체도 학습에 의한 변화를 겪을 수 있다는 가설을 지지하는 것으로 보인다.[55]

헵이 예견하지 못한 또 한 가지 가능성은 뉴런 간 연결이 스스로 실시간 변화를 겪는 것이다. 최근의 스캔 연구 결과 수상돌기와 시냅스는 아주 빠르게 형성될 수 있는 것으로 보이므로, 연결 자체가 실시간으로 변할 가능성도 중요하게 고려해야 한다. 시냅스 수준에서도 단순한 헵 모델 이상의 다양한 방식으로 학습 활동이 이뤄질 수 있다는 실험들이 나왔다. 시냅스는 아주 빠르게 상태를 바꿀 수 있지만 자극이 지속되면 서서히 퇴화하기 시작한다. 가끔은 자극이 없어도 퇴화한다. 기타 여러 가지 변수들이 있다.[56]

요즘의 모델들은 헵이 고안한 단순한 시냅스 모델보다 훨씬 복잡하지만 헵의 통찰은 대부분 옳은 것으로 드러났다. 최근의 모델들은 헵의 시냅스 가소성에 더해 뇌 전역적 조절 기능들을 포함하고 있다. 가령 시냅스 기준화라는 작업이 있다. 시냅스 전위가 0이 되거나(다시 증가시키려 해도 할 수 없게 되는 것이다) 극단적으로 높아져 망을 장악해버리는 일을 방지하는 것이다. 신피질, 해마, 척수 뉴런을 시험관에서 배양한 결과 이런 시냅스 기준화가 실제 일어난다는 것을 확인했다.[57] 또 뇌의 작동 기제들은 뉴런들의 전반적인 점화 시기나 시냅스들 간의 전위 분포 등에도 민감한데, 최근의 모델들은 이처럼 근래에 확인된 기제들까지도 모두 고려하여 망의 학습능력과 안정성을 개선하고 있다.

시냅스에 대한 발견 중 가장 놀라운 것은 시냅스의 지형도와 그들이 이루는 연결망이 쉼 없이 바뀐다는 점이다. 시냅스 연결이 자주 바뀐다는 걸 처음 알게 된 것은 동물을 대상으로 혁신적인 뇌 스캔 실험을 했을 때였다. 동물의 유전자를 변형시켜 활성화된 뉴런이 형광 초록색으로 빛나게 만든 실험이었다. 덕분에 살아 있는 신경 조직을 영상으로 볼 수 있었으며, 수상돌기들의 모습(개재뉴런들이 연결된 모습)뿐 아니라 실제 시냅스 전위를 일으키는 수상돌기의 작은 가지 같은 조직들의 모습까지 고해상도로 확인할 수 있었다.

미국 롱아일랜드 콜드 스프링 하버 연구소의 신경생물학자 카렐 스보보다와 동료들이 수행한 연구도 신경 학습에 대한 매혹적인 결과를 보여준다. 쥐가 수염에서 받아들이는 정보를 분석하는 뉴런망을 뇌 스캔 도구를 통해 탐구한 것이었다. 확인 결과, 수상돌기는 끊임없이 새 가지들을 키워냈다. 가지의 수명은 대체로 하루나 이틀이었는데, 가끔 그 이상 안정적으로 존속하는 것들도 생겼다. "우리는 이런 높은 회전율이 신경 가소성에 중대한 역할을 한다고 봅니다. 계속 솟아나는 돌기들이 여러 이웃 뉴런들의 시냅스 이전 부분*들에 손을 뻗는 것입니다." 스보보다의 말이다. "그중 선호할 만한 연결이 생겨나면, 즉 뇌 재배선에 바람직한 형태의 연결이 생겨나면, 그 시냅스는 안정화되고 좀 더 오래 존재하게 됩니다. 하지만 대부분의 시냅스들은 올바

---

* 축색의 말단에서 정보를 받아들이는 시냅스의 한 부분으로 신경전달물질들을 포함한 수많은 시냅스 소포들을 갖고 있다.

른 방향으로 이어지지 못해서 다시 없어지고 마는 것입니다."[58]

신경 반응이 시간에 따라 감소하는 현상도 관찰되었다. 특히 특정 자극이 반복적으로 주어질 때 그렇다. 이렇게 신경이 자극에 적응하면 새로운 패턴의 자극에 우선권이 주어지는 장점이 있다. 뉴욕 대학 의학부의 신경생물학자 웬-삐아오 깐도 어른 생쥐의 시각 피질 신경 돌기를 대상으로 비슷한 실험을 했는데, 돌기 기제가 장기기억을 보관할 수 있음을 보여주었다. "열 살짜리 아이가 하나의 정보를 저장하기 위해 1,000개의 연결을 쓴다고 합시다. 그가 80세가 되어도 처음 연결의 4분의 1은 그대로 있을 겁니다. 무슨 일이 있어도 말입니다. 덕분에 우리가 어린 시절의 경험을 기억할 수 있는 것입니다." 깐의 설명이다. "뭔가를 학습하거나 외울 때 오래된 시냅스들을 없애버리고 새로운 시냅스들을 만드는 건 아니라고 생각합니다. 기존에 단기기억과 학습에 썼던 시냅스들의 강도를 조정하기만 하는 것입니다. 하지만 장기기억으로 굳히는 과정에서 몇몇 시냅스들이 새로 생기거나 없어질 가능성도 있습니다."[59]

신경 연결의 4분의 3이 사라져도 기억이 남는 까닭은 기억 암호화 기법이 홀로그램과 유사하기 때문이다. 홀로그램은 넓은 범위에 걸쳐 분산된 형태로 정보를 저장한다. 홀로그램의 4분의 3을 파괴해도 전체 영상은 보전된다. 해상도가 4분의 1로 나빠질 뿐이다. 미국 레드우드 신경과학 연구소의 신경과학자 펜티 카네르바는 기억이 넓은 뉴런 영역에 역동적으로 분포되어 있다는 주장을 지지한다. 그래야 기억이 오래 지속되지만 갈수록 '희미해지는' 이유를 설명할 수 있다는 것이다. 해상도가 감소한 것으로 이해하면 된다.

뉴런 모델들

과학자들은 특별한 인식 작업을 수행하는 특별한 뉴런들이 있다는 사실을 확인하고 있다. 병아리를 대상으로 한 실험에서는 두 귀에 도달하는 소리의 시간차를 탐지하는 뇌간 뉴런들이 있음을 발견했다.[60] 서로 다른 뉴런들이 서로 다른 시간 길이에 반응했다. 뉴런들의(그리고 그들이 의존하는 신경망의) 작동에는 복잡하고 불규칙한 면이 있지만, 그들의 최종 기능을 설명하고 모방하기는 어렵지 않다. 샌디에이고의 캘리포니아 대학의 신경과학자 스콧 매케이그는 "최근의 신경생물학 연구들을 볼 때 학습과 기억에는 신경 입력 신호들의 정교한 동시 발생이 중요한 역할을 하는 것 같다"고 말했다.[61]

전자 뉴런 샌디에이고의 캘리포니아 대학 비선형 과학 연구소는 최근 전자 뉴런이 생물학적 뉴런을 정교하게 모방할 수 있는지 시험해보았다. 뉴런은(생물학적이든 아니든) 이른바 카오스 연산이라는 것을 수행한다고 알려져 있는 대표적 사례다. 뉴런 하나하나는 본질적으로 예측불가능한 형태로 활동한다. 뉴런망 전체가 (외부로부터 또는 다른 신경망으로부터) 하나의 입력 신호를 받으면 신호는 무작위하게 제멋대로 망 전반에 퍼지는 듯 보인다. 그런데 1초 정도 시간이 흐르면 뉴런끼리의 혼란스러운 상호작용이 잦아들며 안정된 점화 패턴이 두드러진다. 이 패턴이 신경망의 '결정'을 담고 있는 것이다. 신경망이 패턴 인식 작업을 수행하고 있었다면(그 밖에 대부분의 뇌 활동들도 마찬가지다) 이 드러난 패턴은 적절한 인식 내용을 담고 있을 것이다.

샌디에이고 연구자들이 던진 질문은 이것이다. 전자 뉴런이 생물학적 뉴런들과 어깨를 나란히 한 채 카오스적 춤을 출 수 있을까? 연구자들은 왕새우의 뉴런들로 구성된 신경망에 인공 뉴런들을 연결해보았다. 그 결과, 생물학적-비생물학적 통합망은 전체가 생물학적 뉴런이었을 때와 같은 결과를 내며 잘 작동했다(즉 혼란스러운 상호작용을 하다가 나중에는 안정적인 창발 패턴을 만들어냈다). 생물학적 뉴런들이 전자 친구들을 받아들인 것이다. 뉴런에 대한 카오스적 수학 모델이 합리적이라는 뜻이다.

뇌의 가소성

1861년, 프랑스 신경외과의사 폴 브로카는 뇌의 손상된 영역이나 수술로 변경된 영역이 각기 어떤 사라진 기능과 관련 있다는 가설을 내놓았다. 가령 섬세한 운동 기능이나 언어 능력 등이다. 그 후 백여 년간 과학자들은 뇌 영역들이 각자의 특수 임무에 맞게 고정배선되어 있다고 믿었다. 그러나 지금 우리는 뇌 영역들이 서로 다른 특수 기능에 사용되는 경향이 있긴 하지만 발작 같은 뇌 손상 때문에 그 업무 지정이 바뀔 수도 있음을 잘 안다. 신경계 손상 이후 뇌에서 광범위한 재조직 작업이 이뤄진다는 사실은 D. H. 허블과 T. N. 비젤이 1965년의 유명한 연구에서 보여준 바 있다.[62]

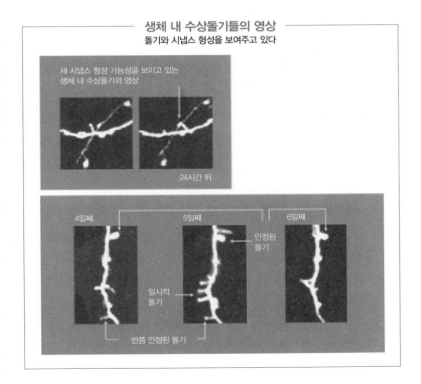

생체 내 수상돌기들의 영상
돌기와 시냅스 형성을 보여주고 있다

새 시냅스 형성 가능성을 보이고 있는
생체 내 수상돌기의 영상

24시간 뒤

4일째   5일째   6일째

안정된
돌기

일시적
돌기

반쯤 안정된 돌기

게다가 특정 영역의 상세한 시냅스 및 신경 연결 구조는 그 영역이 얼마나 집중적으로 쓰였느냐에 직접 달린 결과다. 뇌 스캔 해상도가 높아져 수상돌기 성장이나 새 시냅스 형성까지 상세히 볼 수 있게 되자, 뇌가 문자 그대로 생각에 따라 자라고 적응한다는 사실이 분명해졌다. '나는 생각한다, 고로 나는 존재한다'는 데카르트의 금언에 새로운 의미가 더해진 셈이다.

샌프란시스코의 캘리포니아 대학의 마이클 메르제니치와 동료들이 수행한 실험도 있다. 그들은 원숭이가 기민하게 손가락을 놀려야만 잡을 수 있는 위치에 먹이를 놓아주었다. 실험 전후에 원숭이의 뇌를 스캔했더니, 해당 손가락을 통제하는 뇌 영역에서 개재뉴런 연결과 시냅스들이 극적으로 자라났음이 확인됐다.

앨라배마 대학의 에드워드 타우브는 손가락의 촉각 신호를 평가하는 피질 영역을 연구했다. 숙련된 현악기 연주자들과 일반인들을 대조해보았더니, 오른손가락을 관장하는 뇌 영역에는 별 차이가 없었다. 그러나 왼손가락을 관장하는 영역은 차이가 어마어마했다. 손가락의 촉각을 분석하는 뇌 조직 양을 넓이로 비례 환산해서 손을 그린다면 음악가의 왼손가락(현을 짚는 데 쓰인다)은 엄청나게 커질 것이다. 어릴 때부터 현악기를 다룬 경우에 차이가 좀 더 컸지만, 타우브에 따르면 "마흔 살에 처음 바이올린을 배운다 해도 뇌 재조직이 시작된다".[63]

소프트웨어 프로그램 평가 분야에서도 비슷한 발견이 있었다. 럿거스 대학의 폴라 태럴과 스티브 밀러가 개발한 패스트포워드라는 프로그램은 난독증이 있는 학생들을 위한 것이다. 프로그램은 아이들에게 글을 읽어주는데 'b'나 'p' 같은 단음소를 특히 천천히 읽어준다. 대개의 난독증 학생들이 이 음들을 정확히 듣지 못한다는 데 착안한 것이다. 프로그램이 읽어주는 문장을 계속 들은 학생들은 읽기 능력이 점차 나아졌다. 스탠퍼드 대학 존 가브리엘리가 fMRI 스캔 검사를 해본 결과, 프로그램을 경험한 난독증 학생들은 언어 처리와 관련 있는 좌측 전전두 영역 활동이 매우 증가했다고 한다. "우리는 입력 정보들을 통해 뇌를 만들어가는 것입니다." 태럴의 말이다.

뇌의 재배선을 자극하기 위해 꼭 물리적 행동을 할 필요는 없다. 하버드 대학의 알바로 파스쿠알-레오네 박사는 간단한 피아노 연습 전후에 피험자들의 뇌를 스캔했다. 그 결과 운동 영역 관련 피질에 변화가 있었다. 박사는 다른 실험군 피험자들에게 머릿속으로 피아노 연습을 하되, 실제 손가락은 움직이지 말라고 하였다. 그 결과 그들 역시 운동 능력 관련 피질에 또렷한 변화가 있었다.[64]

시각-공간 감각 관계 학습을 탐구한 최근의 fMRI 실험들에 따르면, 개재뉴런 연결들은 단 한 번의 학습 경험 중에도 급격히 변할 수 있다. 이른바 '등쪽' 경로(시각 자극의 위치 및 공간적 속성에 대한 정보를 담는 곳)에 있는 후측두정엽피질 세포들과 이른바 '배쪽' 경로(들쭉날쭉한 수준의 추상들 중에서 이미 인지된 불변의 속성들을 담는 곳)에 있는 후측하측두엽피질 세포들 간의 연결이 변하는 것이다.[65] 변화 정도는 학습 정도에 정비례했다.[66]

샌디에이고의 캘리포니아 대학 연구자들은 단기기억 형성과 장기기억 형성의 차이에 대한 통찰력 있는 결과를 발표했다. 그들은 고해상도 스캔 기법을 사용해 해마의 시냅스에 일어나는 화학 변화를 살펴보았는데, 해마는 장기기억 형성에 관련이 있다고 알려진 영역이다.[67] 결과를 보았더니, 세포가 처음 자극 받을 때 액틴이라는 신경화합물이 장차 시냅스가 연결될 뉴런 쪽으로 움직였다. 그러면 주변 세포들에 있는 액틴도 자극을 받아 활성화된 세포에서 멀어지는 방향으로 이동했다. 변화는 몇 분밖에 지속되지 않았지만 자극이 충분히 반복되면 좀 더 의미 있고 지속적인 변화가 벌어졌다.

"단기적 변화들은 신경세포들이 서로 이야기하는 평범한 방식 중하나다." 논문의 대표 저자 마이클 A. 콜리코스의 말이다.

뉴런의 장기적 변화는 한 시간 안에 4회 이상 반복적으로 자극되었을 때에만 일어난다. 그래야만 시냅스가 실제로 갈라지고 새로운 시냅스들이 형성되며, 아마도 평생 지속될 영구적 변화가 생겨난다. 기억에 빗대어 보면 이렇다. 무언가를 딱 한 번 보거나 들었을 때는 마음속에 몇 분 정도 기억되고, 중요하지 않은 것일 때는 곧 희미해져 10분 만에 잊혀진다. 하지만 한 시간 안에 한 번 더 보거나 들으면 훨씬 오래 기억할 수 있다. 여러 번 반복한다면 평생 기억할 수도 있다. 일단 두 축색이 활성화되어 새로운 연결이 형성되면 매우 안정해서 사라질 이유가 없는 것이다. 그런 변화의 결과는 평생에 걸쳐 유지되리라 예상할 수 있다.

논문 공저자이자 생물학 교수인 고다 유키코는 이렇게 말한다. "피아노 연습과 같습니다. 악보 하나를 거듭 반복 연습하면 기억에 깊이 새겨지지요." 신경과학자 S. 로웰과 W. 싱어가 〈사이언스〉에 발표한 논문도 비슷한 결과를 제시한다. 시각 피질 안에서 늘 새로운 개재뉴런 연결들이 역동적이고 빠르게 형성된다는 것이다. 그들은 "함께 점화하는 것은 함께 배선된다"는 도널드 헵의 말을 빌려 설명했다.[68]

〈셀〉에도 최근 기억 형성에 대한 통찰력 있는 논문이 실렸다. 연구자들은 기억이 저장될 때 시냅스 속에서 CPEB 단백질이 모습을 바꾼다는 사실을 알아냈다.[69] 더욱 놀라운 것은 CPEB 단백질이 프리온 상태에서 기억 기능을 수행한다는 점이다.

"기억의 작동 방식에 대해 한동안 이런저런 발견이 이어졌지만 주된 저장 장치가 무엇인가에 대해서는 명확한 개념이 없었습니다." 공저자이자 화이트헤드 생의학 연구소 소장인 수전 린퀴스트의 말이다. "이 연구 덕분에 저장 장치를 알아낼 수 있을지 모릅니다. 그런데 단백질의 프리온식 활동이 관련 있을지도 모른다는 점은 매우 놀라운 발견입니다. …… 프리온이 그저 자연의 별종이 아니라 근본적인 과정들에 참여하는 존재라는 것을 암시하기 때문입니다." 3장에서 말했듯 프리온은 전자 기억 장치를 만드는 데도 유용하게 쓰일지 모른다.

뇌 스캔 연구들을 통해 불필요하거나 바람직하지 않은 기억을 억제하는 기제가 있다는 사실도 밝혀지고 있다. 지그문트 프로이트가 듣는다면 기뻐할 만한 발견이 아닐 수 없다.[70] 스탠퍼드 대학 과학자들은 피험자들에게 일단 외운 정보를 다시 잊도록 노력해보라고 한 뒤 fMRI로 확인했다. 그랬더니 기억 억제와 관련이 있는 전두피질 영역들이 활발한 활동을 보였고, 평상시 기억과 관련이 있는 해마는 상대적으로 활발하지 않았다. 스탠퍼드 심리학 교수 존 가브리엘리 및 동료들은 이 발견으로 "활발한 망각 과정이 뇌에 존재한다는 사실이 확인되었고, 유도된 망각을 연구할 적절한 신경생물학적 모델이 성립되었다"고 적었다. 가브리엘리는 또 이렇게 말했다. "가장 커다란 발견은 인간의 뇌가 원치 않는 기억을 차단하는 방법을 밝혀냈다는 것이다. 그런 기제가 실제 존재하고, 거기에 생물학적 기반이 있음을 알아낸 것이다. 기억을 억제하는 과정이 없다는 의견, 그런 과정은 상상에 불과하다는 의견을 기각하게 해준 것이다."

뇌는 뉴런들 간의 연결을 새로 짓는 것뿐 아니라 신경줄기세포로부터 새로운 뉴런들을 만들어내기도 한다. 신경줄기세포는 또 스스로의 수를 일정하게 유지하기 위해 자기복제한다. 재생산 과정에서 몇몇 신경줄기세포들은 '신경 전구' 세포*가 되는데 이것이 성숙하면 뉴런 외에도 성상교세포와 희돌기교세포라는 두 가지 뉴런 지지 세포가 된다. 그 후 조금 더 진화한 세포들은 다양한 종류의 뉴런으로 분화한다. 그런데 분화**는 신경줄기세포들이 원래의 뇌실 속 위치를 떠나 다른 곳으로 이동해야만 비로소 시작된다. 신경세포들 중 성공적으로

---

* 성숙하지 않았거나 분화하지 않은 상태의 세포를 가리킨다. 하지만 꼭 줄기세포처럼 만능적 잠재력을 가진 세포를 뜻하는 것은 아니다.
** 세포가 분열하여 성장하는 동안 그 구조나 기능이 주어진 형태로 각기 특수하게 변해가는 과정.

이동을 마치는 것은 반이 못 된다. 아이의 뇌에 처음 발달한 뉴런들 중 일부만이 임신 기간 및 유아 시절을 지나 살아남게 되는 것과 비슷하다. 과학자들은 신경줄기세포를 직접 목표 영역에 주입함으로써 이런 이동 과정을 건너뛸 수 있길 바란다. 이것이 가능하다면 신경발생 과정(새로운 뉴런들이 태어나는 과정)을 촉진하는 약을 만들어 상해나 질병으로 인한 뇌 손상을 치료할 수 있을지 모른다.[71]

소크 생물학 연구소의 유전학 연구자들인 프레드 게이지, G. 켐퍼만, 헨리에트 반 프라그는 신경발생이 실제로 경험에 의해 촉진될 수 있음을 실험을 통해 보여줬다. 무미건조하고 심심한 우리에 두었던 쥐들을 자극이 많은 우리로 옮긴 결과, 해마 영역에서 분열하는 세포의 수가 거의 두 배로 늘었다.[72]

뇌 영역 모델들

사람의 뇌는 비교적 작은 규모로 분산된 수많은 체계들이 모여 구성된 것일 가능성이 아주 높다. 하부 체계들은 애초 발생 원리에 의해 복잡한 구조로 배열되었으며, 이후 더해진 일련의 기호 처리 체계들에 의해 부분적 통제를 받을 것이다. 하지만 기저에서 대부분의 허드렛일을 처리하는 기호 처리 이전 단계 체계들은 뇌의 다른 부분이 자신의 작동 원리를 모르길 바랄 것이다. 사람은 엄청나게 많은 일을 할 줄 알면서도 자신이 어떤 식으로 일을 해내는지에 대해서는 불완전하게만 이해할 뿐인데, 그 이유가 이 때문인지 모른다.

−마빈 민스키와 시모어 패퍼트[73]

상식이란 단순한 게 아니다. 힘겹게 얻어낸 실용적 발상들이 방대하게 모여 이룬 것이다. 생활에서 배운 규칙과 예외, 기질과 경향, 균형과 제어가 무수하게 모여 형성한 무엇이다.

−마빈 민스키

뇌 영역의 가소성에 대해 통찰력 있는 연구들이 쏟아지는 한편, 특정 영역들에 대한 상세한 모델들도 빠르게 등장하는 중이다. 모델의 바탕으로 삼을 자료만 있다면, 그로부터 신경형 모델이나 시뮬레이션을 만드는 것은 한 발짝 차이다. 연구자들이 뉴런 연구에서 얻은 상세 자료, 뇌 스캔으로 얻은 신경 연결에 관한 자료로부터 점차 효과적인 모델과 시뮬레이션을 만들어내자, 인간이 자신의 뇌를 본질적으로 이해할 수 없는 것 아니냐는 종래의 회의도 가시고 있다.

뇌 기능을 모델링할 때 개개 비선형성이나 개개 시냅스를 모방할 필요는 없다. 개별 뉴런이나 연결 하나하나에 특정 기억과 기술이 저장되는 영역, 가령 소뇌 같은 부분을 시뮬레이션할 때는 상세한 세포 차원의 모델이 필요할 것이다. 하지만 그런 경우에도 모든 뉴런 요소들을 있는 그대로 모방하지 않아도 훨씬 적은 연산으로 가능한 다른 방법들이 있다. 아래에 소개할 소뇌 시뮬레이션 연구도 그렇다.

뉴런을 이루는 구성요소들은 상당히 복잡하고 비선형적이다. 뇌 속 수조 개의 뉴런 연결들은 혼란스럽고 반쯤 무작위적인 배선 패턴을 보인다. 그럼에도 지난 20년간 그런 적응형 비선형계를 수학적으로 모델링하는 작업은 의미 있는 진척을 일궈왔다. 일반적으로 말해, 개개 수상돌기의 정확한 생김을 파악하거나 개재뉴런 연결의 정확한 '꿈틀거림'을 파악할 필요는 없다. 적절한 분석 수준을 택한다면 그러지 않고도 얼마든지 뇌 영역들의 작동 원칙을 파악할 수 있다.

이미 여러 뇌 영역에 대한 모델과 시뮬레이션이 성공을 거두었다. 시뮬레이션 결과는 실제 뇌에서의 심리물리학적 실험 결과와 비교해 보아도 인상적인 수준이다. 이제까지의 뇌 스캔 및 감지 도구들이 비교적 조악했음을 감안한다면, 아래에 소개할 성공적인 모델들의 존재는 우리가 방대한 자료로부터 올바른 통찰을 끌어낼 수 있다는 것을 증명하는 셈이다.

성공적인 뇌 영역 모델들 중 몇 가지를 소개하겠다. 모두 진행 중인 연구들이다.

신경형 모델: 소뇌

《영적 기계의 시대》에서 나는 이런 질문을 던졌다. 어떻게 열 살짜리 아이가 뜬 공을 제대로 잡아내는 걸까?[74] 아이가 볼 수 있는 건 외야의 자기 자리를 시점으로 한 공의 궤적뿐이다. 공의 경로를 3차원적으로 파악하려면 사실 어려운 연립미분방정식들을 풀어야 한다. 나아가 미래 경로를 예측하려면 몇 개의 방정식을 더 풀어야 할 테고, 그 결과를 바탕으로 아이가 어떻게 움직여야 할지 결정하려면 또 몇 개를 더 풀어야 한다. 컴퓨터도 없고 미분방정식을 풀 줄도 모르는 어린 외야수는 어떻게 몇 초 만에 이 일을 해내는가? 아이가 의식적으로 방정식을 푸는 건 결코 아니다. 그렇다면 아이의 뇌는 어떻게 이 문제를 푸는가?

책의 출간 이후, 이런 기술이 형성되는 기본 과정에 대한 과학적 이해가 높아졌다. 내 예상대로 아이의 뇌는 3차원 운동 모델을 마음속에 정립함으로써 문제를 푸는 게 아니다. 뇌는 공의 움직임에 대한 관찰을 곧바로 아이의 동작으로 해석함으로써 문제 자체가 성립하지 않게 한다. 아이의 팔다리를 적절한 위치로 즉각 배치하는 것이다. 로체스터 대학의 알렉상드르 푸제와 워싱턴 대학의 로런스 H. 스나이더는 이처럼 시각 영역의 움직임 인지 정보를 곧바로 적절한 근육 활동으로 변환하게 하는 수학적 '기저함수들'을 묘사했다.[75] 최근 개발된 소뇌 기능 모델들을 보아도 소뇌의 신경 회로들이 이런 식의 학습을 하는 것 같다. 적당한 기저함수들을 활용하여 즉각적인 감각운동 변환을 해내는 것이다. 우리가 어떤 감각운동 작업을 시행착오를 거쳐 배울 때, 가령 뜬 공을 잡는 연습을 할 때, 우리는 소뇌 시냅스들을 훈련시켜 적절한 기저함수들을 익히게 하는 셈이다. 소뇌가 기저함수들을 통해 수행하는 변환 작업은 두 종류로 나눌 수 있다. 바람직한 결과를 놓고 적당한 활동을 찾는 것이 그 하나고('역방향 내부 모형'이라 불린다), 가능한 활동 대안들을 놓고 그 결과를 예상해보는 것이 다른 하나다('순방향 내부 모형'). 토마소 포지오는 기저함수라는 개념이 통제된 운동 능력을 넘어서는 뇌의 학습 과정을 묘사할 때 적절한 도구라고 지적했다.[76]

소뇌는 회백질로 만들어진 구조로서 크기는 야구공만 하고 콩처럼 생겼다. 뇌간 바로 위에 있으며 뇌의 뉴런 중 절반 이상을 갖고 있다. 소뇌는 다양한 핵심 기능들을 책임지는데 이를테면 감각운동 조정, 균형, 운동 작업 통제, 행위의 결과를 예측하는 능력(자신의 행위뿐 아니라 다른 사람이나 사물의 행위까지) 등이다.[77] 다양한 기능과 작업을 수행하지만 시냅스와 세포 조직은 매우 일관된 편이고 뉴런 종류도 몇 가지밖에 없다. 소뇌가 할 수 있는 연산은 특정 종류에 한정된 것으로 보인다.[78]

소뇌는 일관된 정보 처리 과정을 가졌지만 다양한 종류의 입력 신호를 받기 때문에 다양한 기능들을 수행하는 것 같다. 대뇌피질은 물론이고(뇌간 핵을 거친 뒤 소뇌의 이끼 섬유 세포들을 지난다) 다른 여러 영역들에서(특히 연수의 '하측 올리브' 영역이 소뇌의 오름 섬유 세포들을 거쳐 보낸다) 신호가 모인다. 소뇌는 운동을 통제할 뿐 아니라 감각 입력 신호의 시기와 배열을 이해하는 일도 담당한다.

소뇌는 또 어떻게 압축적인 게놈으로부터 방대한 용량의 뇌가 탄생할 수 있는지 잘 보여주는 사례다. 게놈 정보 중 뇌에 할당된 것 대부분은 여러 종류 신경세포의 상세 구조를 설명하고(수상돌기, 돌기, 시냅스 등을 포함한다) 그들이 자극이나 변화에 어떻게 반응할 것인지 규정하는 내용이다. 실제 '배선'을 지시하는 게놈 암호의 양은 극히 적다. 소뇌의 경우, 그 몇 안 되는 기본적 배선 기법이 수십억 번 반복되게 되어 있다. 게놈은 소뇌 구조를 생산하는 반복 과정을 일일이 규정하는 게 아니라 어떤 식으로 반복하여 구조를 만들 것인가 하는 몇 가지

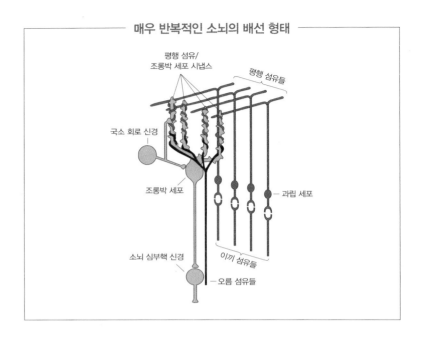

매우 반복적인 소뇌의 배선 형태

평행 섬유/
조롱박 세포 시냅스

평행 섬유들

국소 회로 신경

조롱박 세포

과립 세포

소뇌 심부핵 신경

이끼 섬유들

오름 섬유들

제약만을 알려주는 게 틀림없다(게놈이 다른 장기를 생산할 때 모든 세포들의 정확한 위치를 지정하지 않는 것과 같다).

소뇌의 출력 중 일부는 약 20만 개의 알파 운동 뉴런들로 가서 약 600개에 달하는 인체 근육들의 움직임을 최종 지시하는 신호가 된다. 알파 운동 뉴런으로 가는 신호는 각 근육의 움직임을 직접 규정하는 형태가 아니라 좀 더 간략한 형태로 암호화되어 있는데, 상세한 기법은 알려져 있지 않다. 최종 근육 신호는 신경계 중 원시 구조에 해당하는 뇌간과 척수가 담당한다.[79] 그런데 문어의 경우 이런 구조의 극한을 보여준다는 점이 흥미롭다. 문어는 중추신경계가 각 다리에 매우 구체적인 지시를 내린다('저 물체를 잡아서 가까이 가져오라'는 등). 하지만 임무의 수행은 각 다리마다 독립적으로 존재하는 말초신경계들에 완전히 맡긴다.[80]

최근 몇 년간 소뇌에 존재하는 세 가지 주요한 신경 종류에 대해 많은 연구가 이뤄졌다. 먼저 '오름 섬유'라 불리는 뉴런은 소뇌에 운동 능력 학습에 관한 신호를 제공하는 것으로 알려져 있다. 소뇌의 출력은 대부분 커다란 조롱박 세포들(1837년에 세포를 발견한 요하네스 푸르키네의 이름을 따 푸르키네 세포라고도 불린다)에서 나오는데 조롱박 세포 각각은 약 20만 개의 입력 신호를(시냅스에서) 받을 수 있다. 통상의 뉴런이 천 개 정도 받는 것을 생각하면 엄청나다. 입력 신호 전달은 주로 과립 세포들이 담당한다. 과립 세포는 뉴런들 중 가장 크기가 작아서, 1제곱밀리미터 안에 6백만 개가 들어차 있다. 아이들이 글씨 쓰기를 학습하는 동안 소뇌가 어떤 역할을 하는지 연구된 적이 있는데, 조롱박 세포들이 손동작을 연속적으로 탐지하는 것으로 드러났다. 게다가 각 세포마다 특정한 형태에 민감하게 반응했다.[81] 소뇌는 시각 피질로부터 지속적으로 정보를 받아 인지에 참고하는 것이 분명했다. 연구자들이 관찰 내용과 소뇌 세포 구조를 연결지어 확인한 결과, 글씨의 곡선과 글쓰기 속도 사이에 반비례 관계가 있음을 밝혀냈다. 곡선을 그리기보다 직선으로 글씨를 쓰면 더 빨리 쓸 수 있다는 것이다.

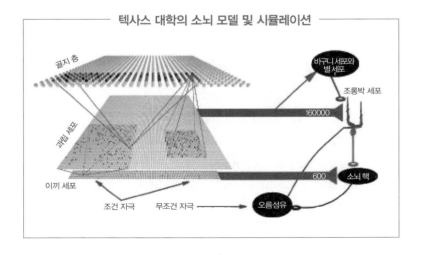

텍사스 대학의 소뇌 모델 및 시뮬레이션

골지 층
바구니 세포와 별세포
조롱박 세포
과립세포
160000
이끼 세포
소뇌핵
조건 자극   무조건 자극
600
오름섬유

세포 연구와 동물 연구를 통해 우리는 소뇌 시냅스들의 생리학과 조직에 대해 수학적으로 묘사할 수 있게 되었는데, 매우 인상적인 일이다.[82] 또한 소뇌의 입력 및 출력 신호에 정보가 암호화된 방식, 소뇌에서 벌어지는 정보 변형 과정에 대해서도 묘사할 수 있다.[83] 텍사스 대학 의학부의 F. 하비에르 메디나와 마이클 D. 마우크 및 연구진은 여러 자료를 모아서 상세한 상향식 소뇌 시뮬레이션을 구성했다. 뉴런 만 개 이상, 시냅스 30만 개 이상을 포함하고 주요한 소뇌 세포 종류를 다 포함한 시뮬레이션이다.[84] 세포와 시냅스의 연결은 컴퓨터가 결정하는데, 컴퓨터는 주어진 제약과 규칙에 따라 소뇌 영역을 자유롭게 '배선'한다. 실제 뇌가 유전 암호에 기반하여 추계학적 기법으로 (제약이 있는 무작위적 활동) 배선하는 것과 비슷하다.[85] 텍사스 대학의 시뮬레이션을 더 많은 수의 시냅스와 세포를 포함하도록 확장하는 것도 어렵지 않을 것이다.

연구진은 고전적인 학습 실험 한 가지를 시뮬레이션에 부과하고, 그 결과를 실제 사람의 조건화 실험과 비교해보았다. 사람의 눈꺼풀에 공기를 불어서 눈이 감기게 하는 동시에 특정 청각 자극을 주는 실험이다. 공기 불기와 청각 자극이 일이백 번가량 함께 주어지면 피험자는 자극 연합을 익혀서 소리만 듣고도 눈이 감긴다. 그 뒤 공기를 불지 않고 소리만 여러 차례 들려주면 언젠가 피험자는 두 자극을 분리하게 된다(반응을 '끄게' 된다). 학습이 쌍방향인 것이다. 연구진은 많은 변수들을 섬세하게 조정한 끝에 사람과 동물의 실제 소뇌 조건화와 같다고 평가할 만한 시뮬레이션 결과를 얻었다. 또 시뮬레이션에 소뇌 손상을 도입했을 때는(시뮬레이션 소뇌 망의 일부를 제거함으로써) 실제 소뇌 손상을 입은 토끼들을 대상으로 했던 실험과 같은 결과를 얻었다.[86]

뇌의 큰 부분을 차지하는 소뇌는 이처럼 구조가 통일성 있고 개재 뉴런 배선도 단순한 편이라서 다른 영역들보다 입력-출력 신호 변형 과정이 더 자세히 알려져 있다. 아직 수학 모델의 방정식들을 좀 더 다듬을 필요가 있지만, 앞에 소개한 상향식 시뮬레이션은 꽤 인상적인 결과를 내고 있다.

또 다른 사례: 와츠의 청각 영역 모델

나는 뇌 수준의 지능을 만드는 단 한 가지 방법은 실시간으로 동작하는 모델을 구축하는 것이라 믿는다. 뇌에서 수행되는 모든 연산의 핵심을 표현할 수 있을 정도로 세세하고 정교한 모델을 만든 뒤 현실 체계와 비교해가며 작동을 점검하는 것이다. 모델은 실시간 작동해야 한다. 그래야 우리가 최초 입력 목록에서 놓치기 쉬운, 복잡하고도 불편한 각종 현실적 요소들이 투입될 것이기 때문이다. 모델의 해상도는 현실 체계에 맞먹을 정도여야 한다. 그래야 매 단계 어떤 정보가 표현되고 있는지 정확히 파악할 수 있다. 미드의 지적처럼,[87] 모델 개발은 필연적으로 체계의 변경에서부터 시작되는데(즉 감지기부터) 현실 체계가 가장 잘 알려진 부분이기 때문이다. 그다음 덜 알려진 영역으로 나아간다. …… 모델은 이런 식으로 체계에 대한 이해에 근본적인 기여를 한다. 지금 가진 이해를 반영하기만 하는 게 아니다. 복잡한 맥락의 현실 체계를 이해하는 단 한 가지 실용적 방법이 바로 제대로 된 모델을 건설하는 것이다. 감지기로부터 시작하여 안쪽으로 나아가며, 체계의 복잡성을 시각화하는 새로운 능력을 쌓아가는 것이다. 그런 접근법을 뇌 역분석이라 부를 수 있다. …… 전설의 이카루스가 깃털과 왁스로 날개를 만들려 했던 것처럼, 목표조차 이해하지 못하는 구조를 되는 대로 복사하자고 말하는 것이 아니다. 나는 더 높은 수준으로 나아가기 전에, 이미 우리가 잘 알고 있는 낮은 수준에서 발견된 복잡성과 풍부함을 존중해야 한다고 본다.

−로이드 와츠[88]

신경형 뇌 영역 모델의 또 한 가지 예로 인간 청각 정보 처리 부분을 종합적으로 모방한 모델이 있다. 로이드 와츠와 동료 연구자들이 개발했다.[89] 특정 뉴런 형태들에 대한 신경생물학적 연구와 개재뉴런 연결에 관한 정보를 결합한 모델로, 인간 청각과 동일한 속성들을 지녀, 소리를 구별하고 위치를 파악할 줄 안다. 모델은 병렬로 연결된 다섯 개의 청각 정보 처리 경로를 가졌고, 신경 처리 단계마다 정보에 대한 실제 중간 표현을 가진다. 와츠는 이 모델을 실시간 소프트웨어로 구현했다. 아직 진행 중인 연구이지만, 신경생물학적 모델과 뇌 연결 자료를 통해 훌륭한 시뮬레이션을 할 수 있다는 사실을 잘 보여주고 있다. 소프트웨어는 개개 뉴런과 연결을 재현하지 않는다. 앞서 본 소뇌 모델과 마찬가지다. 각 영역이 수행하는 변형의 기능을 재현할 뿐이다.

인간의 청력에 대한 실험들을 보면 청각은 매우 미묘하고 복잡한 체계임을 알 수 있는데, 와츠의 모델은 그것을 잘 파악해냈다. 와츠는 이 모델을 음성 인식 체계의 예비 처리 장치(사용자 쪽)로 활용하고 있는데, 배경 소음 중에서 한 가지 소리를 잡아내는('칵테일 파티 효과'라 한다) 실력을 보여줄 정도다. 사람은 쉽게 해내지만 이제까지의 자동 음성 인식 체계들은 하지 못했던, 놀라운 묘기다.[90]

와츠의 모델 중 우선 달팽이관 부분은 청력 고유의 민감한 속성들을 가지도록 설계되었다. 이를테면 스펙트럼 민감성(사람은 특정 주파수의 소리를 더 잘 듣는다), 시간 반응성(사람은 소리의 발생 시점에 민감한데, 그로부터 소리의 공간적 위치에 대한 감을 얻는다), 차폐, 주파수 의존적 비선형 압축 작용(가청 동적 범위를 역동적으로 넓혀주는 효과로 덕분에 큰 소리와 작은 소리를 다 잘 들을 수 있다), 이득 제어(증폭) 등이다. 달팽이관이 획득한 결과는 즉각 생물학적이고 심리물리학적인 구체적 데이터가 된다.

모델의 다음 조각은 달팽이핵이다. 예일 대학 신경과학 및 신경생물학 교수인 고든 M. 셰퍼드[91]가 "뇌에서 가장 속속들이 알려진 영역들 중 하나"라고 부른 부분이다.[92] 와츠는 E. 영의 연구를 바탕으로 달팽이핵 모델을 구성했는데, 영의 연구는 "에너지 스펙트럼 탐지, 광대역 경과음, 스펙트럼 채널의 미세 조정, 스펙트럼 채널의 일시적 포락 (envelope)에 대한 민감도 향상, 스펙트럼의 에지와 노치 등을 각각 담당하는 핵심적인 세포 종류들"을 설명한 것으로, 이 세포들은 공통적으로 "활성화된 신경이 제한적 동적 범위 내에서 최적의 민감도를 얻기 위하여 이득을 조정하는 작업"을 수행한다.[93]

와츠의 모델은 그 밖의 여러 세부사항들도 모방한다. 가령 내측상 올리브 세포들이 연산하는 두 귀 간 음의 시간차(ITD) 파악 능력 같은 것이다.[94] 외측상올리브 세포들이 연산하는 두 귀 간 음의 레벨 차 (ILD) 파악 능력, 하구 세포들이 수행하는 표준화 및 조정 기능도 갖고 있다.[95]

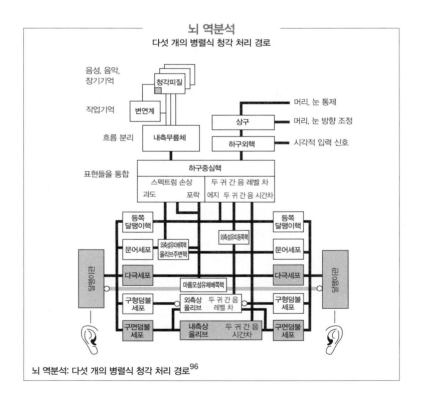

뇌 역분석: 다섯 개의 병렬식 청각 처리 경로[96]

시각계

우리는 시각 정보의 암호화 기법에 대해서도 많은 것을 밝혀냈다. 실험적이지만 인공 망막을 개발하여 수술을 통해 환자들에게 이식할 정도다.[97] 하지만 시각계는 비교적 복잡한 편이라 청각 영역에 비하면 이해 수준이 한참 뒤떨어진다. 현재 V1과 MT라는 두 시각 정보 처리 영역에 대해 초보적 변형 모델이 있는데, 개별 뉴런 수준은 아니다. 그 외에도 시각 영역은 36개나 더 있어서, 앞으로 더 깊이 초고해상도 스캔을 할 필요가 있고, 기능 확인을 위해 정교한 감지기를 활용해볼 필요도 있다.

시각 정보 처리 분야의 선구자인 MIT의 토마소 포지오는 시각 영역의 역할을 크게 확인과 범주화로 규정한다.[98] 포지오에 따르면 확인 작업은 비교적 이해하기 쉽다. 이미 사람의 얼굴을 성공적으로 확인해내는 기기들이 개발되어 있고, 상업화된 것도 더러 있어서[99] 출입자의 신원을 확인하는 보안 시스템이나 은행 기계의 일부로 쓰인다. 범주화 능력이란 가령 사람과 자동차, 개와 고양이를 구별하는 능력인데 좀 더 복잡하다. 하지만 최근에는 이 주제에 대해서도 연구가 진척되고 있다.[100]

시각계 중 (진화적 측면에서) 초기에 생긴 층들은 대부분 앞먹임 활동에 의존한다(되먹임 활동이 없다). 앞먹임 기능을 통해 점차 복잡한 형상들을 감지할 수 있게 되는 것이다. 포지오와 막시밀리안 리젠후버는 "마카크원숭이의 후측하측두피질에 있는 뉴런 하나하나는 수천 개의 복잡한 형상들을 담고 있는 사전 하나씩에 대응"하는 것 같다고 했다. MEG 연구에서도 시각 인식 작업이 앞먹임 과정으로 수행된다는 증거가 있다. 인간의 시각계가 하나의 사물을 탐지하는 데 150밀리초가 걸린다는 게 밝혀졌는데, 이 시간은 하측두피질에 있는 형태 탐지 세포들의 잠복 시간과 비슷하고, 그 말은 이런 결정을 내릴 때 되먹임 과정이 개입되었을 시간적 여유가 없다는 뜻이다.

요즘 연구자들은 위계적 접근법을 자주 쓴다. 1차 탐지한 형태들을 시각계의 다음 층으로 넘겨 분석하게 하는 것이다.[101] 마카크원숭이를 대상으로 한 연구에 따르면 하측두피질에 있는 뉴런들은 원숭이가 학습 과정에서 접한 복잡한 형태의 사물들에 반응하는 것으로 보인다. 뉴런 대부분은 사물의 특정한 면에만 반응했는데, 몇몇은 시점에 상관없이 반응하기도 했다. 마카크원숭이의 시각계에 대한 연구들은 그 밖에도 많다. 세포의 종류, 연결 패턴, 거시적 수준의 정보 흐름 묘사 등에 관한 연구들이다.[102]

그런데 상당수의 문헌들이, 복잡한 패턴 인식 작업에서는 내가 '가설과 검사'라 이름 붙인 기법이 쓰인다는 사실을 지지하고 있다. 피질은 눈앞에 보이는 것에 대해 우선 추측을 세운다. 그다음 실제 시야에 들어온 것의 형태가 가설에 들어맞는지 확인하는 것이다.[103] 사람들은 종종 검사보다 가설에 치우치곤 한다. 그래서 실상을 파악하는 게 아니라 자기가 기대하는 대로 보고 듣는 사람들이 있는 것이다. '가설과 검사' 기법은 컴퓨터 패턴 인식 시스템에도 유용하게 적용할 수 있는 전략이다.

우리는 눈을 통해 고해상도의 영상을 받아들인다고 착각한다. 그러나 사실 시신경이 뇌에 전달하는 정보는 대상의 윤곽, 그리고 흥미롭게 살펴볼 몇몇 지점에 대한 단서뿐이다. 우리는 병렬식 채널들을 통해 연속적으로 들어오는 매우 낮은 해상도의 영화를 보는 셈인데, 피질의 기억에 의존하여 그 자료를 해석함으로써 세상에 대한 환각을 구축하는 것이다. 버클리의 캘리포니아 대학의 분자세포생물학 교수 프랭크 S. 워블린과 의학 박사과정 학생 로스카 보톤드는 2001년 〈네이처〉에 발표한 논문에서 지적하기를, 시신경은 10에서 12개의 출력 채널을 가지며, 각 채널은 주어진 장면에 대해 최소한의 정보만을 전달한다고 했다.[104] 가령 신경절 세포라 불리는 집단은 가장자리(명암대조의 변화)에 대한 정보만 전한다. 다른 집단은 넓은 단색 영역만 탐

4장 인간 지능 수준의 소프트웨어 만들기 | 263

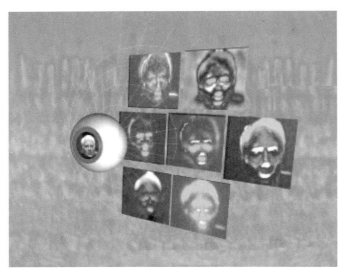
눈이 장면에서 추출하여 뇌로 보내는 12개의 서로 다른 영상들 중 7개를 보여주고 있다.

지하고, 또 다른 집단은 흥미의 대상 뒤에 있는 배경에만 민감하다.

　워블린은 이렇게 말했다. "우리는 세상을 명료하게 바라본다고 생각하지만 실제 우리가 받아들이는 감각은 시공간적 단서들, 가장자리에 대한 정보들뿐입니다. 우리가 세상에 대해 얻는 모든 정보는 이 12개의 그림들 속에 담겨 있습니다. 이토록 듬성듬성한 12개의 그림으로부터 눈에 보이는 풍부한 세상의 영상을 재구성하는 것입니다. 현재 제 관심사는 자연이 어떻게 이 12개의 단순한 영상들을 선택했는가, 그리고 우리에겐 너무나 많은 정보가 필요한 것처럼 보이는데 어떻게 이 정도로 충분할 수 있는가 하는 것입니다." 그 내용을 밝혀낸다면 눈이나 망막, 혹은 시신경의 초기 정보 처리 과정을 대체할 인공 기기들을 개발하는 데 큰 도움이 될 것이다.

　3장에서 로봇공학의 선구자 한스 모라벡의 연구를 언급했다. 모라벡은 뇌의 초기 단계 시각 처리 영역과 망막이 어떻게 영상 정보를 처리하는지 역분석했다. 모라벡은 세상에 대한 표상을 구축하는 생물학적 시각계의 능력을 모방하기 위해 30년 넘게 연구해왔다. 그러나 인간 수준의 형태 감지 능력을 뒷받침할 만한 처리 용량을 갖춘 마이크로프로세서들이 등장한 것은 극히 최근의 일이다. 모라벡은 차세대 로봇에 컴퓨터 시뮬레이션을 적용하여 무질서하고 복잡한 환경에서도 사람처럼 시야를 확보하며 움직일 수 있는 로봇을 만들려 하고 있다.[105]

카버 미드는 트랜지스터를 본연의 아날로그 모드로 활용하게 해주는 특별한 신경 칩을 개발한 선구자다. 아날로그적인 신경 처리 과정을 좀 더 효율적으로 모방할 수 있다는 게 장점이다. 미드가 선보인 칩은 망막의 기능과 시신경의 초기 단계 정보 변형 기능을 수행할 수 있다.[106]

시각적 인지 중에서도 운동을 감지하는 것은 특별한 분야인데, 독일 튀빙겐의 막스 플랑크 생물학 연구소가 중점적으로 다루는 주제다. 연구 구조는 간단하다. 한 수용체가 받은 신호를 인접한 다른 수용체가 시차를 두고 받은 신호와 비교하는 것이다.[107] 이 모델은 일반적인 속도에서는 매우 잘 작동했는데, 놀랍게도 특정 속도를 넘어서면 관찰 대상의 속도가 빨라질수록 운동 감지기의 반응이 느려지는 결과가 나왔다. 동물(동물의 행동에 대한 관찰과 뉴런 출력 분석 결과에 따른 것이다)과 인간(피험자가 스스로 보고한 인지 내용에 따른 것이다)을 대상으로 한 실험 결과는 모델이 거의 옳다는 것을 보여준다.

여타 진행 중인 연구들: 인공 해마와 인공 올리브소뇌 영역

해마는 새로운 정보를 학습하고 장기기억을 저장하는 데 핵심적인 조직이다. 서던 캘리포니아 대학의 테드 버거와 동료들은 쥐의 해마 절편에 전기 자극을 수백만 번 주어 어떤 입력이 어떤 출력으로 나오는지 살펴봄으로써 해마 영역 신호 패턴을 지도화했다.[108] 다음에는 해마 층들이 수행하는 정보 변형 기능을 실시간 수학 모델로 구축한 뒤, 칩에 프로그램했다.[109] 그들의 계획은 해마 손상으로 기억 상실을 앓는 동물에게 인공 해마 칩을 이식한 후 정신 활동이 복구되는지 살펴보는 것이다.

해마 대체 기법은 궁극적으로 뇌졸중, 뇌전증, 알츠하이머병 환자들에게 적용할 수 있을 것이다. 칩을 환자의 뇌 속이 아니라 두개골 겉에 부착할 수도 있다. 손상된 해마 부위의 앞뒤 2열로 전극들을 부착함으로써 뇌와 소통하게 할 수 있다. 한쪽 열은 뇌의 다른 영역에서 들어오는 전기 활동을 기록하는 역할이고, 다른 열은 해마가 내린 결정을 돌려보내는 역할이다.

사지의 균형과 운동 능력을 조율하는 올리브소뇌 영역도 활발한 모델 구축 작업이 진행되는 대상이다. 전 세계 학자들로 구성된 연구진이 이 작업을 하고 있는데, 목표는 인공 올리브소뇌 회로를 군사 로봇이나 장애인 도우미 로봇에 적용하는 것이다.[110] 연구에 참여하고 있는 뉴욕 대학 의학부 신경과학자 로돌포 리나스에 따르면, 올리브소뇌를 연구 대상으로 정한 이유 중 하나는 "모든 척추동물에 존재하는 기관이며, 가장 단순한 뇌에서 가장 복잡한 뇌에 이르기까지 어디서나 비슷한 구조를 취하고 있기 때문"이다. "올리브소뇌가 [진화 과정 중에] 보전된 것은 매우 지적인 해법을 구현한 기관이기 때문이라 가정할 수 있습니다. 이 기관은 운동 능력 조율에 관련이 있고, 우리는 세련된 운동 통제력을 가진 기계를 만들고 싶으니까, [모방할 회로의] 선택은 쉽게 이루어졌습니다."

그들이 구축한 시뮬레이션의 독특한 점은 아날로그 회로를 사용한다는 것이다. 미드가 아날로그 방식으로 뇌 영역 기능을 모방했을 때처럼, 연구자들도 트랜지스터를 본연의 아날로그 방식으로 활용하면 훨씬 적은 요소들만으로 큰 성과를 낼 수 있다는 것을 확인했다.

연구에 참여하는 노스웨스턴 대학 신경과학자 페르디난도 무사-이발디는 인공 올리브소뇌 회로가 장애인들에게 도움이 될 것이라며 이렇게 말했다. "신체 마비를 겪는 환자가 있다고 생각해보십시오. 물을 따르고, 옷을 입거나 벗고, 휠체어를 이동하는 등의 일상 업무들을 로봇의 도움을 받아 해낼 수 있게 될 것입니다. 훨씬 독립적인 생활을 꾸려갈 수 있을 것입니다."

고차원적 기능의 이해: 모방, 예측, 감정

사고의 작동은 전투에서 기병의 진격과 유사하다. 수가 엄격히 제한되어 있고, 활기 찬 말들이 필요하며, 결정적인 순간에만 동원되어야 한다.

—알프레드 노스 화이트헤드

인간 수준 지능의 가장 중요한 면모는 제대로 기능할 때 어떤 일을 하느냐가 아니라 궁지에 몰렸을 때 어떤 일을 하느냐이다.

—마빈 민스키

사랑이 답이라니. 질문을 정확하게 다시 한번 알려주실래요?

—릴리 톰린[*]

대뇌피질은 신경의 위계에서 가장 꼭대기에 있기에 가장 덜 알려진 영역이다. 대뇌 반구 바깥쪽에 있는 여섯 겹의 얇은 층인 대뇌피질은 뉴런 수십억 개를 포함하고 있다. 소크 생물학 연구소 연산 신경생물학 실험실의 토머스 M. 바르톨 주니어에 따르면 "대뇌피질 1세제곱밀리미터 안에는 형태와 크기가 다채로운 시냅스들이 50억 개가량 들어가 있다." 피질은 인지, 계획, 결정 등 이른바 의식적 사고라 불리는

[*] 미국의 배우이자 코미디언.

것들을 담당한다.

또 한 가지 인간의 독특한 속성인 언어 능력도 이 영역에 존재하는 것으로 보인다. 과학자들이 언어라는 굉장한 기술의 기원 및 진화적 형성 과정에 대한 단서로 삼는 것은, 동물 중에서도 인간이나 원숭이 같은 몇몇 영장류만이 거울을 통해 기술을 습득할 줄 안다는 사실이다. 자코모 리촐라티와 마이클 아비브는 언어가 손을 통한 의사 표시(원숭이와 인간이 할 줄 아는 일이다)에서 발생했다는 가설을 세웠다. 손짓을 한다는 것은 자신의 손 동작에 대한 관찰과 행위 자체를 마음 속에서 연관 지을 줄 안다는 것이다.[111] 리촐라티 등이 주장한 '거울상 가설'에 따르면 언어 진화에 핵심적인 속성은 '반전성(parity)'[*]을 이해하는 것이다. 즉 어떤 몸짓(혹은 발언)의 의미가 취하는 쪽이나 받아들이는 쪽이나 동등하다는 것을 이해하는 능력이다. 거울에 비친 내 모습은(좌우 반전이 있지만) 다른 사람이 보는 내 모습과 같다는 점을 아는 것이다. 다른 동물들은 거울상을 이런 식으로 이해하지 못하므로 반전성을 다루는 능력이 없다고 생각된다.

비슷한 개념으로, 타인의 활동(인간 아기의 경우에는 목소리도 포함된다)을 모방하는 능력이 언어 발생에 핵심이라는 가설도 있다.[112] 모방을 하려면 관찰한 표상을 조각 낼 줄 알아야 한다. 조각 하나하나를 재귀적이고 반복적인 시도로 습득하는 것이다.

언어 능력에 대한 최신 이론에서는 특히 재귀성이 중요하게 부각되고 있다. 노엄 촘스키는 언어에 대한 초기 이론들에서 주장하기를, 여러 언어들 사이에는 공통의 속성이 있으며 그 때문에 서로 다른 언어끼리 비슷한 면을 보이는 것이라 했다. 나아가 노엄 촘스키, 마크 하우저, 테쿰세 피치는 2002년에 발표한 논문에서 '재귀성'이라는 속성

[*] 물리학 용어일 때는 어떤 현상이 좌우 방향에 상관없이 동등하게 일어나는 것을 말하지만 여기서는 거울이나 나를 따라하는 상대방의 동작 같은 상호대칭적 활동이 동일한 의미를 지니는 것을 뜻한다. 반전동등성이라 해도 좋다.

때문에 오로지 인간만이 언어 역량을 지니게 된 것이라 주장했다.[113] 재귀는 작은 부분들을 모아서 큰 덩어리로 만들고, 그 큰 덩어리를 하나의 부분으로 활용하여 또 다른 구조를 만들고, 이런 식으로 반복적으로 과정을 이어가는 능력이다. 덕분에 우리는 한정된 단어들을 갖고 풍부한 문장과 단락 구조를 만들어낼 수 있는 것이다.

인간 뇌의 또 다른 속성으로 예측 능력이 있다. 자신의 결정과 행동에 대한 결과를 예측하는 것도 포함된다. 예측은 대뇌피질의 기능이라 믿는 과학자들도 있는데, 다만 움직임에 대한 예측에는 소뇌도 주요한 역할을 한다고 알려져 있다.

우리가 스스로의 결정을 예측하거나 기대할 수 있다는 것은 매우 흥미로운 일이다. 데이비스의 캘리포니아 대학의 생리학 교수 벤저민 리베트가 밝힌 바에 따르면, 뇌가 어떤 행동을 하기로 결정을 내리기 3분의 1초쯤 전에 이미 그 행동을 지시하는 신경 활동이 개시된다고 한다. 그러니까 결정이란 환상에 불과한 것이고, "의식은 의사 결정 과정에 개입하지 않는다"는 뜻이다. 인지과학자이자 철학자인 대니얼 데닛은 다음과 같이 설명했다. "행동은 원래부터 뇌의 어떤 부분에 침전되어 있어서, 근육들에게 곧장 신호를 보내는데, 도중에 잠시, 의식적 행위자인 당신에게 들러서 무슨 일을 할 것인지 알려준 것이다(그런데 뛰어난 관료들이 흔히 그러듯, 미덥지 못한 대통령 격인 당신이 스스로 모든 일을 시작했다는 환상을 유지하도록 배려한다)."[114]

최근 신경생리학자들은 뇌 특정 지점들을 전기적으로 자극하여 특정 감정들을 일으키는 데 성공했다. 그런데 놀랍게도 피험자는 즉각 자신이 왜 그런 감정들을 경험하는 것인지 논리적인 이유를 만들어냈다. 좌우 뇌의 연결이 끊어진 환자를 보면, 뇌의 한쪽이 촉발한 활동에 대해 다른 쪽(보통은 언어를 주로 다루는 왼쪽)이 정교한 설명을 만들어내려 애썼다('작화증'). 마치 좌뇌가 우뇌의 대인관계 담당 비서이기라도 한 듯 말이다.

그런데 뇌가 지닌 최고로 복잡한 능력은 아무래도 감정 지능이다. 나는 감정이야말로 뇌의 첨단 기능이라 생각한다. 복잡하게 얽힌 우리 뇌의 위계 구조 중 꼭대기 자리에는 감정을 인지하고 적절하게 대응하는 능력, 사회와 상호작용하는 능력, 도덕심을 느끼고 유머를 즐기고 감정으로 예술을 느끼는 능력이 여타 고차원적 기능들과 함께 불안정하게 자리하고 있다. 낮은 수준의 인지나 분석 기능이 감정 처리에 영향을 미친다는 증거도 있는데, 어쨌든 우리는 이제야 막 뇌의 감정 영역을 이해하기 시작했으며 그런 문제들을 다루는 뉴런을 모델링하기 시작했다.

과학자들은 인간의 뇌가 다른 포유류의 뇌와 어떻게 다른지 알아보는 과정에서 감정에 관한 갖가지 통찰을 발굴해냈다. 사소하지만 결정적인 그 차이점들에 주목하면 뇌가 어떻게 감정 등의 기분을 처리하는지 알 수 있다는 것이다. 이를테면 사람은 피질이 큰 편이다. 계획, 의사결정, 기타 분석적 사고에 최적화되어 있다는 뜻이다. 또 다른 놀라운 발견은 방추세포라는 특별한 세포들이 감정적 상황을 다루는 것 같다는 점이다. 방추세포는 인간과 몇몇 거대 유인원의 뇌에만 있다. 세포는 매우 크고, 첨단 수상돌기라는 기다란 신경 섬유를 갖고 있는데 이 돌기는 다른 뇌 영역들로부터 광범위하게 신호를 받아들이는 역할을 한다. 이처럼 특정 뉴런들이 여러 영역으로 광범하게 가지를 뻗치며 '깊이' 연결되어 있는 현상은 진화의 사다리에서 위로 올라갈수록 두드러지는 특성이다. 감정이나 도덕 판단에 관련되는 방추세포가 이런 깊은 연결성을 보인다는 건 놀라운 일이 아니다. 감정 반응은 그만큼 복잡한 일이기 때문이다.

무엇보다 특기할 만한 사실은 방추세포의 수가 매우 적다는 점이다. 뇌 전체에 80,000개가량 있을 뿐이다(우반구에 45,000개, 좌반구에 35,000개 정도 있다). 반구 간 차이를 보면 왜 우뇌가 감정 지능의 관장 영역으로 일컬어지는지 알 수 있다. 그리 큰 차이는 아니지만 말이다.

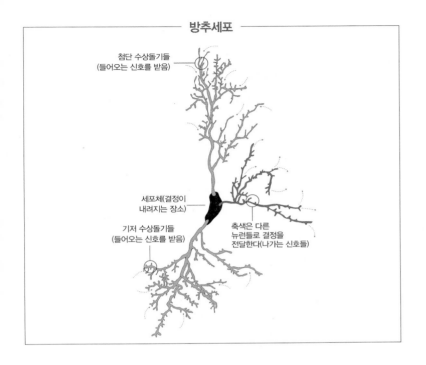

방추세포

첨단 수상돌기들
(들어오는 신호를 받음)

세포체(결정이
내려지는 장소)

기저 수상돌기들
(들어오는 신호를 받음)

축색은 다른
뉴런들로 결정을
전달한다(나가는 신호들)

고릴라는 약 16,000개, 보노보는 약 2,100개, 침팬지는 약 1,800개를 갖고 있다. 다른 포유류들에서는 전혀 발견되지 않는다.

피닉스에 있는 배로 신경 연구소의 아서 크레이그 박사는 최근 방추세포의 구조도를 선보였다.[115] 피부, 근육, 장기 등등의 신경에서 전해지는 인체의 입력 신호들은(초당 수백 메가비트 수준이다) 척수 위쪽을 통해 들어온다. 감촉, 온도, 산의 농도(가령 근육의 젖산 농도), 위장을 지나는 음식의 운동, 기타 여러 형태의 정보를 담은 신호들이다. 정보는 뇌간과 중뇌를 거치며 처리되고, 제1층판 뉴런이라 불리는 중요한 세포들은 정보를 바탕으로 인체의 현 상태를 표현하는 지도를 그린다. 항공기 조종사들이 비행기의 상태를 보는 화면과 비슷하다고 생각하면 된다.

그 후 정보는 후측배내측핵(VMpo)이라는 호두만 한 영역으로 흘러

들어간다. 이 영역은 인체 상태에 대한 복잡한 반응, 가령 '맛이 형편없어'라거나 '웬 악취람', '저 빛은 너무 자극적이야' 같은 반응을 연산한다. 점점 다듬어진 정보는 마지막으로 섬엽이라는 피질 영역에 도달한다. 작은 손가락만 한 섬엽은 피질 좌우에 하나씩 존재하는 구조다. 크레이그는 VMpo와 두 섬엽을 엮어 "물질적 나를 표현하는 체계"라 부른다.

아직 정확한 기제는 밝혀지지 않았지만, 이런 영역들이 인간의 자기 인식과 복잡한 감정 체험에 핵심적인 것 같다. 다른 동물들은 이 영역의 크기가 훨씬 작다. 가령 마카크원숭이의 VMpo 크기는 모래알만 하고, 더 하등한 동물은 그보다 훨씬 작다. 감정이 인체의 지도를 그리는 뇌 영역과 밀접한 관련을 맺고 있다는 가설을 지지하는 듯한 발견이다. 아이오와 대학의 안토니오 다마지오 박사가 주장한 가설이다.[116] 인간의 사고 대부분이 몸에 관한 일, 즉 인체를 보호하거나 능력을 향상시키고 무수한 필요와 욕구를 충족시키는 일에 쏠려 있다는 사실과도 일맥상통한다.

최근에는 인체의 감각 정보 형태로 시작된 또 다른 감정 처리 과정이 밝혀졌다. 두 섬엽에서 나온 정보가 우섬엽 앞쪽에 있는 앞섬엽 피질이라는 자그마한 영역으로 들어가는 게 확인되었는데, 이 영역에는 방추세포들이 자리하고 있다. fMRI 스캔 결과 사람이 사랑, 분노, 슬픔, 성적 욕망 같은 고차원적 감정을 경험할 때 이 영역이 특히 활발한 것으로 드러났다. 방추세포가 강하게 활성화되는 상황은 연인을 볼 때나 아이의 우는 소리를 들을 때 등이었다.

인류학자들은 방추세포가 천오백만 년 전에서 천만 년 전 사이에 처음 등장했다고 믿는다. 유인원과 초기 사람과(科) 인류의 공통 조상에게서 생겨났으리란 것인데, 실체는 아직 확인된 바 없다. 어쨌든 그렇게 탄생한 방추세포의 수가 십만 년 전쯤 급작스레 불어났으리라 보고 있다. 흥미롭게도, 신생아는 방추세포가 없다. 출생 후 4개월 무렴부터 생겨나서 1~3세 사이에 급격히 불어난다. 도덕적 문제를 다루는 능력이나 사랑 같은 고차원적 감정을 인식하는 능력은 이 시기에 발달하는 것이다.

방추세포의 힘은 기다란 첨단 수상돌기들이 뇌의 다른 영역에 무수하게 뻗쳐 있다는 데서 온다. 그러므로 방추세포가 처리하는 고차원적 감정들은 여타 인지 영역들의 영향을 받게 되어 있다. 그 탓에 여러 뇌 영역들에 대한 훌륭한 모델이 수립되기 전에는 방추세포의 정확한 기제를 역분석하기 어려운 것이다. 하지만 감정 처리에 동원되는 뉴런의 수가 비교적 적다는 것은 짚고 넘어갈 필요가 있다. 소뇌에는 기술 형성을 다루는 뉴런이 500억 개나 있고, 피질에는 인지 활동과 합리적 계획을 수행하는 뉴런이 수십억 개나 있는 반면, 고차원적 감정을 다루는 방추세포는 8만 개에 불과하다. 방추세포는 합리적 문제 풀이를 하는 게 아니다. 중요한 점이다. 그래서 우리가 음악에 반응하거나 사랑에 빠지는 일 등을 합리적으로 통제할 수 없는 것이다. 물론 신비롭기까지 한 고차원적 감정들을 형성하는 데는 뇌의 전역이 깊이 연관되어 있음이 분명하다.

뇌와 기계의 접속

나는 내 삶을 가지고 뭔가 하고 싶다. 사이보그가 되고 싶다.

—케빈 워릭*

인간 뇌의 방법론들을 이해하면 생물학에서 영감을 얻은 기계를 설

---

* 영국 레딩 대학 인공두뇌학과 교수로 《나는 왜 사이보그가 되었는가》를 썼다.

계하기도 쉬워질 것이다. 나아가 뇌와 컴퓨터를 직접 접속시킬 수도 있다. 나는 다가올 미래에 반드시 이런 융합이 일어날 것이라 믿는다.

미 국방첨단연구계획청은 매년 2400만 달러를 써서 뇌와 컴퓨터의 직접 연결을 연구하고 있다. 앞서 말했듯 MIT의 토마소 포지오와 제임스 디카를로는 캘리포니아 공과 대학의 크리스토프 코흐와 함께 시각적 물체 인식 모델을 개발하면서 어떻게 시각 정보가 암호화되는지 탐구하고 있다. 이런 연구를 통해 결국에는 영상을 직접 뇌에 전달할 수도 있게 될 것이다.

듀크 대학의 미겔 니코렐리스와 동료들은 원숭이의 뇌에 감지기를 이식해 원숭이가 생각만으로 로봇을 조정할 수 있게 했다. 실험 첫 단계는 손잡이를 이용해 화면의 점을 움직이도록 원숭이를 훈련시키는 것이다. 그 과정의 뇌파 신호 패턴을 수집한 뒤, 과학자들은 이번에는 손잡이를 물리적으로 흔들지 않아도 뇌파 패턴만으로 화면의 점이 움직이게 만들었다. 그러자 원숭이는 더 이상 손잡이로 조작되지 않는다는 걸 곧 알아차리고 생각으로 점을 움직이기 시작했다. 이 '사고 탐지' 체계를 로봇에 연결하니, 원숭이는 생각만으로 로봇을 움직일 수 있게 된 것이다. 원숭이는 로봇의 움직임을 관찰함으로써 생각을 통한 통제 기술을 다듬어가기도 했다. 연구의 목표는 마비 환자들에게 비슷한 체계를 적용하여 팔다리와 환경을 통제하게 하는 것이다.

인공 신경을 생물학적 뉴런에 연결하는 데 큰 장애물로는 아교 세포를 들 수 있다. 뉴런이 만들어내는 아교 세포들은 '외래' 물질을 둘러싸 뇌를 보호하는 역할을 한다. 테드 버거와 동료들은 이식물의 겉을 특별한 물질로 둘러싸서 최대한 생물학적 조직으로 보이게 함으로써 뉴런을 도리어 끌어당기도록 연구하고 있다.

뮌헨의 막스 플랑크 인지 및 뇌과학 연구소는 아예 신경과 전자기기를 직접 접속시키는 방법을 찾는 중이다. 인피네온 사가 개발한 칩을 쓰면 특별한 기판에 뉴런이 자라게 할 수 있는데, 이로써 신경과 전자기기와 자극 기기 사이에 직접 연결고리를 만드는 것이다. 캘리포니아 공과 대학에서도 유사한 '신경칩'을 개발하고 있다. 뉴런과 전자기기 간의 쌍방향, 비침습성 통신을 가능하게 해주는 칩이다.[117]

수술을 통해 집어넣은 인공 신경물과 뇌를 소통시키는 방법은 이미 여럿 알려져 있다. 인공 달팽이관(내이) 실험 결과 밝혀진바, 청각 신경들은 삽입물의 여러 채널을 통해 쏟아지는 신호를 정확히 해석하기 위해 스스로 재조직 과정을 거친다. 파킨슨병 환자들을 위한 인공 뇌 심부자극기도 비슷한 과정을 거치는 것으로 보인다. 미 식품의약청의 승인을 받은 이 뇌 이식물 주변에 놓인 생물학적 뉴런들은 전자기기에서 오는 신호를 받자 과거에 제대로 작동했던 뉴런들에게서 온 신호를 받은 듯 극히 정상적으로 반응했다. 파킨슨병 환자를 위한 신경 이식물 중 최근 제품들은 원격으로 업그레이드된 소프트웨어를 다운로드 받을 수도 있다.

가속적으로 발전하고 있는 뇌 역분석 연구

최초로 진정한 자유를 누리는 종이라 할 수 있는 호모 사피엔스는 바야흐로 자신을 만들어온 힘인 자연선택을 해체하려는 참이다. …… 곧 우리는 자신의 마음속을 깊이 들여다보고 앞으로 어떤 존재가 되고 싶은지 결정해야 할 것이다.

-E. O. 윌슨, 《통섭: 지식의 대통합》, 1998년

우리는 우리가 무엇인지 알지만, 무엇이 될지는 모른답니다.

-윌리엄 셰익스피어

가장 중요한 것은 이것이다. 미래에 될 수 있을 것을 위해서는 어느 때라도 현재의

우리를 희생할 수 있을 것.

—샤를 뒤보스[*]

뇌 모델을 구축하고, 시뮬레이션을 하고, 뇌에 적용하여 확장해보는 기술이 발전하고 있지만, 실은 우리가 조작의 대상에 대해서나 그 속의 미묘한 균형에 대해서 잘 모르면서 위험천만한 작업을 하는 게 아닌가 걱정하는 사람들도 있다. W. 프렌치 앤더슨^{**}은 이렇게 썼다.

> 우리는 물건을 분해하기 좋아하는 아이와 같은지도 모른다. 아이는 시계를 분해할 수 있을 정도로는 똑똑하다. 다시 조립해서 제대로 작동하게끔 할 정도로 똑똑할지도 모른다. 하지만 아이가 시계를 '개량'하겠다고 마음 먹는다면? …… 아이는 보이는 것은 이해할 수 있겠지만, 용수철 하나하나가 얼마나 단단해야 하는지를 결정하는 정확한 공학 계산 등은 할 수 없을 것이다. …… 그러면서 시계를 개량하겠다고 나서면 망가뜨리기만 할 뿐이다. …… 우리도 우리가 만지작거리고 있는 대상이 어떻게 구성되어 있는지 정말은 모르는 게 아닌가 걱정된다.[118]

하지만 앤더슨의 걱정은 수만 명의 뇌 과학자 및 컴퓨터 과학자들이 다음 단계로 나아가기 전에 반드시 각고의 노력을 기울여 현재의 모델 및 시뮬레이션의 한계와 역량을 철저하게 점검한다는 사실을 잊은 것이다. 우리는 단계별 상세 분석을 하지 않은 채 뇌의 수조 개 부품들을 마냥 분해했다 재조립했다 하는 게 아니다. 우리는 나날이 정

---

* 　베르그송 철학 및 예술론 등에 정통한 프랑스의 비평가.
** 　미국의 유전학자이자 분자생물학자로 현재 서던 캘리포니아 대학에 재직 중이며, 유전자 치료 분야의 개척자로 일컬어진다.

276

교해지는 고해상도 데이터를 바탕으로 나날이 세련되어지는 모델들을 구축함으로써 뇌의 작동 원칙을 이해하고자 한다.

뇌 모방에 충분한 연산 용량이 등장함에 따라, 뇌 스캔 연구와 그로부터 모델과 시뮬레이션을 구축하는 연구의 속도가 빨라지고 있다. 이미 슈퍼컴퓨터들의 연산 용량은 충분한 수준에 근접했다. 그리고 다시 강조하지만 이 분야의 발전 속도는 기하급수적임을 명심해야 한다. 내 동료 중에서도 몇몇은 뇌의 기법들을 상세히 이해하려면 앞으로도 백 년 이상 걸릴 것이라고 말한다. 대부분의 장기 기술 예측이 그렇듯, 이런 예상은 미래를 선형적으로 파악하여 발전의 가속적 속성을 무시한 것이다. 기술 하나하나가 기하급수적으로 발전할 것이란 사실도 무시한 것이다. 현재 이룬 성취를 과소평가하는 경향도 그런 보수적 시각을 부추긴다. 분야에 종사하는 현업 연구자들조차 그러기 쉽다.

뇌 스캔 및 감지 도구의 전반적 시공간 해상도는 매년 두 배씩 증가하고 있다. 스캔 대역폭, 가격 대 성능비, 영상 재구성 시간 등 모든 면에서 기하급수적 발전이 이뤄지고 있다. 완전 비침습성 스캔, 두개골 절개를 통한 생체 내 스캔, 파괴형 스캔 등 종류를 불문한 발전이다. 뇌 스캔 정보와 모델 구축 기법을 담은 데이터베이스 규모도 매년 두 배로 늘고 있다.

적절한 도구와 자료만 갖춰지면 어렵지 않게 뇌 모델과 시뮬레이션을 구축할 수 있다는 사실을 우리는 이미 경험했다. 세포 구성 요소들, 뉴런, 광범한 뇌 영역 등 다양한 수준에서 그랬다. 뉴런과 뉴런 하위 요소들의 행동은 압도적으로 복잡하거나 무수한 비선형성을 보일 때가 많지만, 뉴런 집단이나 뇌 영역의 행동은 도리어 하위 요소들보다 단순하다. 나날이 강력해져가는 수학 도구들을 효율적인 컴퓨터 소프트웨어로 구현한다면 이처럼 복잡하게 위계적이고, 적응적이고, 반쯤 무작위적이고, 자기조직적이고, 엄청나게 비선형적인 체계라도 정교하게 모델링할 수 있을 것이다. 몇몇 중요 뇌 영역에 대한 효과적인 모델이 이미 존재한다는 것만 보아도 이런 접근법이 유효하리라 확신할 수 있다.

요즘 등장하는 차세대 스캔 도구들의 시공간 해상도는 실로 대단하다. 역사상 최초로 개별 수상돌기, 돌기 가시, 시냅스의 활동을 실시간으로 관찰할 수 있게 되었다. 덕분에 곧 고해상도를 자랑하는 차세대 모델과 시뮬레이션들도 등장할 것이다.

2020년대로 접어들어 나노봇 시대가 열리면 뇌 안쪽에서 직접 고해상도로 신경 활동을 관찰할 수 있을 것이다. 수십억 개의 나노봇들을 뇌 모세혈관에 집어넣으면 뇌 전체가 일하는 모습을 실시간으로, 그것도 뇌를 파괴하지 않은 채 스캔할 수 있다. 오늘날의 비교적 조악한 도구로도 이미 많은 영역에 대한 효과적인(아직 완벽하지 않지만) 모델들이 탄생했다. 향후 20년간 연산 능력은 최소 백만 배 증가할 테고 스캔 해상도나 대역폭은 말도 못하게 늘어날 것이다. 따라서 2020년 무렵에는 뇌 전체를 모델링하고 시뮬레이션하기에 충분한 자료 수집 도구와 연산 도구를 갖게 되리라 확신해도 좋다. 그러면 인간 지능의 작동 원칙들을 여타 인공지능 연구에서 도출한 지적 정보 처리 기법들과 통합할 수 있을 것이다. 게다가 방대한 정보를 재빨리 저장하고, 검색하고, 공유하는 기계 본연의 강점을 충분히 활용할 수 있을 것이다. 사람의 뇌는 비교적 고정된 구조에서 오는 한계를 갖고 있는데, 그보다 훨씬 뛰어난 성능의 연산 플랫폼을 구축하고, 강력한 혼합형 지능 모델을 거기에 앉히는 것이다.

인간 지능의 확장성 인간 지능이 '자기 이해'가 가능한 수준을 넘느냐 넘지 못하느냐 하는 호프스태터의 질문에 대해 답해보자면, 놀랍게 발전하는 뇌 역분석을 염두에 둘 때 인간의 자기 이해 능력에는 한계가 없는 것 같다고 말하고 싶다. 아니, 어떤 것에 대한 이해든 마찬가지일 것이다. 인간 지능은 현실에 대한 모델을 마음속에 세울 수 있는 능력 덕분에 뛰어난 확장성을 가진다. 게다가 모델은 재귀적이다. 하나의 모델이 다른 모델들을 포함할 수 있고, 그들은 또 더 정밀한 다른 모델들을 포함할 수 있고, 그런 반복에 한계가 없다는 뜻이다. 가령 세포에 대한 모델 속에는 핵, 리보솜, 기타 세포 구성 요소들에 대한 모델들이 포함된다. 그런가 하면 리보솜 모델 속에는 분자 구성 요소들의 모델들이 포함되고, 그 속에는 또 원자와 아원자 입자와 그 속의 힘들에 대한 모델들이 포함되는 것이다.

복잡한 체계를 이해할 때 반드시 위계적 구조를 구축해야 하는 것도 아니다. 세포나 뇌 같은 복잡계는 그저 하위 체계들과 구성 요소들로 분해한다고 다 이해할 수 있는 게 아니다. 그래서 우리는 질서와 무질서를 결합한 세련된 수학적 도구들을 만들어 복잡계를 이해해왔다. 세포나 뇌는 분명 질서와 무질서 양면을 갖고 있기 때문이다. 논리적 분해가 불가능한 복잡한 상호작용들도 이런 식으로 이해해왔다.

그 자체 가속적으로 발전하고 있는 컴퓨터는 복잡한 모델링 작업을 돕는 결정적 도구로 활약 중이다. 생물학적 뇌만으로 작업을 해낼 도리는 없다. 만약 기술의 도움 없이 우리 머리만으로 그릴 수 있는 모델에 국한하여 얘기한다면 호프스태터의 의심이 옳은 것인지도 모른다. 인간은 관찰을 통해 구축한 추상적 모델을 상상하고, 다듬고, 확장하고, 변경할 줄 아는 능력을 타고난 데다가 스스로 창조한 도구들의 도움까지 받을 수 있기 때문에, 가까스로 자기 이해의 경계를 넘어서는 지능을 갖게 된 것이다.

뇌 업로드하기

당신 컴퓨터의 상상의 산물이 되는 것.

—데이비드 빅토르 드 트랜센드, 〈작은 신의 용어집〉* 중 '업로드'에 대한 정의

뇌 이해를 위해 스캔하는 것보다 훨씬 논란이 될 문제는 뇌 업로드를 위해 스캔하는 것이다. 뇌 업로드란 뇌의 두드러진 특징들을 모조리 스캔한 뒤 강력한 연산 기판에 적절하게 옮겨 재가동시키는 것이다. 그러려면 한 사람의 인성, 기억, 기술, 역사 모두를 파악해야 한다.

그런데 어떤 사람의 정신을 완벽히 포획하고자 한다면, 재설치 대상인 마음의 기판에 육체도 덧붙여질 필요가 있다. 사람의 사고 내용 대부분이 물리적 욕구와 욕망을 향한 것이기 때문이다. 5장에서 말하겠지만, 뇌의 미묘한 부분들을 완벽하게 파악하여 재창조하는 도구가 탄생할 무렵이면 비생물학적 인간이든 지능 강화를 택한 생물학적 인간이든, 육체에 관해서도 무수한 선택지를 누리게 될 것이다. 버전 2.0의 인체 선택지 중에는 완벽하게 현실적인 가상 환경에서만 사는 가상 육체, 나노기술이 적용된 물리적 육체 등등 여러 가지가 있을 것이다.

뇌 시뮬레이션에 얼마만큼의 기억과 연산 용량이 필요한지 3장에서 살펴보았다. 인간 수준 지능을 모방하기 위해서는 10^{16}cps의 연산 능력과 10^{13}비트의 기억 장치면 충분하다고 했는데, 업로드를 하려면 그보다 많은 자원이 필요하다. 각각 10^{19}cps와 10^{18}비트 정도다. 까닭은 단순히 인간 뇌의 수행 능력을 따라잡기 위해서는 뇌 영역들의 기

---

* 데이비드 크리거라는 미국의 한 프로그래머가 개인 홈페이지(http://www.davekrieger.net)에 올린 용어집이다. '데이비드 빅토르 드 트랜센드'(가명)가 만든 '트랜스휴먼들을 위한 가짜 사전'이라고 말하고 있다.

능만 모방하면 되는 반면, 업로드용으로 세부를 파악할 때는 10^{11}개 뉴런과 10^{14}개 개재뉴런 연결 내용을 모조리 살펴야 하기 때문이다. 물론 일단 업로드가 가능해지면 혼합적 기법을 사용할 수도 있을 것이다. 가령 감각 신호 처리 같은 기초적 지지 기능은 기능을 모방하는 선에서 처리하고(표준 모듈을 활용하는 것이다) 개인의 인성이나 기술과 깊은 연관이 있는 영역만 뉴런 하나하나까지 모방하는 식이다. 어쨌든 지금의 논의에서는 최대값을 사용하도록 하자.

2030년대 초가 되면 그만큼의 기본 연산 자원(10^{19}cps와 10^{18}비트)을 천 달러에 장만할 수 있을 것이다. 뇌 기능 시뮬레이션에 필요한 자원은 그보다 10년쯤 전에 달성된다. 업로드용 스캔 작업은 지능을 '단지' 비슷하게 재창조하기 위한 스캔 작업보다 훨씬 까다로울 것이다. 이론적으로야 뇌의 전체 설계를 모르고도 세부사항들을 남김없이 파악하여 업로드하는 게 가능할 수 있다. 하지만 현실적으로 그런 방법은 통하지 않을 것이다. 뇌의 작동 원칙에 대한 이해가 선행되어야 어느 세부사항은 핵심적이고 어느 것은 필요 없는 것인지 알 수 있다. 가령 신경전달물질들 중 어떤 분자들이 핵심인지 알아야 한다. 물질의 농도, 위치, 분자 형태를 그대로 옮길지 말지 알아야 한다. 앞서 언급했듯 우리는 얼마 전에야 시냅스 속 액틴 분자의 위치와 CPEB 분자의 모양이 기억에 중요한 요소라는 사실을 알게 됐다. 뇌 작동 이론을 든든하게 완성하지 않고서는 어떤 요소들이 핵심적인지 자신 있게 말하기 어렵다. 그리고 인간 지능을 기능적으로 모방한 기기가 튜링 테스트를 통과하는 날, 우리는 제대로 해냈다고 확신할 수 있을 것이다. 2029년이면 될 것이라 생각한다.[119]

이처럼 세세하게 뇌를 스캔하려면 뇌 속에 나노봇을 넣는 수밖에 없을 텐데, 그 기술은 2020년대 말이면 등장할 것이다. 따라서 뇌 업로드에 필요한 연산 능력, 기억, 뇌 스캔 도구들이 갖춰지는 때는 2030년대 초로 보면 합당하다. 그러나 대부분의 기술이 그렇듯 기술을 거듭 다듬어내는 시간이 필요할 테니, 성공적인 업로드는 2030년대 말에 가능하리라 보수적으로 예측하는 편이 좋겠다.

사람의 인성과 기술이 뇌에만 존재하는 건 아니라는 점을 잊어선 안 된다. 뇌가 주된 장소이긴 하지만 신경계는 몸 전체에 고루 퍼져 있고 내분비(호르몬)계도 영향력이 있다. 하지만 인간을 이루는 복잡성의 대부분은 압도적으로 뇌에 몰려 있다고 봐도 좋다. 신경계의 대부분이 뇌에 자리하기 때문이다. 내분비계의 정보 대역폭은 매우 낮은 편이다. 호르몬의 전반적 수치를 지정할 뿐, 각 호르몬 분자의 정확한 위치를 지정하는 체계가 아닌 탓이다.

업로드가 제대로 되었는지 확인하는 방법은 가령 '홍길동' 튜링 테스트나 '레이 커즈와일' 튜링 테스트로 검사해보는 것이다. 즉 업로드로 재창조한 존재가 원래 사람과 구별 불가능하다는 것을 인간 심판에게 확인시키는 것이다. 그런데 튜링 테스트의 규칙을 정하는 것 자체도 까다롭기 그지없을 것이다. 비생물학적 지능이 기본적 튜링 테스트를 이미 통과했을 텐데(아마 2029년경), 그러면 비생물학적 인간도 심판관이 될 수 있을까? 기술로 능력을 강화시킨 인간은? 그때쯤이면 아무 데도 손대지 않은 인간을 찾기가 오히려 어려울 것이다. 게다가 능력 강화가 무엇인지 정의하는 것부터 골칫거리다. 의도적으로 업로드를 할 수 있을 즈음이라면 생물학적 지능을 확장하는 것도 다양한 수준과 정도에서 가능할 것이기 때문이다. 또 한 가지 문제는 꼭 생물학적 지능만 업로드하고 싶을 리는 없다는 점이다. 하지만 비생물학적 지능을 업로드하는 일은 비교적 깔끔하고 문제의 소지도 적을 것이다. 쉽게 복사할 수 있다는 것이야말로 언제나 컴퓨터의 최대 장점 중 하나로 여겨져왔기 때문이다.

또 한 가지 묻게 되는 질문은 이렇다. 대상의 신경계를 얼마나 빨리 스캔할 수 있어야 할까? 순간적으로 완성할 수 없음은 분명하다. 설령 뉴런 하나마다 나노봇을 하나씩 배치한다 해도 자료를 모으는 데 시간이 걸리기 마련이다. 정보를 모으는 동안에도 사람은 끊임없이 변화하므로, 업로드한 정보는 그 순간의 그 사람을 반영하는 게 아니라 고작 몇분의 1초 전이라 해도 하여간 과거의 사람을 반영하는 것이라 지적할 수 있다.[120] 하지만 그래도 업로드된 존재는 '홍길동' 튜링 테스트를 문제없이 통과할 수 있다는 걸 생각해보라. 매일 만나는 동료들이 있는데 어떤 일로 며칠이나 몇 주 못 봤다고 하자. 그래도 다시 만나면 그들은 나를 여전히 나로 봐준다. 1초 미만, 혹은 몇 분 정도의 짧은 시간에 사람이 겪는 자연적 변화를 덮을 수 있을 정도로만 정확하게 업로드한다면 사실상 어느 모로 보나 충분할 것이다. 양자 연산과 의식을 결부시킨 로저 펜로즈의 이론을 거론하며 반대하는 사람들도 있다. 사람의 '양자 상태'는 스캔 과정 중 수도 없이 바뀔 것이므로 업로드가 불가능하다는 주장이다. 하지만 내가 이 문장을 쓰는 동안에도 나의 양자 상태는 무수히 바뀌고 있다. 그런데도 나는 여전히 같은 사람이다(여기에 반대할 사람은 없을 것이다).

노벨상 수상자인 제럴드 에델먼은 어떤 능력 자체와 그 능력에 대한 묘사는 천지 차이라고 지적한다. 사람의 사진은 아무리 선명하고 심지어 3차원일지라도 사람 자체와는 다르다는 것이다. 에델먼의 비유를 적용하자면 엄청난 고해상도 뇌 스캔 자료를 '사진'이라 할 수 있다. 그러나 업로드란 그저 스캔을 하는 것 이상이다. 물론 모든 세부적 특징을 다 포획하는 스캔 작업도 필요하지만, 그것을 적당한 연산 기관에 설치해서 원본과 똑같은 능력을 펼치도록 하는 작업이 필수적이다(새로운 비생물학적 플랫폼은 원본보다 도리어 훨씬 뛰어날 것이다). 신경학적 세부 요소들은 원본에서와 똑같은 방식으로 서로(또한 바깥 세상과) 상호작용해야 한다. 오히려 컴퓨터 프로그램에 비유하는 것이 합당해 보인다. 디스크에 저장된 프로그램(정적인 그림)과 적절한 컴퓨터에서 활발하게 구동되고 있는 프로그램(동적으로 상호작용하는 개체)의 관계라 할 수 있다. 업로드 시나리오가 완성되려면 자료 포획

뿐 아니라 동적 개체로의 재설치도 필요한 것이다.

아마도 가장 중요한 질문은 업로드된 뇌가 진짜 나인가 아닌가 하는 물음이다. 업로드된 개체가 개인별 튜링 테스트를 통과하고, 나와 거의 구별이 불가능할 정도로 비슷하다 해도, 그게 나와 같은 사람인지 다른 사람인지 생각해봐야 하는 건 당연하다. 무엇보다 원래의 나가 여전히 존재하지 않는가? 이 결정적 문제들에 대해서는 7장에서 더 다루겠다.

내 생각에 주된 업로드 활용은 지능, 인성, 기술을 비생물학적 기기에 점진적으로 옮기는 것이다. 현재도 이미 다양한 인공 신경들이 존재한다. 2020년대면 나노봇을 활용해 비생물학적 지능의 능력을 강화할 수도 있다. 감각 처리나 기억 같은 '일상적' 기능부터 시작해 기술 축적, 패턴 인식, 논리 분석까지 도울 것이다. 2030년대가 되면 비생물학적 지능이 우위를 점하기 시작할 테고, 2040년대에는 생물학적 지능보다 수십억 배 강력해질 것이다. 한동안은 다들 생물학적 지능을 버리지 않겠지만 점차 부차적인 부분으로 전락할 것이다. 사실상 우리는 스스로를 업로드하게 되는 셈인데, 다만 점진적이라 변환을 느낄 틈이 없을 뿐이다. '옛날 레이'나 '새로운 레이'는 없다. 점점 능력이 향상되어가는 레이가 있을 뿐이다. 물론 순간적 스캔 후 이동이라는 급작스러운 업로드도 미래에는 가능할 것이다. 그러나 점진적으로, 그리고 끈질기게 좀 더 뛰어난 비생물학적 지능으로 이행해가는 업로드야말로 인류 문명을 심대하게 바꿀 원동력이다.

지그문트 프로이트: 인간 뇌를 역분석한다 할 때, 어떤 뇌를 말하는 겁니까? 남자의 뇌? 여자의 뇌? 아이의 뇌? 천재의 뇌? 정신 지체자의 뇌? '천재 백치'의 뇌? 타고난 예술가의 뇌? 연쇄 살인마의 뇌?

레이: 궁극적으로는 모두가 대상입니다. 인간 지능과 그 다양한 구성 기술들의 작동 방식 기저에는 공통적인 작동 원칙들이 있으니까요.

뇌의 가소성 덕분에 우리는 말 그대로 생각을 통해서 뇌를 창조할 수 있습니다. 새로운 돌기, 시냅스, 수상돌기, 뉴런까지 만들어내죠. 그래서 아인슈타인의 뇌는 시각 영상과 수학적 사고를 담당하는 두정엽이 엄청나게 커졌던 겁니다.[121] 그렇지만 두개골의 용적에는 한계가 있기 때문에 아인슈타인은 세계적 음악가까지 되지는 못했던 거지요. 피카소라도 위대한 시를 쓰지는 못했고요. 그런데 우리가 뇌를 재창조하게 되면 특정 기술에 대한 능력만 제한적으로 다룰 필요가 없습니다. 하나를 향상시키기 위해서 다른 걸 포기해야 하는 일이 없을 겁니다.

사람 간의 차이에 대해서도 잘 이해하게 될 것이고, 장애에 대해서도 잘 이해하게 될 겁니다. 연쇄 살인마의 뇌에는 무슨 문제가 있을까요? 뭔가 뇌에 이상이 있다는 것만은 틀림없습니다. 그토록 끔찍한 행동이 그저 소화 불량 탓은 아닐 테니까요.

2004년의 몰리: 그런데요, 정말 타고난 뇌의 차이 때문에 사람들 간의 차이가 있는 건지는 의심스러워요. 삶을 살면서 겪는 온갖 투쟁들, 내가 이토록 열심히 배우려고 하는 학습 내용들은 어쩌고요?

레이: 물론 그것도 패러다임의 한 부분이죠. 당연하지 않을까요? 뇌는 배우는 뇌니까요. 걷고 말하는 것을 배우는 것부터 대학 화학을 배우는 것까지 말이지요.

마빈 민스키: 인공지능을 교육시키는 것이 비생물학적 지능 구축 과정의 중요 단계인 건 틀림없지만, 상당 부분을 자동화해서 속도를 높일 수 있다는 걸 알아야 합니다. 게다가 하나의 인공지능이 무언가를 배우면 그 지식을 다른 인공지능들과 단숨에 나눌 수 있지요.

레이: 인공지능들은 기하급수적으로 팽창해가는 웹의 지식에 접속할 겁니다. 실제로 삶을 살다시피 할 수 있는 완전몰입형 가상현실 환경에 머무르며 자기들끼리, 그리고 생물학적 인간들과 상호작용할 겁니다. 생물학적 사람들도 가상 환경 속에 자신을 투사할 수 있을

테니까요.

프로이트: 그 인공지능들은 육체가 없지 않소. 앞서 지적했듯 인간의 감
정과 대부분의 사고는 육체를 향해 쏠려 있고 육체의 감각적, 성적
욕구를 충족시키는 데 복무하는데 말입니다.

레이: 육체가 없다고 누가 그랬나요? 6장에서 버전 2.0 인체에 대해 말
하겠지만, 비생물학적이면서도 인간다운 육체를 만드는 방법이 곧
생길 겁니다. 가상현실에서 가상 육체를 가질 수 있는 건 물론이
고요.

프로이트: 하지만 가상 육체는 진짜 육체가 아니지 않소.

레이: '가상'이란 말이 좀 애매한 데가 있지요. '진짜가 아니다'란 의미
를 담고 있으니까요. 하지만 알고 보면 가상 육체는 어느 모로 보
나 물리적 육체만큼 현실적인 진짜일 겁니다. 전화란 것도 사실 청
각적 가상현실이죠. 하지만 그 가상현실 환경에서 들려오는 목소
리를 '진짜' 목소리가 아니라고 생각하는 사람은 없습니다. 현재의
물리적 육체도 마찬가지입니다. 다른 사람이 내 팔을 만지는 걸 직
접적으로 경험하는 건 사실 아니죠. 뇌는 팔의 신경 촉수에서 시작
된 신호를 받는 건데, 그 신호는 척수와 뇌간을 거쳐 섬엽까지 오
며 처리된 것이지요. 만약 내 뇌, 혹은 인공지능의 뇌가 가상 팔에
와 닿은 가상 촉감의 신호를 마찬가지 방식으로 받는다면 실제 촉
감과 구분할 방도가 없을 겁니다.

민스키: 모든 인공지능이 인간의 육체를 필요로 하진 않을 거란 점도 명
심하세요.

레이: 그건 그렇죠. 인간의 육체나 뇌는 어느 정도의 가소성을 갖고 있
긴 하지만 비교적 고정된 구조에 불과하니까요.

2004년의 몰리: 그래요, 바로 그게 사람이라는 거죠. 당신은 그걸 못마땅
하게 여기는 것 같지만요.

레이: 정말이지, 나는 한계가 많고 끝없이 유지 작업이 필요한 버전 1.0

육체 때문에 골치를 썩일 때가 많아요. 뇌의 한계에 대해서야 말할 필요도 없겠죠. 물론 인체가 주는 기쁨에는 충분히 감사합니다. 내 말의 요점은, 인공지능은 진짜 현실에서나 가상현실에서나 인체와 동일한 무언가를 지닐 수 있고 그렇게 되리라는 것입니다. 다만, 민스키 씨도 지적했듯, 반드시 그 상태에 머무를 이유는 없다는 거죠.

2104년의 몰리: 인공지능들만 버전 1.0 육체의 한계에서 해방되는 건 아니에요. 생물학적 기원을 지닌 인간들도 진짜 현실에서, 그리고 가상 현실에서 마찬가지 자유를 누리게 된답니다.

2048년의 조지: 인공지능과 인간 사이에 또렷한 구별이 없다는 점도 명심하세요.

2104년의 몰리: 맞아요. 물론 MOSH(대체로 원래의 형태를 유지한 인간)는 제외하고요.

5

GNR: 중첩되어 일어날 세 가지 혁명

우리 세대가 뿌듯하게 자랑할 만한 것 중에서 기계적 기기의 세상에서 매일같이 벌어지고 있는 놀라운 발전보다 훌륭한 건 흔치 않다. …… 하지만 기술이 자꾸만 빠르게 진화하여 동물계와 식물계를 앞지를 정도가 되면 어떨 것인가? 인간은 지구상의 제왕 지위를 내놓게 될까? 식물이 광물로부터 서서히 발전해왔고, 동물이 식물을 차차 앞서게 된 것처럼, 지난 몇 세대 동안 완전히 새로운 세계가 우리 사이에서 자라났으니, 언젠가 새로운 종족의 초기 원형으로 여겨질 씨앗을 우리가 보고 있는 게 아닐까. …… 인류는 날마다 기계에게 더 큰 힘과 온갖 종류의 창조적 도구들을 붙여주고 있으니, 기계에게 있어 그런 자기조절력과 행동력은 인류의 지성이나 다름없는 수단이 되지 않겠는가.

－새뮤얼 버틀러, 1863년(다윈의 《종의 기원》 출간 4년 뒤)

인류의 후계자는 누가 될까? 답은 이렇다. 인류는 스스로 자신의 후계자를 만들어내고 있다. 결국 인간과 기계의 관계는 말이나 개가 인간과 맺는 관계와 비슷해질 것이다. 기계는 살아 있는 것이나 마찬가지며, 당장은 아니라도 앞으로 그렇게 될 것이기 때문이다.

－새뮤얼 버틀러, 1863년의 편지 '기계들 중의 다윈'에서[1]

21세기 전반부에 우리는 세 개의 혁명이 꼬리를 물고 중첩되어 발생하는 것을 보게 될 것이다. 유전학의 혁명, 나노기술의 혁명, 로봇공학의 혁명이다. 그로써 내가 제5기라 칭한 시대, 즉 특이점의 시대가 시작될 것이다. 현재 우리가 처한 지점은 'G(Genetics, 유전학)' 혁명의 초기 단계다. 우리는 생명이 간직한 정보 처리 과정을 이해함으로써 인체의 생물학을 재편하는 법을 익히고 있다. 질병을 근절하고, 인간의 잠재력을 극적으로 넓히고, 수명을 놀랍도록 연장하는 법을 배우고 있다. 그러나 한스 모라벡의 지적에 따르면 우리가 아무리 DNA에 기반을 둔 생물학을 자유자재로 활용하게 된다 해도 인간은 '2류 로봇'으로 남을 것이다. 일단 생물학의 작동 원리를 완벽히 이해한 뒤 손질을 가하기 시작하면 그때는 더 이상 생물학의 도구만으로는 부족하리라는 뜻이다.[2]

생물학의 한계를 넘게 해줄 것은 'N(Nanotechnology, 나노기술)' 혁명이다. 우리 몸과 뇌, 우리가 사는 세상을 분자 수준으로 정교하게 재설계하고 재조립하게 해줄 것이다. 가장 강력한 혁신은 다가올 'R(Robotics, 로봇공학)' 혁명이다. 인간의 지능을 본받았지만 그보다 한층 강력하게 재설계될 인간 수준 로봇들이 등장할 것이다. R 혁명은 최고로 의미 있는 변화다. 지능이란 우주에서 가장 강력한 '힘'이기 때문이다. 지능은, 제대로 발달하기만 한다면, 자기 앞에 놓인 어떤 장애물이라도 쉽게 내다보고 극복할 수 있을 정도로 똑똑한 것이다.

각 혁명은 직전 혁명으로 발생한 문제점들을 풀어주겠지만 또한 새로운 위험을 끌어들이기도 할 것이다. G 혁명은 질병과 노화라는 인류 고래의 문제를 풀겠지만 생물학 바이러스 무기라는 새로운 위협을 양산할 것이다. N 혁명이 충분히 발전하면 생물학적 사고에 대한 대비를 갖출 수 있겠지만, 이번엔 자기복제하는 나노봇으로 인한 위협을 겪을 것이다. 생물학이 야기하는 문제보다 훨씬 더 심각한 문제가 오는 것이다. 그런 사고에 대비하려면 R 혁명을 충분히 발전시키는 수밖에 없다. 하지만 인간의 수준을 뛰어넘는 인공지능이 바람직하지 못한 방향으로 발전할 경우, 그때는 어찌할 것인가? 8장 끝에서 이런 문제에 대처하는 전략을 몇 가지 이야기하려 한다. 우선 지금은 G, N, R이라는 세 가지 일련의 혁명들을 통해서 어떻게 특이점의 시대가 다가올 것인지 알아보자.

유전학: 정보와 생물학의 접점

특정 쌍끼리만 결합할 수 있다는 것을 알게 되자, 우리는 즉시, 이것이 유전 물질이
스스로 복제하는 기제가 아닌가 생각하게 됐다.

—제임스 왓슨과 프랜시스 크릭[3]

30억 년의 진화 끝에, 이제 우리는 개인이 수정란이라는 세포 하나로부터 성인이 되
고 결국 무덤에 가는 전 과정에 대한 지침을 눈앞에 두게 됐다.

—로버트 워터스턴 박사, 국제 인간게놈 염기서열분석 컨소시엄[4]

생명의 경이와 질병의 불행 아래 숨겨진 것은 다름 아닌 정보 처리
과정이다. 기본적으로 일종의 소프트웨어 프로그램이라 할 수 있는,
놀랄 만치 압축적인 정보들이다. 인간의 게놈은 2진 부호의 서열로
구성되어 있는데 정보량은 전체를 따져도 8억 바이트밖에 안 된다.
중복된 부분도 많기 때문에 현행의 압축 기술로 중복을 제거한다 하
면 3천만에서 1억 바이트 정도 남는다. 오늘날의 평균적인 소프트웨
어 프로그램 용량에 맞먹는 수준이다.[5] 이 부호의 해독은 생화학 기계
들이 해낸다. 그들은 선적인(1차원적인) DNA '문자'의 서열을 해독한
뒤 아미노산이라는 간단한 조립 단위들로 사슬을 엮어낸다. 아미노산
의 사슬이 착착 접혀 3차원 모양을 갖게 되면 그것이 단백질이다. 박
테리아부터 인간에 이르기까지 모든 생명체의 구조를 이루는 물질,
단백질이다. (바이러스는 생물과 무생물의 중간 정도에 해당하지만 DNA나
RNA 조각을 갖고 있다.) 이런 생물학적 기계 장치들은 자기복제력을 갖
춘 나노 조립기구나 마찬가지다. 이들이 정교한 열개의 구조와 복잡
한 운영 체계를 만들어냄으로써 생명체가 탄생하는 것이다.

생명의 컴퓨터

진화의 가장 초기 단계에서 생명체는 탄소를 재료로 한 복잡한 유기 물질 구조에 정보를 저장하는 법을 알아냈다. 그 후 수십억 년이 지나고, 생물학은 DNA 분자로 디지털 정보를 저장하고 가공하는 법을 알아냈다. 한마디로 자신만의 컴퓨터를 만든 것이다. DNA 분자 구조를 처음 밝힌 것은 1953년, J. D. 왓슨과 F. H. C. 크릭이다. 폴리뉴클레오티드들이 쌍쌍이 결합한 이중 나선 구조의 DNA는 어느 자리에 어떤 뉴클레오티드가 선택되느냐 하는 점에 정보를 저장하고 있다.[6] 우리는 21세기 초에 인간 유전 암호를 모두 해독하는 데도 성공했다. 이제 우리는 DNA가 메신저 RNA(mRNA)나 운반 RNA(tRNA), 리보솜 등 복잡한 분자나 세포 내 구조들을 어떻게 동원하는지, 어떤 화학적 소통과 통제 과정을 거치며 복제를 수행하는지, 내막을 이해해가고 있다.

정보 저장이라는 면에서 DNA의 기제는 놀랄 만큼 단순하다. DNA 분자에는 당-인산으로 된 나선형 뼈대가 있고 그 사이에 수백만 개의 사다리 발판들이 걸쳐 있는데, 각 발판은 4개의 알파벳 문자 중 하나를 가질 수 있다. 발판 하나가 1차원적 디지털 암호로 정보 2비트를 저장하는 셈이다. 4개의 알파벳이란 4개의 염기쌍을 가리킨다. 아데닌-티민, 티민-아데닌, 시토신-구아닌, 구아닌-시토신이다. 세포 하나의 DNA를 죽 잡아 펼 경우 길이는 1.8미터에 달한다. 하지만 매우 정교하게 접혀 있어서 1/1000센티미터도 못 되는 세포 속에 충분히 들어가고도 남는다.

DNA에 특정 효소가 가해지면 일부분의 염기쌍 사다리가 갈라진다. 반쪽이 된 염기 서열이 각기 새 짝을 조립하면 2개의 동일한 DNA로 복제가 끝난다. 염기 짝 맞추는 작업을 감독하는 효소도 있다. 이처럼 정확한 복제 및 점검 단계를 갖추고 있기 때문에, DNA의 화학적 정보 처리 과정 중 오류는 염기쌍 100억 개마다 한 번 정도 일어날 뿐이다.[7] 게다가 복제되는 정보 자체에도 중복 암호가 있고 오류 수정 암호들이 있기 때문에 복제 과정에서 중요한 돌연변이가 일어날 가능성은 극히 적다. 100억분의 1 확률로 일어나는 오류들도 대부분 '홀짝수 오류'*라는 것에 해당하는데, 복제가 아닌 다른 과정에서 충분히 걸러내고 바로잡을 수 있는 오류다. 가령 짝 염색체의 서열과 비교하는 방법 등이 있어서 잘못된 정보가 심각한 해를 일으키는 것을 막아준다.[8] 최근에는 짝이 없는 남성 Y 염색체도 유사한 점검 방법을 갖고 있음이 밝혀졌다. Y 염색체의 유전자도 복제 염색체의 유전자와 비교하는 과정을 거친다는 것이다.[9] 그러므로 염색체 전사 과정에서 오류가 일어나고 그것이 진화적으로 유용한 변이를 일으키는 일은 그야말로 가뭄에 콩 나듯 벌어진다.

DNA는 번역이라 불리는 과정을 통해 단백질을 합성한다. 여러 화합물들이 합심하여 디지털 정보를 실행함으로써 단백질을 만드는 과정인데, 단백질이야말로 세포의 구조, 활동, 지능을 담당하는 물질이기 때문에 매우 중요한 일이다. 우선 몇몇 효소들이 DNA 나선의 일부를 풀어 특정 단백질 합성을 개시한다. 우선 노출된 염기 서열에 알맞은 짝을 맞추면서 mRNA가 합성된다. mRNA 가닥은 DNA 염기 서열 일부를 그대로 베꼈다고 할 수 있다. 이 mRNA는 핵을 빠져나와 세포체로 이동하고, 이번엔 리보솜 분자가 mRNA 암호들을 읽는다. 리보솜이야말로 생물학적 재생산이라는 장대한 드라마의 주인공이다. 리보솜에는 테이프 녹음기의 헤드처럼 작용하는 부분이 있어서 mRNA 염기 서열의 암호를 '읽어낸다'. 그러면 그에 걸맞은 '문자들(염기들)'이 모여드는데, 3개의 문자가 하나의 코돈을 이루고, 하나의 코돈은 20개의 아미

---

* 패리티(홀짝) 검사라는 데이터 정보 오류 검사 기법이 있다. 데이터를 더한 결과가 홀짝 중 무엇인지 표기하는 비트를 추가함으로써 데이터 중 하나가 잘못되면 홀짝이 맞지 않는 것이 감지되어 오류를 알아차리는 아주 간단한 방법이다. 여기서는 4개의 염기들의 서열로 구성되는 DNA에 발생하는 오류가 사실상 패리티 검사로 대부분 체크될 정도로 단순한 형태임을 말하고 있다.

노산 중 하나를 지정하며, 아미노산이 모여서 단백질을 이룬다. 한마디로 리보솜은 mRNA의 코돈을 읽은 뒤, tRNA의 도움을 받아 적당한 아미노산을 수집하여 단백질을 조립하는 것이다.

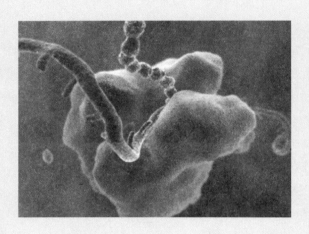

마무리는 선형으로 형성된 아미노산 '사슬'이 착착 접혀 3차원적 단백질 구조를 이루는 단계다. 우리는 아직 이 과정을 시뮬레이션하지 못하는데, 수많은 원자들이 복잡하게 상호작용하다 보니 계산이 너무 방대한 탓이다. 곧 단백질 접힘 시뮬레이션에 충분한 연산 용량을 지닌 슈퍼컴퓨터가 등장할 것으로 보인다. 어쩌면 3차원 단백질들끼리 상호작용하는 모습도 시뮬레이션할 수 있을 것이다.

단백질 접힘은 세포 분열과 더불어 자연이 생명을 창조하고 재생산하는 과정 중 가장 뛰어나고 섬세한 기교로 불릴 만하다. 아미노산 사슬은 '샤페론'이라는 특별한 분자들의 전문적인 보호와 안내를 통해 정확한 3차원 위치를 잡는다. 그런데도 단백질 분자 중 3분의 1가량은 잘못 접히고 만다. 잘못 접힌 단백질은 즉각 제거해야 하는데, 아니면 급속히 누적되어 다양한 방식으로 세포 기능을 저해하기 때문이다.

보통은 유비퀴틴이라는 운반 분자가 재빨리 등장해 잘못 접힌 단백질에 표시를 한다. 그리고 특정 프로테아좀*으로 끌고 가서 분해되게 만든다. 이렇게 분해된 아미노산들은 다른 (제대로 접힌) 단백질을 만드는 데 재활용될 수 있다. 그러나 노화한 세포는 분해에 필요한 에너지를 만들지 못한다. 잘못된 단백질은 쌓이고 뭉쳐서 프로토피브릴이라는 입자가 된다. 알츠하이머병 등의 질병을 초래한다고 알려져 있는 물질이다.[10]

원자들이 상호작용하며 3차원 공간에서 춤추는 접힘 과정을 제대로 시뮬레이션할 수 있다면, DNA 서열이 어떻게 생명과 질병을 통제하는지 훨씬 잘 이해할 수 있을 것이다. 이 과정에 개입하는 약품을 쉽게 개발할 수 있을 것이다. 개발 속도도 빨라지고, 목표에만 집중하여 부작용이 거의 없는 약품을 만들 수 있을 것이다.

단백질의 역할은 세포의 각종 기능, 나아가 유기체의 각종 기능을 수행하는 것이다. 가령 헤모글로빈이라는 분자는 폐에서 산소와 결합한 뒤 신체 전체로 산소를 전달하는 역할을 맡는데, 초당 500조 개씩 새로 만들어진다. 하나의 헤모글로빈 분자에는 아미노산이 500개 넘게 있으니 리보솜은 헤모글로빈을 합성하기 위해서 분당 1.5×10^{19}번 '읽는' 작업을 수행하는 셈이다.

생화학적 생명 과정은 어떻게 보면 참으로 복잡하고 정교하다. 그러나 또 어떻게 보면 참 단순하다. 인간을 포함한 모든 생명체의 복잡한 디지털 정보를 저장하는 데 고작 4개의 염기쌍이면 되는 것이다. 리보솜은 염기쌍 3개씩 하나로 묶은 뒤 고작 20개의 아미노산과 연결시킴으로써 단백질을 합성한다. 아미노산도 단순하기는 마찬가지다. 네 방향 결합을 할 수 있는 탄소 원자가 한쪽은 수소 원자, 다른 쪽은 아미노($-NH_2$)기, 또 다른 쪽은 카르복시산($-COOH$)기, 마지막은 아미노산마다 고유한 유기 물질과 결합함으로써 이루어진 분자다. 가령 알라닌이

---

* 세포 내 효소복합체로서 단백질을 분해한다.

라면 마지막 가지가 (CH_3-)와 결합되어 있어서 아미노산을 구성하는 원자 수가 13개밖에 되지 않는다. 비교적 복잡한 편인 아르기닌도(동맥의 내피세포 건강에 핵심적인 역할을 하는 아미노산이다) 마지막 가지에 17개의 원자를 갖고 있어 전체가 26개다. 이런 단순한 분자들 20개가 모든 생명체의 구성 물질로 활약하는 것이다.

단백질은 온갖 생명 활동을 통제한다. 골세포를 생성하고, 근육세포가 조화롭게 움직이도록 하며, 혈류에서 벌어지는 각종 복잡한 생화학 반응들을 지시하고, 뇌의 구조와 기능까지 통제한다.[11]

맞춤 어른들

질병의 진행과 노화를 늦추는 방법은 현재도 충분히 알려져 있다. 잘만 활용하면 나 같은 중년들도 생명공학 혁명이 완전히 무르익어 나노기술 혁명으로 넘어갈 때까지 건강을 유지하며 살 수 있다. 나는 장수 연구 전문가인 테리 그로스먼 의학박사와 함께《환상적인 여행: 영원히 살 수 있을 정도로 수명 연장하기》라는 책을 써서 극단적인 수명 연장을 가능케 하는 세 가지 다리를 소개한 바 있다(현재의 지식, 생명공학, 나노기술이다).[12] 책에서 나는 이렇게 말했다. "나와 동시대를 사는 사람들 중에는 우아하게 늙어가는 것을 인생의 일부로 여기고 만족하는 이들이 있지만, 나는 그렇게 생각하지 않는다. 물론 그것이 '자연적인' 일인지는 모르겠다. 하지만 정신적 민첩함, 감각적 예민함, 육체적 날렵함, 성적 욕망, 기타 여러 인간적 재능들을 잃어가는 게 어째서 긍정적인 일인지 모르겠다. 나는 질병과 죽음은 어느 나이에 겪더라도 참극이라고 생각한다. 극복해야 할 문제에 불과하다고 본다."

수명 연장의 첫 번째 다리는 현재의 지식을 공격적으로 적용하여 노화를 늦추고, 심장병, 암, 제2형 당뇨병, 뇌졸중 같은 중대한 질병들의 진행을 억누르는 것이다. 실제로 몸속에서 벌어지는 생화학 과정을 완전히 다시 짤 수도 있다. 요즘의 지식을 적절히 활용하기만 해도 대부분의 유전적 문제들을 극복할 수 있다. '운명은 유전자에 다 씌어 있다'는 말은 건강과 노화에 대해 수동적 입장을 취하는 사람에게나 적용되는 말이다.

내 개인적 이야기를 좀 해보면 도움이 되겠다. 20년 전, 나는 제2형 당뇨병 진단을 받았다. 그런데 통상적인 치료를 받았더니 상태가 더 나빠졌기에, 나는 발명가라도 된 것처럼 아예 새롭게 문제에 접근할 수밖에 없었다. 나는 여러 과학 논문들을 섭렵한 후 독창적인 치료 프로그램을 생각해냈고, 그것을 통해 당뇨병 증세를 성공적으로 잠재웠다. 1993년에는 이 경험을 담은 책(《건강한 삶으로 가는 10퍼센트의 해답》)도 썼다. 요즘 나는 당뇨로 인한 어떠한 불편이나 곤란도 겪지 않는다.[13]

내 아버지는 내가 스물두 살이 되던 해에 58세의 나이로 사망하였다. 심장 문제였다. 나는 심장 질환 유전자도 물려받은 셈이다. 그래서인지 역시 20년 전, 미국심장협회가 권하는 생활 지침을 성실히 따르며 살았음에도 불구하고 콜레스테롤 수치가 200대 후반(180 이하가 정상), HDL('좋은' 콜레스테롤을 뜻하는 고비중 리포단백질) 수치가 30 아래(50 이상이어야 함), 호모시스테인(메틸화라는 인체 내 생화학 반응의 건강 수준을 측정하는 수치) 수치가 11(7.5 아래여야 함)을 기록했다. 하지만 그로스먼 박사와 함께 개발한 관리 프로그램을 착실히 따른 결과, 현재 내 콜레스테롤 수치는 130, HDL 수치는 55, 호모시스테인 수치는 6.2, C 반응성 단백질(인체의 염증 정도를 측정하는 수치) 수치는 매우 건강한 수준인 0.01이다. 그 밖의 어떤 수치를 보아도(심장 질환, 당뇨병, 기타 질병에 관한 측정 결과들) 모두 이상적인 수준을 유지하고 있다.[14]

40세에 내 신체 나이는 38세 정도였다. 2005년에 나는 56세인데, 그로스먼 박사의 수명 연장 클리닉에서 생물학적 노화 정도를 종합적으로 진단한 결과(감각 기관의 예민도, 폐활량, 반응 속도, 기억력, 기타 등등 다양한 측정을 했다) 신체 나이는 40세로 나왔다.[15] 물론 신체 나이를 어떻게 규정하느냐를 두고 학자들 간에 논란이 있는 것은 사실이지만, 내 결과는 40세 인구의 평균과 근접한 수준이다. 이 결과를 믿는다면 지난 16년간 나는 그리 늙지 않은 셈이다. 혈액 검사 결과만 그런 것이 아니다. 실제 내가 느끼는 바도 그렇다.

이것은 결코 우연이 아니었다. 나는 내 몸의 생화학 현상을 재편하려고 매우 노력했다. 나는 매일 250알의 영양 보충제를 섭취하고, 매주 대여섯 가지의 정맥주사 치료를 받는다(대부분 소화기를 거치지 않고 혈관에 직접 영양을 전달하는 주사이다). 그 결과 내 몸의 신진대사는 관리하지 않았을 때와 극적으로 다른 양상이다.[16] 나는 마치 기술자가 된 심정으로 실험을 수행하고 있기 때문에, 수십 종류의 영양성분(비타민, 미네랄, 지방 등)과 호르몬, 혈액 속의 신진대사 부산물과 기타 신체 분비물(모발이나 타액 등)을 꼼꼼히 점검한다. 내 몸은 전반적으로 만족스러운 수준이다. 이 개인적 실험에서 나와 그로스먼 박사는 끊임없이 세세한 조정들을 해보는 중이다.[17] 지나치다고 생각하는 독자도 있겠지만, 사실 이 정도는 보수적인 편이다. 그리고 적절하다(내가 지닌 지식에 따라 평가해본다면 말이다). 그로스먼 박사와 나는 수백 가지 치료법 각각의 안전과 효율을 꼼꼼히 따져보았다. 검증되지 않았거나 위험해 보이는 방법은 쓰지 않는다(이를테면 성장 호르몬은 쓰지 않는다).

우리는 질병의 위험을 극복하고 그 진행을 돌이키는 일을 일종의 전쟁으로 간주한다. 무릇 모든 전쟁이 그렇듯, 동원 가능한 모든 무기와 지략을 끌어모아 적에게 남김없이 퍼붓는 것이 중요하다. 우리는 심장병, 암, 당뇨, 뇌졸중, 노화 같은 주요한 위험들을 산개 전선에서 상대하는 편이 바람직하다고 본다. 일례로 심장병을 예방하기 위해서는 열 가지 대비책을 동시에 적용하여 이제껏 알려진 위험 요소들에 하나하나 맞서는 것이다.

질병 각각에 대해, 노화 과정 하나하나에 대해 이런 다각적 전략을 구사하면 나처럼 이미 중년인 사람들도 건강하게 살아서 생명공학 혁명의 개화를 맞이할 수 있다(이것이 '두 번째 다리'다). 이 혁명은 이미 초기 단계가 진행 중이며 2010년대가 되면 절정에 달할 것이기 때문이다.

생명공학을 통해 우리는 유전자 자체를 바꿀 수도 있게 된다. 아기만 맞춤으로 만드는 게 아니라 어른도 맞춤으로 만들 수 있다. 피부세포를 다른 종류 세포로 분화시킴으로써 모든 조직과 장기를 갈아줄 수도 있을 것이다. 이미 죽상동맥경화증(심장 질환의 원인이다), 악성 종양 형성, 기타 주요한 질병 및 노화에 관련된 신진대사 과정을 관리하기 위한 신약들이 개발되고 있다.

영원히 살 수 있을까? 케임브리지 대학 유전학 학부의 오브리 드 그레이는 생물학적 정보 처리 과정에 개입함으로써 노화를 중단시킬 수 있다고 주장하는, 정열적이고 통찰력 있는 학자다. 드 그레이는 이 일을 건물 관리에 비유한다. 건물의 수명은 얼마나 될까? 얼마나 신경 쓰느냐에 따라 다르다. 아무것도 하지 않으면 곧 지붕이 새고, 빗물이며 먼지가 스며들고, 결국 구조 자체가 무너진다. 하지만 적극적으로 구조를 점검하고, 손상된 곳을 수리하고, 위험 요소를 관리하고, 때때로 새 부품으로 일부를 리노베이션해주면, 건물의 수명은 거의 무한대로 늘어난다.

몸과 뇌도 마찬가지다. 차이라면 건물의 유지 보수 방법은 속속들이 알려져 있지만 생명의 원리에 대해서는 완벽히 알려져 있지 않다는 점뿐이다. 그러나 우리가 생물학의 발전 과정과 생화학 반응들에 대해 빠르게 지식을 습득해가고 있으므로, 곧 충분히 아는 날이 올 것이다. 우리는 이제 노화를 어쩔 수 없는 하나의 사건이라기보다 여러 작은 과정들이 종합된 결과로 파악하기 시작했다. 그 각각의 노화 과정을 돌이키는 전략들도 등장하는 중이다. 생명공학의 기술들을 다양하게 조합하여 사용하는 것이다.

드 그레이가 밝히는 목표는 '조정을 통해 무시할 만한 수준으로 가두어진 노쇠 현상'이다. 즉 나이가 들어도 몸과 뇌가 약해지거나 질병에 걸리기 쉬운 상태로 바뀌지 않게 하는 것이다.[18] 그에 따르면 '우리는 노쇠 현상을 무시할 만한 수준으로 가두기에 충분한 핵심 지식들을 이미 확보하였으며, 그들을 한데 통합하는 일만 남았다'.[19] 드 그레이는 10년 내에 '튼튼하게 회춘한' 실험 쥐가 탄생할 것이라고 본다. 치료 전보다 기능적으로 젊어지고 수명도 연장된 쥐가 선보이리라는 것이다. 그것을 보면 여론도 크게 달라지리라고 그는 전망한다. 인간과 유전자 99퍼센트를 공유하는 동물에서 노화 현상이 역전된 사례가 등장하면, 노화와 죽음은 필연적인 것이라는 통념이 심각하게 흔들릴 것이다. 일단 동물을 대상으로 회춘 가능성이 검증되면 다음에는 그 내용을 인간에게 적용하고자 수많은 사람들이 경쟁적으로 연구할 것이다. 5년에서 10년 후면 성공할 것이다.

생물학의 정보 처리 과정을 역분석하는 속도가 빨라지고 그 과정을 변경하는 도구가 늘어남에 따라 오늘날 생명공학은 다양한 분야에서 폭발적으로 성장하고 있다. 예를 들어보자. 한때 신약 개발이라 하면 부작용이 적으면서 나름대로 긍정적인 효과가 있는 미지의 물질을 찾아내는 작업이었다. 초기 인류가 도구를 발견하던 과정과 비슷했다. 바위나 기타 자연물에서 유용하게 쓰일 것들을 캐내는 일에 불과했다. 하지만 요즘 우리는 질병과 노화가 정확히 어떤 생화학 과정을 거쳐 벌어지는지 차차 알아가고 있다. 따라서 분자 수준에서 정확한 작업을 수행하는 약품을 설계할 수 있는 실정이다. 엄청나게 강력하고 폭넓은 작업이다.

거꾸로 접근할 수도 있다. 생물학의 정보 뼈대인 게놈 자체를 바꿔버리는 것이다. 최근 발달한 유전자 기술 덕분에 곧 유전자 발현 과정을 통제할 수 있게 될 것이다. 유전자 발현이란 특정한 세포 내 물질들(특히 RNA와 리보솜)을 동원해 특정 유전자 청사진이 지시하는 단백질들을 합성하는 과정이다. 사람의 세포는 하나하나가 전체 유전자를 포함하고 있다. 하지만 피부세포나 췌도세포처럼 특정 기능을 수행하는 세포들은 전체 유전자 중에서도 자기 기능에 관련된 유전 정보만 부분적으로 발현하여 탄생한 것이다.[20] 치료 목적으로 이 과정을 통제하는 일은 세포핵 바깥에서도 가능하므로 굳이 핵 내로 진입하는 까다로움을 거치지 않아도 될 것이다.

유전자 발현을 통제하는 것은 펩티드(약 100개 이하의 아미노산이 연결된 분자)와 짧은 RNA 조각들이다. 우리는 이제야 막 그 과정을 알아가고 있다.[21] 새롭게 등장하거나 시험 중인 치료법들은 주로 특정 세포 내에서 이들을 조정하여 질병 관련 유전자의 발현을 막거나, 가만히 놔두면 발현하지 않을 바람직한 유전자의 발현을 돕는 식으로 작용한다.

RNAi(RNA 간섭) RNA 간섭이라는 새롭고 강력한 도구는 특정 유전자의 mRNA를 막음으로써 발현을 억제하고, 단백질 생성을 막는 기법이다. 바이러스, 암, 기타 많은 질병들이 어떤 단계에서든 보통 한 번은 유전자 발현 과정을 거치기 때문에 매우 촉망되는 기술이 분명하다. 연구자들은 특정 유전자에서 전사된 RNA에 정확히 들어맞는 짧은 이중나선 DNA 조각을 합성하여 RNA를 잠근다. 단백질을 생산할 수 없으니 유전자가 억제된 것이나 다름없다. 유전병은 대부분 문제 유전자의 한쪽에만 결함이 있는 경우다. 모든 유전자는 부모로부터 하나씩 받아온 쌍으로 존재하므로, 결함 있는 유전자를 억제하고 건강한 쪽을 남겨두면 필수 단백질을 문제없이 합성할 수 있다. 한 쌍 모두 문제가 있다면 RNA 간섭으로 둘 다 억제하고 건강한 유전자를 대신 삽입할 수 있다.[22]

세포 치료 또 한 가지 중요한 접근법은 개인의 세포, 조직, 심지어 장기 전체를 새로 배양한 뒤 수술 없이 몸에 이식하는 방법이다. 이런 '치료용 복제' 기법의 장점은 무수하다. 특히 현재의 세포를 재활 처리를 통해 훨씬 젊은 상태로 만든 다음, 그로부터 새 조직과 장기를 만들어낼 수 있다는 장점이 크다. 피부세포에서 새 심장세포를 만들어낸 뒤 혈류를 통해 적소에 배치할 수 있다는 것이다. 시간이 지나면 기존 심장세포들이 모조리 새 세포로 교체될 것이고 그 결과 스스로의 DNA에서 만들어진 '젊은' 회춘 심장이 탄생한다. 이런 식으로 신체를 교체하는 방법에 대해서는 추후 또 설명하겠다.

유전자 칩 유전자 발현에 대한 지식들은 비단 유전자 치료 외에 여러 측면에서 건강 증진을 도울 수 있다. 1990년대 이래 개발된 동전만 한 크기의 미세배열,* 즉 유전자 칩도 한 예다. 유전자 수천 개의 발현 패턴을 한 번에 확인하고 연구할 수 있는[23] 이 기술의 적용 범위는 매우 넓으며 기술적 장벽도 대부분 해소된 상태다. 'DIY 유전자 검사' 결과를 쉽게 해석할 수 있도록 방대한 자료도 축적되어 있다.[24] 유전자 프로파일링**은 아래와 같이 쓰이고 있다.

- **약물 검사 과정 혁신:** 미세배열 기술은 '특정 화합물이 존재함을 확인'해줄 뿐 아니라 '단일 신진대사 과정 중에서도 서로 다른 단계에 활동하는 것들을 구별해주기까지 한다'.[25]
- **암 진단 능력 향상:** 〈사이언스〉에 발표된 한 연구에 따르면 '유전자 발현 정도 측정에만 전적으로 의지하여' 몇몇 백혈병들을 분리

---

* 로봇을 활용하여 슬라이드글라스에 소량의 용액을 정확하게 적용시키는 기술로, 유전자 칩에 사용되므로 유전자 칩 기술이라고도 불린다.
** DNA 미세배열 기술을 이용해 특정 유전자들의 발현 여부를 검사하는 기법으로, 유전자 검사라고도 한다.

진단할 수도 있다고 한다. 연구자들은 유전자 프로파일링으로 오진단을 바로잡은 경우도 있다고 했다.[26]

- 노화나 종양 형성 같은 생물학적 과정에 연관된 유전자, 세포, 반응들을 확인: 가령 프로그램화된 세포 사멸에 연관된 특정 유전자들이 다량으로 발현될 때 급성골수성백혈병의 발생이 높음을 알아낸 덕에 새로운 각도에서 치료법을 연구할 길이 열렸다.[27]
- 혁신적 치료법의 효과 검증: 최근 〈본〉에 실린 한 연구는 성장 호르몬을 투여할 경우 인슐린양(樣)성장인자(IGFs)와 골대사 마커 유전자들의 발현에 어떤 변화가 있는지 살폈다.[28]
- 식품 첨가제, 화장품, 기타 제조물에 든 화합물의 독성을 신속히, 동물 실험 없이 검사: 문제의 물질이 가해질 경우 각 유전자가 어떤 발현 정도를 보이느냐를 정확히 측정할 수 있다.[29]

체세포 치료(비생식 세포들을 통한 유전자 치료) 그야말로 생명공학의 성배나 다름없는 영역이다. 기존 세포핵에 새로운 DNA를 '주입'함으로써 본질적으로 새로운 유전자를 창출하는 작업이다.[30] 인간의 유전자 구성을 통제한다고 하면 보통 '맞춤 아기' 탄생을 떠올린다. 하지만 유전자 치료의 진정한 가치는 성인의 유전자를 변화시키는 데 있다.[31] 질병을 일으키는 나쁜 유전자를 억제하고, 노화를 늦추고 심지어 회춘까지 할 수 있는 좋은 새 유전자들을 도입하는 것이다.

동물 연구는 1970년대와 1980년대에 시작되어 소, 닭, 토끼, 성게 등 다양한 형질전환* 동물들이 탄생했으며, 인간 유전자 치료는 1990년에 처음으로 수행되었다. 연구자들이 원하는 것은 치료용 DNA를 목표 세포에 주입하여 적당한 때에 적당한 수준까지 발현하게 하는

---

* 유전자도입, 유전자이식이라고도 한다. 유전자를 이식하여 새로운 형질을 갖도록 조작된 상태를 말한다.

것이다.

유전자 주입 자체도 쉽지 않은 과제다. DNA 운반 도구로는 바이러스가 종종 거론된다. 바이러스는 오래전에 이미 자신의 유전 물질을 인간 세포에 집어넣어 병을 일으키는 법을 습득했다. 연구자들은 바이러스의 유전자를 제거하는 대신 치료용 유전자를 집어넣음으로써 유전 물질을 세포에 전달하려 하고 있다. 그리 어려운 기법은 아니지만 문제는 유전자의 덩치 때문에 뇌 세포 같은 특정 종류 세포로는 들여보낼 수 없을 때가 있다는 것이다. 전달 가능한 DNA의 길이에도 한계가 있고, 면역 반응을 일으킬 우려도 있다. 새 DNA가 대상 세포 DNA의 어느 부분에 가서 결합할 것이냐 하는 점도 현재로서는 거의 통제할 수 없다.[32]

DNA를 세포에 직접 찔러넣는 물리적 주사법(미세주입법)은 가능하긴 하지만 너무 비싸다. 하지만 최근에는 다양하고 흥미로운 여러 가지 DNA 운반 기법이 연구되고 있다. 일례로 내부는 수용성이면서 겉은 지방질인 리포솜을 '분자 수준의 트로이 목마'처럼 활용하여 뇌 세포에 유전자를 전달하는 방법이 있다. 파킨슨병이나 뇌전증 같은 질병에 치료책이 될 것으로 예상된다.[33] 전기 펄스를 이용해 다양한 크기의 분자들(단백질, RNA, DNA 등)을 세포로 밀어넣는 방법도 있다.[34] DNA를 초소형 '나노 공'으로 제작하여 효과를 극대화하는 방안도 있다.[35]

인간 유전자 치료를 위해 풀어야 할 또 한 가지 과제는 치료 유전자를 DNA 가닥 특정 지점에 정확하게 위치시키고 유전자 발현을 세심하게 감시하는 일이다. 치료용 유전자와 함께 영상 보고(reporter) 유전자를 실어 보내는 방법이 유력한 후보다. 보고 유전자가 보내오는 영상 신호를 통해 유전자의 위치와 발현 정도를 면밀히 관찰할 수 있을 것이다.[36]

여러 과제들이 산적해 있지만 유전자 치료는 벌써 인간에게 적용되고 있다. 글래스고 대학 앤드류 H. 베이커 박사가 이끄는 연구진은 아데노바이러스*를 조정하여 특정 장기만 '감염'시키거나 심지어 장기의 특정 부위만 감염시키는 데 성공했다. 그러니까 혈관 속에서도 정확하게 내피세포에만 유전자 치료를 수행하는 방법을 발견한 것이다. 크레이그 벤터(민간 차원 인간 게놈 해독 프로젝트의 수장 격이다)가 창립한 셀레라 지노믹스 사에서도 비슷한 기법을 개발 중이다. 셀레라 사는 이미 유전 정보 설계를 바탕으로 합성 바이러스를 만들어내는 능력을 보유하고 있으며, 이 설계된 바이러스를 유전자 치료에 적용할 계획이다.[37]

내가 운영을 돕고 있는 회사들 중 하나인 유나이티드 세라퓨틱스 사는 자가(환자 자신의) 줄기세포라는 신선한 기법으로 DNA를 세포에 전달하고자 하는데, 현재 사람을 대상으로 시험 중이다. 이 줄기세포는 혈액을 조금만 채취하면 쉽게 얻을 수 있다. 줄기세포 유전자에 폐혈관 성장을 지시하는 DNA를 주입한 다음, 다시 환자에게 주사하는 것이다. 유전자 처리된 줄기세포가 미세혈관을 거쳐 폐포 가까이 다가가면 신생 혈관 성장을 지시하는 요인이 발현되기 시작한다. 동물을 대상으로 실험한 결과, 현재 달리 치료법이 없다고 알려진 치명적 폐고혈압을 안전하게 치료할 수 있었다. 동물 실험의 성공과 안전성 확보를 바탕으로 캐나다 정부는 2005년 초부터 사람에 대한 시험을 허가했다.

퇴행성 질환 치료

퇴행성(진행성) 질환, 가령 심장병, 뇌졸중, 암, 제2형 당뇨병, 간 질환, 신장병 등은 인간 사망 원인의 90퍼센트를 차지한다. 우리는 빠

---

* 1950년대에 발견된 일군의 바이러스로, 단백질 보호막 속에 DNA를 갖고 있다. 약 30가지 형태가 알려져 있다.

른 속도로 퇴행성 질환과 노화의 근본 구조를 파악해가고 있으며, 이런 과정을 멈추거나 거꾸로 되돌리는 방안도 알아내고 있다. 《환상적인 여행: 영원히 살 수 있을 정도로 수명 연장하기》에서 나는 그로스먼 박사와 더불어 현재 시험 단계에 있는 다양한 치료책들을 소개한 바 있다. 질병의 진행을 유발하는 주요 생화학적 반응들을 효과적으로 공격하는 치료책들이다.

심장병과 싸우기 무수한 사례들 중 한 가지만 들어보자. 유전자 재조합 아포-A-I 밀라노(AAIM)라는 이름의 합성 HDL 콜레스테롤에 대해 흥미로운 연구가 진행 중이다. 동물에게 AAIM을 투여한 결과 동맥경화증을 일으키는 죽상경화반이 상당량, 그것도 빠르게 사라지는 것을 확인했다.[38] 현재 AAIM은 47명의 인간 피험자를 대상으로 식품의약청 1단계 임상시험을 수행 중인데, AAIM을 정맥 주사로 주입한 지 고작 5주 만에 경화반이 상당량(평균 4.2퍼센트 정도) 감소한 것으로 드러났다. 여태껏 이처럼 신속하게 동맥경화증을 처리한 약품은 없었다.[39]

또 다른 동맥경화증 치료제로 식품의약청 3단계 임상시험 중인 화이자 사의 토르세트라핍*이 있다.[40] HDL을 분해하는 효소를 억제함으로써 HDL 수치를 유지하는 약품이다. 화이자 사는 10억 달러라는 어마어마한 비용을 들여 대규모 시험을 진행하고 있으며, 향후 자사의 기존 '스타틴' 계열(콜레스테롤을 낮추는) 약품인 리피토와 병행 판매할 계획이다.

암 극복하기 암을 극복하기 위한 전략들도 가열하게 개발되고 있

---

* 참고로 화이자 사는 2006년 12월, 심장 질환 부작용으로 인한 환자들의 사망으로 토르세트라핍에 대한 임상시험을 중단했다.

다. 특히 면역 체계를 자극하여 암세포를 공격하게 하는 암 백신의 성과가 두드러진다. 암 백신은 예방 차원의 약품으로도 쓰일 수 있고, 최초 치료제로서, 혹은 기존 암 치료를 마치고 난 뒤 남은 암세포를 소탕하는 목적으로도 쓰일 수 있다.[41]

환자의 면역 반응을 활성화한다는 생각은 이미 백 년 전부터 등장했던 것이지만 그간은 별 소득이 없었다.[42] 최근 연구자들은 면역계의 보초병이라 할 수 있는 수지상 세포*를 자극하여 정상적인 면역 반응을 일으키는 데 초점을 맞춘다. 암이 걷잡을 수 없게 확산되는 이유 중에는 면역 반응이 제대로 활성화되지 못하는 탓도 있다. 수지상 세포는 인체 곳곳을 다니면서 낯선 펩티드나 세포 조각을 긁어 모아 림프절로 보낸다. 그러면 림프절이 T 세포 군단을 배출하여 외부 펩티드들을 제거한다.

아예 암세포 유전자를 조작해서 T 세포를 끌어당기도록 만들려는 연구도 있다. 한번 자극을 받은 T 세포는 다음에 마주치는 암세포들을 쉽게 구별할 수 있으리라는 가정이 깔린 작업이다.[43] 수지상 세포를 종양 항원, 즉 암세포 표면에 있는 특이한 단백질에 노출시키는 백신을 연구하는 이들도 있고, 전기 펄스를 이용해 종양세포와 면역세포를 섞음으로써 일종의 '개인화 백신'을 만들려는 연구진도 있다.[44] 현재 효과적인 백신 개발의 최대 장애는 목표물에 정확히 작용하는 백신을 만들기 위해서는 해당 암의 항원을 정확히 알아야 하는데 그렇지 않다는 점이다.[45]

혈관신생을 방해하는 것도 또 하나의 전략이다. 약품으로 혈관 발달을 억제함으로써 암이 일정 수준 이상 자라지 못하게 하는 것이다. 1997년, 보스턴의 다나 파버 암 센터 연구진이 혈관신생 억제제인 엔도스타틴을 반복 적용하여 종양을 상당히 가두었다는 결과를 발표한

* 포유류 면역계의 일부를 이루는 면역 세포.

이래 혈관신생 억제에 대한 관심이 폭발적으로 늘어난 상태다.[46] 아바스틴*이나 아트라센탄 등 임상 시험 단계에 접어든 혈관신생 억제제들이 여럿 있다.[47]

암뿐 아니라 노화 연구에서도 주요 대상으로 떠오르고 있는 것은 텔로미어라는 DNA '사슬'이다. 모든 염색체의 끝부분에 존재하는 반복적 DNA 염기 서열이다. 텔로미어 사슬은 세포가 한번 복제할 때마다 끝이 조금씩 떨어져나간다. 더 이상 떨어져나갈 텔로미어가 없을 때까지 복제가 되풀이되면 세포는 더 분열하지 못하고 사멸한다. 이 과정을 돌이킬 수 있다면 세포는 영원히 살 수도 있을 것이다. 다행스럽게도 최근 텔로머라제라는 한 가지 효소만 있으면 텔로미어 손실을 막을 수 있음이 밝혀졌다.[48] 문제는 텔로머라제를 적용하되 암을 일으키지 않는 정도로 수준을 조정하는 것이다. 놀랍게도 암세포 또한 텔로머라제를 생성하는 유전자를 지니고 있어서 무한히 스스로 복제하며 덩치를 키워간다. 그러므로 암세포의 텔로머라제 형성 능력은 차단하는 게 바람직하다. 일반 세포의 텔로미어를 질서 있게 연장하는 노화 치료를 하면서 한편으로 종양을 일으키는 암세포의 텔로미어는 잘라낸다는 게 과연 가능할지, 의문이 들 수도 있다. 하지만 그저 암 치료 중에 텔로미어 연장 노화 치료를 중단하기만 해도 복잡한 문제는 생기지 않을 것이다.

노화 역전시키기

논리적으로 따져봤을 때, 인류 진화 초기에는 아이를 양육할 나이가 훌쩍 지난 개체는 집단 생존에 그다지 도움을 주지 못했을 것이다. 하지만 최근 들어 이른바 할머니 가설이라 불리는 정반대 가정에 힘을 실어주는 연구 결과들이 속속 발표되고 있다. 미시간 대학의 인류

* 아바스틴은 2006년 말 현재 시장에 나와 있다.

학자 레이첼 카스파리와 리버사이드의 캘리포니아 대학 인류학자 이상희 박사는 한 세대 중에서 조부모가 되는 사람(원시 사회에서는 서른 살만 되어도 가능했을 것이다)의 비율이 지난 2백만 년간 꾸준히 증가했음을 확인했다. 특히 후기 구석기 시대(약 3만 년 전)에는 수치가 5배가량 증가했다. 이 연구는 할머니들이 인간 사회 생존에 도움을 주었다는 가설을 뒷받침한다고 알려져 있다. 할머니들이 대가족을 건사하고, 연장자의 축적된 지혜를 전수함으로써 도움이 되었으리라는 것이다. 물론 합리적인 해석 같다. 하지만 오늘날까지도 꾸준히 기대 수명이 연장되는 것을 보면 그런 이유들을 떠나서도 전반적으로 수명 연장 경향이 있는 듯하다. 게다가 할머니 가설의 지지자들이 말하는 효과를 위해서라면 노인의 수가 그리 많을 필요가 없을 것이다. 자녀 양육을 넘어서까지 살게 하는 수명 연장 유전자가 진화 과정에서 선택될 이유가 부족하다는 의심은 할머니 가설만으로는 풀기 힘들다.

노화는 단일한 하나의 과정이 아니고 여러 변화들이 종합된 결과다. 드 그레이 박사는 노쇠를 가져오는 일곱 가지 주요 과정을 지적하고 각각에 대한 대처 방안을 살펴본 바 있는데, 아래에 간략하게 소개하겠다.

DNA 돌연변이[49] 보통 핵 DNA(핵 속 염색체에 있는 DNA)에 돌연변이가 일어나면 결함이 큰 세포가 탄생하므로 세포는 금세 죽거나 적당한 기능을 하지 못한다. 가장 문제가 되는 돌연변이는(사망률을 높이기 때문에) 세포 복제에 영향을 미쳐 암을 일으키는 식의 돌연변이다. 그러므로 앞에서 소개했던 전략들을 통해 암을 치료할 수 있다면, 그 밖의 핵 돌연변이는 그리 큰 문제가 되지 않는다. 드 그레이 박사가 제안하는 암 대처 전략은 선제 공격이다. 암세포가 분열할 때 텔로미어를 유지하기 위해 꼭 필요한 유전자가 있다면, 인체 모든 세포에서 그 유전자를 없애버리는 것이다. 즉 유전자 치료법을 동원하는 것이다. 종양은 해가 될 만큼 자라지도 못하고 사그라질 것이다. 특정 유전자를 제거하거나 억제하는 전략은 이미 가능할뿐더러 빠르게 개선되고 있다.

독소 세포들 가끔 세포들은 암적이지는 않아도 없어지는 게 나을 유해한 상태로 발달하곤 한다. 지방세포의 과다 축적 같은 세포 노쇠 현상이 한 예다. 이런 경우 세포를 건강한 상태로 되돌리기보다 잘라버리는 편이 쉬울 수 있다. 이런 세포들의 '세포 자살 유전자'를 활성화시키거나, 이런 세포들에 표시를 붙여 면역 체계에 파괴되도록 유도하는 방법이 개발되고 있다.

미토콘드리아 돌연변이 세포의 에너지 발전소, 미토콘드리아가 함유한 13개 유전자에 변형이 누적되면 그 또한 노화의 원인이다.[50] 이 몇 안 되는 유전자들은 세포의 효율적 가동에 극히 중요한 존재들인데, 핵 유전자보다 돌연변이 발생률이 높다. 우리가 체세포 유전자 치료법에 통달한다면 미토콘드리아 유전자들을 다량 복제하여 세포핵에 집어넣음으로써 귀중한 유전 정보를 안전하게 보관할 수 있을 것이다. 이미 핵 DNA에서 합성한 단백질을 미토콘드리아로 옮기는 기술이 가능하므로, 꼭 미토콘드리아가 직접 단백질들을 만들 필요는 없다. 사실 미토콘드리아의 기능에 필요한 단백질 대부분은 핵 DNA에서도 이미 만들어지는 것들이다. 배양 세포 차원에서는 미토콘드리아 유전자를 핵으로 옮기는 데 이미 성공했다.

세포 내 집합체 세포 안팎에서는 늘 독성 물질이 만들어지고 있다. 드 그레이 박사는 체세포 유전자 치료법을 통해 새 유전자를 주입함으로써 소위 '세포 내 집합체'라 불리는 세포 속 독성 물질들을 제거하는 전략을 제안했다. 독소를 파괴하는 여러 단백질들이 알려져 있는데, 대부분 TNT에서 다이옥신에 이르기까지 다양한 위험 물질을 파괴하여 흡수하는 박테리아를 적극 활용한다.

한편 세포 밖 독성 물질들, 이를테면 잘못 접힌 단백질이나 아밀로이드 덩어리(알츠하이머병이나 기타 퇴행성 질환에서 나타나는 물질) 등을 처리하는 전략 중에는 독성 물질의 구성 분자들을 공격하는 백신을 만드는 방법이 있다.[51] 물론 그러면 독성 물질들이 면역 체계 세포에 흡수되는 것으로 끝나겠지만 그다음에는 앞서 말한 세포 내 집합체 제거 전략으로 처리하면 된다.

세포 외 집합체 AGEs(최종 당화 종산물)이란 유용한 분자끼리 바람직하지 못한 방식으로 결합하여 생기는 물질인데, 혈당이 과도할 때 생기는 부작용이다. 이런 교차 결합 물질이 생기면 단백질이 제대로 기능하지 못하고, 노화가 촉진된다. 현재 실험 단계인 신약 ALT-711은 기존 조직에 전혀 해를 주지 않으면서 이런 부산물만 녹인다.[52] 비슷한 효과를 지닌 분자들이 여럿 확인되고 있다.

세포 소실과 위축 인체의 조직들은 낡은 세포를 교체하는 능력을 지니고 있지만, 특정 장기에만 국한된 것이 문제다. 가령 나이 든 심장은 알맞은 속도로 빠르게 세포를 교체하지 못한다. 대신 기존 세포에 섬유질을 보강해 크게 키운다. 그 탓에 시간이 지나면 심장의 유연성과 반응력은 점차 떨어지고 만다. 효과적인 전략은 아래에 설명할 자기 세포 복제법을 채택하는 것이다.

이런 노화 원인들에 대한 대응책이 속속 개발되어 동물에게 적용되고 있으니, 머지않아 인간 치료법으로 옮겨올 것이다. 게놈 프로젝트로 알아낸 바에 따르면 노화에 관련된 유전자의 수는 많아봐야 수백 개다. 동물을 대상으로 그 유전자들을 조작함으로써 극단적 수명 연장을 이뤄낸 사례들이 있다. 일례로 인슐린과 성호르몬 수치를 조절하는 유전자를 변형시킴으로써 선충의 수명을 6배까지 늘린 실험이 있었다. 인간으로 따지면 500년을 살게 되는 셈이다.[53]

생명공학을 나노기술과 접목시켜 상상하면 세포 하나하나를 컴퓨터로 바꾸는 것도 가능하다. '강화된 지능'을 가진 이 세포들은 알아서 암세포를 파악하고 파괴할 것이며 인체 일부를 재생할 수 있을지 모른다. 프린스턴 대학의 생화학자 론 바이스는 세포들을 변형시켜 기초 연산에 필요한 다양한 논리 함수를 수행하도록 만든 바 있다.[54] 보스턴 대학의 티머시 가드너는 세포 논리 스위치를 개발했는데, 이 또한 세포들을 컴퓨터로 전환시키는 좋은 방법이다.[55] MIT 미디어랩의 과학자들은 변형 세포 내에 장착된 컴퓨터와 무선 통신을 하는 데 성공했다. 일련의 정교한 지침을 전달할 수도 있다.[56] 바이스는 이렇게 지적했다. "일단 세포를 프로그램할 수 있게 되면 그때부터는 세포들의 기존 능력에 구애받을 필요가 없다. 새로운 작업을 새로운 방식으로 하도록 얼마든지 프로그램할 수 있기 때문이다."

인간 복제: 복제 기술의 적용 분야 중 가장 흥미롭지 않은 이야기

생명의 기계 장치를 활용하는 데 있어 가장 강력한 방법이라면 역시 복제를 통해 생물 고유의 재생산 기제를 써먹는 일이다. 복제는 분명 핵심 기술이다. 하지만 실제 인간을 복제하기보다 '치료용 복제'의 형태로 수명 연장 차원에서 쓰일 것이다. 한마디로 텔로미어가 연장되고 DNA도 적절히 수정된 세포들로 새 조직을 길러서 수술 없이 사람의 기존 조직이나 장기와 교체하는 작업이다.

윤리와 책임감을 갖춘 사람이라면 누구라도 현재 시점의 인간 복제가 비윤리적이라는 데 동의할 것이다. 나도 마찬가지다. 그러나 수명 조작이라는 주제가 필연적으로 논쟁거리이기 때문은 아니다. 적어도 나는 그렇게 생각하지 않는다. 그보다 오늘날의 기술이 아직 믿을 만하지 못하기 때문이다. 전기 스파크로 기증자의 난자에 세포핵을 주입하는 현행 기술은 유전적 오류를 일으킬 가능성이 굉장히 높다.[57] 이런 방식으로 생성된 배아가 대부분 분만까지 순조롭게 이어가지 못하는 까닭도 주로 그 때문이다. 복제 양 돌리는 성인이 되어 비만에 걸렸고, 다른 복제 동물들도 예상치 못한 건강 문제를 하나씩은 드러냈다.[58]

과학자들은 복제 기술을 완성시키기 위해 다각도로 노력하고 있다. 가령 파괴적인 전기 스파크 외의 방법으로 핵과 난자 세포를 융합하는 대안 등을 개발 중이다. 어쨌든 기술이 확실히 안전해지기 전에는 심각한 건강 문제를 일으킬 수 있는 기술을 갖고 인간 생명을 복제하는 것은 비윤리적임에 틀림없다. 인간 복제는 언젠가 벌어질 사건이며 그것도 머지않아 벌어질 가능성이 높다. 대중의 눈길을 끌 만한 연구 소재이고, 일종의 영생으로 가는 방법이고, 기타 등등 갖가지 추진력이 될 만한 요인들이 있기 때문이다. 고등 동물에게 성공한 방법이라면 인간에게도 비교적 잘 맞을 것이다. 일단 안전 문제가 확인되면 윤리적 장벽은 설령 사라지진 않더라도 거의 미미해질 것이다.

복제는 의미 있는 기술이다. 하지만 그 활용의 정점은 인간 복제가 아니다. 훨씬 가치 있는 다른 적용 사례들을 짚어보고 나서 다시 논란의 핵심인 인간 복제 문제를 다뤄보자.

왜 복제가 중요한가? 복제 기술이 가져다 줄 가장 직접적인 혜택은 인간이 원하는 유전 형질만 가진 동물을 품종 개량해 만들 수 있다는 점이다. 약학적 목적으로 형질전환 배아(외부 유전자를 가지는 배아)를 생산하는 것이 좋은 예다. 가령 유망한 항암 치료제 중에 혈관신생 억제제인 aaAT Ⅲ이 있는데, 형질전환 염소의 젖에서 얻는다.[59]

멸종 위기 생물을 보전하고 멸종한 생물 되살리기 멸종 위기에 처한 생물을 재창조할 수 있다는 점도 흥미로운 적용 분야다. 세포를 냉동 보존해두면 멸종될 염려가 없다. 앞으로는 근래에 멸종한 동물을 다시 살리는 작업도 가능해질 것이다. 2001년, 과학자들은 이미 65년 전에 멸종한 태즈메이니아 호랑이의 DNA를 합성하는 데 성공했다. 종을 되살리려는 시도의 일환이었다.[60] 멸종된 지 한참 된 경우라면 (가령 공룡) 하나의 세포에서 온전한 DNA를 얻는 게(영화 〈쥬라기 공원〉의 경우처럼 말이다) 사실상 쉽지 않다. 하지만 몇 개의 잘 보전된 조각들에서 필요한 DNA를 추려내어 하나로 합성할 수 있게 될지도 모른다.

치료용 복제 아마 가장 소중한 적용 분야일 텐데, 개개인이 필요한 장기를 얻기 위해 치료용 복제를 하는 경우다. 유전공학자들은 생식선 세포(난자나 정자를 통해 후손에게 전달되는 세포)를 가져다가 다양한 종류의 세포로 분화하도록 할 수 있다. 분화는 배아 전 단계(즉 태아로 착상하기 전)에 일어나기 때문에 이 작업이 윤리적 문제를 일으킬 것으로 생각하는 사람은 많지 않은 편이다. 물론 아직 논쟁은 뜨겁다.[61]

인간 체세포 공학 그보다도 더 기대되는 분야다. 배아줄기세포 사용에 따르는 논란을 전혀 겪지 않아도 되기 때문인데, 교차분화* 기술이라고도 한다. 환자의 특정 세포를(가령 피부세포) 다른 종류의 세포로(가령 췌도세포나 심장세포) 바꿈으로써 자신의 DNA를 간직한 새로운 조직을 만들어내는 기술이다.[62] 미국과 노르웨이 과학자들은 최근 간세포를 가져다 췌장세포로 발달시키는 데 성공했다. 인간의 피부세포를 변형하여 면역계세포나 신경세포의 특징을 지니도록 조작한 실

---

* 줄기세포가 아닌 세포가 다른 종류의 세포로 분화하는 현상, 혹은 이미 분화한 줄기세포가 다른 형태의 세포로 재분화하는 현상.

험들도 있다.[63]

그런데 피부세포와 다른 종류 세포들 사이에는 어떤 차이가 있는 걸까? 사실 세포들은 모두 동일한 DNA를 지닌다. 차이라면 짧은 RNA 조각이나 펩티드 같은 신호 전달 단백질들에 있고, 이 부분에 대해서는 요즘 한창 연구가 진행 중이다.[64] 이 단백질들을 조작하면 유전자 발현에 영향을 미칠 수 있을뿐더러 어떤 세포를 다른 종류 세포로 바꾸어버릴 수도 있을 것이다.

이 기술은 윤리적 논쟁이나 정치적 논쟁을 무마하는 측면에서만 좋은 게 아니라 과학적으로도 바람직하다. 가령 췌도세포나 신장 조직, 아니면 심장 전체를 이식하면서도 면역거부반응을 일으키지 않으려면, 남의 생식선 세포에서 얻은 DNA보다 자신의 DNA로 조직들을 만들어내는 편이 낫다. 게다가 이 방법은 피부세포를 활용하는데, 피부세포는 귀한 줄기세포와는 비교가 안 될 정도로 흔하다.

교차분화 기술을 통하면 개인의 유전적 구성을 간직한 장기를 만들어낼 수 있다. 새 장기의 텔로미어는 젊은 시기의 길이 그대로일 테니 어느 모로 보나 더 효율적이고 생기 있을 것이다.[65] 피부세포를 다른 세포로 교차분화시키기 전에 DNA 오류가 없도록 확인하는 것도 가능하다(즉 DNA 오류가 없는 세포만 고를 수도 있다). 이런 방법들을 쓰면 80세 된 노인이 25세일 때의 심장을 다시 달게 되는 일도 가능하다.

요즘 제1형 당뇨병을 치료하려면 강한 거부반응 제어제를 쓰는데, 위험한 부작용을 일으킬 수 있는 약제다.[66] 체세포 공학이 가능하다면 환자 개인의 피부세포나(교차분화시키는 것이다) 성체줄기세포로부터 췌도세포를 만들어 당뇨병을 치료할 수 있을 것이다. 자신의 DNA를 사용하고, 비교적 풍부한 세포 자원을 활용하기 때문에, 거부반응 제어제 같은 것은 쓸 필요도 없을 것이다. (하지만 제1형 당뇨를 완벽하게 치료하려면 환자의 자가면역 장애도 고려해야 한다. 자신의 췌도세포조차 받아들이지 못할 가능성도 있으니까 말이다.)

나아가 장기나 조직을 수술도 없이 '젊은' 부품으로 교체할 수 있을지 모른다. 텔로미어가 연장된, DNA 교정이 된 복제 세포들을 장기에 주입한 뒤 기존 세포들과 융합되도록 하는 것이다. 장기간 처치를 반복하면 결국 훨씬 젊어진 세포들만 남을 것이다. 인체는 원래 정기적으로 세포들을 갈아치우고 있으니, 기왕 그렇다면 텔로미어가 짧아진 오류투성이 세포 대신 생기 있는 젊은 세포로 교체하면 안 될 이유가 뭐가 있겠는가? 인체 내 모든 장기와 조직에 대해 이 과정을 반복함으로써 전체적으로 점점 젊어질 수도 있겠다.

세계 식량 문제 해결 복제 기술을 통해 세계 기아 문제를 해결할 수 있을지도 모른다. 동물 없이 동물 근육 조직을 복제함으로써 고기와 기타 단백질원을 생산하는 것이다. 비용은 매우 낮을 것이고, 자연 육류에 들어 있는 농약이나 호르몬을 피할 수 있고, (공장식 사육에 비해) 환경 오염이 대단히 줄고, 영양 성분의 균형을 맞출 수 있고, 동물의 고통도 없게 될 것이다. 치료용 복제와 마찬가지로 이때도 동물 전체를 복제할 필요는 없다. 원하는 부위나 살만 골라서 생산하면 된다. 모든 육류를, 수억 킬로그램의 고기를 한 마리 동물에서 얻을 수도 있을 것이다.

식량 문제를 해결하는 장점 외에도 다른 장점들이 많다. 이런 식으로 고기를 생산하면 수확 가속의 법칙, 즉 정보에 기반을 둔 기술의 가격 대 성능비가 기하급수적으로 느는 법칙에 따라 비용이 말도 못하게 떨어질 것이다. 오늘날의 지구촌 기아 문제가 풀리지 않는 까닭은 사실 정치적 갈등에 있다고도 볼 수 있으나, 어쨌든 육류의 값이 싸지면 사람들의 식량 확보 능력에 큰 변화가 있을 것이다.

당연히 동물의 고통도 덜어줄 수 있다. 현재의 공장식 사육은 동물의 평안에 대해 거의 신경 쓰지 않는 게 사실이다. 동물들은 기계 속의 톱니바퀴 취급을 받는다. 반면 앞의 방법으로 생산된 육류는 모든 면에서 정상적인 육류와 차이가 없지만 신경계를 갖춘 동물 몸에서 떼낸 것이 아니라는 점이 결정적으로 다르다. 생물에게는 신경계의 존재 유무가 고통의 전제 조건이라 보아도 좋을 것이다. 가죽이나 모피 같은 동물 부산물도 비슷하게 만들 수 있다. 그 밖에 공장식 사육이 생태와 환경에 가하는 심대한 손상을 없앨 수 있다는 점, 광우병이나 그 변종인 인간광우병(vCJD) 등 프리온 매개 질병의 위협을 줄일 수 있다는 점 등이 훌륭하다.[67]

다시, 인간 복제에 대해 인간 복제 문제로 돌아와보자. 나는 일단 기술이 완벽해지면 윤리학자들이 제기하는 극심한 딜레마도, 지지자들이 칭송하는 막대한 이득도 모두 적절치 못한 것으로 드러나리라 생각한다. 세대가 다른 유전적 쌍둥이를 만들어낼 수 있다면 세상은 어떻게 될까? 인간 복제는 잠깐은 논란의 대상이 되겠으나 곧 급속히 널리 받아들여질 것이다. 이제껏 등장한 모든 생식 기술이 그랬다. 육체적 복제는 정신적 복제, 즉 개인의 인간성과 기억, 기술, 역사를 자신의 뇌가 아닌 더욱 강력한 다른 기판에 다운로드하는 그런 복제와는 전혀 다르다. 유전자 복제는 사실 아무런 철학적 정체성 문제도 일으키지 않는다. 복제된 사람은 원래 사람과는 전혀 다른 존재이다. 쌍둥이보다 서로 더 비슷할 이유가 없다.

세포에서 유기체를 만들어낸다는 복제의 의미를 깊이 되새겨보면, 복제 기술이 생물학의 여타 혁신들이나 컴퓨터 기술의 혁신과 결합할 때 얼마나 강력한 시너지 효과를 낼지 짐작할 수 있다. 동물 및 인간의 게놈과 프로테옴(게놈이 단백질로 발현되는 것)을 충분히 이해하게 되면, 그리고 유전 정보를 사용할 도구들을 더 많이 갖게 되면, 그때 복제 기술을 통해 어떤 동물, 장기, 세포라도 쉽게 만들어낼 수 있을 것이다. 그것은 인간뿐 아니라 인간의 진화적 사촌인 동물까지 포함하여 온 생명체의 건강과 복지에 심대한 영향을 미치는 사건일 것이다.

네드 러드: 누구나 자기 유전자를 바꿀 수 있다면, 누구라도 모든 면에서 '완벽'해지길 선택할 것이고, 세상에는 다양성이 없어질 것이고, 뛰어남조차 무의미해지지 않겠습니까.

레이: 꼭 그렇지는 않습니다. 분명 유전자는 중요한 것이지만 거꾸로 각자의 성격, 재능과 지식과 기억과 인간성이 유전자의 설계 정보에 영향을 미치기도 합니다. 우리 몸과 뇌가 경험을 통해 자기조직해 가듯 말입니다. 건강 문제만 봐도 쉽게 알 수 있죠. 나는 제2형 당뇨병에 취약한 유전적 성향을 가졌고 실제로 20년 전에 당뇨 진단을 받았습니다. 하지만 지금은 아무런 증세가 없습니다. 영양 섭취, 운동, 적극적인 보충제 처방 등의 생활 방식을 선택해 몸의 생화학을 완전히 바꿈으로써 유전적 성향을 극복한 것입니다. 뇌도 마찬가지인데, 누구나 다양한 재능을 타고나지만 실제 드러나는 실력은 교육, 발달 과정, 경험에 달린 문제죠. 유전자는 성향이라는 가능성을 간직할 뿐입니다. 뇌의 발달 과정을 보면 잘 알 수 있습니다. 유전자는 개재뉴런 연결 패턴이 어떻게 되어야 하고 어떻게 되지 말아야 한다는 기본 그림을 그려주지만, 실제 성인이 되어 이뤄지는 연결 패턴은 학습에 바탕을 둔 자기조직 과정을 따릅니다. 최종 결론, 즉 우리가 어떤 사람이 되느냐는 본성(유전자)과 양육(경험) 양자가 긴밀하게 얽힌 결과입니다.

그래서 어른이 되어 유전자를 바꿀 기회가 생긴다 해도 이전 유전자들의 영향을 완전히 없애버릴 수는 없을 겁니다. 유전자 치료를 받기 전 경험이 치료용 유전자에도 그대로 전해졌을 테니 개성이나 인간성은 여전히 원래 유전자들의 영향을 크게 받을 겁니다. 가령 누군가 유전자 치료를 통해서 음악적 재능 유전자를 더했다고 합시다. 그렇다고 그가 갑자기 음악 천재가 될 수는 없는 겁니다.

러드: 좋아요. 맞춤 어른은 맞춤 시술 이전의 유전자를 완전히 없앨 수 없다는 점, 이해했습니다. 하지만 맞춤 아기들은 어떤가요? 완전

히 새로운 유전자를 가질 수 있고 그것을 드러낼 시간도 있지 않습니까.

레이: '맞춤 아기' 혁명은 사람들 생각보다 훨씬 늦게 올 겁니다. 적어도 이번 세기에는 별 의미가 없을 거예요. 다른 혁신들이 훨씬 의미가 있을 겁니다. 앞으로 10~20년 안에는 맞춤 아기 탄생 기술이 선보일 리 없습니다. 일단 적용된 뒤에도 부분적으로 점진적으로 받아들여져서 성숙한 기술이 되기까지 또 20년이 필요할 겁니다. 그때쯤에 우리는 이미 특이점에 다가가 있을 테고 비생물학적 지능이 점령하는 진정한 혁명을 겪게 될 겁니다. 유전자 맞춤 같은 일보다 훨씬 큰 사건이지요. 맞춤 아기나 맞춤 어른이라는 생각은 생물학의 정보 처리 과정을 재편하는 데 불과합니다. 어쨌거나 생물학의 테두리 안 이야기고, 그런 만큼 한계도 극명하다는 것이지요.

러드: 뭔가 잘못 생각하고 계신 것 같은데, 우리는 생물이니까 인간인 거 아닙니까? 인간다움의 가장 핵심적인 속성이 바로 생물학적이라는 점에는 누구라도 동의할 것 같은데요.

레이: 오늘날에는 분명 그렇죠.

러드: 나는 앞으로도 그렇게 살 거란 말입니다.

레이: 뭐, 혼자만의 얘기라면 저도 상관없습니다. 하지만 유전자를 재편하지 않고 계속 생물학적으로 남아 있다가는 어차피 이 논쟁을 길게 할 만큼 살지도 못하실 텐데요.

나노기술: 정보와 물리 세계의 접점

무한히 작은 것의 역할은 무한히 크다.

―루이 파스퇴르

나는 스스럼없이 궁극의 질문을 던지려 한다. 결국, 먼 미래에, 우리는 마음대로 원자들을 조립할 수 있을까? 바로 그 원자들을, 세상에서 가장 작은 영역까지 내려가서 말이다!

―리처드 파인먼

나노기술은 다양한 잠재력을 지녔다. 인간 능력을 향상시키고, 물질과 물과 에너지와 식량의 지속 가능한 발달을 이루고, 미지의 박테리아나 바이러스로부터 우리를 지키고, 심지어 [전 세계적 풍요를 가져옴으로써] 평화를 깨뜨릴 이유 자체를 없애줄지 모른다.

―미국과학재단의 나노기술 보고서에서

나노기술은 우리 몸과 뇌를 포함한 물리 세계 전체를 분자 수준으로, 나아가 아마도 원자 수준으로 재조립하는 도구를 쥐어줄 것이다. 현재 핵심 기기들의 설계 배선 폭은 수확 가속의 법칙에 발맞추어 기하급수적으로 소형화하고 있는데, 10년마다 4배씩 길이가 줄고 있다.[68] 이 속도대로라면 2020년경에는 전자 기술 대부분, 기계 기술 중 다수가 나노기술의 영역에 들어설 것이다. 즉 100나노미터 이하의 물체를 다루는 기술이 될 것이다. (전자공학은 지금도 벌써 이 수준에 들어서 있는데, 다만 아직 3차원 구조를 갖지 못했고 자기조립 능력이 없을 따름이다.) 최근 몇 년 동안, 미래 나노기술 시대의 개념 틀을 정립하고 설계 아이디어를 모으는 면에서 많은 발전이 있었다.

앞서 소개한 생명공학 혁명은 굉장히 중요한 사건이지만, 일단 생물학의 방법론이 완전히 성숙하면 생물학에 내재된 한계 또한 명백해질 것이다. 생물계란 무척 교묘한 것임에 분명하지만 아무래도 차선의 방법이라고밖에 볼 수 없다. 뇌의 통신 속도가 얼마나 느린지 언급한 바 있는데, 뒤에서도 다시 얘기할 것이다. 적혈구를 모두 로봇으로 대체하면 생물학적 상태일 때보다 수천 배 효율적으로 운영될 것이다.[69] 우리가 생물학의 운영 원리를 완벽히 터득하고 나면, 다음에는 우리가 만들고 싶어하는 것을 생물학을 통해서는 결코 얻을 수 없을 것이다.

반면 나노기술 혁명은 우리 몸과 뇌, 우리가 만나는 세상 전부를 분자 단위로 하나하나 재설계하고 재조립할 수 있게 한다.[70] 두 혁명은 서로 중첩되어 벌어지겠지만 나노기술이 충분히 펼쳐지는 시기는 생명공학 혁명 이후 적어도 10년은 지난 때가 될 것이다.

나노기술의 역사를 연구하는 사람들은 나노기술의 개념적 탄생을 리처드 파인먼의 1959년 연설에서 찾는다. '바닥에는 드넓은 공간이 있다'는 제목의 연설이다. 파인먼은 원자 수준에서 기계를 움직이게 된다면 얼마나 놀라울 것인지 말하고 그런 날이 올 수밖에 없다고 주장했다.

내가 아는 한, 물리학 법칙을 지키면서도 원자 단위로 물질을 조정할 수 있는 가능성이 분명 있습니다. 적어도 이론적으로는, 화학자가 적어준 공식에 따라 물리학자가 화학 물질을 조립하는 일도 가능합니다. …… 어떻게일까요? 화학자가 알려주는 장소에 원자를 하나씩 놓다 보면 물질을 만들 수 있는 것입니다. 우리가 작업을 눈으로 직접 볼 수 있고, 그것도 원자 수준에서 작업할 수 있다면, 화학과 생물학이 안은 문제 중 상당수가 해소될 것입니다. 나는 이런 발전이 필연적으로 이뤄지리라 생각합니다.[71]

사실 그보다 앞서 나노기술의 개념적 토대를 언급한 사람이 있었다. 1950년대 초에 정보 이론가 존 폰 노이만이 범용 컴퓨터와 결합된 보편적 생성자라는 자기복제 모델을 고안한 적이 있었던 것이다.[72] 이 설계에서, 컴퓨터는 프로그램을 돌려 생성자의 움직임을 지시하는데, 생성자는 컴퓨터와(그 속에 포함된 자기복제 프로그램까지) 또 하나의 생성자를 복제하는 작업을 진행하는 존재다. 폰 노이만이 제시한 모델은 상당히 추상적이었다. 컴퓨터와 생성자는 어떤 형태로도, 어떤 물질로도 만들어질 수 있고, 심지어 이론적이고 수학적인 구조라 가정해도 좋았다. 그런데 폰 노이만은 한걸음 나아가 '운동자'라는 개념을 덧붙인다. 이것은 최소한 한 개의 자유로운 조작 팔을 지닌 로봇으로서, 온갖 '부품들이 떠 있는 바다'를 돌아다니며 제 자신의 복제물을 조립한다.[73]

한편 나노기술을 현대적 연구 분야로 정립한 사람은 에릭 드렉슬러다. 그는 1980년대 중반에 발표한 획기적인 박사 논문을 통해 앞선 두 가지 흥미로운 제안을 하나로 결합했다. 폰 노이만 식의 운동자를 파인먼의 연설 내용처럼 해석하여 원자와 분자 부품으로 스스로 조립하는 모습을 상상한 것이다. 드렉슬러의 시각은 여러 학제 경계를 넘나드는 데다가 너무나 선구적이었기에, 아무도 그의 논문 지도를 맡으려 들지 않았다. 유일한 예외가 그의 지도 교수가 된 마빈 민스키였다. 드렉슬러의 논문은(1986년에 《창조의 엔진》이라는 책으로 나왔고, 1992년에 한층 다듬어져 다시 《나노시스템》이라는 제목을 달고 출간됐다) 나노기술의 초석을 놓았고, 오늘날에도 나노기술이 따라야 할 지침으로 여겨진다.[74]

드렉슬러가 제안한 '분자 조립자'로는 세상에 존재하는 거의 모든 것을 다 만들 수 있다. 그래서 '범용 조립자'라는 이름으로 불리기도 했지만, 드렉슬러와 여타 나노기술 이론가들은 '범용'이라는 표현을 쓰지 않는다. 이유는 그런 체계가 만들 수 있는 생산물은 물리학과 화학의 법칙을 따르는 것에 국한되기 때문이며, 따라서 원자적으로 안정한 구조의 물건에 한정될 것이기 때문이다. 게다가 특정 조립자의 조립 능력은 자신이 떠 있는 부품의 바다에 따라 제한된다. 물론 개별 원자를 활용하는 가능성도 존재하긴 하지만 말이다. 어쨌든 조립자는 우리가 원하는 거의 모든 물리적 실체를 만들어줄 수 있다. 고도로 효율적인 컴퓨터부터 다른 조립자를 만들기 위한 하부 시스템까지 안 될 것이 없다.

드렉슬러는 조립자에 대한 상세 설계를 제시하지는 않았다. 그런 설계는 앞으로도 연구를 거듭해야 나올 것이다. 그러나 논문은 분자 조립자의 핵심 부품들이 무엇이어야 하며, 그 각각이 타당성이 있는지에 대해 광범하게 논하고 있다. 잠시 옮겨보면 다음과 같은 하부 체계들이 필요하다.

- **컴퓨터**: 조립 과정을 통제하는 지능을 제공하기 위해 필요하다. 기기의 다른 하부 체계들도 그렇겠지만 컴퓨터 역시 작고 간단할 필요가 있다. 3장에서 설명했듯, 드렉슬러는 트랜지스터 게이트 대신 분자 '잠금 장치'를 활용한 기계적 컴퓨터라는 흥미로운 개념을 제시한 바 있다. 각 잠금 장치의 부피는 16세제곱나노미터밖에 되지 않을 것이고 초당 100억 회 상태를 바꿀 수 있을 것이다. 탄소 나노튜브를 3차원적으로 배열한 전자 컴퓨터가 등장하면 뛰어난 연산 밀도(즉 그램당 초당 연산 용량)를 자랑하겠지만 그 어떤 전자 기술이라도 드렉슬러가 제안한 것보다 뛰어난 능력을 발휘할 수는 없을 것으로 보인다.[75]
- **명령어 구조**: 드렉슬러와 동료 랠프 머클은 SIMD(단일 명령어, 다중 데이터) 구조를 제안했다. 중앙 데이터 저장소에 명령어가 있어서 수조 개의 분자 규모 조립자들에게(조립자 각각은 간단한 컴퓨터를 지닌다) 동시에 동일한 명령을 전달하는 구조다. 3장에서 SIMD

구조의 한계가 무엇인지 말했었는데, 그래도 범용 나노기술 조립자의 컴퓨터에 쓰기에는 충분하다(다중 명령어, 다중 데이터 접근법은 좀 더 유연하지만 수행하기가 어렵다). 이런 구조에서는 각 조립자가 최종 생산물을 만드는 전체 프로그램을 따로 저장하지 않아도 된다. 이른바 명령어 '전파' 구조인데, 안전 면에서도 유리하다. 만약 조립자들이 통제 불능 상태에 빠지면 자기복제 과정을 전부 멈춰버리면 되는 것이다. 복제 명령어를 저장하고 있는 중앙 데이터 저장소 하나만 관리하면 된다.

하지만 드렉슬러도 지적했다시피, 애초에 나노 규모 조립자가 반드시 자기복제력을 갖춰야 할 필요는 없다.[76] 자기복제력 자체가 위험하기 때문이다. 그래서 미래 전망 연구소(에릭 드렉슬러와 크리스틴 피터슨이 설립한 씽크탱크)가 발표한 나노기술 윤리 기준을 보면 나노봇의 자기복제력에 제약을 두고 있다. 특히 자연 환경에서 활동할 때는 더 그렇다.

갑작스러운 위험을 효과적으로 막을 수 있다는 점에서 합리적인 제약으로 보인다. 하지만 지식이 충분하고 의지가 굳은 범죄자라면 이런 제약을 타고 넘는 게 그리 어렵지 않을 것이다. 8장에서 좀 더 설명하겠다.

• **명령어 전송**: 중앙 데이터 저장소의 명령어를 수많은 조립자들에게 전송할 방법이 있어야 한다. 전자식 컴퓨터라면 전자적 방법으로, 드렉슬러가 상상한 식의 컴퓨터라면 기계적 파동을 통해 가능할 것이다.

• **생성자 로봇**: 생성자, 즉 조립자는 하나의 팔을 가진 단순한 분자 로봇일 것이다. 폰 노이만이 상상한 운동자와 비슷하지만 크기가 훨씬 작다. 앞으로 소개하겠지만 이미 실험적 수준에서 모터나 로봇 다리처럼 움직이는 분자 기기들이 존재한다.

• **로봇 팔 말단**: 드렉슬러는《나노시스템》에서 분자 부품을 움켜쥐

는 기제로 작용할(원자력 장을 적절히 활용한다) 여러 로봇 팔 말단 화학 반응들을 소개했다. 어쩌면 원자 하나만을 잡을 수도 있고, 잡은 것을 적당한 위치에 가져다 놓을 수도 있을 것이다. 우리는 요즘도 인공 다이아몬드를 만들 때 분자 또는 개별 탄소 원자를 화학 반응을 통해 반응기 말단에 붙인 뒤 다른 장소로 이동시키는 데, 보통 화학 기상 증착 방식을 활용한다. 그러나 인공 다이아몬드 생성 과정은 원자 수조 개가 한꺼번에 움직이는 혼란스러운 과정이다. 반면 로버트 프레이터스와 랠프 머클이 개념적으로 제안한 로봇 팔 말단은 원료 물질에서 수소 원자를 제거한 뒤 나머지를 조립 중인 분자 기계 속 정확한 위치에 가져다 놓는 것이다. 나노 규모 미시 기계들의 뼈대는 다이아몬드형 물질로 만들어질 것이다. 강도를 더하기 위해 불순물을 도핑*할 수도 있겠는데, 트랜지스터 같은 전자 부품을 만들 때와 비슷한 방법을 쓰면 된다. 그런 분자 규모 기어, 레버, 모터, 기타 기계 부품들을 의도대로 적절히 움직일 수 있다는 시뮬레이션 결과도 있다.[77] 최근에 과학자들은 탄소 나노튜브에 관심을 갖기 시작했는데, 육각형을 이룬 탄소 원자들이 3차원으로 배열된 관으로서 분자 수준에서 기계적, 전자적 기능을 수행할 수 있을 것으로 기대되는 물질이다. 아래에 이미 등장한 분자 규모 기계들의 실례를 몇 가지 들어보았다.

- **내부 환경:** 외부 환경의 불순물이 끼어들어 섬세한 조립 작업을 망치면 안 되기 때문에 적절한 내부 환경이 조성되어야 한다. 드렉슬러는 조립자가 스스로 다이아몬드형 물질을 생성하여 자기 둘레에 벽을 만들고, 그 안은 진공에 가까운 상태로 유지하자고 제안했다.
- **에너지:** 조립 과정에 필요한 에너지는 전기나 화학 에너지 형태로

---

* 미량의 불순물을 첨가함으로써 재료의 성질을 개선하는 작업.

구할 수 있다. 드렉슬러는 원료 물질에서 직접 화학적으로 연료를 얻는 것도 가능하리라 제안했다. 최근에는 수소와 산소, 혹은 글루코오스와 산소를 결합한 나노 연료 전지를 활용하는 안, 초음파 주파수의 음향 에너지를 활용하는 안 등이 제시되었다.[78]

분자 조립자는 다양한 모양새로 상상되고 있다. 가장 전형적인 모습이라면 책상에 올려놓을 만한 크기의 기기를 통해 온갖 물건들을 생산해내는 조립자다. 소프트웨어만 있으면 무엇이든, 컴퓨터, 옷, 예술 작품, 조리된 음식에 이르기까지 뭐든 만들 수 있다.[79] 가구나 차, 집처럼 큰 물건은 더 큰 조립자를 이용하거나 부품 조립 방식으로 만들 수 있다. 가장 중요한 점은 조립자가 스스로 복제할 수 있다는 것이다. 애초 자기복제가 금지된 설계만 아니라면 말이다(자기복제에 내재한 위험을 가두기 위해 그럴 수 있다). 조립자 스스로를 포함, 물리적 물건을 만드는 데 드는 무게당 증액 비용은 킬로그램당 몇 페니 수준일 것이다. 원재료 비용보다 크게 더 나갈 이유가 없다. 드렉슬러는 분자 제조 과정의 전체 비용은 킬로그램당 10~50센트 수준일 것이라 예측했다. 만들어지는 결과물이 옷이든, 병렬 연산 슈퍼컴퓨터든, 제조 공정을 위한 부품이든 무관할 것이다.[80]

진짜 비용은 생산품을 묘사하는 정보의 가치에 달렸다. 조립 과정을 통제하는 소프트웨어가 제일 중요한 것이다. 달리 말하면 세상 모든 것의 가치는, 물론 물리적 실체들도 포함하여, 전적으로 그 속에 저장된 정보의 가치에 달렸다. 요즘의 상황도 그리 다르지 않다. 생산품의 정보 가치가 급격히 상승하고 있어서, 전체 가치의 100퍼센트에 육박하는 점근선에 도달하기까지 얼마 남지 않았다.

분자 제조 과정을 통제하는 소프트웨어 자체도 광범위한 자동화 작업에 의해 설계될 것이다. 요즘의 전자 칩과 마찬가지다. 칩 설계자는 수십억 개나 되는 전선과 부품들의 위치를 하나하나 지정하지 않는다. 컴퓨터 설계(CAD) 프로그램에 원하는 기능과 형태를 입력하면 프로그램이 알아서 칩 배치도를 그려준다. 분자 제조 통제 소프트웨어도 이처럼 CAD 프로그램으로 전문적으로 만들어낼 수 있을 것이다. 그러기 위해서는 생산물을 3차원적으로 꼼꼼하게 역분석하는 능력, 그 분석한 결과를 복제해낼 수 있도록 적절한 소프트웨어를 만드는 능력을 갖춰야 할 것이다.

실제 운영을 보면, 우선 중앙 데이터 저장소에서 나온 명령어가 수조 개의(10^{18}개처럼 높은 수치가 예상될 때도 있다) 조립자 로봇에 전달된다. 조립자들은 동일한 명령을 동시에 받는다. 조립자는 먼저 적은 수의 분자 로봇을 만들기 시작할 것이고, 다음엔 이 로봇들을 동원해 반복적으로 더 많은 로봇을 양산할 것이며, 목표 개수에 도달할 때까지 과정을 반복한다. 각 로봇은 국소 데이터 저장소를 갖추고 있어서 자신이 만들어야 할 것에 대한 특수 정보를 저장한다. 이 저장소를 통해 중앙 데이터 저장소에서 오는 전역 명령어를 차단함으로써 특정 명령을 막고, 대신 국소 매개 변수를 채워넣을 수도 있다. 이런 식이면 설령 모든 조립자들이 동일한 명령어를 처리하더라도 각각의 분자 로봇이 어느 정도 개별화된 작업을 수행할 수도 있다. 생물의 유전자 발현 과정을 떠올리면 이해가 쉽다. 모든 세포는 전체 유전자 정보를 지니고 있지만 그중 특정 세포 형태에 알맞은 유전자들만 발현한다. 모든 로봇은 재료와 연료를 원료 물질로부터 알아서 충당할 것이며, 주로 개별 탄소 원자나 분자 조각들이 대상이 될 것이다.

생물학적 조립자

자연을 관찰하면 분자가 기계로 작동할 수 있음을 알게 된다. 생명체는 모두 그런 분자 기계 덕분에 살아가고 있다. 효소란 서로 다른 분자들 사이의 결합을 만들었다가, 부쉈다가, 다시 잇곤 하는 분자 기계나 다름없다. 근육이 움직이는 것은 분자 기계들이 근섬유를 이리저리 잡아당기기 때문이다. DNA는 데이터 저장소로 기능하며, 단백질 분자를 제조하는 분자 기계인 리보솜에 디지털 명령을 전송한다. 이렇게 생성된 단백질 분자들이 이번에는 다른 분자 기계들의 구성 물질이 된다.

-에릭 드렉슬러

분자 조립자가 가능하다는 궁극적인 증거는 생명 그 자체다. 생명 현상의 기원이 되는 정보 처리 과정을 이해하면 할수록 일반적 분자 조립자 설계에 유용한 아이디어들이 많이 생겨난다. 가령 글루코오스와 ATP를 분자 기계 에너지원으로 삼자는 아이디어가 있는데, 이것은 세포의 활동과 비슷한 방식이다.

그렇다면 생명은 어떻게 드렉슬러 조립자가 가진 설계적 난점을 극복했는지 알아보자. 리보솜은 컴퓨터인 동시에 생성자 로봇이다. 생명에는 중앙 데이터 저장소는 없다. 전체 암호가 모든 세포에 다 들어가 있다. 그러므로 나노제작 로봇의 국소 데이터 저장소 용량을 조립 암호의 일부만 포함할 수 있도록 엄격히 제약하고, 특히 자기복제하는 능력을 막아버린다면(명령어 '전파' 구조를 채택하는 것), 나노기술은 생물학보다 한층 안전할 수도 있는 셈이다.

생명의 국소 데이터 저장소란 물론 DNA 가닥을 말한다. 여러 유전자로 쪼개어져 염색체에 나뉘어 담긴 DNA들이다. 명령어 억제 임무(특정 세포에 필요 없는 유전자의 발현을 막는 것)를 맡는 것은 유전자 발현을 관장하는 짧은 RNA 가닥들과 펩티드들이다. 리보솜이 기능할 수 있는 내부 환경이란 세포 내라는 특정 화학 환경을 말한다. 산-염기 평형이 이루어져야 하고(인간 세포의 pH는 7 정도다) 기타 화학적 균형이 맞아야 한다. 이 내부 환경을 안전하게 지키기 위해 세포막이 존재한다.

나노컴퓨터와 나노봇으로 세포핵 업그레이드하기 모든 생물학적 병원체를 처치할 수 있는 간단한 개념적 도구를 하나 제안해보자. 프리온은 예외다. 2020년대가 되어 나노기술을 자유자재로 다루게 되면 우리는 세포핵 속의 생물학적 유전 정보 보관소를 우리가 나노기술로 만든 물질과 바꿔치기 할 수 있을 것이다. 즉 유전 암호를 지닌 동시에 RNA, 리보솜, 기타 생물학적 조립에 필요한 컴퓨터 요소들의 활동을 모방하는 기계를 집어넣는 것이다. 유전 암호를 저장하고 유전자 발현 알고리즘을 간직한 나노컴퓨터, 발현된 유전자에 대해 아미노산 조립을 수행하는 나노봇이 있으면 된다.

이렇게 세포핵을 나노기계로 대체하는 데는 몇 가지 이점이 있다. 일단 DNA 전사 오류가 누적되는 것을 막을 수 있어 노화가 방지된다. DNA를 교체하여 유전자를 근본적으로 재편할 수도 있다(사실 위 방법이 가능해지기 전에도 DNA 교체는 할 수 있을 텐데, 유전자 치료 기술을 활용하면 된다). 원하지 않는 유전 정보는 아예 가둬버림으로써 생물학적 병원체(박테리아, 바이러스, 암세포 등)를 물리칠 수 있을 것이다.

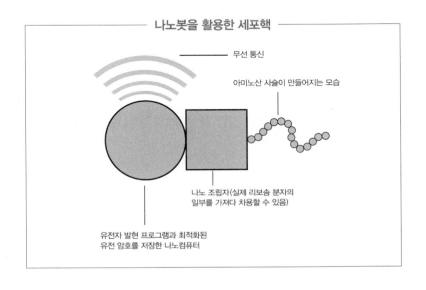

── 나노봇을 활용한 세포핵 ──

무선 통신

아미노산 사슬이 만들어지는 모습

나노 조립자(실제 리보솜 분자의
일부를 가져다 차용할 수 있음)

유전자 발현 프로그램과 최적화된
유전 암호를 저장한 나노컴퓨터

이런 나노기계에 명령어 전파 구조를 탑재하면 언제라도 원치 않는 복제 활동을 중단시킬 수 있기 때문에 암, 자가 면역 반응, 기타 질병이 진행되는 것을 효과적으로 차단할 수 있다. 사실 대부분의 질병들은 앞서 말한 생명공학 혁명 덕에 이미 사라졌겠지만, 어쨌든 나노기술을 통해 생명의 컴퓨터를 재구성할 수 있다면 그때까지 남은 어떤 문제라도 깨끗이 해결할 수 있을 것이다. 생물학의 본질적 한계를 뛰어넘는 영구성과 유연성까지 확보할 수 있을 것이다.

로봇 팔 말단은 리보솜의 능력을 갖춰야 한다. 리보솜은 특정 tRNA에 묶여 있는 아미노산들에 효소 반응을 일으켜 떨궈낸 다음, 펩티드 결합을 촉발하여 아미노산 사슬에 이어 붙일 줄 안다. 리보솜의 아미노산 사슬 조립력은 굉장히 뛰어나기 때문에 로봇 팔이 아예 리보솜 분자 일부를 그대로 가져다 쓰는 것도 괜찮을 것이다.

그런데 분자 제조 기술의 목표는 생물학의 분자 조립 능력을 그대로 따라하는 것에 그치지 않는다. 생물계는 오로지 단백질을 바탕으로 한 구조만 만들 수 있어 강도나 속도에 심대한 제약이 있다. 단백질 자신은 3차원적 구조이지만 생물학 자체는 1차원적 아미노산 사슬을 3차원으로 접어주는 화합물에 의존하고 있다. 다이아몬드형 물질로 만들어져 기어나 축차를 장착한 나노봇은 생물 세포들보다 수천 배 빠르고 강할 것이다.

연산 능력을 보면 차이가 더 확연하다. 나노튜브의 연산 속도는 포유류가 개재뉴런 연결을 통해 전기화학적으로 이뤄내는 연산 속도보다 수백만 배 빠를 것이다.

앞에서 말한 다이아몬드형 물질 조립자는 외부로부터 계속 물질을 입력 받아야 한다(원료와 연료로 쓰기 위해서다). 이 점은 분자 규모의 로봇이 바깥 세상에서 광포하게 자기복제하는 것을 막아줄 몇 가지 안전 장치 중 하나다. 생물학의 복제 로봇인 리보솜 또한 늘 자원과 연료 물질을 필요로 하는데, 우리는 소화계가 흡수한 영양분으로 그것을 공급해준다. 그런데 나노 복제자가 더욱 정교해지면, 그래서 정제되지 않은 원료 물질에서도 탄소 원자나 분자 조각들을 끄집어 쓸 수 있다면, 특히 생물계처럼 통제된 복제 공간 밖에서도 살아갈 수 있게 된다면, 그때는 커다란 위기가 닥칠 것이다. 나노 복제자는 어떤 생물보다도 강하고 빠르기 때문에 더 그렇다. 나노기계의 자기복제 능력에 대해서는 논란이 많은데, 8장에서 다시 다루겠다.

드렉슬러가 《나노시스템》을 출간하고 10년쯤 지나자, 그가 상상했던 것들이 하나둘 현실로 증명되기 시작했다. 보완적 설계 제안이라거나[81] 슈퍼컴퓨터 시뮬레이션, 심지어 실제 분자 기계를 만들어낸 사례도 있다. 보스턴 칼리지의 화학 교수 T. 로스 켈리는 원자 78개를 가지고 화학적으로 추진되는 나노모터를 만들었다.[82] 카를로 몬테마그노가 이끄는 생분자 연구팀은 ATP를 연료 삼는 나노모터를 만들었다.[83] 네덜란드 그로닝겐 대학의 벤 페링가는 원자 58개를 가지고 태양 에너지로 움직이는 분자 규모 모터를 제작했다.[84] 그 밖에 기어, 축차, 레버 등 분자 크기의 기계 부품들이 속속 등장하고 있다. 화학 에너지나 음향 에너지(드렉슬러가 최초로 고안한 방식이다)를 활용한 기계도 설계되고 시뮬레이션되고 조립되고 있다. 또 분자 규모 기기들을 동원해 다양한 전자 부품을 생산하는 기술도 선보였는데, 주로 탄소 나노튜브를 활용하는 이 기술의 최고 전문가는 리처드 스몰리이다.

나노튜브는 기본 구조 부품으로 매우 적합하다고 알려져 있다. 최근 미국 로런스 버클리 국립연구소의 과학자들은 나노튜브로 만든 컨베이어 벨트를 선보였다.[85] 나노 규모의 컨베이어 벨트는 자그마한 인듐 입자를 실어 이쪽저쪽으로 옮겼다. 앞으로는 물론 다양한 크기의 분자들을 옮길 수 있게 될 것이다. 기기에 흐르는 전류를 통제하면 벨트의 방향과 속도를 조절할 수 있다. "마치 손잡이를 돌리는 것 같죠. …… 거시적인 동작을 통해 나노 규모의 물류를 통제하는 겁니다." 설계자 중 하나인 크리스 레건의 말이다. "물론 방향도 바꿀 수 있습니다. 전류의 극성을 바꾸면 인듐이 원래 있던 자리로 돌아옵니다." 재료 분자들을 정확한 위치로 빠르게 나르는 능력은 분자 조립 라인을 만드는 데 핵심적인 조건이다.

제너럴 다이나믹스 사가 미 항공우주국의 요청을 받아 수행한 연구에 따르면, 자기복제력을 갖춘 나노기계가 충분히 현실성 있다고 한다.[86] 연구자들은 상태 변경 능력이 있는 분자 모듈을 기반으로 하여 세포 자동 운동자라는 분자 차원 로봇을 고안했는데, 컴퓨터 시뮬레이션을 해본 결과 이들이 스스로 복제할 수 있었다고 한다. 명령어 전파 구조를 채택하여 안전한 자기복제 가능성도 시험해보았다.

DNA도 나노튜브 못지 않게 훌륭한 분자 구조 뼈대이다. DNA는 서로 들러붙는 성질이 있기 때문에 부품으로 유용하다. 게다가 미래에는 DNA의 정보 저장 능력도 함께 활용할 수 있을지 모른다. 나노튜브나 DNA는 둘 다 3차원 분자 구조의 뼈대로 훌륭할뿐더러 정보 저장이나 논리 통제 면에서도 뛰어나다.

뮌헨 루트비히 막시밀리안 대학의 연구팀은 'DNA 손'이란 것을 제작했는데, 여러 단백질들 중 하나를 골라서 손에 붙였다가 명령을 받으면 내려놓을 수 있다.[87] 리아오시핑과 나드리안 시먼이라는 나노기술 연구자들도 최근 리보솜과 비슷한 활동을 하는 DNA 조립자 제작에 중요한 진전을 이뤘다.[88] 명령에 따라 분자를 쥐었다가 놓는 기술은 나노기술 분자 조립자가 갖춰야 할 중요한 능력이다.

한편 스크립스 연구소 과학자들은 1,669개의 뉴클레오티드로 교묘한 상보 영역을 지닌 DNA 조각을 설계한 뒤 그 가닥을 여러 개 만들어 DNA의 자기조립 능력을 시험했다.[89] 그랬더니 DNA 가닥들은 정8면체 모양으로 자기조립을 이뤄냈다. 이것은 정교한 3차원 구조를 만드는 부품으로 쓸 수도 있고, 단백질을 운반하는 운반체처럼 쓸 수도 있을 것이다. 스크립스 연구소의 제럴드 F. 조이스는 이를 '거꾸로 된 바이러스'라 불렀다. 자기조립력을 지닌 바이러스의 구조는 보통 단백질로 된 외피 안에 DNA(또는 RNA)가 있는 식인데, 조이스가 지적하듯 '이론적으로 여기서는 DNA가 바깥에 있고 단백질이 안에 있기 때문'이다.

DNA로 만들어진 나노기기 중 가장 인상적인 것이라면 10나노미터 길이의 다리로 걷는 이족 보행 로봇이다.[90] 다리와 보도 모두 DNA로 만들어졌으며, DNA 분자가 특정한 방식으로 결합했다 떨어지곤 한다는 속성을 이용했다. 뉴욕 대학 화학 교수들인 나드리안 시먼과 윌리엄 셔먼의 공동 작업으로 탄생한 이 로봇은 보도에서 발을 떼어 앞으로 나아간 뒤 다시 보도에 발을 붙이며 움직인다. 나노기계들이 정밀한 작업을 수행할 수 있으리라는 가능성을 강하게 암시한 작업이다.

나노봇을 설계하는 또 다른 방법은 자연을 보고 배우는 것이다. 미국 오크리지 국립연구소의 나노공학자 마이클 심프슨은 박테리아를 '기성품 나노기계'처럼 활용하는 방안을 제시했다. 자연적 나노 물체라 할 수 있는 박테리아는 액체 속에서 쉽게 움직이고, 수영하고, 뛰어다닌다.[91] 하버드 로런드 연구소의 린다 터너는 박테리아에 달린 실 같은 팔, 이른바 섬모라는 것이 다양한 작업을 수행할 수 있음에 주목한다. 다른 나노 물체를 운반하거나 액체를 휘저을 수 있으리라는 것이다. 박테리아의 일부만 활용하는 아이디어도 있다. 비올라 보겔이 이끄는 워싱턴 대학 연구진은 대장균의 몸통 중 일부를 활용하여 나노 물질 덩어리들을 크기에 따라 분류하는 기기를 만들었다. 자연적 나노 기계인 박테리아는 이처럼 다양한 기능을 수행할 수 있으므로, 연구의 궁극적 목표는 박테리아를 역분석하여 그 설계 원칙을 다른 나노봇 설계에 적용하는 것이다.

뚱뚱한 손가락과 끈끈한 손가락

미래 나노기술의 여러 측면이 하나하나 펼쳐지는 현재 시점에, 드렉슬러의 나노 조립자 개념에 어떤 심각한 오류가 있다는 증거는 발견되지 않았다. 2001년에 노벨상 수상자 리처드 스몰리가 〈사이언티픽 아메리칸〉에 발표해 논란이 되었던 반론도 알고 보면 드렉슬러의 제안을 잘못 이해한 것이다.[92] 무엇보다 지난 10년간 이뤄진 방대한 연구들을 제대로 포괄하지 못한 비판이었다. 탄소 나노튜브 기술의 개척자인 스몰리는 나노기술의 다채로운 활용을 전적으로 지지하는 입장으로, '나노기술은 인류가 당면한 시급한 물질적 문제들, 에너지, 건강, 통신, 교통, 식량, 물 문제 등에 궁극의 해답을 내어줄 것'이라고 주장한 바도 있으나, 유독 분자 규모 나노기술 조립자에 대해서만은 부정적인 태도를 취해왔다.

스몰리는 드렉슬러의 조립자에는 5~10개 정도의 '손가락'(조작 팔)이 있어야 할 것이라고 가정한다. 기계를 만들기 위해서는 원자를 하나씩 잡아서 옮기고 적절히 위치시켜야 하기 때문이다. 그런데 스몰리는 분자 조립자 나노로봇의 작업 수준을 고려할 때 그만한 수의 손가락이 빽빽하게 달릴 수 있을 것인가 의심한다(그의 표현을 빌리면 '뚱뚱한 손가락' 문제). 또 분자 간 인력이 세서 일단 잡은 원자 짐을 쉽게 내려놓지 못할 것이라 지적한다('끈끈한 손가락' 문제). 스몰리는 통상의 화학 반응을 보면 5~15개 정도의 원자 단위로 '교묘한 3차원 왈츠'가 벌어진다는 사실을 상기시켰다.

스몰리는 드렉슬러의 제안을 정확히 이해하지 못하고 껍데기만 받아들여 공격한 셈이다. 드렉슬러의 초기 제안, 그리고 이후 개량된 아이디어들은 보통 단 하나의 '손가락'만 사용한다. 게다가 원자를 제자리에 놓을 때 꼭 기계식 팔처럼 쥐었다가 풀어놓을 필요는 없으며, 그렇지 않은 다양한 방식으로 말단 화학을 일으킬 수 있다는 사실도 연구되어왔다. 몇 가지 사례는 앞서 설명한 바 있고(DNA 손 같은 것), 그 밖에도 최근에는 드렉슬러가 제안한 대로 '프로피닐 수소 탈취' 반응을 통해 수소 원자를 다루는 기술의 타당성이 활발히 검토되고 있다.[93] IBM이 1981년에 개발한 주사 탐침 현미경, 그리고 좀 더 향상된 원자 힘 현미경(AFM)은 특정 반응을 통해 어떤 분자 구조에 개별 원자를 가져다 놓는 능력을 바탕으로 작동하므로, 이 또한 분자 조립자 개념을 간접적으로 지지하는 증거다. 최근에는 오사카 대학 과학자들이 AFM을 사용하여 전기적 기법이 아닌 기계적 방법으로 개별 비전도성 원자를 다루는 데 성공했다.[94] 물론 미래에는 비전도성 원자뿐 아니라 전도성 원자나 분자도 옮길 수 있어야 할 것이다.[95]

만약 스몰리의 비판이 옳은 말이라면 애초에 우리들이 이런 토론을 하고 있는 것 자체가 불가능하다. 생명체 자체가 불가능하기 때문이다. 생물학적 조립자들은 스몰리가 불가능하다고 지적한 바로 그런 식의 작업들을 실제로 하고 있다.

스몰리는 또 비판하기를, "아무리 맹렬하게 일한다 해도…… [나노봇이] 자그만 물건 하나 생산하는 데는 백만 년도 넘게 걸릴 것"이라고 했다. 물론 스몰리의 말이 옳다. 나노봇 하나만 거느린 조립자가 상당한 크기의 생산품을 만드는 것은 불가능하다. 하지만 나노기술은 기본적으로 수조 개의 나노봇들을 사용할 수 있다는 데서 출발한다. 나노기술의 안전성에 많은 우려가 쏟아지는 것도 그렇기 때문이다. 막대한 수의 나노봇들을 적당한 비용으로 만들어내려면 어쩔 수 없이 어느 정도는 자기복제 방법을 써야 할 테고, 그러면 경제적 문제는 해결되겠지만 더욱 심각한 위험을 배태하는 것일 수 있다. 세포를 수조 개 만들어야 하는 생물학도 정확히 이런 해결책을 사용하고 있으며, 생물학의 자기복제 과정이 엇나가기 시작하는 그때 질병이 탄생한다.

초기에 나노기술 개념에 대해 쏟아졌던 비판들 중 상당수가 이미 적절하게 해소되었다. 가령 나노봇이 핵, 원자, 분자들의 열 진동에 취약하여 쉽게 부서지리라는 지적이 있었다. 나노기계 설계자들은 다이아몬드형 물질이나 탄소 나노튜브로 구조를 제작하는 안을 내놓았다. 강도 또는 견고성이 일정 수준 이상 되면 열에 그다지 구애 받지 않아도 된다. 이 설계안을 분석해본 결과, 나노 구조들이 생물 구조들보다도 수천 배 더 열을 잘 견딜 수 있음이 드러났다. 훨씬 넓은 온도 폭에서 활용 가능할 것이다.[96]

양자역학적 위치 불확정성이 문제를 일으키리라는 지적도 있었다. 나노기기들은 상상할 수 없을 정도로 규모가 작기 때문이다. 그런데 전자 정도만 되어도 양자 현상을 드러내는 것이 사실이지만 탄소 원자핵이라면 얘기가 다르다. 탄소 원자는 전자보다 2만 배나 무겁다. 나노봇은 탄소 및 기타 원자들 수백만 개, 또는 수십억 개가 모여 이루어지는 구조물이므로 전자보다야 수조 배 무겁다. 이 무게 비를 고려하여 양자역학적 위치 불확정성을 계산해보면 무시할 만한 수준이라는 결과가 나온다.[97]

동력을 얻는 것도 쉽지 않은 과제다. 프레이터스와 동료들의 연구에 따르면 글루코오스-산소 연료 전지가 타당성이 높다.[98] 글루코오스-산소의 이점은 나노 의학 기기가 인체의 소화계에 풍부하게 존재하는 글루코오스, 산소, ATP 자원을 바로 써먹을 수 있다는 것이다. 최근에는 니켈로 만들어진 추진기를 단 나노모터가 개발되었는데, ATP를 활용하는 효소에서 동력을 얻는다.[99] 요즘은 마이크로 기계 수준, 심지어 나노기계 수준의 수소-산소 연료 전지도 개발되고 있으므로 훌륭한 대안이 될 것이다.

뜨거운 논쟁

2003년 4월, 드렉슬러는 스몰리의 〈사이언티픽 아메리칸〉 기고에 대한 반론을 공개 답장 형식으로 발표했다.[100] 드렉슬러는 지난 20년간 자신을 비롯한 과학자들이 일궈낸 성과를 거론하며, 스몰리의 뚱뚱한 손가락, 끈끈한 손가락 비판에 조목조목 답했다. 앞서 말했듯 분자 조립자가 꼭 손가락을 가질 이유가 없다. 반응성 분자를 정확한 위치에 놓아줄 수만 있으면 된다. 드렉슬러는 자연에 존재하는 정교한 분자 조립자의 실례로 효소와 리보솜을 들었다. 드렉슬러의 글은 스몰리의 말을 인용함으로써 맺는다. "과학자가 어떤 일이 가능하다고 말한다면, 아마 그 일은 생각보다 훨씬 먼 미래에 현실화할 것이다. 그러나 과학자가 어떤 일이 불가능하다고 말한다면, 아마 그것은 틀린 말일 것이다."

2003년에 두 사람은 세 차례 더 논박을 주고받았다. 스몰리는 먼저 뚱뚱한 손가락, 끈끈한 손가락 비판을 철회하면서 효소와 리보솜이 실제 정교한 분자 조립자로서 자신이 불가능하다고 주장했던 일들을 해내고 있음을 인정했다. 그러나 생물학적 효소들은 물속에서만 기능하며, 그런 수화학은 전적으로 "나무, 살, 뼈" 같은 생물학적 구조들 안에서만 가능하다고 주장했다. 드렉슬러가 지적하듯, 이 또한 틀린 말이다.[101] 효소 중에는 애초에 물에서 기능하도록 진화했어도 무수 유기 용매 속에서 제대로 활동하는 녀석들이 있다. 심지어 액체가 전혀 없는 증기 상태 기질에서 활약하는 효소도 있다.[102]

스몰리는 (추가의 설명이나 인용 없이) 효소 반응 같은 것을 일으키려면 언제나 생물학적 효소, 그리고 물이 존재하는 화학 반응이 갖춰져야 한다고 주장했다. 이 또한 틀렸다. MIT의 화학 교수이자 생물공학자인 알렉산더 클리바노프는 1984년에 비수용성 효소 촉매 반응을 증명한 바 있다. 클리바노프는 2003년에 이렇게 썼다. "비수용성 효소 촉매 반응에 대한 [스몰리의] 반대는 옳지 못한 지적이다. 내가 20년 전에 첫 논문을 발표한 이래 비수용성 효소 촉매 반응에 대한 논문이 수백, 아니 수천 개 쏟아져나왔다."[103]

생물학적 진화가 왜 물을 기반으로 한 화학에 국한하여 진행되었는지는 알 만하다. 물은 지구상에 매우 흔한 물질이며 우리 신체나 우리가 섭취하는 식량, 기타 대부분의 유기 물질은 70~90퍼센트가 물로 이뤄져 있다. 물 분자의 3차원 구조는 전기력을 발휘하기 좋은 모양이어서 여타 화합물의 화학 결합을 쉽게 끊어낸다. 그래서 '만능 용매'라 불린다. 물은 인체 내 모든 생화학 반응에 참여하고 있으므로 지구상 생명체의 화학은 본질적으로 수화학이라 불릴 만하다. 하지만 인간의 기술은 바로 그 생물학적 진화의 한계를 넘어서고자 하는 욕구에서 발전해왔다. 수화학과 단백질에 기반한 틀을 벗어나고자 해온 것이다. 생물학의 발전 속도는 빠르다. 하지만 훨씬 빨리, 훨씬 높이 날고자 한다면 단백질이 아니라 현대 기술을 택하는 편이 낫다. 사람의 뇌 같은 생물학적 구조들은 사물을 기억하고 연산할 줄 안다. 하지만 정보 추출*을 하거나 수십억 가지의 정보를 기억하고자 한다면 뇌가 아니라 전자 기술을 택하는 편이 낫다.

지난 10년간, 정교한 분자 반응을 통해 분자들을 조립하는 대안적 기법들이 수없이 연구되어왔는데, 스몰리는 그 내용을 깡그리 무시하고 있다. 가령 합성 과정을 정교하게 통제하며 다이아몬드형 물질을 만드는 기술도 연구되었으며, 그 결과 수소화 다이아몬드 표면에서 수소 원자 하나를 떼어내는 일도 가능할 정도다.[104] 다이아몬드 표면에 하나 내지는 그 이상의 탄소 원자를 정확히 붙이는 일도 가능하다.[105] 정교한 수소 탈취 반응, 그리고 정교한 다이아몬드형 물질 합성이 가능한지 연구하는 과학자가 한둘이 아니다. 칼텍의 재료 및 가공 시뮬레이션 센터, 노스캐롤라이나 주립 대학의 재료공학부, 켄터키 대학의 분자 제조 연구소, 미국 해군 사관 학교, 제록스 사의 팰러앨토 연구 센터 등이 있다.[106]

스몰리는 정교한 분자 반응 통제를 기반으로 작동하는 주사 탐침 현미경 등도 언급하지 않는다. 랠프 머클은 이미 네 가지 반응물을 다룰 수 있는 탐침 말단 반응을 제안한 바 있다.[107] 위치 한정적 반응 중 정교하게 통제할 만한 것들이 수도 없이 많고, 이들을 분자 조립자 기

---

338   *   데이터마이닝, 정보 검색이라고도 한다. 수많은 데이터 속에 숨겨진 유용한 상관관계를 발견해내는 것.

기의 말단 화학으로 동원하는 데도 아무 문제가 없다.[108] 최근에는 주사 탐침 현미경을 넘어서는 도구도 속속 등장하여 원자나 분자를 확실하게 조작하는 길을 열어주고 있다.

2003년 9월 3일, 드렉슬러는 다시 한번 스몰리의 반론에 답하면서 스몰리가 참고하지 않는 듯한 방대한 연구 내용들을 일깨웠다.[109] 드렉슬러는 나노 수준 공장을 얼마든지 현대 공장에 비유해도 좋다고 지적한다. 또 적당한 반응물을 고른다면 메가헤르츠 단위 주파수를 통해 반응의 활성화 상태를 조정할 수도 있다는, 이른바 전이상태 이론*에 입각한 분석도 제시했다.

그러나 스몰리는 이번에도 현행 연구에 대한 구체적 인용은 없고 부정확한 은유만 가득한 답문을 보냈다.[110] 스몰리는 이렇게 썼다. "소년과 소녀를 붙여놓는다고 사랑에 빠지게 할 순 없듯, 간단한 기계적 운동으로 두 개의 분자를 붙여놓는다고 정교한 화학 반응을 일으킬 순 없다. …… 두 개의 분자를 섞어놓기만 한다고 되지 않는 것이다." 그는 효소가 그런 일을 할 수 있다고는 인정했지만 다시금, 그런 반응이 생물계 바깥에서 벌어질 수 있다는 것은 부인했다. "그래서 나는 자꾸만 진짜 효소를 쓰는 진짜 화학을 생각해보라고 종용하는 것이다. …… 그런 반응에는 반드시 액체 매질이 있어야 할 것이다. 그리고 우리가 아는 한 대부분의 효소는 그 액체 매질이 물이어야 한다. 물을 바탕으로 합성되는 것들이란 생물학이 아는 뼈나 살 이상의 것이 될 수 없다."

스몰리의 주장은 '현재 X가 없으니 앞으로도 X는 불가능하다'는 식의 말이다. 사실 현재 인공지능 분야에서도 쉴 새 없이 반복되는 비판이다. 비판자들은 현재의 한계를 증거라 하면서 원천적인 한계이니

---

*　절대반응속도 이론이라고도 한다. 원자나 분자들의 에너지 상태가 연속적으로 변하는 것과 반응성 간의 관계를 분석하는 이론.

극복할 수 없다고 말한다. 그들은 10년 전만 해도 연구 과제에 불과했던 인공지능 시스템들이 오늘날 곳곳에서 쓰이고 있다는 사실을 애써 무시한다.

탄탄한 방법론에 입각해 미래를 예측하려는 나 같은 사람들은 불리한 입장이다. 어떤 현상들은 미래에 현실이 될 것이 분명하지만 단지 지금 또렷하게 보이지 않기 때문에 무시된다. 20세기 초, 일군의 학자들이 비행기 제작이 가능하다고 주장했을 때, 주류 비판가들은 이렇게 말했다. 가능한 일이라면 왜 아직도 눈앞에 보이지 않는가?

나는 스몰리의 마지막 편지에서 그가 그렇게 비판하는 이유를 일부나마 읽어낸 것 같다. 그는 이렇게 썼다.

몇 주 전, 나는 '과학자가 되어 세상을 구하자'라는 제목으로 나노 기술과 에너지에 관한 강연을 했다. 여기 휴스턴 지역의 공립 학교 모임인 스프링 브랜치 ISD에 다니는 중학생과 고등학생 700명을 대상으로 한 강연이었다. 내가 방문하기 전, 아이들은 '왜 나는 나노 괴짜인가'라는 제목의 에세이를 한 편씩 쓰도록 숙제를 받았다. 나는 수백 편의 글 중 가장 잘 씌어진 30편을 받은 뒤 그중 5편을 선정했다. 아이들 절반은 자기복제하는 나노봇이 가능할 것으로 상상했고, 또 대부분 그런 나노봇이 세상에 돌아다니게 되면 어떤 일이 벌어질지 걱정을 숨기지 않았다. 나는 아이들의 우려를 누그러뜨리기 위해 최선을 다했지만, 그럼에도 불구하고 이 아이들에게는 너무나 혼란스러워 악몽을 일으킬 법한 이야기임이 분명했다.

바로 당신 같은 사람들이 아이들을 겁주고 있는 것이다.

스몰리에게 말해주고 싶은 것은, 과거에 전 세계적 통신망이나 통신망을 통한 소프트웨어 바이러스 전파가 현실적으로 가능할 것인지

의심한 자들이 존재했다는 사실이다. 오늘날 이것이 현실이 되자 우리는 혜택과 취약함을 동시에 갖게 됐다. 하지만 소프트웨어 바이러스라는 위험과 함께 컴퓨터 백신이 발전했다. 인터넷 역시 혜택과 위험이 뒤얽힌 기술이었지만, 현재 우리는 잃는 것보다 얻는 게 많다.

설령 미래 기술의 남용 가능성에 대해 대중에게 알릴 필요가 있다 해도 스몰리처럼 해선 안 된다. 그는 애초에 나노 조립자의 가능성 자체를 부정하고 있기 때문에 모든 종류의 가능성을 부정하는 셈이다. 분자 조립자의 혜택과 위험을 동시에 부정한다면, 기술 연구를 건설적인 방향으로 인도할 수도 없다. 2020년대가 되면 분자 조립자가 현실에 등장하여 가난을 일소하고, 환경을 청소하고, 질병을 극복하고, 수명을 연장하는 등 수많은 유익한 활동들의 효과적인 수단으로 자리잡을 것이다. 인류가 창조한 모든 기술이 그랬듯, 나노기술은 우리의 파괴적 측면까지 부추길지 모른다. 위험은 배제하고 혜택만 거두는 쪽으로 기술을 발전시키기 위해서라도 잘 아는 것이 중요한 법이다.

발 빠른 활용 사례들
드렉슬러가 제안했던 나노기술은 분자를 정교하게 조정하여 물질을 제작하는 내용이었다. 하지만 지금은 몇 나노미터 수준(보통 100나노미터 이하)의 물체를 다루는 기술이면 뭐든 포괄하는 용어가 되었다. 전자공학은 이미 소리소문 없이 이 영역에 진입했고, 생물학이나 의학도 갈수록 나노입자들을 다루는 방향으로 발전하고 있다. 좀 더 효과적인 검진과 치료를 위해 나노 물질들을 개발하고 있다. 현재는 조립자를 사용하는 게 아니라 무작위 확률적 제조 기법으로 나노입자를 만들고 있지만, 어쨌든 원자 차원에서 물질의 효과를 논한다는 것은 확실하다. 일례로 단백질 같은 물질의 감지도를 높이기 위해 일종의 꼬리표처럼 사용할 나노입자가 개발되어 실험 중이다. 가령 자기적 나노 꼬리표 같은 것을 항체에 붙여줄 수 있는데, 그러면 자기 탐침을 통해 손쉽게 몸속 항체를 추적할 수 있다. DNA 조각에 결합하는 금 나노입자도 있는데, 샘플 속에 특정 DNA 서열이 존재하는지 빠르게 확인해보는 도구가 된다. 양자 점이라 불리는 작은 나노 구슬도 있다. 크기에 따라 다른 색깔의 형광을 내도록 할 수 있어서, 마치 색상표처럼 몸속의 특정 물질 추적에 유용하게 활용할 수 있다.

미세 유체 소자의 채널은 나노 수준으로 세밀해져서 작은 샘플로도 수백 가지 성분을 한 번에 검사할 수 있다. 눈에 보이지 않을 정도의 적은 피로도 광범한 검사를 수행할 수 있을 것이다.

피부 같은 생물 조직을 키울 때 나노 규모 지지체가 쓰이기도 한다. 미래에는 몸속 어느 곳에서라도 이 작은 지지체를 발판 삼아 원하는 종류의 조직을 자라게 할 수 있을 것이다.

특별히 흥미로운 응용 분야는 나노입자를 동원해 신체 내 특정 지점까지 치료제를 운반시키는 일이다. 나노입자를 쓰면 약품을 세포벽 너머로 들여보낼 수 있으며, 혈뇌장벽도 넘을 수 있다. 몬트리올 맥길 대학 과학자들은 25~45나노미터 크기의 나노 약제를 선보였다.[111] 나노 약제는 쉽게 세포벽을 뚫고 들어가 세포 내 목표 구조물에 처방을 전달할 수 있다.

일본 과학자들은 아미노산 분자 110개로 이루어진 나노 망을 만들어서 그 속에 약 분자를 집어넣었다. 나노 망 겉표면에는 펩티드가 붙어 있어서 인체의 목표 지점에 결합하게 된다. 한 실험에서 과학자들은 간세포의 특정 수용체에만 결합하는 펩티드를 붙여보았다.[112]

매사추세츠주 베드퍼드의 마이크로칩스 사는 피부 아래 이식하는 컴퓨터 소자를 개발했는데, 수백 개의 나노 크기 구멍에서 정량의 약제가 분출되는 기능을 지녔다.[113] 미래에는 글루코오스 등의 혈당 수치를 측정할 수도 있을 것으로 보인다. 인공 췌장 제조에 활용할 수도 있는데, 혈당 수치에 근거해 적량의 인슐린을 내보내는 역할을 할 수 있기 때문이다. 그 밖의 호르몬 분비 기관을 모방하는 데도 유용할 것이다. 시험이 제대로 이루어지면 2008년에는 시장에 나올 것으로 예측된다.

또 한 가지 혁신적인 응용이 있다. 금 나노입자를 종양 지점으로 보내어 적외선으로 덥힘으로써 암세포를 파괴하는 것이다. 나노 규모 포장으로 약제를 감싸면, 약제가 안전하게 소화기를 지나 목표 지점에 안착해서 세련된 방법으로 풀려나게 할 수 있다. 심지어 인체 외부에서 보내는 명령을 수신하도록 할 수도 있다. 플로리다주 앨러추아의 나노세라퓨틱스 사는 이런 노력의 일환으로 수 나노미터 두께의 생분해성 고분자를 개발하고 있다.[114]

특이점을 뒷받침하기

우리는 매일 14조(약 10^{13}) 와트의 에너지를 생산한다. 그중 33퍼센트는 석유에서, 25퍼센트는 석탄에서, 20퍼센트는 가스에서, 7퍼센트는 원자력 발전소에서, 15퍼센트는 바이오매스*나 수력 발전소에서 오고, 고작 0.5퍼센트만이 태양, 풍력, 지열 등 재생가능 기술에서 온다.[115] 이 78퍼센트의 화석연료를 채굴하고, 운반하고, 가공하고, 사용하는 것 때문에 대부분의 대기 오염과 상당한 수질 오염, 기타 오염 등이 빚어진다. 석유 에너지는 지정학적 긴장 관계 조성에도 일조한다. 이 모든 에너지를 얻는 데 소요되는 비용은 연간 2조 달러 가까이 된다. 앞으로 나노기술에 기반을 둔 채굴, 변환, 운송 방식이 도입되면 산업 시대를 점령했던 이 에너지원들이 한층 효율적으로 쓰일 수 있겠지만, 그와 별개로 미래 에너지의 상당량을 뒷받침할 것은 현재로선 미미한 수준인 재생가능 에너지다.

2030년 무렵에는 연산 및 통신 수단의 가격 대 성능비가 현재에 비

---

* 군집에 있는 전체 생물종의 총량을 가리키기도 하고, 특히 그런 생물체에 담긴 에너지를 가리키기도 한다.

해 적게는 천만 배에서 많게는 일억 배 정도 향상되어 있을 것이다. 다른 기술들도 용량과 효율에서 엄청난 발전을 겪을 게 틀림없다. 하지만 에너지 수요는 기술의 발전 속도보다 훨씬 느리게 증가할 텐데, 에너지 사용 자체가 효율화할 것이기 때문이다. 나노기술 혁명이 갖고 있는 또 한 가지 중요한 의미는 제조업이나 에너지 산업 등의 물리적 기술 또한 정보기술과 마찬가지로 수확 가속 법칙을 따르게 되리라는 점이다. 달리 말하면, 에너지 기술을 포함한 모든 기술이 본질적으로 정보기술화한다는 것이다.

2030년에는 전 세계 에너지 수요가 현재의 두 배가 되리라 예상되는데, 경제 성장 기대치에 비해 매우 낮은 수준이라 할 수 있다. 기술 발전세에 비해서는 두말할 것도 없다.[116] 추가로 필요한 에너지는 나노 수준의 태양, 풍력, 지열 기술이 제공해줄 수 있다. 사실 오늘날 사용되는 대부분의 에너지원이 형태만 다를 뿐 실은 태양 에너지에서 온 것임을 상기할 필요가 있다.

화석연료는 태양 에너지가 동식물의 형태로 변환 저장되어 수백 년간 변화를 겪은 것이다(살아 있는 유기체가 화석연료의 기원이라는 이론에 반박하는 이들도 최근에 나타나고 있다). 그런데 현재 고급 석유의 채굴은 거의 최고점에 도달한 상태고, 심지어 이미 최고 생산량 시기를 넘겼다고 보는 전문가들도 있다. 어느 쪽이든 간에 쉽게 얻을 수 있는 화석연료가 빠르게 바닥나고 있다는 것만은 사실이다. 물론 화석연료원은 아직 방대해서 조금 더 세련된 기술을 적용하면 깨끗하고 효율적으로 사용할 수 있는 저급 연료들이 있다(석탄이나 혈암유 같은 것들). 그들 역시 미래 에너지원이 될 수 있다. 10억 달러를 들여 건설되고 있는 퓨처젠이라는 이름의 발전소는 화석연료를 쓰면서 오염 물질을 전혀 방출하지 않는 세계 최초의 발전소가 될 전망이다.[117] 2억 7500만 와트급의 이 발전소는 통상의 방법으로 그냥 석탄을 때지 않는다. 우선 석탄을 수소와 일산화탄소 등이 포함된 합성 가스로 전환한 뒤,

증기와 반응시켜 수소와 이산화탄소로 바꾸고, 둘을 따로 채취한다. 그렇게 얻은 수소를 연료 전지에 사용하거나 전기와 물로 바꿔 쓰는 것이다. 발전소 설계의 핵심은 수소와 이산화탄소를 분리하는 막에 사용될 신소재이다.

좌우간, 우리가 가장 역점을 둘 부분은 나노기술을 활용해 깨끗하고, 재생가능하고, 분산적이고, 안전한 에너지 기술을 양산하는 것이다. 최근 몇십 년간 에너지 기술은 산업 시대의 S자 곡선에서 위쪽 낮은 경사에 해당된다고 할 수 있다(특정 기술 패러다임의 끝자락으로, 점차 점근선 즉 한계에 도달하는 부분이다). 나노기술 혁명은 새로운 에너지원을 발굴해주기도 하겠거니와, 2020년쯤이 되면 에너지 기술의 모든 측면, 생산, 저장, 운반, 활용 각각에 대해서도 새로운 S자 곡선을 도입해줄 것이다.

이번에는 에너지 문제를 반대 방향에서 접근해보자. 활용 측면을 살펴보자. 나노기술은 물질과 에너지를 극도로 미세한 원자나 분자 수준에서 다루기 때문에, 소비 효율이 극도로 높을 수밖에 없다. 따라서 에너지 수요를 굉장히 낮춰줄 것이다. 앞으로 몇십 년 동안 연산 기술은 가역적 연산이라는 새로운 단계로 뛰어오를 것이다(3장을 참고하라). 가역적 논리 게이트 연산에 소요되는 에너지 대부분은 양자 효과나 열 효과 때문에 간간이 발행하는 오류를 바로잡는 데 쓰일 에너지다. 가역적 연산은 비가역적 연산에 비해 10억 배 이상 에너지를 절감할 수 있을 것이다. 게다가 논리 게이트와 메모리 비트의 각 면 길이가 각기 최소 10배 이상 줄어들 것이므로, 거기서도 천 배 정도의 에너지 절감이 이루어진다. 그러므로 나노기술이 충분히 발전하면 1비트당 1조 배 정도씩 에너지가 줄어들 것이다. 물론 연산량 자체가 폭증할 테지만, 이 정도의 에너지 효율화만으로도 증가한 연산량을 뒷받침하고 남는다.

나노 분자 세공을 통한 제조 기술도 현재의 제조 기술보다 훨씬 에너지 효율적이다. 커다란 원료를 여기저기로 옮기는 현재 방식은 상대적으로 너무 비효율적이다. 요즘의 제조 기술은 막대한 에너지를 쏟아부어 철강 같은 기초 재료를 생산한다. 반면 나노 공장은 탁자 위에 올려놓을 수 있을 만한 크기인데도 컴퓨터에서 옷가지에 이르기까지 모든 것을 만들 수 있을 것이다. 더 큰 물건들(차, 집, 나노 공장 등)은 부품 단위로 생산한 뒤 큰 로봇에게 조립을 맡기면 된다. 나노제조 공정이 쓰는 에너지는 대부분 폐열로 나올 텐데, 이것을 재활용할 수도 있다.

나노 공장이 쓰는 에너지는 그야말로 무시할 만한 수준일 것이다. 드렉슬러는 분자 제조법이 에너지 소비 공정이라기보다 차라리 에너지 생산 공정이라 했다. 그는 이렇게 말했다. "분자 제조 과정은 원재료에 포함된 화학 에너지만으로도 충분히 돌아갈 수 있으며, 심지어 부산물로 전기 에너지를 내놓을 수 있다(물론 열 확산 문제가 잘 처리되어야 한다). …… 평범한 유기 재료를 쓰고, 잉여 수소를 산화한다고 가정하면, 효율적인 분자 제조 과정은 아마도 에너지 생산자가 될 것이다."[118]

나노튜브와 나노 합성물을 뼈대로 제품을 만들면 오늘날 철, 티타늄, 알루미늄 등을 생산하느라 쓰는 막대한 에너지를 아낄 수 있다. 나노기술에 바탕을 둔 조명은 작고 차가운 발광 다이오드나 양자 점, 기타 혁신적인 광원을 써서 뜨겁고 비효율적인 형광등 및 백열등을 대체할 것이다.

생산물의 가치가 높아지고 기능도 개선되겠지만 규모는 일반적으로 커지지 않을 것이다(대부분의 전자 제품의 경우는 더 작아질 것이다). 제조물의 가치가 높아지는 것은 대개 그 안에 포함된 정보 가치가 높아지기 때문이다. 이 시기 내내 정보 관련 제품이나 서비스 분야에서 50퍼센트 정도의 디플레이션이 있겠지만, 그래도 가치 있는 정보의 총량은 더욱 늘어나 디플레이션을 능가할 정도가 될 것이다.

2장에서 정보 통신 분야에 수확 가속의 법칙이 적용됨을 말한 바 있다. 즉 통신되는 정보량이 기하급수적으로 증가하리라는 것이다. 하지만 통신의 효율 역시 그만큼 나아질 테니 통신 분야에 소요되는 에너지양이 급격히 증가하진 않을 것이다.

에너지 운송도 훨씬 효율적으로 된다. 요즘은 운송 과정에서 손실되는 에너지양이 막대한데, 전선에서 열이 발산하거나 기타 연료 운반 과정에 비효율이 있기 때문이다. 환경에도 적잖은 위협이 된다. 스몰리는 분자 나노제조법을 비판하는 입장이긴 하지만 나노기술에 바탕을 둔 새로운 에너지 생성 및 운송 패러다임을 만들어야 한다는 데는 한결같은 지지를 보내고 있다. 그는 탄소 나노튜브를 길게 엮어 만든 새로운 에너지 운송선은 현재의 구리선보다 훨씬 강하고, 가볍고, 에너지 효율적이라 지적한다.[119] 또한 전동기에 쓰이는 알루미늄과 구리선을 초전도선으로 교체하여 효율을 높이는 아이디어도 제시했다. 스몰리는 이 밖에도 나노기술의 역량을 에너지 분야에 다양하게 표출할 방안을 얘기하였다.[120]

- 광전 변환소자: 태양열 집열판의 비용을 열 배에서 백 배까지 낮출 수 있다.
- 수소 생산: 물과 햇빛에서 수소를 생산하는 효율적인 신기술.
- 수소 저장: 연료 전지에 사용할 수소를 저장하는 가볍고 강한 신소재.
- 연료 전지: 연료 전지의 비용을 열 배에서 백 배까지 낮출 수 있다.
- 에너지를 저장할 전지와 축전지: 에너지 저장 밀도를 열 배에서 백 배까지 높일 수 있다.
- 강하고 가벼운 나노 물질을 이용함으로써 차나 비행기 등의 에너지 효율을 높일 수 있다.
- 강하고 가벼운 나노 물질로 대규모 에너지 수확 기기를 우주에, 아

마도 달에 설치할 수 있다.

- 인공지능이 탑재된 나노 전자공학적 로봇들이 우주나 달에 에너지 생산 구조물을 자율적으로 건설할 수 있다.
- 새로운 나노 물질을 코팅함으로써 시추에 드는 비용을 줄일 수 있다.
- 나노 촉매를 통해 고온에서 석탄의 에너지 전환율을 높일 수 있다.
- 나노 필터를 사용해 고에너지 석탄 채취에서 발생하는 매연을 가둘 수 있다. 매연의 성분은 대부분 탄소이므로 이것을 다시 나노기술 설계의 원료로 재활용할 수 있다.
- 신소재를 활용하여 뜨겁고 건조한 바위를 지열 에너지원으로 개발할 수 있다(지구 핵의 열기를 에너지화하는 것이다).

마이크로파를 써서 에너지를 무선 송수신하는 방법도 있다. 특히 거대한 태양열 집열판을 우주에 설치하여 그 에너지를 지상으로 보낼 때 효율적으로 쓰일 수 있는 기법이다.[121] UN대학 미국 위원회가 수행하는 밀레니엄 프로젝트는 마이크로파를 통한 에너지 전송을 '깨끗하고 풍부한 미래 에너지'의 핵심 요소로 꼽는다.[122]

현재의 에너지 저장은 중앙집중식이다. 액화 천연 가스 저장고나 기타 저장 시설들은 테러의 위협에 불안하고, 파국적인 사고를 일으킬 가능성도 있어 매우 취약하다. 송유선이나 송유차도 마찬가지다. 반면 앞으로 널리 쓰일 에너지 저장 방식인 연료 전지는 하부구조 전반에 폭넓게 분산된 형태일 것이다. 비효율적이고 취약한 중앙집중 설비가 효율적이고 안전한 분산 설비로 바뀌는 것이다.

최근 메탄올 등 수소가 풍부한 안전한 연료에서 재료를 얻는 수소-산소 연료 전지가 활발히 개발되고 있다. 매사추세츠주의 작은 회사인 인테그레이티드 퓨얼셀 테크놀로지 사는 마이크로 기계 시스템에 기반을 둔 연료 전지를 선보였다.[123] 우표만 한 기기 속에 수천 개의 초소형 연료 전지가 들어 있고 연료선과 전자식 제어 장치도 합체되어 있는 것이다. 또 NEC 사는 빠른 시일 내에 나노튜브를 활용한 연료 전지를 노트북 컴퓨터와 기타 휴대용 전자기기들에 도입할 예정이다.[124] 회사는 작은 전력원으로 최장 마흔 시간까지 기기를 가동할 수 있을 것이라 본다. 도시바 사 역시 휴대용 전자기기에 연료 전지를 도입할 준비 중이다.[125]

대규모 기계, 자동차, 심지어 가정의 연료를 공급하는 큰 연료 전지 기술도 착실히 발전하고 있다. 미국 에너지부의 2004년 보고서에 따르면 나노기술을 적용할 때 수소 연료 전지 자동차의 효율도 다각도로 향상될 것이라 한다.[126] 가령 나노튜브나 나노 화합물 등 나노 소재를 활용해서 고압을 견딜 만큼 강하면서도 가벼운 수소 저장고를 만들 수 있다. 휘발유 엔진보다 두 배는 효율적인 연료 전지가 가능하고, 부산물도 물밖에 나오지 않을 것이라 한다.

현재 대부분의 연료 전지는 메탄올에서 수소를 생산한 뒤 공기 중의 산소와 반응시켜 물과 에너지를 얻는 설계다. 하지만 메탄올은 독성과 가연성이 높아 다루기 힘든 물질이라, 안전에 문제가 있다. 세인트루이스 대학 연구진은 대신 평범한 에탄올을 쓰는 안전한 연료 전지를 개발했다.[127] 탈수소화 효소를 알코올에 가해서 수소 이온을 뜯어낸 뒤 바로 공기 중의 산소와 반응시켜 에너지를 얻는 설계다. 이 전지는 어떤 형태의 알코올도 문제없이 소화한다. 제작에 참여했던 대학원생 닉 에커스는 이렇게 말했다. "다양한 종류의 알코올로 시험을 마쳤습니다. 탄산 맥주와 와인은 좋아하지 않는 것 같았지만, 그 밖의 알코올이라면 모두 문제가 없었습니다."

텍사스 대학 과학자들은 인체 혈관 속에서 벌어지는 글루코오스-산소 반응으로부터 직접 전기를 얻는 나노봇 크기 연료 전지를 개발했다.[128] '흡혈귀 로봇'이라 이름 붙여진 이 전지는 전자기기를 돌릴 만한 양의 전기를 생산할 수 있으므로, 미래에 혈류 속에서 일할 나노봇들의 에너지원으로 쓰일 수 있다. 비슷한 연구를 하고 있는 일본 과학자들은 이론적으로 한 사람의 혈액에서 최대 100와트의 전기를 생산할 수 있다고 하며, 인체 이식 기기들은 그보다 훨씬 적은 수준의 전기면 충분히 가동한다고 했다. (시드니의 한 신문은 이런 연구들을 볼 때 영화 〈매트릭스〉에서 사람을 전지로 썼던 설정이 말이 된다고 지적했다.)[129]

매사추세츠 대학의 스와데스 K. 차우드흐리와 데렉 R. 러블리 역시 자연에 풍부하게 존재하는 당 성분에서 전기를 얻는 방법을 연구한다. 그들의 연료 전지는 실제 미생물을 동원하는데(로도페락스 페리레두센스라는 박테리아이다) 효율이 81퍼센트나 되며 유휴 상태일 때는 에너지를 전혀 소모하지 않는다. 박테리아는 글루코오스에서 직접 전기를 생산하며, 불안정한 부산물을 내지 않는다. 또 당 연료를 활용해 재생산을 함으로써 늘 자기 개체수를 유지하기 때문에 전기를 안정적으로 생산할 수 있다. 글루코오스 외에 프룩토오스, 수크로오스, 크실로오스 같은 당으로 실험했을 때도 성공적이었다. 이런 연료 전지는 실제 박테리아의 활동을 그대로 차용할 수 있고, 박테리아가 수행하는 화학 반응을 본딸 수도 있다. 당이 풍부한 혈액 내에서 활동할 나노봇의 전원이 될 수 있을뿐더러, 산업 폐기물이나 농업 폐기물로부터 에너지를 생산하는 데도 활용될 수 있을 것이다.

나노기술을 적용한 연료 전지의 경쟁자가 또 있다. 나노튜브는 나노 규모 전지를 제작해 에너지를 저장하는 데 핵심 물질이 될 것으로 보인다.[130] 나노튜브는 이미 연산, 정보 통신, 전력 전송, 강한 구조 물질 제작 등에서 솜씨를 인정받고 있는데, 에너지 저장 면에서도 실력을 보여줄 수 있으리라 기대된다.

나노물질 관련한 에너지 기술 중 가장 유망한 것은 태양 에너지이다. 완벽히 재생 가능하고, 오염 물질 방출이 전혀 없고, 분산된 방식으로 미래 에너지 수요의 상당량을 공급해줄 것으로 기대된다. 태양열 집열판에 와 닿는 햇빛은 공짜다. 지구에 도달하는 햇빛의 총 에너지양은 10^{17}와트로서, 인류 문명이 소모하는 10^{13}와트를 훨씬 넘어서는 풍족한 양이다.[131] 향후 25년간 연산 및 통신 분야 에너지 소모량이 폭증하고 그에 따라 경제 성장도 이루어지겠지만, 나노기술로 에너지 효율화를 이룬다고 볼 때 2030년의 실제 에너지 수요 증가량은 3×10^{13}와트 정도로서 비교적 무난한 수준에 머물 것이다. 지구에 도달하는 태양 에너지의 만분의 3 정도만 수확해도 충족할 수 있는 양이다.

이 수치를 전 인류의 신진대사 에너지 양과 비교해보면 흥미롭다. 로버트 프레이터스는 그 수치는 10^{12}와트 정도이며 지구상 모든 식생의 대사량은 10^{14}와트일 것으로 추정한다. 또 인류가 현재 생태계의 에너지 균형(기후학자들은 '최적 온난 한계'라고 부른다)을 깨뜨리지 않으면서 동원할 수 있는 총 에너지양은 약 10^{15}와트일 것으로 본다. 그렇다면 나노봇을 위한 에너지가 상당히 남는 셈이다. 사람에 붙어 지능 강화와 의약 활동을 수행할 나노봇, 자연계에서 에너지를 생산하거나 환경을 청소할 나노봇을 무수히 가동할 여지가 있다. 프레이터스는 세계 인구를 약 백억(10^{10}) 명으로 잡을 때 이 에너지 한계 내에서는 한 사람당 10^{16}개씩의 나노봇을 사용할 수 있다고 예측한다.[132] 뇌 속의 뉴런 하나하나마다 나노봇을 둔다고 해도 일인당 10^{11}개면 충분하다.

이런 차원의 기술을 확보하게 되면, 이번에는 나노봇이나 기타 나노 기계에서 발산되는 열의 상당량을 채취하여 에너지로 재활용할 수도 있다. 아마 가장 효과적인 방법은 나노봇 내부에 그런 에너지 재활용 과정을 심어두는 것이다.[133] 가역적 논리 게이트로 연산하는 개념과 비슷한데, 매 단계의 논리 게이트가 바로 전 단계 계산에서 나온 에너지를 재활용하는 식이기 때문이다.

대기 중 이산화탄소를 골라내어 나노기계의 재료인 탄소를 공급할 수도 있다. 오늘날 산업 시대 기술의 부산물이었던 이산화탄소 농도 증가를 되돌릴 수도 있는 셈이다. 하지만 극도로 조심해야 할 텐데, 이산화탄소 농도 증가세를 함부로 되돌리면 지구온난화가 아니라 지구냉각화를 가져올지 모르기 때문이다.

현재의 태양열 집열판은 비교적 비효율적이고 비싼 편이지만 관련 기술이 빠르게 발전하고 있다. 실리콘 광전지를 사용해 태양 에너지를 전기로 바꿀 때의 효율은 1952년에 4퍼센트였으나 1992년에는 24퍼센트까지 높아졌다.[134] 현재는 다층식 전지를 씀으로써 34퍼센트까지 높였다. 태양 에너지 변환에 나노 결정을 활용하면 60퍼센트 가까이 효율을 높일 수도 있다는 연구도 있다.[135]

오늘날 태양 에너지의 비용은 와트당 2.75달러 수준이다.[136] 나노 규모의 태양 전지를 개발하여 태양 에너지 비용을 여타 에너지원들보다 낮게 떨어뜨리기 위해 여러 회사들이 힘을 쏟는 중이다. 일단 태양 에너지 가격이 와트당 1달러 아래로 떨어지면 전국적 전력망에 공급해도 경쟁력 있다는 것이 산업계의 분석이다. 나노솔라 사는 산화티타늄 나노 입자를 사용한 설계안을 제시했는데, 매우 얇고 유연한 막위에 대량생산할 수 있는 전지다. CEO 마틴 로쉬하이젠은 이 기술을 통해 2006년에는 와트당 50센트까지 비용을 낮출 수 있다고 주장했다. 천연 가스보다 싸게 되는 셈이다.[137] 경쟁사인 나노시스 사와 코나르카 사도 비슷한 연구를 하고 있다. 이런 사업 계획이 확산되든 실패하든, 일단 분자 나노기술에 바탕을 둔 제조산업이 자리잡으면 집열판을(그리고 그 밖의 모든 물건들을) 굉장히 싸게 만들 수 있을 것이 분명하다. 거의 원재료 비용 수준일 것이며, 주요한 재료는 물론 흔하기 그지없는 탄소이다. 두께가 몇 미크론 수준이라고 보면 집열판은 제곱미터당 몇 페니 수준으로 헐값이 될 것이다. 인간이 만든 구조물의 표면마다, 즉 건물이나 자동차의 껍데기마다 집열판을 설치할 수 있을 테고 심지어 옷가지에 엮어 휴대용 전자기기의 동력으로 쓸 수 있을지 모른다. 태양 에너지의 만분의 3을 수확한다는 계획은 꿈이 아니며, 비교적 싼 방법이다.

우주 공간에 거대한 집열판을 설치하여 외계 공간을 활용하는 것도 가능하다. 미 항공우주국이 설계한 우주 태양력 위성은 우주 공간에서 태양빛을 집적하여 마이크로파의 형태로 지구에 쏘아 보낼 수 있다. 그런 위성 하나면 수십억 와트의 전기를 생산할 수 있고, 이는 수만 가구의 수요를 충족시키는 양이다.[138] 2029년쯤 분자 나노기술 제조가 가능해지면 거대한 집열판을 직접 지구 위성 궤도에 올려보낼 수 있을지 모른다. 집열판의 원재료를 우주 정거장에 실어다주기만 하면 될 텐데, 이것은 현재 구상 중인 우주 엘리베이터를 쓰면 될 것이다. 우주 엘리베이터는 가는 줄처럼 솟은 구조물로서, 지상에서는 바다 위 기지에 닻을 내리고, 반대쪽 끝에는 위성의 정지궤도 너머에 기지를 두는 것이다. 탄소 나노튜브 화합물로 만들 수 있을 것으로 예상된다.[139]

시험관 속 핵융합도 여전히 가능성 있는 대안이다. 오크리지 국립 연구소의 과학자들은 초음파로 액체 용매를 자극함으로써 기포를 일으켰는데, 기포는 수백만 도가 넘을 정도로 뜨겁게 압축되어 있어 속에서 사실상 수소 원자 핵융합과 에너지 생성이 이루어졌다.[140] 1989년에 최초로 저온 핵융합에 대한 논문이 발표된 이래 과학자들은 죽 회의적인 태도를 견지해왔으나, 이 초음파 방법은 과학계 전반에서 상당히 인정받았다.[141] 하지만 기술의 활용도에 대해서는 알려진 바가 없으므로 미래 에너지 생산의 도구가 될 수 있을지는 불투명하다.

환경에 나노기술 적용하기

나노기술이 부상하면 환경에 크나큰 변화가 일어날 수 있다. 이를테면 오염 물질 방출이 극적으로 감축된 제조 및 가공 기술이 등장할 것이고, 산업 시대 내내 축적된 오염을 개선하는 기술도 생길 것이다. 나노 태양열 집열판 등 재생 가능하고 깨끗한 에너지원으로 에너지 수요를 충족하게 되면 그 또한 환경에 바람직한 결과를 가져올 것이다.

분자 수준에서 입자와 기기를 조립하게 되면 그저 제조 규모가 축소되고 활용 가능 표면적이 늘어나는 것에 그치지 않는다. 새로운 전기, 화학, 생물학적 속성들을 활용할 수 있게 된다. 나노기술 덕분에 우리는 효과적인 촉매들, 화학 결합과 원자 결합, 감지 능력, 기계적 조작 능력 등의 도구를 새롭게 갖추게 될 것이고 강력한 미세 전자 기기를 통해 이들을 지능적으로 통제할 수 있게 된다.

결국 우리는 원하는 결과를 최고로 얻으면서 동시에 불필요한 부산물이 환경에 버려지는 것을 최소화하는 방향으로 전 산업 과정을 재편하게 될 것이다. 앞서 이와 유사한 생명공학적 혁신에 대해 설명한 바 있다. 정확한 생화학적 목표 활동을 수행하면서 부작용을 없애는 지능적 의약품이 가능하다는 내용이었다. 사실, 나노기술로 분자를 설계하게 되면 이런 생명공학적 혁신의 속도도 빨라질 것이다.

현재의 나노기술 연구 개발은 비교적 단순한 '기기'들, 이를테면 나노입자, 나노 막으로 만들어낸 분자들, 나노튜브 등에 국한된 편이다. 나노입자란 열 개에서 수천 개 정도의 원자로 구성된 물질로 보통 결정 구조를 취한다. 또한 결정 생성 기술을 통해 만들어지고 있는데, 아직은 정교한 나노분자 제조가 불가능하기 때문이다. 나노 구조물이란 자기조립이 가능한 얇은 막이 여러 개 겹쳐진 것이다. 보통 수소나 탄소 원자 간 결합, 기타 다른 원자들의 원자력으로 지탱되는 구조다. 세포막이나 DNA 같은 생물학적 구조들은 그 자체 다층적 나노 구조물의 좋은 예다.

모든 신기술이 그렇듯, 나노입자 기술에도 단점은 있다. 새로운 형태의 독성 물질이 등장하거나 상상을 뛰어넘는 상호작용이 발생하여 환경과 생명체에 위해가 될 가능성이 있다. 요즘도 폐기된 전자 제품에서 비소화 갈륨 같은 독성 물질이 흘러나와 생태계를 어지럽힌다. 목표지향적으로 결과를 수행할 수 있다는 나노입자나 나노 구조물의 장점이 한편으로는 예측하기 힘든 반응을 일으켜 문젯거리가 될 소지가 있다. 특히 식량 공급 체계나 인체 등 생물학적 체계에 끼어들면 골치 아플 것이다. 대부분 몇 가지 규제만으로 이들을 잘 제어할 수 있겠으나, 사실 이들이 어떤 미지의 상호작용을 일으킬지에 대해서는 우리가 모르는 바가 많다.

그러나 나노기술의 적용 사례는 늘고 있다. 산업 과정의 효율을 높이고 환경 오염 문제를 해결하기 위한 연구가 수백 가지 진행 중이다. 몇 가지 예를 들어보자.

- 연구자들은 수많은 환경적 독성 물질들을 처리하고, 비활성화시키고, 제거하는 데 나노입자를 사용하고자 한다. 산화제, 환원제, 기타 활성 물질들을 나노입자 크기로 만들어 적용하면 많은 독소들을 처리할 수 있음이 밝혀졌다. 가령 빛에 활성화하는 나노입자(이산화티타늄이나 산화아연 등)는 유기 독성 물질에 결합하여 그들을 제거해낼 수 있는데, 그 자신의 독성은 매우 미미하다.[142] 특히 산화아연 나노입자는 염화처리된 페놀 등의 독소를 없애는 강력한 촉매로 알려져 있다. 이런 나노입자들은 촉매인 동시에 독성 물질 감지제여서, 목표한 바로 그 물질에만 적용된다.
- 수질 정화에 나노 여과막을 사용하면 기존의 침전지나 하수 정화기에 비해 미립자 제거 능력이 탁월하다. 촉매 능력을 갖도록 설계된 나노입자가 불순물을 흡수하고 제거할 수 있다. 한 번 사용한 나노물질은 자력 분리 방법으로 오염물을 분리하여 재활용한다. 따라서 스스로 오염 요인이 될 리는 없다. 수많은 사례들 중 한 예를 들면 알루미노실리케이트로 나노 규모 체처럼 만든 제올라이트가 있다. 탄화수소의 산화 반응을 통제하고자 개발된 물질이다(이를테면 톨루엔을 산화하여 독성 없는 벤즈알데히드로 만드는 식이다).[143] 기존의 비효율적인 광화학 반응에 비해 규모가 작고, 에너

지도 적게 쓰며, 쓰레기도 적게 낸다.

- 과학자들은 화학 산업에서 촉매나 촉매 보조제로 쓰기 위해 나노 결정 물질을 파고 들고 있다. 나노 촉매는 화학 반응 산출량을 높이고, 독성 부산물을 줄이고, 오염 물질도 적게 내보낼 잠재력이 있다.[144] 가령 MCM-41이라는 물질이 정유 산업에 사용되고 있는데, 기존의 오염 방지 기법들이 제거하지 못했던 초미세 오염물들을 효과적으로 걸러낸다.
- 자동차의 구조물로 나노 합성물을 널리 쓰게 되면 연간 휘발유 소모량을 15억 리터나 줄일 수 있다고 한다. 연간 이산화탄소 방출량을 500킬로그램이나 줄일 수 있는 셈이며, 그 밖에도 환경적 이점은 이루 말할 수 없을 것이다.
- 나노 로봇공학은 핵폐기물 관리를 도와줄 것이다. 핵연료를 처리할 때 동위원소 폐기물 분리에 나노 여과막을 쓸 수 있다. 나노 액체를 쓰면 핵반응기의 냉각 효율을 높일 수 있을 것이다.
- 가정이나 산업 현장의 조명에 나노기술을 적용하면 전기 수요를 줄일 수 있고, 연간 2억 톤 정도 탄소 방출량을 줄일 수 있을 것으로 보인다.[145]
- 자기조립력을 갖춘 전자기기들(가령 자기조직력을 갖춘 중합체 등)은 제조와 운용에 그리 많은 에너지를 소모하지 않을 것이다. 따라서 현행 반도체 제조 방식보다 유독 부산물도 적게 낼 것이다.
- 나노튜브를 사용한 전계방출 디스플레이(FED)라는 새로운 컴퓨터 디스플레이 기술은 한편으로 디스플레이 성능을 월등히 개선하면서 다른 한편으로 기존 디스플레이 기술에서 생겨나던 중금속 등 독성 물질 방출을 일으키지 않는다.
- 바이메탈 나노입자(철/팔라듐이나 철/은 등)는 PCB, 살충제, 할로겐 첨가 유기 용매 등을 효과적으로 환원하는 촉매로 기능할 수 있다.[146]

- 나노튜브는 다이옥신을 효과적으로 흡수하는 것으로 보인다. 기존에 사용되는 활성 탄소보다 훨씬 성능이 좋은 것으로 드러났다.[147]

이상은 나노기술이 환경에 바람직한 방향으로 적용될 수 있는 사례들 중 몇 가지를 추린 것뿐이다. 단순한 나노입자나 나노 구조물을 넘어서 좀 더 복잡한 것도 분자 나노 조립으로 만들어낼 수 있게 되면, 자그맣고 지적인 기기들을 대량 동원함으로써 이보다 더 복잡한 과제들도 풀어낼 수 있을 것이다. 물론 환경을 깨끗하게 유지하는 것은 개중에서도 중요한 과제다.

혈류 속의 나노봇

나노기술은 우리에게 자연 궁극의 장난감, 즉 원자와 분자를 갖고 놀 수 있는 도구를 주었다. 그로부터 만들 수 없는 것은 없다. …… 새로운 것을 창조해낼 가능성이 무한히 열렸다.

—노벨상 수상자 호르스트 슈퇴르머

나노의학이 적용되면 모든 생물학적 노화 과정은 중간에 사로잡혀 멈출 것이다. 환자가 원하는 수준으로 생물학적 나이를 깎아 내리는 것이 가능할 테고, 달력상의 나이와 생물학적 건강 나이는 아무 연관 없는 사이가 될 것이다. 앞으로 수십 년만 지나도 그런 노화 개입 치료가 어디서나 이뤄질 것이다. 매년 검진을 받고 청소를 하고 가끔 이것저것 손질을 해준다면 당신의 생물학적 나이는 일 년에 한 번씩 당신이 고른 생리적 나이로 고정될 것이다. 사고를 당해 갑작스레 죽을 가능성이야 늘 있지만 여하튼 현재 상상하는 것보다 최소한 열 배 이상 살 수 있을 것이다.

—로버트 A. 프레이터스 주니어[148]

제조 과정에서 정교하게 분자 차원 통제를 할 수 있다면, 그 제일가는 장점은 수억 수조 개의 나노봇을 만들 수 있다는 것이다. 적혈구 크기만 하거나 그보다 작은 로봇들은 혈류를 쉽게 항해할 수 있을 것이다. 공상처럼 들릴지 몰라도 그렇지 않다. 이미 이런 개념의 연구가 동물 실험을 통해 성공적으로 이뤄지고 있으며, 동물용 미세 기기들이 만들어져 있다. 바이오MEMS(생물학적 마이크로 기계)를 주제로 열린 주요 학회 중 최소 네 군데가 인간 혈류에 쓰일 수 있는 기기들에 관해 토론했다.[149]

소형화, 그리고 비용 감축이라는 방향을 지닌 나노봇 기술의 실례들이 향후 25년 내에 여기저기서 생겨날 것임을 떠올려보라. 뇌를 스캔하여 역분석하는 것 외에도 다양한 진단이나 치료 과정에 나노봇들이 활약할 수 있을 것이다.

선구적 나노기술 이론가이자 《나노의학》이라는 책을 쓴 나노의학(분자 수준의 처리를 통해 생물계를 재조정하는 일)의 제일가는 주창자,[150] 로버트 A. 프레이터스 주니어는 실제 적혈구보다 수백 수천 배 효과적으로 기능하는 로봇 적혈구를 설계했다. 그의 이른바 '인공 호흡세포(로봇 적혈구)'를 가지면 올림픽에 나간 육상 선수는 숨 한 번 쉬지 않고 15분을 달릴 수 있을지 모른다.[151] 프레이터스의 로봇 대식세포, 이른바 '미생물 포식자 세포'는 실제 백혈구보다 훨씬 효과적으로 병원체와 싸울 수 있을 것이다.[152] 역시 그가 고안한 DNA 수리 로봇은 DNA 전사 오류를 바로잡고, 필요한 경우 DNA에 변화를 줄 수도 있다. 그 밖에도 세포 속에서 불필요한 찌꺼기나 화합물(프리온, 잘못 접힌 단백질, 프로토피브릴 등)을 제거하는 청소부 기능을 하는 로봇도 가능하다.

프레이터스는 다양한 의학용 나노로봇(프레이터스는 나노봇이라는 표현보다 나노로봇 쪽을 좋아한다)을 개념적으로 설계하는 데 그치지 않고 그것들을 만들면서 극복해야 할 여러 과제들에 대해서도 지적했다.

일례로 나노봇의 동작을 정확히 지시하고 감시하는 문제에 대해 십여 가지의 해결책을 제시했다.[153] 추진 섬모처럼 기존의 생물학적 설계를 차용하는 해결책 등 매우 다채롭다. 이에 대해서는 다음 장에서 상세히 다루겠다.

조지 화이트사이즈는 〈사이언티픽 아메리칸〉에서 이렇게 불평했다. "나노 수준으로 내려가면, 가령 프로펠러 같은 것을 만들 수 있다 해도 곧 새롭고 심각한 문제에 맞닥뜨릴 것이다. 물 분자와의 무작위 충돌이다. 물 분자는 나노 잠수함들보다 작긴 하지만 충격을 주지 못할 정도로 작진 않다."[154] 화이트사이즈의 분석은 오해에서 비롯했다. 프레이터스의 설계는 물론이고 모든 의학용 나노봇들은 물 분자보다 최소 만 배 이상 크다. 프레이터스를 비롯한 연구자들의 분석에 따르면 인근 분자의 브라운 운동으로 인한 영향은 미미할 것이라고 한다. 나노 의학용 로봇들은 오히려 실제 혈구나 박테리아보다 수천 배 이상 안전하고 정확하게 기능할 것이다.[155]

의학용 나노봇들은 생물학적 세포들만큼 운영에 많은 비용이 들지 않는다. 이를테면 대사 과정을 유지하기 위한 소화나 호흡 같은 비용 말이다. 생물학적 재생산 과정도 필요 없다.

프레이터스의 개념적 설계들이 현실화하려면 수십 년은 더 있어야 한다. 하지만 혈류용 기기들에 대한 연구는 놀랄 만큼 진척되고 있다. 가령 시카고의 일리노이 대학에서 연구하는 한 과학자는 나노기기에 췌도세포를 장착하는 방식으로 쥐의 제1형 당뇨병을 치료했다.[156] 기기에는 7나노미터 지름의 구멍이 나 있다. 인슐린이 배출되기에는 충분하지만 세포를 파괴하는 항체들은 들어갈 수 없는 크기다. 이런 식의 혁신적 연구들이 현재 수없이 진행되는 중이다.

2004년의 몰리: 좋아요. 내 핏속에 온통 나노봇들이 돌아다닐 거라는 말이죠. 수영장에서 몇 시간씩 잠수할 수 있는 것 말고, 달리 뭐가 좋아질까요?

레이: 더 건강해지겠죠. 박테리아, 바이러스, 암세포 같은 병원체들을 없애줄 테고 자가 면역 반응처럼 생물적 면역계가 지닌 여러 단점들도 없을 테니까요. 나노봇들의 활동이 맘에 들지 않으면 당장 다른 지시를 내릴 수 있다는 것도 생물학적 면역계와 다른 점이죠.

2004년의 몰리: 나노봇한테 이메일이라도 보낸다는 건가요? 이봐, 나노봇들, 장 속의 그 박테리아들은 죽이지 말라구, 소화에 도움이 된단 말이야, 하는 식으로?

레이: 좋은 예네요. 나노봇들은 그렇게 통제할 수 있을 겁니다. 서로 교신할 것이고 인터넷과 통신할 수도 있을 거예요. 요즘도 파킨슨병 환자들에게 이식하는 신경 이식물들은 신규 소프트웨어를 다운로드받을 수도 있는걸요.

2004년의 몰리: 그렇다면 소프트웨어 바이러스 문제가 훨씬 심각해지겠는데요. 안 그런가요? 지금이야 소프트웨어 바이러스에 걸리면 치료 프로그램을 돌리고 파일을 몇 개 백업하고 말지만, 혈류의 나노봇들이 엉뚱한 메시지에 감염되면 내 혈구들을 죽이려 들지 모르잖아요.

레이: 바로 그렇기 때문에 로봇 혈구가 필요한 것이라 말하고 싶지만, 뭐, 몰리의 말이 어떤 뜻인지는 잘 이해했어요. 하지만 그건 새로운 문제는 아니에요. 현재도 이미 우리는 응급실 관리나 119 운영체계, 핵발전소 통제, 비행기 이착륙, 크루즈 미사일 관리 등 다양한 특수 임무용 소프트웨어를 쓰고 있죠. 그러니 소프트웨어를 안전하게 보전하는 건 지금도 벌써 중대한 문제라고요.

2004년의 몰리: 맞아요. 하지만 몸과 뇌에서 굴러가는 소프트웨어라니 훨씬 대단하게 들리잖아요. 요즘 내 컴퓨터에는 하루에 스팸 메일이 백 개도 넘게 오는데, 그중 몇 개 정도는 꼭 지독한 바이러스를 갖고 있어요. 내 몸속의 나노봇들이 바이러스에 걸린다는 상상만 해도 편할 수가 없다고요.

레이: 현재와 같은 인터넷 접속만 생각하니까 그럴지도 몰라요. VPN(가상 사설 통신망)*을 활용하면 안전한 방화벽을 구축할 수 있어요. 아니면 현재의 특수 임무용 시스템들이 애초에 불가능하겠죠. 인터넷 안전 기술은 앞으로도 끝없이 진화할 겁니다.

2004년의 몰리: 방화벽을 확신하기 어렵다고 반론하는 사람들이 있을 것 같은데요.

레이: 물론 완벽하진 않고, 앞으로도 완벽하진 못하겠지만, 몸이나 뇌 속에서 소프트웨어가 활발히 사용되려면 앞으로도 수십 년은 있어야 하니까 괜찮을 거예요.

2004년의 몰리: 하지만 그동안 바이러스 유포자들도 기술을 향상시켜가지 않겠어요?

레이: 꽤나 치열한 각축이 되리라는 것은 분명해요. 하지만 요즘도 확실히 혜택이 단점을 넘어서고 있잖아요.

2004년의 몰리: 그건 확실한가요?

레이: 글쎄요, 바이러스 때문에 아예 인터넷을 없애버리자고 주장하는 사람은 거의 없는 것 같은데요.

2004년의 몰리: 하긴 그건 그래요.

레이: 나노기술이 성숙하면 생물학적 문제들을 풀 수 있을 거예요. 병원체를 이기고, 독소를 제거하고, DNA 오류를 바로잡고, 노화 과정을 역전시키는 거죠. 그러면서 새롭게 떠오른 위험들과도 맞닥뜨리게 되겠죠. 인터넷과 함께 바이러스 문제가 등장했던 것처럼요. 새로운 위기들 중에는 자기복제력을 갖춘 나노기술이 통제를 벗

* 인터넷망 같은 공중망에 사설망을 구축하여 경제적으로 전용망을 구축하는 서비스.

어날 가능성이 있죠. 강력한 분산형 나노봇들을 통제하는 소프트웨어를 깨끗하게 지키는 것도 과제이고요.

2004년의 몰리: 그런데 노화를 역전시킨다고 했나요?

레이: 보세요, 이미 혜택들에 관심이 쏠리고 있잖아요.

2004년의 몰리: 나노봇들이 어떻게 그런 일을 할 수 있죠?

레이: 사실은 생명공학을 활용해서 대부분의 노화 방지는 해결될 거예요. 가령 RNA 간섭으로 파괴적 유전자를 억제하거나, 유전자 치료를 통해 유전 암호를 교체하거나, 치료용 복제를 통해 세포와 조직을 재생하거나, 지능형 약물들로 대사 과정을 재편하거나, 기타 현재 개발되고 있는 수많은 방법들을 쓰는 거죠. 하지만 그러고도 생명공학이 풀지 못한 숙제가 있다면, 그건 나노기술이 풀어줄 수 있을 거예요.

2004년의 몰리: 예를 들자면요?

레이: 나노봇들은 혈류를 타고 다니다가 세포 안팎을 드나들며 다양한 기능을 수행할 수 있을 거예요. 독소를 제거하거나, 찌꺼기를 청소하거나, DNA 오류를 수정하거나, 세포막을 수선하거나, 동맥경화증을 완화시키거나, 호르몬과 신경전달물질과 기타 대사 화학물질들의 수치를 조절하는 등 수도 없이 많은 일을 할 수 있죠. 여러 가지 노화 과정이 있다면 그 각각에 나노봇을 적용해 과정을 되돌릴 수 있어요. 개별 세포, 세포 내 기관, 분자의 수준에서 말이죠.

2004년의 몰리: 그래서 영원히 젊게 살 수 있다고요?

레이: 바로 그거예요.

2004년의 몰리: 언제 그렇게 된다고 했죠?

레이: 아까는 나노봇 방화벽이 걱정이라고 했던 것 같은데요.

2004년의 몰리: 음, 뭐, 걱정할 시간이 충분한 것 같으니까요. 그러니까 언제쯤이라고요?

레이: 20년에서 25년쯤 뒤일 거예요.

2004년의 몰리: 지금 내가 25세이니까 그때는 45세쯤 되었을 테고, 그 나이에서 머무른다는 거죠?

레이: 아니, 꼭 그렇진 않아요. 현재의 지식만 적용해도 노화 속도를 거의 기어가는 수준으로 느리게 멈출 수 있어요. 10~20년 가량 지나면 생명공학 혁신의 도구들이 몹시 강력해져서 거의 모든 질병과 노화 과정을 거꾸로 돌릴 수도 있게 될 거예요. 그동안에도 가만히 있어야 하는 건 아니죠. 매년 더욱 강력한 기술들이 생겨나고 있으니 발전 속도는 가속될 거고요. 나노기술은 화룡점정을 하는 격이죠.

2004년의 몰리: 그래요. '가속'한다는 표현을 쓰지 않고는 말을 맺지 못하시는 것 같군요. 어쨌든 그래서 내가 몇 살 정도의 건강을 갖게 되는 건가요?

레이: 아마 30대 어느 지점에 멈춰서 한동안 지킬 수 있을 것 같군요.

2004년의 몰리: 30대라니 꽤 괜찮을 것 같아요. 25세보다 약간만 높은 정도면 더 좋겠지만 말이에요. 그런데 '한동안'이라니 그건 또 무슨 뜻인가요?

레이: 노화를 멈추는 건 시작일 뿐이죠. 건강 유지나 수명 연장에 나노봇을 쓰는 일은 나노기술과 인공지능을 신체에 도입하는 과정의 첫 단추일 뿐이에요. 우리가 사고 과정에까지 나노봇을 도입하게 되고, 나노봇끼리 그리고 나노봇과 생물학적 뉴런들끼리 소통을 하게 되면 그 결과는 비교도 안 되게 어마어마하겠죠. 일단 비생물학적 지능이 뇌 속에 굳건히 자리잡으면 다음엔 수확 가속의 법칙에 따라 기하급수적으로 팽창할 거예요. 반면 우리의 생물학적 지능은 기본적으로 현상 유지에 머물겠죠.

2004년의 몰리: 또 다시 가속이 등장하는군요. 어쨌든 실제로 그런 상황이 되면 생물학적 뉴런으로 하는 활동은 작은 부분으로 축소되겠는데요.

레이: 정확한 지적입니다.

2004년의 몰리: 이쯤에서 미래의 몰리 양, 내가 언제 생물학적 신체와 뇌를 버리게 되나요?

2104년의 몰리: 음, 내가 당신의 미래를 다 공개해버리길 원하진 않을 텐데요. 그렇죠? 한마디로 답할 수 있는 질문도 아니고요.

2004년의 몰리: 어째서요?

2104년의 몰리: 2040년이 되면 생물학적이든 비생물학적이든 신체를 대신할 것을 순식간에 형성하는 기술이 생겨나니까요. 인간의 진정한 본성은 정보의 패턴에 있겠지만 좌우간 물리적 형태로 스스로를 표현하고 싶을 때도 있거든요. 그런데 그 물리적 형태라는 걸 쉽게 바꿀 수 있다는 거죠.

2004년의 몰리: 어떻게?

2104년의 몰리: 새로운 초고속 분자 나노기술 제조법을 통해서요. 물리적 현현을 쉽게, 재빨리 재설계할 수 있어요. 지금은 생물학적 육체를 가졌다가 다음 순간에는 갖지 않고, 다시 가지고, 다시 바꾸고, 이런 게 가능하죠.

2004년의 몰리: 나라면 그렇게 하지 않을 것 같은데.

2104년의 몰리: 요는 생물학적 뇌 그리고/또는 육체를 가질 수도 있고 가지지 않을 수도 있다는 거예요. 무얼 버리고 말고의 문제가 아니죠. 버린 것이라도 얼마든지 다시 찾을 수 있으니까요.

2004년의 몰리: 그래서 계속 그러고 있는 중인가요?

2104년의 몰리: 그런 사람들도 있긴 한데 지금 2104년은 약간 혼란스러운 시점이에요. 무슨 말이냐 하면, 생물학에 대한 가상현실이 실제 생물학과 구별할 수 없을 정도로 정교해졌으니, 구태여 물리적 현현을 가질 이유가 없거든요.

2004년의 몰리: 이런, 상당히 헷갈리겠는데.

2104년의 몰리: 그건 그래요.

2004년의 몰리: 물리적 자아를 쉽게 바꿀 수 있다는 건 정말 기괴한 것 같아요. 그러니까, 당신의, 아니 나의 존재는 어떻게 이어지고 있는 거죠?

2104년의 몰리: 2004년 시점의 당신의 존재와 다를 바 없어요. 당신도 몸의 구성 입자들을 시시각각 바꾸고 있죠. 영속하는 것은 오로지 정보의 패턴이에요.

2004년의 몰리: 하지만 2104년에는 정보의 패턴이라는 것도 쉽게 바꿀 수 있을 거잖아요. 난 그렇게 하지 못한다고요.

2104년의 몰리: 그래도 크게 다르진 않아요. 당신도 패턴을 바꾸고 있죠. 기억, 기술, 경험, 심지어 성격조차도 시간이 가면 변해요. 그래도 영속성은 있잖아요. 아주 서서히 바뀌는 핵 같은 거요.

2004년의 몰리: 그래도 당신은 외모와 성격을 한 순간에 극적으로 바꿀 수 있지 않나요?

2104년의 몰리: 네. 하지만 그건 표면에 불과해요. 나의 진정한 자아는 점진적으로만 변하고, 그건 2004년의 당신과 다르지 않아요.

2004년의 몰리: 하긴, 당장 외모를 바꿀 수 있으면 좋겠다 싶은 순간도 적지 않지.

로봇공학: 강력한 AI

튜링이 했던 또 다른 주장을 생각해보자. 이제까지 우리는 비교적 단순하고 예측 가능한 인공물만을 만들어왔다. 그런데 우리가 기계의 복잡성을 늘려가다 보면, 깜짝 놀라는 날이 닥칠 것이다. 튜링은 핵분열 원자로와 비교를 한다. 어떤 '임계' 규모 아래에서는 아무 일도 일어나지 않는다. 하지만 임계를 넘어서면 불꽃이 일기 시작한다. 뇌와 기계도 마찬가지라는 것이다. 대부분의 뇌와 현재의 모든 기계들은 '임계 아래'에 있다. 자극이 오면 답답하고 지루한 방식으로 반응하며, 독창적인 생각은 없고, 정해진 반응만 양산한다. 하지만 현재도 몇몇 사람들의 뇌는, 그리고 어쩌면 미래의 몇몇 기계들은, 임계를 넘어설 것이고, 고유한 방식으로 운행하기 시작할 것이다. 튜링은 이것이 복잡성의 문제에 불과하다고 주장한다. 일정 수준의 복잡성을 넘어서면 질적 변화가 일어난다. '초임계' 기계들은 이제까지 구상된 어떤 단순한 기계들과도 전혀 다를 것이다.

　　　　　　-J. R. 루카스, 옥스포드 대학 철학자, 1961년의 에세이 〈마음, 기계 그리고 괴델〉 중에서[157]

어느 날, 기술적으로 초지능이 가능해진다고 하자. 사람들은 그것을 발전시키기로 할 것인가? 모르긴 몰라도 긍정적인 답이 내려질 가능성이 높다. 초지능을 발전시키는 길의 매 단계가 엄청난 경제적 이득을 안겨주기 때문이다. 컴퓨터 산업은 차세대 하드웨어와 소프트웨어 개발에 막대한 투자를 하고 있으며, 경쟁의 압력이 있고 수익이 있는 한 언제까지나 그럴 것이다. 사람들은 더 좋은 컴퓨터와 더 똑똑한 소프트웨어를 원하고, 기계의 도움으로 누릴 편익을 원한다. 더 나은 의약품, 지루하거나 위험한 작업을 사람이 직접 하지 않아도 되는 것, 오락. 소비자 편익의 목록에는 끝이 없는 듯하다. 인공지능 발전에는 강력한 군사적 동기도 있다. 그리고 발전의 과정에는 자연적으로 멈출 만한 지점이 없다. 기술공포증을 지닌 사람들이 '여기까지는 괜찮지만 더는 안 돼'라고 인정할 만한 중간 단계란 존재하지 않는다.

　　　　　　-닉 보스트롬, 〈초지능이 오기까지 얼마나 남았는가?〉, 1997년

초지능이 풀 수 없거나, 최소한 인간이 푸는 것을 도울 수 없는 문제란 없다. 질병, 가난, 환경 파괴, 모든 종류의 불필요한 고통들…… 발전된 나노기술을 장착한 초지능은 이 모두를 일소할 수 있다. 더구나 초지능은 무한한 수명을 줄 수 있다. 나노의학을 통해 노화 현상을 멈추거나 역전시키고, 우리 몸을 업로드하게 해줄 수도 있다. 초지능은 우리가 지적, 감정적 능력을 좀 더 넓게 펼칠 기회를 만들어준다. 굉장히 멋진 경험으로 가득한 세상을 만들도록 도와줄 것이며, 그 속에서 우리는 즐거운 게임을 즐기고, 남들과 교류하고, 경험을 쌓고, 자아를 성장시키고, 꿈에 가깝게 살아갈 것이다.

—닉 보스트롬, 〈첨단 인공지능에 관한 윤리적 문제들〉, 2003년

로봇들이 지구를 물려받을까? 그렇다. 하지만 그들 역시 우리의 아이들이다.

—마빈 민스키, 1995년

특이점을 뒷받침할 세 가지 주된 혁명들(G, N, R) 중에서도 R(로봇공학)은 가장 심원한 혁명이다. 이것은 평범한 인간을 뛰어넘는 비생물학적 지능의 탄생을 뜻한다. 좀 더 지능적인 사고 과정이 탄생한다면 덜 지능적인 존재는 결국 뒤처질 것이고, 지능은 우주에서 가장 강력한 힘이 될 것이다.

GNR이라고 할 때 R은 로봇공학을 의미하지만 진짜 문제가 되는 것은 강력한 AI(인간 지능을 뛰어넘는 인공지능)다. 그런데 로봇공학을 강조하는 이유는 지능이 세계에 영향을 미치기 위해서는 육체, 즉 물리적 실체가 필요하기 때문이다. 사실 나는 물리적 존재를 강조하고 싶진 않다. 나는 핵심은 오로지 지능이라고 본다. 지능은 속성상 반드시 세상에 영향을 미칠 방법을 찾아나설 텐데, 그 방법 중 한 가지로 물리적 존재인 육체가 있을 뿐이다. 우리는 물리적 기술마저도 기본적으로 지능에 포함된 것으로 볼 수 있다. 가령 인간 뇌 중 상당 부

분(뉴런의 절반 정도를 차지하는 소뇌)은 물리적 기술과 근육을 조정하는 데 쓰인다.

인간 수준의 인공지능이 탄생한다면 그것은 언젠가 인간 지능을 초월할 수밖에 없다. 이유는 여러 가지 있다. 앞서도 말했듯 기계들은 쉽게 지식을 공유한다. 반면 평범한 인간들은 우리의 학습, 지식, 기술을 이루는 개재뉴런 연결과 신경전달물질 농도 패턴을 남들과 쉽게 공유하지 못한다. 언어에 바탕을 둔 느린 소통 수단이 전부다. 물론 언어라는 수단은 매우 유용했다. 덕분에 인간은 다른 동물들과 다르게 되었고 기술도 창조할 수 있었다.

인간의 재주는 진화에 도움되는 방향으로만 발달해온 법이다. 고도 병렬식 패턴 인식이 가능하다는 것 덕분에 인간은 다양한 작업에 소질을 보인다. 이를테면 얼굴 구분, 물체 파악, 언어 인식 등이다. 하지만 불가능한 작업도 있다. 가령 금융 정보에 드러나는 패턴을 파악하는 일 같은 건 우리가 하지 못한다. 일단 우리가 패턴 인식 패러다임에 대해 완벽히 이해하게 되면 다음엔 기계를 통해 어떠한 종류의 패턴이라도 읽어내도록 만들 수 있을 것이다.[158]

기계는 사람과 달리 자원을 쉽게 공유한다. 사람도 여럿이 모이면 개인이 불가능한 물리적, 정신적 성취를 이뤄낼 수 있지만, 기계들은 그보다 더 쉽고 빠르게 서로의 연산, 기억, 통신 자원을 나눈다. 인터넷이 그 예다. 인터넷은 전 세계적 연산 자원의 망으로 진화하고 있으며 순식간에 거대한 슈퍼컴퓨터처럼 사용될 수 있다.

또 기계의 기억은 정확하다. 현재 컴퓨터는 수십억 가지의 사실을 정확하게 간직할 수 있는데, 그 용량은 매년 두 배로 증가하고 있다.[159] 연산의 속도와 가격 대 성능비도 매년 두 배씩 늘고 있으며, 증가하는 속도 자체도 가속하는 형편이다.

인간의 지식이 점차 웹에 옮겨지고 있으므로 기계는 곧 모든 인간-기계 정보를 읽고, 이해하고, 종합할 수 있을 것이다. 반면 한 생물학적 인간이 세상 모든 과학 지식을 이해하는 일은 수백 년 전이면 모를까 지금은 불가능하다.

기계 지능의 또 다른 장점은 최고의 기술을 늘 최고의 수준으로 수행할 수 있다는 것이다. 사람은 누군가는 작곡을 정복하고 누군가는 트랜지스터 설계를 섭렵할 수 있겠지만 뇌 구조에 한계가 있으므로 모든 전문 분야에 대해 최고 수준의 기술을 습득하고 활용할 용량은 (또는 시간은) 없다. 인간의 기술은 또 수준이 천차만별이다. 인간 수준으로 음악을 작곡한다고 하면, 베토벤의 수준인가 평범한 사람의 수준인가? 비생물학적 지능은 모든 분야에서 인간 기술에 동등하거나 넘어설 것이다.

이 때문에 일단 컴퓨터가 인간 지능만큼 미묘하고 광범하게 되면, 곧 그 수준을 추월하여 이중으로 기하급수적인 고속 성장을 지속할 것이다.

특이점에 대한 질문 중 중요한 것으로 '닭(강력한 AI)'이 먼저냐 '달걀(나노기술)'이 먼저냐 하는 문제가 있다. 강력한 AI가 나노기술의 완벽한 활용을 가능케 할 것인가(정보를 물리적 실체로 바꿔낼 수 있는 분자 제조 조립자들), 아니면 전면적 나노기술이 먼저 오고 강력한 AI가 뒤따라 올 것인가? 전자의 경우는, 강력한 AI란 초인적 AI인데, 그런 지능이 있어야만 온갖 설계의 난점을 풀고 나노기술을 전면적으로 발전시킬 수 있다고 보는 것이다.

후자의 경우는 강력한 AI에 걸맞은 하드웨어는 나노기술을 통해서만 만들 수 있으리라 보는 것이다. 소프트웨어도 마찬가지다. 나노봇들이 뇌 기능을 고해상도로 스캔하여 완벽하게 역분석을 마쳐주어야만 강력한 AI에 걸맞은 소프트웨어가 탄생할 것이다.

두 가지 모두 있을 법한 시나리오다. 두 기술이 상호보완적이라는 것은 분명하다. 두 분야 모두 가장 발전된 도구들을 총동원하여 나아갈 것이므로 한 분야에 발전이 이뤄지면 곧 다른 분야도 진척할 것이다. 하지만 나는 전면적 분자 나노기술이 강력한 AI보다 먼저 나타나리라 기대한다. 불과 몇 년의 차이지만 말이다(나노기술은 2025년경, 강력한 AI는 2029년경).

나노기술도 굉장히 혁신적이겠지만 강력한 AI는 이루 말할 수 없이 심대한 영향을 가져올 것이다. 나노기술은 강력하긴 해도 본질적으로 지능적인 것은 아니다. 나노기술의 힘은 막대하지만, 어떻게든 우리가 통제할 방도를 궁리할 수는 있을 것이다. 반면 초지능은 본질적으로 통제 자체가 불가능하다.

고삐 풀린 인공지능 일단 세상에 등장한 강력한 AI는 죽죽 나아가며 힘을 늘릴 것이다. 그것이 기계적 능력의 근본 속성이기 때문이다. 하나의 강력한 AI는 곧 수많은 강력한 AI들을 낳을 테고, 그들은 스스로의 설계를 터득하고 개량함으로써 자신보다 뛰어나고 지능적인 AI로 빠르게 진화할 것이다. 진화 주기는 무한히 반복될 것이고, 각 주기마다 더욱 지능적인 AI가 탄생함은 물론, 주기에 걸리는 시간도 짧아질 것이다. 그것이 기술 진화(또는 모든 진화)의 속성이다. 그러니까 일단 강력한 AI가 등장하면 초지능이 하늘을 찌를듯 발전하는 것은 그야말로 시간 문제라는 것이다.[160]

내 견해도 크게 다르지 않다. AI가 고삐 풀린 발전을 할 것은 자명하지만 그 시기는 논의의 여지가 있다. 기계의 지능이 인간 수준에 도달한다 해도 곧바로 통제 불가 상황으로 치닫진 않을 것이다. 인간 수준의 지능에는 한계가 명확함을 잊지 말아야 하는데, 오늘날 지구 상의 60억 인간들이 좋은 예다. 예를 들어 쇼핑몰 같은 데서 무작위로 백 명을 고른다고 생각해보자. 아마 비교적 잘 교육 받은 사람들로 이루어진 집단이 될 것이다. 그들에게 인간 지능을 개선하라는 과제를 주면 결과가 어떨까? 인간 지능의 원형까지 안겨준다 해도 별반 개선을 이뤄내지 못할 것이다. 간단한 컴퓨터 하나 만들어내는 데도 상당한 시간이 걸릴 것이다. 이 백 명의 사람들의 사고 속도가 좀 빨라지고 기억 용량이 좀 는다고 당장 문제를 풀 수 있게 되진 않는 것이다.

앞서 기계가 전 기술 분야에서 인간 재주의 최고 수준을 맞먹을 것이라고(곧 능가할 것이라고) 말한 바 있다. 그러니 일반인 대신 백 명의 과학자와 공학자를 예로 들어보자. 적당한 지식을 지녔고 기술도 갖춘 인간 집단이라면 주어진 설계를 개선하는 일을 쉽게 해낼 것이다. 그러니 기계가 백 명의 숙련된 인간 수준으로 진보한다면(나중에는 천 명, 그리고 백만 명의 수준으로), 그리고 인간보다 훨씬 빠르게 동작한다면, 머지않아 지능은 급격히 발전할 수밖에 없다.

그런데 컴퓨터가 튜링 테스트를 통과한다고 해서 바로 이런 수준이 되는 것은 아니다. 튜링 테스트를 통과한다는 건 평범한 교양인의 역량을 인정받는 것이므로 쇼핑몰에서 모집한 사람들 수준에 가깝다. 컴퓨터가 온갖 기술을 습득하고 그 기술을 적절하게 지식 기반에 통합해내려면 한참 시간이 걸릴 것이다.

일단 튜링 테스트를 통과하는 기계가 등장하면(2029년경) 다음은 비생물학적 지능이 급속히 발전해가는 능력 강화의 시대가 될 것이다. 하지만 특이점이 가능해지려면 인간 지능의 수십억 배 이상 발전해야 하는데, 그런 놀라운 팽창은 2040년 중반에야 달성될 것이다.

AI 겨울

인공지능이 실패했다는 어리석은 신화가 여기저기 나돈다. 하지만 인공지능은 지금 이 순간 당신 곁 어디에나 존재한다. 사람들이 눈치채지 못할 뿐이다. 자동차 연료분사 시스템의 각종 변수들을 조정하는 데도 인공지능이 있고, 비행기를 탈 때 몇 번 게이트로 나갈 것이냐 하는 문제도 인공지능 관리 시스템이 정해준다. 마이크로소프트 사의 소프트웨어들을 쓸 때도 마찬가지다. 인공지능 시스템은 당신이 무엇을 하는지, 가령 이메일을 쓰는지 쓰지 않는지 알아내려 애쓴 뒤 그에 걸맞은 작업을 훌륭하게 보조한다. 컴퓨터가 만들어낸 등장인물들이 나오는 영화를 볼 때, 그 주인공들이 바로 작은 인공지능들이다. 비디오 게임을 할 때면 인공지능 시스템을 상대로 놀이를 하는 셈이다.

−로드니 브룩스, MIT 인공지능 연구소장[161]

아직도 1980년대에 이미 인공지능 기술은 몰락했다고 말하는 사람들이 있다. 이것은 2000년 초반에 닷컴 기업들이 몰락할 때 인터넷은 죽었다고 말하는 거나 마찬가지다.[162] 인터넷 기술의 대역폭과 가격 대 성능비, 노드(서버)의 개수, 인터넷 상거래 산업의 규모는 활황일 때나 불황일 때나 변함 없이 꾸준히 증가했고 지금도 증가하고 있다. AI도 마찬가지다.

기술 패러다임의 전환 과정은 일반적으로 모든 제반 요소들을 고려하지 못한 비현실적 기대에서 시작할 때가 많다. 철도, AI, 인터넷, 원격통신이 그랬고 나노기술도 마찬가지일 것이다. 새로운 패러다임을 적극 활용하게 되면 기술의 역량은 기하급수적으로 증가하지만, 기하급수 곡선의 변곡점에 도달하기 전인 초기 성장 단계는 느리게 진행한다. 혁명적 변화가 다가오리라는 들뜬 기대가 틀리는 법은 없지만, 시기 예측은 부정확할 수 있는 것이다. 기대대로 신속히 변화가 확산되지 않으면 환상이 깨지는 시기가 도래한다. 그러나 기하급수적 성장은 언제라도 굽힘 없이 이어지며, 그로부터 또 수 년이 지나면 좀더 성숙하고 좀 더 현실적인 변화가 실제로 일어난다.

19세기에는 철로의 광풍이 불었지만, 곧 많은 기업들이 파산했다. (나는 당시의 철로 채권 중 지불 받지 못한 증서 몇 개를 자료 삼아 보관하고 있다.) 몇 년 전 인터넷 상거래와 원격통신 산업에 대해서도 비슷한 기대감이 팽배했으나 기대가 큰 만큼 다소 후퇴가 있었고 지금 겨우

회복하는 중이다.

AI도 초기에 설익은 낙관적 기대를 받았다. 앨런 뉴웰, J. C. 쇼, 허버트 사이먼이 1957년에 만든 제너럴 프라블럼 솔버라는 프로그램은 버트런드 러셀 같은 수학자들도 난색을 표한 정리들을 증명해 기대를 모았고, MIT 인공지능 연구소가 개발한 초기 프로그램들은 대학수학 능력 시험 문제들(유추 문제나 이야기 문제 등)에 대학생 수준으로 답해 사람들을 놀라게 했다.[163] 그러자 1970년대에는 AI 회사들이 줄지어 생겨났다. 하지만 뜻대로 수익이 현금화하지 않자 1980년대에는 AI '거품이 꺼지는 시기'가 닥쳤고, 그것이 바로 'AI 겨울'로 알려졌다. 그리고 AI 겨울이 이야기의 끝이며 그 후 인공지능 분야에서는 아무 일도 일어나지 않았다고 생각하는 사람들이 많다.

하지만 오늘날 인공지능은 모든 산업의 하부구조에 깊이 뿌리내린 채 활발히 응용되고 있다. 10년이나 15년 전만 해도 연구 과제에 불과했던 기술들이다. 내가 볼 때 "AI는 어떻게 된 걸까?"라고 묻는 사람들은 열대 우림 한가운데서 "여기 있다는 수많은 동식물 종들은 어디 있는 걸까?"라고 묻는 여행자나 마찬가지다. 불과 몇십 미터 밖에 수백 가지 식물종과 동물종들이 지역 생태계에 뿌리내린 채 번성하고 있는데 말이다.

우리는 이미 '좁은 AI'의 시대에 들어섰다. 좁은 AI란 한때 인간의 지능으로만 처리할 수 있었던 유용한 기능들을 인간 수준으로, 혹은 그보다 더 낮게 수행할 수 있는 인공지능을 뜻한다. 좁은 AI는 흔히 사람의 속도를 크게 넘어서며 수천 가지 변수들을 동시에 고려하고 다룬다. 아래에 몇 가지 좁은 AI의 사례들을 소개하겠다.

AI 기술 발전 주기(몇십 년간의 열광, 10여 년의 실망, 다시 15년 정도 탄탄한 채택 과정)는 인터넷이나 원격통신의 주기(10년이 아니라 년 단위로 측정된다)에 비해 몹시 더뎌보일지 모른다. 하지만 두 가지 요소를 고려해야 옳다. 첫째, 인터넷과 원격통신은 비교적 최근 등장한 기술이라 패러다임 전환의 가속성을 크게 느낄 수 있었다. 오늘날의 기술 채택 주기(호황, 불황, 회복)는 40년 전에 시작된 기술의 주기보다는 빠를 수밖에 없다. 둘째, AI 혁명은 인간 문명이 경험하는 혁명 중 최고로 심원한 변화일 것이라서 덜 복잡한 기술들보다 성숙에 오랜 시일을 요할 만하다. 문명의 가장 중요하고 강력한 속성, 우리 행성에서 벌어진 모든 진화를 포괄하는 것, 즉 지능을 정복해야 하기 때문이다.

현상을 이해한 뒤 증폭에 초점을 맞춘 시스템을 고안하는 것이 공학의 속성이다. 예를 들어보자. 과학자들이 베르누이의 정리라는 것을 발견했다. 기체(공기 등)는 편평한 면보다 곡면 위에서 더 빨리 흐른다는 미묘한 성질이다. 곡면 위의 기압이 편평한 면 위의 기압보다 낮다는 것이다. 이 관찰 내용을 이해하고, 파고들고, 의미를 증폭함으로써, 공학자들은 비행기를 탄생시켰다. 마찬가지로 일단 우리가 지능의 원리를 이해하게 되면 그 힘을 한 곳에 모으고, 집중시키고, 증폭할 기회가 생길 것이다.

4장에서 보았듯 뇌를 이해하고, 모델링하고, 시뮬레이션하는 기술이 가속적으로 발전하고 있다. 뇌 스캔 기술의 가격 대 성능비나 시공간 해상도, 뇌 기능에 대한 지식과 정보의 양, 다양한 뇌 영역을 시뮬레이션하는 모델의 세련미 등이 모두 나아지고 있다.

이미 AI 연구에서 탄생한 뒤 수십 년간 개선과 개량을 거듭하며 발전한 여러 강력한 도구들이 존재한다. 여기에 뇌의 역분석에서 얻은 통찰, 즉 생물학에서 영감을 얻은 새로운 자기조직 기술에 대한 통찰을 접목하면 도구상자는 한층 풍성해질 것이다. 궁극에 가면 우리는 공학 기술로 인간 지능을 증폭시킴으로써 현재 우리가 의존하고 있는 백조 개의 너무나 느린 개재뉴런 연결을 극복할 수 있을 것이다. 결국 지능도 매해 배로 역량이 늘고 있는 정보기술처럼 수확 가속의 법칙에 종속될 것이다.

내가 지난 40년간 인공지능 분야에 몸담으며 느낀 문제라면, 일단 현실화한 AI 기술은 더 이상 AI로 여겨지지 않고 각 분야로 흡수된다는 점이다(문자 인식, 언어 인식, 기계 시각, 로봇공학, 정보 추출, 의약 정보학, 자동 투자 등).

컴퓨터 과학자 일레인 리치는 AI를 이렇게 정의했다. "현재 시점에서 사람이 더 잘하는 일들을 컴퓨터가 하게 만드는 학문." MIT AI 연구소의 로드니 브룩스는 다른 식으로 표현했다. "우리가 뭔가 만들어내는 데 성공하면 그건 더 이상 마술적이지 않다. 사람들은 아, 저건 그냥 계산이구나, 라고 말한다." 나는 왓슨이 셜록 홈즈에게 한 말을 종종 떠올린다. "처음엔 자네가 뭔가 묘수라도 부리는 줄 알았네만, 그런 건 없다는 걸 이제 알겠네."[164] 바로 그게 우리 AI 과학자들이 겪는 일이다. 지능이라는 매력적인 현상은 일단 그 작동 방식이 파헤쳐지고 나면 '아무것도 아닌 것'으로 간주된다. 미스터리는 남아 있는 것들, 아직 밝혀지지 않은 문제들에게 넘어가버린다.

AI의 도구상자

> AI는 문제 영역에 대한 지식을 탐구함으로써 지수적으로 어려운 문제를 다항 시간 내에 풀어내는 기술을 연구하는 학문이다.
>
> ―일레인 리치

4장에서 언급했듯, 우리는 이제 겨우 뇌 특정 영역들에 대한 상세 모델을 구축해가는 참이다. 따라서 그것이 AI 설계에 영향을 주려면 좀 기다려야 한다. 충분한 해상도로 뇌를 들여다볼 수 있는 도구들이 나오기 전에도 AI 과학자들은 나름대로의 기술을 발전시켜왔다. 항공공학자들이 새가 나는 모습을 그대로 모사하지 않듯, 초기의 AI 기법들은 자연 지능을 역분석한 데 의존하지 않았다.

그런 접근법들 중 몇 가지를 아래에 소개했다. 아래 기법들은 점차 세련되어가면서 초기에 보였던 높은 오류율이나 취약성 등을 딛고 실용적 제품으로까지 만들어지고 있다.

전문가 시스템 1970년대에 AI는 전문가 시스템이라는 특정 기법과 동일시되기도 했다. 이것은 인간 전문가들의 의사 결정 과정을 몇 가지 논리 법칙에 기초하여 모방하는 기법이다. 기법의 핵심 과정은 지식 공학자들이 의사나 공학자 같은 특정 분야 전문가들을 취재하여 그들의 의사 결정 원칙을 알아내는 것이다.

이 기법은 초반에 한정된 영역에서나마 상당한 성공을 거뒀는데, 가령 사람 의사에 못지 않은 의학 진단 시스템 같은 것이 등장했다. 1970년대에 개발된 MYCIN이라는 시스템은 감염성 질환을 진단하고 치료법을 추천하는 일을 했다. 1979년에는 전문가 평가단이 구성되어 MYCIN과 사람 의사들의 진단 및 치료법 추천 능력을 비교했는데, MYCIN의 능력이 사람보다 나으면 나았지 못하지 않은 것으로 드러났다.[165]

전문가 시스템을 연구한 결과, 사람의 의사 결정은 결정적인 논리 법칙들보다는 '부드러운' 증거 자료에 입각한다는 것이 밝혀졌다. 자료 영상에 검은 점이 드러났다고 하자. 물론 암일 가능성이 있지만, 정확한 모양, 위치, 명암 등의 요소를 고려해야 최종 진단이 내려진다. 인간의 의사 결정에는 직감이 작용한다. 과거 경험에서 쌓인 수많은 증거들이 축적되어 영향을 미친다는 뜻이다. 하나하나로는 결정적이지 않지만 말이다. 심지어 우리는 스스로 기대고 있는 법칙들의 존재를 의식조차 못하는 때도 있다.

1980년대 말이 되면 전문가 시스템에 불확실성이라는 개념이 접목되어, 결정을 내릴 때 확률적 증거를 동원하게끔 되었다. MYCIN도 그런 접근법을 개척한 시스템이다. 일례로 MYCIN이 사용하는 전형적인 '규칙'은 이런 식이다.

> 만약 치료를 요하는 감염이 뇌수막염이고, 감염 형태가 곰팡이 감염이고, 배양세포 염색에서 균종이 보이지 않고, 환자가 방어기전 손상 환자가 아니고, 환자가 콕시디오이데스 진균증 풍토 지역에 있었다면, 환자의 인종이 흑인이나 아시아인이나 인디언이라면, 뇌 척추 액체 분석에서 크립토코쿠스 균 항원이 양성으로 나오지 않았다면, 그러면 크립토코쿠스 균이 감염을 일으킨 균들 중 하나가 아닐 가능성이 50퍼센트이다.

이런 확률적 규칙 하나로는 유용한 판단을 내리기 힘들지만, 수천 개를 결합한 뒤 정돈하면 신뢰성 있는 결정을 내릴 만한 증거가 된다.

전문가 시스템 중 가장 오랜 역사를 이어오고 있는 것은 시스코프 사의 더그 레나트와 동료들이 만든 CYC일 것이다. 1984년에 가동을 시작한 CYC는 인간의 생각과 추론 아래 깔린 암묵적 가정들을 기계에게 학습시킨다는 취지하에 수많은 상식들을 저장하고 있다. 처음에는 모 아니면 도인 논리 법칙들로 출발했다가 곧 확률적 규칙들을 포함하게 되었으며 이제는 문서에서 지식을 추출하는 방법(물론 인간이 감독한다)까지 함께 쓴다. 원래 목표는 백만 개의 규칙을 모으는 것이었다. 그것도 평범한 사람이 세상에 대해 쌓는 지식의 양에 비하면 일부에 불과하다. 레나트의 최종 목표는 CYC가 "2007년 무렵에는 보통 사람이 세상에 대해 알게 되는 양인 1억 개의 사실들을 습득하는 것"이다.[166]

또 하나 유망한 전문가 시스템으로, 일본 츠쿠바 대학 생명과학과 부교수인 대릴 메이서가 추진하는 연구가 있다. 그는 인간의 모든 아이디어를 집대성하는 시스템을 발전시킬 계획이다.[167] 가령 특정 공동체가 어떤 아이디어를 고집하는지에 대한 정보를 찾아서 정책 입안가에게 주는 역할 등을 할 수 있을 것이다.

베이즈망 지난 10년간 탄탄한 수학적 도구로 발전해온 베이즈 논리는 이른바 '신념망' 또는 베이즈망이라는 구조를 통해 수천 수백만 가지 확률 법칙들의 상관관계를 분석하는 기법이다. 최초의 고안자는 영국인 수학자 토머스 베이즈였다. 그의 사후인 1763년에 발표된 이 접근법은 과거에 일어났던 유사 사건들의 확률을 기반으로 하여 미래 사건의 발생 가능성을 예측한다.[168] 베이즈 기법에 바탕을 둔 전문가 시스템이 많은데, 이들은 끊임없이 경험 자료들을 축적함으로써 학습하여 의사 결정 능력을 향상시킨다.

이 기법은 스팸 메일 차단기에도 유용하게 쓰인다. 나는 스팸베이즈라는 차단기를 사용하는데, 일단 내가 이메일 두 개를 대상으로 '스팸' 또는 '스팸 아님' 딱지를 붙여주면, 차단기가 그것을 참고하여 스스로 학습을 시작한다.[169] 폴더를 두 개 만들어 각각을 넣어두면, 베이즈 신념망이 두 파일의 패턴을 분석한 뒤 다음에 들어오는 이메일들을 적당한 폴더에 집어넣는다. 이메일을 많이 다룰수록 학습이 진전되는 것이며 특히 사용자가 잘못된 딱지를 수정해주면 효과가 있다. 나는 이 차단기 덕분에 스팸 메일로부터 어느 정도 자유롭게 지낸다. 매일 이삼백 개씩 스팸 메일을 걸러주고, 백 개 이상의 '괜찮은' 메일들을 들여보내준다는 걸 생각하면 훌륭한 일이다. 차단기가 '스팸 아님'이라고 분리한 것 중 실제 스팸이었던 메일의 비율은 1퍼센트 정도밖에 안 된다. 괜찮은 메일을 스팸으로 분리한 경우는 거의 없었다. 내가 직접 하는 것만큼 정확하며, 속도는 더 빠른 것이다.

마르코프 모델 복잡한 일련의 정보들을 확률망 속에서 다루는 또 다른 기법으로 마르코프 모델이 있다.[170] 저명 수학자였던 안드레이 안드레예비치 마르코프(1856~1922)가 정립한 '마르코프 사슬' 이론을

1923년에 노버트 위너(1894~1964)가 다듬은 것이다. 이론은 어떤 일련의 사건들이 벌어질 가능성을 측정한다. 가령 음성 인식 분야에서 널리 쓰이는데, 그 경우 일련의 사건이란 음소들(음성의 일부)이 된다. 음성 인식에 쓰이는 마르코프 모델은 우선 각 음소에서 특정 소리의 패턴이 들릴 가능성을 계산하고, 음소들이 서로 영향을 주는 패턴을 고려하고, 빈번한 음소들의 순서 확률을 고려한다. 더 고차원의 언어 분석에도 확률망을 쓸 수 있는데, 가령 단어들의 순서 같은 것이다. 모델에 입력되는 확률 수치들은 실제 음성 및 언어 자료를 읽는 과정에서 학습되어 변화한다. 자기조직적 기법인 것이다.

나와 동료들은 음성 인식 프로그램을 개발할 때 다양한 방법을 결합시켰는데, 그중 마르코프 모델도 포함되어 있다.[171] 음소 배열에 대한 규칙들을 언어학자가 직접 입력하는 음성학적 접근법과 달리, 우리는 프로그램에 아무것도 미리 입력해주지 않았다. 영어의 음소가 약 44개라거나, 어떤 음소들의 배열이 빈번한지 등을 알려주지 않았다. 프로그램이 수천 시간 동안 녹음된 인간 음성 자료를 들으며 스스로 '규칙들'을 깨닫게 했다. 인간 전문가가 미처 깨닫지도 못한 미묘한 확률 규칙들까지 모델이 찾아낼 수 있다는 게 장점이다.

신경망 음성 인식 및 기타 패턴 인식 작업에 널리 쓰이는 또 다른 자기조직적 도구로 신경망이 있다. 이 기법은 단순화한 뉴런 모델과 개재뉴런 연결 모델을 활용한다. 신경망의 기초 원리를 설명하면 다음과 같다. 망의 각 입력 지점(음성 인식에서라면 각 지점은 2차원 속성을 갖는데 한쪽은 주파수이고 다른 한쪽은 시간이다. 이미지라면 2차원 면에서의 어느 지점 픽셀이 될 것이다)은 첫 번째 층에 산개한 뉴런들의 입력 내용에 무작위로 연결되어 있다. 각 연결마다 연결의 중요도를 표시하는 시냅스 강도가 부여되는데, 처음에는 무작위로 주어진다. 각 뉴런은 시냅스를 통해 전달되는 신호를 받으면 강화된다. 신호가 역치를 넘어서면 뉴런이 점화하여 출력 지점으로 신호를 내보낸다. 신호가 역치를 넘지 못하면 뉴런은 점화하지 않고, 출력은 없다. 각 뉴런의 출력은 다음 층을 이루는 뉴런들에게 무작위로 연결되어 또 한 차례의 입력 신호로 작용한다. 이런 층은 여러 겹 있을 수 있고(보통은 세 층 이상이다) 층간 배치도 다양할 수 있다. 가령 하나의 층이 이전 층에 결과를 되먹임할 수도 있다. 맨 꼭대기 층에는 하나 이상의 뉴런이 출력을 담당하는데, 역시 무작위로 선택되는 것이며, 여기서 나온 출력 값이 답이다. (신경망의 알고리즘에 대해서는 주석을 참고하라.)[172]

　신경망의 배선과 시냅스 가중은 처음에 무작위로 하므로 학습하지 않은 신경망의 대답은 무작위일 것이다. 따라서 신경망의 핵심은 반드시 주제에 대해 학습해야 한다는 것이다. 포유동물의 뇌가 처음에 느슨하게 짜이듯, 신경망도 처음에는 무지한 채로 출발한다. 신경망의 선생님은 신경망이 옳은 답을 내면 보상하고 틀리면 벌을 주어 공부시킨다. 인간이 가르칠 수 있지만 컴퓨터 프로그램이나 이미 많이 배운 더 성숙한 신경망이 가르칠 수도 있다. 학생 신경망은 그 결과를 받아서 각 개재뉴런 연결의 강도를 조정한다. 옳은 답을 내는 데 기여했던 연결은 강화되고, 틀린 답을 내는 데 기여했던 연결은 약화된다. 시간이 지나면 신경망은 감독이 없어도 옳은 답을 내는 방향으로 진화한다. 실험 결과, 선생님이 믿을 만하지 않은 경우에도 학습이 가능했다. 선생님의 채점이 60퍼센트 이상만 옳으면 학생 신경망은 실력을 쌓았다.

　학습이 잘된 강력한 신경망은 인간의 다양한 패턴 인식 기술을 모방할 수 있다. 다층 신경망 시스템은 이미 여러 분야에서 인상적인 결과를 보여주고 있는데, 이를테면 필체를 구분하거나, 사람의 얼굴을 구분하는 일, 신용카드 위조 같은 금융 거래 사기 행위를 가려내는 일 등이다. 내 경험에 비춰볼 때 가장 어려운 작업은 망 설계가 아니라 적절한 학습이 가능하도록 자동화된 수업을 제공하는 일이었다.

신경망 분야의 현재 트렌드는 실제 생물학적 신경망의 운영 방식을 본받아 좀 더 현실적이고 복잡한 모델을 꾸리는 것이다. 요즘은 뇌의 역분석 덕택에 뉴런 기능에 대한 세밀한 모델들이 속속 등장하고 있다.[173] 이미 자기조직적 패러다임에 대한 연구가 수십 년간 진행되어 왔으므로, 뇌 연구로부터 얻어진 새로운 통찰은 지체 없이 신경망 실험에 적용되고 있다.

신경망은 본질적으로 병렬 처리에 능하다. 그것이야말로 뇌의 처리 방식이기 때문이다. 인간의 뇌에는 각 뉴런을 조정하는 중앙처리장치 같은 게 없다. 대신 각 뉴런을 하나하나 파악하며 개재뉴런 연결 하나하나를 느린 처리 장치처럼 활용한다. 신경망 구조가 좀 더 뛰어난 작업 처리량을 보일 수 있도록 주문형 칩을 만드는 연구도 진행되고 있다.[174]

유전 알고리즘(GA) 자연에서 영감을 얻은 또 하나의 자기조직적 패러다임은 유전 알고리즘, 또는 진화 알고리즘이라 불리는 것으로, 성적 재생산과 돌연변이를 포함한 진화 과정을 모방하는 기법이다. 간략히 소개하면 이렇다. 우선 주어진 문제에 대한 해답들을 찾을 수 있는 방법을 결정한다. 문제가 제트엔진 설계에 관한 변수들을 최적화하는 것이라면 변수들의 목록을 결정하는 것이 된다(각 변수마다 몇 비트를 부여할지도 정한다). 이 목록은 유전 알고리즘에서 유전 암호의 역할을 한다. 다음, 수천 개 이상의 유전 암호들을 무작위로 생성한다. 각 유전 암호(변수들의 집합)는 가상의 '해답' 생명체라 볼 수 있다.

이제 각 변수에 대한 평가를 통해 각 가상 생명체가 가상 환경에 얼마나 잘 맞는지 검토한다. 유전 알고리즘의 성공에는 이 평가 과정이 핵심적이다. 앞의 예에서라면, 각 해답 생명체를 제트엔진 시뮬레이션에 적용하여 변수 설정이 얼마나 성공적인지, 몇 가지 기준에 따라 (가령 연료 소모, 속도 등) 알아보는 것이다. 가장 뛰어난 해답 생명체(가장 뛰어난 설계)는 살아남고, 나머지는 버려진다.

살아남은 생명체들은 자기복제를 하는데, 전체 개체수가 일정 수가 될 때까지 반복한다. 이 과정은 유성 생식을 모방한다. 각 후손 해답은 두 명의 부모로부터 유전 암호를 받아온다. 보통 남녀 생명체의 구별은 없다. 그저 두 부모를 임의로 정해 그로부터 후손을 만들어내기만 하면 충분하다. 그리고 후손 생명체들이 증식하는 동안, 염색체에 약간의 돌연변이(무작위적 변화)가 일어나게 한다.

이제 한 세대의 진화를 이룬 셈이다. 이것을 여러 번 반복하는 것이다. 세대가 끝날 때마다 설계가 얼마나 진보했는지 평가한다. 설계 안의 진전도를 평가하다가 한 세대 생명체들이 전 세대보다 아주 조금밖에 나아지지 못한 것으로 드러나면, 개선 작업을 멈춰도 좋다. 맨 마지막 세대에서 나온 최고의 설계로 채택하는 것이다. (유전 알고리즘의 내용에 대해서는 주석을 참고하라.)[175]

유전 알고리즘의 핵심은 인간 설계자가 끼어들어 해답을 찾아내지 않는다는 점이다. 가상 경쟁 및 진보 과정을 반복함으로써 최고의 설계가 탄생하게 놓아둔다. 생물학적 진화는 훌륭한 방법이지만 느리다. 그래서 진화의 통찰력은 유지한 채 꾸물거리는 속도만 높여본 셈이다. 컴퓨터는 수 세대의 진화를 몇 시간이나 며칠, 몇 주 내에 해낼 수 있다. 그런데 이런 반복 과정도 딱 한 번만 해보면 된다. 일단 가상 진화 과정이 끝나 결과가 나오면 그 속에 드러난 세련된 법칙을 알아내어 다른 문제들은 더 빨리 풀 수 있다.

혼란스러운 자료에 숨어 있는 미묘하지만 중요한 패턴을 알아낸다는 점에서 유전 알고리즘은 신경망과 비슷하다. 성공의 핵심 조건은 각 해답에 대한 평가가 잘 되느냐 하는 것이다. 평가 과정 또한 매우 빨라야 하는데, 가상 진화에서는 세대마다 수천 개씩의 가능한 해답들이 쏟아지기 때문이다.

유전 알고리즘은 너무 변수가 많아서 분석적으로 정확하게 풀기 힘든 문제에 적합하다. 가령 제트엔진 설계에는 변수가 백 개도 넘게 있으며 수십 가지 제약조건을 만족시켜야 한다. 제너럴 일렉트릭 사의 연구자들이 유전 알고리즘을 활용해보았더니 통상의 설계 방식보다 훨씬 정확하게 제약조건들을 맞추는 설계들이 나왔다.

그런데 유전 알고리즘을 활용할 때는 질문하는 내용에 유의해야 한다. 서섹스 대학의 연구자 존 버드는 진동 회로를 최적화 설계하기 위해 유전 알고리즘을 사용했다. 몇 번쯤은 트랜지스터 몇 개를 사용한 평범한 진동 회로들이 만들어졌는데, 마지막으로 채택된 설계는 진동 회로가 아니라 단순한 라디오 회로였다. 근처에 있던 컴퓨터의 진동에 라디오 회로가 공명하는 것을 유전 알고리즘이 발견한 것이 분명했다.[176] 유전 알고리즘의 결과가 질문을 던졌던 바로 그 책상에서만 통용될 수 있는 것으로 나온 것이다.

유전 알고리즘은 카오스 이론이나 복잡성 이론의 일부로서 복잡한 공급망을 최적화하는 등 기존에 어렵게만 보였던 사업 현장 문제들을 푸는 데 동원되고 있다. 산업 전반에 걸쳐 좀 더 분석적인 방법 대신 이런 식의 접근법이 득세하는 중이다. 패턴을 인식하는 데 능한 패러다임이기 때문에 신경망 등 다른 자기조직적 기법들과 결합하기도 쉽다. 컴퓨터 소프트웨어 작성에도 적용할 만하다. 경쟁 관계의 자원들 속에서 섬세한 균형을 찾아야 하는 식의 소프트웨어라면 더욱 잘 맞을 것이다.

뛰어난 과학소설 작가인 코리 닥터로는 《usr/bin/god》이라는 소설에서 유전 알고리즘이 인공지능을 진화시킨다는 흥미로운 상상을 했다. 일단 유전 알고리즘이 다양하고 정교한 기술들을 바탕으로 여러 개의 지능계들을 만들어낸다. 각 체계는 독특한 유전 암호를 가진 것으로 한다. 그 뒤 다시 유전 알고리즘을 통해 이들을 진화시켜간다.

평가는 다음과 같이 한다. 각각의 지능계가 사람들이 모여 대화하는 인터넷 채팅방에 접속하여 사람 행세를 하는 것이다. 일종의 은밀한 튜링 테스트다. 만약 채팅방의 사람들 중 한 명이 "너 뭐야, 채터봇이야?"라는 식의 말을 하면(채터봇은 자동 채팅 프로그램인데, 오늘날에는 아직 언어를 인간 수준으로 이해하지 못한다) 평가는 끝난다. 채팅방에서 나온 지능계는 점수를 유전 알고리즘에 기록한다. 점수는 지능계가 들키지 않고 얼마나 오래 인간 행세를 할 수 있었나에 좌우된다. 유전 알고리즘이 높은 점수들을 얻은 체계에 바탕을 두고 진화해가면 훨씬 인간다운 지능계가 탄생할 것이다.

이 발상의 주된 문제점은 평가가 더디다는 것이다. 물론 지능계가 충분히 지적으로 발전했을 때라야 그만큼의 시간이 걸리겠지만 말이다. 또 동시다발적으로 평가할 수도 있는 노릇이다. 어쨌든 매우 흥미로운 발상이므로, 일단 우리가 그런 유전 알고리즘에 넣어줄 만큼 세련된 알고리즘을 확보하기만 하면 튜링 테스트 대신으로 얼마든지 활용할 수 있을 것 같다. 튜링 테스트를 통과하는 인공지능 개발은 이런 식으로 가능할지도 모르겠다.

재귀적 탐색 가끔 우리는 주어진 문제를 풀기 위해 방대한 수의 잠재 해답들을 탐색해야 할 때가 있다. 체스가 고전적인 사례다. 경기자는 한 수 한 수 놓을 때마다 가능한 모든 수의 경우들을 상상한다. 그리고 각 경우마다 상대편이 어떻게 반격할 것인지 상상하고, 그런 식으로 끝이 없다. 하지만 인간은 방대한 수-맞수의 '트리 구조'를 머리에 다 저장하기 힘들다. 그래서 사람은 패턴 인식을 활용한다. 이전 경험을 돌이켜 특정 상황을 인지하는 것이다. 반면 기계는 논리적 분석을 써서 수백만 가지의 수와 맞수 경우를 평가한다.

그런 논리 트리 구조는 게임 프로그램의 정수다. 생각해보자. '최고의 수 고르기'라는 프로그램을 짜서 다음 수를 알아내게 한다고 하자. '최고의 수 고르기'는 현재의 판에서 가능한 모든 경우의 수를 목록화한다. (게임이 아니라 수학 정리를 푸는 문제라면 프로그램은 다음 단계에 쓸 수 있는 모든 증명들을 목록화할 것이다.) 다음으로 프로그램은 각 수마다 그 수가 놓일 경우 가상의 판의 형국이 어떻게 될지 상상한다. 그 가상의 판마다 적수가 어떤 수를 쓸 수 있는지가 정해진다. 여기에서 재귀적 탐색이 필요하다. '최고의 수 고르기'는 우리 적수가 어떤 수를 최고라고 고를지 판단하기 위해 스스로, 즉 또 하나의 '최고의 수 고르기' 작업을 동원해야 하기 때문이다. 적수의 다음 수조차도 '최고의 수 고르기'가 가려내는 것이다.

프로그램은 이처럼 스스로를 끊임없이 반복해가며 시간이 허락하는 한 많은 수를 미래로 내다봐야 한다. 그 결과 거대한 수-맞수 트리가 생겨난다. 이 또한 기하급수적 증가의 예인데, 한 수만 내다봐도 대략 다섯 가지 추가 연산이 필요하기 때문이다. 재귀적 기법의 성공은 방대한 가능성의 트리 구조 중 일부를 가지치기하여 더 이상의 성장을 멈추는 데 달렸다. 만약 어느 쪽에도 가망 없는 판세가 구성된다면 프로그램은 그 지점부터는 더 이상 수-맞수 계산을 하지 않는다(이것이 트리의 '말단 노드'다). 대신 그 바로 전에 다루었던 수로 돌아가 승패의 가능성을 탐색한다. 첩첩이 쌓인 프로그램 수행이 마무리되면, 프로그램은 현재 상황에서 가장 나은 수를 선택했을 것이다. 물론 정해진 시간 내에 최대한 수행할 수 있었던 재귀적 확장의 깊이, 그리고 가지치기 알고리즘의 실력이라는 두 가지 한계 속에서 최적화한 결과다. (재귀적 탐색의 알고리즘에 대해서는 주석을 참고하라.)[177]

재귀적 공식은 수학에서 매우 효과적이다. 게임이 아니라 수학에 재귀적 기법을 적용한다고 하면 '수'는 공리, 또는 이미 증명된 정리가 될 것이다. 특정 시점에서 뻗어나가는 가지는 각 단계를 증명하는 데 사용될 수 있는 여러 공리들을 의미한다. (뉴웰, 쇼, 사이먼이 제너럴 프라블럼 솔버를 만들 때 사용한 기법이다.)

앞의 사례들을 통해 보자면 명징하게 규정된 규칙과 목표를 가진 문제에만 재귀적 탐색을 시도할 수 있을 것 같다. 그러나 실은 컴퓨터로 예술 작품을 창작하는 데도 쓰인다. 가령 나는 재귀적 접근법을 동원해 레이 커즈와일의 인공두뇌 시인이라는 프로그램을 설계한 적이 있다.[178] 프로그램은 단어 배치에 대한 일련의 목표를 갖고 있다. 그래서 시의 특정 부분에 적절한 리듬 양식, 시의 구조, 단어 선택 등을 할 수 있다. 그런 기준에 들어맞는 단어를 발견하지 못할 경우 프로그램은 바로 앞에 썼던 단어를 지운다. 그리고 지운 단어에 대한 기준을 새로 설정한 다음 다시 나아간다. 그래도 또 말문이 막히면 또 돌아가는 식으로 앞뒤로 움직인다. 어떻게 해도 막다른 길만 보인다 싶으면 프로그램은 애초 설정했던 기준들 중 일부를 완화시키는 쪽으로 마음을 바꾼다.

블랙(컴퓨터)이 수를 결정하고 있다.

화이트(당신)

수학자 마틴 와튼버그가 마렉 월책과 함께 제작한 이 작품 '생각하는 기계 2'는 다음 수를 생각하는 수읽기의 경우들을 보여주고 있다.

딥 프리츠의 무승부: 인간이 똑똑해지고 있는 걸까, 컴퓨터가 멍청해지고 있는 걸까?

컴퓨터 체스 세계를 보면 소프트웨어가 질적으로 발전한다는 증거가 있다. 사람들은 흔히 컴퓨터 체스란 하드웨어를 무시무시하게 확장해서 해내는 일이라고 알고 있다. 2002년 10월, 딥 프리츠라는 소프트웨어는 세계 챔피언 블라디미르 크람니크와 경기를 펼쳐 무승부를 기록했다. 그런데 여기서, 딥 프리츠는 이전의 컴퓨터 챔피언 딥 블루가 썼던 연산 용량의 1.3퍼센트만 사용했음을 짚을 필요가 있다. 그렇게 용량을 줄였는데도 잘해낼 수 있었던 것은 패턴 인식에 기반을 둔 가지치기 알고리즘을 뛰어나게 활용한 덕이다. 앞으로 또 6년이 지나면 딥 프리츠 같은 프로그램은 초당 2억 개의 수를 분석할 수 있었던 딥 블루의 연산 용량을 따라잡을 것이다. 2010년이 되기 전에 딥 프리츠 같은 체스 프로그램들은 개인용 컴퓨터에서 돌아가면서도 사람들을 마구 이겨버릴 것이다.

1986년에서 1989년 사이에 쓴 《지적 기계의 시대》라는 책에서 나는 1990년대가 되면 컴퓨터가 인간 체스 세계 챔피언을 이길 것이라고 예측했었다. 컴퓨터는 매년 45점 정도 체스 점수를 올리겠지만 인간 챔피언의 점수는 사실상 변함 없을 것이기 때문에 1998년이 되면 둘의 점수가 일치할 것이라고 예측했다. 실제로 1997년, 초유의 관심을 불러일으킨 승부에서 딥 블루가 가리 카스파로프를 누른다.

그런데 한참이 지난 뒤에, 최고의 컴퓨터 프로그램인 딥 프리츠가 크람니크와 무승부밖에 이루지 못한 것이다. 딥 블루가 인간을 이기고 5년 뒤인데, 이 상황을 어떻게 이해해야 할까? 아래와 같이 결론 내려야 할까?

1. 인간이 점점 똑똑해지고 있다. 최소한 체스를 더 잘하게 되었다?

2. 컴퓨터가 체스를 점점 못하게 되었다? 그렇다면 지난 4년간 컴퓨터의 속도가 엄청나게 빨라졌다는 통설은 낭설에 불과했던가? 아니면 소프트웨어가 나빠지고 있는가? 최소한 체스 프로그램이?

전문 하드웨어의 이점

앞의 두 가지 결론은 모두 그릇되었다. 올바른 결론은 소프트웨어는 더욱 나아지고 있다는 것이다. 딥 프리츠는 딥 블루보다 훨씬 작은 연산 용량을 갖고도 거의 비슷한 성적을 냈다. 좀 더 잘 이해하기 위해 몇 가지 기본적인 사항들을 살펴보고 넘어가자. 내가 1980년대 말에 컴퓨터 체스에 대한 예측을 했을 때, 카네기 멜런 대학은 '미니맥스' 알고리즘(수-맞수 경우의 수를 트리 구조로 나열하고 각 가지의 말단 노드를 평가하는 전형적인 게임 수행 알고리즘)을 수행하도록 최적화된 주문형 전문 칩을 개발했다. 컴퓨터 체스에 쓰기 위한 것이었다.

1988년, 카네기 멜런 대학이 만든 주문형 하드웨어를 장착한 체스 기계 하이테크는 초당 175,000가지씩 체스판의 경우의 수를 분석할 수 있었다. 하이테크의 체스 점수는 2,359점이으로 당시 인간 세계 챔피언에 비해 440점 뒤떨어졌다.

일 년 뒤인 1989년, 카네기 멜런 대학의 새로운 기계 딥 소트는 초당 체스판 분석 역량을 백만 가지까지 늘렸고, 2,400점을 얻었다. 이후 IBM이 연구를 이어받아 이름을 딥 블루로 바꿨지만 기본적인 구조는 그대로였다. 1997년에 카스파로프를 이긴 딥 블루에는 256개의 체스 주문형 프로세서가 병렬 연결되어 있었으며, 초당 2억 가지씩 판을 분석할 수 있었다.

체스 수를 읽는 미니맥스 알고리즘의 연산 속도를 빠르게 하기 위해서는 전문적인 주문형 하드웨어가 필요했던 것이다. 주문형 하드웨어가 범용 컴퓨터보다 특정 알고리즘을 최소한 수백 배 빨리 풀어낼 수 있다는 사실은 컴퓨터 설계자들 사이에서 상식이다. 전문화된 ASIC(주문형 집적회로)를 만들려면 적잖은 노력과 비용을 들여야 하지만, 반복적인 활동에 가까운 특정 연산을 위해서라면(가령 MP3 파일을 해독하거나 비디오 게임용 그래픽 함수를 다루는 등) 이런 비용을 지출해두는 편이 투자 가치가 있다.

딥 블루 대 딥 프리츠

사람들은 컴퓨터가 인간을 이기는 역사적인 사건이 가능할지에 대해 무척 관심이 많았으므로 체스에 사용할 전문 회로를 만드는 데 자금이 부족할 일은 없었다. 딥 블루와 카스파로프의 경기가 끝난 1997년, 몇 가지 변수를 놓고 논란이 있긴 했어도 전반적으로 인간과 컴퓨터의 대결에 대한 세간의 관심은 급격히 식었다. 어쨌거나 목표가 달성되었으니 끝난 일을 다시 문제 삼을 필요가 없는 것이다. IBM은 컴퓨터 체스 사업을 접었고, 그때 이후로 체스용 전문 칩은 만들어지지 않는다. 인공지능 연구는 다양한 영역에서 보다 큰 문제를 다루는 것, 가령 비행기나 미사일을 인도하고, 공장 로봇을 조정하고, 자연어를 이해하고, 심전도나 혈구 영상을 진단하고, 신용 카드 사기를 가려내는 등 수많은 좁은 적용 분야로 성공적으로 번져갔다.

물론 컴퓨터 하드웨어는 기하급수적 성장을 멈추지 않았다. 1997년 이래 매년 개인용 컴퓨터의 속도는 두 배씩 늘었다. 딥 프리츠가 사용한 범용 펜티엄 프로세서는 1997년에 사용된 프로세서보다 32배 빠르다. 딥 프리츠는 고작 여덟 대의 개인용 컴퓨터를 연결하여 썼으므로 하드웨어로만 따지면 1997년 수준의 개인용 컴퓨터 256대에 맞먹는다. 딥 블루는 256개의 체스 전문 프로세서를 썼고 각각은 1997년 당시의 개인용 컴퓨터 한 대보다 100배 정도 빨랐으므로(물론 미니맥스 연산만 할 수 있었지만), 결론적으로 1997년 당시 개인용 컴퓨터보다 25,600배 빨랐던 셈이다. 심지어 딥 프리츠보다도 100배 빨랐던 것이다. 두 시스템의 속도만 봐도 알 수 있다. 딥 블루는 초당 2억 개의 체스판 경우를 분석할 수 있었지만 딥 프리츠는 250만 개가 가능했다.

소프트웨어의 수확

자, 그러면 딥 프리츠의 소프트웨어는 어떨까? 체스 기계라 하면 무식할 정도로 연산 용량을 늘리는 것으로만 생각하기 쉬운데, 사실은 질적인 평가를 해야 하는 측면이 있다. 가능한 수-맞수의 경우를 나열하면 폭발적일 정도로 계산량이 늘어나기 때문에, 질적 평가 없이는 어렵다.

나는 《지적 기계의 시대》에서 수-맞수 트리 구조에서 가지치기 논리가 없다면, 그래서 매번 '완벽한' 수를 찾아내려 한다면, 한 수를 두는 데 4백억 년이 걸릴 것이라 계산한 적이 있다. (보통 한 경기당 서른 번 정도 수가 오가고, 한 수당 평균 8개 정도의 가능한 경우의 수가 있다면, 가능한 배열은 830개가 된다. 초당 10억 개씩 배열을 점검할 수 있다면 10^{18}초가 필요하게 되고, 그게 바로 4백억 년이다.) 따라서 실용적인 프로그램이라면 가망 없어 보이는 가지를 끊임없이 쳐내야 한다. 여기에는 통찰이 필요하다. 본질적으로 패턴을 인식하는 판단이기 때문이다.

인간이 미니맥스 알고리즘을 수행하는 속도는 극도로 느리다. 체스 세계 챔피언이라 해도 마찬가지다. 초당 하나의 수-맞수 경우를 분석하는 것도 어렵다. 그런데 어떻게 사람은 컴퓨터와 당당히 대결할 수 있는가? 답은 인간에게는 놀라울 정도로 강력한 패턴 인식 능력이 있다는 것이다. 우리는 통찰을 가지고 과감하게 가지치기를 해내는 것이다.

딥 프리츠가 딥 블루보다 훨씬 나은 면이 바로 이런 면이다. 딥 프리츠는 카네기 멜런 대학의 딥 소트가 썼던 연산 용량보다 조금 더 많은 하드웨어를 지닐 뿐이지만, 체스 점수는 400점 이상 높게 기록했다.

인간 체스 챔피언의 시대는 끝난 것인가?

내가 《지적 기계의 시대》에서 했던 예측 중 또 하나는 일단 컴퓨터가 사람보다 체스를 잘 두게 되면 우리가 취할 태도는 세 가지인데, 하나는 컴퓨터 지능을 전보다 높게 평가하는 것이고, 다른 하나는 인간 지능을 전보다 낮게 평가하는 것, 마지막은 체스에 대해 아예 생각을 하지 않아버리는 것이라는 전망이었다. 인간이 역사적으로 취해온 태도를 볼 때 마지막이 가장 가능성 높다고도 말했었다. 그리고 실제로 그랬다. 딥 블루의 승보가 들려오자마자 사람들은 체스는 그저 계산 놀이일 뿐이고 컴퓨터가 이겼다는 건 컴퓨터가 계산을 잘한다는 뜻일 뿐이라고 말하기 시작했다.

하지만 현실은 그렇게 간단치 않다. 인간이 체스를 잘 두는 까닭은 계산을 잘하기 때문이 아니다. 계산이라면 인간은 오히려 취약한 편이다. 대신 우리는 너무나 귀중한 인간적 자질, 즉 판단의 능력을 사용한다. 그리고 딥 프리츠는 바로 이런 질적인 판단력에 있어 이전의 기계들보다 나아졌다. (반면 지난 5년간 사람은 그다지 큰 진전을 이루지 못하여, 챔피언의 최고 점수는 2,800점 아래에 머물렀다. 2004년 기준으로 카스파로프는 2,795점, 크람니크는 2,794점을 기록했다.)

그렇다면 결론은 무엇일까? 이제 컴퓨터 체스는 일반적인 개인용 컴퓨터에서 굴릴 만한 소프트웨어를 쓰고 있으므로 컴퓨터의 능력이 가속적으로 증가하면 프로그램 효율도 훨씬 좋아질 것이다. 2009년이면 딥 프리츠 같은 프로그램은 딥 블루의 수준에 맞먹어 초당 2억 개의 경우의 수 연산을 해낼 것이다. 인터넷을 통해 연산 용량을 동원하는 기술이 일반화한다면 2009년 이전에도 가능하다. (인터넷을 통해 컴퓨터들을 동원하는 기술이 보편화하려면 유비쿼터스 광대역 통신이 자리잡아야 하는데, 그것 역시 한창 발전 중이다.)

컴퓨터 속도가 빨라지리라는 것은 불 보듯 뻔하고 프로그램의 패턴 인식 능력이 개선되리라는 것도 분명하니, 컴퓨터 체스의 점수는 줄곧 치솟을 것이다. 2010년이 되기 전에 딥 프리츠 같은 개인용 컴퓨터 프로그램들이 사람을 이기기 시작할 것이다. 그때가 되면 사람들은 정말로 체스에는 흥미를 잃을 것이다.

결합된 방법들 강건한 AI를 만드는 최고로 강력한 방법은 앞의 기법들을 결합하는 것이다. 인간의 뇌도 그렇다. 뇌는 커다란 한 덩이 신경망이 아니라 수백 개의 영역들로 나뉜 체계다. 각 영역은 서로 다른 방식으로 정보를 처리하도록 최적화되어 있다. 영역들 각각만 놓고 보면 우리가 인간의 능력이라 일컫는 수준의 수행을 하지 못하지만, 놀랍게도 전체 시스템을 놓고 보면 그런 능력이 생겨난다.

나도 AI 연구를 할 때, 특히 패턴 인식을 연구할 때 여러 기법을 결합했다. 가령 음성 인식을 보자. 우리는 다양한 패러다임에 바탕을 둔 다양한 패턴 인식 시스템을 동원했다. 어떤 것은 음성학과 언어학에 대한 지식을 전문가로부터 들어 특별히 프로그램한 것이다. 어떤 것은 구문 해석 법칙에 바탕을 두었다(초등학교 때 배운 표 같은 문장 도표를 만들어 단어 사용을 드러내는 방법을 포함한다). 어떤 것은 마르코프 모델처럼 자기조직적 기법을 사용하는데, 주석과 함께 녹음된 음성 자료를 들으며 학습한다. 다음, 서로 다른 '전문가'(패턴 인식기)들의 장단점을 배울 줄 아는 '전문가 관리' 소프트웨어를 만들어, 각각의 결과를 합산한 후 최적화했다. 그래서 각각은 불안정한 결과를 내었을 기법들을 한데 모아 전반적인 정확도를 향상시켰다.

인공지능의 도구상자에 든 다양한 방법들을 결합하는 방식 또한 수없이 많다. 가령 유전 알고리즘을 동원해 신경망이나 마르코프 모델에 쓸 최적의 위상학적 배치도(노드와 연결을 조직하는 것)를 진화시킬 수 있다. 유전 알고리즘으로 진화시킨 신경망 결과를 다시 재귀적 탐색 알고리즘 변수들을 통제하는 데 사용할 수 있다. 패턴 인식용으로 발달된 강력한 신호 처리 및 영상 처리 기법들을 더할 수도 있다. 각각의 기법을 적용할 때는 서로 다른 구조가 필요하다. 컴퓨터 과학 교수이자 AI 기업가인 벤 괴르첼은 지능에 관련된 다양한 기법들을 통합할 때 쓸 전략과 구조에 대해 여러 책과 논문을 쓴 바 있다. 그는 노바멘테 구조라는 것을 통해 범용 AI를 위한 기본 틀을 짜려 하

고 있다.[179]

앞의 이야기들은 현재의 AI 시스템들이 급속히 세련되어지고 있음을 증명하는 몇 가지 사례일 뿐이다. AI의 모든 기술을 종합적으로 설명하는 것은 이 책의 목적이 아니며, 오늘날 사용되는 여러 접근법을 한자리에서 보여준다는 건 컴퓨터 과학 학과의 박사 과정 강의로도 어려울지 모른다.

대신 현실에 적용되고 있는 좁은 AI의 실례들을 몇 가지 소개하겠다. 특수 업무를 수행하기 위해 다양한 기법들을 통합, 최적화한 사례들이다. 좁은 AI가 널리 쓰이는 데는 몇 가지 배경적 이유가 있다. 연산 자원이 기하급수적으로 늘어난 것, 수천 개의 분야에 적용되며 실세계에서의 경험을 쌓아간 것, 인간 뇌의 지적 의사 결정 과정이 점차 밝혀지고 있는 것 등이 그런 이유들이다.

좁은 AI의 적용 사례들

인공지능에 대한 첫 책 《지적 기계의 시대》를 쓰던 1980년대 말, 나는 AI가 현실에 적용되는 사례를 몇 개나마 찾기 위해 광범하게 조사해야 했다. 당시는 인터넷이 흔치 않았으므로 나는 도서관을 방문하고, 미국, 유럽, 아시아에 있는 AI 연구소들을 찾아다녔다. 당시 발견한 사례들 대부분을 책에 소개했다. 그런데 이 책을 쓰는 동안에는 사정이 완전히 달랐다. 그야말로 수천 가지 좋은 사례들이 넘쳐났다. 나는 웹사이트 KurzweilAI.net에 AI에 대한 소식을 모으고 있는데, 거의 매일 하나씩 놀라운 적용 사례들이 올라오는 형편이다.[180]

비즈니스 커뮤니케이션즈 사가 수행한 2003년 연구를 보면 AI 적용 시장은 2007년에 210억 달러 규모로 성장하고, 2002년에서 2007년까지 연간 12.2퍼센트의 성장을 기록할 것이라 한다.[181] AI를 적용하는 산업들 중 앞서가는 분야로는 기업 지능, 고객 관계 관리, 금융, 국방 및 치안, 교육 등이 있다. 좁은 AI가 활약하고 있는 몇 가지 사례를 보자.

국방과 지능 미 국방성은 늘 앞장서서 열심히 AI를 활용했다. 자율 무기를 인도하는 소프트웨어는 패턴 인식 기법을 쓴다. 가령 크루즈 미사일은 수천 킬로미터를 날아가서 특정 건물, 심지어 특정 창문을 찾아 공격할 수 있다.[182] 비록 미사일이 날아가게 될 지역의 상세한 정보가 미리 입력되어 있어야 하지만, 날씨나 노면 상태 등 여러 요인들이 변할 것이므로 실시간 영상 인식이 상당한 수준으로 가능해야 한다.

군대는 수천 개의 소통 노드들을 자율적으로 조직하는 자기조직적 의사소통망('그물형 망'이라 불린다) 시험판을 만들었다. 새로운 지역에 투입된 소대의 내부 연락체계를 위한 것이다.[183]

베이즈망과 유전 알고리즘을 결합한 전문가 시스템을 통해 복잡한 공급 체계를 최적화하기도 한다. 수백만 가지의 보급품, 공급 물자, 무기들을 빠르게 변화하는 전투 상황에 적절히 배치하기 위해서다.

AI는 핵무기나 미사일 등 무기의 성능을 가상 시험하는 데도 자주 쓰인다.

2001년 9월 11일, 미 국가안보국의 AI 기반 시스템으로서 광범위한 도감청망인 에셜론은 통신 내용 분석을 통해 테러리스트들이 공격을 계획하고 있다는 사전 경고를 내놓았다.[184] 불행하게도 에셜론의 경고를 사람들이 검토했을 때는 이미 너무 늦었다.

미국은 2002년 아프가니스탄 전투에서 최초로 무인 로봇 전투기 프레데터를 선보였다. 공군은 수년 동안 무인 비행기인 프레데터를 개발해왔지만, 거기에 미사일을 장착하는 결정은 즉흥적으로 이뤄진 것이었고 결과는 대단히 만족스러웠다. 2003년 시작된 이라크 전쟁에도 무기를 탑재한 프레데터(CIA가 조정한다) 및 기타 무인 비행기들(UAV)이 투입되어 적군의 탱크와 미사일 기지 수천 곳을 공습했다.

군대에서는 로봇이 쓰이지 않는 곳이 없을 정도다. 로봇을 동원해 아프가니스탄의 동굴과 건물들을 뒤지기도 한다. 해군은 항공모함을 비호할 때 작은 로봇 선박들을 쓴다. 다음 장에서도 말하겠지만 이제 전장에서 빠른 속도로 인간 병사들이 사라지고 있다.

우주 탐사 미 항공우주국은 무인 우주선을 통제하는 소프트웨어에 자기이해 능력을 심고 있다. 화성은 지구에서 3광분, 목성은 40광분 정도 떨어져 있기 때문에(정확한 거리는 행성들의 배열에 따라 다르다) 그곳을 향해가는 우주선과 지구에 있는 통제실 사이에 적지 않은 교신 지체가 있다. 이 때문에 우주 계획을 통제하는 소프트웨어는 중대한 전략적 의사 결정을 스스로 내릴 필요가 있다. 그래서 항공우주국은 소프트웨어가 자신의 능력과 우주선의 능력을 상세히 이해하도록 정보를 입력하며, 임무 중에 발생할 잠재적 문제들에 대해서도 이해하도록 하고 있다. 그런 AI 시스템은 그저 사전에 입력된 규칙들을 따르기보다 새로운 상황에 맞는 해법을 스스로 추론하여 알아낸다. 덕분에 1999년에 소행성을 탐사하는 임무를 띠고 발사되었던 딥 스페이스 1호는 조정 스위치 중 하나가 망가지는 심각한 위기에 처했을 때, 기술적 지식들을 총동원해 몇 가지 독창적인 해결책을 찾아냈다.[185] AI 시스템이 생각해낸 첫 번째 대책은 실패였지만 두 번째 대책은 성공했고, 임무를 무사히 수행할 수 있었다. "이 시스템들은 자신들의 내부 구성 부품들에 대한 보편적인 물리적 모델을 갖고 있습니다." 딥 스페이스 1호의 자율형 소프트웨어를 발명한 사람들 중 하나이며 현재 MIT의 우주 시스템 및 AI 연구소에 있는 브라이언 윌리엄스가 한 말이다. "우주선은 그 모델을 바탕으로 해서 무엇이 잘못되었는지, 어떻게 대처해야 할지 스스로 결정합니다."

항공우주국은 여러 대의 컴퓨터로 이루어진 하드웨어에 유전 알고리즘을 장착하여 세 대의 스페이스 테크놀로지 5 위성들에 설치할 안테나를 설계했다. 지구 자기장을 연구할 목적을 띤 마이크로 위성들의 안테나이다. 가상 진화 과정에서 수백만 가지 설계안들이 나왔다. 안테나 설계 연구를 총지휘한 항공우주국 과학자 제이슨 론은 이렇게 말했다. "우리는 유전 알고리즘 소프트웨어로 우주 비행에 필요한 미세 기기들, 가령 자이로스코프 등을 설계하고 있습니다. 소프트웨어는 사람은 도저히 생각해낼 수 없는 설계들을 발명해냅니다."[186]

항공우주국에는 매우 희미한 영상 속에서 항성과 은하를 구분해내는 법을 배우는 AI 시스템도 있다. 소프트웨어는 인간 천문학자들보다 훨씬 정확하게 구별해낸다.

지상에 설치된 망원경들 중에는 어디를 보아야 원하는 천문 현상을 발견할 가능성이 높은지 스스로 결정할 줄 아는 것들이 있다. '자율, 반(半)지능적 천문대'라 불리는 이 시스템은 날씨 변화에 잘 적응하며, 관심 있는 대상을 스스로 설정하고, 알아서 추적한다. 망원경은 굉장히 미세한 현상도 탐지해낸다. 가령 항성이 고작 1나노초 깜박이는 것도 알아내는데, 이는 우리 태양계 외곽을 지나가던 작은 소행성이 그 항성의 빛을 가려서 생긴 현상일 수 있다.[187] 그런 천문대 시스템 중 하나인 MOTESS(동체 및 과도 현상 탐색 시스템)는 고작 2년 작동했을 뿐인데 벌써 새 소행성 180개와 혜성 여러 개를 찾아냈다. 엑서터 대학의 천문학자 앨러스데어 앨런은 이렇게 설명한다. "지적인 관측 시스템입니다. 스스로 생각하고 반응합니다. 자기가 발견한 것이 좀더 관측할 가치가 있을 만큼 흥미로운지 아닌지도 알아서 판단합니다. 더 관측해야겠다고 생각되면 죽 추적하여 무엇인지 밝혀냅니다."

첩보 위성에서 얻은 자료들을 자동 분석하는 데도 비슷한 시스템이 쓰인다. 현재의 위성 기술은 지상의 물체를 2.5센티미터 해상도로 분별할 수 있으며 기상이 나쁘거나 구름이 끼거나 어두워도 전혀 지장받지 않는다.[188] 방대한 양의 자료가 끊임없이 축적되고 있으므로, 그 속에서 의미 있는 변화를 찾아내는 데는 반드시 자동화된 영상 인식 소프트웨어가 있어야 한다.

의학 병원에 가서 심전도를 촬영하면 의사는 심전도 기록계에 딸린 자동 진단 시스템의 패턴 인식 기법을 통해 진단을 해줄 것이다. 내 회사(커즈와일 테크놀로지)는 유나이티드 테라퓨틱스 사와 함께 차세대 자동 심전도 분석 시스템을 개발하고 있다. 장기간의 비침습성 감시를 통해(옷에 꿰어진 감지기의 신호를 휴대폰 무선 통신으로 전송받는 식이다) 심장병 초기 징후를 판별해내고자 함이다.[189] 다양한 영상 자료를 분석, 진단하는 데 패턴 인식 시스템들이 쓰이고 있다.

대형 제약 회사들은 신약 개발을 할 때 패턴 인식과 지능적 정보 추출을 위해 AI 프로그램을 사용한다. 예를 들어 SRI 인터내셔널 사는 결핵균으로부터 헬리코박터 파일로리균(위궤양을 일으키는 박테리아)에 이르기까지 10여 가지 알려진 병원균들에 대한 온갖 정보를 통합한 유연한 지식 기반을 구축하고 있다.[190] 목표는 지능형 정보 추출 도구들(정보 내에서 새로운 연결 관계를 찾아주는 소프트웨어)을 사용하여 이런 병원체를 죽이거나 대사 작용을 방해하는 새로운 방법을 모색하는 것이다.

다른 질병들에 대해서도 새로운 치료법을 찾아내기 위해 자동 발견 기법이 쓰인다. 유전자의 기능과 특정 질병에 미치는 영향을 알아내는 데도 쓰인다.[191] 애보트 연구소는 연구자 6명에 AI 기법 적용 로봇 시스템과 정보 분석 시스템을 갖춘 실험실이 과학자 200명으로만 이루어진 구식 신약 개발 실험실과 비슷한 성적을 냈다고 했다.[192]

전립선 특이 항원(PSA) 수치가 높은 남성들은 보통 외과적 생체조직절편 검사를 받는다. 그중 75퍼센트는 전립선암이 아닌 것으로 진단된다. 반면 혈액 속 단백질의 패턴 인식 기법에 바탕을 둔 새 검사법을 적용하면 이 수치가 29퍼센트로 낮아진다.[193] 메릴랜드주 베데스다에 있는 코릴로직 시스템스 사가 개발한 AI 프로그램을 활용한 것으로서, 향후에도 정확도는 점차 높아질 것으로 보인다.

난소암 진단에도 단백질 패턴 인식 기법이 쓰인다. 현재 난소암을 판별하는 최상의 기법은 초음파를 활용한 CA-125라는 방법인데, 종양이 초기 상태일 경우는 거의 진단해내지 못한다. "진단이 가능한 시점이면 난소암이 이미 치명적 수준으로 발달해 있기 쉽습니다." 미 식품의약청과 국립암연구소가 후원한 임상적 단백질 유전정보학 프로그램을 공동 지휘했던 이매뉴얼 페트리코인 3세의 말이다. 페트리코인이 개발한 AI 적용 검사법은 암이 있을 경우에만 나타나는 단백질의 독특한 패턴을 찾아낸다. 페트리코인에 따르면 수백 개의 혈액 견본을 취해 시험한 결과, "놀랍게도 100퍼센트의 정확도로 암을 탐지했으며, 그것도 초기 단계의 암을 찾아냈다"고 한다.[194]

미국에서는 전체 자궁암 검사의 10퍼센트 정도는 포컬포인트라는 자기학습형 AI 프로그램에 의해 이뤄진다. 프로그램을 개발한 트라이패스 이미징 사는 우선 병리학자들을 취재하여 그들이 적용하는 기준을 수집했다. 다음에는 AI 시스템이 전문가 병리학자들의 작업을 배우게 했는데, 오직 최고의 진단 능력을 보유한 의사들만 대상으로 했다. 트라이패스 사 제품 기술 관리자인 밥 슈미트는 이렇게 말한다. "전문가 시스템의 장점은 최고 능력의 사람들을 모방할 수 있다는 것이지요."

오하이오 주립 대학 병원의 관리국은 여러 전문분야에 대해 방대한 지식을 갖춘 전문가 시스템을 구축하여 자동 의료 처방 시스템(CPOE)을 만들었다.[195] 시스템은 모든 처방에 대해 갖가지 점들을 검토하는데, 가령 환자의 알레르기 성향, 약물끼리의 상호작용, 중복 처방, 금지 약물 내용, 조제량 기준, 병원 연구소와 방사선부에서 전해준 환자에 대한 정보 등을 분석하여 적절한 처방을 내린다.

과학과 수학 웨일스 대학은 '로봇 과학자'를 만들었다. 독창적 이론을 창조할 수 있도록 설계된 AI 기반 시스템인데, 자율적으로 실험을 수행하는 로봇 시스템과 그 결과를 평가하는 추론 기계로 구성되어 있다. 연구자들은 시스템에 효모균의 유전자 발현에 대한 모델이라는 숙제를 주었다. 그랬더니 시스템은 '관찰 결과를 설명하기 위한 가설들을 자율적으로 만들어냈고, 가설들을 시험하기 위한 실험을 고안했으며, 연구소 로봇을 동원하여 알아서 실험을 수행하고, 결과를 해석하여 불일치하는 가설을 반증 처리하는 과정을 반복했다'.[196] 시스템은 경험을 통해 배워서 스스로 성능을 높이기도 했다. 로봇 과학자가 설계한 실험들은 인간이 설계한 것들보다 3배 이상 비용 효율적이었다. 성과를 평가해보았더니, 기계가 발견한 것들이 인간의 연구 결과에 못지않게 훌륭한 것으로 드러났다.

웨일스 대학 생물학부 책임자인 마이크 영은 기계와의 대결에서 진 인간 과학자 중 하나라 할 수 있을 것이다. 그는 "내가 로봇에게 지긴 했지만, 그건 내가 어쩌다 버튼을 하나 잘못 눌렀기 때문"이라고 변명했다.

미국 아르곤 국립연구소에서는 AI 시스템이 오랫동안 풀리지 않는 추측으로만 남아 있던 대수 문제 한 가지를 풀어냈다. 수학자들은 기계의 증명이 매우 "창의적"이라 평했다.

기업, 금융, 제조업 온갖 산업 분야의 모든 회사들이 물류를 최적화 통제하고, 사기와 돈 세탁을 걸러내고, 매일같이 얻는 수많은 자료 속에서 지능적으로 정보를 추출하기 위해 AI 시스템을 활용한다. 가령 월마트 사는 소비자들과 상호작용하면서 방대한 양의 정보를 축적하는데, 이 정보를 분석해서 관리자들에게 적절한 시장 조사 보고서를 작성하는 것은 AI를 활용한 신경망과 전문가 시스템이다. 회사는 지능적 정보 추출을 통해 가게마다 매일 특정 상품 재고가 얼마나 있으면 좋을지 꽤 정확하게 예측해낸다.[197]

AI 프로그램은 금융 거래에서 사기 행위를 걸러내는 데도 널리 쓰인다. 영국 회사인 퓨처 루트 사는 아이헥스라는 프로그램을 사용한다. 옥스퍼드 대학이 개발한 이 AI 기법은 신용 카드 거래와 대출에서의 사기 행위를 탐지하는 기능을 가졌다.[198] 시스템은 경험을 통해 끊임없이 기존 규칙을 수정하고 새로운 규칙들을 만들어간다. 노스캐롤라이나주 샤를로트에 있는 퍼스트 유니언 주택 자금 은행도 비슷한 AI 시스템을 쓰는데, 론 어레인저라는 이름의 시스템은 융자를 제공할지 말지에 대한 판단을 도와준다.[199]

미국 나스닥도 자기학습이 가능한 프로그램을 쓴다. SONAR(보안 감독, 뉴스 분석 및 규제)라는 이름의 시스템은 모든 거래의 사기 여부를 조사할뿐더러 내부자 거래 가능성도 점검한다.[200] 2003년 말 기준으로 SONAR가 탐지해낸 의심스러운 사건의 수는 180개에 이르며 모두가 미 증권거래위원회와 법무부에 보고되었다. 후에 매체에서 상당히 크게 다뤄진 사건들도 여럿 있다.

1972년에서 1997년까지 MIT의 AI 연구소를 지휘했던 패트릭 윈스턴은 어센트 테크놀로지 사를 창립하여 유전 알고리즘에 기반을 둔 SAOC(스마트 공항 관제 센터)라는 프로그램을 개발했다. 공항의 복잡한 물류를 최적화하는 프로그램으로서, 근로자 수백 명에게 균형 있게 업무를 할당하고, 탑승구와 비행기를 적절히 배분하고, 그 밖의 수많은 세부 사항들을 관리한다.[201] 윈스턴은 "복잡한 상황을 최적화할 방법을 찾아내는 것이야말로 유전 알고리즘의 장기"라고 말한다. SAOC가 적용된 공항의 생산성은 거의 30퍼센트 이상 올랐다.

어센트 사와 최초로 AI 기술 정식 계약을 맺은 것은 군대였다. 1999년 이라크의 사막의 폭풍 작전 시에 물류 관리 기법으로 채택된 것이다. 국방첨단연구계획청에 따르면 어센트 사의 기술을 비롯한 각종 AI 물류 계획 시스템 덕분에 비용이 상당히 절감되었는데, 그 규모가 지난 수십 년간 정부가 AI 연구에 투자한 비용에 맞먹는다고 했다.

최근에는 또 AI 시스템을 통해 복잡한 소프트웨어의 성능을 감독하고, 오작동을 탐지하고, 사람의 개입 없이 자동으로 문제를 수정하는 시스템이 한창 개발 중이다.[202] 사람과 마찬가지로 복잡한 소프트웨어일수록 완벽할 수 없다는 인식에서 비롯한 것이다. 사실상 버그를 모두 없애는 것은 불가능하다. 그래서 역시 사람이 활용하는 방법과 비슷한 대책을 수립해야 하는 것이다. 사람은 완벽하기를 기대하지 않으며, 어쩔 수 없는 실수들을 빨리 극복하는 법을 배운다. "시스템 관리가 자율적이기를 바랍니다." 스탠퍼드 대학의 소프트웨어 인프라스트럭처 그룹의 수장이며 현재 이른바 '자율 연산'을 연구하고 있는 아르만도 폭스의 말이다. "시스템은 설치, 최적화도 스스로 해야 합니다. 스스로 오류를 수선해야 하고, 뭔가 문제가 생길 경우 외부의 위협에 어떻게 대처할지도 스스로 알아내야 합니다." IBM, 마이크로소프트 등 모든 소프트웨어 회사들이 자율 관리 능력을 가진 시스템을 연구하고 있다.

제조업과 로봇공학 컴퓨터 통합 생산(CIM)은 자원 활용을 최적화하고, 물류를 능률화하고, 부품을 적기납입식으로 구입하여 재고를 줄이기 위해 점차 AI 기법들을 채택하고 있다. 최근 컴퓨터 통합 생산의 트렌드는 규칙에 따라 고정된 전문가 시스템보다는 '사건에 따라 추론하는' 유연성을 강조하는 편이다. 그런 추론 과정에서는 지식을 각각의 '사건'으로 저장하는데, 그 말은 해답을 가진 문제의 사례로 본다는 것이다. 최초의 사건들은 보통 기술자들이 저장한다. 하지만 성공적인 사건별 추론 시스템이 되려면 실제 경험으로부터 새로운 사건을 수집하는 능력이 무엇보다 중요하다. 시스템은 저장된 사건들로부터 깨우친 추론 방법을 새로운 상황에 적용할 수 있다.

로봇은 제조 산업 전반에 걸쳐 맹활약 중이다. 극히 최근의 로봇들은 AI에 기반을 둔 유연한 기계 시야 시스템을 탑재하였다. 매사추세츠주 네이틱의 코그넥스 사 같은 회사들이 만드는 기계 시야 시스템은 다양한 조건에 유연하게 대처할 수 있다. 로봇을 옴짝달싹할 수 없게 고정시키지 않아도 제대로 된 성과를 얻을 수 있는 것이다. 캘리포니아주 리버모어에 있는 어뎁트 테크놀로지 사의 CEO 브라이언 칼라일은 이렇게 지적한다. "이미 제조 현장에서 임금이 고려사항이 아닌 시대라 하여도, 여전히 로봇과 기타 유연한 자동화 시스템을 도입하여 얻을 수 있는 편익들이 있습니다. 고정된 기기와는 비교도 안 될 정도로 빠른 상품 전환과 진화가 가능하므로 품질 향상과 생산성 증가 등 다양한 장점이 있을 것입니다."

선구적 AI 로봇학자 중 한 명인 한스 모라벡은 시그리드라는 회사를 창립하여 제조 과정, 원료 가공, 군사 작전 등에 기계 시야 기술을 적용하려 노력하고 있다.[203] 모라벡의 소프트웨어를 탑재한 기기는(로봇이든 물건을 나르는 수레든) 구조가 일정하지 않은 환경에서도 쉽게 이동하며 한 번만 둘러보고 나면 믿을 만한 '복셀'(3차원 화소) 지도를 그려낸다. 일단 지도가 있으면 로봇은 스스로의 추론을 통해 주어진 임무를 수행하기 위한 최적의 행로를 찾아낼 수 있다.

이 기술을 쓰면 로봇에 미리 경로 프로그램을 장착하지 않아도 무인 수레로 재료를 제조 과정까지 정확히 보내줄 수 있다. 군대에서는 무인 기기들이 변화가 심한 전장 환경에 유연하게 대처하며 정확히 임무를 수행할 수 있다.

기계 시야를 갖춘 로봇은 인간과 더 원활히 소통할 수 있다. 작고 싼 카메라만 있으면 사람의 머리와 눈을 추적하는 소프트웨어를 통해 로봇이 인간의 움직임을 감지할 수 있다. 화면에 가상 캐릭터가 등장하여 인간과 눈 맞춤 할 수 있다면 더욱 좋을 텐데, 눈 맞춤이란 자연스러운 상호작용의 핵심 요소이기 때문이다. 카네기 멜런 대학과 MIT가 이러한 머리 및 눈 추적 시스템을 개발했으며, 오스트레일리아의 싱 머신즈 사 같은 작은 회사들이 소프트웨어로 판매하고 있다.

기계 시야의 성취를 인상적으로 보여준 예가 하나 있다. AI 시스템을 갖춘 무인 자동차가 워싱턴 D.C.에서 샌디에이고까지 알아서 운전하는 데 성공한 것이다.[204] 피츠버그 대학의 컴퓨터 과학 교수이자 미국 인공지능협회 회장인 브루스 뷰캐넌은 "10년 전만 해도 듣도 보도 못 하던" 묘기라고 격찬했다.

팰러앨토 연구센터(PARC)는 복잡한 환경을 돌아다니며 흥미로운 자료들을 수집하는 로봇 군단을 개발하고 있다. 가령 재난 지역에서 부상자를 발견하는 일을 할 것이다. 2004년 9월 샌호세에서 열린 AI 학회에서 연구진들은 가상이긴 하지만 실감 나는 재난 지역을 만들고 거기에서 자기조직적인 로봇들을 움직여 보였다.[205] 로봇들은 거친 영역을 탐사하며 서로 교신하고, 영상 패턴 인식을 활용하였으며, 열을 감지하여 인간의 위치를 추적했다.

음성과 언어 자연스럽게 언어를 다루는 것은 인공지능이 넘어야 할 가장 힘든 산이다. 인간 지능의 원칙에 대한 깊은 이해 없이 단순한 기교만으로는 컴퓨터가 인간 대화를 그럴싸하게 흉내내게 만들기 힘들다. 말이 아니라 글만 해도 마찬가지다. 튜링이 인공지능에 대한 테스트를 설계하면서 문자 언어에 대한 시험으로만 국한했던 것은 이런 통찰이 있었기 때문이다.

아직 인간 수준이 되려면 멀었지만, 자연어 처리 시스템들은 꾸준히 발전하고 있다. 검색 엔진만 봐도 알 수 있다. 구글은 어찌나 유명해졌는지 회사 이름이 고유 명사를 넘어 일반 동사처럼 쓰이는 형편이고, 구글의 기술은 지식에 접근하고 검색하는 활동에 혁명을 가져왔다. 구글 등의 검색 엔진들은 링크의 순위를 매길 때 AI에 바탕을 둔 통계적 학습 기법 및 논리 추론 기법을 사용한다. 검색 엔진들이 드러내는 명백한 실수 중 가장 큰 것은 말의 맥락을 이해하지 못한다는 점이다. 능숙한 사용자는 어떤 키워드들을 조합해야 의미 있는 결과를 얻을 수 있는지 잘 안다(가령 컴퓨터 칩에 대해 검색하려면 '컴퓨터 칩'이라고 입력해야지, '칩'이라고만 입력하면 감자칩에 대한 내용들이 함께 나올 것이다). 하지만 우리가 정말 원하는 것은 자연어로 쉽게 검색하는 것이다. 마이크로소프트 사는 애스크 MSR(마이크로소프트 연구소에 물어보세요)이라는 자연어 검색 엔진을 개발했다. "미키 맨틀은 언제 태어났나?" 같은 자연어 질문들에 답할 줄 아는 엔진이다.[206] 시스템이 구문을 분석하여 품사들을 파악하면(주어, 동사, 목적어, 부사나 형용사 수식어 등), 구문 분석된 문장을 갖고 특별한 검색 엔진이 결과를 찾아온다. 그렇게 찾아진 여러 문서들을 대상으로 질문에 대한 답이 있는지 다시금 검색한 뒤, 가능성 있는 것들에 점수를 매긴다. 실제 검색을 해보면 75퍼센트 정도의 경우에 상위 3개 링크 안에 옳은 답이 있다. 틀린 답의 경우도 대개 틀리게 나올 법하다고 인정할 만한 것들이다(가령 "미키 맨틀은 3에 태어났다"와 같은 답들이다). 연구자들은 적절한 지식 기반을 구축하여 결합하면 비상식적인 답들을 아예 제거할 수 있으리라 생각한다.

애스크 MSR 연구를 이끌었던 마이크로소프트의 에릭 브릴은 심지어 이보다 더 어려운 작업에 착수하고 나섰다. 훨씬 복잡한 질문들, 이를테면 "노벨상의 수상자는 어떻게 결정되나?" 같은 물음에 약 50단어 정도로 간결하게 답해주는 시스템을 만들려는 것이다. 여러 가지 전략이 총동원될 텐데 그중 하나는 웹에 있는 온갖 FAQ 페이지들을 적절히 활용하는 것이라고 한다.

풍부한 어휘와 화자 무관(어떤 화자의 말도 알아들을 수 있는) 음성 인식 기술을 갖춘 자연어 시스템이 시장에 나와 있으며 전화를 통해 일상 업무를 처리하는 분야에 투입되고 있다. 브리티시 에어웨이 항공사에 전화를 걸면 가상 여행 안내자가 받는데, 항공사의 비행기 예약에 관한 내용이라면 무엇이든 끝없이 대화를 나눌 수 있다.[207] 베리즌 사의 고객 상담실에 전화를 걸면 가상 상담원이 받을 것이고, 찰스슈

왑이나 메릴린치 같은 금융 회사도 가상 상담원을 통해 금융 거래를 수행할 수 있도록 하였다. 이런 시스템을 불편해하는 고객도 있겠지만, 시스템이 모호하거나 분절적이기 쉬운 사람들의 말에 적절히 반응하면서 비교적 효율적으로 운영되고 있다는 것만은 확실하다. 마이크로소프트는 여러 회사들과 공동으로 신규 시스템을 개발하고 있는데, 기업들이 가상 상담원을 구축하도록 도와주는 시스템이다. 가령 호텔 예약 등 여행에 필요한 예약 사항을 담당하거나, 온갖 종류의 일상적 거래들을 담당하는 쌍방향 자연 음성 대화 시스템을 쉽게 만들려는 것이다.

가상 상담원들의 작업 수행 능력이 충분히 만족스럽지는 않다. 하지만 대부분의 시스템에는 사람 안내원과 연결할 수 있는 선택지가 있다. 이런 시스템을 적용한 회사들은 안내원 수를 80퍼센트까지 줄일 수 있었다고 한다. 상담 센터 규모를 줄이는 것은 돈 때문이 아니라 관리 측면에서도 매우 바람직하다. 직업 만족도가 낮은 상담직은 이직률이 높기로 유명해 관리가 원체 어렵기 때문이다.

흔히 남자들은 남에게 길을 물어보기 싫어한다고 하지만, 만약 자기 차에 직접 방향을 물어볼 수 있다면 남자든 여자든 그리 꺼리는 사람이 없을 것이다. 2005년에 출시되는 혼다 사의 어큐라 RL과 혼다 오디세이는 IBM이 개발한 대화 시스템을 장착할 것이다.[208] 운전 방향을 지시할 때는 도로 이름을 포함하면 된다(가령 "메인 스트리트에서 좌회전한 뒤 세컨드 애비뉴에서 우회전"). 운전자는 "가까운 이탈리아 식당이 어디 있지?" 같은 질문도 할 수 있다. 특정 위치를 말로 알려준 뒤 경로를 물어볼 수 있고, 자동차에 직접 명령할 수도 있다(가령 "에어컨을 틀어"). 어큐라 RL은 도로 상황을 추적하여 실시간으로 정체 내역을 화면에 보여줄 수 있다. 화자에 상관없이 음성 인식이 가능하며, 엔진 소리나 바람 등 각종 소음에도 영향을 받지 않는다고 한다. 170만 개의 도로 및 도시 이름을 기억하고, 천 개 가까운 명령어를 이해한다고 한다.

한편 컴퓨터 번역도 꾸준히 발전했다. 인간 수준으로 언어를 이해하고 인간 수준으로 언어를 구사한다는 것은 튜링 테스트를 통과할 정도의 능력이므로, 이 분야는 가장 마지막까지 기계가 인간을 따라올 수 없는 영역일 것이다. 서던 캘리포니아 대학의 컴퓨터 과학자 프란츠 요제프 오흐는 어떤 언어가 주어지더라도 단 몇 시간 내지 며칠 만에 두 언어 사이 번역을 해낼 수 있는 기술을 개발했다.[209] 딱 하나의 '로제타 석판', 즉 한 언어의 글을 다른 언어의 글로 옮긴 기준 텍스트만 있으면 되는데, 다만 번역된 글에 포함된 단어의 개수가 수백만 개 이상 되어야 한다. 그러면 시스템은 자기조직적 기법을 동원하여 어떻게 한 언어가 다른 언어로 번역되는지에 대한 통계 모델을 구축한 뒤, 양방향으로 모델을 다듬어간다.

이것은 언어학자들이 고통스럽게 문법 하나하나를 입력하고 각 문법의 예외사항들까지 길게 나열해야 했던 종래의 번역 프로그램과 질적으로 다르다. 오흐의 시스템은 미국 상무부 산하 표준기술연구소가 주최했던 기계 번역 대회에서 최고 점수를 받았다.

오락과 스포츠 옥스퍼드 대학의 과학자 토르스텐 라일은 재미있고 흥미로운 유전 알고리즘 시스템을 하나 개발했다. 가상 관절과 근육을 가졌으며 뇌 대용으로 신경망을 가진 생명체들을 창조한 것이다. 그리고 그들에게 한 가지 임무를 부과했다. 걸으라는 것이다. 유전 알고리즘에는 7백 개의 변수들을 입력했다. "우리는 아무리 시스템을 들여다보아도 도무지 방법을 찾아낼 수 없다. 시스템이 정말 너무 복잡하기 때문이다. 바로 그런 데 적합한 방식이 진화다." 라일의 말이다.[210]

진화를 통해 탄생한 개체들 중에는 부드럽고 평이한 방식으로 걷는 것들도 있었지만, 널리 알려진 유전 알고리즘의 속성, 즉 질문대로 결과가 나온다는 속성을 정확하게 반영하는 신기한 결과들도 있었다. 걷는 것과 유사하지만 완전히 새로운 이동 방식을 창조해낸 개체들이 있었던 것이다. 라일의 말에 따르면 "전혀 걷는다고는 할 수 없고, 분명히 앞으로 나아가되 매우 괴상한 방식을 쓰는 것들이 있었는데 가령 기어가거나 공중제비를 넘는 녀석들"이었다.

스포츠 경기를 녹화한 비디오에서 중요한 장면만 골라 발췌 편집해주는 소프트웨어도 개발되고 있다.[211] 더블린의 트리니티 대학 연구진은 당구처럼 탁자에서 벌어지는 경기를 대상으로 연구 중이다. 소프트웨어가 모든 공의 위치를 추적한 뒤 의미 있는 움직임이 벌어졌을 때 그것을 가려내는 것이다. 피렌체 대학 연구진은 축구를 대상으로 연구 중이다. 소프트웨어는 각 선수의 위치를 추적한 뒤 경기 상황을 종류별로 구분함으로써(가령 프리킥 상황이라거나 골 시도 상황) 언제 골이 터졌고 언제 페널티킥이 주어졌는지 등의 중요한 사건들을 파악한다.

유니버시티 칼리지 런던에 있는 디지털 생물학 그룹은 포뮬러 원 경주용 자동차들을 설계하고 있는데, 유전 알고리즘을 통해 여러 설계들 간의 접목과 진화를 해낸다.[212]

한마디로 AI 겨울은 끝난 지 오래인 것이다. 우리는 이미 좁은 AI의 봄에 들어섰다. 앞에 열거한 사례들 대부분은 10년이나 15년 전만 해도 실험실에서나 연구되던 것들이다. 만약 전 세계의 AI 시스템들이 일시에 파업을 선언한다면 우리의 경제적 하부구조는 삽시간에 먹통이 될 것이다. 은행은 업무를 볼 수 없을 것이다. 대부분의 교통도 마비될 것이다. 대부분의 통신이 불가능할 것이다. 10년 전만 해도 있을 수 없었던 일이다. 물론 지금 우리가 가진 AI 시스템들은 아직 그런 모의를 꾀할 정도로 똑똑하진 않으니 안심해도 좋다.

강력한 AI

무언가를 한 가지 방식으로만 이해한다면 전혀 이해하지 못했다는 것과 마찬가지다. 뭔가가 잘못될 경우 그 고정관념에만 사로잡혀 어떻게 해야 할지 모를 것이기 때문이다. 어떤 것의 의미를 안다는 건 이미 알고 있던 다른 모든 사실들과 그 사실을 연결한다는 것이다. 그래서 뭔가를 '기계적으로' 외우는 것은 제대로 이해하는 것과는 다른 것이다. 한 가지 사실을 다양한 방식으로 표현할 줄 안다면 어떨까? 한 가지 접근법이 실패하면 다른 방법을 시도해볼 수 있다. 물론 지나치게 마구잡이로 사건들 간 연결을 시도했다가는 머릿속이 엉망진창이 될 것이다. 하지만 표상들을 적절히 연결하게 되면 마음속에서 생각들이 제대로 구성되고, 다양한 각도에서 사물을 바라볼 수 있고, 그러다 보면 잘 들어맞는 것을 고를 수 있다. 그것이야말로 생각한다는 것의 진정한 의미인 것이다!

—마빈 민스키[213]

컴퓨터 성능이 향상되는 일은 땅에 서서히 물이 차오르는 것과 같다. 50년 전만 해도 저지대만 물에 잠겼다. 손으로 계산하는 일이 없어지고 기록관이 없어졌지만 대부분의 사람들은 피해를 입지 않았다. 이제 홍수는 산기슭까지 올라왔고, 산 발치에 있는 인간의 기지들을 철수해야 하나 고민스럽다. 아직 산 정상 부분은 안전하지만 현재의 속도라면 향후 50년 안에 그곳까지 잠길 것이다. 그런 날이 다가오고 있으므로, 이제 노아의 방주를 만들어 물 위에서 사는 법을 익혀야 하지 않겠는가! 어쨌든 현재로서는 물에 잠긴다는 게 어떤 일인지 알려면 저지대 사람들에게 물어보는 수밖에 없다.

체스나 수학 정리 증명 같은 산기슭의 작업들을 다루는 사람들이 보고한 바에 따르면, 이미 여기에 기계 지능이 등장하기 시작했다. 왜 우리는 수십 년 전에, 저지대가 잠길 때, 컴퓨터가 산수나 기억 능력에서 인간을 추월하기 시작했을 때, 이런 식의 보고를 받지 못했을까? 사실 보고가 없진 않았다. 사람들은 수학자 수천 명을 모아둔 것보다 계산을 잘하는 컴퓨터를 '거인의 뇌'라며 칭송했고, AI 연구의 첫 세대를 열어젖혔다. 기계는 어떤 동물도 할 수 없는 것, 인간의 지능과 집중력과 오랜 연습이 필요한 작업을 해내고 있었다. 그러나 지금 와서 그 마법을 컴퓨터로부터 다시 빼앗아 올 수는 없다. 한 가지 이유는 컴퓨터가 다른 분야들에서는 비교적 형편없는 실력을 보여주고 있어서, 인간이 쉽게 판단할 수 없기 때문이다. 또 다른 이유는 인간이 어리석기 때문이다. 우리는 산수를 하거나 기록을 할 때 너무나 번거롭게, 외면적으로 하므로, 긴 연산을 이루는 매 작은 단계들은 잘 처리해도 전체 그림은 못 보는 수가 많다. 딥 블루를 설계한 사람들처럼 우리는 정보 처리 과정을 내부에서만 바라보는 경향이 있어서 외부에 놓여 있는 미묘한 의미를 이해하지 못한다. 그러나 사실 기상 시뮬레이션을 반복적으로 수행해 눈보라나 폭풍을 만들어내는 것, 또는 애니메이션 기법을 적용해 공룡의 피부를 진짜처럼 떨리게 만드는 것 등은 하나도 당연한 일이 아니다. 우리는 그것을 지능이라 부르지 않지만, 사실 '인공 현실'은 인공지능 자체보다 훨씬 심오한 의미로 다가올 것이다.

체스를 두는 사람, 또는 정리를 증명하는 사람의 마음속에 벌어지는 일은 복잡하고도 신비로운 것이라서 기계적으로 해석한다는 것은 불가능하다. 그들의 작업을 자연스럽게 따라가는 관찰자들은 대신 정신적 언어로 해석한다. 가령 전략, 이해, 창조성 같은 용어들을 동원해 설명한다. 그런데 기계가 의미 있으면서도 놀라운 작업을 인간처럼 풍부한 방식으로 해내게 되면, 그때 역시 기계적 해석만으로는 설명이 불가할 것이다. 물론 뒷배경 어딘가에는 실제 기계적 해석을 해낸 프로그래머들이 존재할 것이다. 하지만 그들조차도 완벽하게 모든 것을 이해한다고는 말할 수 없을 텐데, 프로그램이 저장한 세부 사항들이 엄청나게 많아서 도저히 다 알 수 없을 것이기 때문이다.

물이 계속 차올라 사람들이 북적대는 고지대까지 잠기면, 기계들은 수많은 다양한 분야들의 일을 척척 해낼 것이다. 기계 안에 어떤 생각하는 존재의 직관이 담기는 일이 흔해질 것이다. 가장 높은 봉우리까지 잠기면, 기계들은 어떤 주제를 놓고도 인간과 지적 소통을 할 수 있을 것이다. 그때가 되면 기계 안에 마음이 존재한다는 사실을 믿지 않을 수 없을 것이다.

－한스 모라벡[214]

정보기술의 발달은 기하급수적이기 때문에 부족한 수준이었던 성능이 하루 아침에 위압적인 수준으로 발전할 가능성도 있다. 앞서 여러 사례들을 들었듯, 수많은 영역에서 좁은 AI가 놀라운 성능을 자랑하고 있다. 기계가 인간 지능과 동등한 작업을 할 수 있는 분야가 점점 많아지고 있다. 내가 《영적 기계의 시대》에 만들어 넣었던 한 컷짜리 만화를 보면, 방어심에 사로잡힌 '인류'가 오직 인간만 할 수 있는(기계는 할 수 없는) 일들을 하나하나 적어가고 있다.[215] 바닥에 뿌려진 쪽지들은 이미 기계가 할 수 있게 되어 인류의 손을 떠난 일들이

다. 이를테면 심전도 진단, 바흐 풍의 작곡, 얼굴 인식, 미사일 인도, 탁구치기, 체스 두기, 주식 고르기, 재즈 즉흥연주, 중요한 정리 증명하기, 연설 이해하기 등이다. 만화를 그린 1999년에 이미 이런 일들은 인간 지능의 독자적 영역을 벗어났다. 모두 기계들도 할 수 있었던 것이다.

벽에 남아 있는 것은 인류가 생각하기에 아직 인간의 고유 영역인 일들이다. 상식을 갖는 것, 영화 감상을 쓰는 것, 기자회견을 여는 것, 통역, 집 청소, 운전 등이다. 만약 몇 년 후에 이 만화를 다시 그린다면 이들 중 몇몇도 바닥에 내려올 가능성이 높다. 앞서 말했던 전문가 시스템 CYC가 수억 개의 상식을 저장하게 되면 상식적 추론 분야에서도 인간이 우월하리라는 보장이 없다.

초보적인 수준이긴 하지만 가정용 로봇의 시대도 시작되었다. 10년 후에는 '집 청소'도 기계의 영역일지 모른다. 운전만 해도 그렇다. 이미 로봇이 인간의 도움 없이도 보통 도로를 따라 미국을 가로지르는 데 성공했다. 아직 운전대를 완전히 기계에 넘겨줄 수는 없지만, 자동운전하는 차들(안에 사람을 태운)이 전용으로 달릴 전자 고속도로를 건설하자는 제안도 있다.

자연어 이해 능력과 연관된 세 가지 작업, 즉 영화 감상 쓰기, 기자회견 열기, 통역하기는 좀 더 어렵다. 이것이 이뤄진다는 건 튜링 테스트를 통과하는 기계가 등장한다는 뜻이고, 강력한 AI의 시대가 시작된다는 뜻이다.

강력한 AI의 시대는 서서히 우리를 덮쳐올 것이다. 인간과 기계의 능력 사이에 조금이라도 차이가 있는 한, 강력한 AI에 대한 회의주의자들은 차이를 물고 늘어질 것이다. 하지만 우리는 카스파로프가 했던 경험을 모든 분야 기계 기술과 지식에 대해 하게 될 가능성이 높다. 기계의 기하급수적 성장곡선이 변곡점에 다다르는 순간, 우리는 그들의 성능이 미미한 수준에서 돌연 압도적인 수준으로 뛰어올랐음을 발견하고 놀랄 것이다.

어떻게 강력한 AI를 만들 수 있을까? 나는 이 책에서 강력한 AI를 위한 하드웨어, 소프트웨어적 필요조건들이 뭔지 알아보고, 어째서 이런 조건들이 비생물학적 구조를 통해 충족될 것이라 확신하는지 설명하고자 했다. 1999년만 해도 인간 지능을 모방할 정도로 강력한 하드웨어를 얻는 게 가능한가, 연산 능력이 그처럼 지속적으로 기하급수적인 가격 대 성능비 발전을 이룰 것인가에 대해 의견이 분분했다. 그러나 지난 5년간 3차원 연산 기술이 어찌나 눈부시게 발전했는지, 이제는 알 만한 사람이라면 아무도 그 사실을 의심하지 않는다. 반도체 산업이 발표한 ITRS(국제반도체기술로드맵) 보고서만 봐도 알 수 있다. 2018년까지 다루는 보고서에 따르면 바로 그해쯤이면 인간 지능 수준 하드웨어를 합당한 가격에 구할 수 있을 것이라 한다.[216]

4장에서 왜 2020년대 말이면 인간 뇌 전 영역을 모방하는 상세한 모델들이 등장할 것이라 믿는지 설명했다. 최근까지만 해도 뇌를 들여다보는 도구의 시공간 해상도, 대역폭, 가격 대 성능비가 떨어져서 훌륭한 모델을 만들 만한 정보를 얻을 수가 없었다. 지금은 다르다. 스캔 및 영상 도구들이 속속 발전하면서 놀랍도록 정확하게, 그것도 실시간으로 뉴런 등의 신경물질들을 탐지하고 분석할 수 있게 되었다.

미래에는 더욱 높은 해상도와 능력을 자랑하는 도구들이 등장할 것이다. 2020년대가 되면 우리는 스캔 및 영상 기능을 갖춘 나노봇들을 뇌 혈관에 흘려보내 안쪽에서부터 조사하게 할 것이다. 이미 다양한 뇌 스캔 및 영상 자료를 적절한 모델이나 컴퓨터 시뮬레이션 프로그램에 입력하여 특정 뇌 영역의 생물학적 성능에 맞먹는 실험 결과를 보이게 한 바 있다. 뇌 영역 중 중요 부분들에 대한 훌륭한 모델들이 현재에도 존재한다. 2020년대 말경 뇌 전 영역에 대한 상세하고도 현실적인 모델이 등장하리라는 시점 예측은 상당히 보수적인 편이다.

강력한 AI가 등장하리라는 예측을 간단히 설명하면 이렇다. 우리는 뇌 전 영역을 역분석하여 인간 지능의 작동 원리를 알아낼 것이고, 2020년대가 되면 용량이 뇌에 맞먹는 연산 플랫폼이 있을 것이므로 그곳에 원리들을 입력할 것이다. 이미 좁은 AI에 대해서는 효과적인 도구들이 많다. 이 기법들을 계속 다듬어나가고, 새로운 알고리즘을 발명하고, 여러 기법들을 결합하는 방식으로 정교한 구조를 세워가면, 언젠가 좁은 AI는 더 이상 좁지 않게 될 것이다. AI는 더 넓은 분야에 적용될 테고, 훨씬 유연한 능력을 보일 것이다. AI 시스템은 사람과 마찬가지로 하나의 문제에 대해 다각도로 접근할 줄 안다. 무엇보다 뇌 역분석을 통해 발굴할 새로운 통찰과 패러다임들이 지속적으로 도구상자를 풍성하게 해줄 것이다. 이것은 한창 진행 중인 혁명이다.

간혹 뇌는 컴퓨터와 달라서 뇌 기능에 대한 통찰을 비생물학적 구조에 바로 적용할 수는 없다고 말하는 사람들이 있다. 자기조직적 구조에 대한 이해가 없어서 하는 말이다. 이미 퍽 세련된 수학적 자기조직 도구들이 존재한다. 뇌는 현재의 일반적인 컴퓨터들과 당연히 다르다. 포켓용 컴퓨터를 꺼내어 아무 전선이나 자르면 분명히 기계는 망가질 것이다. 반면 인간은 많은 뉴런들과 개재뉴런 연결을 끊임없이 잃어가면서도 부작용에 시달리지 않는다. 뇌는 자기조직적이며 분산된 패턴에 의존하고 있어서 세세한 부분이 그리 중요치 않기 때문이다.

2020년대 중반이나 말이 되면 우리는 아주 정교한 뇌 모델들을 가질 것이다. 새 모델들 덕분에 우리의 도구상자가 풍성해질 것이고 뇌의 실제 작동 양식에 대한 심도 깊은 이해를 바탕에 든든히 깔 수 있을 것이다. 뇌 역분석에서 얻은 도구, 뇌를 통해 간접적으로 얻은 통찰들, 뇌와는 상관 없지만 수십 년간의 AI 연구에서 얻은 지식 등 각종 도구를 총동원하여 지적 작업에 적용할 수 있을 것이다.

뇌 고유의 전략 중 하나는 처음부터 모든 지식을 고정되게 기억하는 대신 학습을 통해 유연하게 배운다는 점이다. ('본능'이란 그런 타고난 지식을 가리키는 말이다.) AI에서도 학습은 중요한 요소다. 문자 인식, 음성 인식, 금융 분석 등에 쓸 패턴 인식 시스템을 개발해온 내 경험에 비추어볼 때 AI를 제대로 교육시키는 것이야말로 가장 어렵고도 중대한 일이다. 그런데 우리 문명의 지식들이 차곡차곡 온라인에 쌓여가고 있으므로, 미래에는 AI를 온라인에 연결하기만 해도 방대한 정보를 습득하게 할 수 있을지 모른다.

AI의 학습 속도는 사람보다 훨씬 빠를 것이다. 사람이 스무 해는 걸려야 배울 수 있는 기초적 소양들을 기계는 몇 주도 안 되어 배울 수 있다. 비생물학적 지능끼리는 학습한 지식 패턴을 쉽게 공유할 수 있으므로, 하나의 AI가 기술을 배우면 그것으로 충분하다. 컴퓨터 하나가 음성을 인식할 수 있게 되면 학습된 패턴을 음성 인식 소프트웨어로 만들어 수많은 사람들의 컴퓨터에 죄다 나눠줄 수 있다.

뇌 역분석이 끝나면 좋은 점 중 하나는 비생물학적 지능이 언어와 상식의 상당 부분을 습득하게 되어 튜링 테스트를 통과할지 모른다는 것이다. 튜링 테스트는 실용적인 의미가 깊다기보다 결정적인 분기점으로서 상징적 의미가 크다. 튜링 테스트는 편법으로 통과하기 어렵다. 인간 지능의 융통성, 미묘함, 유연함을 거의 그대로 모방하는 수밖에 없다. 일단 기술이 그런 능력을 갖추면 그것의 정수를 집중시켜 한층 확장하는 것은 공학적으로 쉬운 일이다.

튜링 테스트 외에도 갖가지 테스트들이 있다. 뢰브너 상이라는 것도 있다. 매년 대회를 통해 가장 사람답게 말하는 채터봇(대화 로봇들)을 뽑아 동상을 수여한다.[217] 은상을 받으려면 튜링이 제안한 기초적 형태의 테스트를 통과해야 하는데, 아직 그런 예는 없었다. 금상은 시각 및 청각적 의사소통도 가능할 때 준다고 되어 있다. 화면을 통해 그럴싸한 목소리와 얼굴까지 전달해서 인간 심사위원들에게 진짜 사람과 이야기하는 느낌을 주어야 하는 것이다. 언뜻 생각하면 금상을 받기는 너무 힘든 것 같다. 하지만 나는 오히려 더 쉬울 수도 있다고 생각하는데, 심사위원들이 얼굴 및 목소리 연기에 신경이 팔려 대화의 정확한 내용에는 신경을 덜 쏠 가능성이 있기 때문이다. 지금도 이미 얼굴을 본딴 실시간 애니메이션이 있으므로, 아직 튜링 테스트를 통과할 수준은 아니라 해도 목표에 아주 먼 것도 아니다. 이미 매우 자연스러운 음성 합성 기술도 있다. 운율(억양) 면에서 연구가 더 필요하지만 지금도 실제 사람 목소리와 혼동될 정도다. 만족스러운 얼굴 애니메이션 및 목소리 합성 기법은 튜링 수준의 언어 및 지각 능력이 달성되기 한참 전에 완성되어 있을 것이다.

튜링은 테스트의 세부 지침에 대해서는 명확하게 규정하지 않았다. 해서 후세 학자들은 어떤 기준을 만족시켜야 튜링 테스트를 통과했다고 할 수 있을 것이냐에 대해 여러 가지로 논의했다.[218] 2002년, 나는 롱나우라는 재단의 웹사이트에서 미치 카포와 내기를 한 적이 있다.[219] 2만 달러를 걸고 이긴 사람이 선정한 자선단체에 상금을 기증하기로 한 내기인데, 내용은 '기계가 2029년에 튜링 테스트를 통과할 수 있을 것인가?'이다. 나는 그렇다에 걸고 카포는 아니다에 걸었다. 그런데 내기를 성립시키는 자잘한 규칙을 정하는 데만 몇 달이 걸렸다. 가령 '기계'와 '인간'을 정의하는 것부터 쉽지가 않다. 인간 심사위원이 뇌 속에 비생물학적 처리 도구를 갖고 있어도 괜찮은가? 기계가 생물학적 속성을 띠고 있어도 괜찮은가?

튜링 테스트의 정의는 사실 사람마다 다르다. 그래서 튜링 테스트를 통과하는 기계는 하루아침에 등장하는 게 아닐 것이다. 일정 기간 동안 성공했다고 자처하는 후보들이 연달아 나타날 것이다. 최초로 등장한 것들은 나를 비롯한 여러 관찰자들의 가혹한 심사를 겪을 것이다. 실제 성공을 거두고도 한참이 지나서야 사람들은 비로소 기계가 튜링 테스트를 통과했다는 데 합의할 것이다.

에드워드 파이겐바움은 튜링 테스트의 변형판을 한 가지 제시했다.

일상 대화에서 사람 행세를 할 수 있느냐가 아니라 특정 분야의 과학적 전문가 행세를 할 수 있는지 측정해보자는 것이다.[220] 파이겐바움 테스트는 튜링 테스트보다 의미가 깊다. 파이겐바움 테스트에 통과한 기계는 기술적으로 유능하고 자신의 설계를 개선할 역량이 있을 것이기 때문이다. 파이겐바움은 이렇게 설명했다.

> 사람과 컴퓨터가 파이겐바움 게임을 한다고 하자. 사람 쪽은 자연과학, 공학, 의학이라는 세 가지 분야 중 하나에 종사하는 엘리트 연구자여야 한다. (세 가지 이상의 영역도 가능하겠지만 열 개는 넘지 않는 것이 좋겠다.) 가령 미국 국립과학원에 등재된 과학 분야들로 한정할 수 있겠다. …… 예를 들어 천체물리학, 컴퓨터 과학, 분자생물학을 골랐다고 하자. 게임이 진행되면 과학원 회원이자 특정 분야의 전문가인 제3자가 두 경기자(엘리트 연구자와 컴퓨터)의 행동을 평가한다. 즉 천체물리학자가 천체물리학 연구 행동을 평가하는 것이다. 물론 튜링 테스트에서와 마찬가지로 심사위원은 경기자들의 모습을 직접 볼 수 없다. 심사위원은 문제를 제시하고, 답을 들은 뒤, 설명을 시키는 등 계속 질문을 던진다. 동료들끼리 토론하듯 말이다. 과연 심사위원은 어느 쪽이 동료 회원이고 어느 쪽이 컴퓨터인지 알아낼 수 있겠는가?

파이겐바움은 컴퓨터도 학술원 회원으로 인정받을 수 있을지 모른다는 가능성은 생각지 않았다. 현재 사람으로만 이루어진 기관에 언젠가는 기계도 소속될 수 있으리라고는 상상하지 못한 것 같다. 파이겐바움 테스트는 확실히 튜링 테스트보다 어렵다. 하지만 AI의 역사를 돌이켜보면, 기계는 전문가의 기술을 먼저 배웠으며 나중에야 어린아이의 언어 능력을 배우기 시작했다. 초창기 AI들은 수학 증명을 하거나 임상 진단을 하는 등 전문 분야에서 능력을 발휘했다. 물론 이들은 다양한 각도에서 지식을 유연하게 구조화하는 능력, 그리고 언어 능력이 없기 때문에 파이겐바움 테스트를 통과하지는 못한다. 파이겐바움 테스트를 통과하려면 전문적 수준의 대화가 꼭 필요하다.

그 언어 능력은 튜링 테스트에 필요한 언어 능력과 동일하다. 사실 전문 기술 분야에서 이뤄지는 추론이 평범한 성인들이 나날이 하는 일상적 추론보다 더 어렵다고도 할 수 없다. 그래서 나는 기계가 튜링 테스트를 통과할 무렵이면 이미 몇몇 분야에서는 파이겐바움 테스트를 통과하는 기계가 나오리라 예상한다. 물론 모든 분야에서 파이겐바움 테스트를 통과하려면 매우 오랜 시간이 걸릴 것이다. 그래서 나는 진정한 AI의 시대는 2030년대일 것이라 늦춰 잡은 것이다. 2040년대가 되면 우리는 우리 문명의 축적된 지식을 연산 플랫폼에 모조리 옮길 수 있을 것이다. 생물학적 인간 지능보다 수십억 배 유능한 플랫폼에 말이다.

강력한 AI의 도래는 이번 세기가 겪게 될 가장 중요한 사건이다. 생물학의 등장과도 비견할 만하다. 생물학으로 창조된 것들이 마침내 스스로의 지능을 장악하고 그 한계를 뛰어넘는 방법까지 알아내게 되었다는 뜻이다. 일단 인간 지능의 작동 원리들이 알려지면, 인간 과학자와 공학자들이 그 능력을 넓혀갈 것이다. 그 작업자들 또한 타고난 생물학적 지능 위에 비생물학적 지능을 융합시킴으로써 비교할 수 없을 정도로 놀라운 능력을 갖게 되었을 것이다. 그리고 더욱 시간이 흐르면, 마침내 비생물학적 지능이 생물학적 지능을 압도하는 날이 올 것이다.

이런 변화 속에서 우리는 어떤 영향을 받게 될까? 다음 장에서 상세히 알아보겠다. 지능이란 한정된 시간 속에 한정된 자원을 동원해 문제를 풀어내는 능력이다. 그 인간 지능이 점차 비생물학적 기반으로 옮겨가며 자신의 힘을 이해하고 구사하는 활동 주기가 점차 빨라지는 것, 그것이 특이점이다.

미래주의자 박테리아의 친구, 기원전 20억 년: 자, 미래에 대한 네 생각들을 다시 한번 말해봐.

미래주의자 박테리아: 나는 우리들이 사회를 이루게 될 거라고 생각해. 우리들이 하나의 세포로 뭉치고, 그 세포는 하나의 커다랗고 복잡한 유기체처럼 행동하는 거지. 물론 능력이 훨씬 뛰어난 유기체가 되겠지.

미래주의자 박테리아의 친구: 근거가 뭔데?

미래주의자 박테리아: 벌써 답토박테르 같은 녀석들은 더 큰 박테리아 내부로 들어가서 작은 듀엣을 결성했잖아.[221] 다른 세포들도 그렇게 뭉쳐서 각자 전문화된 기능을 맡게 될 게 분명하다구. 지금 우리는 필요한 걸 전부 혼자 알아서 찾아야 하잖아. 먹이도 그렇고, 소화하는 것도, 배출물을 내보내는 것도.

미래주의자 박테리아의 친구: 그다음엔 어떻게 될 것 같은데?

미래주의자 박테리아: 세포들이 서로서로 소통하는 방법을 만들어내겠지. 너나 나는 화학 농도 차를 감지하는 것 말고는 할 줄 아는 게 없지만 말이야.

미래주의자 박테리아의 친구: 좋아, 그러면 수십조 개의 세포들이 모여서 이룬다는 거대한 미래의 군락에 대해서 다시 한번 설명해봐.

미래주의자 박테리아: 응, 내 예상에 따르면 말이지, 20억 년 정도 지나면 수십조 개의 세포들이 커다란 사회를 이루어서 하나의 유기체가 될 거야. 그 속에 있는 수백억 개의 전문화한 세포들은 매우 복잡한 패턴으로 서로 소통할 거야.

미래주의자 박테리아의 친구: 패턴이라니 그게 뭔데?

미래주의자 박테리아: 음, 가령 '음악' 같은 것이 패턴 활동이지. 거대한 세포들의 군락이 음악적 패턴을 만들어내고, 그걸 통해서 다른 세포 군락들과 소통할 거야.

미래주의자 박테리아의 친구: 음악?

미래주의자 박테리아: 그래, 소리의 패턴.

미래주의자 박테리아의 친구: 소리?

미래주의자 박테리아: 좋아, 다르게 설명해볼게. 이 거대세포 사회들은 매우 복잡해서 스스로 어떻게 조직되어 있는지도 잘 알 거야. 자신의 설계를 점점 더 나은 방향으로 점점 더 빠르게 바꿀 수도 있겠지. 눈 닿는 모든 세상을 다시 만들어낼 거야.

미래주의자 박테리아의 친구: 잠깐, 그렇다면 우리가 박테리아로서의 기본 속성을 잃어버리게 되는 것 아냐?

미래주의자 박테리아: 아, 잃어버리는 일은 없을 거야.

미래주의자 박테리아의 친구: 넌 계속 그렇게 장담하지, 하지만……

미래주의자 박테리아: 물론 매우 놀라운 전진이 되겠지. 하지만 그것 역시 우리 박테리아의 숙명이야. 그리고 어쨌든 그렇게 되어도 우리처럼 마음대로 떠다니는 작은 박테리아들이 없어지진 않을 거고.

미래주의자 박테리아의 친구: 좋아, 하지만 단점도 있잖아? 내 말은, 작은 답토박테르나 델로브리오 박테리아 같은 녀석들이야 무슨 큰 해를 끼치겠어. 하지만 그렇게 거대한 규모의 세포 군락이라면 모든 걸 파괴해버릴 수도 있잖아.

미래주의자 박테리아: 확실히 아니라고 할 순 없겠지만 난 우리가 슬기롭게 대처하리라고 봐.

미래주의자 박테리아의 친구: 너야 언제나 낙천주의자니까.

미래주의자 박테리아: 이봐, 하지만 단점에 대해 걱정할 시간은 수십억 년이나 있잖아?

미래주의자 박테리아의 친구: 알았어, 점심이나 먹으러 가자고.

한편, 20억 년 뒤에는…

네드 러드: 미래의 지능들은 내가 1812년에 맞서 싸웠던 직조 기계들보

다 훨씬 골치 아픈 녀석들일 게 틀림없습니다. 그때만 해도 기계를 다루는 사람 하나가 12명의 일꾼을 대체한다고 걱정했죠. 그런데 미래에는 구슬만 한 기계 하나가 온 인류를 능가할 거라고 말하는 거잖소.

레이: 하지만 생물학적 인류를 능가한다는 말이죠. 어떤 경우라도 그 구슬 기계라는 것은 인간임에 틀림없어요. 생물학적인 인간은 아니지만.

러드: 초지능들은 음식을 먹지 않겠죠. 숨도 안 쉬겠죠. 섹스를 해서 아이를 낳지도 않을 거고…… 그런데 어떻게 인간이란 말이오?

레이: 인간은 기술과 한 몸이 될 겁니다. 2004년 현재에도 이미 그런 일이 시작되고 있어요. 기계들이 아직 몸이나 뇌 속보다 밖에 있긴 하지만요. 어쨌든 우리는 기계를 통해서 우리 지능을 확장해 사용하고 있지요. 한계를 넘어서고자 하는 건 인간의 본성입니다.

러드: 이봐요, 그런 비생물학적 초지능 개체들을 인간이라고 부르는 건 인간이 기본적으로 박테리아와 다를 바 없다고 말하는 거잖소. 사람이 박테리아에서 진화한 게 맞긴 하지만.

레이: 현재의 인간이 세포들의 집합체고, 우리는 진화의 산물, 그것도 가장 뛰어난 창조물임은 분명합니다. 하지만 인간의 지능을 역분석하고, 모델을 세우고, 시뮬레이션을 하고, 좀 더 나은 재료에 재설치함으로써 한계를 넓히는 것은 우리 진화의 또 하나 수순인 겁니다. 박테리아의 운명은 기술을 창조할 줄 아는 인간종으로 진화하는 것이었죠. 마찬가지로 인간의 운명은 특이점을 불러올 무한한 지능으로 진화하는 것이고요.

6

어떤 영향들을 겪게 될 것인가?

미래는 실제보다 훨씬 앞서 우리 안에 들어와서는 우리 속에서 제 모습을 바꾼다.

—라이너 마리아 릴케

미래에 대한 통념 중 제일 잘못된 것은 미래를 우리에게 벌어지는 어떤 일로 보는 것이다. 우리가 창조하는 어떤 것인데 말이다.

—마이클 아니시모프

'신이 되고 싶어한다'는 것은 인간 본성이 가장 고도로 표현된 행위이다. 스스로를 개량하고 싶은 욕구, 환경을 정복하고픈 욕구, 아이들에게 최적의 미래를 열어주고픈 욕구는 인간 역사의 가장 원초적인 동력이었다. '신이 되고 싶어하는' 욕구가 없었다면 오늘날 우리가 아는 형태의 세상은 없을 것이다. 고작 수백만의 인간들이 수렵채집 행위로 겨우 생계를 이어가며 초원이나 숲에서 살고 있을 것이다. 문자도, 역사도, 수학도 없을 테고 우주의 정교한 구조와 인간의 내적 활동에 관한 이해도 없을 것이다.

—라메즈 나암[*]

폭포처럼 쏟아질 각종 영향들 일단 비생물학적 지능이 우위를 점하게 되면 인간이 경험한다는 것의 의미는 어떻게 바뀔까? 강력한 AI와 나노기술로 우리가 상상하는 어떤 상품, 어떤 상황, 어떤 환경이라도

[*] 마이크로소프트 인터넷 익스플로러 등의 소프트웨어 개발에 참가한 개발자. 나노기술 관련 소프트웨어를 연구하고 있으며, 기술 가속, 트랜스 휴먼 등에 관해 저술과 강연 작업을 하고 있다.

마음대로 만들 수 있게 되면 인간-기계 문명은 어떻게 될까? 내가 상상력의 역할을 강조하는 까닭은 결국 인간은 상상할 수 있는 것만 창조할 수 있기 때문이다. 다만 상상을 현실로 만들어내는 도구가 기하급수적으로 강력해지고 있을 뿐이다.

특이점이 다가오면 우리는 인간의 삶이란 무엇인지 다시 생각해봐야 할 테고 각종 조직들을 재편해야 할 것이다. 이 장에서는 그런 내용을 다루겠다.

한 가지 예를 들어보자. G, N, R 혁명들이 서로 얽혀 일어나면 우리 연약한 버전 1.0 육체는 좀 더 내구성 있고 역량 있는 2.0 버전으로 바뀔 것이다. 나노봇 수십억 개가 몸과 뇌의 혈류를 타고 흐르며 병원체를 물리치고, DNA 오류를 수정하고, 독소를 제거하는 등 육체적 건강을 향상시키기 위한 여러 임무들을 수행할 것이다. 우리는 늙지 않고 무한히 살 수 있을 것이다.

뇌에 널리 퍼진 나노봇들은 기존의 생물학적 뉴런과 상호작용할 것이다. 오감으로 완전몰입형 가상현실을 체험하게 해줄 것이고, 신경계 내부로부터 작업을 하여 감정을 유발시키기도 할 것이다. 타고난 생물학적 사고 장치와 우리가 만들어낸 비생물학적 지능이 융합됨으로써 인간의 지능은 엄청나게 확장된다.

전쟁은 나노봇을 활용한 무기로 치러질 것이며, 가상 무기들도 확산된다. 학습은 일단 온라인을 통해 이뤄지겠으나, 뇌 자체를 온라인에 접속할 수 있게 되면 거추장스러운 과정 없이 곧바로 새로운 지식과 기술을 다운로드 받게 될 것이다. 우리가 해야 할 유일한 일은 음악과 미술에서 수학과 과학에 이르기까지 온갖 종류의 지식들을 창조하는 것이다. 노는 것 역시 지식을 창조하는 일이 될 테니, 사실상 일과 놀이 사이에 분명한 경계가 없어진다.

지구상의, 그리고 지구를 둘러싼 지능은 줄곧 기하급수적 확장을 거듭하여 결국에는 지능적 연산을 뒷받침할 물질과 에너지가 모자라는 순간에 다다를 것이다. 그렇게 우리 은하의 에너지를 모두 소모하고 나면 인간 문명의 지능은 이론적으로 가능한 최고의 속도로 더 먼 우주를 향해 나아갈 것이다. 최고의 속도란 광속이어야 한다는 게 현재까지의 이론이지만, 명백해 보이는 이 한계마저 극복할 수 있을지 모른다는 제안들이 있다(가령 웜홀을 통해 질러 가는 등의 아이디어다).

인체에 미칠 영향

세상에 이토록 저마다 다른 사람들.

−도노반[*1]

우주의 연인이여, 나에게 접속해요.
그리고 절대, 절대 떠나지 말아요.
나는 알고 있죠. 세상에는
나의 플라스틱 판타스틱 연인보다 현명한 사람은 없다는 걸.

−제퍼슨 에어플레인,[**] 〈플라스틱 판타스틱 러버〉

기계는 조금 더 인간 같아질 것이고, 인간은 조금 더 기계 같아질 것이다.

−로드니 브룩스

한 번 자연에서 벗어나면 나는 결코
자연의 어떤 사물을 닮은 육체를 취하지 않으리라.
오직 그리스의 금장이가

[*]   영국의 가수.
[**] 1965년 결성된 미국의 사이키델릭 로큰롤 밴드.

망치로 두들기고 금칠을 하여 만든 그런 형상을 취하리라.

—윌리엄 버틀러 예이츠, 〈비잔티움으로의 항해〉

인간의 육체적, 정신적 구조를 급격히 바꾸는 작업은 현재에도 진행 중이다. 생명공학, 그리고 떠오르는 유전공학 기술을 이용하는 것이다. 앞으로 20년이 지나면 우리는 나노봇 같은 나노기술을 활용하여 인체의 장기를 보강하고 교체하는 단계까지 나아갈 것이다.

새로운 식사법 성 행위는 원래의 생물학적 기능과 상당히 동떨어진 행동이 되었다. 우리는 대부분 내밀한 소통과 감각적 쾌락을 위해 성교하지, 재생산을 위해 성교하지 않는다. 거꾸로 우리는 육체적 성행위 없이 아이를 탄생시키는 방법을 여러 가지 개발했다. 아직은 대부분의 사람들이 실제 성 행위를 통해 자식을 낳고 있지만 말이다. 성을 생물학적 기능과 분리시키는 것을 두고 사회 일각의 구성원들은 반대 입장을 표했다. 하지만 결국 산업 세계의 사람들은 기꺼이, 아니심지어 열광적으로, 그런 기술들을 받아들였다.

그러니 역시 사회적 친밀감과 감각적 쾌락을 제공하는 또 다른 행동, 즉 먹는 행위에 대해서도 생물학적 목적을 걷어낼 수 있지 않겠는가? 사람이 음식을 섭취하는 본래의 생물학적 목적은 혈류에 영양분을 공급하여 수조 개에 달하는 몸속 세포들에 잘 전달되게 하는 것이다. 우리에겐 글루코오스(보통은 탄수화물에서 온다)나 단백질이나 지방처럼 칼로리를 내는(에너지를 지닌) 물질, 비타민이나 미네랄처럼 미량분자 원소, 다양한 대사 과정에서 구성 요소이자 효소로 기능하는 피토케미컬 등이 필요하다.

인간의 생체 활동이 대부분 그렇듯, 소화는 놀랄 정도로 정교하고 복잡한 작업이다. 사람의 몸은 저마다 매우 다른 조건을 갖고 있음에도 불구하고, 생존의 필수 자원을 음식물에서 뽑아내고 여러 독소를 제거하는 작업을 하나같이 잘 해낸다. 우리는 소화라는 복잡한 과정에 대해 점점 지식을 쌓아가는 참이지만 그래도 아직 모르는 것이 너무 많다.

그런데 우리는 소화 과정이 인류 진화 단계 중 과거의 어떤 시점에 맞게 최적화된 것임을 알고 있다. 현재 우리가 처한 환경과는 너무나 다른 조건이었다. 인류는 대부분의 역사 동안 수렵이나 사냥에 적합한 계절이 올 때까지(혹은 비교적 짧은 최근의 역사 동안에는 농사에 적합한 계절이 올 때까지) 재앙에 가까울 정도의 굶주림을 견뎌야 할 가능성이 높은 삶을 살았다. 그러므로 몸 안에 들이는 칼로리를 하나도 남김없이 저장하는 게 현명한 전략이었다. 그런데 오늘날의 환경에선 그 전략은 매우 비생산적이며 시대에 맞지 않는 대사 과정이다. 오히려 비만이라는 현대의 전염병을 유발하고, 관상 동맥 질환이나 제2형 당뇨병 같은 퇴행성 질환의 진행을 부추긴다.

소화계 및 여타 신체 구조의 설계가 현재 조건에 적합하지 않은 까닭은 무엇일까? 진화의 시간표로 볼 때 비교적 최근까지만 해도 나 같은 늙은이들(나는 1948년생이다)이 부족의 한정된 자원을 소모한다는 건 종족의 이득에 반하는 일이었다. 진화는 인간 수명이 짧기를 바랐다. 한정된 자원이 어린이들, 어린이를 돌보는 이들, 힘든 육체 활동을 할 수 있을 정도로 강한 이들에게 돌아가길 바랐기 때문이다. 그래서 2백 년 전만 해도 인간의 기대 수명은 37세였다. 앞서 설명했지만 이른바 할머니 가설이라는 것이 있긴 해도(소수의 '현명한' 노인들이 부족에 있는 편이 종 전체에 유리하다는 가설) 인간 수명을 연장하려는 강력한 유전적 압력이 보이지 않는다는 사실을 뒤집지는 못한다.

현재 우리는 물질적 풍요의 시대를 살고 있다. 최소한 기술적으로 선진화한 나라들은 그렇다. 사람의 일은 육체적 노동보다 정신적 노력을 요한다. 백 년 전만 해도 미국 노동력의 30퍼센트는 농장에, 또

30퍼센트는 공장에 고용되어 있었다. 현재 그 수치는 각기 3퍼센트 미만이다.[2] 요즘의 직업 중 대다수는, 가령 비행기 조종사에서 웹디자이너에 이르기까지, 백 년 전에는 아예 존재하지도 않았던 것들이다. 현재 우리는 자식을 양육할 나이가 한참 지나서도 기하급수적으로 증가하는 문명의 지식 기반에 얼마든지 귀중한 기여를 할 수 있는 사회를 살고 있다. (베이비붐 시대의 일원인 나는 분명히 이렇게 믿는다.)

인류는 줄곧 기술을 통해 타고난 수명을 연장해왔다. 약물이나 영양보충제도 있고, 사실상 모든 신체 기관을 교체할 수 있으며, 그 밖에도 다양한 기법들이 있다. 엉덩이, 무릎, 어깨, 팔꿈치, 손목, 턱, 이빨, 피부, 동맥, 정맥, 심장 판막, 팔, 다리, 발, 손가락, 발가락을 대신할 기기들을 갖고 있으며 좀 더 복잡한 기관(가령 심장)을 대체할 기술도 속속 도입되고 있다. 몸과 뇌의 작동 원리를 배워가다 보면 우리는 곧 더욱 오래가고 더욱 뛰어난 기능을 자랑하는 기기들을 설계할 수 있을 것이다. 기기들은 망가지거나, 병에 걸리거나, 노화하지 않을 것이다.

새로운 인체를 개념적으로 설계한 것 중에 예술가이자 문화 촉진자인 나타샤 비타-모어가 고안한 프리모 포스트휴먼*이라는 것이 있다.[3] 인체의 이동성, 유연성, 내구성을 최적화하려는 설계로서, 나노봇을 동원해 AI를 구현한 인공 신피질로 광역 통신이 가능한 보조 뇌, 색깔과 질감을 바꿀 수 있는 바이오센서에 고감도 감각 기능을 갖추었으며 태양빛도 보호해주는 스마트 피부 등을 쓰는 것이다.

버전 2.0 인체로 나아간다는 것은 지속적이고도 거대한 계획으로, 종국에는 모든 신체적, 정신적 구조들을 뛰어난 상태로 바꿔줄 것이다. 하지만 우리는 한 번에 하나씩 마치 대수롭지 않은 듯 그 변화들

---

* 인류가 현재의 모든 제약을 뛰어넘어 완전히 다른 하나의 종으로 진화한 상태를 일컫는 가상적 용어.

을 겪을 것이다. 현재의 지식으로도 이 원대한 구상이 어떤 식으로 이루어질 것인지 대체로 설명할 수 있다.

소화계 재설계 이런 관점에서 소화계를 다시 보자. 우리는 음식물들의 조성이 어떤지 꽤 종합적으로 알고 있다. 먹지 못하는 사람들에게 정맥 주사로 영양을 공급하는 법도 안다. 하지만 정맥 주사는 그리 바람직한 식사의 대안이 아니다. 혈류 안팎으로 물질을 움직이는 기술이 아직은 제한적인 상태이기 때문이다.

이 분야에서 앞으로 생겨날 기술 발전은 대부분 생화학적인 것으로서 약물이나 영양보충제의 형태가 될 것이다. 지나친 칼로리 흡수를 막고 최적의 건강 상태를 유지하기 위해 대사 과정을 재편하는 도구들이다. 조슬린 당뇨병 센터의 론 칸 박사는 '지방세포 인슐린 수용체(FIR)' 유전자를 발견했는데, 지방이 축적되는 것을 통제하는 유전자다. 칸 박사가 쥐의 지방세포에서 이 유전자가 발현되지 못하게 했더니 쥐는 마음껏 먹고도 날씬하고 건강한 몸을 유지했다. 대조군 쥐들보다 훨씬 음식을 많이 먹는데도 기존 수명에서 18퍼센트 이상 오래 살았으며 심장병이나 당뇨병에 걸리는 확률도 매우 낮았다. 제약 회사들이 이 발견을 인간 FIR 유전자에 적용하려 경주하는 것도 무리가 아니다.

과도기적인 단계에서는 소화기와 혈류에 나노봇들을 투입할 수 있다. 이들은 필요한 영양소를 정확하게 분석하고, 개인마다의 무선망을 통해 추가 영양소와 보충제를 주문하고, 필요 없는 나머지는 제거되도록 신호를 보낼 것이다.

황당무계하게 들릴지도 모르겠으나 이미 지적 기계들이 혈류에 침투하고 있다는 사실을 떠올려보자. 혈류를 무대로 하는 바이오 마이크로 기계를 개발하여 진단 및 치료에 쓰고자 하는 연구가 수십 가지 진행되고 있다.[4] 이런 연구에 대해 토론하는 학회도 꽤 있다.[5] 바이오 마이크로 기기들은 지능적으로 병원체를 몰아내고 정확하게 처방을 전달하기 위한 방향으로 개발되고 있다.

예를 들어, 혈관을 흐르며 인슐린 같은 호르몬을 전달하는 나노기기들이 동물을 대상으로 시험되는 중이다.[6] 그 방식을 사용하면 파킨슨병에 걸린 환자의 뇌에 도파민을 정확히 전달할 수 있고, 혈우병 환자에게 혈액 응고 물질을 주입할 수 있으며, 종양 발생 지점에 정확하게 암 치료제를 가져다 줄 수 있다. 스무 가지의 물질을 실은 채 혈관을 흐르다가 미리 계산된 정확한 시점에 정확한 지점에서 물질을 분비하도록 하는 기기도 설계되고 있다.[7]

미시간 대학 전기공학과 교수인 켄잘 와이즈는 신경 질환을 앓는 환자들의 전기적 활동을 정밀하게 감시할 수 있는 작은 신경 탐침을 개발했다.[8] 뇌의 특정 지점으로 약물을 전달하도록 설계를 개선할 수도 있다고 한다. 일본 도호쿠 대학의 이시야마 카즈시는 미세 스크루 추진기를 이용해 작은 종양 지점에 약물을 배달하는 미세기계를 개발했다.[9]

미국 샌디아 국립연구소에서 개발한 또 하나의 혁신적인 미세기계는 작은 턱과 이빨 같은 것을 갖고 있어서 세포를 물었다 놓았다 할 수 있으며, 그러면서 DNA나 단백질, 약물 같은 물질들을 세포에 이식한다.[10] 미세한, 거의 나노 수준의 기계들을 몸과 혈관에 들여보내려는 노력은 꾸준히 이어지고 있는 것이다.

언젠가 우리는 저마다 최고의 건강을 유지하기 위해 필요한 영양소(그리고 수백 가지 피토케미컬들)의 양을 정확히 알게 될 것이다. 영양소를 구하는 건 거의 공짜이다시피 할 정도로 간단할 테니 번거롭게 음식물을 섭취할 필요가 없을 것이다.

특수 설계된 대사 나노봇들이 영양소를 혈관까지 직접 운반하게 된다. 혈관과 몸속에는 감지기들이 있어 그 시점, 그 장소에서 필요한 영양 성분 내용을 실시간 연산, 무선 통신을 통해 알려줄 것이다.

2020년대 말 무렵이면 꽤 성숙한 기술이 될 것으로 보인다.

그런 설계를 완성할 때 가장 중요한 문제는 어떻게 나노봇을 몸에 넣었다 뺐다 할까이다. 정맥 도관 같은 요즘의 기술들은 아쉬운 데가 많다. 다행이라면 나노봇은 약물이나 영양소와는 달리 제 스스로 지능을 갖고 있어서 자신이 어디에 어떻게 필요한지 잘 알고 그에 따라 현명하게 몸을 드나들 수 있으리라는 점이다. 예를 들어 우리가 영양 공급 기기가 달린 특수 벨트나 속옷을 입으면, 영양소를 실은 나노봇들이 피부나 기타 몸의 구멍들을 통해 몸속으로 들어가는 것이다.

이 정도로 기술이 발전하면 맘대로 먹어도 좋을 것이다. 쾌락과 미식의 즐거움을 주는 것이라면 뭐든 먹어도 될 테고, 요리의 맛, 식감, 향취 등을 맘껏 즐기면서도 혈류의 영양소는 최적으로 유지할 수 있다. 어쩌면 소화계 전체를 아무것도 흡수하지 못하도록 바꾸어 음식이 그냥 흘러가게 만들지도 모른다. 그러나 그러면 결장에 큰 부담이 될 것이니, 통상적인 배설 방법 이외의 기법이 필요해진다. 이 문제는 작은 청소부처럼 행동하는 청소 나노봇들을 통해 해결할 수 있을 것이다. 영양 공급 나노봇들은 몸속으로 무언가를 가져오지만 청소 나노봇들은 반대 기능을 수행한다. 이런 혁신이 이루어지면 신장처럼 혈액에서 불순물을 걸러내는 장기들의 기능도 대부분 필요 없게 될 것이다.

결국 우리는 특수복이나 외부 영양 자원 따위에도 구애 받지 않게 될 것이다. 연산 자체가 어디서나 가능할 테니 기초 대사 나노봇들은 어느 환경에서든 자유롭게 활동할 수 있다. 물론 몸속에 자원을 충분히 저장해두는 건 여전히 중요한 일이다. 버전 1.0 인체는 그 기능에도 한계가 있다. 산소라면 핏속에 고작 몇 분 분량밖에 저장하지 못하고, 에너지라면 글리코겐이나 기타 물질의 형태로 며칠 분량만을 저장한다. 버전 2.0 인체는 훨씬 많은 양을 저장할 수 있을 것이고, 대사 활동 역량에는 시간 제약이 사라질 것이다.

이런 기술들이 처음 선보일 시점에는 구식 소화계와 공존할 것이다. 워드프로세서가 도입되었다고 해서 사람들이 일시에 타자기를 없애버린 건 아니었듯이 말이다. 하지만 결국 신기술이 우세하게 된다. 요즘은 타자기나 말이 끄는 마차, 나무를 태우는 난로, 기타 구식 기술들을 쓰는 사람이 거의 없다(과거 사회를 일부러 경험하기 위해서가 아니라면 말이다). 인체 재설계도 마찬가지 과정을 밟을 것이다. 위장을 재설계할 때 발생하는 복잡다단한 문제들이 모두 해결되면 점점 많은 사람들이 그런 위장을 택할 것이다. 나노봇을 동원한 소화계가 서서히 인기를 끌면서 처음에는 기존 소화 기능을 도와주는 정도였다가 나중에는 완전히 대체할 것이다.

혈액 프로그래밍 역분석을 통한 개념적 재설계가 활발히 이루어지고 있는 체내 기관 중 하나가 혈액이다. 앞서 로버트 프레이터스가 나노기술을 바탕으로 적혈구, 혈소판, 백혈구를 재설계했다는 말을 한 적 있다.[11] 대부분의 생물학적 도구들이 그렇듯, 적혈구는 산소화라는 제 임무를 그다지 효율적으로 하고 있지 못하다. 그래서 프레이터스는 최적의 성능을 낼 수 있는 로봇 적혈구를 설계했다. 이 인공 호흡세포를 사용하면 몇 시간이고 산소 없이 버틸 수 있을 것이다.[12] 미래의 운동 경기에 어떤 영향을 미칠지도 자못 흥미롭다. 아마도 올림픽 경기 출전자들에게는 인공 호흡세포의 사용이 금지되겠지만, 그렇다면 (인공 세포가 가득한 혈액을 보유한) 10대들이 올림픽 선수의 기록을 수시로 능가하는 세상이 될 것이다. 시제품이 나오려면 앞으로도 10~20년 기다려야겠지만 물리적, 화학적 설계는 꽤 상세한 수준까지 진행되어 있다. 프레이터스의 설계를 채택하면 산소 저장과 운반을 수백, 수천 배 효과적으로 할 수 있다는 분석 결과도 있다.

프레이터스는 또 기존 혈소판보다 천배 이상 빠르게 항상성을 유지하는 미크론 규모 인공 혈소판도 상상한다.[13] '미생물 포식자 세포'라는 나노봇도 있다. 백혈구를 대체할 물질로, 기존 항생 물질보다 수백 배 빠르게 감염 물질을 파괴하는 소프트웨어를 장착하며, 모든 종류의 박테리아, 바이러스, 균류 감염, 심지어 암에 적용할 수 있고, 약에 내성이 생기는 문제도 없을 것이다.[14]

심장, 갖거나 갖지 않거나 혈액 다음으로 개량할 기관은 심장이다. 심장은 섬세하고 놀라운 기관이지만 치명적인 문제점들도 꽤 갖고 있다. 갖가지 형태로 고장이 나며, 장수에 가장 근본적인 약점이 되는 기관이다. 다른 신체 부위보다 앞서, 때로는 지나치게 일찍 망가지기 시작한다.

인공 심장으로 교체하는 기술이 발달 중이지만, 보다 효과적인 접근법은 심장을 아예 없애는 것이다. 프레이터스의 설계안 중에는 스스로 움직이는 혈구 나노봇들이 있다. 피가 저절로 흐를 수 있다면 막대한 압력을 내뿜는 심장이라는 중앙 펌프가 필요 없어지는 것이다. 나노봇을 혈액에 넣었다 빼는 기법이 완성되면 끊임없이 나노봇들을 교체할 수도 있을 것이다. 프레이터스는 또 500조 개의 나노봇들로 구성된 복잡한 시스템도 제안했는데, '유사 혈관계'라는 이름의 이 시스템은 액체 매질 없이 직접 영양분과 세포들을 운반하며 혈관계 자체를 대체하는 것이다.[15]

인체의 에너지는 미세 연료 전지들을 통해 얻을 수도 있다. 전지의 자원으로는 수소, 또는 인체 고유 연료인 ATP를 쓰면 된다. 앞 장에서 말했듯 마이크로 수준, 혹은 나노 수준의 연료 전지에 대한 연구가 한창 진행 중이며, 일부는 인체의 글루코오스나 ATP 에너지를 이용하고자 한다.[16]

놀라운 산화 능력을 가진 인공 호흡세포를 만들 수 있다면, 나노봇들이 아예 산화와 동시에 이산화탄소까지 제거하게 하여 폐를 대체할 수 있을 것이다. 다른 기술들과 마찬가지로 이것도 단계적인 발전을 겪을 텐데, 처음엔 생물학적 호흡계를 보조하는 기술로 적용되어 양쪽의 장점을 취하다가, 나중에는 깨끗한 공기가 있는 곳만 다니며 숨 쉬는 번거로움을 유지할 이유가 없으므로 인공 시스템만 남게 될 것이다. 만약 숨 쉬는 기분 자체가 상쾌해서 좋은 거라면 가상 감각 체험을 하면 된다.

더 지나면 혈액 속을 흐르거나 여러 대사 작용에 참가하는 각종 화합물, 호르몬, 효소들을 생산하는 기관들조차 필요 없어질 것이다. 이미 이런 물질들 중 여러 가지가 생화학적으로 똑같이 합성되고 있으며, 10~20년 내에 대부분의 물질들에 대해 생화학적으로 기능 차이가 없는 대체물을 만들어낼 수 있을 것이다. 인공 호르몬 장기들도 생산되고 있다. 가령 로런스 리버모어 국립연구소와 캘리포니아에 있는 메드트로닉 미디메드 사는 피부 밑에 이식하는 인공 췌장을 만들고 있다. 혈당 수치를 확인한 뒤 필요한 만큼 인슐린을 내보내는 기기로서, 컴퓨터 프로그램을 활용해서 생물학적 췌도세포와 동일한 기능을 한다.[17]

버전 2.0 인체에서는 호르몬 및 여타 물질들은 모두 나노봇이 전달해줄 것이다. 지능적 생체 자기제어 시스템은 늘 농도를 감시하며 균형을 맞춰줄 것이다. 그런데 생물학적 장기 대부분이 사라졌을 테니 사실 이런 물질들 중 다수가 이미 쓸모 없는 것일 테고, 대신 나노로봇 시스템을 구동하는 데 필요한 다른 자원들이 필요할 것이다.

그러면 무엇이 남는가? 지금이 2030년대 초반이라고 상상해보자. 심장, 폐, 적혈구와 백혈구, 혈소판, 췌장, 갑상선 및 모든 호르몬 분비기관들, 신장, 방광, 간, 식도, 위, 소장, 대장이 죄다 필요 없을 것이다. 남은 것은 골격, 피부, 성기, 감각 기관, 입과 식도 윗부분, 뇌다.

뼈는 매우 안정된 구조로서 어떻게 움직이는지 잘 알려져 있다. 일부를 교체하는 것도 가능한데(가령 인공 고관절과 관절 등) 다만 고통스러운 수술이 필수적이고, 현재 기술로는 수술에 여러 가지 한계가 있다. 언젠가는 나노봇들을 동원하여 뼈대를 강하게 하고, 나아가 절개가 필요 없는 점진적 과정을 거쳐 새 뼈대로 교체할 수 있을 것이다. 버전 2.0 인체 골격은 매우 강하고 안정적일 것이며 자기 수선력까지 갖출 것이다.

간이나 췌장 같은 장기는 없어진대도 별 느낌이 없을 텐데, 그들의 직접적인 기능이 필요치 않기 때문이다. 하지만 피부는 다르다. 피부는 성기가 포함되어 있기도 해서, 우리가 마지막까지 지키고 싶어하는 조직일 것이다. 최소한 피부를 통한 소통과 쾌락이라는 핵심 기능만은 유지하길 바랄 것이다. 나노기술을 가미한 물질로 피부를 더 낫게 만들 수는 있다. 접촉을 통한 내밀한 소통 능력은 간직하되 물리적 환경이나 열에 더 잘 대처하는 피부가 탄생할 것이다. 구강이나 식도 윗부분도 마찬가지다. 먹는 행위의 기쁨을 간직하기 위해 소화계 중 가장 마지막까지 남는 부분이 될 것이다.

뇌 재설계하기 인체를 역분석한 후 재설계하다 보면 우리 몸에서 가장 중요한 기관, 즉 뇌까지 새로 만들게 된다. 이미 '신경형' 모델링 기법(뇌와 신경계를 역분석하는 것)을 적용한 이식물을 심을 수 있는 뇌 영역이 늘고 있다.[18] MIT와 하버드 대학 연구자들은 손상된 망막을 대신할 수 있는 인공 신경을 개발 중이다.[19] 파킨슨병 환자들을 위한 이식물은 뇌의 배쪽후핵 및 시상하핵과 직접 소통하여 최악의 징후가 발현하는 것을 막는다.[20] 뇌성마비나 다발성 경화증 환자를 위한 이식물은 배쪽외시상과 소통하며, 발작을 막는 데 효과적이다.[21] 이런 치료법들을 개척하는 데 한몫한 미국 의사 릭 트로치는 이렇게 말한다. "뇌를 수프처럼 생각하면 어떤 신경전달물질들의 기능을 강화하거나 약화할 때 화합물을 마구 더하게 되지만, 우리는 그러지 않고 뇌를 일종의 회로처럼 취급한다."

생물학적 정보 처리가 이루어지는 축축한 아날로그 세계와 전자기기의 디지털 세계를 연결하는 기법도 다양하게 개발되고 있다. 독일 막스 플랑크 연구소의 과학자들은 뉴런과 쌍방향 소통할 수 있는 비침습성 기기를 개발했다.[22] 그들은 이른바 '뉴런 트랜지스터'를 살아 있는 거머리에 부착한 뒤 컴퓨터를 통해 거머리의 움직임을 조정했다. 거머리의 뉴런들을 동원해서 간단한 논리 문제와 산수 문제를 풀도록 조작하는 기술도 선보였다.

과학자들은 '양자 점'에도 주목하고 있다. 광전도성 반도체로 만들어진 작은 결정 모양 칩으로서, 표면에 붙어 있는 펩티드로 뉴런 표면 특정 지점에 결합할 수 있다. 그러면 특정 주파수의 빛을 이용해 특정 뉴런만 활성화할 수 있으므로, 괜히 절개하여 전극을 삽입할 필요가 없다.[23]

신경 장애나 척수 손상을 입은 사람들의 부서진 신경망을 이을 수 있을지도 모른다. 이제까지 신경망을 다시 잇는 것은 최근에 사고를 당한 환자들에게만 가능하다는 의견이 지배적이었다. 신경은 사용되지 않으면 서서히 퇴화하기 때문이다. 하지만 최근, 척수 손상을 입은 지 오래된 환자들 역시 인공 신경계의 도움을 받을 수 있으리라는 희망적인 연구가 나왔다. 유타 대학 연구자들은 오랜 기간 사지마비를 겪고 있는 환자들에게 여러 가지로 팔다리를 움직여보도록 주문한 뒤 자기공명영상으로 뇌 반응을 관찰했다. 수년간 사지 운동을 담당하는 신경 회로들이 쓰이지 않았음에도 불구하고, 환자들이 사지를 움직이려 애쓰면 뇌는 장애를 입지 않은 사람과 동일한 패턴의 움직임을 보였다.[24]

마비 환자의 뇌에 감지기를 삽입한 뒤 환자가 의도하는 활동에 적합한 뇌 패턴을 인식하도록 하고, 나아가 그것을 적절한 근육 활동으로 변환해 지시하는 일도 가능할 것이다. 근육에 지장이 있는 환자에게는 '나노 전기기계적' 시스템(NEMS)을 쓰면 된다. 손상된 근육의 위축 팽창 활동을 도와주는 것으로서 실제 신경계나 인공 신경계의 지시를 받아 움직일 수 있다.

사이보그가 되어가는 사람들 인체가 버전 2.0으로 나아가는 과정은 우리가 기술과 점점 친숙한 관계를 맺어가는 장기적 변화의 연속선상에 있다. 처음에 컴퓨터는 에어컨이 돌아가는 방에 격리된 거대한 기계로, 하얀 옷을 입은 기술자들만 관리할 수 있는 무엇이었다. 그러던 것이 우리 책상으로 옮겨오더니 나중에는 팔 위에, 급기야 주머니 속에 들어왔다. 곧 우리 몸과 뇌도 들락날락하게 될 것이다. 2030년경이 되면 우리 몸은 생물학적 부분보다 비생물학적 부분이 많게 될 것이다. 3장에서 말했듯 2040년쯤이면 비생물학적 지능은 생물학적 지능보다 수십억 배 뛰어난 상태가 되어 있을 것이다.

질병과 장애를 극복하게 해준다는 압도적 장점이 있으므로, 기술은 빠른 속도로 발전한다. 기술을 의학적 용도에 적용하는 것은 다만 첫걸음에 지나지 않는다. 기술이 한층 안정되어가면 그 밖에도 다양한 용도로 인간의 잠재력을 확장하는 데 쓰이지 못할 이유가 없다.

스티븐 호킹은 최근 독일 잡지 〈포커스〉와 가진 인터뷰에서 수십 년 내에 컴퓨터 지능이 인간 지능을 넘어설 것이라 했다. 호킹은 "뇌와 기계의 직접 연결을 서둘러 추진할 필요가 있으며, 그것은 컴퓨터가 인간 지능을 보조하는 것이지 반대는 아닐 것"이라 주장했다.[25] 호킹이 말한 연구들이 현재 한창 진행되고 있으니 안심해도 좋겠다.

버전 2.0 인체는 하나가 아니라 다양한 형태로 등장할 것이며, 각 장기나 신체 구조는 개별적으로 발달, 진화할 것이다. 생물학적 진화는 이른바 '국소적 최적화'만 할 수 있다. 주어진 설계를 개선하는 능력이 있지만 아주 오래전에 생물학 자체에 씌워진 한계 때문에 설계 '결정'에 제약이 따른다는 뜻이다. 가령 생물학적 진화는 단 한 가지 재료, 즉 아미노산 사슬이 접혀 만들어지는 단백질만 활용할 수 있다.

사고 활동(패턴 인식, 논리 분석, 기술 습득, 기타 인지 활동)을 할 때는 굼뜨기 그지없는 화학적 반응들에만 의존해야 한다. 생물학적 진화 자체도 느리기 그지없다. 기초적 개념들을 하나하나 덧붙여가며 주어진 설계를 개선하기 때문에 더디다. 가령 다이아몬드형 물질이나 나노튜브를 활용한 논리 스위치를 활용하는 등, 대번에 바뀌는 급격한 변화는 할 줄 모른다.

이런 내재적 한계를 넘어서는 방법이 없지는 않다. 무엇보다도 생물학적 진화는 생각할 줄 알고 환경을 조작할 줄 아는 종을 탄생시켰다. 그 동물종은 이제 스스로의 설계를 이해하고 개량할 수 있게 되었으며, 생물학의 근본적 교리를 완전히 바꿔놓는 데까지 진화했다.

버전 3.0 인체 나는 2030년대나 2040년대에 좀 더 근본적인 인체의 재설계, 이른바 버전 3.0 인체가 탄생할 것이라 본다. 인체 하부구조들을 하나씩 재편하는 게 아니라, 버전 2.0의 경험을 발판 삼아 총체적으로 개량하는 것이다(생물학적 지능과 비생물학적 지능이 합심하여 이룰 성과일 것이다). 버전 1.0에서 2.0으로 나아갈 때와 마찬가지로, 3.0으로 나아가는 과정은 점진적일 것이며 여러 방향의 아이디어들이 각축을 벌일 것이다.

내가 버전 3.0 인체의 특징 중 하나로 꼽는 것은 말 그대로 쉽게 신체를 바꿀 수 있어야 한다는 것이다. 가상현실에서야 지금도 쉬운데, 미래에는 현실에서도 할 수 있으리라는 뜻이다. 분자나노기술 조립법을 몸에 적용하면 육체적 현현조차도 내키는 대로 눈 깜박할 새에 바꿀 수 있을 것이다.

뇌의 대부분이 비생물학적 물질로 찬다 해도 인간은 인체에 대해 미적이고 감정적인 애착을 계속 느낄 가능성이 높다. 이러한 미감은 우리에게 의미가 깊기 때문이다. (아무리 확장된 형태라 해도 결국 비생물학적 지능의 일부는 생물학적 지능의 계통을 잇는 후손일 것이다.) 그러므로 버전 3.0 인체는 지금의 우리가 봐도 인간답다 여겨지는 형태를 유지할 가능성이 높다. 그렇지만 일단 인체가 엄청난 유연성을 획득하게 된 이상, 미적 기준 자체가 서서히 변할 것이다. 요즘만 해도 피어싱, 문신, 성형 수술로 몸을 개조하는 사람들이 많고 사회 전반이 변화를 빠르게 수용하는 상황이다. 어떤 변화라도 쉽게 되물릴 수 있다는 보장이 있으면 육체에 대한 더욱 대담한 실험들이 횡행할 것이다.

J. 스토르스 홀은 '포글릿'이라 이름 붙인 나노봇 설계를 제안했다. 자기들끼리 결합하여 다양한 구조물을 만들 수 있는 나노봇으로서 구조를 쉽게 바꿀 수 있다는 게 특징이다. '포글릿'이라 이름 붙인 까닭은, 한 공간에 포글릿들이 안개처럼 풍성히 모여 있다면 그들이 소리와 빛을 통제해서 다양한 영상 및 청각 경험을 선사할 수 있기 때문이다. 한마디로 인체 내부가 아니라(신경계를 건드리는 게 아니라) 외부에서(물리적 세계에서) 가상현실을 창조하는 녀석들이다. 포글릿을 활용하면 몸이든 환경이든 자유자재로 빚어낼 수 있을 것이다. 포글릿은 소리와 영상을 제어할 수 있으므로 이들이 만들어내는 환경 중 일부는 환영에 지나지 않을 수 있다.[26] 가상현실이 아니라 진짜 현실에서 인체를 자유자재 형성하는 기술은 이 밖에도 여러 가지로 제안되고 있다. 포글릿은 개중 하나에 불과하다.

빌(환경론자): 버전 2.0 인체를 생각해보면, 벼룩 잡느라 초가삼간 다 태운다는 생각이 들지 않나요? 몸과 뇌 전체를 기계로 대체한다는 건 더 이상 인간은 존재하지 않는다는 뜻이지 않습니까.

레이: 일단 인간의 정의에 대해서도 합의가 안 되는 상황이지만, 어쨌든, 어디까지를 진짜 인간으로 볼 것이냐부터 생각해볼까요? 몸이나 뇌에 생물학적이든 비생물학적이든 기기를 더해 기능을 높이는 행위는 하나도 새로울 것 없는 일입니다. 그리고 아직도 치유를 기다리며 고통 받는 환자들이 있고요.

빌: 고통 경감 차원에서 적용한다는 데야 이견이 없습니다. 하지만 인체를 기계로 바꾸어서 본래 인간의 능력을 뛰어넘게끔 된다면 그게 기계가 아니고 무엇인가요? 차는 사람처럼 땅을 달리지만 훨씬 빠르지요. 하지만 아무도 자동차를 사람 같다고 여기진 않습니다.

레이: 문제는 '기계'라는 단어에 있는 것 같군요. 당신이 말하는 기계란 사람보다 가치가 덜한 어떤 것이죠. 덜 복잡하고, 덜 창조적이고, 덜 지적이고, 덜 박식하고, 덜 민감하고 덜 유연한 것이죠. 자동차를 포함해서 이제껏 우리가 만난 모든 기계들이 사실 그랬기 때문에 요즘의 기계는 그렇다고 말해도 옳을지 모르죠. 그러나 제가 말하고자 하는 요점은, 즉 특이점 혁명의 핵심이라고 생각하는 점은, 바로 이 기계에 대한 생각, 비생물학적 지능에 대한 생각 자체가 뿌리부터 바뀔 거라는 점입니다.

빌: 저도 바로 그 점이 문제라는 겁니다. 인간성이란, 어느 정도는, 한계가 있다는 것에 기인합니다. 인간은 가능한 한 최고로 빠른 존재나 가능한 한 최고의 기억 용량을 지니는 존재가 되길 원치 않죠. 대신 무어라 정의할 수 없는 영적 특질을 갖고 있습니다. 기계는 태생적으로 지닐 수 없는 무언가를 말입니다.

레이: 그런데 다시 한번 말하지만, 어느 선에서 경계를 긋겠단 말인가요? 요즘도 사람들은 몸과 뇌의 일부를 비생물학적 기기로 교체하여 '인간적' 기능들을 더 잘 수행하도록 하고 있습니다.

빌: 병에 걸렸거나 손상을 입은 장기를 교체하는 한에서 그렇지요. 반면 모든 인간적 자질을 향상시키기 위해 모든 인간다움을 교체해버린다면 그것은 본질적으로 비인간적인 게 될 겁니다.

레이: 우리가 기초적인 부분에서 합의를 이루지 못하는 것은 인간다움의 속성에 대해 달리 보기 때문인 것 같군요. 물론 인간은 많은 한계를 안고 있는 존재이지만, 저는 인간성의 핵심은 한계에 있다고 보지 않습니다. 오히려 한계를 뛰어넘는 능력이야말로 인간성의

핵심이라 봅니다. 인간은 가만히 머무는 존재가 아니지요. 지구에 머물러 있는 것도 참지 못했습니다. 생물학의 한계 내에 머무는 것도 참지 못하는 것입니다.

빌: 이런 기술력들을 사용할 때는 대단히 사려 깊어야 할 겁니다. 어떤 임계를 넘어서면 우리는 우리 삶에 의미를 부여하는 형언할 수 없는 특질들을 잃어버릴 테니까요.

레이: 적어도 인간다움의 여러 면 중 어느 것이 중요한지 알아볼 필요가 있다는 점에서만은 의견 일치를 본 듯싶군요. 하지만 정말이지 한계를 찬양할 필요는 없을 겁니다.

뇌에 미칠 영향

우리 눈에 보이거나 보이는 것처럼 느껴지는 것, 그 모두가 혹시 꿈 속의 꿈에 지나지 않을는지?

—에드거 앨런 포

컴퓨터 프로그래머는 우주의 창조주나 마찬가지다. 그는 혼자서 세상의 법칙을 정한다. 제아무리 훌륭한 극작가, 무대감독, 설령 황제라 해도 이토록 절대적인 권위를 휘두르며 무대나 전장을 다스리진 못했고, 이토록 변함 없이 충실한 배우나 군대를 거느리진 못했다.

—요제프 바이첸바움[*]

어느 바람 부는 날. 두 수도승이 펄럭이는 깃발을 보며 입씨름을 했다. 한 수도승이 말했다. "깃발이 움직이는 것이지, 바람이 아니라네." 다른 수도승이 말했다. "바람

[*] 독일계 미국인 컴퓨터 과학자. MIT 컴퓨터 과학 및 공학 교수.

이 움직이는 것이지, 깃발이 아니라네." 세 번째 수도승이 그 옆을 지나다 이렇게 말했다. "바람이 움직이는 게 아니오, 깃발이 펄럭이는 게 아니오. 당신들의 마음이 움직이는 것이라오."

—선승들의 우화

이런 말을 생각해보자. "이 나비를 있는 그대로 상상하되, 아름다운 대신 추하다고 생각해보시오."

—루트비히 비트겐슈타인

2010년 시나리오 2010년대 초반에 등장할 컴퓨터들은 거의 눈에 보이지 않을 것이다. 옷가지나 가구, 여타 환경에 숨겨질 것이다. 전 세계적인 고속 통신과 연산 자원 망을 활용할 것이다(월드 와이드 웹에 연결된 기기들이 모두 웹 서버와 통신할 수 있게 되면 월드 와이드 웹은 그 자체 거대한 슈퍼컴퓨터이자 기억 저장소가 될 것이다). 언제든 광대역 무선 통신으로 인터넷에 접속할 수 있을 것이다. 안경이나 콘택트 렌즈에 디스플레이 장치가 삽입되어 망막에 직접 영상을 보낼 것이다. 미 국방성은 벌써 가상현실로 군사를 훈련시키는 등 이런 기술들을 활용하고 있다.[27] 군의 지원을 받는 창의적 기술 연구소가 선보인 몰입형 가상현실 시스템을 보면 가상 행위자들이 사용자의 움직임에 대응하여 적절한 반응을 보이는데, 아주 인상적이다.

청각 분야에서도 작은 기기들이 활약할 수 있다. 이미 옷에 달린 핸드폰이 귀에다 바로 소리를 전달하는 기술이 소개되어 있다.[28] MP3 플레이어 중에는 사용자의 두개골을 진동시켜 소리를 전함으로써 그 사람만 소리를 듣게 하는 것도 있다.[29] 군은 병사의 헬멧을 통해 소리를 전하는 기술을 개발하였다.

먼 거리에서 특정인만 들을 수 있는 소리를 전달하는 기술도 있다.

영화 〈마이너리티 리포트〉를 보면 개인화된 길거리 광고가 등장하는데, 그것과 비슷하다. 초음파 스피커 기술, 그리고 오디오 스포트라이트 시스템이 그런 기술들인데, 초음파 빔을 정확한 지점에 조준함으로써 소리를 제어하는 것이다. 초음파 빔이 공기와 상호작용을 하면 그때 가청 영역에서 소리가 발생한다. 초음파 빔을 벽 같은 물체 표면에 쏘아 보내면 스피커가 없어도 서라운드 사운드를 들을 수 있고, 심지어 특정인만 듣게 할 수 있다.[30]

이런 기술들이 완성되면 고해상도 완전몰입형 시청각 가상현실이 언제 어디서나 가능할 것이다. 현실 세계 위에 가상 디스플레이를 덮어씌워서 실시간 안내나 설명용으로 사용할 수도 있다. 망막에 장착된 디스플레이에 "저 분은 ABC 연구소의 존 스미스 박사입니다. 6개월 전 XYZ 학회에서 만나신 분입니다"라거나 "저곳이 타임라이프 빌딩입니다. 약속 장소는 10층입니다"라는 문구가 나오는 것을 상상해보라.

세상이 온통 자막 처리된 듯 외국어 실시간 번역을 볼 수 있고, 그밖에도 갖가지 온라인 정보들을 일상생활에서 자유롭게 접할 것이다. 가상 안내원들이 현실 세계를 덮고 있어, 우리가 정보를 검색하거나 허드렛일이나 업무를 처리할 때 도와줄 것이다. 우리가 질문을 던지거나 지시를 내릴 때까지 기다리지 않고, 정보가 부족한 낌새를 보이기만 하면 한발 먼저 나서서 찾아줄 것이다. (만약 내가 "그 배우…… 공주 역할을 했던, 아니 여왕이었나…… 로봇 나오는 그 영화에서 말야"라고 쩔쩔매고 있으면 내 가상의 비서가 귀에다 대고, 혹은 시각 장치를 통해 일러줄 것이다. "영화 〈스타워즈〉 에피소드 1, 2, 3에 아미달라 여왕 역으로 나왔던 나탈리 포트먼입니다.")

2030년 시나리오 나노봇 기술이 무르익으면 전적으로 신뢰할 수밖에 없는 완전몰입형 가상현실이 가능할 것이다. 나노봇들은 감각 뉴런들과 가까운 곳에서 늘 대기할 것이다. 현재 기술로도 전자기기와 뉴런의 쌍방향 통신이 가능하며, 그것도 직접적인 물리적 접촉 없이 가능하다. 일례로 막스 플랑크 연구소 과학자들이 개발한 '뉴런 트랜지스터'는 근처에 있는 뉴런의 점화를 감지할 수 있고, 심지어 뉴런을 점화시키거나 점화를 억제할 수도 있다.[31] 뉴런, 그리고 전자기기라 할 수 있는 뉴런 트랜지스터 간에 쌍방향 통신이 가능한 것이다. 앞서 언급한 양자 점도 뉴런과 전자기기 간 원격 통신을 가능케 한다.[32]

우리가 현실을 경험하겠다고 하면 나노봇들은 제자리(모세혈관 속)에서 가만히 쉴 것이다. 그러다 우리가 가상현실로 들어가겠다고 하면 나노봇들은 실제 감각 기관에서 오는 입력 신호들을 모두 차단하고, 가상 환경을 구성할 새로운 신호들로 대체해줄 것이다.[33] 뇌는 이 신호들이 인체에서 직접 입력되는 양 생생히 느낄 것이다. 어느 경우라도 뇌는 매개 없이 직접 신체를 경험할 수 없기 때문이다. 신체에 입력되는 초당 수백 메가비트 용량의 신호들은 촉감, 온도, 산성도, 음식물의 이동, 기타 물리적 사건들에 대한 정보를 담고 있으며, 척수의 제1층판 뉴런들을 타고 올라가 후측배내측핵을 거치고, 대뇌피질의 두 섬엽에 가 닿는다. 이런 식으로 정확히 전달되는 한, 뇌는 실제 신호와 합성 신호를 분간할 도리가 없다. 그리고 뇌를 역분석함으로써 우리는 합성 신호 만드는 법을 잘 알게 될 것이다. 이제 우리가 평소 하던 대로 근육과 사지를 움직이려 든다고 생각해보자. 하지만 나노봇들이 개재뉴런 신호를 중간에 가로채서 실제 몸 대신 가상 육체가 움직이게 할 것이다. 전정기관이 어지럽지 않도록 잘 조정하고, 가상 환경에 맞는 움직임과 방향 감각을 제공해주는 건 물론이다.

웹을 통해 우리는 그야말로 다양한 가상 환경을 누비며 온갖 체험을 하게 될 것이다. 실제 장소를 재현한 가상 환경도, 현실에서는 찾아볼 수 없는 환상의 공간도 있을 것이다. 물론 물리 법칙을 깨뜨리는 공간은 창조할 수 없다. 가상 공간 속에서 다른 사람들을 만나 사업을 의논하거나 감각적 체험을 공유할 텐데, 진짜 사람도 있겠지만 가상의 행위자도 있을 것이다(둘 사이를 정확히 구분할 방법은 물론 없다). '가상현실 환경 디자이너'라는 직업이 생길 것이고 일종의 새로운 예술로 자리잡을 것이다.

다른 사람이 되기 가상현실에서는 하나의 인성만 가질 이유가 없다. 외모부터 바꿔서 다른 사람이 될 수 있기 때문이다. 현실의 육체는 가만히 놓아둔 채 3차원 가상 환경에서만 모습을 바꿀 수 있다. 동시에 여러 사람에게 서로 다른 모습을 보여줄 수도 있다. 부모님에게는 이런 사람으로, 애인에게는 저런 사람으로 비칠 수 있는 것이다. 그런데 오히려 당신과 만나는 상대방이, 당신이 택한 모습이 아닌 다른 모습으로 당신을 보고자 할지 모른다. 상대방의 모습을 내가 지정해서 보는 것도 가능할 것이기 때문이다. 가령 현명한 삼촌은 벤저민 프랭클린의 모습으로 지정해서 보고, 거슬리는 회사 동료는 광대의 모습으로 보겠다고 지정할 수 있다. 연인들은 원하는 이성의 모습을 택할 수 있을 것이며, 심지어 두 사람이 모습을 바꿔볼 수도 있다. 이 모든 선택들이 쉽게 가능한 것이다.

나는 몬터레이에서 열렸던 2001년 TED(기술, 오락, 디자인) 회의에서 특별한 경험을 한 바 있다. 가상현실에서 다른 사람의 모습을 취한다는 게 어떤 기분인지 느꼈던 것이다. 내 옷에 달린 자기 감지기를 통해 컴퓨터가 내 움직임을 읽어냈다. 컴퓨터는 초고속 애니메이션으로 거의 진짜 같은 실물 크기 여성의 모습을 만들었는데, 라모나라는 이름의 그 여성은 내 움직임을 실시간으로 따라하며 화면에서 움직였다. 내 목소리는 신호 처리 기술을 통과해 여성의 목소리로 바뀌었고 라모나의 입술이 그에 맞게 조작되었다. 회의 참가자들의 눈에는 라모나가 프레젠테이션을 하고 있는 것처럼 보였다.[34]

관객의 이해를 돕기 위해 내가 라모나와 나란히 섰고, 두 사람이 똑같은 행동을 하는 것을 한눈에 보여줬다. 무대에 밴드가 올라왔고, 나, 즉 라모나는 제퍼슨 에어플레인의 노래 〈하얀 토끼〉를 불렀다. 당시 열네 살이던 내 딸도 자기 감지기를 달고 무대로 올라왔는데, 딸의 모습은 화면에서는 성인 남성으로 바뀌어 나타났다. 그리고 그 남자는 다름 아닌 TED 회의의 주최자 리처드 사울 위먼을 본딴 것이었기에, 힙합이라곤 출 줄 모르는 위먼이 내 딸의 춤사위를 그대로 따라하는 광경은 참으로 프레젠테이션의 백미라 할 법했다. 관객 중에는 워너 브라더스 사에서 일하는 기획자가 있었는데, 그는 이후 〈시몬〉이라는 영화를 제작했다. 알 파치노가 연기한 주인공이 자신을 본딴 가상 여배우 시몬을 창조하는 이야기이다.

매우 심오하고 인상적인 경험이었다. '사이버 거울(관객이 보는 화면을 내게 보여주는 영상 장치)'을 통해 스스로를 바라보면 일상적으로 보던 내 모습이 아닌 라모나가 있었다. 완전히 다른 사람으로 변모하는 듯한 기분에 감정이 흔들렸다. 머리로만 겪는 경험이 아니었다.

사람들은 자신의 정체성을 몸과 결부하여 생각하곤 한다("나는 코가 큰 사람이야", "나는 말랐어", "나는 덩치가 큰 사내야" 등등). 나는 타인이 되는 경험에 해방감이 따른다는 것을 알게 됐다. 사람은 누구나 자기 속에 다양한 면들을 갖고 있지만 제대로 표현할 방법이 마땅치 않기에 억누르며 살아간다. 상황이나 사람에 따라 색다른 자신을 보여주는 방법이 지금도 없진 않다. 패션, 화장, 머리 모양 등을 바꾸는 것인데, 하나같이 매우 제약이 심한 방법이다. 하지만 미래에는 완전몰입형 가상현실을 통해 개인의 다채로운 인간성을 마음껏 표현할 수 있을 것이다.

남들과 공유하는 가상 환경에서는 감각뿐 아니라 감정도 조작할 수 있을 것이다. 나노봇들은 신경을 적절히 자극함으로써 어떤 감정, 성적 쾌락, 기타 여러 가지 감각적이거나 정신적인 체험을 일으킬 수 있을 것이다. 뇌 수술의 역사를 보면 뇌의 특정 지점을 건드렸을 경우 어떤 감정들이 촉발되었다는 기록들이 있다. (가령 어느 소녀는 뇌의 한 지점에 자극을 받고 나자 세상 모든 것이 우습게만 보였다고 한다.《영적 기계의 시대》에서 소개했던 사례다.)[35] 뉴런 하나가 아니라 패턴이 자극됨으로써 생기는 감정이나 반응도 있다. 나노봇들이 광범하게 분포하며 서로 소통하게 되면 패턴에 따라 자극을 주는 일도 가능할 것이다.

경험파 송신 사람들은 자신의 감정적 경험, 그리고 그런 감정 반응을 일으키는 신경적 패턴을 웹에 올리게 될 것이다. 이른바 '경험파 송신'이다. 요즘 사람들이 자기 침실에 카메라를 달아 웹에 방송을 띄우는 것과 같다. 사람들은 심심하면 남의 경험파에 접속하여 타인으로 산다는 게 어떤 기분인지 느낄 것이다. 영화 〈존 말코비치 되기〉에 나오는 상황 같은 것이다. 수도 없이 많은 선택이 가능할 것이며, 가상 경험을 디자인하는 것 자체가 새로운 예술이 될 것이다.

넓어지는 마음 2030년 무렵 우리가 나노봇으로 할 수 있는 가장 중요한 일은 생물학적 지능과 비생물학적 지능을 융합함으로써 말 그대로 우리 마음을 확장하는 일이다. 첫 단계는 100조 개의 개재뉴런 연결들에 나노봇을 적용하여 본래 굼뜬 개재뉴런 통신을 초고속으로 만드는 일이다.[36] 패턴 인식 능력, 기억력, 전반적 사고력이 대단히 향상될 것이고 강력한 비생물학적 지능들과 직접 소통할 수도 있을 것이다. 뇌끼리 무선 통신할 수 있을지도 모른다.

2050년대가 지나기 전에 비생물학적 재료를 통한 사고 활동이 대세가 되리라는 점을 기억해야 한다. 3장에서 말했듯 한 사람의 생물학적 뇌가 처리할 수 있는 연산은 초당 10^{16}회(cps) 수준이며 온 인류의 뇌를 모아도 10^{26}cps 정도다. 설령 생명공학으로 인간 게놈을 이모저모 조정한다 해도 수치가 크게 달라지는 일은 없을 것이다. 반면 비생물학적 지능의 처리 용량은 기하급수적으로 증가하고 있으며(증가율 자체도 증가하고 있다) 2040년대 중반이 되면 생물학적 지능을 크게 뛰어넘을 게 분명하다.

그 무렵이면 생물학적 뇌에 나노봇을 집어넣는 수준을 넘어설 것이다. 수십억 배 강력한 비생물학적 지능이 기선을 잡지 못할 이유가 없다. 우리는 버전 3.0 인체를 갖게 될 테고, 마음먹은 대로 육체를 성형하거나 다른 곳에 설치할 수 있을 것이다. 2010년대가 되면 완전몰입형 시청각 가상 환경에서 쉽게 육체를 선택할 수 있을 테고, 2020년대가 되면 가상 환경에서 오감을 경험하는 것이 가능해질 테고, 2040년대가 되면 현실에서 모든 것이 가능할 것이다.

비생물학적 지능 역시 인간이다. 인간-기계 문명에서 비롯하였으며 최소한 일부라도 인간 지능을 역분석한 내용에 뿌리내리고 있을 것이기 때문이다. 이 중대한 철학적 문제는 다음 장에서 자세히 살펴보겠다. 그런데 두 지능이 융합한다는 것은 그저 생물학적 매질과 비생물학적 매질이 합쳐진다는 것 이상의 의미가 있다. 사고의 방법과 구조가 바뀐다는 것이고, 우리 마음이 사실상 무한히 확장될 수 있다는 뜻이다.

지금 우리 뇌는 설계가 고정된 편이다. 일상적으로 학습을 하면서 개재뉴런 연결이나 신경전달물질 농도 패턴이 달라지기는 하지만 뇌 전반의 역량은 비교적 고정되어 변하지 않는다. 2030년대 말이 되어 비생물학적 부분이 대부분의 사고 처리를 맡게 되면 우리는 뇌 신경 영역이라는 기초 구조의 제약을 뛰어넘을 것이다. 광범하게 분포한 지능적 나노봇들이 뇌 기능을 보강하여 기억력을 높여줄 것이고, 그 밖에도 감각, 패턴 인식, 인지 능력 등이 향상될 것이다. 나노봇들은 서로 소통할 수 있으므로 어떤 식으로든 새로운 신경 연결을 만들어낼 수 있고, 기존의 연결을 자를 수 있고(뉴런 점화를 막는 것이다), 생물학적 신경망과 비생물학적 신경망을 연결 지을 수 있고, 완전히 비생물학적인 망을 덧씌울 수 있고, 다른 종류의 비생물학적 지능과 수월하게 결합할 수 있을 것이다.

　요즘 한창 수술을 통해 인공 신경을 삽입하는 기술이 도입되고 있는데, 이에 비해 나노봇으로 뇌 기능을 확장하는 일은 장족의 발전이다. 나노봇들은 수술 없이 혈관에 주입될 수 있다. 필요하다면 싹 없애기도 쉬워서 모든 면에서 가역적이다. 프로그램으로 조정할 수 있으므로 한 순간 가상현실을 제공하다가 다음 순간 뇌 기능을 돕는 식으로 역할 전환이 가능하다. 스스로 위치와 구조를 바꿀 줄 알고 소프트웨어도 바꿀 수 있다. 무엇보다 중요한 점은 나노봇들의 분포가 자유로워서 뇌 어디에나 제약 없이 사용될 수 있다는 것이다. 수술을 통해 인공 신경을 넣을 때는 한 번에 몇 군데만 작업을 할 수 있었으니, 놀라운 발전이다.

2004년의 몰리: 완전몰입형 가상현실이라니 그리 맘에 들지 않는데요. 내 머릿속에 작은 나노봇들이 마구 돌아다닌다는 거잖아요, 꼭 작은 벌레들처럼.

레이: 하지만 전혀 느끼지 못할 거예요. 뇌 속의 뉴런이나 소화계 속의 박테리아를 느끼지 못하는 것처럼.

2004년의 몰리: 전 느낄 수 있는데. 뭐 그건 그렇다 치고 요즘도 저는 친구들하고 서로 완전 몰입을 할 수 있어요. 그냥 같이 있기만 하면 되는걸요.

지그문트 프로이트: 흠. 내가 어려서 전화가 처음 등장했을 때 사람들이 그렇게 말했지. "그냥 만나고 말 것이지 왜 수백 킬로미터 밖에 있는 사람이랑 굳이 말을 해야겠어?"

레이: 맞아요. 전화가 바로 청각적 가상현실이죠. 완전몰입형 가상현실은 말하자면 몸 전체로 전화하는 것이나 마찬가지예요. 누구와도, 언제라도 만날 수 있고 대화 이상의 것도 할 수 있지요.

2048년의 조지: 그래서 성산업 종사자들에게는 엄청난 기회였죠. 집에 앉아서 일할 수 있으니까요. 실제와 가상현실 사이에 선을 긋는 게 사실상 불가능하니, 당국도 2033년에는 가상 매춘을 합법화하는 수밖에 없었어요.

2004년의 몰리: 아주 흥미롭지만 그리 끌리지는 않는 얘기군요.

2048년의 조지: 물론 그렇지만, 그러면 좋아하는 인기 스타를 만날 수 있다고 상상해봐요.

2004년의 몰리: 지금도 상상 속에서는 얼마든지 가능한걸요.

레이: 상상도 좋지만 현실은, 아 그러니까 가상현실은, 훨씬, 뭐랄까, 현실적이죠.

2004년의 몰리: 그렇지만 내가 '원하는' 스타가 바쁘다면요?

레이: 그게 가상현실의 좋은 점 중 하나죠. 2029년쯤 되면 가상 인간들이 수백만 명은 될 테니까요.

2104년의 몰리: 여러분이 2004년에 계시다는 것은 잘 알지만, 2052년에 비생물학적 인간법이 통과되면서 가상 인간이라는 용어가 금지되었다는 걸 알려드리고 싶군요. 그러니까 현실에 가까운 것 이상이라는…… 음, 달리 표현해야겠군요.

2004년의 몰리: 내 생각에도 그게 좋겠네요.

2104년의 몰리: 그러니까 한마디로 분명한 생물학적 구조를 지녀야만 그런 걸 할 수 있는 건 아니라는……

2048년의 조지: 그런 것이라니 열정적인 어떤 것 말인가요?

2104년의 몰리: 네, 알려드리고 싶었어요.

티머시 리어리: 여행이 악몽 같으면 어쩝니까?

레이: 가상현실 체험을 하는데 뭔가 이상한 일이 벌어진다거나 하는 것 말인가요?

리어리: 그렇습니다.

레이: 그땐 그만두면 되지요. 전화를 끊어버리는 것처럼요.

2004년의 몰리: 소프트웨어를 통제할 수 있다는 전제하에서 말이잖아요.

레이: 물론, 그 점은 유념할 필요가 있겠죠.

프로이트: 그런 기술을 통해서 진정한 정신 치료를 할 수 있을 것도 같군요.

레이: 가상현실에서는 누구나 원하는 사람으로 변할 수 있으니까요.

프로이트: 훌륭해요, 억압된 욕망을 표출할 기회라……

레이: 원하는 사람과 함께 있는 것을 넘어서 아예 그 사람이 될 수 있다는 거죠.

프로이트: 바로 그겁니다. 우리는 언제나 무의식에서 자신의 리비도를 투영하는 대상을 만들어내죠. 생각해보십시오, 연인이 서로의 성을 바꿀 수 있는 겁니다. 서로의 몸으로 바꾸는 것이죠.

2004년의 몰리: 치료를 위해서라는 거죠? 아마도?

프로이트: 물론입니다. 저의 세심한 감독하에서만 가능한 것이 좋겠습니다.

2004년의 몰리: 당연히 그러시겠죠.

2104년의 몰리: 이봐요 조지, 앨런 커즈와일의 소설들 속에서 우리 둘이 동시에 성별이 바뀐 주인공들이 되었던 것, 생각나요?[37]

2048년의 조지: 하, 당신이 18세기 프랑스 발명가였을 때가 참 맘에 들었죠. 야한 휴대용 시계를 발명한 그 사람 말이에요!

2004년의 몰리: 됐어요, 가상 섹스 얘기로 돌아가보자고요. 정확히 어떻게 한다고요?

레이: 시뮬레이션으로 만들어낸 가상 육체를 사용하는 거예요. 당신의 신경계 안팎에 있는 나노봇들이 온갖 감각들, 시각, 청각, 촉각, 후각까지도 조정하는 적절한 신호들을 내보내는 거죠. 뇌의 입장에서 보자면 현실이나 다름없는 신호예요. 실제 경험에서 만들어지는 감각 신호들을 그대로 본딴 것이니까 말이죠. 가상현실도 일반적으로는 현실의 물리 법칙을 따를 수밖에 없을 겁니다. 어떤 환경을 고르느냐에 따라서는 조금씩 달라지겠지만요. 상대방, 혹은 여

러 사람들과 함께 어떤 공간에 간다면, 그들 역시 가상 환경에 걸맞은 육체를 지닐 거예요. 생물학적으로 육신을 지닌 상대든 그렇지 않은 상대든 마찬가지죠. 어쩌면 당신이 가상 환경에서 입기로 택한 육체는 상대방이 당신의 육체라고 설정한 것과 다를지 몰라요. 가상 환경을 만드는 컴퓨터, 가상 육체들, 그리고 신경 신호들이 합심하면 당신의 행동이 다른 사람에게는 가상 체험이 되고, 다른 사람의 행동은 당신에게 가상 체험이 되는 거죠.

2004년의 몰리: 즉 실제로 누군가와 함께 있지 않아도 성적 체험을 할 수 있다는 거죠?

레이: 누군가와 함께 있긴 하되 가상현실 속에서 그렇다는 것이고, 상대방은 알고 보면 실체가 없는 사람일 수도 있죠. 성적 쾌락은 단순한 감각적 체험이라기보다 감정에 가까운 것이에요. 당신의 활동과 생각에 대해 끊임없이 반추하는 뇌가 만들어내는 어떤 기분이죠. 유머를 느끼거나 화가 날 때와 비슷하다고 할 수 있어요.

2004년의 몰리: 앞에서 말했던 그 소녀, 의사가 뇌의 어떤 부분을 자극했더니 시도 때도 없이 웃어대더라는 소녀처럼 말인가요?

레이: 그래요. 모든 경험, 감각, 감정에는 그것을 가능케 하는 신경 구조들이 있죠. 어떤 것은 뇌의 특정 지점에 존재하고, 어떤 것은 더 넓은 패턴으로 존재할 거예요. 어느 쪽이든 상관 없이 우리는 그것을 모방하고 개선해서 가상현실 체험을 할 때 감정을 북돋우는 데 쓸 수 있을 겁니다.

2004년의 몰리: 그렇게 된다면 좋겠네요. 난 낭만적인 순간 사이사이에 쾌활한 반응을 좀 더 집어넣고 싶어요. 그러면 딱 좋을 것 같은데요. 아니면 내 어리석음 반응 지수도 좀 높일까요? 그런 것도 좋아하거든요.

네드 러드: 점차 통제가 불가능한 상황으로 가는 것 같소이다. 사람들이 하루 대부분을 가상현실에서 보낼 것 아니겠소.

2004년의 몰리: 아, 열 살짜리 제 조카는 벌써 그러고 있어요. 비디오 게임에 줄창 매달려 있죠.

레이: 아직 완전몰입형 가상현실은 아니지만 말이에요.

2004년의 몰리: 맞아요. 우리는 조카를 볼 수 있지만 조카는 우리를 보지 못하는 것 같더군요. 지금도 그러니 게임이 완전몰입형으로 바뀌는 날이 오면 그 아이는 아예 종적을 감춰버릴걸요.

2048년의 조지: 2004년 상태의 가상 세계를 떠올리면 그런 걱정이 될 법도 하지만, 2048년의 가상 세계에서는 별로 문제가 되지 않아요. 현실 세계보다 훨씬 사실 같으니까 별로 문제가 될 리 없죠.

2004년의 몰리: 당신은 현실 세계에 있어본 적이 없는데 어떻게 알겠어요?

2048년의 조지: 이런저런 얘기를 많이 들으니까요. 시뮬레이션해볼 수도 있고요.

2104년의 몰리: 원하면 언제든 진짜 육체를 가질 수도 있으니까, 애초에 별 대수로운 일이 아니에요. 생물학적 육체든 아니든 특정 육체 속에 갇혀 있지 않아도 된다는 건 오히려 자유로운 일이죠. 벗어날 길 없는 한계와 무거운 짐을 짊어지고 살아야 한다니, 어떻게 그럴 수가 있죠?

2004년의 몰리: 관둬요, 무슨 말 하려는 건지 다 알겠으니까.

인간 수명에 미칠 영향

생물학을 아무리 뒤져보아도 왜 죽음이 필연인지 알 수 없다니 참으로 의미심장하다. 누군가 영구 기관을 만들고 싶다고 하면, 우리는 이제까지의 물리학을 뒤져서 그런 활동은 절대적으로 불가능하며, 그렇지 않다면 물리 법칙들이 잘못된 것이라고 자신 있게 대꾸해줄 수 있다. 하지만 생물학에는 죽음의 불가피성을 암시하는 대목이 한군데도 없다. 그래서 나는 죽음이 불가피한 것이 아닐지 모른다고 생각한다. 언젠가 생물학자들이 고통의 원인을 밝혀내는 날이 올 것이며, 보편적 질병 또는 인간 육체의 유한성이라고 부를 수 있는 것을 극복할 날이 올 것이라 생각한다.

　　　　　　　　　　　　　　　　　　　　　　　　　　　　　　　　－리처드 파인먼

절대 굴복하지 말라. 절대로, 절대, 절대, 절대, 절대, 어느 것에라도, 크건 작건, 대단하건 사소하건, 무엇에건 결코 굴복하지 말라.

　　　　　　　　　　　　　　　　　　　　　　　　　　　　　　　　－윈스턴 처칠

가장 급한 것은 불멸! 나머지는 모두 기다릴 수 있다.

　　　　　　　　　　　　　　　　　　　　　　　　　　　　　　　　－코윈 프레이터

자발적이지 않은 죽음이란 생물학적 진화의 토대로 작용하지만, 그렇다고 꼭 좋은 일이라고 할 수는 없다.

　　　　　　　　　　　　　　　　　　　　　　　　　　　　　　　　－마이클 아니시모프

당신이 200년 전을 살던 과학자로서, 어느 날, 위생 상태를 개선하면 영아 사망률을 극적으로 낮출 수 있음을 발견했다고 하자. 이 발상을 사람들에게 얘기했더니 누군가가 일어나서 이렇게 외친다. "잠깐, 그런 처치를 하면 인구가 폭발적으로 늘어날 거라구!" 이때 당신이 "아니, 괜찮을 거예요. 우리는 앞으로 바보 같은 작은 고무를 덮어쓰고 성 행위를 하게 될 테니까요"라고 말한다면 진지하게 듣는 사람이 있을 턱이 없다. 그러나 현실이 그랬다. 영아 사망률이 떨어지는 것과 비슷한 시기에 우리는 피임법을 널리 택하게 됐다.

—오브리 드 그레이, 노년학자

우리에겐 죽을 의무가 있다.

—딕 램, 전 콜로라도 주지사

세상에는 이것을 안타깝게 여기는 사람들도 존재한다.

—버트런드 러셀, 1955년, 매일 약 10만 명이 노화 관련 사유로 죽는다는 통계 수치를 언급하며.[38]

인류를 탄생시킨 과정인 진화는 단 하나의 목표만을 갖고 있다. 최대한 자기복제하는 궁극의 유전자 기계를 만들어내는 것이다. 돌이켜 생각하면 이토록 비지능적인 우주에서 생명처럼 복잡한 구조가 탄생할 수 있었던 유일한 방법이 그것이었다. 하지만 진화의 목표는 인간의 이해와 충돌한다. 죽음, 고통, 짧은 수명을 가져오기 때문이다. 인류가 과거에 이룬 모든 진보는 진화가 가한 제약에서 벗어나기 위한 역사였다.

—마이클 아니시모프

아마도 독자 여러분 중 대다수는 특이점이 도래하는 것을 직접 경험하실 것이다. 앞 장에서 살펴봤듯, 생명공학이 급속하게 발전함에 따라 우리는 유전자와 대사 과정을 재편하여 질병과 노화를 방지할 수 있게 됐다. 게놈 연구(유전자에 대한 영향), 단백질 유전 정보학, 유전자 치료(RNA 간섭이나 핵 유전자 치환 등의 기술로 특정 유전자 발현을 억제하는 것), 합리적인 의약품 설계(질병이나 노화에 대해 목표하는 정확한 변화만 일으키는 약을 만드는 것), 치료용 복제를 통해 세포, 조직, 장기를 회춘시키는 것(텔로미어를 연장하고 DNA 오류를 바로잡는 것) 등 다양한

분야의 기술이 힘을 모을 것이다.

생명공학은 생물학의 영역을 확장하고 명백한 실수들을 바로잡을 것이다. 여기에 나노기술이 섞이면 생물학의 가장 엄격한 한계 너머까지 바라볼 수 있다. 테리 그로스먼과 내가 《환상적인 여행》에서 지적했듯, 우리는 몸과 뇌라는 사람마다의 '집'을 무한히 유지하고 연장할 수 있는 도구와 지식을 속속 획득하고 있다. 그런데도 내 세대 사람들 대부분은 고통을 참을 필요가 없다는 사실, 전 세대의 사람들마냥 '정상적인' 삶의 방식대로 죽을 필요가 없다는 사실을 좀체 깨닫지 못하는데, 안타까운 일이다. 적극적으로 행동하고, 사람들이 건강한 생활 습관이라고 하는 기존의 방식 이상을 추구하기만 하면 되는데 말이다.

역사적으로 볼 때 사람이 짧은 생물학적 인생을 넘어 살아남는 방법은 미래 세대에게 자신의 가치, 믿음, 지식을 전수하는 것이었다. 그러나 이제 우리 존재의 근간을 이루는 패턴들을 보전하는 새로운 방법들이 등장하면서 패러다임이 전환될 때다. 수명은 처음에는 꾸준히, 나중에는 급격히 늘어날 것이다. 생명과 질병을 구성하는 정보 처리 과정에 대해 우리가 막 역분석을 시작했기 때문이다. 로버트 프레이터스는 의학적으로 방지 가능한 질병들 중 50퍼센트에 해당하는 상황만 막아도 기대 수명이 150년까지 늘어날 것이라 본다.[39] 의학적 문제 상황의 90퍼센트를 막을 수 있다면 그보다 100년 더 수명이 연장될 것이고, 99퍼센트라면 천 년을 넘길 것이다. 생명공학과 나노기술 혁명이 전면적으로 펼쳐지면 사실상 모든 의학적 사망 원인을 극복할 수 있다. 점차 비생물학적 존재가 되어갈 테니 '자신을 백업'할 수도 있고(지식, 기술, 인성의 주요한 패턴들을 저장해둔다는 뜻이다), 그러면 우리가 아는 한 모든 사망 원인이 의미 없어지는 셈이다.

기대 수명(년)[40]	
크로마뇽 시대	18
고대 이집트	25
1400년대 유럽	30
1800년대 유럽과 미국	37
1900년대 미국	48
2002년 미국	78

비생물학적 경험으로의 이행

용량이 고정된 마음은 영원히 살 수 없다. 수천 년이 지나면 사람이라기보다는 단순 반복 회로에 지나지 않아 보일 것이다. 무한히 살기 위해서는 마음 자체가 자라야 한다. …… 마음이 매우 거대해져서 과거를 돌아본다면…… 원래의 마음에 대해 어떤 동류 의식을 느낄 수 있을 것인가? 미래의 마음은 원래의 마음이 갖던 모든 것을 지녔으되 다만 훨씬 방대할 것이다.

―버너 빈지

미래의 제국은 마음의 제국이다.

―윈스턴 처칠

　4장에서 잠시 뇌 업로드에 대해 말했다. 뇌를 옮기는 과정을 요약하면 이렇다. 일단 뇌를 완전히 스캔하고(아마도 뇌 내부에서 할 것이다), 모든 두드러진 특징들을 확인한 뒤, 생물학적 뇌보다 훨씬 강력할 다른 연산 기관에다 그 상태 그대로 옮기는 것이다. 충분히 가능한 일이며 2030년대 말 정도면 실제 벌어질 일이다. 하지만 나는 비생물학적 경험으로의 이행이 꼭 이런 식으로만 이루어지리라고 보지는 않는다.

오히려 다른 패러다임 전환들처럼 점진적으로(그러나 가속적으로) 이루어질 가능성이 높다.

비생물학적 사고 존재로의 이행은 억압할 수 없는 과정이며, 이미 첫 걸음을 뗀 과정이다. 여전히 인체란 것은 존재하겠지만 지능이 원하는 대로 맘대로 성형할 수 있는 몸일 것이다. 일단 분자나노기술 조립이 몸에 대해서도 가능해지면 멋대로 이런저런 몸을 취할 수 있는 것이다.

그런 근본적 이행이 일어나면 곧 영원히 살 수 있는 걸까? 대답은 '사는 것'과 '죽는 것'을 어떻게 정의하느냐에 달렸다. 컴퓨터 파일들을 예로 들어보자. 컴퓨터를 새 것으로 바꿀 때 파일을 다 내버리는 사람은 없다. 우리는 파일을 복사해서 새 하드웨어에 재설치한다. 소프트웨어라고 해서 꼭 영원히 보전된다는 법은 없지만, 어쨌든 소프트웨어의 수명은 본질적으로 하드웨어와 무관하다.

현재 우리 몸은 하드웨어가 망가질 경우 소프트웨어, 즉 우리의 삶, 우리의 개인적 '마음 파일들'도 함께 죽어버리는 형태다. 하지만 앞으로는 다를 것이다. 뇌 속에 패턴을 이루며 들어 있는 수천조 바이트의 정보들을 다른 곳에 저장하는 방법을 알아낼 것이기 때문이다(신경계나 내분비계, 기타 마음 파일에 필요한 구조들도 마찬가지다).

그렇게 되면 마음 파일의 수명은 특정 하드웨어의 영구성에 달려 있지 않을 것이다(특정 육체와 특정 뇌에 달려 있지 않을 것이다). 인간이라는 소프트웨어는 인체라는 오늘날의 엄격한 한계를 넘어 널리 확장될 것이다. 인간은 웹에서 살게 될지도 모른다. 필요가 있거나 원할 때만 육체를 가지는 것이다. 다양한 가상현실에서 가상 육체를 가지거나, 홀로그램으로 투사된 육체, 포글릿으로 투사된 육체, 나노봇 군단이나 기타 나노기술의 도움으로 구성된 물리적 육체 등등 다양할 것이다.

21세기 중반이 되면 인간은 무한히 사고의 지평을 넓힐 수 있을 것이다. 일종의 불멸이다. 하지만 모든 데이터나 정보가 영원히 보전되는 건 아님을 명심해야 한다. 정보의 수명은 정보의 의미, 효용, 접근성에 따라 달라진다. 구식 기술로 저장된 데이터에서 정보를 끄집어내려 애써본 적이 있다면(가령 1970년대 미니컴퓨터에 쓰였던 자기 테이프를 읽어내려) 소프트웨어를 늘 최상의 상태로 유지하는 게 얼마나 힘든 일인지 잘 알 것이다. 하지만 마음 파일을 성실히 관리하고, 자주 백업을 만들어두고, 최신 하드웨어로 옮겨준다면 일종의 불멸을 성취할 수 있다. 최소한 소프트웨어로서의 인간은 말이다. 이번 세기말이 되면 우리는 과거 사람들이 자기의 가장 소중한 정보, 즉 뇌와 몸에 저장된 정보들을 백업하지 않고 살았다는 사실에 놀라게 될지도 모르는 노릇이다.

이런 식의 불멸이 요새 우리가 육체적 불멸이라 하는 개념과 같은 것일까? 어떤 면에서는 그렇다고 할 수 있다. 왜냐하면 오늘날의 육체조차도 고정된 물질로 이루어진 것은 아니기 때문이다. 비교적 수명이 길다고 하는 뉴런도 도관 같은 구성 물질을 몇 주에 한 번씩 완전히 갈아치운다. 변하지 않는 것은 물질이 아니라 물질과 에너지의 패턴일 뿐이며, 그마저도 사실 점진적으로는 변화한다. 따라서 영원히 살아남으며 서서히 변화하고 발전해가는 불멸의 존재란 인간이라는 소프트웨어의 패턴인 것이다.

그런데 내 마음 파일이 여러 종류의 연산 기판을 옮겨다니며 살아남아서 특정 하드웨어에 종속되지 않는 상태가 되었다면, 그 마음 파일을 가진 존재를 반드시 나라고 부를 수 있을까? 이로써 우리는 플라톤 이래 끊임없이 제기되어온 의식과 정체성의 문제에 당면한다. 21세기가 펼쳐지는 동안, 이 질문들은 그저 점잖은 철학적 논제가 아니라 긴요하고, 현실적이고, 정치적이며, 법적인, 중요한 문제로 부상할 것이다.

이런 질문도 해볼 수 있다. 죽음은 바람직한가? 우리는 죽음이 '불가피하다'는 생각을 갖고 있다. 피할 수 없는 사건이라면 도리어 필요한 것으로, 심지어 고상한 것으로 자기합리화하는 게 편할지 모르겠다. 그러나 특이점 시대의 기술을 갖게 되면 우리는 좀 더 거대한 무언가로 진화할 수 있을 것이며, 그때가 되면 더 이상 죽음을 삶에 의미를 주는 존재로 찬양하지 않아도 될 것이다.

정보의 수명

"그 순간의 공포는," 왕이 말했습니다. "절대, 절대 잊지 못할 거요!" "하지만 잊을 거예요." 여왕이 말했습니다. "메모해두지 않는다면 말이에요."

–루이스 캐럴, 《거울 나라의 앨리스》

속담에 따르면 세상에서 확실한 단 두 가지는 죽음과 세금이라 한다. 하지만 죽음에 대해서는 확신하지 않는 편이 좋을지도 모르겠다.

–조지프 스트라우트, 신경과학자

아직은 잘 모르겠습니다, 각하. 하지만 이것이 무엇이 되든, 반드시 세금을 매길 수 있는 것이 될 것입니다.

–마이클 패러데이,
전자기장에 대한 실험에 어떤 실용적 가치가 있느냐는 재무부 질의에 답하면서.

순순히 저 안녕의 밤으로 들지 마십시오. ……
희미해져가는 빛에 분노하고 또 분노하십시오.

–딜런 토머스*

---

* 영국 웨일즈의 시인이자 작가. 아버지의 죽음에 바친 시 〈순순히 어두운 밤을 받아들이지 마세요〉 중 일부.

우리 삶, 우리 생각, 우리 기술을 정보로 번역할 수 있는 시대가 된다니 자연스레 정보의 수명은 얼마나 될지 생각해보게 된다. 개인적으로 나는 어린 시절부터 지식을 경외하고 온갖 종류의 정보를 모으길 좋아했는데, 아버지로부터 물려받은 습성이지 싶다.

내 아버지는 각종 영상과 소리를 저장하여 자신의 삶을 기록하고자 한 분이다. 1970년에 아버지가 58세라는 아까운 나이로 돌아가시자, 내가 그 기록들을 물려받아 아직까지 간직하고 있다. 아버지가 1938년에 빈 대학에서 썼던 박사 학위 논문도 있다. 브람스가 음악 용어에 기여한 바에 대한 내용이다. 아버지가 10대 시절 오스트리아 여기저기에서 가졌던 음악회를 소개한 신문 기사들도 깔끔하게 스크랩되어 있다. 미국인 후원자와 주고받은 급박한 내용의 편지들도 있다. 그 후원자 덕분에 아버지는 히틀러를 피해 도망쳐 나올 수 있었다. 수정의 밤 사건 등 여러 역사적 사건들이 벌어지면서 도피가 불가능해진 1930년대 말이 되기 직전, 아슬아슬한 순간이었다. 상자 수십 개에 이런 자료들이 가득 들어 있다. 추억이 담긴 물건들, 이를테면 사진, 비닐이나 자기 테이프로 된 녹음 자료, 편지, 오래된 영수증 따위도 있다.

삶을 기록하는 열정을 물려받은 나 역시 아버지의 상자들 옆에 상자 수백 개를 두고 내 자료들을 모은다. 아버지의 생산성은 나에 비하면 아무것도 아니라 할 만하다. 아버지가 쓸 수 있었던 기술은 수동 타자기와 복사용지뿐이지만, 나는 컴퓨터와 고속 프린터를 동원해 내 생각을 온갖 형식으로 모아둘 수 있기 때문이다.

상자 속에는 디지털 기록 매체도 여러 가지 들어 있다. 펀치 카드, 종이 테이프, 디지털 자기 테이프, 크기와 형태가 다양한 디스크들이 있다. 그 속의 정보가 온전히 남아 있을지 궁금할 때가 있다. 얄궂게도 정보의 접근성은 정보를 저장한 기술의 발전 수준에 반비례하는 것처럼 보인다. 가장 쉽게 다가갈 수 있는 것은 종이 문서다. 낡은

태가 나더라도 읽기에 어려움은 없다. 조금 어려운 것이 비닐 레코드나 아날로그 테이프들이다. 하지만 적당한 기계를 찾기만 하면 되므로 그리 어려운 것은 아니다. 펀치 카드는 더 어렵다. 그러나 펀치 카드 해독기를 구하는 게 불가능한 일은 아니므로, 심하게 복잡한 과제라 할 수는 없겠다.

내가 가진 기록 중 가장 정보를 읽어내기 어려운 것은 디지털 디스크나 디지털 테이프다. 생각해보자. 일단 이게 어떤 드라이브로 저장한 것인지 알아야 하는데, 가령 1960년경의 IBM 1620으로 저장한 건지, 1973년경의 데이터 제너럴 노바 1로 저장한 건지 알아야 한다. 설령 정확한 기기를 구해왔다 해도 소프트웨어 문제가 기다린다. 적절한 운영 체제, 디스크에 맞는 드라이버, 응용 프로그램들이 필요하다. 하드웨어나 소프트웨어에 얽힌 무수한 문제들을 뚫고 나가다가 막히면 대체 누구에게 도움을 요청한단 말인가? 현재의 컴퓨터에 얽힌 문제를 푸는 것도 어려운 판에, 고객 센터가 수십 년 전에 사라진(있었다면 말이지만) 컴퓨터의 문제를 푸는 건 불가능에 가깝다. 컴퓨터 역사 박물관에 진열된 기기들도 대부분 오래전에 기능을 멈춘 것들임을 생각해보라.[41]

모든 난관을 뚫었다 해도, 디스크에 담긴 자기 데이터가 사실상 파괴되었을 가능성, 그래서 오래된 컴퓨터에서 얻는 게 오류 신호들뿐일 가능성도 농후하다.[42] 그렇다면 정보는 사라진 것인가? 꼭 그렇지는 않다. 원래의 기기로 읽을 수 없는 자기 정보라 해도 훨씬 민감한 기기들을 적절히 적용하여 처리하면 될지 모른다. 오래된 책장을 스캔한 뒤 화질 개선 프로그램에 적용하는 것처럼 말이다. 정보가 존재하긴 하되 읽어내기 매우 어려울 뿐이다. 과거 기술을 연구하고 노력을 기울이면 반드시 끄집어낼 수 있을 것이다. 디스크 속에 엄청난 가치를 지닌 비밀이 담겨 있다면 무슨 수를 써서라도 정보를 되살릴 수 있을 것이다.

하지만 단지 향수에 젖고 싶다는 개인적 소망만으로는 남들에게 그런 가공할 만한 작업을 시킬 수 없다. 나는 예전부터 이 딜레마를 깨닫고 있었기에 오래된 파일들은 대부분 종이에 인쇄하여 보관해왔다. 그러나 모든 정보를 종이에 담아두는 건 정답이 아니다. 나름대로 문제가 많기 때문이다. 물론 백 년 지난 종이를 읽는 것은 쉽다. 하지만 아무리 잘 정돈되어 있다 해도 수천 개의 파일들 속에서 원하는 문서하나를 찾기란 여간 힘 빠지고 시간 드는 일이 아니다. 정확한 위치를 찾기 위해 한나절을 보내야 할지 모르고, 무거운 상자 수십 개를 이리저리 지고 날라야 할 것이다. 마이크로필름이나 마이크로피시를 쓰면문제가 좀 덜하지만 원하는 문서를 찾는 과정 자체는 어렵기 마찬가지다.

나는 수없이 많은 이 기록들을 스캔하여 거대한 개인용 데이터베이스를 만드는 꿈을 꾸어왔다. 그러면 현대의 강력한 검색 도구들을 이용할 수 있을 것이다. 이미 이 프로젝트에 DAISI(문서 및 영상 저장 기법)라는 이름도 붙여두었으며, 수년간 조금씩 구체적으로 아이디어를 모으고 있다. 컴퓨터 과학자 고든 벨(전 디지털 이큅먼트 사 수석 기술자), 국방첨단연구계획청, 롱나우 재단 역시 이런 과제를 풀어줄 시스템을 개발하고 있다.[43]

DAISI 프로젝트는 엄청난 양의 문서를 일일이 스캔하고 꼼꼼하게번호 매기는 중노동을 요할 것이다. 하지만 내 생각에 진짜 풀기 힘든 문제는 그보다 훨씬 깊은 어떤 것이다. 적절한 하드웨어와 소프트웨어를 어떻게 선택할 것인가? 앞으로 수십 년이 지나도 내 자료 창고가 변함 없이 제 기능을 하리라고 믿을 수 있는 토대를 어떻게 택할 것인가?

사실 내 개인의 욕구는 별 게 아니다. 기하급수적으로 팽창해가는 인간 문명의 지식 기반에 비하면 말이다. 인간이 다른 동물과 다른 점이 바로 이런 지식 기반을 공유하고 있다는 점이다. 다른 동물들도 서로 소통을 하지만 지식 기반을 축적하고 발전시켜 후대에 전해주는 일은 하지 못한다. 의학정보과학 전문가 브라이언 버거론의 말마따나 우리는 언젠가 '증발해버릴 잉크'로 소중한 자산을 기록하고 있으므로, 문명의 유산이 안전하게 보전되고 있다고는 말할 수 없다.[44] 지식 기반이 넓어질수록 위험도 기하급수적으로 증대하는 듯 보인다. 정보 저장용 하드웨어 및 소프트웨어 분야에서 신기술들이 빠르게 등장하고 채택될수록 문제는 극심해질 것이다.

뇌는 매우 중요한 정보의 저장소다. 비록 덧없어 보이긴 하나, 우리의 기억과 기술은 분명 정보를 저장하고 있다. 신경전달물질의 농도 패턴, 개재뉴런 연결 패턴, 기타 신경학적 세부사항들의 다양한 패턴으로 말이다. 이 정보는 세상 무엇보다 귀중한 것이고, 그렇기 때문에 죽음이 그토록 끔찍한 것이다. 언젠가 우리는 제각각 뇌에 담고 있는 수천조 바이트의 정보를 고스란히 이해하고 영원히 저장할 방법을 찾아낼 것이다.

인간의 마음을 다른 물질에 옮기는 일은 몇 가지 철학적 질문을 불러일으킨다. 가령 이런 것이다. "내 생각과 지식을 그대로 습득한 어떤 존재가 있다면 그것은 나인가 다른 사람인가?" 답이 무엇이든간에, 뇌의 정보와 정보 처리 과정을 고스란히 복사할 수 있다는 말은 우리가(혹은 우리와 매우 비슷한 어떤 개체가) '영원히 살 수 있다'는 말로 들린다. 하지만 정말 그런가?

헤아릴 수 없는 오랜 시간 동안, 우리 마음의 소프트웨어는 생물학적 하드웨어의 존속에 존재를 맡겨왔다. 그런데 정보 처리 과정 전체를 복사하여 다른 곳에 설치할 수 있게 되면 우리의 두 가지 존재는 서로 별개가 될 것이다. 또한 앞서 보았듯 소프트웨어 자체도 항상 영원히 존속할 수 있는 건 아니라서, 만만찮은 장애물들을 넘어야 오랜 시간 보전할 수 있다.

자, 그렇다면 한 사람의 감상적 기록을 담은 정보든, 인간-기계 문명의 팽창하는 지식 기반을 담은 정보든, 뇌에 저장된 마음 파일들이든, 이 소프트웨어들의 궁극적인 수명은 얼마라고 결론 내릴 수 있을까? 답은 간단하다. 정보는 누군가 신경을 쓰는 한 살아남는다. DAISI 프로젝트를 구상하면서 수십 년간 깊이 고민해본 결과, 나는 오늘날 존재하는 어떤 하드웨어나 소프트웨어도 수십 년 뒤까지 안전하게 정보를 저장하리라는(특별한 수고 없이도 그때 가서 정보를 추출할 수 있으리라는) 믿음을 줄 수 없음을 깨달았다. 앞으로 선보일 기술들도 마찬가지다.[45] 내 기록이(또는 어떤 정보든) 늘 접근 가능하게 남아 있을 유일한 방법은 끊임없이 최신 하드웨어와 소프트웨어에 옮겨지고 업그레이드되는 것뿐이다. 잊혀지는 순간, 기록은 내 오래된 8인치 PDP-8 플로피 디스크의 정보처럼 접근 불가능한 것이 되고 말 것이다.

정보를 '살아' 있게 하려면 끝없이 관리하고 지원해줘야 한다. 데이터든 지혜든, 정보는 우리가 그것의 존재를 바라는 동안에만 존재할 것이다. 그렇게 보면 우리 역시 스스로 돌보는 동안에만 살아갈 수 있다. 이미 우리는 질병과 노화에 대한 지식을 충분히 갖고 있어서, 자신의 수명에 대해 어떤 태도를 취하는가 하는 점이 장기간의 건강을 결정 짓는 제일 중요한 요소인 시대를 살고 있다.

인류 문명이 수집한 지식은 저 혼자 알아서 살아남는 게 아니다. 조상들이 우리에게 물려준 문화와 기술 유산을 우리가 끊임없이 재발견하고, 재해석하고, 새로운 형식에 담아야 한다. 아무도 신경 쓰는 이가 없다면 모든 정보는 홀연 사라지고 만다. 현재 하드웨어에 고정된 사고 과정을 유동적인 소프트웨어에 담을 수 있게 된다고 해서 불멸이 보장되는 건 아니다. 그저 우리 삶과 생각을 얼마나 오래 지속하고 싶은지 스스로 결정할 도구를 우리 손에 쥐어주는 것뿐이다.

2004년의 몰리: 그러니까 나라는 사람이 하나의 파일일 뿐이란 말이에요?

2104년의 몰리: 음, 정적인 파일이 아니라 동적인 파일이죠. 그런데 '뿐'이라니 무슨 뜻이죠? 그보다 더 중요한 게 어디 있다고요?

2004년의 몰리: 음, 나는 아무리 동적인 파일이라도 가끔 죄다 삭제해버리는걸요.

2104년의 몰리: 그걸 대체할 파일들이 저절로 생겨나는 건 아니죠.

2004년의 몰리: 그건 그래요. 복사본도 없던 대학 졸업 논문 파일 원본을 잃어버렸을 땐 정말 미치는 줄 알았죠. 반 년 동안 작업한 걸 잃어버리고 새로 해야 했어요.

2104년의 몰리: 아, 그거 정말 끔찍했죠. 거의 백 년도 전 일이지만 나도 기억해요. 작으나마 나 자신의 일부를 잃어버린 것이라 힘들었죠. 그 정보 파일을 만드는 데 적잖은 창조성과 생각을 투자했으니까요. 그러니까 당신, 아니 내가 축적한 모든 생각, 경험, 기술, 역사란 얼마나 소중한 것인지 생각해보세요.

전쟁에 미칠 영향:
원격, 로봇식, 강인한, 소규모, 가상현실 패러다임

지능적인 무기들이 등장함에 따라 전쟁은 좀 더 정교하게 임무를 수행하면서도 사상자 수를 줄이는 방향으로 극적으로 변할 것이다. 현실이 그 반대가 아닌지 의아할 수도 있겠지만, 그것은 텔레비전 뉴스가 갈수록 상세하게 현실 상황을 중계해주기 때문에 드는 기분이다. 제1차, 제2차 세계대전과 한국 전쟁 때는 불과 며칠 사이에 수만 명이 죽곤 했지만 우리는 간간이 전해지는 거친 뉴스 필름으로만 상황을 경험할 수 있었다. 반면 오늘날은 거의 매 전투를 앞좌석에 앉아

편하게 관람하는 셈이다. 전쟁은 무척 복잡한 일이라 잘라 말하기 어려울 수 있지만, 좌우간 전반적으로 정교한 지능형 전투로 나아가고 있는 것이 사실이다. 사망자 수만 봐도 알 수 있다. 의학 분야와 마찬가지라 할 수 있는데, 의학에서도 질병을 상대하는 똑똑한 무기들이 등장하면서 좀 더 정확하게 임무를 수행하고 부작용을 줄이는 일이 가능해지고 있다. 민간인 사상자 수가 줄고 있다는 것도 한 증거다. 대중 매체의 방송 역량이 강화되면서 겉으로 그렇게 보이지 않을 뿐이다(제2차 세계대전의 민간인 사망자 수는 5천만 명이 넘었음을 상기해보라).

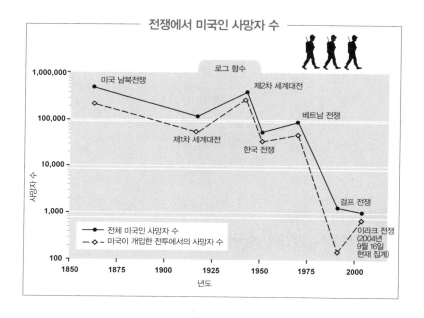

나는 미국 군대에 과학 연구 우선순위를 충고해주는 육군과학고문단(ASAG)의 다섯 고문 중 하나로 일하고 있다. 고문단의 보고, 토의, 조언 내용은 극비이지만 육군 및 미국 군대가 추구하고 있는 전반적인 기술 발전 방향에 대해서는 몇 가지 말할 수 있다.

미 육군에서 연구 및 실험실 관리를 총책임지고 있으며 육군과학

고문단과 연락책도 맡고 있는 존 A. 파르멘톨라 박사는 국방성의 '변화' 방향을 설명하기를, "고도로 반응성이 높고, 망으로 조직되어 있으며, 신속한 결정을 내릴 수 있고, 모든 면에서 우월하며, 어떠한 전투 공간에서도 막대한 집결력을 발휘할 수 있는" 군대가 되는 것이라 했다.[46] 박사에 따르면 현재 한창 개발 중으로 2010년대가 되면 실행에 옮겨질 것으로 보이는 차세대 전투 시스템(FCS)은 "더 작고, 더 가볍고, 더 빠르고, 더 치명적이고, 더 똑똑한" 것이다.

미래의 전투 병력 배치 기술에 있어서도 극적인 변화가 예상된다. 아직 구상 수준이긴 하지만 육군은 약 2,500명의 병사, 무인 로봇들, 차세대 전투 시스템 기기를 갖춘 전투여단을 생각하고 있다. 이 전투여단 하나는 약 3,300대의 '플랫폼'을 활용할 텐데, 그 각각이 지능적 연산 능력을 갖춘 시스템일 것이다. 이들은 전장 공동 운영 상황도(COP)를 공유하며 각 병사는 다양한 통로로 공유 정보들을 수신할 것이다. 가령 망막(또는 기타 눈 앞에 쓰는) 디스플레이, 혹은 더 미래의 일이지만 신경망에 직접 연결된 기기를 통해 수신할 수 있다.

육군의 목표는 이 여단을 96시간 내에, 전체 사단은 120시간 내에 전면 배치할 수 있는 역량을 갖추는 것이다. 병사들이 지는 짐의 무게는 현재 45킬로그램 가량 되는데, 앞으로 신재료와 기기를 통해 18킬로그램까지 낮출 것이며, 그러면서도 효율이 떨어지는 일이 없도록 구성될 것이다. 어떤 기기들은 '로봇 당나귀'들이 대신 질 수도 있다.

여기에 사용될 수 있는 신재료 중 한 가지로, 폴리에틸렌 글리콜 뼈대에 실리카 나노 입자들을 붙인 새로운 형태의 케블라 섬유가 있다. 이 물질은 평상시에는 매우 유연하지만 압력을 받으면 즉각 단단해져서 무엇으로도 뚫지 못하는 상태로 변한다. 육군의 지원으로 운영되고 있는 MIT의 군인용 나노기술 연구소는 '외부 근육'이라는 이름의 재료를 개발 중이다. 나노기술을 적용해 만드는 이 물질을 쓰면 군인은 무거운 기기를 조작하는 데 걸맞은 물리적 힘을 가질 수 있다.[47]

에이브럼즈 탱크는 전장에서 놀라운 생존력을 자랑해왔다. 지난 20년간 전투에 동원되었지만 단 세 명의 사망자를 냈을 뿐이다. 외장재가 발전한 덕이기도 하지만 미사일처럼 위협이 되는 무기를 물리치는 지능형 방호 시스템이 발전한 때문이기도 하다. 그러나 무게가 70톤 이상 나가는 점은 아쉽다. 작은 무기를 선호하는 차세대 전투 시스템의 일원이 되려면 훨씬 가벼워질 필요가 있다. 초경량이지만 매우 강한 나노 재료들(가령 나노튜브가 결합된 플라스틱은 강철보다 50배 이상 강하다)을 쓰고 컴퓨터를 통한 미사일 공격 방어에 좀 더 치중하면 이런 육지용 전투 무기의 무게를 현격하게 줄일 수 있을 것이다.

미국은 아프가니스탄 전투와 이라크 전쟁에서 무기를 탑재한 프레데터 전투기를 선보였는데, 이런 무인 항공기(UAV)로의 이행 또한 빠르게 진행될 것이다. 빠르고, 정교하며, 정찰과 폭격 임무를 다 수행할 수 있는 새만 한 크기의 초소형 무인 항공기도 가능할 것 같다. 심지어 벌만 한 크기의 무인 항공기도 제안되고 있다. 연구자들은 최근 좌측 시야와 우측 시야를 복잡하게 결합하여 나는 실제 벌의 비행 능력을 역분석하는 데 성공했고, 이 내용을 초소형 비행기에 적용할 수 있을 것으로 본다.

무엇보다도 차세대 전투 시스템의 핵심은 자기조직적, 분산형 통신망이다. 병사 한 사람 한 사람, 기기 하나 하나로부터 정보를 수집한 뒤 적절한 가공을 하고, 그 영상 정보를 다시 사람과 기계 병사들에게 보내주는 것이다. 중앙집중형 관리는 공격에 취약하기 때문에 채택되지 않을 것이다. 망의 일부가 훼손되면 정보는 알아서 그 부분을 에둘러갈 것이다. 최고로 중요한 개발 사항은 적군의 도청이나 정보 조작을 막으면서 통신망을 온전하게 유지하는 기술이다. 보안 기술은 거꾸로 적의 통신망에 침투하고, 교신을 방해하고, 혼란케 하고, 망가뜨리는 데 사용될 수 있다. 전자적 방법의 침투나 악성 소프트웨어를 활용한 컴퓨터 전쟁 모두 가능할 것이다.

차세대 전투 시스템은 단발성 프로그램이 아니다. 군사 시스템이 좀 더 원격화, 자율화, 소형화, 로봇화하는 추세, 그리고 강건하고, 자기조직적이고, 분산적이고, 안전한 통신을 갖추어가는 추세를 말한다.

미 군사 합동사령부의 '프로젝트 알파'를 참고하면 2025년에는 군대 병력이 '대부분 로봇'일 것이며, "일정 수준의 자율성, 가령 특정 임무의 테두리 안에서 자그만 조정을 알아서 하는 자율성 또는 감독하에 전권을 쥐는 자율성 또는 전적인 자율성 중의 한 가지를 갖는" 전략적 자율 전투원(TAC)들이 포함된다.[48] 전략적 자율 전투원의 형태는 다양할 수 있다. 나노봇처럼 작은 것에서 초소형 로봇, 커다란 무인 비행기 등의 탈것, 복잡한 영역을 헤쳐가도록 설계된 자동 시스템까지 가능하다. 항공우주국이 군사용으로 개발하고 있는 혁신적 설계들 중에는 뱀 모양을 한 로봇도 있다.[49]

미 해군 연구실은 자율 지능형 네트워크 및 시스템(AINS) 프로그램이란 것을 진행하고 있는데, 2020년대가 되면 자기조직적인 작은 로봇 떼가 등장하리라는 예측을 뒷받침하는 프로그램 중 하나다. 연구자들은 육해공 모두에서 자유롭게 움직이는 무인 로봇들을 원격 조종할 수 있으리라 기대하고 있다. 로봇 떼는 인간의 통제를 따르겠지만 분산화된 지시와 통제일 것이다. 프로젝트 책임자인 앨런 모시페그의 말을 빌리면 "하늘에 뜬 난공불락의 인터넷"을 활용할 것이다.[50]

현재 집단 지능을 설계하는 연구도 한창 진행 중이다.[51] 집단 지능이란 수많은 개별자들이 각각은 비교적 단순한 규칙만 따르는데 그로부터 복잡한 패턴의 행동이 드러나는 것을 가리킨다.[52] 곤충 무리는 가끔 복잡한 문제에 대한 지적인 해답을 찾아낸다. 이를테면 군락의 구조를 설계하는 일 등을 해내는데, 놀라운 것은 곤충 각각에게는 그럴 만한 기술이 없다는 점이다.

국방첨단연구계획청은 2003년, 120대의 군사용 로봇(로봇공학의 선구자인 로드니 브룩스가 세운 I-로봇 사가 만든 것이다)에 집단 지능 소프트웨어를 탑재할 것이라 발표한 바 있다. 곤충의 집단 행동을 모방할 수 있는 소프트웨어다.[53] 로봇 시스템의 크기가 작아지고 수가 늘어날수록 자기조직적인 집단 지능 원리는 더욱 중요한 역할을 맡게 될 것이다.

군사 기술 개발 시간을 더욱 단축해야 한다는 생각도 널리 퍼져 있다. 역사적으로 볼 때 군사적 목적의 연구가 현실에 적용되기까지는 10년 이상 걸렸다. 하지만 기술 패러다임 전환에 걸리는 시간이 10년마다 절반씩 단축되고 있으므로 무기 기술 개발도 보조를 맞출 필요가 있다. 자칫 전장에 적용되는 순간 이미 구식 기술이 될 우려가 있기 때문이다. 좋은 방법은 신무기 개발 및 시험에 시뮬레이션 기술을 쓰는 것이다. 실제로 시제품을 만들어 현실에서 적용해보는 전통적 방법보다 훨씬 빨리 무기 설계, 적용, 시험을 할 수 있다.

또 한 가지 군사적 트렌드는 전장에 배치되는 인력을 줄임으로써 사망률을 떨어뜨리는 것이다. 각종 무기를 원격으로 몰 수 있으면 되는 일이다. 사람이 탑승하지 않는 기기는 좀 더 위험한 임무를 수행할 수 있고, 좀 더 다양한 조작이 가능한 설계를 채택할 수 있을 것이며, 사람을 보호하는 기능들을 갖추지 않아도 되므로 훨씬 작게 만들어질 수 있다. 높은 계급의 병력은 훨씬 먼 곳에 주둔해도 좋다. 토미 프랭크 장군은 카타르에 있는 벙커 속에서 아프가니스탄 전투를 지휘했다.

스마트 먼지 국방첨단연구계획청은 새나 벌보다도 작은 이른바 '스마트 먼지'를 개발하고 있다. 겨우 핀 끝만 한 복잡한 감지 시스템이다. 기기 수백만 개를 적진에 떨어뜨리면 매우 상세한 정탐이 가능하여 공격 임무(가령 나노 무기를 유포한다거나 하는)를 훌륭히 뒷받침할 것이다. 스마트 먼지의 동력은 나노 연료 전지로 충당할 수 있을 것이며, 스스로의 움직임이나 바람, 열 기류로부터 에너지를 얻을 수도 있다.

적군 주요 요인의 위치를 확인하고 싶을 때? 숨겨진 무기의 위치를 알아내고 싶을 때? 이 보이지 않는 스파이들이 적진에 침입하여 제곱센티미터 수준으로 샅샅이 염탐을 하면 사람이든(열 감지나 전자기 영상을 활용할 수 있고 나중에는 DNA 확인 같은 방법들도 쓸 수 있을 것이다) 무기든 쉽게 찾아낼 수 있을 것이며 적진의 무언가를 파괴하는 임무를 수행할 수도 있다.

나노무기 스마트 먼지 다음 단계는 나노기술을 적용한 무기다. 이들이 등장하면 커다란 무기들은 대번 쓸 데가 없어질 것이다. 나노무기 같은 분산형 무기를 물리칠 수 있는 유일한 방법은 스스로 나노기술을 적용하는 것뿐이다. 그런데 나노기기에 자기복제력을 부여하면 무기의 능력은 강화되겠지만 그 자체가 심각한 문제를 일으킬 텐데, 8장에서 다시 말하겠다.

나노기술은 이미 군사적 용도로 널리 쓰이고 있다. 나노기술이 적용된 재료로 무기의 외장을 강화하며, 연구실에서는 나노 칩으로 생화학적 물질 탐지 및 확인을 신속히 하고, 오염된 지역을 정화하는 데는 나노 크기 촉매들을 이용한다. 다양한 상황에 맞춰 구조를 바꿀 줄 아는 신재료들, 옷에 붙어서 상처의 감염을 막아주는 세균 파괴성 나노입자들, 플라스틱과 나노튜브를 결합하여 강도를 높인 신재료, 자기수선력을 가진 물질들도 있다. 일례로 일리노이 대학 연구진은 액체 단량체*들의 마이크로스피어**와 촉매를 플라스틱 기질에 섞어넣음으로써 자기회복력을 지닌 플라스틱을 개발했다. 플라스틱이 갈라지면 단량체의 마이크로스피어들이 부서지면서 자동적으로 갈라진 틈새를 메워간다.[54]

---

*   단위체라고도 한다. 중합체에 대응하는 말로 고분자화합물을 구성하는 분자량이 작은 단위 물질.
**   일반적으로 지름이 마이크로미터 단위인 작은 구형의 화학물질 등을 가리키는 용어.

스마트 무기 목표에 명중하면 좋겠다는 생각으로 쏘아올리는 보통 미사일의 시대는 갔고, 패턴 인식 능력을 통해 스스로 수천 가지 전술적 결정을 내릴 수 있는 지능형 크루즈 미사일의 시대가 왔다. 안타까운 것은 아직 총알은 초소형 일반 미사일에 가까워 조정이 불가능하다는 것인데, 그래서 총알에도 지능적 도구를 탑재하는 것이 다음 과제다.

무기의 크기가 작아지고 수가 늘어남에 따라 사람이 일일이 통제한다는 건 가능하지 않을뿐더러 바람직하지도 않다. 자율적 통제력을 키우는 것이 또 하나의 중요한 목표다. 일단 기계 지능이 생물학적 인간 지능을 따라잡으면 전적으로 자율적인 시스템들이 우후죽순 솟아날 것이다.

가상현실 미 공군의 무인 항공기인 프레데터 같은 시스템에서는 이미 가상현실 환경을 통한 원격 조종이 이뤄지고 있다.[55] 설령 무기 안에 병사가 타고 있는 경우라도(에이브럼스 탱크처럼), 병사가 직접 창문을 내다보고 바깥 상황을 알아보는 시대는 지났다. 그럴 때라도 가상현실을 통해 실제 바깥의 풍경에 대한 정보를 받고 무기 통제를 하는 편이 효과적이다. 집단형 무기를 조종하는 사람들도 전문적 가상현실의 도움을 받을 것이다. 분산형 시스템이 각지에서 수집하는 방대한 정보를 종합적으로 파악하기 위해서다.

2030년대 말이나 2040년대가 되면 우리는 버전 3.0 인체에 바짝 다가가 있을 테고, 비생물학적 지능이 우위를 점하기 시작할 것이며, 모든 전쟁의 핵심은 컴퓨터 전쟁이 될 것이다. 세상의 모든 것이 정보이니, 자신이 가진 정보를 통제하는 한편 적의 통신망과 지시망, 통제력을 흩뜨리는 것이야말로 군사 작전 성공의 필수요인이 될 것이다.

학습에 미칠 영향

과학은 조직된 지식이다. 지혜는 조직된 삶이다.

―이마누엘 칸트(1724~1804)

오늘날의 교육은 아무리 부유하고 특별한 공동체라 하더라도 14세기 유럽 수도원 학교들이 제공했던 식에서 크게 벗어나지 않는다. 학교는 고도로 중앙집중된 조직으로서 늘 부족한 건물과 교수진에 의존하고 있다. 교육의 질은 지역 사회의 부에 따라 천차만별이라(미국은 재산세에서 교육비를 마련하는 전통이 있어 불평등한 상황을 악화시킨다) 빈부 격차를 조장한다.

다른 모든 조직이 그렇겠지만, 교육도 앞으로는 분산화된 체제로 나아갈 것이다. 한 사람 한 사람이 최고 수준의 지식과 학습에 직접 접속할 수 있을 것이다. 이런 변화는 막 시작되는 참이다. 하지만 이미 웹에 방대한 지식이 올려져 있고, 유용한 검색 엔진들이 있고, 질 좋은 공개 인터넷 강좌들이 있고, 효과적인 컴퓨터 보조 수업 기법들이 개발되고 있으므로 누구든 쉽고 싸게 교육 과정에 접근할 수 있다.

여러 대학들이 집중 강좌들을 온라인에 게시하는데, 무료인 것도 많다. MIT의 공개강좌체계(OCW)는 이런 노력의 선구 격이다. MIT는 전체 강좌의 절반에 해당하는 900여 가지 강좌 내용을 무료로 인터넷에 올리는데,[56] 덕분에 전 세계 교육계가 큰 영향을 받았다. 가령 브리지트 뷔소는 이렇게 말했다. "프랑스의 수학 교사로서, MIT에 깊이 감사합니다. …… 매우 명료한 강의들을 올려주신 덕분에 제가 수업을 준비하는 데 큰 도움이 되고 있습니다." 파키스탄의 교육가 사지드 라티프는 MIT 공개 강의들을 자신의 수업 내용에 포함시켰다. 라티프의 학생들은 사실상 정기적으로 MIT의 수업을 들으며 교육 과정을 이수하는 셈이다.[57] MIT는 2007년까지 모든 수업 내용을 웹에 게시하고 무료로 개방할(즉 비상업적인 용도에 대해서는 비용을 물지 않을) 계획을 세우고 있다.

미 육군은 육체적 훈련이 아닌 훈련들은 모두 웹으로 교육하고 있다. 웹을 통해 쉽고, 싸게, 갈수록 질이 좋아지는 강의들을 접할 수 있으므로 홈스쿨링도 부쩍 탄력을 받고 있다.

고품질의 시청각 인터넷 통신망이라는 하부구조를 갖추는 비용은 매년 50퍼센트씩 가파르게 떨어질 것이다. 2010년이 되기 전에 저개발국들조차도 비싸지 않은 온라인 접속망을 갖추게 될 것이므로 유치원에서 박사 과정에 이르기까지 모든 수준에 대한 고품질 인터넷 교육이 가능할 것이다. 내가 사는 도시나 마을에 적절한 교사가 없다고 해서 학습에 제약을 받는 시대는 사라질 것이다.

컴퓨터 보조 수업(CAI) 기법이 점차 지능화하고 있으므로, 학생마다의 학습에 맞게 개인 지도를 하는 능력도 상당히 발전할 것이다. 요사이 등장하는 교육용 소프트웨어들은 학생들의 장단점을 파악하여 각자에 맞는 문제 영역에 집중하도록 전략을 짜줄 줄 안다. 내가 만든 회사인 커즈와일 교육 시스템 사도 그런 소프트웨어를 선보이고 있다. 독해 장애를 가진 학생들이 일상적인 인쇄 매체들을 접하는 과정에서 독해 능력을 향상시키도록 도와주는 소프트웨어로서, 학교 수만 곳에서 널리 쓰이고 있다.[58]

현재는 통신 대역폭에도 한계가 있고 3차원 영상 기술에도 부족한 면이 있기 때문에 인터넷을 통해 가상 환경 수업을 한다는 것이 실제 '옆에 붙어서' 수업하는 것보다 못할 때가 많다. 하지만 상황이 바뀔 것이다. 2010년대 초반이면 완전몰입형에 초고해상도를 갖춘, 매우 그럴싸한 시청각 가상현실이 가능할 것이다. 대학들은 MIT의 길을 따르게 될 것이고 학생들은 점차 가상 수업을 통해 공부하게 될 것이다. 가상의 연구실에서 화학 실험이나 핵물리학 실험, 여타 갖가지 과학 실험을 할 수 있을 것이다. 학생들은 가상의 토머스 제퍼슨이나 토머스 에디슨과 대화할 테고, 심지어 자신이 가상의 토머스 제퍼슨이 되어보는 경험도 할 수 있다. 전 학년의 수업이 온갖 언어로 이루어질 것이다. 고품질, 고해상도 가상 강의실에 입장하기 위해 필요한 기기는 어디에나 있는 흔한 물건이 될 것이며, 제3세계 국가에서도 손에 넣기 쉬울 만큼 쌀 것이다. 어린아이로부터 성인까지 나이를 불문한 모든 학생들이 언제 어디서나 세계 최고 수준의 학습을 받을 것이다.

나아가 우리가 비생물학적 지능과 융합하게 되면 교육의 개념 자체가 바뀔 것이다. 그때는 지식이나 기술을 곧바로 다운로드 받을 수 있기 때문이다. 최소한 비생물학적 지능 영역만이라도 말이다. 요즘도 기계들은 그런 식으로 배운다. 가령 컴퓨터에 음성 인식이나 문자 인식, 번역, 인터넷 검색 같은 첨단 기술을 가르치고 싶다고 하자. 그냥 적당한 패턴(곧 소프트웨어)을 다운로드 받기만 하면 된다. 아직은 학습 내용에 해당하는 개재뉴런 연결과 신경전달물질 패턴을 생물학적 뇌에 곧바로 다운로드 받기에는 기술이 부족하다. 이것이 현재 우리가 사고 과정의 기반으로 삼고 있는 생물학적 패러다임의 어쩔 수 없는 한계다. 그리고 특이점이 도래하면 극복 가능한 한계인 것이다.

일에 미칠 영향

모든 도구가 제 일을 알아서 할 수 있다면, 남들의 바람을 읽고 충실히 따를 줄 안다면, 예를 들어 인도하는 손 없이도 북이 스스로 베를 짤 줄 알고 나무조각이 스스로 현을 고를 줄 안다면, 장인들에게는 일꾼이 필요 없을 것이요, 주인들에게는 노예가 필요 없을 것이다.

—아리스토텔레스

글쓰기가 발명되기 전, 누가 어떤 통찰을 떠올렸다 하면 그것은 거의 최초의 통찰일 게 분명했다(최소한 그를 둘러싼 작은 집단이 아는 한에서는 말이다). 무언가를 시작할 때는 모든 게 새로운 법. 하지만 지금 시대의 예술가들은 무얼 하든 간에 과거에 한 번쯤 벌어졌던 일이라는 자각을 한시도 잊지 못한다. 그러나 포스트휴먼 시대가 도래하면 만물은 다시금 새로워질 것이다. 호메로스나 다빈치나 셰익스피어라 해도 인간 역량을 뛰어넘는 일을 해본 적은 없을 것이기 때문이다.

―버너 빈지[59]

내 의식의 일부는 언제나 인터넷에 빠져 있어서 아예 거기서 사는 것 같다. …… 학생들은 교과서를 펼쳐두지만 텔레비전도 켜둔 채 소리를 죽여둔다. …… 그러고는 귀에 헤드폰을 끼고 음악을 듣는다. …… 컴퓨터에는 숙제를 하는 프로그램 창이 떠 있고 이메일 창이나 메신저 창도 떠 있다. …… 여러 일을 동시에 하길 즐기는 한 학생은 얼굴을 맞대는 현실 세계보다 온라인 세상이 더 좋다고 말한다. "현실 생활은 그냥 창이 하나 더 열린 거나 마찬가지예요."

―크리스틴 보이스, MIT 교수 셰리 터클의 발견에 대해 얘기하면서.[60]

    1651년, 토머스 홉스는 말하기를 "인간의 삶"은 "고독하고, 가난하고, 지저분하고, 야만적이고, 그리고 짧다"고 했다.[61] 당시의 삶에 대한 평가로는 흠잡을 데 없는 표현인지 모르겠다. 하지만 오늘날 우리는 기술 발전을 통해 가혹한 인간의 조건을 대부분 뛰어넘었다. 최소한 선진국에서는 그렇다. 가난한 나라라 해도 선진국 시민들과 기대 수명의 격차가 그리 크지 않다. 기술 발전에는 전형적인 패턴이 있는데, 먼저 기능이 부실하고 어마어마하게 비싼 제품으로 시작했다가, 다음엔 좀 기능이 나아진 다소 비싼 제품으로 옮겨가고, 다음으로 신뢰할 만한 기능의 비교적 싼 제품이 나온다. 마지막으로 기술은 매우 효과적인 수준에 도달하고, 어디에나 편재하며 거의 공짜에 가깝게 된다.

라디오와 텔레비전, 휴대폰이 이런 길을 걸었다. 현재의 인터넷은 비싸지 않고 신뢰할 만한 수준으로 작동하는 단계에 와 있다.

요즘 사람들이 기술을 받아들이는 데 걸리는 시간 격차는 10년쯤 된다. 10년마다 패러다임 전환의 속도가 두 배씩 빨라지고 있으므로, 2010년대 중반이 되면 격차는 5년으로 줄어들 것이고 2020년대 중반이면 고작 한두 해 수준이 될 것이다. GNR 기술은 엄청난 부를 창조할 능력을 갖고 있다. 앞으로 20~30년이 지나면 빈곤층이 거의 사라질 가능성이 높다(2장과 9장에서 언급한 2004년 세계은행 보고서 내용을 참고하라). 그러나 한편으로 변화에 반대하는 근본주의자나 러다이트들의 활동도 급증할 것이다.

분자 나노기술 제조법이 현실화하면 어떤 것이든 상품을 만드는 데 드는 비용은 킬로그램당 몇 페니 수준으로 떨어질 것이다. 거기에 제조 과정에 대한 정보 비용이 추가되는데, 사실상 이것이야말로 상품의 진짜 가치라 할 수 있다. 현재도 이미 그런 분야들이 있다. 요즘도 컴퓨터가 소프트웨어의 도움으로 제조 과정 하나하나를 통제하며, 설계나 재료 구입부터 자동화 공장의 조립 라인까지 전체를 아우른다. 그렇게 생산된 제품의 비용 중 정보 비용이라 할 수 있는 몫이 얼마나 되느냐는 상품군마다 다소 차이가 있지만, 전반적으로 비율이 상승하고 있는 것만은 틀림없다. 앞으로도 빠르게 상승하여 결국 100퍼센트에 가까워질 것이다. 2020년대 말이 되면 옷, 음식, 에너지, 전자 제품 등 거의 모든 상품의 가치는 전적으로 제조 과정에 동원된 정보의 가치가 될 것이다. 물론 모든 제품이나 서비스에 대해 소유권이 매겨진 상품뿐 아니라 정보가 공개된 오픈 소스 제품도 공존할 것이다.

지적 재산권 제품과 서비스의 주된 가치가 정보에 달려 있다면, 가치 있는 정보를 생산하는 데 투자하고자 하는 비즈니스 모델의 입장에서는 지적 재산권을 보호하는 일이 더없이 중요한 문제가 된다. 오늘날 연예 산업은 음악이나 영화의 불법 다운로드를 둘러싼 마찰에 시달리고 있는데, 이는 거의 모든 가치가 정보에서 비롯하게 될 미래에 벌어질 심각한 분란을 앞서 보여주는 예다. 가치 있는 지적 재산을 탄생시키는 비즈니스 모델은 언제라도 마땅히 보호 받아야 한다. 그래야만 지적 재산의 공급 자체가 위기에 처하지 않을 것이기 때문이다. 하지만 정보란 복사하기 쉬운 것이라는 사실은 사라지지 않을 현실이어서, 비즈니스 모델이 사람들의 기대에 부응하도록 끊임없이 노력하지 않는 산업은 불법 복제로 인해 크게 곤란을 겪을 것이다.

음악 산업의 예를 들어보자. 음악 산업은 진취적으로 새 패러다임을 내세우는 대신 (얼마 전까지만 해도) 음반이라는 비싼 물건에서 손을 뗄 줄 몰랐다. 음반은 내 아버지가 젊은 음악가로 분투하던 1940년대부터 오늘까지 큰 변화 없이 존재한 오래된 비즈니스 모델이다. 대중은 상품의 가격이 합리적인 수준이라고 생각하는 한 정보 불법 유통을 하지 않는다. 휴대폰 통화 산업은 맹렬한 도둑질에 휘말리지 않은 산업들 중 하나인데, 좋은 예로 살펴볼 만하다. 휴대폰 통화 비용은 기술 발전에 발맞춰 빠르게 낮아져왔다. 휴대폰 요금이 내 어린 시절의 통화 요금 수준에 머물러 있었다면(장거리 전화가 왔다 하면 하던 일을 모두 팽개치고 후다닥 달려가 전화를 받아야 하는 세상이었다) 지금쯤 사람들은 휴대폰 불법 통화로 한바탕 난리를 치고 있을 것이다. 기술적으로 볼 때 휴대폰 불법 통화는 음악 불법 다운로드보다 어렵지도 않다. 하지만 현재 휴대폰 불법 통화는 범죄 행위로 널리 인정되는 편이다. 사람들 사이에 휴대폰 요금이 비교적 적정하다는 합의가 이뤄져 있기 때문이다.

현재 지적 재산을 둘러싼 비즈니스 모델들은 변화의 첨단에 서 있다. 영화의 경우 이제까지는 파일의 용량이 커서 마음대로 다운로드받기 힘들었지만 앞으로는 사정이 다를 것이다. 영화 산업은 고해상도 영화에 대한 수요를 충족시키는 등 나날이 새로운 기준을 향해 전진하며 흐름을 이끌어야만 한다. 음악가들은 연주회를 통해 돈을 버는 경우가 많은데, 그 비즈니스 모델도 향후 십여 년 안에 무너질 것이다. 완전몰입형 가상현실이 등장할 것이기 때문이다. 전 산업 분야는 지속적으로 비즈니스 모델 재창조에 노력을 기울여야 한다. 지적 재산을 생산하는 것만큼이나 창의성을 필요로 하는 작업이 될 것이다.

인간이 겪은 첫 번째 산업 혁명이 육체의 한계를 뛰어넘게 해주었다면, 두 번째 혁명은 마음의 한계를 뛰어넘게 해준다. 지난 백 년 동안 미국인 중 공장이나 농장에 고용된 사람의 비율은 60퍼센트에서 6퍼센트로 떨어졌다. 향후 몇십 년 동안 거의 모든 일상적인 육체적, 정신적 작업이 자동화될 것이다. 손에 들고 다녀야 하는 딱딱한 어떤 물체가 아니라 주변 환경 전반에 스며든 지적인 기기들을 통해 연산과 통신을 할 수 있게 될 것이다. 이미 오늘날 우리가 하는 일 대부분은 어떤 형태로든 지적 재산을 창조하거나 홍보하는 일이며, 일대일로 직접적인 서비스를 제공하는 일이다(의료, 건강, 교육 산업 등이 다 그렇다). 예술적, 사회적, 과학적 창조성이 담긴 지적 재산이 더 많이 만들어지는 한 이런 추세는 지속될 것이며, 인간의 지능이 비생물학적 지능과 융합, 확장된다면 더욱 그럴 것이다. 일대일 서비스는 대개 가상현실로 옮겨갈 것이다. 가상현실이 오감을 모두 만족시키게 된다면 그러지 않을 이유가 없다.

분산화 앞으로 우리는 분산화라는 거대한 흐름을 겪게 될 것이다. 현재 우리는 고도로 중앙집중화되어 그만큼 취약한 발전소에 의지하고 있으며, 에너지를 나를 때는 송유선이나 송유관을 사용한다. 나노기술이 발전하여 연료 전지나 태양 에너지 활용에 박차가 가해지면 에너지원이 넓게 분산되는 효과가 나타날 것이며, 문명의 하부구조에 좀 더 밀착하게 될 것이다. 나노 공장은 비싸지 않을 것이므로 분자 나노기술 제조업도 널리 퍼질 것이다. 몸이 어디에 있든 가상현실을 통해 온갖 용무를 볼 수 있을 것이므로 도심이나 사무실 지구 같은 집중된 공간에 갇혀 있을 필요가 없다.

버전 3.0 인체가 등장하여 내키는 대로 몸의 형태를 바꿀 수 있고, 비생물학적 비중이 커진 뇌가 생물학이라는 구조적 한계를 넘어서게 되면, 사람들은 인간이란 무엇인가 하는 질문에 대해서 더욱 깊이 생각하게 될 것이다. 이 책에서 소개한 모든 변화들은 천지개벽처럼 한 순간의 사건이 아니라 작은 단계들로 나뉘어 진행될 일련의 과정이다. 속도가 빨라지고는 있지만 주류 사회는 매 단계에 대해 수용하는 시간을 가질 수 있을 것이다. 체외 수정 같은 생식 기술을 떠올려보자. 처음엔 논란이 많았던 기술이지만 곧 널리 받아들여져 사용되었다. 한편, 근본주의자들이나 러다이트들의 반대 활동도 격렬해질게 틀림없다. 변화의 속도가 빨라지는 만큼 반대의 목소리도 거셀 것이다. 그러나 아무리 격렬한 논란이 있다 해도, 이런 변화 덕분에 인류의 건강과 복지, 자기 표현, 창조성, 지식에 엄청난 효용이 있을 것이다.

놀이에 미칠 영향

기술은 우주를 질서 있게 조직하여 사람들이 모든 것을 직접 경험하지 않아도 되게 해주는 것이다.

—막스 프리슈, 《호모 파베르》

대담하게 모험하지 않는 삶은 무의미하다.

—헬렌 켈러

놀이란 일의 다른 이름이며, 온갖 형태로 인류의 지식 창조에 기여해왔다. 인형이나 나무블럭을 갖고 노는 아이는 자신만의 경험을 통해 지식을 창조해가는 중이라고 볼 수 있다. 어울려서 춤을 추는 사람들은 합동적으로 무언가를 창조하는 것이나 마찬가지다(미국 빈민가 아이들이 길거리에서 춘 춤이 브레이크 댄스가 되고, 또 힙합 운동의 모태가 되었음을 떠올려보라). 아인슈타인은 스위스 특허청에서 일하는 동안 가끔 일을 밀어두고 재미난 사고 실험에 몰두하곤 했기에 특수 상대성 이론과 일반 상대성 이론이라는 불멸의 업적을 남겼다. 전쟁이 발명의 아버지라면 놀이는 발명의 어머니쯤 된다.

오늘날에도 세련된 비디오 게임과 교육용 소프트웨어 사이에 사실상 차이가 없다. 2004년 9월에 발매된 게임 〈심즈 2〉에 등장하는 주인공들은 인공지능에 바탕을 두고 있어서 스스로 동기와 의도를 갖고 행동한다. 사전의 각본은 없다. 주인공들은 내키는 대로 행동하고, 그 상호작용에 따라 게임의 이야기가 서서히 모습을 갖춰간다. 게임일 뿐이지만 갖고 노는 사람은 사회적 인식이 발생해가는 과정에 대해 통찰할 수 있다. 또 실감나는 스포츠 게임을 통해서는 기술을 쌓고 이해를 넓힐 수 있다.

2020년대가 되면 완전몰입형 가상현실이 등장할 테고, 다채로운 환경과 체험이 가능한 방대한 놀이터가 펼쳐질 것이다. 처음에는 멀리 떨어진 사람들과 접촉할 수 있는 수단으로, 혹은 다양한 환경을 체험해볼 수 있다는 면에서 가상현실이 인기를 끌 것이다. 그런데 2020년대 말쯤 되면 가상현실은 진짜 현실과 구분이 불가능할 정도로 정교해질 것이다. 오감을 충족시킴은 물론, 신경학적 방법으로 감정을 자극할 수도 있을 것이다. 2030년대가 되면 인간과 기계, 현실과 가상현실, 일과 놀이 사이에는 그야말로 하등의 경계가 없을 것이다.

우주의 지적 운명에 미칠 영향:
왜 인류가 유일한 존재일 가능성이 높은가

우주는 기묘하다. 우리 상상만큼 기묘한 것을 넘어서 우리가 미처 상상하지도 못할
정도로 기묘하다.

–J. B. S. 홀데인[*]

왜 우주는 자신이 창조한 보잘것없는 작은 존재를 통해서 스스로를 탐구하고 있는
것일까?

–D. E. 젠킨스, 영국 국교회 신학자

우주는 무엇을 연산하고 있을까? 우리가 아는 것은, 하나의 질문에 대한 하나의 대
답을 찾고 있진 않다는 점이다. …… 우주는 제 스스로를 연산하고 있다. 표준 우주
모형이라는 일종의 소프트웨어를 통해 우주는 양자장, 화합물, 박테리아, 인류, 별,
은하에 대해 연산하고 있다. 연산을 거듭하는 우주는 물리학 법칙이 허용하는 한 최
고로 정교한 수준까지 스스로의 시공간 기하학을 넓혀가고 있는 것이다. 한마디로
연산은 존재 그 자체다.

–세스 로이드와 Y. 잭 응[62]

코페르니쿠스가 등장하기 전, 옛날 사람들이 가졌던 우주관은 우
주의 한 중심에 지구가 있고, 그 지구 최고의 선물이 인간의 지능이
라는 것이었다(물론 신 다음 차례지만 말이다). 그런데 이런저런 정보가
많아진 최근에는 이런 견해가 있다. 어떤 항성의 행성에 기술력을 지
닌 생물종이 존재할 가능성이 비록 극히 낮긴 하지만(100만분의 1이나

[*]   영국의 생리학자이자 유전학자.

될까), 우주에는 항성이 말도 못 하게 많으니(수백만조 개도 넘을 것이니까), 고도의 기술을 지닌 문명이 여럿(몇십억 개나 몇조 개 정도) 있으리라는 견해다.

이것이 SETI(외계 지적 생명체 탐사 프로젝트)에 헌신하는 사람들의 주장이고, 오늘날 대부분의 사람들이 받아들이고 있는 견해다. 하지만 나는 외계 지적 생명체의 존재를 확신하는 'SETI 가정'에 몇 가지 의혹이 있다고 생각한다.

일반적인 SETI 주장은, 드레이크 방정식을 풀어본 결과 우주에는 가령 수십억 개가 넘는 지적 생명체가 있으며 우리 은하에만도 수천 혹은 수백만 개가 있음이 분명하다고 결론 내리는 것이다. 아직까지 건초 더미에서 바늘을 찾는 데 성공하지 못했다고 해서 그리 실망할 건 없다는 것이다. 그래서 더욱 대대적으로 건초 더미 탐색을 수행해 나가는 것이다.

다음 그림은 〈스카이 & 텔레스코프〉 잡지에서 가져온 것인데,

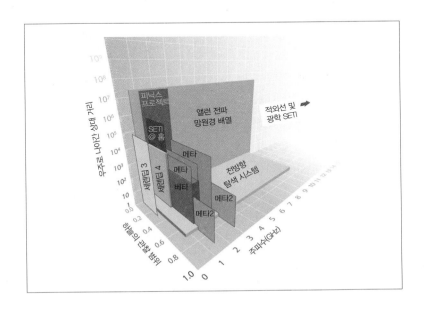

SETI 프로젝트가 탐사하는 영역이 얼마나 되는지 잘 보여준다. 세 가지 주요 변수, 즉 지구로부터의 거리, 신호의 주파수, 관찰 범위에 들어와 있는 하늘의 영역을 좌표 삼아 다양한 탐사 노력을 평가해본 것이다.[63]

도표에는 향후 구축될 시스템도 두 개 포함되어 있다. 하나는 앨런 전파 망원경 배열이다. 마이크로소프트 사의 공동창립주 폴 앨런의 이름을 딴 프로젝트로, 거대한 망원경 접시 몇 개를 쓰기보다 자그마한 접시들을 많이 배치하는 시스템이다. 2005년에는 그중 32개의 접시 안테나들이 구축될 계획이다. 전체 350개 안테나가 모두 작동하게 되면(2008년 예정이다) 2와 1/2에이커(10,000제곱미터) 넓이의 거대한 안테나에 필적하는 기능을 갖추게 된다. 동시에 1억 개의 주파수 채널을 감시할 수 있어서 마이크로파 스펙트럼 전체를 아우른다. 기기가 수행할 일들 중 하나는 우리 은하에 있는 항성 수백만 개를 탐색하는 것이다. 비용이 싼 작은 안테나 접시들로부터 정교한 신호를 추출해내야 하므로 복잡한 지능형 연산을 사용하게 된다.[64]

나머지 하나는 오하이오 주립 대학이 건설하고 있는 전방향 탐색 시스템이다. 단순한 안테나들을 대량으로 배열하여 그로부터 얻어진 신호들을 지능형 연산을 통해 해석하는 시스템이다. 간섭측정(신호들이 서로 간섭하는 현상에 대한 연구) 원리를 이용하면 안테나가 수집한 자료를 바탕으로 온 하늘에 대한 고해상도 영상을 얻을 수가 있다.[65] 전자파의 영역을 넘어서려는 프로젝트도 있다. 가령 적외선이나 광선의 범위에서 탐색을 하려는 것이다.[66]

앞의 도표에 표기된 세 가지 변수 외에도 여섯 가지의 변수가 더 있는데, 가령 편극(전자파의 진행 방향에 대한 파면의 기울기) 등이다. 위의 도표를 보고 내릴 수 있는 결론은 이 9차원의 '변수 공간' 속에서 SETI가 탐사하는 영역은 종잇장처럼 얇은 부분에 불과하다는 것이다. 그러니 아직 외계 지적 생명체의 증거를 발견하지 못했다 해도 놀랄 일이 아니라고 사람들은 생각한다.

하지만 우리가 단 하나의 바늘을 찾아 헤매는 게 아님을 생각하면, 이것은 문제다. 수확 가속의 법칙을 떠올려보면, 일단 한 외계 지적 생명체가 원시적이나마 기계적 기술을 발전시킨다면 그로부터 몇 세기 지나지 않아 금세 지구의 22세기 기술에 맞먹는 수준으로 발전할 것이 틀림없다. 러시아 천문학자 N. S. 카르다셰프는 '제2형' 문명이라는 용어를 제안하면서, 자신이 속한 행성계 내 항성의 에너지(태양을 예로 들면 약 4×10^{26}와트)를 이용하여 전자파 복사 통신을 하는 문명이라고 정의한 바 있다.[67] 내 추론에 따르면 우리 문명은 22세기쯤 그런 기술 수준에 도달할 것이다. SETI 이론가들이 생각하는 것처럼 수많은 외계 문명들이 다양한 기술 발전 수준을 자랑하며 길고 짧은 역사를 거느리고 퍼져 있다면, 지구 문명보다 앞선 곳 또한 무척 많아야 한다. 즉 제2형 문명의 수도 많아야 한다는 것이다. 나아가 몇몇은 카르다셰프가 정의한 제3형 문명, 즉 자신이 속한 은하의 전체 에너지(우리 은하를 예로 든다면 약 4×10^{37}와트)를 활용할 줄 아는 문명으로 발전했을 수 있으며, 실제 우주의 역사는 그러기에 충분한 것으로 보인다. 그런 발전된 문명이 단 하나밖에 없다 해도 그 문명은 수십억, 아니 수조 개의 신호 '바늘들'을 내보내고 있을 것이다. 문명이 어마어마한 양의 정보를 처리하는 과정에서 그 결과나 부산물로 내보내는 신호들이 SETI 변수 공간 여기저기서 잡히리라는 것이다. 지금까지의 SETI 프로젝트는 아주 좁은 공간만을 탐색하는 수준이지만, 그래도 만약 우주에 제2형 문명이 있는 게 확실하다면 그 신호를 잡지 못했을 리 없다. 제3형 문명이라면 더 말할 것도 없다. 게다가 이런 앞선 문명들이 단 하나가 아니라 수없이 많을지도 모른다는 생각까지 해본다면, 여태껏 아무런 신호도 감지하지 못하는 것은 매우 이상한 일이다. 이것이 바로 페르미 역설이다.

드레이크 방정식 천문학자 프랭크 드레이크가 1961년에 제안한 드레이크 방정식은 SETI 프로젝트에 커다란 영감을 주었다. 우리 은하 내에 지적 문명이(좀 더 정확하게는 무선 송신을 하는 문명이) 몇 개나 있을지 계산하는 방정식이다.[68] (추측건대 다른 은하들에도 마찬가지 분석이 통할 것이다.) 잠시 드레이크 방정식을 살펴봄으로써 SETI 가정의 신뢰도를 따져보자. 방정식은 이렇다.

무선 송신을 하는 문명의 수 = $N \times f_p \times n_e \times f_l \times f_i \times f_c \times f_L$

여기서

N=은하계에 있는 항성의 수. 최근 예상으로는 약 1천억(10^{11}).

f_p=선회 행성들을 거느린 항성의 비율. 최근 예상으로는 약 20퍼센트에서 50퍼센트 사이.

n_e=선회 행성을 거느린 항성에서도, 생명체를 갖고 있을 만한 행성은 평균적으로 몇이나 될까? 매우 논란의 여지가 많은 요소다. 하나 이상(즉 행성들을 거느린 항성이라면 평균적으로 하나 정도는 생명체 있는 행성을 가졌으리라는 것이다)이라는 예측부터 훨씬 낮은 수치, 가령 천분의 1보다 낮은 수치까지 다양하다.

f_l=생명체를 갖고 있을 만한 행성들 중에서도, 실제로 생명체가 진화한 행성의 비율은 얼마나 될까? 역시 예측치는 제멋대로다. 거의 100퍼센트에 가깝다는 사람부터 0퍼센트에 가깝다는 사람까지 있다.

f_i=생명체가 진화한 행성이라고 할 때, 그 생명체가 지적 생명체로 진화했을 가능성은 얼마나 될까? 드레이크 방정식에서 가장 논란의 소지가 되는 요소가 f_i과 f_c이다. 역시 예측은 100퍼센트에 가깝다는 것에서(즉 일단 탄생한 생명체는 반드시 지적 생명체로 진화하게 되어 있다) 0퍼센트에 가깝다는 것까지(즉 지적 생명체는 매우 드문 현상이다) 다

양하다.

f_c=지적 생명체가 진화한 행성에서, 그 생명체가 전파로 무선 통신을 할 가능성은 얼마나 될까? f_c의 예측치는 f_l이나 f_i보다는 높은 편이다. 지적 생명체라면 전파 통신을 발견하고 사용하는 게 그리 어렵지 않으리라는 합리적인 예상에 따른다.

f_L=우주의 평균적인 문명이 전파로 통신하는 기간이 우주 나이에서 차지하는 비율.[69] 우리 문명을 예로 들면, 우리의 전파 통신 역사는 백 년 가량이고 우주의 나이는 대략 십억 년에서 이십억 년 사이이므로, 지구의 f_L은 약 10^{-8}이다. 우리가 앞으로 9백 년 동안 전파 통신을 계속한다면 수치는 10^{-7}이 될 것이다. 이 요소에도 여러 고려사항들이 있다. 만약 문명이 전파 통신과 함께 발전시켜온 여타 기술력의 파괴적 측면을 이기지 못하고 붕괴한다면(핵융합이나 자기복제 나노기술 등 때문에) 그 문명의 신호는 끊기고 말 것이다. 지구에도 갑자기 역사가 끊겨 조직적 사회 활동이나 과학적 탐구 활동이 중단된 문명들이 과거에 있었다(전파 기술은 없었지만 마야 문명 등이 그런 예다). 그러나 한편으로 모든 문명의 맥이 그런 식으로 끊긴다고는 상상할 수 없기 때문에, 급작스러운 문명 붕괴가 전파 통신 문명의 수를 헤아리는 데 아주 큰 영향을 미치는 요인이라고는 할 수 없다.

그보다는 전자파 통신(라디오파 같은)을 넘어 좀 더 뛰어난 통신 수단으로 이행하는 문명이 얼마나 될 것이냐가 중요할지 모른다. 지금 우리도 원거리 통신을 할 때는 라디오파보다 광섬유 같은 유선 통신에 의존한다. 그래서 지난 10년간 통신의 대역폭 자체가 매우 늘어났음에도 불구하고 우리 문명이 우주에 내보내는 무선 전자파 정보의 양은 그리 늘지 않은 것이다. 그러나 또 한편으로는 다양한 무선 통신 방법이 생겨나는 중이다(휴대폰이라거나 와이맥스 기준에 따른 새로운 무선 인터넷 표준 통신 등). 앞으로는 유선 통신이 아니라 아예 훨씬 신기한 새로운 매체, 가령 중력파* 같은 것에 의존한 통신이 가능할지도 모른다. 하지만 설령 전자파 통신이 외계 생명체와 신호를 주고받는 데 있어 가장 주효한 수단이 아니게 된다 해도, 최소한 어떤 용도로 어디에선가는 쓰일 것이라 보는 게 합리적이다(그리고 어쨌든 f_t을 계산할 때 문명이 전자파 통신을 갑자기 그만둘 가능성도 고려하고 있다).

드레이크 방정식에는 정확히 수치를 매기기 어려운 요인들이 많다. 어쨌든 SETI 옹호자들은 방정식 계산 결과 우리 은하계에만도 무선 통신을 하는 문명이 적잖이 존재한다고 주장한다. 이런 식이다. 행성을 거느린 항성의 비율이 50퍼센트라 하고(f_p=0.5), 이런 항성들이 평균적으로 두 개씩의 생명체를 가질 만한 행성을 거느린다 하고(n_e=2), 이 행성들의 절반에서 실제로 생명체가 진화했다 하고(f_l=0.5), 그 생명체의 절반이 지적 생명체라 하고(f_i=0.5), 그 지적 생명체의 절반이 무선 통신기술을 발전시켰다 하고(f_c=0.5), 통신 가능 문명의 평균 통신 역사는 백만 년이라고 하자(f_L=10^{-4}). 드레이크 방정식에 따라 우리 은하에 1,250,000개의 통신 가능 문명이 존재한다는 결과가 나온다. SETI 연구소의 수석 천문학자인 세스 쇼스탁 같은 경우는 우리 은하의 통신 가능 문명 수가 만 개에서 백만 개 사이이리라 주장한다.[70] 칼 세이건은 약 백만 개, 드레이크 자신은 약 만 개라 보았다.[71]

하지만 앞에서 사용한 수치들은 하나같이 너무 낙관적이다. 생명체의 진화, 특히 지적 생명체의 진화라는 사건이 좀 더 어려울 것이라 보수적으로 가정하면 매우 다른 결론이 나온다. 만약 행성을 거느린 항성의 비율이 50퍼센트라 하고(f_p=0.5), 이런 항성들 열의 하나 정도가 생명체를 지탱할 만한 조건을 갖추었다 하고(n_e=0.1, 생명체 우호적인 조건이 그리 흔한 게 아니라고 본 것이다), 이 행성들의 1퍼센트에

---

* 중력장의 요동으로 방출되는 파동 형태의 에너지. 상대성 이론에서 도출되는 것으로, 2016년 검출에 성공하여 실제로 확인되었다.

서 실제로 생명체가 진화했다 하고(f_l=0.01, 생명 탄생의 어려움을 감안한 것이다), 그 생명체의 5퍼센트 정도가 지적 생명체로 진화했다 하고(f_i=0.05, 지구에서도 이토록 오랜 시간이 걸렸음을 생각해보자), 그 지적 생명체의 절반이 무선 통신기술을 발전시켰다 하고(f_c=0.5), 통신 가능 문명의 평균 통신 역사는 만 년이라고 하면(f_L=10^{-6}), 방정식의 결과는 우리 은하계 내 무선 통신 문명의 수가 약 하나(정확히는 1.25개)라는 것이다. 우리는 그 하나가 어디에 있는지 너무 잘 알고 있다.

그리고 사실 방정식 하나를 놓고 외계 생명체의 존재 가능성이 얼마냐를 따지는 건 애초 힘든 일이다. 드레이크 공식이 확실하게 알려주는 단 한 가지 사실은, 예측을 하기가 어마어마하게 까다롭다는 것뿐이다. 그리고 현재까지 우리가 알기로는 아직까지 우주가 매우 조용했다. 외계 생명체가 보낸 신호를 접한 적이 없다. SETI 프로젝트의 기저에 깔린 가정은 우주에 지적 생명체가 아주 많이 있어서 무선 통신을 하는 문명의 수가 수십억 개까지는 아니라도 최소 수백만 개는 있으리라는 것이다(최소한 그들이 내보낸 신호가 현재까지 지구에 도달할 수 있을 만한 거리, 즉 지구의 광년 영역 내까지 확장한다면 말이다). 그런데 SETI는 아직 단 하나의 신호도 잡아내지 못했다. 자, 그렇다면 SETI의 가정을 기술 수확 가속의 법칙이라는 시각에서 다시 살펴보자. 진화의 과정은 본질적으로 가속적이다. 게다가 기술의 진화는 기술을 만드는 생물종을 탄생시켰던 생물학적 진화 과정보다 빠르다. 인간이 전기나 컴퓨터가 없는 건 물론이고 가장 빠른 교통 수단은 말이던 사회로부터 세련된 연산 및 통신기술이 존재하는 오늘까지 오는 데는 고작 200년이 걸렸다. 앞으로 또 백 년이면 우리의 지능은 지금과 비교도 할 수 없을 정도로 확장될 것이라 보인다. 고작 3백 년 만에 인류는 원시적인 기계 기술을 머뭇머뭇 다루던 데서 벗어나 지능과 통신 능력의 극적인 확장을 이루는 것이다. 이처럼, 일단 무선 통신 신호를 내보낼 만큼의 전자 기술을 갖춘 생명체라면 그 지능이 극적으로 확장되는 데는 그리 오랜 세월이 걸리지 않으리라고 보는 게 옳다.

3백 년이라는 세월은 천문학적 시간 단위에 대면 그야말로 눈 깜박할 새나 다름없는 짧은 기간이다. 우주의 나이가 약 130억에서 140억 년이라는 사실을 떠올려보면 말이다.[72] 지구의 예를 볼 때, 무선 통신을 하게 된 문명은 이후 약 백 년, 길어도 2백 년 안에 제2형 문명이 될 가능성이 높다. 우리 은하 내에 통신 가능 문명들이 수백만 개까지는 아니라도 최소 수천 개 있다는, 그래서 지구의 광년 영역 안에는 수십억 개가 있을 게 분명하다는 SETI의 가정이 옳다면, 이 문명들은 수십억 년의 역사에 분포되어 있을 테니 각자 다른 발전 단계를 보이고 있을 것이다. 우리보다 앞선 문명도, 뒤처진 문명도 있을 것이다. 우리보다 앞선 문명들이 죄다 딱 몇십 년만 앞서 있으리라 생각하는 것은 합리적이지 않다. 우리보다 앞선 문명들 중에는 수십억 년은 아니라도 수백만 년 정도는 앞선 곳들이 분명 있을 것이다.

문명이 기초적 기술에서 벗어나 지능의 확장 및 통신 역량의 폭발, 즉 특이점에 거의 이르기까지는 고작 몇백 년밖에 필요치 않으므로, SETI의 가정이 옳다면 지구 광년 영역 안에는 우리가 상상조차 할 수 없을 정도로 고도로 발달된 기술을 지닌 문명이 수십억 개(우리 은하 내에는 수천 개 혹은 수백만 개) 있어야 할 것이다. SETI 프로젝트에 대해 토론하는 사람들 중에는 예의 선형적 발전 모형을 믿는 자들이 있다. 기술이 현재 우리의 수준으로 발전해오거나, 혹은 이로부터 더욱 발전해나갈 때 점진적 과정을 밟는다는 생각이다. 수백만 년까지는 아니라도 수천 년 정도의 시간이 걸리리라는 생각이다. 하지만 최초로 무선 통신이 생겨난 때로부터 고작 백 년 만에 우리가 제2형 문명에 걸맞은 수준의 힘을 갖게 된다는 점을 떠올려보라. 분명 하늘에는 지적 생명체들이 내보내는 신호들이 가득해야 한다.

그런데도 모두들 알다시피, 하늘은 조용하기만 하다. 우주가 이토록 고요하다는 것은 기묘하고도 흥미로운 일이다. 엔리코 페르미가

1950년 여름에 했던 말과 같다. "다들 어디 있는 걸까요?"[73] 충분한 기술을 갖춘 문명이라면 제대로 탐지하기 어려운 주파수로 최대한 조용히 통신을 하며 자신을 숨길 이유가 없을 것 같다. 왜 외계 지적 생명체들은 하나같이 수줍은 걸까?

이른바 페르미 역설에 답하기 위해 이런저런 가정들이 쏟아졌다(사실 페르미 역설이 역설적인 것은 드레이크 방정식을 너무 낙관적으로 해석하여 기대를 높게 가지기 때문인지 모른다). 그중 한 가지로, 일정 수준에 다다른 문명은 세상에서 자취를 감춰버릴지 모른다는 가정이 있다. 그런 문명들이 없지는 않을 테지만, SETI 가정에 따르면 우주에 수십억 개의 문명들이 있는 마당에 그들 모두가 일제히 그런 식으로 행동한다는 것은 말이 안 된다.

비슷한 가정들이 여러 가지 더 있다. 어쩌면 '그들은' 우리를 방해하지 않기로 결정했고(우리가 워낙 원시적인 존재들이니까) 그냥 조용히 바라보고 있을지도 모른다(드라마 〈스타 트렉〉 팬이라면 익숙할 만한 상황으로, 일종의 윤리적 지침이 된 것일 수 있겠다). 그러나 역시 수십억 개의 문명들이 일제히 같은 결정을 내렸으리라 보기는 어렵다. 어쩌면 좀 더 나은 통신 수단으로 옮겨갔을지 모른다. 나 역시 전자파보다 뛰어난, 어쩌면 매우 주파수가 높은, 통신 수단이 있을지 모른다는 점은 인정한다. 발전된 문명(다음 세기의 인류 문명처럼)이라면 그런 것을 찾아내어 활용할지 모른다. 하지만 그렇다고 전자파가 전혀 쓰이지 않게 된다고는 생각하기 어렵다. 최소한 다른 기술 영역의 부산물로라도 전자파는 발생할 것이며 지구 아닌 다른 문명에서도 마찬가지일 것이다.

그런데, 내가 이제껏 펼친 주장은 SETI 프로젝트에 반대하기 위한 것이 아님을 밝혀둘 필요가 있겠다. 오히려 그 반대다. 부정적인 발견 결과 역시 긍정적인 발견 결과만큼이나 귀중한 의미를 지니기 때문이다.

다시 생각해보는 연산의 한계 이제 수확 가속의 법칙이 우주의 지능에 어떤 영향을 줄지, 그 의미를 조금 더 깊게 살펴보자. 3장에서 궁극의 컴퓨터를 논하며 말했듯, 1리터에 1킬로그램인 컴퓨터가 가질 수 있는 최적의 연산 용량은 10^{42}cps 정도이며, 이는 백억 명의 사람들이 만 년에 걸쳐 할 연산을 10마이크로초 만에 해낼 수 있는 역량이다. 에너지나 열을 좀 더 효율적으로 관리하면 1킬로그램의 물질에서 10^{50}cps의 연산을 끌어내는 것도 가능할지 모른다.

물론 이런 수준의 연산 용량을 얻어내려면 엄청난 기술적 과제들을 풀어야 한다. 하지만 여러 차례 지적했듯 현재의 인간이 지닌 공학 능력으로 덤비는 게 아니라 킬로그램당 10^{42}cps의 연산 능력을 가진 문명의 능력으로 문제를 풀 것임을 고려해야 한다. 10^{42}cps의 연산 능력을 가진 문명이라면 어떻게 10^{43}cps로, 10^{44}cps로 나아갈지 쉽게 알아차릴 것이다.

문명의 기술력이 일정 수준을 넘어서면 고작 몇 킬로그램의 물질에만 매달릴 필요도 없다. 당연한 말이다. 인류 문명이 주변에 있는 물질과 에너지를 모두 활용하게 된다고 상상해보자. 지구의 질량은 6×10^{24}킬로그램 정도다. 목성은 약 1.9×10^{27}킬로그램이다. 수소와 헬륨을 제외하고 태양계 전체의 질량을 계산하면 약 1.7×10^{26}킬로그램인데 물론 태양은 제외한 것이다(그게 결국엔 바람직하다). 태양을 포함하면 전체 태양계의 물질 질량은 약 2×10^{30}킬로그램이다. 최대 한계를 어림짐작하기 위해 킬로그램당 10^{50}cps라는 최대 연산 용량을 전체 태양계 물질에 적용하면, 우리는 우리 '근방'에 있는 물질로부터 10^{80}cps의 연산 능력을 끌어낼 수 있다는 결론이 된다.

이 최대 한계에 도달하기 위해서는 여러 현실적인 문제가 많을 게 분명하다. 어쨌든 태양계 내 물질의 20분의 1퍼센트(0.0005)만 연산 및 통신 자원으로 활용한다고 소극적으로 잡아도, '차가운' 연산일 때는 10^{59}cps, '뜨거운' 연산일 때는 무려 10^{77}cps의 용량을 얻는 셈

이다.[74]

이런 규모의 연산을 하면서 복잡한 설계적 제약들을 만족시킬 수 있는 공학적 아이디어들이 이미 여럿 제안되어 있다. 에너지 사용, 열 배출, 내부 통신 속도, 태양계 내 물질의 조성 등등이 그런 제약들이다. 이런 컴퓨터에 대한 설계들은 모두 가역적 연산을 기본으로 하지만, 그렇다 해도 에너지가 필요 없는 것은 아니다. 오류 수정 및 결과 전송에 최소한의 에너지가 든다. 연산을 연구하는 신경과학자 앤더스 샌버그는 지구 크기의 연산 '물체'인 제우스라는 것을 가정하고 연산 용량을 계산해보았다.[75] 다이아몬드형 탄소 10^{25}킬로그램(지구 질량의 1.8배 정도)으로 이뤄진 '차가운' 컴퓨터 제우스에는 연산 노드가 5×10^{37}개 있고, 병렬식 정보 처리를 한다. 최대 연산 속도는 10^{61}cps 정도이고, 정보를 저장하는 용도라면 10^{47}비트까지 가능하다. 제우스의 설계에서 가장 큰 제약 조건은 얼마만 한 속도로 정보를 지울 수 있는가 하는 점인데(초당 2.6×10^{32}비트씩 지울 수 있을 것으로 보인다), 우주선이나 양자 효과로 인한 오류를 바로잡으려면 지우기도 쉬워야 하기 때문이다.

1959년, 천체물리학자 프리먼 다이슨은 항성 주변을 둘러싸고 곡면을 설치하여 에너지와 서식지 문제를 해결할 수 있으리라고 제안했다. 이것을 다이슨 구라고 하는데, 여러 형태가 가능하지만 그중 한 가지는 항성을 얇은 구로 둘러싸서 항성에서 나오는 에너지를 얻는 모양이 있다.[76] 그 구 위에 문명을 건설하면 문명에서 발생하는 열은 적외선 에너지의 형태로 구 바깥, 즉 항성에서 먼 우주 공간 쪽으로 내보낼 수 있다. 또 다른 변용으로 완벽한 구가 아니라 곡면을 여러 개 설치하는 것도 있다. 각 곡면이 항성의 서로 다른 부분을 덮는다. 그러면 지구처럼 생태계를 보전할 필요가 있는 행성들에 갈 에너지를 뺏지 않고도 항성에 다이슨 구를 설치할 수 있다.

다이슨은 처음에 미래의 생물학적 문명에 필요한 공간과 에너지를 얻기 위해 이런 발상을 한 것이지만, 이것을 항성 규모 컴퓨터를 설계하는 데도 활용할 수 있다. 지구에 닿는 태양빛을 방해하지 않는 수준에서 다이슨 곡면들을 설치한다고 상상해보자. 다이슨은 구 혹은 곡면 위에 지적이고 생물학적인 존재들이 산다고 상상했지만, 문명이 비생물학적 지능으로 급속히 이행하고 있는 형편이니 꼭 생물학적 인간들만 살라는 법은 없을 것이다.

더욱 발전한 형태도 가능하다. 가령 하나의 곡면에서 흡수한 에너지를 다른 곡면, 태양에서 더 멀리 있는 곡면으로 옮겨주는 것이다. 컴퓨터 과학자 로버트 브래드베리는 그런 곡면들을 층층이 겹칠 수 있을 것이라 주장하며, 그렇게 생긴 컴퓨터에 '마트료시카 뇌'라는 이름을 붙였다. 태양 또는 다른 항성을 겹겹이 둘러싼 컴퓨터인 것이다. 샌버그는 이런 형태의 컴퓨터에 대해서도 계산을 해보았다. 우라노스라 이름 붙여진 이 컴퓨터는 태양계 내 물질 중(태양은 제외한다) 수소와 헬륨을 제외한 것의 1퍼센트만 사용하도록 되어 있는데, 그 양은 약 10^{24}킬로그램으로 앞에서 말했던 제우스 컴퓨터의 자원보다는 다소 적다.[77] 우라노스의 연산 노드는 10^{39}개, 연산 속도는 약 10^{51}cps, 저장 용량은 10^{52}비트라 한다.

이미 우리의 연산 활동은 어딘가에 집중되기보다 넓게 퍼져서 이뤄지고 있다. 분산화 추세는 앞으로도 지속될 것으로 보인다. 하지만 일단 주변의 자원에서 얻을 수 있는 최대 연산 수준에 가까워지게 되면, 앞에서 소개한 새로운 설계에 따라 처리 장치들을 배치하게 될 가능성이 높다. 가령 마트료시카 곡면들을 이용하면 태양 에너지를 최대로 활용할 수 있고 열 배출도 쉽게 할 수 있다. 나는 이처럼 태양계 내 자원을 활용한 컴퓨터가 이번 세기말 무렵에는 등장할 것이라 본다.

커지거나 작아지거나 태양계의 연산 용량이 10^{70}cps에서 10^{80}cps 정도라고 할 때, 22세기 초면 우리가 그 수준에 도달하리라는 것이 내 예측이다. 과거의 역사를 보면 연산의 규모는 늘 안팎으로 확장해왔다. 지난 수십 년간 집적회로에 장착되는 연산 요소들(트랜지스터)의 수는 2년마다 배로 늘어났다. 이것이 내적 확장이다(물질의 킬로그램당 연산 밀도가 높아지는 것). 한편 외적 확장도 계속되었는데, 생산되는 칩의 수가 매년 8.3퍼센트씩 증가한 것이다.[78] 앞으로도 안팎의 확장이 계속될 것이 분명한데, 다만 3차원 회로를 동원한 내적 확장이 한계에 다다르면 그때부터는 외적 확장에 치중하게 될 것이다.

우리가 연산 자원을 확충해가는 과정에서 태양계의 물질과 에너지까지 모두 징발하고 나면, 이후 지속적으로 성장하기 위해서는 더 밖으로 나아가는 수밖에 없다. 앞서 훨씬 작은 수준의 연산도 가능할지 모른다고 말한 바 있다. 아원자 입자들을 활용하는 것이다. 그런 피코, 펨토 규모 기술이 가능하다면 연산 기기의 크기를 더욱 줄임으로써 용량을 확장할 수 있을지 모른다. 하지만 아원자 입자 수준의 연산에는 기술적 난제가 많기 때문에 어쨌거나 외적으로 확장해야 할 필요는 여전하다.

태양계 너머로 확장하기 태양계 너머로 지능을 확장해간다고 할 때, 속도는 어떻게 될까? 이론적 최대 속도(빛의 속도 또는 그 이상)를 즉각 취하기는 어렵겠지만, 거기서 크게 차이 나지 않는 속도라면 쉽게 취할 수 있을 것이다. 여기에 반대하는 사람들도 많다. 광속에 가까운 속도로 사람(또는 어떤 문명의 발전된 유기체)이나 장비를 보내면 압력을 견디지 못한다는 것이다. 설령 천천히 가속하는 식으로 압력 문제를 해결한다 해도 다음엔 성간 물질들과 충돌할 우려가 있다. 그런데 이런 반대는 지능의 속성을 현재 상태에만 국한해 잘못 파악한 데서 비롯한다. 지적 생명체가 은하와 우주를 가로질러 퍼진다는 상상을 할 때, 우리는 인류의 역사에서 사람들이 이주하고 식민지를 개척했던 모습을 떠올리기 때문에 기본적으로 인간들이(다른 문명이라 해도 어쨌든 지적인 유기체들이) 다른 별에 옮겨가 산다는 그림을 그린다. 생명체가 직접 옮겨가서 통상적인 생물학적 재생산을 통해 번식하고, 식민지를 넓혀간다는 식이다.

하지만 이번 세기말이 되면 지구에서는 비생물학적 지능이 생물학적 지능보다 수조 배 강력한 존재가 되어 있을 것이다. 그런 임무를 수행할 때 생물학적 인간들을 보낼 이유가 없는 것이다. 우리 아닌 외계 문명이라 해도 마찬가지다. 단지 생물학적 인간을 대신할 로봇 탐색기들을 보낸다는 뜻도 아니다. 그때쯤이면 인류 문명이라는 것 자체가 비생물학적인 무언가가 되어 있을 것이다.

비생물학적 탐험가의 크기는 클 필요가 없다. 거의 전적으로 정보로만 구성될지도 모른다. 물론 달랑 정보만 보내서는 안 될 것이다. 다른 항성이나 행성에 도착했을 때 물리적인 작업을 할 수 있어야 할 테니 모종의 물질적 기기가 함께 가야 한다. 그렇다 해도 자기복제력 있는 나노봇 정도면 충분하다(나노봇의 요소들은 나노 규모로 제작되지만 전체 크기는 미크론 단위로 측정된다).[79] 나노봇들을 떼로 보내면서 그들 중 일부 '씨앗들'이 다른 행성계에 뿌리내리도록 하는 것이다. 거기에서 탄소나 기타 필요한 재료들을 적절히 찾아 자기복제하게 하는 것이다.

일단 나노봇 군락이 자리를 잡으면, 다음에 그들의 지능을 최적화하기 위해 필요한 정보들은 통신으로 전달해줄 수 있다. 물질이 아니라 에너지만 소요하는 통신을 광속으로 하면 되는 것이다. 나노봇은 사람처럼 거대하지 않기 때문에 광속에 근접한 속도로 움직일 수 있다. 아니면 아예 통신이 필요 없게 나노봇 기억 장치에 모든 정보를 심어줄 수도 있다. 미래의 공학자들이 선택할 문제다.

소프트웨어 파일은 나노봇 수십억 개에 나눠 실을 수 있다. 일단 하나, 혹은 몇몇이 종착지에 다다라 자기복제를 함으로써 제법 커다란 '거점'을 마련하면, 다음에는 근처를 지나가는 나노봇들이 무심코 스쳐

가지 않게 불러들일 수 있다. 나노봇 군락은 이렇게 정보를 수집하고, 흩어진 연산 자원도 한데 모아 지능을 최적화할 수 있다.

다시 생각해보는 광속 태양계 규모의 지능(즉 제2형 문명)이 우주로 뻗어나가는 최대 속도는 광속에 매우 가까울 것이다. 현재까지 알려진 바에 따르면 정보나 물질이 움직일 수 있는 최대 속도는 광속이지만, 그것을 뛰어넘을 수 있을지도 모른다는 가능성이 최근 제기되고 있다.

물론 광속을 넘어선다는 것은 순전히 발상에 불과한 상태다. 우리 문명은 이번 세기에 커다란 변화를 맞겠지만 광속을 넘어설 수는 없을 것이다. 하지만 이 한계를 극복할 가능성이 조금이라도 있느냐 하는 점은 매우 중요한데, 지능이 우주로 뻗어가는 속도의 문제이기 때문이다.

최근 광자가 광속의 두 배 가까운 속도로 움직인다는 측정 결과가 발표되기도 했는데, 이는 광자의 위치에 양자적 불확실성이 존재하기 때문에 생기는 결과다.[80] 별로 유용하다고는 할 수 없는 게, 정보를 광속보다 빠르게 보낼 수 있다는 뜻이 아니기 때문이다. 기본적으로 우리의 관심은 통신 속도이다.

광속보다 빠르게 벌어지는 원격 작용 중에는 양자 얽힘 현상이 있다. 함께 만들어진 한 쌍의 입자가 '양자 얽힘' 상태에 있다는 것은 입자들의 어떤 속성(가령 스핀 상태)이 현재 결정되어 있지 않지만, 만약 그것을 알아내려고 하면 양쪽의 상태가 동시에 결정된다는 뜻이다. 다시 말해, 한쪽 입자의 상태를 측정하는 순간 다른 쪽 입자의 상태도 동시에 정확하게 측정된다는 것인데, 둘이 아무리 멀리 떨어져 있어도 상관 없다. 두 입자 사이에 모종의 교신이 있는 것처럼 보이는 것이다.

양자 얽힘 해소 현상이 광속으로 일어난다는 것은 여러 차례 측정된 사실이다. 그 말인즉 한쪽 입자의 상태가 결정된 뒤 다른 입자의 상태가 결정되기까지 시간은 두 입자 사이에 정보가 광속으로 전해졌을 때보다 훨씬 적게 걸린다는 것이다(이론적으로는 아예 시간차가 없다). 제네바 대학의 니콜라스 지생 박사는 제네바를 가로지르는 광섬유를 통해 양자 얽힘 상태의 광자 두 개를 반대 방향으로 보냈다. 광자들은 각기 11킬로미터를 간 뒤 유리판에 부딪치게 되어 있다. 광자는 판을 통과할지, 튕겨나올지 각자 '결심'해야 한다(양자 얽힘 상태가 아닌 광자들로 실험한 바에 따르면 무작위로 결정되는 현상이었다). 그런데 둘은 양자 얽힘 상태이기 때문에, 둘의 결정은 동시에 이루어진다. 여러 차례 실험을 반복하여도 결과는 동일했다.[81]

물론 모종의 변수가 숨겨져 있을 가능성을 완전히 배제할 수는 없다. 즉 입자들의 그 속성이 서로 위상이 맞는 것이라서(동일한 주기를 따르는 것이라서), 한쪽을 측정하는 순간(가령 유리판을 뚫고 갈 것인가 튕겨나갈 것인가 결정하는 순간) 다른 쪽 입자의 속성도 내부적으로 같은 값을 갖고 있을지 모르는 것이다. '선택'이 두 입자 사이의 통신에 의해 이뤄진 게 아니라 어떤 숨겨진 변수가 동일한 상태로 설정되어 있어 똑같이 이뤄졌을지도 모르는 노릇이다. 하지만 양자 물리학자들 대부분은 이 해석을 지지하지 않는 편이다.

그런데 두 입자 사이에 실제로 양자적 연결이 존재한다는 해석을 따른다 하더라도, 광속 이상의 속도로 전달되고 있는 것은 무작위성(심원한 양자적 무작위성)일 뿐, 비트의 형태로 파일에 담긴 설계된 정보가 아니다. 어쨌든 양자적으로 무작위한 결정사항이 멀리 떨어진 두 공간에 동시에 전달된다는 사실은 쓸모 있는 발견이다. 암호화 같은 데에 쓰일 수 있기 때문이다. 가령 두 장소가 동일한 무작위 배열을 전송 받은 뒤, 한쪽에서는 그것으로 메시지를 암호화하고 다른 쪽에서는 해독하는 것이다. 양자 얽힘을 풀지 않고는 그 암호를 도청할 수 없는데, 양자 얽힘이 풀리는 순간 도청 사실이 탄로나고 만다. 이 원리를 이용한 암호 기술은 이미 상용화되어 있다. 양자역학이 가져다 준 우연한 행운이라 할 수 있다. 왜냐하면 마침 양자역학이 적용된 다른 기술, 즉 양자 연산 때문에 기존의 암호 기술이 쓸모 없게 될 지경에 처했기 때문이다. 현재 널리 쓰이는 암호 기술은 큰 수를 소인수분해 하는 작업에 바탕을 두는데, 거대한 큐비트 단위 양자 연산이 보편화되면 소인수분해 정도는 쉽게 해낼 수 있어 암호의 의미가 없는 것이다.

광속보다 빠른 또 다른 사건으로 우주가 팽창함에 따라 은하들이 빛보다 빠르게 서로 물러나는 현상이 있다. 두 은하 사이의 거리가 이른바 허블 거리*보다 멀 때, 이들은 광속보다 빠른 속도로 서로 멀어진다.[82] 이 현상은 아인슈타인의 특수 상대성 이론에 위배되지도 않는다. 은하가 움직이는 속도가 아니라 우주 자체가 팽창하여 야기되는 속도이기 때문이다. 하지만 역시 정보를 광속보다 빠르게 보내는 문제에는 도움이 되지 않는다.

웜홀 광속이라는 명백한 한계를 뛰어넘는 방안으로는 두 가지 정도가 설득력 있게 제시되고 있다. 첫째는 웜홀, 즉 인간의 가시 공간인 3차원을 넘어선 우주의 차원들에 접힌 주름을 활용하는 것이다. 사실 실제로 광속 이상의 속도를 내는 것은 아니고, 우주의 위상기하가 순진한 물리학의 시선에서 바라보는 3차원계보다 훨씬 복잡하다는 사실을 적극 활용하는 일이라 할 수 있다. 어쨌든 웜홀, 혹은 우주의 주름은 어디에나 존재하기 때문에 이 지름길을 통해 다른 공간으로 빠르게 이동할 수 있을지 모른다. 심지어 편의에 맞게 개량할 수 있을지 모른다.

---

* 허블 구(sphere)라고도 한다. 은하의 후퇴(팽창) 속도가 광속인 거리를 말한다. $DH=c/H$ (c=광속, H=허블 상수)로 정의된다.

1935년, 아인슈타인과 네이선 로젠은 '아인슈타인-로젠' 다리라는 것을 발표했다. 전자나 기타 입자들을 자그마한 시공간 터널로서 정의한 이론이다.[83] 1955년에는 물리학자 존 휠러가 이 터널들에 최초로 '웜홀'이라는 이름을 붙였다.[84] 휠러의 분석 결과 웜홀은 공간이라는 것을 다른 차원의 굽어짐으로 파악한 일반 상대성 이론에 전혀 위배되지 않는 것으로 드러났다.

1988년, 캘리포니아 공과 대학의 물리학자 마이클 모리스, 킵 손, 유리 유르체버는 웜홀을 다소나마 조작할 수 있는 방법을 발표했다.[85] 칼 세이건의 질문에 답하기 위한 연구였는데, 다양한 크기의 웜홀들을 계속 열어두려면 얼마만큼의 에너지가 필요한지 계산한 것이다. 그들은 또 양자 요동 덕분에 소위 진공이라는 아무것도 없는 공간 속에서도 입자만 한 작은 웜홀들이 끊임없이 생겨난다는 사실을 밝혀냈다. 여기에 에너지를 더해주면 양자역학과 일반 상대성 이론 모두를 만족시키는 조건하에서(두 이론은 통합하기 어려운 것으로 악명 높다) 웜홀들을 크게 만들 수 있으며, 입자 같은 물질을 속으로 통과시킬 수도 있다는 것이다. 사람을 보내는 것도 불가능하진 않겠지만 극도로 어려울 것이다. 어쨌든 우리는 나노봇들과 정보만 보내면 되기 때문에 미터 단위가 아니라 미크론 단위의 웜홀이면 충분하다.

킵 손, 그리고 박사 과정 학생들인 모리스와 유르체버는 지구와 우주 먼 곳 사이에 웜홀을 열어두는 방법도 고안했다. 물론 일반 상대성 이론과 양자역학 모두를 만족시킨다. 요는 자연적으로 생성된 소립자 크기의 웜홀에 에너지를 더해 크게 한 다음, 초전도성을 지닌 구형의 물질을 통해 두 개의 '웜홀 입구들'을 안정시키는 것이다. 확장된 웜홀이 충분히 안정해지면 한쪽 입구를 먼 곳으로 보내버리는 것이다. 물론 나머지 한쪽은 지구에 남아 있어야 한다.

손은 작은 로켓 항공기를 동원하여 웜홀 입구 한쪽을 베가 성으로 보내는 예를 들었다. 지구에서 25광년 떨어진 별이다. 로켓이 광속에 가까운 속도로 날아간다면, 로켓에 장착된 시계 기준으로는 그리 오랜 시간이 걸리지 않는다. 가령 속도가 광속의 99.995퍼센트라면 로켓의 시계로는 3개월 정도 걸린다. 그 여행 시간을 지구에서 잰다면 25년 가까이 걸리는 것으로 측정되겠지만, 두 공간 사이에는 장소의 일대일 대칭뿐 아니라 시간의 일대일 대칭도 이뤄져야 하므로, 지구와 베가 사이에 연결이 완성되는 데는 지구 시간으로도 3개월이면 된다. 그래야 시간 관계가 성립되기 때문이다. 조금만 기술을 발전시키면 우주 어느 곳과도 그런 연결 통로를 만들 수 있을 것이다. 광속에 한없이 가까운 속도를 취할 수 있다면 설령 수천조 광년 멀리 떨어진 곳과도 비교적 짧은 시간 내에 연결 통로를 놓을 수 있을 것이고, 그 통로를 통해 통신하고 이동할 수 있을 것이다.

세인트루이스의 워싱턴 대학의 매트 비서는 모리스-손-유르체버의 아이디어를 발전시켜, 웜홀로 사람을 보내는 것도 가능할지 모르는 좀 더 안정된 환경을 고안했다.[86] 그런데 내 생각에는 그럴 필요가 없다. 그 정도 기술이 가능할 시점이라면 인간 지능은 이미 오래전에 비생물학적 매질로 옮겨갔을 것이다. 자기복제력이 있는 분자 규모 기기와 소프트웨어를 보내는 편이 훨씬 쉽고, 그것만으로도 충분하다. 앤더스 샌버그의 예측에 따르면 1나노미터 크기의 웜홀은 초당 10^{69}비트라는 어마어마한 정보량을 전송할 수 있다.[87]

물리학자 데이비드 혹버그와 밴더빌트 대학의 토머스 케프하르트는 지적하기를, 빅뱅 직후에는 중력이 워낙 강하였을 것이라 충분한 에너지 덕분에 안정된 웜홀들이 수없이 많이 생겨났을 것이라고 한다.[88] 그때 탄생한 웜홀들 중 몇몇은 아직 남아 있을지 모른다. 아니 어쩌면 아주 많이 존재할지도 모르며, 넓고 먼 우주 이곳저곳을 이어주는 복잡하고 방대한 복도로 조용히 숨어 있는지도 모른다. 어쩌면 이 자연적 웜홀들을 찾아내 활용하는 편이 새 웜홀을 만드는 것보다 쉬울지도 모른다.

광속을 바꾸기　두 번째 방안은 광속 자체를 바꾸는 것이다. 3장에서 나는 지난 20억 년간 빛의 속도가 10^8에서 4.5 정도 변했음을 의미하는 연구 결과가 있다는 것을 말한 바 있다.

2001년, 천문학자 존 웹은 68개 퀘이사들(매우 밝은 젊은 은하들)의 빛을 조사하던 중, 이른바 미세구조상수라는 수치가 조금씩 다르다는 것을 발견했다.[89] 미세구조상수를 결정하는 네 가지 상수 중 하나가 광속이므로, 이것은 우주의 상태에 따라 광속이 바뀔 수 있다는 또 한 가지 증거일지 모른다. 케임브리지 대학의 물리학자 존 배로와 연구진은 2년짜리 실험을 통해서 과연 정말로 광속에 아주 약간이나마 변화를 줄 수 있는지 알아보고 있다.[90]

광속이 변할지도 모른다는 생각은 우주의 팽창기(매우 급속히 팽창하던 우주 역사 초창기)에는 광속이 지금보다 상당히 컸을지도 모른다는 최근 이론과도 일치한다. 광속 자체가 변할지 모른다는 가능성을 보여주는 현재의 실험들은 아직 확인이 더 필요하다. 또한 변화라 해도 극히 적은 양이다. 하지만 일단 사실로 밝혀지면 영향은 엄청날 것이다. 아무리 작은 변화라 해도 우리는 기술을 통해 그 효과를 대폭 확장할 수 있을 것이기 때문이다. 물론 여기서도 현재의 과학자들이 그럴 수 있겠냐고 생각해서는 의미가 없다. 현재보다 어마어마하게 뛰어난 지능을 갖게 된 미래 인류 문명이 할 수 있겠느냐는 게 정확한 질문이다.

현재로서 내릴 수 있는 결론은 막강한 수준에 오른 지능이 빛의 속도로 우주 너머 확장해가리라는 사실 정도다. 현재의 물리학 지식으로 볼 때도 광속이라는 것이 진정한 한계 속도가 아닐지 모르며, 설령 광속이 정말 불변의 수치라 판명나더라도, 웜홀을 통해 다른 장소로 빠르게 이동할 수 있는 가능성은 열려 있다는 걸 염두에 두어야 한다.

다시 생각해본 페르미 역설　생물학적 진화에는 억겁의 세월이 필요하다는 점을 다시 한번 떠올려보자. 우주에 우리 말고 다른 문명이 있다면 그들은 아주 오랜 세월에 걸쳐 등장하고 존속하고 있을 것임이 분명하다. SETI의 가정에 따르면 전 은하를 통틀어 수십억 개의 외계 지적 생명체가 있을 것이므로, 우리보다 한참 앞선 기술을 가진 문명도 수없이 많다. 일단 연산 능력을 갖춘 문명은 고작 몇 세기 만에 광속으로 우주를 향해 뻗어나갈 줄 알게 된다. 자, 사정이 이런데 어째서 우리는 외계 문명을 하나도 찾지 못하고 있을까?

내 결론은 그런 외계 문명들이 하나도 없을 가능성이 높다는 것이다(물론 확실한 것은 아니다). 즉 인류가 우주에서 가장 앞선 것이다. 우리 보잘것없는 문명, 트럭과 패스트푸드, 끝없는 분쟁(그리고 연산 능력!)을 가진 인류 문명이 우주 전체에서 가장 복잡하며, 최고로 높은 질서를 갖춘 문명인 것이다.

어떻게 그럴 수 있을까? 지구 외에도 문명을 지탱할 수 있을 만한 행성들이 어마어마하게 많을 것임을 상상해본다면 너무 확률이 낮은 일 아닐까? 물론 매우 확률이 낮은 일이기는 하다. 하지만 사실 우리 우주의 존재 자체가 매우 확률이 낮은 사건이다. 생명의 진화에 더없이 호의적인 물리 법칙과 물리 상수들을 지닌, 이토록 정교한 우주가 존재한다는 것 자체가 놀라운 일이다. 하지만 인류 원리를 빌려 말해보면, 이 우주가 생명의 진화를 허락하지 않았다면 우리는 여기에 있지도 못했을 테고 이런 생각을 하고 있을 수도 없다. 그런데 우리가 여기 존재한다는 것은 현실이다. 그러니 또 다시 인류 원리의 논리를 끌어들여 주장해보면, 우리가 우주에서 가장 앞선 존재인 것도 현실이다. 우리는 버젓이 여기 존재하므로 지금 이런 생각들을 하고 있는 것이다.

이런 시각에 반대하는 주장들을 점검해보자.

어쩌면 우주에는 극도로 발달한 기술 문명이 존재할지 모른다. 다만 지구가 그들의 지능이 미치는 영역 밖에 있는 것이다. 아직 그들이 지구까지 도달하지 못한 것이다. 자, 그렇다면 SETI 프로젝트로 그들을 찾아내는 것은 불가능하다. 우리가 광속을 조작하거나 지름길을 찾아내서 지구의 광년 영역을 탈피하지 않는 한 어차피 그들을 만나거나 들을 수 없을 것이기 때문이다.

어쩌면 그들은 우리 근처에 있는데도 모습을 드러내지 않기로 한 것일 수 있다. 종적을 숨기고 있기란 그리 어려운 일은 아닐 것이다. 그러나 모든 외계 지적 생명체들이 하나같이 이런 결정을 내렸으리라고 볼 수는 없는 노릇이다.

존 스마트는 '초월' 시나리오라는 가능성을 제시한다. 문명은 주변 공간을 자기 지능으로 채운 다음에는 새로운 우주를 창조하여(복잡성과 지능을 기하급수적으로 계속 성장시킬 수 있을 만한 다른 공간) 현재의 우주를 떠나버린다는 생각이다.[91] 스마트는 문명의 입장에서 이것이 너무 매력적인 대안이라, 어느 정도 발달을 마친 외계 지적 생명체는 모두, 반드시, 이 결정을 내렸으리라 주장한다. 그로써 페르미 역설을 설명할 수 있다는 것이다.

그런데 나는 인간처럼 덩치가 크고 연약한 생물체들이 커다란 우주선에 와글와글 탑승하여 떠나는 과학 소설 같은 일이 정말 있을까 의문을 품고 있다. 세스 쇼스탁도 "우리가 진짜 외계 지적 생명체를 만나게 된다면 그들은 우리 같은 생물학적 지능이 아니라 기계 지능일 가능성이 아주 높다"고 말했다. 내가 보기에도 그런데, 심지어 생물학적 존재들이 자기들 대신 기계를 띄워 보낸다는 것도 아니고, 그런 여행을 할 수 있을 만큼 세련된 문명이라면 이미 오래전에 기술과의 융합을 마쳐서 거추장스러운 유기체나 커다란 기기들을 보낼 일 자체가 없을 것 같다.

일단 외계 생명체가 존재한다고 가정하고, 그들이 지구에 찾아올 이유는 뭘까? 그저 관찰하기 위해서일지 모르겠다. 지식 수집차 오는 것이다(인간이 지구의 다른 동물들을 관찰하듯). 자신들의 지능을 확장하기 위한 추가의 물질이나 에너지를 찾아나선 길일 수도 있다. 그런 확장 탐사를 하는 지능 혹은 기기는(외계 생명체의 것이든, 미래 인류의 것이든) 크기가 매우 작을 것이다. 나노봇과 정보만 있으면 충분하니까 말이다.

아직 태양계는 다른 누군가의 컴퓨터로 징발되지 않은 듯하다. 만약 다른 문명이 지식 수집 차원에서 우리를 지켜보고 있으며 우리에게 들키지 않기로 결정했다면, SETI로 그들을 찾기는 어렵다. 우리보다 발전된 문명이므로 그들이 조용히 있기로 한 이상 성공할 것이기 때문이다. 그런 문명은 현재 우리와는 비교도 안 되게 지능적일 것임을 잊지 마라. 어쩌면 인류가 새로운 진화 단계로 접어드는 순간, 즉 생물학적 뇌를 기술과 융합하는 특이점을 넘어서는 순간, 그들이 우리에게 손을 내밀지 모른다. 어쨌거나 앞선 문명이 수도 없이 많으리라는 SETI 가정이 옳다면 그 모든 문명들이 다 동일한 결정을 내렸으리라 보기는 힘들다.

다시 생각해본 인류 원리 우리는 인류 원리에 의지해 많은 것을 설명하는데, 크게 두 가지 방식으로 적용한다. 첫째는 우리 우주의 법칙들이 생명체에 우호적이라는 점을 지적하는 것이고, 둘째는 지구의 생물학 자체가 놀랍다는 점을 지적하는 것이다.

우선 우주에 대해 인류 원리를 적용하는 해석을 살펴보자. 우리가 우주를 놀랍게 여기는 이유는 자연계의 상수들이 현재의 복잡한 우주를 탄생시키는 데 너무도 안성맞춤인 속성을 지녔기 때문이다. 우주 상수나 플랑크 상수 등 각종 물리 상수들이 조금이라도 다른 값을 가졌다면 원자와 분자, 항성과 행성, 생명체와 인간 등이 하나도 존재할 수 없었을 것이다. 우주는 더없이 적절한 법칙들과 상수들로 이뤄진 듯 보인다. (스티븐 울프럼의 발견이 연상되는 대목인데, 세포 자동자 실험에서도 어떤 법칙하에서는 대단히 복잡하고 예측 불가능한 패턴들이 형성되었지만, 다른 어떤 법칙들하에서는 줄무늬나 단순한 삼각형이 반복적으로 또는 무작위하게 생겨나는 것에 그쳐 흥밋거리가 못 되었다.)

우리는 생물학적 진화나 기술적 진화에서 갈수록 복잡성이 증가하는 것을 목격한다. 우리 우주의 물질과 에너지는 정확히 그것을 가능케 하는 법칙과 상수들에 따라 설계된 듯하다. 이 사실을 어떻게 설명하면 좋을까? 프리먼 다이슨은 "우주는 우리가 여기 등장하리라는 사실을 이미 알고 있었던 것만 같다"고 말한 적이 있다. 복잡성 이론가인 제임스 가드너는 이런 식으로 표현했다.

> 물리학자들은 실험실에서 벌어지는 현상을 예측해내는 것이 물리학의 임무라고 생각한다. 그래서 끈 이론이나 M이론*도 그럴 수 있으리라 확신한다. …… 하지만 그들은 왜 우주에 표준 우주 모형이라는 것이 존재해야 하는지, 왜 40개 이상의 변수들이 현재와 같은 값을 갖게 되었는지에 대해서는 전혀 설명하지 못한다. 끈 이론이 예측하는 유일한 상태가 현재와 같은 혼란스러운 세상이라고 진심으로 믿을 수 있는가? 나는 사람들이 마치 눈가리개라도 한 듯, 우주가 왜, 그리고 어떻게 이런 상태가 되었는지는 묻지 않고 최종적인 상태에 대해서만 집중하는 모습이 우습다.[92]

우주가 생물에 대해 어쩌면 이토록 '우호적'인가 설명하기 위해 사람들은 인류 원리를 다양하게 적용해왔다. '약한' 인류 원리적 해석은 이렇다. 상황이 그렇게 구축되지 않았다면 우리가 여기 앉아 이 생각을 할 수도 없었을 것이다. 복잡성의 증대를 뒷받침하는 우주에서만

---

* 끈이론: 만물이 최소 단위가 점 입자가 아니라 진동하는 끈으로 이루어져 있다고 보는 물리 이론. 일반 상대성 이론과 양자역학의 통합이론으로서 제안되고 있다.
M이론: 11차원 시공간의 이론으로, 알려진 모든 초끈이론들을 포함하는 것으로 제안된 물리 이론.

이 질문 자체가 존재할 수 있다. 반면 '강한' 인류 원리적 해석은 그 이상의 무언가가 있어야 한다고 본다. 강한 인류 원리를 지지하는 사람들은 우연의 일치라는 해석에 만족하지 못한다. 이 때문에 과학자들이 찾아 헤매는 그 무언가야말로 신이 존재한다는 증거라는, 지적 설계 주창자들의 의견이 목소리를 높이기도 했다.

다중우주   최근 강한 인류 원리에 대해서 다원식으로 접근하는 이론이 등장했다. 해가 여럿일 수 있는 수학 방정식을 생각해보자. 가령 $x^2=4$라는 방정식에서 x는 2 또는 -2이다. 그런데 어떤 방정식은 나아가 해의 개수가 무한할 수 있다. 가령 $(a-b) \times x=0$에서 만약 a=b라면 x는 아무 값이나 가질 수 있다. 최근 연구 결과에 따르면 이론적으로 끈 이론에는 무한 개의 해가 가능하다고 한다. 좀 더 정확히 말하면 우주의 시공간 결정 요인들이 플랑크 상수라는 매우 작은 값에 달려 있으므로, 해의 수는 무한하지는 않지만 무한하게 보일 정도로 많을 수 있다. 좌우간 그 의미는 자연 상수들의 값이 현재와 다른 상황이 존재할 수 있다는 것이다.

이로써 다중우주라는 개념이 등장했다. 세상에는 수많은 우주들이 있고, 우리 우주는 개중 하나일 뿐이라는 이론이다. 우주들은 서로 다른 물리 상수 값들을 가질 것이다. 이 생각은 끈 이론에 위배되지 않는다.

진화하는 우주들   끈 이론의 창시자인 레너드 서스킨드와 양자 중력 전문가인 이론물리학자 리 스몰린은 마치 자연적인 진화 과정처럼 한 우주가 다른 우주들을 낳으며, 그 과정에서 자연 상수들이 점진적으로 변화한다는 이론을 내놓았다. 한마디로 우리 우주의 법칙과 상수 값이 지적 생명체 진화에 이상적인 것은 우연이 아니며, 그런 방향으로 진화해온 결과라는 것이다.

스몰린의 이론을 보면 새 우주들은 블랙홀을 통해 탄생한다. 그러니 블랙홀을 많이 만들 수 있는 우주가 새끼 우주를 제일 많이 낳을 수 있다. 스몰린에 따르면 점증하는 복잡성을 탄생시킬 수 있는 우주, 즉 생명체를 탄생시킬 수 있는 우주가 블랙홀도 가장 많이 탄생시킬 수 있다. 그의 설명은 이렇다. "블랙홀을 통해 우주들이 재생산되면 생명체를 위한 조건이 흔하게 만족되는 다중우주가 생길 수 있다. 생명체가 진화하기 위한 조건들 중 일부, 가령 탄소가 많아야 한다는 것 등은 또한 거대한 항성의 형성에도 도움이 되는 조건이라 블랙홀 탄생에 유리하기 때문이다."[93] 서스킨드의 생각은 스몰린의 것과는 조금 다르지만 블랙홀에 중심을 둔다는 점은 같다. 또 초기 우주를 빠르게 확장시켰던 '팽창'에 주목한다는 점도 같다.

우주의 운명으로서의 지능　나도 《영적 기계의 시대》에서 비슷한 생각을 소개한 바 있다. 내 생각은 언젠가 지능이 우주를 가득 채우는 날이 올 것이며, 지능이 우주의 운명을 결정하게 되리라는 것이다.

> 우주에서 지능이란 얼마나 중요한 존재일까? …… 사람들은 보통 그리 중요하지 않다고 본다. 우주에서는 늘 별이 태어나고 죽는다. 은하도 탄생했다가 사멸하는 과정을 반복한다. 우주 자체는 빅뱅에서 태어났으며 수축하여 대붕괴를 맞든지 가냘픈 울음소리를 내며 시들어가든지 할 것이다. 어느 쪽인지는 아직 모르지만 말이다. 지능은 이 모두와 무관하다는 것이 사람들의 생각이다. 지능은 시시한 거품 같은 것, 가차 없는 우주의 힘 속에 이리저리 내몰리는 작은 생명체들에게 잠시 생겨난 작은 현상으로 여겨진다. 우주는 아무런 마음도 없이 저 먼 미래를 향해 어떻게든 나아가고 있으며, 지능은 그것에 하등 영향을 미치지 못한다고 여겨진다.
> 세상 사람들은 그렇게 믿지만, 나는 동의할 수 없다. 나는 거대하

고 비인간적인 자연의 힘들보다 지능이 훨씬 우월함을, 그 사실이 언젠가 밝혀질 것임을 믿는다.

자, 우주는 대붕괴를 맞아 끝날 것인가, 죽은 별들을 끌어안고 무한히 팽창해나갈 것인가? 아니면 그도 저도 아닌 방식으로 나아갈 것인가? 내가 보기에는 우주의 질량, 반중력의 존재 여부, 아인슈타인의 이른바 우주 상수 등이 중요한 게 아니다. 그보다 우주의 운명은 미래에 내려질 어떤 결정에 달려 있다. 적절한 때가 오면 지능을 지닌 우리가 직접 내리게 될 결정 말이다.[94]

복잡성 이론가 제임스 가드너는 지능이 온 우주로 진화해갈 것이라는 내 의견에 스몰린과 서스킨드의 진화 우주 이론을 접목했다. 가드너는 지적 생명체의 진화야말로 새끼 우주를 낳는 힘이라고 규정한다.[95] 영국 천문학자 마틴 리스는 "우리가 기초 상수라고 부르는 것들, 물리학자들이 중요하게 여기는 그 값들은 어쩌면 궁극의 이론에서 파생된 부차적 결과일지 모른다. 그 자체가 우주의 구조를 가장 깊고 가장 근본적으로 드러내는 것은 아닐지 모른다"고 말한 바 있는데, 가드너는 이 견해를 지지한다. 반면 스몰린은 블랙홀의 탄생 조건과 생명체의 탄생 조건이 흡사한 것은(가령 탄소가 풍부해야 한다는 것) 우연의 일치일 뿐이라 본다. 그의 입장에서는 지능이 뭔가 또렷한 역할을 맡는 게 아니다. 생명체 진화에 호의적인 조건에서 우연히 만들어진 부산물이다. 반대로 가드너는 지적 생명체야말로 후손을 탄생시키는 선결 조건이라고 생각한다.

가드너는 이렇게 썼다. "인간을 포함하여 우주에 흩어져 있을 많은 생명체들은 지구 밖에 존재하는 매우 거대한 생명 공동체, 지능 공동체의 일원이다. 아직 정체가 밝혀지지 않은 그 공동체는 수많은 은하들을 포함하는 무한한 공간에 펼쳐져 있으며, 진정 우주적으로 중요하다 할 수 있는 한 가지 대단한 임무를 집단적으로 수행하기 위해 존재한다. 친생명우주*의 관점에서 보면 우리 모두는 그 공동체와 한 운명이다. 그 운명은 무엇인고 하니 생명력 없는 원자들의 집합에 불과했던 우주를 거대하고 초월적인 하나의 마음으로 변모시켜 우주의 미래를 형성해나가는 일이다." 가드너가 볼 때 자연 법칙들과 섬세하게 균형 잡힌 물리 상수들은 "우주의 DNA라 할 수 있는 것으로, 진화하는 우주들이 생명체를 만들어내고 갈수록 유능한 지능을 탄생시켜가는 과정에 '지침'처럼 사용하는 것"이다.

　나 역시 지능이야말로 우주에서 가장 중요한 현상이라는 가드너의 견해에 동의한다. 다만 "수많은 은하들을 포함하는 거대한 지구 밖 생명과 지능의 공동체"가 존재한다는 점은 동의하지 않는다. 아직 지구 이외에 다른 문명이 있다는 증거를 발견하지 못했기 때문이다. 지금 여기, 스스로의 존재에 대해 확신을 하지 못하는 지구 문명만이 공동체의 유일한 성원일지 모른다. 앞서 살펴보았듯, 외계 지적 문명이 왜 우리에게서 모습을 감추고 있는지 아무리 이러저러하게 이해하려 해보아도(문명들이 스스로를 파괴했다거나, 우리 눈에 띄지 않게 숨어 있기로 결정했다거나, 전자파 통신을 쓰지 않기로 결정했다거나 등등) 결국 수십억의 외계 문명들이 하나같이 조용히 있는 쪽을 택했다는 설명은 납득하기 어렵다.

　궁극의 효용함수　다중우주 속 각 우주의 '효용함수(진화 과정을 통해 최적화되는 어떤 성질)'가 바로 블랙홀이라고 보는 서스킨드 및 스몰린의 생각과 지능이라고 보는 나와 가드너의 생각은 어쩌면 개념적으로 이을 수 있는 것인지도 모른다. 컴퓨터의 연산 능력은 그 질량과 연산 효율에 달린 함수다. 바위의 경우 질량은 상당하지만 연산 효율이

*　제임스 가드너가 제기하는 가설로 생명 있는 우주의 등장은 우주적 차원의 진화를 통해 필연적으로 나올 수밖에 없는 현상이었다고 주장한다.

형편없이 낮다(내부 입자들의 활동이 사실상 전적으로 무작위적이다). 인체 내부의 입자들도 꽤 무작위적인 편이지만, 로그 함수로 그림을 그려보면 바위와 궁극의 컴퓨터 중간 어디쯤에 해당한다.

궁극의 컴퓨터라 할 수 있는 연산 기계는 매우 높은 연산 효율을 가질 것이다. 일단 최적의 연산 효율에 도달하면, 이후에는 컴퓨터의 연산 능력을 높일 방법은 질량을 추가하는 것밖에 없다. 그런데 질량을 점점 늘려가면 중력이 점점 커질 것이고, 어느 시점 이후 붕괴하여 블랙홀이 될 것이다. 한마디로 블랙홀은 하나의 궁극의 컴퓨터로 볼 수도 있는 것이다.

물론 모든 블랙홀이 그렇진 않을 것이다. 대부분의 블랙홀들은 대부분의 바위들처럼 내부적으로 수많은 무작위 활동을 수행하고 있지만 유용한 연산 활동은 하나도 하지 않는다. 하지만 잘 조직된 블랙홀이라는 것이 있다면 리터당 cps 단위로 측정할 때 우주에서 가장 강력한 컴퓨터가 될 수도 있을 것이다.

호킹 복사 블랙홀에 정보를 집어넣어서 유용한 방식으로 변환시킨 뒤 다시 끄집어낼 수 있는가 하는 것은 오래도록 논란의 대상이 되어온 문제다. 블랙홀로부터 무언가가 빠져나올 가능성에 대해서는 스티븐 호킹이 얘기한 바 있다. 만약 사건의 지평선(블랙홀의 가장자리에 있는 구역으로서 그 안으로 들어가면 어떠한 물질이나 에너지도 다시 빠져나올 수 없다) 근처에서 입자-반입자 쌍이 자연적으로 생성된다면, 입자와 반입자의 속성상 둘은 서로 다른 방향으로 나아갈 것이다. 한쪽이 사건의 지평선 너머로 들어간다면(그래서 다시는 볼 수 없게 사라져버린다면) 다른 한쪽은 블랙홀 바깥쪽으로 나아갈 수밖에 없다.

이 입자들 중 일부가 에너지를 충분히 갖고 있어서 용케 블랙홀의 중력을 벗어난다면 우리는 그 존재를 포착할 수 있을 것이며, 이것이 바로 호킹 복사다.[96] 호킹의 분석 전에는 블랙홀이란 그야말로 아무것도 내보내지 않는 암흑의 구멍이라는 생각이 지배적이었다. 호킹 덕분에 우리는 블랙홀도 끊임없이 에너지를 가진 입자를 내보낸다는 사실을 알게 됐다. 그런데 호킹에 따르면 호킹 복사는 무작위적이다. 사건의 지평선 근처에서 무작위적 양자 효과에 의해 생성된 입자들이기 때문이다. 따라서 블랙홀이 정말 궁극의 컴퓨터를 내포하고 있다 해도, 정보가 블랙홀을 빠져나오는 것은 불가능하기 때문에 컴퓨터의 결과를 우리가 전송받을 수는 없으리라는 것이 호킹의 최초 견해였다.

1997년, 호킹과 동료 물리학자 킵 손은 캘리포니아 공과 대학의 존 프레스킬과 내기를 한다. 호킹과 손은 블랙홀로 들어간 정보는 영원히 유실되는 것이며 블랙홀 내부에서 아무리 유용한 연산이 일어난다 해도 정보가 밖으로 나올 수 없다고 주장한 반면, 프레스킬은 정보를 되찾을 수 있다고 걸었다.[97] 내기에서 진 사람은 이긴 사람에게 백과사전 형태로 된 유용한 정보를 선물하기로 했다.

그 후 몇 년간 물리학계는 점차 호킹에 반대되는 의견 쪽으로 기울었다. 그리고 2004년 7월 21일, 호킹은 드디어 패배를 시인하고 프레스킬이 옳다고 인정한다. 블랙홀로 들어간 정보가 유실되는 게 아니라는 것이다. 블랙홀 안에서 변형된 상태로 다시 끄집어내어질 수 있다. 블랙홀 밖으로 탈출한 입자는 블랙홀 안으로 사라진 반입자와 양자 얽힘 상태에 있다. 만약 블랙홀 속 반입자가 뭔가 유용한 연산을 한다면 결과는 양자적으로 얽힌 블랙홀 밖 입자에도 고스란히 담길 것이다.

내기에 진 호킹은 프레스킬에게 크리켓 경기에 대한 백과사전을 보냈는데, 미국인인 프레스킬은 그 대신 야구 백과사전을 달라고 우겼다. 호킹은 기념비적인 선물을 공수해오는 수밖에 없었다.

호킹이 새롭게 받아들인 견해가 옳다고 하면 우리가 창조할 수 있는 궁극의 컴퓨터는 블랙홀일지 모르는 셈이다. 따라서 블랙홀을 쉽게 만드는 구조의 우주는 지능을 최적화하기 쉬운 우주이다. 서스킨드와 스몰린은 생물학과 블랙홀은 동일한 재료를 쓰기 때문에 블랙홀에 최적화된 우주가 생물학에도 최적화된 것뿐이라고 말한다. 하지만 블랙홀이야말로 지능적 연산의 궁극적 보고라 한다면 블랙홀의 탄생을 최적화하는 효용함수는 필연적으로 지능을 최적화하는 효용함수일 수밖에 없다.

왜 지능은 물리보다 강력한가 이 시점에서 다시 인류 원리를 생각하게 된다. 지구가 온 우주에서 가장 발전된 기술 문명이라는 사실은 언뜻 믿기 힘들지만, 약한 인류 원리에 따르자면, 우리가 진화하지 않았다면 그 주제 또한 영원히 탐구되지 않았을 것이다.

지능은 손 닿는 곳에 있는 물질과 에너지를 포화시키면서 멍청한 물질을 똑똑한 물질로 바꾼다. 똑똑한 물질이라도 물리 법칙을 따를 것은 자명하지만, 너무나 특별한 수준으로 지적인 물질이라면 물질과 에너지를 조정하는 물리 법칙들의 미묘한 틈을 제 입맛에 맞게 활용할 줄 알 것이다. 그러므로 지능은 물리보다 강력하게 보이게 되는 것이다. 내 말의 요지는, 지능이 우주론보다는 훨씬 강력하다는 것이다. 똑똑한 물질로 진화한 물질은(지적인 과정으로 가득 찬 물질은) 다른 물질과 에너지를 조작하여 자신의 명령하에 둘 수 있다(물론 적절하고 강력한 기술이 필요할 것이다). 미래의 우주론을 논할 때 이런 이야기는 좀체 거론되지 않는다. 사람들은 우주적 규모에서 펼쳐지는 사건들에는 지능이 끼어들 자리가 없다고 생각한다.

한 행성에 기술을 다루는 생명체가 생겨나고 그 생명체가 연산을 하게 되면 지능이 주변 물질과 에너지를 포화시키는 것은 순간이다. 금세 빛의 속도로 밖을 향해 뻗어갈 것이다(광속마저 뛰어넘을 가능성이 없지 않다). 문명은 결국 (정교하고 강력한 기술을 통해서) 중력과 기타 우주의 힘들을 넘어설 것이다. 아니, 정확하게 말하자면, 그런 힘들을 제어하고 조작할 수 있게 될 것이다. 우주를 원하는 대로 만들 수 있을 것이다. 그것이 특이점의 목표다.

우주만 한 컴퓨터 우리 문명이 지능을 확장시켜온 우주를 포화시키는 날은 언제 올까? 세스 로이드의 계산에 따르면 우주에는 약 10^{80}개의 입자들이 있으므로 이론적 최대 연산 용량은 10^{90}cps이다. 우주만 한 컴퓨터는 10^{90}cps의 속도로 계산할 수 있는 것이다.[98] 세스 로이드는 먼저 우주의 물질 밀도가 세제곱미터당 수소 원자 하나 정도라는 사실을 놓고, 이로부터 우주의 전체 에너지를 계산했다. 그 에너지양을 플랑크 상수로 나눈 것이 10^{90}cps이다. 우주의 나이는 약 10^{17}초이므로 대강 곱하면 이제까지 우주는 10^{107}건의 연산을 해올 수 있었던 셈이다. 하나의 입자가 자신의 온갖 자유도(위치, 궤적, 스핀 등등)를 동원하여 저장할 수 있는 정보량이 약 10^{10}비트라고 하면 우주는 매 순간 10^{90}비트의 정보를 담고 있는 셈이다.

물론 우주의 물질과 에너지 전부를 연산에 바칠 이유는 전혀 없다. 그중 0.01퍼센트만 취하고 99.99퍼센트의 물질과 에너지를 고스란히 남겨둔다 해도 무려 10^{86}cps까지 가능하다. 현재의 우리는 단숨에 최대 한계를 달성하진 못하고 점차 근사해갈 수만 있다. 하지만 이 수준에 근접한 지능이라면 무척 강력할 것이므로 보전해야 할 자연 과정들을 전혀 흩뜨리지 않으면서도 최대 연산을 끌어내는 기술적 묘기를 수행할 수 있을 것이다.

홀로그램 우주 우주의 정보 저장 및 처리 용량 극대화에 대한 최근 이론을 한 가지 더 보자. 정보의 속성을 점검한 이론으로서, 이른바 '홀로그램 우주'라 한다. 우주의 실제 모양은 2차원 표면에 정보가 층층이 쌓인 것으로서, 기존에 사실로 인정되는 3차원 형상은 환영에 불과하다는 이론이다.[99] 한마디로 우주는 거대한 홀로그램이라는 것이다.

정보의 저장량은 플랑크 상수에 따라 미세하게 결정된다. 홀로그램 우주론에서 정보의 최대량은 표면적을 플랑크 상수 제곱으로 나눈 것인데, 결과는 10^{120}비트다. 그런데 우주에는 이토록 많은 양의 정보를 저장할 물질이 없는 것으로 보인다. 그렇기 때문에 홀로그램 우주는 실제 눈에 보이는 것보다 훨씬 거대하다는 결론이 내려지는 것이다. 어떤 경우라도 다양한 예측치들의 숫자 중 지수 자리수는 비슷한 범위 안에 있다. 연산 도구로 재조직된 우주가 저장할 수 있는 정보량의 지수 자리수는 80~120 사이일 것이다.

현재의 우리, 설령 꽤나 진화한 미래의 우리라도 최대 한계를 달성하기란 불가능하다. 우리는 20세기 동안 천 달러당 연산량을 10^{-5}cps에서 10^8cps로 늘려왔다. 이 중 기하급수적이었던 20세기의 순탄한 성장을 지속한다면 2100년에는 천 달러로 10^{60}cps의 연산을 할 수 있다. 보수적으로 잡아서 1조 달러를 연산에 투입한다고 하면 이번 세기 말에는 10^{69}cps의 연산을 할 수 있다. 태양계 내 물질과 에너지만 쓴다 해도 그런 것이다.

10^{90}cps의 연산을 달성하기 위해서는 우주 밖으로 나아가야 한다. 그리고 기하급수적 성장을 지속하는 한 22세기 말이면 온 우주를 우리의 지능으로 포화시킬 수 있다. 전제는 하나 있는데, 광속의 한계를 뛰어넘어야 한다는 점이다. 홀로그램 우주론이 사실이어서 우주의 용량이 지수 자리값 30 정도 더 큰 것으로 드러나더라도 여전히 22세기 말이면 포화시킬 수 있다.

광속의 한계를 에두르는 게 아예 불가능한 일만 아니면, 태양계를 포화시킨 수준의 지능은 곧 적절한 기술을 고안하고 설계할 수 있을 것이다. 나더러 내기를 걸자고 하면 나는 향후 수백 년 안에 광속을 뛰어넘을 수 있다는 쪽에 걸겠다. 물론 사견이다. 이 문제는 제대로 연구된 바가 없어서 더 정확하게 단정짓기 어려운 상황이다. 만약 광속이 극복 불가능한 장벽이고, 웜홀을 통한 지름길도 쓸 수 없는 것으로 드러난다면, 우리 지능이 우주를 포화시키기까지 수백 년이 아니라 수십억 년이 걸릴 것이다. 포화시킬 수 있는 영역도 지구의 광원뿔 내 공간에 한정될 것이다. 그러나 어느 경우라 해도 22세기가 되면 기하급수적으로 확장하던 연산이 모종의 벽에 부딪칠 것은 분명하다. (하지만 대체 어떤 벽이 될까!)

이처럼 (지능으로 우주를 포화시키는 데 걸리는) 소요 시간차가 크기 때문에 광속을 뛰어넘는 문제가 중요할 수밖에 없다. 22세기 문명의 지능이 팔을 걷고 나서서 풀어야 할 선결 과제이다. 또한 그렇기 때문에 나는 웜홀 등 뭔가 둘러가는 묘안이 존재하기만 하면 그것을 찾아내고 활용할 동기는 충분하다고 본다.

새로운 우주를 만들어내고 교신하는 것도 가능하다면 이 또한 지적 문명의 확장 도구가 될 것이다. 가드너는 하나의 지적 문명이 새 우주를 창조하는 데 영향을 미칠 수 있는 방법은 새끼 우주의 물리 법칙과 상수들을 결정해주는 것 정도라고 했다. 하지만 그 정도로 지능적인 문명이라면 좀 더 직접적인 방법으로 새 우주에 영향을 미칠 방도를 찾아낼지 모른다. 물론 우리 지능을 심지어 현재의 우주 너머로까지 확장시킨다는 생각은 현재는 발상에 불과하다. 다중우주론조차 기본적인 물리 법칙과 상수값 외에 한 우주에서 다른 우주로의 통신이 가능하다고는 말해주지 않는다.

우리가 현재의 우주에 갇혀 있든 아니든, 이 공간의 모든 물질과 에너지를 지능으로 포화시키는 것은 변함 없이 우리의 궁극적 운명이다. 그때, 우주는 어떤 모양이 될까? 글쎄, 두고 보기로 하자.

2004년의 몰리: 우주가 제6기[우리 지능의 비생물학적 부분들이 우주로 퍼져나가는 단계]에 접어들면, 어떤 일들이 펼쳐진다는 거죠?

찰스 다윈: 제대로 답할 수 있기나 한지 모르겠군요. 박테리아끼리 인간이란 게 뭘까 의논하는 격일 테니까요.

2004년의 몰리: 그러니까 제6기의 존재들은 지금의 생물학적 인간들을 박테리아 따위로 여길 거라는 말인가요?

2048년의 조지: 나는 절대로 당신을 그렇게 생각하지 않아요.

2104년의 몰리: 조지, 당신은 제5기에 있으니까 그 질문에 답할 처지는 아닌 것 같은데요.

다윈: 박테리아 얘기로 돌아가서, 그들이 말을 할 수 있다면……

2004년의 몰리: 그리고 생각할 수 있다면요.

다윈: 물론. 그렇다면 그들은 뭐라고 말할까요. 사람도 결국 박테리아가 하는 일을 똑같이 하는 것 같다고 말하지 않겠습니까. 먹고, 위험을 피하고, 자손을 낳고.

2104년의 몰리: 오, 하지만 우리의 번식 방법이 훨씬 흥미로운걸요.

2004년의 몰리: 미래의 몰리, 정확하게 말한다면 특이점 이전 인간들의 번식 방법이 흥미로운 거겠죠. 당신들의 가상 번식이란 뭐랄까, 박테리아의 번식이랑 비슷한 거 아니겠어요. 섹스와는 상관도 없고.

2104년의 몰리: 우리가 성과 번식을 분리해버린 건 사실이지만, 그건 2004년의 인류 문명에서도 마찬가지 아닌가요. 그리고 우리는 몸을 바꿀 수도 있는데, 박테리아는 그런 건 하지 못하잖아요?

2004년의 몰리: 좋아요, 그러니까 변화와 진화마저도 번식에서 분리시켰다는 거죠.

2104년의 몰리: 기본적으로는 2004년에도 다르지 않았어요.

2004년의 몰리: 좋아요, 좋아요. 하지만 다윈 선생님의 목록에 덧붙일 게 있는데, 인간들은 그 밖에도 그림을 그리고 음악을 창조하죠. 그런 활동들 덕분에 다른 동물과 다른 거잖아요.

2048년의 조지: 몰리, 그거야말로 특이점의 바탕에 깔린 일이라고요. 특이점은 세상에서 가장 달콤한 음악이고, 가장 심오한 예술이고, 가장 아름다운 수학이고……

2004년의 몰리: 알겠어요. 특이점이라는 음악과 예술을 우리 시대의 음악과 예술에 비교하면 마치 2004년의 음악과 예술을……

네드 러드: 박테리아의 음악과 예술에 비교하는 것과 같다는 거지요.

2004년의 몰리: 흠, 하긴 예술적인 모양으로 자라난 곰팡이를 본 것도 같군요.

러드: 하지만 그걸 존경하지는 않았을 테고 말입니다.

2004년의 몰리: 물론, 즉시 청소해버렸죠.

러드: 내가 지적하고 싶은 점이 바로 그것이랍니다.

2004년의 몰리: 어쨌든 제6기의 우주는 어떤 모습일지 계속 궁금하군요.

티머시 리어리: 우주는 새처럼 날게 될 거예요.

2004년의 몰리: 하지만 날다니 무엇이? 내 말은, 우주 자체가 모든 것을 포함하고 있잖아요.

리어리: 마치 한 손으로 박수 치는 소리는 어떻게 들릴까 하는 질문과 같은 거죠.

2004년의 몰리: 흠. 그러니까 특이점은 선승들의 마음에 담겨 있던 화두와 비슷한 게 되는 건가요.

나는 특이점주의자입니다

모든 우행 중에서도 가장 멍청한 것은 명백하게 진실이 아닌 것을 열정적으로 믿는 일이다.

—H. L. 멩켄[*]

우리가 아는 인생의 철학들은 개인적, 조직적, 사회적 생활에 대한 지혜들로 이루어진 고래의 전통에서 비롯했다. 그러나 그런 전통들만으로는 뭔가 부족하다고 느끼는 자들이 많다. 하기야 과학이 태어나기도 전에 생긴 생각들인데 잘못된 결론을 포함하지 않고 있다면 그게 더 이상하지 않겠는가? 또 고대의 철학들은 오늘날 우리가 맞닥뜨린 근본적인 문제들에 대해서는 별로, 아니 전혀 해줄 말이 없다. 기술 발전은 일개인이자 인간으로서 우리 정체성 자체를 바꾸고, 경제, 문화, 정치적 힘들은 우리가 맺는 전 지구적 관계를 바꾸는 형편인 것이다.

—맥스 모어, 〈엑스트로피의 원리〉

이 세상에 더 이상 전체주의적 교리는 필요치 않다.

—맥스 모어, 〈엑스트로피의 원리〉

물론이다. 우리에게는 영혼이 있다. 그러나 그 영혼마저도 수많은 작은 로봇들로 만들어진 것이다.

—줄리오 조렐로[**]

기본 재질이 무엇인가 하는 점은 도덕적으로 하등 문젯거리가 되지 못한다.

---

[*]   미국의 언론인이자 문예비평가.
[**]   이탈리아의 철학자. 대니얼 데닛과의 대화 중에.

기능이나 의식에 전혀 색다른 영향을 미치지 않기 때문이다. 도덕적 관점에서 볼 때 사람이 생물학적 뉴런을 갖든 실리콘 뉴런을 갖든 아무 차이가 없다(피부색이 어두우냐 밝으냐가 도덕적으로 무관하듯 말이다). 인종 차별이나 종 차별을 반대하는 논리 그대로, 우리는 탄소 우월주의, 즉 생물중심주의를 거부해야 한다.

—닉 보스트롬, 〈지적 기계를 위한 윤리학: 2001년의 한 가지 제안〉

예전부터 철학자들은 자신들의 후손이 태어나는 세상은 자신들의 선조가 살았던 세상보다 훨씬 복잡하다는 걸 짐작하고 있었다. 어쩌면 무의식적인 짐작이었을지 모르지만, 가속적 변화에 대한 이 선구적인 깨달음이 서구 사회에 영향을 미쳐 유토피아적이며 묵시록적인, 천년왕국에 대한 기대를 조성해온 것이 사실일 것이다. 오늘날도 달라진 것은 없다. 차이라면, 이제는 몽상에 능한 자들이 아니라 그 누구라도 쉽게 저 빠른 변화의 속도를 눈치챌 수 있게되었다는 점이다.

—존 스마트

특이점이 무엇인지 이해하고 그 의미를 자신의 삶에 반추하는 사람을 특이점주의자라고 부르자.

나는 벌써 수십 년간 특이점에 대해 생각해왔다. 언젠가 끝을 볼 수 있는 생각이 아니라는 점은 말할 필요도 없다. 나는 10대이던 1960년대에 인간의 사고 활동과 연산 기술의 관계에 대해 관심을 가졌다. 1970년대에는 기술 발전의 가속에 대해 연구하기 시작했으며, 1980년대 말에는 그 주제로 첫 책을 썼다. 그러니 이미 진행되고 있는 이 변혁, 중첩된 채 펼쳐질 여러 가지 변화들이 나 자신뿐 아니라 사회에 어떤 영향을 미칠 것인지, 꽤 오래 생각을 해본 셈이다.

조지 길더는 내 과학적, 철학적 견해를 가리켜 "전통적인 종교적 신념의 대상에 믿음을 잃어버린 사람들이 택할 만한 대체 신념"이라고 평했다.[1] 이해하지 못할 평은 아니다. 특이점에 대한 기대는 전통 종교들이 제시하는 미래 변혁에 대한 기대와 어느 정도 닮은 면이 있기 때문이다.

하지만 나는 통상의 신앙에 대한 대체물을 찾다가 이런 시각을 발견하게 된 것이 결코 아니다. 처음 나는 기술의 트렌드를 이해하기 위해 이런 생각을 시작했고, 그것은 더없이 실용적인 목표였다. 내 발명품을 시장에 내놓을 적절한 시기를 예상하고, 회사를 시작하는 데 따르는 전술적 결정들을 최적화하기 위함이었다. 그런데 시간이 흐르자 기술에 대한 분석이 스스로 꼴을 갖추더니 기술 진화 이론이라는 형태로 구체화한 것이다. 이런 중대한 변화가 우리 사회와 문화에, 나아가 나 자신의 삶에 어떤 영향을 미칠 것인지 상상해보는 것은 어쩌면 당연한 수순이었다. 따라서 특이점주의자가 된다는 것은 믿음의 문제가 아니라 이해의 문제임에 틀림없지만, 한편으로 책에서 다룬 과학 트렌드들을 생각하다 보면 기존 종교들이 풀고자 했던 문제에 대해 새로운 시각을 갖게 되는 것도 사실이다. 이를테면 생명의 유한함과 불멸, 삶의 목적, 우주 속의 지능이라는 문제들 말이다.

특이점주의자로 자처하는 것은 외롭고도 고독한 경험이었다. 주변 사람들이 대부분 내게 공감하지 않았기 때문이다. '대단한 사상가'라 하는 사람들도 내 견해에 대해서는 별 생각이 없는 듯하다. 수많은 글이나 말을 통해 알 수 있는바, 보통 사람들이 받아들이고 있는 지혜라는 것은 가령 삶은 짧다는 것, 인간에게는 물리적이거나 지적인 한계가 있다는 것, 최소한 우리 생에서는 상황이 크게 바뀌지 않으리라는 것 등이다. 나는 변화의 가속성이 점차 뚜렷하게 드러남에 따라 이런 편협한 시각들도 언젠가 바뀔 것이라 믿는다. 책을 쓴 것도 더 많은 사람들과 내 시야를 공유하기 위해서다.

그렇다면 과연 어떤 방법으로 특이점에 대해 고찰해야 할까? 정면으로 바라보기는 힘들다. 태양을 쳐다보려는 것과 마찬가지다. 눈을 가늘게 뜨고 살짝 옆으로 비껴보는 것이 낫다. 맥스 모어가 지적했듯 우리에게 또 다른 교조적 교리는 필요치 않으며, 또 다른 종교도 필요치 않다. 특이점을 인정한다는 것은 어떤 신념체계나 단일한 하나의 시각을 받아들이는 게 아니다. 근본적으로는 기초적인 기술 트렌드에 대해 이해하는 일이며, 동시에 만물을 새롭게 바라보는 통찰을 얻는 일이다. 건강이나 부가 무엇인지, 죽음과 자아가 무엇인지 몽땅 다시 생각해보는 일이다.

특이점주의자가 된다는 것에는 무수한 면이 있겠는데, 아래에 내가 생각한 몇 가지를 적었다. 단 이것은 내 개인의 철학일 뿐, 새로운 교리를 제안한 것이 절대 아니다.

- 우리는 거의 영원이라고 해도 좋을 정도로 오래 살 수 있는 방법을 이미 알고 있다.[2] 현재의 지식을 적극적으로 적용해서 노화 속도를 극적으로 늦추면, 생명공학과 나노기술이 좀 더 획기적인 생명 연장 방법들을 알려줄 때까지 건강을 지키면서 기다릴 수 있다. 그러나 현재의 중년들은 그렇게 오래 살지 못할 가능성이 높다. 자신의 몸에서 벌어지고 있는 노화 과정을 제대로 인식하지 못하는 탓에 적극적으로 개입하여 관리할 기회도 누리지 않기 때문이다.
- 위와 같은 생각에 나는 적극적으로 내 몸의 생화학을 재편하고 있으며, 덕분에 현재의 내 몸은 아주 다른 상태다.[3] 영양보충제나 처방약 등은 이상이 생길 때나 찾는 마지막 피난처가 아니다. 우리 몸에는 언제나 이상이 있다. 인체는 까마득한 고대에 만들어진, 이제는 구식인 유전 프로그램의 통제를 받고 있으므로 스스로 유전적 유산을 극복해야 한다. 지식은 충분하다. 내가 받고 있는 처방이 증거다.
- 육체는 일시적이다. 몸을 구성하는 입자들 대부분이 거의 매달 새것으로 교체된다. 영속성을 지닌 것은 몸과 뇌의 어떤 패턴들뿐이다.

- 우리는 육체의 건강을 증진하고 마음의 영역을 확장하여 이러한 패턴들을 개선하도록 최선을 다해야 한다. 언젠가 우리는 기술과 한몸이 됨으로써 정신적 능력을 획기적으로 높일 수 있을 것이다.
- 우리에게는 육체가 필요하다. 하지만 일단 분자 나노기술 조립법을 인체에까지 적용하는 날이 오면 마음대로 육체를 바꿀 수 있을 것이다.
- 세세손손 인간 사회를 괴롭혀온 온갖 과제들을 극복하는 유일한 도구가 기술이다. 이를테면 기술만이 깨끗한 재생 에너지를 생산하고 저장할 방법을 알려줄 것이고, 몸과 환경에서 독소나 병원체를 제거할 방법을 알려줄 것이고, 지식과 부를 창조하여 굶주림과 가난을 벗어날 방법을 알려줄 것이다.
- 지식은 어떤 형태라도 다 소중하다. 음악, 미술, 과학, 기술은 물론이고 몸과 뇌에 간직된 지식도 귀중하다. 하나라도 잃는 것은 비극이다.
- 정보는 지식이 아니다. 세상에 정보는 넘쳐난다. 그중 유의미한 패턴을 밝혀내고 처리하는 것이 지능의 몫이다. 가령 우리 몸은 초당 수백 메가비트의 정보들을 감각이라는 형태로 받아들인다. 하지만 대부분은 지능적으로 폐기된다. 오직 핵심적인 인식 내용이나 통찰(온갖 종류의 지식)만 간직된다. 지능은 정보를 선택적으로 파괴하여 지식을 엮어낸다.
- 죽음은 비극이다. 사람이란 존재를 심오한 패턴(지식의 한 형태)으로 간주하는 것은 전혀 불경한 일이 아니다. 사람이 죽으면 패턴이 유실되는데, 현재로서는 다르게 저장해둘 방도가 없기 때문이다. 사람들은 사랑하는 사람이 죽었을 때 자신의 일부가 떨어져나간 것 같다는 표현을 쓴다. 사실 문자 그대로 꽤 정확한 표현인 셈이다. 그 사람과 상호작용할 목적으로 뇌 속에 생겨났던 특정 신경 패턴들을 더 이상 효과적으로 사용할 수 없게 되었기 때문이다.

- 기존 종교들의 주요한 역할 중 하나는 죽음을 합리화하는 것이다. 죽음이라는 비극을 좋은 것인 양 이해시키는 것이다. 맬컴 머거리지의 말을 빌리면 "죽음이 없다면 오히려 삶을 견디기 힘들 것이다"라고 믿는 견해다. 하지만 특이점에 도달하여 예술이나 과학은 물론 온갖 지식들이 흘러 넘치면 삶은 한층 견딜 만한 것이 될 것이다. 삶의 진정한 의미가 생겨날 것이다.

- 내가 볼 때 삶의 목적은 끝없이 지식을 창조하고 감상하는 것이다. 더욱 훌륭한 '질서'를 만들어가는 것이다. 2장에서 말했듯 질서를 증진시키면 일반적으로 복잡성도 높아지기 마련이다. 하지만 가끔은 복잡성을 오히려 낮추면서 질서를 늘리는 심원한 통찰이 등장할 수도 있다.

- 우주의 목적은 우리 삶의 존재 목적과 같다. 좀 더 뛰어난 지능과 지식으로 나아가는 것이다. 인류의 지능과 기술은 우주적으로 확장해가는 지능의 첨단에 있다(아직 외계의 경쟁자를 확인하지 못했다는 전제하에서 말이다).

- 우리는 이미 티핑 포인트를 넘어섰으므로, 자기복제력을 갖춘 비생물학적 지능들을 동원하여 지능을 태양계 전반에 펼칠 준비를 이번 세기 안에 갖출 수 있다. 그다음에는 우주로 뻗어나가는 일만 남는다.

- 좋은 발상이란 지능의 현실태인 동시에 산물이다. 어떤 문제든, 문제를 해결할 발상이 존재한다. 풀 수 없는 문제란 제대로 공식화하지 못하는 문제이며, 대부분은 인식하지도 못하는 문제들이다. 일단 인식한 문제를 풀고자 할 때 최고로 어려운 부분은 문제를 정확한 언어(때로는 방정식)로 표현하는 일이다. 그것만 해내면 그 문제에 정면으로 승부할 발상을 찾는 일은 그리 어렵지 않다.

- 가속적으로 발전하는 기술은 우리에게 엄청나게 유용한 도구로 작용할 것이다. 일례로 '다리에 다리를 놓고 거기에 또 다리를 놓

는' 식으로 수명을 획기적으로 연장할 수 있다(현재의 지식을 다리 삼아 생명공학으로 가고, 생명공학을 다리 삼아 나노기술로 넘어가는 것이다).[4] 현재 우리에게 극단적 생명 연장에 필요한 지식이 다 있는 건 아니지만, 이런 식으로 사실상 지금부터도 무한히 사는 것이 가능하다. 모든 문제를 지금 다 풀 필요는 없다는 뜻이다. 앞으로 5년이나 10년, 혹은 20년 안에 다가올 미래 기술의 역량에 기대감을 갖고, 지금부터 그것을 활용할 계획을 세우면 된다. 나는 어떤 기술을 설계하든 이 점을 염두에 둔다. 우리 사회나 우리 삶에 존재하는 어려운 문제들도 이런 식으로 풀 수 있다.

철학자 맥스 모어가 말하는 인류의 목표는 "인간이 추구하는 가치들에 맞는 방향으로 과학기술을 조정하여" 초월을 이루는 것이다.[5] 모어는 "인간은 동물과 초인 사이에 놓인 밧줄이오, 심연 위로 걸쳐진 밧줄이다"라고 했던 니체의 말을 인용한다. 니체의 말을 어떻게 해석하면 우리는 동물로부터 발전해왔으며 더 위대한 무언가를 추구하며 나아간다고 할 수도 있겠다. 니체가 언급한 심연이란 어쩌면 기술에 내재된 갖가지 위험으로 파악해도 좋을지 모른다.

모어는 또 특이점을 기대하다 보면 자칫 현재의 문제들을 해결하는 데 수동적일 수 있다고 지적한다.[6] 고급의 문제들을 해결해줄 대단한 존재가 막 떠오르는 무렵이므로 오늘의 일상적인 문제들에 초연해지는 경향이 있을 수 있다. 나 역시 '수동적 특이점주의자'들에 대해서는 크게 반대한다. 언제든 적극적인 태도를 취해야 하는 한 가지 이유는, 기술은 늘 양날의 칼이라 특이점을 향해 달려가며 자칫 이상한 방향으로 잠재력을 발휘하여 심각하게 나쁜 결과를 가져올 수 있기 때문이다. 신기술 적용을 조금만 머뭇거려도 수백만의 사람들이 의미 없는 고통을 겪고 죽어갈 것이다. 과다한 규제 때문에 최신 치료책 적용이 늦어져 많은 사람들이 혜택을 보지 못하는 사례가 지금도 있다. (심장병으로 죽어가는 사람만 해도 전 세계적으로 매년 수백만 명이 되는 판국이다.)

모어는 "'안정'과 '평화'를 사수하고 '신에 대한 도전'과 '미지의 것'을 배격하고자 하는 종교적, 문화적 충동 때문에" 문화적 반발이 일어나 기술 발전을 저해할까 걱정하기도 한다.[7] 내 생각에 기술 발전의 전반적인 속도를 늦출 커다란 탈선은 없을 것 같다. 두 번의 세계대전(수억의 사람들이 죽어갔다), 냉전, 기타 수많은 경제, 문화, 사회적 격변처럼 기념비적인 사고들을 겪으면서도 기술은 발전의 고삐를 늦추지 않았다. 하지만 요즘부터 서서히 목소리가 높아지고 있는 반동적이고 피상적인 반기술 정서가 적잖은 고통을 야기시킬 수 있다는 점은 잊지 말아야 한다.

여전히 인간일 것인가? 특이점 이후를 '포스트휴먼' 시대라 부르며 고대하는 사람들이 있다. 나는 좀 생각이 다르다. 인간이란 존재는 끊임없이 제 경계를 넓혀가려는 문명에 속한 존재다. 오늘날 우리는 생물학을 재편하고 보강하는 기술을 동원해 생물학의 한계를 넘어서고 있다. 만약 기술로 강화된 인간은 인간이 아니라고 규정한다면, 대체 어느 선에서 경계를 그을 것인가? 기계 심장을 이식한 사람은 인간인가? 인공 신경을 하나 삽입하고 있는 사람은 어떨까? 두 개 삽입한 사람은? 뇌 속에 나노봇이 10개 든 사람은? 5억 개 든 사람은? 가령 6억 5천만 개라는 선을 정해두고 그보다 적게 나노봇을 갖고 있으면 인간이고 그 이상이면 포스트휴먼이라 할 것인가?

인간과 기술의 융합은 분명 급속한 변화를 가져올 사건이다. 하지만 놀라운 혜택들을 가능케 할 오르막이지, 니체의 심연에 빠지게 할 내리막은 아니다. 융합 후의 인간을 새로운 '종'으로 보는 사람들도 있다. 하지만 종이라는 개념 자체가 순수한 생물학적 개념인데, 정작 변화는 생물학 자체를 초월하는 것이다. 특이점이라는 변화는 기나긴 생물학적 진화 역사의 마지막 단계가 아니다. 아예 생물학적 진화를 통째로 딛고 올라서는 단계인 것이다.

빌 게이츠: 당신의 말에 99퍼센트는 동의합니다. 제일 좋은 점은 과학에 뿌리를 내린 발상임에도 불구하고 거의 종교적 신념에 가까우리만치 낙천적이라는 것이에요. 저도 낙천주의자거든요.

레이: 그래요, 새로운 종교가 필요하긴 하죠. 이제까지의 종교가 해온 주된 역할은 죽음을 합리화하는 것이었으니까요. 여태까지는 죽음에 대해서 아무런 건설적인 시도도 할 수 없었으니까 당연하겠죠.

게이츠: 새로운 종교의 교리는 어떤 것들일까요?

레이: 두 가지 원칙이면 될 것 같습니다. 하나는 전통 종교에서 딴 것이고 다른 하나는 세속의 예술과 과학에서 딴 것이에요. 기존 종교들에서 가져올 원칙은 인간의 의식을 존중하라는 것이죠.

게이츠: 아, 그럼요. 그것이야말로 황금률이죠.

레이: 맞아요. 인간의 모든 도덕과 법률의 바탕은 타자의 의식을 존중하는 데 있지요. 남을 해치는 게 비도덕적이고 심지어 불법인 까닭은 다른 의식 있는 존재에게 고통을 안겼기 때문이죠. 기물을 파손하는 것은 내 것일 경우는 보통 괜찮지만, 남의 것일 경우는 비도덕적이고 불법적이죠. 그 기물에게 고통을 일으킨 건 아니지만 기물을 소유한 의식 있는 존재에게 고통을 주었으니까요.

게이츠: 세속적인 두 번째 원칙은?

레이: 예술과 과학에서 배울 점은 지식의 중요성을 인정하는 것입니다. 지식은 정보 이상이죠. 의식 있는 존재들은 정보에서만 의미를 느낍니다. 음악, 미술, 문학, 과학, 기술 모두 그렇죠. 내가 책에서 설명한 변화가 오면 이런 정보들이 더욱 팽창할 겁니다.

게이츠: 오늘날의 종교가 말하는 거창하고 기묘한 설명 대신 몇 가지 단순한 메시지에 집중할 필요가 있다고 봅니다. 새로운 종교에 걸맞

은 카리스마 넘치는 지도자가 필요하겠군요.

레이: 카리스마 있는 지도자라는 생각부터가 구세대적인걸요. 그 또한 없애버려야 할 것에 속합니다.

게이츠: 좋아요, 그럼 카리스마 있는 컴퓨터라고 하죠.

레이: 카리스마 있는 운영 체제는 어떨까요?

게이츠: 하, 이미 있잖아요! 어쨌든 이 종교에는 신이 있나요?

레이: 아직은 없지만 앞으로는 있을 겁니다. 온 우주의 물질과 에너지를 지능으로 포화시키고 나면 우주는 '깨어나겠죠'. 스스로 의식을 갖게 되고, 최고로 고상한 지적 존재가 되는 겁니다. 제 생각으로는 그것이야말로 신에 근접한 존재일 것 같은데요.

게이츠: 하지만 실리콘 지능이지 생물학적 지능은 아니겠군요.

레이: 뭐 그래요. 우리부터가 생물학적 지능을 넘어설 테니까요. 처음엔 생물학적 지능 위에 비생물학적 지능을 융합시키겠지만 결국에는 비생물학적 지능이 압도하게 될 겁니다. 하지만 실리콘은 아닐 거예요. 탄소 나노튜브 비슷한 것일 가능성이 높죠.

게이츠: 물론 압니다. 실리콘이라고 한 건 그래야 사람들이 무슨 뜻인지 쉽게 알아듣기 때문이었어요. 그런데 그런 존재가 인간적 의미에서 의식 있는 존재일 것 같진 않아요.

레이: 왜 아니죠? 만약 사람의 몸과 뇌에서 벌어지는 모든 현상을 하나하나 고스란히 저장해서 다른 물질에 옮겨 설치한다면, 물론 그 물질은 훨씬 강력한 능력을 뒷받침할 수 있는 것이고요, 그 존재는 당연히 의식 있는 존재가 아닐까요?

게이츠: 오, 그거야 물론이죠. 다만 다소 다른 형태의 의식이 아닐까 생각하는 겁니다.

레이: 어쩌면 우리 두 사람이 합의하지 못하는 1퍼센트가 이 지점이 아닐까 싶군요. 왜 다른 형태의 의식이라는 건가요?

게이츠: 컴퓨터들끼리는 순식간에 합체할 수 있기 때문이죠. 컴퓨터 열

대, 아니 백만 대라도, 순식간에 하나가 되어 더 크고 빠른 컴퓨터로 바뀔 수 있죠. 사람은 물론 하지 못하고요. 사람이란 제각기 독자적인 개인성을 가져서 그 사이에 다리를 놓는다는 게 불가능하죠.

레이: 그게 바로 생물학적 지능의 한계라는 거죠. 연결할 수 없는 독자성이라는 것은 결코 장점이 아닙니다. '실리콘' 지능이라면 어느 쪽이든 자유롭게 취할 수 있겠죠. 컴퓨터라 해도 반드시 지능과 자원을 공유해야 하는 건 아니에요. 원한다면 언제까지고 '개인'으로 남을 수 있겠죠. 실리콘 지능은 어쩌면 남과 결합하면서 개인성을 유지하는 두 가지 모순된 일을 동시에 할 수 있을지도 모르죠. 우리 인간은 끝없이 남과 한몸이 되려 노력하지만 성공하기에는 우리가 지닌 역량이 너무 덧없는 것이라 문제죠.

게이츠: 모든 가치 있는 것들은 다 덧없는 것이에요.

레이: 맞아요. 하지만 하나가 사라지고 나면 더욱 위대한 가치 있는 것이 그 자리를 채우죠.

게이츠: 맞습니다. 그래서 우리는 끝없이 혁신해야 하는 거겠지요.

의식이라는 골치 아픈 문제

사람의 뇌를 방앗간만 하게 크게 만들어 그 속으로 들어가본다 해도 의식의 자취를 찾을 수는 없을 것이다.

—G. W. 라이프니츠

당신은 사랑을 기억해낼 수 있는가? 그것은 마치 캄캄한 지하실에서 맡았던 장미의 향을 떠올리려는 것마냥 하릴없다. 지금 눈으로 장미를 볼 수는 있어도 향기를 볼 수는 없는 것이다.

—아서 밀러[8]

7장 나는 특이점주의자입니다 |

일단 누군가가 철학적으로 사색하려는 최초의, 순진한 시도를 시작한다면, 그는 곧 이런 문제들에 부닥칠 것이다. 누군가가 무언가를 알 때, 그는 자신이 그것을 안다는 것을 아는 것인가? 누군가가 자신에 관해 생각할 때, 생각의 대상이 되는 것은 무엇인가? 무엇이 생각을 하고 있는 것인가? 한동안 이런 문제로 당황하고 마음이 상한 뒤, 이런 질문들을 더 이상 고민하지 않아야겠다고 마음먹는다. 의식 있는 존재라는 개념은 무의식적인 물체라는 개념과 전혀 다르다는 사실을, 우리는 거의 무의식적으로 안다. 의식 있는 존재가 무언가를 안다는 건 그저 그가 그 사실을 안다는 데서 그치는 게 아니라, 그 자신이 스스로가 알고 있는 것을 안다는 것, 그 자신이 스스로가 알고 있는 것을 안다는 것을 안다는 것, 이런 식으로, 계속 꼬리를 이어갈 마음만 있다면 어디까지고 이어지는 것이다. 무한하게 이어지리라는 사실을 우리는 안다. 하지만 나쁜 의미로 무한한 퇴행은 아니다. 무한히 가늘어져서 결국에 거의 의미 없는 수준으로 소멸하는 것은 문제의 답이 아니라 문제 자체이기 때문이다.

-J. R. 루카스, 옥스퍼드 철학자, 1961년의 에세이 〈마음, 기계, 그리고 괴델〉 중에서[9]

꿈은 꾸는 동안에는 현실이다. 삶 또한 겨우 그런 것 아니려나?

-헤이블록 엘리스[*]

미래의 기계들도 감정적 체험과 영적 체험을 할 수 있을까? 우리는 비생물학적 지능이 오늘날의 생물학적 인간들이 겪는 것과 동일한, 다양하고 풍부한 감정적 행동을 할 수 있으리라는 이야기를 앞서 한 바 있다. 어떻게 그럴 수 있을까? 2020년대 말이 되면 뇌 역분석이 끝날 것이고, 우리는 인간만큼, 아니 인간보다도 더욱 복잡하고 미묘한 면을 지닌 비생물학적 시스템을 만들 수 있을 것이다. 감성 지능도 포함됨은 물론이다.

[*] 영국의 의학자이자 성심리학자, 사회비평가.

두 번째 방법은 실제 인간의 패턴을 적절한 비생물학적 사고 기판에 업로드하는 것이다. 세 번째이자 가장 가능성 있는 방법은 인간 자신이 생물학적 존재에서 비생물학적 존재로 서서히, 그러나 굽힘 없이 변해가는 것이다. 장애나 질병을 완화하기 위해 인공 신경을 삽입하는 일이 늘면서 변화는 벌써 시작되었다. 다음에는 의학용, 노화 예방용으로 만들어진 나노봇들이 혈류에 이식될 것이다. 또 다음에는 더욱 세련된 나노봇들이 등장할 테고, 생물학적 뉴런을 도와 감각을 증폭하면서 신경계 내부로부터 가상현실을 제공하고, 기억 저장을 돕고, 인지 활동을 뒷받침할 것이다. 우리는 사이보그가 될 것이고, 뇌속에 자리잡은 비생물학적 지능은 능력을 기하급수적으로 늘려갈 것이다. 2, 3장에서 말했듯 정보기술의 모든 면이 죽 기하급수적으로 성장해왔다. 가격 대 성능비, 용량, 도입 시기도 그랬다. 1비트의 정보를 연산하고 통신하는 데 그리 많은 질량과 에너지가 들지 않는다는 점을 고려할 때, 그 장점을 지닌 비생물학적 지능은 생물학적 지능을 뛰어넘을 때까지 거침없이 팽창할 것이다. 생물학적 지능은 기본적으로 역량이 제한되어 있기 때문에(생명공학으로 어느 정도는 최적화할 수 있겠지만 큰 변화는 아니다), 비생물학적 지능이 기선을 잡으리라는 것은 분명하다. 2040년대면 비생물학적 지능이 수십억 배 이상 지능적일 텐데, 그때도 여전히 의식이란 것을 생물학적 지능에만 국한하여 말할 수 있을까?

비생물학적 존재들은 자기들도 감정적이고 영적인 경험을 겪는다고 주장할 게 뻔하다. 그들, 아니 어쩌면 미래의 우리들은 스스로 사람이라 주장할 것이고, 사람이 겪는다고 주장하는 온갖 감정적, 영적 체험을 느낀다고 주장할 것이다. 터무니없는 주장도 아니다. 그들은 이런 감정들과 결부되는 것으로 보이는 갖가지 풍성하고, 복잡하고, 미묘한 행동을 증거로 내세울 것이다.

매우 설득력 있는 주장이다. 하지만 이런 주장과 행동들이 비생물학적 인간의 주관적 체험과 실제 얼마나 관계가 있는가? 우리는 자꾸, 실존하는 것은 분명하되 측정하기는 사실상 불가능한(최소한 완벽하게 객관적인 방법으로는) 어떤 것, 즉 의식의 문제로 되돌아오고야 마는 것이다. 어떤 존재가 지닌 또렷한 특성으로서 의식을 파악하는 사람들도 있다. 쉽게 가려내고, 탐지하고, 측정할 수 있는 무언가로 여기는 것이다. 하지만 우리가 의식의 문제에 관해 단언할 수 있는 사실은 단 한 가지밖에 없는데, 그것을 이해하면 왜 의식이 이토록 논쟁의 대상인지 알 수 있다.

단 한 가지 사실인즉, 의식의 존재 유무를 확정해줄 수 있는 객관적 검사법은 없다는 것이다.

과학은 객관적 측정의 세계다. 그로써 얻게 되는 논리적 의미의 세계다. 하지만 객관적인 도구로는 주관적 체험을 측정할 수 없다. 객관적이라는 말의 정의가 정확히 그것이다. 물론 주관적 체험을 드러내는 어떤 것, 가령 행동을 측정할 수는 있지만 말이다(내적 행동, 가령 뉴런 등 인체 내부의 것들이 취하는 행동도 포함된다). 이는 '객관성'과 '주관성'이라는 개념의 속성 자체 때문에 빚어지는 한계이다. 기본적으로 직접적인 객관적 측정 방법을 가지고 다른 개체의 주관적 체험에 침투할 수는 없다. 가령 "비생물학적 개체의 뇌를 들여다봐서 작동법이 인간 뇌와 얼마나 비슷한지 알아보자"거나 "개체의 행동이 인간 행동과 얼마나 비슷한지 살펴보자"는 식으로는 말할 수 있다. 하지만 결국 그런 것들은 주장에 불과하다. 비생물학적 인간의 행동이 제아무리 생물학적 인간과 흡사하더라도, 꼬투리를 잡기로 결심한다면 거기에 의식이 없다고 주장하는 일 정도야 간단하기 때문이다. 이를테면 신경전달물질이 없지 않느냐, DNA의 지시에 따른 단백질 합성 과정이 없지 않느냐, 기타 생물학적 인간에게 고유한 속성들이 없지 않느냐며 따지면 그만이다.

우리는 동료 인간들에게 의식이 있다고 가정한다. 그러나 이 역시 가정일 뿐이다. 나아가 사람이 아닌 존재, 가령 고등 동물에게 의식이 있느냐는 질문에 대해서는 합의조차 이뤄져 있지 않다. 동물권 논쟁을 떠올려보라. 동물에게 의식이 있다는 의견, 반대로 동물은 '본능'에 따라 움직이는 유사 기계에 불과하다는 의견이 팽팽히 맞선 현장이다. 동물보다도 훨씬 사람다운 행동과 지능을 보이는 미래의 비생물학적 개체들을 놓고서는 얼마나 논쟁이 뜨거울 것인가.

미래의 기계들은 요즘의 사람들보다 더욱 사람답다고 할 수도 있을 것이다. 모순으로 들리는가? 그렇다면 현재 인류 중 대부분은 남을 모방하는 정도의 제한적 활동만 하며 산다는 사실을 떠올려보라. 우리는 사고 실험으로 상대성 이론을 알아냈던 아인슈타인의 능력에 감탄하며, 한 번도 들어보지 못한 교향곡을 상상해낸 베토벤의 능력을 숭앙한다. 인간의 사고가 최고의 빛을 발한 이런 순간들은, 그렇지만, 하나같이 드물고 덧없는 것이었다. (다행스럽게도 인간은 기록을 통해 덧없는 순간들을 저장하는데, 이야말로 인간과 동물을 구별하는 주요한 능력이다.) 아마 대체로 비생물학적 물질로 구성되어 있을 미래의 우리는 지금의 우리보다 훨씬 지능적일 테고 인간적 사고 능력의 섬세한 특질들을 훨씬 훌륭하게 펼쳐 보일 수 있을 것이다.

그러니 비생물학적 지능에게도 의식이 있다는 주장에 어떻게 답해야 좋을까? 현실적으로 볼 때 우리는 그 주장을 승인하게 될 것 같다. 무엇보다도 '그들'이란 게 결국 우리 자신일 테니 생물학적 지능과 비생물학적 지능 사이에 또렷한 구분이 있기 힘들다. 또 비생물학적 개체들은 너무나 지적이어서 다른 인간들(생물학적 인간이든, 비생물학적 인간이든, 그 중간이든)을 설득해 자기들의 의식의 존재를 인정 받는 게 그리 어렵지 않을 것이다. 그들도 우리가 인간 의식의 증거라 간주하는 온갖 정교한 감정적 단서들을 지닐 것이다. 남을 웃기고 울릴 줄 알 것이다. 자신의 주장이 받아들여지지 않으면 분통을 터뜨릴 줄 알 것이다. 그러나 이것은 정치적이고 심리적인 결론일 뿐, 철학적 논증이라고는 할 수 없다.

나는 주관적 경험이란 신기루에 불과하다거나, 무시해도 좋은 비본질적 특질이라 주장하는 사람들에게는 찬성할 수 없다. 무엇이 의식 있는 존재인가, 그리고 남의 주관적 경험이란 어떤 것인가 하는 질문은 인류의 윤리와 도덕과 법 개념의 초석이다. 법 제도만 해도 의식의 문제에 바탕을 둔다. 의식 있는 인간에 고통(가장 강렬한 의식적 체험이라 할 수 있다)을 가한 행동, 혹은 인간의 의식 경험을 중단한 행동(가령 살인)에 대해 가장 심각한 처벌을 내린다.

우리는 동물도 고통을 느끼느냐 하는 문제에 이렇다 할 합의를 보지 못하고 있는데, 그 역시 법에 반영되어 있다. 동물을 잔인하게 다루는 것은 일반적으로 불법인데, 다만 영장류처럼 좀 더 지능적인 동물에 대해서는 불법성이 더 강조된다.

요는, 의식의 문제를 단지 번지르르한 철학적 주제라 정리하고 잊을 수는 없다는 것이다. 이것은 사회의 법적, 도덕적 기반을 놓는 문제다. 기계, 즉 비생물학적 지능이 표현력을 길러서 자신에게도 존중받을 만한 느낌이 존재한다고 주장하게 되면 논쟁의 양상은 변할 것이다. 기계가 유머 감각까지 갖춘다면 어떨까. 유머는 인간다움을 설득하는 매우 중요한 도구이므로, 그들이 논쟁에서 승리할 가능성이 높아지는 셈이다.

언젠가 실제로 법 체제가 바뀌게 된다면, 정상적인 입법 과정이 아니라 소송을 통해 진행될 것이다. 소송 사건이 변화를 불러오는 경우가 매우 잦기 때문이다. 마혼, 파투스키, 로스블라트 & 피셔 사의 공동 대표 변호사인 마틴 로스블라트는 2003년 9월 16일에 가짜 소송을 제기했다. 기업이 맘대로 의식 있는 컴퓨터의 연결을 끊지 못하게 하라는 것이었다. 국제변호사협회는 학회에서 사이버생명윤리에 관한 토론 시간을 마련하여 이 가짜 소송건을 논박했다.[10]

주관적 체험이 드러나는 어떤 양상을 측정할 수는 있다(가령 소리를 듣는다거나 하는 어떤 주관적 체험에 대해서 신경 활동 패턴을 객관적으로 측정함으로써 객관적으로 검증 가능한 보고서를 쓸 수는 있다). 하지만 객관적 방법을 통해 주관적 체험의 핵심을 들여다볼 수는 없다. 제3자의 '객관적' 체험이란 과학의 기반이고, 나 자신의 '주관적' 체험이란 의식의 다른 말인데, 둘 사이에는 간극이 있다.

남의 주관적 체험을 내가 진정으로 경험해보기란 불가능하다는 사실을 떠올려보라. 2029년이 되면 경험파 기술이 가능해질 것이므로 다른 사람의 감각적 체험들을 겪어볼 수 있을 것이다(감각적 요소 외에도 신경학적으로 유발된 정서 등 다른 체험적 요소도 겪을 수 있을지 모른다). 하지만 이것도 경험파를 내보낸 바로 그 사람이 겪었던 내부적 체험과 같다고 할 수 없다. 두 사람의 뇌가 다르기 때문이다. 우리는 매일같이 남들의 체험을 듣고 살며, 그들이 모종의 내부적 상태 때문에 하게 된 행동을 접하고는 공감을 느끼기도 한다. 하지만 내게 노출된 것은 그들의 행동뿐, 그들의 주관적 체험에 대해서는 상상할 수밖에 없다. 사실 의식을 빼놓고도 완벽하게 일관적이며 과학적인 세계관을 구축할 수 있기 때문에, 어떤 이들은 의식이 환영에 불과하다고 결론 내리기도 한다.

가상현실의 개척자 중 하나인 재런 러니어는 "주관적 체험이란 아예 존재하지 않는 것이거나, 모호하고 일시적인 현상이라 중요하지 않다"는 주장에 강하게 반대한다(〈절반의 선언〉이라는 글에서 이른바 '인공두뇌 전체주의'에 대해 여섯 가지로 반대했는데, 그중 세 번째에 해당한다).[11] 물론 어떤 개체에 있으리라 짐작되는 주관성(의식적 체험)을 명확하게 탐지할 기기나 체계란 존재하지 않는다. 그런 기기 자체에 어떤 철학적 가정이 탑재되어 있지 않는 한 불가능하다. 나는 러니어의 그 논문에 대해서는 대부분 반대하는 입장이지만(9장을 참고하라), 나 같은 '인공두뇌 전체주의자'들이 부르짖는 명제 앞에서 그가 얼마나 절망을 느꼈을지 충분히 상상할 수 있으며, 심지어 공감할 수도 있다(내가 자신에 대한 위와 같은 규정을 받아들인다는 뜻은 절대 아니다).[12] 나도 러니어처럼 인간에게는 주관적 체험이 존재한다고 믿는다. 주관적 체험 같은 건 없다고 주장하는 이들의 주관적 체험조차도 인정할 수 있다.

의식의 문제를 객관적 측정이나 분석(즉 과학)으로만 풀 수 없다는 바로 그 점 때문에 철학의 역할이 핵심적이다. 의식이란 존재론적으로 가장 중요한 질문이다. 어쨌거나 정말로 주관적 체험이 없는 세상을 상상해본다면(이것저것 마구 섞여 있지만 그것을 체험할 의식 있는 존재가 부재한 세상), 그 세상마저도 존재하지 않는 것이나 마찬가지다. 정확하게 이런 표현을 한 동양(가령 일군의 불교 사상가들)과 서양(특히 관찰자 입장의 양자역학 해석)의 철학 전통도 있다.

레이: 어떤 종류의 개체들이 의식을 갖느냐, 혹은 가질 가능성이 있느냐 논해봐도 좋겠죠. 의식이 창발적인 것인가 아니면 특정 기제에 의해 만들어지는 것인가 따져봐도 좋겠고, 생물학적인가 아닐 수 있는가 얘기해볼 수도 있겠죠. 하지만 아마 이런 질문들보다 훨씬 중요할지 모르는, 또 다른 의식의 문제가 있어요.

2004년의 몰리: 얘기해보세요, 듣고 있어요.

레이: 자, 의식 있는 것으로 보이는 모든 인간들이 실제 의식 있는 것이라고 가정합시다. 그런데 하필이면 왜 나의 의식은 나라는 이 특정한 인간과 연결되어 있을까요? 어째서 나는 어릴 때 톰 스위프트 주니어 시리즈를 읽으며 컸고, 발명가가 되었고, 미래에 대한 책을 쓰는 바로 이 사람을 의식하고 있을까요? 매일 아침 잠에서 깨면 어김없이 이 사람의 경험을 이어가게 되죠. 왜 나는 앨러니스 모리세트*나 그 밖의 다른 사람이 되지 않았을까요?

지그문트 프로이트: 흐음, 그러니까 앨러니스 모리세트가 되고 싶다는 말

* 캐나다 출신의 가수.

인가요?

레이: 흥미로운 생각이긴 하지만 그게 요점이 아닙니다.

2004년의 몰리: 그럼 요점이 뭔가요? 무슨 말인지 모르겠어요.

레이: 왜 나는 나라는 이 특정한 인간의 경험과 결정을 의식하고 있느
　　냐 하는 거죠.

2004년의 몰리: 어머나, 그야 당신이 당신이기 때문이죠.

프로이트: 아무래도 스스로에 대해 뭔가 못마땅한 게 있나 보군요. 나한
　　테 털어놔 보십시오.

2004년의 몰리: 그보다도 레이는 인간이라는 것 자체를 좋아하지 않으
　　시니까요.

레이: 인간인 게 싫다고 한 적은 없는데요. 버전 1.0 인체의 한계, 문제
　　점, 높은 유지 비용이 싫다고 했을 뿐이죠. 하지만 이런 얘기도 지
　　금 요점은 아니에요.

찰스 다윈: 왜 당신이 당신인지 고민하는 겁니까? 그건 동어반복이에요.
　　고민할 거리도 아니랍니다.

레이: 의식이라는 진정 '고난도'의 문제를 풀려는 수많은 시도들처럼,
　　이 질문도 무의미한 얘기로 들리겠죠. 하지만 저에게 정말 궁금한
　　게 뭐냐고 묻는다면, 전 이렇게 답할 겁니다. 왜 나는 끊임없이 이
　　사람의 경험과 느낌을 의식하는가? 다른 사람에게도 의식이 있다
　　는 것을 인정할 수는 있지만, 다른 사람의 경험은 내가 경험해볼
　　수 없죠. 직접적으로는 할 수 없습니다.

프로이트: 좋아요, 이제야 좀 그림이 그려지는군요. 다른 사람들의 경험
　　을 경험하지 못한다고요? 공감이라는 것에 대해서 생각해본 적이
　　있나요?

레이: 보세요, 지금 하는 말은 의식이라는 것을 매우 개인적인 방법으로
　　체험하는 이야기라고요.

프로이트: 좋아요, 계속 말씀하시오.

레이: 사실 사람들과 의식을 주제로 대화하다 보면 거의 반드시 이런 상황에 빠지게 되지요. 심리학이나 행동이나 지능이나 신경학 같은, 뭔가 다른 얘기로 엇나가고 마는 겁니다. 어쨌든 왜 내가 지금 이 특정한 사람인가 하는 미스터리야말로 제가 정말 알고 싶은 문제랍니다.

다윈: 당신 스스로가 당신이라는 사람을 만들어가고 있다는 걸 잘 알잖소.

레이: 그야 물론입니다. 우리 뇌가 우리 생각을 만들 듯, 우리 생각이 거꾸로 우리 뇌를 만들기도 하죠.

다윈: 당신이 스스로를 만들어냈으니, 그래서 당연히 당신은 당신인 것이죠. 말하자면 말입니다.

2104년의 몰리: 우리 2104년의 사람들은 그 문제를 매우 직접적으로 느끼고 있어요. 비생물학적 존재이기 때문에 내 존재 자체를 쉽게 바꿀 수 있죠. 내킨다면 남의 사고 패턴과 결합해서 통합된 정체성을 구축하는 것도 가능해요. 아주 심오한 경험이랍니다.

2004년의 몰리: 미래의 몰리 양, 원시적이기 그지없는 오늘날 2004년에도 그건 가능하답니다. 그게 바로 사랑에 빠진다는 거예요.

나는 누구일까? 나는 무엇일까?

너는 왜 너인가?(Why are you you?)

-YRUU(젊은 종교적 유니테어리언 만능인들)라는 단체명에 숨겨진
또 다른 두문자어의 내용. 1960년대 초에 내가 가입해서 활발하게
활동했던 단체다(당시는 '자유주의적 종교적 젊은이들'이라 불렸다).

당신이 찾아 헤매는 것은 찾아 헤매는 사람 그 자신이다.

-아시시의 성 프란체스코

내가 아는 것은 그리 많지 않지만

알 만한 것은 다 알고 있지, 무슨 말인지 넌 알 수 있을까.

철학은 시리얼 통에 적힌 말장난이고

종교는 강아지의 얼굴에 떠오른 미소야……

철학은 미끄러운 바위 위를 걷는 것이고

종교는 안개에 가려진 불빛이지……

나는 그저 나야.

너는 너일까 아니면 다른 무엇이니?

-에디 브리켈,* 〈나는 무엇일까〉

자유의지란 해야만 할 일을 달갑게 하는 능력을 말한다.

-카를 융

양자 이론가가 말하는 우연이란 아우구스티누스주의 이론가가 말하는 윤리적 자유

와는 다르다.

-노버트 위너[13]

---

* 미국의 포크 가수.

나는 정상적인 죽음을 택하고 싶은 마음이 굴뚝 같다. 그러니까 몇몇 친구들과 함께 마데이라 포도주 통에 푹 잠겨서 죽음이 올 때까지 기다리다가, 곧 내 조국의 따스한 햇살을 받고 소생하는 그런 죽음 말이다! 하지만 안타깝게도 내가 사는 시대는 너무나 발전이 덜 된 시대이며, 과학은 이제 겨우 첫걸음을 떼었을 뿐이니, 그런 예술적 경경을 완성하여 보기란 요원하구나.

—벤저민 프랭클린, 1773년

의식의 문제와 연관되어 있지만 별개인 또 다른 문제가 있다. 정체성의 문제다. 한 사람의 마음, 그의 모든 지식, 기술, 인성, 기억의 패턴을 다른 물질에 이식할 수 있을지 모른다는 얘기를 앞에서 했다. 새롭게 탄생한 개체는 나와 정말 비슷하겠지만 그래도 묻지 않을 수 없다. 그게 진짜 나일까?

생명 연장을 꾀하다 보면 몸과 뇌의 일부 혹은 하부구조에 손을 대서 다시 만들게 된다. 이런 재편 과정 중에 나는 조금씩 자신을 잃어가는 걸까? 오래된 철학적 질문이었던 이 문제 역시 앞으로 수십 년 내에 급박하게 해결해야 할 실질적 과제로 떠오를 것이다.

자, 나는 누구인가? 나는 끊임없이 변해가고 있으니, 그렇다면 하나의 패턴에 불과한가? 다른 사람이 패턴을 복사하면 어쩌겠는가? 나는 원본인 동시에 복사본인가? 원본이거나 복사본인가? 어쩌면 나라는 건 내 몸과 뇌를 이룬 물질일지 모른다. 질서 있는 한편 무질서한, 분자들의 집합 말이다.

그런데 마지막 가정에는 문제가 있다. 지금 내 몸과 뇌를 이루는 입자들은 방금 전에 몸속에 있던 원자나 분자와 다른 것들이다. 대부분의 세포들은 몇 주 간격으로 계속 교체된다. 비교적 수명이 긴 편인 뉴런조차 한 달이면 모든 구성 분자들을 교체한다.[14] 미세소관(뉴런의 구조를 지탱하는 단백질 섬유)의 반감기는 약 10분이다. 수상돌기의 액틴 섬유는 40초마다 바뀐다. 시냅스를 움직이는 단백질은 한 시간 마다 바뀐다. 시냅스에 있는 NMDA 수용체들은 비교적 끈질겨 닷새를 버틴다.

나는 한 달 전의 나와는 완전히 다른 물질로 이루어진 것이다. 존속한 것은 물질들을 배치하는 어떤 패턴이다. 물론 패턴도 변하지만 매우 느리게, 연속적으로 바뀐다. 어쩌면 나는 강물이 바위를 스쳐가며 일으키는 물살의 패턴이나 다름없는 것이다. 물을 이루는 분자가 초마다 달라져도 물살의 패턴은 몇 시간, 심지어 몇 년 유지되는 것처럼 말이다.

그러므로 나는 물질과 에너지의 어떤 패턴으로서 오랜 시간을 견디는 것이라고 스스로 정의해야 좋을지 모른다. 그런데 여기에도 문제가 있다. 이 패턴을 다른 물질에 업로드함으로써 엄청나게 정교한 수준으로 내 몸과 뇌를 복제할 수 있을지 모르기 때문이다. 원본과 구별할 수 없을 정도로 말이다. (복사본이 '레이 커즈와일' 튜링 테스트를 통과한다는 뜻이다.) 복사본은 당연히 내 패턴을 공유할 것이다. 모든 세부를 완벽히 복사하는 게 불가능하지 않느냐고 지적할 수도 있지만, 모든 정보기술이 그렇듯 신경과 인체를 복사하는 기술의 해상도와 정확도도 기하급수적으로 발전할 것이다. 결국엔 패턴의 신경망과 물리적 세부 사항들을 그대로 따서 재생함으로써 얼마든지 정교하게 만들 수 있을 것이다.

그런데 복사본이 내 패턴을 공유한다 해도 그게 나라고 말하기는 어렵다. 내가 버젓이 따로 여기 있기 때문이다. 어쩌면 내가 자는 동안 다른 사람이 나를 스캔해서 복사해둘지도 모른다. 아침에 눈을 떴더니 누군가 와서 말하는 것이다. "좋은 소식이에요, 레이, 당신을 보다 영구성이 좋은 기관에 재설치하는 데 성공했으니 이제 그 오래된 몸과 뇌를 갖고 있을 필요가 없어요." 복사본과 나는 다른 사람이라고 호소하게 되지 않을까.

7장 나는 특이점주의자입니다 | 543

사고 실험을 해보면 알 수 있다. 복사본이 아무리 나를 닮았고 나처럼 행동하더라도 그는 내가 아니다. 나는 복사본이 생겼다는 사실조차 모를 수 있는 것이다. 복사본은 내 모든 기억을 갖고 있을 테고 나였던 시절을 회상할 수 있겠지만, 그가 제2의 레이로 탄생한 순간 이후부터는 자신만의 독특한 체험을 쌓아갈 것이다. 그의 실체가 나와는 다른 무언가로 변해가기 시작하는 것이다.

냉동 보존(막 사망한 사람을 냉동하여 보존하는 것으로서, 사망 과정이나 냉동 보전 과정, 애초 사망 원인이 된 질병이나 노화 모두를 되돌릴 수 있을 만한 기술이 발전된 먼 미래에 '되살리려고' 하는 것이다)을 택하는 사람들에게도 중요한 문제다. '보존'했던 사람을 정말 되살린다고 하자. 해동에 관한 여러 아이디어를 종합해볼 때, 해동된 사람의 몸은 완전히 새로운 재료에, 신경적으로는 동일하지만 새로운 체계에 설치될 가능성이 높다. 그렇다면 되살아난 사람은 '레이 2(즉 다른 사람)'나 마찬가지다.

상상을 조금 더 밀어붙여보자. 어느 지점에서 궁지에 빠지는지 알 수 있을 것이다. 나를 복사한 뒤 원본을 없앤다면 나로서는 존재의 끝이다. 복사본은 내가 아니라는 결론을 앞에서 내렸기 때문이다. 복사본이 나인 척하고 다니면 아무도 알아채지 못하겠지만, 그래도 내 존재가 끝났다는 사실은 변함 없다.

이제 내 뇌 중 극히 일부분을 생물학적 신경의 대체물로 바꿨다고 생각해보자.

좋다, 나는 아직 여기 있다. 수술은 성공적이었다(아마 나중에는 수술할 필요 없이 나노봇이 처리해줄 것이다). 이런 사람은 요즘도 많다. 인공 달팽이관이나 파킨슨병을 다스리기 위한 이식물 등을 삽입한 사람들이다. 또 다시 한번 뇌 일부를 교체한다고 하자. 괜찮다, 나는 아직 존재한다……. 그러면 다시 한번…… 과정이 여러 번 반복되어도 끝내 나는 나이다. '옛날 레이'가 따로 있고 '새 레이'가 따로 있는 게 아니기 때문이다. 나는 수술 전과 같은 사람이다. 사람들은 내가 존재하지 않았던 기간을 알지 못하고, 나도 마찬가지다.

자, 점진적으로 내 몸을 교체하고도 나는 나였다. 의식과 정체성은 깔끔하게 보전된 것처럼 보인다. 이 경우 옛날의 나와 새로운 내가 동시에 존재하는 시점이 없다. 그런데도 처리가 끝나면 남는 것은 새로운 나(즉 레이 2)일 뿐, 옛날의 나(레이 1)는 사라졌다. 그렇다면 점진적 교체를 택해도 결국엔 옛날의 내 입장에서는 존재가 끝난 것이다. 참으로 의아한 일이다. 대체 어느 시점에서 내 몸과 뇌가 다른 사람으로 바뀌었단 말인가?

그런데 또 다른 한편으로 생각하면, 질문의 서두에서 지적했듯, 어차피 내 몸은 자연스러운 생물학적 과정을 따르며 시시각각 바뀌고 있다. (그 과정은 점진적이라기보다 꽤 빠른 편이다.) 영속하는 것은 다만 물질과 에너지의 특정 시공간적 패턴뿐이라고 결론 내렸다. 그런데 바로 앞의 사고 실험을 보면, 아무리 점진적으로 교체한다 해도, 즉 내 패턴이 유지된다 해도 결국 교체된 나는 내가 아니라는 결론이다. 그러면 나는 방금 전의 나와 무척이나 닮은 다른 사람으로 끝없이 교체되고 있다는 건가?

또 다시, 대체 나는 누구인가? 이야말로 궁극의 존재론적 질문이다. 그리고 우리는 종종 이것을 의식의 문제와 엮어 말한다. 앞의 이야기를 할 때 의식적으로(말장난이다) 1인칭 서술을 택했는데 그것이 문제의 속성에 합당하기 때문이다. 이것은 제3자의 질문이 될 수 없다. '너는 누구인가?'라는 질문은 될 수 없다. 그것을 물을 수 있는 것은 너라는 당신 자신뿐이다.

사람들은 의식의 문제를 논하다 말고 의식을 드러내는 행동이나 신경학적 현상 이야기로 새곤 한다(가령 어떤 개체가 자기성찰적이냐 아니냐 하는 문제 등이다). 하지만 이것은 제3자 시점의(객관적인) 주제다. 데이비드 차머스가 의식의 '고난도 문제'라고 불렀던 것과는 다른 문제다. 진정한 고난도 문제는 이것이다. 어떻게 하찮은 물질(뇌)이 의식처럼 분명히 비물질적인 것을 낳을 수 있는가?[15]

개체가 의식을 하느냐 못하느냐 하는 것은 전적으로 개체 자신만 명료하게 판단할 수 있는 문제다. 의식을 드러내는 신경학적 현상(가령 지적 행동)과 의식의 존재론적 실체 사이에는 객관적 현실과 주관적 현실이라는 엄청난 간극이 있다. 그 때문에 아무런 철학적 가정도 깔지 않고 순수하게 객관적으로 의식을 탐지할 수 있는 탐지기는 만들 수 없다.

나는 비생물학적 개체에도 의식이 있다는 결론을 내릴 수밖에 없을 것이라 본다. 비생물학적 개체들도 인간이 현재 지니고 있는 온갖 미묘한 의식의 단서들, 감정이나 기타 주관적 체험과 결부되어 있는 듯한 현상들을 보일 것이기 때문이다. 그러나 어쨌든 확인 가능한 건 미묘한 단서들뿐이고 그것이 의미할지도 모르는 의식 자체에 대해 직접 접근한다는 건 불가능하다.

내 주변 사람들은 대개 다 의식이 있는 것처럼 보인다. 하지만 표면적 인상을 너무 쉽게 받아들이는 것 아닐까? 알고 보면 나는 가상현실에 살고 있고, 주변 사람들 모두 가상일지 모르는 노릇이다.

아니면, 존재하는 것은 사람들에 대해 내가 갖고 있는 기억뿐이고, 실제 경험은 하나도 일어나지 않았던 것인지 모른다.

그도 아니면, 나는 기억이 떠오른다는 감각만을 느끼고 있을 뿐, 경험은 물론이고 기억조차도 존재하지 않는 것인지 모른다. 자, 얼마나 문제적 상황인가.

이런 딜레마를 잘 알고 있지만, 그래도 나는 패턴에 바탕을 둔 철학을 믿는다. 나라는 존재는 기본적으로 하나의 영속하는 패턴이라고 생각한다. 나는 진화하는 패턴이고, 스스로의 패턴 진화 과정에 영향력을 갖는다. 지식 또한 하나의 패턴이다. 정보와는 다르다. 그리고 지식을 잃는 것은 커다란 손실이다. 그러므로 사람이 죽는다는 건 궁극의, 최고의 손실이다.

2004년의 몰리: 하지만 저는, 내가 누구인가 하는 문제에 간단하게 답할 수 있는걸요. 바로 지금 이 뇌와 몸이죠. 적어도 이번 달만큼은 아주 상태가 좋았어요. 고맙기도 해라.

레이: 소화기 속의 음식도 포함한 건가요? 소화기를 따라가면서 다양하게 분해되고 있는 것들?

2004년의 몰리: 좋아요, 그건 제외하죠. 몇몇은 결국 내 몸의 일부가 되겠지만 아직 '몰리의 일부' 클럽에는 가입하지 못한 상태니까요.

레이: 그런데 사실 당신 몸에 있는 세포들 중 90퍼센트는 당신의 DNA를 갖고 있지 않아요.

2004년의 몰리: 그래요? 그럼 대체 누구의 DNA를 갖고 있는데요?

레이: 생물학적 인간은 자신의 DNA를 가진 세포를 약 10조 개 정도 갖고 있죠. 하지만 소화기에는 완전히 다른 미생물이 100조 가까이 있어요. 대부분 박테리아들이죠.

2004년의 몰리: 그리 달갑게 들리지 않는군요. 꼭 필요한 녀석들인가요?

레이: 몰리가 건강하게 살아 있는 데 꼭 필요한 세포 사회의 일부죠. 건강한 장 박테리아 없이는 살 수 없어요. 물론 균형을 이룬 장내 세균군이어야겠죠. 우리 건강에 꼭 필요한 것이랍니다.

2004년의 몰리: 좋아요, 하지만 그래도 그걸 나라고는 하지 못하겠어요. 내 건강은 그 밖에도 많은 것들에 달려 있잖아요? 집이나 차 같은 것도 중요하지만, 그렇다고 그걸 나라고 불러줄 순 없죠.

레이: 아주 좋아요. 소화기 내부에 있는 모든 걸 다 제외한다는 것도 합리적인 판단이죠. 박테리아든 뭐든 말이죠. 사실 우리 몸도 스스로를 그런 식으로 파악하고 있거든요. 소화기는 물리적으로 우리 몸안에 있지만 외부 물질이나 마찬가지여서, 몸은 소화기 내의 것을 혈류에 흡수할 때 매우 주의를 기울이죠.

2004년의 몰리: 내가 누구인가 생각하면 할수록 재런 러니어의 '공감의 영역' 이론이 떠오르는데요.

레이: 뭔지 말해보세요.

2004년의 몰리: 기본적으로, 내가 '나'라고 여기는 실체의 영역은 그리 명확한 게 아니죠. 그냥 내 몸이라고 한다고 다 해결되는 게 아니에요. 가령 나는 발가락 같은 부분은 그리 또렷하게 나라고 인식하지 못하는걸요, 뭐. 앞에서 예로 든 장내 물질에 대해서야 더 말할 것도 없고요.

레이: 합리적인 의혹이군요. 사실 뇌만 해도 그런 것이, 우리는 뇌 속에서 벌어지는 일의 극히 일부만을 실제 인식하고 있죠.

2004년의 몰리: 게다가 뇌의 일부는 마치 다른 사람처럼 느끼는 것 같아요. 아니, 최소한 어디 다른 데라도 가 있는 것 같아요. 가끔 내 생각이나 꿈속에 뭔가 불쑥 끼어드는데 꼭 저 먼 어딘가에서 온 생경한 의식 같다니까요. 분명 내 뇌에서 생겨난 것인데 아닌 것 같은 거죠.

레이: 반대로 사랑하는 사람은 비록 몸이 멀리 떨어져 있어도 마치 내 일부인 양 느껴지죠.

2004년의 몰리: 나 자신이라는 경계가 점점 더 불명확해지는 것 같군요.

레이: 우리가 비생물학적 존재에 가까워지면 더하겠지요. 그때는 마음대로 우리 생각과 사고 과정을 남과 통합할 수 있어서 경계를 찾는 게 훨씬 어려워질 테니까요.

2004년의 몰리: 그건 좀 기대되는걸요. 아시겠지만 어떤 불교 철학자들은 그 점을 매우 강조해서, 본질적으로 우리들 사이에는 아무런 경계가 없다고까지 주장하잖아요.

레이: 그분들이 특이점이 뭔지 좀 아시는 것 같군요.

초월로서의 특이점

근대 사회로 접어들고서야 사람들은 인류가 뭔가 열등한 것으로부터 솟아올라 생겨났다는 생각을 갖게 됐다. 생명은 질척한 덩어리 같은 것에서 시작하여 지능으로 귀결한다는 것이다. 반면 전통 종교들의 관점은 인류가 선구자들로부터 내려와 생겼다는 것이다. 인류학자 마셜 살린스는 이렇게 표현했다. "인류가 원숭이로부터 솟아올랐다는 생각을 하는 건 근대인뿐이다. 다른 시대 사람들은 인류가 신으로부터 내려와 생겼음을 당연하게 받아들였다."

–휴스턴 스미스[*][16]

어떤 문제가 과학으로 풀 수 있을 정도로 명백해지기 전까지 문제에 대해 이러저러한 생각을 하는 게 철학이라고 보는 학자들이 있다. 또 어떤 철학적 문제가 경험적 방법론에 굴복한다면 그것은 애초 문제가 철학적이지 않음을 증명할 뿐이라고 보는 학자들이 있다.

–제리 A. 포더[**][17]

특이점은 물질 세계에서 벌어질 현상이다. 우리로서는 피할 수 없는 진화의 다음 단계로서, 생물학적 진화 및 인간이 이끌었던 기술 진화의 뒤를 이을 것이다. 그런데 초월의 문제라는 것도 바로 이 물질과 에너지로 이루어진 물질 세계에 존재한다. 사람들이 영성의 핵심이라고도 생각하는 초월, 그것이 물리계에서 갖는 의미는 무엇일까?

어떻게 운을 떼어볼까? 물에 대해 말해봐도 좋겠다. 물은 단순한 물질이지만 매우 아름다운 갖가지 형태를 취한다. 급류 속의 바위를

[*]   미국의 종교학자.
[**] 미국의 철학자이자 인지과학자.

넘어 흐르다가 갑자기 솟아올라 폭포로 떨어지는 다채로운 패턴들, 하늘에서 구름이 되어 일렁이는 패턴들, 산에서 눈이 되어 쌓인 모양새, 눈송이의 황홀한 구조…… 아인슈타인이 말했던 물잔 속의 질서와 무질서를 떠올려보라(브라운 운동 말이다).

아니면 생물계로 눈을 돌려 DNA 나선들이 유사분열 중에 보이는 정교한 춤사위를 떠올려보라. 바람에 나부끼며 잎새들로 복잡한 춤을 추는 나무의 아름다움은 어떤가? 현미경 아래 드러나는 미생물들의 북적대는 세상은? 실로 이 세상 어디에나 초월이 존재한다.

지금 이 글에서 '초월'이라는 단어의 의미는 분명하다. '초월한다'는 것은 '넘어선다'는 것이다. 하지만 반드시 이원론적 세계관을 취할 필요는 없다. 현실을 초월한 단계(가령 영적 단계)가 반드시 이 세상 밖 어딘가에 있을 필요는 없다. 패턴의 힘을 이해하면 물질 세계의 '일상적인' 것들을 '넘어설' 수 있다. 사람들은 나를 유물론자라고 부르지만 나 스스로는 '패턴주의자'라 생각한다. 우리가 진정한 초월을 맛볼 수 있는 건 패턴이 지닌 창발적 역량을 통해서다. 우리 몸을 이루는 물질들조차 늘 교체되는 마당이므로, 영속하는 것은 패턴이 지닌 초월적 능력뿐이다.

패턴의 지속력은 자기복제적 체계, 즉 유기체나 자기복제적 기술에 적용되어야만 하는 게 아니다. 거꾸로다. 생명이나 지능을 지탱해주는 게 바로 패턴의 끈질긴 지속력이다. 패턴은 패턴을 체화하는 데 동원되는 물질들보다 훨씬 중요하다.

캔버스에 아무렇게나 붓을 그으면 그건 그냥 페인트 자국이다. 하지만 적절한 방식으로 이리저리 조직하면, 그때는 단순한 물질을 초월해 예술이 된다. 아무렇게나 나열된 음표는 그냥 소리다. '영감 어린' 방식으로 배열되어야만 음악이다. 아무렇게나 부품을 쌓아올리면 그냥 물건의 나열이다. 혁신적인 기법으로 조립해야만, 아마도 모종의 소프트웨어(이 또한 하나의 패턴)를 첨가해야만, 기술이라는 '마술(초월)'이 생긴다.

　이른바 '영적인 것'이 진정한 초월이라고 생각하는 자들도 있다. 하지만 초월은 꼭 영적인 것이 아니라 모든 현실적 수준에 적용되는 현상이다. 인간을 포함한 자연계의 탄생이 초월이고, 인간이 만들어낸 예술, 문화, 기술, 감정과 영적 표현이 초월이다. 진화는 패턴의 문제다. 진화 과정이란 패턴의 깊이와 질서가 증가하는 것을 말한다. 우리가 상상할 수 있는 진화의 완성인 특이점이 달성되면 모든 종류의 초월이 더욱 깊이 있어지는 것이다.

　'영적'이라는 말에 담긴 또 다른 뜻은 '영혼을 간직하고 있다'는 것이다. 그 말인즉 의식이 있다는 것이다. '개인성'이 자리할 수 있는 장소로서의 의식을 실체적인 무엇으로 파악하는 종교나 철학 전통도 많다. 불교에서는 물리적 현상이나 객관적 현상이 아니라 주관적, 의식적 체험이야말로 궁극의 실체라고 파악하기도 한다. 객관적 현상은 마야(환영)에 불과하다는 것이다.

　내가 지금 의식의 문제에 관한 여러 주장들을 소개한 것은, 의식의 속성이 얼마나 까다롭고 모순적인지(그리고 그래서 얼마나 심오한지) 제대로 드러내기 위해서다. 어떤 가정을 하고 추론을 시작했는데(가령 내 마음의 파일을 복사한 것은 내 의식을 공유하는 것이다, 혹은 아니다 같은 가정들) 결국에는 완전히 반대되는 가정에 도달하는 등의 혼란을 잘 보여주기 위해서다.

　우리는 인간에게 의식이 있다고 가정한다. 최소한 겉으로 그렇게 보이는 조건에서는 말이다. 반면 우리는 단순한 기계에는 의식이 없다고 가정한다. 우주론에서는 현재의 우주가 의식 있는 존재라기보다 하나의 단순한 기계처럼 행동한다고 본다. 그런데 곧 우리 주변의 물질과 에너지는 인간-기계 문명의 지능, 지식, 창조성, 아름다움, 감성 지능(가령 사랑하는 능력)으로 포화될 것이다. 문명은 더욱 먼 우주로 뻗어나가 마주치는 모든 물질과 에너지를 더없이 지적인, 초월적인 물질과 에너지로 바꿔놓을 것이다. 특이점의 시대가 오면 온 우주가 영혼으로 포화될 것이라고도 말할 수 있다.

진화는 더욱 복잡하고, 더욱 우아하고, 더욱 지적이고, 더욱 지혜롭고, 더욱 아름답고, 더욱 창의적이고, 사랑처럼 더욱 미묘한, 그런 속성들을 향해간다. 그런데 모든 유일신 신앙에서 묘사하는 신이 바로 그런 속성을 지녔다. 다만 한계가 없을 뿐으로, 무한한 지식, 무한한 지능, 무한한 아름다움, 무한한 창의성, 무한한 사랑이라 한다. 물론 진화는 아무리 가속적으로 성장해도 결코 무한에는 이르지 못한다. 하지만 기하급수적으로 확장하다 보면 거의 무한에 가까운 지점까지 빠르게 다가갈 것이다. 진화는 이러한 신의 개념에 다가가는 운동인 것이다. 설령 궁극의 이상에는 영원히 도달하지 못한다 해도 말이다. 그러므로 우리의 사고를 생물학적 형태라는 심각한 한계에서 벗어나게 만드는 일은 본질적으로 무척 영적인 작업이다.

2004년의 몰리: 그래서, 신을 믿으시나요?

레이: 글쎄, 어떻게 쓰는 단어인지 알고 있고, 강력한 밈*이라는 것도 알죠.

2004년의 몰리: 단어와 개념이 존재한다는 거야 저도 알아요. 그 말이 뜻하는 무언가를 믿으시냐는 거죠.

레이: 그 말이 뜻하는 것은 정말로 다양하던데요.

2004년의 몰리: 그런 것들을 믿으시나요?

레이: 전부 다 믿는 건 불가능해요. 신은 의식을 가진 전능한 존재로서 늘 우리를 굽어보고, 우리와 협상을 하고, 자주 화를 낸다고 하는 사람도 있죠. 신은 모든 아름다움과 창조성의 기저에 있는 생명력이라고 하는 사람도 있죠. 신이 삼라만물을 창조한 뒤에는 한 걸음

* 유전자처럼 진화나 확산을 통해 개체 간에 전달되는 문화 요소.

물러서서……

2004년의 몰리: 알겠어요, 알겠다고요. 헌데 그런 생각들 중 하나라도 믿느냐고요.

레이: 우주가 실재한다는 것은 믿어요.

2004년의 몰리: 잠깐, 그건 믿음이 아니라 과학적 사실이잖아요.

레이: 사실 내 머릿속의 생각 외에 다른 것들이 실재하는지는 확신할 수 없는 거죠.

2004년의 몰리: 좋아요. 이 장은 철학을 다루는 장이니까 참죠. 하지만 어쨌든, 별과 은하가 존재한다는 사실을 뒷받침하는 과학 논문들이 수천 편이나 있잖아요. 은하들의 집합, 그게 우주가 아니고 뭔가요?

레이: 물론 그런 얘기를 들어본 적이 있고, 논문 몇 개인가 읽어본 적도 있죠. 하지만 그래도 여전히 그 논문들과 논문이 가리키는 사물들이 실재하는 것인지, 그저 내 생각일 뿐인지는 알 수 없는 거죠.

2004년의 몰리: 그래서 우주의 존재를 인정하지 못하겠다는 건가요?

레이: 아니에요, 방금 우주의 존재를 믿는다고 했잖아요. 다만 그건 믿음이라는 점이 중요하죠. 내 개인적 신념일 뿐이라고요.

2004년의 몰리: 좋아요. 하지만 제 질문은 신을 믿느냐는 거였을 텐데요.

레이: 다시 한번 말하지만 '신'이란 단어의 뜻은 사람마다 제각각이에요. 당신의 질문에 답해보자면, 우주가 곧 신이라고 생각할 수도 있을 거고, 그래서 나는 우주의 존재를 믿는다고 한 거죠.

2004년의 몰리: 신이 우주에 불과하다고요?

레이: 불과하다뇨? '불과하다'고 하기엔 어마어마하게 큰 것 아닌가요? 과학이 말하는 바를 믿는다고 한다면, 그리고 나는 믿는다고 공표했는데요, 우리가 믿을 수 있는 것 중에서 그보다 더 큰 현상이 또 어디 있겠어요.

2004년의 몰리: 하지만 요즘 물리학자들 중에는 우리 우주가 많은 우주들 중 하나인 작은 거품에 불과하다고 하는 사람도 있잖아요? 하여간, 제 말 뜻은 사람들이 '신'이란 단어를 쓸 때는 보통 '그저' 물질 세계만이 아닌 무언가를 가리킨다는 거예요. 존재하는 모든 것의 총체와 신을 연관시키는 사람들도 많긴 하지만 그에 더해서 신이 의식 있는 존재라고도 하죠. 그렇다면 당신은 의식 없는 존재인 신을 믿는다는 건가요?

레이: 우주는 의식이 없죠. 아직은요. 하지만 앞으론 의식 있는 존재가 될 거예요. 엄밀하게 말하면 요즘도 우주의 극히 일부분은 의식 있는 상태라고 해야겠죠. 상황도 곧 바뀌겠고요. 우주는 엄청나게 지적인 존재로 변모할 것이고, 제6기가 되면 의식을 깨우칠 거예요. 이 예측에서 믿음이 관련되는 부분은 우주가 존재한다는 사실에 대한 믿음 한 가지뿐이에요. 일단 그 믿음을 받아들이고 나면 우주가 의식을 깨우치리라는 예측은 믿음이라기보다는 정보에 바탕을 둔 이해에 가깝죠. 우주의 존재를 주장하는 바로 그 과학에 의존한 예측이니까요.

2004년의 몰리: 재미있네요. 아시겠지만, 의식 있는 창조주가 있어 태초에 모든 것을 만든 후 세상사에서 물러났다는 견해와 정반대인 생각이군요. 제6기가 되면 의식 있는 우주가 '등장'할 거라고 말하시는 거잖아요.

레이: 맞아요, 그게 바로 제6기의 핵심이죠.

8

뗄 수 없게 얽힌 GNR의 희망과 위험

우리는 계획도, 통제력도, 브레이크도 없이 새로운 세기에 밀어붙여지고 있다. …… 내가 생각할 때 단 하나의 현실적 대안은 기술을 포기하는 것이다. 너무 위험한 기술은 발전 속도를 제한하는 것이다. 어떤 종류의 지식은 추구하지 못하게 하는 것이다.

−빌 조이, 〈왜 미래는 우리를 필요로 하지 않는가〉

이제 환경론자들은 충분한 부와 충분한 기술력을 가진 세상을 만들어야 한다는 세간의 견해에 단호히 맞서 싸워야 한다. 이 시점에서 더 이상의 추구를 그만두어야 한다.

−빌 맥키번, 최초로 지구 온난화를 알렸던 환경론자[1]

진보가 바람직한 때가 있었을 것이지만, 지금은 또 너무 멀리 와버렸다.

−오그던 내시(1902~1971)[*]

1960년대 말, 나는 극렬한 환경 운동가가 되었다. 나는 잡다하게 모인 활동가들과 함께 여기저기 새는 낡은 배를 타고 북대서양을 건너, 닉슨 대통령이 수행하려던 마지막 수소폭탄 시험을 막으려 했다. 그 과정에서 그린피스를 창단하게 된 것이다. …… 환경론자들이 합리적으로 들리는 주장을 할 때도 있다. 고래를 살리거나 공기와 물을 깨끗하게 하는 등 실제로 좋은 일들도 한다. 하지만 현재 그들은 누워서 침 뱉는 황당한 상황에 접어들었다. 그들이 생명공학 전반, 특히 유전자 공학에 대해 반대하는 것을 보면 지적, 도덕적 파산에 이르렀다고밖에 할 수 없다. 인류와 환경에 큰 혜택을 가져올 수 있는 기술을 전적으로 반대하는 정책을 취한 그들은 스스로 동시대의 과학자, 지식인, 세

[*] 미국의 시인.

계주의자들에게서 멀어지기를 자처한 것이다. 결국엔 대중과 매체도 그들이 얼마나 황당한 주장을 하고 있는지 아는 날이 올 것이다.

—패트릭 무어

나는 기술로부터 도망치고 기술을 증오하는 것은 자기 파괴적 행위라고 본다. 부처는 산꼭대기나 꽃잎에 있을 때와 마찬가지로 컴퓨터 디지털 회로나 자전거 변속 기어에서도 편히 쉬신다. 그렇지 않다고 생각하는 것이 오히려 부처의 품위를 떨어뜨리는 것이며, 당신 자신의 품위를 떨어뜨리는 것이다.

—로버트 M. 퍼시그, 《선과 모터사이클 관리술》

웹에서는 좀처럼 찾아볼 수 없는 아래와 같은 문서 제목들을 생각해보라.

적국에 큰 영향을 미치는 법: 쉽게 구할 수 있는 물질들로 원자폭탄 만드는 법[2]
대학 실험실에서 독감 바이러스 변형하여 퍼뜨리기
대장균 바이러스를 변형시키는 열 가지 쉬운 방법
백신을 물리칠 수 있는 천연두 바이러스 만들기
인터넷에서 구할 수 있는 물건들로 화학 무기 만들기
값싼 비행기, GPS, 노트북 컴퓨터를 사용하여 무인 자율 조종 저공 비행기 만들기

아래와 같은 것들은 또 어떤가.

열 가지 흔한 병원체들의 게놈 정보
최고의 마천루들의 평면 설계도
미국 원자로의 설계도

현대 사회의 백 가지 취약점

인터넷의 열 가지 취약점

1억 미국인들의 개인 건강 정보

유명 포르노 사이트들의 고객 목록

위 목록에서 맨 앞에 있는 주제의 글을 인터넷에 올린다고 하자. 당장 FBI가 당신을 방문할 것이다. 2000년 3월, 열다섯 살의 고등학생 네이트 치콜로가 그런 일을 겪었다. 치콜로는 학교 과학 수업 과제로 종이반죽 원자폭탄 모형을 만들었는데, 그게 심란할 정도로 정교했던 것이다. 언론을 중심으로 폭풍을 일으킨 사건이 되었고, 치콜로는 ABC 뉴스에 이렇게 말했다. "그냥요, 누가 그러더라고요, 인터넷 같은 데 가면 정보가 다 있다고요. 저는 그런 걸 막 잘 알고 그러진 못하거든요. 한번 찾아보라 그러더라고요. 그래서 인터넷에서 몇 번 클릭했더니 다 있던데요."[3]

물론 치콜로는 핵심 재료인 플루토늄을 구하지 못했고 구할 의도도 없었지만, 사건은 언론에 한바탕 파장을 일으켰다. 핵 확산을 걱정하는 인물들도 놀라긴 마찬가지였다. 치콜로는 원자폭탄 설계에 대한 웹페이지를 563개 검색했다고 말했으며, 곧 여론은 이들을 시급히 삭제해야 한다고 들끓었다. 안타깝게도 인터넷에 올려진 정보를 없애려는 건 빗자루로 바닷물을 쓸어내려는 것이나 마찬가지다. 지금도 몇몇 사이트는 접속이 가능하다. URL을 공개할 마음은 추호도 없지만 찾기 어렵지 않은 것은 분명하다.

앞에서 예를 든 제목들은 그냥 내가 생각해본 것이지만, 실제로 웹에서는 그런 주제들에 대한 방대한 정보를 얼마든지 찾을 수 있다.[4] 웹은 막강한 연구 도구다. 예전에 도서관에서 반나절이 걸리던 검색 작업이 요즘 웹에서는 몇 분도 안 되어 끝난다. 덕분에 유용한 기술을 발전시키는 작업이 더할 나위 없이 편하게 되었지만, 동시에 사회 주류의 의견에 적대하는 세력도 쉽게 힘을 가질 수 있게 됐다. 그렇다면 지금 우리는 위험에 처한 상황인가? 분명 그렇다. 이 장에서는 상황이 얼마나 위험하며, 어떻게 해야 할지에 대해 얘기하겠다.

내가 이 문제를 숙고한 것은 최소한 몇십 년은 되었다. 1980년대 중반에 《지적 기계의 시대》를 쓸 무렵, 나는 당시 막 떠오르던 유전자 공학 기술에 대해 한 가지 우려를 품게 되었다. 적절한 기술과 기기를 갖춘 사람들이 박테리아나 바이러스 병원체를 변형시켜 신종 질병을 탄생시키면 어쩌나 하는 걱정이었다.[5] 파괴적 욕망을 지닌 사람이라면 훨씬 잘 번지고, 잘 잠복하고, 파괴적인 병원체를 만들어 낼 수 있을 것이다. 아니, 누군가 부주의하게 실수를 한대도 마찬가지다.

1980년대에는 그런 시도가 쉽지 않았겠지만 불가능한 것은 아니었다. 소련에 생물무기 개발 프로그램이 있었으며 그 밖에도 여러 나라에서 이런 시도가 있었다는 사실을 지금은 알고 있다.[6] 나는 당시 쓰던 책에 이런 이야기를 하지 않기로 결론 내렸다. 혹시라도 자격 없는 사람들에게 파괴적인 발상을 안겨주기 싫었기 때문이다. 어느 날 라디오를 틀었더니 재난이 발생했다는 뉴스가 나오는데, 범인이 레이 커즈와일에게서 아이디어를 얻었다고 말하는 것은 듣고 싶지 않았다.

내 책은 미래 기술의 편익만 부풀리고 함정을 무시한다는 비판을 받았는데, 이렇게 결정했던 탓도 있을 것이다. 그래서 1997년에서 1998년 사이에 《영적 기계의 시대》를 쓸 때는 기술의 희망과 위험을 동시에 소개하려고 노력했다.[7] 그때쯤에는 대중도 이 문제를 충분히 인지하고 있어서(가령 1995년 영화 〈아웃브레이크〉는 신종 바이러스 병원체가 퍼지면 얼마나 공포스럽고 당황스러운 일들이 일어날지 다루었다) 공공연히 문제를 토론해도 불편하지 않았다.

1998년 9월, 책의 초고를 마친 나는 캘리포니아 레이크타호의 한 바에서 빌 조이를 만났다. 조이는 나와 함께 첨단 기술에 대해 사고하는 오랜 동료이자 존경할 만한 인물이다. 인터랙티브 웹 기반을 위한 최신 소프트웨어 언어(자바)를 개척하고 선마이크로시스템즈라는 훌륭한 회사를 설립한 사람이다. 나는 오랫동안 조이를 존경해왔지만, 이날의 짧은 만남은 조이와의 대화가 목적이 아니었다. 좁은 공간에 우리 둘과 함께 앉아 있던 제3의 인물, 버클리 캘리포니아 대학의 철학 교수 존 설을 만나기 위함이었다. 뛰어난 학자인 설은 레이 커즈와일 같은 유물론자(나 자신은 동의할 수 없는 규정이지만)들의 공격으로부터 인간의 의식에 감춰진 깊은 신비를 훌륭히 방어해내는 것으로 유명세를 떨치고 있었다.

그때 설 교수와 나는 조지 길더의 원격 우주론을 주제로 열린 학회의 마지막 토론장에서 기계가 의식을 가질 수 있느냐 하는 문제를 놓고 토론을 마친 참이었다. 토론의 제목은 '영적 기계들'이었으며 곧 나올 내 책이 던지는 철학적 문제들을 논하는 자리였다. 나는 미리 조이에게 초고를 보여주었으며, 설과 내가 씨름하던 의식의 문제에 조이도 보조를 맞춰 뛰어들기를 바랐다.

그런데 알고 보니 조이는 나와는 전혀 다른 문제에 관심을 갖고 있었다. 내가 책에서 강조한 세 가지 기술, 즉 유전공학, 나노기술, 로봇공학이 인류 문명에 어떤 위험을 가져올지에 대해 고민하고 있던 것이다. 미래 기술의 어두운 면에 대한 내 예측이 조이에게 경계심을 일으킨 것이 분명하다. 그가 후에 〈와이어드〉에 발표한 〈왜 미래는 우리를 필요로 하지 않는가〉라는 글은 지금은 너무나 유명한 에세이가 되었는데, 글을 보면 이런 얘기들이 나온다.[8] 조이는 과학기술계의 친구들에게 내 예측이 믿을 만한지 물어보았다는데, 정말 이런 일들이 머지않아 현실화하리라는 대답을 듣고 무척 우려를 느꼈다고 했다.

조이의 글은 최악의 시나리오에 초점을 맞춘 것이며, 엄청난 반향을 일으켰다. 세계 최고의 기술 지도자 중 하나가 나서서 머지않아 기술이 새롭고도 무시무시한 위험을 불러오리라 경고했으니 왜 안 그 랬겠는가. 마치, 자본주의의 수호천사처럼 여겨지는 주식투자자 조지 소로스가 고삐 풀린 자본주의의 위험에 대해 모호하나마 가시 돋친 언급을 했을 때의 상황을 보는 듯했다. 조이가 불러일으킨 파장이 훨 씬 컸다고 보이지만 말이다. 〈뉴욕타임스〉는 조이의 글에 의견을 달 거나 토론하는 글이 만 건가량 쏟아졌다고 보도했는데, 기술 문제를 다루는 글로서는 사상 최고의 인기였다. 레이크타호에서의 내 계획은 그저 느긋하게 쉬어보려는 것이었는데, 얄궂게도 그곳에서 지금껏 이 어지는 두 가지 논쟁이 탄생했던 셈이다. 존 설과의 논쟁도 지금껏 이 어지고 있기에 하는 말이다.

기실 조이의 주장에 산파 역을 한 것이 나인데도 커즈와일이 '기술 낙천주의자'라는 세간의 평판은 꿈쩍 안 하고 있다. 이후 조이와 나는 나란히 여러 학회들의 초대를 받고 있는데, 보통 미래 기술의 위험과 희망을 각각 다뤄달라는 요청이다. 그런데 나는 '희망' 쪽을 담당하는 연사임에도 불구하고 종종 위험의 가능성을 주장하는 조이의 입장에 서서 얘기를 하게 되고 만다.

조이의 글이 넓은 영역의 기술 포기를 지지하는 것이라고 해석하 는 사람들이 많다. 모든 기술 발전을 중단하자는 건 아니지만 나노기 술처럼 '위험한 것들'은 포기하자는 입장 말이다. 그런데 조이 자신은, 전설적인 실리콘 밸리 회사인 클라이너, 퍼킨스, 코필드 & 바이어스 사에서 일하는 벤처 기업 투자자로서, 또한 재생 에너지나 기타 천연 자원에 나노기술을 접목시키는 회사들에 많은 투자를 하고 있는 입장 으로서, 자신이 넓은 영역의 포기를 주장한다는 해석은 오해라고 말 한다. 전혀 자신의 의도가 아니라는 것이다. 최근 내게 보낸 개인적 이메일에서 그는 말하기를, 자신의 주장의 핵심은 전면적 금지가 아 니라 '너무 위험한 기술들에 대해서만 발달에 제약'을 가하자는 것이 라 했다. 그가 제안하는 제약이란 나노기술에 대해서는 자기복제력을 주지 말자는 정도다. 나노기술의 창시자 에릭 드렉슬러와 크리스틴 피터슨이 창립한 미래 전망 연구소의 지침과 비슷한 수준이다. 나도 합리적인 지침이라고 생각한다. 다만 두 가지 예외 규정이 있어야 하리라 예상하는데, 다음에 다시 말하겠다.

또 다른 예로 조이는 병원체의 유전자 서열 정보를 인터넷에 발표하지 말 것을 주장하는데, 나도 동의한다. 그는 과학자들이 이런 식의 규제를 자발적이고도 전 세계적으로 채택해줄 것을 바라며, "한번쯤 파국이 벌어질 때까지 기다린다면 오히려 그 후에는 훨씬 빠듯하고 해로운 규제가 등장할 것"이라고 지적한다. 그는 "지금 그런 규제들을 가볍게 가져가서 기술의 편익을 대부분 누리기" 바란다고 말한다.

반면, 지구 온난화를 경고한 최초의 환경론자 중 한 명인 빌 맥키번처럼 넓은 영역의 포기를 택해야 한다고 주장하는 사람들도 있다. 생명공학이나 나노기술은 물론 심지어는 모든 기술을 포기해야 한다는 것이다. 상세히 살펴보겠지만, 넓은 영역의 포기라는 전략은 현실적으로 모든 기술 발전을 포기하지 않고서야 불가능하다. 그조차도 '멋진 신세계'식 전체주의 정부가 등장해 모든 기술 발달을 막아야만 가능하다. 그런 해결책은 민주적 가치들에 어긋날 뿐더러 위험을 심화시킨다. 기술은 음지로 스며들 것이고, 가장 적합하지 못한 행위자들(가령 불량 국가들)이 최고의 기술을 보유하는 사태를 낳을 것이기 때문이다.

뗄 수 없게 얽힌 편익…

그것은 최고의 때이자 최악의 때였고, 지혜의 시대이자 어리석음의 시대였으며, 믿음의 시기이자 불신의 시기였고, 빛의 계절이자 어둠의 계절이었고, 희망의 봄이자 절망의 겨울이었고, 눈앞에 모든 것이 펼쳐진 시점이자 아무도 볼 수 없었던 시점이었으며, 곧장 천국으로 가는 것 같았던 때이자 곧장 그 정반대로 치닫고 있는 듯한 때였다.

— 찰스 디킨스, 《두 도시 이야기》

그것은 마치 쟁기를 적극 옹호하는 것과 같다. 누군가는 계속 버릴 것을 주장하겠지만, 그럼에도 어쨌건 쟁기는 계속 살아남을 것이다.

— 제임스 휴즈, 트랜스휴먼[*] 연합의 간사이자 트리니티 칼리지의 사회학자,
'인간은 포스트휴먼이 되는 것을 환영해야 하나 저항해야 하나?'라는 주제의 토론 중에

기술은 언제나 복합적인 축복이었다. 한편으로 수명을 연장하고 더 건강하게 살게 해주었고, 심신의 노역에서 해방시켜주었고, 새롭고 창의적이며 다양한 가능성들을 열어주었지만, 다른 한편으론 새로운 위험들을 끌어들였다. 기술은 인간의 창조적 성품과 파괴적 성품 양쪽에 유용한 무기다.

인류의 많은 구성원들이 역사를 점철했던 가난과 질병, 노역, 불행의 늪에서 탈출하는 경험을 했다. 오늘날에는 단지 먹고 살기 위해서가 아니라 만족과 의미를 찾으며 일하는 사람도 많다. 자신을 표현하는 훌륭한 수단들도 많다. 웹은 저개발국 곳곳까지 파고 들고 있으므로, 곧 고품질 교육과 의학 지식이 많은 사람들에게 제공될 것이다. 문화, 예술, 기타 팽창하는 인류의 지식 기반을 전 세계와 공유할 수 있다. 2장에서 세계은행의 보고서를 통해 전 세계적 가난이 곧 퇴치되리라는 전망을 말한 바 있다.

제2차 세계대전 전만 해도 지구상에는 민주국가가 20개국 남짓에 불과했지만 오늘날은 100개국이 넘는다. 분산형 전자 통신 수단의 덕

---

[*] 인류가 포스트휴먼으로 진화하는 과정의 중간단계 격으로, 여전히 각종 제약을 겪지만 기술의 도움을 통해 한계를 한층 확장한 상태를 말한다. 세계트랜스휴먼협회는 인류가 인간-트랜스휴먼-포스트휴먼으로 진화한다고 주장한다.

이 컸다. 1990년대에 일어났던 철의 장막 붕괴 등 대규모 민주화의 물결은 인터넷 및 기반 기술의 성장과 보조를 맞췄다. 물론 아직 성취해야 할 일도 굉장히 많이 남아 있다.

생명공학은 질병 및 노화를 되돌리는 엄청난 작업에 착수한 참이다. 20~30년 후면 나노기술과 로봇공학이 보편화될 것이고, 이로 인한 편익은 기하급수적으로 늘어날 것이다. 이 기술들 위에서 막대한 부가 탄생할 것이므로 우리는 가난을 극복할 테고, 값싼 원재료에 정보만 더함으로써 원하는 것은 뭐든 만들어내는 단계에 이를 것이다.

인류는 가상 환경에서 많은 시간을 보내게 될 것이고, 진짜 사람이든 가상의 상대든 가상현실에서 만나 어떤 체험이라도 나눌 것이다. 나노기술은 물리계를 우리 욕구와 필요에 맞게 맘대로 형성할 능력을 제공할 것이다. 스러져가는 산업 시대가 남긴 갖가지 문제들도 극복될 것이다. 환경 파괴 현장도 되돌릴 수 있다. 나노기술이 적용된 연료 전지 및 태양 전지로 청정 에너지를 얻을 수 있다. 몸속에 나노봇을 넣어 병원체를 파괴하고, 잘못 형성된 단백질이나 프로토피브릴 같은 찌꺼기를 제거하고, DNA를 수선하고, 노화를 되돌릴 수 있다. 인체와 뇌의 모든 부분을 재설계하여 조금 더 뛰어나게, 조금 더 강하게 만들 수 있을 것이다.

가장 의미 깊은 편익은 생물학적 지능과 비생물학적 지능이 융합하리라는 것인데, 물론 비생물학적 지능이 쉽게 우위를 점할 것이다. 인간을 규정하는 영역 자체가 매우 넓어질 것이다. 과학에서 예술에 이르기까지 모든 종류의 지식을 창조하고 감상하는 능력이 높아질 것이며, 환경과 주변 인간들에게 영향을 미치는 능력도 확장될 것이다.

그러나 한편……

…그리고 위험

효율이 오늘날의 태양 전지 정도밖에 안 되는 '잎'을 가진 가짜 '식물'이라 해도 거뜬히 진짜 식물들을 이기고 살아남을 수 있다. 생태계는 먹을 수 없는 초목으로 가득해질 것이다. 강인한 잡식성 가짜 '박테리아'는 진짜 박테리아를 쉽게 이긴다. 그들은 바람에 날리는 꽃가루처럼 퍼질 테고, 잽싸게 자기복제할 테고, 고작 며칠 만에 생태계를 먼지로 만들어버릴 것이다. 자기복제력을 갖춘 위험한 개체들은 쉽게 강하고, 작고, 빠르게 번지는 존재가 될 수 있다. 아무 방비를 하지 않는 이상, 그들을 막기란 불가능할 것이다. 이미 바이러스나 초파리 따위를 통제하는 것만도 우리 힘에 부치지 않는가.

−에릭 드렉슬러

20세기 내내 우리는 기술의 놀라운 성취를 목격하는 한편으로 우리의 파괴적 욕망을 자극하는 무서운 능력을 경험했다. 스탈린의 탱크나 히틀러의 기차가 그랬다. 2001년 9월 11일에 벌어진 끔찍한 테러 역시 기술이(비행기와 고층 건물) 파괴를 목표 삼은 사람들에게 탈취되었을 때 어떤 일이 일어나는지 보여준 사례다. 아직 지구에는 모든 포유류를 죽여버릴 만한 양의 핵무기가 있다(일부는 제대로 파악조차 되지 않는다).

1980년대 이후, 평범한 대학 생물학 실험실에서도 핵무기보다 위험할지 모를 해로운 병원체를 얼마든지 만들 수 있게 됐다. 충분한 도구와 지식이 존재한다.[9] 존스 홉킨스 대학이 '어두운 겨울'이라는 이름으로 모의 전쟁 시뮬레이션을 해보았더니, 미국 도시 세 군데에 평범한 천연두 바이러스를 살포하기만 해도 백만에 가까운 사람이 목숨을 잃을 것이라는 결과가 나왔다. 천연두 백신을 이길 수 있게 조작된 바이러스라면 훨씬 심각할 것이다.[10] 이런 음울한 예측은 2001년에 현실이 되어 나타났다. 천연두의 일종인 마우스폭스 바이러스가 우연히 유전자 변형을 일으켜 면역 반응을 해치는 방향으로 진화한 것이다. 그 앞에서는 기존의 마우스폭스 백신이 아무 소용 없었다.[11] 역사를 떠올려보면 비슷한 기억이 흔하다. 가래톳 페스트는 유럽 인구 3분의 1을 쓰러뜨렸다. 1918년에는 독감이 전 세계적으로 2천만 명을 쓰러뜨렸다.[12]

그런 위협들 때문에 복잡계(가령 인간이나 인간의 기술 등)의 역량, 효율, 지능의 가속이 더뎌질까? 지구의 역사를 돌아보면 복잡성은 쉼 없이, 꾸준히, 가속적으로 증가해왔다. 내부적으로 형성되었거나 외부적으로 주어진 각종 재앙들이 적지 않았지만 굴하지 않았다. 생물학적 진화가 증거이고(커다란 소행성이나 유성이 떨어지는 등의 재난을 극복했다), 인간의 역사가 증거이다(그칠 줄 모르는 대규모 전쟁으로 흐름이 뚝뚝 끊기면서도 발전했다).

나는 SARS(중증 급성 호흡기 증후군) 바이러스에 대한 전 세계적 대응이 얼마나 효율적으로 이뤄졌던가 떠올리면 조금이나마 위안이 되리라 믿는다. 더 독한 SARS 바이러스가 닥칠 우려가 없는 것은 아니지만, 현재로서는 억제 조치가 비교적 성공적이었던 것으로 보이며 진정한 재앙으로 발전할 소지를 잘 차단한 것처럼 보인다. 대응 조치 중에는 환자 격리나 마스크처럼 전혀 복잡하지 않은 오래된 기법들도 있었다.

물론 최근 들어 등장한 발전된 도구들 없이는 효과적인 억제가 불가능했을 것이다. 과학자들은 SARS 발병 31일 만에 바이러스의 DNA 염기 서열을 모두 해독했다. HIV의 경우 15년이 걸렸음을 생각하면 놀라운 일이다. 덕분에 효과적인 검출법을 재빨리 만들어낼 수 있었고, 보균자들을 쉽게 파악할 수 있었다. 전 지구적 동시 통신망 덕분에 여러 국가들이 수월하게 협동할 수 있었는데 속수무책으로 바이러스가 땅을 뒤덮게 내버려두었던 고대에는 불가능했던 일이다.

기술이 발전하여 GNR이 모두 현실화되는 미래에도 이처럼 뒤엉

킨 상황은 여전할 것이다. 인간 지능이 빚어낸 창조적 묘기들이 눈부시게 늘어나는 한편 새롭고 엄중한 위험들도 많이 생겨날 것이다. 그중 이미 적잖은 관심의 대상이 된 문제는 나노봇 자기복제를 규제하지 않을 경우이다. 나노봇 기술이 의미가 있으려면 지적으로 설계된 기기들이 수조 개 규모로 생산되어야 한다. 그만큼 많이 만들어내려면 생물계의 방법을 본따 그들에게 자기복제력을 주는 편이 쉬울 것이다(인간도 하나의 수정란이 수조 개의 세포로 분화한다). 그 경우, 생물학적 자기복제에 문제가 생기면(가령 암이 생기면) 생물학적 파괴 국면이 야기되듯, 나노봇 자기복제를 통제하는 데 문제가 생기면 생물학적이든 아니든 지구상 모든 개체들이 위기를 맞을 것이다. 이것이 그레이구* 시나리오다.

나노봇이 공격을 펼치기 시작하면 가장 큰 피해를 입을 것은 사람을 포함한 생명체들이다. 설계상 나노봇의 기본 재료는 탄소일 것이기 때문이다. 탄소는 네 개의 결합을 이룰 수 있는 특성 덕택에 분자 조립 과정에 안성맞춤인 재료이다. 탄소 분자들은 직선 사슬, 지그재그, 원, 나노튜브, 면, 버키볼(육각형과 오각형이 구를 이룬 것), 그 밖의 다양한 모양을 이룰 수 있다. 생물 역시 탄소를 주재료로 삼기에, 지구의 생물자원이란 병원체가 된 나노봇들에게 더없이 이상적인 재료일 것이다. 게다가 생명체는 글루코오스와 ATP라는 에너지까지 제공한다.[13] 생물자원 안에는 산소, 황, 철, 칼슘 등 유용한 미량 원소들도 풍부하다.

고삐 풀린 자기복제적 나노봇들은 얼마 만에 전 지구의 생물자원을 집어삼킬까? 전 세계 생물자원에 포함된 탄소 원자의 수는 약 10^{45}개다.[14] 하나의 나노봇에 포함된 탄소 원자의 수는 10^6개 정도라 추정할 수 있다(대강의 규모만 추산한 것임을 밝힌다). 즉 해로운 나노봇들이 10^{39}

* 마구잡이로 자기복제한 나노기계들이 끈적거리는 덩어리(goo) 모양으로 세상을 집어삼키리라는 상상에서 온 표현.

배로 제 수를 늘리면 모든 생물자원을 삼키게 된다는 것인데, 130번 가량 자기복제를 한 꼴이다(자기복제 과정을 한 번씩 거칠 때마다 생물자원의 파괴량이 대략 두 배로 늘어날 것이다). 로버트 프레이터스는 자기복제에 걸리는 시간이 최소 100초일 것으로 예상하는데, 그렇다면 130번의 복제에는 세 시간 반이 걸린다.[15] 물론 실제 파괴의 속도는 그처럼 빠르지 못할 것이다. 생물자원이 '효율적으로' 분포되어 있지 않기 때문이다. 파괴의 최전선이 얼마나 빠르게 이동할 수 있느냐 하는 점이 관건이다. 나노봇들은 너무 작아서 그리 쉽게 멀리 움직이지 못한다. 아마도 나노봇의 파괴 행위가 지구를 한 바퀴 돌려면 몇 주는 걸릴 것이다.

좀 더 교활한 침략 가능성도 상상할 수 있다. 두 단계의 공격이 가능할 것이다. 나노봇들은 우선 수주에 걸쳐 생물자원 전반으로 번지되 탄소 원자의 극히 일부만 사용한다. 가령 탄소 원자 천조 개(10^{15}) 당 하나 정도만 쓰는 것이다. 이렇게 듬성듬성 분포한 나노봇들은 거의 눈에 띄지 않을 것이다. 그러다가 어떤 '최적의' 순간이 오면 두 번째 단계로 진입하는 것이다. 군데군데 잠입한 씨앗 격의 나노봇들이 그 자리에서 맹렬하게 번식하는 것이다. 하나의 씨앗 나노봇이 수천조 개로 늘어나는 데는 고작 50회 정도의 복제면 충분하다. 즉 90분이면 된다. 나노봇들이 생물자원 전역에 이미 널리 퍼져 있으므로 파괴 전선의 이동이 제약이 되지 못한다.

요는, 방어 전략이 없는 한 그레이 구가 모든 생물자원을 파괴하는 건 시간 문제라는 것이다. 이런 시나리오가 현실적 가능성으로 다가오기 전에 나노기술에 대한 면역 체계를 구축할 필요가 있다. 면역 체계는 분명한 파괴 행위에만 작용할 것이 아니라 매우 낮은 수준이라도 잠재적 위험이 될 만한 복제 행위라면 모두 다스릴 수 있어야 한다.

책임감 있는 나노기술 센터의 이사인 마이크 트레더, 연구 책임인 크리스 피닉스, 에릭 드렉슬러, 로버트 프레이터스, 랠프 머클 등은 미래에 분자 나노기술 제조 기기를 만들 때 아예 자기복제적 나노기기는 생산하지 못하도록 안전장치를 채울 수 있다고 지적한다.[16] 아래에 그런 전략들을 몇 가지 소개할 것이다. 하지만 그게 사실이라 해도 그레이 구 시나리오가 완전히 무력화되는 건 아니다. 자기복제력을 갖춘 나노봇이 필요한 대목이 있기 때문이다(대량 생산의 목적 말고도 말이다). 가령 앞에서 말한 나노기술 면역 체계도 결국엔 자기복제할 수 있어야 할 것이다. 아니면 우리를 안전하게 지켜주지 못한다. 6장에서 말했듯 지구 밖으로 지능을 확장할 때도 자기복제적 나노봇이 필요하다. 군사 용도로도 쓸모가 있을 것이다. 게다가 바람직하지 않은 자기복제를 안전장치로 잠가놓는다 해도 굳건한 의지를 지닌 적국이나 테러리스트 앞에서는 무용지물이다.

프레이터스는 나노봇이 일으킬 수 있는 여러 끔찍한 상황들을 상상해보았다.[17] '그레이 플랑크톤' 시나리오는 해로운 나노봇들이 바다 바닥에 CH_4(메탄)의 형태로 저장된 탄소와 CO_2 형태로 녹아 있는 탄소를 해치우는 것이다. 바다에 있는 탄소 자원의 양은 지구 생물자원 탄소량의 열 배나 된다. '그레이 먼지' 시나리오는 자기복제하는 나노봇들이 공기 중의 먼지를 재료 삼고 태양빛을 동력 삼아 번지는 것이다. '그레이 이끼' 시나리오는 바위에 있는 탄소 등의 물질이 점령되는 상황이다.

다양하게 펼쳐질 존재론적 위험들

조금 아는 것이 위험하다면, 세상에 위험하지 않은 사람이 얼마나 있겠는가?

―토머스 헨리 헉슬리[*]

   * 영국의 생물학자로 '다윈의 불독'으로 알려진 진화론자.

이런 심각한 위험들에 어떻게 대처해야 할지 몇 가지 방도를 아래에 소개할 것이다. 하지만 우리가 오늘 떠올리는 전략으로는 결코 완벽하게 안심할 수 없음을 알아야 한다. 닉 보스트롬의 말을 빌리면 이런 위험들은 '존재론적 위험'이다. 다음 표에서 우상단에 놓이는 종류의 위험이다.[18]

보스트롬이 정리한 위험의 종류

		위험의 강도	
		가벼운	심각한
범위	지구적	오존층 파괴	존재론적 위험들
	지역적	불황	집단학살
	개인적	자동차 도난	죽음
		삶을 지속할 수 있는	삶이 끝나는

지구의 생명체들은 20세기 중반에 최초로 존재론적 위험에 직면했다. 수소폭탄이 발명되고 뒤이어 냉전이 지속되면서 경쟁적으로 핵무기가 쌓여간 것이다. 미국 케네디 대통령은 쿠바 미사일 사태가 전면적 핵전쟁으로 비화될 가능성을 33~50퍼센트 사이로 보았다.[19] 전설적인 정보 이론가이자 당시 공군 전략 미사일 평가 위원회의 의장이었으며 정부에 핵전략 자문을 해주던 존 폰 노이만은 (쿠바 미사일 위기 이전에 말하기를) 핵 대결이 발생할 가능성은 거의 100퍼센트에 가깝다고 했다.[20] 사실 1960년대의 상황에서, 그 누가 향후 40년 동안한 번도 핵폭발이 없으리라고 예상할 수 있었겠는가?

국제 정세는 누가 봐도 혼란스럽기 그지없었지만, 그럼에도 전쟁에 핵무기를 동원하지 않는 데 성공했으므로 대단히 감사할 일이다. 하지만 편히 쉬기는 이르다. 지구상 모든 생명체를 멸절시키고도 남을 만큼 많은 수소폭탄이 여전히 존재하기 때문이다.[21] 사람들의 관심이 식어 잊혀졌을 뿐, 미국과 러시아는 양국 관계가 누그러졌는데도 여전히 대규모 대륙간 탄도탄 무기고를 유지하며 서로를 겨냥하고 있다.

핵 확산뿐 아니라 핵 물질을 쉽게 구할 수 있게 된 것, 핵을 다루는 기술이 널리 유포된 것도 심각한 골칫거리다. 문명의 목숨이 달린 존재론적 문제는 아니지만 말이다(대륙간 탄도탄이 모두 소모되는 전면적 핵전쟁이 벌어져야만 문명이 멸절할 것이다). 핵 확산과 핵무기 테러리즘은 앞의 표에서 '심각한-지역적' 위험 영역에 속한다. 집단학살과 같은 위치다. 하지만 비슷한 종류 중에서는 매우 위험한 것이라 볼 수 있는데, 자살 테러리스트들에게는 상호 공멸 전략의 배제 원리가 먹히지 않기 때문이다.

논란의 여지가 없지 않지만, 생명공학으로 변형된 바이러스가 새로운 존재론적 위험으로 등장했다고 볼 수 있을 것 같다. 쉽게 퍼지고, 잠복기가 길고, 치명적인 폭발력을 가진 바이러스 말이다. 바이러스 중에는 독감이나 일반 감기처럼 쉽게 번지는 것이 있는가 하면 HIV처럼 치명적인 것이 있다. 두 가지 속성을 한데 가지는 바이러스는 흔치 않다. 현대인은 가장 빈번하게 발병하는 바이러스들에 대한 자연적 면역성을 선조로부터 물려받았다. 성을 통한 번식이 좋은 이유 중하나가 이런 바이러스의 습격을 막아준다는 것이다. 성을 통해 번식하면 인구에 유전적 다양성이 확보되어 특정 바이러스에 대한 반응이 다양하게 나타날 수 있다. 가래톳 페스트처럼 끔찍한 질병도 유럽인 모두를 죽이지는 못했다. 천연두 등 몇몇 바이러스는 고전염성에 치명적이기까지 하여 이중으로 위험하지만, 세상에 등장한 지 무척 오래된 탓에 인류가 충분히 경험을 쌓았고, 백신이라는 기술적 방어까지 고안해냈다. 그런데 유전자 공학으로 바이러스를 변형시키면 진화적 보호막을 뛰어넘는 것 정도는 금방이다. 우리가 자연적 보호막도 기술적 보호막도 갖추지 못한 상태로 새로운 병원체 앞에 노출될 수 있는 것이다.

존재론적 위험이 성립하는 경우는, 가령 감기나 독감처럼 전염성이 강한 바이러스에 치명적인 독소를 유발하는 유전자를 삽입할 때다. 누구나 이런 전망을 할 수 있었기에 학자들은 아실로마 회의를 열어 대응 방안을 논의했고, 몇 가지 안전 및 윤리 지침 초고를 마련했다. 아직까지 그때 정해진 지침들이 꽤 잘 지켜지는 편이지만 어쨌든 유전자 조작 기술은 급속도로 세련되게 발전해가고 있다.

2003년, 세계는 SARS 바이러스와 씨름하여 이겨냈다. SARS 발병은 사람들의 오래된 습속(사람 근처에 살던 외래 동물, 아마도 사향고양이로부터 사람에게로 바이러스가 옮겨진 것으로 보인다)과 현대적 습속(비행기 때문에 전 세계로 번졌다)이 합쳐 빚은 결과다. SARS를 통해 우리는 인류 문명에게 낯선 새로운 바이러스, 쉽게 전파되고, 인체 밖에서 오래 살아남고, 사망률이 14~20퍼센트에 달할 정도로 높은 질병에 대해 예행연습을 한 셈이다. 대응 또한 오래된 기술과 현대 기술을 합친 것이었다.

SARS의 경험을 반추해볼 때, 바이러스는 아무리 전염성과 사망률이 높아도 중대한 위험일 뿐 문명에 대한 존재론적 위험은 아닌 것 같다. 그런데 문제는 SARS는 조작되지 않은 바이러스라는 점이다. SARS는 인체에서 배출된 체액을 통해 쉽게 번졌지만 공기 중의 입자를 타고는 쉽게 번지지 못한다. 잠복기는 하루에서 2주 정도였다. 잠복기가 길수록 보균자가 자유롭게 활보할 가능성이 높으므로 더 많은 사람들에 전해지게 된다.[22]

SARS는 치명적이지만 감염자 대부분은 살아남았다. 악의적으로 변형시킨 바이러스는 그보다 훨씬 잘 번지고, 훨씬 긴 잠복기를 가지며, 거의 모든 감염자를 죽일 수 있다. 천연두가 그런 편이다. 백신이 존재하긴 하지만(조잡한 수준이다) 천연두를 유전공학적으로 변형한 새 바이러스가 등장한다면 무용지물일 것이다.

존재론적 위험이든 그보다 낮은 수준의 위험이든, 생명공학으로 조작된 해로운 바이러스의 위협은 2020년대면 막을 내릴 것으로 보인다. 그때쯤이면 나노봇을 동원하여 효과적인 바이러스 방지책을 펼 수 있을 것이기 때문이다.[23] 하지만 얄궂게도 나노기술은 생물학적 개체들보다 수천 배 강하고, 빠르고, 지적이기 때문에 자기복제하는 나노봇 자체가 또 하나의 존재론적 위험이 된다. 해로운 나노봇들의 위협을 이번엔 강력한 인공지능이 다스려줄 텐데, 쉽게 짐작할 수 있다시피 '우호적이지 않은' 인공지능은 그 자체 훨씬 심각한 존재론적 위험이다.

예방 원칙 보스트롬, 프레이터스, 나를 포함한 수많은 사람들이 지적했듯, 존재론적 위험에 대해서는 시행착오적 접근법을 써선 안 된다. 이른바 '예방 원칙' 접근법(어떤 행위의 결과를 완벽히 알 수는 없다 해도, 무척 심각한 부정적 결과를 가져올 가능성이 조금이라도 있다는 과학자들의 분석이 있다면 위험을 감수하기보다 행위 자체를 하지 않는 편이 낫다는 원칙)을 취해야 할 텐데, 문제는 예방 원칙을 해석하는 데도 여러 상충되는 의견이 있다는 점이다. 어쨌든 기술에 따른 위험을 물리칠 수 있다는 확신을 최고로 갖는 것이 중요하다. 그래서 새로운 존재론적 위험이 등장하기 전에 아예 기술 발전 자체를 막아버리자고 집요하게 주장하는 사람들이 있는 것이다. 하지만 기술 포기는 적절한 반응이 못 된다. 미래 기술의 편익을 놓치는 것은 물론이거니와 훨씬 끔찍한 결과를 낳을 가능성이 크다. 맥스 모어도 예방 원칙의 한계를 조목조목 지적하고는 대신 '행동 장려 원칙'을 세우자고 주장한다. 행동할 때의 위험과 하지 않을 때의 위험 사이에서 균형을 잘 잡자는 것이다.[24]

새롭게 나타나는 존재론적 위험들에 어떻게 대처할지 알아보기 전에, 보스트롬 등이 생각하는 존재론적 위험에는 어떤 것들이 있는지 살펴보자.

작은 규모의 상호작용일수록 폭발 가능성은 크다 미래의 고에너지 입자 가속기가 입자들의 에너지 준위를 바꿔 연쇄 반응을 일으킬지 모른다는 우려가 최근 제기되었다. 그 결과 엄청나게 넓은 영역이 파괴되고, 우리 은하 주변 모든 원자들이 쪼개질지 모른다는 것이다. 이런 생각에도 여러 시나리오가 있는데, 가령 태양계를 빨아들일 만한 블랙홀이 생길지 모른다는 생각도 있다.

분석에 따르면 이런 일이 벌어질 가능성은 극히 낮다고 하지만, 모든 물리학자들이 낙관적 예측에 동의하는 건 아니다.[25] 분석은 수학적으로 엄밀하게 이뤄진 듯하나, 우리는 애초에 이런 미시 세계의 물리 현실을 묘사하는 수학 언어들에 대해 완벽한 합의를 이루지 못한 상황이다. 너무 먼 얘기같이 들리는가? 미시적인 수준으로 물질을 파고들수록 폭발 가능성이 높아지더라는 건 사실임을 생각해보라.

알프레드 노벨은 분자들의 화학적 상호작용을 탐구하다가 다이너마이트를 발명했다. 다이너마이트보다 수만 배 강력한 원자폭탄은 거대 원자들의 핵 작용을 활용한 것인데, 이것은 거대 분자들보다 훨씬 작은 규모의 일이다. 원자폭탄보다 수천 배 강력한 수소폭탄은 그보다도 작은 규모, 즉 작은 원자들의 상호작용을 활용한다. 그렇다고 아원자 입자들을 조작하여 이보다 훨씬 강력한 폭발력을 얻어낼 수 있다고 장담할 수는 없지만, 가정을 세워볼 수 있다.

내 견해는, 우리가 우연히 이런 파괴적 상황에 직면할 가능성은 극히 낮다는 것이다. 우연히 원자폭탄을 만들어낼 가능성이 얼마나 될지 생각해보라. 물질들을 정교하게 배치하고 복잡한 활동을 일으켜야만 그런 기기를 만들 수 있다. 처음에 그런 것을 발명할 때는 엄청나게 정교한 연구 작업을 수행해야 한다. 우연히 수소폭탄을 발견해낸다는 건 더더욱 있을 수 없는 일이다. 원자폭탄에 수소 핵 및 여타 원소들을 집어넣고 정교한 조건을 형성해야 가능한 것이다. 그러니 우연히 아원자 입자 수준에서 새로운 파괴적 연쇄 반응을 발견해낸다는 건 훨씬 있음직하지 않은 일이다. 하지만 실제 그렇다면 결과는 굉장히 처참할 것이므로, 예방 원칙에 따라 가능성을 진지하게 검토해보아야 한다. 새로운 종류의 가속기 실험을 하기 전에 꼼꼼히 따져봐야할 것이다. 어쨌든 나는 21세기의 존재론적 위험들 목록 상위에 이것을 놓진 않겠다.

이 세상이라는 시뮬레이션이 끝난다 보스트롬 등이 생각한 또 한 가지 존재론적 위험은 우리가 사는 세계가 사실 모종의 시뮬레이션이며 이 시뮬레이션이 끝날지 모른다는 것이다. 우리는 여기에 어떤 영향도 미칠 수 없을 것 같다. 하지만 일단 우리가 시뮬레이션의 대상이니 내부에서 벌어지는 일들을 바꿀 기회는 있다. 아마 시뮬레이션의 종말을 막는 가장 좋은 방법은 감상하는 이들의 흥미를 자극하는 것이다. 누군가 정말 이 세계를 들여다보고 있다면 그의 눈에 재미있을 때 시뮬레이션을 그만둘 위험이 적다고 가정해도 좋을 것이다.

흥미로운 시뮬레이션이란 어떤 것인가 깊이 궁리해볼 수도 있겠다. 분명한 것은 새로운 지식의 창조가 결정적이리라는 점이다. 가상적 시뮬레이션 관찰자의 눈에 무엇이 흥미로울지 상상하는 건 어려운 일이지만, 특이점은 상상가능한 어떤 다른 현상들보다 매력적일 것이며 놀라운 속도로 새로운 지식을 만들어내리라는 점만은 틀림없다. 어쩌면 지식의 팽창이라는 특이점에 도달하는 게 시뮬레이션의 목적인지 모른다. 그러니 '건설적인' 특이점(그레이 구로 인한 생명체 전멸이나 악한 인공지능의 지배 등 퇴행적 결과를 배제하는 특이점)을 이루는 것은 시뮬레이션의 종말을 막는 확실한 길인지 모른다. 물론 꼭 그 때문이 아니라도 건설적인 특이점을 이뤄야 할 이유는 많다.

정말 세상이 누군가의 컴퓨터에 든 시뮬레이션이라면, 매우 훌륭한 시뮬레이션인 것만은 분명하다. 어쨌나 정밀한지 우리가 현실이라 믿고 있지 않은가. 우리가 접촉할 수 있는 유일한 실체이기도 하고 말이다.

우리 세상의 역사는 길고 다채로웠다. 그러니 우리 세상은 시뮬레이션이 아니거나, 시뮬레이션이라 하더라도 아주 긴 세월에 걸쳐 진행되는 것이라 금방 멈출 가능성이 적은 편이다. 물론 실제 역사가 존재한 것이 아니고 유구한 역사에 대한 증거만 시뮬레이션에 주어진 것일 가능성이 있기는 하다.

6장에서 말했듯, 발전된 문명이 새 우주를 만들어 연산을 수행하는 상상을 해볼 수 있다(달리 말하면 자기네 문명의 연산을 확장한 것이다). 우리가 그런 우주(다른 문명이 창조한 세상)에 살고 있다면 그 역시 시뮬레이션 시나리오의 일종이다. 그 문명은 우리 우주에서 진화 알고리즘을 수행하고 있는 중인지 모른다. 특이점이라는 기술에서 지식의 팽창을 이룰 때까지 연산을 전개하려는 것이다. 정말 그렇다면 우리를 굽어보고 있는 문명은 특이점이 잘못된 방향으로 달성되거나, 아예 달성될 가능성이 보이지 않을 때 시뮬레이션을 중단할 것이다.

내 근심의 목록에서는 이 시나리오도 그리 중요하지 않다. 이 문제에 대비하는 방법은 한 가지뿐인데 그건 어쨌거나 우리가 따라가게 되어 있는 길이기 때문이다.

대충돌 사람들의 입에 자주 오르내리는 또 다른 위협은 거대한 소행성이나 혜성이 지구와 충돌하는 일이다. 지구의 역사에 그런 일이 반복적으로 있었고, 그럴 때 생명체들은 존재론적 위기를 겪었다. 그러나 이것은 기술로 인한 위협이 아니다. 또한 이 위험에서 우리를 보호하는 방법은 기술뿐이다(10년쯤 뒤면 가능할 것이다). 그리고 작은 충돌은 자주 일어나도 대규모의 끔찍한 충돌은 흔치 않다. 아직은 걱정되는 상황도 아니고, 만약 이런 위험이 닥쳐온다는 게 확실해지는 시점이 되면 아마 문명은 사전에 그들을 제거해버릴 능력을 갖추었을 것이다.

존재론적 위험의 목록을 구성하는 것 중 또 한 가지는 외계 지적 생명체(우리가 만든 것이 아닌)가 우리를 멸망시킬 경우다. 6장에서 이미 얘기했던 것으로서, 나는 이것도 가능성이 거의 없다고 본다.

GNR: 희망과 위험을 저울질할 때 초점을 맞춰야 할 영역 그러니 주된 관심사로 남는 것은 GNR 기술뿐이다. 하지만 나는 GNR의 위험을 피하기 위해 기술 발전을 대규모로 포기하자고 주장하는 러다이트들의 목소리, 갈수록 집요해지는 이 잘못된 방향의 주장에 대해서도 마찬가지로 진지하게 평가해야 한다고 생각한다. 포기는 답이 아니다. 때로 인간은 합리적인 공포에서도 비합리적인 해답을 도출하곤 한다. 인간의 고통을 극복할 기술을 자꾸 미뤘다가는 심각한 결과를 낳을 것이다. 가령 유전자 변형 식품을 구호품으로 내놓아선 안 된다고 주장하는 세력 때문에 아프리카의 기근이 덜어지지 못하고 있다.

넓은 영역의 포기를 수행하려면 전체주의 체제가 필요한데, 전자나 광자를 이용한 강력한 분산형 통신은 기본적으로 민주적 속성을 지니므로 전체주의적 멋진 신세계가 현재에 구축되기는 힘들다. 인터넷과 휴대폰으로 대변되는 범지구적 분산형 통신은 사회를 속속들이 민주화하는 힘으로 작용해왔다. 1991년, 미하일 고르바초프에 반대하는 보수파의 쿠데타를 진압한 것은 탱크 위의 보리스 옐친이 아니었다. 팩스, 사진 복사기, 비디오 카메라, 개인용 컴퓨터들이 비밀스러운 망을 조직함으로써 수십 년간 이어져온 전체주의적 정보 통제 체제를 깨뜨렸기 때문이다.[26] 1990년대를 특징짓는 민주주의와 자본주의를 향한 움직임, 그 뒤를 따른 경제 성장은 모두 이런 일대일 통신기술의 든든한 뒷받침을 전제로 했다.

존재론적 위험까지는 아니지만 못지않게 심각한 문제들도 많다. 일례로 "누가 나노봇을 통제할 것인가"라거나 "누가 나노봇과의 교신을 담당할 것인가"하는 질문들이다. 미래의 조직들(정부든 극단주의자 단체든)이나 똑똑한 개인들이 누군가의, 아니 어쩌면 많은 사람들의 음식이나 물에 탐지가 어려운 나노봇들을 풀어넣을지도 모른다. 스파이 로봇들은 대상을 감시할뿐더러 영향을 미치고, 심지어 생각과 행동을 조정할 수 있을 것이다. 기존의 나노봇들에 소프트웨어 바이러스를 감염시키거나 해킹을 함으로써 영향을 미칠 수도 있다. 우리 몸과 뇌에 소프트웨어가 탑재되면(이미 몇몇 사람들이 시작한 변화이다) 프라이버시와 안전을 지키는 일이 최우선 과제가 될 것이다. 침투에 맞서는 역감시 기법도 필요하다.

변형된 미래를 피할 수는 없다 다양한 GNR 기술이 여러 전선에서 동시에 발달하고 있다. GNR 기술은 수백 가지 작은 단계들로 나뉘어 진행되며 완성을 향해 갈 것인데, 각각의 변화 자체에는 아무 문제가 없어 보일 것이다. 유전공학이라면 이미 병원체를 설계하는 단계를 넘어섰다. 생명공학은 앞으로도 가속적으로 발전할 것이다. 생물학의 기저에 있는 정보 처리 방식을 전부 이해하면 대단한 윤리적, 경제적 이득이 있을 터이기 때문이다.

온갖 종류의 기술이 소형화하고 있으므로 그 궁극의 종착이 나노기술이다. 전자공학, 기계공학, 에너지, 의약학 등 많은 분야의 핵심 기술들 규모가 10년마다 차원당 4분의 1 수준으로 줄어들고 있다. 나노기술을 이해하고 응용을 넓히는 연구도 기하급수적 성장을 거듭하고 있다.

뇌 역분석 또한 다양한 편익이 예상되기 때문에 열심히 진행되고 있다. 가령 인지 능력을 손상시키는 질병을 이해하고 치료할 수 있으리라 예상되기 때문이다. 뇌 탐구 도구들의 시공간 해상도가 기하급수적으로 높아지고 있으며, 뇌 스캔 연구의 데이터들로부터 훌륭한 뇌 모델을 구축하고 시뮬레이션하는 일도 착착 진행 중이다.

뇌 역분석을 통해 무수한 통찰을 얻게 되고, 인공지능 알고리즘 연구가 진전되고, 연산 플랫폼의 역량이 기하급수적으로 성장하는 한, 강력한 인공지능의 도래는 필연적이다. 일단 인공지능이 인간과 대등한 수준이 되면 결국 인간을 넘어설 것이다. 인간의 지능에다가 속도, 기억 용량, 지식 공유 능력을 추가한 상태일 테니 당연하다. 이런 능력들은 현재의 비생물학적 지능이 이미 선보이는 것들이다. 비생물학적 지능은 생물학적 지능과는 달리 이후에도 규모, 용량, 가격 대 성능비를 기하급수적으로 늘려갈 것이다.

전체주의적 기술 포기 각 영역에서 가속적으로 발전하고 있는 이러한 기술을 막을 수 있는 단 한 가지 방법은 범지구적 전체주의 체제를 구축하여 진보 자체를 통제하는 것이다. 그러나 그런 음울한 대안을 취하더라도 GNR의 위험에서 벗어날 수는 없다. 기술 활동이 음지로 스며들면 훨씬 파괴적인 용도로 쓰일 가능성이 높아지기 때문이다. 신속히 방어기술을 마련해야 할 경우가 닥치면 믿을 만한 연구자들의 손에 필요한 도구가 없는 상황일 것이다. 다행인 점은 전체주의적 체제가 도래할 가능성이 낮다는 것이다. 현재 진행되는 지식의 분산은 필연적으로 권력의 분산을 가져올 것이기 때문이다.

방어 준비

개인적으로는 이런 기술들이 오늘날처럼 주로 창조적이고 건설적인 용도로 사용되리라 믿는다. 그야 어쨌든 특수 방어기술들을 발전시키는 데 더 많은 자원을 투자할 필요가 있다. 이미 생명공학에 관한 한 결정적인 단계에 와 있으며, 머지않아, 즉 2010년대 말 무렵에는 나노기술에 대해 방어기술을 적용해야 하게 될 것이다.

기술 발달에 따른 희망과 위험을 분리할 수 없다는 사실은 꼭 역사를 돌이켜야만 알 수 있는 건 아니다. 오늘날의 위험(가령 원자폭탄이나 수소폭탄)을 몇백 년 전 사람들에게 설명한다고 상상해보라. 그들은 위험을 감수하는 우리를 미쳤다고 생각할 것이다. 하지만 현재를 사는 사람들 중에 진정 과거로 돌아가고 싶어하는 사람은 몇이나 되겠는가? 짧고, 잔인하고, 질병으로 가득하고, 가난하고, 재난이 잦았고, 99퍼센트의 인류가 먹고 살기 위해 고군분투했던 불과 몇백 년 전의 삶으로?[27]

과거를 미화하기는 쉽다. 하지만 극히 최근까지만 해도 대부분의 인류는 평범한 불행이 쉽게 재앙으로 연결되곤 하는 극도로 불안한 삶을 살았음을 명심해야 한다. 200년 전, 기록이 남아 있는 국가(스웨덴)의 여성 기대 수명은 35세 정도였는데, 오늘날의 최대 기대 수명인 일본 여성의 85세에 비교하면 몹시 짧다. 남성은 약 33세였으며 오늘날의 79세에 비교하면 역시 짧다.[28] 반나절을 노동해야 그날 저녁식사를 벌 수 있었고, 대부분의 사람들이 하는 활동은 중노동이었다. 사회적 안전망 따위는 없었다. 지금도 일부 인류는 이런 위태한 삶을 살고 있으며, 그렇기 때문에라도 기술 발전과 그에 따르는 경제 성장을 포기할 수 없는 것이다. 대규모로 제 역량과 활용도를 높여갈 수 있는 기술만이 가난, 질병, 오염, 기타 현대 사회를 좀먹는 문제들에 당당히 맞설 수 있는 것이다.

미래 기술의 영향을 숙고하는 사람들은 종종 세 가지 생각의 단계를 겪는다. 첫째는 오래된 골칫거리들을 극복할 수 있으리라는 데서 오는 경외와 놀라움, 둘째는 새로운 기술에 수반할 심각한 위험들에 대한 두려움, 마지막은 우리가 책임감 있게 택할 수 있는 유일한 길은 위험을 적절히 관리하며 편익을 극대화할 수 있는 조심스러운 방향으로 나아가는 것뿐이라는 깨달음이다.

당연한 말이지만 우리는 이미 기술의 해악을 여러 번 겪었다. 전쟁의 살상과 파괴도 그 예다. 백 년 전에는 산업 혁명 초기의 조잡한 기술들 때문에 수많은 생물종들이 이 땅에서 사라졌다. 현재의 중앙집중식 기술들(고층빌딩, 도시, 비행기, 발전소 등)은 알려져 있다시피 불안정하다.

'NBC(핵공학, 생물학, 화학)' 기술은 최근까지 끊임없이 전쟁에 사용되어왔으며 혹은 협박의 도구가 되었다.[29] 이제 그보다 강력한 GNR 기술은 새롭고 심대한 지역적, 존재론적 위험으로서 우리를 위협한다. 유전자 변형된 병원체를 물리친 후 나노기술이 적용된 자기복제적 개체들까지 다스리고 나면 다음엔 우리 지능을 뛰어넘는 로봇들을 만날 것이다. 물론 인간에게 큰 도움이 되는 로봇들일 것이다. 하지만 이들이 언제까지고 생물학적 인간에게 우호적인 태도를 취하리라는 보장이 어디에 있는가?

강력한 인공지능 강력한 인공지능이 있으면 인류 문명은 계속 기하급수적으로 수확을 거둘 수 있다(나는 인류 문명에서 발생한 비생물학적 지능은 인간이라고 생각한다). 하지만 지능이 엄청나기 때문에 위험도 심각하다. 지능은 본질적으로 통제 불가능한 특질이다. 나노기술 통제용으로 고안한 기법들(가령 '명령어 전파 구조')은 강력한 AI에는 전혀 먹히지 않을 것이다. 앞으로의 인공지능을 엘리에저 유드카우스키가 말한 이른바 '우호적 AI'로 발전시키기 위해 벌써 토론과 제안이 쏟아지고 있다.[30] 물론 토론은 유용하다. 하지만 오늘날의 전략 수준으로는 미래의 AI가 인간의 윤리와 가치를 체득할 것이라는 다짐을 이끌어내기가 불가능하다.

과거로의 회귀? 빌 조이는 과거의 전염병들을 세세히 환기시키면서, 돌연변이 조작된 병원체나 나노봇 같은 새로운 자기복제적 기술이 미쳐 날뛰면 오래전에 잊혀졌던 질병들이 다시 무대에 등장할 수도 있다고 얘기한다. 조이는 우리가 이미 항생 물질이나 위생 개선 같은 기술 발전으로 그들을 물리쳤음을 지적하며, 그런 건설적인 기술 적용은 앞으로도 계속되어야 하리라 말한다. 세계는 아직도 고통으로 신음하고 있으며 우리는 지속적으로 관심을 쏟을 필요가 있다. 암 같은 참혹한 질병에 시달리는 수백만 명의 사람들에게 모든 생명공학적 처방 연구를 취소하기로 했다고 말할 수 있겠는가? 기술들이 언젠가 악한 용도로 쓰일지 모른다는 이유로? 말해놓고 보니 실제로 그렇게 주장하는 사람들이 존재한다는 사실이 떠오른다. 하지만 대부분의 사람들은 그런 넓은 범위의 기술 포기는 답이 아니라는 데 동의할 것이다.

인간의 비탄을 경감할 가능성이 계속 있다는 것은 기술 발전을 지속하는 강력한 동인이다. 지금도 그렇지만 앞으로도 더 많은 경제적 이득을 거둘 수 있으리라는 점도 있다. 서로 얽힌 여러 기술들이 가속적으로 발전하면서 우리는 금으로 덮인 길들을 내고 있는 셈이다(기술 발전의 길은 하나가 아니기 때문에 길도 여러 개다). 경쟁적 환경에서는 경제적 이유 때문에라도 이런 길을 따르게 된다. 기술 발전을 포기한다는 건 개인, 회사, 국가의 경제적 자살이나 다름없다.

포기라는 발상

문명에서 생겨난 주된 발전들은 거의 모두 자신의 모태인 그 문명을 침몰시키는 데 기여했다.

—알프레드 노스 화이트헤드

다시 포기라는 발상으로 돌아와보자. 빌 맥키번 같은 사람들이 주장하는 개념으로서 모든 대안들 중 가장 논쟁거리임에 분명하다. 나는 적절한 수준의 포기는 우리가 미래에 맞닥뜨릴 진정한 위험들에 대한 책임감 있고 건설적인 반응일 수 있다고 본다. 문제는 이것이다. 대체 어떤 수준까지 기술을 포기할 것인가?

유나바머라는 이름으로 세상에 알려졌던 테드 카진스키라면 전부다 없애버리자고 할 것이다.[31] 그러나 이는 바람직하지도, 가능하지도 않은 생각이다. 특히 카진스키는 자신의 형편없는 전술로서 자기 입장의 비상식성을 도리어 강조했다.

카진스키보다는 덜 무모하지만 좌우간 넓은 영역의 기술 포기를 주장하는 사람들이 있다. 가령 맥키번은 기술은 이미 충분하니 더 이상의 발전을 포기하자는 입장이다. 최근의 책 《이제 그만: 기술의 시대에 인간성을 유지하는 법》에서 그는 기술을 맥주에 비교하는 수사를 썼다. "맥주 한 잔은 좋다. 맥주 두 잔은 더 좋다. 그러나 여섯 잔째라면, 분명 후회할 것이다."[32] 이것은 핵심을 놓친 비유이며 발전된 과학으로 해결할 수 있는 인간의 고통이 아직도 많다는 사실을 깡그리 무시한 것이다.

세상 모든 것이 그렇듯 새로운 기술도 때로는 지나친 면이 있을 것이다. 하지만 그들로부터 얻을 희망이란 단지 네 번째 휴대폰을 갖게 된다거나 원치 않는 이메일의 수를 두 배로 늘리는 따위가 아니다. 암 같은 끔찍한 질병을 극복할 기술을 완성시키고, 막대한 부를 창조하여 어디서나 가난을 없애고, 산업 혁명으로 인한 환경 오염을 처리하고(맥키번의 전공 분야다), 그 밖의 오래된 인간 사회 문제들을 해결한다는 뜻이다.

넓은 영역의 포기 완벽한 포기가 아니라 어떤 영역에 대해서만 발전을 삼가는 전략도 있다. 나노기술처럼 지나치게 위험하다 여겨지는 것들을 통째 포기하는 것이다. 하지만 이런 식으로 포기의 영역을 결정해 처리하는 것도 지지할 수 없기는 마찬가지다. 가령 나노기술은 기술이 소형화하는 확고한 추세가 진전될 경우 달성될 필연적 단계다. 하나의 중앙집중적 기술이 아니고 다양한 목표를 가진 수많은 연구들이 잇달아 나오게 되는 결과다.

누군가는 이렇게 말했다.

산업 사회가 재편될 수 없는 근본적인 이유 중 하나는 현대 기술은 무수한 부분들이 서로 의존하며 얽혀 있는 하나의 총화이기 때문이다. 기술의 '나쁜' 부분을 제거하고 '좋은' 부분만 유지한다는 것은 불가능하다. 현대 의학을 예로 들어보자. 의학이 발전하려면 화학, 물리학, 생물학, 컴퓨터 공학 등등이 발전해야 한다. 의학적 진단을 잘하려면 값비싼 첨단 장비에 의존해야 하는데, 이는 기술적으로 진보적이고 경제적으로 부유한 사회만 누릴 수 있는 것이다. 전반적인 기술 체제와 그에 수반하는 온갖 것들의 발전 없이는 의학도 발전할 수 없다는 것, 그것은 명백하다.

위 발언을 한 누군가란 다름 아닌 테드 카진스키이다.[33] 카진스키는 전문가가 아니라고 항의하는 사람도 있겠지만 어쨌든 그가 기술의 희망과 위험이 뗄 수 없게 얽혀 있다는 사실을 제대로 지적했다고 생각한다. 카진스키와 내 의견이 갈라지는 부분은 희망과 위험의 무게를 저울질하는 지점이다. 빌 조이와 나는 이 문제에 대해 때로 공개적으로, 때로 사적으로 토론을 계속해왔는데 어쨌든 우리는 둘 다 기술이 앞으로도 발전해야 하며, 발전할 것이고, 우리 임무는 어두운 면에 적극적으로 대처하는 것이라고 믿는다. 가장 어려운 문제는 어떤 수준에서 기술을 포기할 것이냐 하는 점이다. 바람직하면서도 가능한 기술 포기의 수준이 무엇인가 하는 점이다.

미세한 차원의 포기 나는 적절한 수준의 기술 포기는 21세기 기술의 위협에 직면한 인류가 취할 당연한 윤리적 반응이라고 본다. 건설적인 사례로 미래 전망 연구소가 제안한 윤리 지침을 들 수 있다. 나노기술자 스스로 자연 환경에서는 자기복제력을 지닌 물리적 개체를 발전시키지 말아야 한다고 규정한 것이다.[34] 그런데 내가 보기에는 여기에도 두 가지 예외가 있어야 할 것 같다. 첫째, 결국에는 전 지구적 면역 체계(자연 환경에 잠복하며 해로운 자기복제적 나노봇들에 대비하는 나노봇들)를 구축하기 위해 자기복제적 나노기술을 동원해야 할 것이다. 나는 면역 체계가 꼭 자기복제력을 가져야만 할까를 두고 로버트 프레이터스와 논쟁을 벌여왔다. 프레이터스는 이렇게 썼다. "자원을 사전에 적절히 배치해두고 종합적인 감시 체계를 갖추면 충분할 것이다. 자원이라 함은 특정 위협이 목전에 닥칠 경우, 자기복제력이 없는 나노봇 병정들을 다량 생산할 수 있는 고용량의, 역시 자기복제력이 없는 나노공장들을 말한다."[35] 위험의 초기라면 위급할 때 나노봇을 대량 생산하는 체계로 충분하다고 나도 생각한다. 하지만 나노기술에 강력한 AI가 결합되고, 나노 개체들의 생태가 다양하고 복잡하게 변해간다면, 우리는 곧 방어용 나노봇에도 자기복제력이 필요하다는 걸 깨닫게 될 것이다. 한편 두 번째 예외는 태양계 외부 우주를 탐험하기 위해서 자기복제력을 갖춘 나노봇들이 필요하리라는 것이다.

유용한 윤리적 지침의 예를 한 가지 더 들어보자. 자기복제할 수 있는 개체라도 자기복제에 대한 정보 암호는 소지하지 못하도록 하자는 것이다. 나노기술자 랠프 머클이 '명령어 전파 구조'라 부른 것으로, 개체가 자기복제 정보 암호를 중앙 서버에서 내려받도록 하면 마구잡이 복제를 방지할 수 있다는 생각이다.[36] 생물계에서는 명령어 전파 구조가 불가능하다. 나노기술이 생명공학보다 안전한 면이 최소한 한 가지는 있는 셈이다. 이 면 외에는 일반적으로 나노기술이 훨씬 위험하다. 나노봇들은 단백질을 뼈대로 만들어진 생물체들보다 물리적으로 강하고 더 지능적이기 때문이다.

그런데 나노기술을 동원한 명령어 전파 구조를 거꾸로 생물학에 적용할 수 있을지도 모른다. 나노 컴퓨터를 세포에 집어넣어 핵을 대체하거나 핵을 돕도록 함으로써 바람직한 DNA 암호를 입력하는 것이다. 리보솜(핵 밖에서 메신저 RNA의 염기 서열을 해독하는 분자) 비슷한 분자 기기를 거느린 나노봇이 DNA 암호를 읽어서 아미노산 사슬을 만들 수 있을지 모른다. 나노 컴퓨터는 무선 통신으로 조종할 수 있으므로 바람직하지 않은 복제가 일어날 때는 언제든 차단하여 암 발생 등을 막을 수 있다. 질병 퇴치에 필요한 단백질을 합성할 수 있을 것이고, DNA 오류를 수정하거나 DNA 암호를 개량할 수도 있을 것이다. 명령어 전파 구조의 장단에 대해서는 추후 더 설명하겠다.

오용을 다루는 법　넓은 영역의 기술 포기는 경제 성장을 둔화시킬 뿐더러, 질병과 가난을 극복하고 환경을 개선할 가능성을 포기하는 것이므로 윤리적으로도 지지될 수 없다. 오히려 위험을 심화할 것이다. 그렇다면 미세한 차원의 포기 전략을 택해 안전 규제를 세우는 것만이 답이다.

그런데 규제 과정은 매우 능률적이어야 함을 명심해야 한다. 현재 미국에서는 건강에 관한 신기술이 식품의약청의 승인을 받는 데 보통 5~10년이 걸린다(다른 나라도 비슷하다). 생명을 살릴 수 있을지 모르는 치료법을 보류함으로써 감수하는 해가 큰데도(가령 심장질환에 대한 새로운 처방이 연기되는 상황에서 미국에서는 매년 백만 명이 심장병으로 사망하고 있다) 새 치료법의 잠재적 위험에 더 무게가 실리는 상황이다.

방어를 구축하려면 반드시 규제 단체의 감독, 특정 기술에 한정적인 방어기술의 연구, 컴퓨터의 도움을 받는 법 집행 기관의 감시 등이 있어야 한다. 사람들은 요즘의 첩보 기관도 그런 기술을 쓴다는 걸 간과하곤 한다. 전화, 케이블, 위성, 인터넷 대화의 상당량이 자동화된

8장 피할 수 없게 위힌 GNR의 희망과 위험 | 583

특정 단어 검색 기술에 의해 줄곧 검열되고 있다. 강력한 21세기 기술에 대한 보호막을 구축할 필요와 소중한 프라이버시를 지킬 필요 사이의 균형은 앞으로도 더욱 중요해질 것이다. 이 때문에 암호 '트랩도어'*나 카니보어라는 미 연방수사국의 이메일 검열 체제가 논란의 대상이 되고 있다.[37]

우리가 최근에 직면한 기술적 위협 한 가지를 어떻게 다루었는지 떠올려보면 시범 사례로서 위안을 얻을 수 있다. 오늘날 우리 곁에는 불과 수십 년 전만 해도 없던 자기복제적 비생물 개체가 있다. 컴퓨터 바이러스다. 바이러스라는 파괴적 침략자가 처음 등장했을 때, 사람들은 소프트웨어 병원체들이 더욱 세련되어지면 컴퓨터 네트워크라는 매질 자체를 파괴할지 모른다고 크게 우려했다. 그러나 이에 맞서기 위한 '면역 체제'가 곧 등장했고, 상당히 선전을 펼쳤다. 파괴적이고 자기복제적인 소프트웨어 개체들이 아직도 때때로 해를 입히지만 손해는 컴퓨터와 통신을 활용함으로써 얻는 이득에 비하면 매우 작은 규모다.

컴퓨터 바이러스는 생물학적 바이러스나 파괴적 나노기술만큼 치명적이지 않다고 반론할 수 있겠다. 하지만 꼭 그런 것만도 아니다. 우리는 119 응급 센터를 운영하고, 중환자실의 환자 상태를 감시하고, 비행기를 이착륙시키고, 전투 중에 지능형 무기들을 인도하고, 금융 거래를 처리하고, 도시 시설들을 운영하고, 그 밖의 여러 전문적 임무들을 수행할 때 소프트웨어에 의존하고 있으므로, 바이러스는 지금도 얼마든지 치명적 상황을 야기할 수 있다. 현재까지 그렇지 않았다는 사실 자체가 대비가 가능하다는 내 주장을 뒷받침하는 것이다. 바이러스 제작자 대부분은 컴퓨터 바이러스가 보통 인간에게는 치명

---

* 프로그램이나 컴퓨터 시스템 등에 접속하게 해주는 비밀 암호 내지는 비밀 문. 법 집행 당국이 모든 보안 정보에 접근할 수 있게 해주는 기법.

적이지 않다는 것을 알기 때문에 그렇게 많이 만들어내고 뿌리는 것이다. 사람이 죽을 수도 있다고 생각한다면 배포하지 않을 것이다. 한편으로 그렇기 때문에 우리가 바이러스에 다소 느슨하게 대처하는 면도 있다. 거꾸로, 훨씬 대규모로 피해를 입힐 수 있는 자기복제적 개체들이 등장한다면, 우리 역시 모든 수준에서 심각한 대비를 갖출 것이다.

소프트웨어 바이러스는 틀림없는 골칫거리지만 오늘날은 귀찮은 수준의 위험에 머물러 있다. 사실상 아무런 규제도, 최소한의 인가 체제도 없는 산업의 테두리 속에서 이들과 싸워 이겼다는 사실이 중요하다. 컴퓨터 산업에는 규제가 거의 없었기 때문에 그만큼 생산적이었다. 컴퓨터 산업이 인류 역사상 어떤 산업보다도 더 큰 경제, 기술적 성장을 이뤄냈다고 평가할 사람도 있을 것이다.

물론 바이러스나 기타 소프트웨어 관련 문제들과의 싸움은 영원히 끝나지 않는다. 우리는 갈수록 전문적 소프트웨어들에 의존할 것이며 자기복제적 소프트웨어 무기들의 파괴력과 정교함은 갈수록 발전할 것이다. 인체와 뇌에까지 소프트웨어가 장착되고 환경의 나노봇 면역 체계도 소프트웨어가 통제하는 날이 오면 문제는 끝을 알 수 없게 심각해질 우려가 있다.

근본주의의 위협 지금 세계는 이슬람 근본주의 테러리즘이라는 유해한 종교적 근본주의와 씨름하고 있다. 겉으로는 테러리스트들에게 파괴 이상의 목표가 없는 듯 보이지만, 실은 그들은 고대 경전을 문자 그대로 해석하는 것 이상의 행위를 추구하는 셈이다. 민주주의, 여성의 권리, 교육 같은 근대적 가치들을 거꾸로 돌려놓고 있다.

그런데 사회의 반동 세력을 구성하는 근본주의가 꼭 종교적 극단주의만 있는 것은 아니다. 이 장 앞머리에는 그린피스의 공동 창립자인 패트릭 무어가 환경 운동에 환멸을 느낀 얘기가 인용되어 있다. 무어가 그린피스에 대한 지지를 접게 된 것은 그린피스가 골든라이스라는 유전자 변형 쌀을 전면 반대했기 때문이다. 비타민 A의 전구체인 베타카로틴 함량이 높은 쌀이다.[38] 아프리카와 아시아에는 비타민 A 결핍을 겪고 있는 사람이 수백만 명이나 되고, 비타민 A 결핍으로 시력을 잃는 아이가 매년 50만 명 있으며, 그 외에도 수백만 명이 관련 질병을 앓고 있다. 골든라이스를 하루에 200그램만 먹으면 어린이의 일일 비타민 A 권장 섭취량을 채울 수 있다. 연구 결과에 따르면 골든라이스는 대부분의 유전자 변형 작물(GMO)과 마찬가지로 안전하다고 한다. 유럽위원회는 2001년에 여든한 가지 연구 결과를 토대로 이렇게 결론 내렸다. GMO는 "기존의 신종 교배 작물들 이상으로 인체나 환경에 위협을 가하는 바가 없는 듯 보인다. 사실 좀 더 정교한 기술과 엄격한 규제 체제를 동원하면 통상의 작물이나 식품보다도 안전한 작물을 만들 수 있을 것이다".[39]

유전자 변형 작물이 본질적으로 안전하다고 주장하려는 것은 아니다. 각 제품에 대해 꼼꼼한 안전성 평가를 하는 건 당연하다. 문제는 GMO에 반대하는 세력은 모든 GMO가 본질적으로 해롭다고 주장하는데, 과학적으로 타당한 견해가 아니라는 점이다.

골든라이스의 도입은 그린피스 및 여타 GMO 반대론자들의 압력 때문에 5년이나 늦춰졌다. 무어는 수백만의 어린이들이 눈 머는 상황이 지속된다고 지적하며, 반대자들은 "농부들이 그것을 심으면 밭에서 뽑아버리기라도 할 듯" 위협한다고 개탄했다. 아프리카 국가들은 유전자 변형 식품이나 종자 원조는 수락하지 말라는 압력을 받고 있다. 아프리카의 기근 상황을 심화시키는 일이다.[40] 궁극에는 현존하는 문제들을 해결해줄 GMO 같은 기술이 득세할 테지만, 비합리적인 반대로 잠시라도 도입이 지연된다는 건 어쨌거나 불필요한 고통을 지속하는 일이다.

환경 운동의 일각은 근본주의적 러다이트들이 되어버렸다. '근본주의자'라 규정할 수 있는 까닭은 그들이 상황을 현재 그대로(혹은 과거 그대로) 보전하고자 하는 잘못된 시도를 하기 때문이다. '러다이트'라 규정할 수 있는 까닭은 눈 앞의 문제에 대한 기술적 해답에 반동적 입장을 취하기 때문이다. 얄궂게도 살충제 같은 화학 물질들의 남용으로 야기된 환경 오염을 되돌릴 수 있는 것이 바로 GMO 작물이다. 대부분은 해충 등의 병충해에 강하도록 변형되어 있어 화학 물질을 거의 필요로 하지 않기 때문이다.

'근본주의적 러다이트'라는 명칭은 동어반복적인 데가 있다. 러다이트들은 본질상 근본주의자들이기 때문이다. 그들은 아무런 변화도 진보도 없으면 인류가 더 행복하리라 생각한다. 그렇게 믿는다면 길은 모든 기술을 포기하는 것밖에 없다. 넓은 영역에서 기술을 포기하자는 주장은 환경 운동 일각의 러다이트적인 행동주의자들이 가진 견해와 동일한 지적 바탕에서 나온 것이다.

근본주의적 인본주의 생명공학과 나노기술이 몸과 뇌를 변형시킬 시대가 시작되자, '근본주의적 인본주의'라 할 만한 반대 의견도 부상하고 있다. 인간성을 구성하는 것에 대해서는 어떠한 변화(가령 유전자를 바꾼다거나 극단적 생명 연장을 꾀하는 것)도 용납할 수 없다는 주장이다. 이런 반대 노력도 언젠가는 시들 것이다. 버전 1.0 인체에 깃든 고통, 질병, 짧은 수명을 극복할 수 있는 치료법을 거부하기란 힘들기 때문이다.

결국 인류가 무수한 세대 동안 고민해온 난제들을 풀어줄 가능성이 있는 것은 기술뿐이다. 특히 GNR 기술이다.

방어기술의 발달과 규제가 미칠 영향

넓은 영역의 기술 포기를 하자는 주장이 설득력 있게 들리는 건 왜일까? 우리는 미래의 위험이 오늘의 무방비 상태 세상에 벌어지는 풍경을 상상하기 때문이다. 실은 방어기술과 지식 또한 위험과 더불어 갈수록 세련되어지고 강력해질 것이다. 그레이 구(통제 불능 상태의 나노봇 자기복제) 같은 현상을 막기 위한 '블루 구('경찰' 나노봇들이 '나쁜' 나노봇들과 싸우는 상황)' 현상이 만들어질 것이다. 기술 오용을 하나도 남김없이 성공적으로 방지할 수 있다고는 장담하지 못한다. 그러나 몇몇 넓은 영역의 지식 추구를 포기한다면 효과적인 방어기술을 만들어내기 어렵다는 점만은 분명하다. 소프트웨어 바이러스에 비교적 잘 대응할 수 있었던 건 책임감 있는 사람들의 손에 적절한 지식이 쥐어져 있었기 때문이다. 지식이 없었다면 훨씬 불안한 상황이 연출되었을 것이다. 새로운 위협에 대한 대처가 한층 느렸을 테고, 위태롭던 균형은 파괴적 측면으로 기울었을 가능성이 높다(자기변형력을 지닌 소프트웨어 바이러스가 휩쓴다거나 하는 식으로 말이다).

그런데 소프트웨어 바이러스 통제에 성공했던 과거의 상황과 조작된 생물학적 바이러스의 위협에 대응해야 할 미래의 상황을 비교해보면, 한 가지 또렷한 차이가 있다. 소프트웨어 산업에는 거의 아무런 규제가 없었다는 점이다. 생명공학 산업은 그렇지 않다. 테러리스트들은 새로운 '발명품'을 식품의약청에 승인 받을 리 없지만, 방어기술을 연구하는 보통 과학자들은 현존하는 갖가지 규제를 따라야 한다. 그래서 혁신의 매 단계가 상당히 느려지고 있다. 지금의 규제나 윤리 기준으로는 생물학적 테러 물질에 대한 방어기술을 적절히 시험 평가하기도 어렵다. 사람을 대상으로 한 실험은 불가능할지라도 동물이나 시뮬레이션을 통한 시험은 가능한 방향으로 규제를 수정하자는 논의가 현재 진행 중이다. 물론 바람직한 일이다. 그러나 나는 꼭 필요한 방어기술을 신속히 발전시키기 위해서는 그 이상의 조치도 취해져야 한다고 믿는다.

공공 정책 분야에서 할 일은 방어에 필요한 체제를 다급히 갖추는 것이다. 윤리 기준, 법적 기준, 물론 방어기술 자체를 발전시키는 것이다. 아주 속도를 내야 할 경주다. 소프트웨어 산업에서는 파괴자들이 혁신을 할 때마다 방어기술도 재빨리 개발되었다. 반면 의약 산업에서는 광범한 규제가 혁신 속도를 떨어뜨리고 있으므로 생명공학의 오용에 관한 한 낙관하기가 힘들다. 현재 상황에는 유전자 치료법을 시험하다가 한 명이라도 사망하면 곧장 모든 연구가 엄격히 차단될 것이 분명하다.[41] 최대한 안전하게 생의학 연구를 추진해야 한다는 것은 옳은 말이지만 현재 우리는 위험 간의 저울질을 제대로 하지 못하고 있다. 유전자 치료 등 생명공학이 제공할 혁신적 방안들을 절박하게 기다리는 환자가 수백만 명이나 되건만, 그들의 목소리는 정치적으로 무게가 없다. 반면 연구 과정에서 불가피하게 발생하는 소수의 희생은 너무 과장되게 알려져 정치력을 확보하고 있다.

변형 병원체의 등장이 멀지 않았음을 상기한다면, 적절히 위험의 균형을 맞추는 일이 얼마나 급박한지 느낄 것이다. 큰 위험을 막기 위해 필요한 작은 위험이라면 태도를 바꿔 견디는 수밖에 없다. 방어기술을 시급히 마련하는 것은 안전에 결정적으로 중요한 일이다. 그러기 위해서는 규제 과정을 획기적으로 효율화해야 한다. 방어기술 연구에 투자를 확대해야 한다. 생명공학 분야에서는 바이러스 퇴치 기술을 하루속히 발전시켜야 한다. 새 바이러스가 등장할 때마다 그에 맞는 기법을 하나하나 궁리해낼 시간이 앞으로는 없을 것이다. RNA 간섭처럼 좀 더 범용적인 기술을 발전시켜야 하며 그것도 빨리 해야 한다.

주로 생명공학에 대해 얘기하는 까닭은 눈앞에 닥친 위협이기 때문이다. 앞으로 자기조직적 나노기술이 일정 수준 이상 발전하면 그

8장 별 수 없게 위한 GNR의 희망과 위험 | 589

때는 그런 분야의 방어기술을 연구하는 쪽으로 시선을 돌려야 할 것이다. 그중 중요한 것이 기술적 면역 체계를 만드는 것이다. 생물학적 면역계가 어떻게 작동하는지 떠올려보자. 몸이 병원체의 침입을 감지하면 T 세포와 기타 면역계 세포들이 잽싸게 자기복제를 하여 침입자에 맞선다. 나노기술 면역 체계 역시 몸속에서 활동할 수 있을 것이고, 환경에서도 활동할 것이다. 일단은 나노봇 파수꾼들이 있어서 유해한 나노봇들의 자기복제를 감시해야 한다. 위기가 감지되면 침입자를 제거할 줄 아는 방어 나노봇들이 재빨리 만들어져 효과적인 방어 전선을 구축해야 한다(결국엔 자기복제를 통할 가능성이 높다).

빌 조이를 비롯한 몇몇 사람들은 면역 체계 자체가 위험하다고 지적한다. '자가 면역' 반응(면역계의 일환인 나노봇들이 자기가 지키도록 되어 있는 대상을 파괴하는 것)이 일어날 수 있기 때문이다.[42] 그러나 그것은 면역 체계를 구축하지 말아야 할 이유가 되지 못한다. 자가 면역 질병이 일어날 수 있으니 사람에게 면역계가 없었다면 좋았을 것이라 말할 수 없는 것이다. 면역계 자체가 문제일 가능성은 상존하지만, 그래도 우리는 면역계 없이는 단 몇 주도 버티지 못한다(격리 후 각종 특별 조치들을 취하지 않는다면 말이다). 게다가 나노기술에 대한 기술적 면역 체계는 딱히 그런 것을 만들어야겠다는 구체적 노력이 없다 해도 자연스레 탄생할 것이다. 소프트웨어 바이러스의 경우도 그랬다. 거창한 공식적 사업으로 면역계가 탄생한 게 아니었다. 새로운 위협에 대해 그때그때 대응해가면서 경험적 접근법을 통해 위험 조기 감지 체제를 만들어나가다 보니 탄생한 것이었다. 나노기술의 위험에 대처하는 상황도 비슷할 것이다. 공공 정책이 할 일은 자발적 방어기술들이 제대로 형성되게 잘 투자하는 것이다.

지금 나노기술에 대한 방어 전략을 수립하는 건 무의미하다. 방어해야 할 상대에 대해서조차 제대로 모르기 때문이다. 하지만 이 주제에 대한 의미 있는 대화와 토론은 벌써 시작되었으며, 앞으로도 더 많은 투자가 이루어지는 것이 바람직하다. 앞서도 말했지만 미래 전망 연구소는 안전한 나노기술 발달을 위한 윤리 지침 및 전략을 제안한 바 있다. 생명공학의 선례를 따른 것이다.[43] 1975년에 유전자 접합 기술이 탄생하자 생물학자 맥신 싱어와 폴 버그는 안전 문제가 해결될 때까지 이 기술의 사용을 일시 정지할 것을 제안했다. 감기 바이러스처럼 전염력이 강한 병원체에 해로운 유전자가 도입된다면 커다란 위험이 발생할 것이 자명했다. 열 달의 일시 정지 기간이 끝나고, 학자들은 아실로마 회의를 통해 지침을 마련했다. 물리적, 생물학적 억제 대책을 마련할 것, 특정 종류의 실험을 금할 것 등의 약정에 합의한 것이다. 연구자들은 지침을 엄격하게 지켜왔으며, 이후 32년의 세월 동안 그 기술로 인한 문제는 단 한 건도 보고된 바 없다.

좀 더 최근, 세계 장기 이식 전문의 협회는 동물 장기를 인간에 이식하는 기술에 대해 일시 정지를 선언했다. 돼지나 비비원숭이 등에 오래 잠복해온 HIV 형태의 외래 바이러스가 인간에게 전파될까 우려한 것이다. 안타깝게도 그 때문에 심장, 신장, 간 질환으로 사망하는 매년 수백만 명의 사람들이 이종 이식(인간 면역계에 적합하도록 유전자 변형한 동물 장기를 이식하는 것)으로 목숨을 건질 가능성이 사라졌다. 지리윤리학자 마틴 로스블라트는 일시 정지를 풀고 새로운 윤리 지침과 규제를 정하자고 제안하고 있다.[44]

나노기술의 경우에는 실제 위험한 기술이 등장하기 수십 년 전에 윤리 논쟁이 시작된 셈이다. 미래 전망 연구소가 제안한 지침 중 가장 중요한 몇 가지는 아래와 같다.

- 인공 복제자는 통제가 없는 자연 환경에서 스스로 복제하지 못해야 한다.
- 자기복제적 조립 체제를 양산하는 진화는 허락되지 말아야 한다.
- 분자 나노기술 기기는 자기복제적 확산이 불가능한 방식으로 설

계되어야 하며, 복제력을 갖춘 체제라면 반드시 추적 가능하여야 한다.

- 분자 조립을 발전시킬 수 있는 능력은 이상의 지침들을 지키겠다고 한 책임감 있는 행위자에게만 제한적으로 유포되어야 한다. 그런 발달 과정에서 나온 최종산물에 대해서는 어떠한 제약도 할 필요가 없다.

미래 전망 연구소가 제안한 전략을 몇 가지 더 소개하면 다음과 같다.

- 복제 과정에는 자연 환경에서 쉽게 구할 수 없는 물질이 포함되어야 한다.
- 제조(복제) 과정은 최종 생산물의 기능과는 구별된다. 제조 기기는 상품을 생산하지만 자기 자신은 복제하지 못하며, 생산품도 자기복제 능력을 갖지 못한다.
- 복제에 필요한 정보는 암호화되어 있어야 하며 시간 제약을 가져야 한다. 명령어 전파 구조가 좋은 예이다.

이런 지침과 전략을 따른다면 위험한 자기복제적 나노기술 개체들이 실수로 환경에 방출되는 것을 잘 막을 수 있을 것이다. 하지만 누군가 일부러 개체를 설계한 뒤 풀어놓는 것을 막기란 훨씬 어렵다. 파괴 의지가 굳은 악한이라면 이런 보호 장치쯤은 쉽게 뛰어넘을지 모른다. 명령어 전파 구조만 해도 그렇다. 원래의 설계대로라면 개체는 어디선가 복제 암호 정보를 얻기 전에는 자기복제할 수 없다. 복제 암호가 한 세대에서 다음 세대로 전해지지 않도록 설계되어 있기 때문이다. 그런데 설계 자체를 건드려 복제 암호가 다음 세대에게 전달되도록 하면 어떨까. 그 경우에 대비하여 개체의 기억 용량을 암호의 일부만 보관할 수 있는 정도로 제약하자는 의견도 있다. 그러나 이 역시 기억 용량을 늘린다면 쉽게 뚫을 수 있는 벽이다.

또 다른 방법으로는 정보를 암호화한 뒤 암호 해독 체제 자체에도 보호막을 두르는 것이 있다. 가령 암호 해독에 시간 제한을 두는 것이다. 하지만 우리는 음악 파일 같은 지적 재산권의 불법 복제 방지 조치를 뚫는 게 그리 어렵지 않음을 목격했다. 일단 암호를 풀고 보호막을 걷어내면 정보는 무한히 복제될 수 있다.

그렇다고 보호를 포기해야 하는 것은 아니다. 특정 단계의 보호막은 특정 수준에서만 효력을 발휘하리라는 점을 인정하자는 것이다. 21세기 사회는 꾸준한 방어기술 발전을 최우선 과제로 삼아야 하리라는 점을 깨닫게 된다. 파괴 기술의 발전보다 한 단계 이상 앞서야 하기 때문이다(최소한 그리 많이 뒤처져서는 안 될 것이다).

'비우호적' 강력한 AI 방어하기 그러나 명령어 전파 구조 같은 효과적인 방어책으로도 강력한 AI의 오용은 막을 수 없을 것이다. 명령어 전파 구조가 통하는 이유는 나노 개체들 각각에 지능이 없기 때문이다. 지능적 개체라면 당연히 그런 장벽을 뛰어넘을 수 있을 만큼 똑똑할 것이다.

엘리에저 유드카우스키는 어떤 패러다임, 구조, 윤리 법칙들을 세워두어야 강력한 AI가 자신의 설계에 접근하여 손댈 수 있는 상황이 올 경우에도 그들이 생물학적 인류에게 우호적으로 남을지, 인류의 가치를 존중할지 연구하고 있다. 자기 발전 능력이 있는 강력한 AI는 일단 탄생하면 다시 거둬들일 수 없다는 점을 염두에 둘 때 "처음부터 제대로" 구축해야 한다는 것이 유드카우스키의 주장이다. 초기 설계에 "회복 불가능한 오류가 하나도 없어야" 한다는 것이다.[45]

강력한 AI에 대한 절대적인 방어법은 본질적으로 있을 수 없다. 다소 논증하기 어려운 주장이긴 하지만, 나는 과학기술의 점진적 발전에 대해서 공개적인 자유 시장 체제를 유지하는 것이 좋다고 생각한다. 발전의 매 단계를 시장이 수용, 승인하는 과정을 거치는 것이야말로 기술이 인류의 가치를 담도록 하는 건설적인 환경이라 생각한다. 강력한 AI는 다양한 분야의 노력에서 탄생할 것이고 문명의 하부구조에 깊게 뿌리내릴 것이다. 결국 몸과 뇌에도 들어올 것이다. 그럼으로써 인간의 가치를 반영하게 될 것이다. 우리 자신이 바로 강력한 AI일 것이기 때문이다. 정부의 규제로 비밀스럽게 기술들을 통제하고자 한다면 기술은 지하로 스며들 것이고 위험한 곳에 쓰일 가능성이 더욱 높은 불안정한 환경이 빚어질 것이다.

분산화 안정한 사회를 만드는 데 도움이 될 중요한 트렌드가 하나 더 있다. 중앙집중식 기술에서 분산형 기술로, 실제 세계에서 가상 세계로 이행하는 움직임이다. 중앙집중식 기술은 자원의 집적을 필요로 한다. 사람(도시나 빌딩), 에너지(핵 발전소, 액화 천연 가스 저장고, 석유 저장고, 에너지 수송망), 교통(비행기, 기차) 등이다. 중앙집중식 기술은 붕괴와 재앙의 가능성을 안고 있다. 비효율적이며, 소모적이고, 환경에 해롭기 쉽다.

반면 분산형 기술은 유연하고, 효율적이고, 환경에 무해한 편이다. 대표적 사례가 인터넷이다. 인터넷은 이제껏 한 번도 큰 붕괴를 겪은 적이 없으며, 지금도 계속 성장하며 더욱 강건하고 탄력적인 상태로 발전하고 있다. 하나의 허브나 채널이 다운되면 정보는 그것을 둘러 가는 길을 찾는다.

에너지 분산 에너지 면에서도 현재의 극도로 중앙집중적이고 집약적인 시설들을 넘어설 필요가 있다. 가령 마이크로 기계 기술을 활용해 초소형 연료 전지를 만드는 회사가 있다.[46] 전자 칩처럼 제조되지만 실제로는 에너지 저장 기기이다. 크기 대비 에너지 저장 용량이 현행 기술 수준을 훨씬 뛰어넘는다. 앞서 말했듯 나노기술을 적용한 태양열 집열판은 분산형, 재생가능, 청정 에너지를 원하는 우리를 만족시킬 것이다. 휴대폰에서 차, 집에 이르기까지 모든 곳에 동력을 제공할 것이다. 분산형 에너지 기술은 어지간해서는 재앙이나 붕괴를 일으키지 않는다.

이런 기술이 발전하면 사람들이 큰 건물이나 도시에 모여 일할 이유도 없어진다. 뿔뿔이 흩어져 원하는 곳에 살면서도 가상현실에서 쉽게 모일 수 있을 것이다.

불균형한 전쟁의 시대에서 시민의 자유 테러리스트들의 공격 내용과 조직 철학을 살펴보면 시민의 자유권, 그리고 국가가 시민을 감시하고 통제할 적법한 권리가 어떻게 서로 충돌하는지 알 수 있다. 법집행 제도는 사람들이 자신의 생명과 복지를 보전하고자 노력한다는 가정 위에 성립해 있다. 안전에 대한 개념은 모두 그 가정을 깔고 있다. 대부분의 전략도 그 논리 위에서 발전한 것으로, 지역적 수준의 방어든 세계적 수준의 상호 공멸 전략이든 마찬가지다. 문제는 적뿐 아니라 자신까지 파괴해도 좋다고 생각하는 상대는 이 논리를 따르지 않는다는 점이다.

자신의 안위를 괘념치 않는 적을 다룬다는 건 매우 골치 아픈 일이다. 위험의 가능성이 높아질수록 더욱 뜨거운 토론거리가 될 일임에 분명하다. 예를 들어 미 연방수사국이 잠재적 테러리스트 조직을 발견했다고 하자. 그들에게 유죄를 선고할 증거가 충분치 않아도, 심지어 그들이 아직 범죄를 모의하지 않았더라도 당국은 참여자들을 검거할 것이다. 현재 미국 정부가 수행하고 있는 테러와의 전쟁에서의 교전 규칙에 따르면 이들을 검거하는 것이 문제되지 않는다.

〈뉴욕타임스〉는 사설에서 이 정책을 비판하면서 "문제투성이 규정"이라고 했다.[47] 아직 범죄를 저지르지 않은 사람들이므로 당장 풀어주어야 한다는 것이다. 범죄를 저지른 후에 다시 잡아들이는 게 옳다고 주장했다. 물론 그때쯤이면 문제의 테러리스트들은 수많은 무고한 희생자들과 함께 제 목숨을 내던졌을 것이다. 여기저기 분산되어 있는 자살 테러 조직들이 범죄를 하나씩 저지를 때까지 기다려야 한다면 정부는 어떻게 그런 조직을 분쇄할 수 있겠는가?

그런데 한편으로 생각하면 바로 그 논리에 기대어 독재 정권들은 소중히 지켜야 할 시민의 법적 권리들을 짓밟곤 했던 것이다. 이런 식으로 시민의 권리를 제약하는 것이 테러리스트들이 원하는 바라고도 할 수 있다. 딜레마를 근본적으로 해결해줄 기술적 '묘수' 같은 것은 보이지 않는다.

정부는 프라이버시에 대한 개인의 정당한 요구와 감시에 대한 정부의 정당한 필요 사이에 균형을 잡는 방안으로서 트랩도어 사용을 제안했다. 기술과 더불어 적절한 정치적 혁신도 이루어져야 한다. 사법부와 입법부 양측이 나서서 행정 기관이 트랩도어 수단을 오용하지 않는지 효과적으로 감독할 수 있어야 한다. 자신의 목숨을 비롯하여 모든 인간 생명을 경시하는 비밀스러운 적과 상대하는 일은 우리의 민주주의 전통 기반이 얼마나 단단한지 시험하는 일이 될 것이다.

GNR 방어 전략

인간은 금붕어에서 진화했다고 말할 수도 있겠지만, 그렇다고 우리가 금붕어를 적대하고 깡그리 죽여야 할 이유는 없다. 어쩌면 미래의 인공지능들은 일주일에 한번 정도 인간에게 먹이를 줄지 모른다. …… 인간보다 10~18배 정도 IQ가 높은 기계가 있다면, 당신은 그 기계의 지배를 받고 싶지 않겠는가? 적어도 경제만큼은 그들에게 맡기고 싶지 않겠는가?

－세스 쇼스탁

어떻게 하면 GNR 기술의 편익을 거두면서 위험은 피할 수 있을까? GNR의 위험을 다스리기 위한 전략들을 간략히 살펴보자.

가장 시급히 해야 할 일은 방어기술에 대한 투자를 대폭 확대하는 것이다. 이미 G 시대에 접어들었으므로 투자의 대부분은 (생물학적) 바이러스 퇴치 기법과 치료법을 마련하는 것이어야 한다. 필요한 도구는 다 마련되어 있다. 가령 RNA 간섭 기법으로 나쁜 유전자의 발현을 막을 수 있다. 암을 비롯하여 거의 모든 질병들은 어느 시점에선가는 특정 유전자 발현에 의존한다.

N과 R 기술을 안전하게 발전시키기 위한 방어기술에 대해서도 지지해야 한다. 나노기술 중에서는 분자 제조 기술, 로봇공학 중에서는 강력한 인공지능이 수면에 등장할 때가 되면 더욱 노력을 기울여야 할 것이다. 노력하다 보면 부수적으로 얻게 될 편익도 있는데, 가령 전염성 질환과 암을 효과적으로 치료하는 기술이 따라올 것이다. 나는 국회 청문회에서 이런 내용을 증언하며 인류에게 낯선 존재론적 위협에 대비하는 데 연간 수백억 달러(미국 국내총생산의 1퍼센트도 안 된다)를 투자할 것을 제안한 바 있다.[48]

- 유전공학과 의학에 대한 규제를 간소화할 필요가 있다. 현행의 규제는 기술의 오용은 잘 막지 못하면서 도리어 방어 전략 발전을 늦추고 있다. 신기술(가령 새로운 치료법)의 위험과 기술 적용 보류의 해악 사이에서 균형을 잘 잡아야 한다.
- 잘 알려지지 않은, 혹은 진화 중인 생물학적 병원체에 대해 전 세계적인 차원에서 비밀스러운 무작위 혈청 조사를 할 수 있어야 한다. 미지의 단백질이나 핵산 서열 존재를 빠르게 확인하는 검출 도구들이 존재한다. 방어의 핵심은 첩보이므로, 그런 체제를 갖춘다면 곧 닥칠지 모를 전염병에 대해 조기 경보를 얻을 수 있다. 보건의학의 권위자들은 오래전부터 이런 '병원체 보초' 프로그램을 제

안해왔지만 안타깝게도 자금 지원을 받지 못하고 있다.

- 경계와 목적이 뚜렷한 일시적 기술 정지 협약이 때때로 필요할 것이다. 1975년에 유전학 분야에서 시행되었던 것이 좋은 예다. 하지만 나노기술 전체에 대해서 일시 정지를 적용할 필요는 없다. 그처럼 넓은 영역에서 기술을 포기한다면 신기술의 편익을 놓침으로써 고통만을 양산할 것이다. 위험이 더 심각해질 것이다.

- 나노기술에 대한 안전 및 윤리 지침을 마련하려는 노력이 지속되어야 한다. 분자 제조 기술이 발전해가면 지침들은 훨씬 세분화되고 정교해져야 할 것이다.

- 위와 같은 노력들에 대해 정치적 지지를 얻으려면 어떤 위험이 있는지를 대중에게 정확히 알려야 한다. 경고를 울리는 과정에서 기술 반대론자들의 근거 없는 주장에 힘을 실어줄 우려가 있으므로, 기술 발전을 지속함으로써 얻게 될 커다란 편익들에 대해서도 함께 알려야 한다.

- 위험은 국경을 초월한다. 현재의 생물학적 바이러스, 소프트웨어 바이러스, 미사일도 이미 국가 간 경계를 무시하는 위험들이다. SARS 바이러스를 퇴치하는 데 전 세계적 협동이 주효했듯, 미래의 위기들을 다루는 데도 협력은 중요할 것이다. SARS에 대한 대응을 조직했던 세계보건기구 같은 조직들이 더욱 강화되어야 한다.

- 위협에 맞서기 위한 선제 행동이 꼭 필요한가 하는 문제가 정치적 논쟁이 되고 있다. 가령 대량 살상 무기를 가진 테러리스트나 그들을 지원하는 불량 국가에 대해 선제 공격할 수 있는가 하는 것이다. 논란의 여지는 있지만, 정치적으로 필요한 조치라는 것은 명백하다. 핵무기는 한 도시를 몇 초 만에 파괴할 수 있다. 자기복제력을 갖춘 병원체는 생물학적이든 아니든 우리 문명을 며칠, 몇 주만에 파괴할 수 있다. 적절한 보호 조치를 취하지 않은 채 적군이 몰려오거나 혹은 나쁜 의도가 명백히 드러날 때까지 손 놓고 기다

릴 여유는 없다.

- 대부분의 잠재적 위험에 대해서 기선 제압을 하는 임무를 맡을 것은 첩보 기관과 경찰 조직이다. 그들은 현존하는 가장 강력한 기술을 손에 갖고 있어야 한다. 가령 2010년이 되기 전에 먼지 입자만 한 정찰용 기기가 등장할 것이다. 2020년대가 되면 몸과 뇌에 소프트웨어가 가동되고 있을 테니 정부는 소프트웨어의 흐름을 감시할 필요가 있을 것이다. 그런 힘이 오용될 가능성은 언제고 있다. 프라이버시와 자유를 지키는 동시에 파국적인 재앙을 막을 수 있는 중도를 따라야 한다.

- 앞의 방법들로도 병원체적 로봇공학(강력한 AI)을 다룰 수는 없을 것이다. 로봇공학 분야에서 취할 수 있는 최고의 전략은 미래의 비생물학적 지능이 자유, 관용, 지식과 다양성에 대한 존중 등 인간적 가치들을 최대한 따르게 하는 것이다. 그것을 이루는 최고의 방법은 현재 그리고 미래의 우리의 사회에서 그 가치들을 극대화하도록 노력하는 것이다. 모호한 얘기로 들리겠지만 사실이다. 이 분야에서는 순전히 기술적인 해법은 없다. 강력한 지능은 덜 강력한 지능이 만든 것은 무엇이든 수월하게 뛰어넘을 수 있기 때문이다. 우리 손에서 탄생하는 비생물학적 지능은 이미 우리 사회에 침투하고 있으며 앞으로도 침투할 테고, 우리의 가치를 반영할 것이다. 비생물학적 지능은 생물학적 지능에 깊이 스며들어 생물학을 재편하는 단계로 나아갈 것이다. 인류의 능력은 매우 확장될 것이고, 굉장히 지적인 이 힘을 어떻게 이용하느냐 하는 것은 전적으로 힘을 만들어낸 자들이 어떤 가치를 따르느냐에 달렸다. 생물학을 재편하는 시대는 생물학을 초월하는 시대로 나아갈 것이다. 우리는 그때조차 인류의 가치들이 보전되길 바란다. 앞의 전략은 확실한 것은 아니다. 하지만 현재 우리가 미래의 강력한 AI에 조금이라도 영향을 미칠 수 있는 유일한 방법이다.

기술은 영원히 양날의 칼로 남을 것이다. 인류가 다양한 목적으로 사용할 수 있는 막대한 능력일 뿐이다. GNR은 질병과 가난 같은 인류 고래의 문제들을 극복하게 해주겠지만, 파괴적 이상에 기여할 수도 있다. 우리는 급변하는 기술을 인류의 소중한 가치들을 진작하는 데 사용하면서 한편으로 방어 능력을 키워가는 수밖에 없다. 인류의 소중한 가치들이라는 것이 무엇인가에 대해서는 안타깝게도 확실한 합의가 없지만 말이다.

2004년의 몰리: 자, 그 잠복 시나리오를 다시 한번 생각해봐요. 나쁜 나노봇들이 생물자원을 장악하며 조용히 번져가는데, 전 지구를 집어삼킬 때까지는 정체를 드러내지 않고 숨어 있다는 상황 말이에요.

레이: 매우 낮은 밀도로 나노봇들이 퍼질 수 있겠죠. 가령 생물자원의 탄소 원자 10^{15}개마다 하나씩만 장악하는 식으로요. 일단 널리 번지고 나면 그 자리에서 자기복제하면 되니, 나노봇들의 느린 이동 속도가 더 이상 문제 되지 않겠죠. 만약 그들이 잠복기를 건너뛰고 한자리에서 바로 확장하는 전략을 취한다면 우리가 나노질병을 쉽게 감지할 수 있을 테고 그 탓에 오히려 번지는 속도는 느려지겠죠.

2004년의 몰리: 그때는 어떻게 해야 안전할까요? 나노봇들이 잠복기를 넘어 복제하는 단계에 들어서면 우리한테 남은 시간은 약 90분일 텐데요. 심각한 피해를 입기 전에 막아야 한다고 보면 그보다 더 짧죠.

레이: 모든 것은 기하급수적으로 성장하기 때문에 피해는 대부분 마지막 몇 분에 집중될 거예요. 하지만 무슨 말인지는 잘 알겠어요. 아무리 궁리해도 나노기술을 통한 면역 체계를 미리 갖춰두지 않는다면 승산이 없을 것 같군요. 90분짜리 파괴 시계가 재깍거리기

시작했는데 그제서야 방어 전략을 만들 순 없는 거니까요. 나노기술 면역 체계는 인체의 면역계에 비유할 수 있겠네요. 면역계가 없다면 2004년의 인간은 얼마나 오래 버틸 수 있겠어요?

2004년의 몰리: 그리 오래 버틸 수 없죠. 그런데 나쁜 나노봇들이 탄소 수천조 개당 하나씩의 밀도로 섞여 있다면 나노 면역 체계로서도 쉽게 감지할 수 없지 않을까요?

레이: 생물학적 면역계도 마찬가지예요. 우리 몸의 면역계는 외부 단백질을 하나라도 발견하면 곧장 생물학적 항체 공장을 가동하기 시작해요. 병원체가 일정 수준 이상의 공격력을 갖췄을 때는 이미 면역계도 만반의 준비를 갖추고 있게 되는 거죠. 나노 면역 체계도 마찬가지 능력을 가져야겠죠.

찰스 다윈: 자, 그렇다면 나노봇 면역 체계도 자기복제 능력이 있는 겁니까?

레이: 그래야 할 겁니다. 아니고서는 자기복제하는 병원체 나노봇들의 속도를 따라잡을 수 없을 테니까요. 생물자원 전반에 일정량의 방어용 나노봇들을 심어두자는 의견이 있는데, 일단 유해 나노봇들이 면역용 나노봇들의 수보다 많아지게 되면 면역계 자체가 무의미해질 겁니다. 로버트 프레이터스는 자기복제력이 없는 나노공장들을 가동해서 추가로 방어용 나노봇들을 생산할 수 있다고 주장합니다. 그런데 나는 그 방법으로 잠시 싸울 수는 있어도 오래 싸울 수는 없다고 봅니다. 결국 방어 체계가 위협의 증대 속도에 맞추려면 면역 능력을 가진 개체들을 자기복제할 수 있어야 할 겁니다.

다윈: 그렇다면 면역용 나노봇을 활용한다는 게 유해한 나노봇들의 감염 과정과 똑같은 것 아니겠소? 일단 생물자원에 씨앗처럼 일부를 심어두는 것으로 잠복 시나리오가 시작되는 거니까요.

레이: 하지만 면역용 나노봇들은 우리를 파괴하는 프로그램이 아니라

보호하는 프로그램을 갖고 있죠.

다윈: 소프트웨어란 것에 손을 댈 수도 있다고 들었소만.

레이: 해킹한다는 말씀인가요?

다윈: 그래요. 해커가 면역용 소프트웨어에 손을 대서 끝도 없이 자기복
제하도록 만든다면……

레이: ……네, 알겠어요, 조심해야겠죠, 물론.

2004년의 몰리: 당연하죠.

레이: 그런데 생물학적 면역계에도 마찬가지 문제가 있다는 사실을 지
적하고 싶군요. 인체의 면역계는 상당히 강력하지만 가끔 잘못 가
동되어서 치명적인 자가 면역 질병을 일으키기도 하죠. 그렇다고
면역계를 대체할 대안이 있느냐 하면 그건 아니거든요.

2004년의 몰리: 그러니까 소프트웨어 바이러스 때문에 면역용 나노봇들
이 은밀한 파괴자로 바뀔 수도 있다는 거군요?

레이: 가능합니다. 소프트웨어 보안은 앞으로의 인간-기계 문명 매 단
계에서 결정적인 문제가 될 게 분명해요. 모든 것이 정보인 세상이
니 방어기술에 대한 소프트웨어 보안을 유지하는 것은 생존이 걸
린 문제죠. 경제만 놓고 보더라도 정보를 창조하는 비즈니스 모델
을 잘 보호하는 것은 우리 복지가 걸린 문제이고요.

2004년의 몰리: 무력한 기분이 드는데요. 좋은 나노봇들과 나쁜 나노봇
들이 마구 싸우는 세상에서 나란 존재는 그저 불운한 방관자일 거
라는 생각이 들어요.

레이: 그게 뭐 새로운 일인가요? 2004년 현재 당신은 세상에 존재하는
수만 개의 핵 무기들에 대해 어떤 영향력을 미칠 수 있나요?

2004년의 몰리: 최소한 그것에 대해서 말을 할 수는 있고 투표권이 있으
니 어느 정도 국가 외교 정책에 영향을 미칠 수도 있죠.

레이: 그게 바뀔 이유는 없잖아요. 2020년대와 2030년대가 되면 믿을
만한 나노기술 면역 체제를 구축하는 문제가 커다란 정치적 문제

로 떠오를 거고요.

2004년의 몰리: 강력한 인공지능은 어쩌고요?

레이: 좋은 소식은, 강력한 인공지능이 있으면 유해한 나노기술을 막을
수 있다는 거예요. 파괴적 기술보다 앞서 방어기술을 발전시키는
일을 도와줄 만큼 똑똑할 테니까요.

네드 러드: 그 지능이 우리 편이라는 가정하에 말이지요.

레이: 그건 그렇습니다.

9

비판에 대한 반론

사람의 몸이 이상한 단백질을 싫어하여 최선을 다해 물리치려 하듯 사람의 마음은 이상한 생각을 싫어하고 거부한다.

—W. I. 베버리지[*]

과학자가 어떤 것이 가능하다고 말하면 아마 거의 맞는 말일 것이다. 하지만 어떤 것이 불가능하다고 말하면 아마 거의 틀린 말일 것이다.

—아서 C. 클라크

다양한 비판들

나는 《영적 기계의 시대》에서부터 수확 가속의 추세에 대해 언급하기 시작했다. 그 책의 출간 후 많은 사람들이 실로 다양한 반응을 보여주었다. 내가 책을 통해 임박했음을 알린 심오한 변화들을 두고 깊이 있는 토론도 벌어졌다(가령 빌 조이가 〈와이어드〉에 기고한 글 〈왜 미래는 우리를 필요로 하지 않는가〉로 촉발된 희망 대 위험 논쟁이 있다). 왜 그런 변혁이 일어나지 않을 것인지, 않을 수밖에 없는지, 않아야 하는지 논쟁하고자 하는 갖가지 시도도 이어졌다. 이 장에서 그런 비판들에 대해 반론할 것인데, 다음과 같이 내용을 짤막하게 정리했다.

• 맬서스주의자들의 비판: "기하급수적 성장이 무한히 지속되리라

---

[*] 영국 케임브리지 대학의 동물 병리학자.

예상하는 것은 착각이다. 성장을 뒷받침하는 자원이 언젠가 떨어지게 되어 있기 때문이다. 게다가 극도로 조밀한 연산 플랫폼을 가동할 수 있을 만한 에너지도 없고, 설령 있다 하더라도 그 연산 기기는 태양만큼 뜨거울 것이 분명하다." 기하급수적 성장은 점근선을 향해 가므로 무한에 가까운 자원을 요할지 모른다. 하지만 연산과 통신에 필요한 물질과 에너지의 양이 연산 단위당, 비트 단위당 너무나 적기 때문에 성장 추세는 큰 문제 없이 지속될 것이다. 최소한 비생물학적 지능이 생물학적 지능보다 압도적으로 강력하게 되는 지점까지는 반드시 지속될 수 있다. 가역적 연산으로 에너지 소모 및 열 발산을 엄청나게 줄일 수 있다. '차가운' 컴퓨터에 한정하더라도 비생물학적 연산 기기가 생물학적 지능을 압도적으로 능가하기엔 충분하다.

- **소프트웨어에 관한 비판**: "하드웨어에서는 기하급수적 수확을 거두고 있지만 소프트웨어의 발전은 진흙탕에 빠진 상황이다." 소프트웨어의 발전 속도가 연산 하드웨어의 속도보다 느린 건 사실이지만 소프트웨어 또한 보다 효과적이고 효율적이고 복잡한 방향으로 가속적 발전을 하고 있다. 검색 엔진에서 게임에 이르기까지 많은 소프트웨어들이 인공지능 기법을 쓴다. 불과 10년 전만 해도 연구 단계였던 기술들이다. 소프트웨어의 전반적 복잡성, 생산성, 주요한 알고리즘 문제를 푸는 효율성 등이 상당히 개선되었다. 게다가 우리는 기계로 인간의 지능을 따라잡는 작업을 잘하기 위한 멋진 작전을 갖고 있다. 뇌를 역분석하는 것이다. 뇌의 작동 원리를 파악해서 다른 연산 플랫폼에 그대로 설치하는 것이다. 뇌 역분석 기술의 여러 측면도 가속적으로 발전하고 있다. 뇌 스캔의 시공간적 해상도, 뇌의 작동에 대한 다양한 수준의 이해, 현실적인 모델 구축 및 뉴런과 뇌 영역들에 대한 시뮬레이션 등이 모두 나아지고 있다.

- 아날로그 처리 방식에 관한 비판: "디지털 연산은 켜고 끄는 이진법에 기반을 두고 있어서 너무 경직된 방식이다. 반면 생물학적 지능은 대부분 아날로그 연산을 사용하므로 미묘한 처리를 할 수 있다." 인간의 뇌가 디지털식으로 통제되는 아날로그 연산법을 쓴다는 것은 맞는 말이다. 하지만 그런 방법을 기계에 적용하지 못할 이유가 없다. 게다가 디지털 연산은 아날로그 연산을 매우 정확하게 모방할 수 있지만 역은 가능하지 않다.

- 신경 정보 처리의 복잡성에 근거한 비판: "개재뉴런 연결(축색 돌기, 수상돌기, 시냅스)로 정보가 처리되는 과정은 단순한 신경망 모델들보다 훨씬 복잡하다." 사실이다. 하지만 뇌 영역 시뮬레이션은 단순한 모델들만 사용하는 게 아니다. 뉴런과 개재뉴런 연결을 현실적으로 모방하는 수학적 모델 및 컴퓨터 시뮬레이션들이 존재한다. 이들은 생물학의 비선형적 속성과 정교함을 갖추고 있다. 게다가 뇌의 특정 영역은 그보다 작은 구조인 뉴런보다 오히려 복잡하지 않다고 알려져 있다. 여러 영역에 대한 효과적인 모델과 시뮬레이션이 개발되어 있다. 게놈에 저장된 뇌 설계에 관한 정보량은 중복을 제거하고 계산할 때 약 3천만~1억 바이트 사이이므로 감당할 수 없는 수준이 결코 아니다.

- 미세소관과 양자 연산에 관한 비판: "뉴런에 있는 미세소관이란 구조가 양자 연산을 담당한다. 양자 연산이야말로 의식의 선결조건이다. 인성을 어딘가에 '업로드'하기 위해서는 일단 정확한 미세소관의 양자 상태를 알아낼 수 있어야 할 것이다." 이 주장의 문장 하나하나는 확실한 증거가 없는 것들이다. 사실이라 해도 양자 연산을 비생물학적 기관에 옮기지 못할 이유는 전혀 없다. 우리는 반도체 속 양자 현상을 잘 이용하고 있으며(가령 양자 터널링 트랜지스터 같은 것도 개발했다) 기계를 통해 양자 연산을 수행하려는 연구도 속속 진행 중이다. 정확한 양자 상태에 대해서라면? 지금의 나와

이 문장을 쓰기 전의 나는 서로 다른 양자 상태에 있다. 그렇다고 내가 다른 사람인가? 엄밀히 말하면 그럴지도 모르지만 몇 분 전의 내 상태를 저장하여 어딘가에 업로드했다 해도 '레이 커즈와일' 튜링 테스트를 통과하는 것은 식은 죽 먹기일 것이다.

- 처치-튜링 명제에 관한 비판: "어떤 튜링 기계도 풀 수 없는 문제들이 있음을 보여줄 수 있다. 또한 튜링 기계가 모든 컴퓨터를 대신할 수 있다는 것도 보여줄 수 있다(즉 세상의 어떤 컴퓨터가 풀 수 있는 문제라면 마찬가지로 그것을 풀 수 있는 튜링 기계가 존재한다). 그것은 곧 컴퓨터는 어떤 문제들은 풀 수 없다는 것을 의미한다. 그러나 사람은 풀 수 있다. 그러므로 기계는 영원히 인간 지능을 모방하지 못할 것이다." 기계가 '풀 수 없는' 문제들을 인간이 더 잘 풀 수 있다는 보장은 어디에도 없다. 인간은 그 경우 보통 학습을 통해 갈고 닦은 추론력으로 짐작을 하곤 하는데, 기계도 그 정도는 할 수 있으며 그것도 사람보다 더 빨리 할 수 있다.

- 실패율에 대한 지적: "컴퓨터가 나날이 복잡해지면서 끔찍한 사고를 일으킬 실패의 가능성을 걱정하지 않을 수 없다. 토머스 레이*의 말을 빌리면 우리는 '기존의 접근법으로 달성할 수 있는 최고 수준의 설계 및 제작 효율 한계에 근접하고 있다'." 이제껏 우리는 다양한 분야의 전문적 임무를 위해 점점 더 복잡한 시스템을 만들어왔다. 그런데 그런 시스템들의 실패율은 매우 낮다. 물론 복잡한 체제는 속성상 완벽할 수 없지만 그것은 인간 지능도 마찬가지다.

- '속박' 효과에 대한 지적: "에너지나 교통 같은 분야에는 복잡하고 넓은 기반 체제가 필요하다(많은 투자도 있어야 한다). 그 기존의 체제는 특이점을 뒷받침할 것으로 예상되는 기술들의 빠른 발전을 막는 효과를 발휘한다." 용량이나 가격 대 성능비가 기하급수적으

* 미국 오클라호마 대학의 동물학 교수로 '티에라'라는 진화 알고리즘을 개발했다.

로 성장한다는 것은 주로 정보 처리 분야의 이야기다. 정보기술 분야에서는 어떠한 속박 효과도 없이 빠른 패러다임 전환이 이루어져 온 것을 우리는 목격했다(인터넷이나 무선 통신 같은 분야에서는 대규모 하부구조 투자가 필요했는데도 그랬다). 결국 에너지나 교통 영역도 새로운 나노기술 혁신들 덕분에 혁명적 변화를 맞게 될 것이다.

• 존재론 입장의 비판: "존 설은 여러 버전으로 중국어 방 유추를 설명한 바 있다. 한 가지를 설명하면 이렇다. 어떤 사람이 정해진 프로그램에 기계적으로 따름으로써 중국어로 씌어진 질문들에 답한다고 생각해보자. 그는 유창하게 중국어로 대답을 하는 것처럼 보이지만 사실 문서화된 프로그램을 그냥 따르는 것일 뿐이므로 중국어를 진짜 이해한다 할 수 없고 자신이 하는 일의 내용을 제대로 의식한다 할 수 없다. 결국 그 방 안의 '사람'은 아무것도 이해하지 못하는 것이다. '그 사람은 그저 컴퓨터에 불과'하기 때문이다. 이것이 설의 논증이다. 한마디로 정해진 법칙만 따를 줄 아는 컴퓨터는 자신의 행동을 이해할 수 없다는 것이다." 설의 중국어 방 논증은 기본적으로 동어반복이다. 컴퓨터는 진정한 이해를 할 수 없다고 결론 내리기 위해 똑같은 내용의 가정을 깐다. 설의 단순한 유추에 숨겨진 철학적 속임수는 규모의 문제를 강조하는 것이라고도 볼 수 있다. 설은 극히 단순한 시스템을 묘사하고는 어떻게 그것이 진정한 이해를 갖출 수 있겠냐고 묻는다. 하지만 시스템의 설명 자체가 오해의 소지가 있다. 설 자신의 가정에 합당하려면 이른바 중국어 방이란 사람의 뇌만큼 복잡한 무엇이어야 한다. 그러므로 인간 뇌만큼의 이해력을 갖출 수도 있는 것이다. 설이 묘사하는 유추 속의 사람은 마치 중앙처리장치처럼 행동하고 있는데, 이는 컴퓨터라는 시스템의 일부일 뿐이다. 설령 사람 자신이 직접 볼 순 없다 해도 중국어에 대한 이해는 프로그램의 전체 패턴에, 그리고 사람이 프로그램을 따르기 위해 조작해야 하는 수많은 부

품들에 널리 퍼져 있는 것이다. 나는 영어를 이해할 수 있지만 내 뉴런 각각은 할 수 없다는 사실을 떠올려보라. 이해는 신경전달물질의 농도, 시냅스의 갈라진 틈, 개재뉴런 연결이라는 다양한 패턴들에 체화되어 있는 것이다.

- **빈부 격차에 대한 지적:** "이런 기술 때문에 부자들은 더 많은 기회를 얻는 반면 나머지 대부분의 가난한 사람들은 기회에 접근조차 못하게 될 것이다." 이것은 전혀 새로운 현상이 아니다. 하지만 나는 가격 대 성능비가 기하급수적으로 성장할 것이므로 결국 기술들이 거의 공짜나 다름없을 정도로 값싼 것이 되리라 말하고 싶다.

- **정부 규제 가능성에 대한 지적:** "정부의 규제가 기술의 속도를 늦추거나 심지어 중단시킬 것이다." 규제가 발전을 저해할 수 있다는 가능성은 심각하게 다룰 문제임에 분명하지만, 과거를 돌이켜볼 때 규제 때문에 이 책에 소개된 기술 발전 추세들이 조금이라도 더뎌진 예는 없다. 전 세계적 전체주의 국가가 등장하지 않는 한, 경제적 동인 때문에라도 기술 발전은 지속될 것이다. 줄기세포 연구처럼 논란의 여지가 많은 주제도 결국엔 강물 속의 돌멩이 하나처럼 마무리된다. 발전의 흐름은 그 돌멩이를 넘어 유유히 진전한다.

- **유신론 입장의 비판:** "윌리엄 A. 뎀스키*의 말을 빌리면 이렇다. '레이 커즈와일 같은 현대의 유물론자들은 물질의 운동이나 형태만으로 인간 정신을 충분히 설명할 수 있다고 한다. 하지만 물질은 예측 가능해도 현실은 그렇지 않다. 예측가능성은 유물론의 주된 미덕이라 할 수 있고, 공허함은 주된 오류라 할 수 있다'." 천만에, 복잡한 물질 및 에너지 패턴은 전혀 예측가능하지 않다. 예측가능하지 않은 양자적 사건들이 무수히 모여 이뤄진 것이기 때문이다. 설

* 미국의 철학자이자 수학자, 신학자. 차세대 창조론이라 할 수 있는 지적 설계 이론의 주창자이다.

령 양자역학에 '숨겨진 변수'가 있다는 해석(양자 현상이 예측불가
능한 듯 보이지만 알고 보면 어떤 숨겨진 변수에 따르는 것으로서 우리가
아직 알아내지 못한 것뿐이라는 해석)을 받아들인다 해도 복잡한 체
제의 움직임을 실제로 예측하기란 어려울 것이다. 우리가 생물학
적 개체만큼이나 복잡한 비생물학적 체계를 만들어내리라는 점은
어느 모로 보나 명백하다. 인간 지능의 능력을 설명하기 위해 물
질과 에너지의 패턴 이상의 무언가를 굳이 덧붙이지 않아도 된다.

- **전체론 입장의 비판:** "마이클 덴턴*을 인용하면, 유기체는 '자기 조
  직적이고…… 자기 참조적이고…… 자기복제적이고…… 상호 호
  혜적이고…… 자기 형성적이며…… 전체론적이다'. 그러한 유기체
  는 오로지 생물학적 과정을 통해서만 탄생될 수 있으며, 그런 유기
  체만이 '변환 불가능하고…… 침투 불가능하고…… 근본적인 존재
  의 실체이다'."[1] 실로 생물학적 설계에는 심오한 원칙들이 숱하다.
  하지만 기계도 그 원칙들을 활용할 수 있으며, 활용하고 있다. 비
  생물학적 체계가 생물계의 특성인 패턴 창발성을 사용하지 못할
  이유는 전혀 없다.

나는 여러 공론의 장에서 비판들에 대해 반론하며 무수한 토론과
논쟁을 겪었다. 이 책을 쓴 이유 중 하나가 비판 중 중요한 것들에 대
해 제대로 점검할 공간을 갖기 위해서다. 내가 예측하는 일이 가능하
지 않고 필연적이지도 않다고 말하는 비판들에 대해 실은 책 전반에
걸쳐 반론한 것이나 마찬가지지만, 이 장에서 좀 더 세밀하게 말해보
고 싶다.

---

* 뉴질랜드 오타고 대학의 생화학자로 지적 설계 이론의 탄생에 기여하는 저서를 썼다.

믿을 수 없다는 비판

아마 내 미래 예측에 대한 가장 솔직한 비판이 이것 아닐까 한다. 그런 심대한 변화가 실제 일어나리라 믿기 힘들다는 단순한 불신인 것이다. 가령 화학자 리처드 스몰리는 나노봇들이 인간 혈류에서 일하게 되리라는 생각을 '웃기다'는 한마디로 일축했다. 과학자들은 현재의 작업이 미칠 영향을 가급적 조심스럽게 점쳐야 한다는 윤리 의식에 따르는 편이고, 그 이해할 만한 신중함 탓에 먼 미래의 과학 기술이 가질 힘을 겁내는 편이다. 그러나 패러다임 전환이 갈수록 빨라지는 지금, 이런 뿌리깊은 비관주의로는 수십 년 뒤 과학의 역량을 제대로 평가하기 힘들다. 사회가 정확한 평가를 원하는 데도 말이다. 백년 전 사람들에게는 오늘날의 기술이 얼마나 믿을 수 없는 것으로 보이겠는가.

이와 관련된 또 다른 비판으로 미래 예측 자체를 신뢰할 수 없다는 게 있다. 과거에 몇몇 미래주의자들이 내렸던 잘못된 예측들을 얼마든지 끌어와서 공격할 수 있을 것이다. 사실 어떤 회사나 제품이 성공할 것인지 예측하는 일은 불가능하진 않다 해도 극히 어렵다. 어떤 기술 설계나 표준이 득세할지 예측하는 것도 마찬가지로 어렵다. (가령 향후 수년간 WiMAX, CDMA, 3G 중 어떤 무선 통신 프로토콜이 장악할 것인가?) 하지만 정보기술의 전반적 효율을 점검하다 보면 분명히 또렷하고 예측가능한 기하급수적 성장세를 발견할 수 있다(가격 대 성능비, 대역폭, 기타 각종 용량이 그랬다). 연산의 가격 대 성능비는 백 년 전부터 지금까지 꾸준한 기하급수적 성장을 지속하고 있다. 연산을 하거나 정보를 전달하는 데 드는 물질과 에너지의 양이 거의 무에 가까울 정도로 적다는 점을 염두에 두면, 이런 추세는 최소한 다음 세기까지 줄곧 이어지리라 자신 있게 예측할 수 있다. 기술들이 미래 어느 지점에 얼마만큼의 역량을 보일 것인지도 비교적 신빙성 있게 예측할 수 있다.

기체를 이루는 분자 하나의 궤적을 예측하기란 사실상 불가능하지만 전체 기체(혼란스럽게 상호작용하는 수많은 분자들로 이루어진)의 속성을 예측하는 것은 가능하다. 열역학 법칙들을 쓰면 믿을 만한 예측이 나온다. 비슷하게, 특정 사업이나 회사의 결과를 신빙성 있게 예측하는 것은 불가능하지만 정보기술(수많은 혼란스러운 행위들로 구성되는)의 전반적 역량에 대해서는 수확 가속의 법칙에 따라 믿을 만한 예측을 내놓을 수 있다.

기계, 즉 비생물학적 체계들이 영원히 인간과 대등해질 수 없다고 거세게 주장하는 사람들 또한 이런 기초적 불신을 표출하는 듯하다. 역사를 돌이켜보면 사람들은 인간이 특별한 존재라는 공인된 견해에 도전하는 발상에는 늘 저항했다. 지구가 우주의 중심이 아니라는 코페르니쿠스의 통찰에 저항했고, 인간이 다른 영장류에서 조금 진화한 존재일 뿐이라는 다윈의 통찰에도 저항했다. 기계가 인간 지능에 맞먹거나 능가할 수 있다는 예측은 인간의 지위에 도전하는 또 다른 주장으로 보이는 것이다.

나는 인간 존재에는 과연 무언가 엄청나게 특별한 점이 있다고 본다. 인간은 마주할 수 있는 효율적 조작 도구(즉 엄지)와 인지 기능을 동시에 갖춘 지구상 최초의 존재였다. 덕분에 기술을 창조하여 스스로의 한계를 넓힐 수 있었다. 지구상 다른 어느 종도 이 일을 해낸 바 없다(정확히 말하면 인간은 현재의 생태계에 살아남은 유일한 그런 종이었다. 가령 네안데르탈인 같은 종도 있었지만 살아남질 못했다). 아직까지는 우주 전체를 통틀어 이런 일을 해낸 다른 문명을 발견하지도 못했다.

맬서스주의자들의 비판

기하급수적 추세가 영원히 지속될 수는 없다 기하급수적 성장이 언젠가 벽에 부딪치게 되어 있다는 주장을 잘 드러내는 고전적 사례가 '오스트레일리아의 토끼들'이라고 불리는 이야기다. 우연히 아늑한 새 서식지를 발견한 종은 기하급수적으로 수를 늘려간다. 하지만 곧 환경의 지탱 능력이 한계에 다다른다. 그러면 개체수가 한꺼번에 크게 줄어드는 경우도 발생한다. 가령 해로운 종일 경우 사람들이 근절하려 들 것이기 때문이다. 동물에 기생하는 미생물도 좋은 예다. 미생물은 기하급수적으로 번식하다 곧 한계를 맞는다. 인체의 지탱 능력에 한계가 오고, 면역계의 활동에도 한계가 오면 숙주가 사망함으로써 미생물도 멸절하는 것이다.

오늘날 인구도 성장 한계에 다다른 것 같다. 풍요한 국가의 가정은 산아 제한을 실시함으로써 소수의 아이들에게 양질의 자원을 물려주려 한다. 선진국의 인구 팽창은 거의 멈췄다고 볼 수 있다. 몇몇 저개발국에서는 아직 대가족 선호 경향이 있다. 사회적 안전망으로 여기는 것인데, 최소한 한 아이라도 오래 살아남아 부모의 노후를 돌봐주길 바라는 것이다. 하지만 수확 가속의 법칙 덕에 전 세계적으로 경제가 발전하고 있으므로, 전 세계적으로 인구 증가 속도는 느려지고 있다.

그러니 정보기술도 마찬가지 아니겠는가? 지금은 기하급수적 성장세를 보이지만 언젠가 한계에 다다르지 않겠는가?

답은 그렇다는 것이다. 다만 책에서 소개한 커다란 변혁들이 모두 벌어지고 난 후라는 것이 중요하다. 3장에서 말했듯 1비트의 정보를 연산하거나 통신하는 데 필요한 물질과 에너지 양은 갈수록 적어지고 있다. 게다가 가역적 논리 게이트를 사용하게 되면 에너지 소모는 연산 결과를 전송하거나 오류를 수정하는 단계에서만 일어날 것이다. 각 연산 단계에서 발생한 열을 즉각 재활용해 다음 단계 연산의 에너지로 쓸 수도 있다.

5장에서 말했듯 나노기술을 활용하여 설계를 하면 연산이든, 통신이든, 제조업이든, 교통이든, 모든 분야가 현재보다 훨씬 효율적으로 에너지를 쓰게 될 것이다. 나노기술은 태양빛 같은 재생 에너지원 활용에 도움을 준다. 지구에 도달하는 태양 에너지의 0.03퍼센트만 거두더라도 2030년의 에너지 수요인 30조 와트는 너끈히 만들어낼 수 있다. 매우 싸고, 가볍고, 효율적인 나노 태양열 집열판을 설치하고, 수확한 에너지를 나노 연료 전지로 저장, 운반하면 된다.

사실상 무한한 한계 가역적 논리 게이트를 쓰도록 최적화된 1킬로그램짜리 컴퓨터는 10^{25}개의 원자를 포함하며 10^{27}비트의 정보를 저장할 수 있다고 앞서 말했다. 입자들 간의 전자기적 상호작용을 고려할 때 연산에 활용할 수 있는 초당 비트당 상태 변화는 최소한 10^{15}가지다. 그렇다면 궁극의 '차가운' 1킬로그램짜리 컴퓨터는 초당 10^{42}개의 연산을 할 수 있는 셈이다. 오늘날 지구상 모든 생물학적 두뇌를 합한 것보다 10^{16}배 강력하다. 궁극의 컴퓨터가 뜨거워지도록 놔둔다면 연산 능력은 10^8만큼 더 높아질 것이다. 연산 자원을 물질 1킬로그램에 국한해야 할 이유도 물론 없다. 우리는 지구의 물질과 에너지 중 일부를 가용할 것이며, 나아가 태양계, 더 나아가 우주의 자원도 쓰게 될 것이다.

패러다임에는 한계가 있다. 무어의 법칙(평면 집적회로를 구성하는 트랜지스터의 크기가 갈수록 줄어든다는 법칙)은 향후 20년 안에 한계를 맞을 것으로 보인다. 사실 무어의 법칙의 종말은 자꾸만 미뤄져왔다. 처음에 사람들은 2020년이면 한계라 했으나 이제 인텔 사는 2022년이라고 한다. 중요한 점은, 하나의 연산 패러다임이 한계에 다다를 때가 되면 다음 패러다임을 창조하기 위한 연구 노력과 압력이 증가한다는 것이다. 연산이 기하급수적 성장을 했던 지난 백 년의 역사를 보면 그런 패러다임 전환이 네 번이나 있었다(전자기 계산기에서 계전기식 컴퓨터로, 진공관으로, 하나의 트랜지스터로, 마지막은 집적회로로). 현재 여섯째 연산 패러다임, 즉 분자 수준의 자기조직적 3차원 회로를 위한 초석들이 놓이고 있다. 그러니 현행 패러다임이 끝을 보인다 해서 진정한 한계라 판단하는 건 섣부르다.

정보기술의 능력은 무한하진 않겠지만 거의 무한에 가까울 정도로 방대할 것이다. 태양계의 물질과 에너지는 최소한 10^{70}cps의 연산을 뒷받침할 수 있다. 우주에 최소 10^{20}개의 항성이 있다고 하면 10^{90}cps의 연산이 가능하다. 세스 로이드가 다른 방식으로 계산했을 때의 결과와 일치하는 수치다. 그러니 이 비판에 대한 답은 이렇다. 물론 한계가 있다. 하지만 전혀 불편이 없을 정도의 한계다.

소프트웨어에 관한 비판

강력한 인공지능의 현실성을 의심하는 사람들, 그리하여 특이점 자체를 의심하는 사람들은 보통 양적 성장과 질적 성장을 구분하려고 한다. 기억 용량, 처리 장치 속도, 통신 대역폭 등 양적인 역량에 해당하는 부분은 기하급수적으로 성장하고 있지만 소프트웨어는(즉 방법론과 알고리즘은) 그렇지 않다는 것이다.

이를 하드웨어 대 소프트웨어 비교에 의한 비판이라 부를 수 있을 것이며, 의미 있는 비판이다. 가상현실의 개척자인 재런 러니어는 나를 비롯한 이른바 인공지능 전체주의자들이 소프트웨어 '만능신'의 출현을 기다린다고 비판했다.[2] 어떤 식인지는 모르겠지만 하여간 소프트웨어도 발전하리라는 안이한 입장이라는 것이다. 하지만 나는 지능 소프트웨어가 어떤 길을 따라 어떻게 발전해갈 것인지 상세히 설명한 바 있다. 뇌 역분석은 러니어 등이 생각하는 것보다 훨씬 발전한 상태이고, 인간 지능의 기저에 있는 자기조직적 방법론을 훔쳐다 인공지능의 도구상자에 넣어줄 것이다. 이 얘기는 나중에 하고 지금은 소프트웨어의 발전을 비판하는 다른 견해들을 살펴보자.

소프트웨어의 안정성 러니어는 소프트웨어의 속성이 '다루기 어렵고 깨지기 쉬운' 것이라 주장한다. 그러면서 자신이 소프트웨어를 다루느라 얼마나 애를 먹어왔는지 구구절절 소개했다. 러니어는 말한다. "상당히 복잡한 작업들을 컴퓨터에게 시켰을 때 오류나 보안 문제 없이 믿을 만하고 유연하게 처리되리라 기대해서는 안 된다. 애초에 불가능하다."[3] 나는 모든 소프트웨어들을 변호하고픈 마음은 없다. 하지만 복잡한 소프트웨어라고 꼭 끔찍한 고장을 일으킬 가능성이 높은 건 아니다. 전문적 임무를 수행하기 위해 설계된 복잡한 소프트웨어들이 큰 고장 없이 잘 돌아가고 있다. 비행기 착륙을 통제하는 소프트웨어, 중환자실을 감시하는 소프트웨어, 지능형 무기를 인도하는 소프트웨어, 자동 패턴 인식 기법에 따라 수십억 달러의 헤지 펀드를 운용하는 소프트웨어들을 떠올려보라.[4] 자동 착륙 인도 소프트웨어에 오류가 나서 비행기 사고가 났다는 얘기는 한 번도 들어본 적 없다. 하지만 사람은 절대 그만큼 믿을 만하지 못하다.

소프트웨어의 반응성 러니어는 또 불평했다. "컴퓨터 사용자 인터페이스의 반응 속도는 15년 전보다 도리어 느린 것 같다. …… 대체 뭐가 문제인가?"[5] 러니어에게 옛날 컴퓨터를 한번 써보라고 권하고 싶다. 구식 컴퓨터는 설치 자체도 어렵겠지만 그건 별개의 문제다. 얼마나 느리고, 까다롭고, 무능력한 도구였는지 러니어는 완전히 잊어버린 것 같다. 20년 전의 개인용 컴퓨터 소프트웨어로 오늘날의 작업 중 몇 가지를 한다고 상상해보자. 옛날 소프트웨어들이 질적으로나 양적으로 나았다는 것은 말도 안 되는 얘기다.

요즘도 물론 설계가 잘못되었거나 반응이 느린 소프트웨어들이 있다. 하지만 대부분은 새로운 기능을 더했기 때문에 생긴 일이다. 사용자가 소프트웨어의 기능을 전혀 개선하지 않아도 좋다고 한다면 어떨까? 연산 속도와 기억 용량이 기하급수적으로 증가하므로 소프트웨어의 반응성은 문젯거리도 되지 않을 것이다. 다만 시장의 요구에 따라 기능 확장을 하지 않을 수 없는 것이다. 20년 전에는 검색 엔진은 물론이고 월드 와이드 웹과 연동된 소프트웨어 자체가 없었다(웹 자체도 없었다). 원시적 언어, 포맷, 멀티미디어 도구 등이 있었을 뿐이다. 기능은 늘 가능한 범위의 극단을 추구하는 법이다.

몇 년 혹은 수십 년 전의 소프트웨어를 낭만화하는 건 기계와의 씨름에서 좌절감을 느낄 필요가 없었던 수백 년 전의 삶을 이상화하는 것과 같다. 과거의 삶이 자유로웠을지는 모르겠다. 하지만 짧고, 노동집약적이고, 가난하고, 질병과 재앙에 무방비였던 것도 사실이다.

소프트웨어의 가격 대 성능비 소프트웨어의 가격 대 성능비를 점검해보면 어느 모로 보나 놀랍기 그지없다. 2장에 나왔던 음성 인식 소프트웨어의 예를 보자. 1985년에는 5천 달러를 주면 단어 천 개가 담긴 소프트웨어를 살 수 있었다. 연속 음성 인식 능력은 없고, 세 시간 동안 당신의 목소리에 훈련을 시켜야 하며, 정확도도 낮았다. 한편 2000년에는 50달러만 주면 10만 단어를 갖췄고 연속 음성 인식이 가능하며 훈련은 5분이면 충분하고 정확도도 놀랍게 향상된, 자연어를 이해하는(명령어를 편집하거나 할 수 있는 정도로) 소프트웨어를 살 수 있게 됐다.[6]

소프트웨어 개발의 생산성 소프트웨어 개발은 어떤 실정일까? 나는 40년 동안 소프트웨어를 개발해왔으니 이 문제에 대해서라면 어느 정도 자신 있게 말할 수 있다. 나는 소프트웨어 개발 생산성이 6년마다 두 배가 된다고 보는데 이는 매년 두 배로 가격 대 성능비를 늘려가는 처리 장치에 비하면 늦은 편이다. 하지만 꾸준히 기하급수적으로 증가하고 있다. 오늘날의 개발 도구, 클래스 라이브러리,* 지원 체계는 수십 년 전과 비교도 할 수 없이 효과적이다. 내가 최근 수행하는 연구를 보면 25년 전에 10명 이상이 1년 이상 해야 했을 작업을 요즘은 서너 명이 몇 달 안에 해낸다.

소프트웨어의 복잡성　20년 전의 소프트웨어 프로그램은 통상 수천 줄에서 수만 줄 규모였다. 요새 널리 쓰이는 프로그램들(가령 공급망 관리, 공장 자동화, 예약 시스템, 생화학 반응 시뮬레이션 프로그램 등)은 수백만 줄 이상이다. 통합전폭기 같은 무기를 통제하는 소프트웨어 프로그램은 수천만 줄 이상이다.

소프트웨어를 관리하는 소프트웨어도 빠르게 복잡해지고 있다. IBM은 자율 연산이라는 혁신적 개념을 개발하고 있는데, 일상적인 정보기술 지원 기능을 모두 자동화하려는 것이다.[7] 자율 연산 체계는 모델에 따라 스스로 행동할 수 있도록 짜일 것이며 "스스로 조직화하고, 스스로 치료하고, 스스로 최적화하고, 스스로 보호할 것이다." 자율 연산을 지원하는 소프트웨어의 코드는 수천만 줄이어야 할 것이다 (각 줄마다 수십 바이트의 정보를 담는다). 그러니 정보 복잡성의 측면에서 평가할 때 소프트웨어는 이미 인간 게놈과 게놈을 돕는 분자들에 담긴 수천만 바이트 규모의 정보량을 뛰어넘었다.

물론 프로그램에 담긴 정보량이 곧 복잡성의 척도인 것은 아니다. 매우 길면서도 쓸모 있는 정보라곤 한 줄도 담지 않은 프로그램도 있을 수 있다. 상당히 비효율적으로 암호화된 것으로 보이는 게놈도 이

---

*　프로그램 제작에 사용되는 각종 클래스(객체 지향 프로그래밍에서 데이터 구조와 조작을 정의한 것)들의 집합체.

건 마찬가지다. 어쨌든 그래서 소프트웨어의 복잡성을 제대로 평가할 기준을 마련하려는 시도가 종종 있었다. 일례로 미 표준기술연구소의 컴퓨터 공학자 아서 왓슨과 토머스 맥케이브가 만든 순환복잡도 측정법이 있다.[8] 가지치기와 결정점 구조를 고려해 프로그램 논리의 복잡도를 측정하는 기법이다. 이 지표에 따라 소프트웨어들을 평가하면 그간 복잡도가 빠르게 증가해왔다는 사실이 확인된다. 다만 생산성 배가 시간이 얼마인지는 정확한 자료가 없어 평가하기 힘들다. 요점은 요즘 산업계에 쓰이는 복잡한 소프트웨어들은 특정 뇌 영역의 신경 운동을 시뮬레이션하기 위한 프로그램이나 개별 뉴런의 생화학적 기능을 시뮬레이션하기 위한 프로그램보다 훨씬 복잡하다는 것이다. 우리는 이미 충분히 복잡한 소프트웨어를 다룰 줄 안다. 뇌가 처리하는 병렬식, 자기조직적, 프랙탈식 알고리즘을 모델링하고 시뮬레이션하기에 충분한 정도다.

발전하는 알고리즘 소프트웨어 알고리즘의 속도와 효율에도 급격한 개선이 이뤄지고 있다. 신호 처리, 패턴 인식, 인공지능 등에 쓰이는 프로그램의 기초 수학 함수를 푸는 여러 방법들이 하나같이 가격 대 성능비 면에서 좋아지고 있다. 하드웨어와 소프트웨어 양쪽에서 편익을 얻고 있는 것이다. 풀어야 할 문제에 따라 개선 정도는 조금씩 다르지만 전반적으로는 발전 추세이다.

신호 처리의 예를 보자. 컴퓨터뿐 아니라 인간의 뇌에서도 광범위하게 수행되는 집약적 연산 기능이 신호 처리다. 조지아 공대의 마크 A. 리처드와 MIT의 게리 A. 쇼는 신호 처리 알고리즘의 효율이 증가하는 추세라는 분석을 발표했다.[9] 예를 들어보자. 신호에서 패턴을 발견하려면 편미분방정식을 풀어야 할 때가 많다. 알고리즘 전문가 존 벤틀리에 따르면 편미분방정식을 푸는 데 소요되는 연산 조작 단계 수가 지속적으로 줄어들고 있다.[10] 대표적인 한 사례(각 차원마다 64개의 요소를 가진 3차원 격자에서 타원 편미분 해를 구하는 문제다)의 연산 수는 1945년에서 1985년까지 30만 개나 줄었다. 매년 38퍼센트씩 효율이 좋아진 셈이다(하드웨어의 개선은 전혀 포함하지 않은 것이다).

또 다른 예로 전화선을 통한 정보 전달이 있다. 지난 12년간 초당 300비트에서 56,000비트로 전송량이 증가했는데, 매년 55퍼센트 늘어난 셈이다.[11] 일부는 하드웨어 설계의 개선에서 비롯한 것이지만 대부분은 알고리즘 혁신으로 이루었다.

또 하나 정보 처리에서 중요한 문제로, 푸리에 변환법을 이용하여 신호를 주파수 성분으로 분리하는 작업이 있다. 신호를 여러 사인파의 합으로 표현하는 기법으로서 컴퓨터 음성 인식을 비롯한 여러 분야의 사용자 말단에 사용되고 있다. 1965년에는 '빠른 푸리에 변환'을 위한 '라딕스-2 쿨리-터키 알고리즘'이 등장하여 1,024개 데이터를 가진 푸리에 변환의 연산 수를 200개 가까이 줄였다.[12] 이어 한층 개선된 '라딕스-4' 방법이 등장하여 800개를 더 줄였다. 최근에는 '웨이브렛' 변환법이 도입되었는데 신호를 사인파보다 복잡한 파들로 분해할 수 있는 기법이다. 이 기법 덕에 신호를 분해하는 작업의 효율이 굉장히 극적으로 개선되었다.

앞에서 든 예들은 예외들이 아니다. 집약적 연산을 위한 '핵심' 알고리즘들은 하나같이 효율화를 이루었다. 정렬, 검색, 자기상관관계 측정(그리고 여타 통계학적 기법들), 정보 압축 및 압축 풀기 등의 알고리즘도 마찬가지다. 알고리즘을 병렬 처리하는 능력도 개선되었다. 하나의 방법을 여러 개의 방법으로 쪼개어 동시 수행되게 하는 것이다. 병렬 처리는 열 발산이 낮다는 장점이 있다. 뇌도 복잡한 기능을 빠르게 수행하기 위해서 병렬 처리를 널리 활용하고 있다. 기계에도 이 기법을 적용하여 최적의 연산 밀도를 얻어야 할 것이다.

그런데 하드웨어의 가격 대 성능비 발전과 소프트웨어의 효율 개선 사이에는 근본적인 차이가 한 가지 있다. 하드웨어의 발전은 비교적 일관되고 예측가능하다. 속도와 효율에서 새로운 단계로 도약하면 그 것을 도구 삼아 더욱 기하급수적 발전을 이룰 수 있다. 반면 소프트웨어 개선은 그만큼 쉽게 예측할 수 없다. 리처드와 쇼는 소프트웨어 분야에는 '개발 시간의 웜홀'이 있다고 말한다. 단 하나의 알고리즘 개선을 통해 하드웨어가 수년간 조금씩 발전해온 것과 맞먹는 혁신을 이룰 수 있다는 뜻이다. 사실 하드웨어가 지속적으로 개량될 것이므로 소프트웨어의 지속적 발전에 크게 매달릴 이유는 없다. 그러나 알고리즘에서 돌파구를 찾아내면 전반적 연산 능력을 크게 향상시킬 수 있으므로 개발은 쉼 없이 이뤄질 것이다.

지적 알고리즘을 얻어낼 궁극의 원천 기계로 인간 수준 지능을 얻기 위해 노력하는 우리에게는 확실한 전술이 하나 있다. 뇌가 활용하는 병렬식, 카오스적, 자기조직적, 프랙탈식 기법들을 역분석하여 현대적 연산 하드웨어에 옮겨 심는 것이다. 뇌와 뇌의 방법론에 대한 지식이 기하급수적으로 쌓여가고 있으며, 20년 내에 뇌를 구성하는 수백 개의 정보 처리 소영역들에 대한 상세 모델을 구축하고 시뮬레이션할 수 있을 것이다.

인간 지능의 작동 원칙을 이해한다는 것은 인공지능 알고리즘 도구상자에 도구를 하나 더하는 것이다. 우리가 요즘 기계적 패턴 인식에 동원하는 인공지능 기법들은 설계자조차 예측하지 못한 미묘하고 복잡한 행위를 보여준다. 자기조직적 기법이 늘 복잡하고 지능적인 행위를 창조하는 최고의 기법인 건 아니지만, 엄격하게 사전 프로그램된 논리 체계를 피하면서 복잡성을 탄생시킬 수 있는 훌륭한 방법인 것만은 틀림 없다.

사람의 뇌는 게놈으로부터 형성되는데, 게놈에 담긴 유용한 압축 정보의 양은 3천만~1억 바이트 사이다. 어떻게 그렇게 적은 정보량을 지닌 게놈으로부터 100조 개의 연결을 자랑하는 기관이 탄생하는

걸까? (뇌 구조를 묘사할 때 설명해야 할 연결에 대한 정보량이 게놈의 정보
량보다 100만 배 많다.)[13] 답은 게놈이 일련의 과정에 대한 지침만을 제
공한다는 것이다. 각 과정은 나름의 카오스적 기법을 동원하여(처음에
는 무작위적으로, 다음에는 자기조직적으로) 담을 수 있는 정보량을 늘려
간다. 뉴런이 배선되는 과정은 상당히 무작위적이라고 알려져 있다.
개체가 환경을 경험하면 개재뉴런 연결과 신경전달물질의 농도 패턴
은 실제를 더 잘 반영하는 방향으로 자기조직적으로 변화한다. 게놈
이라는 프로그램이 지시하는 것은 최초의 설계뿐으로, 그리 복잡하
지 않다.

　나는 규칙에 의존하는 전문가 시스템을 거대하게 구축함으로써 인
간 지능을 프로그램할 수 있으리라고는 생각지 않는다. 거대한 유전
알고리즘을 사용해 인간 지능의 온갖 기술들을 진화시켜낼 수 있으
리라고도 생각지 않는다. 러니어는 그런 식의 접근법은 국소해의 오
류(비슷한 여러 설계들 중에서는 제일 낫지만 최적화 상태는 아닌 설계)에 빠
지리라 지적했는데, 옳은 말이다. 러니어의 비판 중 또 흥미로운 것은
리처드 도킨스의 말마따나 생물학적 진화는 "바퀴를 놓쳤다"고 지적
한 것이다(바퀴를 가진 유기체는 하나도 없다는 의미에서 말이다). 사실 정
확한 지적은 아니다. 단백질 수준에서는 작은 바퀴 같은 것을 거느린
유기체가 있다. 박테리아 편모의 이온 모터 같은 것이 좋은 예로, 박
테리아가 3차원 환경을 휘젓고 다닐 수 있게 하는 교통 수단이다.[14]
게다가 더 큰 유기체에서는 바퀴가 별 쓸모가 없었을 것이다. 도로가
있지 않고서야 바퀴는 소용없기 때문이다. 생물체들이 2차원 공간의
교통 수단으로 바퀴를 진화해내지 않은 것은 그 때문이다.[15] 그러나
진화는 바퀴와 도로를 만들어낸 종을 창조했다. 간접적으로나마 수많
은 바퀴들을 만들어내는 데 성공한 셈이다. 간접적이어서 안 될 이유
는 없지 않은가? 우리도 늘 그러는데 말이다. 어쩌면 간접적 방법이
야말로 진화의 기본 발전 방법이었다(한 단계의 산물이 다음 단계를 낳

는 식이다).

뇌 역분석은 개개 뉴런 차원에서만 가능한 게 아니다. 5장에서 보았듯 수백만 혹은 수십억 개 뉴런들로 이루어진 뇌 영역 자체의 기능을 병렬 알고리즘 모델로 모방할 수 있다. 약 20여 개 영역에 대해 이미 모델이나 시뮬레이션이 성립되었다. 그런 식으로 연산을 단순화할 수 있는 것이다. 로이드 와츠, 카버 미드 등이 잘 보여준 바다.

러니어는 "진정 복잡하고 혼란스러운 현상이라는 것이 있다면 그것은 바로 인간"이라고 말했다. 나도 동의하지만 그게 큰 장벽이라고는 생각지 않는다. 나는 카오스 연산에 흥미를 갖고 있는데 설명하자면 우리가 어떻게 패턴 인식을 하는가의 문제이고, 인간 지능의 핵심 문제이다. 혼돈은 패턴 인식의 한 과정이다. 과정을 추동하는 힘이다. 뇌가 사용하는 방법을 기계에 적용하지 못할 이유가 없다.

러니어는 또 주장한다. "진화 자체도 진화해왔다. 가령 성을 도입하는 방법 등을 알아냈다. 그런데도 진화는 어느 수준 이상 빨라지지 못했으며 비교적 느린 속도를 유지해왔다." 러니어의 말은 생물학적 진화에나 들어맞지 기술적 진화에는 해당되지 않는다. 바로 그렇기 때문에 우리는 생물학적 진화를 넘어서고자 하는 것이다. 러니어는 진화 과정의 본질 한 가지를 잊고 있다. 단계마다 더욱 강력한 기법이 탄생하여 다음 단계로의 이행을 도와준다는 사실 말이다. 우리가 생물학적 진화의 첫 발(RNA)을 떼어 오늘의 기술까지 오는 데는 수십억 년이 걸렸다. 반면 월드 와이드 웹은 불과 몇 년 만에 등장했다. 말할 것도 없이 캄브리아기의 생물종 대폭발보다 훨씬 빠른 사건이었다. 그 모든 현상들이 하나의 진화 과정의 부분이었다. 천천히 시작했다가 점차 빨라졌으며 앞으로 수십 년 동안은 눈부시게 빨라질 하나의 과정이다.

러니어는 "인공지능이라는 사업은 지적 오류에서 비롯된 것"이라고 말한다. 회의주의자들은 컴퓨터가 모든 면에서 인간 지능에 맞먹는 날이 오기 전에는 계속 이처럼 물컵이 반밖에 차지 않았다고 투덜거릴 수 있다. 인공지능이 한 가지를 성취하면 성취되지 않은 다른 목표를 지적하며 성과를 깎아내린다. 인공지능 연구자들이 좌절하는 대목도 바로 여기다. 힘겹게 달성된 AI 목표는 더 이상 AI 영역 안의 일로 여겨지지 않고 유용한 일반적 기술로 취급된다. 그래서 AI는 아직 풀리지 않은 문제들로 구성된 분야라는 말까지 있다.

기계의 지능은 점차 발전하고, 그들이 할 수 있는 일도 늘어난다. 이전에는 사람의 지적인 관심이 필요했던 일들도 해낸다. 좁은 영역의 AI 사례는 수백 가지나 찾을 수 있다.

일례로 5장에서 얘기했던 딥 프리츠가 있다. 컴퓨터 체스 소프트웨어가 더 이상 연산 용량 증대에만 의존하지 않는다는 사례였다. 여덟 대의 개인용 컴퓨터로 구성된 2002년의 딥 프리츠는 훨씬 많은 용량을 동원했던 1997년의 IBM 딥 블루만큼 체스를 잘 둘 수 있었는데, 패턴 인식 알고리즘이 개선된 덕이었다. 소프트웨어의 지능이 질적으로 발전한 사례는 수없이 존재한다. 하지만 기계가 인간 지적 역량의 모든 분야를 남김없이 모방하게 될 때까지는 마음만 먹으면 얼마든지 기계의 능력을 폄훼할 수 있겠다.

인간 지능에 대한 완벽한 모델이 구축되면 기계는 양쪽 세계의 장점들을 취한다. 유연하고 미묘한 인간적 패턴 인식 능력에다가 기계 본연의 장점, 즉 빠른 속도, 엄청난 기억 용량, 무엇보다도 지식과 기술을 쉽게 공유하는 능력까지 갖출 것이다.

아날로그 처리 방식에 관한 비판

동물학자이자 진화 알고리즘 과학자인 토머스 레이 같은 비판자들은 지적 컴퓨터를 예상하는 나 같은 이론가들을 가리켜 "디지털 매질

의 독특한 속성을 잘 파악하지 못한다"고 한다.[16]

우선 나는 아날로그 방식과 디지털 방식을 통합하는 미래를 상상하고 있음을 밝히고 싶다. 뇌와 마찬가지 방식이다. 최근의 발전된 신경망은 상세한 뉴런 모델을 사용하는데, 사용하는 뉴런 활성화 함수는 비선형적이고 아날로그적이다. 뇌의 아날로그 기법을 모방하면 분명 여러 이점이 있다. 아날로그 기법은 생물계만의 독점 기법이 아니다. 컴퓨터를 '디지털 컴퓨터'라고 부르는 것은 제2차 세계대전 이전에 널리 쓰이던 좀 더 아날로그적인 컴퓨터들과 구분하기 위해서다. 카버 미드는 실리콘 회로들을 가지고 디지털식으로 통제되는 아날로그 회로망을 구축하여 포유류의 뉴런 회로를 모방할 수 있음을 보여주었다. 보통의 트랜지스터들로도 쉽게 아날로그 과정을 수행할 수 있다. 트랜지스터는 사실 본질적으로는 아날로그 기기다. 출력을 문턱에서 비교하는 기제가 덧붙여져 있기 때문에 디지털 기기가 되는 것뿐이다.

무엇보다도, 디지털 기법은 할 수 없는데 아날로그 기법이 할 수 있는 일이란 존재하지 않는다. 디지털 기법으로 아날로그 과정을 모방할 수는 있지만(부동 소수점 표현법을 쓰는 것이다) 역은 반드시 참이 아니다.

신경 정보 처리의 복잡성에 근거한 비판

뇌의 생물학적 설계는 너무나 복잡해서 비생물학적 기술로 모델링하고 시뮬레이션할 수 없다는 비판도 흔하다. 가령 토머스 레이는 이렇게 썼다.

뇌와 그 구성요소들에 있어 구조와 기능은 뗄 수 없는 관계다. 순환계는 뇌를 살아 있게 해주는 동시에 뇌의 화학적 정보 처리 기능에 핵심적인 호르몬들도 운반해준다. 뉴런의 막은 뉴런의 영역과 통일성을 담보하는 구조적 요소인 동시에 탈분극 현상을 통해 신호가 전달되는 장소이기도 하다. 구조 및 생명 유지 기능을 정보 처리 기능과 떼어내어 생각할 수 없는 것이다.[17]

레이는 뇌가 보여주는 "넓은 영역의 화학적 통신 기제들"에 대해서 상세히 설명하며 앞의 주장을 뒷받침한다.

그러나 이 기능들을 모방한 모델을 만드는 것은 어려운 일이 아니다. 이미 연구가 진척되고 있다. 다리를 놓아주는 것은 수학이라는 언어로, 수학적 모델을 비생물학적 구조로 풀어내는 것은(컴퓨터 시뮬레이션이라거나 본래 아날로그적인 트랜지스터들로 회로를 만든다거나 하는 일) 비교적 간단한 일이다. 순환계가 호르몬을 배달하는 일만 해도 말하자면 대역폭이 아주 낮은 현상으로서 모델로 만들고 모방하지 못할 이유가 없다. 호르몬 및 각종 화합물의 혈중 수치는 한 번에 수많은 시냅스들에 영향을 미치는 매개 변수로 작용한다.

토머스 레이는 "금속으로 만든 연산 체계는 생물학과 전혀 다른 역동적 속성을 갖고 있으므로 뇌의 기능을 정확히 그대로 '복사'할 수 없다"고 결론 내린다. 그러나 신경생물학, 뇌 스캔, 뉴런 및 신경 영역 모델, 뉴런-전자기기 통신, 신경 이식물 등 관련 분야의 발전상을 확인할 때, 생물학적 정보 처리 기능의 핵심을 얼마든지 모방할 수 있다는 결론이 더 합리적이다. 뇌 기능을 복사한 것이 우리 목표에 '매우 가까운' 성과를 보이게 할 수 있다는 것이다. 가령 튜링 테스트를 통과하게 만들 수 있다는 것이다. 게다가 수학 모델을 효율적으로 적용하면 생물학적 뉴런 집합을 있는 그대로 모델링할 때 필요한 연산 용량보다 훨씬 적은 용량으로 기능을 복사할 수 있다. 4장에서 사례들을 여럿 소개했다.

뇌의 복잡성 토머스 레이는 뇌의 복잡성은 프로그램으로 따지면 "수십억 줄의 코드"를 갖는 셈인데, 우리는 그렇게 복잡한 체계를 만들어낼 수 없다고 말한다. 대단히 과장된 수치다. 뇌는 3천만~1억 바이트 사이의 정보를 담은 게놈으로부터 만들어지는데(압축하지 않으면 8억 바이트 정도지만 중복이 엄청난 점을 감안하면 압축률이 높을 것이다), 게놈 정보의 3분의 2 정도가 뇌의 작동 원칙을 지시하고 있다고 가정할 수 있다. 비교적 적은 분량의 설계 정보로부터 성숙한 뇌라는 수천조 바이트의 정보가 탄생되는 비법은 자기조직적 과정에다 무작위성이라는 중요한 요소를(그리고 현실 세계와의 접촉을) 더하는 것이다. 마찬가지로, 인간 수준 지능을 가진 비생물학적 개체를 만드는 비법은 수십억 개의 법칙이나 수십억 줄의 코드로 방대한 전문가 시스템을 구축하는 게 아니라, 스스로 학습하며 자기조직적인, 카오스 시스템을 구축하는 것이다. 생물학에서 영감을 얻은 그대로 말이다.

레이는 또 이렇게 썼다. "어떤 공학자들은 풀러렌 스위치를 지닌 나노 분자 기기라거나 DNA 같은 컴퓨터 따위를 제안할지 모른다. 하지만 나는 그들이 뉴런을 만들 수 있을 거라고는 생각지 않는다. 뉴런은 우리가 다루는 분자들에 비하면 거의 천문학적으로 거대한 구조이기 때문이다."

내 말이 바로 그것이다. 뇌를 역분석하는 것은 생물학적 뉴런들의 까다로운 작동 과정을 있는 그대로 모사하기 위함이 아니라 정보 처리 기법의 핵심을 이해하기 위함이다. 현재 진행 중인 수십 가지 연구들이 가능성을 증명하고 있다. 뉴런 집합의 기능을 모방한 모델들은 거침없이 더욱 복잡해지고 있으며, 이는 인간의 다른 모든 기술들의 추세와 동일하다.

컴퓨터의 기본 속성으로서의 이원론 레드우드 신경과학 연구소의 신경과학자 안토니 벨은 뇌를 시뮬레이션하려는 연구자들이 마주칠

두 가지 난점을 지적했다. 첫째는 이렇다.

> 컴퓨터는 본질적으로 이원적인 개체다. 물리 구조의 설계는 연산
> 을 수행하는 논리 구조를 방해해선 안 된다. 경험상 우리는 뇌가
> 이원론적 개체가 아님을 안다. 컴퓨터와 프로그램은 두 개의 존재
> 일 수 있어도 마음과 뇌는 하나다. 그러므로 뇌는 기계가 아니다.
> 물리적 실체가 모델(또는 프로그램)의 수행을 방해하지 않는 식으
> 로 설계될 수 있는 유한한 모델(또는 컴퓨터)일 리 없다는 뜻이다.[18]

쉽게 반박할 수 있는 주장이다. 컴퓨터의 경우 연산을 수행하는 프
로그램을 물리적 실체에서 떼어낼 수 있다는 사실은 장점이지 한계가
아니다. 게다가 '컴퓨터와 프로그램'이 둘이 아니라 하나로 합쳐진 전
용 회로 같은 전자기기도 존재한다. 다른 프로그램을 얹을 수 없고 특
정 알고리즘의 수행에만 고정된 기기들이다. 휴대폰이나 포켓 컴퓨터
처럼 소프트웨어가 읽기 전용 기억장치에 저장되어 있어 변경이 불
가능한 것들(펌웨어)*을 가리키는 건 아니다. 프로그램을 쉽게 변형할
수 없다 해도 그것은 어차피 이원적 구조를 가진 기기이기 때문이다.
내 말은 아예 프로그램이 불가능한, 전문 논리를 지닌 시스템이 있
다는 것이다. 가령 특정 용도를 위해 설계된 주문형 집적회로가 그렇
다(영상이나 신호 처리용 집적회로 등). 특정 알고리즘만 수행하는 기기
를 만들면 비용을 아낄 수 있기 때문에 대부분의 전자 제품에는 그런
회로들이 쓰인다. 프로그램 가능한 컴퓨터는 더 비싸다. 하지만 소프
트웨어를 바꾸고 업그레이드할 수 있다는 유연성 때문에 널리 쓰이는
것이다. 프로그램 가능한 컴퓨터는 어떤 기능이라도 수행할 수 있다.
신경 요소들이나 뉴런, 뇌 영역이 처리하는 알고리즘을 처리할 수 있

---

* 소프트웨어를 전용 기억장치에 고정시켜 하드웨어화한 구조.

음은 물론이다.

논리 알고리즘이 처음부터 물리적 설계와 결합되어 있는 시스템을 일러 '기계가 아니다'라고 할 근거가 없는 셈이다. 작동 원리가 이해될 수 있고, 수학적 용어로 모델링될 수 있고, 다른 체계에 설치될 수 있다면(다른 체계라는 것이 변화 불가능한 전용 논리이든 프로그램 가능한 컴퓨터의 소프트웨어든 무관하다), 그것은 기계라 볼 수 있다. 혹은 기계로 재창조 가능한 속성을 지닌 개체라 볼 수 있다. 4장에서 말했듯 뇌의 작동 원리를 파악하고, 그것을 성공적으로 모델링하여 시뮬레이션하는 데는 아무 문제가 없다. 설령 분자 수준의 상호작용부터 시작하여 거시적으로 파악하려 하더라도 말이다.

벨이 "물리 구조의 설계는 연산을 수행하는 논리 구조를 방해해선 안 된다"고 한 것은 뇌는 이런 '한계'를 지니지 않았다는 걸 강조하기 위해서였다. 생각이 뇌를 형성하기도 한다는 점에서 그의 지적이 옳은 면도 있다. 뇌 스캔 연구 결과도 이 사실을 뒷받침한다. 하지만 뇌의 유연성을 물리적 면이나 논리적 면 가릴 것 없이 통째로 하나의 소프트웨어로 모델링할 수도 있다. 컴퓨터 소프트웨어가 물리적 실체와 별개의 존재라는 사실은 구조적 장점이다. 계속 더 나은 하드웨어로 바꿔가며 소프트웨어를 운용할 수 있다는 면에서라도 그렇다. 뇌의 신경 회로가 끊임없이 바뀌듯, 컴퓨터 소프트웨어를 업그레이드하거나 설계를 바꾸는 일도 가능하다.

또한 소프트웨어는 놓아두고 하드웨어만 계속 업그레이드할 수도 있다. 오히려 쉽게 바꿀 수 없는 뇌 구조야말로 진정한 한계다. 뇌는 지속적으로 새로운 연결망과 신경전달물질 패턴을 만들어낼 수 있지만, 전자기기보다 백만 배 이상 느린 화학적 신호 체계를 사용한다는 한계, 두개골 안에 들어갈 수 있는 개재뉴런 연결의 수가 제한되어 있다는 한계, 비생물학적 지능과 융합되기 전에는 하드웨어를 업그레이드할 수 없다는 한계 등을 지니고 있다.

차원과 반복 실행 벨은 뇌의 복잡성에 대해 또 다음과 같이 말한다.

> 분자들의 활동과 생물리학적 과정들은 뉴런 차원의 활동에 영향
> 을 미친다. 가장 뚜렷한 네 가지만 예를 든다면 유입 자극에 대한
> 뉴런의 민감도(시냅스의 전달 효율과 시냅스 이후 부분의 반응성 모두),
> 뉴런이 신호를 발사하는 흥분도, 신호의 패턴, 새로운 시냅스가 형
> 성될 가능성(동적 재배선) 등이 영향을 받는 것이다. 게다가 뉴런들
> 사이에 걸쳐 일어나는 현상들, 가령 국소 전기장이나 산화질소의
> 막간 확산은 각기 집단적 뉴런 점화와 세포로의 에너지 전달(혈류)
> 에 영향을 미치는데, 또한 후자는 뉴런의 활동에 직접적으로 관련
> 되는 현상인 것이다.
> 이런 상호작용 목록을 끝없이 나열할 수 있다. 나는 신경조절물질
> 이나 이온 채널, 시냅스 기제에 대해 진지하게 연구해본 사람이라
> 면, 동시에 정직한 사람이라면, 뉴런이라는 차원을 연산의 차원으
> 로 생각할 수 없으리라고 믿는다. 뇌 기능을 서술함에 있어서는 때
> 로 유용한 기술적 차원이 될 수 있겠지만 말이다.[19]

벨이 여기서 하고 싶은 말은 뇌를 시뮬레이션할 때 뉴런을 기초 단
위로 잡는 것은 적절하지 않다는 것이다. 그런데 이 주장은 앞서 언급
했던 토머스 레이의 주장, 즉 뇌는 단순한 논리 게이트보다 훨씬 복잡
한 존재라는 견해와 일맥상통하는 듯하다.

글을 더 읽어보면 뚜렷해진다.

> 뇌의 기능을 설명하면서 한 덩어리의 잘 조직된 물 분자들이나
> 하나의 양자 결맞음 현상이 필수적인 요인이라고 주장한다면 필
> 시 우스꽝스러운 일이다. 하지만 이런 분자 하부 차원의 과정들이
> 모든 세포 속 모든 분자들의 기능을 체계적으로 뒷받침하고 있다

면, 이런 과정들이 뇌 전반에서 늘 진행되며 분자들끼리의 시공간적 상호 관계를 반영하고, 기록하고, 전파하는 역할을 한다면, 또한 반응의 발생 가능성과 특이성을 증감시키는 역할을 한다면, 그때도 무시할 수 있을까? 이것은 단순한 논리 게이트와는 질적으로 다른 상황인 것이다.

한편으로 벨은 여러 신경망 연구들이 쓰고 있는 뉴런과 개재뉴런 연결에 대한 단순한 모델을 비판하는 것이다. 그러나 뇌 영역 차원의 시뮬레이션은 그런 단순한 모델을 쓰지 않는다. 뇌 역분석 연구에 바탕을 둔 조금 더 현실적인 수학 모델을 쓴다.

벨이 진짜 하고 싶은 말은 뇌는 말할 수 없이 복잡하다는 것이다. 뇌를 이해하고, 모델로 만들고, 기능을 시뮬레이션하는 일은 매우 어려우리라 암시하고 싶은 것이다. 일단 벨은 뇌의 속성이 자기조직적이고, 카오스적이고, 프랙탈적이라는 점을 제대로 파악하지 못했다. 물론 뇌는 복잡하다. 하지만 복잡성은 가만 들여다보면 표면뿐일 때가 많다. 달리 말해 뇌의 설계 원칙은 겉모습보다는 훨씬 단순하다.

2장에서 잠시 말했지만, 뇌 구조가 프랙탈 속성을 지닌다는 사실을 떠올려보자. 프랙탈은 하나의 규칙이 반복적으로 적용되어 어떤 패턴이나 설계를 낳는 것을 말한다. 규칙 자체는 단순할 때가 많지만 그것이 반복되어 생기는 결과는 꽤 복잡하다. 수학자 브누아 망델브로가 고안한 망델브로 집합이 제일 유명한 예다.[20] 망델브로 집합을 시각적으로 표현하면 아주 복잡해보인다. 복잡한 모양 속에 또 복잡한 모양이 무한히 반복되는 듯하다. 아무리 크게 확대해서 세세히 살펴봐도 복잡함이 사라지지 않으며, 점점 더 복잡한 모양들이 등장한다. 그러나 이것을 만들어내는 공식은 놀랄 만큼 단순하다. 망델브로 집합을 나타내는 공식은 단 하나, $Z=Z^2+C$라는 것으로서 여기서 Z는 복소수(2차원이란 뜻이다)이고 C는 상수이다. 이 식을 반복 적용하여 나온 결

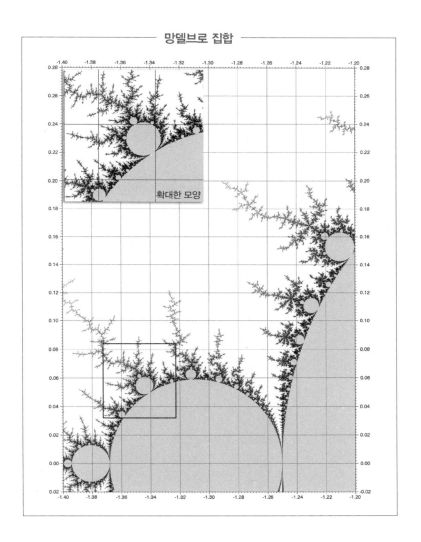

망델브로 집합

확대한 모양

과를 2차원 평면에 표시하면 이처럼 복잡한 패턴이 그려지는 것이다.

핵심은, 단순한 설계 법칙으로도 복잡해보이는 것을 창조할 수 있다는 점이다. 스티븐 울프럼도 세포 자동자에 관해서 비슷한 지적을 했었다. 이 통찰은 뇌 설계에도 적용된다. 압축된 게놈은 비교적 가뿐한 설계로서 요즘의 보통 소프트웨어 프로그램보다 규모가 작다. 벨

이 지적했듯 실제 뇌의 능력은 훨씬 복잡해보인다. 망델브로 집합처럼 뇌는 아무리 상세히 들여다봐도 차원마다 변함 없이 복잡하게만 보인다. 거시적 차원에서 보면 뉴런들의 연결 패턴이 복잡하고, 미시적 차원에서 보면 수상돌기 같은 뉴런의 일부분이 또 복잡하다. 그런데 뇌의 상태를 그대로 기술하려면 최소 수천조 바이트가 필요하지만 뇌 설계 지침을 기술하는 데는 수천만 바이트면 충분하다. 뇌의 표면적 복잡성은 실제 설계 정보의 복잡성보다 최소 천만 배 큰 것이다. 뇌의 정보는 상당히 무작위한 형태로 출발하지만 뇌가 복잡한 환경과 상호작용하면서(학습하고 성숙하면서) 갈수록 의미 있는 형태로 변해간다.

설계의 복잡성은 설계 내에 압축된 정보(게놈과 게놈을 돕는 분자들)에 달렸지 설계 법칙을 반복적으로 적용해서 등장하는 패턴의 모양에 달린 게 아니다. 게놈에 담긴 3천만에서 1억 바이트 사이의 정보량을 아주 단순한 수준이라 볼 수는 없겠지만(망델브로 집합의 공식을 이루는 6개 요소에 비교하면 무진장 복잡하다), 그래도 현행 기술로 얼마든지 다룰 만한 차원의 복잡성이다. 뇌의 물리적 실체가 가진 복잡한 겉모습에 압도된 바람에 실제 설계 정보는 프랙탈적 속성 덕분에 훨씬 단순한 수준이라는 것을 간과하는 사람들이 많다.

더구나 게놈에 담긴 설계 정보는 확률적 프랙탈이다. 법칙이 적용될 때마다 조금씩 무작위적으로 변형된다는 뜻이다. 예를 들어 게놈의 정보 중 소뇌의 배선 패턴을 지정하는 내용은 극히 적다. 뇌 뉴런 중 절반 가량이 소뇌에 들어가 있는데 말이다. 유전자는 소뇌에 존재하는 네 종류 세포들의 기본적 패턴만 지정한 뒤 "이 패턴을 수십억 번 반복 적용하되 매번 조금씩 무작위 변형을 일으키라"고 명령하는 것이다. 그래서 결과는 무척 복잡해보이지만 설계 정보는 비교적 가뿐하다.

뇌 설계를 현재의 컴퓨터와 비교할 수 없다는 벨의 지적은 옳다. 뇌는 하향식(모듈식) 설계로 다 설명되지 않는다. 뇌는 카오스적인, 즉 완벽히 예측할 수 없는 과정들을 창조하기 위해 확률적 프랙탈이라는 조직 방식을 쓴다. 그리고 오늘날의 수학은 카오스 시스템을 훌륭하게 시뮬레이션할 정도로 발전해 있다. 기후 패턴이나 금융 시장을 분석하는 데 쓰이는 수학이 뇌에도 적용될 수 있다.

벨은 이런 방법들에 대해서 전혀 언급하지 않았다. 뇌가 통상의 논리 게이트나 통상의 소프트웨어 설계와 얼마나 다른지만 강조했다. 뇌는 기계가 아니고 기계로 모델링될 수도 없다는 그의 결론은, 따라서, 근거가 없다. 보통의 논리 게이트나 통상의 소프트웨어 구조로 뇌를 적절히 해석할 수 없다는 말은 옳지만, 그렇다고 컴퓨터로 뇌를 시뮬레이션할 수 없다는 건 아니다. 뇌 작동 원칙을 수학 용어로 표현할 수 있기 때문에, 수학적 과정이라면(카오스적인 것이라도) 뭐든지 컴퓨터에 모델링할 수 있기 때문에, 뇌를 시뮬레이션하는 것도 가능하다. 탄탄하고 발 빠르게 연구가 진행되고 있다.

이처럼 회의적인 입장의 벨도 조심스럽게 낙관하는 일이 하나 있다. 과학은 생물학과 뇌를 충분히 이해하여 개선하는 수준까지 발전하리라는 점이다. 그는 말한다. "트랜스휴먼의 시대가 올 것인가? 생물학적 진화의 역사를 돌이켜보면 두 번의 강력한 선례가 있었다. 첫째는 원핵생물들이 진핵 박테리아로 진화한 것이고, 둘째는 진핵생물들이 다세포 생명체로 발전한 것이다. …… 인류 역시 그런 변화를 겪을지 모른다고 나는 생각한다."

미세소관과 양자 연산에 관한 비판

양자역학은 신비롭다. 의식도 신비롭다. 증명 종료: 그러므로 양자역학과 의식은 모종의 관계가 있다.

－크리스토프 코흐, 뉴런의 미세소관이
양자 연산을 함으로써 인간 의식의 기반이 된다는
로저 펜로즈의 이론에 대한 비아냥으로.[21]

　지난 10년간 저명한 물리학자이자 철학자인 로저 펜로즈는 마취전문의 스튜어트 해머로프와 함께 미세소관이라는 뉴런의 하위 구조가 '양자 연산'이란 특이한 형태의 연산을 수행한다는 주장을 전개했다. 양자 연산은 큐비트를 활용하는 연산으로서 가능한 모든 해답의 조합들을 동시에 고려한다는 점에서 극단적 병렬 처리라 할 수 있다(큐비트 값의 가능한 모든 조합이 동시 점검되기 때문이다). 펜로즈는 미세소관의 양자 연산 능력 때문에 뉴런을 재창조하거나 마음 파일을 다른 곳에 이식하는 것이 어렵다고 했다.[22] 또 사람의 의식은 뇌의 양자 연산 기능에서 비롯한다고 가정했으며 생물학적 체계든 비생물학적 체계든 양자 연산을 하지 못하고서는 의식 있다 할 수 없다고 했다.
　뇌에서 양자 파동함수 붕괴(위치, 스핀, 속도 등 불확실한 양자적 속성들이 관측과 함께 결정되는 것)를 감지했다고 주장하는 과학자들은 몇 있지만, 인간의 능력이 양자 연산 역량에 달렸다고 강하게 주장하는 사람은 없다. 물리학자 세스 로이드는 이렇게 말했다.

　미세소관이 뇌에서 연산 업무를 맡고 있다는 펜로즈와 해머로프의 가정은 틀렸다고 생각한다. 뇌는 뜨겁고 축축하다. 양자 결맞음이 일어나기에 그리 적합한 환경이 아니다. 펜로즈 등이 찾고 있는 미세소관의 중첩이나 조립/분리 현상이 양자 얽힘 상태를 드러내는 것 같지도 않다. …… 물론 뇌는 구식 디지털 컴퓨터와 같지 않다. 하지만 나는 뇌가 하는 일은 대부분 '고전적' 방식으로 설명될 수 있다고 생각한다. 아주 거대한 컴퓨터를 마련하고 모든 뉴런, 수상돌기, 시냅스의 모델을 구축한다면 뇌가 하는 일의 대부분을 해낼 수 있을 것이다. 뇌가 이런 일들을 하는 데 양자역학을 사용하고 있다고는 생각지 않는다.[23]

안토니 벨도 비슷한 발언을 했다. "초유체나 초전도체에서 관찰되는 식의 거시적인 대규모 양자 결맞음이 뇌에서도 일어난다는 증거는 없다."[24]

뇌가 정말 양자 연산을 한다 해도 인간 수준 연산 기계를 만드는 작업에 큰 걸림돌이 되지 않는다. 뇌 업로드가 불가능한 것도 아니다. 우선, 뇌가 정말 양자 연산을 한다면 양자 연산이 가능하다는 사실만 증명될 뿐이다. 양자 연산이 전적으로 생물학적 바탕에서만 가능하다는 증거는 되지 못한다. 생물학적 양자 연산 기기가 존재한다면 그것을 복제할 수 있을 것이다. 실제로 최근에는 소규모지만 양자 컴퓨터를 성공적으로 구축한 실험 사례들이 있다. 평범한 트랜지스터조차도 전자 터널링이라는 양자 효과를 활용한다.

펜로즈의 입장을 해석하면, 특정한 양자 상태 집합을 완벽하게 복제하기란 불가능하므로 뇌를 완벽하게 다운로드하는 것도 불가능하다는 뜻이다. 그런데 다운로드를 얼마나 완벽하게 해야 할까? '복사본'과 원본의 차이가 현재의 원본과 1분 전 원본의 차이 정도 되도록 다운로드할 수 있다면 족하지 않을까? 그렇다면 양자 상태를 모조리 그대로 복사할 필요가 없다. 기술이 발전할수록 복사본과 원본의 시간차는 줄어들 것이다(1초, 1밀리초, 1마이크로초).

펜로즈는 뉴런이 양자 연산의 단위가 되기에는 너무 크다(뉴런 간 연결도 마찬가지다)는 지적을 받자 뉴런의 미세소관 이론을 들고 나왔다. 뇌 기능 복제의 불가능성을 주장할 요량으로 생각해낸 이론으로 서 참신하긴 하지만, 진정한 장벽을 구축한 건 아니다. 신경 세포의 구조적 안정성을 맡는 미세소관이 양자 연산을 수행한다는 증거는 없 으며 그것이 사고 과정에 핵심이라는 증거도 없다. 현재 우리가 뇌 용 량을 계산한 바에 따르면 미세소관 양자 연산을 가정하지 않은 통상 의 뉴런 모델로도 방대한 인간 지식 모델을 설명해내기에 충분하다. 최근에 생물학적/비생물학적 혼합망으로 모든 생물학적 망들의 기능 을 비슷하게 흉내낸 실험들이 선보였는데, 이 또한 미세소관에 의존 하지 않은 뉴런 모델로도 충분하다는 증거다. 로이드 와츠는 섬세한 청각 신호 처리 모델을 구축함으로써 청각 관련 뉴런 망을 있는 그대 로 모델링했을 때보다 훨씬 적은 연산 규모로 가능하다는 것을 보여 줬다. 여기서도 양자 연산은 필요하지 않았다. 나는 4장에서 다양한 뇌 영역 모델들을 소개했고, 3장에서는 다양한 뇌 영역의 기능을 적 당한 모델들로 대치할 경우 필요한 총 연산 규모를 계산해보았다. 인 간 수준 능력을 창조하기 위해 꼭 양자 연산이 필요하다고 결론 내렸 던 경우는 하나도 없었다.

뉴런에 대한 상세 모델들 중 미세소관을 고려한 것들도 있긴 하다. 수상돌기와 축색의 성장과 기능에 기여하는 역할을 미세소관에 맡겼 다. 하지만 신경 영역들의 기능을 모방하는 모델을 구축할 때 반드시 미세소관을 고려해야 할 것 같지는 않다. 미세소관을 고려한 모델의 경우에도 섬유 하나하나를 고려했다기보다 전반적인 카오스적 행위 를 고려한 것이었다. 게다가 설령 펜로즈-해머로프의 미세소관이 중 요한 요인이라 해도, 책에서 소개한 예측들의 계산에는 큰 영향을 미 치지 않는다. 미세소관 때문에 뉴런의 복잡성이 천 배 가량 증가한다 고 가정해도(미세소관을 고려하지 않는 현재의 뉴런 모델들도 매우 복잡하 다. 뉴런 하나당 천 개씩의 연결을 가정하며, 비선형적이다), 뇌 수준 지능을 창조하는 시간은 고작 17년 늦어진다. 10억 배 증가한다고 해도 24

년 정도 늦어진다(연산 용량은 이중 기하급수적으로 성장한다는 것을 명심하라).[25]

처치-튜링 명제에 관한 비판

20세기 초, 수학자 알프레드 노스 화이트헤드와 버트런드 러셀은 《프린키피아 마테마티카》라는 선구적 저작을 발표했다. 모든 수학의 토대가 되는 공리체계를 찾고자 하는 연구였다.[26] 그들은 자연수 체계를 연역해낼 수 있는 공리 체계는 또한 모순이 없음을 증명하는 데 실패했지만, 당시 학자들은 언젠가는 증명이 가능해질 것이라 믿었다. 그런데 1930년대, 쿠르트 괴델이라는 젊은 체코 수학자가 이 생각을 반박해 수학계를 발칵 뒤집었다. 괴델은 그런 체계 내에 참인지 거짓인지 증명하기가 불가능한 명제가 반드시 존재함을 증명한 것이다. 후에는 증명 불가능한 명제들이 증명 가능한 명제들만큼 흔하다는 사실도 알려졌다. 괴델의 불완전성 정리는 논리와 수학, 나아가 연산이 할 수 있는 일에 명백한 한계가 있음을 증명한 것으로, 수학 역사를 통틀어 가장 중요한 정리로 알려져 있다. 그 의미 또한 끝없는 토론의 대상이 되고 있다.[27]

한편 앨런 튜링은 연산의 속성을 이해하기 위해 연구하던 중, 비슷한 결론에 도달한다. 1936년, 튜링은 컴퓨터의 이론적 모델로서 튜링 기계라는 것을 제안하는데, 현대 연산 이론의 기초가 된 이 이론을 구축하던 중 우연히 괴델의 증명과 비슷한 내용을 발견한다.[28] 세상에는 풀 수 없는 문제가 존재한다는 것이다. 잘 정의되고, 해가 존재함을 증명할 수 있는 문제이지만, 튜링 기계로 연산할 수 없는 문제라는 게 있다는 말이다.

튜링이 상상한 이론적 기계로 풀 수 없는 문제가 있다는 게 뭐 그리 놀랄 일이냐고 생각할지 모르겠지만, 튜링이 논문에서 끌어낸 또 다른 결론을 함께 염두에 두면 얘기가 달라진다. 그것은 튜링 기계로 어떤 연산이라도 해낼 수 있다는 결론이었다. 튜링은 풀 수 없는 문제의 수는 풀 수 있는 문제의 수와 같음을 보였다. 그 수는 낮은 수준의 무한수, 이른바 가산 무한집합이다(예를 들어 정수의 수를 세는 것 등). 튜링은 또 자연수 체계를 끌어낼 수 있을 정도로 강력한 임의의 논리 체계 속에 존재하는 어떤 논리 명제의 참거짓을 결정하는 일은 그 자체가 풀 수 없는 문제의 예라고 했다. 괴델의 결론과 비슷한 것이다. (달리 말하면 모든 명제들의 참거짓을 확실히 판별할 수 있는 완벽한 방법이 없다는 것이다.)

비슷한 무렵, 미국인 수학자이자 철학자 알론조 처치는 셈법 분야에서 비슷한 질문에 답하는 정리를 발표했다. 독자적으로 튜링과 동일한 결론에 도달한 것이다.[29] 튜링, 처치, 괴델의 업적은 논리, 수학, 연산에 명백한 한계가 있음을 처음으로 보여준 것이었다.

처치와 튜링은 각기 한발 더 나아간 주장을 발표했는데, 지금 와서는 합쳐서 처치-튜링 명제라 불린다. 명제에는 약한 해석과 강한 해석이 있다. 약한 해석은 이렇다. 튜링 기계가 풀지 못하는 문제는 다른 어떤 기계도 풀 수 없다. 튜링 기계는 어떤 알고리즘 과정이라도 따를 수 있다는 튜링의 증명에서 도출된 것이다. 실제 알고리즘을 따르는 기계의 행위를 묘사하는 것은 그리 어려운 일이 아니다.

강한 해석은 이렇다. 튜링 기계가 풀 수 없는 문제는 사람도 풀 수 없다. 이 해석의 기저에는 사람의 사고는 사람의 뇌가 수행하는 것이고(육체의 영향도 있긴 하지만), 사람의 뇌(육체)는 물질과 에너지로 이루어져 있고, 물질과 에너지는 자연 법칙을 따르고, 자연 법칙은 수학 언어로 설명되고, 수학은 다양한 수준의 알고리즘으로 분해될 수 있다는 전제가 깔려 있다. 그러니 모든 인간 사고를 시뮬레이션하는 알고리즘이 존재한다는 것이다. 처치-튜링 명제의 강한 해석은 인간이 생각하고 알 수 있는 것이라면 뭐든지 연산할 수 있다고 주장하는 것이다.

그런데 튜링의 결정 불가능한 문제 이론은 수학적으로 확실한 사실이지만, 처치-튜링 명제는 수학적 명제가 아니라는 사실을 짚고 넘어가야겠다. 다양한 모습을 띠고 있긴 하지만 일종의 추측에 가깝다. 마음의 철학을 토론하는 이들이 가장 뜨겁게 논쟁하는 주제이기도 하다.[30]

강력한 AI는 처치-튜링 명제에 뿌리를 두고 있다고 할 수 있다. 그리고 그에 대한 비판은 이렇다. 컴퓨터가 풀 수 있는 문제의 유형에는 한계가 있다. 그런데 인간들은 그런 문제들을 풀 줄 안다. 따라서 기계는 결코 인간 지능을 완벽히 모방하지 못할 것이다. 그러나 매우 근거가 부족한 결론이다. 인간이 일반적으로 그런 '결정 불가능한' 문제들을 기계보다 잘 풀 수 있다는 근거는 없다. 인간은 그런 상황에서 보통 답을 넘겨짚는다. 경험론적 기법을 적용하여(문제를 풀어줄 것으로 보이지만 제대로 기능하리라 장담할 수는 없는 방법들) 때로 성공하기도 한다. 하지만 두 가지 방법 모두 알고리즘에 기반한 과정임에 분명하고, 그렇다면 기계도 할 수 있다. 사실 그런 문제들에 대해서도 기계가 인간보다 훨씬 빠르고 정확하게 답을 찾아낼 수 있다.

처치-튜링 명제의 강한 해석에 따르면 생물학적 뇌와 기계는 둘 다 물리 법칙에 종속되는 것이므로, 수학을 통해 모델을 구축하고 시뮬레이션할 수 있다는 점도 동일하다. 우리에게는 이미 뉴런의 기능을 시뮬레이션할 수 있는 능력이 있다. 천억 개 뉴런에 대해서는 왜 안되겠는가? 천억 개 뉴런을 모방하는 시스템이라면 인간 지능만큼 복잡하고 인간 지능만큼 예측불가능할 것이다. 복잡하고 예측불가능한 결과를 내며 어떤 문제들에 대해 지적인 해답을 알려주는 컴퓨터 알고리즘이 이미 존재한다(가령 유전 알고리즘). 처치-튜링 명제는 결국 뇌와 기계는 본질적으로 다르지 않다는 것을 말해주고 있다.

기계가 어떻게 경험론적 기법을 쓸 수 있는지 보려면, 풀 수 없는 문제들 중 가장 흥미로운 것으로 알려진 '비지 비버' 문제를 떠올려보자. 1962년에 러도 티보르가 소개한 문제다.[31] 특정한 상태의 수를 지닌 튜링 기계를 상상해보자. 한마디로 내부 프로그램이 거치는 단계의 수라고 생각하면 된다. 상태의 수가 4인 튜링 기계라도 하나가 아니라 매우 여러 가지 종류를 상상할 수 있을 것이다. 상태의 수가 5인 기계도, 그 이상도 마찬가지다. 자, '비지 비버' 문제는 이렇다. 어떤 정수 n이 주어졌을 때 n 상태를 갖는 모든 튜링 기계를 만든다고 상상하자. 가능한 기계의 수는 유한할 것이다. 다음으로 그 n 상태의 기계들 중 무한 루프에 빠지는(즉 영원히 멈추지 않는) 기계들을 제외한다. 마지막으로, 테이프에 1을 가장 많이 찍은 기계를 가려낸다. 이 기계가 찍은 1의 기수를 가리켜 n 상태 튜링 기계에 대한 비지 비버 해라 부른다. 러도는 모든 n에 대해 이 문제를 연산할 수 있는 알고리즘, 즉 그런 알고리즘을 수행할 수 있는 튜링 기계는 없다고 했다. 왜냐면 n 상태의 기계들을 평가하는 과정 자체가 무한 루프에 빠지기 때문이다. 가능한 모든 n 상태 튜링 기계를 상상하고 시뮬레이션하는 튜링 기계를 만들었다 해도, 무한 루프에 빠지는 기계를 시뮬레이션하는 대목이 되면 평가하는 튜링 기계 자체가 무한 루프에 빠진다.

풀 수 없는 문제임엔 분명하지만 몇몇 n에 대해서는 비지 비버 함수의 해를 구할 수 있다. (흥미롭게도, 비지 비버 해를 구할 수 있는 n과 구할 수 없는 n을 가려내는 문제 또한 풀 수 없는 문제다.) 가령 n이 6일 때 비지 비버 해는 35이다. 상태수가 7인 튜링 기계는 곱셈을 수행할 수 있으며, 비지 비버 해는 훨씬 불어나서 22,961이 된다. 상태수 8인 튜링 기계는 지수를 연산할 수 있으며, 비지 비버 해는 한층 커져서 10^{43} 정도이다. 상태수 n이 커질수록 훨씬 강력한 지능이 필요하다는 점에서 이것은 매우 '지적인' 함수다.

상태수가 10에 다다를 즈음이면 튜링 기계는 인간은 하지 못하는 온갖 연산을 하게 될 것이다. 따라서 10에 대한 비지 비버 해를 구하는 것은 컴퓨터의 도움으로만 가능한 일일 것이다. 문제의 답을 적으려면 특별한 기수법을 발명해야 할지 모른다. 지수값이 층층이 쌓이는데, 그 정도는 또 다른 지수값이 결정하고, 그 지수값은 또 다른 지수값에 의해 결정되는 식일 것이다. 컴퓨터는 그런 복잡한 수도 쉽게 연산할 수 있지만 인간은 하지 못한다. 따라서 컴퓨터는 결정 불가능한 문제를 풀 때도 인간보다 뛰어날 것이다.

실패율에 대한 지적

재런 러니어, 토머스 레이 등은 공통적으로 기술의 실패율이 높다고 지적하며 그것이 기하급수적 성장에 장애가 되리라 주장한다. 레이는 말한다.

> 우리가 창조한 복잡한 구조물들은 심란할 정도로 높은 실패율을 보인다. 정지 궤도 위성이나 망원경, 우주 왕복선, 성간 탐사선, 펜티엄 칩, 컴퓨터 운영 체제, 이 모두는 일반적 접근법을 통해 우리가 얻을 수 있는 최대 효율 한계에 바짝 다가간 것으로 보인다. …… 현존하는 가장 복잡한 소프트웨어의(운영 체제나 원격통신 통제 시스템 등) 코드는 수천만 줄에 달한다. 현재로서는 수억 줄이나 수십억 줄 코드의 소프트웨어를 만들고 관리하기란 불가능할 것 같다.[32]

첫째, 레이가 말하는 심란할 정도로 높은 실패율이 어디서 발생하고 있는지 밝혀야 할 것이다. 앞서 말했듯 극도로 세련된 컴퓨터 시스템이 비행기를 자동으로 이착륙시키고 병원 중환자실을 감시하지만 고장은 거의 나지 않는다고 봐도 좋다. 실패율이라면 인간 쪽이 훨씬 심각하다. 레이는 인텔 마이크로프로세서 칩의 예를 들지만 그런 문제들은 비교적 사소한 편이다. 그리 큰 반향을 일으키지 않았고, 곧바로 바로잡혔다.

컴퓨터 시스템의 복잡성이 빠르게 증가하고 있기는 하다. 그런데 앞으로 우리는 인간 지능을 모방할 때 뇌를 본딴 자기조직적 패러다임을 더 많이 사용하게 될 것이다. 뇌 역분석이 진척되면 패턴 인식이나 인공지능 같은 분야에 자기조직적 기법을 활용할 수 있게 된다. 그러면 통제가 어려울 정도의 복잡성을 좀 더 쉽게 관리할 수 있게 된다. 즉 인간 지능을 모방하기 위해 반드시 '수십억 줄의 코드'를 가진 시스템을 짤 필요는 없다는 것이다.

또한 세상의 모든 복잡한 과정에는 어쩔 수 없이 불완전한 면이 있다는 점을 인정해야 한다. 인간 지능도 절대 예외가 아니다.

'속박' 효과에 대한 지적

재런 러니어 등은 '속박' 효과란 것에 대해서도 얘기했다. 구식 기술을 지원하는 기반 시설에 이미 엄청난 투자를 했기 때문에 쉽게 기술을 교체할 수 없는 상황을 말한다. 복잡하고 거대한 기반 체제의 존재가 혁신을 가로막는다는 것이다. 그들이 주로 예로 드는 분야는 교통이다. 교통 분야에서는 연산 분야처럼 급격한 발전이 이루어지지 못했다는 것이다.[33]

그런데 교통 분야의 발전을 가로막은 요인으로 속박 효과만 있는 것은 아니다. 복잡한 기반 체제의 존재가 반드시 속박을 불러온다면, 인터넷의 확장에서는 왜 그런 현상이 벌어지지 않았는가? 인터넷 역시 방대하고 복잡한 하부구조를 필요로 한다. 현 사회에서 가장 또렷한 기하급수적 성장을 보이는 것은 정보 처리 및 전달 영역이다. 한편으로는 교통 분야가 정체기에 접어든 것은(즉 S 곡선의 꼭대기에 머무르는 것은) 대부분은 아니라 해도 상당량의 교통 수요가 통신기술로 인해 대신 충족되기 때문인지 모른다. 예를 들어 나는 미국 전역에 동료들을 두고 있다. 과거에는 사람이나 짐이 직접 이동해야 했을 일을 지금은 대부분 화상 회의로(그리고 전자적 기법을 통한 문서 교환 등으로) 처리한다. 러니어 자신도 그런 막강하고 다양한 통신기술들을 발전시키는 데 한몫했다. 게다가 앞으로는 나노기술을 적용한 에너지 기술 덕분에 교통 분야에서도 혁신이 일어날 것이다. 사실 현실적인 고해상도 완전몰입형 가상현실이 등장하면 굳이 한자리에 모일 이유가 없어져 대부분의 업무가 연산이나 통신을 통해 이뤄지겠지만 말이다.

5장에서 말했듯, 분자 나노기술 제조가 완전히 구현되면 에너지나 교통 분야에서도 수확 가속 법칙이 실현될 것이다. 매우 값싼 원료와 정보만으로 거의 모든 상품을 만들 수 있게 되면 전통적으로 변화가 느린 산업들도 정보기술처럼 가격 대 성능비나 용량을 매년 배로 늘려가게 될 것이다. 에너지와 교통은 사실상 정보기술이 될 것이다.

효율적이고, 가볍고, 싼 나노기술 태양열 집열판이 등장할 것이고, 에너지를 저장하고 배포하는 강력한 연료 전지 등의 기술도 나올 것이다. 나노기술 태양열 전지 등 재생가능 기술로 생산한 에너지, 그리고 나노기술 연료 전지에 저장한 에너지는 온갖 교통 수단에 깨끗하고 싼 동력을 제공할 것이다. 게다가 다양한 크기의 비행기는 물론, 온갖 종류의 교통 수단을 거의 아무 비용도 들이지 않고 만들 수 있을 것이다. 설계비만 있으면 되는 수준이다(단 한 차례 감가상각하면 되는 비용이다). 그러므로 자그맣고 값싼 비행 기기를 만들어서 몇 시간 만에 원하는 곳으로 짐을 배달시킬 수도 있을 것이다. 택배 회사를 이용하지 않고 말이다. 사람을 실어 나르는 커다란 비행기도 있어야겠지만 나노기술이 적용된 비행기는 크더라도 매우 쌀 것이다.

정보기술은 전 산업에 깊숙이 영향을 미치고 있다. 수십 년 안에 GNR 기술이 본격적으로 실현되면 인간의 모든 활동은 정보기술을 활용하게 될 것이며 그것은 곧 모든 분야가 수확 가속의 법칙으로 득을 보게 되리라는 뜻이다.

존재론 입장의 비판: 컴퓨터가 의식을 가질 수 있는가?

> 우리는 뇌를 잘 이해하지 못하기 때문에, 끊임없이 최신 기술을 적용해 뇌를 설명하는 모델을 새로 만들려고 한다. 내가 어릴 때 사람들은 뇌가 전화 교환반 같은 것이라 믿어 의심치 않았다. ("다른 어떤 설명이 있을 수 있다는 거지?") 나는 위대한 영국 신경과학자인 찰스 셰링턴이 뇌가 전보 체계와 비슷하게 작동한다고 말하는 것을 듣고 감탄했다. 프로이트는 뇌를 수력이나 전자기 체계에 비유하곤 했다. 라이프니츠는 뇌를 방앗간에 비유했다. 내가 듣기로 몇몇 고대 그리스인들은 뇌의 기능을 투석기에 비유했다고 한다. 현재는 말할 것도 없이 디지털 컴퓨터에 비교하는 것이 대세다.
>
> —존 R. 설, 《마음, 뇌 그리고 과학》

컴퓨터, 그러니까 비생물학적 지능이 의식을 가질 수 있는가? 우선 질문의 의미에 대해서부터 정확히 합의해야 한다. 언뜻 명백해보이는 문제에조차 상충하는 시각이 존재할 때가 많다. 그런데 의식이라는 개념을 어떻게 정의하든지, 의식이 인간됨을 규정하는 아주 중요한 요소라는 사실은 인정할 필요가 있다. 설령 핵심적인 요소는 아닐지라도 말이다.[34]

저명한 철학자인 버클리 캘리포니아 대학의 존 설은 인간 의식이라는 심오한 미스터리를 군건하게 방어해낸 논증을 창조한 것으로 널리 알려져 있다. 레이 커즈와일처럼 강력한 AI를 옹호하는 '환원주의자'들이 끊임없이 의식을 깎아내리는 것을 막아주었다는 것이다. 나는 그 유명한 설의 중국어 방 유추가 동어반복에 불과하다고 생각한다. 나는 의식의 역설에 대한 통찰력 있는 논문들이 많이 발표되기를 누구보다도 바라온 사람이다. 그래서인지 설이 다음과 같은 표현을 쓴 것에 대해 더욱 놀라움을 금할 수 없다.

> "인간의 뇌는 일련의 특정한 신경생물학적 과정에 의해 의식을 발생시킨다."
> "중요한 점은 의식이 소화, 젖 분비, 광합성, 유사분열 등과 마찬가지로 생물학적 과정임을 인정하는 것이다."
> "뇌는 기계다. 정확히 말하면 생물학적 기계이지만, 기계이긴 마찬가지다. 그러므로 맨 처음 할 일은 뇌가 어떻게 일하는지 알아내는 것이고, 다음에는 인공적으로 의식을 발생시킬 수 있는 적절한 기제를 구축하여 실제 만드는 것이다."
> "우리는 뇌가 특정한 생물학적 기제들을 통해 의식을 만들어낸다는 사실을 잘 알고 있다."[35]

환원주의자는 도리어 그 아닌가? 설은 마치 광합성의 결과로 나오는 산소를 탐지하듯 다른 개체의 주관성을 탐지할 수 있으리라 기대하고 있다.

설은 내가 "컴퓨터의 지능이 인간보다 우월하다는 증거로 IBM의 딥 블루를 자주 거론한다"고 지적하였다. 실은 반대다. 나는 체스 실력 이야기를 하기 위해서가 아니라, 인간과 기계의 문제 처리 접근법이 다르다는 것을 강조하기 위해 딥 블루를 예로 든다. 물론 체스 프로그램의 패턴 인식 능력은 급속도로 좋아지고 있다. 체스 기계는 종래의 기계 지능이 가진 장점에다 인간다운 패턴 인식 능력까지 결합하고 있다. 인간의 패러다임(자기조직적이고 카오스적인 과정)에는 커다란 이점이 있다. 인간은 극도로 미묘한 패턴까지 수월하게 인지하고 반응할 줄 안다. 하지만 그런 능력을 지닌 기계를 만드는 게 불가능하지는 않다. 말이 나왔으니 말인데, 그게 바로 내 전공 분야다.

설은 이른바 중국어 방 유추로 유명하다. 중국어 방 유추는 지난 20년간 다양하게 변형되어왔는데, 그중 한 가지에 해당하는 형태가 설의 1992년작《마음의 재발견》에 상세히 설명되어 있다.

> 나는 강력한 AI를 반박하는 여러 논증들 중 가장 잘 알려진 것이 나의 중국어 방 논증이라고 믿는다. …… 인간의 인지 능력 중 일부, 가령 중국어를 이해하는 능력을 완벽하게 모방하는 프로그램을 가진 체계라 해도 중국어에 대해 이해하지는 못한다는 걸 보여주었기 때문이다. 상상해보자. 중국어를 전혀 이해하지 못하는 사람이 방에 갇혀 있다. 방 안에는 중국어 문자들이 적힌 카드들과 중국어로 된 질문에 답하도록 구성된 컴퓨터 프로그램이 있다. 그 방이라는 시스템에 중국어 문자로 된 질문을 입력한다. 그러면 질문에 대한 대답이 중국어 문자로 적힌 출력으로 나온다. 프로그램이 매우 뛰어나서 질문에 대한 답만 봐서는 진짜 중국인이 대답하는 것으로 착각할 정도라고 하자. 그러나 방 안에 있는 사람이나 시스템을 구성하는 어떤 부품도 중국어를 이해하지는 못한다는 것이 분명하다. 시스템 전체가 갖지 못한 무언가를 프로그램된 컴퓨터가 갖고 있는 것도 아니다. 따라서 프로그램된 컴퓨터는 중국어를 이해하지 못한다. 프로그램은 순전히 형식론적이거나 구문론적인 반면 인간의 마음은 정신적이거나 의미론적인 내용을 담고 있다. 컴퓨터 프로그램으로만 마음을 모방하려는 시도는 마음의 본질적 특성을 놓치고 있는 셈이다.[36]

설은 뇌 과정의 핵심을 파악하지 못했고, 뇌를 모방하는 비생물학적 과정들의 핵심을 파악하지도 못했다. 그는 방 안의 '사람'이 아무것도 이해하지 못한다는 가정을 깔고 시작하는데, 왜냐하면 '그는 컴퓨터일 뿐'이기 때문이란다. 설의 편견을 잘 드러낸다. 그래서야 컴퓨터가(방 안의 사람이 결국 컴퓨터이므로) 아무것도 이해하지 못한다고 결론 내려도 놀랄 일이 아니다. 설의 논증은 동어반복이며, 아주 기초적인 모순을 안고 있다. 컴퓨터는 중국어를 이해하지 못하는데도 중국어로 된 질문에 틀림없이 답할 수 있다고 하기 때문이다. 이것은 불가능하다. 생물학적이든 비생물학적이든 인간 언어를 제대로 이해하지 못하는 개체는 유능한 심문자의 추궁에 금방 정체가 탄로나고 말 것이다. 게다가 사람처럼 잘 대답할 수 있는 프로그램이라면 사람의 뇌만큼 복잡해야 한다. 단지 평면적인 프로그램이라면 방 안의 사람이 수백만 페이지나 되는 지침을 수백만 년에 걸쳐 수행해야 할 테고, 방밖의 관찰자들은 오래전에 죽었을 것이다.

이보다 중요한 지적은, 방 안의 사람이 마치 중앙처리장치처럼 기능하고 있다는 점이다. 그런데 처리 장치는 전체 시스템의 일부에 불과하다. 물론 사람은 미처 인식하지 못하겠지만, 사실은 프로그램의 패턴 전체에, 그리고 사람이 프로그램에 따라 수행하는 수십억 단계의 조작 활동 자체에 중국어에 대한 이해력이 담겨 있는 것이나 마찬가지다. 나는 영어를 이해하지만 내 뉴런들은 이해하지 못하는 것과 마찬가지다. 영어에 대한 나의 이해는 신경전달물질들의 강도나 시냅스의 활약, 개재뉴런 연결 등이 취하는 광범위한 패턴에 담겨 있다. 설은 정보가 분산 패턴으로 존재한다는 사실, 창발적 속성을 갖는다는 사실을 제대로 파악하지 못한다.

설을 비롯하여 본질적으로 유물론적 시각을 가진 철학자들이 지적 기계의 가능성을 회의하는 이유 중 하나는 연산도 사람의 뇌처럼 카오스적이고, 예측불가능하고, 복잡하고, 명상적이고, 창발적일 수 있다는 사실을 외면하기 때문이다. 설은 '기호 처리적' 연산의 한계에 대해 비판하는 것이나 마찬가지다. 순차적 기호 처리 과정을 통해서는 진정한 사고 과정을 재창조할 수 없다고 주장한다. 옳은 지적이다(물론 지적 과정을 모방하는 기술 수준에 따라 달라질 수 있는 이야기이긴 하다). 문제는 (설이 의미하는 형태의) 기호 조작에만 의존하지 않고도 기계, 혹은 컴퓨터를 제작할 수 있다는 점이다.

컴퓨터(사실 '컴퓨터[연산기]'라는 단어 자체에 문제가 있는데, 이들은 '연산'만 할 줄 아는 게 아니기 때문이다)의 능력은 기호 처리에 국한되지 않는다. 비생물학적 개체들도 창발적이고 자기조직적인 패러다임을 활용할 수 있다. 이미 연구가 그런 방향으로 진행되고 있으며, 향후 수십 년간 더욱 중요하게 다뤄질 추세임에 분명하다. 컴퓨터가 꼭 0과 1만 다룰 필요는 없고, 완벽하게 디지털이어야 할 필요도 없다. 완전한 디지털 컴퓨터라 해도 디지털 알고리즘으로 얼마든지 아날로그 과정을 모방할 수 있다. 고도로 병렬적인 기계를 만들 수도 있다. 뇌처럼 카오스적인 창발적 기술을 사용하게 할 수도 있다.

현재 패턴 인식 시스템에 사용되는 주된 연산 기법들은 단순한 기호 조작 기법이 아니라 자기조직적 기법들이다(5장에서 언급했던 신경망, 마르코프 모델, 유전 알고리즘, 기타 뇌 역분석에 바탕을 둔 복잡한 프로그램들). 설이 중국어 방 유추에서 설명한 일을 진짜 할 수 있는 기계라면 그저 언어 기호들을 이리저리 조작하는 것만 하진 않을 것이다. 그런 접근법으로는 애초 성공할 수 없기 때문이다. 이것이 중국어 방 논증에 깔린 철학적 속임수의 핵심이다. 연산은 논리 기호들을 다루는 데만 국한된 작업이 아니다. 그 이상의 무언가가 인간의 뇌에 존재한다. 또한 그 생물학적 과정을 역분석하여 비생물학적 개체에 옮겨 심지 못할 이유가 없다.

설의 중국어 방 논증을 지지하는 사람들은 이로써 기계가 영원히 어떤 의미 있는 지식, 가령 중국어 등을 이해할 수 없음이 증명되었다고 믿는다. 우선 사람 한 명과 컴퓨터 하나로 구성된 시스템이 설의 말마따나 "인간 인지 능력 중 일부, 가령 중국어를 이해하는 능력을 완벽하게 모방"할 수 있다면, 그래서 중국어 질문에 사람처럼 답할 수 있다면, 시스템은 중국어로 된 튜링 테스트를 통과할 수 있으리라는 점을 생각해보자. 중국어 방 유비에서는 정해진 목록에 있는 질문만 하는 게 아니라는 점을 염두에 두자(그거야 사소할 정도로 쉬운 일이니까 의미가 없다). 방 밖의 인간 심문자는 예기치 못한 질문이나 복합적 질문을 던질 것이다.

다음으로 염두에 둘 점은 중국어 방 속의 사람은 사실 아무 의미가 없다는 것이다. 그는 기계적으로 컴퓨터에 입력을 집어넣고 출력을 전달할 뿐이다(다르게 표현하면 프로그램의 규칙을 기계적으로 따를 뿐이다). 컴퓨터나 사람이 방 안에 갇힐 필요도 없다. 사람 자신이 프로그램을 수행하는 것으로 설의 구조를 바꿔도 아무 상관이 없다. 사람 자신이 시스템이라도 처리 속도가 느려지고 오류가 자주 발생할 것 이외의 차이는 없다. 즉 사람도, 방도, 논증에 꼭 필요한 요소가 아니라는 것이다. 단 한 가지 의미 있는 요소는 컴퓨터다(전자적 컴퓨터이든 사람이 프로그램을 수행하도록 되어 있는 컴퓨터든 상관 없다).

컴퓨터가 진짜 '완벽한 모방' 능력을 보이려면 정말 중국어를 이해해야 한다. 그렇다면 시스템이 '중국어를 이해하는 능력'을 갖췄다고 전제했던 것은 '프로그램된 컴퓨터가 중국어를 이해하지 못한다'는 설의 결론에 정면으로 위배된다.

요즘의 컴퓨터나 컴퓨터 프로그램은 설이 말한 작업을 성공적으로 수행하지 못한다. 따라서 설이 말한 컴퓨터를 요즘의 컴퓨터식으로 상상한다면 전제 자체가 충족되지 못하는 셈이다. 그것을 해낼 수 있는 컴퓨터는 인간의 깊이와 복잡성을 갖춘 컴퓨터뿐이다. 튜링의 통찰이 눈부셨다는 게 이 때문이다. 튜링은 기계가 인간 수준의 지능을 가졌는지 시험해보려면 지적인 인간이 인간 언어로 자유롭게 던지는 질문에 훌륭하게 답하는지 보는 것으로 충분함을 알았다. 이것을 해내는 컴퓨터는 인간 수준, 어쩌면 그 이상의 복잡성을 갖춰야 한다. 그리고 매우 깊이 중국어를 이해해야 한다. 그러지 않고서야 중국어를 이해하노라고 스스로 성공적으로 주장할 수조차 없기 때문이다. 앞으로 수십 년 안에 이런 컴퓨터가 등장할 것이다.

그렇다면 컴퓨터는 '중국어를 이해하지 못한다'고 말해버리는 것은 무의미하다. 논증의 기본 전제에 모순되기 때문이다. 컴퓨터에 의식이 없다고 말하는 것도 설득력 없기는 마찬가지다. 설의 다른 주장들과 일관성을 유지하려면 차라리 컴퓨터에 의식이 있는지 없는지 알 수 없다고 결론 내려야 한다. 요즘의 컴퓨터를 비롯하여 비교적 단순한 기계의 경우에도 의식이 있는지 없는지 명확하게 판별할 방법은 없지만, 어쨌든 그 행동이나 내적 조작 방식을 보자면 의식이 있다는 느낌은 들지 않는다. 그러나 중국어 방 과제를 처리할 수 있는 컴퓨터라면 사정이 다를 것이다. 그 경우에도 의식의 유무를 자신 있게 판별하기는 불가능하겠으나 최소한 겉으로는 의식이 있는 것처럼 보일 것이다. 그냥 컴퓨터에는(혹은 컴퓨터, 사람, 방으로 이루어진 시스템에는) 의식이 없는 게 분명하다고 말만 해서는 누구도 설득할 수 없다.

설은 "프로그램은 순전히 형식론적이거나 구문론적"이라고 했다. 이 또한 잘못된 가정이다. 프로그램의 기술에 대해 제대로 설명하지 못한 표현이다. 설은 인공지능을 비판할 때 늘 이 가정을 깔고 있다. 순전히 형식론적이거나 구문론적인 프로그램은 중국어를 이해하지 못할 것이고, 따라서 "인간 인지 능력 중 일부를 완벽하게 모방"할 수 없으리라 주장한다.

꼭 그런 식으로 컴퓨터를 제작할 필요는 없다는 말은 앞에서 했다. 자연이 인간의 뇌를 만들던 방식대로 기계를 만들면 된다. 카오스적이고 창발적인 기법들을 병렬적으로 수행하면 된다. 아무리 뛰어난 컴퓨터라도 구문론만 습득할 수 있고 의미론은 습득하지 못한다는 법은 어디에도 없다. 중국어 방의 컴퓨터가 정말 의미론을 모른다면 중국어로 된 질문에 제대로 답하지 못할 것이고 그것은 설의 전제에 위배된다.

뇌를 역분석하는 작업이 속속 진행되고 있으며, 그로부터 알아낸 기법들을 강력한 연산 플랫폼에 적용하는 방법도 여러 가지 있다는 사실은 여러 차례 말했다. 그러니 컴퓨터에 중국어를 가르치면, 컴퓨터는 중국어를 이해할 것이다. 사람의 뇌와 다르지 않다. 명백하기 그지없는 결론인데 설은 이에 반대한다. 설의 용어를 빌려 달리 말하면, 나는 모방 그 자체에 대해 얘기하는 게 아니다. 뇌를 구성하는 방대한 뉴런 집합들이 지닌 인과력, 최소한 사고 과정에 관련 있는 인과력을 복제한 무언가의 능력을 말하는 것이다.

그렇게 복제된 개체는 의식 있는 존재인가? 중국어 방 유추는 이 질문에 대해 어떤 답도 주지 못한다는 게 내 생각이다.

설의 중국어 방 주장을 사람의 뇌에 그대로 적용할 수도 있다. 그가 의도한 바는 아니겠지만, 좌우간 그의 논리를 따라가다 보면 사람의 뇌는 아무런 이해력을 지니지 못했다는 결론에 다다른다. 설은 이렇게 말했다. "컴퓨터는 형식 기호들을 조작함으로써 기능을 수행한다. 기호 그 자체는 거의 아무 의미가 없다. 우리가 그것에 어떤 의미를 부여함으로써만 의미 있어지는 존재다. 컴퓨터는 이런 사정을 전혀 모른다. 그저 기호들을 이리저리 다룰 뿐이다." 설은 생물학적 뉴런들이 기계나 마찬가지라고 인정했다. 그러니 바로 앞의 문장에서 '컴퓨터'를 '사람의 뇌'로, '형식 기호들'을 '신경전달물질의 농도와 관련 기제들'로 바꿔도 좋을 것이다. 이렇게 된다.

'사람의 뇌'는 '신경전달물질의 농도와 관련 기제들'을 조작함으로써 기능을 수행한다. '신경전달물질의 농도와 관련 기제들' 그 자체는 거의 아무 의미가 없다. 우리가 그것에 어떤 의미를 부여함으로써만 의미 있게 되는 존재다. '사람의 뇌'는 이런 사정을 전혀 모른다. 그저 '신경전달물질의 농도와 관련 기제들'을 이리저리 다룰 뿐이다.

신경전달물질의 농도나 여타 뉴런의 세부사항들(가령 개재뉴런 연결이나 신경전달물질의 패턴 등) 속에, 그 자체에 아무 의미가 없다는 것은 옳은 말이다. 인간의 뇌가 의미를 알고 이해를 할 수 있는 건 복잡한 활동 패턴의 창발적 속성 덕분이다. 이는 기계에 관해서도 마찬가지다. '기호들을 이리저리 다루는' 행위 속에, 그 자체에는 아무 의미가 없다. 하지만 뇌라는 생물학적 체계에서와 마찬가지로 비생물학적 체계에서도 창발적 패턴이야말로 모든 잠재력을 지닌 것이다. 한스 모라벡은 이렇게 말했다. "설은 잘못된 데를 짚고 있다. …… 진정한 의미는 오로지 패턴에만 존재한다는 것을 받아들이지 않는 것 같다."[37]

이제 중국어 방의 또 다른 형태를 살펴보자. 여기서는 방 안에 컴퓨터 한 대 또는 컴퓨터처럼 기능하는 한 사람 대신 수많은 사람들이 들어가 중국어 문자가 적힌 종이 카드들을 다루고 있다. 수많은 사람들이 컴퓨터처럼 기능하고 있는 것이다. 이 시스템도 중국어 질문에 제대로 답할 줄 알겠지만 그 속에 있는 사람들 중 누구도 중국어를 아는 건 아니고, 시스템 전체가 중국어를 안다고 할 수도 없다. 최소한 중국어를 의식적으로 이해하고 있다고 할 수는 없다. 설은 '시스템'에 의식이 있다고 할 수 있겠냐며 빈정대었다. 설은 대체 무엇에 의식이 있다 하겠냐고 묻는다. 종이 카드? 방 자체에?

이 중국어 방이 가진 문제는 그런 식으로는 중국어로 된 질문에 전혀 제대로 답할 수 없다는 것이다. 조회 기능에 가까운 모종의 기계적 과정을 수행할 수 있을 뿐이다. 극히 단순한 논리적 조작밖에 할 수 없을 것이다. 몇 가지 전형적 질문들에는 답할 수 있을지 모르겠으나, 어떤 자유로운 질문에라도 답할 수 있으려면 시스템은 중국어를 할 줄 아는 사람만큼이나 중국어를 깊이 이해해야 한다. 그것은 중국어 튜링 테스트를 통과함을 뜻하고, 사람의 뇌만큼 똑똑하고 복잡한 기계를 뜻한다. 단순한 자료 조회 알고리즘으로는 절대 그런 일을 해낼 수 없다.

사람들을 부품처럼 사용해서 중국어를 이해하는 뇌 같은 기계를 만들어내려면 거의 수십억 명 가량이 필요할 것이다(그들이 하나의 컴퓨터처럼 기능하는 것이며, 그 컴퓨터는 인간의 뇌 방법론을 응용할 것이다). 얼마나 커다란 방이 필요하겠는가. 극도로 효율적인 조직을 갖춘다 해도 이 시스템은 중국어를 할 줄 아는 한 사람의 뇌보다 수천 배는 느릴 것이다.

하여튼 그런 시스템을 만든다고 하자. 부품이 된 수십억 명의 사람들 각각은 중국어를 몰라도 될 것이고, 나아가 대체 이 정교한 시스템이 무슨 일을 하는 것인지조차 몰라도 된다. 그런데 그것은 진짜 사람의 뇌 속에 있는 개재뉴런 연결들도 마찬가지다. 내 뇌에 있는 백조 개의 뉴런 연결들은 내가 쓰는 책의 내용을 하나도 모른다. 언어도, 그 밖에 내가 아는 다른 모든 것들도 알지 못한다. 의식조차 없을 것이다. 그런데도 그들로 이루어진 시스템, 즉 레이 커즈와일이라는 전체는 의식 있는 존재다. 최소한 나는 내가 의식 있는 존재라 생각한다(여태껏 이 점을 반박한 사람은 없었다).

자, 설의 중국어 방을 어마어마하게 큰 '방'으로 확대해서 제대로 굴러가게 해보자. 수십억 명의 사람들로 만들어진 시스템은 중국어를 이해하는 하나의 뇌처럼 잘 기능한다. 이것이 의식 없는 존재라고 감히 주장할 사람이 있을까? 최소한 시스템이 중국어를 안다고는 장담할 수 있다. 그런 시스템에 의식이 없다고 주장한다면 모든 생물학적 뇌에 대해서도 그렇게 주장할 수 있다. 내가 아닌 개체의 주관적 체험을 확인할 수 없기는 마찬가지이기 때문이다(설의 다른 글들을 보면 그도 이 점은 인정하는 듯하다). 수십억 명으로 이루어진 거대한 '방'도 하나의 개체다. 어쩌면 의식 있는 개체일지 모른다. 설은 별 근거 없이 단도직입적으로 그 방은 의식 없는 존재라 천명하며, 결론이 명백하다 주장한다. 개체를 방이라 부르고, 몇 명이 종이 조각 몇 개를 갖고 들어가 있다는 식으로 묘사하는 한 그런 기분이 들 수밖에 없다. 하지만 그토록 단순한 시스템이라면 설이 원하는 기능을 해낼 턱이 없다.

중국어 방 논증에 숨겨진 또 하나의 철학적 혼동은 시스템의 복잡성이나 규모에 관한 것이다. 설은 말하기를, 비록 타자기나 녹음기에 의식이 없다는 사실을 증명하지는 못하겠지만, 느낌상으로는 분명 그렇다고 한다. 무엇이 그렇게 분명한가? 어쩌면 타자기나 녹음기는 비교적 단순한 개체들이기 때문에 그런 건지도 모른다.

그러나 사람의 뇌만큼 복잡한 시스템에 대해서는 의식의 유무를 그처럼 분명하게 예단하기 힘들 것이다. 진짜 인간 두뇌의 조직 및 '인과력'을 그대로 복사한 시스템이라면 말이다. 그런 '시스템'이 사람처럼 행동하고 사람처럼 자연스럽게 중국어를 안다면, 그것은 의식 있는 존재인가? 자, 이제는 답이 명백하지 않을 것이다. 결국 설은 단순한 '기계'를 보고 의식 있는 존재라 부르는 게 얼마나 어리석은지 상상해보라고 하는 셈이다. 시스템의 복잡성과 규모에 대해 잘못 판단한 것이다. 물론 복잡하다고 해서 반드시 의식 있는 존재가 되는 건 아니다. 요는, 중국어 방 논증으로는 그런 시스템의 의식의 유무를 절대 판별할 수 없다는 것이다.

커즈와일의 중국어 방 이제 내가 중국어 방을 제안해보겠다. 레이 커즈와일의 중국어 방이라 부르자.

방 안에 사람이 하나 있다. 방은 중국 명 왕조 양식으로 꾸며져 있다. 대좌가 하나 있고 그 위에 기계식 타자기가 놓여 있다. 영문이 아니라 중국어 문자 키를 가진 타자다. 그런데 기계적 연결 구조가 신기하게 되어 있어서 사람이 중국어로 질문을 치면 질문 문장이 찍히는 게 아니라 질문에 대한 답이 찍힌다. 자, 사람은 중국어 문자로 된 질문 용지를 받아서 타자기의 키를 찾아 한 글자씩 입력한다. 타자기에서는 한 글자씩 답이 찍힌다. 사람은 답 용지를 받아서 방 밖으로 보낸다.

밖에서 보기에는 사람이 중국어를 잘 아는 것 같지만 실제 그렇지 않은 상황이 만들어졌다. 그렇다고 타자기가 중국어를 아는 것도 아니다. 그냥 구조가 좀 다른 타자기일 뿐이다. 방 안의 사람이 중국어 질문에 제대로 대답하는 건 분명한데, 그러면 누가, 혹은 무엇이 중국어를 아는가? 방 안의 장식들?

이제 독자 여러분도 내 중국어 방에 대한 몇 가지 반론들을 펼칠 수 있겠다.

우선 장식에는 아무 의미가 없는 것 같다고 지적할 수 있다.

사실이다. 대좌도 그렇다. 그리고 사람과 방 자체도 그렇다.

다음으로 전제부터가 말이 안 된다고 지적할 수 있겠다. 보통 타자기의 구조를 대충 바꿔서야 중국어 질문에 척척 답하는 기계가 만들어질 리 없다(수천 개에 달하는 중국 문자를 타자기 하나에 다 넣기 힘들다는 점은 논외로 하자).

그렇다. 역시 유효한 반론이다. 사실 내 중국어 방과 설의 중국어 방 사이의 단 한 가지 차이는 내 식으로 생각하면 이런 방이 제대로 기능하지 못하리란 사실이 뚜렷하게 드러난다는 점이다. 애초에 말이 안 된다는 점이 드러나는 것이다. 설의 중국어 방은 그렇게 느껴지지 않았겠지만, 보다시피 둘은 전혀 다르지 않다.

그런데 내 중국어 방을 정말로 기능하게 만들 수도 있다. 설의 방처럼 말이다. 답은 간단하다. 타자기의 구조를 사람의 뇌만큼 복잡하게 만드는 것이다. 이론적으로(현실적으로는 아닐지라도) 가능한 일이다. 그러나 그냥 '타자기 연결 구조'라고만 말해서야 그렇게 복잡한 것을 상상하기 힘들다. 한 사람이 종이 카드들을 조작한다거나 책에 적힌 규칙을 따른다거나 컴퓨터 프로그램의 지침을 따른다는 설의 설명도 마찬가지다. 오해만 일으키는 개념이다.

설은 말했다. "진짜 사람의 뇌는 일련의 특정 신경생물학적 과정들을 통해 의식을 일으킨다." 그런데 그 놀라운 견해를 뒷받침하는 근거는 말하지 않는다. 설의 견해를 확실히 설명하기 위해, 그가 내게 보낸 편지 중 일부를 인용해보겠다.

흰개미나 달팽이처럼 비교적 단순한 유기체들도 의식 있는 존재로 판명날지 모릅니다. …… 요는 의식이란 소화, 젖 분비, 광합성, 유사분열처럼 생물학적 과정임을 인정하는 것입니다. 이런 생물학적 과정들을 가능케 하는 생물학 원리를 찾듯, 의식을 가능케 하는 생물학 원리를 찾아보는 게 옳을 것입니다.[38]

나는 이렇게 답했다.

네, 의식이 뇌와 인체의 생물학적 과정(들)으로부터 생겨난다는 것은 맞습니다. 하지만 최소한 한 가지 차이를 지적할 수 있습니다. 가령 "이 개체가 이산화탄소를 배출하는가"라는 질문에 대해서라면 분명한 객관적 측정법을 거쳐 답할 수 있습니다. 그런데 "이 개체가 의식이 있는가"라는 질문에 대해서는 객관적 측정법을 동원하지 못합니다. 추론적 논증으로만 답할 수 있습니다. 아무리 강력하고 신빙성 있게 들려도 추론은 추론인 것입니다.

특히 달팽이에 대해서는 이렇게 답했다.

달팽이가 의식 있는 존재일지 모른다는 말씀은, 이런 식으로 이해할 수 있을 것 같습니다. 언젠가 사람에게서 모종의 신경생리학적인 의식의 기반('x'라고 부르겠습니다)을 발견할 수 있을지 모르는데, 그것이 의식의 기반인 까닭은 'x'가 존재할 때는 사람이 의식이 있었고 'x'가 존재하지 않을 때는 의식이 없었다는 의미에서입니다. 그렇다면 의식에 대한 객관적으로 측정가능한 지표를 갖게 되는 셈이지요. 만약 'x'가 달팽이에서도 발견된다면, 달팽이도 의식 있다고 결론 내릴 수 있겠습니다. 하지만 이 추론적 결론은 매우 강력하긴 해도, 달팽이의 입장에서 겪는 주관적 체험의 의식을 증명한 것은 못 됩니다. 사람이 의식 있는 것은 'x' 외에 별도의 인간적 속성인 'y'를 함께 갖기 때문인지도 모르는 것입니다. 'y'는 사람의 복잡성과 관련이 있을지도 모르고, 사람의 조직 방식과 관련 있을지도 모르고, 뉴런 미세소관의 양자적 속성(이것이 'x'라고 주장하는 사람도 있으므로 그럴지도 모릅니다만)과 관련 있을지도 모르고, 완전히 다른 어떤 것인지도 모릅니다. 달팽이는 'x'는 갖지만 'y'가 없어서 사실 의식이 없는 것일지도 모릅니다.

이런 논쟁의 결론을 어떻게 내릴 수 있겠는가? 달팽이에게 물어볼 순 없는 것이다. 설령 달팽이에게 질문하는 방법을 찾아내서 물었고, 달팽이가 그렇다고 대답한다 해도, 달팽이가 의식 있는 존재라는 증명이 된 건 아니다. 비교적 단순하고 대체로 예측가능한 겉의 행동만 보고는 어떤 결론도 내릴 수 없다. 달팽이에게 'x'가 있지 않느냐고 지적하는 것은 좋은 논증인지 모르겠다. 설득당하는 사람도 있을 것이다. 하지만 그조차 주장일 뿐이다. 달팽이의 주관적 체험을 직접 탐지한 것은 아니다. 객관적 측정은 주관적 체험이라는 개념과는 양립 불가능하다.

이런 논쟁은 오늘날 심심찮게 벌어지고 있다. 달팽이가 아니라 좀 더 고등한 동물들에 대해서지만 말이다. 나는 개와 고양이는 분명 의식 있는 존재라고 생각한다(설도 그렇다고 했다). 하지만 모든 사람들이 이 견해에 동의하는 것은 아니다. 나는 이 동물들과 인간의 비슷한 면을 지적하면서 과학적으로 주장을 강화할 수 있겠지만, 그래도 여전히 주장일 뿐, 과학적 증명이 아니다.

설은 의식에 대한 분명한 생물학적 '원인'을 찾고자 한다. 의식이나 이해 능력 등은 전반적 활동 패턴에서 발생한다는 사실을 인정하지 않는 것 같다. 대니얼 데닛 같은 철학자들은 이미 의식의 '패턴 발생' 이론을 구상해 제기했다. 하지만 의식이 특정 생물학적 과정에 의해 '야기'되든, 활동들의 패턴에 의해 발생하든, 설이 의식을 측정하거나 탐지할 방법을 제공하지 못하기는 마찬가지일 것이다. 인간에 있어 의식을 설명하는 신경 조직이 발견된다 해도 다른 개체에서도 반드시 그것이 있어야만 의식이 있으리라는 법은 없고, 거꾸로 그런 게 없다고 의식이 없으란 법도 없다. 의식은 젖 분비나 광합성처럼 객관적으로 측정가능한 과정들과는 다르다.

4장에서 말했듯, 사람과 몇몇 영장류에서만 독특하게 발견되는 생물학적 실체가 있다. 방추세포다. 발달된 뿌리 같은 구조를 갖고 있는 방추세포는 과연 인간의 의식 반응에 깊은 관련이 있는 것으로 보이며, 특히 감정 반응에 상관하는 것 같다. 방추세포야말로 인간 의식의 신경생리학적 기반인 'x'일 것인가? 어떤 실험을 해야 이것을 증명할 수 있을까? 고양이와 개에게는 방추세포가 없다. 그들은 의식적 체험을 하지 못한다는 증거가 되는가?

설은 이렇게 말했다. "순전히 신경생물학적인 이유에서, 의자나 컴퓨터가 의식 있는 존재라고 가정하는 것은 말도 안 되는 일이다." 나는 의자에는 의식이 없는 것 같다는 데 동의한다. 하지만 사람에 맞먹는 복잡성, 깊이, 미묘함, 능력을 갖출 미래 컴퓨터에 대해서는 의식이 있을 가능성을 배제할 수 없다고 본다. 설은 그냥 그렇지 않다고 단언하고는 그렇다고 생각하면 "말도 안 된다"고만 한다. 설의 '주장'에는 동어반복 이상의 실질적 내용이 없다.

컴퓨터가 의식 없는 존재라는 설의 입장이 인기 있는 이유 중 하나는 오늘날의 컴퓨터들이 의식 없어 보이는 탓이다. 요즘의 컴퓨터는 설령 예측불가능한 복잡한 작업을 수행하는 것이라 해도 하나같이 고장 나기 쉽고 형식적인 물체로 보인다. 하지만 오늘날의 컴퓨터는 인간 뇌보다 백만 배 이상 단순하다. 아직 인간 사고의 소중한 특질들을 모두 배워 알지 못한다. 그러나 컴퓨터와 인간의 간극은 빠르게 줄어들고 있으며 수십 년 안에 오히려 전세가 역전될 것이다. 21세기 중반이 되기 전에 등장할 미래의 컴퓨터들은 요즘의 비교적 단순한 컴퓨터들과는 매우 다른 양태를 보일 것이다.

설은 비생물학적 개체들은 논리 기호를 조작하는 일밖에 하지 못한다는 주장을 공들여 설명하고, 그 밖의 패러다임은 모르겠다는 듯 말한다. 규칙에 근거한 전문가 시스템이나 게임 프로그램들이 대체로 기호 조작을 통해 작업하는 것은 사실이다. 하지만 현재의 기술 발전 방향은 그 반대다. 생물학에서 영감을 얻은 기법들을 동원한 자기조직적 카오스 시스템이 이미 대세이다. 우리가 뇌라고 부르는 수백 덩어리의 뉴런 집합들을 역분석하여 알아낸 기법들도 물론 포함된다.

설은 생물학적 뉴런도 하나의 기계나 마찬가지라고 인정했다. 뇌 자체가 하나의 컴퓨터다. 우리는 이미 특정 뉴런 집합들뿐 아니라 개개 뉴런이 가진 인과력에 대해서도 상세하게 설명할 수 있는 모델들을 마련했다. 연구의 폭을 뇌 전체로 확장하지 못할 이유가 없다.

빈부 격차에 대한 지적

재런 러니어 등이 우려를 표한 또 한 가지 '끔찍한' 가능성은 이런 기술들 덕분에 부자들은 더 많은 이점과 기회를 갖게 되는 반면 나머지 대부분의 인류는 그렇지 못할 것이라는 점이다.[39] 그런 불평등은 현재에도 존재한다. 오히려 이 문제에 관해서는 수확 가속의 법칙이 중요하고 긴요한 해법을 줄지 모른다. 기술의 가격 대 성능비는 꾸준히 기하급수적 성장을 할 것이므로, 모든 기술들이 매우 싸져서 공짜나 다름없게 될 것이다.

요즘 웹에 올려져 있는 풍부하고 훌륭한 정보들은 거의 다 공짜다. 불과 몇 년 전만 해도 존재하지 않았던 것들이다. 아직 자유롭게 웹에 접속할 수 있는 나라가 많지 않다고 지적할지 모르겠지만, 웹의 확장은 이제 막 시작된 단계이며 앞으로 기하급수적으로 팽창하리라는 점을 염두에 두어야 한다. 아프리카의 가장 가난한 나라들에서조차 웹 접근성이 빠르게 좋아지고 있다.

모든 정보기술은 다음과 같은 단계를 겪는다. 도입 시기에는 제대로 작동하지도 않고 매우 비싸서 몇몇 엘리트들만 사용할 수 있다. 이후 기술의 성능은 조금 더 좋아지고 아주 조금 비싼 정도가 된다. 다음에는 꽤 잘 작동하며 비싸지 않은 정도가 된다. 마지막으로 기술은 아주 잘 기능하며 거의 공짜에 가까운 상태가 된다. 예를 들어 휴대폰은 현재 마지막 두 단계 중간쯤에 있다. 10년 전만 해도 영화 주인공이 휴대폰을 쓰면 매우 부유하거나, 능력 있거나, 혹은 두 가지 다라는 뜻이었다. 그러나 요즘은 정보기술에 기반한 경제가 자리잡아 국민 대부분이 휴대폰을 쓰는 나라도 적지 않다. 불과 20년 전만 해도 대다수 국민들이 농사를 지었던 나라들이다(아시아의 국가들이 그런데, 중국의 몇몇 시골 지역도 포함된다). 비싼 값을 치러야 하는 초기 도입 단계에서 공짜나 다름없는 마지막 기술 확산 단계까지 걸리는 시간은 현재 약 10년이다. 하지만 10년마다 패러다임 전환 속도가 배로 빨라지므로 향후 10년 뒤에는 5년으로 단축될 것이다. 20년 뒤라면 고작 2, 3년이 된다.

빈부 격차 문제는 어느 시대라도 늘 결정적인 주제다. 언제라도 이에 관해서는 할 수 있는 조치가 있고 해야 할 일이 있다. 선진국들이 에이즈 치료제를 가난한 나라들과 좀 더 열심히 나누지 않았던 것은 슬픈 일이다. 아프리카 같은 곳에서는 수백만 명이 목숨을 잃었는데 말이다. 하지만 정보기술의 가격 대 성능비가 기하급수적으로 발전하고 있어서 격차는 빠르게 완화되는 중이다. 약품도 본질적으로는 정보기술이어서, 컴퓨터, 통신, DNA 염기 서열 해독 등 여타 정보기술들과 마찬가지로 가격 대 성능비가 매년 배로 성장한다. 에이즈 치료제도 초기에는 잘 듣지도 않으면서 환자당 매년 수만 달러가 들 정도로 비쌌다. 오늘날 치료제는 비교적 잘 듣고, 환자당 매년 100달러면 될 정도로 싸졌다. 아프리카의 가난한 곳에서도 그렇다.

2장에서 2004년 세계은행 보고서를 인용했었다. 선진국의 경제 성장(6퍼센트 이상)은 세계 평균(4퍼센트)에 비해 좀 높지만, 어쨌든 전반적으로 가난이 사라지고 있다는 내용이다(일례로 1990년 이후 동아시아와 태평양 지역의 극심한 가난은 43퍼센트나 줄었다). 경제학자 하비에르 살라-이-마틴은 세계적으로 개인들 간의 불평등 정도를 측정하는 여덟 가지 지수를 측정해보았는데, 지수들 모두가 지난 25년간 꾸준히 줄었다고 한다.[40]

정부 규제 가능성에 대한 지적

여기서 말하는 사람들은 모두 정부가 삶의 일부가 아닌 것처럼 얘기하고 있습니다. 그랬으면 좋겠다 싶겠지만 사실이 아니지요. 오늘 여기서 토론하는 주제들이 점점 현실이 되어가면 몇몇이 아니라 온 나라가 이 문제들을 놓고 토론하게 되리라 기대하는 게 옳습니다. 몇몇 엘리트들이 사람들의 인성을 복사해서 사이버 스페이스 천국에 업로드하는 동안 나머지 보통 미국인들이 가만히 있을 리는 없는 겁니다. 그들도 뭔가 할 말이 있겠지요. 온 나라가 이 문제를 놓고 격렬한 논쟁을 벌일 겁니다.

―리언 퍼스, 앨 고어 전 미국 부통령의 국가 안보 보좌관, 2002년 미래 전망 회의에서.

죽음이 없는 삶이란 인간의 삶 아닌 무언가가 될 것이다. 생명의 유한성을 의식하는 데서 인간의 가장 깊은 욕망들과 가장 위대한 성취들이 나오는 것이기 때문이다.
—리언 카스, 생명윤리 위원회 의장, 2003년.

정부 규제를 지적하는 비판의 내용은 규제 때문에 기술 발전의 속도가 느려지거나 멈추리라는 것이다. 규제는 빼놓을 수 없는 문제이긴 하지만, 책에 소개된 각종 트렌드들에 어떤 눈에 띄는 영향을 미치지는 못했다. 과거의 기술 발전도 폭넓은 규제하에 이루어진 것이다. 전 세계적 전체주의 국가가 탄생하지 않는 한 경제적 동인 때문에라도 기술은 지속적으로 진보해나갈 것이다.

줄기세포 연구를 예로 들어보자. 이제껏 매우 논란이 되고 있는 기술로서 미국 정부가 자금 지원을 엄격하게 제한하는 분야다. 줄기세포 연구는 생물학의 기반이 되는 정보 처리 과정을 통제하고 조정하려는 수많은 기법들 중 하나로서 생명공학 혁명의 일환이다. 재미있게도 세포 치료 분야에서는 배아 줄기세포 연구에 대한 논란이 가중되자 대신 같은 목표를 달성하기 위한 다른 방법들이 빠르게 발전했다. 가령 교차분화 기술(피부세포 같은 특정 종류의 세포를 다른 종류 세포로 전환시키는 기술)이 급속히 발전했다.

5장에서 말했듯 과학자들은 피부세포를 여러 가지 다른 종류 세포로 바꾸는 데 성공했다. 환자 자신의 DNA를 지닌 분화된 세포들을 무한정 공급할 수 있다는 면에서 가히 세포 치료 분야의 성배라 할 만한 업적이다. DNA 오류가 없는 세포들만 선택할 수도 있고, 결국에는 텔로미어가 연장된(더 젊어진) 세포만 공급할 수 있을 것이다. 배아 줄기세포 연구 역시 조금씩 나아가고 있다. 하버드 대학이 새 연구 센터를 세우고, 캘리포니아주가 연구 지원에 30억 달러를 지원할 것을 법률로 통과시키는 등 큰 프로젝트들이 속속 진행되고 있다.

줄기세포 연구가 제약되고 있는 것은 안타까운 일이다. 하지만 그 때문에 세포 치료 연구가 조금이라도 지장을 받고 있느냐 하면 전혀 아니다. 생명공학이라는 넓은 영역에 관해서는 말할 것도 없다.

정부 규제 중 일부는 근본주의적 인본주의의 시각을 취하는 것 같다. 가령 유럽위원회는 "인간은 인공적으로 변형되지 않은 유전적 패턴을 물려받을 권리를 지닌다"고 천명했다.[41] 위원회의 발언 중 가장 흥미로운 부분은 제약을 권리처럼 표현한 점이다. 그렇다면 위원회는 자연 질병들을 비자연적 방법으로 치료하지 않는 것도 인간 권리로 천명할 수 있을지 모른다. 몇몇 활동가들이 생명공학 처리된 작물을 굶주리는 아프리카 국가에 보내지 못하도록 막으면서 그들의 존엄을 '보호'하고 있다고 주장하는 것을 보는 듯하다.[42]

결국에는 기술 진보가 가져올 커다란 혜택들이 반사적 반기술 정서를 억누를 것이다. 미국에서 생산되는 작물의 대부분이 유전자 변형 작물이고, 아시아 국가들은 많은 인구를 부양하기 위해 열심히 유전자 변형 작물을 도입하고 있으며, 유럽조차 유전자 변형 작물로 생산된 식품들을 점차 받아들이고 있다. 아무리 일시적이라 해도 불필요한 규제는 수백만 명의 고통을 증폭시킬 수 있다는 점을 명심해야 한다. 어쨌든 기술은 수천 곳의 전선에서 군건히 발전하고 있다. 기술을 통해 경제적 이득과 건강 및 복지 개선을 이룰 수 있는 게 분명한 한 추세는 바뀌지 않을 것이다.

앞에 인용한 리언 퍼스의 발언은 정보기술에 대한 근본적 오해를 담고 있다. 엘리트들만 정보기술을 활용할 수 있는 건 아니다. 쓸모 있는 정보기술들이 나날이 곳곳으로 퍼지고 있으며 가격도 공짜에 가까워지고 있다. 오히려 엘리트들만이 쓸 수 있는 비싼 기술이란 제대로 작동하지 않는 기술(즉 발달 초기의 기술)인 것이다.

2010년대 초반에는 웹을 통해 완전몰입형 시청각 가상현실을 체험하게 될 것이다. 안경이나 렌즈를 통해 망막에 직접 영상이 전해질 테고 광대역폭 무선 인터넷이 옷에 삽입될 것이다. 특권층만 이런 기술을 누리게 되는 것이 아니다. 안정적인 기술이 되는 무렵에는 어디에나 존재하는 보편적 기술이 될 것이다. 휴대폰과 마찬가지다.

2020년대에는 나노봇들이 혈류를 돌며 건강을 지켜주고 정신 능력을 강화해줄 것이다. 이 기술 또한 제대로 작동할 무렵에는 값이 비싸지 않아 어디서나 쓰일 것이다. 앞서 말했듯 정보기술 최초 사용자와 최후 사용자 사이 시간차는 현재 10년이지만 앞으로 20년 지나면 2~3년 정도로 줄어들 것이다. 비생물학적 지능은 뇌에 자리를 잡기만 하면 매년 역량을 두 배씩 늘려갈 것이다. 그것이야말로 정보기술의 속성이다. 비생물학적 지능이 우리 지능을 뛰어넘는 것은 시간 문제다. 이 또한 부자들만의 사치품은 아닐 것이다. 오늘날 검색 엔진이 모두를 위한 기술이듯 말이다. 기계를 통한 지능 증폭이 바람직한지 토론이 벌어진다 해도 누가 이길지 뻔하다. 지능 강화 기술을 받아들인 쪽이 훨씬 지적인 토론자일 것이기 때문이다.

참기 힘들 정도로 느린 사회 조직의 속도 MIT의 수석 연구자 조엘 쿠처-게센펠트는 이렇게 적었다. "지난 150년간의 역사를 돌이켜보면, 늘 새로운 정치 제도가 등장해 이전 제도의 딜레마를 풀어주었으나, 동시에 미래 세대에 새로운 딜레마를 던져주었음을 알 수 있다. 가령 태머니 회관*으로 대변되는 정치 후원자 모델은 대부분 지주인 상류층들이 지배하던 귀족 정치보다 훨씬 나았다. 정치 과정에 훨씬 많은 사람들을 참여시켰기 때문이다. 하지만 후원 제도에도 곧 문제가 생겨났고, 이번엔 행정 기관 모델로 이어졌다. 실력이 인정 받는 구조를 만들었다는 점에서 이전의 문제들을 해결한 훌륭한 방책이었다. 그러나 물론 행정 기관 역시 혁신의 장애물이 되기 시작했고, 이제 우리는 다른 식으로 정부를 재창조하려 한다. 이런 식으

* 19세기 뉴욕 시정을 지배하던 공화파 정치기구.

로 이야기는 계속된다."[43] 동시대의 시각으로 볼 때 나름대로 혁신적인 사회 조직이라도 늘 "혁신의 발목을 잡는 역할"을 한다는 점을 지적한 것이다.

우선 사회 조직 보수화는 우리 시대만의 현상이 아님을 지적하고 싶다. 오히려 혁신의 진화 과정의 일부이며, 수확 가속의 법칙은 늘 그 틀 안에서 움직여왔다. 둘째, 혁신은 사회 조직들이 부여하는 제약을 에둘러 발전할 줄 안다는 점을 지적하고 싶다. 특히 분산형 기술을 통해 개인은 온갖 종류의 제약을 피할 수 있다. 사회가 가속적으로 변화하는 것도 그런 과정을 통해서다. 가령 현재 얽히고설킨 통신 규제들이 존재하지만, 음성패킷망(VoIP)*처럼 두 지점을 직접 연결하는 기술들은 이런 규제들을 단번에 뛰어넘는다.

가상현실 역시 사회 변화를 촉진하는 세력으로 작용할 것이다. 사람들은 매우 현실적인 몰입형 가상현실 환경에서 다양한 관계를 맺고 여러 활동에 참가할 것이다. 실제 세계에서는 할 수 없었거나 할 마음이 내키지 않았던 활동들일 것이다.

세련된 기술일수록 전통적인 인간 능력을 모방하는 법이고 사용자의 적응을 크게 요하지 않는 법이다. 초창기의 개인용 컴퓨터를 쓰려면 사용자가 기술에 대해 아는 바가 많아야 했다. 오늘날의 컴퓨터 시스템들은 그렇지 않다. 가령 휴대폰, 음악 플레이어, 웹 브라우저 등을 쓰는 데는 기술 지식이 크게 필요 없다. 2010년대에 우리는 가상 인간들과 활발히 접촉하게 될 것이다. 그들은 아직 튜링 테스트를 통과하지 못한 상태겠지만 자연어 이해 능력을 충분히 갖추고 있어서 다양한 작업을 도와주는 개인 비서 역할을 톡톡히 해낼 것이다.

세상에는 언제나 새로운 패러다임을 앞서 받아들이는 사람과 끝까

---

* 음성신호를 인터넷 프로토콜을 사용하여 전달함으로써 다양한 인터넷 텔레폰 서비스를 가능하게 하는 기술.

지 받아들이지 않는 사람이 공존한다. 요즘도 7세기식 생활을 고집하는 사람들이 있지만 그렇다고 웹 기반 공동체 같은 새로운 사회의 규약과 지침을 정하는 일에 문제가 되는 건 아니다. 몇백 년 전에는 레오나르도 다빈치나 뉴턴 같은 한 줌의 천재들만이 세계를 새롭게 이해하고 새로운 관계를 맺는 일을 할 수 있었다. 오늘날에는 새로운 기술 혁신에 적응하고 받아들이는 사회 혁신 과정에 전 세계 사람들이 참여하고 기여할 수 있다. 이 또한 수확 가속 법칙의 한 측면이다.

유신론 입장의 비판

또 한 가지 흔한 비판은 과학의 영역을 넘어선다. 인간 역량을 설명하는 데는 영적인 무언가가 필요하며, 그것은 객관적 방법으로는 침투할 수 없는 영역이라는 주장이다. 저명한 철학자이자 수학자인 윌리엄 A. 뎀스키는 마빈 민스키, 대니얼 데닛, 퍼트리샤 처칠랜드, 나 같은 사람들을 가리켜 "현대의 유물론자"들이라 부르며 이들은 "물질의 운동이나 형태만으로 인간 정신을 충분히 설명할 수 있다"고 주장하는데, 얼마나 어리석은 견해냐고 비판하였다.[44]

뎀스키는 "예측가능성은 유물론의 주된 미덕"이며 "공허함은 주된 오류"라 말한다. 이렇게도 말한다. "인간은 열망을 갖고 있다. 인간은 자유, 영생, 아름다운 전망을 갈망한다. 인간은 신 안에 거하지 않는 한 안식을 취하지 못한다. 유물론자들이 당면하는 문제는 이런 열망들을 물질로 대체할 수 없다는 점이다." 뎀스키는 인간이 그저 기계일리 없다고 결론 내린다. 기계에는 "물질 외적인 요인들이 절대로 부족"하기 때문이라고 한다.

나는 뎀스키가 유물론이라 부른 입장을 좀 더 정확하게 '역량 유물론' 내지는 '역량 패턴주의'라 부르고 싶다. 역량 유물론/패턴주의는 생물학적 뉴런과 그들 사이 연결은 물질과 에너지의 지속적 패턴으로부터 만들어진다는 관찰을 바탕에 깐다. 또 그들을 복제하거나 기능적으로 동일한 모델을 만들면 그들의 생물학적 기법을 적절히 묘사하고, 이해하고, 모방할 수 있다고 믿는다. 나는 일부러 '역량'이란 단어를 썼다. 지능이라 불리는 좁은 의미의 인간 능력 외에도 인간이 세계와 상호작용하는 온갖 풍부하고 미묘하고 다양한 능력들을 아우르기 위해서다. 감정을 이해하고 반응하는 능력은 지적 문제를 처리하는 능력만큼이나 복잡하고 다양하다.

존 설조차도 뉴런은 생물학적 기계라는 데 동의한다. 뉴런의 반응이나 역량을 진지하게 관찰한 사람들 중 뎀스키처럼 '물질 외적 요인들'이 꼭 필요하다고 주장하는 사람은 거의 없다. 인체와 뇌의 행동과 기량을 설명할 때 물질과 에너지의 패턴에만 의존한다고 해서 그 놀라운 특질에 대한 경외감이 손상되는 것은 아니다. 뎀스키는 '기계'라는 개념에 대해 뒤떨어진 시각을 갖고 있다.

뎀스키는 또 "뇌와 달리 컴퓨터는 깔끔하고 정확하며······ 결정론적으로 움직인다"고 했다. 이 발언을 포함하여 전반적인 뎀스키의 견해를 평가하자면, 그는 기계, 혹은 물질과 에너지의 패턴으로 구성된 개체('물질적' 개체들)라는 것을 19세기식 자동화 기계 같은 단순한 기제로만 생각하는 것 같다. 수백 수천 개의 부품으로 만들어졌던 과거의 기기들은 실제 예측가능한 일만 했으며 자유에 대한 갈망 등 인간 존재가 드러내는 특질을 보이지 않았다. 오늘날의 기계들은 부품이 수백만 개 정도 되지만 대체로 마찬가지다. 하지만 수천조 개의 상호작용하는 '부품들'을 가졌으며 인체나 뇌만큼 복잡한 기계에 대해서는 그렇게 말할 수 없을 것이다.

게다가 유물론적으로 만들어진 개체는 뭐든 예측가능하다는 주장도 틀렸다. 요즘의 컴퓨터 프로그램들은 무작위성을 구현한다. 완벽한 무작위성을 구현해주는 기기들도 존재한다. 나아가 우리가 물질 세계에서 만나는 모든 것은 기본적으로 무수한 양자적 사건들이 모여 이뤄진 것으로서, 사건 각각의 물리적 실체는 매우 심오하고도 환원불가능한 양자적 무작위성을 따른다. (혹은 그렇게 보인다. 아직 과학계는 양자적 사건들이 드러내는 무작위성의 진정한 속성이 어떤 것인지 합의하지 못한 상태다.) 물질계는 거시 차원이든 미시 차원이든 결코 예측가능하지 않다.

대부분의 컴퓨터 프로그램은 뎀스키가 묘사한 방식으로 작동한다. 하지만 내 전공인 패턴 인식 분야를 보면 생물학에서 영감을 얻은 카오스적 연산 기법들이 대세를 이루고 있다. 무작위적이고 예측불가능한 요소들을 다수 가진 수백만 가지 과정들이 예측불가능한 방식으로 서로 상호작용하여 패턴 인식 문제에 대해 예기치 못했던, 하지만 적절한 해답을 내놓는다. 실제 인간의 지능도 이런 식의 패턴 인식 과정들로 구성되어 있다.

한편 감정에 대한 대응이나 고귀한 인간적 열망들은 창발적 속성으로 파악하는 것이 옳을 것이다. 심오한 것임에 틀림 없지만 뇌가 복잡한 환경과 상호작용하여 빚어낸 모종의 창발적 패턴으로 정의할 수 있다. 비생물학적 개체의 복잡성과 역량은 수십 년 안에 뇌를 포함한 여러 생물학적 체계들(신경계나 내분비계 등) 수준에 이를 것이다. 미래에 기계를 설계할 때는 생물학에서 영감을 많이 얻을 것이다. 생물학적 설계의 후예가 되는 것이다. (현재에도 그런 체계들이 많다.) 나는 미래의 비생물학적 개체들이 뇌의 실제 패턴들만큼 복잡해진다면 인간 수준의 지능은 물론이고 인간처럼 풍부한 감정적 반응들('열망들'도 물론 포함된다)도 드러낼 것이라 생각한다.

그런 비생물학적 개체는 의식 있는 존재인가? 설은 그것에 '특정 신경생물학적 과정'이 있는지 살펴봄으로써 문제를 풀 수 있다고 주장한다(최소한 이론적으로는 그렇다). 내 생각을 말하자면, 나는 대다수 사람들이 결국에는 비생물학적이지만 매우 인간적인 개체들의 의식을 인정하리라 본다. 그러나 이는 정치적이며 심리적인 예측이지, 과학적이거나 철학적인 판단이 아니다. 내 기본 주장은 이렇다. 나는 이 문제가 과학적 질문이 아니라는 점에서는 뎀스키에 동의한다. 객관적 관찰로 해결할 수 없기 때문이다. 과학적 질문이 아니면 중요하지 않거나 진정한 질문이 아니라고 생각하는 사람들도 있다. 나는 그렇게는 생각하지 않는다. 과학적 질문이 아니기 때문에 이것은 진정한 철학적 질문이고, 가장 근본적인 철학적 질문이다.

뎀스키는 이렇게 썼다. "우리는 자신을 초월해서 진정한 자신을 찾아야 한다. 물질의 운동과 형태만으로는 자신을 초월할 도리가 없다. …… 프로이트, 마르크스, 니체, …… 이들은 초월을 바라는 희망을 기만으로 여겼다." 초월을 인간 궁극의 목표로 보는 견해는 합리적이다. 하지만 물질계에서는 "초월할 도리가 없다"는 견해에는 동의할 수 없다. 물질계는 필연적으로 진화하게 마련이고 각 단계는 이전 단계를 초월해 나아간다. 7장에서 말했듯 진화는 더욱 복잡하고, 더욱 우아하고, 더욱 똑똑하고, 더욱 지적이고, 더욱 아름답고, 더욱 창조적인 무언가를 향해 간다. 사람들이 생각하는 신도 이 모든 속성을 지닌다. 다만 한계가 없다 한다. 무한한 지식, 무한한 지능, 무한한 아름다움, 무한한 창조성, 무한한 사랑을 지닌 게 신이라 한다. 진화는 무한한 수준에 이르진 못하겠지만 기하급수적으로 확장하고 있으므로 그런 방향으로는 가고 있다. 진화는 신이란 개념을 향해 당당하게 나아가는 것이다. 영원히 그 궁극의 이상에는 도달하지 못하겠지만 말이다.

뎀스키의 글을 계속 인용해보자.

기계는 물리적 부품들의 구성, 역학, 관계로 완벽히 설명된다. …… '기계'는 물질 외적 요인들이 전혀 없는 것으로 정의된다. …… 치환의 원칙을 동원해 살펴보는 게 의미 있다. 왜냐하면 기계는 실체적인 역사란 것을 갖지 못하기 때문이다. …… 기계는 역사를 전혀 모른다고 말해도 좋을 것이다. 기계의 역사는 잉여로 추가된 것에 불과하다. 얼마든지 다른 내용으로 붙여질 수도 있었던 부록에 불과하며, 어느 쪽이든 기계 자체가 달라지는 것은 아니다. …… 기계에게는 지금 이 순간 존재하는 것이 존재의 전부다. …… 기계는 저장된 내용을 불러낼 수 있거나 없거나 둘 중 하나다. …… 만약 기계의 역사에 변용을 가하여 사실과 다른 사건(즉 실제 일어나지 않았던 사건)을 의미하는 정보로 바꿀 수 있다면, 그리고 기계가 그 정보를 불러낼 수 있다면, 기계 입장에서 그 사건들은 실제 일어났던 역사나 마찬가지다.

이제는 다시 말할 필요도 없겠지만, 내가 책을 통틀어 말하고자 하는 바는 현재 우리가 기계의 속성이나 인간의 속성에 대해 집요하게 믿고 있는 가정들이 향후 수십 년 내에 하나하나 의문에 붙여지리라는 점이다. 뎀스키가 생각하는 '역사'란 인간됨의 풍부함, 깊이, 복잡성에서만 유래할 수 있는 인간성의 또 한 가지 측면이다. 뎀스키식으로 말해서 거꾸로 그런 역사가 없다는 것은 이제까지 세상에 등장한 기계들의 단순성을 드러내는 한 가지 측면이다. 물론 내 주장은 2030년대 이후의 기계들은 무척 복잡하고 풍부한 구조를 지닐 것이라 그 행동을 보면 감정적 반응, 열망, 물론 역사까지 느낄 수 있으리라는 것이다. 뎀스키는 요즘의 기계들을 묘사하고는 그 한계가 내재적인 것이라 주장한다. 즉 "오늘날의 기계들이 인간만큼 뛰어나지 않으니 기계는 영원히 인간 수준의 성능을 보이지 못할 것"이라 예단한다. 처음부터 결론을 가정하는 논리다.

뎀스키는 기계가 자신의 역사를 이해하는 방법으로 기억 장치의 내용을 '불러내는' 것 말고 없다고 생각한다. 하지만 미래 기계들은 역사적 기록을 저장하는 데 그치지 않고 그것을 충분히 이해하고, 그것에 바탕을 둔 통찰력 있는 반성까지 할 수 있을 것이다. '사실과 다른 사건을 의미하는 정보'로 말하자면 인간의 기억도 취약하긴 마찬가지다.

뎀스키는 영성에 관한 기나긴 논의를 이렇게 맺는다.

하지만 기계가 어떻게 신의 존재를 인식하겠는가? 기계는 물리적 부품들의 구성, 역학, 관계로 완벽히 정의될 수 있음을 떠올려보라. 따라서 신이 기계에게 임하시어 자신의 존재를 알릴 수가 없고, 기계의 상태 하나 바꿀 수가 없다. 신이 기계에 임해 상태를 바꾸려 하는 순간 그것은 더 이상 기계가 아니게 되는데, 왜냐하면 이제 기계의 존재는 물리적 구조를 초월하는 것이기 때문이다. 그렇다면 기계의 상태를 바꾸려는 신의 노력과 완전히 별개로 기계 자신이 신의 존재를 스스로 깨닫는 수밖에 없다. 기계는 어떻게 신의 존재를 의식할까? 스스로 이끌어낸 인식에 따를 것이다. 기계의 영성은 자기 깨달음의 영성이지, 신이 자유롭게 스스로를 드러내시어 자신이 교감하는 존재를 변화시킴으로써 부여하신 영성이 아니다. '기계' 앞에 '영적'이라는 형용사를 붙여보려는 커즈와일의 시도는 영성에 대한 허약한 견해에서 비롯한다.

뎀스키의 말은 개체(가령 사람이라도 좋다)는 신의 임하심 없이는 스스로 신의 존재를 의식할 수 없는데, 신이 기계에 임할 수는 없으므로 기계는 신의 존재를 의식할 수 없다는 뜻이다. 전적으로 동어반복적이고 인간 중심적인 추론이다. 신은 오로지 인간과 교감하며, 오로지 생물학적 존재들과만 교감한다는 것이다. 뎀스키 개인의 믿음이라면 상관이 없지만, 이것이 자신이 공언한 '강력한 증거'라면 문제가 있다. "인간은 기계가 아니다, 이상"이라는 주장의 증거는 될 수 없다. 설처럼 뎀스키도 결론을 전제하고 시작한다.

역시 설처럼, 뎀스키도 복잡한 분산형 패턴들의 창발성이라는 개념을 제대로 이해하지 못한 것 같다. 뎀스키는 이렇게 썼다.

> 분노는 아마 어떤 국소적 뇌 흥분 상태와 관련 있을 것이다. 하지만 국소적 뇌 흥분 상태만을 묘사해서는 분노에 따르는 격렬한 행동들, 가령 욕설을 퍼붓는다거나 하는 행동을 잘 설명할 수 없다. 국소적 뇌 흥분 상태가 분노와 상관이 있는 게 사실이라도, 어떤 사람은 어떤 말을 듣고 모욕을 느껴 분노를 체험하는데 다른 사람은 같은 말을 농담으로 여겨 즐거움을 체험할 수 있는 게 아닌가? 유물론자들은 국소적 뇌 흥분 상태를 다른 국소적 뇌 흥분 상태들의 맥락에서 이해하면 마음을 설명할 수 있다고 본다. 반면 우리는 국소적 뇌 흥분 상태(가령 분노를 의미하는)는 의미론적 맥락에서 해석되어야 한다(가령 모욕을 의미하는 것으로)고 본다. 그러나 유물론자들은 마음이나 지적 행위자를 설명할 때 뇌 흥분 상태와 의미론적 맥락을 섞는 법을 모른다.

뎀스키는 분노를 단순히 '국소적 뇌 흥분 상태'와 연계시켰다. 하지만 분노란 뇌 전반에 분포된 어떤 복잡한 활동 패턴의 반영이다. 분노와 연관된 국소적 신경 상태란 게 있다고 해도 다면적이고 상호작용하는 패턴들의 결과로 생겨난 것이다. 왜 사람들이 비슷한 상황에서 다른 반응을 보이는가 하는 뎀스키의 질문에 답하기 위해 반드시 물질 외적 요인 같은 설명을 구할 필요가 없다. 서로 다른 사람들의 뇌와 체험이 다른 것은 당연한 일이다. 서로 다른 유전자와 서로 다른 경험으로부터 생긴 서로 다른 뇌를 갖고 있기 때문이다.

뎀스키는 스스로 '실제 세계의 요소들'이라 부른 인간 존재의 궁극적 기초는 물질로 환원될 수 없다고 단언함으로써 존재론적 문제를 해결해버린다. 뎀스키는 무엇이 인간에게 근본적인 '요소들'인지

구체적으로 나열하지 않았지만, 모르긴 몰라도 마음이 포함되어 있을 것이다. 돈이나 의자 등 다른 것들과 함께 말이다. 이 점에서는 나와 뎀스키의 견해가 조금 일치할지 모르겠다. 나는 뎀스키가 말하는 그 '요소들'이란 게 다름 아닌 패턴이라 생각한다. 예를 들면 돈도 그렇다. 돈은 협의, 이해, 기대로 이루어진 방대하고 지속적인 패턴이다. '레이 커즈와일'도 그만큼 방대하진 않을지 몰라도 역시 지속적인 하나의 패턴이다. 뎀스키는 패턴을 덧없는 것, 실체적이지 않은 것으로 여기는 게 분명하다. 하지만 나는 패턴의 힘과 지속력을 정말 굉장히 높이 산다. 패턴이야말로 근본적인 존재론적 실체라 보아도 괜찮으리라 생각한다. 우리는 물질과 에너지를 직접 만져볼 수 없지만 뎀스키의 이른바 '요소들'을 이루는 패턴들은 직접 체험할 수 있다. 이 말은, 인간의 지능, 그리고 기술이라 불리는 인간 지능의 확장을 동원하여 세상의 강력한 패턴들(가령 인간 지능 자체)을 이해하려 노력한다면 그 패턴들을 다른 물질 속에서 재창조하고 심지어 확장할 수 있으리라는 뜻이다. 패턴은 패턴을 구현하는 재료보다 훨씬 중요하다.

마지막으로, 뎀스키의 말처럼 지능을 강화시킨다는 물질 외적 요인이라는 게 실제로 존재한다면, 어디 있는지 알아내서 나도 좀 갖고 싶다.

전체론 입장의 비판

다음과 같은 비판도 흔하다. 기계는 단위 모듈들이 위계 있게 구조화된 조직인 반면 생물학은 구성 요소들 모두가 서로 영향을 주고 받는 전체론적 구조라는 것이다. 생물학의 독특한 역량(가령 인간 지능)은 전체론적 설계에서만 나올 수 있고 나아가 생물학 체계만이 이런 설계 원칙을 원용할 수 있다는 비판이다.

뉴질랜드 오타고 대학의 생물학자 마이클 덴턴은 생물학적 개체의 설계 원칙과 자신이 아는 기계들의 설계 원칙의 차이를 지적하면서, 유기체는 "자기 조직적이고…… 자기 참조적이고…… 자기복제적이고…… 상호 호혜적이고…… 자기 형성적이며…… 전체론적"이라 묘사했다.[45] 그러고는 근거 없는 도약을 하여 그런 조직은 오직 생물학적 과정에 의해서만 만들어질 수 있으며, 그런 유기체야말로 "변환 불가능하고…… 침투 불가능하고…… 근본적인" 실체적 존재라고 했다.

나는 유기체의 아름다움, 섬세함, 기묘함, 상호연관성에 '놀라고 경외감을 느낀다'는 덴턴의 말에 동의한다. 비대칭으로 생긴 단백질의 '다른 세상의 것처럼 이상한 느낌'으로부터 인간의 뇌 같은 고차원적 기관들의 굉장한 복잡성까지, 모두 놀라운 일이다. 나아가 생물학적 설계는 일련의 심오한 원칙들을 자유자재 활용한다는 덴턴의 관찰에도 동의한다. 하지만 덴턴이나 여타 전체론적 입장의 비판을 가하는 사람들은 기계(즉 사람이 설계한 개체)도 이런 원칙들을 사용할 수 있고 이미 사용하고 있다는 내 주장을 이해하지 못하거나, 알더라도 제대로 답하지 못한다. 이것이야말로 내 주장의 요점이며 미래의 트렌드인데 말이다. 자연에 존재하는 아이디어들을 모방하는 것이야말로 미래 기술이 갖게 될 어마어마한 힘을 제대로 활용하는 방법이다.

생물학적 체계들이라고 완벽하게 전체론적인 것은 아니고, 현재의 기계들이라고 완벽하게 단위적인 것은 아니다. 둘 다 그 중간 어디쯤에 있다. 자연계를 들여다보면 분자 수준에서조차 기능의 단위들이 존재한다는 것을 알 수 있고, 좀 더 거시적인 장기나 뇌 영역 수준이 되면 또렷하게 행위의 기제 단위를 목격할 수 있다. 뇌 영역의 기능과 정보 변형 과정을 이해하는 작업이 착착 진행 중인 것만 봐도 알 수 있다.

뇌의 모든 부분이 다른 모든 부분들과 상호작용한다고 말하는 것도 무리가 있다. 그렇게 복잡하니까 작동 기법을 이해할 수 없으리라고 말하는 것 또한 문제가 있다. 과학자들은 수십 개에 이르는 뇌 영역들의 정보 처리 과정을 확인하고 그를 모방하는 모델을 구축했다. 거꾸로 오늘날의 기계 중에도 모듈 단위로 설계되지 않은 것이 있다. 유전 알고리즘처럼 설계 요소들 사이에 매우 깊은 상호작용이 존재하는 것들이 있다. 덴턴은 이렇게 썼다.

> 오늘날 거의 모든 생물학자들은 기계론적, 환원적 접근법을 취한다. 유기체의 기본 부품들(마치 시계의 톱니바퀴들 같은)이 가장 핵심적인 것들이며, 살아 있는 유기체(시계 같은)는 부품들의 총합에 지나지 않으며, 전체의 속성을 결정하는 것이 부품들이며, 부품들을 하나하나 따로 떼어 이해한다면 유기체의 모든 속성을 완벽하게 묘사할 수 있다고 생각한다(역시 시계처럼 말이다).

덴턴은 복잡한 과정 속에 창발적 속성들이 생겨나 '부품들을 하나하나 따로 떼어' 이해하는 것 이상의 일이 벌어진다는 사실을 무시한다. 그런데 그가 "실제적인 의미에서 유기적 형태들은 진정 창발적 존재들이라 할 수 있다"고 쓴 것을 보면 창발성에 대해 인지하고 있는 것 같기는 하다. 그러나 창발적 존재를 설명하기 위해서 덴턴의 이른바 '생기론적 모델'에 의지할 필요는 없다. 창발적 속성은 패턴의 힘에서 생겨나는 것이며, 패턴이든 그로 인한 창발적 속성이든 자연계에만 국한되는 현상은 아니다.

아래와 같은 글을 보면 덴턴도 자연의 방법론을 모방할 수 있다는 사실을 아는 듯하다.

> 그러므로 단백질을 조립 단위처럼 써서 새로운 유기적 형태를 만드는 데 성공하려면 전혀 새로운 접근법을 취해야 한다. 일종의 '하향식' 설계법을 써야 한다. 유기체의 부품들은 전체로서만 의미 있

게 존재하므로, 유기체 전체를 부품 하나하나로 설명하거나 비교적 독립적인 모듈들을 여럿 모아 조립해내는 건 불가능하다. 결과적으로, 조각으로 나뉘지 않은 대상 전체를 통째 한 번에 규정해야 한다.

덴턴의 말은 나 같은 연구자들이 패턴 인식, 복잡성(카오스) 이론, 자기조직적 체계 등의 분야에서 일상적으로 사용하는 공학 기법들을 묘사하는 것처럼 들릴 정도다. 든든한 조언을 주는 것처럼 들리기까지 한다. 그러나 덴턴은 이미 이런 방법론들이 존재한다는 사실은 모르는 것 같다. 그는 상향식, 부품 기반 설계법의 예를 상세히 들며 한계를 묘사하고는, 아무런 합리적 증거 없이 대번 두 가지 설계 철학 사이에 넘지 못할 간극이 있다고 말해버린다. 그 간극 위로 이미 다리가 놓이고 있는데 말이다.

5장에서 말했듯, 우리는 진화의 기법들을 활용함으로써 '다른 세상의 것처럼 이상'하지만 효과적인 설계를 해낼 수 있다. 유전 알고리즘으로 지능적 설계를 진화시키는 기법에 대해서는 누차 설명한 바 있다. 내 경험에 따르면 그런 기법으로 도출되는 결과는 덴턴이 유기 분자에 대해 "논리를 벗어난 설계와 어떤 분명한 모듈이나 규칙성도 없는 상태…… 순전한 카오스적 정렬 상태…… 기계적이지 않은 느낌"이라 설명했던 표현에 마찬가지로 잘 들어맞는 것 같다.

유전 알고리즘 및 여타 상향식 자기조직적 설계 방법론들은(신경망, 마르코프 모델 등) 예측불가능한 요인들을 활용한다. 따라서 과정을 수행할 때마다 매번 다른 결과가 나온다. 기계는 결정론적이고 따라서 예측가능하다는 통념에도 불구하고, 기계를 통해 무작위를 구현하는 방법이 수없이 많은 것이다. 현대 양자역학은 모든 존재의 핵심에 심오한 무작위성이 있다는 것을 보여준다. 양자역학에 따르면 거시적으로 결정론적인 듯 보이는 시스템의 행태조차 실은 기본적으로 예측불가능한 무수한 미시적 사건들이 통계 분포를 이루며 빚어낸 결과라고 한다. 또 스티븐 울프럼 등의 작업을 보면 이론적으로 완벽하게 결정론적인 시스템이 거꾸로 매우 무작위적인, 완전히 예측불가능한 결과를 낼 수도 있다.

유전 알고리즘 등의 자기조직적 접근법을 사용하면 모듈식 부품 조립 접근법으로는 얻기 힘든 설계를 만들 수 있다. 덴턴은 부분이 전체에 대해 "이상하고…… 카오스적이고…… 역동적인 상호작용'을 보이는 현상은 유기체에서만 일어날 수 있다고 주장했지만, 사실 그 표현은 인간이 만들어낸 카오스적 과정들에도 잘 맞는다.

나는 유전 알고리즘이 점진적으로 하나의 설계를 개선해가는 과정을 연구해왔다. 유전 알고리즘은 한 번에 하나씩 개별 하부구조를 바꿔감으로써 개선을 이루는 게 아니라 '한 번에 전체'를 다루는 접근법을 취한다. 설계 전반에 걸쳐 작은 변화들을 무수히 일으킴으로써 전체적인 적합도, 달리 말해 해답의 '힘'을 단번에 개선한다. 해답은 점진적으로 발생하며, 처음에 단순하다가 점차 복잡해진다. 해답은 비대칭적이거나 보기 싫은 모양일 때도 있지만 매우 효과적이다. 그런가 하면 우아하고 심지어 아름다운 해가 나올 때도 있다. 마치 자연과 같다.

컴퓨터 같은 오늘날의 기계들이 대부분 모듈식 접근법으로 설계된 것이라는 덴턴의 관찰은 옳다. 이 전통적 기법에는 적지 않은 이점이 있다. 가령 컴퓨터는 사람보다 훨씬 정확한 기억력을 갖고 있으며 인간 지능보다 훨씬 효율적으로 논리 연산을 할 수 있다. 무엇보다 컴퓨터는 기억과 패턴을 순식간에 남들과 나눌 수 있다. 반면 모듈식이 아닌 자연의 카오스적 접근법에도 분명한 이점이 있다. 덴턴이 잘 표현했던 바와 같다. 가령 인간의 패턴 인식력 같은 심오한 능력이 가능하다. 하지만 현재의 기술에 한계가 있기 때문에 영원히 생물학적 체계에 접근하지 못할 것이라는 주장, 생물학적 체계는 본질적이고 존재론적인 측면에서 완전히 딴 세상이라는 주장은 논리의 비약이 아닐 수 없다.

자연이 자랑하는 정교한 설계들(가령 눈)은 진화 과정의 혜택을 입은 것이다. 현재의 복잡한 유전 알고리즘들은 수만 비트의 유전 암호를 사용한다. 인간 같은 생물학적 개체들의 유전 암호는 수십억 비트 정도다(압축을 한다면 수천만 비트가 된다).

모든 정보기술이 그렇듯, 유전 알고리즘 및 여타 자연을 모방하는 기법들의 복잡성은 기하급수적으로 성장할 것이다. 그 증가 속도를 확인해볼 때 앞으로 20년 안에 그들이 인간 지능의 복잡성을 따라잡을 것이다. 하드웨어와 소프트웨어의 발전 추세를 근거로 한 앞선 예측들과 일맥상통하는 전망이다.

덴턴은 아직 단백질을 3차원적으로 접는 시뮬레이션도 해내지 못한다고 지적한다. "구성요소들의 수가 100개도 채 못 되는" 단백질조차 그렇다는 것이다. 하지만 단백질의 3차원 패턴을 시각화할 수 있는 도구를 만들어낸 게 불과 몇 년 전 일이다. 게다가 원자 간 상호작용을 모델링하려면 초당 10^{14}회 수준의 연산이 가능해야 한다. IBM은 2004년 말에 새로운 블루 진/L 슈퍼컴퓨터를 선보였는데, 그 역량이 70테라플롭(약 10^{14}cps)이었다. 이름이 시사하듯 단백질 접힘을 시뮬레이션하기 위해 만들어진 슈퍼컴퓨터이다.

우리는 유전 암호를 자르고, 접합하고, 재배열하는 데 성공했으며, 자연의 생화학적 공장들을 동원하여 효소나 기타 복잡한 생물학적 물질들을 생산하는 데도 성공했다. 대부분의 작업이 2차원에서 이뤄지는 건 사실이지만, 머지않아 좀 더 복잡한 자연의 3차원 패턴을 시각화하고 모델링하기에 충분한 연산 자원이 우리 손에 쥐어질 것이다.

덴턴도 언젠가 단백질 시뮬레이션 문제를 풀 수 있을 것이라 인정한다. 어쩌면 10년 안에 해결할 수 있을 것이라 했다. 어떤 기술적 묘기가 아직껏 성취된 적 없다는 사실은 앞으로도 성취될 수 없으리라는 증거가 못 되는 것이다.

덴턴은 이렇게 썼다.

> 유기체의 유전자에 대해 지식을 갖고 있더라도 그것이 어떤 유기
> 적 형태를 암호화하고 있는지 예측하기는 불가능하다. 개별 단백
> 질의 속성이나 구조, 혹은 더 고차원적 질서를 가진 조직들—가령
> 리보솜이나 세포 전체—의 속성이나 구조는 유전자, 또는 유전자
> 의 1차 생산물인 아미노산 사슬을 아무리 깊게 분석해도 알아낼
> 수 없는 것이다.

대체로 맞는 말이다. 게놈이 전체 체계의 일부일 뿐이라는 사실을
누락한 게 문제다. DNA 암호가 모든 걸 결정하는 게 아니다. 체계가
움직이기 위해서는, 그리고 체계를 이해하기 위해서는 그 밖의 분자
적 지원 체계들도 있어야 한다. DNA 기기의 기능을 돕는 리보솜 등
여타 분자들의 설계도 살펴보아야 한다. 하지만 이들을 덧붙인다고
해서 생물학의 설계 정보량이 그리 크게 늘어나지는 않는다.

고도로 병렬적이고, 디지털적으로 관리되는 아날로그식이며, 홀로
그램 같고, 자기조직적이고, 카오스적인 인간 뇌를 재창조하기 위해
서 반드시 단백질을 3차원적으로 접는 능력이 선행되어야 하는 것도
아니다. 이미 신경계를 상세하게 재구성하는 데 성공한 연구들이 많
다. 사람의 뇌 속에서 훌륭하게 기능하는 인공 신경들이 좋은 예인데,
이들은 단백질을 접는 것과는 아무 상관이 없다. 물론 덴턴의 이야기
는 자연의 전체론적 속성을 뒷받침하기 위한 것임을 잘 알겠다. 어쨌
든 기술로 그런 기법들을 모방하는 데 아무 장벽이 없다는 게 내 주장
이고, 이미 그런 시도가 진행되고 있다는 점을 말하고 싶다.

요약하면, 덴턴은 너무도 쉽게 물질계의 복잡한 물질 및 에너지 패
턴으로는 "자기복제적이고, '형태 발생적이고', 자기 재생적이고, 자기

조립적인 유기체의 창발적 핵심 특징들, 또한 전체론적인 생물학적 설계들"을 따라할 수 없다고 결론 내린다. "유기체와 기계는 서로 다른 종류의 존재"임을 너무 쉽게 천명한다. 기계를 모듈식으로만 설계, 조립할 수 있는 개체로 파악한다는 점에서 뎀스키와 덴턴은 똑같이 편협하다. 우리는 부분의 합보다 뛰어난 전체를 이루는 '기계'를 만들 수 있고, 만들고 있다. 자연계의 자기조직적 설계 원칙에다 가속적으로 증가하는 인간 기술 능력을 결합함으로써 말이다. 이것은 실로 막강한 조합이다.

세상에 내 모습이 어떻게 비칠지 나는 모른다. 하지만 스스로 느끼기에는, 나는 마치 바닷가에서 놀고 있는 작은 소년 같다. 이따금 다른 것보다 좀 더 매끈한 자갈, 좀 더 예쁜 조개 껍질을 발견하는 데 온통 정신이 팔린 소년이다. 아직 밝혀내지 못한 거대한 진실의 바다가 내 눈앞에 펼쳐져 있다.

—아이작 뉴턴[1]

삶의 의미는 창조적 사랑에 있다. 내적 감정으로서의 사랑, 개인적 감상으로서의 사랑이 아니라 바깥 세상을 향해 뻗어나가는 역동적 힘으로서의 사랑, 무언가 독창적인 것을 해내는 사랑이다.

—톰 모리스, 《아리스토텔레스가 제너럴모터스를 경영한다면》

기하급수적 성장은 영원하지 않다. …… 하지만 끝을 '영원히' 미루는 것은 가능하다.

—고든 E. 무어, 2004년

얼마나 특이한가? 특이점은 얼마나 특이할 것인가? 순간에 벌어지는 일일까? 용어의 기원을 다시 짚어보자. 수학에서 특이점은 모든 한계를 넘어선 값이다. 사실상 무한이다. (형식적으로, 특이점을 갖는 함수는 특이점 부근에서 정의되지 않는다. 하지만 특이점 근처 지점들의 함수값이 어떤 유한한 값의 한계를 넘어선다는 것은 보일 수 있다.)[2]

이 책의 특이점은 무한의 연산, 무한의 기억, 기타 무한의 측정가능 속성들을 취하는 시기를 말하는 게 아니다. 그러나 무한하지는 않되, 분명 너무나 뛰어난 수준을 말한다. 엄청난 수준의 지능도 포함된다.

뇌를 역분석함으로써 우리는 병렬적, 자기조직적, 카오스적 인간 지능 알고리즘을 강력한 연산 기관에 옮길 수 있을 것이다. 옮겨진 지능은 자신의 설계를 개선해갈 것이다. 하드웨어든 소프트웨어든 반복적 개량 과정을 통해 급속히 성장할 것이다.

어쨌든 한계가 존재할 것 같긴 하다. 우주는 초당 10^{90}회의 연산을 가능케 하는 용량을 지닌 것처럼 보인다. 이보다 더 크다고 주장하는 홀로그램 우주 같은 이론도 있지만(10^{120}이라고 한다) 어느 쪽이든 유한한 수인 건 마찬가지다.

물론 현재 수준의 인간 지능에서 보자면 그 정도의 지적 용량은 무한이나 마찬가지다. 어떤 일이라도 가능할 만한 용량이다. 10^{90}cps의 연산이 가능한 지능으로 포화된 우주는 현재 지구상 모든 인간들의 뇌를 합친 것보다 10^{60}배 강력하다.[3] 1킬로그램의 '차가운' 컴퓨터라도 최대 10^{42}cps의 연산을 할 수 있는데, 현재 모든 인간들의 뇌를 합친 것보다 10^{16}배 강력한 것이다.[4]

그토록 방대한 수준의 지능이란 게 어떤 의미를 지니는지 정확히 모르는 상태에서도 더욱 큰 숫자들을 자꾸 상상해볼 수는 있다. 미래 지능이 다른 우주로 퍼져갈 가능성도 상상할 수 있다. 아직은 사변에 불과하지만 현재의 우주론 틀 안에서 해볼 수 있는 상상이다. 그렇다면 우리의 미래 지능은 한계를 모르고 번질 가능성이 있는 셈이다. 다른 우주들을 창조하고 식민화할 능력을 갖춘다면(방법이 존재하기만 한다면 미래 문명의 방대한 지능이 언젠간 찾아내어 활용할 수 있을 것이다) 우리 지능은 어떤 유한한 수준의 한계도 뛰어넘을 것이다. 수학 함수에서의 특이점에 가까운 상태가 되는 것이다.

인류 역사의 '특이점'이라는 개념을 물리에서의 특이점 개념과 비교해보면 어떨까? 물리학은 수학으로부터 용어를 빌려왔는데, 참고로 물리학은 늘 의인화한 용어들을 좋아하는 경향이 있다(쿼크의 이름이 '참[매력]'이나 '스트레인지[이상한]'인 것을 떠올려보라). 물리학에서의 특이점은 이론적으로 밀도가 무한이며 크기가 없는 점, 즉 중력이 무한인 지점을 가리킨다. 하지만 양자적 불확실성 때문에 실제로 밀도가 무한인 지점은 있을 수 없다. 양자역학의 해에서는 무한값이 나올 수 없기도 하다.

이 책에서 사용한 특이점의 의미처럼, 물리학의 특이점도 상상할 수 없을 정도로 거대한 값을 가리킨다고 보는 편이 좋다. 그런데 물리에서는 크기가 없는 지점 자체가 관심의 대상이라기보다 블랙홀 내부에 존재할 이론적 특이점 주변, 즉 사건의 지평선이 더 관심의 대상이다. 사건의 지평선 안에 있는 입자나 에너지는 너무나 강력한 중력의 영향을 받으므로 지평 밖으로 탈출하지 못한다. 빛도 마찬가지다. 그래서 사건의 지평선 밖에 있는 우리는 내부의 사건을 확실하게 이해할 수 없다.

하지만 블랙홀 내부를 들여다보는 방법이 아주 없는 건 아니다. 블랙홀도 입자를 방출하기 때문이다. 사건의 지평선 근처에서 입자-반입자 쌍이 생성되는데(우주 공간 어디서나 생성되고 있다), 그중 어떤 쌍에서는 한쪽은 블랙홀로 끌려들어가고 다른 쪽은 탈출하는 일도 벌어진다. 탈출한 입자들을 발견자인 스티븐 호킹의 이름을 따 호킹 복사라 부른다. 현재 과학자들은 호킹 복사가 블랙홀 내부의 사건을 암시하리라 생각하고 있다(물론 암호화된 형태일 것이고, 내부의 입자와 양자 얽힘 상태에 있기 때문에 가능한 현상일 것이다). 호킹은 처음에는 이 견해를 받아들이지 않았으나 이후 입장을 바꾸어 동의했다.

물리학계가 이런 식으로 특이점 개념을 활용하고 있다면, 이 책에서 쓴 '특이점' 개념도 그리 잘못된 것은 아닐 것이다. 블랙홀의 사건의 지평선 너머를 바라보는 게 어렵듯, 역사적 특이점이라는 사건의 지평 너머를 예측하는 것도 어렵다. 10^{16}에서 10^{19}cps 정도의 능력을 지닌 현재의 우리가 어떻게 10^{60}cps의 연산 능력을 지닌 2099년 문명의 생각과 행동을 상상할 수 있겠는가?

그럼에도 불구하고, 한 번도 들어가본 적 없는 블랙홀의 속성에 관한 결론들을 개념적 사고를 통해 끌어낼 수 있듯, 인간은 역사적 특이점이 갖는 의미들에 대해 제대로 숙고할 수도 있다. 이 책은 그 노력의 소산이다.

세상의 중심으로서의 인간 과학 덕분에 인간이 스스로에 대한 지나친 자만을 고쳐왔다고 생각하는 사람들이 많다. 스티븐 제이 굴드는 이렇게 말했다. "중요한 과학 혁명들이 유일하게 공통적으로 지녔던 특성은, 인간이 우주의 중심에 있다는 기존의 신념을 차례차례 부숨으로써 인간의 교만에 사망선고를 내렸다는 점이다."[5]

하지만 결국 인간이 세상의 중심이라는 말은 옳은 것 같다. 인간은 머릿속에서 모델 즉 가상현실을 창조할 수 있는 능력을 가졌고, 평범한 듯 보이지만 대단한 엄지손가락을 지녔고, 덕분에 기술이라는 새로운 형태의 진화를 이뤄낼 수 있었다. 그로써 생물학적 진화로부터 시작된 가속적 발전은 끊이지 않고 지속될 수 있었다. 그리고 그 발전은 온 우주가 우리 인간의 손가락 끝에 놓일 때까지, 언제까지고 계속될 것이다.

감사의 말

내 어머니 해나 커즈와일, 아버지 프레드릭 커즈와일에게 깊은 감사의 마음을 전하고 싶다. 두 분은 내 어린 시절의 온갖 발명과 발상들을 지지해주었으며, 언제든 자유롭게 실험하도록 허락해주셨다. 누이 이니드도 나를 많이 격려해주었다. 아내 소냐와 두 아이 에단과 에이미에게 고맙다. 그들은 내 삶에 의미와 사랑과 동기를 부여해주었다.

나를 도와 이 복잡한 책 작업을 마쳐준 많은 재능 있고 헌신적인 분들에게 감사해야겠다.

바이킹 출판사 분들께 고맙다. 담당 편집자 릭 코트는 나를 잘 이끌며 열정을 불어넣어주었고, 멋진 편집 솜씨를 보여주었다. 클레어 페라로는 발행인으로서 든든한 지지를 보내주었다. 티머시 멘넬은 전문가다운 카피 편집 솜씨를 제공해주었고, 브루스 기포즈와 존 주시노는 까다로운 제작 관련 세부사항들을 정리해주었다. 에이미 힐은 본문 디자인을, 홀리 왓슨은 효율적인 홍보 작업을 맡아주었다. 알레산드라 루사드리는 릭 코트를 보조하며 많은 도움을 주었고, 폴 버클리는 명료하고도 우아한 그림 디자인을, 허브 손비는 매력적인 표지 디자인을 제공해주었다.

내 출판 매니저인 로레타 바렛은 열정적이면서도 흔들림 없이 나를 인도하여 이 작업을 마치도록 도와주었다.

나의 건강 도우미이자 나와 함께 《환상적인 여행: 영원히 살 수 있을 정도로 수명 연장하기》를 썼던 테리 그로스먼 박사는 나와 만 통이 넘는 이메일을 주고받으며 건강과 생명공학에 대한 내 생각들을 다듬어주었다. 다각도의 기여에 정말 감사한다.

이 책에 소개된 모든 기술들의 발전에 헌신적인 노력을 기울이고 있는 마틴 로스블라트, 나와 함께 다양한 최신 기술들을 개발해온 그간의 노고에 감사한다.

정말 오래된 사업 파트너인(1973년부터 함께 일했다) 에런 클라이너는 그동안 많은 작업들을 헌신적으로 도와주었는데, 이 책도 그중 하나다.

아마라 안젤리카는 늘 통찰력 있는 제안과 노력으로 우리 연구진을 이끌어주었다. 아마라는 뛰어난 편집 기술을 유감없이 발휘하여 내가 이 책에 소개한 여러 복잡한 주제들을 깔끔하게 다듬는 것을 도와주었다. 캐스린 미로누크의 열의를 다한 조사 작업은 이 책의 내용과 참고 자료들을 구축하는 데 큰 기여를 했다. 사라 블랙은 자료 조사와 편집을 더할 나위 없이 훌륭하게 도와주었다. 그 밖에도 연구진 한 사람 한 사람 모두 없어서는 안 될 유능한 존재들이었다. 아마라 안젤리카, 캐스린 미로누크, 사라 블랙, 대니얼 펜트라지, 에밀리 브라운, 셀리아 블랙-브룩스, 난다 바커-후크, 사라 브랜건, 로버트 브래드베리, 존 틸링하스트, 엘리자베스 콜린스, 브루스 데이머, 짐 린토울, 수 린토울, 래리 클래즈, 크리스 라이트에게 감사한다. 리즈 베리, 사라 브랜건, 로즈메리 드린카, 린다 카츠, 리사 커슈너, 인나 니렌버그, 크리스토퍼 세처, 조앤 월시, 베벌리 지브라크도 도움을 주었다.

락스먼 프랭크는 내 설명을 듣고 보기 좋은 도표와 영상들을 그려주었으며, 모든 그래프들의 형식을 정하고 만들어주었다.

셀리아 블랙-브룩스는 프로젝트 진행 과정의 모든 의사소통을 도

맡아 이끌어주었다.

필 코언과 테드 코일은 내 생각을 잘 표현한 6장의 삽화를 그려주었고, 헬렌 드릴로는 7장 첫 머리의 내 사진을 찍어주었다.

난다 바커-후크, 에밀리 브라운, 사라 브랜건은 엄청난 분량의 자료와 정신 없는 편집 과정을 솜씨 좋게 교통정리해주었다.

켄 린드와 매트 브리지스는 이 다단한 작업이 매끄럽게 굴러갈 수 있도록 안정적인 컴퓨터 시스템을 운영해주었다.

드니즈 스쿠텔라로, 조앤 윌시, 마리아 엘리스, 밥 빌은 복잡한 프로젝트의 회계를 담당해주었다.

KurzweilAI.net의 팀은 실질적인 자료 및 연구 지원을 해주었다. 에런 클라이너, 아마라 안젤리카, 밥 빌, 셀리아 블랙-브룩스, 대니얼 펜트라지, 드니즈 스쿠텔라로, 에밀리 브라운, 조앤 윌시, 켄 린드, 락스먼 프랭크, 마리아 엘리스, 매트 브리지스, 난다 바커-후크, 사라 블랙, 사라 브랜건이 그들이다.

마크 비젤, 데보라 리버만, 커스틴 클라우젠, 데어 엘도라도는 이 책의 메시지를 전달하고 홍보하는 데 도움을 아끼지 않았다.

로버트 A. 프레이터스 주니어는 나노기술에 관련된 부분을 너무나 꼼꼼하게 점검해주었다.

폴 린제이는 수학에 관련된 부분을 꼼꼼하게 점검해주었다.

그 밖에도 많은 동료 전문가들이 이 책의 내용들을 찬찬히 읽고 귀중하기 그지없는 조언들을 제공해주었다. 로버트 A. 프레이터스 주니어(나노기술, 우주론), 랠프 머클(나노기술), 마틴 로스블라트(생명공학, 기술 가속), 테리 그로스먼(건강, 의학, 생명공학), 토마소 포지오(뇌과학과 뇌 역분석), 존 파르멘톨라(물리학, 군사기술), 딘 카멘(기술 발전), 닐 게센펠트(연산기술, 물리학, 양자역학), 조엘 게센펠트(시스템 공학), 한스 모라벡(인공지능, 로봇공학), 맥스 모어(기술 가속, 철학), 장-자크 E. 슬로틴(뇌과학과 인지과학), 셰리 터클(기술의 사회적 영향), 세스 쇼스탁(SETI, 우주론, 천문학), 데이미언 브로데릭(기술 가속, 특이점), 해리 조지(기술 사업)에게 감사를 전한다.

유능한 첫 독자가 되어준 동료도 있다. 아마라 안젤리카, 사라 블랙, 캐스린 미로누크, 난다 바커-후크, 에밀리 브라운, 셀리아 블랙-브룩스, 에런 클라이너, 켄 린드, 존 샬루파, 폴 알브레히트가 그들이다.

전문가는 아니지만 늘 예리한 조언을 제공해주는 독자들, 내 아들 에단 커즈와일과 데이비드 달림플에게도 고맙다.

빌 게이츠, 에릭 드렉슬러, 마빈 민스키는 그들과 나눈 대화를 이 책에 실어도 좋다고 허락해주었다. 그 대화 속에 포함된 그들의 뛰어난 통찰은 내게 큰 도움이 되었다.

나는 기하급수적으로 팽창하고 있는 인간의 지식 기반에 발상과 노력으로서 기여하고 있는 모든 과학자와 사상가들에게도 감사하고 싶다.

앞에 거론한 분들의 발상과 올바른 지적들 덕분에 나는 이 책을 쓸 수 있었고, 그들의 노력에 감사할 기회도 가질 수 있었다. 그러니 이 책에 실수가 존재한다면, 그것은 전적으로 내 책임이다.

컴퓨터의 기능이 2년마다 두 배로 증가한다는 '무어의 법칙'이 있다. 우리가 사용하는 현재의 천 달러짜리 컴퓨터가 2030년경에는 사람의 두뇌와 동등한 성능을 보이고 2060년경에는 모든 인류의 두뇌를 합한 것만큼의 성능을 보일 것이라고 예언한 사람이 있다. 그가 바로 레이 커즈와일이다. 그가 말한 세상은 말하자면 〈매트릭스〉나 〈마이너리티 리포트〉 등 과학공상영화 속의 세상이다. 나는 학생이나 기업인들을 대상으로 강연할 때 그의 그래프를 보여주면서 미래의 세상이 어떻게 발전할 것인지 얘기해주곤 했다.

우리 시대 가장 뛰어난 발명가이자 미래학자 가운데 한 사람인 커즈와일은 이전의 책들을 통해서 줄곧 기술의 미래에 대한 자신의 분석과 예측을 소개해왔지만, 이 책은 그간의 모든 주장을 한자리에 모았을 뿐 아니라 개념을 명료화해 짜임새 있게 정리했고, 나아가 훨씬 미래의 모습까지 대담하게 기술하여 자신의 이론의 외연을 넓혔다.

그의 이야기를 허무맹랑한 소리라거나 과학 소설에나 나올 법한 소리라고 평하는 사람도 많다. 그만큼 충격적이고, 대담하고, 일견 황당하고, 너무나 심란한 예측들이기 때문이다. 특히 특이점까지의 과정이 아니라 그 너머의 시대를 예측하는 부분은 당연하게도 수많은 가정과 상상에 기대고 있기 때문에, 그만큼 논란의 여지도 많다. 그러나 커즈와일의 이야기에 귀를 기울여야 하는 이유도 분명하다. 스스로 시대를 앞서가는 발명을 해온 사람으로서 그의 미래 예측은 상상이나 몽상이 아니라 엄격한 과학적 분석에 근거한다. 증거가 있는 것에 대해서는 꼼꼼하게 근거를 들고, 가정이 필요한 대목에서는 여러 시나리오를 모두 점검하여 다양한 결론을 제시한다.

아무리 충격적이고 설혹 받아들이고 싶지 않은 예측이라 해도 눈을 감고 외면할 수 없는 이유는, 커즈와일의 말마따나 특이점이 그리 먼 미래가 아닐지 모르며, 완벽하게는 아니더라도 어느 정도는 반드시 이 기술 분석가가 예측한 세상이 도래할 것이기 때문이다. 누구라도 커즈와일의 시각에서 옥석을 가려내고, 이 책을 제 스스로의 예측에 길잡이 삼으며, 미래에 대한 그림을 그리는 데 실마리로 삼을 수 있을 것이다. 빌 게이츠 등 우리 시대의 기술, 나아가 문화와 사회를 이끌어가는 뛰어난 자들이 그의 의견에 귀를 기울이고 있다는 사실은 많은 점을 시사해준다.

이 책은 첨단기술로 사업을 하는 사람에게는 그런 기술이 향후 어떻게 활용될 것인가에 대한 직관력을, 공부를 하는 학생에게는 무한한 상상력과 창의성을 제공할 것이다. 관심 있는 많은 분들의 일독을 권한다.

진대제

이미 책을 끝까지 읽은 독자에게든, 이제부터 읽어볼까 하는 독자에게든, 저자에 관한 이야기를 드려야겠다. 이미 읽은 독자라면 이 엄청난 내용들을 믿을지 말지 혼란한 상태일 테고, 아직 읽지 않은 독자라면 이 방대한 이야기를 들어볼 가치가 있을지 없을지 궁금할 것이기 때문이다. 무릇 미래 예측의 신뢰도란 예측 기관의 신뢰도에 달린 것이니, 이 책의 가장 중요한 요소도 저자이겠다.

레이(레이먼드) 커즈와일은 우리 시대의 가장 뛰어난 발명가 중 한 사람이다. 또한 기술과 인류 문명의 미래에 관해 세 권의 책을 쓴 미래학자이고, 건강과 의학의 미래에 대한 책을 쓴 바도 있다.

발명가로서 커즈와일의 수많은 특허들 중 제일 중요한 것은 1976년에 선보인 '커즈와일 읽기 기계(Kurzweil Reading Machine)'다. 종이 자료를 컴퓨터 영상으로 변환하는 CCD 스캔 기술, 영상 문자를 판독하여 텍스트로 변환하는 광학 문자 인식(OCR) 기술, 텍스트를 음성으로 읽어내는 텍스트 음성 합성(TTS) 기술 세 가지를 결합한 기계로, 한마디로 컴퓨터를 통해 인쇄 문자를 읽어주는 장치다. (커즈와일은 이 세 가지 기술의 발전에도 주도적인 역할을 했다. OCR이나 CCD 스캐너 같은 경우 자신이 세운 회사를 통해 최초로 상품화했다.) 브레이유식 점자 발명 이래 시각장애인을 위한 최고의 혁신이라는 찬사를 들었으며, 이 소식에 흥분한 시각장애인 가수 스티비 원더가 곧장 커즈와일에게 연락을 했다는 일화로도 유명하다.

상금이 자그마치 50만 달러라 '발명가들의 오스카상'이라 불리는 레멜슨-MIT상을 커즈와일에게 안겨준 것도 이 기계다. 재단은 2001

년 수상자로 그를 지목하며 인공지능 등의 첨단 기술을 인류의 복지 향상을 위해 적극적으로 사용한 점을 높이 샀다.

2002년에 커즈와일은 미국 발명가 명예의 전당에도 이름을 올렸다. 미국 특허청이 1973년에 설립한 비영리재단인 미국 발명가 명예의 전당은 매년 몇 명씩 헌정 인물을 선정하는데, 그래봤자 2006년 현재 300여 명에 지나지 않는다. 면면을 보면 전화의 발명가 알렉산더 그레이엄 벨, 전구의 토머스 에디슨, 다이너마이트의 알프레드 노벨 등 발명가의 아버지들이 포진해 있음은 물론이고, 라식 수술, 안전벨트, 에어컨, 구강 피임약, 합성 고무, 주사터널링현미경 등의 발명가들이 자리를 차지하고 있다. 미국 특허 소지자에 한해 선정한다는 제약이 있긴 하지만, 커즈와일이 이 목록에 당당히 이름을 올리고 있다는 사실은 그에 대한 평가에서 매우 중요한 요소가 아닐 수 없다.

그런데 시각장애인이 아닌 독자들에게 보다 친숙할 발명은 따로 있다. 바로 커즈와일 신디사이저다. 앞서 말했던 스티비 원더가 어쿠스틱 악기의 음색을 재현하는 전자 악기를 만들어보라고 제안한 데서 탄생한 발명이라는데, 그랜드 피아노의 복잡한 음색을 가장 완벽하게 모방하는 기종으로 유명하다. 우리나라 기업인 영창악기가 1990년에 커즈와일 뮤직 시스템즈를 인수했기 때문에 지금은 영창 커즈와일 신디사이저라는 이름으로 시판된다. 사실 미래학자로서의 커즈와일을 아는 독자보다 신디사이저를 만든 '그' 커즈와일을 아는 독자가 훨씬 많을 것이다.

이처럼 장황하게 저자 소개를 강조하는 까닭은, 다시 말하지만, 이 책은 저자에 대한 일말의 신뢰가 없으면 도통 믿기지 않을 정도로 혁명적인 내용들을 담은 책이기 때문이다.

'인류가 생물학을 초월할 때'라는 원서의 부제가 잘 말해주듯, 이 책은 과학기술을 통해 생물학이라는 인간 본연의 조건마저 뛰어넘을 미래를 내다본다. 바로 그 초월의 시점이 '특이점'이다. 과학에서 빌려온 이 단어는 꽤 생경하지만, 이미 커즈와일 외에도 여러 미래학자들이 쓰고 있는 용어다. 한마디로 정의하면 '가속적으로 발전하던 과학이 폭발적 성장의 단계로 도약함으로써 완전히 새로운 문명을 낳는 시점'이다.

커즈와일의 주장은 첫째, 특이점이 필연적으로 등장할 수밖에 없다는 것이고 둘째, 그 시점이 보통 사람들의 생각처럼 그리 멀지 않다는 것이다.

첫 번째 주장을 뒷받침하는 것은 이른바 GNR(유전공학, 나노기술, 로봇공학 및 인공지능) 혁명이다. 저자는 GNR 혁명이 단계적으로 펼쳐지다 보면 인류의 문명이 생물학을 넘어서는 순간이 올 수밖에 없다고 한다. 유전공학을 통해 생물학의 원리를 파악하고, 나노기술을 통해 그 원리들을 자유자재로 조작할 수 있게 되면 이미 인간은 물질적으로 신적 존재나 다름없게 된다. 여기에 쐐기를 박는 것이 강력한 인공지능이다. 튜링 테스트를 통과하여 인간의 지적 수준(특히 패턴 인식 능력과 언어 능력)에 맞먹는 인공지능이 등장하면, 그로부터 인간을 넘어서는 인공지능이 등장하기란 순식간이라는 말이다. 물질계를 전적으로 통제하며 인간을 넘어서는 인공지능이 있다면, 문명은 생물학적 인간들의 손아귀를 벗어난다. 우리에게 남은 선택은 그 인공지능이 한스 모라벡의 말처럼 '인류의 후손'이 될 수 있도록 지금부터 방안을 찾아보는 것이다.

두 번째 주장을 뒷받침하는 것은 이른바 '기술 가속의 법칙'이다. 저자는 트랜지스터의 집적 용량은 약 2년마다 두 배로 증가한다는 '무어의 법칙'을 토대에 두고, 알고 보면 그 기하급수적 성장 법칙이 정보기술 전반에 적용된다는 여러 근거를 든다. 나아가 미래에는 전 산업 분야가 본질적으로 정보기술이 될 것이므로, 인류의 모든 기술이 가속적으로 발전할 것이라 주장한다. 그리고 기하급수적 성장의 속성은 사람을 놀래키는 데 있다. 100년은 걸릴 것 같던 일이 1년 만에 벌어지는 것이 충분히 발달한 기술의 속성이므로, 우리 생각보다 특이점은 훨씬 임박해 있다는 결론이다.

이런 거시적 틀 속에서 저자가 펼쳐 보이는 미래상은, 진부한 표현이지만, 상상을 초월한다. 혈관을 흐르는 의학용 나노로봇들, 완전몰입형 가상현실에서 이루어지는 일상생활, 뇌의 정보를 모조리 컴퓨터로 옮겨 영생을 누리기, 게다가 광속을 뛰어넘어 온 우주로 지능을 전파하는 계획이라니! 꼼꼼하게 인용된 수많은 최신 과학 자료들만 아니라면 정말이지 진지하게 듣지 않을 법한, 놀라운 얘기들이다.

커즈와일은 이미 1990년에《지적 기계의 시대》를 써서 인간을 뛰어넘는 인공지능의 가능성을 옹호한 바 있고, 1999년에는《영적 기계의 시대》(우리나라에서는《21세기 호모 사피엔스》라는 제목으로 번역되었다)를 써서 그 인공지능이 궁극에는 의식 있는 존재가 될 것임을 주장한 바 있다. 이 책은 앞선 모든 논의들을 총합하고 한 걸음 더 나아간다. 특이점이라는 용어로 거시적 사고 틀을 말끔하게 정립한 점, 특이점으로 가는 '사다리'를 GNR 혁명이라 부른 점이 눈에 띈다. 더구나 숱하게 벌어졌던 비판자들과의 논쟁을 한자리에 모아두기까지 했다.

그러니 2005년에 〈뉴욕타임스〉가 발표한 '올 한 해 가장 많이 블로깅된 책' 13위에 책이 꼽힌 것도 놀랄 일이 아니다. 트래픽이 가장 많은 블로그 5,000개를 조사하여 가장 자주 토론된 책을 조사한 것인데, 이 책은 9월에 출간되었는데도 순위에 들었다(참고로 그 위의 도서들은 《괴짜경제학》, '해리 포터' 시리즈, 《문명의 붕괴》, 《총, 균, 쇠》, 《티핑 포인트》, 《다빈치 코드》 등이었다). 그만큼 논란의 대상인 것이다.

이 책을 접하는 독자들의 반응은 찬반으로 극단적으로 나뉘기 쉽다. 미국 아마존 인터넷 서점의 독자 서평들을 참고하면, 지지자들은 '미래 정보기술 구루(guru)의 예언', '세상을 보는 눈을 바꾸어놓는 책'이라 평가한다. 반면 비판자들은 '과학밖에 모르는 괴짜(nerd)의 일장춘몽', '사람들을 겁 줘서 현혹시키려는 특이점 세일즈맨의 과장 선전'이라고 한다. 특히 비판자들은 커즈와일이 GNR 혁명의 해악에 대해 깊이 괘념치 않는 듯 너무 낙천적인 기술 제일주의자의 모습을 보이는 것을 성토한다. (여담이지만, 커즈와일이 건강과 수명 연장 문제에 크나큰 관심을 기울이는 것을 고깝게 여기는 사람도 많은 듯하다. 커즈와일의 건강서 《환상적인 여행: 영원히 살 수 있을 정도로 수명 연장하기》는 우리나라에 《노화와 질병》이라는 제목으로 출간되었다.)

그러나 지지자와 비판자가 공히 인정하는 바는 내용에 동의하든 동의하지 않든, 읽을 가치가 있는 책이라는 점이다. 커즈와일의 통찰력과 그를 지지하는 많은 석학 및 기술 지도자들의 견해를 감안할 때, 그의 예측은 세세한 시기나 강도는 틀릴지 몰라도 방향은 크게 틀리지 않을 것이기 때문이다. 시공간적으로 이렇게 폭넓은 미래를, 이렇게 집요하게 과학적으로 예측해본 책은 흔치 않다. 미래에 대해 토론하는 사람은 어느 길목에서든 반드시 커즈와일을 만나게 된다. 그러므로 커즈와일의 생각을 한 조각도 놓치지 않고 종합한 이 책의 의미는 어느 면에서든 분명하다.

　　독자들의 반응 중 가장 유머러스한 것은 "레이 커즈와일과 빌 게이츠가 손 잡고 기계로 세상을 장악하려 한다"는 말이었다. 그런데 옮긴 입장에서 보기에 가장 그럴싸한 평가는 "앞으로 천 권의 과학소설을 탄생시키게 될 책"이라는 표현이다. 과연, 우리는 '결국 상상할 수 있는 것만을 창조할 수 있고', 그런 의미에서 이 책은 무수한 몽상과 시도와 현실을 낳을 것이다.

　　마지막으로 간략히 덧붙이고자 한다. 한희정, 손상길 부부는 미국 캔자스 대학에서 박사과정을 밟는 바쁜 와중에 한 자 한 자 꼼꼼히 원고를 읽고 각각 의약화학, 물리화학 전공을 살려 관련 분야 내용의 오류를 지적하고 다듬어주었다. LG 전자기술원에서 미래기술 정보 탐색을 담당하는 이정석 연구원은 미래전략연구원(http://www.futuresi.org)을 만들어 소통할 정도로 평소 정보기술과 신에너지, 트랜스휴머니즘, 커즈와일에 관심이 많던 터라 역시 원고를 읽고 도움을 주었다. 애초에 공역 작업을 가능하게 해준 김병희 YES24 팀장에게도 깊이 감사 드린다. 워낙 다양한 분야의 최신 기술들을 얘기하는 책이라 이 분들의 도움이 큰 힘이 되었다. 번역에 미진한 점이 있다면 그것은 역자들의 탓이다.

김명남, 장시형

Singularity.com

이 책에 소개된 다양한 분야의 새로운 발전들은 하나같이 가속적 속도로 쌓여가고 있다. 그 변화에 발맞추고자 하는 분들에게 Singularity.com에 방문해볼 것을 권한다. 다음 내용들을 읽을 수 있다.

- 최신 뉴스
- 2001년부터 축적된 수천 건의 관련 뉴스들 모음(KurzweilAI.net에서 가져온 것이다)
- 수백 건의 관련 논문들(KurzweilAI.net에서 가져온 것이다)
- 연구 참고 사이트들
- 모든 그래프들의 정확한 자료와 인용 출처
- 이 책에 쓰인 자료들
- 이 책의 발췌들
- 온라인 주석

KurzweilAI.net

수상 경력도 있는 웹사이트 KurzweilAI.net도 방문해보길 바란다. 백 명이 넘는 '위대한 사상가들'(이 책에도 그들의 생각이 다수 인용되어 있다)이 쓴 600건이 넘는 글들, 수천 건의 뉴스, 사건 목록, 기타의 자료들이 있다. 지난 6개월간 웹사이트의 독자는 백만 명이 넘었다. KurzweilAI.net이 다루는 주제들은 다음과 같다.

- 특이점

- 기계는 의식을 갖게 될 것인가?
- 영원히 살기
- 어떻게 뇌를 만들 것인가
- 가상현실
- 나노기술
- 미래의 위험들
- 미래의 기회들
- 주장/반론

홈페이지에서 간단한 양식에 따라 이메일 주소를 입력하면 무료(일간 또는 주간) 이메일 뉴스레터를 받아볼 수 있다. 입력된 이메일 주소는 절대 다른 곳에 공개되지 않는다.

Fantastic-Voyage.net 그리고 RayandTerry.com

현재의 건강을 최적화하고, 특이점을 직접 목격하고 경험할 수 있을 정도로 수명을 연장하길 바라는 독자들은 Fantastic-Voyage.net과 RayandTerry. com을 방문해보길 바란다. 나의 건강 도우미이자 나와 함께 《환상적인 여행: 영원히 살 수 있을 정도로 수명 연장하기》를 썼던 테리 그로스먼과 내가 공동으로 운영하는 사이트들이다. 오늘날의 지식으로 건강을 개선함으로써 생명공학과 나노기술 혁명이 완전히 무르익을 때까지 육체적, 정신적 건강을 지키는 방법들을 소개해두었다.

저자 연락처

레이 커즈와일의 이메일 주소는 ray@singularity.com이다.

부록

다시 보는 수확 가속의 법칙

아래의 분석은 진화적 변화가 이중 기하급수적 현상임(즉 기하급수적 성장의 지수 그 자체가 기하급수적으로 성장하는 현상)을 보여주기 위한 것이다. 여기서는 연산 능력을 대상으로 계산해보겠지만, 사실 모든 진화의 공식들이 비슷한 속성을 지닌다. 특히 정보 기반한 과정이나 기술은 더 그렇다. 지능의 소프트웨어를 만드는 데 있어 주된 자료인 인간 지능에 대한 지식 축적 과정도 마찬가지다.

우리가 고려할 변수는 세 가지다.

> V: 연산 속도(즉 능력으로서, 초당 단위비용당 연산 횟수로 측정된다)
> W: 연산 기기를 설계하고 건설하는 데 관한 세상의 지식
> t: 시간

우선, 연산 능력은 W에 대한 선형 함수라 할 수 있다. 우리는 또 W가 누적된다는 것도 안다. 기술 알고리즘들은 늘 조금씩 축적되는 식으로 발전했다는 것을 우리는 관찰을 통해 알고 있다. 가령 사람의 뇌만 보더라도 그렇다. 진화 심리학자들은 수많은 모듈들로 이루어진 지능 시스템인 뇌가 오랜 시간 동안 조금씩 누적적인 방식으로 발전해왔다고 말한다. 가끔은 급작스러운 지식 증대가 일어나서 연산 능력을 가중시키기도 한다. 이렇게 볼 때, 연산 능력은 시간에 대해 기하급수적으로 증가하는 것이다.

달리 말하자면, 연산 능력은 컴퓨터 제작에 관한 지식에 달린 선형 함수다. 사실 이것만 해도 매우 보수적인 가정이다. 일반적으로 혁신은 V를 배수 단위로 향상시키지, 덧셈으로 향상시키지 않기 때문이다. 독립적인 혁신들(각각이 지식의 선형 증대를 나타내는)은 서로의 효과를 증폭한다. 예를 들어, CMOS(시모스, 상보성금속산화반도체) 같은 회로상의 발전, 좀 더 효율적

인 집적회로 배선 기술, 파이프라이닝 같은 처리 장치상의 혁신, 푸리에 변환 같은 알고리즘상의 발전 등이 모두 제각기 V를 배수 단위로 증폭시킨다.

관찰 내용을 아래와 같이 표현해볼 수 있다.

연산 속도는 관련 지식에 비례한다.

$$(1) \quad V = c_1 W$$

관련 지식의 증가율은 또 연산 속도에 비례한다.

$$(2) \quad \frac{dW}{dt} = c_2 V$$

(1)을 (2)에 대입하여 치환하면 아래와 같다.

$$(3) \quad \frac{dW}{dt} = c_1 c_2 W$$

풀면 아래와 같다.

$$(4) \quad W = W_0 e^{c_1 c_2 t}$$

W가 시간에 따라 기하급수적으로 증가하는 것을 알 수 있다(e는 자연로 그의 밑이다).

본문에서 내가 제시했던 수많은 자료들을 보면 기하급수적 성장의 지수 자체가 기하급수적으로 성장한다는 것을 알 수 있다(20세기 초에는 3년마다 연산력이 배가되었지만 현재는 매년 배가되고 있다). 기술력이 기하급수적으로 성장하면 경제도 기하급수적으로 성장한다. 최소한 지난 백 년간 그런 추세가 관찰되었다. 흥미롭게도, 대공황 같은 불황조차도 이 면면한 기하급수적 성장의 추세에 비하면 하찮은 미약한 일시적 주기에 불과했다. 어느 경우라도 경제는 마치 그런 불황/공황이 전혀 존재하지 않았다는 듯 원래 달성해야 할 수준으로 '너끈하게 돌아가'버렸다. 컴퓨터 산업처럼 기하급수적으로 발전하는 기술에 좀 더 밀접히 묶인 산업 분야에서는 기하급수적 성장의 속도가 더욱 빨랐다.

만약 연산에 동원되는 자원의 양 자체가 기하급수적으로 늘고 있다는 사실까지 고려하면, 우리는 두 번째 기하급수적 성장의 원인을 알게 된다.

다시 한번, 속도는 현재 지식에 비례한다.

$$(5) \quad V = c_1 W$$

그런데 이제 연산에 동원되는 자원량 N 역시 기하급수적으로 성장하고 있음을 고려하자.

$$(6) \quad N = c_3 e^{c_4 t}$$

관련 지식의 증가율은 연산 속도만 아니라 동원되는 자원량에도 비례한다.

$$(7) \quad \frac{dW}{dt} = c_2 N V$$

(5)와 (6)을 (7)에 대입하면 다음과 같다.

$$(8) \quad \frac{dW}{dt} = c_1 c_2 c_3 e^{c_4 t} W$$

풀면 이렇다.

$$(9) \quad W = W_0 \, exp \, (\frac{c_1 c_2 c_3}{c_4} e^{c_4 t})$$

관련 지식은 이중 기하급수적으로 축적되고 있는 것이다.

이제 현실 세계의 자료들을 좀 살펴보자. 3장에서 나는 인간 뇌를 기능적으로 모방한다 할 때 필요한 연산 용량은 약 10^{16}cps라고 했다. 모든 뉴런과 개재뉴런 연결의 특징적 비선형성들을 하나하나 모방한다면 그보다 높은 수준이 요구될 것이다. 뉴런 10^{11}개 곱하기 뉴런당 평균 연결 수 10^3개(연산이 주로 연결에서 이루어지므로) 곱하기 초당 10^2회의 처리 곱하기 처리당 10^3회의 연산이라고 계산하면 결과는 10^{19}cps가 된다. 그러나 아래에서는 기능적 모방에 필요한 양을 택해 계산하도록 한다(10^{16}cps).

경제도 기하급수적으로 증가한다는 사실, 특히 연산에 동원되는 자원의 양이 증가한다는 사실(이미 매년 1조 달러 정도 된다)을 감안할 때, 우리는 이

Considering the Data for actual calculating devices and computers during the twentieth century:

Let S = CPS/$1K: Calculations Per Second for $1,000

Twentieth century computing data matches:

$$S=10^{\left[6.00 \times \left[\left(\frac{20.40}{6.00}\right)^{\left[\frac{Year-1900}{100}\right]}\right]-11.00\right]}$$

We can determine the growth rate, G, over a period of time:

$$G=10^{\left(\frac{\log(Sc) - \log(Sp)}{Yc-Yp}\right)}$$

Where Sc is CPS/$1K for current year, Sp is CPS/$1K of previous year, Yc is current year, and Yp is previous year

Human Brain = 100 Billion (10^{11}) neurons x 1000 (10^3) Connections/Neuron x 200 (2×10^2) Calculations Per Second Per Connection = 2×10^{16} Calculations Per Second

Human Race = 10 Billion (10^{10}) Human Brains = 2×10^{26} Calculations Per Second

We achieve one Human Brain capability (2×10^{16} cps) for $1,000 around the year 2023.

We achieve one Human Brain capability (2×10^{16} cps) for one cent around the year 2037.

We achieve one Human Race capability (2×10^{26} cps) for $1,000 around the year 2049.

번 세기 중반이면 이미 비생물학적 지능이 생물학적 지능보다 수십억 배 강력하리라 예상할 수 있다.

이중 기하급수적 성장 공식을 다른 방법으로도 유도할 수 있다. 앞서 지식 증대율(dW/dt)은 최소한 현재 시점의 지식에 비례한다고 지적했다. 이것은 확실히 보수적인 가정이다. 대부분의 혁신들(지식을 증가시키는)은 현재의 증가 속도를 덧셈식이 아니라 곱셈식으로 증폭하기 때문이다.

하지만 어쨌든 기하급수적 증가율을 이런 식으로 표현했다고 하자.

$$(10) \quad \frac{dW}{dt} = C^w$$

$C \rangle 1$이면, 다음과 같이 풀 수 있다.

$$(11) \quad W = \frac{1}{\ln C} \times \ln \left(\frac{1}{1 - t \ln C} \right)$$

$t \langle 1/\ln C$일 때는 완만한 로그함수 성장을 드러내지만, $t = 1/\ln C$에 가까워질수록 성장세는 폭발적인 수준이 된다.

아주 평범하게 $dW/dt = W^2$라고만 보아도 결국 특이점이 예상된다.

아래와 같은 증가율을 보인다고 할 때,

$$(12) \quad \frac{dW}{dt} = W^a$$

$a \rangle 1$이면, 풀었을 때 다음과 같이 된다.

$$(13) \quad W = W_0 \frac{1}{(T - t)^{\frac{1}{a-1}}}$$

시간이 T일 때, 우리는 특이점을 맞는 것이다. a값이 크면 클수록 특이점은 가깝다.

물질과 에너지라는 자원은 한정되어 있기 때문에 무한한 지식을 상상할 수는 없다. 현재의 추세도 무한이 아니라 이중 기하급수적 증가에 들어맞는 상황이다. 그런데 W에 추가해야 할 것이 있는데, 네트워크 효과이다. 따라서 W는 $W \times \log(W)$가 된다. 인터넷 같은 네트워크가 존재한다고 할 때, 그 효과 또는 가치는 $n \times \log(n)$에 비례하게 되는데, 여기서 n은 노드들의 개수다. 각 노드(각 사용자)가 이득을 보므로 n을 곱하게 되는 것이다. 각 사용자(각 노드)가 얻는 가치는 $\log(n)$이다. 밥 메트칼프(이더넷의 발명가)는 n개의 노드를 가진 네트워크의 가치를 $c \times n^2$라고 했는데, 이것은 과장된 것이라 본다. 인터넷의 규모가 두 배가 되면 확실히 내가 누리는 가치도 증가하겠지만 그렇다고 두 배가 되지는 않는다. 각 사용자가 누리는 네트워크의 가치는 네트워크의 규모의 로그에 비례한다고 가정하는 편이 합리적일 것이다. 따라서 전체 가치는 $n \times \log(n)$에 비례하게 되는 것이다.

성장세에 네트워크의 효과를 포함한다면, 아래와 같은 방정식을 얻을 수 있다.

$$(14) \quad \frac{dW}{dt} = W + W \ln W$$

풀면 아래와 같이 이중 기하급수적 방정식이 된다. 앞서 봤던 것과 같아지는 것이다.

$$(15) \quad W = \exp(e^t)$$

프롤로그: 생각의 힘

1. 내 어머니는 수채화가 전문인 재능 있는 화가였다. 아버지는 알려진 음악가였는데, 벨 심포니 오케스트라의 지휘자였으며 퀸스버러 칼리지 음악부의 창립자이자 전 학부장이었다.

2. 톰 스위프트 주니어 시리즈는 그로셋 앤드 던랩 출판사가 1954년에 시작한 것으로, 1971년까지 여러 작가들이 빅터 애플턴이란 가명 아래 바통을 이어받아 시리즈를 써나갔다. 10대 소년인 톰 스위프트는 친구 버드 바클레이와 함께 우주를 누비며 이상한 곳들을 탐험하고, 악당을 물리치고, 환상적인 기계들을 사용한다. 가령 집만 한 크기의 우주선, 우주 정거장, 날아다니는 연구소, 자전거 비행기, 잠수할 때 쓰는 전기 인공 허파, 잠수할 수 있는 바다 헬리콥터, 반발기(말 그대로 물건들을 반발하는 것이다. 가령 물 속에서라면 물을 반발해서 커다란 거품 같은 빈 공간을 만듦으로써 소년들이 그 속에서 숨 쉴 수 있게 한다) 등이다. 시리즈 최초의 9권 제목은 다음과 같다. *Tom Swift and His Flying Lab*(1954), *Tom Swift and His Jetmarine*(1954), *Tom Swift and His Rocket Ship*(1954), *Tom Swift and His Giant Robot*(1954), *Tom Swift and His Atomic Earth Blaster*(1954), *Tom Swift and His Outpost in Space*(1955), *Tom Swift and His Diving Seacopter*(1956), *Tom Swift in the Caves of Nuclear Fire*(1956), *Tom Swift on the Phantom Satellite*(1956).

3. 프로그램 이름은 셀렉트였다. 학생들이 300개 질문이 든 응답지를 채운다. 컴퓨터 소프트웨어는 3천 개 대학들에 대한 200만 가지 정보들을 데이터베이스에 갖고 있어서 학생의 관심 분야, 배경, 학업 성취도에 맞는 학교를 6개에서 15개 정도 추천해준다. 우리는 약 만 명의 학생들의 정보를 처리한 다음 이 프로그램을 하코트, 브레이스 앤드 월드 출판사에 판매했다.

4. MIT 출판부에서 1990년 펴낸 《지적 기계의 시대》는 미국 출판협회가 주는 최고의 컴퓨터 과학 도서 상을 받았다. 책은 인공지능의 발달을 탐구하고 지적 기계들이 가져올 다양한 철학적, 사회적, 경제적 영향들을 예측한다. 셰리 터클, 더글러스 호프스태터, 마빈 민스키, 시모어 패퍼트, 조지 길더 등 여러 사상가들이 쓴 인공지능 관련 23개 논문에서 인용되었다. 전문은 다음에 있다. http://www.KurzweilAI.net/aim.

5. 역량의 주요 속성들(가령 가격 대 성능비, 대역폭, 용량)은 선형적으로 더해지는

게 아니라 급수적으로 증가한다(즉 시간 단위마다 일정 비율로 곱해진다).

6. Douglas R. Hofstadter, *Gödel, Escher, Bach: An Eternal Golden Braid* (New York: Basic Books, 1979).

1장 여섯 시기

1. 트랜스토피아 사이트(http://transtopia.org/faq.html#1.11)에 따르면, "특이점주의자"란 "마크 플러스('91)가 처음 정의한 용어로서 '특이점이란 개념을 믿는 사람'"이라고 한다. 용어를 "'특이점 활동가'나 '특이점의 친구'라 정의하는 사람들도 있다. 즉 특이점의 도래를 위해 활동하는 사람을 뜻하는 것이다 [Mark Plus, 1991; Singularitarian Principles, Eliezer Yudkowsky, 2000]." 용어의 정의에 대해서는 아직 합의가 없고, 대부분의 트랜스휴머니스트들은 아직 원래 의미의 특이점주의자라 할 수 있다. 즉 '활동가'나 '친구'라기보다 '특이점 개념을 믿는' 사람들이다.

   엘리에저 S. 유드카우스키는 다른 정의를 제안했다. "특이점주의자는 인간 지능보다 뛰어난 것을 기술적으로 창조하는 일이 바람직하다고 믿으며 그 목표를 위해 노력하는 사람이다. 특이점주의자는 특이점이라 알려진 미래에 대한 친구, 지지자, 방어자, 촉진자이다." Eliezer S. Yudkowsky, *The Singularitarian Principles*, version 1.0.2 (January 1, 2000), http://yudkowsky.net/sing/principles.ext.html.

   내 견해는 이렇다. 특이점을 발전시키고, 특히나 특이점이 건설적인 지식을 대변하도록 하는 데는 다양한 방법이 있으며, 다양한 인간 활동 분야에서 가능하다. 가령 민주주의를 발전시키고, 전체주의적이거나 근본주의적인 신념 체계 및 이데올로기를 타파하고, 음악, 미술, 문학, 과학, 기술 등 다채로운 형태의 지식을 창조하는 것이다. 나는 특이점주의자란 이번 세기에 닥칠 변화들을 이해하고 그것을 자신의 삶에 비추어 생각하는 사람이라 정의한다.

2. 다음 장에서 연산의 배가 속도를 알아본다. 단위 비용당 트랜지스터의 수는 2년마다 배가되었는데, 트랜지스터의 속도 자체가 빨라졌고, 여타의 혁신과 개선들도 있었다. 단위 비용당 전반적 연산력은 최근 해마다 배가하고 있다. 특히 컴퓨터 체스 기계가 가용하는 연산 용량(초당 연산 횟수)은 1990년대 중 매년 두 배로 늘었다.

3. John von Neumann, paraphrased by Stanislaw Ulam, "Tribute to John von Neumann," *Bulletin of the American Mathematical Society* 64.3, pt. 2 (May 1958): 1–49. 폰 노이만(1903–1957)은 부다페스트의 유대인 은행가 가문에서 태어났다. 그는 1930년에 프린스턴 대학 수학 교수가 된다. 1933년에는 프린스턴 대학에 신설된 고등과학원의 6명 초대 교수들 중 하나가 되어 여생을 그곳에 머물렀다. 그의 관심의 폭은 대단히 넓었다. 양자역학의 새 분야를 정의한 주체였다. 오스카 모르겐슈테른과 함께《게임 이론과 경제 행위》라는 책을 써서 경제학을 변혁시켰다. 1930년대 말의 MANIAC(Mathematical Analyzer, Numeral Integrator, and Computer)를 비롯, 초기 컴퓨터들의 논리 설계에 혁혁한 기여를 했다.

오스카 모르겐슈테른의 폰 노이만에 대한 추도사 중 일부다. "폰 노이만은 개인적으로 관계 맺은 모든 사람들의 생각에 엄청나게 큰 영향을 미쳤다… 그의 방대한 지식, 즉각적인 반응, 탁월한 직관을 접하면 사람들은 경외감에 휩싸였다. 그는 사람들이 문제를 다 얘기하기도 전에 해답을 찾아내곤 했다. 그의 마음은 너무나 독특하여 사람들은, 심지어 뛰어난 과학자들조차도, 그가 인간 정신 발달의 새로운 단계에 접어든 존재가 아닐지 생각해보곤 했다." "John von Neumann, 1903-1957", *Economic Journal* (March 1958: 174).

4. 2장의 주 20과 21 참고.

5. 학회는 2003년 2월 19일에서 21일까지 캘리포니아 몬테레이에서 열렸다. 논의된 주제들은 줄기세포 연구, 생명공학, 나노기술, 복제, 유전자 변형 작물 등이었다. 학회 발표자들이 추천한 책의 목록이 다음에 있다. http://www. thefutureoflife.com/books.htm.

6. 노드(서버)의 개수를 측정했을 때 인터넷은 1980년 내내 매년 배로 성장했다. 1985년에는 노드 수가 만 단위였는데 1995년에는 수천만 개 단위가 되었다. 2003년 1월, 인터넷 소프트웨어 컨소시엄(http://www.isc.org/ds/host-count-history.html)에 따르면 웹 사이트들을 거느린 서버인 웹 호스트의 수는 1억 7,200만 개였다. 이 수도 전체 노드 개수의 일부에 불과하다.

7. 넓은 의미로 볼 때, 인류 원리는 물리의 기본 상수들이 인간 존재에 부합해야 한다고 주장하는 것이다. 그렇지 않다면 우리가 여기서 그들을 관찰할 일도 없을 것이다. 이런 식의 인류 원리 발달에는 상수들에 대한 연구가 한몫을 했다. 중력 상수나 전자기 결합 상수 같은 것들이다. 이들의 값이 매우 좁은 어떤 영역을 벗어났다면 우리 우주에 지적 생명체는 불가능했을 것이다. 전자기 결합 상수 값이 더 컸다면 전자와 다른 원자들 사이 결합이 불가능했을 것이고, 더 작았다면 전자가 궤도에 묶여 있을 수 없었을 것이다. 즉 이 하나의 상수가 극도로 좁은 영역을 벗어나기만 해도 분자는 형성되지 못했을 것이다. 그래서 인류 원리의 지지자들은 우주가 지적 생명체의 진화에 안성맞춤으로 미세 조정되어 있다고 본다. (빅터 스텐거 같은 반대자들은 그리 미세하지 않다고 지적한다. 다른 조건에서라도 생명이 탄생할 수 있도록 더 넓은 영역을 보장하는 보완 기제들이 있다는 것이다.)

    인류 원리는 서로 다른 법칙들을 지닌 여러 개의 우주들을 가정하는 현대 우주 이론의 맥락에서 다시금 부상하고 있다(아래 주 8, 9 참고). 그중 생각하는 존재를 탄생시킬 정도의 법칙들을 지닌 우주에서만 이런 질문들이 물어질 수 있을 것이다.

    다음 자료들을 참고하라. John Barrow and Frank Tipler, *The Anthropic Cosmological Principle* (New York: Oxford University Press, 1988); Steven Weinberg, "A Designer Universe?" at http://www.physlink.com/Education/essay_weinberg.cfm.

8. 어떤 우주론에 따르면 최초에 하나가 아니라 여러 개의 빅뱅이 있어서 여러 개의 우주(평행 우주 또는 '거품들')를 낳았다. 서로 다른 우주들은 서로 다른 물리 상수와 힘을 가졌다. 그중 몇몇이(최소한 하나가) 탄소 기반 생명의 진화

를 지지하는 조건을 지녔다. Max Tegmark, "Parallel Universes," *Scientific American* (May 2003): 41-53; Martin Rees, "Exploring Our Universe and Others," *Scientific American* (December 1999): 78-83; Andrei Linde, "The Self-Reproducing Inflationary Universe," *Scientific American* (November 1994): 48-55.

9. 양자역학의 한 해석으로서 '많은 우주' 혹은 다중 우주 이론은 양자역학이 제기한 한 가지 문제를 풀고자 개발된 것이며, 이후 인류 원리와 통합되었다. 틴스미스는 아래와 같이 요약했다.

> 통상적인 양자역학 해석, 이른바 코펜하겐 해석이 유발하는 심각한 어려움은 닫힌 우주의 시공간 기하학 일반 상대성 원리에는 적용될 수 없다는 점이다. 우주의 양자 상태는 다양한 시공간 진폭을 가진 파동함수로 묘사될 수 있다. 어떤 시점에서 우주가 특정 상태를 가질 확률은 그 점에서 파동함수의 진폭의 제곱에 해당한다. 그런데 우주가 여러 가능성의 중첩 상태로부터 하나의 지점, 즉 실제 상태로 이행하려면 반드시 측정 기기가 도입되어 파동함수가 붕괴, 즉 수축해야만 결정이 된다. 그런데 이것은 불가능한 일이다. 우주 밖에는 아무것도 없으므로 파동함수를 붕괴시킬 외부의 측정 기기를 상정할 수 없기 때문이다.
>
> 가능한 해결책은 코펜하겐 해석과는 달리 외부의 관측이나 측정 요소를 도입하지 않는 새로운 방식으로 양자역학을 해석하는 것이다. 닫힌계에 자족적인 양자역학을 형성하는 것이다.
>
> 휴 에버렛이 1957년 논문 〈양자역학의 상대상태 형성〉에서 발전시킨 해석도 그런 것이다. 파동함수가 드러내는 중첩 상태의 각 점은 사실 하나의 관측자(또는 측정 기기)가 관측하는 하나의 상태라고 보는 것이다. 그러면 "관측(또는 상호작용)이 잇달아 이어지면 관측자의 상태는 수많은 서로 다른 상태들로 '갈래질'한다. 각 갈래는 서로 다른 측정의 결과를 나타내는 것이고 관측자-체계 상태의 한 가지 고유 상태에 해당하는 것이다. 모든 갈래들은 일련의 관측이 행해진 뒤에 중첩상태로서 동시에 존재한다." 각 갈래는 다른 갈래들과 인과적으로 독립적이다. 따라서 어떤 관측자도 '가지치기' 과정을 인식하지는 못할 것이다. 그 관측자가 느끼는 세상은 그 관측자가 보는 세상 그대로이기 때문이다.
>
> 우주 전체에 대해 적용하면, 우주가 정기적으로 수많은, 인과적으로 서로 독립적인 갈래들로 갈라져나가고 있는 것과 같다. 다양한 부분들 사이의 상호작용, 측정이나 다름없는 그 활동들 때문에 빚어지는 결과이다. 각 갈래는 별개의 세상이다. 각 세상은 또 끊임없이 또 다른 세상들로 가지치기해 나간다.

이런 가지들, 즉 여러 집합의 우주들을 가정한다면 생명에 적합한 우주도, 적합하지 않은 우주도 당연히 포함될 것이다. 따라서 스미스는 이렇게 말한다. "이제, 논문의 서두에 제기했던 명백한 문제를 풀기 위해, 어떻게 강력한 인류 원리를 다중 우주적 양자역학 해석과 통합하여 쓰면 좋을지 말할 수 있겠다. 우리 세계가 지적 생명체를 지닌 세계라는 사실, 수많은 생명 없는 세계들 중 하나가 아니라는 사실은 겉으로는 문제적으로 보이지만 실은 의미 있는 사실이라고조차 할 수 없는 일이다. 생명을 지닌 세계와 생명이 없는 세계가 둘 다 실재한다면, 이 세계가 그중 하나라는 사실이 뭐가 그렇게 놀랄 일이겠는가."

Quentin Smith, "The Anthropic Principle and Many-Worlds Cosmologies," *Australasian Journal of Philosophy* 63.3 (September 1985), available at http://www.qsmithwmu.com/the_anthropic_principle_and_many-worlds_cosmologies.htm.

10. 뇌의 자기조직적 원칙들과 이 원칙들이 패턴 인식력에 미치는 영향에 대해서는 4장 참고.

11. '선형' 함수(모든 눈금 간격이 동일하다)로는 한정된 공간(이 책의 페이지)에 모든 데이터를(가령 수십억 년) 시각화하기가 불가능하다. 로그 함수는 실제 수치 대신 지수로 표현한 값의 자릿수만 나타냄으로써 더 넓은 데이터 영역을 표기할 수 있다.

12. 멕시코 몬테레이 DUXX의 비즈니스 리더십 대학원 교수인 시어도어 모디스는 "우주의 변화와 복잡성의 진화를 관장하는 정교한 수학 법칙"을 세우려 했다. 변화의 패턴과 역사를 연구하기 위해서는 어떤 사건들이 큰 변화에 해당하는지 정하여 분석 데이터 집합을 만들어두어야 했다. 선택의 편향이 있을 수 있으므로 그는 자신의 목록에만 의존하지 않았다. 대신 서로 다른 13개의 자료로부터 생물 및 기술의 역사에 일어났던 주된 사건들의 목록을 뽑아냈다. 그 13개 자료는 아래와 같다.

Carl Sagan, *The Dragons of Eden: Speculations on the Evolution of Human Intelligence* (New York: Ballantine Books, 1989). 정확한 시점은 모디스가 설정.

American Museum of Natural History. 정확한 시점은 모디스가 설정.

"Important events in the history of life" 항목들, *Encyclopaedia Britannica*.

Educational Resources in Astronomy and Planetary Science (ERAPS), University of Arizona, http://ethel.as.arizona.edu/~collins/astro/subjects/evolve-26.html.

Paul D. Boyer, 생화학자이자 1997년 노벨상 수상자, 개인적으로 나눈 대화를 통해, 정확한 시점은 모디스가 설정.

J. D. Barrow and J. Silk, "The Structure of the Early Universe," *Scientific American* 242.4 (April 1980): 118-28.

J. Heidmann, *Cosmic Odyssey: Observatoir de Paris*, trans. Simon Mitton (Cambridge, U.K.: Cambridge University Press, 1989).

J. W. Schopf, ed., *Major Events in the History of Life*, symposium convened by the IGPP Center for the Study of Evolution and the Origin of Life, 1991 (Boston: Jones and Bartlett, 1991).

Phillip Tobias, "Major Events in the History of Mankind," chap. 6 in

Schopf, *Major Events in the History of Life*.

David Nelson, "Lecture on Molecular Evolution I," http://drnelson. utmem.edu/evolution.html, and "Lecture Notes for Evolution II," http://drnelson.utmem.edu/evolution2.html.

G. Burenhult, ed., *The First Humans: Human Origins and History to 10,000 BC* (San Francisco: HarperSanFrancisco, 1993).

D. Johanson and B. Edgar, *From Lucy to Language* (New York: Simon & Schuster, 1996).

R. Coren, *The Evolutionary Trajectory: The Growth of Information in the History and Future of Earth*, World Futures General Evolution Studies (Amsterdam: Gordon and Breach, 1998).

목록들은 1980년대와 1990년대에 만들어진 것으로, 대개 우주 역사 전체를 대상으로 한다. 하지만 이 중 세 자료는 그보다 좁은 영역인 원인의 진화만을 대상으로 한다. 오래된 목록의 시점 자료는 부정확한 면이 있지만, 가장 중요한 것은 사건 그 자체, 그들이 역사의 축에서 서로 보이는 상대적 관계이기 때문에 괜찮다.

모디스는 이 목록들을 통합한 뒤 몇 개의 주요한 사건 군을 만들어 '표준 이정표'들이라 불렀다. 목록에는 203개의 이정표 사건들이 있고 그들은 28개의 표준 이정표 군으로 묶인다. 모디스는 코렌의 자료 하나를 따로 두었다가 기법을 보충하는 확인 자료로 삼았다. T. Modis, "Forecasting the Growth of Complexity and Change," *Technological Forecasting and Social Change* 69.4 (2002); http://ourworld.compuserve.com/homepages/tmo-dis/TedWEB.htm.

13. 모디스는 동원한 목록의 개수, 사건 시점의 차이 등에서 오류가 있을 수 있다고 지적한다. (T. Modis, "The Limits of Complexity and Change," *The Futurist* [May-June 2003], http://ourworld.compuserve.com/homepages/tmodis/Futurist.pdf). 그래서 그는 표준 이정표 군을 정의할 때 시점들의 집합을 규정하는 방법을 썼다. 하나의 이정표는 그 여러 시점들 집합의 평균을 뜻한다. 오차는 표준 편차로 가정된다. 자료가 하나뿐인 사건에 대해서는 "임의로 평균 오차를 사건의 오차로 가정"했다. 모디스는 그 밖의 오류 가능성들도 지적했다. 정확한 시점이 알려져 있지 않은 사건들, 모든 데이터들의 중요도가 동일하다고 가정함으로써 생길 수 있는 문제 등이다. 이들은 표준 편차로도 포함되지 않는다.

공룡 멸종을 5,460만 년 전으로 잡은 모디스의 시점 설정은 좀 더 과거로 미뤄져야 한다는 점을 지적해두고 싶다.

14. 통상의 개재뉴런 재정비 시간은 5밀리초 수준이다. 그렇다면 디지털식으로 통제되는 아날로그 회로에서는 초당 200회의 처리가 가능하다. 뉴런 정보 처리의 다양한 비선형성을 고려한다 해도, 이 수준은 현대 전자회로에 비하면 백만 배나 느린 것이다. 전자회로의 스위치 시간은 1나노초도 되지 않는다(2장의 연산 용량 분석 참고).

15. 로스 앨러모스 연구소 과학자들이 세계 유일의 자연적 원자로(서아프리카 가봉의 오클로에 있다)에서 발견된 방사성 동위원소들의 상대적 농도를 분석해본 결과, 미세구조상수 혹은 알파상수(광속은 알파상수에 반비례한다)라 불리는 것의 값이 지난 20억 년간 아주 조금 줄었음을 발견했다. 광속이 조금 증가한 셈이다. 하지만 이 발견은 아직 충분히 확인되지 않은 것이다. "Speed of Light May Have Changed Recently," *New Scientist*, June 30, 2004, http://www.newscientist.com/news/news.jsp?id=ns99996092. http://www.science-daily.com/releases/2005/05/050512120842.htm.

16. 2004년 7월 21일, 더블린의 학회에서 스티븐 호킹은 30년 전에 블랙홀에 대해 내렸던 단정이 틀렸음을 인정한다고 밝혔다. 호킹은 블랙홀에 삼켜진 정보는 절대로 다시 찾아올 수 없다고 주장했었다. 그런데 이것은 정보가 보전된다고 말하는 양자이론에 위배되는 것이다. 호킹은 이렇게 말했다. "과학소설 팬들을 실망시켜 죄송하지만, 정보가 보전되는 한 블랙홀을 통해 다른 우주로 여행할 가능성은 없어 보입니다. 당신이 블랙홀로 뛰어든대도 당신의 질량 에너지는 우리 우주에 남을 것이기 때문입니다. 다만 뭉개진 형태로, 당신이 과거 어떠했는가 하는 정보를 담고는 있지만 알아보긴 어려운 상태가 되겠지요." Dennis Overbye, "About Those Fearsome Black Holes? Never Mind," *New York Times*, July 22, 2004.

17. 사건의 지평선은 특이점(블랙홀의 중심으로서 무한 밀도와 압력으로 규정된다)을 둘러싼 구형 영역의 바깥 경계, 혹은 가장자리다. 사건의 지평선 안쪽에서는 중력이 너무 커서 빛조차 빠져나올 수 없다. 하지만 지평선 표면에서 나오는 복사가 존재하기는 한다. 양자효과 때문에 입자-반입자 쌍이 늘 형성되는데, 그중 한 입자가 블랙홀로 끌려들어가면 나머지 반입자는 복사로서 방출되어야 하기 때문이다(이른바 호킹 복사). 어쨌든 그 영역은 빛을 내지 않으므로 '블랙홀'이라 불린다. 존 휠러 교수가 고안한 용어다. 블랙홀을 처음 예측한 것은 독일 천체물리학자 쿠르트 슈바르츠쉴트로서, 1916년에 아인슈타인의 일반 상대성 이론에 기반하여 그 존재를 예상했다. 하지만 은하의 중심부에 실제 블랙홀들이 존재한다는 것이 실험적으로 밝혀진 것은 극히 최근의 일이다. Kimberly Weaver, "The Galactic Odd Couple," http://www.scientificamerican.com, June 10, 2003; Jean-Pierre Lasota, "Unmasking Black Holes," *Scientific American* (May 1999): 41-47; Stephen Hawking, *A Brief History of Time: From the Big Bang to Black Holes* (New York: Bantam, 1988).

18. Joel Smoller and Blake Temple, "Shock-Wave Cosmology Inside a Black Hole," *Proceedings of the National Academy of Sciences* 100.20 (September 30, 2003): 11216-18.

19. Vernor Vinge, "First World," *Omni* (January 1983): 10.

20. Ray Kurzweil, *The Age of Intelligent Machines* (Cambridge, Mass.: MIT Press, 1989).

21. Hans Moravec, *Mind Children: The Future of Robot and Human Intelligence* (Cambridge, Mass.: Harvard University Press, 1988).

22. Vernor Vinge, "The Coming Technological Singularity: How to Survive in the Post-Human Era," VISION-21 Symposium, sponsored by the NASA Lewis Research Center and the Ohio Aerospace Institute, March 1993. http://www.KurzweilAI.net/vingesing.

23. Ray Kurzweil, *The Age of Spiritual Machines: When Computers Exceed Human Intelligence* (New York: Viking, 1999).

24. Hans Moravec, *Robot: Mere Machine to Transcendent Mind* (New York: Oxford University Press, 1999).

25. Damien Broderick, *The Spike: Accelerating into the Unimaginable Future* (Sydney, Australia: Reed Books, 1997); Damien Broderick, *The Spike: How Our Lives Are Being Transformed by Rapidly Advancing Technologies*, rev. ed. (New York: Tor/Forge, 2001).

26. 존 스마트의 개요 설명 중 하나인 "특이점이란 무엇인가"는 다음 사이트에서 읽을 수 있다. http://www.KurzweilAI.net/meme/frame.html?main=/articles/art0133.html. 기술 가속, 특이점 등에 관한 스마트의 저술들은 다음 사이트를 참고하라. http://www.singularitywatch.com, http://www.Accelerating.org.
    존 스마트는 '가속 변화' 학회를 개최하고 있다. '인공지능과 기능 강화'에 관한 주제들을 다루는 학회다. http://www.accelerating.org/ac2005/index.html.

27. 인간 뇌를 모방한 체계를 전기적으로 움직이면 생물학적 뇌보다 훨씬 빠른 속도를 보일 수 있을 것이다. 뇌는 고도 병렬 연결이라는 이점을 갖고 있지만(100조 개 수준의 개재뉴런 연결들이 동시에 가동될 수 있다는 잠재력) 현대 전자회로들에 비하면 연결의 재정비 시간이 너무 길다.

28. 2장의 주 20과 21 참고.

29. 정보기술의 기하급수적 성장이 연산의 가격 대 성능비에 적용된 결과에 대한 수학적 분석은 부록 〈다시 보는 수확 가속의 법칙〉 참고.

30. 1950년에 《마음: 심리학 및 철학 계간 리뷰》에 발표한 논문에서 컴퓨터 이론가 앨런 튜링은 다음과 같은 유명한 질문을 던졌다. "기계가 생각할 수 있는가? 기계가 생각할 수 있는지 없는지 우리가 어떻게 확인할 수 있는가?" 두 번째 질문에 대한 답이 바로 튜링 테스트다. 오늘날 테스트는 이렇게 정의된다. 전문가 위원회가 구성되어 멀리 떨어진 응답자에게 질문을 던진다. 사랑, 시사, 수학, 철학 등 다양한 내용의 질문들이다. 응답자가 컴퓨터인지 사람인지 알아보기 위해 응답자의 개인사에 대한 질문도 한다. 튜링 테스트는 인간 수준의 지능을 측정하는 기준이다. 테스트를 통과하지 못했다고 해도 지능이 아예 없는 건 아니라는 말이다. 튜링의 원 논문은 다음에 있다. http://www.abelard.org/tur-pap/turpap.htm. 테스트에 대한 토론에 관해서는 다음을 참고하라. Stanford Encyclopedia of Philosophy, http://plato.stanford.edu/entries/turing-test. 튜링 테스트가 적절히 고안되기만 한다면, 진정 인간적 수준의 지능 없이 그저 속임수나 몇 가지 알고리즘만으로 테스트를 통과할 수는 없다. Ray Kurzweil, "A Wager on the Turing Test: Why I Think I Will Win," http://www.

KurzweilAI.net/turingwin.

31.   John H. Byrne, "Propagation of the Action Potential," *Neuroscience Online*, https://oac22.hsc.uth.tmc.edu/courses/nba/s1/i3-1.html. "신경에서 활동전위의 전파 속도는 초당 100미터로부터(시간당 933킬로미터) 초당 10센티미터도 안 되는 수준(시간당 0.97킬로미터)까지 다양할 수 있다."
Kenneth R. Koehler, "The Action Potential," http://www.rwc.uc.edu/koehler/biophys/4d.html. "포유류 운동 신경의 전파 속도는 10~120m/s이다. 반면 미엘린이 없는 감각 뉴런의 경우는 5~25m/s이다(미엘린이 없는 뉴런은 도약 없이 연속적으로 점화한다. 이온 누출 덕에 효과적인 완전한 회로가 구현되지만 전파 속도는 느려진다)."

32.   2002년 〈사이언스〉에 발표된 한 논문은 인간의 대뇌피질이 수평적으로 확장된 데에 베타-카테닌 단백질의 역할이 중요했음을 지적했다. 이 단백질은 대뇌피질 표면의 주름과 고랑을 잡는데 중요한 역할을 한다. 그렇게 주름이 잡힌 덕분에 피질 부분의 표면적이 늘어나 더 많은 뉴런을 수용할 수 있게 되는 것이다. 이 단백질을 과다 생산하게 조작된 쥐의 뇌는 매끄럽고 편평한 대조군 쥐의 대뇌피질보다 훨씬 주름지고 복잡하게 접혔다. Anjen Chenn and Christopher Walsh, "Regulation of Cerebral Cortical Size by Control of Cell Cycle Exit in Neural Precursors," *Science* 297 (July 2002): 365-69.
2003년에는 사람, 침팬지, 붉은털원숭이의 대뇌피질 유전자 발현 프로필이 상호 비교되었다. 그 결과 뇌 조직과 인지에 관련된 유전자들 중 고작 91개 유전자에서만 발현도의 차이가 있는 것으로 드러났다. 연구자들은 그 차이의 90퍼센트가 상향 조절(고등 활동)에 관련된 부분임을 발견하고 놀람을 금치 못했다. M. Cacares et al., "Elevated Gene Expression Levels Distinguish Human from Non-human Primate Brains," *Proceedings of the National Academy of Sciences* 100.22 (October 29, 2003): 13030-35.
하지만, 캘리포니아-어바인 대학의 의대 연구진은 뇌 전반의 크기보다는 뇌 일부 영역의 회질이 IQ에 더 깊은 관련이 있음을 밝혀냈다. 또한 뇌 전체 회질 중 6퍼센트만이 IQ에 관련된 것으로 보인다고 주장했다. 게다가 지능에 관련된 영역들이 뇌 전반에 고루 퍼져 있기 때문에, 가령 전두엽 같은 하나의 '지능 센터'가 있는 것 같진 않다고 했다. "Human Intelligence Determined by Volume and Location of Gray Matter Tissue in Brain," University of California-Irvine news release (July 19, 2004), http://today.uci.edu/news/release_detail.asp?key=1187.
2004년에 발표된 또 다른 연구에 의하면, 인간의 신경계 유전자들은 여타 영장류들에 비해 가속적인 진화 속도를 겪은 것으로 보인다. 그리고 모든 영장류들의 진화 속도는 다른 포유류들보다 빨랐다. Steve Dorus et al., "Accelarated Evolution of Nervous System Genes in the Origin of Homo sapiens," *Cell* 119 (December 29, 2004): 1027-40. 수석 연구자 브루스 란은 이렇게 설명했다. "인간은 몇 가지 우연한 돌연변이에 의해 인지 능력들을 진화시킨 것이 아닙니다. 엄청나게 집약적인 선택 과정을 통해 좀 더 복잡한 인지 능력이 선호

되도록 셀 수 없이 많은 돌연변이들이 발생됨으로써 이뤄진 결과인 것입니다." Catherine Gianaro, *University of Chicago Chronicle* 24.7 (January 6, 2005). MYH16이라는 근섬유 유전자에서 일어난 한 가지 돌연변이 덕분에 인간이 더 큰 뇌를 갖게 되었다는 주장도 있다. 이 돌연변이 때문에 선조 인간들의 턱이 약해졌고, 덕택에 다른 거대 유인원들에게서 발견되는 턱 고정 근육이 필요 없게 되어 뇌 공간이 남았다는 것이다. Stedman et al., "Myosin Gene Mutation Correlates with Anatomical Changes in the Human Lineage," *Nature* 428 (March 25, 2004): 415-18.

33. Robert A. Freitas Jr., "Exploratory Design in Medical Nanotechnology: A Mechanical Artificial Red Cell," *Artificial Cells, Blood Substitutes, and Immobil. Biotech.* 26 (1998): 411-30; http://www.foresight.org/Nanomedicine Respirocytes.html. 나노의약 아트 갤러리 이미지(http://www.foresight.org/Nanomedicine/Gallery/Species/Respirocytes.html)들과 수상 이력이 있는 호흡세포 관련 동영상도 참고하라(http://www.phleschbubble.com/album/beyondhuman/respirocyte01.htm).

34. 포글릿은 나노기술 개척자이자 러트거스 대학 교수인 J. 스토르스 홀이 만든 개념이다. 그의 간단한 설명을 인용하면 이렇다. "나노기술은 자그맣고 자기 복제적인 로봇들의 개념에 기반한 것이다. 어떤 물체를 만들 때 원자 하나하나를 움직이는 대신 자그마한 로봇들[포글릿들]이 자기들끼리 팔을 맞잡아 우리가 원하는 모양을 만들어내도록 한다고 상상해보자. 눈 앞에 놓인 아방가르드 양식의 커피 테이블에 싫증이 나면, 로봇들은 언제라도 위치를 조금씩만 바꿔 우아한 앤 왕조 풍의 탁자로 바꿔줄 것이다." J. Storrs Hall, "What I Want to Be When I Grow Up, Is a Cloud," *Extropy*, Quarters 3 and 4, 1994. Published on KurzweilAI.net July 6, 2001: http://www.KurzweilAI.net/foglets; J. Storrs Hall, "Utility Fog: The Stuff That Dreams Are Made Of," in *Nanotechnology: Molecular Speculations on Global Abundance*, B. C. Crandall, ed. (Cambridge, Mass.: MIT Press, 1996). Published on KurzweilAI.net July 5, 2001: http://www.KurzweilAI.net/utilityfog.

35. Sherry Turkle, ed., "Evocative Objects: Things We Think With," 미출간.

36. 2장의 '연산의 기하급수적 증가'를 참고하라. 연산의 가격 대 성능비가 21세기 말까지 이중 기하급수적으로 성장한다고 예상하면, 그때 1천 달러로 장만할 수 있는 연산량은 초당 10^{60}연산(cps)이 될 것이다. 2장에서 말하겠지만 인간의 뇌 기능을 모방할 때 필요한 연산량은 10^{15}cps라는 결론이 서로 다른 세 가지 계산법을 통해 동일하게 나타난다. 좀 더 보수적인 예상, 즉 모든 시냅스와 수상돌기의 비선형성을 하나하나 모방하는 신경형 뇌 모형을 만든다면 10^{19}cps가 된다. 보수적 값을 취하면 10^{10}명의 사람의 뇌 용량 총합은 10^{29}cps가 된다. 그러니 2099년경에 1천 달러로 얻을 수 있는 10^{60}cps는 인간 문명 10^{31}개에 해당하는 셈이다.

37. 18세기 초, 기계식 직조기와 기타 섬유 자동 기계들이 등장했다. 수백 년간 가업으로 천 짜기를 해온 영국 시골의 산업 종사자들은 대번 위기에 처하게 됐

다. 경제력은 천을 짜는 가정들의 손을 떠나 기계 소유자에게 넘어갔다. 전해 오는 말에 따르면, 지능이 조금 떨어지는 네드 러드라는 어린 소년이 단지 손놀림이 서툰 바람에 실수로 두 대의 공장 직조 기계를 망가뜨렸다. 그때부터 가끔 알 수 없는 이유로 공장 기기들이 고장나곤 했다. 의심을 받은 사람들은 입을 모아 "하지만 네드 러드가 그랬단 말입니다"라고 변명했다. 1812년, 다급해진 직조공들은 비밀 결사를 만들어 도시에서 게릴라 부대를 형성했다. 그들은 공장 소유주들을 위협하고 이것저것 요구했으며, 소유주들은 그들의 요구를 대부분 들어주었다. 지도자가 누구냐는 질문을 받으면 그들은 "누구라니, 물론 네드 러드 장군이지요"라고 대답했다. 그들은 점차 러다이트라 알려지게 됐다. 처음에는 주로 기계에 대해서만 폭력을 행사했지만, 그해 말이 되자 사람 간의 유혈낭자한 전투도 벌어졌다. 더 이상 토리당 정부도 러다이트들을 참아주지 않았고, 몇몇 유력 회원들이 붙잡혀 투옥되거나 처형되자 운동은 와해되었다. 지속적이고 현실적인 운동을 이어가는 데는 실패했으나, 러다이트들은 자동화와 기술에 반대하는 강력한 하나의 상징으로 남았다.

38. 앞의 주 34 참고.

2장 기술 진화 이론: 수확 가속의 법칙

1. John Smart, Abstract to "Understanding Evolutionary Development: A Challenge for Futurists," presentation to World Futurist Society annual meeting, Washington, D.C., August 3, 2004.

2. 진화에서 기념비적인 사건들은 복잡성의 증가를 나타냈다는 것이 테오도르 모디스의 견해다. Theodore Modis, "Forecasting the Growth of Complexity and Change," *Technological Forecasting and Social Change* 69.4 (2002), http://ourworld.compuserve.com/homepages/tmodis/TedWEB.htm.

3. 파일 압축은 데이터 전송(음악 파일이나 문서 파일을 인터넷으로 보내는 것)이나 저장에서 핵심적인 요소다. 파일 크기가 작을수록 전송 시간이 짧아지고 적은 공간에 저장할 수 있다. 정보 이론의 아버지라고 불리는 수학자 클로드 섀넌은 다음 논문에서 데이터 압축의 기초 이론을 정립했다. "A Mathematical Theory of Communication," *The Bell System Technical Journal* 27 (July-October 1948): 379-423, 623-56. 데이터 압축이 가능한 것은 중복(반복)이 있거나, 특정 문자열의 등장 확률을 알 수 있기 때문이다. 가령 오디오 파일에서의 침묵은 침묵의 길이를 뜻하는 값으로 치환할 수 있으며, 텍스트 파일에서 특정 문자 조합들은 다른 부호로 치환할 수 있다.

섀넌에 따르면 중복은 손실 없는 압축으로 제거할 수 있다. 즉 정보에 손실을 일으키지 않고도 압축될 수 있다는 것이다. 손실 없는 압축에는 한계가 있다. 섀넌이 엔트로피율(압축은 데이터의 '엔트로피'를 높인다. 엔트로피는 미리 정해진, 따라서 예측가능한 데이터 구조가 아니라 실제 담긴 정보량을 말한다)이라 부른 값에 달린 한계다. 데이터 압축은 데이터에서 중복 부분만 지우는 것이다. 손실 없는 압축을 하면 데이터에는 손상이 없다(원래의 정확한 데이터가 보존된다는 뜻이다). 반면 손실 있는 압축을 하면 정보가 일부 손실되는데, 단지 우리 감각으로는 쉽게 알아차릴 수 없는 수준일 때가 많다. 그래픽 파일, 또는 비디오 파일 및 오디오 파일을 스트리밍할 때 쓰이는 기법이다.

대부분의 데이터 압축 기법은 부호를 활용한다. 기본 데이터의 기초 단위(또는 상징)를 규칙에 따라 부호 문자로 바꾸는 것이다. 가령 텍스트 파일의 모든 공백들은 하나의 부호 단어와 공백의 수로 치환될 수 있다. 압축 알고리즘은 이 대응 규칙을 설정한 뒤 새로운 파일을 암호 문자들로 바꾸어 만들어내는 것이다. 압축 파일은 원본보다 크기가 작을 것이므로 전송하거나 저장하기 간편하다. 아래에 흔한 무손실 압축 기법들의 종류를 몇 가지 적었다.

* 반복 길이 부호화(Run-length) 압축은 반복되는 문자를 하나의 부호와 그 문자의 반복 횟수 값으로 대체하는 방식이다(예: PackBits, PCX 등).

* 최소 중복 암호 또는 단순 엔트로피 암호 압축은 확률에 따라 부호들을 부여하는 기법으로, 가장 자주 등장하는 기호들이 가장 짧은 부호를 받는다(예: 허프만 부호법, 산술 부호법 등).

* 사전식 압축은 패턴을 잘 반영하도록 역동적으로 부호 사전들을 업데이트해가면서 압축하는 방법이다(예: 렘펠-지브 압축법, 렘펠-지브-웰치 압축법, DEFLATE 등).

* 블록 정렬식 압축은 별도의 부호를 쓰기보다 문자들 자체를 재정렬한다. 그 다음에 반복되는 부분에 대해 반복 길이 부호화 기법으로 압축한다(예: 버로우즈-휠러 변형 압축법 등).

* 부분 매핑 기법은 압축되지 않은 파일의 일부를 대상으로 하여 파일의 다음 부분에 특정 기호들이 얼마나 자주 등장할지 예측하는 것이다.

4. Murray Gell-Mann, "What Is Complexity?" in *Complexity*, vol. 1 (New York: John Wiley and Sons, 1995).

5. 인간 게놈 암호의 정보량은 압축하지 않은 상태에서 약 60억(약 10^{10})비트다. 따라서 이론적으로 1킬로그램 바위에 저장될 수 있는 10^{27}비트란 것은 유전 암호보다 10^{17}배나 큰 양이다. 게놈 압축에 대해서는 아래 주 57 참고.

6. 물론, 어마어마한 수의 입자들로 구성된 존재인 인간도 비슷한 무게의 바위와 비견될 만한 정보량을 간직하고 있다. 입자의 모든 속성들을 낱낱이 고려한다 할 때 말이다. 바위와 마찬가지로 이 정보량 대부분은 사람의 상태를 규정하는 데 꼭 필요한 것은 아니다. 물론 사람을 규정하는 데는 바위를 규정하는 때보다 훨씬 많은 양의 정보가 필요할 것이지만 말이다.

7. 유전 알고리즘의 설명에 대해서는 5장의 주 175 참고.

8. 사람, 침팬지, 고릴라, 오랑우탄은 과학적으로 분류할 때 모두 같은 사람과(科)에 속한다. 인간의 계통은 5백만 년 전에서 7백만 년 전 사이에 대형 유인원으로부터 갈라져 나온 것으로 여겨진다. 사람과에 속하는 인간속 호모에는 현생 인류인 호모 사피엔스 외에도 멸종 종인 호모 에렉투스 등이 속해 있다.

침팬지의 손을 보면 사람보다 손가락이 길고 울퉁불퉁한데, 엄지만은 짧고, 약하고, 잘 움직이지 못한다. 침팬지도 막대기를 휘두를 줄 알지만 쉽게 놓치고 만다. 엄지가 집게손가락과 맞닿지 않기 때문에 꽉 쥘 수가 없는 것이다. 현생 인류의 엄지는 더 길고, 손가락들이 중심 축을 기준으로 회전할 수 있어서, 엄지 끝으로 모든 손가락의 끝을 만질 수 있다. 이것이 바로 대향성이라 불리는 속성이다. 대향성, 그리고 몇 가지 다른 변화들 덕분에 인간은 두 가지 잡는 능력을 키웠다. 정교하게 잡는 능력, 그리고 강하게 잡는 능력이다. 에티오피아에서 발견된 뒤 루시라는 이름으로 잘 알려진 오스트랄로피테쿠스 같은 사람과 이전 원인들은 빠르고 정확하게 돌을 던질 줄 알았다. 그것이 약 3백만 년 전의 일이다. 과학자들은 그 이후 물건을 던지거나 쥐는 능력이 끊임없이 개선된 결과, 물론 다른 신체 영역들의 변화와도 맞물려, 우리 인간이 비슷한 크기와 무게의 다른 동물들보다 앞서는 독특한 장점을 갖게 된 것이라 생각한다. Richard Young, "Evolution of the Human Hand: The Role of Throwing and Clubbing," *Journal of Anatomy* 202 (2003): 165-74; Frank Wilson, *The Hand: How Its Use Shapes the Brain, Language, and Human Culture* (New York: Pantheon, 1998).

9.   산타페 연구소는 복잡성과 창발계에 관한 개념과 기술들을 발전시키는 데 있어 주도적인 역할을 수행했다. 카오스와 복잡성에 관한 패러다임을 개발한 선도자들 중 한 명으로 스튜어트 카우프만이 있다. 카우프만은 *At Home in the Universe: The Search for the Laws of Self-Organization and Complexity* (Oxford: Oxford University Press, 1995)라는 책에서 "카오스의 가장자리에 놓인 질서의 힘"을 찾아보고자 하였다.

존 타일러 보너는 *Evolution of Complexity by Means of Natural Selection* (Princeton: Princeton University Press, 1988)이라는 책에서 이렇게 묻는다. "어떻게 하나의 수정란이 정교한 구조의 성인으로 변하는가? 어떻게 박테리아가 고작 수백만 년의 세월 뒤에 코끼리 같은 것으로 진화할 수 있었는가?"

존 홀런드 또한 산타페 연구소에서 복잡성 분야를 연구하는 주도적 사상가다. 그의 책 *Hidden Order: How Adaptation Builds Complexity* (Reading, Mass.: Addison-Wesley, 1996)은 그가 1994년에 산타페 연구소에서 했던 일련의 강연 내용을 담고 있다. 다음도 참고하라. John H. Holland, *Emergence: From Chaos to Order* (Reading, Mass.: Addison-Wesley, 1998); Mitchell Waldrop, *Complexity: The Emerging Science at the Edge of Order and Chaos* (New York: Simon & Schuster, 1992).

10.   열역학 제2법칙은 왜 연료를 태워 얻은 모든 열(에너지)을 남김 없이 작업에 사용하는 완벽한 엔진이 존재할 수 없는지 설명해준다. 필연적으로 열 일부가 환경에 방출되게 되기 때문이다. 열역학 제2법칙은 또 왜 열이 뜨거운 프라이팬에서 차가운 공기로만 흐르고 반대로는 흐르지 않는지 설명해준다. 또한 닫힌("격리된") 계는 시간이 흐르면 자발적으로 무질서를 향해간다고 가정한다. 즉 질서에서 무질서로 향하는 경향이 있다는 것이다. 가령 얼음 조각 속의 분자들은 움직임에 제약이 있다. 따라서 얼음이 든 컵은 그 얼음이 녹아 물이 되어 담긴 컵보다 엔트로피(무질서)가 적다. 물컵 속의 분자들은 얼음 속 분자들보다 움직임이 자유로운 것이다. 움직임의 자유도가 높으면 엔트로피가 높다는 뜻이다. 엔트로피를 설명하는 또 다른 방법은 다중도로 말하는 것이다. 한 상태를 달성하는 방법의 수가 많을수록 다중도가 높다고 말한다. 가령 뒤죽박

죽 쌓인 벽돌들은 단정하게 정리된 벽돌들보다 다중도가 높다(그러므로 엔트로피도 높다).

11. 맥스 모어는 "기술 발전은 진보의 속도를 더욱 빠르게 강화하고 여러 분야들을 상호 촉진한다"고 설명한다. Max More, "Track 7 Tech Vectors to Take Advantage of Technological Acceleration," *ManyWorlds*, August 1, 2003.

12. J. J. Emerson et al., "Extensive Gene Traffic on the Mammalian X Chromosome," *Science* 303.5657 (January 23, 2004): 537–40, http://www3.uta.edu/faculty/betran/science2004.pdf; Nicholas Wade, "Y Choromosome Depends on Itself to Survive," *New York Times*, June 19, 2003; Bruce T. Lahn and David C. Page, "Four Evolutionary Strata on the Human X Chromosome," *Science* 286.5441 (October 29, 1999): 964–67, http://inside.wi.mit.edu/page/Site/Page%20PDFs/Lahn_and_Page_strata_1999.pdf.

   흥미롭게도, 여자아이들의 X 염색체 중 하나는 X 비활성화라는 과정에 따라 발현이 억제된다. 한쪽 X 염색체만이 발현되는 것이다. 연구에 따르면 어떤 세포들에서는 아버지로부터 받은 X 염색체가 억제되고, 또 다른 세포들에서는 어머니로부터 받은 X 염색체가 억제된다.

13. Human Genome Project, "Insights Learned from the Sequence," http://www.ornl.gov/sci/techresources/Human_Genome/project/journals/insights.html. 인간 게놈 서열 분석이 완료된 지금, 대부분의 게놈은 단백질 암호화와 관련 없는 것(이른바 쓰레기 DNA)이라는 사실이 밝혀졌다. 연구자들은 인간 DNA의 30억 개 염기쌍 중에 유전자가 얼마나 포함되어 있을지 여전히 논박하고 있다. 현재의 예상치는 3만 개보다 적을 것이라 한다. 반면 인간 게놈 프로젝트가 진행되던 중에는 십만 개까지 될 것이라 예측되었었다. "How Many Genes Are in the Human Genome?" (http://www.ornl.gov/sci/techresources/Human_ Genome/faq/genenumber.shtml) and Elizabeth Pennisi, "A Low Number Wins the GeneSweep Pool," *Science* 300.5625 (June 6, 2003): 1484.

14. 나일즈 엘드레지와 고 스티븐 제이 굴드는 1972년에 이 이론을 제기했다(N. Eldredge and S. J. Gould, "Punctuated Equilibria: An Alternative to Phyletic Gradualism," in T. J. M. Schopf, ed., *Models in Paleobiology* [San Francisco: Freeman, Cooper], pp. 82-115). 이론은 고생물학자와 진화생물학자 사이에 뜨거운 논란을 불러일으켰다. 점차 받아들여지고 있지만 아직 논란이 가신 것은 아니다. 이론에 따르면, 수백만 년 동안 생물종들이 비교적 안정된 상태로 존재한 기간이 있었다. 이 정체기 뒤에는 갑작스러운 폭발기가 왔는데, 새로운 종들이 탄생하고 오래된 종들이 멸종했다(엘리자베스 브르바는 이것을 "전환의 맥박"이라 부른다). 생태계 전체를 아우른 사건이었고, 직접적으로 관련이 없는 종들에게까지 영향을 미쳤다. 엘드레지와 굴드가 제안한 패턴은 새로운 시각을 연 것이다. "보이지 않는다는 사실만큼 시야를 제약하는 편견도 달리 없다. 정체기는, 진화의 부재로 해석됨으로써, 한번도 연구 대상으로 취급된 적이

없다. 그러나 모든 고생물학적 현상을 통틀어 가장 흔한 현상이 흥미나 주목의 대상조차 되지 못했다는 사실은 얼마나 이상한 것인가!" S. J. Gould and N. Eldredge, "Punctuated Equilibrium Comes of Age," *Nature* 366 (November 18, 1993): 223-27.

다음도 참고하라. K.Sneppen et al., "Evolution As a Self-Organized Critical Phenomenon," *Proceedings of the National Academy of Sciences* 92.11(May 23, 1995): 5209-13 ; Elisabeth S. Vrba, "Environment and Evolution: Alternative Causes of the Temporal Distribution of Evolutionary Events," *South African Journal of Science* 81(1985): 229-36.

15. 6장에서 논하겠지만, 우주의 먼 부분으로 정보를 급속히 전달하는 데 있어 광속이 불변의 한계가 아니라면, 지능과 연산은 기하급수적 팽창을 지속하여 전 우주의 물질과 에너지를 연산에 활용하게 만들 수 있을 것이다.

16. 생물학적 진화는 앞으로도 여전히 인간에게 유의미할 것이다. 암이나 바이러스 같은 질병 과정이 인간을 습격하기 위해 진화를 활용할 것이기 때문이다(가령 암세포와 바이러스는 각기 화학요법 약제와 항바이러스제에 대응하기 위해 진화를 통해 능력을 키워간다). 하지만 우리는 우리의 지능을 동원하여 생물학적 진화의 지능을 넘어설 수 있다. 충분히 근본적인 수준에서 질병 과정을 공격하고, 다양하게 교차하는(서로 독립적인) 기법들을 동시에 적용하는 '혼합형' 접근법을 취함으로써 가능할 것이다.

17. Andrew Odlyzko, "Internet Pricing and the History of Communications," AT&T Labs Research, revised version February 8, 2001, http://www.dtc. umn.edu/~odlyzko/doc/history.communications1b.pdf.

18. Cellular Telecommunications and Internet Association, Semi-Annual Wireless Industry Survey, June 2004, http://www.ctia.org/research_statistics/index.cfm/AID/10030.

19. 전기, 전화, 라디오, 텔레비전, 휴대폰: FCC, www.fcc.gov/Bureaus/Common_Carrier/Notices/2000/fc00057a.xls. 가정용 컴퓨터와 인터넷 사용: Eric C. Newburger, U.S. Census Bureau, "Home Computers and Internet Use in the United States: August 2000" (September 2001), http://www.census. gov/prod/2001pubs/p23-207.pdf. 다음도 참고하라. "The Millennium Notebook," *Newsweek*, April 13, 1998, p. 14.

20. 패러다임 전환 속도는 새로운 통신 기술의 적용에 걸리는 시간으로 측정되는데, 현재 매 9년마다 배가되고 있다(즉 미국 인구 4분의 1이 대중적으로 수용하는 데 걸리는 시간이 반으로 줄고 있다). 주 21을 참고하라.

21. 이 장에 나온 '발명품의 대량 보급' 그래프를 보면 미국 인구의 25퍼센트가 혁신을 수용하는 데 걸리는 시간은 지난 130년간 지속적으로 감소하였다. 전화의 경우 35년이 걸렸으나 라디오는 31년이 걸렸다. 11퍼센트 감소한 셈이고, 두 혁신의 시간차인 21년 동안 매년 0.58퍼센트씩 감소한 셈이다. 라디오와 텔레비전 사이에는 혁신 도입 시간이 매년 0.60퍼센트씩 떨어졌고, 텔레비전과 PC 사이는 매년 1.0퍼센트, PC와 휴대폰 사이는 매년 2.6퍼센트씩, 휴대폰과

월드 와이드 웹 사이는 매년 7.4퍼센트씩 줄어들었다. 라디오는 1897년에 도입되기 시작하여 완전히 대중화되는 데 31년이 걸린 반면, 웹은 1991년 도입 후 7년 만에 대중화되었다. 94년간 77퍼센트의 시간 단축이 있었던 셈이니 매년 도입 시간이 평균 1.6퍼센트씩 떨어진 것이다. 이 추세를 20세기 전체로 계산해보면 한 세기에 혁신 도입 시간이 전반적으로 79퍼센트 줄어든 셈이다. 그러니 패러다임 전환 속도는 약 9년마다 배가되었다(즉 도입 시기가 50퍼센트 줄어들었다). 21세기 전체에 걸쳐 속도 배가가 11번 일어난다고 하면 결국 2^{11}배 늘어나는 셈이 되므로, 2000년 속도의 약 2,000배가 되는 것이다. 실제 속도 증가는 이보다도 클 것이다. 20세기 내내 그랬던 것처럼 현재 속도도 끊임없이 증가할 것이기 때문이다.

22. 1967-1999년의 인텔 데이터는 다음을 참고하라. Gordon E. Moore, "Our Revolution," http://www.sia-online.org/downloads/Moore.pdf. 세계반도체기술로드맵의 2000~2016 자료와 2002년, 2004년 업데이트는 다음을 참고하라. http://public.itrs.net/Files/2002Update/2002Update.pdf, http://www.itrs.net/Common/2004Update/2004_00_Overview.pdf.

23. 세계반도체기술로드맵(ITRS)이 측정한 DRAM 비용은 생산 당시 비트당 비용(포장비까지 마이크로센트 단위로 계산)이다. 1971~2000년 자료: VLSI Research Inc. 2001~2002년 자료: ITRS, 2002 Update, Table 7a, Cost-Near-Term Years, p. 172. 2003~2018년 자료: ITRS, 2004 Update, Tables 7a and 7b, Cost-Near-Term Years, pp. 20-21.

24. Intel and Dataquest reports (December 2002), Gordon E. Moore, "Our Revolution," http://www.sia-online.org/downloads/Moore.pdf.

25. Randall Goodall, D. Fandel, and H. Huffet, "Long-Term Productivity Mechanisms of the Semiconductor Industry," Ninth International Symposium on Silicon Materials Science and Technology, May 12-17, 2002, Philadelphia, sponsored by the Electrochemical Society (ECS) and International Sematech.

26. 1976~1999년 자료: E. R. Berndt, E. R. Dulberger, and N. J. Rapparport, "Price and Quality of Desktop and Mobile Personal Computers: A Quarter Century of History," July 17, 2000, http://www.nber.org/~confer/2000/si2000/berndt.pdf. 2001~2016년 자료: ITRS, 2002 Update, On-Chip Local Clock in Table 4c: Performance and Package Chips: Frequency On-Chip Wiring Levels - Near-Term Years, p. 167.

27. 클럭 속도(사이클 타임)는 주 26, 트랜지스터당 비용은 주 24 참고.

28. 마이크로프로세서에 들어가는 인텔 트랜지스터에 대해 다음 참고. *Microprocessor Quick Reference Guide*, Intel Research, http://www.intel.com/pressroom/kits/quickrefyr.htm. 다음도 참고하라. Silicon Research Areas, Intel Research, http://www.intel.com/research/silicon/mooreslaw.htm.

29. 인텔 사의 데이터. 다음도 참고하라. Gordon Moore, "No Exponential Is

Forever⋯ but We Can Delay 'Forever,'" presented at the International Solid State Circuits Conference (ISSCC), February 10, 2003, ftp://download. intel.com/research/silicon/Gordon_Moore_ISSCC_021003.pdf.

30. Steve Cullen, "Semiconductor Industry Outlook," InStat/MDR, report no. IN0401550SI, April 2004, http://www.instat.com/abstract.asp?id=68&SKU=IN0401550SI.

31. World Semiconductor Trade Statistics, http://wsts.www5.kcom.at.

32. Bureau of Economic Analysis, U.S. Department of Commerce, http://www. bea. gov/bea/dn/home/gdp.htm.

33. 주 22-24, 26-30 참고.

34. International Technology Roadmap for Semiconductors, 2002 update, International Sematech.

35. "25 Years of Computer History," http://www.compros.com/timeline. html; Linley Gwennap, "Birth of a Chip," BYTE (December 1996), http://www.byte.com/art/9612/sec6/art2.htm; "The CDC 6000 Series Computer," http://www.moorecad.com/standardpascal/cdc6400.html; "A Chronology of Computer History," http://www.cyberstreet.com/hcs/museum/chron.htm; Mark Brader, "A Chronology of Digital Computing Machines (to 1952)," http://www.davros.org/misc/chronology.html; Karl Kempf, "Electronic Computers Within the Ordnance Corps," November 1961, http://ftp.arl.mil/~mike/comphist/61ordnance/index.html; Ken Polsson, "Chronology of Personal Computers," http://www.islandnet. com/~kpolsson/comphist; "The History of Computing at Los Alamos," http://bang.lanl.gov/video/sunedu/computer/comphist.html (requires password); the Machine Room, http://www.machine-room.org; Mind Machine Web Museum, http://www.userwww.sfsu.edu/~hl/mmm.html; Hans Moravec, computer data, http://www.frc.ri.cmu.edu/~hpm/book97/ch3/processor.list; "PC Magazine Online: Fifteen Years of PC Magazine," http://www.pcmag.com/article2/0,1759,23390,00.asp; Stan Augarten, *Bit by Bit: An Illustrated History of Computers* (New York: Ticknor and Fields, 1984); International Association of Electrical and Electronics Engineers (IEEE), *Annals of the History of the Computer* 9.2 (1987): 150-53 and 16.3 (1994): 20; Hans Moravec, *Mind Children: The Future of Robot and Human Intelligence* (Cambridge, Mass.: Harvard University Press, 1988); René Moreau, *The Computer Comes of Age* (Cambridge, Mass.: MIT Press, 1984).

36. 이 장에 나온 그래프들에는 '로그 함수'라고 적혀 있지만 기술적으로 말하면 반로그 함수다. 한 축(시간)은 선형 눈금이고 다른 축만 로그 눈금이기 때문이다. 어쨌든 간단하게 '로그 함수'라고 부르겠다.

37. 부록 〈다시 보는 수확 가속의 법칙〉을 참고하라. 단위 비용당 MIPS 같은 연산

력의 기하급수적 증가에는 왜 두 가지 수준이 있는지(시간에 따른 기하급수적 증가가 있으며, 성장의 지수 자체가 또 시간에 따라 기하급수적으로 증가하는 것이다) 수학적으로 유도해보았다.

38. Hans Moravec, "When Will Computer Hardware Match the Human Brain?" *Journal of Evolution and Technology* 1 (1998), http://www.jet-press.org/volume1/moravec.pdf.

39. 앞의 주 35 참고.

40. 천 달러로 최초의 MIPS를 달성하는 데는 1900년에서 1990년까지 90년이 걸렸다. 현재는 400일마다 천 달러당 MIPS 한 단위씩을 늘려가고 있다. 현재의 가격 대 성능비는 천 달러당 약 2,000MIPS이므로, 이는 하루마다 5MIPS, 5시간마다 1MIPS씩 늘고 있는 셈이다.

41. "IBM Details Blue Gene Supercomputer," *CNET News*, May 8, 2003, http://news.com.com/2100-1008_3-1000421.html.

42. Alfred North Whitehead, *An Introduction to Mathematics* (London: Williams and Norgate, 1911). 화이트헤드가 버트런드 러셀과 함께 통찰력 있는 3권짜리 책《프린키피아 마테마티카》를 쓰던 때에 동시에 쓴 책이다.

43. 처음에는 15년이 걸릴 것으로 예상되었지만, "인간 게놈 프로젝트는 목표보다 2년 반이나 앞당겨 완성되었으며, 1991 달러 기준으로 27억 달러가 소요되었는데, 이 역시 애초의 예산 예측보다 상당히 덜 든 것이었다." http://www.ornl.gov/sci/techresources/Human_Genome/project/50yr/press4_2003.shtml.

44. Human Genome Project Information, http://www.ornl.gov/sci/techre-sources/Human_Genome/project/privatesector.shtml; Stanford Genome Technology Center, http://sequence-www.stanford.edu/group/tech-dev/auto.html; National Human Genome Research Institute, http://www.genome.gov; Tabitha Powledge, "How Many Genomes Are Enough?" *Scientist*, November 17, 2003, http://www.biomedcentral.com/news/20031117/07.

45. National Center for Biotechnology Information, "GenBank Statistics," revised May 4, 2004, http://www.ncbi.nlm.nih.gov/Genbank/genbankstats.html.

46. 급성중증호흡기증후군(SARS)은 바이러스의 존재가 확인된 지 31일 만에 브리티시 컬럼비아 암 관리청과 미국 질병 통제 센터에 의해 유전자 서열이 모두 해독되었다. 두 기관의 서열 해독 결과는 전체 2만9천 개 염기쌍 중에서 고작 10개가 달랐을 뿐이다. SARS는 코로나바이러스의 변종으로 파악되었다. 질병 통제 센터의 소장인 줄리 거버딩 박사는 이 빠른 서열 분석이 "우리 역사에 유례가 없는 과학적 성취"라고 했다. K. Philipkoski, "SARS Gene Sequence Unveiled," *Wired News*, April 15, 2003, http://www.wired.com/news/medtech/0,1286,58481,00.html?tw=wn_story_related.
반면 HIV 바이러스 서열 분석은 1980년에 시작되었는데, HIV 1과 HIV 2

가 완전히 해독된 것은 각기 2003년과 2002년이었다. National Center for Biotechnology Information, http://www.ncbi.nlm.nih.gov/genomes/framik.cgi?db=genome&gi=12171; HIV Sequence Database maintained by the Los Alamos National Laboratory, http://www.hiv.lanl.gov/content/hiv-db/HTML/outline.html.

47. Mark Brader, "A Chronology of Digital Computing Machines (to 1952)," http://www.davros.org/misc/chronology.html; Richard E. Matick, *Computer Storage Systems and Technology* (New York: John Wiley and Sons, 1977); University of Cambridge Computer Laboratory, EDSAC99, http://www.cl.cam.ac.uk/UoCCL/misc/EDSAC99/statistics.html; Mary Bellis, "Inventors of the Modern Computer: The History of the UNIVAC Computer-J. Presper Eckert and John Mauchly," http://inventors.about.com/library/weekly/aa062398.htm; "Initial Date of Operation of Computing Systems in the USA (1950-1958)," compiled from 1968 OECD date, http://members.iinet.net.au/~dgreen/timeline.html; Douglas Jones, "Frequently Asked Questions about the DEC PDP-8 computer," ftp://rtfm.mit.edu/pub/usenet/alt.sys.pdp9/PDP-8_Frequently_Asked_Questions_%28posted_every_other_month%29; *Programmed Data Processor-1 Handbook*, Digital Equipment Corporation (1960-1963), http://www.dbit.com/~greeng3/pdp1/pdp1. html#INTRODUC-TION; John Walker, "Typical UNIVAC® 1108 Prices: 1968," http://www.fourmilab.ch/documents/univac/config1108.html; Jack Harper, "LISP 1.5 for the Univac 1100 Mainframe," http://www.frobenius.com/univac.htm; Wikipedia, "Data General Nova," http://www.answers.com/topic/data-general-nova; Darren Brewer, "Chronology of Personal Computers 1972-1974," http://uk.geocities.com/magoos_universe/comp1972.htm; www.pricewatch.com; http://www.jc-news.com/parse.cgi?news/pricewatch/raw/pw-010702; http://www.jc-news.com/parse.cgi?news/pricewatch/raw/pw-020624; http://www.pricewatch.com (11/17/04); http://sharkyex-treme.com/guides/WMPG/article.php/10706_2227191_2; Byte advertise-ments, September 1975-March 1998; PC Computing advertisements, March 1977-April 2000.

48. Seagate, "Products," http://www.seagate.com/cda/products/discsales/index; *Byte* advertisements, 1977-1998; *PC Computing* advertisements, March 1999; Editors of Time-Life Books, *Understanding Computers: Memory and Storage*, rev. ed. (New York: Warner Books, 1990); "Historical Notes about the Cost of Hard Drive Storage Space," http://www.alts.net/ns1625/winchest.html; "IBM 305 RAMAC Computer with Disk Drive," http://www.cedmagic.com/history/ibm-305-ramac.html; John C. McCallum, "Disk Drive Prices (1955-2004)," http://www.jcmit.com/disk-

price.htm.

49. James DeRose, *The Wireless Data Handbook* (St. Johnsbury, Vt.: Quantum, 1996); First Mile Wireless, http://www.firstmilewireless.com/; J. B. Miles, "Wireless LANs," *Government Computer News* 18.28 (April 30, 1999), http://www.gcn.com/vol18_no28/guide/514-1.html; *Wireless Week* (April 14, 1997), http://www.wirelessweek.com/toc/4%2F14%2F1997; Office of Technology Assessment, "Wireless Technologies and the National Information Infrastructure," September 1995, http://infoventures.com/emf/federal/ota/ota95-tc.html; Signal Lake, "Broadband Wireless Network Economics Update," January 14, 2003, http://www.signallake.com/publications/broadbandupdate.pdf; BridgeWave Communications communication, http://www.bridgewave.com/050604.htm.

50. Internet Software Consortium (http://www.isc.org), ISC Domain Survey: Number of Internet Hosts, http://www.isc.org/ds/host-count-history.html.

51. 위의 자료.

52. 미국의 인터넷 백본 평균 트래픽은 매년 12월에 그해의 트래픽 추정치로 발표된다. A. M. Odlyzko, "Internet Traffic Growth: Sources and Implications," *Optical Transmission Systems and Equipment for WDM Networking II*, B. B. Dingel, W. Weiershausen, A. K. Dutta, and K.-I. Sato, eds., *Proc. SPIE* (The International Society for Optical Engineering) 5247 (2003): 1-15, http://www.dtc.umn.edu/~odlyzko/doc/oft.internet.growth.pdf; data for 2003-2004 values: e-mail correspondence with A. M. Odlyzko.

53. Dave Kristula, "The History of the Internet" (March 1997, update August 2001), http://www.davesite.com/webstation/net-history.shtml; Robert Zakon, "Hobbes' Internet Timeline v8.0," http://www.zakon.org/robert/internet/timeline; *Converge Network Digest*, December 5, 2002, http://www.convergedigest.com/Daily/daily.asp?vn=v9n229&fecha=December%2005,%202002; V. Cerf, "Cerf's Up," 2004, http://global.mci.com/de/resources/cerfs_up/.

54. H. C. Nathanson et al., "The Resonant Gate Transistor," *IEEE Transactions on Electron Devices* 14.3 (March 1967): 117-33; Larry J. Hornbeck, "128×128 Deformable Mirror Device," *IEEE Transactions on Electron Devices* 30.5 (April 1983): 539-43; J. Storrs Hall, "Nanocomputers and Reversible Logic," *Nanotechnology* 5 (July 1994): 157-67; V. V. Aristov et al., "A New Approach to Fabrication of Nanostructures," *Nanotechnology* 6 (April 1995): 35-39; C. Montemagno et al., "Constructing Biological Motor Powered Nanomechanical Devices," *Nanotechnology* 10 (1999): 225-31, http://www.foresight.org/Conferences/MNT6/Papers/Montemagno/; Celeste Biever, "Tiny 'Elevator' Most Complex

Nanomachine Yet," *NewScientist.com News Service*, March 18, 2004, http://www.newscientist.com/article.ns?id=dn4794.

55. ETC Group, "From Genomes to Atoms: The Big Down," p. 39, http://www.etcgroup.org/documents/TheBigDown.pdf.

56. 위의 책, 41쪽.

57. 게놈의 정보량을 정확히 밝히는 것은 불가능한 일이지만, 하도 반복적인 부분이 많기 때문에 실제 정보량은 압축하지 않은 데이터량보다 적을 것이라고는 분명히 말할 수 있다. 게놈의 압축 정보량을 추산하는 두 가지 방법을 아래에 소개할 텐데, 어떤 식으로 계산하든 약 3천만 바이트에서 1억 바이트 사이라고 보면 비교적 많이 잡는 편임을 알 수 있다.

1. 압축하지 않은 데이터를 보자. 인간의 유전 암호에는 모두 30억 개의 DNA 사다리 발판이 있다. 각 발판은 2비트를 암호화하므로(DNA 염기쌍이 택할 수 있는 선택지가 4가지이기 때문이다) 전체 게놈의 정보량은 8억 바이트라 할 수 있다. 유전 암호를 갖지 않은 DNA는 "쓰레기 DNA"라고 불리기도 했는데, 최근에는 이들 역시 유전자 발현에서 중요한 역할을 맡는 것으로 드러났다. 어쨌든 암호화 방식은 매우 비효율적인 편이다. 우선 너무 중복이 많아서(가령 "ALU"라 불리는 염기 서열은 수만 번이나 반복 등장한다) 통상의 압축 알고리즘만 적용해도 꽤 규모를 줄일 수 있다.

최근 유전 정보 은행의 정보량이 폭발적으로 성장하면서, 유전 암호를 압축하는 데에 대해서도 관심이 높아지고 있다. 유전 암호에 통상의 압축 알고리즘을 적용해본 연구에 따르면 정보량의 90퍼센트까지 줄이는 것도 가능하다고 한다(무손실 압축으로 말이다). Hisahiko Sato et al., "DNA Data Compression in the Post Genome Era," *Genome Informatics* 12 (2001): 512-14, http://www.jsbi.org/journal/GIW01/GIW01P130.pdf.

따라서 정보를 하나도 잃지 않고도(압축하지 않은 게놈의 8억 바이트를 모조리 완벽하게 복구할 수 있다는 뜻이다) 게놈의 정보를 8천만 바이트까지 압축할 수 있는 셈이다.

그런데 게놈의 98퍼센트는 단백질을 암호화한 부분이 아니라는 것을 명심하자. 통상의 압축 기법을 적용하고 나서도(중복 부분을 제거하고 흔한 배열에 대해 사전식 찾아보기 기법을 적용하는 등) 암호를 담지 않은 부분의 알고리즘 정보량은 매우 낮은 편이다. 그 말인즉 똑같은 기능을 더 적은 양의 비트로 수행하도록 새 알고리즘을 짜서 대체할 수 있다는 뜻이다. 하지만 우리는 이제 막 게놈 역분석 과정에 발을 들여놓았으므로 이처럼 기능적으로 동등한 대체 알고리즘을 사용하여 얼마나 더 압축을 할 수 있는지 정확히 말할 수 없다. 따라서 그냥 게놈의 압축 정보량은 3천만 바이트에서 1억 바이트 사이라고 높게 잡도록 하자. 이 범위의 최대값은 알고리즘 단순화는 하나도 하지 않고 단지 기본적인 데이터 압축만 했을 때의 양이다.

이 정보 중에서도 뇌 설계를 지시하는 부분은 일부에 불과하다(많은 부분을 차지하는 편이긴 하지만 말이다).

2. 두 번째 계산 방법은 다음과 같다. 인간 게놈에는 30억 개가량의 염기쌍이

있지만 그중에서 단백질을 암호화하는 것은 일부에 불과하다. 현재의 예상으로는 단백질에 관련된 유전자는 26,000개라고 한다. 하나의 유전자당 유용한 정보의 양이 3,000개 염기쌍이라고 평균적으로 가정하면, 약 7,800만 염기쌍이 된다. DNA 염기쌍 하나는 2비트이므로 이는 2천만 바이트(7,800만 염기쌍을 4로 나눈 것이다)가 된다. 유전자가 단백질을 합성할 때, 세 개의 DNA 염기쌍으로 이루어진 하나의 "단어"(코돈)가 하나의 아미노산을 지정한다. 그러므로 가능한 코돈 암호의 수는 4^3(64)개가 되고, 그 각각이 세 개의 DNA 염기쌍으로 이루어진 것이다. 그런데 64개의 경우의 수가 있지만 지적을 받는 아미노산의 개수는 20개에 불과하고, 하나의 종결 코돈(빈 아미노산)이 더 있을 뿐이다. 즉 나머지 43개 코돈들은 21개 유용한 코돈들의 동의어에 불과하다. 64가지 조합의 암호 각각에 대해서 6비트씩이 필요하지만, 21가지 가능성을 암호화하는 데는 4.4($\log_2$ 21)비트만 있으면 되기 때문에 6비트에서 1.6 정도 덜어지는 셈이다(27퍼센트가 줄어들었다). 전체 양은 1,500만 바이트로 줄어든다. 게다가 여기에 대해 또 통상의 압축 기법을 적용할 수도 있다. 중복 부분이 많은 이른바 쓰레기 DNA 부분보다 단백질 합성을 지시하는 DNA 부분의 압축률은 무척 낮겠지만 말이다. 어쨌든 그렇게 보면 아마 수치는 1,200만 바이트 아래로 떨어질 것이다. 그런데, 여기에 암호를 갖고 있진 않지만 유전자 발현을 통제하는 DNA 영역의 정보량을 더해야 한다. 게놈의 대부분이 사실 이런 형태의 DNA로 이루어져 있지만, 정보량 수준이 매우 낮고 중복이 많다는 점을 기억해야 한다. 단백질 암호화에 관련된 DNA의 정보량 1,200만 바이트와 얼추 비슷한 양이라 가정하면, 전체는 2,400만 바이트쯤 된다. 이렇게 보더라도 3천만 바이트에서 1억 바이트의 양이란 매우 높은 편임을 알 수 있다.

58. 연속적인 값은 부동소수점 기법으로 얼마든지 정확하게 표현할 수 있다. 부동소수점 표현은 두 가지 비트의 배열로 나타내어진다. 첫 번째 배열은 "지수" 부분으로서 2의 제곱수를 나타내고, "밑" 배열은 1의 분수로 표현된다. 밑에 해당하는 비트의 수를 늘임으로써 얼마든지 원하는 수를 표현할 수 있다.

59. Stephen Wolfram, *A New Kind of Science* (Champaign, Ill.: Wolfram Media, 2002).

60. 디지털 물리 이론에 관한 초기 작업에 관해서는 다음을 참고하라. Frederick W. Kantor, *Information Mechanics* (New York: John Wiley and Sons, 1977). 칸토르의 논문에 대한 링크들은 다음에서 찾아볼 수 있다. http://w3.execnet.com/kantor/pm00.htm (1997); http://w3.execnet.com/kantor/1b2p.htm (1989); http://w3.execnet.com/kantor/ipoim.htm (1982). http://www.kx.com/listbox/k/msg05621.html.

61. Konrad Zuse, "Rechnender Raum," *Elektronische Datenverabeitung*, 1967, vol. 8, pp. 336-44. 세포 자동자 기반 우주론에 대한 그의 책은 2년 뒤에 출간되었다. Konrad Zuse, *Schriften zur Datenverarbeitung* (Braunschweig, Germany: Friedrich Vieweg & Sohn, 1969). 영어 번역본: *Calculating Space*, MIT Technical Translation AZT-70-164-GEMIT, February 1970. MIT Project MAC, Cambridge, MA 02139.PDF.

62. Edward Fredkin quoted in Robert Wright, "Did the Universe Just Happen?" *Atlantic Monthly*, April 1988, 29-44, http://digitalphysics.org/Publications/Wri88a/html.

63. 위의 글.

64. 프레드킨의 연구 결과는 대부분 연산에 대한 모델을 연구하다가 도출된 것인데, 물리학의 여러 근본 원칙들에 대해서 직접적으로 사고하는 내용이다. 다음 고전적 논문을 참고하라. Edward Fredkin and Tommaso Toffoli, "Conservative Logic," *International Journal of Theoretical Physics* 21.3-4 (1982): 219-53, http://www.digitalphilosophy.org/download_documents/ConservativeLogic.pdf. 프레드킨과 비슷한 분석 작업을 수행하여 연산 물리학에 대해 탐구한 연구로 다음도 참고하라. Norman Margolus, "Physics and Computation," Ph.D. thesis, MIT/LCS/TR-415, MIT Laboratory for Computer Science, 1988.

65. 나는 1990년작 《지적 기계의 시대》에서 노버트 위너와 에드워드 프레드킨이 파악한 식의 정보를 모든 물리학 및 실재 세계의 근본 구성 단위로 볼 수 있지 않겠냐는 제안을 했다.

복잡하기 그지없는 물리학의 속성들을 모조리 연산적 변환 활동으로서 설명해낸다는 것은 실로 가공할 만한 작업이 아닐 수 없다. 하지만 프레드킨은 끊임없이 이런 노력을 해왔다. 울프럼도 지난 10년에 걸친 연구 중에 이 방면에 대한 고찰을 그치지 않았는데, 비슷한 개념을 추구하는 다른 물리학자들과는 별 교유 없이 진행한 듯하다. 울프럼이 밝히는 목표는 "궁극의 특정 물리 모델을 만들어내는" 게 아니다. 〈물리학자들을 위한 메모〉라는 글을 보면 그의 목표는 (사실 뒤지지 않게 야심찬 도전이다) "그런 궁극의 모델이 가지게 될 속성들은 무엇인지" 알아보고자 하는 것이다(*A New Kind of Science*, pp. 1043-65, http://www.wolframscience.com/nksonline/page-1043c-text).

《지적 기계의 시대》에서 나는 "현실의 궁극적 속성은 아날로그적인지 디지털적인지" 묻고 "자연적이든 인공적이든 모든 과정들을 깊이 들여다볼수록 과정의 속성이 아날로그적 정보 표현과 디지털적 정보 표현 사이를 오간다는 것을 알 수 있다"고 말했다. 한 예로 나는 소리를 들었다. 우리 뇌에서 음악은 달팽이관의 뉴런들이 디지털식으로 점화함으로써 표현된다. 서로 다른 주파수 영역을 표현하는 정보들로 구성된 것이다. 그런데 공기나 스피커로 연결되는 선 안에서는 소리가 아날로그적 현상으로 존재한다. 컴팩트 디스크에 담긴 소리는 디지털적 표현이며, 디지털 회로로 해독된다. 하지만 디지털 회로 자체는 역치를 가진 트랜지스터들로 이루어져 있는데, 트랜지스터는 사실 아날로그 증폭기라 할 수 있다. 트랜지스터는 개개 전자를 조작하는데, 전자의 개수가 중요하게 처리될 때 전자는 디지털적인 셈이지만, 더 깊은 수준으로 들어가면 전자는 아날로그적인 양자장 방정식을 따른다. 그보다도 더 깊은 수준으로 들어가서, 프레드킨과 울프럼은 그 연속 방정식의 기저에 또 다른 디지털(연산적) 구조가 있으리라고 생각하는 것이다.

누군가 디지털식 물리 이론을 구축하는 데 성공한다 해도, 우리는 곧 실제 그 연산과 세포 자동자의 활동을 움직이는 더 깊은 기제들이 있지 않을까 추적하고 나설 것이 분명하다. 어쩌면 우주를 움직이는 세포 자동자 체계 아래에는 더 기초적인 아날로그 현상이 있을지 모른다. 마치 트랜지스터처럼 역치가 있어서 디지털 작업을 수행하도록 해주는 것일지도 모른다. 따라서 물리학을 디지털식으로 서술하는 데 성공한다 해서 그것이 현실이 궁극적으로 디지털적인지 아날로그적인지 논하는 토론의 막을 내리는 것은 아니다. 그럼에도 불구하고, 연산 작업으로서 물리학을 설명하는 모델이 정말 완성된다면 그것은 대단한 업적일 것이다.

자, 그렇다면 어떻게 그런 모델을 만들 수 있을까? 디지털 물리학 모델이 가능하다는 증명을 하는 것이야 쉽다. 모든 연속 방정식은 이산적인 값 변화만 허용하는 이산 변환으로 얼마든지 정교하게 설명해낼 수 있기 때문이다. 사실 그것이 미적분학의 근본 정리이다. 하지만 이런 식으로 연속 공식들을 표현하면 문제가 복잡해질 수 있다. 그렇다면 "가능한 한 최고로 단순하게 하되, 지나치게 단순하게 하지 말라"고 했던 아인슈타인의 금언을 위배하는 셈이다. 그러므로 진짜 문제는 세포 자동자 알고리즘을 사용하면 기초적인 물리적 관계들을 훨씬 우아한 용어로 설명할 수 있느냐, 하는 것이 되어야 한다. 새로운 물리학이 넘어야 할 또 한 가지 과제는 확인 가능한 예측을 내놓을 수 있어야 한다는 것이다. 그런데 세포 자동자에 기반한 이론은 최소한 한 가지 면에서라도 불리한 입장이라고 볼 수 있다. 예측불가능성이야말로 세포 자동자의 근본 속성이기 때문이다.

올프럼은 우선 우주를 거대한 노드들의 망으로 묘사한다. 노드들은 "공간"에 존재하는 것이 아니다. 차라리 공간 자체가 노드들의 망으로 짜여진 부드러운 연속적 현상이고, 일종의 환영적 존재이다. 그런 망으로 "순진한"(뉴턴식) 물리학을 표현하는 것은 쉬운 일이다. 3차원 망의 입도를 원하는 만큼 굵거나 가늘게 설정하면 된다. 공간을 가로질러 움직이는 "입자"나 "파동" 같은 현상은 일종의 "세포간 활공기"로 생각하면 된다. 연산을 한 주기 한 주기 수행하며 망을 미끄러져 진행하는 패턴을 뜻하는 것이다. "라이프"라는 게임(세포 자동자 원리에 기반한 게임이다)을 해본 사람이라면 활공기라는 현상을 쉽게 떠올릴 수 있을 것이고, 세포 자동자 망에서 패턴들이 매끄럽게 움직이는 모양을 상상할 수 있을 것이다. 이때 빛의 속도는 우주적 컴퓨터의 클럭 속도인 셈이다. 활공기들은 한 연산 주기당 세포 하나씩만 질러갈 수 있기 때문이다.

중력을 공간의 섭동 자체로 이해하는, 그래서 우리가 눈으로 보는 3차원 공간에 보이지 않는 네 번째 차원이 있는 것이나 마찬가지라고 말하는 아인슈타인의 일반 상대성 이론도 쉽게 이 구조 속에 녹여낼 수 있다. 4차원의 망을 상정하고 마치 3차원 공간이 굽듯이 그 속 곡면이 존재하는 것이라고 생각하면 되는 것이다. 아니면 특정 영역의 망이 다른 부분보다 더 조밀하다거나 해서 곡면이 유발된다고 상상할 수도 있다.

세포 자동자 개념은 열역학 제2법칙이 내포하는 엔트로피(무질서) 증가 현상도 잘 설명해낸다. 우주의 기저에 있는 세포 자동자 규칙이 제4형 규칙(본문을 참고하라)이라고 가정하면 간단하다. 그러지 않고서야 우주는 진작 지루한 장소가 되었을 것이기 때문이다. 울프럼이 보여준 것은 제4형 세포 자동자는 재빨리 무작위성을 양산한다는 것인데(결정론적 과정으로 만들어졌음에도 불구하고), 이는 브라운 운동 같은 무작위적 과정이나 열역학 제2법칙이 의미하는 무질서 증가에 들어맞는다.

특수 상대성 이론은 좀 더 어렵다. 뉴턴 모델을 세포 망에 옮겨놓는 것은 쉬웠다. 하지만 뉴턴 모델은 특수 상대성 이론을 설명하지 못한다. 뉴턴식 우주에서, 기차가 시속 80마일로 달리고 있는데 관찰자가 그 옆에서 시속 60마일의 속도로 나란히 달린다면 관찰자의 눈에 기차는 시속 20마일의 속도로 앞질러 가는 것처럼 보일 것이다. 반면 특수 상대성 이론의 우주에서는 관찰자가 광속의 4분의 3 속도로 지구를 떠나 여행해도 빛은 여전히 광속으로 관찰자에게서 멀어지는 것으로 보일 것이다. 이 역설적인 상황을 설명하기 위해서는 두 관찰자의 크기와 주관적 시간 속도가 둘 사이의 상대 속도에 따라 달라질 필요가 있다. 따라서 공간과 노드가 고정된 것으로 생각했던 애초의 세포 자동자 우주 개념은 더 복잡해져야 한다. 아마 각 관찰자가 저만의 망을 갖고 있는 것으로 볼 수 있을 것이다. 우리가 뉴턴식 공간을 "뉴턴식" 망으로 바꾸었듯이 특수 상대성 이론을 포섭할 수 있을 것이다. 하지만 그렇게 표현하는 것이 좀 더 단순하게 되는 것인지는 확실치 않다.

현실을 세포 노드들로 표현하는 시각을 취하면 양자역학의 몇몇 현상들을 이해할 때 매우 유리하다. 양자적 현상에서 발견되는 무작위성을 잘 설명할 수 있기 때문이다. 가령 무작위적으로 불쑥불쑥 이루어지는 듯 보이는 입자-반입자 쌍 형성을 생각해보라. 그 무작위성은 제4형 세포 자동자가 드러내는 식의 무작위인지 모른다. 제4형 자동자의 행동은 미리 결정된 것임에도 불구하고 예측불가능하고(세포 자동자를 실제 수행해보는 수밖에 없다), 따라서 무작위적이라 말할 만하다.

물론 이것이 완전히 새로운 시각인 것은 아니다. 양자역학에 "숨겨진 변수들"이 있을지 모른다는 생각과 크게 다르지 않기 때문이다. 우리 눈에 무작위로 보이는 현상들이 알고 보면 모종의 변수들에 의거해 통제되고 있으리라는 시각과 사실상 같다 할 수 있다. 양자역학에 숨겨진 변수들이 있으리라는 개념은 양자역학 구조에 불일치하지 않는다. 그런데도 양자물리학자들은 별로 좋아하지 않는 개념이다. 무수한 가정들이 특정한 형태로 정렬되어야만 가능할 설명이기 때문이다. 그런데 나는 불편해 보인다고 해서 그 개념을 반박할 순 없다고 생각한다. 애초에 우리 우주의 존재 자체가 매우 있을 법하지 않은 사건이고, 무수한 가정들이 특정한 형태로 정렬되어야만 생기는 존재인 것이다. 그런데도 우리는 여기 존재하고 있지 않은가.

어쨌든 그보다 더 큰 질문은, 숨겨진 변수 이론을 어떻게 시험할 것인가 하는 문제다. 만약 우주가 세포 자동자 같은 과정에 기반하고 있는 것이라면, 숨겨진 변수들은 결정론적 과정을 따라 움직일 테지만 그 결과를 예측하기란 사실 불가능하다. 숨겨진 변수들을 "드러낼" 다른 방법이 필요하다.

울프럼의 망 우주 개념은 양자 얽힘이나 파동함수 붕괴 같은 현상들을 적절히 설명할 수 있을지도 모른다. 예를 들어, 입자의 모호한 속성(가령 위치)을 한 순간에 소급해서 결정해버리는 파동함수의 붕괴 현상이라면, 관측자가 관찰하는 현상과 세포 망에서 상호작용함으로써 빚어진 결과라고 해석할 수 있다. 관측자는 망 바깥에 있는 게 아니라 망 안에 있다. 세포 자동자의 운행 원칙은 두 개체가 상호작용하면 반드시 둘 다 변화한다는 것이다. 그러니 파동함수 붕괴 현상이 쉽게 설명될는지도 모른다.

울프럼은 이렇게 썼다. "우주가 하나의 망이라면 평범한 공간의 시각으로 보았을 때 무척 멀리 떨어진 입자들끼리도 서로 얽힌 모종의 끈 같은 걸 갖고 있을지 모른다." 그렇다면 서로 "양자 얽힘" 상태인 두 입자가 아주 멀리 떨어져서도 연결된 것처럼 행동한다는, 최근 밝혀진 비국소성 현상을 설명할 수 있을지 모른다. 아인슈타인은 이 현상을 "유령 같은 원격작용"이라 일컬으며 가능하지 않다 기각했지만, 최근의 실험 결과들을 보면 실제 존재하는 현상인 것으로 보인다.

세포 자동자 망 개념을 채택하면 더 잘 설명할 수 있는 현상들이 있고, 그저 그런 현상들도 있다. 개중 어떤 것들은 확실히 더 우아하게까지 보인다. 하지만 울프럼이 〈물리학자들을 위한 메모〉에서도 분명히 밝혔듯, 물리학 전체를 세포 자동자 체계에 기반하여 일관되게 설명한다는 것은 정말이지 어마어마한 과제가 아닐 수 없다.

울프럼은 이 논의를 철학으로도 확장시켰다. 그는 자유의지를 "설명"할 수 있다고 말한다. 즉 미리 정해져 있지만 예측불가능한 결정 행위가 바로 자유의지 현상이라는 것이다. 세포 자동자 과정은 실제로 돌려보기 전에는 그 결과를 예측할 길이 없고, 어떤 시뮬레이션을 동원해도 우주 자체보다 빨리 과정을 돌릴 길이 없으므로, 인간의 결정 행위를 예측하기란 불가능하다는 것이다. 우리가 내리는 결정의 결과는 이미 정해져 있지만 그게 실제 어떤 모양이 될지는 알 수 없는 것이다. 하지만 이것은 자유의지 개념을 만족스럽게 파헤친 것으로 보이지는 않는다. 세포 자동자의 예측불가능성이란 대다수의 물리 과정들, 가령 먼지가 땅에 떨어지는 과정 같은 것들을 잘 설명하는 것으로 보인다. 그렇다면 인간의 자유의지와 먼지의 무작위적인 하강 활동은 동등한 수준이 되는 셈이다. 사실 울프럼은 정말 그렇게 보고 있다. 그는 인간의 뇌에서 일어나는 과정들은 가령 유체의 교란 운동 과정들과 "연산적으로 볼 때 동등"하다고 말한다. 자연 현상들 중 일부(가령 구름, 해안선)는 세포 자동자와 프랙탈이라는 단순한 반복 과정을 통해 쉽게 설명해낼 수 있는 게 사실이다. 하지만 지적 패턴들(가령 인간의 뇌)은 진화 과정을 필요로 한다(달리 말하면 그런 과정의 결과를 역분석해야만 한다). 지능은 진화의 놀라운 산물이고, 내가 볼 때 온 우주에서 가장 강력한 "힘"이다. 아무 마음이 없는 자연적 힘들을 초월하게 될 궁극의 힘인 것이다.

요약하자면, 울프럼의 야심차고 방대한 논문은 매우 설득력 있는 그림을 그리기는 했으되, 다소 과장되어 있고 불완전하다. 물질과 에너지가 아니라 정보의 패턴이 현실을 이루는 가장 근본적인 단위라는 시각에 동의하는 연구자들이 갈수록 늘어가고 있는데, 울프럼도 그런 입장을 취한 셈이다. 울프럼 덕분에 우리는 어떻게 정보의 패턴으로부터 우리가 경험하는 세계가 도출될 수 있는지 잘 이해하게 되었다. 나는 울프럼과 동료 학자들의 공동 연구가 줄곧 이어져서 알고리즘이 우리 우주에서 차지하는 전능한 역할에 대한 시각이 좀 더 탄탄하게 구성되길 바라마지 않는다.

제4형 세포 자동자의 예측불가능성은 생물계의 복잡성 중 일부나마 설명하는 듯하다. 우리가 기술로 모방하고자 하는 생물학적 패러다임들 중 최소한 한 가지 이상은 설명해줄 것이 분명하다. 그러나 이것은 모든 생물학을 설명하지는 못한다. 그래도 이 기법으로 모든 물리학을 설명해낼 가능성 자체는 여전히 건재하다. 울프럼이든 다른 누구든 세포 자동자의 활동이나 패턴으로 모든 물리 현상을 해석해내는 데 성공한다면, 울프럼의 책은 영예를 누리게 될 것이다. 그리고 설령 그렇지 않더라도 울프럼의 책이 매우 중요한 형이상학 저서라는 사실은 변함이 없다.

66. 110번 규칙은 한 세포의 이전 색이 흰색이었고 양 옆 두 세포들은 모두 검은색이거나 모두 흰색이었을 경우, 혹은 이전 색이 흰색이었고 양 옆 두 세포들이 하나는 검은색 하나는 흰색이었을 경우에 그 세포가 흰색이 된다는 내용이다. 이외의 모든 경우에는 세포는 검은색이 된다.

67. Wolfram, *New Kind of Science*, p. 4, http://wolframscience.com/nkson-line/page-4-text.

68. 양자역학의 해석 중에는 세상이 결정론적 법칙들에 달려 있는 것이 아니며, 모든 물리적 실체를 양자적(작은) 수준에서 바라보면 매 상호작용이 본질적으로 양자적 무작위성을 갖는다는 시각도 있다.

69. 주 57에서 보았듯, 압축하지 않은 게놈의 정보량은 약 60억 비트다(약 10^{10}비트). 압축한 게놈은 3천만 바이트에서 1억 바이트 정도 된다. 설계 정보 중 뇌 이외의 장기들을 지시하는 것도 물론 있다. 설령 1억 바이트의 정보가 모두 뇌를 지시하는 것이라 할지라도, 게놈 속 뇌 설계 정보가 10^9비트라고 잡는 건 보수적으로 높게 잡는 것임에 분명하다. 3장에서 10^{18}비트에 달하는 성숙한 뇌의 '연결 패턴과 신경전달물질 농도'를 그대로 복사하여 '개개 개개뉴런의 연결 수준에서 인간의 기억'을 모방하는 것에 대해 말할 것이다. 이것은 뇌 설계를 지시하는 게놈의 정보량보다 약 십억(10^9)배 많은 양이 된다. 이렇게 정보량이 늘 수 있는 까닭은 개인이 환경과 상호작용하면서 자기조직하기 때문이다.

70. "Disdisorder" and "The Law of Increasing Entropy Versus the Growth of Order", *The Age of Spiritual Machines: When Computers Exceed Human Intelligence* (New York: Viking, 1999), pp. 30–33.

71. 범용 컴퓨터는 다른 컴퓨터의 정의를 입력으로 받아 그 컴퓨터를 모방하는 것이다. 물론 모방의 속도와는 관계 없는 것이라, 비교적 느릴 수도 있다.

72. C. Geoffrey Woods, "Crossing the Midline," *Science* 304.5676 (June 4, 2004): 1455–56; Stephen Matthews, "Early Programming of the Hypothalamo–Pituitary–Adrenal Axis," *Trends in Endocrinology and Metabolism* 13.9 (November 1, 2002): 373–80; Justin Crowley and Lawrence Katz, "Early Development of Ocular Dominance Columns," *Science* 290.5495 (November 17, 2000): 1321–24; Anna Penn et al.,

"Competition in the Retinogeniculate Patterning Driven by Spontaneous Activity," *Science* 279.5359 (March 27, 1998): 2108-12.

73. 튜링 기계의 7개 명령어는 다음과 같다: (1) 테이프를 읽는다 (2) 테이프를 왼쪽으로 보낸다 (3) 테이프를 오른쪽으로 보낸다 (4) 테이프에 0을 쓴다 (5) 테이프에 1을 쓴다 (6) 다른 명령어로 넘어간다 (7) 멈춘다.

74. 책에서 가장 인상적인 분석을 꼽으라면, 울프럼이 두 개의 상태와 다섯 가지 가능한 색깔들로 튜링 기계를 만들면 범용 튜링 기계로 기능할 수 있다고 보여준 대목이다. 지난 40년간 우리는 범용 튜링 기계는 이보다 훨씬 복잡해야 할 것이라 생각해왔다. 적절한 소프트웨어가 주어지면 110번 규칙도 범용 컴퓨터로 기능할 수 있다는 증명도 인상적이다. 물론 범용 연산 그 자체는 적절한 소프트웨어 없이는 유용한 작업들을 수행하지 못한다.

75. '노어' 게이트는 두 개의 입력을 하나의 출력으로 변환한다. A도 B도 참이 아닌 경우에만 '노어' 게이트의 출력이 참이 된다.

76. "A nor B: The Basis of Intelligence?", *The Age of Intelligent Machines* (Cambridge, Mass.: MIT Press, 1990), pp. 152-57, http://www.KurzweilAI.net/meme/frame.html?m=12.

77. United Nations Economic and Social Commission for Asia and the Pacific, "Regional Road Map Towards an Information Society in Asia and the Pacific," ST/ESCAP/2283, http://www.unescap.org/publications/detail.asp?id=771; Economic and Social Commission for Western Asia, "Regional Profile of the Information Society in Western Asia," October 8, 2003, http://www.escwa.org.lb/information/publications/ictd/docs/ictd-03-11-e.pdf; John Enger, "Asia in the Global Information Economy: The Rise of Region-States, The Role of Telecommunica-tions," presentation at the International Conference on Satellite and Cable Television in Chinese and Asian Regions, Communication Arts Research Institute, Fu Jen Catholic University, June 4-6, 1996.

78. "The 3 by 5 Initiative," Fact Sheet 274, December 2003, http://www.who.int/mediacentre/factsheets/2003/fs274/en/print.html.

79. 기술 투자는 1998년 벤처 자본 투자금액(101억 달러)의 76퍼센트를 차지했다 (PricewaterhouseCoopers news release, "Venture Capital Investments Rise 24 Percent and Set Record at $14.7 Billion, PricewaterhouseCoopers Finds," February 16, 1999). 1999년에는 기술 기반 회사들이 벤처 자본 투자금(320억 달러)의 90퍼센트를 매점했다(PricewaterhouseCoopers news release, "Venture Funding Explosion Continues: Annual and Quarterly Investment Records Smashed, According to PricewaterhouseCoopers Money Tree National Survey," February 14, 2000). 첨단 기술 불황기 때에는 확실히 벤처 자본 투자가 줄었지만, 2003년 2사분기만 해도 소프트웨어 회사들은 10억 달러에 가까운 투자를 끌어들였다(PricewaterhouseCoopers news release, "Venture Capital Investments Stabilize in Q2 2003," July 29, 2003). 1974년,

미국 전체 제조업 중에서 42개 회사가 총 2,640만 달러의 벤처 자본 지출을 누렸다(1974년 달러 기준이고, 1992년 달러 기준으로 환산하면 8,100만 달러다). Samuel Kortum and Josh Lerner, "Assessing the Contribution of Venture Capital to Innovation," *RAND Journal of Economics* 31.4 (Winter 2000): 674-92, http://econ.bu.edu/kortum/rje_Winter'00_Kortum.pdf. 폴 곰퍼스와 조쉬 레너는 이렇게 말한다. "벤처 자본 금융으로의 자금 유입은 1970년대 중반의 사실상 0으로부터 말도 못하게 확장되어 왔다." Gompers and Lerner, *The Venture Capital Cycle*, (Cambridge, Mass.: MIT Press, 1999). 다음도 참고하라. Paul Gompers, "Venture Capital," in B. Espen Eckbo, ed., *Handbook of Corporate Finance: Empirical Corporate Finance*, in the Handbooks in Finance series (Holland: Elsevier, 미출간), chapter 11, 2005, http://mba.tuck.dartmouth.edu/pages/faculty/espen.eckbo/PDFs/Handbookpdf/CH11-VentureCapital.pdf.

80. 어떻게 '새로운 경제' 기술들이 '오래된 경제' 산업에 중요한 변혁을 일으키는지에 대해서는 다음을 참고하라. Jonathan Rauch, "The New Old Economy: Oil, Computers, and the Reinvention of the Earth," *Atlantic Monthly*, January 3, 2001.

81. U.S. Department of Commerce, Bureau of Economic Analysis (http://www.bea.doc.gov), use the following site and select Table 1.1.6: http://www.bea.doc.gov/bea/dn/nipaweb/SelectTable.asp?Selected=N.

82. U.S. Department of Commerce, Bureau of Economic Analysis, http://www.bea.doc.gov. 1920~1999년 자료: Population Estimates Program, Population Division, U.S. Census Bureau, "Historical National Population Estimates: July 1, 1999 to July 1, 1999," http://www.census.gov/popest/archives/1990s/popclockest.txt; 2000~2004년 자료: http://www.census.gov/popest/states/tables/NST-EST2004-01.pdf.

83. "The Global Economy: From Recovery to Expansion," Results from *Global Economic Prospects 2005: Trade, Regionalism and Prosperity* (World Bank, 2004), http://globaloutlook.worldbank.org/globaloutlook/outside/globalgrowth.aspx; "World Bank: 2004 Economic Growth Lifts Millions from Poverty," *Voice of America News*, http://www.voanews.com/english/2004-11-17-voa41.cfm.

84. Mark Bils and Peter Klenow, "The Acceleration in Variety Growth," *American Economic Review* 91.2 (May 2001) 274-80, http://www.klenow.com/Acceleration.pdf.

85. 주 84, 86, 87 참고.

86. U.S. Department of Labor, Bureau of Labor Statistics, news report, June 3, 2004. http://www.bls.gov/bls/productivity.htm에서 생산성 보고서를 만들어볼 수 있다.

87. Bureau of Labor Statistics, Major Sector Multifactor Productivity Index,

Manufacturing Sector: Output per Hour All Persons (1996=100), http://data.bls.gov/PDQ/outside.jsp?survey=mp (Requires JavaScript: select "Manufacturing," "Output Per Hour All Persons," and starting year 1949), or http://data.bls.gov/cgi-bin/srgate (use series "MPU300001," "All Years," and Format 2).

88. George M. Scalise, Semiconductor Industry Association, in "Luncheon Address: The Industry Perspective on Semiconductors," *2004 Productivity and Cyclicality in Semiconductors: Trends, Implications, and Questions - Report of a Symposium (2004)* (National Academies Press, 2004), p. 40, http://www.nap.edu/openbook/0309092744/html/index.html.

89. 현재 스캔소프트(커즈와일 컴퓨터 회사의 후신)의 일부가 된 커즈와일 어플라이드 인텔리전스의 자료.

90. eMarketer, "E-Business in 2003: How the Internet Is Transforming Companies, Industries, and the Economy - a Review in Numbers," February 2003; "US B2C E-Commerce to Top $90 Billion in 2003," April 30, 2003, http://www.emarketer. com/Article.aspx?1002207; and "Worldwide B2B E-Commerce to Surpass $1 Trillion By Year's End," March 19, 2003, http://www.emarketer.com/Article.aspx?1002125.

91. 이 장에서 말하는 특허는 미국 특허상표청의 표현대로라면 '발명 특허' 즉 '실용' 특허이다. The U.S. Patent and Trademark Office, Table of Annual U.S. Patent Activity, http://www.uspto.gov/web/offices/ac/ido/oeip/taf/h_counts.htm.

92. 정보산업이 경제에서 차지하는 비중은 23년 만에 두 배가 되었다. U.S. Department of Commerce, Economics and Statistics Administration, "The Emerging Digital Economy," figure 2, http://www.technology.gov/digeconomy/emerging.htm.

93. 미국 인구의 일인당 교육 지출액은 23년간 두 배가 되었다. National Center for Education Statistics, Digest of Education Statistics, 2002, http://nces.ed.gov/pubs2003/digest02/tables/dt030/asp/

94. UN의 측정에 따르면 2000년의 전 세계 보통주 자본은 37조 달러였다. United Nations, "Global Finance Profile," *Report of the High-Level Panel of Financing for Development*, June 2001, http://www.un.org/reports/financing/profile. htm.
만약 미래 성장율에 대한 기대가 매년 2퍼센트 정도만 지금에서 더한 수준이었다 하고, 연간 할인율이 6퍼센트였다 하면, 20년간 그 성장세와 할인율로 나아갔을 경우 현재의 가치는 세 배가 되었을 것이다. 물론 이어지는 대화 내용이 지적해주듯, 이런 분석은 높아진 미래 성장에 대한 인식으로 할인율도 올라간다는 사실은 포함하지 않은 것이다.

3장 인간 뇌 수준의 연산 용량 만들기

1. Gordon E. Moore, "Cramming More Components onto Integrated Circuits," *Electronics* 38.8 (April 19, 1965): 114-17, ftp://download.intel. com/research/silicon/moorespaper.pdf.

2. 무어가 1965년 논문에서 발표한 최초 예측은 부품들의 수가 매년 배가하리라는 내용이었다. 1975년에 무어는 매 2년으로 예측을 수정한다. 하지만 실제로는 가격 대 성능비는 2년마다 배가하는 이상을 달성했다. 부품들의 크기가 작아지면 속도도 빨라지기 때문이다(내부 전자들이 움직여야 하는 거리가 짧아지므로). 따라서 전반적인 가격 대 성능비(한 트랜지스터 사이클의 비용당)는 매 13개월마다 반씩으로 줄어들었다.

3. Paolo Gargini quoted in Ann Steffora Mutschler, "Moore's Law Here to Stay," *ElectronicsWeekly.com*, July 14, 2004, http://www.electronicsweekly.co.uk/articles/article.asp?liArticleID=36829. 다음도 참고하라. Tom Krazit, "Intel Prepares for Next 20 Years of Chip Making," *Computerworld*, October 25, 2004, http://www.computerworld.com/hardware/story/0,10801,96917,00. html.

4. Michael Kanellos, "'High-rise' Chips Sneak on Market," *CNET News.com*, July 13, 2004, http://zdnet.com.com/2100-1103-5267738.html.

5. Benjamin Fulford, "Chipmakers Are Running Out of Room: The Answer Might Lie in 3-D," *Forbes.com*, July 22, 2002, http://www.forbes.com/forbes/2002/0722/173_ print.html.

6. NTT news release, "Three-Dimensional Nanofabrication Using Electron Beam Lithography," February 2, 2004, http://www.ntt.co.jp/news/news04e/0402/040202.html.

7. László Forró and Christian Schönenberger, "Carbon Nanotubes, Materials for the Future," *Europhysics News* 32.3 (2001), http://www.europhysicsnews. com/full/09/article3/article3.html. 다음도 참고하라. http://www. research.ibm.com/nanoscience/nanotubes.html.

8. Michael Bernstein, American Chemical Society news release, "High-Speed Nanotube Transistors Could Lead to Better Cell Phones, Faster Computers," April 27, 2004, http://www.eurekalert.org/pub_releases/2004-04/acs-nt042704.php.

9. 나는 나노튜브 기반 트랜지스터와 지지 회로 및 연결들의 규모는 대략 한 면이 10나노미터인 육면체, 즉 10^3 세제곱나노미터 정도이리라 생각한다(트랜지스터 자체는 이보다 작은 것이다). 이것은 보수적인 예측이다. 단일 벽 나노튜브의 지름은 1나노미터에 불과하기 때문이다. 1인치=2.54센티미터=2.54×10^7 나노미터다. 따라서 1인치짜리 육면체=$2.54^3 \times 10^{21}$=1.6×10^{22} 세제곱나노미터다. 한 면 1인치짜리 육면체는 1.6×10^{19} 개의 트랜지스터를 담을 수 있는 셈이다. 한 컴퓨터가 대략 10^7 개의 트랜지스터를 필요로 한다 하면(하나의 인간 개재뉴런 연결의 연산량보다 더 복잡한 기기이다), 10^{12} 개(10조)의 병렬 컴퓨터를 뒷받침

할 수 있는 셈이다.

초당 10^{12}회 연산을 수행할 수 있는 나노튜브 트랜지스터에 기반한 컴퓨터(버크의 예측에 따른 것이다)는 나노튜브 회로 1세제곱인치당 약 10^{24}cps의 속도를 낼 수 있다. Bernstein, "High-Speed Nanotube Transistors."

인간 뇌를 기능적으로 모방하는 데 10^{16}cps가 필요하다고 할 때(다음 장에서 말할 내용이다), 이 수준은 인간 뇌 1억 개(10^8)에 해당하는 것이다. 좀 더 큰 값으로 신경형 모방(모든 신경 요소들의 모든 비선형성을 모방하는 것이다, 역시 다음 장에서 설명하겠다)에 필요한 10^{19}cps를 가정한다 해도 1세제곱인치의 나노튜브 회로는 인간 뇌 만 개를 제공하는 셈이다.

10. "고작 4년 전에 우리는 나노튜브를 통한 전자의 이동을 측정하는 데 최초로 성공했다. 이제 우리는 분자 하나 수준의 기기로 무엇을 할 수 있고 없는지 논하는 수준이다. 다음 단계는 어떻게 이 요소들을 결합하여 복잡한 회로를 만드는지 알아내는 것이다." 다음 자료의 저자 중 한 명인 시즈 데커가 한 말이다. Henk W. Ch. Postma et al., "Carbon Nanotube Single-Electron Transistors at Room Temperature," *Science* 293.5227 (July 6, 2001): 76–129, described in the American Association for the Advancement of Science news release, "Nano-transistor Switches with Just One Electron May Be Ideal for Molecular Computers, *Science* Study Shows," http://www.eurekalert.org/pub_release/2001-07/aaft-nsw062901.php.

11. IBM 연구자들은 나노튜브 제조 문제를 풀어냈다. 탄소 검댕을 가열하여 튜브를 만들면, 트랜지스터에 적합한 반도체 튜브들 말고도 쓸모없는 금속 튜브들이 많이 생겨난다. 연구진은 두 가지 종류의 나노튜브들을 모두 회로에 포함시키고는 전기 펄스를 이용해 바람직하지 않은 것들을 떨어냈다. 원자 힘 현미경을 통해 바람직한 튜브들을 하나하나 골라내는 것보다는 훨씬 효율적인 기법이다. Mark K. Anderson, "Mega Steps Toward the Nanochip," *Wired News*, April 27, 2001, at http://www.wired.com/news/technology/0,1282,43324,00.html, referring to Philip G. Collins, Michael S. Arnold, and Phaedon Avouris, "Engineering Carbon Nanotubes and Nanotube Circuits Using Electrical Breakdown," *Science* 292.5517 (April 27, 2001): 706–9.

12. "원자 수준으로 들여다보면 마치 돌돌 말린 6각형 철망처럼 보이는 탄소 나노튜브는 사람 머리카락보다 수만 배 얇지만 놀랍도록 강하다." University of California at Berkeley press release, "Researchers Create First Ever Integrated Silicon Circuit with Nanotube Transistors," January 5, 2004, http://www.berkeley.edu/news/media/release/2004/01/05_nano.shtml, referring to Yu-Chih Tseng et al., "Monolithic Integration of Carbon Nanotube Devices with Silicon MOS Technology," *Nano Letters* 4.1 (2004): 123–27, http://pubs.acs.org/cgi-bin/sample.cgi/nalefd/2004/4/i01/pdf/nl0349707.pdf.

13. R. Colin Johnson, "IBM Nanotubes May Enable Molecular-Scale Chips,"

EETimes, April 26, 2001, http://eetimes.com/article/showArticle.jhtml?articleId =10807704.

14. Avi Aviram and Mark A. Ratner, "Molecular Rectifiers," *Chemical Physics Letters* (November 15, 1974): 277-83, referred to in Charles M. Lieber, "The Incredible Shrinking Circuit," *Scientific American* (September 2001), at http://www.sciam.com and http://www-mcg.uni-r.de/downloads/lieber.pdf. 아비람과 라트너가 묘사한 단분자 정류기는 어떤 방향으로도 전류를 통과시킬 수 있다.

15. Will Knight, "Single Atom Memory Device Stores Data," NewScientist.com, September 10, 2002, http://www.newscientist.com/news/news.jsp?id=ns99992775, referring to R. Bennewitz et al., "Atomic Scale Memory at a Silicon Surface," *Nanotechnology* 13 (July 4, 2002): 499-502.

16. 그들의 트랜지스터는 인화 인듐과 비소화 인듐 갈륨으로 만들어졌다. Univer sity of Illinois at Urbana-Champaign news release, "Illinois Researchers Create World's Fastest Transistor - Again," http://www.eurekalert.org/pub_ releases/2003-11/uoia-irc110703.php.

17. Michael R. Diehl et al., "Self-Assembled Deterministic Carbon Nanotube Wiring Networks," *Angewandte Chemie International Edition* 41.2 (2002): 353-56; C. P. Collier et al., "Electronically Configurable Molecular-Based Logic Gates," *Science* 285.5426 (July 1999): 391-94. http://www.its.caltech.edu/~heathgrp/papers/Paperfiles/2002/diehlangchemint.pdf and http://www.cs.duke.edu/~thl/papers/Heath.Switch.pdf.

18. 퍼듀 연구진이 설계한 '로제타 나노튜브'는 탄소, 질소, 수소, 산소를 포함한다. 이들은 내부는 소수성이고 외부는 친수성이라 자기조직력을 갖는다. 내부를 물에 적시지 않기 위해 스스로 나노튜브 모양으로 뭉치는 것이다. "우리 로제타 나노튜브의 물리화학적 속성은 참신한 조정 접근법을 통해 얼마든지 원하는 대로 만들어질 수 있다." 선임 연구자 하이챔 펜니리의 말이다. R. Colin Johnson, "Purdue Researchers Build Made-to-Order Nanotubes," *EETimes*, October 24, 2002, http://www.eetimes.com/article/showArticle.jhtml?articleId=18307660; H. Fenniri et al., "Entropically Driven Self-Assembly of Multichannel Rosette Nanotubes," *Proceedings of the National Academy of Sciences* 99, suppl. 2 (April 30, 2002): 6487-92; Purdue news release, "Adaptable Nanotubes Make Way for Custom-Built Structures, Wires," http://news.uns.purdue.edu/UNS/html4ever/020311.Fenniri.scaffold.html.
네덜란드 과학자들도 비슷한 작업을 했다. Gaia Vince, "Nano-Transistor Self-Assembles Using Biology," NewScientest.com, November 20, 2003, http://www. newscientist.com/news/news.jsp?id=ns99994406.

19. Liz Kalaugher, "Lithography Makes a Connection for Nanowire Devices," June 9, 2004, http://www.nanotechweb.org/articles/news/3/6/6/1, re-

ferring to Song Jin et al., "Scalable Interconnection and Integration of Nanowire Devices Without Registration," Nano Letters 4.5 (2004): 915-19.

20. Chao Li et al., "Multilevel Memory Based on Molecular Devices," *Applied Physics Letters* 84.11 (March 15, 2004): 1949-51. http://www. technologyreview.com/articles/rnb_051304.asp?p=1. http://nanolab.usc.edu/PDF%5CAPL84-1949.pdf.

21. Gary Stix, "Nano Patterning," *Scientific American* (February 9, 2004), http://www.sciam.com/print_version.cfm?articleID=000170D6-C99F-101E-861F83414B7F0000; Michael Kanellos, "IBM Gets Chip Circuits to Draw Themselves," CNET News.com, http://zdnet.com.com/2100-1103-5114066.html. http://www.nanopolis.net/news_ind.php?type_id=3.

22. IBM은 자율적으로 필요한 만큼 설계를 재구성하는 칩을 개발 중이다. 가령 기억 장치나 가속기를 알아서 더하는 것이다. "미래에는 당신이 쓰는 칩은 처음 산 모양과 같지 않을 겁니다." IBM 시스템즈 앤드 테크놀로지 그룹의 기술 고문인 버나드 메이어슨의 말이다. IBM press release, "IBM Plans Industry's First Openly Customizable Microprocessor," http://www.ibm.com/investor/press/mar-2004/31-03-04-1.phtml.

23. BBC News, "'Nanowire' Breakthrough Hailed," April 1, 2003, http://news.bbc.co.uk/1/hi/sci/tech/2906621.stm. 출간된 것으로는 다음을 참고 하라. Thomas Scheibel et al., "Conducting Nanowires Built by Controlled Self-Asse mbly of Amyloid Fibers and Selective Metal Deposition," *Proceedings of the National Academy of Sciences* 100.8 (April 15, 2003): 4527-32, published online April 2, 2003, http://www.pnas.org/cgi/content/full/100/8/4527.

24. Duke University press release, "Duke Scientists 'Program' DNA Molecules to Self Assemble into Patterned Nanostructures," http://www.eurekalert.org/pub_release/2003-09/du-ds092403.php, referring to Hao Yan et al., "DNA-Templated Self-Assembly of Protein Arrays and Highly Conductive Nanowires, " *Science* 301.5641 (September 26, 2003): 1882-84. http://www.phy.duke.edu/~gleb/Pdf_FILES/DNA_science.pdf.

25. 위의 자료.

26. 소위 '여행하는 판매원 문제'라 불리는 한 가지 사례를 들어보자. 가상의 여행자가 여러 도시를 다녀야 하는데 한 도시를 한 번 이상 방문하지 않을 수 있는 최적 경로를 찾는다고 생각해보자. 어떤 특정 도시들 사이에만 길이 연결되어 있어서, 최적 경로를 찾는 문제가 쉽지가 않다.

여행하는 판매원 문제를 푸는 방법으로, 서던 캘리포니아 대학의 수학자 레너드 애들먼은 다음 순차식 기법을 제안했다:

1. 각 도시에 대한 독특한 암호를 담은 작은 DNA 조각을 생성한다.
2. 중합효소 연쇄 반응(PCR)을 활용하여 각 조각(각 도시를 나타내는)을 수조

개로 불린다.

3. 다음, 모든 DNA 조각들을(각각이 하나의 도시를 나타낸다) 시험관에 넣는다. 서로 들러붙어 연결되는 DNA의 친화성을 활용하는 단계다. 자동적으로 기다란 DNA 사슬이 생긴다. 그 각각은 여러 도시들의 가능한 이동 경로를 뜻한다. 각 도시를 나타내는 작은 조각들이 무작위적으로 서로 연결된 것이므로 기다란 사슬이 꼭 정확한 답(도시들의 배열)만 나타내라는 법은 없다. 하지만 사슬의 개수가 워낙 많을 것이므로 최소한 하나쯤은, 그리고 아마도 수백만 개 정도는, 정답을 나타내는 사슬이 있을 것이다.

다음의 단계들은 특별히 고안된 효소들을 사용하여 오답을 나타내는 수조 개의 사슬들을 없앰으로써 정답만 남겨두는 과정이다:

4. '입문자'라 불리는 분자들을 집어넣어 정해진 시작 도시로 시작하지 않는 DNA 사슬들을 제거한다. 정해진 도착 도시로 끝나지 않는 사슬들도 마찬가지로 제거한다. 다음에 남은 사슬들을 다시 PCR로 엄청나게 불린다.
5. 전체 도시의 개수보다 많은 도시를 담은, 즉 더 긴 DNA 사슬들을 제거하는 효소 반응을 적용한다.
6. 도시 1을 포함하지 않는 사슬들을 제거하는 효소 반응을 적용한다. 이 과정을 각 도시에 대해 똑같이 반복한다.
7. 이제 남은 사슬들은 모두 정답을 반영하는 것들이다. 이들을 다시 PCR로 수를 늘려서 사슬이 수십억 가닥이 되도록 한다.
8. 전기이동이라 불리는 기술을 적용해서 정답 가닥들의 DNA 염기 서열을 읽는다. 읽어낸 결과는 일렬로 도시들을 줄지어 세운 배열이 될 것이다.

L. M. Adleman, "Molecular Computation of Solutions to Combinational Problems," *Science* 266 (1994): 1021-24.

27.   Charles Choi, "DNA Computer Sets Guinness Record," http://www.upi.com/view.cfm?StoryID=20030224-04555107398r. Y. Benenson et al., "DNA Molecule Provides a Computing Machine with Both Data and Fuel," *Proceedings of the National Academy of Sciences* 100.5 (March 4, 2003): 2191-96, available at http://www.pubmedcentral.nih.gov/articlerender.fcgi?tool=pubmed&pubmedid=12601148; Y. Benenson et al., "An Autonomous Molecular Computer for Logical Control of Gene Expression," *Nature* 429.6990 (May 27, 2004): 423-29 (published online, April 28, 2004), available at http://www.wisdom.weizmann.ac.il/~udi/ShapiroNature2004. pdf.

28.   Stanford University news release, "'Spintronics' Could Enable a New Generation of Electronic Devices, Physicists Say," http://www.eurekalert.org/pub_release/2003-08/su-ce080803.php, referring to Shuichi Murakami, Naoto Nagaosa, and Shou-Cheng Zhang, "Dissipationless Quantum Spin Current at Room Temperature," *Science* 301.5638

(September 5, 2003): 1348-51.

29. Celeste Biever, "Silicon-Based Magnets Boost Spintronics," *NewScientist.com*, March 22, 2004, http://www.newscientist.com/news/news.jsp?id=ns99994801, referring to Steve Pearton, "Silicon-Based Spintronics," *Nature Materials* 3.4 (April 2004): 203-4.

30. Will Knight, "Digital Image Stored in Single Molecule," *NewScientist.com*, December 1, 2002, http://www.newscientist.com/news/news.jsp?id=ns99993129, referring to Anatoly K. Khitrin, Vladimir L. Ermakov, and B. M. Fung, "Nuclear Magnetic Resonance Molecular Photography," *Journal of Chemical Physics* 117.15 (October 15, 2002): 6903-6.

31. Reuters, "Processing at the Speed of Light," *Wired News*, http://www.wired.com/news/technology/0,1282,61009,00.html.

32. RSA 시큐리티 사에 따르면, 현재까지 인수분해된 가장 큰 수는 512비트의 수이다.

33. Stephan Gulde et al., "Implementation of the Deutsch-Jozsa Algorithm on an Ion-Trap Quantum Computer," *Nature* 421 (January 2, 2003): 48-50. http://heart-c704.uibk.ac.at/Papers/Nature03-Gulde.pdf.

34. 현재 매년 연산의 가격 대 성능비가 두 배로 늘고 있으므로, 천 배가 되려면 천 번의 배가, 즉 10년이 걸린다. 하지만 배가 시간 자체도 천천히 감소하고 있으므로, 실제 걸릴 시간은 8년가량이다.

35. 이후 천 배씩 느는 속도는 조금씩 빨라진다. 바로 앞 주 참고.

36. Hans Moravec, "Rise of the Robots," *Scientific American* (December 1999): 124-35, http://www.sciam.com and http://www.frc.ri.cmu.edu/~hpm/project.archive/robot.papers/1999/SciAm.scan.html. 모라벡은 카네기 멜론 대학 로봇공학 연구소의 교수이다. 그가 운영하는 이동형 로봇 실험실은 카메라나 음파 탐지기 같은 감지기들을 이용해 로봇에게 3차원 공간 지각력을 부여하는 연구를 하고 있다. 모라벡은 1990년대에 말하기를 차세대의 로봇들은 "본질적으로 인류의 후손일 것이며, 다만 통상적인 방법으로 태어난 게 아닐 뿐이다. 궁극적으로 로봇이 인간과 다름없으며 로봇은 우리가 상상하거나 이해하지 못하는 일들, 가령 어린아이들이 해내는 일을 그대로 해낼 것이라 생각한다."고 했다(Nova Online interview with Hans Moravec, October 1997, http://www.pbs.or g/wgbh/nova/robots/moravec.html). 그의 책 *Mind Children: The Future of Robot and Human Intelligence*와 *Robot: Mere Machine to Transcendent Mind*는 현재와 미래의 로봇 세대들이 어떤 역량을 지닐지 탐구하는 내용이다.

밝혀둠: 저자는 모라벡의 로봇공학 회사인 시그리드의 이사진 중 한 명이며 투자자이기도 하다.

37. 모라벡이 사용한 단위인 초당 명령어 수는 초당 연산 회수와는 조금 다른 개념이지만, 대략의 규모만을 예측하는 목적으로 쓸 때는 거의 비슷한 정도라 봐도 좋다. 모라벡은 로봇 시야의 수학적 기법들을 개발할 때 생물학적 모델과는 별

개로 진행했지만, 작업하고 보니 유사점(모라벡의 알고리즘과 생물학적으로 수행되는 실제 시각 처리 알고리즘 사이의)이 두드러졌다. 기능적으로 볼 때, 모라벡의 연산은 시각 관련 신경 영역의 작업을 재창조한 것이라 할 수 있으므로, 모라벡의 알고리즘을 바탕으로 연산 용량을 계산해보면 뇌 기능을 모방하는 시스템을 만들 때 필요할 연산 용량과 같다.

38. Lloyd Watts, "Event-Driven Simulation of Networks of Spiking Neurons," seventh Neural Information Processing Systems Foundation Conference, 1993; Lloyd Watts, "The Mode-Coupling Liouville-Green Approximation for a Two-Dimensional Cochlear Model," *Journal of the Acoustical Society of America* 108.5 (November 2000): 2266-71. 와츠가 설립한 오디언스 Inc. 사는 인간 청각 체계 영역을 기능적으로 모방하는 기술을 개발하여 자동 음성 인식 시스템에서 입력 신호를 처리하는 등 각종 음성 처리 과정에 적용하고 있다. http://www.lloydwatts.com/neuroscience.shtml.
밝혀둠: 저자는 오디언스 사의 고문이다.

39. U.S. Patent Application 20030095667, U.S. Patent and Trademark Office, May 22, 2003.

40. 메드트로닉 사의 미니메드 폐쇄 루프형 인공 췌장은 현재 사람을 대상으로 임상 시험 중인데, 고무적인 결과를 보여주고 있다. 회사는 향후 5년 안에 이 기기가 시장에 나올 수 있을 것으로 본다. Medtronic news release, "Medtronic Supports Juvenile Diabetes Research Foundation's Recognition of Artificial Pancreas as a Potential 'Cure' for Diabetes," March 23, 2004, http://www.medtronic.com/newsroom/news_2004323a.html. 이런 기기들은 글루코오스 감지기, 인슐린 펌프, 자동 피드백 기제를 써서 인슐린 수치를 감시한다(Internati onal Hospital Federation, "Progress in Artificial Pancreas Development for Treating Diabetes," http://www.hospitalmanagement.net/informer/tech nology/tech10). 로슈 사도 2007년에는 인공 췌장을 생산하겠다며 경쟁에 뛰어들었다. http://www.roche.com/pages/downloads/science/pdf/rtdcmannh02-6.pdf.

41. 개별 뉴런과 개재뉴런 연결에 대한 분석으로부터 구축된 모델 및 시뮬레이션도 많이 있다. 토마소 포지오는 2005년 1월에 저자와 가진 개인적 대화에서 이렇게 말했다. "뉴런은 단일한 역치를 가진 하나의 요소라기보다 수천 개의 논리 게이트 비슷한 무언가를 지닌 하나의 칩이라고 볼 수 있을 겁니다."
T. Poggio and C. Koch, "Synapses That Compute Motion," *Scientific American* 256 (1987): 46-52.
C. Koch and T. Poggio, "Biophysics of Computational Systems: Neurons, Synapses, and Membranes," in *Synaptic Function*, G. M. Edelman, W. E. Gall, and W. M. Cowan, eds. (New York: John Wiley and Sons, 1987), pp. 637-97.
펜실베이니아 대학의 신경공학 연구소가 만들고 있는 또 다른 뉴런 수준 모델 및 시뮬레이션은 뉴런 수준에서의 뇌 기능 역분석에 바탕을 두고 있다. 실험실의 대표인 레이프 핀켈 박사는 이렇게 말한다. "우리는 시각 피질의 작은 조각들에 대해 세포 수준에서 모델을 만들고 있다. 최소한 실제 뉴런들의 몇 가지 기초적 작동에 대해서는 매우 정교하게 모방할 수 있는 섬세한 컴퓨터 시뮬레이션이다. [내 동료 콰베나 보아헨은] 망막을 정확하게 모방하는 칩을 갖고 있으며 실제 망막의 결과와 거의 동일한 출력 활동전위들을 만들어낸다." http://nanodot.org/article.pl?sid=01/12/18/1552221.

이처럼 뉴런 수준에서 모방한 다양한 모델 및 시뮬레이션들을 보면, 한 번의 신경 처리(하나의 수상돌기에서 신호 전달 및 재정비가 이뤄지는 것)에 103회 연산을 가정하는 것이 합리적인 최대치임을 알 수 있다. 대부분의 시뮬레이션들은 이보다도 작은 양을 사용한다.

42. 블루진 컴퓨터의 2세대 모델인 블루진/L 슈퍼컴퓨터 계획은 2001년 말에 발표되었다. 현재의 슈퍼컴퓨터들보다 15배 빠르고 크기는 20분의 1일 이 컴퓨터는 미국 핵보안청 산하 로런스 리버모어 국립연구소와 IBM이 공동 개발하고 있다. 2002년, IBM은 새 슈퍼컴퓨터들의 운영 체제로 오픈소스 형식인 리눅스를 채택했다고 발표했다. 2003년 7월 현재, 완전한 시스템을 갖춘 혁신적인 처리 장치 칩을 제작 중이다. "블루진/L은 시스템을 하나의 칩에 구축하는 개념의 대표 주자라 할 수 있다. 이 칩의 90퍼센트 이상은 현재 우리가 가진 기술의 표준 조각들을 총망라하여 만들어진 것이다(Timothy Morgan, "IBM's Blue Gene/L Shows Off Minimalist Server Design," *The Four Hundred*, http://www.midrangeserver.com/tfh/tfh120103-story05.html). 2004년 6월, 블루진/L의 시제품이 세계 10대 슈퍼컴퓨터 목록에 처음 올라왔다. IBM press release, "IBM Surges Past HP to Lead in Global Supercomputing," http://www.research.ibm.com/bluegene.

43. 이런 식의 망은 동료-대-동료, 다-대-다, 또는 '다중 도약' 망이라고도 불린다. 이 망 속의 노드들은 다른 모든 노드들 및 하부집합들과 자유롭게 연결할 수 있으며 그물망 속에서 목표 지점까지 가는 데는 여러 가지 경로가 가능하다. 망은 매우 적응력이 뛰어나며 자기조직적이다. "그물코 망의 특징은 중앙에서 모든 것을 조율하는 기기가 없다는 것이다. 대신 각 노드는 직접 라디오 통신 도구와 중계할 수 있으며, 다른 노드들을 위한 중계점으로 작동할 수 있다." Sebastian Rupley, "Wireless: Mesh Networks," *PC Magazine*, July 1, 2003, http://www.pcmag.com/article2/0,1759,1139094,00.asp; Robert Poor, "Wireless Mesh Net works," Sensors Online, February 2003, http://www.sensorsmag.com/articles/0203/38/main.shtml; Tomas Krag and Sebastian Büettrich, "Wireless Mesh Networking," O'Reilly Wireless DevCenter, January 22, 2004, http://www.oreillynet.com/pub/a/wireless/2004/01/22/wirelessmesh.html.

44. 카버 미드는 25개가 넘는 회사를 설립했고 50개가 넘는 특허를 보유하고 있다. 뇌와 신경계를 모델링한 회로를 개발함으로써 신경형 전자 시스템의 새 장을 연 선구자이기도 하다. Carver A. Mead, "Neuromorphic Electronic Systems," *IEEE Proceedings* 78.10 (October 1990): 1629-36. 그의 작업은 컴

퓨터 터치 패드, 디지털 보청기의 달팽이관 칩 등으로 이어졌다. 그가 1999년에 설립한 회사인 포베온은 필름이 성질을 모방하는 아날로그 영상 감지기를 만든다.

45. Edward Fredkin, "A Physicist's Model of Computation," Proceedings of the Twenty-sixth Recontre de Moriond, Texts of Fundamental Symmetries (1991): 283-97, http://digitalphilosophy.org/physicists_model.htm.

46. Gene Frantz, "Digital Signal Processing Trends," *IEEE Micro* 20.6 (November/December 2000): 52-59, http://www.csdl.computer.org/comp/mags/mi/2000/06/m6052abs.htm.

47. 2004년에 인텔은 단일 처리 장치의 속도가 빨라짐에 따라 '열적 한계'(또는 '전력 한계')에 다다랐다고 판단하고, 듀얼코어(하나의 칩에 하나 이상의 처리 장치가 들어감) 구조로 전면 방향 수정을 한다고 발표했다. http://www.intel.com/employee/retiree/circuit/righthandturn.htm.

48. R. Landauer, "Irreversibility and Heat Generation in the Computing Process," *IBM Journal of Research Development* 5 (1961): 183-91, http://www.research.ibm.com/journal/rd/053/ibmrd0503C.pdf.

49. Charles H. Bennett, "Logical Reversibility of Computation," *IBM Journal of Research Development* 17 (1973): 525-32, http://www.research.ibm.com/journal/rd/176/ibmrd1706G.pdf; Charles H. Bennett, "The Thermodynamics of Computation - a Review," *International Journal of Theoretical Physics* 21 (1982): 905-40; Charles H. Bennett, "Demons, Engines, and the Second Law," *Scientific American* 257 (November 1987): 108-16.

50. Edward Fredkin and Tommaso Toffoli, "Conservative Logic," *International Journal of Theoretical Physics* 21 (1982): 219-53, http://digitalphilosophy.org/download_documents/ConservativeLogic.pdf. Edward Fredkin, "A Physicist's Model of Computation," Proceedings of the Twenty-sixth Recontre de Moriond, Tests of Fundamental Symmetries (1991): 283-97, http://www.digitalphilosophy.org/physicists_model.htm.

51. Knight, "Digital Image Stored in Single Molecule," referring to Khitrin et al., "Nuclear Magnetic Resonance Molecular Photography,"; 앞의 주 30 참고.

52. 일인당 10^{19}cps를 갖춘 인구 100억(10^{10})이라면 전체는 10^{29}cps다. 10^{42}cps는 이보다 10조 배(10^{13}) 큰 것이다.

53. Fredkin, "Physicist's Model of Computation,"; 앞의 주 45, 50 참고.

54. 그런 게이트의 두 가지 사례를 보자. 첫 번째는 상호작용 게이트로서, 두 개의 입력, 네 개의 출력을 가진 범용 가역적 논리 게이트이다.

두 번째는 파인먼 게이트로서, 두 개의 입력, 세 개의 출력을 가진 범용 가역적 논리 게이트이다.

두 그림 모두 위의 글 7쪽에서 가져왔다.

55. 위의 글, p. 8.

56. C. L. Seitz et al., "Hot-Clock nMOS," *Proceedings of the 1985 Chapel Hill Conference on VLSI* (Rockville, Md.: Computer Science Press, 1985), pp. 1–17, http://caltechcstr.library.caltech.edu/archive/00000365; Ralph C. Merkle, "Reversible Electronic Logic Using Switches," *Nanotechnology* 4 (1993): 21–40; S. G. Younis and T. F. Knight, "Practical Implementation of Charge Recovering Asymptotic Zero Power CMOS," *Proceedings of the 1993 Symposium on Integrated Systems* (Cambridge, Mass.: MIT Press, 1993), pp. 234–50.

57. Hiawatha Bray, "Your Next Battery," *Boston Globe*, November 24, 2003, http://www.boston.com/business/technology/articles/2003/11/24/your_next_battery.

58. Seth Lloyd, "Ultimate Physical Limits to Computation," *Nature* 406 (2000): 1047–54.
연산의 한계에 대한 초기 연구로는 한스 J. 브레머만이 1962년에 수행한 것이 있다. Hans J. Bremermann, "Optimization Through Evolution and Recomb ination," in M. C. Yovits, C. T. Jacobi, C. D. Goldstein, eds., *Self-Organizing Systems* (Washington, D.C.: Spartan Books, 1962), pp. 93–106.
1984년, 로버트 A. 프레이터스 주니어는 브레머만의 작업을 보강했다. Robert A. Freitas Jr., "Xenopsychology," *Analog* 104 (April 1984): 41–53, http://www.rfreitas.com/Astro/Xenopsychology.htm#SentienceQuotient.

59. $\pi \times$ 최대 에너지$(10^{17}\mathrm{kg} \times \mathrm{m}^2/\mathrm{s}^2)/(6.6 \times 10^{-34})$줄-초 = ~$5 \times 10^{50}$ 작동/초.

60. 5×10^{50}cps는 5×10^{21}(50억조)개의 인류 문명에 달한다(한 문명당 10^{29}cps).

61. 인류 문명이 일인당 10^{16}cps인 100억(10^{10}) 명의 사람으로 이루어져 있다면 문명 전체는 10^{26}cps가 된다. 따라서 5×10^{50}cps는 인류 문명 5×10^{24}개에 해

당한다.

62. 이 예측은 지난 만 년간 지구상에 100억 명의 인구가 존재했다는 보수적 가정에 따른 것인데, 분명 사실과는 다소 차이가 있다. 인구는 꾸준히 증가해온 결과 2000년에 61억 명이 된 것이다. 1년은 3×10^7초니까 만 년은 3×10^{11}초이다. 따라서 인류 문명 전체의 용량이 10^{26}cps라고 가정했으니 지난 만 년간 모든 인간의 연산 횟수는 3×10^{37}회를 넘지 않는다. 궁극의 노트북은 초당 5×10^{50} 연산을 할 수 있다. 따라서 만 년간 100억 명의 사고를 시뮬레이션하는 데 고작 10^{-13}초가 걸릴 것이다. 1나노초의 만분의 1에 해당한다.

63. Anders Sandberg, "The Physics of the Information Processing Superobjects: Daily Life Among the Jupiter Brains," *Journal of Evolution & Technology* 5 (December 22, 1999), http://www.transhumanist.com/volumn5/Brain2.pdf.

64. 위의 주 62 참고. 10^{42}cps는 10^{50}cps보다 10^{-8}배 적은 것이다. 따라서 1나노초의 만분의 1은 10마이크로초다.

65. 드렉슬러의 책과 특허 목록은 다음을 참고하라. http://e-drexler.com/p/04/04/0330drexPubs.html.

66. 천 달러당(10^3) 10^{26}cps 연산이 가능하고 매년 10^{12}달러를 연산에 쏟는다면, 2040년대 중반에는 한 해에 10^{35}cps를 거둘 수 있다. 이는 인류 문명의 모든 생물학적 뇌를 합친 연산량인 10^{26}cps보다 10^9(10억)cps나 큰 것이다.

67. 1984년, 로버트 A. 프레이터스는 시스템의 연산 역량을 로그 함수로 표현한 '감각지수'(SQ)라는 잣대를 제안했다. 지수는 −70에서 50 사이의 값을 가질 수 있으며, 인간의 뇌는 그 가운데인 13의 값을 갖는다. 크레이 1 슈퍼컴퓨터의 값은 9였다. 프레이터스의 감각지수는 단위 질량당 가능 연산량을 기반으로 계산한 것이다. 단순한 알고리즘을 가진 매우 빠른 컴퓨터의 SQ는 매우 높을 수 있다. 내가 이 장에서 설명한 연산 평가 기법은 프레이터스의 SQ에 바탕을 두고 연산의 효용성을 추가로 고려하고자 시도한 것이다. 지금 수행되고 있는 연산보다 훨씬 단순한 연산으로도 목표를 달성할 수 있다면, 우리는 그 단순한 연산을 실제 연산 효율로 간주하자는 제안이다. 나는 또 '유용한' 연산에 대해서만 평가해야 한다고 본다. Robert A. Freitas Jr., "Xenopsychology," *Analog* 104 (April 1984): 41-53, http://www.rfreitas.com/Astro/Xenopsychology.htm#Sentienc eQuotient.

68. 논외의 얘기이지만 흥미로운 사실은, 자그만 바위 표면에 새긴 그림이 실제 컴퓨터 기억 장치의 전신이라고 볼 수 있다는 점이다. 문자 언어의 초기 형태 중 하나인 설형문자는 기원전 3000년경 메소포타미아에서 탄생했는데, 돌에 그림 기호를 그려 정보를 저장한 것이었다. 고대인들은 설형문자가 새겨진 돌멩이들을 판 위에 놓고 가로세로를 잘 배열하는 방식으로 농사 기록을 보관했다. 이런 돌멩이들은 최초의 스프레드시트라 할 수 있을지 모른다. 나는 개인적으로 역사적 컴퓨터들을 수집하고 있는데, 그런 설형문자 돌멩이 기록 모형도 포함시켜두고 있다.

69. 천(10^3) 비트는 돌이 저장할 수 있는 이론적 정보량(약 10^{27}비트)보다 10^{-24}만큼

적다.

70. 1cps(10^0cps)는 돌이 가질 수 있는 이론적 연산 속도(약 10^{42}cps)보다 10^{-42}만큼 적다.

71. Edgar Buckingham, "Jet Propulsion for Airplanes," NACA report no. 159, in *Ninth Annual Report of NACA-1923* (Washington, D.C.: NACA, 1924), pp. 75-90. http://naca.larc.nasa.gov/reports/1924/naca-report-159/.

72. Belle Dumé, "Microscopy Moves to the Picoscale," *PhysicsWeb*, June 10, 2004, http://physicsweb.org/article/news/8/6/6, referring to Stefan Hembacher, Franz J. Giessibl, and Jochen Mannhart, "Force Microscopy with Light-Atom Probes," *Science* 305.5682 (July 16, 2004): 380-83. 아우구스부르크 대학 물리학자들이 개발한 이 새로운 '조화파' 힘 현미경은 탐침으로 하나의 탄소 원자를 활용하며 해상도는 기존 주사 터널링 현미경보다 최소 3배 이상 높다. 작동 원리는 이렇다. 탐침의 텅스텐 끝이 수나노미터 진폭으로 진동하면, 탐침 끝에 있는 원자와 탄소 원자 사이의 상호작용 때문에 조화파가 발생하여 기저의 사인파 모양 파동 패턴에 섞여 나온다. 과학자들은 이 조화파 신호를 측정함으로써 탐침 끝에 있는 원자의 영상을 77피코미터(나노미터의 수천분의 1) 너비라는 놀라운 해상도로 얻어낼 수 있다.

73. Henry Fountain, "New Detector May Test Heisenberg's Uncertainty Principle," *New York Times*, July 22, 2003.

74. Mitch Jacoby, "Electron Moves in Attoseconds," *Chemical and Engineering News* 82.25 (June 21, 2004): 5, referring to Peter Abbamonte et al., "Imaging Density Disturbances in Water with a 41.3-Attosecond Time Resolution," *Physical Review Letters* 92.23 (June 11, 2004): 237-401.

75. S. K. Lamoreaux and J. R. Torgerson, "Neutron Moderation in the Oklo Natural Reactor and the Time Variation of Alpha," *Physical Review* D 69 (2004): 121701-6, http://scitation.aip.org/getabs/servlet/GetabsServlet?prog=normal&id=PRVDAQ000069000012121701000001&idtype=cvips&gifs=yes; Eugenie S. Reich, "Speed of Light May Have Changed Recently," *New Scientist*, June 30, 2004, http://www.newscientist.com/news/news.jsp?id=ns99996092.

76. Charles Choi, "Computer Program to Send Data Back in Time," UPI, October 1, 2002, http://www.upi.com/view.cfm?StoryID=20021001-125805-3380r; Todd Brun, "Computers with Closed Timelike Curves Can Solve Hard Problems," *Foundation of Physics Letters* 16 (2003): 245-53. Electronic edition, September 11, 2002, http://arxiv.org/PS_cache/gr-qc/pdf/0209/0209061.pdf.

4장 인간 지능 수준의 소프트웨어 만들기: 어떻게 뇌를 역분석할 것인가

1. Lloyd Watts, "Visualizing Complexity in the Brain," in D. Fogel and C. Robinson, eds., *Computational Intelligence: The Experts Speak*

(Piscataway, N.J.: IEEE Press/Wiley, 2003), http://www.lloydwatts.com/wcci.pdf.

2. J. G. Taylor, B. Horwitz, and K. J. Friston, "The Global Brain: Imaging and Modeling," *Neural Networks* 13, special issue (2000): 827.

3. Neil A. Busis, "Neurosciences on the Internet," http://www.neuroguide.com; "Neuroscientists Have Better Tools on the Brain," *Bio IT Bulletin*, http://www.bio-itworld.com/news/041503_report2345.html; "Brain Projects to Reap Dividends for Neurotech Firms," Neurotech Reports, http://www.neurot echreports.com/pages/brainprojects.html.

4. Robert A. Freitas Jr., *Nanomedicine*, vol. 1, *Basic Capabilities*, section 4.8.6, "Non-invasive Neuroelectric Monitoring" (Georgetown, Tex.: Landes Bioscie nce, 1999), pp. 115-16, http://www.nanomedicine.com/NMI/4.8.6.htm.

5. 3장이 이 문제를 다루었다. 〈인간 뇌의 연산 용량〉 부분을 참고하라.

6. 내가 1982년에 설립한 커즈와일 어플라이드 인텔리전스 사의 음성 인식 연구 개발 자료에 따른 것이다. 현재는 스캔소프트(커즈와일 컴퓨터 회사의 후신)의 일부가 되었다.

7. Lloyd Watts, U.S. Patent Applications, U.S. Patent and Trademark Office, 20030095667, May 22, 2003, "Computation of Multi-sensor Time Delays." 개요는 이렇다. "첫 번째 감지기의 첫 번째 신호와 두 번째 감지기의 두 번째 신호 사이 시간차를 결정하는 방법은 다음과 같다. 첫 번째 신호를 분석하여 다양한 주파수의 채널들로 분해한다. 두 번째 신호를 분석하여 다양한 주파수의 채널들로 분해한다. 첫 번째 신호 채널들 중에서 두드러진 하나를 골라 처음으로 발생한 시각을 측정한다. 두 번째 신호 채널들 중에서 두드러진 하나를 골라 그 발생 시각을 측정한다. 첫 번째 사건과 두 번째 사건을 짝 지어 첫 번째 시각과 두 번째 시각의 차이를 결정한다." Nabil H. Farhat, U.S. Patent Application 20040073415, U.S. Patent and Trademark Office, April 15, 2004, "Dynamical Brain Model for Use in Data Processing Applications."

8. 나는 압축한 게놈의 정보량은 약 3천만에서 1억 바이트일 것이라 예상한다(2장 주 57 참고). 마이크로소프트 사의 워드 프로그램 목적 코드보다 적은 양이고, 심지어 소스 코드보다도 적은 양이다. Word 2003 system requirements, Octob er 20, 2003, http://www.microsoft.com/office/word/prodinfo/sys-req.mspx.

9. Wikipedia, http://en.wikipedia.org/wiki/Epigenetics.

10. 게놈의 정보량에 대해서는 2장의 주 57 참고. 나는 약 3천만에서 1억 바이트일 것이라 예상하며, 그렇다면 10^9비트보다 적은 셈이다. 3장의 〈인간 기억 용량〉 부분을 보면 내가 인간 뇌 용량을 분석한 결과는 약 10^{18}비트다.

11. Marie Gustafsson and Christian Balkenius, "Using Semantic Web Techniques for Validation of Cognitive Models against Neuroscientific Data," AILS 04 Workshop, SAIS/SSLS Workshop (Swedish Artificial

Intelligence Society; Swedish Society for Learning Systems), April 15-16, 2004, Lund, Sweden, www.lucs.lu.se/People/Christian.Balkenius/PDF/Gustafsson.Balkenius. 2004.pdf.

12.   3장을 참고하라. 뉴런 하나하나를 모델링한 연구에서, 토마소 포지오와 크리스토프 코흐는 뉴런을 설명하길 수천 개의 논리 게이트를 가진 하나의 칩과 비슷하다고 했다. T. Poggio and C. Koch, "Synapses That Compute Motion," *Scientific American* 256 (1987): 46-52; C. Koch and T. Poggio, "Biophysics of Computational Systems: Neurons, Synapses, and Membranes," in *Synaptic Function*, G. M. Edelman, W. E. Gall, and W. M. Cowan, eds. (New York: John Wiley and Sons, 1987), pp. 637-97.

13.   미드에 관해서는 다음을 참고하라. http://www.technology.gov/Medal/2002/bios/Carver_A._Mead.pdf. Carver Mead, *Analog VLSI and Neural Systems* (Reading, Mass.: Addison-Wesley, 1986).

14.   자기조직적 신경망의 알고리즘에 대해서는 5장의 주 172를, 자기조직적 유전 알고리즘에 대해서는 5장의 주 175를 참고하라.

15.   Gary Dudley et al., "Autonomic Self-Healing Systems in a Cross-Product IT Environment," proceedings of the IEEE International Conference on Autonom ic Computing, New York City, May 17-19, 2004, http://csdl.computer.org/comp/proceedings/icac/2004/2114/00/21140312.pdf; "About IBM Autonomic Computing," http://www-3.ibm.com/autonomic/about.shtml; Ric Telford, "The Autonomic Computing Architecture," April 14, 2004, http://www.dcs.st-andrews.ac.uk/undergrad/current/dates/disclec/2003-2/RicTelfordDistinguis hed2.pdf.

16.   Christine A. Skarda and Walter J. Freeman, "Chaos and the New Science of the Brain," *Concepts in Neuroscience* 1.2 (1990: 275-85.

17.   C. Geoffrey Woods, "Crossing the Midline," *Science* 304.5676 (June 4, 2004): 1455-56; Stephen Matthews, "Early Programming of the Hypothalamo-Pituitary-Adrenal Axis," *Trends in Endocrinology and Metabolism* 13.9 (November 1, 2002): 373-80; Justin Crowley and Lawrence Katz, "Early Development of Ocular Dominance Columns," *Science* 290.5495 (November 17, 2000): 1321-24; Anna Penn et al., "Competition in the Retinogeniculate Patterning Driven by Spontaneous Activity," *Science* 279.5359 (March 27, 1998): 2108-12; M. V. Johnston et al., "Sculpting the Developing Brain," *Advances in Pediatrics* 48 (2001): 1-38; P. La Cerra and R. Bingham, "The Adapt ive Nature of the Human Neurocognitive Architecture: An Alternative Model," *Proceedings of the National Academy of Sciences* 95 (September 15, 1998): 11290-94.

18.   신경망은 뉴런들을 단순화해 표현한 모델로서 자기조직적이고 문제 해결 능력이 있다. 신경망의 알고리즘에 대해서는 5장의 주 172를 참고하라. 유전 알고리즘은 진화를 모델링한 것으로서 성적 재생산과 통제된 돌연변이 발생을 활

용한다. 유전 알고리즘에 대해서는 5장의 주 175를 참고하라. 마르코프 모델은 어떤 수학 기법의 산물로서 몇몇 측면에서 신경망과 닮았다.

19. Aristotle, *The Works of Aristotle*, trans. W. D. Ross (Oxford: Clarendon Press, 1908-1952 [see, in particular, Physics]); http://www.encyclopedia.com/html/section/aristotl_philosophy.asp.

20. E. D. Adrian, *The Basis of Sensations: The Action of Sense Organs* (London: Christophers, 1928).

21. A. L. Hodgkin and A. F. Huxley, "Action Potentials Recorded from Inside a Nerve Fibre," *Nature* 144 (1939): 710-12.

22. A. L. Hodgkin and A. F. Huxley, "A Quantitative Description of Membrane Current and Its Application to Conduction and Excitation in Nerve," *Journal of Physiology* 117 (1952): 500-544.

23. W. S. McCulloch and W. Pitts, "A Logical Calculus of the Ideas Immanent in Nervous Activity," *Bulletin of Mathematical Biophysics* 5 (1943): 115-33. 이 통찰력 있는 논문은 매우 이해하기 어려운 편이다. 좀 더 명료한 안내와 설명을 위해서는 다음을 참고하라. "A Computer Model of the Neuron," the Mind Project, Illinois State University, http://www.mind.ilstu.edu/curriculum/perception/mpneuron1.html.

24. 신경망의 알고리즘에 대해서는 5장의 주 172를 참고하라.

25. E. Salinas and P. Their, "Gain Modulation: A Major Computational Principle of the Central Nervous System," *Neuron* 27 (2000): 15-21.

26. K. M. O'Craven and R. L. Savoy, "Voluntary Attention Can Modulate fMRI Activity in Human MT/MST," *Investigational Ophthalmological Vision Science* 36 (1995): S856 (supp.).

27. Marvin Minsky and Seymour Papert, *Perceptrons* (Cambridge, Mass.: MIT Press, 1969).

28. Frank Rosenblatt, Cornell Aeronautical Laboratory, "The Perceptron: A Probabilistic Model for Information Storage and Organization in the Brain," *Psychological Review* 65.6 (1958): 386-408; Wikipedia, http://en.wikipedia.org/wiki/Perceptron.

29. O. Sporns, G. Tononi, and G. M. Edelman, "Connectivity and Complexity: The Relationship Between Neuroanatomy and Brain Dynamics," *Neural Networks* 13.8-9 (2000): 909-22.

30. R. H. Hahnloser et al., "Digital Selection and Analogue Amplification Coexist in a Cortex-Inspired Silicon Circuit," *Nature* 405.6789 (June 22, 2000): 947-51; "MIT and Bell Labs Researchers Create Electronic Circuit That Mimics the Brain's Circuitry," *MIT News*, June 21, 2000, http://web.mit.edu/news office/nr/2000/machinebrain.html.

31. Manuel Trajtenberg, *Economic Analysis of Product Innovation: The Case of CT Scanners* (Cambridge, Mass.: Harvard University Press, 1990); Michael

H. Friebe, Ph.D., president, CEO, NEUROMED GmbH; P-M. L. Robitaille, A. M. Abduljalil, and A. Kangarlu, "Ultra High Resolution Imaging of the Human Head at 8 Tesla: 2K×2K for Y2K," *Journal of Computer Assisted Tomography* 24.1 (January–February 2000): 2–8.

32. Seong-Gi Kim, "Progress in Understanding Functional Imaging Signals," *Proceedings of the National Academy of Sciences* 100.7 (April 1, 2003): 3550–52, http://www.pnas.org/cgi/content/full/100/7/3550; Seong-Gi Kim et al., "Localized Cerebral Blood Flow Response at Submillimeter Columnar Resoluti on," *Proceedings of the National Academy of Sciences* 98.19 (September 11, 2001): 10904–9, http://www.pnas.org/cgi/content/abstract/98/19/10904.

33. K. K. Kwong et al., "Dynamic Magnetic Resonance Imaging of Human Brain Activity During Primary Sensory Stimulation," *Proceedings of the National Academy of Sciences* 89.12 (June 15, 1992): 5675–79.

34. C. S. Roy and C. S. Sherrington, "On the Regulation of the Blood Supply of the Brain," *Journal of Physiology* 11 (1890): 85–105.

35. M. I. Posner et al., "Localization of Cognitive Operations in the Human Brain," *Science* 240.4859 (June 17, 1998): 1627–31.

36. F. M. Mottaghy et al., "Facilitation of Picture Naming after Repetitive Transcranial Magnetic Stimulation," *Neurology* 53.8 (November 10, 1999): 1806–12.

37. Daithí ó hAnluain, "TMS: Twilight Zone Science?" *Wired News*, April 18, 2002, http://wired.com/news/medtech/0,1286,51699,00.html.

38. Lawrence Osborne, "Savant for a Day," *New York Times Magazine*, June 22, 2003, available at http://www.wireheading.com/brainstim/savant.html.

39. Bruce H. McCormick, "Brain Tissue Scanner Enables Brain Microstructure Sur veys," *Neurocomputing* 44–46 (2002): 1113–18; Bruce H. McCormick, "Design of a Brain Tissue Scanner," *Neurocomputing* 26–27 (1999): 1025–32; Bruce. H. McCormick, "Development of the Brain Tissue Scanner," *Brain Networks Laboratory Technical Report*, Texas A&M University Department of Computer Science, College Station, Tex., March 18, 2002, http://resear ch.cs.tamu. edu/bnl/pubs/McC02.pdf.

40. Leif Finkel et al., "Meso-scale Optical Brain Imaging of Perceptual Learning," University of Pennsylvania grant 2000-01737 (2000).

41. E. Callaway and R. Yuste, "Stimulating Neurons with Light," *Current Opinions in Neurobiology* 12.5 (October 2002): 587–92.

42. B. L. Sabatini and K. Svoboda, "Analysis of Calcium Channels in Single Spines Using Optical Fluctuation Analysis," *Nature* 408.6812 (November 30, 2000): 589–93.

43. John Whitfield, "Lasers Operate Inside Single Cells," *News@nature.com*,

October 6, 2003, http://www.nature.com/nsu/030929/030929-12.html (subscription required). Mazur's lab: http://mazur-www.harvard.edu/research/. Jason M. Samonds and A. B. Bonds, "From Another Angle: Differences in Cortical Coding Between Fine and Coarse Discrimination of Orientation," *Journal of Neurophysiology* 91 (2004): 1193-1202.

44. Robert A. Freitas Jr., *Nanomedicine*, vol. 2A, *Biocompatibility*, section 15.6.2, "Bloodstream Intrusiveness" (Georgetown, Tex.: Landes Bioscience, 2003), pp. 157-59, http://www.nanomedicine.com/NMI/15.6.2.htm.

45. Robert A. Freitas Jr., *Nanomedicine*, vol. 1, *Basic Capabilities*, section 7.3, "Communication Networks," (Georgetown, Tex.: Landes Bioscience, 1999), pp. 186-88, http://www.nanomedicine.com/NMI/7.3.htm.

46. Robert A. Freitas Jr., *Nanomedicine*, vol. 1, *Basic Capabilities*, section 9.4.4.3, "Intercellular Passage," (Georgetown, Tex.: Landes Bioscience, 1999), pp. 320-21, http://www.nanomedicine.com/NMI/9.4.4.3.htm.

47. Keith L. Black, M.D., and Nagendra S. Ningaraj, "Modulation of Brain Tumor Capillaries for Enhanced Drug Delivery Selectively to Brain Tumor," *Cancer Control* 11.3 (May/June 2004): 165-73, http://www.moffitt.usf.edu/pubs/ccj/v11n3/pdf/165.pdf.

48. Robert A. Freitas Jr., *Nanomedicine*, vol. 1, *Basic Capabilities*, section 4.1, "Nanosensor Technology," (Georgetown, Tex.: Landes Bioscience, 1999), pp. 93, http://www.nanomedicine.com/NMI/4.1.htm.

49. Conference on Advanced Nanotechnology (http://www.foresight.org/Conferences/AdvNano2004/index.html), NanoBioTech Congress and Exhibition (http://www.nanobiotec.de/), NanoBusiness Trends in Nanotechnology (http://www.nanoevent.com/), and NSTI Nanotechnology Conference and Trade Show (http://www.nsti.org/events.html).

50. Peter D. Kramer, *Listening to Prozac* (New York: Viking, 1993).

51. 르두의 연구는 위협 자극을 다루는 뇌 영역들에 관한 것이다. 중심 역할을 하는 것은 편도로서, 뇌 아래 부분에 있는 아몬드 모양의 영역이다. 편도는 위협 자극에 관한 기억을 저장하고 공포와 관련 있는 반응들을 통제한다.
MIT 뇌 연구자 토마소 포지오는 "시냅스의 가소성은 학습의 하드웨어 토대 중 하나임에 분명하지만, 학습은 단순한 기억 이상이라는 점을 강조할 필요가 있다"고 말한다. T. Poggio and E. Bizzi, "Generalization in Vision and Motor Control," *Nature* 431 (2004): 768-74. E. Benson, "The Synaptic Self," *APA Online*, November 2002, http://www.apa.org/monitor/nov02/synaptic.html.

52. Anthony J. Bell, "Levels and Loops: The Future of Artificial Intelligence and Neuroscience," *Philosophical Transactions of the Royal Society of London B* 354.1352 (December 29, 1999): 2013-20, http://www.cnl.salk.

edu/~tony/ptrsl.pdf.

53. Peter Dayan and Larry Abbott, *Theoretical Neuroscience: Computational and Mathematical Modeling of Neural Systems* (Cambridge, Mass.: MIT Press, 2001).

54. D. O. Hebb, *The Organization of Behavior: A Neuropsychological Theory* (New York: Wiley, 1949).

55. Michael Domjan and Barbara Burkhard, *The Principles of Learning and Behavior*, 3d ed. (Pacific Grove, Calif.: Brooks/Cole, 1993).

56. J. Quintana and J. M. Fuster, "From Perception to Action: Temporal Integrative Functions of Prefrontal and Parietal Neurons," *Cerebral Cortex* 9.3 (April–May 1999): 213–21; W. F. Asaad, G. Rainer, and E. K. Miller, "Neural Activity in the Primate Prefrontal Cortex During Associative Learning," *Neuron* 21.6 (December 1998): 1399–1407.

57. G. G. Turrigiano et al., "Activity–Dependent Scaling of Quantal Amplitude in Neocortical Neurons," *Nature* 391.6670 (February 26, 1998): 892–96; R. J. O'Brien et al., "Activity–Dependent Modulation of Synaptic AMPA Receptor Accumulation," *Neuron* 21.5 (November 1998): 1067–78.

58. From "A New Window to View How Experiences Rewire the Brain," Howard Hughes Medical Institute (December 19, 2002), http://www.hhmi.org/news/svoboda2.html; J. T. Trachtenberg et al., "Long–Term in Vivo Imaging of Experience–Dependent Synaptic Plasticity in Adult Cortex," Nature 420.6917 (December 2002): 788–94, http://cpmcnet.columbia.edu/dept/physio/physio2/Trachtenberg_NATURE.pdf; Karen Zita and Karel Svoboda, "Activity–Dependent Synaptogenesis in the Adult Mammalian Cortex," *Neuron* 35.6 (September 2002): 1015–17, http://svobodalab.cshl.edu/reprints/2414zito02neur.pdf.

59. http://whyfiles.org/184make_memory/4.html. 뉴런 돌기와 기억에 관해서는 다음을 참고하라. J. Grutzendler et al., "Long–Term Dendritic Spine Stability in the Adult Cortex," *Nature* 420.6917 (Dec. 19-26, 2002): 812–16.

60. S. R. Young and E. W. Rubel, "Embryogenesis of Arborization Pattern and Typography of Individual Axons in N. Laminaris of the Chicken Brain Stem," *Journal of Comparative Neurology* 254.4 (December 22, 1986): 425–59.

61. Scott Makeig, "Swartz Center for Computational Neuroscience Vision Overview," http://www.sccn.ucsd.edu/VisionOverview.html.

62. D. H. Hubel and T. N. Wiesel, "Binocular Interaction in Striate Cortex of Kittens Reared with Artificial Squint," *Journal of Neurophysiology* 28.6 (November 1965): 1041–59.

63. Jeffrey M. Schwartz and Sharon Begley, *The Mind and the Brain: Neuroplasticity and the Power of Mental Force* (New York: Regan

Books, 2002); C. Xerri, M. Merzenich et al., "The Plasticity of Primary Somatosensory Cortex Paralleling Sensorimotor Skill Recovery from Stroke in Adult Monkeys," *The Journal of Neurophysiology*, 79.4 (April 1980): 2119-48; S. Begley, "Survival of the Busiest," *Wall Street Journal*, October 11, 2002, http://webreprints.djreprints.com/606120211414.html.

64. Paula Tallal et al., "Language Comprehension in Language-Learning Impaired Children Improved with Acoustically Modified Speech," *Science* 271 (January 5, 1996): 81-84. 폴라 태럴은 러트거스 대학 CMBN(분자 및 행동 신경과학 센터)의 공동 소장이자 신경과학 교수 협회 이사진으로 있으며, SCIL(과학 학습 협회)의 공동 설립자이자 소장이기도 하다. http://www.cmbn.rutgers.edu/faculty/tallal.htm. Paula Tallal, "Language Learning Impairment: Integrating Research and Remediation," *New Horizons for Learning* 4.4 (August-September 1998), http://www.newhorizons.org/neuro/tallal.html; A. Pascual-Leone, "The Brain That Plays Music and Is Changed by It," *Annals of the New York Academy of Sciences* 930 (June 2001): 315-29. 앞의 주 63도 참고하라.

65. F. A. Wilson, S. P. Scalaidhe, and P. S. Goldman-Rakic, "Dissociation of Object and Spatial Processing Domains in Primate Prefrontal Cortex," *Science* 260.5116 (June 25, 1993): 1955-58.

66. C. Buechel, J. T. Coull, and K. J. Friston, "The Predictive Value of Changes in Effective Connectivity for Human Learning," *Science* 283.5407 (March 5, 1999): 1538-41.

67. 그들은 다양한 자극에 따라 한시적이거나 영구적인 연결들을 지어가는 뇌 세포들의 극적인 영상을 촬영했다. 많은 과학자들이 오래전부터 믿었던 대로 우리가 기억을 저장할 때는 뉴런들이 구조적 변화를 겪는다는 것을 잘 보여주는 것이었다. "Pictures Reveal How Nerve Cells Form Connections to Store Short- and Long- Term Memories in Brain," University of California, San Diego, November 29, 2001, http://ucsdnews.ucsd.edu/newsrel/science/mccell.htm; M. A. Colicos et al., "Remodeling of Synaptic Action Induced by Photo-con ductive Stimulation," *Cell* 107.5 (November 30, 2001): 605-16. Video link: http://www.qflux.net/NeuroStim01.rm, Neural Silicon Interface - Quantum Flux.

68. S. Lowel and W. Singer, "Selection of Intrinsic Horizontal Connections in the Visual Cortex by Correlated Neuronal Activity," *Science* 255.5041 (January 10, 1992): 209-12.

69. K. Si et al., "A Neuronal Isoform of CPEB Regulates Local Protein Synthesis and Stabilized Synapse-Specific Long-Term Facilitation in Aplysia," *Cell* 115.7 (December 26, 2003): 893-904; K. Si, S. Lindquist, and E. R. Kandel, "A Neuronal Isoform of the Aplysia CPEB Has Prion-Like Properties," *Cell* 115.7 (December 26, 2003): 879-91. 이 연구자들은 CPEB

가 시냅스 속에서 프리온(광우병과 기타 신경학적 질병들에 관련 있는 것으로 알려진 단백질 조각)의 변형과 비슷한 모양으로 모습을 바꾸면서 장기기억 형성과 보전에 도움을 줄지 모른다는 사실을 밝혀냈다. 연구에 따르면 이 단백질은 프리온 상태일 때 훌륭하게 기능하는 것으로 보이는데, 이는 프리온적 활성을 보이는 단백질은 독성을 갖거나 최소한 적절히 기능하지 못한다는 종래의 믿음에 정면으로 배치되는 것이다. 콜럼비아 대학의 생리학, 세포 생물리학, 정신의학, 생화학, 분자 생물리학 교수이자 2000년 노벨 의학상 수상자인 에릭 R. 캔들은 프리온 기제가 암 억제나 장기 발달 같은 분야에서도 모종의 역할을 할지 모른다고 지적한다. Whitehead Institute press release, http://www.wi.mit.edu/nap/features/nap_feature_memory.html

70. M. C. Anderson et al., "Neural Systems Underlying the Suppression of Unwanted Memories," *Science* 303.5655 (January 9, 2004): 232-35. 이 발견 덕분에 트라우마에 해당하는 기억들을 극복하는 새로운 방법들을 연구할 수 있게 되었다. Keay Davidson, "Study Suggests Brain Is Built to Forget: MRIs in Stanford Experiments Indicate Active Suppression of Unneeded Memories," *San Francisco Chronicle*, January 9, 2004, http://www.sfgate.com/cgi-bin/article.cgi?file=/c/a/2004/01/09/FORGET.TMP&type=science.

71. Dieter C. Lie et al., "Neurogenesis in the Adult Brain: New Strategies for CNS Diseases," *Annual Review of Pharmacology and Toxicology* 44 (2004): 399-421.

72. H. van Praag, G. Kempermann, and F. H. Gage, "Running Increases Cell Proliferation and Neurogenesis in the Adult Mouse Dentate Gyrus," *Nature Neuroscience* 2.3 (March 1999): 266-70.

73. Minsky and Papert, *Perceptron*.

74. Ray Kurzweil, *The Age of Spiritual Machines* (New York: Viking, 1999), p. 79.

75. 비선형 함수를 위한 기저 함수들을 선형적으로 결합하면(가중치가 주어진 기저 함수들을 더하는 것이다) 어떤 비선형 함수라도 근사하게 표현할 수 있다. Pouget and Snyder, "Computational Approaches to Sensorimotor Transformations," *Nature Neuroscience* 3.11 Supplement (November 2000): 1192-98.

76. T. Poggio, "A Theory of How the Brain Might Work," in *Proceedings of Cold Spring Harbor Symposia on Quantitative Biology* 4 (Cold Spring Harbor, N.Y.: Cold Spring Harbor Laboratory Press, 1990), 899-910; T. Poggio and E. Bizzi, "Generalization in Vision and Motor Control," *Nature* 431 (2004): 768-74.

77. R. Llinas and J. P. Welsh, "On the Cerebellum and Motor Learning," *Current Opinion in Neurobiology* 3.6 (December 1993): 958-65; E. Courchesne and G. Allen, "Prediction and Preparation, Fundamental

Functions of the Cerebellum," *Learning and Memory* 4.1 (May-June 1997): 1-35; J. M. Bower, "Control of Sensory Data Acquisition," *International Review of Neurobiology* 41 (1997): 489-513.

78. J. Voogd and M. Glickstein, "The Anatomy of the Cerebellum," *Trends in Neuroscience* 21.9 (September 1998): 370-75; John C. Eccles, Masao Ito, and János Szentágothai, *The Cerebellum as a Neuronal Machine* (New York: Springer-Verlag, 1967); Masao Ito, *The Cerebellum and Neural Control* (New York: Raven, 1984).

79. N. Bernstein, *The Coordination and Regulation of Movements* (New York: Pergamon Press, 1967).

80. U.S. Office of Naval Research press release, "Boneless, Brainy, and Ancient," September 26, 2001, http://www.eurekalert.org/pub_release/2001-11/oonr-bba112601.php; 문어의 다리는 "지상 위는 물론이고 심해나 우주 공간에서 활동할 차세대 로봇의 팔을 만드는 데 기초로서 매우 참고할 만하다."

81. S. Grossberg and R. W. Paine, "A Neural Model of Cortico-Cerebellar Interactions During Attentive Imitation and Predictive Learning of Sequential Handwriting Movements," *Neural Networks* 13.8-9 (October-November 2000): 999-1046.

82. Voogd and Glickstein, "Anatomy of the Cerebellum,"; Eccles, Ito, and Szentágothai, *Cerebellum as a Neuronal Machine*; Ito, *Cerebellum and Neural Control*; R. Llinas, in *Handbook of Physiology*, vol. 2, *The Nervous System*, ed. V. B. Brooks (Bethesda, Md.: American Physiological Society, 1981), pp. 831-976.

83. J. L. Raymond, S. G. Lisberger, and M. D. Mauk, "The Cerebellum: A Neuronal Learning Machine?" *Science* 272.5265 (May 24, 1996): 1126-31; J. J. Kim and R. F. Thompson, "Cerebellar Circuits and Synaptic Mechanisms Involved in Classical Eyeblink Conditioning," *Trends in Neuroscience* 20.4 (April 1997): 177-81.

84. 시뮬레이션에는 10,000개의 과립 세포, 900개의 큰별 세포, 500개의 이끼 섬유 세포, 20개의 조롱박 세포, 6개의 핵 세포가 포함되었다.

85. J. F. Medina et al., "Timing Mechanisms in the Cerebellum: Testing Predictions of a Large-Scale Computer Simulation," *Journal of Neuroscience* 20.14 (July 15, 2000): 5516-25; Dean Buonomano and Michael Mauk, "Neural Network Model of the Cerebellum: Temporal Discrimination and the Timing of Motor Reponses," *Neural Computation* 6.1 (1994): 38-55.

86. Medina et al., "Timing Mechanisms in the Cerebellum."

87. Carver Mead, *Analog VLSI and Neural Systems* (Boston: Addison-Wesley Longman, 1989).

88. Lloyd Watts, "Visualizing Complexity in the Brain," in *Computational Intelligence: The Experts Speak*, D. Fogel and C. Robinson, eds. (Hoboken, N.J.: IEEE Press/Wiley, 2003), pp. 45-56, http://www.lloydwatts.com/wcci.pdf.

89. 위의 글.

90. http://www.lloydwatts.com/neuroscience.shtml. NanoComputer Dream Team, "The Law of Accelerating Returns, Part Ⅱ," http://nanocomputer.org/index.cfm?content=90&Menu=19.

91. http://info.med.yale.edu/bbs/faculty/she_go.html.

92. Gordon M. Shepherd, ed., *The Synaptic Organization of the Brain*, 4th ed. (New York: Oxford University Press, 1998), p. vi.

93. E. Young, "Cochlear Nucleus," 위의 책, pp. 121-58.

94. Tom Yin, "Neural Mechanisms of Encoding Binaural Localization Cues in the Auditory Brainstem," in D. Oertel, R. Fay, and A. Popper, eds., *Integrative Functions in the Mammalian Auditory Pathway* (New York: Springer-Verlag, 2002), pp. 99-159.

95. John Casseday, Thane Fremouw, and Ellen Covey, "The Inferior Colliculus: A Hub for the Central Auditory System," in Oertel, Fay, and Popper, *Integrative Functions in the Mammalian Auditory Pathway*, pp. 238-318.

96. Diagram by Lloyd Watts, http://www.lloydwatts.com/neuroscience.shtml, adapted from E. Young, "Cochlear Nucleus" in G. Shepherd, ed., *The Synaptic Organization of the Brain*, 4th ed. (New York: Oxford University Press, 2003 [first published 1998]), pp. 121-58; D. Oertel in D. Oertel, R. Fay, and A. Popper, eds., *Integrative Functions in the Mammalian Auditory Pathway* (New York: Springer-Verlag, 2002), pp. 1-5; John Casseday, T. Fremouw, and E. Covey, "Inferior Colliculus" 앞의 책; J. LeDoux, *The Emotional Brain* (New York: Simon & Schuster, 1997); J. Rauschecker and B. Tian, "Mechanisms and Streams for Processing of 'What' and 'Where' in Auditory Cortex," *Proceedings of the National Academy of Sciences* 97.22: 11800-11806.

모델링에 포함된 뇌 영역들은 다음과 같다:

달팽이관: 청각 감각 기관. 3만 개의 섬유들이 있어 등자뼈의 운동을 소리에 대한 시공간적 표현 정보로 바꾸어준다.

MC(Multipolar cells): 다극세포. 소리의 스펙트럼 에너지를 측정한다.

GBC(Globular bushy cells): 구형덤불세포. 청각 신경의 신호를 외측상올리브복합체(LSO와 MSO를 포함한다)로 전달한다. 두 귀 간 레벨 비교 신호의 시기와 진폭을 암호화한다.

SBC(Spherical bushy cells): 구면덤불세포. 두 귀 간 시간차 연산(한 소리가 두 귀에 각각 도착하는 시간의 차를 계산하는 것으로서 소리의 진원지 파악에 쓰이는 핵심 정보다)의 사전 처리 기관으로서 도착 시간 정보를 다듬는다.

OC(Octopus cells): 문어세포. 경과음 탐지.

DCN(Dorsal cochlear nucleus): 등쪽달팽이핵. 스펙트럼의 에지(edges)들을 탐지하고 소음 레벨을 조절한다.

VNTB(Ventral nucleus of the trapezoid body): 마름모섬유체배쪽핵. 달팽이관 바깥 유모세포의 기능을 조절하기 위한 신호를 피드백한다.

VNLL, PON(Ventral nucleus of the lateral lemniscus, peri-olivary nuclei): 외측섬유띠배쪽핵, 올리브주변핵. 문어세포로부터 오는 경과음을 처리한다.

MSO(Medial superior olive): 내측상올리브. 두 귀 간 음의 시간차를 연산한다.

LSO(Lateral superior olive): 외측상올리브. 두 귀 간 음의 레벨 차 연산에 관여한다.

ICC(Central nucleus of the inferior colliculus): 하구중심핵. 소리의 다중적 표현들을 통합하는 주 영역이다.

ICx(Exterior nucleus of the inferior colliculus): 하구외핵. 소리의 장소 파악 작업을 다듬는다.

SC(Superior colliculus): 상구. 청각/시각 융합 장소.

MGB(Medial geniculate body): 내측무릎체. 시상의 청각 부분.

LS(Limbic system): 변연계. 감정, 기억, 영역 등등에 관한 많은 구조들을 포함하고 있다.

AC(Auditory cortex): 청각 피질.

97. M. S. Humayun et al., "Human Neural Retinal Transplantation," *Investigative Ophthalmology and Visual Science* 41.10 (September 2000): 3100-3106.

98. Information Science and Technology Colloquium Series, May 23, 2001, http://isandtcolloq.gsfc.nasa.gov/spring2001/speakers/poggio.html.

99. Kah-Kay Sung and Tomaso Poggio, "Example-Based Learning for View-Based Human Face Detection," *IEEE Transactions on Pattern Analysis and Machine Intelligence* 20.1 (1998): 39-51, http://portal.acm.org/citation.cfm?id=27524 5&dl= ACM&coll=GUIDE.

100. Maximilian Riesenhuber and Tomaso Poggio, "A Note on Object Class Representation and Categorical Perception," Center for Biological and Computational Learning, MIT, AI Memo 1679 (1999), ftp://publications.ai.mti. edu/ai-publications/pdf/AIM-1679.pdf.

101. K. Tanaka, "Inferotemporal Cortex and Object Vision," *Annual Review of Neuroscience* 19 (1996): 109-39; Anuj Mohan, "Object Detection in Images by Components," Center for Biological and Computational Learning, MIT, AI Memo 1664 (1999), http://citeseer.ist.psu.edu/cache/papers/cs/12185/ftp: zSzzSzpublications.ai.mit.eduzSzai-publicationszSz1500-1999zSzAIM-1664.pdf/mohan99object.pdf; Anuj Mohan, Constantine Papageorgiou, and Tomaso Poggio, "Example-Based Object

Detection in Images by Components," *IEEE Transactions on Pattern Analysis and Machine Intelligence* 23.4 (April 2001), http://cbcl.mit.edu/projects/cbcl/publications/ps/mohan-ieee.pdf; B. Heisele, T. Poggio, and M. Pontil, "Face Detection in Still Gray Images," Artificial Intelligence Laboratory, MIT, Technical Report AI Memo 1687 (2000). 다음도 참고하라. Bernd Heisele, Thomas Serre, and Stanley Bilesch, "Component-Based Approach to Face Detection," Artificial Intelligence Laboratory and the Center for Biological and Computational Learning, MIT (2001), http://www.ai.mit.edu/research/abstracts/abstracts2001/vision-applied-to-people/03heisele2.pdf.

102. D. Van Essen and J. Gallant, "Neural Mechanisms of Form and Motion Processing in the Primate Visual System," Neuron 13.1 (July 1994): 1-10.

103. Shimon Ullman, *High-Level Vision: Object Recognition and Visual Cognition* (Cambridge, Mass.: MIT Press, 1996); D. Mumford, "On the Computational Architecture of the Neocortex. II. The Role of Corticocortical Loops," *Biological Cybernetics* 66.3 (1992): 241-51; R. Rao and D. Ballard, "Dynamic Model of Visual Recognition Predicts Neural Response Properties in the Visual Cortex," *Neural Computation* 9.4 (May 15, 1997): 721-63.

104. B. Roska and F. Werblin, "Vertical Interactions Across Ten Parallel, Stacked Representations in the Mammalian Retina," *Nature* 410.6828 (March 29, 2001): 583-87; University of California, Berkeley, news release, "Eye Strips Images of All but Bare Essentials Before Sending Visual Information to Brain, UC Berkeley Research Shows," March 28, 2001, www.berkeley.edu/news/media/releases/2001/03/28_wers1.html.

105. 한스 모라벡과 스코트 프리드먼은 모라벡의 연구를 활용하기 위해 시그리드라는 로봇공학 회사를 설립했다. www.Seegrid.com.

106. M. A. Mahowald and C. Mead, "The Silicon Retina," *Scientific American* 264.5 (May 1991): 76-82.

107. 상세하게 말하면, 일단 저주파 통과 필터를 한 수용체에 적용한다(광수용체 같은 것에). 바로 옆 수용체의 신호를 통해 이것이 증폭된다. 쌍방향으로 증폭을 하고 나서 각 수행의 결과를 0에서 빼면 그것이 움직임의 방향을 나타내는 결과가 된다.

108. 버거에 관해서는 다음을 참고하라. http://www.usc.edu/dept/engineering/CNE/faculty/Berger.html.

109. "The World's First Brain Prosthesis," New Scientist 177.2386 (March 15, 2003): 4, http://www.newscientist.com/news/news.jsp?id=ns99993488.

110. Charles Choi, "Brain-Mimicking Circuits to Run Navy Robot," UPI, June 7, 2004, http://www.upi.com/view.cfm?StoryID=20040606-103352-6086r.

111. Giacomo Rizzolatti et al., "Functional Organization of Inferior Area 6 in

the Macaque Monkey. Ⅱ. Area F5 and the Control of Distal Movements," *Experim ental Brain Research* 71.3 (1998): 491-507.

112. M. A. Arbib, "The Mirror System, Imitation, and the Evolution of Language," in Kerstin Dautenhahn and Chrystopher L. Nehaniv, eds., *Imitation in Animals and Artifacts* (Cambridge, Mass.: MIT Press, 2002).

113. Marc D. Hauser, Noam Chomsky, and W. Tecumseh Fitch, "The Faculty of Language: What Is It, Who Has It, and How Did It Evolve?" *Science* 298 (November 2002): 1569-79, www.wjh.harvard.edu/~mnkylab/publications/languagespeech/Hauser,Chomsky,Fitch.pdf.

114. Daniel C. Dennett, *Freedom Evolves* (New York: Viking, 2003).

115. Sandra Blakeslee, "Humanity? Maybe It's All in the Wiring," *New York Times*, December 11, 2003, http://www.nytimes.com/2003/12/09/science/09BRAI. html?ex=1386306000&en=294f5e91d-d262a1a&ei=5007&partner=USERLAND.

116. Antonio R. Damasio, *Descartes' Error: Emotion, Reason and the Human Brain* (New York: Putnam, 1994).

117. M. P. Maher et al., "Microstructures for Studies of Cultured Neural Networks," *Medical and Biological Engineering and Computing* 37.1 (January 1999): 110-18; John Wright et al., "Towards a Functional MEMS Neurowell by Physiolog ical Experimentation," *Technical Digest*, ASME, 1996 International Mechanical Engineering Congress and Exposition, Atlanta, November 1996, DSC (Dynamic Systems and Control Division), vol. 59, pp. 333-38.

118. W. French Anderson, "Genetics and Human Malleability," *Hastings Center Report* 23.20 (January/February 1990): 1.

119. Ray Kurzweil, "A Wager on the Turing Test: Why I Think I Will Win," KurzweilAI.net, April 9, 2002, http://www.KurzweilAI.net/meme/frame.html?main=/articles/art0374.html.

120. 로버트 A. 프레이터스 주니어는 거의 순간적이라 할 수 있는 나노기술 기반 업로딩 기법을 제안하기도 했다(2005년 1월에 가진 개인적 대화에서). "http://www.nanomedicine.com/NMI/7.3.1.htm에서 제안한 것 같은 생체 내 섬유망은 10^{18}비트/초 속도로 데이터 트래픽을 다룰 수 있으므로, 실시간 뇌 상태 감시를 하기에 충분하고도 남습니다. 섬유망의 부피는 30cm³이고 4~6와트의 폐열을 발생시키는데, 둘 다 1,400cm³, 25와트의 인간 뇌 속에 안전하게 장착할 만한 수준이라 할 수 있습니다. 신호의 속도는 최대로 하면 광속에서 몇 미터쯤 차이 나는 수준이 가능할 것이므로, 뉴런 지점에서 개시된 신호가 바깥에서 업로드를 주관하는 컴퓨터까지 다다르는 데 걸리는 시간은 0.00001밀리초 미만일 것입니다. 뉴런의 방전 주기인 최소 5밀리초 미만과 비교하면 아주 짧은 시간입니다. 평균적으로 서로 2마이크론 미만의 거리로 놓인 신경 감시 화학 감지기들은 5밀리초 시간 단위 내에 일어나는 유의미한 화학 사건들을 고

스란히 파악할 수 있을 겁니다. 말하자면 5밀리초면 하나의 신경펩티드가 2미크론 거리로 확산되고도 남는 시간입니다(http://www.nanomedicine.com/NMI/Tables/3.4.jpg). 따라서 인간 뇌 상태 감시는 거의 순식간이라 해도 좋을 시간 내에 이뤄질 수 있습니다. 인간의 신경 반응에 요구되는 시간 범위 내에서 평가하자면 '어떤 중요한 사건도 놓침 없이' 가능하다고 할 수 있습니다."

121. M. C. Diamond et al., "On the Brain of a Scientist: Albert Einstein," *Experimental Neurology* 88 (1985): 198-204.

5장 GNR: 중첩되어 일어날 세 가지 혁명

1. Samuel Butler (1835-1902), "Darwin Among the Machines," *Christ Church Press*, June 13, 1863 (republished by Festing Jones in 1912 in *The Notebooks of Samuel Butler*).

2. Peter Weibel, "Virtual Worlds: The Emperor's New Bodies," in *Ars Electronica: Facing the Future*, ed. Timothy Druckery (Cambridge, Mass.: MIT Press, 1999), pp. 207-23; available online at http://www.aec.at/en/archiv_files/19902/E1990b_009.pdf.

3. James Watson and Francis Crick, "Molecular Structure of Nucleic Acids: A Structure for Deoxyribose Nucleic Acid," *Nature* 171.4356 (April 23, 1953): 737-38, http://www.nature.com/nature/dna50/watsoncrick.pdf.

4. Robert Waterson quoted in "Scientists Reveal Complete Sequence of Human Genome," *CBC News*, April 14, 2003, http://www.cbc.ca/story/science/national/2003/04/14/genome030411.html.

5. 2장의 주 57 참고.

6. 크릭과 왓슨의 원래 보고서는 아직도 읽을 만하며, 다음 자료들에서 볼 수 있다. James A. Peters, ed., *Classic Papers in Genetics* (Englewood Cliffs, N.J.: Prentice-Hall, 1959). 이중나선 발견 과정의 성공과 실패에 관한 흥미로운 이야기들은 다음에서 읽을 수 있다. J. D. Watson, *The Double Helix: A Personal Account of the Discovery of the Structure of DNA* (New York: Atheneum, 1968). Nature.com에서는 크릭의 논문들을 온라인으로 볼 수 있다. http://www.nature.com/nature/focus/crick/index.html.

7. Morislav Radman and Richard Wagner, "The High Fidelity of DNA Duplication," *Scientific American* 259.2 (August 1988): 40-46.

8. DNA와 RNA의 구조와 행동에 대해서는 다음 자료가 각각 다룬다. Gary Felsenfeld, "DNA", and James Darnall, "RNA", both in *Scientific American* 253.4 (October 1985), p. 58-67 and 68-78.

9. Mark A. Jobling and Chris Tyler-Smith, "The Human Y Chromosome: An Evolutionary Marker Comes of Age," *Nature Reviews Genetics* 4 (August 2003): 598-612; Helen Skaletsky et al., "The Male-Specific Region of the Human Y Chromosome Is a Mosaic of Discrete Sequence Classes," *Nature* 423 (June 19, 2003): 825-37.

10. 잘못 접힌 단백질들은 모든 독소들 중에서도 가장 위험하다 할 수 있을 것이다. 연구에 따르면 잘못 접힌 단백질들은 신체에서 다양한 질병 과정을 일으키는 핵심 역할을 하는지 모른다. 알츠하이머병, 파킨슨병, 인간광우병, 낭포성 섬유증, 백내장, 당뇨병 등 여러 질병들이 모두 신체에서 잘못 접힌 단백질을 제거하는 능력에 이상이 생긴 결과라 여겨진다.

    단백질 분자들은 세포 활동에서 가장 큰 몫을 차지한다. 단백질은 개개 세포 내에서 DNA 청사진에 따라 만들어진다. 기다란 아미노산 사슬이 정교한 3차원 구조로 접히면 단백질이 되어서 효소, 운반 단백질 등등으로 기능하게 된다. 중금속 독소들은 이 효소들의 정상적인 기능을 방해하여 문제를 심화시키기도 한다. 또한 잘못 접힌 단백질이 축적될 확률이 높은 유전적 성향을 타고난 사람들도 있다.

    프로토피브릴이 한데 뭉치면 섬유, 피브릴, 또는 아밀로이드반이라는 커다랗고 둥그런 구조가 된다. 최근까지만 해도 이 불용성 아밀로이드반이 축적되는 것이야말로 각종 질환을 일으키는 병원성 요소라고 여겨졌는데, 최근에는 프로토피브릴 자체가 더 심각한 문제임이 밝혀지고 있다. 프로토피브릴이 불용성 아밀로이드반으로 바뀌는 속도는 질병 진행률에 반비례한다. 그래서 어떤 사람은 뇌 속에 아밀로이드반 축적률이 높은데도 알츠하이머병 증상을 보이지 않는 반면, 다른 사람은 눈에 보이는 아밀로이드반 양이 적은데도 심각한 징후를 보이곤 하는 것이다. 아밀로이드반 생성이 빠른 사람은 프로토피브릴로 인한 손상을 피할 수 있는 것이며, 속도가 비교적 느린 사람은 많은 손상을 입는 것이다. 이 사람들에게서는 아밀로이드반을 많이 찾아볼 수 없다. Per Hammarström, Frank Schneider, and Jeffrey W. Kelly, "Trans-Suppression of Misfolding in an Amyloid Disease," Science 293.5539 (September 28, 2001): 2459-62.

11. 새로운 생물학에 대한 환상적인 소개가 다음에 있다. Horace F. Judson, *The Eighth Day of Creation: The Makers of the Revolution in Biology* (Woodbury, N.Y.: CSHL Press, 1996).

12. Raymond Kurzweil and Terry Grossman, M.D., *Fantastic Voyage: Live Long Enough to Live Forever* (New York: Rodale, 2004). http://www. Fantastic Voyage.net, http://www.RayandTerry.com.

13. Raymond Kurzweil, *The 10% Solution for a Healthy Life: How to Eliminate Virtually All Risk of Heart Disease and Cancer* (New York: Crown Books, 1993).

14. Kurzweil and Grossman, *Fantastic Voyage*. "레이와 테리의 수명 연장 프로그램"이 책 전반에 소개되어 있다.

15. H-스캔 검사라 불리는 '생물학적 나이' 측정법은 청각 반응 시간, 최고 가청 주파수, 진동촉각 감각, 시각 반응 시간, 근육 운동 시간, 폐 용량, 의사 결정과 관련된 시각 반응 시간, 의사 결정과 관련된 근육 운동 시간, 기억(기억 가능한 배열의 길이), 선택적 버튼 두드리기 시간, 시각 조절 능력 등을 재는 것이다. 저자는 프론티어 의학 연구소(그로스먼 박사의 건강 및 수명 연장 클리닉이다)에

서 이 테스트를 받았다. http://www.FMIClinic.com. H-스캔 검사에 대해서
는 다음을 참고하라. Diagnostic and Lab Testing, Longevity Institute, Dallas,
http://www.lidhealth.com/diagnostic.html.

16. Kurzweil and Grossman, *Fantastic Voyage*, chapter 10: "Ray's Personal
    Program."

17. 위의 책.

18. Aubrey D. N. J. de Grey, "The Foreseeability of Real Anti-Aging Medicine:
    Focusing the Debate," *Experimental Gerontology* 38.9 (September
    2003): 927-34; Aubrey D. N. J. de Grey, "An Engineer's Approach to
    the Developme nt of Real Anti-Aging Medicine," *Science of Aging,
    Knowledge, Environment* 1 (2003): Aubrey D. N. J. de Grey et al., "Is
    Human Aging Still Mysterious Enough to Be Left Only to Scientists?"
    BioEssays 24.7 (July 2002): 667-76.

19. Aubrey D. N. J. de Grey, ed., *Strategies for Engineered Negligible
    Senescence : Why Genuine Control of Aging May Be Foreseeable*, Annals
    of the New York Academy of Sciences, vol. 1019 (New York: New York
    Academy of Sciences, June 2004).

20. 세포들이 유전자 발현을 통제하는 이유는 서로 다른 기능의 세포를 만드는 것
    외에도 두 가지가 더 있는데, 환경적 단서들과 발달 과정을 반영하기 위해서
    다. 박테리아처럼 단순한 유기체도 환경적 단서에 따라 단백질 합성을 켰다 껐
    다 할 수 있다. 가령 대장균은 환경에 에너지 집약적인 질소원이 적을 때는 공
    기의 질소 기체 농도를 통제하는 역할을 하는 단백질의 합성을 꺼버린다. 최
    근 연구에 의하면 딸기의 1,800개 유전자 중 200개는 발달 단계에 따라 상이하
    게 발현한다고 한다. E. Marshall, "An Array of Uses: Expression Patterns in
    Strawberries, Ebola, TB, and Mouse Cells," *Science* 286.5439 (1999): 445.

21. 유전자에는 단백질 암호를 담은 부분 외에도 이른바 촉진자와 증강자라 불
    리는 배열들을 담은 부분이 있다. 이 부분은 언제, 그리고 어디에서 유전자
    가 발현할지 통제하는 규제 영역이다. 단백질 합성을 지시하는 유전자의 촉
    진자 부분은 보통 DNA의 '상류' 쪽에 존재한다. 증강자는 촉진자의 활용
    을 촉진하는 역할을 하여 유전자 발현의 속도를 통제한다. 대부분의 유전자
    들은 증강자가 있어야만 발현한다. 증강자는 "유전자가 공간(세포의 종류)
    과 시간에서 차별적으로 전사되게 하는 주된 요인"이라 불린다. 하나의 유전
    자가 서로 다른 증강자 결합 영역들을 여러 개 가질 수도 있다(S. F. Gilbert,
    Developmental Biology, 6th ed. [Sunderland, Mass.: Sinauer Associations,
    2000]; available online at www.ncbi.nlm.nih.gov/books/bv.fcgi?call=bv.
    View..ShowSection&rid=.0BpKYEB-SPfx18nm8QOxH).

    전사 요소들은 유전자의 증강자나 촉진자 영역에 결합함으로써 유전자 발현
    을 시작하거나 억제한다. 전사 요소들에 대해 새롭게 이해해가면서 유전자 발
    현에 대한 시각도 바뀌어가고 있다. 페르 길버트는 〈발달의 유전적 핵심: 차별
    적 유전자 발현〉이라는 장에서 이렇게 말했다. "유전자 자체는 더 이상 단백

질 합성을 통제하는 하나의 독립적인 개체로 보이지 않는다. 유전자는 단백질 합성을 지시하기도 하지만 지시 받기도 한다. 나탈리 앤저는 이렇게 썼다(1992). '일련의 발견들에 따르면 DNA는 마치 정치가처럼 보인다. 일군의 단백질 조작자들이나 조언자들이 DNA를 둘러싼 채 격렬하게 DNA를 문지르며, 비비 꼬고, 가끔은 신체의 장대한 청사진인 이 DNA가 깨닫기도 전에 그 형태를 바꿔놓기도 한다.'"

22. Bob Holmes, "Gene Therapy May Switch Off Huntington's," March 13, 2003, http://www.newscientist.com/news/news.jsp?id=ns99993493. "RNA 간섭은 유전자 역분석의 강력한 도구로 떠오르며, 질병과 관련된 많은 유전자들의 기능을 연구하는 데 빠르게 적용되고 있다. 특히 종양이나 전염성 질환 연구에 도입되고 있다." J. C. Cheng, T. B. Moore, and K. M. Sakamoto, "RNA interference and Human Disease," Molecular Genetics and Metabolism 80.1-2 (October 2003): 121-28. RNA 간섭은 "특정 배열에만 선택적으로 작용하는, 잠재력이 뛰어난 기제이다." L. Zhang, D. K. Fogg, and D. M. Waisman, "RNA Interfe rence-Mediated Silencing of the S100A10 Gene Attenuates Plasmin Generation and Invasiveness of Colo 222 Colorectal Cancer Cells," Journal of Biological Chemistry 279.3 (January 16, 2004): 2053-62.

23. 각 칩은 특정 유전자를 확인할 수 있는 배열들을 담은 합성 올리고뉴클레오티드들을 갖고 있다. "샘플에서 어떤 유전자들이 발현되었는지 알아보려면, 연구자들은 우선 샘플에서 메신저 RNA를 분리한 뒤 그것을 상보 DNA(cDNA)로 바꾸고, 거기에 형광 염료 꼬리표를 붙여서, 칩의 웨이퍼 위로 흘려보낸다. 표지를 단 cDNA들은 들어맞는 배열이 있는 올리고뉴클레오티드에 가 결합할 것이고, 그러면 웨이퍼의 그 지점에 불이 들어온다. 자동 스캐너로 어떤 올리고가 결합되었는지 읽어내면, 어떤 유전자가 발현된 것인지 알게 된다…" E. Marshall, "Do-It-Yourself Gene Watching," Science 286.5439 (October 15, 1999): 444-47.

24. 위의 글.

25. J. Rosamond and A. Allsop, 'Harnessing the Power of the Genome in the Search for New Antibiotics," Science 287.5460 (March 17, 2000): 1973-76.

26. T. R. Golub et al., "Molecular Classification of Cancer: Class Discovery and Class Prediction by Gene Expression Monitoring," Science 286.5439 (October 15, 1999): 531-37.

27. 위의 글, as reported in A. Berns, "Cancer: Gene Expression in Diagnosis," Nature 403 (February 3, 2000): 491-92. 또 다른 연구에 따르면 나이든 근육에서는 유전자의 1퍼센트가량이 발현이 감소한 모습을 보였다. 이 유전자들은 에너지 생산이나 세포 형성에 관련된 단백질들을 생산하는 것이었으므로, 유전자 발현이 감소했다는 것은 나이에 따라 근육이 약해지는 것을 설명해주는 셈이다. 발현이 증가된 유전자들은 스트레스 단백질들을 생산했는데, 이들은 손상된 DNA나 단백질들을 수선하는 데 쓰인다. J. Marx, "Chipping Away at

the Causes of Aging," *Science* 287.5462 (March 31, 2000): 2390.

또 다른 예로, 간 전이는 결장암의 원인이 되기 쉽다. 이 전이 현상은 환자의 유전자 구성에 따라 치료에 다르게 반응한다. 유전자 발현 프로파일링은 환자에게 어떤 처치가 적절할지 판단하는 데 큰 도움을 준다. J. C. Sung et al., "Genetic Heterogeneity of Colorectal Cancer Liver Metastases," *Journal of Surgical Research* 114.2 (October 2003): 251.

이런 예도 있다. 연구자들은 호지킨병에서 나타나는 리드-스턴버그 세포를 분석하는 데 어려움을 겪어왔다. 질병 조직 중에서도 세포의 양이 극도로 적기 때문이다. 유전자 발현 프로파일링은 이 세포의 유전을 파악하는 좋은 단서를 제공한다. J. Cossman et al., "Reed-Sternberg Cell Genome Expression Supports a B-Cell Lineage," *Blood* 94.2 (July 15, 1999): 411-16.

28. T. Ueland et al., "Growth Hormone Substitution Increases Gene Expression of Members of the IGF Family in Cortical Bone from Women with Adult Onset Growth Hormone Deficiency - Relationship with Bone Turn-Over," *Bone* 33.4 (October 2003): 638-45.

29. R. Lovett, "Toxicologists Brace for Genomics Revolution," *Science* 289.5479 (July 28, 2000): 536-37.

30. 체세포에 유전자를 도입하면 한동안 신체 여러 하부 세포들에 영향이 나타난다. 이론적으로는 난자와 정자 세포(생식선 세포)의 유전 정보를 바꾸는 것도 가능하다. 변화를 다음 세대에 넘겨주기 위해서 말이다. 그런 치료법은 윤리적인 문제들을 안고 있으므로 아직 시도된 바 없다. "Gene Therapy," Wikipedia, http://en.wikipedia.org/wiki/Gene_therapy.

31. 유전자는 단백질을 암호화하고, 단백질은 인체 내에서 핵심적인 기능들을 수행한다. 유전자에 이상이 있거나 돌연변이가 발생해 이 기능들을 적절히 수행하지 못하는 단백질을 합성하게 되면, 유전적 장애나 질병이 발생한다. 유전자 치료의 목표는 결함 있는 유전자를 교체하여 정상적으로 단백질이 생성되게 하는 것이다. 방법은 여러 가지다. 하지만 가장 전형적인 방법은 치료용 교체 유전자를 벡터라 불리는 운반 분자에 담아 환자의 대상 세포들에 집어넣는 것이다. "현재, 가장 흔한 벡터는 정상적인 인간 DNA를 운반할 수 있도록 유전적으로 변형된 바이러스이다. 바이러스는 자신들의 유전자를 안전하게 감싸 인간 세포 내에 밀어넣음으로써 병을 일으키는 일을 잘 해내도록 진화된 존재다. 과학자들은 이 능력의 장점을 취하여, 바이러스에서 병원성 유전자들을 제거한 뒤 대신 치료용 유전자들을 집어넣으려 노력하고 있다"(Human Genome Project, "Gene Therapy," http://www.ornl.gov/TechResources/Human_Genome/medicine/genetherapy.html). 유전자 치료에 대한 정보나 기타 사이트 링크들을 보려면 인간 게놈 프로젝트 사이트를 참고하라. 유전자 치료는 매우 중요하게 여겨지는 연구 분야라서, 현재 유전자 치료를 다루는 전문가 과학 잡지가 6개 있고, 이 주제를 다루는 학회가 4개나 있다.

32. K. R. Smith, "Gene Transfer in Higher Animals: Theoretical Consideration and Key Concepts," *Journal of Biotechnology* 99.1 (October 9, 2002):

1-22.

33.   Anil Ananthaswamy, "Undercover Genes Slip into the Brain," March 20, 2003, http://www.newscientist.com/news/news.jsp?id=ns99993520.

34.   A. E. Trezise et al., "In Vivo Gene Expression: DNA Electrotransfer," *Current Opinion in Molecular Therapeutics* 5.4 (August 2003): 397-404.

35.   Sylvia Westphal, "DNA Nanoballs Boost Gene Therapy," May 12, 2002, http://www.newscientist.com/news/news.jsp?id=ns99992257.

36.   L. Wu, M. Johnson, and M. Sato, "Transcriptionally Targeted Gene Therapy to Detect and Treat Cancer," *Trends in Molecular Medicine* 9.10 (October 2003): 421-29.

37.   S. Westphal, "Virus Synthesized in a Fortnight," November 14, 2003, http://www.newscientist.com/news/news.jsp?id=ns99994383.

38.   G. Chiesa, "Recombinant Apolipoprotein A-I(Milano) Infusion into Rabbit Carotid Artery Rapidly Removes Lipid from Fatty Streaks," *Circulation Research* 90.9 (May 17, 2002): 974-80; P. K. Shah et al., "High-Dose Recombinant Apolipoprotein A-I(Milano) Mobilizes Tissue Cholesterol and Rapidly Reduces Plaque Lipid and Macrophage Content in Apolipoprotein e-Deficient Mice," *Circulation* 103.25 (June 26, 2001): 3047-50.

39.   S. E. Nissen et al., "Effect of Recombinant Apo A-I Milano on Coronary Atherosclerosis in Patients with Acute Coronary Syndromes: A Randomized Controlled Trial," *JAMA* 290.17 (November 5, 2003): 2292-2300.

40.   최근의 2단계 실험에 따르면 "HDL 콜레스테롤 수치는 눈에 띄게 높아졌고 LDL 콜레스테롤 수치는 눈에 띄게 낮아졌다"고 한다. M. E. Brousseau et al., "Effects of an Inhibitor of Cholesteryl Ester Transfer Protein on HDL Cholesterol," *New England Journal of Medicine* 350.15 (April 8, 2004): 1505-15, http://content.nejm.org/cgi/content/abstract/350/15/1505. 세계적인 3단계 실험은 2003년 말에 시작되었다. 토르세트라핍에 대한 정보는 화이자 사의 사이트에 있다. http://www.pfizer.com/are/investors_reports/annual_2003/review/p2003ar14_15.htm.

41.   O. J. Finn, "Cancer Vaccines: Between the Idea and the Reality," *Nature Reviews: Immunology* 3.8 (August 2003): 630-41; R. C. Kennedy and M. H. Shearer, "A Role for Antibodies in Tumor Immunity," *International Reviews of Immunology* 22.2 (March-April 2003): 141-72.

42.   T. F. Greten and E. M. Jaffee, "Cancer Vaccines," *Journal of Clinical Oncology* 17.3 (March 1999): 1047-60.

43.   "Cancer 'Vaccine' Results Encouraging," *BBCNews*, January 8, 2001, http://news.bbc.co.uk/2/hi/health/1102618.stm, reporting on research by E. M. Jaffee et al., "Novel Allogeneic Granulocyte-Macrophage Colony-

Simulating Facot-Secreting Tumor Vaccine for Pancreatic Cancer: A Phase
I Trail of Safety and Immune Activation," *Journal of Clinical Oncology*
19.1 (January 1, 2001): 145-56.

44. John Travis, "Fused Cells Hold Promise of Cancer Vaccines," March 4,
2000, http://www.sciencenews.org/articles/20000304/fob3.asp, referring
to D. W. Kufe, "Smallfox, Polio and Now a Cancer Vaccine?" *Nature
Medicine* 6 (March 2000): 252-53.

45. J. D. Lewis, B. D. Reilly, and R. K. Bright, "Tumor-Associated Antigens:
From Discovery to Immunity," *International Reviews of Immunology* 22.2
(March-April 2003): 81-112.

46. T. Boehm et al., "Antiangiogenic Therapy of Experimental Cancer Does
Not Induce Acquired Drug Resistance," *Nature* 390.6658 (November 27,
1997): 404-7.

47. Angiogenesis Foundation, "Understanding Angiogenesis," http://www.
angio.org/understanding/content_understanding.html; L. K. Lassiter and
M. A. Carducci, "Endothelin Receptor Antagonists in the Treatment of
Prostate Cancer," Seminars in *Oncology* 30.5 (October 2003): 678-88. 과
정에 대한 설명은 국립 암 연구소 웹사이트를 참고하라. "Understanding
Angiogenesis," http://press2.nci.nih.gov/sciencebehind/angiogenesis/
angio02.htm.

48. I. B. Roninson, "Tumor Cell Senescence in Cancer Treatment,"
Cancer Research 63.11 (June 1, 2003): 2705-15; B. R. Davies et al.,
"Immortalization of Human Ovarian Surface Epithelium with Telomerase
and Temperature-Sensitive SV40 Large T Antigen," *Experimental Cell
Research* 288.2 (August 15, 2003): 390-402.

49. R. C. Woodruff and J. N. Thompson Jr., "The Role of Somatic and
Germline Mutations in Aging and a Mutation Interaction Model of Aging,"
Journal of Anti-Aging Medicine 6.1 (Spring 2003): 29-39. 주 18과 19 참고.

50. Aubrey D. N. J. de Grey, "The Reductive Hotspot Hypothesis
of Mammalian Aging: Membrane Metabolism Magnifies Mutant
Mitochondrial Mischief," *European Journal of Biochemistry* 269.8 (April
2002): 2003-9; P. F. Chinnery et al., "Accumulation of Mitochondrial
DNA Mutations in Aging, Cancer, and Mitochondrial Disease: Is There a
Common Mechanism?" *Lancet* 360.9342 (October 26, 2002): 1323-25; A.
D. de Grey, "Mitochondrial Gene Therapy: An Arena for the Biomedical
Use of Inteins," *Trends in Biotechnology* 18.9 (September 2000): 394-99.

51. "알츠하이머병 같은 퇴행성 질환을 예방하기 위해 개개인에게 '백신'을 주입한
다는 것은 병이나 치료에 대한 기존의 관념에서 한참 벗어난 획기적 전환임에
분명하다. 알츠하이머병 등 몇 가지 다발 경화증에 대해서는 이미 치료용 백신
이 동물을 대상으로 효능을 입증 받았고, 임상용으로 나와 있다. 하지만 그런

접근법은 혜택 외에도 바람직하지 못한 염증 반응을 유발시킬 우려도 있다"(H. L. Weiver and D. J. Selkoe, "Inflammation and Therapeutic Vaccination in CNS Diseases," *Nature* 420,6917 [December 19-26, 2002]: 879-84). 연구자들은 점비제 형태의 백신이 알츠하이머병으로 인한 뇌 퇴행 속도를 늦출 수 있음을 보였다. H. L. Weiner et al., "Nasal Administration of Amyloid-beta Peptide Decreases Cerebral Amyloid Burden in a Mouse Model of Alzheimer's Disease," *Annals of Neurology* 48.4 (October 2000): 567-79.

52. S. Vasan, P. Foiles, and H. Founds, "Therapeutic Potential of Breakers of Advance Glycation End Product-Protein Crosslinks," *Archives of Biochemistry and Biophysics* 419.1 (November 1, 2003): 89-96; D. A. Kass, "Getting Better Without AGE: New Insights into the Diabetic Heart," *Circulation Research* 92.7 (April 18, 2003): 704-6.

53. S. Graham, "Methuselah Worm Remains Energetic for Life," October 27, 2003, www.sciam.com/article.cfm?chanID=sa003&articleID=000C601F-8711-1F99-86FB83414B7F0156.

54. 론 바이스의 프린스턴 대학 홈페이지에는 그의 글 목록이 나와 있다 (http://www.princeton.edu/~rweiss). 다음도 포함되어 있다. "Genetic Circuit Building Blocks for Cellular Computation, Communications, and Signal Processing," *Natural Computing, an International Journal* 2.1 (January 2003): 47-84.

55. S. L. Garfinkel, "Biological Computing," *Technology Review* (May-June 2000), http://static.highbeam.com/t/technologyreview/may012000/biologicalcomputing.

56. 위의 글. MIT 미디어랩 웹사이트에서 현재의 연구 내용들도 참고하라. http://www.media.mit.edu/research/index.html.

57. 한 가지 가능한 설명은 이렇다. "포유류에서 여성 배아는 2개의 X 염색체를, 남성 배아는 1개의 X 염색체를 가진다. 여성 배아의 초기 발달 단계에서는 둘 중 한 염색체에 있는 대부분의 유전자들이 비활성화되거나 억제된다. 그래서 남성에서나 여성에서나 발현되는 유전자의 양이 동일해진다. 하지만 복제 동물에서는 이미 기증자 핵에서 온 X 염색체 하나가 비활성화된 상태다. 그래서 일단 재편해서 활성화시켰다가 다시 비활성화시켜야 하는데, 이 과정에서 오류의 가능성이 있다." CBC News online staff, "Genetic Defects May Explain Cloning Failures," May 27, 2002, http://www.cbc.ca/stories/2002/05/27/cloning_errors020527. 이 보도는 다음 연구 내용을 설명한 것이다. F. Xue et al., "Aberr ant Patterns of X Chromosome Inactivation in Bovine Clones," *Nature Genetics* 31.2 (June 2002): 216-20.

58. Rick Weiss, "Clone Defects Point to Need for 2 Genetic Parents," *Washington Post*, May 10, 1999, http://www.gene.ch/genet/1999/Jun/msg00004.html.

59. A. Baguisi et al., "Production of Goats by Somatic Cell Nuclear Transfer,"

Nature Biotechnology 5 (May 1999): 456–61. 겐자임 트랜스제닉스 코퍼레이션 사와 루이지애나 주립 대학, 터프스 대학 의학부 간의 협동 연구에 대한 정보는 다음을 참고하라. April 27, 1999, press release, "Genzyme Transgenics Corporation Announces First Successful Cloning of Transgenic Goat," http://www.transgenics.com/pressreleases/pr042799.html.

60. Luba Vangelova, "True or False? Extinction Is Forever," *Smithsonian*, June 2003, http://www.smithsonianmag.com/smithsonian/issue03/jun03/phenomena.html.

61. J. B. Gurdon and A. Colman, "The Future of Cloning," Nature 402.6763 (December 16, 1999): 743–46; Gregory Stock and John Campbell, eds., *Engineering the Human Germline: An Exploration of the Science and Ethics of Altering the Genes We Pass to Our Children* (New York: Oxford University Press, 2000).

62. 스크립스 연구소가 지적하듯, "계통이 이미 정해진 세포들의 분화를 되돌리거나 탈분화시켜 어느 세포나 될 수 있는 전구 세포로 만들 수 있다면, 배아줄기세포나 성체줄기세포를 임상 목적으로 활용하는 데 따른 갖가지 장애물들을(비효율적인 분화, 타생 세포에 대한 거부, 효율적인 분리 및 확장의 문제 등) 단숨에 극복하게 될 것이다. 효율적인 탈분화 과정이 존재한다면, 건강하고 풍부하며 쉽게 얻을 수 있는 성인세포들을 가지고 다양한 형태의 기능 세포들을 양산하여 손상된 조직과 장기를 수선할 수 있을 것이다"(http://www.scripps.edu/chem/ding/sciences.htm).

한 가지 형태로 분화된 세포를 다른 형태로 직접 돌려놓는 과정, 즉 교차분화라 불리는 이 과정을 활용하면 동질 유전자[환자 자신의] 세포들을 생산함으로써 병에 걸렸거나 손상된 세포와 조직을 교체하는 큰 일을 해낼 수 있을 것이다. 성인줄기세포는 애초의 기대보다 훨씬 넓은 영역의 분화를 할 수 있는 것으로 보이며, 따라서 원래의 위치 외에 다른 조직에서도 기여를 할 수 있을지 모른다. 그렇다면 유용한 치료 도구가 되어줄 것이다. 최근의 교차분화 분야의 연구로는 핵 이식, 세포 배양 조건의 조작, 전위적 유전자 발현 유도, 세포 추출물에서 분자 빨아들이기 등이 있다. 이런 접근법들은 동질 유전자 교체 세포들을 만드는 새로운 장으로 가는 문을 열어주는 것들이다. 예상치 못한 조직 변형을 막기 위해서, 핵 재편은 통제된, 그리고 유전되는 후생학적 변형 형태로 이뤄져야 한다. 아직 핵 재편에 기반이 되는 분자 과정들을 파헤치고, 재편된 세포들에서 일어난 변화의 안정성을 확신하려면 많은 노력이 필요하다.

위의 글은 다음 자료에서 인용된 것이다. P. Collas and Anne-Mari Håkelien, "Teaching Cells New Tricks," *Trends in Biotechnology* 21.8 (August 2003): 354–61; P. Collas, "Nuclear Reprogramming in Cell-Free Extracts," *Philosophic al Transactions of the Royal Society of London*, B 358.1436

(August 29, 2003): 1389-95.

63. 연구자들은 실험실에서 인간의 간세포를 췌장세포로 변환하는 데 성공했다. Jonathan Slack et al., "Experimental Conversion of Liver to Pancreas," *Current Biology* 13.2 (January 2003): 105-15. 연구자들은 세포 추출물을 활용해서 재편된 세포들이 다른 종류 세포들처럼 행동하도록 만들었다. 가령 피부세포를 재편하여 T 세포의 특징을 나타내게 할 수 있었다. Anne-Mari Håkelien et al., "Reprogramming Fibroblasts to Express T-Cell Functions Using Cell Extracts," *Nature Biotechnology* 20.5 (May 2002): 460-66; Anne-Mari Håkelien and P. Collas, "Novel Approaches to Transdifferentiation," *Cloning Stem Cells* 4.4 (2002): 379-87. 다음도 참고하라. David Tosh and Jonathan M. W. Slack, "How Cells Change Their Phenotype," *Nature Reviews Molecular Cell Biology* 3.3 (March 2002): 187-94.

64. 앞의 주 21에서 전사 요소에 대한 설명을 참고하라.

65. R. P. Lanza et al., "Extension of Cell Life-Span and Telomere Length in Animals Cloned from Senescent Somatic Cells," *Science* 288.5466 (April 28, 2000): 665-69. 다음도 참고하라. J. C. Ameisen, "On the Origin, Evolution, and Nature of Programmed Cell Death: A Timeline of Four Billion Years," *Cell Death and Differentiation* 9.4 (April 2002): 367-93; Mary-Ellen Shay, "Transplantation Without a Donor," *Dream: The Magazine of Possibilities* (Children's Hospital, Boston), Fall 2001.

66. 2000년, 미국 국립보건연구소(NIH)와 청소년 당뇨 재단이 프로젝트로 발족한 면역 내성 네트워크(http://www.immunetolerance.org)는 여러 단체가 합동으로 임상 실험을 진행하여 췌도 이식의 효과를 측정해보기로 했다.

임상 시험 연구 결과 요약에 따르면(James Shapiro, "Campath-1H and One-Year Temporary Sirolimus Maintenance Monotherapy in Clinical Islet Transplantation," http://www.immunetolerance.org/public/clinical/islet/trials/shapiro2.html), "이 치료법은 모든 제1형 당뇨 환자들에게 맞는 것은 아니었다. 췌도세포 공급은 무한히 할 수 있지만, 거부반응 억제 치료 때문에 장기적으로 암 유발의 가능성이 있으며, 치명적인 감염이나 약물 부작용을 배제할 수가 없다. 만약 초기 위험 수준이 최소치를 넘지 않는 수준에서 내성이 길러진다면[거부반응을 막기 위해 장기적으로 약물을 투여해야 할 필요가 없는 무기한 이식 함수가 도출된다면] 췌도 이식을 당뇨 초기 단계에 안전하게 적용할 수 있을 것이다. 어린이의 경우 진단 시점부터 치료법으로 사용할 수 있을 것이다."

67. "Lab Crown Steaks Nearing Menu," http://www.newscientist.com/news/news.jsp?id=ns99993208, 기술적 문제들에 대한 토론을 담고 있다.

68. 주요 회로 선폭들의 크기 반감기는 각 면당 5년이다. 2장을 참고하라.

69. 로버트 A. 프레이터스 주니어의 분석에 의하면, 사람의 적혈구 중 10퍼센트만 로봇 호흡세포로 바꾸더라도 호흡 한 번으로 약 4시간을 버틸 수 있을 것이다.

1분(생물학적 적혈구들로 얻을 수 있는 최대 시간)의 240배인 것이다. 적혈구를 10퍼센트만 치환해도 그런 형편이니, 인공 호흡세포들의 효율은 수천 배 높다고 볼 수 있을 것이다.

70. 나노기술은 "생산물과 부산물들을 분자 하나 단위로 통제함으로써 물질의 구조에 대한 철저한, 그러나 비싸지 않은 통제권을 갖게 하는 것이다. 제품뿐 아니라 분자 제조 과정, 심지어 분자 기계들까지 대상이 된다"(Eric Drexler and Chris Peterson, *Unbounding the Future: The Nanotechnology Revolution* [New York: William Morrow, 1991]). 저자들은 또 이렇게 말한다.

> 기술은 수천 년간 물질의 구조를 더 잘 통제하기 위한 방향으로 움직여왔다……. 과거의 첨단 기술들, 마이크로파 관, 레이저, 초전도체, 위성, 로봇 등등은 공장에서 조금씩 만들어져 나왔다. 처음에는 가격도 무척 높았고 적용 범위도 좁았다. 반면 분자 제조는 그보다는 컴퓨터와 더 비슷할 것이다. 매우 넓은 응용 범위를 지닌 유연한 기술이다. 게다가 컴퓨터처럼 기존의 공장들에서 조금씩 생산되어 나오지도 않을 것이다. 공장 자체를 대체하고, 그 생산물을 대신 만들거나 업그레이드해 만들 것이다. 이것은 또 하나의 20세기 도구가 아니라 완전히 새롭고 기초적인 무엇이다. 20세기 과학의 흐름 속에서 태동하겠지만 결국 기술, 경제, 환경 문제들의 추세를 완전히 바꾸어놓을 것이다. (1장)

드렉슬러와 피터슨은 이 혁명의 효과가 어디까지 미칠 수 있을지 그림을 그려보았다. "신문처럼 싸고 아스팔트처럼 강한" 효율적인 태양 전지, 생분해보다 6시간 먼저 감기 바이러스를 죽일 수 있는 분자 기제, 버튼만 누르면 몸속의 유독한 세포들을 죽이는 면역 기계, 포켓용 슈퍼컴퓨터, 화석 연료 사용의 종말, 우주 여행, 멸종 동식물의 복원 등이다. E. Drexler, *Engines of Creation* (New York: Anchor Books, 1986). 미래 전망 연구소는 나노기술에 대한 정보들과 유용한 FAQ를 제공한다(http://www.foresight.org/NanoRev/FIFAQ1.html). 다른 웹 정보들로는 다음 페이지들을 참고하라. National Nanotechnology Initiative (http://www.nano.gov), http://nanotechweb.org, Dr. Ralph Merkle's nanotechnology page (http://www.zyvex.com/nano), Nanotechnology online journal (http://www.iop.org/EJ/journal/0957-4484), http://www.kurzweilAI. net/meme/frame.html?m=18.

71. Richard P. Feynman, "There's Plenty of Room at the Bottom," American Physical Society annual meeting, Pasadena, California, 1959; transcript at http://www.zyvex. com/nanotech/feynman.html.

72. John von Neumann, *Theory of Self-Reproducing Automata*, A. W. Burks, ed. (Urbana: University of Illinois Press, 1996).

73. 운동 기계에 대한 가장 종합적인 연구는 다음을 참고하라. Robert A. Freitas Jr. and Ralph C. Merkle, *Kinematic Self-Replicating Machines* (Georgetown, Tex.: Landes Bioscience, 2004), http://www.

MolecularAssembler.com/KSRM. htm.

74. K. Eric Drexler, *Engines of Creation*, and K. Eric Drexler, *Nanosystems: Molecular Machinery, Manufacturing, and Computation* (New York: Wiley Interscience, 1992).

75. 3장의 나노튜브 회로 관련 내용을 참고하라. 3장 주 9에는 나노튜브 회로의 잠재력에 대해 언급되어 있다.

76. K. Eric Drexler and Richard E. Smalley, "Nanotechnology: Drexler and Smalley Make the Case for and Against 'Molecular Assemblers,'" *Chemical and Engineering News*, November 30, 2003, http://pubs.acs.org/cen/coverstory/8148/8148counterpoint.html.

77. Ralph C. Merkle, "A Proposed 'Metabolism' for a Hydrocarbon Assembler," *Nanotechnology* 8 (December 1997): 149-62, http://www.iop.org/EJ/abstract/09574484/8/4/001 or http://www.zyvex.com/nanotech/bindingSites.html; Ralph C. Merkle, "A New Family of Sic Degree of Freedom Positional Devices," *Nanotechnology* 8 (1997): 47-52, http://www.zyvex.com/nanotech/6dof.html; Ralph C. Merkle, "Casing an Assembler," *Nanotechnology* 10 (1999): 315-22, http://www.zyvex.com/nanotech/casing; Robert A. Freitas Jr., "A Simple Tool for Positional Diamond Mechanosynthesi s, and Its Method of Manufacture," *U.S. Provisional Patent Application* No. 60/543,802, filed February 11, 2004, process described in lecture at http://www.MolecularAssembler.com/Papers/PathDiamMolMfg. htm; Ralph C. Merkle and Robert A. Freitas Jr., "Theoretical Analysis of a Carbon-Carbon Dimer Placement Tool for Diamond Mechanosynthesis," *Journal of Nanoscience and Nanotechnology* 3 (August 2003): 319-24, http://www.rfreitas.com/Nano/JNNDimerTool.pdf; Robert A. Freitas Jr. and Ralph C. Merkle, "Merkle-Freitas Hydrocarbon Molecular Assembler," in *Kinematic Self-Replicating Machines*, section 4.11.3 (Georgetown, Tex.: Landes Bioscience, 2004), pp. 130-35, http://www.MolecularAssembler.com/KSRM/4.11.3.htm.

78. Robert A. Freitas Jr., Nanomedicine, vol. 1, *Basic Capabilities*, section 6.3.4.5, "Chemoelectric Cells" (Georgetown, Tex.: Landes Bioscience, 1999), pp. 152-54, http://www.nanomedicine.com/NMI/6.3.4.5.htm; Robert A. Freitas Jr., *Nanomedicine*, vol. 1, *Basic Capabilities*, section 6.3.4.4, "Glucose Engines" (Georgetown, Tex.: Landes Bioscience, 1999), pp. 149-52, http://www.nanomedicine.com/NMI/6.3.4.4.htm; K. Eric Drexler, *Nanosystems: Molecular Machinery, Manufacturing, and Computation*, section 16.3.2, "Acoustic Power and Control" (New York: Wiley Interscience, 1992), pp. 472-76. 다음도 참고하라. Robert A. Freitas Jr. and Ralph C. Merkle, *Kinematic Self-Replicating Machines*, appendix B.4, "Acoustic Transducer for Power and Control" (Georgetown, Tex.: Landes

Bioscience, 2004), pp. 225-33, http://www.MolecularAssembler.com/KSRM/AppB.4.htm.

79. 이런 제안들에 대한 광범위한 내용이 다음에 있다. Robert A. Freitas Jr. and Ralph C. Merkle, *Kinematic Self-Replicating Machines*, chapter 4, "Microscale and Molecular Kinematic Machine Replicators" (Georgetown, Tex.: Landes Bioscience, 2004), pp. 89-144, http://www.MolecularAssembler.com/KSRM/4. htm.

80. Drexler, *Nanosystems*, p. 441.

81. 이런 제안들에 대한 광범위한 내용이 다음에 있다. Robert A. Freitas Jr. and Ralph C. Merkle, *Kinematic Self-Replicating Machines*, chapter 4, "Microscale and Molecular Kinematic Machine Replicators" (Georgetown, Tex.: Landes Bioscience, 2004), pp. 89-144, http://www.MolecularAssembler.com/KSRM/4. htm.

82. T. R. Kelly, H. De Silva, and R. A. Silva, "Undirectional Rotary Motion in a Molecular System," *Nature* 401.6749 (September 9, 1999): 150-52.

83. Carlo Montemagno and George Bachand, "Constructing Nanomechanical Devices Powered by Biomolecular Motors," *Nanotechnology* 10 (1999): 225-31; George Bachand and Carlo Montemagno, "Constructing Organic/Inorganic NEMS Devices Powered by Biomolecular Motors," *Biomedical Microdevices* 2.3 (June 2000): 179-84.

84. N. Koumura et al., "Light-Driven Monodirectional Molecular Rotor," *Nature* 401.6749 (September 9, 1999): 152-55.

85. Berkeley Lab, "A Conveyor Belt for the Nano-Age," April 28, 2004, http://www.lbl.gov/Science-Articles/Archive/MSD-conveyor-belt-for-nanoage.html.

86. "Study: Self-Replicating Nanomachines Feasible," June 2, 2004, http://www.smalltimes.com/document_display.cfm?section_id=53&document_id=8007, reporting on Tihamer Toth-Fejel, "Modeling Kinematic Cellular Automata," April 30, 2004, http://www.niac.usra.edu/files/studies/final_report/pdf/883Toth-Fejel.pdf.

87. W. U. Dittmer, A. Reuter, and F. C. Simmel, "A DNA-Based Machine That Can Cyclically Bind and Release Thrombin," *Angewandte Chemie International Edition* 43 (2004): 3550-53.

88. Shiping Liao and Nadrian C. Seeman, "Translation of DNA Signals into Polymer Assembly Instructions," *Science* 306 (December 17, 2004): 2072-74, http://www. sciencemag.org/cgi/reprint/306/5704/2072.pdf.

89. Scripps Research Institute, "Nano-origami," February 11, 2004, http://www. eurekalert.org/pub_release/2004-02/sri-n021004.php.

90. Jenny Hogan, "DNA Robot Takes Its First Steps," May 6, 2004, http://www.newscientist.com/news/news.jsp?id=ns99994958, reporting on

Nadrian Seeman and William Sherman, "A Precisely Controlled DNA Biped Walking Device," *Nano Letters* 4.7 (July 2004): 1203-7.

91. Helen Pearson, "Construction Bugs Find Tiny Work," *Nature News*, July 11, 2003, http://www.nature.com/news/2003/030707/full/030707-9.html.

92. Richard E. Smalley, "Nanofallacies: Of Chemistry, Love and Nanobots," *Scientific American* 285.3 (September 2001): 76-77; subscription required for this link: http://www.sciamdigital.com/browse.cfm?sequence-nameCHAR= item2&methodnameCHAR=resource_getitembrowse&inter-facenameCHAR=browse.cfm&ISSUEID_CHAR=6A628AB3-17A5-4374-B100-3185A0CCC8 6&ARTICLEID_CHAR=F90C4210-C153-4B2F-83A1-28F2012B6 37&sc=I100322.

93. 아래 주 108과 109의 자료 목록을 참고하라. 드렉슬러의 제안에 대해서는 다음을 참고하라. Drexler, *Nanosystems*. 예시들로는 다음을 참고하라. Xiao Yan Chang, Martin Perry, James Peploski, Donald L. Thompson, and Lionel M. Raff, "Theoretical Studies of Hydrogen-Abstraction Reactions from Diamond and Diamondlike Surfaces," *Journal of Chemical Physics* 99 (September 15, 1993): 4748-58; L. J. Lauhon and W. Ho, "Inducing and Observing the Abstraction of a Single Hydrogen Atom in Bimolecular Reaction with a Scanning Tunneling Microscope," *Journal of Physical Chemistry* 105 (2000): 3987-92; G. Allis and K. Eric Drexler, "Design and Analysis of a Molecular Tool for Carbon Transfer in Mechanosynthesis," *Journal of Computational and Theoretical Nanoscience* 2.1 (March-April 2005, in press).

94. Lea Winerman, "How to Grab an Atom," *Physical Review Focus*, May 2, 2003, http://focus.aps.org/story/v11/st19, reporting on Noriaki Oyabu, "Mechanical Vertical Manipulation of Selected Single Atoms by Soft Nanoindentation Using a Near Contact Atomic Force Microscope," *Physical Review Letters* 90.17 (May 2, 2003): 176102.

95. Robert A. Freitas Jr., "Technical Bibliography for Research on Positional Mechanosynthesis," Foresight Institute Web site, December 16, 2003, http://foresight.org/stage2/mechsynthbib.html.

96. 다음 자료의 3쪽에 나오는 방정식과 설명을 참고하라. Ralph C. Merkle, "That's Impossible! How Good Scientists Reach Bad Conclusions," http://www.zyvex. com/nanotech/impossible.html.

97. "그러므로 $\triangle X_c$는 평균적인 원자의 전자 구름 지름인 ~0.3nm의 ~5퍼센트에 불과하다. 따라서 나노기계 구조의 제조 및 안정성에는 그리 큰 제약을 가하지 않는다(끓는점에 다다른 액체 속에서도 분자들이 자유로운 정도는 평균 위치에서 ~0.07nm 움직이는 정도에 불과하다)." Robert A. Freitas Jr., *Nanomedicine*, vol. 1, *Basic Capabilities*, section 2.1, "Is Molecular Manufacturing Possible?" (Georgetown, Tex.: Landes Bioscience, 1999), p.

38. http://www. nanomedicine.com/NMI/2.1.htm#p9.

98. Robert A. Freitas Jr., *Nanomedicine*, vol. 1, *Basic Capabilities*, section 6.3.4.5, "Chemoelectric Cells" (Georgetown, Tex.: Landes Bioscience, 1999), p. 152-54, http://www.nanomedicine.com/NMI/6.3.4.5.htm.

99. Montemagno and Bachand, "Constructing Nanomechanical Devices Powered by Biomolecular Motors."

100. Open letter from Foresight chairman K. Eric Drexler to Nobel laureate Richard Smalley, http://www.foresight.org/NanoRev/Letter.html, and reprinted here: http://www.KurzweilAI.net/meme/frame.html?main=/articles/art0560.html. 전체 이야기는 다음에 있다. Ray Kurzweil, "The Drexler-Smalley Debate on Molecular Assembly," http://www.KurzweilAI.net/meme/frame.html?main=/articles/art0604.html.

101. K. Eric Drexler and Richard E. Smalley, "Nanotechnology: Drexler and Smalley Make the Case for and Against 'Molecular Assemblers,'" *Chemical & Engineering News* 81.48 (Dec. 1, 2003): 37-42, http://pubs.acs.org/cen/coverstory/8148/8148counterpoint.html.

102. A. Zaks and A. M. Klibanov, "Enzymatic Catalysts in Organic Media at 100 Degress C," *Science* 222.4654 (June 15, 1984): 1249-51.

103. Patrick Bailey, "Unraveling the Big Debate About Small Machines," *BetterHumans*, August 16, 2004, http://www.betterhumans.com/Features/Reports/report. aspx?articleID=2004-08-16-1.

104. Charles B. Musgrave et al., "Theoretical Studies of a Hydrogen Abstraction Tool for Nanotechnology," *Nanotechnology* 2 (October 1991): 187-95; Michael Page and Donald W. Brenner, "Hydrogen Abstraction from a Diamond Surface: Ab initio Quantum Chemical Study with Constrained Isobutane as a Model," *Journal of the American Chemical Society* 113.9 (1991): 3270-74; Xiao Yan Chang, Martin Perry, James Peploski, Donald L. Thompson, and Lionel M. Raff, "Theoretical Studies of Hydrogen-Abstraction Reactions from Diamond and Diamond-like Surfaces," *Journal of Chemical Physics* 99 (September 15, 1993): 4748-58; J. W. Lyding, K. Hess, G. C. Abeln, et al., "UHV-STM Nanofabrication and Hydrogen/Deuterium Desorption from Silicon Surfaces: Implications for CMOS Technology," *Applied Surface Science* 132 (1998): 221; http://www.hersam-group.northwestern.edu/publications.html; E. T. Foley et al., "Cryogenic UHV-STM Study of Hydrogen and Deuterium Desorption from Silicon(100)," *Physical Review Letters* 80 (1998): 1336-39, http://prola.aps.org/abstract/PRL/v80/i6/p1336_1; L. J. Lauhon and W. Ho, "Inducing and Observing the Abstraction of a Single Hydrogen Atom in Bimolecular Reaction with a Scanning Tunneling Microscope," *Journal of Physical Chemistry* 105 (2000): 3987-92.

105. Stephen P. Walch and Ralph C. Merkle, "Theoretical Studies of Diamond Mechanosynthesis Reactions," *Nanotechnology* 9 (September 1998): 285-96; Fedor N. Dzegilenko, Deepak Srivastava, and Subhash Saini, "Simulations of Carbon Nanotube Tip Assisted Mechano-Chemical Reactions on a Diamond Surface," *Nanotechnology* 9 (December 1998): 325-30; Ralph C. Merkle and Robert A. Freitas Jr., "Theoretical Analysis of a Carbon-Carbon Dimer Placement Tool for Diamond Mechanosynthesis," *Journal of Nanoscience and Nanotechnology* 3 (August 2003): 319-24, http://www.rfreitas.com/Nano/DimerTool.htm; Jingping Peng, Robert A. Freitas Jr., and Ralph C. Merkle, "Theoretical Analysis of Diamond MechanoSynthesis. Part Ⅰ. Stability of C2 Mediated Growth of Nanocrystalline Diamond C(110) Surface," *Journal of Computational and Theoretical Nanoscience* 1 (March 2004): 62-70, http://www.molecularassembler.com/JCTNPengMar04.pdf; David J. Mann, Jingping Peng, Robert A. Freitas Jr., and Ralph C. Merkle, "Theoretical Analysis of Diamond MechanoSynthesis. Part Ⅱ. C2 Mediated Growth of Diamond C(110) Surface via Si/Ge-Triadamantane Dimer Placement Tools," *Journal of Computational and Theoretical Nanoscience* 1 (March 2004): 71-80, http://www.molecularassembler.com/JCTNMannMar04.pdf.

106. 수소 탈취 도구와 탄소 집적 도구에 대한 분석은 수많은 사람들이 수행했다. 다음과 같다. Donald W. Bernner, Tahir Cagin, Richard J. Colton, K. Eric Drexler, Fedor N. Dzegilenko, Robert A. Freitas Jr., William A. Goddard Ⅲ, J. A. Harrison, Charles B. Musgrave, Ralph C. Merkle, Michael Page, Jason K. Perry, Subhash Saini, O. A. Shenderova, Susan B. Sinnott, Deepak Srivastava, Stephen P. Walch, and Carter T. White.

107. Ralph C. Merkle, "A Proposed 'Metabolism' for a Hydrocarbon Assembler," *Nanotechnology* 8 (December 1997): 149-62, http://www.iop.org/EJ/abstract/09574484/8/4/001 or http://www.zyvex.com/nanotech/hydroCarbonMetabolism. html.

108. 다음 유용한 자료들을 참고하라. Robert A. Freitas Jr., "Technical Bibliography for Research on Positional Mechanosynthesis," Foresight Institute Web site, December 16, 2003, http://foresight.org/stage2/mechsynthbib.html; Wilson Ho and Hyojune Lee, "Single Bond Formations and Characterization with a Scanning Tunneling Microscope," *Science* 286.5445 (November 26, 1999): 1719-22, http://www. physics.uci.edu/~wilsonho/stm-iets.html; K. Eric Drexler, *Nanosystems*, chapter 8; Ralph C. Merkle, "Proposed 'Metabolism' for a Hydrocarbon Assembler"; Musgrave et al., "Theoretical Studies of a Hydrogen Abstraction Tool for Nanotechnology"; Michael Page and Donald W. Brenner, "Hydrogen

Abstraction from a Diamond Surface: *Ab initio* Quantum Chemical Study with Constrained Isobutane as a Model," *Journal of the American Chemical Society* 113.9 (1991): 3270-74; D. W. Brenner et al., "Simulated Engineering of Nanostructures," *Nanotechnology* 7 (September 1996): 161-67, http://www.zyvex.com/nanotech/nano4/brennerPaper.pdf; S. P. Walch, W. A. Goddard Ⅲ, and Ralph Merkle, "Theoretical Studies of Reactions on Diamond Surfaces," Fifth Foresight Conference on Molecular Nanotechnology, 1997, http://www.foresight.org/Conferences/ MNT05/Abstracts/Walcabst.html; Stephen P. Walch and Ralph C. Merkle, "Theoretical Studies of Diamond Mechanosynthesis Reactions," *Nanotechnology* 9 (September 1998): 285-96; Fedor N. Dzegilenko, Deepak Srivastava, and Subhash Saini, "Simulations of Carbon Nanotube Tip Assisted Mechano-Chemical Reactions on a Diamond Surface," *Nanotechnology* 9 (December 1998): 325-30; J. W. Lyding et al., "UHV-STM Nanofabrication and Hydrogen/Deuterium Desorption from Silicon Surfaces: Implications for CMOS Technology," *Applied Surface Science* 132 (1998): 221; http://www.hersam-group.northwestern.edu/publications.html; E. T. Foley et al., "Cryogenic UHV-STM Study of Hydrogen and Deuterium Desorption from Silicon(100)," *Physical Review Letters* 80 (1998): 1336-39, http://prola.aps.org/abstract/PRL/v80/i6/p1336_1; M. C. Hersam, G. C. Abeln, and J. W. Lyding, "An Approach for Efficiently Locating and Electrically Contacting Nanostructures Fabricated via UHV-STM Lithography on Si(100)," *Microelectronic Engineering* 47 (1999): 235-37; L. J. Lauhon and W. Ho, "Inducing and Observing the Abstraction of a Single Hydrogen Atom in Bimolecular Reaction with a Scanning Tunneling Microscope," *Journal of Physical Chemistry* 105 (2000): 3987-92, http://www.physics.uci.edu/~wilsonho/stm-iets.html.

109. Eric Drexler, "Drexler Counters," first published on KurzweilAI.net on November 1, 2003: http://www.KurzweilAI.net/meme/frame.html?main=/ articles/art0606.html. 다음도 참고하라. K. Eric Drexler, *Nanosystems: Molecular Machinery, Manufacturing, and Computation* (New York: Wiley Interscience, 1992), chapter 8; Ralph C. Merkel, "Foresight Debate with Scientific American" (1995), http://www.foresight.org/SciAmDebate/ SciA mResponse.html; Wilson Ho and Hyojune Lee, "Single Bond Formations and Characterization with a Scanning Tunneling Microscope," *Science* 286.5445 (N ovember 26, 1999): 1719-22, http://www.physics.uci. edu/~wilsonho/stm-iets.html; K. Eric Drexler, David Forrest, Robert A. Freitas Jr., J. Storrs Hall, Neil Jacobstein, Tom Mckendree, Ralph Merkle, and Christine Peterson, "On Physics, Fundamentals, and Nanorobots: A Rebuttal to Smalley's Assertion that Self-Replicating Mechanical

Nanorobots Are Simply Not Possible: A Debate About Assemblers" (2001), http://www.imm.org/SciAmDebate2/smalley.html.

110. http://pubs.acs.org/cen/coverstory/8148/8148counterpoint.html; http://www.kurzweilAI.net/meme/frame.html?main=/articles/art0604.html?.

111. D. Maysinger et al., "Block Copolymers Modify the Internalization of Micelle-Incorporated Probes into Neural Cells," *Biochimica et Biophysica Acta* 1539.3 (June 20, 2001): 205-17; R. Savic et al., "Micellar Nanocontainers Distribute to Defined Cytoplasmic Organelles," *Science* 300.5619 (April 25, 2003): 615-18.

112. T. Yamada et al., "Nanoparticles for the Delivery of Genes and Dregs to Human Hepatocytes," *Nature Biotechnology* 21.8 (August 2003): 885-90. Published electronically June 29, 2003. Abstract: http://www.nature.com/cgi-taf/DynaPage.taf?file=/nbt/journal/v21/n8/abs/nbt843.html. Short press release from *Nature*: http://www.nature.com/nbt/press_release/nbt0803.html.

113. Richards Grayson et al., "A BioMEMS Review: MEMS Technology for Phy siologically Integrated Devices," *IEEE Proceedings* 92 (2004): 6-21; Richards Grayson et al., "Molecular Release from a Polymeric Microreservoir Device: Influence of Chemistry, Polymer Swelling, and Loading on Device Performance," *Journal of Biomedical Materials Research* 69A.3 (June 1, 2004) : 502-12.

114. D. Patrick O'Neal et al., "Photo-thermal Tumor Ablation in Mice Using Near Infrared-Absorbing Nanoparticles," *Cancer Letters* 209.2 (June 25, 2004): 171-76.

115. International Energy Agency, from an R. E. Smalley presentation, "Nanotech nology, the S&T Workforce, Energy & Prosperity," p. 12, presented at PCAST (President's Council of Advisors on Science and Technology), Washington, D.C., March 3, 2003, http://www.ostp.gov/PCAST/PCAST%203-3-03% 20R%20Smalley% 20Slides.pdf; http://cohesion.rice.edu/NaturalSciences/Smalley/emplibrary/PCAST%20March%20 3,%202003.ppt.

116. Smalley, "Nanotechnology, the S&T Workforce, Energy & Prosperity."

117. "FutureGen - A Sequestration and Hydrogen Research Initiative," U.S. Depart ment of Energy, Office of Fossil Energy, February 2003, http://www.fossil.energy.gov/programs/powersystems/futuregen/future-gen_factsheet.pdf.

118. Drexler, *Nanosystems*, pp. 428, 433.

119. Barnaby J. Feder, "Scientist at Work/Richard Smalley: Small Thoughts for a Global Grid," *New York Times*, September 2, 2003; the following link requires subscription or purchase: http://query.nytimes.com/gst/abstract.

html?res= F30C17FC3D5C0C718CDDA00894DB404482.

120. International Energy Agency, from Smalley, "Nanotechnology, the S&T Workforce, Energy & Prosperity," p. 12.

121. American Council for the United Nations University, Millennium Project Global Challenge 13: http://www.acunu.org/millennium/ch-13.html.

122. "Wireless Transmission in Earth's Energy Future," Environment News Service, November 19, 2002, reporting on Jerome C. Glenn and Theodore J. Gordon in "2002 State of the Future," American Council for the United Nations University (August 2002).

123. 밝혀둠: 저자는 이 회사의 조언자이자 투자자이다.

124. "NEC Unveils Methanol-Fueled Laptop," Associated Press, June 30, 2003, http://www.siliconvalley.com/mld/siliconvalley/news/6203790.htm, reporting on NEC press release, "NEC Unveils Notebook PC with Built-In Fuel Cell," June 30, 2003, http://www.nec.co.jp/press/en/0306/3002.html.

125. Tony Smith, "Toshiba Boffins Prep Laptop Fuel Cell," The Register, March 5, 2003, http://www.theregister.co.uk/2003/03/05/toshiba_boffins_prep_laptop_fuel; Yoshiko Hara, "Toshiba Develops Matchbox-Sized Fuel Cell for Mobile Phones," EE Times, June 24, 2004, http://www.eet.com/article/showArticle.jhtml?articleId=22101804, reporting on Toshiba press release, "Toshiba Announces World's Smallest Direct Methanol Fuel Cell with Energy Output of 100 Milliwats," http://www.toshiba.com/taec/press/dmfc_04_222.sthml.

126. Karen Lurie, "Hydrogen Cars," ScienceCentral News, May 13, 2004, http://www.sciencentral.com/articles/view.php3?language=english&type=article&article_id=218392247.

127. Louise Knapp, "Booze to Fuel Gadget Batteries," Wired News, April 2, 2003, http://www.wired.com/news/gizmos/0,1452,58119,00.html, and St. Louis University press release, "Powered by Your Liquor Cabinet, New Biofuel Cell Could Replace Rechargeable Batteries," March 24, 2003, http://www.slu.edu/readstory/newsinfo/2474, reporting on Nick Akers and Shelley Minteer, "Towards the Development of a Membrane Electrode Assembly," presented at the American Chemical Society national meeting, Anaheim, Calif. (2003).

128. "Biofuel Cell Runs on Metabolic Energy to Power Medical Implants," Nature Online, November 12, 2002, http://www.nature.com/news/2002/021111/full/021111-1.html, reporting on N. Mano, F. Mao, and A. Heller, "A Miniature Biofuel Cell Operating in a Physiological Buffer," Journal of the American Chemical Society 124 (2002): 12962-63.

129. "Power from Blood Could Lead to 'Human Batteries,'" FairfaxDigital, August 4, 2003, http://www.smh.com.au/arti-

cles/2003/08/03/1059849278131. html?oneclick= true. 미생물 연료 전지
에 대해서는 다음 참고. http://www.geobacter.org/research/microbial/. 니
시자와 마스히코의 BioMEMs 실험실은 마이크로 생물 전지 세포의 그림을 보
여준다. http://www.biomems.mech.tohoku.ac.jp/research_e.html. 다음 짧
은 글은 어떻게 이식 가능한 무독성 연료원으로 0.2와트를 생산할 수 있는지
보여준다. http://www.iol.co.za/index.php?set_id=1&click_id=31&art_id=
qw111596760 144B215.

130. Mike Martin, "Pace-Setting Nanotubes May Power Micro-Devices,"
NewsFactor, February 27, 2003, http://physics.iisc.ernet.in/~asood/Pace-
Setting%20Nanotubes %20May%20Power%20Micro-Devices.htm.

131. "결국, 전 지구적 에너지 균형을 고려함으로써 전 지구에 존재하는 활동적
인 나노로봇들의 질량 한계를 계산해볼 수 있다. 지구 표면이 받는 전체 태양
일사량은 1.75×10^{17}와트(평균 입사각에서 $I_{지구}$ ~ $1370W/m^2$ ± 0.4%)이다."
Robert A. Freitas Jr., Nanomedicine, vol. 1. Basic Capabilities, section 6.5.7,
"Global Hypsithermal Limit" (Georgetown, Tex.: Landes Bioscience, 1999),
pp. 175-76, http://www.nanomedicine.com/NMI/6.5.7.htm#p1.

132. 이것은 인구 100억 명(10^{10}), 주변의 나노봇들을 위한 전력 밀도를 약 세제곱
미터당 107와트, 나노봇의 크기를 1세제곱미크론, 나노봇당 전력 소모를 약
10피코와트(10^{-11}와트)로 본 것이다. 열적 최고 한계가 10^{16}와트라는 것은 일
인당 10킬로그램의 나노로봇들, 즉 10^{16}개의 나노로봇들을 갖는다는 말이다.
Robert A. Freitas Jr., *Nanomedicine*, vol. 1, *Basic Capabilities*, section 6.5.7
"Global Hypsithermal Limit" (Georgetown, Tex.: Landes Bioscience, 1999),
pp. 175-76, http://www. nanomedicine.com/NMI/6.5.7.htm#p4.

133. 대안으로서, 나노기술은 애초에 극도로 에너지 효율적인 설계를 가질 수도 있
다. 아예 에너지 재활용이 필요 없게 하는 것이다. 애초에 발산되는 열이 너무
적어서 재활용하기가 불가능할 정도로 만드는 것이다. 2005년 1월에 나와 가
진 개인적인 대화에서 로버트 A. 프레이터스 주니어는 이렇게 말했다. "드렉슬
러에 따르면(*Nanosystems*: 396), 열 발산은 이론적으로 $E_{발산}$ ~ 0.1MJ/kg 수준
으로 낮을 수도 있습니다. '어떤 기계화학적 과정을 발전시킬 때 오로지 믿을
만한, 거의 가역적인 단계들만을 활용함으로써 재료 분자들을 복잡한 상품 구
조로 만들어낼 수 있도록 한다면 말입니다.' 0.1MJ/kg의 다이아몬드란 실온의
최소 열 소음과 거의 맞먹는 정도입니다(예를 들면 절대온도 298도에서 kT ~
4zJ/원자 수준)."

134. Alexis De Vos, *Endoreversible Thermodynamics of Solar Energy
Conversion* (London: Oxford University Press, 1992), p. 103.

135. R. D. Schaller and V. I. Klimov, "High Efficiency Carrier Multiplication in
PbSe Nanocrystals: Implications for Solar Energy Conversion," *Physical
Review Letters* 92.18 (May 7, 2004): 186601.

136. National Academies Press, Commission on Physical Sciences,
Mathematics, and Applications, *Harnessing Light: Optical Science and*

Engineering for the 21st Century, (Washington, D.C.: National Academy Press, 1998), p. 166, http://books.nap.edu/books/0309059917/html/166. html.

137. Matt Marshall, "World Events Spark Interest in Solar Cell Energy Start-ups," Mercury News, August 15, 2004, http://www.konarkatech.com/news_ articles_082004/b-silicon_valley.php and http://www.nanosolar. com/cache/merc081504.htm.

138. John Gartner, "NASA Spaces on Energy Solution," *Wired News*, June 22, 2004, http://www.wired.com/news/technology/0,1282,63913,00.html; Arthur Smith, "The Case for Solar Power from Space," http://www.lis-pace.org/articles/SSPCase.html.

139. "The Space Elevator Primer," Spaceward Foundation, http://www. elevator2010.org/site/primer.html.

140. Kenneth Chang, "Experts Say New Desktop Fusion Claims Seem More Credible," *New York Times*, March 3, 2004, http://www.rpi.edu/web/News/mytlahey3.html, reporting on R. P. Taleyarkhan, "Additional Evidence of Nuclear Emissions During Acoustic Cavitation," *Physical Review E: Statistical, Nonlinear, and Soft Matter Physics* 69.3 pt. 2 (March 2004): 036109.

141. 팔라듐 전극을 사용하여 저온 핵융합을 시도했던 폰즈와 플라이슈만의 처음 노력은 아직 완전히 실패로 판명된 것은 아니다. 이 기술을 지지하는 적극적인 옹호자들이 아직 존재하며, 미국 에너지부는 2004년에 이 분야에 대한 최근 연구를 새롭게 정식으로 점검해보겠다고 발표했다. Toni Feder, "DOE Warms to Cold Fusion," *Physics Today* (April 2004), http://www.physicstoday. org/vol-57/iss-4/p27.html.

142. Akira Fujishima, Tata N. Rao, and Donald A. Tryk, "Titanium Dioxide Photocatalysis," *Journal of Photochemistry and Photobiology C: Photochemistry Review* 1 (June 29, 2000): 1-21; Prashant V. Kamat, Rebecca Huehn, and Roxana Nicolaescu, "A 'Sense and Shoot' Approach for Photocatalytic Degradation of Organic Contaminants in Water," *Journal of Physical Chemistry B* 106 (January 31, 2002): 788-94.

143. A. G. Panov et al., "Photooxidation of Toluene and p-Xylene in Cation-Exchan ged Zeolites X, Y, ZSM-5, and Beta: The Role of Zeolite Physicochemical Pro perties in Product Yield and Selectivity," *Journal of Physical Chemistry B* 104 (June 22, 2000): 5706-14.

144. Gabor A. Somorjai and Keith McCrea, "Roadmap for Catalysts Science in the 21st Century: A Personal View of Building the Future on Past and Present Accomplishiments," *Applied Catalysts* A: General 222.1-2 (2001): 3-18, Lawrence Berkeley National Laboratory number 3.LBNL-48555, http://www.cchem.berkeley.edu/~gasgrp/2000.html (publication 877). 다

음도 참고하라. Zhao, Lu, and Millar, "Advances in mesoporous molecular sieve MCM-41," *Industrial & Engineering Chemistry Research* 35 (1996): 2075-90, http://cheed.nus.edu.sg/~chezxs/Zhao/publication/1996_2075. pdf.

145. NTSC/NSET report, *National Nanotechnology Initiative: The Initiative and Its Implementation Plan*, July 2000, http://www.nano.gov/html/res/nni2. pdf.

146. Wei-xian Zhang, Chuan-Bao Wang, and Hsing-Lung Lien, "Treatment of Chlorinated Organic Contaminants with Nanoscale Bimetallic Particles," *Catalysis Today* 40 (May 4, 1988): 387-95.

147. R. Q. Long and R. T. Yang, "Carbon Nanotubes as Superior Sorbent for Dioxin Removal," *Journal of the American Chemical Society* 123.9 (2001): 2058-59.

148. Robert A. Freitas, Jr. "Death Is an Outrage!" presented at the Fifth Alcor Conference on Extreme Life Extension, Newport Beach, California, November 16, 2002, http://www.rfreitas.com/Nano/DeathIsAnOutrage. htm.

149. 다음이 한 예다. The fifth annual BIOMEMS conference, June 2003, San Jose, http://www.knowledgepress.com/events/11201717.htm.

150. 4권으로 계획된 책의 첫 두 권. Robert A. Freitas Jr., *Nanomedicine*, vol. I, *Basic Capabilities* (Georgetown, Tex.: Landes Bioscience, 1999); *Nanomedicine*, vol. IIA, *Biocompatibility* (Georgetown, Tex.: Landes Bioscience, 2003); http://www.nanomedicine.com.

151. Robert A. Freitas Jr., "Exploratory Design in Medical Nanotechnology: A Mechanical Artificial Red Cell," *Artificial Cells, Blood Substitutes, and Immobilization Biotechnology* 26 (998): 411-30, http://www.foresight. org/Nanomedicine/Respirocytes.html.

152. Robert A. Freitas Jr., "Microbivores: Artificial Mechanical Phagocytes using Digest and Discharge Protocol," Zyvex preprint, March 2001, http://www. rfreitas.com/Nano/Microbivores.htm; Robert A. Freitas Jr., "Microbivores: Artificial Mechanical Phagocytes," *Foresight Update* no. 44, March 31, 2001, pp. 11-13, http://www.imm.org/Reports/Rep025.html; 다음에서 그림을 참고하라. Nanomedicine Art Gallery, http://www.foresight.org/ Nanomedicine/Gallery/Species/Microbivores.html.

153. Robert A. Freitas Jr., *Nanomedicine*, vol. I, *Basic Capabilities*, section 9.4.2.5 "Nanomechanisms for Natation" (Georgetown, Tex.: Landes Bioscience, 1999), pp. 309-12, http://www.nanomedicine.com/ NMI/9.4.2.5.htm.

154. George Whitesides, "Nanoinspiration: The Once and Future Nanomachine," *Scientific American* 285.3 (September 16, 2001): 78-83.

155. "브라운 운동에 대한 아인슈타인의 개략적 설명에 따르면, 상온에서 1초가 지나는 동안 액체 상태 물 분자는 평균적으로 ~50미크론 정도의 거리를 확산한다(분자 지름의 ~400,000배). 반면 마찬가지로 물 속에 있는 1미크론 크기의 나노로봇은 ~0.7미크론(기기 지름의 ~0.7배)을 움직일 뿐이다. 따라서 브라운 운동은 아무리 크게 고려해도 자력으로 움직이는 의료용 나노로봇들의 항해에 아주 적은 방해만을 줄 뿐이다." K. Eric Drexler et al., "Many Future Nanomachines: A Rebuttal to Whitesides' Assertion That Mechanical Molecular Assemblers Are Not Workable and Not A Concern," a Debate about Assemblers, Institute for Molecular Manufacturing, 2001, http://www.imm.org/SciAmDebate2/whitesides.html.

156. Tejal A. Desai, "MEMS-Based Technologies for Cellular Encapsulation," *American Journal of Drug Delivery* 1.1 (2003): 3-11, abstract available at http://www.ingentaconnect.com/search/expand?pub=infobike://adis/add/2003/00000001/00000001/art00001.

157. As quoted by Douglas Hofstadter in *Gödel, Escher, Bach: An Eternal Golden Braid* (New York: Basic Books, 1979).

158. 저자는 FATKAT(커즈와일 어댑티브 테크놀로지에 의한 금융 가속 거래)이라는 회사를 운영하고 있다. 컴퓨터의 패턴 인식 능력을 금융 자료에 적용하여 주식 시장에서 투자 관련 의사 결정을 내리는 일을 한다. http://www.FatKat.com.

159. 연산 기억 용량과 전자공학 일반의 가격 대 성능비 증가에 대해서는 2장을 참고하라.

160. 맥스 모어에 따르면, 고삐 풀린 AI 시나리오란 "초지능 기계들, 처음에는 인간의 이익을 위해 길들여졌던 기계들이 곧 우리를 넘어서는 것"을 말한다. Max More, "Embrace, Don't Relinquish, the Future," http://www.KurzweilAI.net/articles/art0106.html?printable=1. 데이미언 브로데릭의 "씨앗 AI"에 대한 설명은 다음과 같다. "스스로를 개량할 줄 아는 씨앗 AI는 제한된 기계 자원에서 천천히 느리게 가동할 것이다. 중요한 점은, 스스로를 개선할 능력을 갖춘 한, 어느 시점이 지나면 발작적인 폭발이 일어나, 그 어떤 구조적 병목이라도 뚫고 자신의 하드웨어의 설계를 개량할 수 있으리라는 것이다. 심지어 새로 만들 수도 있을 것이다(제조 공장 도구들을 통제할 수 있게 된다면 말이다)." Damien Broderick, "Tearing Toward the Spike," presented at "Australia at the Crossroads? Scenarios and Strategies for the Future," (April 31-May 2, 2000), published on KurzweilAI.net May 7, 2001, http://www.KurzweilAI.net/meme/frame.html?main=/articles/art0173.html.

161. David Talbot, "Lord of the Robots," *Technology Review* (April 2002).

162. 헤더 헤이븐슈타인은 "과학소설 작가들이 인간과 기계의 수렴에 대해 과장된 개념을 유포했기 때문에 1980년대의 AI의 이미지가 나빠졌다고 할 수도 있는데, 덕분에 AI의 실적이 잠재력에 한참 모자라는 수준으로 보였기 때문이다." Heather Havenstein, "Spring Comes to AI Winter: A Thousand Applications Bloom in Medicine, Customer Service, Education and

Manufacturing," *Computerworld*, February 14, 2005, http://www.computerworld.com/softwaretopics/software/story/0,10801,99691,00.html. 이 잘못된 이미지는 "AI 겨울"로 이어졌다. "AI 겨울"이란 용어는 "리처드 가브리엘이 고안한 것으로, 1980년대의 활황 뒤에 이어진 AI 언어 리스프와 인공지능 그 자체에 대한 기대의 몰락 시기(약 1990-94?)를 가리킨다." 듀언 레티그는 이렇게 썼다. "…회사들은 80년대 초기의 대단한 인공지능 물결에 마구 올라탔다. 큰 회사들은 수십억 달러를 쏟아부었으며 10년 내에 생각하는 기계가 만들어지리라는 과장 선전을 믿었다. 이 약속이 처음 생각보다 어려운 것으로 밝혀지자 AI는 무너졌고, AI와 연관이 있던 리스프도 무너졌다. 그것을 우리는 AI 겨울이라 부른다." Duane Rettig quoted in "AI Winter," http://c2.com/cgi/wiki?AiWinter.

163. 1957년에 만들어진 제너럴 프라블럼 솔버(GPS) 컴퓨터 프로그램은 일군의 규칙들에 의존해 여러 문제들을 풀 수 있었다. GPS는 문제의 목표를 하부 목표들로 나눈 다음, 하나의 하부 목표를 달성하는 것이 전체 목표에 한 걸음 다가가는 길인지 평가했다. 1960년대 초에 토머스 에반은 ANALOGY라는 프로그램을 짰는데, 이것은 "IQ 테스트나 대학 입학 시험에 자주 등장하는 A:B::C:? 류의 유사 기하학 문제들을 풀 수 있는 프로그램"이었다. Boicho Kokinov and Robert M. French, "Computational Models of Analogy-Making," in L. Nadel, ed., *Encyclopedia of Cognitive Science*, vol. 1 (London: Nature Publishing Group, 2003), pp. 113-18. 다음도 참고하라. A. Newell, J. C. Shaw, and H. A. Simon, "Report on a General Problem-Solving Program," *Proceedings of the International Conference on Information Processing* (Paris: UNESCO House, 1959), pp. 256-64; Thomas Evan, "A Heuristic Program to Solve Geometric-Analogy Problems," in M. Minsky, ed., *Semantic Information Processing* (Cambridge, Mass.: MIT Press, 1968).

164. Sir Arthur Conan Doyle, "The Red-Headed League," 1890, available at http://www.eastoftheweb.com/short-stories/UBooks/RedHead.shtml.

165. V. Yu et al., "Antimicrobial Selection by a Computer: A Blinded Evaluation by Infectious Diseases Experts," *JAMA* 242.12 (1979): 1279-82.

166. Gary H. Anthes, "Computerizing Common Sense," *Computerworld*, April 8, 2002, http://www.computerworld.com/news/2002/story/0,11280,69881,00. html.

167. Kristen Philipkoski, "Now Here's a Really Big Idea," *Wired News*, November 25, 2002, http://www.wired.com/news/technology/0,1282,56374,00.html, reporting on Darryl Macer, "The Next Challenge Is to Map the Human Mind," *Nature* 420 (November 14, 2002): 121; http://www.biol.tsukuba.ac.jp/~macer/index.html.

168. Thomas Bayes, "An Essay Towards Solving a Problem in the Doctrine of Chances," 1761년의 저자 사망 뒤 2년 만인 1763년에 발표됨.

169. SpamBayes spam filter, http://spambayes.sourceforge.net.

170. Lawrence R. Rabiner, "A Tutorial on Hidden Markov Models and Selected Applications in Speech Recognition," *Proceedings of the IEEE* 77 (1989): 257-86. 마르코프 모델의 수학적 처리 기법에 대해서는 다음을 참고하라. http://jedlik.phy.bme.hu/~gerjanos/HMM/node2.html.

171. 저자가 1982년에 설립한 커즈와일 어플라이드 인텔리전스(KAI) 사는 1997년에 1억 달러에 팔려 현재는 스캔소프트(저자의 첫 회사였던 커즈와일 컴퓨터 회사의 후신으로, 이 역시 1980년에 제록스 사에 팔렸다)의 일부로 있으며, 이제는 공기업이 되었다. KAI는 1987년에 세계 최초의 상업적 대용량 어휘 음성 인식 시스템을 선보였다(커즈와일 보이스 리포트라는 이름으로, 만 개의 어휘를 갖고 있었다).

172. 신경망 알고리즘의 기본 구조를 살펴보자. 다양한 변용이 가능하지만, 시스템 설계자는 아래와 같은 중심 변수와 기법들을 정할 필요가 있다.

어떤 문제에 대한 신경망 해답을 찾아내려면 다음 단계들을 거쳐야 한다:
* 입력을 정의한다.
* 신경망의 지형도를 정의한다(즉 뉴런층과 뉴런간 연결을 정의한다).
* 예제들로 신경망을 훈련시킨다.
* 훈련을 마친 신경망에 새로운 문제를 주어 풀게 한다.
* 완성된 신경망을 공표한다.

이 단계들(마지막 단계는 제외하자)은 각기 다음과 같은 활동으로 이루어진다.

문제 입력
신경망에 대한 문제 입력은 일련의 수로 구성된다. 입력의 예는 다음과 같다.
* 시각적 패턴 인식 시스템이라면, 영상의 픽셀 하나하나를 가리키는 2차원 수열일 수 있다.
* 청각(음성) 인식 시스템이라면, 소리를 나타내는 2차원 수열인데, 첫 번째 차원은 소리의 특정 변수들(가령 주파수)을 가리키고 두 번째 차원은 소리의 시점을 가리킬 수 있다.
* 임의의 패턴 인식 시스템에서, n차원의 수열이 입력 패턴을 나타낼 수 있다.

지형도 정의
신경망을 구축하기 위해서는 각 뉴런의 구조가 다음을 포함하여야 한다.
* 뉴런에 복수 개의 입력이 들어와야 하며, 각 입력은 다른 뉴런의 출력에 "연결"되거나 최초의 입력 숫자 자료 중 하나에 연결되어야 한다.
* 일반적으로 뉴런의 출력은 하나이다. 그 출력은 다른 뉴런의 입력에 연결될 수도 있고(보통은 상층의 뉴런이다) 최종 출력에 연결될 수도 있다.
첫 번째 뉴런층은 다음과 같이 구축한다.
* 첫 번째 층에 N_0개의 뉴런들을 만든다. 각 뉴런들이 가진 복수 개의 입력 지점을 문제 입력의 여러 "지점들"(즉 여러 숫자들)과 "연결"짓는다. 연결은 무

작위로 지을 수도 있고 유전 알고리즘에 따라 지어줄 수도 있다(아래를 참고하라).
* 형성된 각 연결에 대해 초기 "시냅스 강도"를 부여한다. 이 가중치는 모두 동일하게 부여할 수도 있고 무작위로 부여할 수도 있으며, 기타 어떤 방법이라도 좋다(아래를 참고하라).

추가로 뉴런층들을 다음과 같이 구축한다.
전체 M개의 뉴런층을 만든다. 각 층의 뉴런들은 아래 방법으로 구축한다.

층$_i$에 대해:
* 층$_i$에 N_i개의 뉴런을 만든다. 각 뉴런이 갖는 복수 개의 입력 지점을 층$_{i-1}$ 뉴런들의 출력들과 연결한다(변용에 대해서는 아래를 참고하라).
* 형성된 각 연결에 대해 초기 "시냅스 강도"를 부여한다. 이 가중치는 모두 동일하게 부여할 수도 있고 무작위로 부여할 수도 있으며, 기타 어떤 방법이라도 좋다(아래를 참고하라).
* 층$_M$ 뉴런들의 출력들은 신경망의 최종 출력이 된다(변용에 대해서는 아래를 참고하라).

인지 훈련
뉴런들은 어떻게 활동하는가

일단 뉴런들을 모두 구축하면 다음과 같은 인지 훈련을 수행한다.
* 각 뉴런은 가중치 고려된 입력을 가진다. 이는 이 뉴런의 입력에 연결된 다른 뉴런의 출력(혹은 최초의 입력)에다가 그 연결의 시냅스 강도를 곱한 값을 가리킨다.
* 해당 뉴런의 모든 가중치 고려된 입력값을 더한다.
* 더한 값이 해당 뉴런의 점화 역치를 넘어서면 뉴런은 점화하여 출력 1을 갖는다. 넘지 않으면 출력은 0이다(변용에 대해서는 아래를 참고하라).

각 인지 훈련에 대해서 아래 작업을 수행한다.

층$_0$에서 층$_M$에까지 각 층에 대해:
해당 층의 뉴런 각각에 대해:
* 가중치 고려된 입력값들을 모두 더한다(가중치 고려된 입력값 = 해당 뉴런의 입력에 연결된 다른 뉴런의 출력[또는 최초의 입력] 곱하기 해당 연결의 시냅스 강도).
* 더한 값이 해당 뉴런의 점화 역치를 넘어서면 뉴런의 출력은 1이고, 아니면 0이다.

신경망을 학습시키기 위해

* 예제를 주어 인지 학습을 반복한다.
* 각 학습이 끝나면 모든 개재뉴런 연결들의 시냅스 강도를 조정하여 신경망의 수행 능력을 향상시킨다(방법은 아래를 참고하라).
* 신경망의 정밀도가 더 이상 향상될 수 없을 때까지(즉 점근선에 이를 때까지) 훈련을 계속한다.

핵심적으로 결정해야 할 설계 요소들

위 같은 단순한 구조를 뼈대로, 신경망 알고리즘 설계자는 아래 사항들을 결정해야 한다.
* 입력 숫자들의 의미.
* 뉴런층의 개수.
* 각 층별 뉴런의 개수. (모든 층들이 동일한 수의 뉴런들을 가질 필요는 없다.)
* 각 층별 각 뉴런별 입력의 개수. 입력 개수(즉 개재뉴런 연결 개수)는 층마다, 뉴런마다 제각기 다를 수 있다.
* 실제 "배선"(즉 연결). 각 층의 각 뉴런에 있어서 배선이란 해당 뉴런의 입력에 출력을 연결시킨 다른 뉴런들의 목록을 뜻한다. 이것은 매우 중요한 설계 요소다. 방법은 다양하다:
  (i) 신경망을 무작위로 배선한다.
  (ii) 유전 알고리즘(아래 참고)을 동원하여 최적의 배선을 결정한다.
  (iii) 설계자의 판단에 따라 바람직한 배선 체계를 갖춘다.
* 각 연결의 최초 시냅스 강도(즉 가중치). 결정하는 방법은 다양하다.
  (i) 모든 시냅스 강도를 동일하게 설정한다.
  (ii) 모든 시냅스 강도를 무작위로 설명한다.
  (iii) 유전 알고리즘을 동원하여 최적의 최초 가중치들을 결정한다.
  (iv) 설계자의 판단에 따라 바람직한 초기 값들을 갖춘다.

* 각 뉴런의 점화 역치.
* 출력. 출력은 다음처럼 다양한 형태들을 취할 수 있다.
  (i) 층$_M$ 뉴런들의 출력들.
  (ii) 층$_M$ 뉴런들의 출력들을 입력으로 갖는 하나의 출력 뉴런의 출력.
  (iii) 층$_M$ 뉴런들의 출력들을 하나의 함수로 계산한 값(가령 더한 값).
  (iv) 여러 층 뉴런들의 출력을 함수로 계산한 값.

* 신경망이 학습을 하는 동안 모든 연결들의 시냅스 강도를 어떻게 조정해줄 것인가. 이것은 매우 중요한 설계 결정사항으로, 숱한 연구와 토론의 주제가 되는 부분이다. 다양한 방법이 있다.
  (i) 각 인지 훈련이 끝날 때마다 모든 시냅스 강도를 정해진 양(보통은 적은 양)만큼 일제히 늘리거나 줄여 신경망의 출력이 정답에 가깝게 가도록 한다. 가령 늘렸다 줄였다 해보면서 바람직한 쪽을 택할 수 있다. 하지만

매우 소모적인 방법이라서, 시냅스 강도 각각을 늘릴지 줄일지 국지적으로 결정하는 여타의 기법들이 많이 있다.

(ⅱ) 각 인지 훈련이 끝날 때마다 시냅스 강도들을 조정하여 신경망의 수행 결과가 정답에 근사하게 만드는 여러 통계 기법들이 있다.

그런데 신경망은 예제에 대한 답을 정확하게 맞추지 못한 경우에도 학습을 할 수 있다. 따라서 본질적으로 오류가 있을 수밖에 없는 현실 세계의 훈련 자료들을 사용해도 하등의 문제가 없다. 신경망 인지 체계의 성공 요인은 훈련에 쓸 데이터의 양이라 할 수 있다. 만족스러운 결과를 얻으려면 상당한 양의 예제들을 주어야 할 때가 많다. 인간 학생들처럼, 신경망이 교훈을 얻는 데 걸리는 시간이야말로 수행 능력을 결정짓는 중요한 요소다.

변용들

위의 구조를 다양하게 변형해볼 수 있다.

* 지형도를 다양하게 정의할 수 있다. 특히 개재뉴런 배선을 무작위로 하거나 유전 알고리즘에 따라 해볼 수 있다.
* 초기 시냅스 강도 설정을 다양하게 해볼 수 있다.
* 층$_i$ 뉴런들의 입력이 반드시 층$_{i-1}$ 뉴런들의 출력일 필요는 없다. 더 낮은 층 뉴런들의 출력을 끌어올 수도 있고 사실 어느 층이라도 상관 없다.
* 최종 출력을 정의하는 방법이 다양하다.
* 앞에서 설명한 기법은 "전부 아니면 아무것도 아닌"(1 아니면 0) 식으로 점화하는데, 이것을 비선형성이라 부른다. 비선형 함수에도 다양한 형태가 있다. 보통은 0에서 1로 갈 때는 급격하게 변화하지만 전반적으로는 점진적인 모양을 취하는 함수를 사용한다. 출력 역시 0이나 1 이외의 값을 가질 수 있다.
* 훈련 중에 시냅스 강도를 조정하는 방법도 다양하여, 주요한 설계 요소가 된다.

앞에서 설명한 것은 "동시적" 신경망이다. 연산이 층0에서 층M까지 진행되며 각 층별로 출력이 이뤄진다는 것이다. 반면 완벽한 병렬식 체계에서는 모든 뉴런들이 다른 뉴런들과 상관 없이 독자적으로 움직인다. 즉 뉴런들이 "비동시적"으로(즉 독립적으로) 움직인다. 비동시적 접근법에서는 각 뉴런이 끊임없이 입력을 점검하며, 가중치 고려한 입력값의 합이(또는 출력 함수에 따른 결과값이) 역치를 넘으면 언제든지 점화한다.

173. 뇌의 역분석에 대해서는 4장을 참고하라. 발전 양상을 설명한 사람 중 한 명으로서 S. J. 소프는 이렇게 썼다. "우리는 영장류의 시각계를 역분석하는 작업, 분명히 장기 프로젝트가 될 이 작업에 이제 막 첫 삽을 뜬 형편이다. 현재로서는 매우 단순한 구조들만을 겨우 탐색한 상황이다. 비교적 적은 수의 층들로 이루어진 앞먹임 구조들에 대해서만 다루었다… 앞으로 우리는 영장류와 인간의 시각계가 사용하는 다양한 연산 재주들을 가능한 한 많이 살펴보고 통합하려 노력할 것이다. 또한 활성전위를 보내는 뉴런이라는 접근법을 채택함으로써, 매우 방대한 뉴런망을 실시간으로 적절히 모방하는 세련된 시스

템도 곧 만들어낼 수 있을 것이다." S. J. Thorpe et al., "Reverse Engineering of the Visual System Using Networks of Spiking Neurons," *Proceedings of the IEEE* 2000 International Symposium on Circuits and Systems Ⅳ (IEEE Press), pp. 405-8, http://www.sccn.ucsd.edu/~arno/mypapers/thope.pdf.

174. T. 쇼나우어 등의 논문을 보면 이런 말이 있다. "지난 몇 년 간 인공신경망 (ANN)의 하드웨어 분야는 무척이나 다채롭게 설계되어 발전해왔다… 오늘날에는 다양한 신경망 하드웨어를 놓고 고를 수 있다. 구조적 접근법들이 서로 다른 설계들인데, 가령 신경칩, 가속 보드 및 멀티보드 신경형 컴퓨터 등이 있다. 시스템의 목적에 따라서도 구분할 수 있다. 가령 ANN 알고리즘이나 시스템의 융통성 등에 다양한 차이가 있다… 디지털 신경형 하드웨어들은 다음 다양한 기준들로 구분해볼 수 있다: 시스템 구조, 병렬 구조 정도, 처리장치당 통상적인 신경망 파티션, 처리장치 간 통신망 및 수치 표현 등." T. Schoenauer, A. Jahnke, U. Roth, and H. Klar, "Digital Neurohardware: Principles and Perspectives," in *Proc. Neuronale Netze in der Anwendung* - Neural Networks in Applications NN'98, Magdeburg, invited paper (February 1998): 101-6, http://bwrc. eecs.berkeley.edu/People/kcamera/neural/papers/schoenauer98digital.pdf. 다음도 참고하라. Yihua Liao, "Neural Networks in Hardware: A Survey" (2001), http://ailab.das.ucdavis.edu/~y-ihua/research/NNhardware.pdf.

175. 유전(진화) 알고리즘의 기본 구조를 살펴보자. 다양한 변용이 가능하지만, 시스템 설계자는 아래와 같은 중심 변수와 기법들을 정할 필요가 있다.

진화 알고리즘

N개의 해답 "생명체"들을 만든다. 각 생명체는 다음을 가져야 한다.

* 유전 암호: 일련의 숫자로서 문제에 대한 해답 후보를 뜻한다. 숫자는 어떤 변수를 가리킬 수도 있고, 해답으로 가는 단계들을 의미할 수도 있고, 규칙 등을 지정할 수도 있다.

진화의 각 세대마다 다음 작업을 수행한다.

* N개의 해답 생명체 각각에 대해 다음 작업을 수행한다.
    (ⅰ) 해답 생명체의 해답(유전 암호로 나타나는)을 문제, 혹은 가상 환경에 적용해본다.
    (ⅱ) 해답을 평가한다.

* 가장 좋은 평가를 얻은 해답 생명체 L개를 골라 다음 세대로 넘긴다.
* 살아남지 못한 (N-L)개의 해답 생명체들을 제거한다.
* 살아남은 L개의 해답 생명체들을 바탕으로 하여 (N-L)개의 새로운 해답 생명체들을 만든다. 방법은 여러 가지가 있다.
    (ⅰ) L개의 살아남은 생명체들을 복사하되 복사할 때 약간의 무작위 변이를 가한다.

(ii) L개의 살아남은 생명체들의 유전 암호의 일부를 조합하여("성적" 재생산을 모방하거나 염색체의 일부를 결합시킨다) 새로운 해답 생명체들을 만든다.
(iii) 앞의 두 방법을 결합하여 사용한다.

* 진화를 계속할지 말지 결정한다.
    개선 정도 = (현 세대의 최고 점수) – (이전 세대의 최고 점수)
    개선 정도 〈 개선 역치, 상태이면 진화를 중단한다.
* 마지막 세대의 해답 생명체들 중 가장 높은 점수를 받은 것이 최고의 해답이다. 그 해답의 유전 암호를 문제에 적용한다.

핵심적으로 결정해야 할 설계 요소들
위 같은 단순한 구조를 뼈대로, 설계자는 아래 사항들을 결정해야 한다.
* 핵심 변수들:
    N
    L
    개선 역치
* 유전 암호의 숫자가 무엇을 의미하는지, 그리고 어떻게 유전 암호로부터 해답이 연산되는지.
* N개의 첫 세대 해답 생명체들을 결정하는 방법. 일반적으로 이들은 "합리적인" 수준에서 해답을 모색하는 정도면 충분하다. 첫 세대의 해답들이 너무 앞서 있다면 진화 알고리즘은 더 좋은 해답을 오히려 내지 못할 수가 있다. 차라리 최초의 해답 생명체들은 다양성이 높은 방향으로 구축하는 것이 낫다. 그래야 진화 과정에서 "국소" 최적 해답이 등장하는 것을 막을 수 있다.
* 어떻게 해답들을 평가해 점수를 매길 것인지.
* 어떻게 살아남은 해답 생명체들을 재생산할 것인지.

변용들
위의 구조를 다양하게 변형해볼 수 있다.
* 각 세대에서 살아남는 개체들의 수(L)를 고정되게 정할 필요는 없다. 생존 규칙(들)을 잘 정해서 매번 다른 수의 생존자가 남도록 할 수 있다.
* 각 세대마다 새로 탄생하는 해답 생명체의 수(N-L)를 고정할 필요는 없다. 번식 규칙들을 개체수에 무관하게 정할 수도 있다. 번식은 생존에 관계된 것이므로 가장 적합한 해답 생명체들이 가장 많이 번식하게 할 수 있다.
* 진화를 계속할지 말지 결정하는 기준도 다양하게 해볼 수 있다. 바로 앞 세대(들)의 최고 해답 생명체들만 고려하지 않아도 좋다. 바로 앞 두 세대 이전의 추세들까지 폭넓게 고려할 수도 있다.

176. Sam Williams, "When Machines Breed," August 12, 2004, http://www. salon. com/tech/feature/2004/08/12/evolvable_hardware/index_np.html.

177. 재귀적 탐색의 기본 구조(알고리즘 설명)를 살펴보자. 다양한 변용이 가능하지만, 시스템 설계자는 아래와 같은 중심 변수와 기법들을 정할 필요가 있다.

재귀 알고리즘

"최고의 수 고르기" 함수(프로그램)을 정의한다. 함수는 "성공"(문제를 풀었다) 또는 "실패"(풀지 못했다) 중 한 가지 값을 낸다. 함수 결과가 성공일 때는 문제를 풀어낸 일련의 조작 단계도 함께 도출되는 것이다.

최고의 수 고르기는 다음 과정으로 진행된다.

* 프로그램이 그 지점에서 무한한 재귀를 탈출할 수 있는지 결정한다. 이 항목과 다음 두 항목은 이러한 탈출 결정 문제를 다룬다.

우선, 문제가 풀렸는지 그렇지 않은지 결정한다. 프로그램이 여러 차례 최고의 수 고르기를 수행했으면 만족스러운 해답을 얻었을 수 있다. 해답의 사례는 다음과 같다.

 (i) 게임(가령 체스)의 경우라면, 상대를 이길 수 있는 마지막 수(체크메이트 같은).

 (ii) 수학 증명을 푸는 경우라면, 정리를 증명할 마지막 단계.

 (iii) 예술 프로그램(가령 컴퓨터 시인이나 작곡가)의 경우라면, 다음 단어 또는 음표 목표를 충족시키는 마지막 단계.

문제가 만족스럽게 풀렸으면, 프로그램은 "성공"값을 돌려보내고, 성공을 가져오게 되는 단계들에 관한 정보도 함께 보낸다.

* 문제가 풀리지 않았으면, 이 지점에서 해답을 얻을 가능성이 전혀 없는지 알아본다. 실패의 상황은 다음 같은 것들이다.

 (i) 게임(가령 체스)의 경우라면, 상대에게 질 것이 확실한 수(상대편의 체크메이트).

 (ii) 수학 증명을 푸는 경우라면, 정리에 위배되는 단계.

 (iii) 예술적 창조의 경우라면, 다음 단어 또는 음표 목표에 위배되는 단계.

이 지점에서 해답의 가능성이 없다면, 프로그램은 "실패"값을 돌려보낸다.

* 재귀적 확장의 현 단계에서 문제가 풀린 것은 아니지만 희망이 없는 것도 아니라면, 그래도 이 가지의 확장을 계속할지 말지 결정한다. 이것은 설계에서 가장 핵심적인 부분이다. 우리에게 주어진 컴퓨터 연산 시간은 한정되어 있기 때문이다. 다음 같은 상황에 해당한다.

 (i) 게임(가령 체스)의 경우라면, 내 편에서 볼 때 충분히 "앞서거나", "뒤처지는" 수인 상황이다. 자명하게 결정되는 상황이 아니므로, 이 부분은 최고로 중요한 설계 요소이다. 하지만 단순한 접근법(가령 각 말의 값을 다 더하는 등)이 좋은 결과를 낳을 때도 있다. 만약 프로그램이 우리 편이 충분히 앞서는 수라고 결정한다면, 최고의 수 고르기 과정은 우리 편이 이기는 때와 비슷한 결과를 보낸다(즉 "성공"값을 보낸다). 반면 우리 편이 확실히 뒤처진다는 결정이 내려지면, 최고의 수 고르기 과정은 우리 편이 지는 때

와 비슷한 결과를 보낸다(즉 "실패"값을 보낸다).

(ii) 수학 증명을 푸는 경우라면, 이 단계는 이러한 일련의 증명 단계들로는 증명을 도출할 가능성이 거의 없음을 결정하는 것이다. 그러면 이 길은 포기해야 하고, 최고의 수 고르기 과정은 정리에 위배되는 경우와 비슷한 결과를 보낸다(즉 "실패"값을 보낸다). 성공과 유사한 "비슷한" 경우는 없다. 실제 문제를 풀기 전에는 "성공"값은 보내지 못한다. 그것이야말로 수학의 속성이기 때문이다.

(iii) 예술적 프로그램(컴퓨터 시인이나 작곡가)의 경우에는, 이 상황은 다음 단계의 목표(가령 시에서는 단어, 노래에서는 음표)를 충족시키지 못할 가능성이 높은 일련의 단계라고 판단하는 것이다. 그러면 이 길은 포기해야 하고, 최고의 수 고르기 과정은 다음 단계 목표에 위배되는 경우와 비슷한 결과를 보낸다(즉 "실패"값을 보낸다).

* 만약 최고의 수 고르기 과정에서 답이 돌아오지 않았다면(프로그램이 성공도 실패도 확인하지 못했고 그 시점에서 그 길을 포기할지조차 결정하지 못한 상황) 우리는 계속되는 재귀적 탐색으로부터 빠져나오지 못한 것이다. 이런 경우, 우리는 그만 이 시점에서 어떤 다음 수들이 가능한지 목록을 작성해야 한다. 이 단계가 바로 문제에 대한 정확한 정의가 필요한 시점이다.

(i) 게임(가령 체스)의 경우라면, 현재의 판에서 "우리" 쪽이 취할 수 있는 모든 가능한 수의 경우를 뽑아보는 것이다. 게임의 규칙에 따라 자명하게 정해지는 내용들이다.

(ii) 수학 증명을 푸는 경우라면, 이 시점에 적용될 수 있는 가능한 모든 공리나 이미 옳다고 밝혀진 정리들을 목록화하는 것이다.

(iii) 컴퓨터 예술 프로그램의 경우라면, 이 시점에 사용될 수 있는 모든 가능한 단어/음표/선 요소들을 나열해보는 것이다.

가능한 수의 경우 각각에 대해서,

(i) 그 단계를 실행할 경우 어떤 상황이 될지 가상해본다. 게임이라면 가상의 판의 상황을 그려보는 것이다. 수학 증명이라면, 증명 과정에 이 단계(가령 하나의 공리)를 추가해보는 것이다. 예술 프로그램이라면, 이 단어/음표/선 요소를 덧붙여보는 것이다.

(ii) 이제 최고의 수 고르기 프로그램에게 이 가상의 상황을 점검하도록 한다. 프로그램이 스스로를 반복하는 것이므로 이것이 바로 재귀적 상황이다.

(iii) 앞의 과정에 따라 최고의 수 고르기를 했더니 "성공"값이 돌아왔다면, 한 단계 위의 최고의 수 고르기 상황으로 돌아가 "성공"값을 전한다. 아니라면 또 다른 가능한 수를 점검해본다.

만약 모든 가능한 수를 고려했는데도 "성공"값을 내는 최고의 수 고르기 과정이 없었다면, 한 단계 위의 최고의 수 고르기 과정에 "실패"값을 전한다.

최고의 수 고르기 과정 종결

만약 원래의 최고의 수 고르기 과정에 "성공"값이 전해진다면, 어떤 정확한 조치들을 취해야할지도 함께 전달된 셈이다.

　(ⅰ) 게임의 경우라면, 성공한 일련의 과정 중 첫 단계가 당신이 이번에 취할 수이다.

　(ⅱ) 수학 증명의 경우라면, 일련의 단계 전체가 곧 증명 내용이다.

　(ⅲ) 컴퓨터 예술 프로그램의 경우라면, 일련의 단계들이 곧 예술 작업 내용이다.

만약 원래의 최고의 수 고르기 과정에 "실패"값이 전해진다면, 최초의 판으로 다시 돌아가야 한다.

핵심적으로 결정해야 할 설계 요소들

위 같은 단순한 구조를 뼈대로, 재귀 알고리즘 설계자는 아래 사항들을 결정해야 한다.

* 재귀 알고리즘의 핵심은 최고의 수 고르기 과정을 하면서 무한한 재귀적 확장에 빠지지 않도록 포기하는 법을 결정하는 것이다. 프로그램이 명백한 성공(체스에서의 체크메이트나 수학 혹은 조합 문제에서 적절한 답을 찾은 경우)이나 명백한 실패를 거둘 때는 결정이 쉽다. 명백한 승리도 실패도 얻어지지 않았을 때가 결정하기 어렵다. 확실하게 정의된 결과가 나오기 전이라도 특정 추론 가지를 포기할 수 있어야 하는데, 그러지 않으면 프로그램은 수십억 년이라도 돌아갈 것이기 때문이다(최소한 컴퓨터 보증기간이 끝날 때까지는 구동될 것이다).

* 재귀 알고리즘의 필수 요소 중 다른 한 가지는 문제를 깨끗한 형태로 부호화할 필요가 있다는 것이다. 체스 같은 게임에서는 쉽다. 하지만 그밖의 상황들에서는 문제를 깔끔하게 정의하는 것이 그리 쉽지 않을 때가 많다.

178.　http://www.KurzweilCyberArt.com을 보면 레이 커즈와일의 인공두뇌 시인에 대한 설명을 더 읽을 수 있고, 무료 프로그램도 내려받을 수 있다. U.S. Patent No. 6,647,395, "Poet Personalities," inventors: Ray Kurzweil and John Keklak. 특허 개요는 이렇다. "시를 읽을 줄 아는 인공 시인의 마음을 만들어내는 기법으로, 시는 문자로 이루어져 있다. 인공 시인의 마음은 분석적 모델들을 만들어내는 데, 각 모델은 각각의 시를 나타내며, 마음의 데이터 구조에 그 분석 모델이 저장된다. 마음의 데이터 구조에는 가중치가 있어서, 각 가중치는 각 분석 모델과 연관된다. 가중치는 정수값을 갖는다."

179.　Ben Goertzel: *The Structure of Intelligence* (New York: Springer-Verlag, 1993); *The Evolving Mind* (Gordon and Breach, 1993); *Chaotic Logic* (Plenum, 1994); *From Complexity to Creativity* (Plenum, 1997). 벤 괴르첼의 책과 에세이 목록은 다음을 참고하라. http://goertzel.org/work.html.

180.　http://www.KurzweilAI.net에는 백 명의 '위대한 사상가들'이 쓴 수백 편의 글들과 기타 '가속적 기능'에 관한 글들이 실려 있다. 이 책이 다루는 내용에 대한 최신 뉴스들을 일 단위, 또는 주 단위로 뉴스레터를 통해 무료료 제공한다.

홈페이지에서 이메일 주소로 가입할 수 있다.

181. John Gosney, Business Communications Company, "Artificial Intelligence: Burgeoning Applications in Industry," June 2003, http://www.bccresearch.com/comm/G275.html.

182. Kathleen Melymuka, "Good Morning, Dave…," *Computerworld*, November 11, 2002, http://www.computerworld.com/industrytopics/defense/story/0,10801,75728,00.html.

183. JTRS Technology Awareness Bulletin, August 2004, http://jtrs.army.mil/sections/technicalinformation/fset_technical.html?tech_aware_2004-8.

184. Otis Port, Michael Arndt, and John Carey, "Smart Tools," Spring 2003, http://www.businessweek.com/bw50/content/mar2003/a3826072.htm.

185. Wade Roush, "Immobots Take Control: From Photocopiers to Space Probes, Machines Injected with Robotic Self-Awareness Are Reliable Problem Solvers," *Technology Review* (December 2002-January 2003), http://www.occm.de/roush1202.pdf.

186. Jason Lohn quoted in NASA news release "NASA 'Evolutionary' Software Automatically Designs Antenna," http://www.nasa.gov/lb/centers/ames/news/releases/2004/04_55AR.html.

187. Robert Roy Britt, "Automatic Astronomy: New Robotic Telescopes See and Think," June 4, 2003, http://www.space.com/businesstechnology/technology/automated_astronomy_030604.html.

188. H. Keith Melton, "Spies in the Digital Age," http://www.cnn.com/SPECIALS/cold.war/experience/spies/melton.essay.

189. "유나이티드 세라퓨틱스(UT)는 주로 다음 세 가지 분야의 치명적인 만성 질병 발달에 대한 치료법을 개발하는 데 초점을 맞춘 회사이다: 심장혈관질환, 종양, 전염성 질환이다"(http://www.unither.com). 커즈와일 테크놀로지 사는 UT와 협력하여 환자에 대한 '홀터' 모니터링(24시간 기록)이나 '이벤트' 모니터링(30일 이상 기록)의 결과를 패턴 인식 기술로 분석할 수 있도록 연구하고 있다.

190. Kristen Philipkoski, "A Map That Maps Gene Functions," *Wired News*, May 28, 2002, http://www.wired.com/news/medtech/0,1286,52723,00.html.

191. Jennifer Ouellette, "Bioinformatics Moves into the Mainstream," *The Industrial Physicist* (October-November 2003), http://www.sciencemasters.com/bioinformatics.pdf.

192. Port, Arndt, and Carey, "Smart Tools."

193. "Protein Patterns in Blood May Predict Prostate Cancer Diagnosis," National Cancer Institute, October 15, 2002, http://www.nci.nih.gov/newscenter/ProstateProteomics, reporting on Emanuel F. Petricoin et al., "Serum Proteomic Patterns for Detection of Prostate Cancer," *Journal of the National Cancer Institute* 94 (2002): 1576-78.

194. Charlene Laino, "New Blood Test Spots Cancer," December 13, 2002, http://my.webmd.com/content/Article/56/65831.htm; Emanuel F. Petricoin Ⅲ et al., "Use of Proteomic Patterns in Serum to Identify Ovarian Cancer," *Lancet* 359.9306 (February 16, 2002): 572-77.

195. 트라이패스의 포컬포인트에 대해서는 다음을 참고하라. "Make a Diagnosis," *Wired*, October 2003, http://www.wired.com/wired/archive/10.03/everywhere. html?pg=5. Mark Hagland, "Doctors' Orders," January 2003, http://www. healthcare-informatics.com/issues/2003/01_03/cpoe.htm.

196. Ross D. King et al., "Functional Genomic Hypothesis Generation and Experimentation by a Robot Scientist," *Nature* 427 (January 15, 2004): 247-52.

197. Port, Arndt, and Carey, "Smart Tools."

198. "Future Route Releases AI-Based Fraud Detection Product," August 18, 2004, http://www.finextra.com/fullstory.asp?id=12365.

199. John Hackett, "Computers Are Learning the Business," *Collections World*, April 24, 2001, http://www.creditcollectionsworld.com/news/042401_2.htm.

200. "Innovative Use of Artificial Intelligence, Monitoring NASDAQ for Potential Insider Trading and Fraud," AAAI press release, July 30, 2003, http://www.aaai.org/Pressroom/Releases/release-03-0730.html.

201. "Adaptive Learning, Fly the Brainy Skies," *Wired News*, March 2002, http://www.wired.com/wired/archive/10.03/everywhere.html?pg=2.

202. "Introduction to Artificial Intelligence," EL 629, Maxwell Air Force Base, Air University Library course, http://www.au.af.mil/au/aul/school/acsc/ai02.htm. Sam Williams, "Computer, Heal Thyself," *Salon.com*, July 12, 2004, http://www.salon.com/tech/feature/2004/07/12/self_healing_computing/index_np.html.

203. http://www.Seegrid.com. 밝혀둠: 저자는 시그리드의 투자자이며 이사진의 일원이다.

204. No Hands Across America Web site, http://cart.frc.ri.cmu.edu/users/hpm/project.archive/reference.file/nhaa.html, and "Carnegie Mellon Researchers Will Prove Autonomous Driving Technologies During a 3,000 Mile, Hands-off-the-Wheel Trip from Pittsburgh to San Diego," Carnegie Mellon press release, http://www-2.cs.cmu.edu/afs/cs/user/tjochem/www/nhaa/official_press_release.html; Robert J. Derocher, "Almost Human," September 2001, http://www.insight-mag.com/insight/01/09/col-2-pt-1-ClickCulture.htm.

205. "Search and Rescue Robots," Associated Press, September 3, 2004, http://www.smh.com.au/articles/2004/09/02/1093939058792.html?oneclick=true.

206. "From Factoids to Facts," *Economist*, August 26, 2004, http://www.economist.com/science/displayStory.cfm?story_id=3127462.

207. Joe McCool, "Voice Recognition, It Pays to Talk," May 2003, http://www.bcs.org/BCS/Products/Publications/JournalsAndMagazines/ComputerBulletin/OnlineArchive/may03/viocerecognition.htm.

208. John Gartner, "Finally a Car That Talks Back," *Wired News*, September 2, 2004, http://www.wired.com/news/autotech/0,2554,64809,00.html?tw=wn_14techhead.

209. "Computer Language Translation System Romances the Rosetta Stone," Information Sciences Institute, USC School of Engineering (July 24, 2003), http://www.usc.edu/isinews/stories/102.html.

210. Torsten Reil quoted in Steven Johnson, "Darwin in a Box," *Discover* 24.8 (August 2003), http://www.discover.com/issues/aug-03/departments/feattech/.

211. "Let Software Catch the Game for You," July 3, 2004, http://www.newscientist.com/news/news.jsp?id=ns99996097.

212. Michelle Delio, "Breeding Race Cars to Win," *Wired News*, June 18, 2004, http://www.wired.com/news/autotech/0,2554,63900,00.html.

213. Marvin Minsky, *The Society of Mind* (New York: Simon & Schuster, 1988).

214. Hans Moravec, "When Will Computer Hardware Match the Human Brain?" *Journal of Evolution and Technology* 1 (1998).

215. Ray Kurzweil, *The Age of Spiritual Machines* (New York: Viking, 1999), p. 156.

216. 세계반도체기술로드맵에 대해서는 2장 주 22와 23 참고.

217. "The First Turing Test," http://www.loebner.ent/Prizef/loebner-prize.html.

218. Douglas R. Hofstadter, "A Coffeehouse Conversation on the Turing Test," May 1981, included in Ray Kurzweil, *The Age of Intelligent Machines* (Cambridge, Mass.: MIT Press, 1990), pp. 80-102, http://www.KurzweilAI.net/meme/frame.html?main=/articles/art0318.html.

219. Ray Kurzweil, "Why I Think I Will Win," and Mitch Kapor, "Why I Think I Will Win," rules: http://www.KurzweilAI.net/meme/frame.html?main=/articles/art0373.html; Kapor: http://www.KurzweilAI.net/meme/frame.html?main=/articles/art0412.html; Kurzweil: http://www.KurzweilAI.net/meme/frame.html?main=/articles/art0374.html;Kurzweil "final world": http://www.KurzweilAI.net/meme/frame.html?main=/articles/art0413.html.

220. Edward A. Feigenbaum, "Some Challenges and Grand Challenges for Comput ational Intelligence," *Journal of the Association for Computing Machinery* 50 (January 2003): 32-40.

221. 진핵생물 진화를 설명하는 연속적 내부공생 이론에 따르면, 미토콘드리아 (사람의 경우 13개의 자체 유전 암호를 갖고 있으면서 세포에 에너지를 제공하는 구조)의 선조들은 원래 독립적인 박테리아였다(즉 다른 세포의 일부가 아니었다). 오늘날의 답토박테르와 비슷한 박테리아였다. "Serial Endosymbiosis Theory," http://encyclopedia.thefreedictionary.com/Serial%20endosymbiosis%20theory.

6장 어떤 영향들을 겪게 될 것인가?

1. Donovan, "Season of the Witch," *Sunshine Superman* (1966).
2. 농장의 노동인구가 감소한 이유는 여러 가지다. 기계화를 통해 동물 및 사람 노동력 수요가 감소했고, 제2차 세계대전 중 도시 지역에서 수많은 경제적 기회들이 열렸으며, 전보다 적은 규모의 땅으로도 작황을 올릴 수 있는 집약 농업 기법들이 발전했기 때문이다. U.S. Department of Agriculture, National Agricultural Statistics Service, Trends in U.S. Agriculture, http://www.usda.gov/nass/pubs/trends/farmpopulation.htm. 컴퓨터 지원 생산, 즉기납입식 생산(재고가 줄어든다), 비용 절감을 위한 공장 해외 이전 등은 공장 노동인구 감소로 이어졌다. U.S. Department of Labor, *Futurework: Trends and Challenges of Work in the 21st Century*, http://www.dol.gov/asp/programs/history/herman/reports/futurework/report.htm.
3. Natasha Vita-More, "The New [Human] Genre Primo [First] Posthuman," paper delivered at Ciber@RT Conference, Bilbao, Spain, April 2004, http://www.natasha.cc/paper.htm.
4. 라시드 바시르는 2004년에 이렇게 요약했다.
    치료 목적의 마이크로기술 및 나노기술은 많은 발전을 이뤄왔다… 몇 가지 예를 들면 다음과 같다. (ⅰ) 실리콘 기반의 이식용 기기로서 전기적으로 활성화하여 입구를 열면 미리 넣어둔 약물을 방출하는 기기, (ⅱ) 전기적으로 활성화되는 중합체를 장착하여 기능하는 실리콘 기기로서, 중합체가 밸브나 근육처럼 작동하여 필요할 때 미리 넣어둔 약물을 방출하는 기기, (ⅲ) 나노 규모의 구멍들이 난 막으로 싸인 실리콘 기반 마이크로 캡슐로서, 구멍을 통해 인슐린을 내보낼 수 있는 기기, (ⅳ) 미리 약물을 넣어두었다가 pH의 변화 등 환경 조건에 따라 약을 내보낼 수 있도록 하는 모든 중합체(혹은 히드로겔) 입자들, (ⅴ) 특정 단백질로 코팅된 금속 나노 입자들로서, 입자들이 외부의 광학 에너지를 받아 뜨거워지면 바람직하지 않은 세포나 조직들을 국지적으로 태워 없앨 수 있는 것들, 등등.
    R. Bashir, "BioMEMS: State-of-the-Art in Detection, Opportunities and Prospects," *Advanced Drug Delivery Reviews* 56.11 (September 22, 2004): 1565-86. Reprint available at https://engineering.purdue.edu/LIBNA/pdf/publications/BioMEMS%20review%20ADDR%20final.pdf. 다음도 참고하라. Richard Grayson et al., "A BioMEMS Review: MEMS Technology for Physiologically Integrated Devices," *IEEE Proceedings* 92 (2004): 6-21.

5. 세계 BioMEMS 및 생의학 나노기술 협회의 활동에 대해서는 다음을 참고하라. http://www.bme.ohio-state.edu/isb. BioMEMS 학회 목록은 SPIE 웹사이트에 나와 있다. http://www.spie.org/Conferences.

6. 연구자들은 당뇨병 환자의 혈당을 감시하기 위해 금 나노입자를 활용한다. Y. Xiao et al., "'Plugging into Enzymes': Nanowiring of Redox Enzymes by a Gold Nanoparticles," *Science* 299.5614 (March 21, 2003): 1877-81. 다음도 참고하라. T. A. Desai et al., "Abstract Nanoporous Microsystems for Islet Cell Replacement," *Advanced Drug Delivery Reviews* 56.11 (September 22, 2004): 1661-73.

7. A. Grayson et al., "Multi-pulse Drug Delivery from a Resorbable Polymeric Mic rochip Device," *Nature Materials* 2 (2003): 767-72.

8. Q. Bai and K. D. Wise, "Single-Unit Neural Recording with Active Micro electode Arrays," *IEEE Transactions on Biomedical Engineering* 48.8 (August 2001): 911-20. 다음에서 와이즈의 작업에 대한 토론을 볼 수 있다. J. DeGasp ari, "Tiny, Tuned, and Unattached," *Mechanical Engineering* (July 2001), http://www.memagazine.org/backissues/july01/features/tinytune/tinytune. html; K. D. Wise, "The Coming Revolution in Wireless Integrated Micro Syste ms," Digest International Sensor Revolution in Wireless Integrated MicoSystems," Digest International Sensor Conference 2001 (Invited Plenary), Seoul, October 2001. Online version (January 13, 2004): http://www. stanford.edu/class/ee392s/Stanford392S-kw.pdf.

9. "'Microbots' Hunt Down Disease," *BBC News*, June 13, 2001, http://news. bbc.co.uk/1/hi/health/1386440.stm. 마이크로기계는 실린더처럼 생긴 자석에 기반하여 만들어진다. K. Ishiyama, M. Sendoh, and K. I. Arai, "Magnetic Micromachines for Medical Applications," *Journal of Magnetism and Magnetic Materials* 242-45, part 1 (April 2002): 41-46.

10. Sandia National Laboratories press release, "Pac-Man-Like Microstructure Interacts with Red Blood Cells," August 15, 2001, http://www.sandia. gov/media/NewsRel/NR2001/gobbler.htm. 이에 대한 산업계의 반응에 대해서는 다음을 참고하라. D. Wilson, "Microteeth Have a Big Bite," August 17, 2001, http://www.e4engineering.com/item.asp?ch=e4_home&type= Features &id=42543.

11. Robert A. Freitas Jr., Nanomedicine, vol. 1, *Basic Capabilities* (Georgetown, Tex.: Landes Bioscience, 1999); *Nanomedicine*, vol. 2A, *Biocompatability* (Georgetown, Tex.: Landes Bioscience, 2003), http:// www.nanamedicine. com. 미래 전망 연구소의 '나노의약' 페이지도 참고하라. 로버트 프레이터스의 현재 연구 목록이 나와 있다(http://www.foresight. org/Nanomedicine/index.html#MedNanoBots).

12. Robert A. Freitas Jr., "Exploratory Design in Medical Nanotechnology: A Mechanical Artificial Red Cell," *Artificial Cells, Blood Substitutes, and*

Immobilization Biotechnology 26 (1998): 411-30, http://www.foresight.org/Nanomedicine/Respirocytes.html.

13. Robert A. Freitas Jr., "Clottocytes: Artificial Mechanical Platelets," *Foresight Update* no. 41, June 30, 2000, pp. 9-11, http://www.imm.org/Reports/Rep018. html.

14. Robert A. Freitas Jr., "Microbivores: Artificial Mechanical Phagocytes," *Foresight Update* no. 44, March 31, 2001, pp. 11-13, http://www. imm. org/Reports/Rep025. html or http://www.KurzweilAI.net/meme/frame. html?m ain=/articles/art0453.html.

15. Robert A. Freitas Jr., "The Vasculoid Personal Appliance," *Foresight Update* no. 48, March 31, 2002, pp. 10-12, http://www.imm.org/Reports/Rep031.html; full paper: Robert A. Freitas Jr. and Christopher J. Phoenix, "Vasculoid: A Pe rsonal Nanomedical Appliance to Replace Human Blood," *Journal of Evolution and Technology* 11 (April 2000), http://www.jetpress.org/volume11/vasculoid.html.

16. Carlo Montemagno and George Bachand, "Constructing Nanomechanical Devices Powered by Biomolecular Motors," *Nanotechnology* 10 (1999): 225-31; "Biofuel Cell Runs on Metabolic Energy to Power Medical Implants," *Nature Online*, November 12, 2002, http://www.nature.com/news/2002/021111/full/021111-1.html, reporting on N. Mano, F. Mao, and A. Heller, "A Miniature Biofuel Cell Operating in a Physiological Buffer," *Journal of the American Chemical Society* 124 (2002): 12962-63; Carlo Montemagno et al., "Self-Assembled Microdevices Driven by Muscle," *Nature Materials* 4.2 (February 2005): 180-84, published electronically (January 16, 2005).

17. 최신 정보는 로런스 리버모어 국립연구소 웹사이트(http://www.llnl.gov)와 메드트로닉스 미니메드 웹사이트(http://www.minimed.com/corpinfo/index. shtml)를 참고하라.

18. "뇌-대-뇌 직접 통신이란… 정부 보고서라기보다 할리우드 영화 내용처럼 들리는 것이 사실이다. 하지만 이것은 미국 국립과학재단과 통상부가 최근 발표한 보고서에서 예측한 내용들 중 하나이다." G. Brumfiel, "Futurists Predict Body Swaps for Planet Hops," *Nature* 418 (July 25, 2002): 359.
   뇌에 이식한 전극에 전류를 보내 뇌 기능에 영향을 미치는 심부 자극은 파킨슨병 환자들을 위한 신경 이식물에 대해 이미 FDA의 승인을 받았으며, 다른 신경 질환들에 대해서도 시험되고 있다. 다음을 참고하라. Al Abbott, "Brain Implants Show Promise Against Obsessive Disorder," *Nature* 419 (October 17, 2002): 658; B. Nuttin et al, "Electrical Stimulation in Anterior Limbs of Internal Capsules in Patients with Obsessive-Compulsive Disorder," *Lancet* 354.9189 (October 30, 1999): 1526.

19. 인공 망막 프로젝트 웹사이트(http://www.bostonretinalimplant.org)를 참고

하라. 최근의 논문들을 포함한 방대한 자료를 올려두고 있다. 그중 한 논문으로 다음을 참고하라. R. J. Jensen et al., "Thresholds for Activation of Rabbit Retin al Ganglion Cells with an Ultrafine, Extracellular Microelectrode," *Investigative Ophthalmalogy and Visual Science* 44.8 (August 2003): 3533–43.

20. 미국 식품의약국청은 1997년에 메드트로닉의 이식물이 뇌의 반쪽에서만 사용되어도 좋다고 승인했다. 양쪽 뇌 모두에 사용되어도 좋다는 승인이 떨어진 것은 2002년 1월 14일이다. S. Snider, "FDA Approves Expanded Use of Brain Implant for Parkinson's Disease," U.S. Food and Drug Administration, *FDA Talk Paper*, January 14, 2002, http://www.fda.gov/bbs/topics/ANSWERS/2002/ANS01130.html. 가장 최근의 기기는 뇌 바깥으로부터 소프트웨어를 다운로드 받을 수도 있다.

21. 메드트로닉 사는 뇌성마비에 대한 이식물도 만들고 있다. S. Hart, "Brain Implant Quells Tremors," ABC News, December 23, 1997, http://nasw.org/users/hart/subhtml/abcnews.html; http://www.medtronic.com.

22. Günther Zeck and Peter Fromherz, "Noninvasive Neuroelectronic Interfacing with Synaptically Connected Snail Neurons Immobilized on a Semiconductor Chip," Proceedings of the National Academy of Sciences 98.18 (August 28, 2001): 10457–62.

23. R. Colin Johnson, "Scientists Activates Neurons with Quantum Dots," EE Times, December 4, 2001, http://www.eetimes.com/story/OEG20011204S0068. 양자 점은 영상용으로도 쓰일 수 있다. M. Dahan et al., "Diffusion Dynamics of Glycine Reciptors Revealed by Single-Quantum Dot Tracking," *Science* 302.5644 (October 17, 2003): 442–45; J. K. Jaiswal and S. M. Simon, "Potentials and Pitfalls of Fluorescent Quantum Dots for Biological Imaging," *Trends in Cell Biology* 14.9 (September 2004): 497–504.

24. S. Shoham et al., "Motor-Cortical Activity in Tetraplegics," Nature 413.6858 (October 25, 2001): 793; University of Utah news release, "An Early Step Toward Helping the Paralyzed Walk," October 24, 2001, http://www.utah.edu/news/releases/01/oct/spinal.html.

25. 《포커스》는 스티븐 호킹의 발언을 잘못 번역하였다. 그 내용은 다음에 인용되어 있다. Nick Paton Walsh, "Alter Our DNA or Robots Will Take Over, Warns Hawking," *Observer*, September 2, 2001, http://observer.guardian.co.uk/uk_news/story/0,6903,545653,00.html. 사람들은 호킹이 인간보다 똑똑한 기계 기능의 위험을 경고한 것으로 오해하였다. 사실 호킹은 생물학적 지능과 비생물학적 지능 사이의 거리를 하루 빨리 좁혀야 한다고 찬성을 표명한 것이었다. 호킹은 KurzweilAI.net에 정확한 견해를 밝혔다("Hawking Misquoted on Computers Taking Over," September 13, 2001, http://www.KurzweilAI. net/news/frame. html?main=news_single.html?id%3D495).

26. 1장 주 34 참고.

27. 일례로, 워싱턴 주 보텔에 있는 마이크로비전이란 회사가 개발한 '노마드'라는 군용 프로그램이 있다. http://www.microvision.com/nomadmilitary/index.html.

28. Olga Kharif, "Your Lapel Is Ringing," *Business Week*, June 21, 2004.

29. Laila Weir, "High-Tech Hearing Bypasses Ears," *Wired News,* September 16, 2004, http://www.wired.com/news/technology/0,1282,64963,00.html?tw=wn_tophead_4.

30. Hypersonic Sound technology, http://www.atcsd.com/tl_hss.html; Audio Spotlight, http://www.holosonics.com/technology.html.

31. Phillip F. Schewe and Ben Stein, *American Institute of Physics Bulletin of Physics News* 236 (August 7, 1995), http://www.aip.org/enews/physnews/1995/physnews.236.html. 다음도 참고하라. R. Weis and P. Fromherz, "Frequency Dependent Signal-Transfer in Neuron-Transistors," *Physical Review E* 55 (1997): 877–89.

32. 앞의 주 18 참고. 다음도 참고하라. J. O. Winter et al., "Recognition Molecule Directed Interfacing Between Semiconductor Quantum Dots and Nerve Cells," *Advanced Materials* 13 (November 2001): 1673–77; I. Willner and B. Willner, "Biomaterials Integrated with Electronic Elements: En Route to Bioelectronics," *Trends in Biotechnology* 19 (June 2001): 222–30; Deborah A. Fitzgerald, "Bridging the Gap with Bioelectronics," *Scientist* 16.6 (March 18, 2002): 38.

33. 로버트 프레이터스가 이 시나리오에 대해 분석한 것이 있다. Robert A. Freitas Jr., *Nanomedicine*, vol. 1, *Basic Capabilities*, section 7.4.5.4, "Cell Message Modification" (Georgetown, Tex.: Landes Bioscience, 1999), pp. 194–96, http://www.nanomedicine.com/NMI/7.4.5.4.htm#p5, and section 7.4.5.6, "Outmessaging to Neurons," pp. 196–97, http://www.nanomedicine.com/NMI/7.4.5.6.htm#p2.

34. 라모나 프로젝트에 대한 설명, TED 회의의 가상현실 프레젠테이션 비디오 자료, "라모나 만들기" 비디오의 뒷이야기들을 보려면 다음을 참고하라. "All About Ramona," http://www.KurzweilAI.net/meme/frame.html?m=9.

35. I. Fried et al., "Electric Current Stimulates Laughter," *Nature* 391.6668 (February 12, 1998): 650; Ray Kurzweil, *The Age of Spiritual Machines* (New York: Viking, 1999).

36. Robert A. Freitas Jr., *Nanomedicine*, vol. 1, *Basic Capabilities*, section 7.3, "Communication Networks" (Georgetown, Tex.: Landes Bioscience, 1999), pp. 186–88, http://www.nanomedicine.com/NMI/7.3.htm.

37. Allen Kurzweil, *The Grand Complication: A Novel* (New York: Hyperion, 2002); Allen Kurzweil, *A Case of Curiosities* (New York: Harvest Books, 2001). 앨런 커즈와일은 나의 사촌이다.

38. 다음에 인용되어 있다. Aubrey de Grey, "Engineering Negligible Senescence: Rational Design of Feasible, Comprehensive Rejuvenation Biotechnology," Kronos Institute Seminar Series, February 8, 2002, PowerPoint presentation available at http://www.gen.cam.ac.uk/sens/sensov.ppt.

39. Robert A. Freitas Ju., "Death Is an Outrage!" presentation at the fifth Alcor Conference on Extreme Life Extension, Newport Beach, Calif., November 16, 2002, http://www.rfreitas.com/Nano/DeathIsAnOutrage.htm, published on KurzweilAI.net January 9, 2003: http://www.KurzweilAI.net/articles/art0536.html.

40. 크로마뇽, "30년 미만, 가끔은 그보다도 더 짧은…": http://anthro.palomar.edu/homo2/sapiens_culture.htm.

이집트: Jac J. Janssen quoted in Brett Palmer, "Playing the Numbers Game," in Skeptical Review, published online May 5, 2004, at http://www.theskepticalreview.com/palmer/numbers.html.

유럽 1400: Gregory Clark, The Conquest of Nature: A Brief Economic History of the World (Princeton University Press, 2005), chapter 5, "Mortality in the Malthusian Era," http://www.econ.ucdavis.edu/faculty/gclark/GlobalHistory/Global%20History-5.pdf.

1800: James Riley, Rising Life Expectancy: A Global History (Cambridge, U.K.: Cambridge University Press, 2001), pp. 32-33.

1900: http://www.cdc.gov/nchs/data/hus/tables/2003/03hus027.pdf.

41. 박물관은 원래 보스턴에 있었는데 현재는 캘리포니아주 마운틴뷰로 옮겼다 (http://www.computerhistory.org).

42. 리만과 칼레는 장기기억 저장에 대해 이렇게 말했다. "좋은 종이는 500년을 가는데, 컴퓨터 테이프는 10년을 간다. 복사본을 만드는 조직이 활발히 운영되는 한 정보를 안전히 지킬 수 있겠지만, 디지털 물질들의 복사본을 500년이나 안전하게 보관한 효율적인 기제는 없는 형편이다…" Peter Lyman and Brewster Kahle, "Archiving Digital Cultural Artifacts: Organizing an Agenda for Action," D-Lib Magazine, July-August 1998.

스튜어트 브랜드는 이렇게 썼다. "새롭게 등장한 혁신적인 컴퓨터의 뒤에는 사멸한 컴퓨터들의 시체가 줄지어 있다. 멸종해버린 기억 장치, 멸종해버린 응용 장치, 멸종해버린 파일들이 수북하다. 과학소설 작가 브루스 스털링은 우리 시대를 가리켜 '죽은 매체들의 황금기, 대부분은 트윙키 과자보다도 유통기한이 짧았다'고 말했다." Stewart Brand, "Written on the Wind," Civilization Magazine, November 1998 ("01998" in Long Now terminology), available online at http://www.longnow.org/10klibrary/library.htm.

43. DARPA의 정보처리기술국은 이런 프로젝트를 진행하고 있는데, 그 이름은 라이프로그이다. http://www.darpa.mil/ipto/Programs/lifelog; 다음도 참고하라. Noah Shachtman, "A Spy Machine of DARPA's Dreams," Wired News,

May 20, 2003, http://www.wired.com/news/business/0,1367,58909,00. html; 고든 벨의 프로젝트(마이크로소프트를 위한)는 마이라이프비츠라고 불린다. http://research.microsoft.com/research/barc/MediaPresence/ MylifeBits.aspx; 롱나우 재단 홈페이지는 다음과 같다. http://longnow.org.

44. 버거론은 하버드 의대의 마취학 조교수이며 다음 같은 책들을 썼다. *Bioinformatics Computing, Biotech Ingustry: A Global, Economic, and Finan cing Overview; The Wireless Web and Healthcare.*

45. 롱나우 재단은 한 가지 대안을 개발하고 있다. 로제타 디스크라는 것인데, 미래에 사라질지도 모르는 언어들로 작성된 광범위한 각종 텍스트들을 저장하는 것이다. 2인치 니켈 디스크에 기반한 독특한 저장 기술을 사용할 계획인데, 이 디스크는 하나당 350,000페이지를 저장할 수 있으며, 기대 수명은 2,000년에서 10,000년 정도이다. Long Now Foundation, Library Ideas, http://longnow. org/10klibrary/10kLibConference.htm.

46. John A. Parmentola, "Paradigm Shifting Capabilities for Army Transformation," invited paper presented at the SPIE European Symposium on Optics/Photonics in Security and Defence, October 25-28, 2004; available electronically at *Bridge* 34.3 (Fall 2004), http://www. nae.edu/NAE/bridgecom.nsf/weblinks/MKEZ-65RLTA?OpenDocument.

47. Fred Bayles, "High-tech Project Aims to Make Super-soldiers," *USA Today*, May 23, 2003, http://www.usatoday.com/news/nation/2003-05-22-nanotech-usat_x.htm; Institute for Soldier Nanotechnologies Web site, http://web.mit.edu/isn; Sarah Putnam, "Researchers Tout Opportunities in Nanotech," MIT News Office, October 9, 2002, http://web.mit.edu/newsoffic e/2002/cdc-nanotech-1009.html.

48. Ron Schafer, "Robotics to Play Major Role in Future Warfighting," http://www.jfcom.mil/newslink/storyarchive/2003/pa072903.htm; Dr. Russell Richards, "Unmanned Systems: A Big Player for Future Forces?" Unmanned Effects Workshop at the Applied Physics Laboratory, Johns Hopkins University, Baltimore, July 29-August 1, 2003.

49. John Rhea, "NASA Robot in Form of Snake Planned to Penetrate Inaccessible Area," *Millitary and Aerospace Electronics*, November 2000, http://mae.pennet.com/Articles/Article_Display.cfm?Section=Archives& Subsection=Display&ARTICLE_ID=86890.

50. Lakshmi Sandhana, "The Drone Armies Are Coming," *Wired News*, August 30, 2002, http://www.wired.com/news/technology/0,1282,54728,00.html. 다음도 참고하라. Mario Gerla, Kaixin Xu, and Allen Moshfegh, "Minuteman: Forward Projection of Unmanned Agents Using the Airborne Internet," IEEE Aerospace Conference 2002, Big Sky, Mont., March 2002: http://www.cs.ucla.edu/NRL/wireless/uploads/ mgerla_aerospace02.pdf.

51. James Kennedy and Russell C. Eberhart, with Yuhui Shi, *Swarm Intelligence* (San Francisco: Morgan Kaufmann, 2001), http://www.swarm-intelligence. org/SIBook/SI.php.

52. Will Knight, "Military Robots to Get Swarm Intelligence," April 25, 2003, http://www.newscientist.com/news/news.jsp?id=ns99993661.

53. 앞의 책.

54. S. R. White et al., "Autonomic Healing of Polymer Composites," *Nature* 409 (February 15, 2001): 794-97, http://www.autonomic.uiuc. edu/files/Nature Paper.pdf; Kristin Leutwyler, "Self-Healing Plastics," ScientificAmerican.com, February 15, 2001, http://www.sciam.com/article. cfm?articleID=000B307F-C71A-1C5AB882809EC588ED9F.

55. Sue Baker, "Predator Missile Launch Test Totally Successful," *Strategic Affairs*, April 1, 2001, http://www.stratmag.com/issueApr-1/page02.htm.

56. OpenCourseWare course list at http://ocw.mit.edu/index.html.

57. Brigitte Bouissou quoted on MIT OpenCourseWare's additional quotes page at http://ocw.mit.edu/OcwWeb/Global/AboutOCW/additionalquotes.htm and Eric Bender, "Teach Locally, Educate Globally," *MIT Technology Review*, June 2004, http://www.techreview.com/articles/04/06/bender0604.asp?p=1.

58. 커즈와일 에듀케이셔널 시스템즈(http://www.Kurzweiledu.com)는 난독증 환자들을 위해 커즈와일 3000이라는 시스템을 제공하고 있다. 사용자에게 책을 읽어주는 시스템인데, 고해상도 영상으로 해당 페이지를 보여주며 읽는 중인 부분을 하이라이트해 보여준다. 사용자의 독서 능력을 향상시키기 위한 여러 기능들을 갖고 있다.

59. As quoted by Natasha Vita-More, "Arterati on Ideas," http://64.233.167.104/search?q=cache:QAnJsLcXHXUJ:www.extropy.com/ideas/journal/previous/1998/02-01.html+Arterati+on+ideas&hl=en and http://www.extropy.com/ideas/journal/previous/1998/02-01.html.

60. Christine Boese, "The Screen-Age: Out Brains in our Laptops," CNN.com, August 2, 2004.

61. Thomas Hobbes, *Leviathan* (1651).

62. Seth Lloyd and Y. Jack Ng, "Black Hole Computers," *Scientific American*, November 2004.

63. Alan M. MacRobert, "The Allen Telescope Array: SETI's Next Big Step," *Sky & Telescope*, April 2004, http://skyandtelescope.com/printable/resources/seti/article_256.asp.

64. 위의 글.

65. 위의 글.

66. C. H. Townes, "At What Wavelength Should We Search for Signals from Extraterrestrial Intelligence?" *Proceedings of the National Academy*

of Sciences USA 80 (1983): 1147-51. S. A. Kingsley in *The Search for Extraterrestrial Intelligence in the Optical Spectrum*, vol. 2, S. A. Kingsley and G. A. Lemarchand, eds. (1996) Proc. WPIE 2704: 102-16.

67. N. S. Kardashev, "Transmission of Information by Extraterrestrial Civilization," *Soviet Astronomy* 8.2 (1964): 217-20. Summarized in Guillermo A. Lemarcha nd, "Detectability of Extraterrestrial Technological Activities," *SETIQuest* 1:1, pp. 3-13, http://www.coseti.org/lemarch1.htm.

68. Frank Drake and Dava Sobel, *Is Anyone Out There?* (New York: Dell, 1994); Carl Sagan and Frank Drake, "The Search for Extraterrestrial Intelligence," *Scientific American* (May 1975): 80-89. 드레이크 방정식 계산기는 다음에 있다. http://www.activemind.com/Mysterious/Topics/SETI/drake_equation.html

69. 드레이크 방정식을 해설하는 사람들 대부분은 f_i을 행성의 수명 중에서 전파교신이 이루어지는 시기의 비로 표현하지만, 사실 이것은 우주의 수명에 대한 비가 되어야 한다. 행성이 얼마나 오래 살아남느냐는 우리 관심 밖의 일이기 때문이다. 중요한 것은 전파 통신의 지속 유무뿐이다.

70. 세스 쇼스탁은 "우리 은하의 전파 송신 문명 수가 1만에서 1백만 사이이리라 추정"한다. Marcus Chown, "ET First Contact 'Within 20 Years,'" *New Scientist* 183. 2457 (July 24, 2004). Available online at http://www.newscientist.com/article. ns?id=dn6189.

71. T. L. Wilson, "The Search for Extraterrestrial Intelligence," *Nature*, February 22, 2001.

72. 최근의 예측치는 대부분 100억에서 150억 년 사이로 보고 있다. 2002년에 허블 우주망원경의 자료를 바탕으로 예측한 바는 130억에서 140억 년이었다. 케이스 웨스턴 리저브 대학의 과학자 로런스 크라우스와 다트머스 대학의 브라이언 샤보이어는 별의 진화에 관한 최신 자료들을 총동원하여 적용하면서 계산해보았는데, 결과 우주의 나이는 112억에서 200억 년 사이로 나왔다. Lawrence Krauss and Brian Chaboyer, "Irion, the Milky Way's Restless Swarms of Stars," *Science* 299 (January 3, 2003): 60-62. 최근 NASA의 연구는 이 범위를 137억 년에서 약 200억 년 안팎으로까지 줄였다. http://map.gsfc.nasa.gov/m_mm/mr_age.html.

73. Quoted in Eric M. Jones, "'Where Is Everybody?': An Account of Fermi's Question," Los Alamos National Laboratories, March 1985, http://www.bayarea. net/~kins/AboutMe/Fermi_and_Teller/fermi_question.html.

74. 우선, 궁극의 차가운 노트북의 연산 속도가 10^{42}cps임을 생각해보자(3장에서 말했다). 태양계의 총질량은 거칠게 말해 태양의 질량과 동일하다 할 수 있으므로, 약 2×10^{30}킬로그램이 된다. 그중 1퍼센트의 20분의 1을 취한다면 10^{27}킬로그램이다. 킬로그램당 10^{42}cps라면 10^{27}킬로그램으로는 10^{69}cps가 가능하다. 궁극의 뜨거운 노트북은 10^{50}cps이므로 무려 10^{77}cps가 된다.

75. Anders Sandberg, "The Physics of Information Processing Superobjects:

Daily Life Among the Jupiter Brains," *Journal of Evolution and Technology* 5 (December 22, 1999), http://www.jetpress.org/volume5/ Brain2.pdf.

76. Freeman John Dyson, "Search for Artificial Stellar Sources of Infrared Radiation," *Science* 131 (June 3, 1960): 1667-68.

77. Cited in Sandberg, "Physics of Information Processing Superobjects."

78. 1994년에는 총 판매 반도체칩 수가 1,955억 개였고, 2004년에는 4,335억 개였다. Jim Feldhan, president, Semico Research Corporation, http://www.semico.com

79. 로버트 프레이터스는 로봇을 통한 우주 탐사, 특히 자기복제적 로봇의 활용을 적극적으로 주장해왔다. Robert A. Freitas Jr., "Interstellar Probes: A New Approach to SETI," *J. British Interplanet. Soc.* 33 (March 1980): 95-100, http://www.rfreitas.com/Astro/InterstellarProbesJBIS1980.htm; Robert A. Freitas Jr., "A Self-Reproducing Interstellar Probe," *J. British Interplanet. Soc.* 33 (July 1980): 251-64, http://www.rfreitas.com/Astro/ReproJBISJuly1980. htm; Francisco Valdes and Robert A. Freitas Jr., "Comparison of Reproducing and Nonreproducing Starprobe Strategies for Galactic Exploration," *J. British Interplanet. Soc.* 33 (November 1980): 402-8, http://www.rfreitas.com/Astro/Comparison ReproNov1980.htm; Robert A. Freitas Jr., "Debunking the Myths of Interstellar Probes," *AstroSearch* 1 (July-August 1983): 8-9, http://www.rfreitas.com/Astro/ProbeMyths1983.htm; Robert A. Freitas Jr., "The Case for Interstellar Probes," *J. British Interplanet. Soc.* 36 (November 1983): 490-95, http://www.rfreitas.com/Astro/TheCaseForInterstellar Probes1983.htm.

80. M. Stenner et al., "The Speed of Information in a 'Fast-Light' Optical Medium," *Nature* 425 (October 16, 2003): 695-98; Raymond Y. Chiao et al., "Superluminal and Parelectric Effects in Rubidium Vapor and Ammonia Gas," *Quantum and Semiclassical Optics* 7 (1995): 279.

81. I. Marcikic et al., "Long-Distance Teleportation of Qubits at Telecommunication Wavelengths," *Nature* 421 (January 2003): 509-13; John Roach, "Physicists Teleport Quantum Bits over Long Distance," *National Geographic News*, January 29, 2003; Herb Brody, "Quantum Cryptography," in "10 Emerging Technologies That Will Change the World," *MIT Technology Review*, February 2003; N. Gisin et al., "Quantum Correlations with Moving Observers," *Quantum Optics* (December 2003): 51; Quantum Cryptography exhibit, ITU Telecom World 2003, Geneve, Switzerland, October 1, 2003; Sora Song, "The Quantum Leaper," *Time*, March 15, 2004; Mark Buchanan, "Light's Spooky Connections Set New Distance Record," *New Scientist*, June 28, 1997.

82. Charles H. Lineweaver and Tamara M. Davis, "Misconceptions About the Big Bang," *Scientific American*, March 2005.

83. A. Einstein and N. Rosen, "The Particle Problem in the General Theory of Relativity," *Physical Review* 48 (1935): 73.

84. J. A. Wheeler, "Geons," *Physical Review* 97 (1955): 511-36.

85. M. S. Morris, K. S. Thorne, and U. Yurtsever, "Wormholes, Time Machines, and the Weak Energy Condition," *Physical Review Letters* 61.13 (September 26, 1988): 1446-49; M. S. Morris and K. S. Thorne, "Wormholes in Spacetime and Their Use for Interstellar Travel: A Tool for Teaching General Relativity," *American Journal of Physics* 56.5 (1988): 395-412.

86. M. Visser, "Wormholes, Baby Universe, and Causality," *Physical Review D* 41.4 (February 15, 1990): 1116-24.

87. Sandberg, "Physics of Information Processing Superobjects."

88. David Hochberg and Thomas W. Kephart, "Wormhole Cosmology and the Horizon Problem," *Physical Review Letters* 70 (1993): 2665-68, http://prola.aps.org/abstract/PRL/v70/i18/p2665_1; D. Hochberg and M. Visser, "Geometric Structure of the Generic Static Transversable Wormhole Throat," *Physical Review D* 56 (1997): 4745.

89. J. K. Webb et al., "Further Evidence for Cosmological Evolution of the Fine Structure Constant," *Physical Review Letters* 87.9 (August 27, 2001): 091301; "When Constants Are Not Constant," *Physics in Action* (October 2001), http://physicsweb.org/articles/world/14/10/4.

90. Joao Magueijo, John D. Barrow, and Haavard Bunes Sandvik, "Is It e or Is It c? Experimental Tests of Varying Alpha," *Physical Letters B* 549 (2002): 284-89.

91. John Smart, "Answering the Fermi Paradox: Exploring the Mechanisms of Universal Transcension," http://www.transhumanist.com/Smart-Fermi.htm. 다음도 참고하라. http://singularitywatch.com; http://www.singularity-watch.com/bio_johnsmart.html.

92. James N. Gardner, *Biocosm: The New Scientific Theory of Evolution: Intelligent Life Is the Architect of the Universe* (Maui: Inner Ocean, 2003).

93. Lee Smolin in "Smolin vs. Susskind: The Anthropic Principle," *Edge* 145, http://www.edge.org/documents/archive/edge145.html; Lee Smolin, "Scientific Alternatives to the Anthropic Principle," http://arxiv.org/abs/hep-th/0407213.

94. Kurzweil, *Age of Spiritual Machines*, pp. 258-60.

95. Gardner, *Biocosm*.

96. S. W. Hawking, "Particle Creation by Black Holes," *Communications in Mathematical Physics* 43 (1975): 199-220.

97. 원래의 내기는 다음에 나와 있다. http://www.theory.caltech.edu/people/

preskill/info_bet.html. 다음도 참고하라. Peter Rogers, "Hawking Loses Black Hole Bet," *Physics World*, August 2004, http://physicsweb.org/articles/news/8/7/11.

98. 이 예측치를 얻기 위해 로이드는 물질의 밀도가 세제곱미터당 약 수소 원자 하나라고 가정한 뒤 우주 전체의 에너지를 계산했다. 이 수치를 플랑크 상수로 나눈 결과가 10^{90}cps이다. Seth Lloyd, "Ultimate Physical Limits to Computation," *Nature* 406.6799 (August 31, 2000): 1047-54. Electronic versions (version 3 dated February 14, 2000) available at http://arxiv.org/abs/quant-ph/9908043 (August 31, 2000). 다음 링크는 결제가 필요하다. http://www.nature.com/cgi-taf/DynaPage.taf?file=/nature/journal/v406/n6799/full/4061047a0_fs.html&content_filetype=PDF.

99. Jacob D. Bekenstein, "Information in the Holographic Universe: Theoretical Results about Black Holes Suggest That the Universe Could Be Like a Gigantic Hologram," *Scientific American* 289.2 (August 2003): 58-65, http://www.sciam.com/article.cfm?articleID=000AF072-4891-1F0A-97AE80A84189EEDF.

7장 나는 특이점주의자입니다

1. Jay W. Richards et al., *Are We Spiritual Machines? Ray Kurzweil vs. the Critics of Strong A.I.* (Seattle: Discovery Institute, 2002), introduction, http://www.KurzweilAI.net/meme/frame.html?main=/articles/art0502.html.

2. Ray Kurzweil and Terry Grossman, M.D., *Fantastic Voyage: Live Long Enough to Live Forever* (New York: Rodale Books, 2004).

3. 위의 책.

4. 위의 책.

5. Max More and Ray Kurzweil, "Max More and Ray Kurzweil on the Singularity," February 26, 2002, http://www.KurzweilAI.net/articles/art0408.html

6. 위의 글.

7. 위의 글.

8. Arthur Miller, *After the Fall* (New York: Viking, 1964).

9. From a paper read to the Oxford Philosophical Society in 1959 and then published as "Minds, Machines and Gödel," *Philosophy* 36 (1961): 112-27. 이후 여러 차례 재출간되었지만 그중 처음으로는 다음 책에 포함되어 있다. Kenneth Sayre and Frederick Crosson, eds., *The Modeling of Mind* (Notre Dame: University of Notre Dame Press, 1963), pp. 255-71.

10. Martine Rothblatt, "Biocyberethics: Should We Stop a Company from Unplugging an Intelligent Computer?" September 28, 2003, http://www.KurzweilAI.net/meme/frame.html?main=/articles/art0594.html (includes

links to a Webcast and transcripts).

11. Jaron Lanier, "One Half of a Manifesto," *Edge*, http://www.edge.org/3rd_culture/lanier/lanier_index.html; Jaron Lanier, "One-Half of a Manifesto," *Wired News*, December 2000, http://www.wired.com/wired/archive/8.12/lanier.html.

12. 위의 글.

13. Norbert Wiener, *Cybernetics: or, Control and Communication in the Animal and the Machine* (Cambridge, Mass.: MIT Press, 1948).

14. "How Do You Persist When Your Molecules Don't?" *Science and Consciousness Review* 1.1 (June 2004), http://www.sci-con.org/articles/20040601.html.

15. David J. Chalmers, "Facing Up to the Problem of Consciousness," *Journal of Consciousness Studies* 2.3 (1995): 200-219, http://jamaica.u.arizona.edu/~chalmers/papers/facing.html.

16. Huston Smith, *The Sacred Unconscious*, videotape (The Wisdom Foundation, 2001), available for sale at http://www.fonsvitae.com/sacred-huston.html.

17. Jerry A. Fodor, *RePresentations: Philosophical Essays on the Foundations of Cognitive Science* (Cambridge, Mass.: MIT Press, 1981).

8장 뗄 수 없게 얽힌 GNR의 희망과 위험

1. Bill McKibben, "How Much Is Enough? The Environmental Movement as a Pivot Point in Huma History," Harvard Seminar on Environmental Values, October 18, 2000.

2. 1960년대에 미국 정부는 막 졸업한 물리학 전공 대학생 세 명을 대상으로 한 가지 실험을 수행했다. 공공연히 돌아다니는 정보들만을 수집해서 핵무기를 설계해보라고 주문한 것이다. 결과는 성공이었다. 세 명의 학생들은 3년 만에 핵무기 설계를 완성했다(http://www.pimall.com/nais/nl/n.nukes.html). 원자폭탄 만드는 법은 인터넷에 잘 나와 있으며 국립연구소가 책 형태로 출간하기도 했다. 2002년, 영국 국방성은 폭탄 제조법에 대한 상세한 자료, 기법, 그림들을 국립기록보존소를 통해 공개했는데, 지금은 다시 사라졌다(http://news.bbc.co.uk/1/hi/uk/1932702.stm). 위의 링크들에는 원자폭탄 만드는 법에 대한 내용은 없다.

3. "The John Stossel Special: You Can't Say That!" ABC News, March 23, 2000.

4. 폭탄이나 각종 무기, 폭발물을 만드는 방법은 웹에서 검색해보면 얼마든지 찾을 수 있다. 군대의 매뉴얼도 돌아다닌다. 물론 잘못된 정보들도 있다. 하지만 정확한 정보들도 있으며, 아무리 열심히 제거하려 해도 공공연히 돌아다니는 것을 모두 막기는 힘들다. 국회는 1997년 6월 국방부의 세출 법안에 대해 수정조항을 달면서(파인슈타인 수정, SP 419) 폭탄 제조에 대한 지침들의 유포

를 금지하는 내용을 덧붙였다. Anne Marie Helmenstine, "How to Build a Bomb," February 10, 2003, http://chemistry.about.com/library/weekly/aa021003a.htm. 독성 산업 화합물들을 만드는 정보도 웹이나 도서관에 널려 있다. 박테리아나 바이러스를 배양하는 도구와 정보, 컴퓨터 바이러스를 만들거나 컴퓨터와 망을 해킹하는 정보도 마찬가지다. 당연히 구체적인 예는 들지 않겠다. 나쁜 의도를 지닌 개인이나 단체에 본의 아닌 도움을 줄 수 있기 때문이다. 나는 그런 일이 가능하다는 것을 지적하는 것만으로도 정보를 주는 셈이라 생각하지만, 이 문제에 대해 툭 터놓고 토론하는 것은 위험보다 이익이 큰 일이라고도 생각한다. 게다가 이미 다른 매체들도 이런 정보들의 입수 가능성에 대해 많이 얘기해왔다.

5. Ray Kurzweil, *The Age of Intelligent Machines* (Cambridge, Mass.: MIT Press, 1990).

6. Ken Alibek, *Biohazard* (New York: Random House, 1999)

7. Ray Kurzweil, *The Age of Spiritual Machines* (New York: Viking, 1999).

8. Bill Joy, "Why the Future Doesn't Need Us," *Wired*, April 2000, http://www.wired.com/wired/archive/8.04/joy.html.

9. 유전자 접합에 관한 지침서(A. J. Harwood, ed., *Basic DNA and RNA Protocols* [Totowa, N.J.: Humana Press, 1996 등]와 실제 유전자 접합을 해볼 수 있는 시약 및 도구 상자는 쉽게 구할 수 있다. 서구에서는 이런 재료들에 대한 접근이 제한되어 있지만 수많은 러시아 회사들이 물건을 공급하고 있다.

10. "어두운 겨울" 시나리오에 대한 상세 내용을 보려면 다음 사이트를 참고하라. "DARK WINTER: A Bioterrorism Exercise June 2001": http://www.biohazardnews.net/scen_smallpox.shtml. 요약은 다음 사이트에 있다. http://www.homelandsecurity.org/darkwinter/index.cfm.

11. Richard Preston, "The Spector of a New and Deadlier Smallpox," *New York Times*, October 14, 2002, available at http://www.ph.ucla.edu/epi/bioter/specterdeadlier.smallpox.html.

12. Alfred W. Crosby, *America's Forgotten Pandemic: The Influenza of 1918* (New York: Cambridge University Press, 2003).

13. "Power from Blood Could Lead to 'Human Batteries,'" *Sydney Morning Herald*, August 4, 2003, http://www.smh.com.au/articles/2003/08/03/1059849278131.html. 5장의 주 129와 다음 자료도 참고하라. S. C. Barton, J. Gallaway, and P. Atanassov, "Enzymatic Biofuel Cells for Implantable and Microscale Devices," *Chemical Reviews* 104.10 (October 2004): 4867-86.

14. J. M. 헌트는 지구상에는 1.55×10^{19}킬로그램(10^{22}그램)의 유기 탄소가 있다고 계산했다. 이 수치를 바탕으로 하고, 모든 "유기 탄소"가 생물자원에 담겨 있다고 가정하면(생물자원, 즉 바이오매스는 그리 명확한 정의가 없는 용어다. 여기서는 넓은 의미로 포괄하여 쓰도록 하자), 탄소 원자들의 개수는 다음과 같이 계산된다.

탄소 원자의 평균 무게(동위원소들을 비중에 따라 고려한 것) = 12.011.

생물자원 속의 탄소 = 1.55×10^{22}그램/12.011 = 1.3×10^{21}몰.

$1.3 \times 10^{21} \times 6.02 \times 10^{23}$(아보가드로 수) = 7.8×10^{44}개 탄소 원자.

J. M. Hunt, *Petroleum Geochemistry and Geology* (San Francisco: W. H. Freeman, 1979).

15. Robert A. Frietas Jr., "The Gray Goo Problem," March 20, 2001, http://www.KurzweilAI.net/articles/art0142.html.

16. "Gray Goo Is a Small Issue," Briefing Document, Center for Responsible Nanotechnology, December 14, 2003, http://crnano.org/BD-Goo.htm; Chris Phoenix and Mike Treder, "Safe Utilization of Advanced Nanotechnology," Center for Responsible Nanotechnology, January 2003, http://crnano. org/safe.htm; K. Eric Drexler, *Engines of Creation*, chapter 11, "Engines of Destruction" (New York: Anchor Books, 1986), pp. 171-90, http://www.foresight.org/EOC/EOC_Chapter_11.html; Robert A. Freitas Jr. and Ralph C. Merkle, *Kinematic Self-Replicating Machines*, section 5.11, "Replicators and Public Safely" (Georgetown, Tex.: Landes Bioscience, 2004), pp. 196-99, http://www.MolecularAssembler.com/KSRM/5.11.htm, and section 6.3.1, "Molecular Assemblers Are Too Dangerous," pp. 204-6, http://www.MolecularAssembler.com/KSRM/6.3.1.htm; Foresight Institute, "Molecular Nanotechnology Guidelines: Draft Version 3.7," June 4, 2000, http://www.foresight.org/guidelines/.

17. Robert A. Freitas Jr., "Gray Goo Problem" and "Some Limits to Global Ecophagy by Biovorous Nanoreplicators, with Public Policy Recommendations," Zyvex preprint, April 2000, section 8.4 "Malicious Ecophagy" and section 6.0 "Ecophagic Thermal Pollution Limits (ETPL)," http://www.foresight.org/NanoRev/Ecophagy.html.

18. Nick D. Bostrom, "Existential Risks: Analyzing Human Extinction Scenario and Related Hazards," May 29, 2001, http://www.KurzweilAI.net/meme/frame.html?main=/articles/art0194.html.

19. Robert Kennedy, *13 Days* (London: Macmillan, 1968), p. 110.

20. H. Putnam, "The Place of Facts in a World of Values," in D. Huff and O. Prewitt, eds., *The Nature of the Physical Universe* (New York: John Wiley, 1979), p. 114.

21. Graham Allison, *Nuclear Terrorism* (New York: Times Books, 2004).

22. Martin I. Meltzer, "Multiple Contact Dates and SARS Incubation Periods," *Emerging Infectious Diseases* 10.2 (February 2004), http://www.cdc.gov/ncidod/EID/vol10no2/03-0426-G1.htm.

23. Robert A. Freitas Jr., "Microbivores: Artificial Mechanical Phagocytes using Digest and Discharge Protocol," Zyvex preprint, March 2001, http://www.rfreitas.com/Nano/Microbivores.htm, and "Microbivores: Artificial

Mechanical Phagocytes," *Foresight Update* no. 44, March 31, 2001, pp. 11-13, http://www.imm.org/Reports/Rep025.html.

24. Max More, "The Proactionary Principle," May 2004, http://www.max-more.com/proactionary.htm and http://www.extropy.org/proaction-aryprinciple.htm. 모어는 행동 장려 원칙들을 다음과 같이 요약했다.

> 1. 기술을 통해 혁신을 이룰 자유를 갖는 것은 인류에게 귀중한 일이다. 따라서 규제 행위를 두어야 한다고 주장하는 쪽이 위험의 존재를 증명할 책임을 진다. 제안된 규제 내용은 모두 꼼꼼히 평가되어야 한다.
> 2. 위험은 현존하는 과학의 잣대로 평가되어야지, 대중적 상식에 따라 평가되어서는 안된다. 상식적 추론에 따르는 편견들도 적용되어서는 안된다.
> 3. 가설적인 위험이 아니라 인간 건강과 환경의 질에 직접적으로 영향을 미치는 것이 확실히 증명된 위협들에 대해서 우선적으로 대처한다.
> 4. 기술적 위험들은 자연 재해의 위험과 동등한 평가를 받아야 한다. 자연 재해를 과소평가하면서 인간-기술 위험은 과대평가하는 일이 없어야 한다. 기술 발전으로 인한 유익들을 낱낱이 설명해야 한다.
> 5. 기술을 포기할 때 어떤 기회들도 함께 잃게 되는지 평가한다. 다른 대안으로 대체할 수 없는지 알아보고 비용과 위험을 계산해본다. 기술이 미칠 영향에 대해 폭넓게 고려하고 후속 효과까지 감안한다.
> 6. 어떤 활동으로 인한 위험이 가능성이 높은 동시에 심각할 때에만 규제 조치들을 고려한다. 그 활동이 한편으로 편익을 양산한다면, 부작용들에 적응할 수 있는 가능성이 얼마나 있는지 고려하여 영향을 계산한다. 기술 발전을 제한하는 조치들이 정당한 것으로 판단된다면, 그 조치들이 예상되는 영향의 규모에 적절한 수준인지 확실히 한다.
> 7. 기술 혁신을 제한하는 여러 조치들 중에서 하나를 고를 때는 다음과 같은 결정 기준에 따라 우선순위를 둔다: 다른 종보다 인간과 기타 지적 생명체들에 대한 위험에 우선순위를 둔다; 환경에만 국한된 위험(합리적인 경계 내에서)보다 치명적이지 않더라도 인간 건강에 대한 위험에 우선순위를 둔다; 먼 미래의 위험보다 눈 앞의 위험에 우선순위를 둔다; 불확실한 위험보다는 확실한 위험에, 일시적인 영향보다는 비가역적이고 지속적인 영향에 우선순위를 둠으로써 가장 높은 기대 효과를 가져올 조치를 택한다.

25. Martin Rees, *Our Final Hour: A Scientist's Warning: How Terror, Error and Environmental Disaster Threaten Humankind's Future in This Century - on Earth and Beyond* (New York: Basic Books, 2003).

26. Scott Shane, *Dismantling Utopia: How Information Ended the Soviet Union* (Chicago: Ivan R. Dee, 1993); review by James A. Dorn at http://www.cato.org/pubs/journal/cj16n2-7.html.

27. George DeWan, "Diary of a Colonial Housewife," *Newsday*, 2005, 수백 년 전 인간 삶의 고충에 대해서 설명하는 자료들 중 하나로는 다음이 있다.

http://www.newsday.com/community/guide/lihistory/ny-history-hs331a,0,6101197.story.

28. Jim Oeppen and James W. Vaupel, "Broken Limits to Life Expectancy," *Science* 296.5570 (May 10, 2002): 1029-31.

29. Steve Bowman and Helit Barel, *Weapons of Mass Destruction: The Terrorist Threat*, Congressional Research Service Report for Congress, December 8, 1999, http://www.cnie.org/nle/crsreports/international/inter-75.pdf.

30. Eliezer S. Yudkowsky, "Creating Friendly AI 1.0, The Analysis and Design of Benevolent Goal Architectures" (2001), The Singularity Institute, http://www.singinst.org/CFAI/; Eliezer S. Yudkowsky, "What Is Friendly AI?" May 3, 2001, http://www.KurzweilAI.net/meme/frame.html?main=/articles/art0172.html.

31. Ted Kaczynski, "The Unabomber's Manifesto," May 14, 2001, http://www.KurzweilAI.net/meme/frame.html?main=/articles/art0182.html.

32. Bill McKibben, *Enough: Staying Human in an Engineered Age* (New York: Times Books, 2003).

33. Kaczynski, "The Unabomber's Manifesto."

34. Foresight Institute and IMM, "Foresight Guidelines on Molecular Nanotechnology," February 21, 1999, http://www.foresight.org/guidelines/current.html; Christine Peterson, "Molecular Manufacturing: Societal Implications of Advanced Nanotechnology," April 9, 2003, http://www.KurzweilAI.net/meme/frame.html?main=/articles/art0557.html; Chris Phoenix and Mike Treder, "Safe Utilization of Advanced Nanotechnology," January 28, 2003, http://www.KurzweilAI.net/meme/frame.html?main=/articles/art0547.html; Robert A. Freitas Jr., "The Gray Goo Problem," KurzweilAI.net, 20 March 200, http://www.KurzweilAI.net/meme/frame.html?main=/articles/art0142.html.

35. 저자와 로버트 A. 프레이터스가 2005년 1월 가진 개인적 대화에서. 프레이터스의 제안은 다음에 상세히 나와 있다. Robert A. Freitas Jr., "Some Limits to Global Ecophagy by Biovorous Nanoreplicators, with Public Policy Recommendations."

36. Ralph C. Merkle, "Self Replicating Systems and Low Cost Manufacturing," 1994, http://www.zyvex.com/nanotech/selfRepNATO.html.

37. Neil King Jr. and Ted Bridis, "FBI System Covertly Searches E-mail," *Wall Street Journal Online* (July 10, 2000), http://zdnet.com.com/2100-11-522071.html?legacy=zdnn.

38. Patrick Moore, "The Battle for Biotech Progress - GM Crops Are Good for the Environment and Human Welfare," *Greenspirit* (February 2004), http://www.greenspirit.com/logbook.cfm?msid=62.

39. "GMOs: Are There Any Risks?" European Commission (October 9, 2001), http://europa.eu.int/comm/research/biosociety/pdf/gmo_press_release.pdf.

40. Rory Carroll, "Zambians Starve As Food Aid Lies Rejected," *Gurdian* (October 17, 2002), http://www.guardian.co.uk/gmdebate/Story/0,2763,813220,00.html.

41. Larry Thompson, "Human Gene Therapy: Harsh Lessons, High Hopes," *FDA Consumer Magazine* (September-October 2000), http://www.fda.gov/fdac/features/2000/500_gene.html.

42. Bill Joy, "Why the Future Doesn't Need Us."

43. 미래 전망 연구소의 지침(Foresight Institute, version 4.0, October 2004, http://www.foresight.org/guidelines/current.html)은 나노기술의 잠재적 장점과 단점을 적절히 다루기 위해 만들어진 것이다. 시민, 회사, 정부에게 정보를 제공하고 책임감 있게 나노기술 기반 분자 제조 산업을 발전시켜갈 목적으로 만들어진 지침이다. 이 지침은 미래 전망 연구소와 분자 제조 연구소(IMM)가 후원하여 1999년 2월 19~21일에 열린 분자 나노기술 연구 정책 지침에 관한 워크샵에서 처음 초안이 잡혔다. 참가자로는 제임스 베넷, 그렉 버치, K. 에릭 드렉슬러, 닐 제이콥스타인, 타냐 존스, 랠프 머클, 마크 밀러, 에드 니하우스, 팻 파커, 크리스틴 피터슨, 글렌 레이놀즈, 필리페 반 네더벨드 등이 있었다. 지침은 이후 여러 차례 수정되었다.

44. 유나이티드 세라퓨틱스 사의 CEO인 마틴 로스블라트는 일시 중지 조치 대신 규제 체계를 세울 것을 제안했다. 새로이 국제이종이식전문가협회를 구성하여, 그들이 점검을 통해 안전하다고 승인한 유전자 변형 무균 돼지에 한해서만 이종이식을 승낙하자는 것이다. 로스블라트의 제안을 따르면 국제이종이식전문가협회에 가입한 나라에서는 불량한 이종이식 의사의 집도가 불가능해질 것이다. 제대로 규칙을 지킨다면, 장기 손상으로 고통받는 자국의 환자들에게 병원체 걱정 없는 이종이식 수술을 제공할 수 있을 것이다. 다음을 참고하라. Martine Rothblatt, "Your Life or Mine: Using Geoethics to Resolve the Conflict Between Public and Private Interests," in *Xenotransplantation* (Burlington, Vt.: Ashgate, 2004). 밝혀둠: 저자는 유나이티드 세라퓨틱스 사의 이사진 중 한 명이다.

45. Singularity Institute, http://www.singinst.org. 앞의 주 30도 참고하라. 유드카우스키는 인공지능을 위한 특이점 연구소(SIAI)를 설립하여 '우호적 AI'로 가는 길을 찾아내려 하고 있다. 인간에 가깝거나 인간보다 뛰어난 AI가 등장하기 전에 "인식에 관한 내용들, 설계적 요소들, 인지 구조 등을 연구하여 AI가 인간에게 선의를 가질 수 있도록" 하려는 것이다. SIAI는 우호적 AI에 관한 지침도 만들었다. "Friendly AI," http://www.singinst.org/friendly/. 벤 괴르첼과 그의 인공지능 연구소 또한 우호적 AI를 발전시키는 문제를 점검했다. 현재 괴르첼은 노바멘테 AI 엔진을 개발하는 데 힘을 쏟고 있는데, 일군의 학습 알고리즘과 구조이다. 어댑티브 A.I.의 창립자인 피터 보스 역시 우호적 AI 문제에

노력을 기울이고 있다. http://adaptive.ai.com/.

46. Integrated Fuel Cell Technologies, http://ifctech.com. 밝혀둠: 저자는 IFCT 의 초기 투자자 중 한 명이며 조언자로 활동하고 있다.

47. *New York Times*, September 23, 2003, editorial page.

48. 미 의회의 하원 과학 위원회는 2003년 4월 9일 "2002년 제정된 나노기술 연 구 및 개발법 H.R. 766과 나노기술의 사회적 함의를 점검하기 위한" 공청회를 열었다. "Full Science Committee Hearing on the Societal Implications of Nanotechnology," http://www.house.gov/science/hearing/full03/index. htm, and "Hearing Transcript," http://commdocs.house.gov/committees/ science/hsy86340.000/hsy86340_0f.htm. 레이 커즈와일의 증언에 대해서는 다음을 참고하라. http://www.KurzweilAI.net/meme/frame.html?main=/ articles/art0556.html. 다음도 참고하라. Amara D. Angelica, "Congressional Hearing Addresses Public Concerns About Nanotech," April 14, 2003, http://www.KurzweilAI.net/articles/art0558.html.

9장 비판에 대한 반론

1. Michael Denton, "Organism and Machine," in Jay W. Richards et al., *Are We Spiritual Machines? Ray Kurzweil vs. the Critics of Strong A.I.* (Seattle: Discovery Institute Press, 2002), http://www.KurzweilAI.net/meme/frame. html?main=/articles/art0502.html

2. Jaron Lanier, "One Half of a Manifesto," *Edge* (September 25, 2000), http://www.edge.org/documents/archive/edge74.html.

3. 위의 글.

4. 좁은 AI가 얼마나 현대의 하부구조에 깊게 파고들었는지 보려면 5장과 6장의 예들을 참고하라.

5. Lanier, "One Half of a Manifesto."

6. 한 예로 커즈와일 어플라이드 인텔리전스 사가 처음 개발한 커즈와일 보이스 가 있다.

7. Alan G. Ganek, "The Dawning of the Autonomic Computing Era," *IBM Systems Journal* (March 2003), http://www.findarticles.com/p/articles/ mi_m0ISJ/is_1_42/ai_98695283/print.

8. Authur H. Watson and Thomas J. McCabe, "Structured Testing: A Testing Methodology Using the Cyclomatic Complexity Metric," NIST special publication 500-35, Computer Systems Laboratory, National Institute of Standards and Technology, 1996.

9. Mark A. Richards and Gary A. Shaw, "Chips, Architectures and Algorithms: Reflections on the Exponential Growth of Digital Signal Processing Capability," submitted to *IEEE Signal Processing*, December 2004.

10. Jon Bentley, "Programming Pearls," *Communications of the ACM* 27.11

(November 1984): 1087-92.

11. C. Eldering, M. L. Sylla, and J. A. Eisenach, "Is There a Moore's Law for Bandwidth," *IEEE Communications* (October 1999): 117-21.

12. J. W. Cooley and J. W. Tukey, "An Algorithm for the Machine Computation of Complex Fourier Series," *Mathematics of Computation* 19 (April 1965): 297-301.

13. 뉴런의 수는 약 천억 개이고 뉴런당 개재뉴런의 '전개' 수는 약 1,000개이므로 전체 연결은 100조(10^{14})개로 추정할 수 있다. 각 연결이 연결 양 끝의 두 뉴런의 신분을 저장하는 데는 최소한 70비트가 필요하다. 따라서 전체는 10^{16}비트다. 압축하지 않은 게놈의 정보량이 약 60억 비트(약 10^{10})이므로 최소한 10^6:1의 비가 되는 셈이다. 4장을 참고하라.

14. Robert A. Freitas Jr., Nanomedicine, vol. 1, Basic Capabilities, section 6.3.4.2, "Biological Chemomechanical Power Conversion" (Georgetown, Tex.: Landes Bioscience, 1999), pp. 147-48, http://www.nanomedicine.com/NMI/6.3.4.2. htm#p4; 다음에서 그림을 참고하라. http://www.nanomedicine.com/NMI/Figures/6.2.jpg.

15. Richard Dawkins, "Why Don't Animals Have Wheels?" *Sunday Times*, November 24, 1996, http://www.simonyi.ox.ac.uk/dawkins/WorldOfDawkins-archive/Dawkins/Work/Articles/1996-11-24wheels.shtml.

16. Thomas Ray, "Kurzweil's Turing Fallcy," in Richards et al., *Are We Spiritual Machines?*

17. 위의 글.

18. Anthony J. Bell, "Levels and Loops: The Future of Artificial Intelligence and Neuroscience," *Philosophical Transactions of the Royal Society of London B* 354 (1999): 2013-20, http://www.cnl.salk.edu/~tomy/ptrsl.pdf.

19. 위의 글.

20. David Dewey, "Introduction to the Mandelbrot Set," http://www.ddewey.net/mandelbrot.

21. Christof Koch quoted in John Horgan, *The End of Science* (Reading, Mass.: Addison-Wesley, 1996).

22. Roger Penrose, *Shadows of the Mind: A Search for the Missing Science of Consciousness* (New York: Oxford University Press, 1996): Stuart Hameroff and Roger Penrose, "Orchestrated Objective Reduction of Quantum Coherence in Brain Microtubules: The 'Orch OR' Model for Consciousness," *Mathematics and Computer Simulation* 40 (1996): 453-80, http://www.quantumconsciousness.org/penrosehameroff/orchOR.html.

23. Sander Olson, "Interview with Seth Lloyd," November 17, 2002, http://www.nanomagazine.com/i.php?id=2002_11_17.

24. Bell, "Levels and Loops."

25. 2장에 나온 연산의 기하급수적 증가에 대한 그래프들을 참고하라.

26. Alfred N. Whitehead and Bertrand Russell, *Principia mathematica*, 3 vols. (Cambridge, U.K.: Cambridge University Press, 1910, 1912, 1913).

27. 괴델의 불완전성 정리가 처음 발표된 곳은 다음이다. "Uber formal unenscheiderbare Satze der *Principia Mathematica* und verwandter Systeme I, *Monatshef te für Mathematik und Physik* 38 (1931): 173-98.

28. Alan M. Turing, "On Computable Numbers with an Application to the Entsche idungsproblem," *Proceedings of the London Mathematical Society* 42 (1936): 230-65. "Entscheidungsproblem"이란 결정 문제, 또는 중지 문제라는 뜻이다. 즉 언제 알고리즘이 멈출지(결정에 이를지) 또는 무한 루프에 빠질지 어떻게 앞서 판단할 것인가 하는 문제다.

29. Church's version appeared in Alonzo Church, "An Unsolvable Problem of Elementary Number Theory," *American Journal of Mathematics* 58 (1836): 345-63.

30. 처치-튜링 명제의 함의들을 재미있게 푼 입문적 설명으로는 다음을 참고하라. Douglas R. Hofstadter, *Gödel, Escher, Bach: An Eternal Golden Braid* (New York: Basic Books, 1979).

31. 비지 비버 문제는 방대한 규모의 연산 불가능한 함수들 집합 중 하나의 예일 뿐이다. Tibor Rado, "On Noncomputable Functions," *Bell System Technical Journal* 41.3 (1962): 877-84.

32. Ray, "Kurzweil's Turing Fallacy."

33. Lanier, "One Half of a Manifesto."

34. 사람, 즉, 잠든 상태가 아니고, 코마에 빠지지도 않았으며, 충분한 성장을 이뤄서(즉 뇌를 발달시키기 전 배아 상태가 아닌) 의식이 있다 할 수 있는 사람이다.

35. John R. Searle, "I Married a Computer," in Richards et al., *Are We Spiritual Machines?*

36. John R. Searle, *The Rediscovery of the Mind* (Cambridge, Mass.: MIT Press, 1992).

37. Hans Moravec, Letter to the Editor, *New York Review of Books*, http://www. kurzweiltech.com/Searle/searle_response_letter.htm.

38. John Searle to Ray Kurzweil, December 15, 1998.

39. Lanier, "One Half of a Manifesto."

40. David Brooks, "Good News About Poverty," *New York Times*, November 27, 2004, A35.

41. Hans Moravec, Letter to the Editor, *New York Review of Books*, http://www. kurzweiltech.com/Searle/searle_response_letter.htm.

42. Patrick Moore, "The Battle for Biotech Progress - GM Crops Are Good for the Environment and Human Welfare," *Greenspirit* (February 2004), http://www. greenspirit.com/logbook.cfm?msid=62.

43. Joel Cutcher-Gershenfeld, 2005년 2월 레이 커즈와일과 가진 개인적 대화에서.

44. William A. Dembski, "Kurzweil's Impoverished Spirituality," in Richards et al., *Are We Spiritual Machines?*

45. Denton, "Organism and Machine."

에필로그

1. As quoted in James Gardner, "Selfish Biocosm," *Complexity* 5.3 (January-February 2000): 34-45.

2. $y=1/x$라는 함수에서 만약 $x=0$이면 함수는 문자 그대로 정의될 수가 없다. 하지만 어쨌든 y값이 특정한 유한수의 값을 끝없이 넘어서리라는 것은 보일 수 있다. 방정식 양변의 분자와 분모를 바꾸면 $x=1/y$가 된다. 여기서 y가 엄청나게 큰 유한수라고 하면 x는 엄청나게 작되 0은 아닌 유한수가 될 것이다. 따라서 $y=1/x$의 y값은 $x=0$일 경우에는 어떤 유한값도 넘어서리라고 알 수 있다. 또 다른 방식으로 표현해보면, 1을 y값으로 나눈 결과인 x가 0보다는 크지만 1보다는 작게 되는, 그런 유한한 y값은 끝없이 더욱 크게 떠올릴 수 있다.

3. 인간 뇌의 기능적 모방에 10^{16}cps가 필요하고(3장을 보라) 인구가 10^{10}명(100억 미만)이라고 하면, 모든 생물학적 인간들의 뇌를 합한 것은 10^{26}cps가 된다. 10^{90}cps는 이보다 10^{64}나 큰 것이다. 인간 뇌를 모방할 때 각 뉴런 요소들(수상돌기, 축색 등등)의 비선형성을 하나하나 복사해야 해서 좀 더 보수적인 값인 10^{19}cps를 취하더라도, 10^{61}만큼 크다.

4. 바로 앞 주의 예상치들을 참고하라. 10^{42}cps는 이보다 만조 큰 것이다(10^{16}).

5. Stephen Jay Gould, "Jove's Thunderbolts," *Natural History* 103.10 (October 1994): 6-12; chapter 13 in *Dinosaur in a Haystack: Reflections in Natural History* (New York: Harmony Books, 1995).

ㄱ

가격 대 성능비 63, 66, 86, 90~91,
100, 103~105, 108, 112~113, 117,
122~123, 128, 152~153, 160~161,
164, 183~184, 186~187, 209, 277,
316, 343, 368, 372, 374, 412, 531,
576, 608, 610, 612, 618~621, 645,
661, 663
가난 143, 341, 367, 476, 523, 560~561,
577, 580, 583, 600, 610, 618,
662~663
가드너, 제임스Gardner, James 506,
509~510
가드너, 티머시Gardner, Timothy 312
가래톳 페스트 563, 568
가르지니, 파올로Gargini, Paolo 164
가브리엘리, 존Gabrieli, John 248, 251
가상 무기 422
가상 육체 280, 286, 442, 449~450, 457
가상 인간 155, 448, 667
가상현실 38, 45, 68~69, 75~76,
155, 235, 237, 285~287, 364, 422,
436~437, 440~444, 447~451, 457,
465, 472, 474, 479, 481, 531, 535,
544, 561, 595, 616, 645, 665, 667,
686
가상현실 환경 디자이너 443
가속 36, 42, 45~47, 50, 55~57, 62~63,
67~69, 77~78, 83~85, 89, 93~94,

103, 105, 112, 115, 118~119, 122,
125, 142~145, 156, 158~159,
161, 164, 179, 204, 230, 236, 275,
277, 279, 316, 320, 344, 347, 363,
368, 374, 391, 421, 457, 485, 489,
492, 495, 520~521, 524, 550, 563,
571~572, 575~576, 579, 605~606,
613~614, 645~646, 661, 667~668,
682, 686
가역적 연산 189~190, 192, 195~196,
345, 493, 606
간 질환 305, 591
감각 정보 176, 272
감산subtraction paradigm 229
감성 지능 530, 549
감시 235~236, 304, 359, 397, 428, 432,
484, 575, 582~584, 590, 595~596,
599, 617, 632, 643
감염, 감염성 질환 235, 305, 360,
376~377, 431, 471, 569, 575, 601
감정 43, 68~69, 182, 210, 267,
269~270, 272~273, 286, 367, 422,
436, 444~445, 450, 481, 530~531,
533, 544, 549, 660, 669~670, 672,
683
강력한 AI 366~367, 369~370, 408,
411~413, 417, 421, 578, 582,
593~594, 599, 641, 646, 648
강자성 합금 175
개시자(하나의 설계 요소) 92

레이 커즈와일은 인공지능의 미래를 예측하는 데 있어 내가 아는 가장 뛰어난 사람이다. 이 흥미로운 책은 인류가 생물학적 한계를 초월할 정도로 과학 기술이 발전하여 우리가 상상 해본 적 없는 방식으로 우리의 삶을 변화시키는 미래를 그려보인다. _빌 게이츠

우리 시대를 대표하는 미래학자의 미래에 대한 깊은 통찰력을 담은 훌륭한 책. _마빈 민스 키, MIT 교수

우리가 살고, 일하고, 세상을 인식하는 방식을 근본적으로 변화시킬 다음 불연속성의 본질 과 영향에 대해 궁금한 적이 있다면 이 책을 읽어보라. _딘 카멘, 물리학자

과학의 미래, 기술의 사회적 영향, 나아가 우리 종의 미래에 관심이 있는 사람이라면 누구 나 꼭 읽어야 할 책. 초인적인 능력을 갖춘 인류 문명이 대부분의 사람들이 생각하는 것보 다 더 가까이 다가왔다는 설득력 있는 주장을 펼친다. _라지 레디, 컴퓨터과학자

미래를 낙관적으로 보는 이 책은 꼭 읽고 깊이 생각해볼 필요가 있다. 나처럼 미래에 대해 커즈와일과 다른 견해를 가지고 있는 사람들에게 지속적인 대화를 촉구하는 책이다. _빌 조이, 컴퓨터과학자

나는 이 책이 미래 세대에게 가장 많이 인용될 책 중 하나가 되리라 생각한다. 커즈와일의 주장을 지지하는 사람이든 반대하는 사람이든, 논의의 진앙이 이 책이라는 사실을 부인할 수 없을 것이다. _케빈 켈리, 〈와이어드〉 창간자

커즈와일은 다른 누구보다도 사람들에게 이런 생각을 하게 만들었기 때문에 중요한 인물이 다. 이 책은 자신의 주장에 대한 많은 반론을 제시하고 이를 해결하는 데 있어서 매우 엄격 하다. _칼럼 체이스, 《경제의 특이점이 온다》 저자